Einführung in die Lehre

von der

Bekämpfung der Infektionskrankheiten.

Von

E. v. Behring,

Marburg.

Mit Abbildungen im Text, Tabellen und farbiger Tafel.

1912
Springer-Verlag
Berlin Heidelberg GmbH
NW. Unter den Linden 68.

Additional material to this book can be downloaded from http://extras.springer.com.

ISBN 978-3-662-34305-0   ISBN 978-3-662-34576-4 (eBook)
DOI 10.1007/978-3-662-34576-4

Seiner Exzellenz

dem Herrn Generalstabsarzt der Armee

Professor Dr. von Schjerning

verehrungsvoll gewidmet.

Marburg, den 15. März 1912.

E. v. Behring.

Inhaltsangabe.

Erstes Kapitel.

Terminologisches und Historisches aus der Lehre von den Infektionskrankheiten und Infektionsstoffen.

Der Begriffsinhalt des Wortes „Infektionskrankheit" hat im Laufe der letzten 60 Jahre mannigfache Wandlungen erfahren.

In den medizinischen Lehrbüchern der Vierzigerjahre des vorigen Jahrhunderts begegnen wir kaum dem Begriff „Infektionskrankheit" in dem heutigen Sinne des Wortes. Für Schönlein existiert das Wort „Infektionskrankheit" noch gar nicht in seiner „Allgemeinen und speziellen Pathologie und Therapie" (1841). Den Milzbrand, den Tetanus neonatorum und den Croup führt er zusammen mit dem Hydrocephalus acutus unter den „Neurophlogosen" auf; die Pneumonieen zusammen mit Arteritis, Phlebitis, Enkephalitis, Bronchitis, Enteritis, Hepatitis, Nephritis, Metritis, Ovaritis unter den „Phlogosen"; die Pocken unter den Erysipelaceen zusammen mit Urticaria und Herpes zoster; unter den „Scropheln" werden bei ihm Lymphscropheln; Rachitis, Osteomalacie in einem Kapitel abgehandelt; bei den Enterophthisen werden tuberkulöse, scrophulöse, exanthematische und arthritische Formen coordiniert. Den Blasenkatarrh bespricht er in der „Hämorrhoidalgruppe", in dem Abschnitt „Blasenhämorrhoiden", einer Krankheitsform unterhalb des Diaphragma, welcher oberhalb desselben Pulmonalhämorrhoiden, Gehirnhämorrhoiden usw. gegenüberstehen.

Bei Hufeland, in seinem „Enchiridion medicum" vom Jahre 1842, stösst man zwar auf den Ausdruck „Infektion", der aber ausschliesslich angewendet wird auf die Syphilis oder vielmehr die „venerische Krankheit", innerhalb welcher Syphilis, Gonorrhoe und weicher Schanker noch nicht prinzipiell unterschieden werden. Im übrigen ist ihm die venerische Krankheit eine „Dyskrasie", und als solche coordiniert der „Bleichsucht", „Gelbsucht", dem „Scorbut", den „Scropheln", dem „Kropf", der „englischen Krankheit" und der „Fettsucht". Die „Pocken" sind nach Hufeland eine Hautkrankheit, welche in einem Kapitel mit den „Mitessern", „Sommersprossen" und „Muttermälern" abgehandelt wird. Einige unserer Infektionskrankheiten, nämlich der „Typhus contagiosus", die „levantinische oder Bubonenpest", das „gelbe Fieber", die „orientalische Brechruhr", die „Hundswut", der „Milzbrand" finden sich unter den „hitzigen Fiebern" als „ansteckende Fieber" abgesondert. Die asiatische Cholera müssen wir aber in der Klasse der Ausleerungen aufsuchen, wo wir sie als

Unterabteilung des „Durchfalls“ in einer Reihe mit „Onanie“ (Samenfluss), „Speichelfluss“, „Ohrenfluss“ usw. vorfinden. Was wir jetzt als „Wundinfektionen“ kennen, wurde zu Schönlein’s und Hufeland’s Zeit der niederen Chirurgie überlassen.

Die Abtrennung einer besonderen Gruppe von Allgemeinerkrankungen unter dem Namen „Infektionskrankheiten“ erfolgte 1854 und ist auf Virchow zurückzuführen. Derselbe sagte darüber in dem Aufsatze „Krankheitswesen und Krankheitsursachen“ (Arch. f. pathol. Anat. u. Physiol. u. f. klin. Med., Bd. LXXIX, 1880, pag. 202), Folgendes: „Vielleicht ist es nicht ohne Interesse zu bemerken, dass ich es war, der das Wort „Infektionskrankheiten“ in die Wissenschaft eingeführt hat. Als es sich bei der Ordnung des Materials für das von mir herauszugebende Handbuch der speziellen Pathologie und Therapie darum handelte, für die im II. Bande desselben abzuhandelnden „Allgemeinkrankheiten“ eine mehr entsprechende Bezeichnung zu wählen, da habe ich diesen Namen aufgestellt. Ich habe den Begriff später noch mehr erweitert, wie meine statistischen Schemata aufweisen. Ob ihm gegenwärtig oder später noch eine andere Begrenzung zu geben sein wird, mag dahingestellt bleiben, da die benachbarten Gruppen der Intoxicationen, der Zoonosen und der gewöhnlichen parasitären Krankheiten nicht ganz leicht abzugrenzen sind ... Was bedeutet Infektion? Inficio heisst „ich verunreinige“, so gut wie μιαινω. Die verunreinigende Substanz, materies inficiens, der Infektionsstoff, ist also dasselbe wie Miasma.

Dass nun Virchow’s Krankheitsgebiet der „Infektionskrankheiten“ in der anfänglichen Umgrenzung nichts weniger als identisch ist mit der heutigentags durch dieses Wort bezeichneten Krankheitsgruppe wird sofort erkannt werden, wenn man die oben zitierten Schemata (Virchow, Ges. Abhandl. aus dem Gebiete der öffentlichen Gesundheitspflege und Seuchenlehre, Bd. I, pag. 594 und 612) durchsieht. Danach gehören nämlich nicht zu den Infektionskrankheiten die sogenannten konstitutionellen Krankheiten, wie die „Scrofulosis“ und alle Organkrankheiten. Von anderen Krankheiten, welche Virchow vom Begriff der Infektionskrankheiten ausschliesst, führe ich bloss folgende Nummern auf: Nr. 76 „Tetanus“, Nr. 81 „Croup“, Nr. 83 „Influenza“, Nr. 88 „Pneumonie“, Nr. 99 „Lungentuberkulose“.

Merkwürdigerweise bringt Virchow in seinen Morbiditäts-, Mortalitäts- und Rekrutierungsstatistiken auch die nachgewiesenermassen parasitären Krankheiten in einen Gegensatz zu den Infektionskrankheiten. Anthrax vulgaris (Nr. 11) ist nach ihm eine Infektionskrankheit. Der Milzbrand aber (Nr. 23 *b*) — in der Rekrutierungsstatistik — ist keine Infektionskrankheit, sondern eine Zoonose, und die Trichinosis (Nr. 28) ist weder eine Infektionskrankheit noch eine Zoonose, sondern eine parasitäre Krankheit. Den von anderen Autoren in jener Zeit vielgebrauchten Sammelnamen „Contagiöse Krankheiten“ vermeidet Virchow in seinen Krankheitsschematen gänzlich.

Zum Verständnis von Virchow’s früherer Terminologie ist zu bemerken, dass die Ausdrücke „parasitär“ und „infectiös“ Gegensätzliches bedeuteten, insofern als parasitäre Krankheitsstoffe immer von aussen herstammen, infektiöse aber im tierischen und menschlichen

Organismus autochthon entstehen sollten. Ferner bezog sich der Ausdruck „parasitär" nur auf die in den Vierzigerjahren bekannten Parasiten der Wurmkrankheiten, der Krätze, des Soors und des Kopfgrinds, also auf solche Krankheiten, welche ihrer klinischen Erscheinung nach nicht zu den als „Allgemeinkrankheiten" charakterisierten Infektionen gehöreu durften. Dieser ätiologische und klinische Gegensatz der Infektionskrankheiten und parasitären Krankheiten, nachdem er einmal fixiert war, musste ein schwer zu beseitigendes Dilemma schaffen, als die Milzbrandbazillen entdeckt waren und ihre Herstammung von aussen und damit ihre parasitäre Natur über jeden Zweifel erhoben wurde. Im klinischen Sinne war der Milzbrand eine Infektionskrankheit, im ätiologischen Sinne musste er aber nach der Entdeckung der Milzbrandbazillen als parasitäre Krankheit definiert werden. Dieses Dilemma führte wohl zu dem Auskunftsmittel, eine besondere Gruppe, die Krankheitsgruppe der Zoonosen, zu schaffen.

Man könnte fragen, warum denn Virchow diese Komplikationen nicht dadurch vermieden hat, dass er diejenige Krankheitseinteilung beibehielt, welche er selber vor seiner Aufstellung der Krankheitsgruppe der Infektionskrankheiten vorgenommen hatte. Im Jahre 1848 nämlich waren seine späteren Infektionskrankheiten noch enthalten in den „contagiösen" Krankheiten, welche er (Abhandlungen aus der öffentlichen Medizin, Bd. I, pag. 296 ff.) in drei grosse Gruppen trennte. Die erste Gruppe umfasste diejenigen Krankheiten, welche immer und ohne Ausnahme nur durch Uebertragung von Individuum zu Individuum sich fortpflanzen, also insbesondere die Syphilis und die akuten Exantheme, „bei denen die Hautveränderung kritische Bedeutung hat". Die zweite Gruppe enthielt diejenigen Krankheiten, welche von Tieren und Pflanzen übertragen werden, z. B. die Wurmkrankheit, die Krätze, der Soor, der Kopfgrind. Die dritte Gruppe endlich wurde von Krankheiten gebildet, welche sich unter bestimmten Bedingungen im tierischen Körper autochthon entwickeln, dann aber die Fähigkeit besitzen, sich von dem ersten Entwicklungsherde aus auf andere Individuen zu übertragen. Dahin rechnete Virchow die katarrhalischen und diphtherischen Entzündungen der Schleimhäute, von denen die ersteren in ihren intensiven Formen die Blennorrhoen (Tripper, Augenblennorhoe, Fluor albus) bilden; ferner die Nosokomialgangrän, die Typhen, Puerperalfieber, Rotz, Milzbrand, Hundswut.

„Unter einander, sagt Virchow, bieten die einzelnen Glieder dieser Gruppe manche Verschiedenheiten dar, allein darin kommen sie überein, dass die Krankheit sich „von selbst" spontan entwickeln kann. Was ihre Contagiosität betrifft, so wäre es ganz falsch, wenn man alle Erfahrungen über die Ansteckungsfähigkeit der Krankheiten der ersten Gruppe ohne weiteres auf diese hier übertragen wollte. Ich erinnere z. B. an die Erfahrung von Magendie (Journ. de Physiol., Th. I., pag. 42), der von einem hydrophobischen angesteckten Menschen mit Erfolg einen Hund impfte, der zwei andere biss, welche gleichfalls toll wurden. Damit hörte die Wirksamkeit des Giftes aber auf. Diese Erfahrung schliesst sich unmittelbar an die Tatsache beim Typhus, dass sich die Ansteckung nicht ins Unendliche fortsetzen lässt. Dadurch unterscheiden sich aber Hundswut und Typhus (auch

Rotz?) wesentlich von der Syphilis und den Pocken, bei denen die Uebertragungsfähigkeit ohne Ende ist. Dort erschöpft sich die erregende Substanz (der Erreger, das Contagium) quantitativ, hier ist jeder kleinste Teil noch zu jeder Erregung fähig. Die bekannte Contagientheorie Liebig's passt demnach auf die Hundswut und die Typhen vollkommen."

Man ersieht hieraus, dass Virchow die Krankheiten der dritten Gruppe, die alle sich in seiner späteren Gruppe der Infektionskrankheiten vorfinden, auf ein krankmachendes Agens zurückführte, welches seiner Natur nach den Fermenten zuznrechnen ist (Liebig) und dessen Entstehung im kranken Organismus autochthon gedacht werden soll, wie das Pepsin im Organismus entsteht und nicht von aussen eingeführt zu werden braucht. Aber auch das Virus der Pocken und der Syphilis hatte nach Virchow seinen ersten Entstehungsort im Menschen selber; jedoch sollten diese Virusarten nicht den Fermenten, sondern den vermehrungsfähigen „Seminien", den Samenfäden und Eizellen an die Seite gestellt werden, wie aus dem Aufsatz „Der puerperale Zustand. Das Weib und die Zelle" (Ges. Abhandl. 1848, pag. 742ff.) hervorgeht. Parasitär entstandene Infektionskrankheiten gab es nach Virchow nicht.

Hätte Virchow die in seiner alten Einteilung benutzte Terminologie beibehalten, dann wären alle späteren Inkonsequenzen mit Leichtigkeit zu vermeiden gewesen. Die grosse Klasse der contagiösen Krankheiten hätte dann umfasst:

I. die nachgewiesenermassen parasitären Krankheiten;

II. die noch nicht als parasitär erwiesenen contagiösen Krankheiten, unter welchen wiederum, je nach Bedürfnis, Unterabteilungen hätten unterschieden werden können.

Virchow würde sich dann in Uebereinstimmung mit Henle befunden haben, welcher 1846 (in seinem Lehrbuch „Rationelle Pathologie") Folgendes sagt:

„Die Krankheiten, die ein Parasit erzeugt und die durch zufällige oder absichtliche Ueberpflanzung des Parasiten mitgeteilt werden, sind eben dadurch ansteckend oder contagiös; der spezifische Parasit ist der Ansteckungsstoff oder das Contagium dieser Krankheiten. Zwar ist der Name und Begriff der Contagion ursprünglich nicht für diese klare Art von Mitteilung einer Krankheit geschaffen, sondern für die Mitteilung gewisser Krankheiten durch eine rätselhafte und, wie man meinte, aus dem erkrankten Körper selbst produzierte Materie, die man eher den Giften an die Seite stellen zu müssen glaubte. Es ist deshalb von vielen Seiten eine förmliche Art von Verwahrung eingelegt worden gegen die Vermischung der durch Parasiten erzeugten und mittels derselben übertragbaren Krankheitszustände mit den contagiösen Krankheiten der eben genannten mysteriösen Art. Dies ging soweit, dass man jede Krankheit, als deren Ursache bis dahin ein Contagium (im Sinne der Schule) gegolten hatte, aus der Reihe der contagiösen zu entfernen gebot, sobald eine sorgfältigere oder mit verbesserten Hilfsmitteln angestellte Untersuchung in dem Contagium ein belebtes, also parasitisches Wesen entdeckte. So bildete man sich ein, die Lehre von den contagiösen Krankheiten vor Verwirrung zu bewahren.

Ich bin fest überzeugt, dass dies vielmehr der Weg ist, diese Lehre zu ewiger Dunkelheit zu verdammen. Es klingt freilich fremdartig, von achtbeinigen oder zweizölligen Contagien zu hören. Allein diejenigen, welche hieran Anstoss nehmen, sollten erwägen, dass diese Schwierigkeit eine freiwillig geschaffene ist, die ebenso freiwillig dadurch aus dem Wege geräumt werden kann, dass man die Bedeutung der Wörter dem erweiterten Inhalte unseres Wissens von den mit denselben zu bezeichnenden Dingen anpasst. Tatsächlich ist das Wort Contagium erfunden, um etwas Materielles zu bezeichnen, das, in oder auf einem lebenden Individuum bereitet, den Krankheitsprozess, welchen dies Individuum durchmacht, auf ein anderes Individuum überträgt."

Vielleicht waren gerade diese Ausführungen Henle's die Veranlassung, dass Virchow 1854 seine frühere Krankheitseinteilung fallen liess und dafür eine derartige Einteilung wählte, bei welcher von contagiösen Krankheiten nicht mehr die Rede war.

Von Wichtigkeit ist es, dass die Infektionskrankheiten nach Virchow nicht „contagiös" waren. „Infektiös" sind Krankheitsstoffe nach Virchow, wenn sie innerhalb des animalischen lebenden Organismus weiter verbreitet werden, „contagiös", wenn sie von einem Individuum auf ein anderes übertragen werden. Ein und derselbe Krankheitsstoff kann gelegentlich infektiös und gelegentlich contagiös sein, aber man müsse diese Begriffe scharf von einander trennen, z. B. bei dem syphilitischen Virus, von welchem Virchow in seinem Buche „Die krankhaften Geschwülste" (1864/65), Bd. II pag. 472 sagt: „Von niemand darf bezweifelt werden, dass die Syphilis nicht bloss infektiös von Ort zu Ort (d. h. von Gewebe zu Gewebe innerhalb eines und desselben Individuums), sondern auch contagiös von Individuum zu Individuum ist, und dass dasselbe Virus innerhalb des Körpers infektiös, ausserhalb desselben contagiös ist."

Man kann über die Zweckmässigkeit oder Notwendigkeit dieser Unterscheidungen verschiedener Meinung sein, wird aber unter allen Umständen zugeben müssen, dass niemand heutzutage die von Individuum zu Individuum erfolgende Uebertragung eines Virus vom Begriff der Infektion ausschliesst. Ja, es ist sogar eine vollständige Umdrehung zustande gekommen: Man spricht jetzt von Infektion überhaupt nur dann, wenn der infizierende Krankheitsstoff von aussen stammt. Innerhalb des infizierten Körpers wird der Krankheitsstoff „fortgeschleppt", „disseminiert", „metastasiert"; „Infektion" ist aber nach der heutigen Terminologie identisch mit „Inkorporation eines von aussen stammenden Krankheitsstoffes".

So viel geht wohl aus dieser Analyse des ursprünglichen Infektionsbegriffes deutlich hervor, dass Virchow, wenn er konsequent sein wollte, in der Folge jede Krankheit aus der Gruppe „Infektionskrankheiten" wieder hätte herausnehmen müssen, sobald ein von aussen stammender lebender Erreger einwandsfrei bei ihr nachgewiesen wurde. Das hat er in Bezug auf den Milzbrand auch noch getan; später, als mehr und mehr Henle's Unterordnung der „parasitären Krankheiten" unter die contagiösen allgemeingiltig wurde, unterblieb die Reinigung dieser Gruppe, und stillschweigend liess Virchow es zu, dass allmählich der vollständige Umschwung in dem Wortsinn seines Ausdruckes „Infektionskrankheit" eintrat. Nur als manche Bakteriologen nichts mehr als Infektionskrankheiten passieren lassen wollten, was nicht parasitären Ursprungs ist, verwahrte er sich gegen diesen Uebergriff. Es ist wohl nach dieser Richtung als tatsächlicher Rückzug aufzufassen, wenn Virchow im Jahre 1876 Folgendes schreibt (Arch., Bd. LXXIX, pag. 204): „Sind denn alle Infektionskrankheiten im weiteren Sinne des Wortes parasitär? Ich habe schon auf der Naturforscherversammlung in München Herrn Klebs ein Beispiel entgegengehalten, das ich für ganz schlagend halte, nämlich die Vergiftung durch Schlangengift. Nicht bloss symptomatologisch, sondern auch dem ganzen Verlaufe nach steht diese „Vergiftung" den Infektionen gleich ... Herr Fayrer (Proced. of the Royal Society, 1874, Nr. 149, pag. 132) fand, dass wenige Tropfen Blut eines Hundes, der durch den Biss einer Daboiaschlange getödtet war, in 15 Minuten den Tod eines Vogels veranlassten, dem sie in ein Bein injiziert wurden. Niemand hat bis jetzt die infizierende Substanz selbst isolieren können. In dieser Beziehung sind wir nicht viel weiter als der alte Redi, der sonderbarerweise sein Parasitenbuch mit einer Erörterung über das Schlangengift und dessen Wirksamkeit beginnt (Franc. Redi, „De animalculis vivis quae in corporibus animalium vivorum reperiuntur." Observationes, Amstel. 1708). Aber niemand, der die lokalen Wirkungen des Schlangenbisses gesehen hat, wird behaupten können, dass dieses Gift seine Analogien unter den gewöhnlichen Giften findet, und noch niemand hat behauptet, dass es parasitär sei."

Die Frage, ob wir die Bezeichnung „Infektion" einschränken sollen auf die Fälle, wo lebende Krankheitserreger als solche in den tierischen und menschlichen Organismus eindringen, oder ob wir ihn auch ausdehnen sollen auf die Einführung von dem krankmachenden Prinzip der lebenden Krankheitserreger, wenn dasselbe an das Leben der Erreger nicht gebunden ist, hat noch immer aktuelle Bedeutung.

Wie wir sehen, hat Virchow sich in ersterem Sinne entschieden. Er erklärt die durch Schlangengift entstehende Krankheit für eine Infektionskrankheit. In seinem Vortrage vom Jahre 1874 „die Fortschritte in der Kriegsheilkunde besonders im Gebiete der Infektionskrankheiten" spricht er sich genauer aus über seine Theorie von dem Mechanismus des Zustandekommens einer Infektion, und zwar in solcher Art, dass wir auch heute noch uns ganz auf den Boden dieser Theorie stellen können. Nicht bloss zur historischen Würdigung von Virchow's geänderter Stellungnahme zu den mikroparasitären Krankheiten, sondern auch deswegen, weil das, was er 1874 sagte, noch heute grossen Wert hat, zitiere ich ausführlich den für uns wichtigsten Passus seines Vortrages (l. c. pag. 185):

„Die Rolle, welche den Mikroorganismen in der Krankheit zugeschrieben wird, kann verschieden gedeutet werden. Es ist denkbar, dass diese Wesen direkt durch ihre Tätigkeit die lebenden Teile des Körpers angreifen und zerstören, aber auch, dass sie einen schädlichen Stoff, ein Gift hervorbringen, welches das Leben bedroht. In der ersteren Weise dachte sich Pacini die Tätigkeit der Vibrionen in der Cholera. Aehnlich lassen manche der Neueren, wie Hüter und Klebs, bei den Wundfiebern die Monaden oder Mikrosporen von der Oberfläche her in den Leib des Menschen eindringen, in die farblosen Blutkörperchen oder das Blut selbst gelangen und durch dieselben zu den inneren Organen getragen werden, um dort ihre zerstörende Tätigkeit auszuüben. Nach der zweiten Erklärungsart ist der parasitäre Körper nicht im mechanischen Sinne gefährlich, sondern er ist Gifterzeuger. Dabei kann man wiederum zweierlei mögliche Fälle unterscheiden, je nachdem der Parasit das Gift in sich erzeugt und selbst giftig wird oder dasselbe absondert, also selbst unschädlich bleibt. Anders ausgedrückt, würde dies heissen: Entweder gibt es auch unter den mikroskopischen Pilzen giftige Arten, wie sie unter den grossen Pilzen seit langer Zeit bekannt sind, oder die Mikroorganismen verhalten sich zu den Giftstoffen wie die Gährungspilze zu den gährenden und den gegohrenen Stoffen, sie sind Fermente.

Man muss sich die grosse Verschiedenheit dieser an sich möglichen Erklärungsweisen klar machen, um die Gefahr einer einseitigen Deutung zu verstehen. Keine dieser Erklärungsweisen oder Hypothesen ist eine bloss erdachte; für jede derselben bietet die Erfahrung bestimmte Anhaltspunkte. Die Pilzkrankheiten der äusseren Haut, wie der Grind (Favus), und die der oberflächlichen Kanäle, wie der Soor und die Schimmelkrankheiten des Gehörganges, sind ganz örtlicher Natur; es ist weder etwas Giftiges, noch etwas Fermentatives dabei. Vielmehr wirken die Pilze örtlich reizend und zerstörend, indem sie das menschliche Gewebe durchwachsen und zerfressen wie der zerstörende „Schwamm" das Holz. In ähnlicher Weise könnte man sich auch die Wirkung der Pilze innerlich denken, und ein Versuch Grohe's ist sehr geeignet, eine solche Möglichkeit auch für innere Vorgänge als wirklich zulässig erscheinen zu lassen. Er brachte nämlich einen bekannten grossstengeligen Schimmelpilz, den Aspergillus, in das Innere lebender Tiere und sah danach in kurzer Zeit in den verschiedensten Organen Herde entstehen, welche gänzlich aus Aspergillusfäden bestanden. Diese Fäden durchsetzten das Gewebe, drangen zwischen den Elementen fort und zerstörten sie endlich. Ganz ähnlich denkt sich Klebs die Wirkung des von ihm mit dem Namen des Mikrosporon septicum bezeichneten Parasiten, den er als spezifische Ursache der bösartigen Wundfieber in den Lazarethen des letzten Krieges nachgewiesen zu haben glaubt. Selbst der Milzbrand ist in der letzten Zeit gewöhnlich in dieser Weise erklärt worden. Indem das Bacterium anthracis in das Blut eindringe und sich darin so vermehre, dass nach einer Berechnung in jedem Tropfen 8 bis 10 Millionen davon vorkommen, so bemächtige es sich vermöge seiner grossen chemischen Affinität des gesamten zuströmenden Sauerstoffes; die Blutkörperchen könnten nicht mehr atmen und das Tier ersticke. An sich eine ganz plausible Erklärung! Danach würden die Blutkörperchen gleichsam belagert von den Bakterien, welche ihnen jede Zufuhr von aussen abschnitten. Allein die Erfahrung lehrt, dass das Milzbrandblut oft sehr arm an Bakterien ist. Noch in der letzten Epizootie unter den Damhirschen des Grunewaldes habe ich mit der

gelben Lymphe, welche die Lymphdrüsen des Halses bei einem gefallenen Tiere umgab und welche höchst winzige und äusserst spärliche Mikroorganismen enthielt, Kaninchen geimpft; der Tod erfolgte
vor dem Ablaufe von 24 Stunden auf die Einbringung minimaler
Mengen der Lymphe, und das Blut des gestorbenen Tieres zeigte
fast gar keine Beimischung von Parasiten. Die mechanische Hypothese ist daher für diesen Fall gänzlich unzulässig. Wenn trotzdem
die Einbringung eines einzigen aus der Drosselader jenes gefallenen
Kaninchens entnommenen Bluttropfens in die Rückenwunde eines
anderen Kaninchens genügte, um dasselbe gleichfalls noch vor dem
Ablaufe des Impftages zu tödten, und wenn auch hier die Menge der
im Blut vorgefundenen Bakteridien eine sehr geringe war, so bleibt
meiner Meinung nach für diese Fälle nur die Annahme eines
chemischen Giftes übrig.

Ich leugne also die Zulässigkeit der mechanischen Hypothese an
sich gar nicht; im Gegenteil, ich halte sie für zulässig und korrekt
für gewisse Fälle. Aber ich halte sie nicht für richtig für die grossen
Infektionskrankheiten, am wenigsten für die epidemischen. Vielmehr
scheint mir die Annahme, welche ich in meinem Vortrage vom
2. August 1845 machte, dass es sich hier um eine Reihe von chemischen
Veränderungen handelt, eine Annahme, welche in der Aufstellung der
Ichorrhämie und Sephthämie ihren Ausdruck gefunden hat, für diese
grossen Krankheitsformen immer noch die allein zulässige. Dass es
giftige Mikroorganismen gibt, welche, wie der Fliegenschwamm, wenn
sie genossen werden, schädlich wirken, will ich nicht bestreiten; bestimmte Tatsachen für diese Annahme scheinen mir jedoch bisher nicht
in genügender Zahl vorzuliegen. Es bleibt daher nur die fermentative
oder zymotische Theorie übrig. Danach würde der Mikroorganismus
durch seine Vegetation aus Stoffen, welche er der Nachbarschaft entzieht und welche er bei dem Aufbau seines Leibes und bei seiner
Vermehrung verwendet, neue Stoffe erzeugen, wobei als Abfall und
Auswurfsstoff ein Körper von bestimmten schädlichen Eigenschaften
entsteht. So erzeugt der Pilz des Mutterkorns das sogenannte Ergotin,
eine höchst wirksame giftige Substanz, so der Gährungspilz den
Alkohol, dessen schädliche Wirkungen hinreichend bekannt sind.

Diese abgesonderten Gifte sind begreiflicherweise auch trennbar
von den Mikroorganismen, welche sie erzeugt haben; ihre Wirksamkeit
ist nicht gebunden an die Anwesenheit der Pilze, gerade so wenig
wie die Pilze selbst giftiger Natur sind. Hefe, welche ganz aus
Gährungspilzen besteht, hat man gelegentlich Kranken in so grossen
Mengen gegeben, wie Salat von Gesunden genossen wird, und doch
zeigte sich kein bedenkliches Symptom. Es ist daher sehr wohl denkbar, dass an einer Impfstelle oder an der Stelle einer Verletzung im
menschlichen Körper sich ein Pilzherd bildet, der in grosser Menge
Gift absondert, welches nicht bloss die Nachbargewebe tödtet, sondern
auch in Blut und Lymphe übergeht und das Leben des Individuums
gefährdet, ohne dass die Pilze selbst in das Blut gelangen, und ohne
dass die etwa in dasselbe gelangten jedesmal eine pathogenische[1])

---

1) Man achte auf das Eigenschaftswort „pathogenisch"! Virchow hat
nach meiner Meinung mit Recht das Wort „pathogen" im Sinne von „krank-

Bedeutung haben. Nachdem es **Panum** gelungen ist, aus faulenden Flüssigkeiten ein neugebildetes Gift wirklich zu isolieren, kann es nicht mehr zweifelhaft sein, dass die faulige Infektion, die Sephthämie, nicht auf die mechanischen Störungen durch Mikroorganismen bezogen werden darf.

Daraus folgt jedoch keineswegs, dass auch die Erzeugung des Fäulnisgiftes ohne die Anwesenheit der Fäulnisorganismen möglich sei, oder dass wir von den Mikroorganismen ganz absehen dürften. Im Gegenteil, je genauer wir untersuchen, umsomehr stellt sich heraus, dass es gerade diese Organismen sind, welche die Schädlichkeit erzeugen. Freilich darf man diese Erfahrung nicht ins Ungemessene ausdehnen, und, wie es schon hie und da geschieht, jede Fermentwirkung auf Pilze beziehen. Jede organische Zelle hat die Fähigkeit, für ihre eigene Entwicklung und Tätigkeit gewisse Stoffe aus der Nachbarschaft anzuziehen, in sich aufzunehmen und zu verarbeiten, während sie andere, verbrauchte und häufig recht schädliche Stoffe aus sich ausscheidet. Bei sehr reichlicher Zellenbildung erreicht auch die Grösse dieser Umsetzungen ein hohes Mass, und es liegt gar kein Bedürfnis vor, für die Entstehung der Abfallstoffe noch wieder auf die Hilfe von Pilzen zurückzugehen. Selbst da, wo wirkliche Fermentkörper erzeugt werden, finden wir vielfach nur gewöhnliche Zellen an der Arbeit. Das lehrt namentlich die Geschichte der Verdauungsstoffe. Das Pepsin, wie die so wirksamen Fermente des Mund- und des Bauchspeichels sind Zellerzeugnisse, an deren Bildung kein Pilz beteiligt ist. Wer dies bezweifelt, der könnte ebensogut auf den Gedanken kommen, die wirksamen Teile des Samens seien nicht die Samenfäden, sondern besondere Pilze. So wird auch die Pathologie neben den Pilzen noch immer die Wirksamkeit der gewöhnlichen Zellen und der durch sie hervorgebrachten, häufig infizierenden Stoffe als pathogenetisches Moment festhalten müssen."

Mit überlegener Verstandesschärfe hat hier **Virchow** die allerwichtigsten Probleme in der Lehre vom Zustandekommen der Infektionskrankheiten erörtert. Und das geschah vor jetzt 38 Jahren, also zu einer Zeit, als **Koch** eben anfing, sich mit der Aetiologie der Infektionskrankheiten zu beschäftigen.

Die Zahl der von **Virchow** im Jahre 1874 antecipierten und von seiner Infektionstheorie geforderten mikroparasitären Gifte ist gegenwärtig schon sehr gross, und einige von ihnen, beispielsweise das Diphtheriegift und das Tetanusgift, erzeugen Krankheitsprozesse, welche von den durch die lebenden Erreger der Diphtherie und des Tetanus hervorgebrachten Krankheitsbildern nicht unterscheidbar sind.

---

heiterzeugend" abgelehnt. Er machte darauf aufmerksam, dass „**Diogen**" (Diogenes im Griechischen) der von Zeus gezeugte bedeutet. Demnach würde „**pathogene Parasiten**" übersetzt werden müssen mit „Parasiten, welche durch eine Krankheit entstehen, oder im Verlauf einer Krankheit sich einstellen" — ein Begriff, dem **Liebreich** durch das Wort „**Nosoparasit**" Ausdruck verliehen hat. Wenn **Virchow** sagen will, dass es sich um ein krankheitserzeugendes Agens handelt, dann gebraucht er das Wort „**pathogenetisch**" (cfr. S. 9).

Sollen wir nun einen durch fertiges Tetanusgift zustandekommenden Tetanus vom Begriff der Infektion ausschliessen?

Ich habe mich daran gewöhnt, auch die durch Bakteriengifte entstehenden Krankheiten als Infektionen zu betrachten und zu bezeichnen, unterscheide sie aber durch den Ausdruck „toxische Infektion" von der „parasitären Infektion", welche bei der spontanen Entstehung der Infektionskrankheiten die Regel ist.

Haben wir uns aber erst einmal entschlossen, die von lebenden Krankheitserregern ausserhalb des tierischen und menschlichen Organismus produzierten Gifte den „Infektionsstoffen" zuzurechnen, dann ist es durchaus konsequent, dass man nicht bloss die mikroparasitären, sondern auch die makroparasitären Gifte, z. B. das Trichinengift, wenn ein solches nachgewiesen werden sollte, den Infektionsstoffen oder Infektionsgiften einreiht, ja dass man noch weiter geht und mit Virchow auch die Gifte solcher lebender Organismen, welche nicht eine parasitäre Existenz im menschlichen und tierischen Körper führen können, als Infektionsgifte bezeichnet, zumal wenn sie chemisch und toxikologisch, sowie hinsichtlich der Immunisierung und der Antitoxinproduktion ein analoges Verhalten zeigen wie die gut bekannten Infektionsgifte mikroparasitären Ursprungs.

Auf diese Weise gelangen wir dazu, nicht bloss dasSchlangengift, welches von einem lebenden animalischen Organismus erzeugt wird, sondern auch die von vegetabilischen Organismen herstammenden genuinen Gifte, z. B. das Ricin, das Abrin, das Robin, das Phallin, den Infektionsstoffen einzuordnen.

Alle infektiösen Gifte (Toxine) haben das gemeinsam, dass sie Poteinkörper sind und im animalischen Organismus Antikörper produzieren.

Die Infektionsstoffe lassen sich folgendermassen einteilen:

Infektionsstoffe:

Belebte Infektionsstoffe (Parasitäre Mikroorganismen)	Unbelebte Infektionsstoffe (Infektiöse Gifte)
	Animalische Gifte Vegetabilische Gifte
	Bakterielle Gifte Gifte aus andern Mikroorganismen und aus höheren Pflanzen
Unlösliches Bakteriengift Gelöste bakterielle Gifte	
Genuine Gifte	Modifizierte Gifte

Zweites Kapitel.

Infektiöse Gifte; Virusarten; Infektionswege; infektiöse Incubation spezifische Proteolyse und toxische Karyolyse.

Erster Abschnitt. Infektiöse Gifte.

Nicht alle Proteinkörper, welche im animalischen Organismus spezifische Antikörper zu erzeugen vermögen, sind infektiöse Gifte; auch nicht einmal alle giftigen Proteine; vielmehr werden wir die Bezeichnung „infektiöses Gift" nur einem solchen Protein zubilligen dürfen, welches das klinische Bild einer Infektionskrankheit hervorzurufen vermag. In diesem Sinne haben wir in erster Linie hierher zu rechnen das Diphtheriegift und das Tetanusgift, dann das Botulin, das Rauschbrandgift, das Pyocyaneusgift, das Heufiebergift, das Schlangengift, Skorpionengift und einige andere weniger gut charakterisierte Toxine (Dysenterie-, Pest-, Cholera-, Typhusgift, manche Pilzgifte usw.), welche bei Infektionskrankheiten eine mehr oder weniger ausschlaggebende Rolle spielen.

Der Entdeckung der Infektionsgifte ging voraus die Gewinnung mehrerer giftiger Pflanzenproteine. Das erste giftige Pflanzenprotein ist im Jahre 1884 aus Abrus-Samen isoliert worden.

Abrus precatorius ist eine längst bekannte Papilionacee, die heutzutage in allen Tropenländern verbreitet ist. 1882 wurden Bestandteile dieser Pflanze als Mittel gegen chronische Augenkrankheiten empfohlen. Zu Heilzwecken benutzte man eine Infusion der Samen, welche eine charakteristische Ophthalmie erzeugt („Jequirity-Ophthalmie" genannt, nach dem aus Brasilien stammenden Namen der Pflanze). Bruylants und Vennemann veröffentlichten 1884 (Bulletin de l'Académie Royale de Médecine de Belgique) Untersuchungen, welche die Enzymnatur des wirksamen Prinzips in der Pflanze beweisen sollten. Einige Monate später wurden die Abrussamen von Warden und Waddell („Non-Bacillar Nature of Abrus poison" Callcutta 1884) chemisch analysiert. Die Autoren erfreuten sich bei ihren Studien der Mitwirkung von Robert Koch, der damals gerade in Indien war. Sie zeigten, dass das Abrussamen-Gift, welches sie „Abrin" nannten, ein Proteïnkörper ist. Sie gewannen das Gift in der Weise, dass sie die pulverisirten Samen mit Chloroform und Alkohol vom Farbstoff und Fett befreiten, dann den Rückstand mit Wasser extrahierten und aus dem Extrakte das Abrin mit Alkohol präcipitierten.

Eine genauere chemische Untersuchung der giftigen Substanz im Abrussamen nahm 3 Jahre später Sidney Martin („The Proteids of the Seeds of Abrus precatorius." Proceedings of the Royal Society,

1887, XLII) vor. Er erklärte sein Abrin für eine Mischung eines Globulins und einer Albumose. Das Globulin coagulierte bei seinem Präparat zwischen 75° und 80° C. und verlor dabei seine Giftigkeit. Krehl und Matthes fanden später in einem von E. Merck bezogenen Präparat keine Albumose, sondern bloss genuine Eiweisskörper, die durch Kochen und geringen Säurezusatz aus ihrer Lösung vollständig entfernt werden konnten. Das vom Coagulum befreite Filtrat färbte sich auf Zusatz von Laugen intensiv gelb, gab aber weder die Biuretreaktion noch mit Millon's Reagens Rotfärbung (Arch. f. exp. Pathol. u. Pharmak. 1895). Das Abrus-Globulin ist 1889 von S. Martin und Wolfenden (Proceedings of the Royal Soc. of London. XLVI) in Bezug auf die physiologischen Wirkungen untersucht worden, und es zeigte dabei genau die gleiche krankmachende Aktion wie das Abrin von Warden und Waddel. S. Martin konstatierte weiterhin (l. c.), dass die Wirkung der Abrus-Albumosen qualitativ mit der des Abrus-Globulins identisch, aber viel schwächer ist.

Hellin (Inaug.-Dissert. Dorpat 1891) fand im Dorpater Laboratorium Kobert's, dass das Abrin im nicht defibrinierten Blut der Fibringerinnung entgegenwirkt und im defibrinierten Blut die roten Blutkörperchen zu kleinen Klümpchen zusammenklebt. Diese eigentümliche Einwirkung auf das Blut kommt auch dem Ricin zu, wie Stillmark, gleichfalls im Kobert'schen Laboratorium, schon 1889 festgestellt hatte. Beim Abrin war die Wirkung am meisten ausgesprochen, wenn Hundeblut oder Pferdeblut als Testobject genommen wurde; Kaninchenblut reagierte schwächer auf Abrin. Hellin fand auch, dass das Abrin vom Magen aus viel schwächer wirksam ist als bei subkutaner und intravenöser Injektion.

Das grösste Interesse nehmen für uns aber die Untersuchungen von Ehrlich (Experimentelle Untersuchungen über Immunität. II. „Ueber Abrin." Deutsche med. Wochenschr. 1891, Nr. 44) in Anspruch. Ehrlich immunisierte Tiere gegen Abrin und gewann von den immunisierten Individuen ein antitoxisches Serum („Antiabrin"), welches sowohl gegen die allgemeine wie gegen die lokale Giftwirkung des Abrins Schutz gewährt.

Was die pathologisch-anatomischen Veränderungen im Gefolge einer Abrinvergiftung betrifft, so teilte Verhofsky (Ziegler's Beitr. zur pathol. Anat. und zur allg. Pathologie. 1895, XVIII, Heft 1) darüber mit, dass Kaninchen, denen 0.003 Grm. pro 1 Kgrm. (Abrinpräparat von E. Merck) subkutan inkorporiert werden, in der Bauchhöhle und im Pericardium eine blutig-seröse Flüssigkeit, in den Gedärmen blutigen Inhalt und auf der Schleimhaut des Magens und Darmes weissgraue Ablagerungen erkennen lassen. Die Aussenfläche des Herzens zeigte Ekchymosen. Leber, Nieren, Milz sind blutreich und vergrössert. Während des Lebens waren die vergifteten Kaninchen schläfrig, appetitlos und bekamen profuse, bluthaltige Durchfälle.

Ausser dem Abrin sind dann noch mehrere andere giftige Eiweisse in den Pflanzen gefunden und genauer untersucht worden: Das Ricin aus Ricinus communis (Stillmark, Dorpater Arbeiten, III, 1889. Kobert, Lehrbuch, 1893. Elfstrand, Ueber giftige Pflanzeneiweisse, Upsala 1897. Ehrlich, „Ueber Ricin". Deutsche med. Wochenschr.

1891, Nr. 32); das Robin aus Robina pseudacacia (Power und Cambier, Pharm. Journ. and Trans. 1890); das Phallin aus Agaricus phalloides (Kobert, Lehrbuch, p. 457); das Crotin aus dem Samen von Croton Tiglium (Elfstrand, l. c.). Ich will aber auf diese Gifte hier nicht näher eingehen und statt dessen mich den aus Bakterien gewonnenen giftigen Eiweissstoffen zuwenden.

*   *   *

Das erste giftige Bakterienprotein ist von Panum untersucht worden, welcher seine experimentellen Ergebnisse zunächst im Jahre 1856 anonym in einem dänischen Journal mitteilte und 1874 seine Arbeit: „Ueber das putride Gift der Bakterien, die putride Infektion oder Intoxication und die Septikämie" in Virchow's Archiv erscheinen liess. Panum fand erstens ein von den Eiweisssubstanzen nicht trennbares Gift in bakterienhaltigen Flüssigkeiten; er fand zweitens dass die Wirkung dieses Giftes nach der Passage durch den Magen eine viel geringere Wirkung äussert als nach subkutaner und intravenöser Injektion; und drittens zeigte er, dass das von ihm gewonnene Gift in Bezug auf die Art der krankmachenden Wirkung mit der Wirkung des noch bakterienhaltigen Ausgangsmaterials übereinstimmt.

Diese grundlegenden Untersuchungsergebnisse Panum's sind für eine Weile in den Hintergrund gedrängt und beinahe vergessen worden, nachdem R. Koch seine mikroparasitären Forschungen veröffentlicht hatte (1878) und den Nachweis eines morphologisch gut charakterisierten Mikroorganismus für jede Krankheit forderte, die als eine ätiologisch aufgeklärte Infektionskrankheit gelten sollte. Nicht mit Unrecht sah man jetzt die Bakterien in den von Panum untersuchten Fäulnisgemischen als ubiquitäre bedeutungslose Formen an, deren Verarbeitung nicht der Mühe wert ist. Für die Verarbeitung aber der von R. Koch (Aetiologie der Wundinfektion. 1878) kultivierten Erreger des Milzbrandes, der Mäuseseptikämie und der Streptokokkenpyämie der Kaninchen, zum Zweck der Giftgewinnung lag einerseits solange kein Bedürfniss vor, als man sich der Forderung Koch's (l. c. pag. 22) anschloss, dass die als Krankheitserreger anerkannten Bakterien „ausnahmslos und in derartigen Verhältnissen betreffs ihrer Menge und Verteilung nachgewiesen werden müssen, dass die Symptome der Krankheit ihre vollständige Erklärung dadurch finden", und andererseits, wenn doch jemand sich der Mühe des Giftnachweises unterzog, so musste die Arbeit ebenso erfolglos bleiben, wie sie bei den eben genannten Infektionskeimen noch bis zu dem heutigen Tage erfolglos geblieben ist. Erst als auch solche Mikroorganismen einwandsfrei als Krankheitserreger nachgewiesen wurden, deren Menge und Verteilung im kranken Organismus durchaus nicht die Krankheitssymptome und den Eintritt des Todes genügend aufklärte, wurde von neuem die Giftfrage diskutiert und einer experimentellen Prüfung unterzogen. Schon bei der Tuberkulose und beim Rotz erfüllten die Krankheitserreger nicht mehr die Forderung Koch's vom Jahre 1878. Aber erst bei der Cholera wurde es aufs höchste wahrscheinlich, dass der Tod an dieser Krankheit infolge der Resorption eines von den Koch'schen Kommabacillen im Darm gelieferten Giftstoffes eintrete. Für das Verständnis der Choleraätiologie postulierte daher Koch als notwendige Voraussetzung die Entstehung eines spezifischen Choleragiftes, und in der ersten Cholerakonferenz (1884) sprach er sich darüber in folgender Weise aus (Berliner klin. Wochenschr. 1884, Nr. 32, pag. 498): „Mit der Annahme, dass die Kommabacillen ein spezifisches Gift produzieren, lassen sich die Erscheinungen und der Verlauf in folgender Weise erklären: Die Wirkung des Giftes äussert sich teils in unmittelbarer Weise, indem dadurch das Epithel und in den schwersten Fällen auch die oberen Schichten der Darmschleimhaut abgetötet werden, teils wird es resorbirt und wirkt auf den Gesamtorganismus, vorzugsweise aber auf die Zirkulationsorgane, welche in einen lähmungsartigen Zustand versetzt werden. Der Symptomenkomplex des eigentlichen Choleraanfalles, welchen man gewöhnlich als eine Folge des Wasserverlustes und der Eindickung des Blutes auffasst, ist meiner Meinung nach im wesentlichen als eine Vergiftung anzusehen; denn er kommt nicht selten auch dann zustande, wenn verhältnismässig sehr geringe Mengen Flüssigkeit durch Erbrechen und Diarrhoe bei Lebzeiten verloren sind, und wenn gleich nach dem Tode der Darm ebenfalls nur wenig Flüssigkeit enthält."

Die Diphtherie ist es dann gewesen, bei welcher zuerst nicht bloss ein spezifisches Gift als schliessliche Ursache der Krankheit und des Todes supponiert, sondern auch in greifbarer Form nachgewiesen wurde, und von den Untersuchungen bei der Diphtherie ist daher der Beginn der neuen Aera in der Lehre von den Infektionskrankheiten herzudatieren, welche durch die Auffassung der infektiösen Krankheitsprozesse als Reaktionen auf die Giftwirkung belebter Organismen charakterisiert wird.

Wenn wir einen bestimmten Zeitpunkt für den Beginn dieser neuen Aera nennen sollen, so werden wir ihn an die im Dezember des Jahres 1888 in Pasteur's Annalen erschienene Arbeit von Roux und Yersin anknüpfen müssen, in welcher zuerst die Beschreibung der Gewinnung des Diphtheriegiftes und seiner Eigenschaften in solcher Weise enthalten ist, dass es seitdem jedem halbwegs geschulten Bakteriologen leicht gemacht war, sich durch eigene Versuche von seiner Existenz zu überzeugen. Auf diesen letzteren Umstand lege ich einen besonderen Wert, wenn ich in dieser historischen Darstellung die Abgrenzung der Perioden, in welchen neue und epochemachende Ideen zur Herrschaft gelangten, mit bestimmten Arbeiten und Namen vornehme; denn hier, wie überall bei wichtigen Ereignissen, kann man die Beobachtung machen, dass für sie der Boden vorbereitet sein muss, und dass, wenn man mit kundigem Blick in vergangenen Zeiten nachforscht, gleiche oder ähnliche Ideenkeime schon lange vorhanden gewesen sind, aber sei es wegen ungünstiger Zeitverhältnisse, sei es wegen der geringeren Klarheit und Energie ihrer Vertreter eine grosse Wirkung und eine werbende Kraft nicht entfalten konnten.

Bei der Diphtherie hatte schon in seiner ersten Mitteilung Löffler davon gesprochen, dass sein Bazillus „ein für sehr viele Tiere ausserordentlich deletäres Gift erzeugt"; später (1887) versuchte er aus Kulturen das wirksame Gift, ohne die Mitwirkung von lebenden Bazillen, zur Aktion zu bringen, zunächst aber ohne Erfolg; erst als er (im Anschluss an die Enzymlehre und an die Erfahrungen von Salomonsen und Christmas-Dirckink-Holmfeld über die geringe Widerstandsfähigkeit des enzymähnlichen Giftes in den Jequiritysamen gegenüber höheren Temperaturen (65—70⁰)) im Sommer 1888 erneute Versuche unternahm und das Eindampfen der Kulturen sowie andere differente Eingriffe vermied, kam er zu einem positiven Resultat; er beschickte Glaskolben mit frischem Fleisch, welches zerhackt, neutralisiert, mit Diphtheriebazillen infiziert, dann 4—5 Tage bei 37⁰ C. im Brütschrank gehalten wurde, und es gelang ihm, daraus einen Glyzerinauszug herzustellen, welcher das spezifische Diphtheriegift enthielt. Fällte er nämlich den Glyzerinauszug mit dem fünffachen Volum von absolutem Alkohol und lösste er schliesslich den gereinigten Alkoholniederschlag in wenig Wasser auf, so bekam er mit 0·1—0·2 ml nach subkutaner Injektion bei Meerschweinchen an den Injektionsstellen „derbe fibröse Knoten mit Hämorrhagien in der Muskulatur und Oedemen in der Umgebung, welche zu einer Hautnekrose führten. Die der Injektionsstelle entsprechenden Lymphdrüsen waren geschwollen, von Blutungen durchsetzt." . . . „Injektionen in die Bauchhöhle töteten die Tiere mit den Erscheinungen einer heftigen Entzündung des Peritoneums" (Deutsche med. Wochenschr. 1890, Nr. 5 u. 6).

Es kann darnach kein Zweifel für uns sein, dass Löffler im Jahre 1888 das spezifische Diphtheriegift in Händen gehabt hat. Die Mitteilung seiner Befunde erfolgte im Beginn des Jahres 1889 im Greifswalder medizinischen Verein, zu einer Zeit, als die erste Arbeit von Roux und Yersin schon im Druck vorlag.

Erst durch die Untersuchungen dieser beiden Autoren sind wir mit den Bedingungen bekannt geworden, unter welchen das Diphtheriegift in den Kulturen leicht nachweisbar wird, und von denen es abhängig ist, dass man das einemal mit Bruchteilen eines Milliliters Meerschweinchen und Kaninchen in kurzer Zeit unter den charakteristischen Symptomen der Diphtherievergiftung töten kann, während ein andermal erst die Einspritzung von 35 ml. und darüber Intoxikationserscheinungen hervorruft. Sie zeigten nämlich, dass es gar nicht besonders kunstvoll zusammengesetzter Nährböden bedarf, um das Gift in reichlicher Menge zu gewinnen, sondern dass die gewöhnliche Bouillon dazu genügt; dass aber alles ankommt auf die Virulenz der Diphtheriebazillen und die Abwesenheit giftschädigender Dinge in der Kultur. Hierdurch schon ist es unwahrscheinlich gemacht worden, dass das Gift etwa in den Nährboden präformiert ist und durch die Tätigkeit der Diphtheriebazillen nur abgespalten wird; beinahe zur Gewissheit ist dann die Abstammung der Giftsubstanz von den Bazillen gemacht worden durch Guinochet, welcher im Laboratorium von Strauss in Paris im eiweissfreien alkalinisierten menschlichen Urin die Diphtheriebazillen züchtete und aus der Kulturflüssigkeit dann (in gleicher Weise wie Roux und Yersin aus Fleischpeptonbouillon-Kulturen) das Diphtheriegift extrahieren konnte. (Nach

Gamaleia, „Les poisons bactériens, 1892.) Später sind noch manche technische Fortschritte in der Diphtheriegewinnung gemacht worden, welche dazu geführt haben, dass man gegenwärtig mit sehr viel stärkerem Gift arbeiten kann als vor 20 Jahren.

Nachdem durch diese Untersuchungen die Aufmerksamkeit auf eiweissähnliche, sehr labile giftige Körper in flüssigen Kulturen krankmachender Bakterien gelenkt war, mehrten sich sehr bald die Mitteilungen über bakterielle Infektionsgifte mit ähnlichen chemischen Eigenschaften. Keines derselben hat aber bis jetzt so grosse wissenschaftliche Bedeutung gewonnen wie das Tetanusgift, welches den Wundstarrkrampf hervorruft.

Dass der Wundstarrkrampf eine Infektionskrankheit ist, wurde zuerst durch Carle und Rattone wahrscheinlich gemacht, zwei italienische Forscher, die im Jahre 1884 den Tetanus bei Tieren hervorriefen durch Einimpfung von Bestandteilen einer tetanusinfizierten Wunde des Menschen. 1885 wies dann Nicolaier im Göttinger Hygienischen Institut von Flügge den Infektionsstoff des Tetanus im Erdboden nach, indem er Gartenerde auf Versuchstiere überimpfte. Es gelang ihm auch, in künstlichen Nährböden den Infektionserreger zu züchten in Gestalt von Köpfchen tragenden Bazillen, die mit den jetzt genau bekannten Tetanusbazillen identisch sind, ohne dass jedoch Nicolaier eine Reinkultur der Tetanusbazillen herstellen konnte. 1886 fand Rosenbach dieselben Bazillen an der Infektionsstelle tetanischer Menschen. 1889 erzeugte Knud Faber mit dem keimfreien Kultur-Filtrat typischen Tetanus. In demselben Jahre lehrte Kitasato die Reinzüchtung des Tetanusbazillus in sauerstofffreien, festen und flüssigen Nährböden und legte damit den Grund zu den weiteren Forschungen über das Tetanusgift und über die Unschädlichmachung desselben durch physikalische und chemische Agentien. An diesen Forschungen war in erster Linie Kitasato selber beteiligt, demnächst Tizzoni und seine Schülerin, Fräulein Cattani, in Italien (Bologna), Roux und Vaillard in Paris, Brieger in Berlin, Buchner in München. Von besonderer Bedeutung wurden die Arbeiten meines langjährigen Mitarbeiters Knorr. Zuerst in Berlin (1892 bis 1894), dann in Halle und Marburg, zuletzt in München hat Knorr immer stärker wirksames Tetanusgift gewonnen und die praktische Verwertung desselben dadurch sehr erhöht, dass er brauchbare Methoden zur Konservierung des gelösten Giftes ausfindig machte.

Die Literatur über das Tetanusgift ist fast unabsehbar und schwillt immer mehr an, seitdem durch die Auffindung spezifischer Beziehungen desselben zu ganz bestimmten Organen im tierischen Organismus die Aussicht eröffnet ist, den Mechanismus des Zustandekommens einer Vergiftung verständlicher zu machen, wodurch das Interesse an dem Studium des Tetanusgiftes sich weit über den Kreis der Bakteriologen hinaus erstreckt. Ich denke dabei namentlich an die wichtigen Arbeiten des Pharmakologen Hans Meyer.

Wegen der so typischen Krankheitssymptome, welche dieses Gift macht, ist es auch in der Tat wie kein anderes befähigt, unzweideutige Auskunft zu geben über die Resorptionsverhältnisse und sonstigen Schicksale von Giften im Tierkörper.

Wichtig sind auch die Untersuchungen über das Schlangengift.

Der erste Forscher, welcher sich mit der chemischen Natur der Schlangengifte beschäftigte, war A. Gautier. Im Jahre 1881 veröffentlichte er eine Arbeit („Les alcaloïdes dérivés des matières protéiques sous l'influence de la vie des ferments et des tissus." Journ. d'anat. et de physiol.), in welcher er unter dem Namen „la najine" und „l'élaphine" zwei aus Schlangengiften gewonnene Alkaloide beschrieb. Gautier erkannte aber später, dass diese Alkaloide nicht das giftige Prinzip der Schlangengifte repräsentieren und erklärte (Académie de médecine. 12. und 19. Januar 1886), dass die Schlangengiftwirkung gebunden sei an eine stickstoffhaltige, nicht krystallisierbare Substanz.

Durch die Untersuchungen von Weir-Mitchell und Ed. T. Reichert, welche Autoren zirka 200 im Zoologischen Garten in Philadelphia lebend gehaltene Giftschlangen verschiedenster Art und ausserdem noch eingetrocknetes Schlangengift von verschiedener Herkunft geprüft haben, ist festgestellt worden, dass nur die flüssigen Bestandteile des Drüsensekretes der Schlangen giftige Substanz enthalten. Die in der Flüssigkeit schwebenden festen Körper sind ungiftig. Die chemische Analyse erwies das Vorhandensein von Globulin und Albumose in der giftigen Flüssigkeit aller untersuchter Schlangen. Auch hier, wie beim Abrin, war die Albumose weniger energisch wirksam und machte mehr lokale Vergiftungserscheinungen, während das Toxoglobulin ohne nennenswerte Irritation an der Injektionsstelle giftige Allgemeinwirkung äusserte. Das spricht dafür, dass die Albumose ein durch Denaturierung des genuinen giftigen Eiweissstoffes entstandener Körper ist, der durch den Akt der Denaturierung abgeschwächt wird. An einem proteolytischen Ferment, welches die Verwandlung von genuinem Eiweiss in denaturiertes bewirken kann, dürfte es im Speichel der Schlangen kaum fehlen. Uebrigens scheint die Denaturierung nach den Angaben der beiden genannten Forscher nicht bloss bis zur Albumosenbildung, sondern bis zu wirklichem Kühne'schen Pepton erfolgen zu können. Die Localwirkung, welche durch den isolierten Eiweisskörper des flüssigen Giftdrüsensekretes erzeugt wird, äussert sich zuerst in starker Schwellung mit Blutextravasation; später entsteht feuchte Gangrän. Vom Magen aus wirkt das Schlangengift nach Weir-Mitchell und Reichert nur dann giftig, wenn der Magen leer ist. (Weir-Mitchell und Reichert. Researches upon the venoms of poisonous serpents." Shmithsonian Contributions to Knowledge . . . Washington 1886.)

Die Ergebnisse meiner eigenen Schlangengiftprüfung lassen sich (für ein von Herrn Calmette aus Lille mir freundlichst zugeschicktes Schlangengiftgemisch [Schl. G.]) durch folgende Zahlen kennzeichnen:

$$1 \text{ g Schl. G. (in Trockensubstanz)} = \left.\begin{array}{l} 2{,}000.000 + \text{K} \\ 1{,}500.000 + \text{M} \\ 1{,}000.000 + \text{Ms} \\ 750.000 + \text{T} \end{array}\right\} \text{subkutan}$$

$$= \text{ca.} \quad 200.000 + \text{M stomachal}$$
$$= \text{ca.} \ 9{,}000.000 + \text{M intracerebral.}$$

Danach ist die Schlangengiftwirkung bei stomachaler Applikation nur fünfmal weniger und auf der anderen Seite bei intracerebraler Applikation nur sechsmal stärker wirksam für Meerschweine als bei subkutaner Applikation.

Nach Calmette („Le venin des Serpents." Société d'Editions Scientifiques. Paris 1896) soll man durch fraktionierte Fällung des flüssigen Drüsensekretes bei 70—95⁰ C. aus demselben coagulable Eiweisskörper abtrennen können, die ungiftig sind, worauf dann in der Flüssigkeit eine nicht dialysierbare Substanz zurückbleibt, welche, nach Beseitigung der Salze eingetrocknet, 40 mal giftiger ist als das getrocknete Schlangengift im Rohzustand in derselben Gewichtsmenge.

Dass eine isopathische Immunisierung gegenüber den Schlangengiften möglich ist, hat Calmette über allen Zweifel erhoben. Ebenso ist sichergestellt, dass die erworbene Immunität auf die Produktion eines spezifischen Antitoxins zurückzuführen ist.

Die letzte Zusammenstellung aller über Schlangengifte bekannten Daten nebst Angaben über die Ergebnisse eigener Studien findet man in dem schönen Buch von Calmette: „Les venins, les animaux venimeux et la sérotherapie antivenimeuse." (Masson & Co. 1907).

Die Giftzähne der Schlangen beziehen ihr Toxin aus den Speicheldrüsen, in welchen es durch innere Sekretion erzeugt wird, um nicht bloss zur Abwehr, sondern auch, nach Beimischung zum Verdauungssaft, der Ernährung zu dienen. Ausser den Schlangen führen auch Skorpionen, Bienen, Spinnen aus giftproduzierenden Speicheldrüsen das Gift eigenartigen Stichapparaten zu. Kröten und Salamander entfernen ihren giftigen Speicheldrüsensaft direkt nach aussen. Manche Schlangen haben auch giftiges Blut.

In Brasilien kommt eine Schlange vor, welche kein Gift absondert, dagegen die bemerkenswerte Eigentümlichkeit besitzt, dass sie Giftschlangen verzehrt, ohne dass sie dadurch irgendwie Schaden erleidet. Diese Schlangenart wird jetzt sorgfältig aufgezogen und dann in Gegenden ausgesetzt, wo Giftschlangen vorkommen, um gegen diese einen Vernichtungskampf auszuführen.

Zweiter Abschnitt. Virusarten.

Unter einem Virus verstehe ich jeden Infektionsstoff, welcher eine contagiöse, d. h. von einem Individuum auf ein anderes übertragbare, Infektionskrankheit erzeugt, gleichgiltig, ob wir seine Natur und seine Existenzbedingungen kennen oder nicht. Ursprünglich haftete dem Begriff „Virus" die Nebenbedeutung an, dass es kein Parasit sein dürfe. Man stellte sich darunter vielmehr ein im kranken Körper entstehendes, den Fermenten verwandtes Agens vor und nannte daher die von einem solchen Agens erzeugten Seuchen auch zymotische Krankheiten. Nachdem aber im Laufe der Zeit viele von den kontagiösen Seuchen auf die Wirkung von parasitären Infektionserregern zurückgeführt worden sind, setzen wir jetzt voraus, dass auch die noch unbekannten oder noch nicht einwandsfrei demonstrierten Virusarten des Keuchhustens, des Gelenkrheumatismus, der Masern, des Scharlach, des Typhus exanthematikus, der Pocken, der epidemischen Poliomyelitis, des Mumps, des Gelbfiebers, der Rinderpest, der Maul- und Klauenseuche usw. durch Mikrobien repräsentiert werden.

Die Bekanntschaft mit den **bakteriellen** Virusarten bei Ihnen voraussetzend, will ich hier nur kurz die **nicht-bakteriellen** Parasiten des Menschen und der für ihn wichtigen Tiere aufzählen.

Die **Hautparasiten** aus der Gruppe der **Schimmelpilze** sind schon an anderer Stelle erwähnt worden. Zu den Schimmelpilzen rechnen wir auch den Erreger der **Aktinomykose**.

Sprosspilze sind von manchen Autoren in Beziehung gebracht worden zu der Entstehung bösartiger Geschwülste, ohne dass jedoch bis jetzt überzeugende Beweise dafür vorliegen.

Ausserordentlich zahlreich sind die dem **Tierreich** angehörenden Erreger von Infektionskrankheiten.

Unter den **Nematoden** nenne ich besonders das Ankylostoma duodenale, dessen Larven, welche aus den Ankylostoma-Eiern in den Injektionen kranker Personen entstehen und ohne Zwischenwirt auf den Menschen übertragen werden.

Die **Trichinen** sind wahrscheinlich aus China im Beginn des vorigen Jahrhunderts zu uns eingeschleppt worden. Sie passieren erst den Ratten- und Schweinekörper, ehe sie als eingekapselte Muskeltrichinen auf den Menschen stomachal übergehen.

Von den **Filarien** verdient die **Filaria Bancrofti** besonders erwähnt zu werden. Sie ist in tropischen Ländern heimisch und dort u. A. von **Manson** genauer studiert worden bezüglich ihrer Uebertragung auf den Menschen durch Vermittelung von Stechmücken. **Manson's** Vermutung, dass ein ähnlicher Uebertragungsmodus auch bei der Malariaentstehung stattfinde, ist später von **Donald Ross** zunächst für das **Proteosoma** der Vogelmalaria und dann gegen Ende des vorigen Jahrhunderts für die Malaria des Menschen bestätigt worden.

Die durch **Laveran** entdeckten, durch **Celli**, **Marchiafava**, **Golgi** morphologisch genauer differenzierten, von **Grassi**, **Schaudinn**, **R. Koch** u. A. in ihren sehr komplizierten Fortpflanzungsverhältnissen untersuchten Malariaparasiten der Febris tertiana (Plasmodium vivax), der Febris quartana (Plasmodium malariae) und der febris tropica (Plasmodium immaculatum) gehören nach dem leider zu früh verstorbenen Protozoenforscher **Schaudinn** zu den Flagellaten, und zwar zu der Unterart der **Haemosporidien**, welche den Kokzidien nahe stehen. Sie machen einen geschlechtlichen Entwickelungsgang („Sporogonie") in der Stechmückenart „Anopheles" und einen ungeschlechtlichen („Schizogonie") im Blut des Menschen durch. Während des ersteren entstehen durch die Befruchtung **weiblicher** (vom Menschen herstammender) „Gameten" durch die Geisseln **männlicher Gameten**, welche, wie jene, mit dem Blut von Malariakranken in den Mückenmagen gelangen, neue **wurmähnliche** Gebilde. Diese enzystieren sich in der Magenwand der Mücke, schwellen hier bis zur 6 fachen Grösse eines roten Blutkörperchens an, bilden dann Tochterzysten (Sporoblasten), in denen Sichelkeime (Sporozoiten) entstehen. Die schliesslich frei gewordenen Sporozoïten gelangen aus der Leibeshöhle in die Speicheldrüsen und von hier mit dem Stachel des Stechapparates in das menschliche Blut. In diesem infizieren sie

Erythrozyten und bilden hier Ringformen, aus welchen sich amöboide Plasmodien entwickeln. Diese teilen sich in Margueriten-Gestalt, aus welcher sich „Merozoiten" loslösen, die sich schliesslich zu männlichen und weiblichen Gameten entwickeln. Nach Schaudinn, welchem wir die Kenntnis dieses Entwickelungszyklus verdanken, können die Gameten in geschlechtslose Formen zurückverwandelt werden, von neuem Erythrozyten infizieren und so Malaria-Recidive erzeugen.

Wie von den Haemosporidien der Malaria werden auch von den gleichfalls zu den Protozoen gehörenden birnförmigen Proteosomen rote Blutkörperchen infiziert. Sie erzeugen u. A. die Haemoglobinurie (Texasfieber) der Rinder und werden auf diese durch „Zecken", eine achtbeinige Arachneidenart, übertragen. Aehnlich verhält es sich mit dem ostafrikanischen Küstenfieber der Rinder, bei welchem das infizierende Pirosoma aber kleiner ist als beim Texasfieber. Hämoglobinurie tritt nur selten beim Küstenfieber auf.

Unübersehbar gross ist die Zahl der durch Trypanosomen erzeugten Infektionskrankheiten. Auch sie gehören zu den Protozoen. Ihre Stellung im System kann durch folgendes Schema (nach Doflein und v. Provaczek) gekennzeichnet werden.

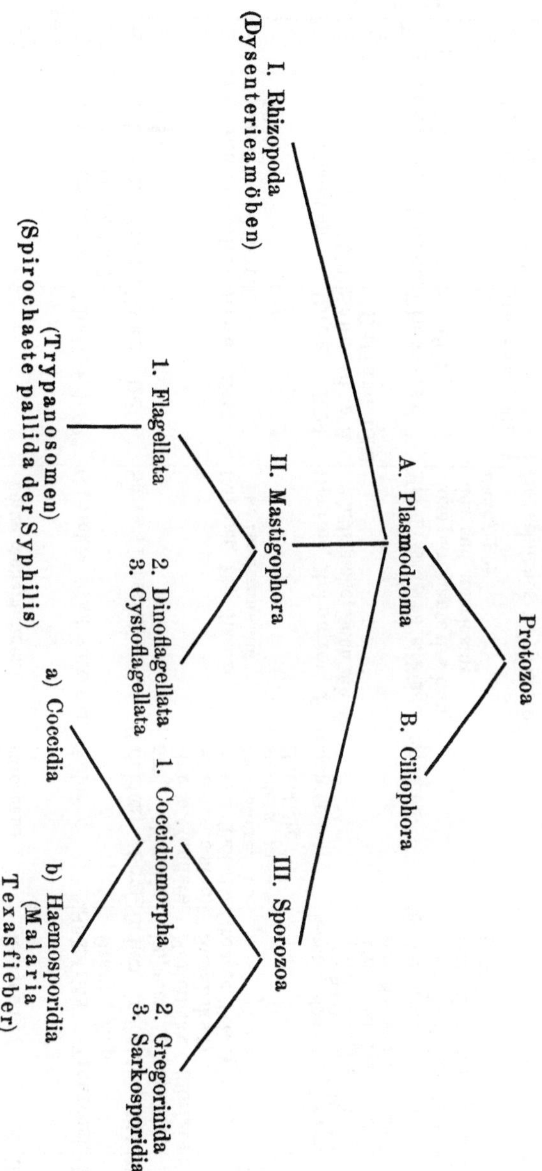

Das nachstehende Schema von N o c h t und M a y e r betreffend die wichtigsten Trypanosomenkrankheiten und der Existenzbedingungen ihrer Erreger, welches in dem Lehrbuch von Kolle und Hetsch (S. 737) abgedruckt ist, gibt uns eine vortreffliche Uebersicht über den gegenwärtigen Stand der Trypanosomenforschung.

Uebersicht über die wichtigsten Trypanosomen nach Nocht und Mayer.

Einteilung nach R. Koch	Zoologischer Name	Zuerst beschrieben durch	Name der verursachten Krankheit	Der natürlichen Infektion ausgesetzt	Geographische Verbreitung	Ueberträger
Gruppe I Konstant in bezug auf Morphologie, Virulenz und Wirtstier	Tr. Lewisi (Kent, 1880)	Chaussat 1850 Lewis 1878	(macht gewöhnlich keine ausgesprochenen Krankheitserscheinungen)	Ratten, Mus rattus, decumanus, rufescens	Scheinbar überall, wo die betr. Ratten vorkommen	Rattenflöhe (nach Rabinowitsch & Kempner) Haematopinus spinulosus (Burmeister) nach v. Prowazek
	Tr. Theileri (Laveran, Bruce, 1902)	Theiler 1902	Galziekte (Gall sickness)	Rinder	Südafrika: Transvaal, Oranje, Kap	Hippobosca rufipes (?)
Gruppe II Inkonstant in bezug auf Morphologie, Virulenz und Wirtstier	Tr. Evansi (Steel, 1885)	Evans 1880	Surra (Tebersa)	Equiden, Bovinen, Kamele, Hunde (andere Säuget. selten)	Indien, Indochina, Philippinen, Mauritius, Nordafrika (übriges Südafrika?)	Tabanus tropicus und lineola? Stomoxyscalcitrans und nigra?
	Tr. Brucei (Plimmer & Bradfort, 1899)	Bruce 1884	Nagana, Fly disease, Tse-tse-Krankheit	Grosser Teil der Säugetiere, besonders unsere Haustiere	Grosser Teil Afrikas	Glossina morsit. u. fusca. Glossina pallidipes? Parasitenträger: das grosse Wild
	Tr. equiperdum (Doflein, 1901)	Rouget 1894 Schneider & Buffard 1899	Dourine, Mal du coit, Beschälseuche, Zuchtlähme	Equiden	Europa (Spanien, Ungarn, Süd-Russland). Südliche Mittelmeerküste: Nord-Afrika, Kleinasien, Persien, N.-Amerika, Chile?	Uebertragen durch Koitus
	Tr. equinum (Voges, 1901)	Elmassian 1901	Mal de Cadéras s. Flagellose parésiante des Equidés sud-americains Baacy-poy	Equiden	Südamerika (Argentinien, Bolivien, Brasilien, Uruguay, Paraguay)	Mosca brava: Stomoxys calcitr. u. nebulosa (?) Parasitenträger: Hydrochoerus capibara (?)
	Tr. gambiense (Dutton, 1902) Tr. Castellani (Kruse, 1903) s. ugandense (Castellani, 1903)	Dutton 1901 Castellani 1903	Menschliches Trypanosomenfieber Schlafkrankheit (sleeping sickness)	Mensch	Aequatorial-Afrika	Glossina palpalis
	Tr. dimorphon (Dutton & Todd, 1904)	Dutton & Todd 1904	Trypanosomenkrankheit der Pferde in Gambia	Pferde	Senegambien	Glossina palpalis? Stomoxys?

Zu den Flagellaten gehört auch der von Schaudinn zusammen mit Hoffmann entdeckte Erreger der Syphilis, die Spirochaete pallida, mit deren Studium eine neue Epoche der Syphilisforschung eingesetzt hat.

Auch die Spirochaete Obermeieri, die schon seit dem Jahre 1868 bekannt ist, gehört zu den Flagellaten, ebenso die afrikanische von R. Koch entdeckte Recurrens-Spirochaete und viele Erreger von Spirillosen verschiedener Tierarten.

Von den Flagellaten sind einige auch künstlich gezüchtet worden z. B. das Trypanosoma Lewisi, welches durch eine Läuseart (Haematopinus spinulosus) unter den Ratten verbreitet wird.

Dritter Abschnitt. Infektionswege.

Ueber die Art und Weise, wie ein Virus in den Organismus transportiert wird, welchen es krank macht, kann bei solchen Infektionen, die durch den Stich von Insekten und anderen mit Stechapparaten versehenen Ueberträgern erzeugt werden, ein Zweifel ebensowenig bestehen, wie bei der Infektion mit Schlangengift durch Schlangenbiss. Es kommt dabei zu einer direkten Blutinfektion, und man hat dann weiterhin nur noch zu erforschen, welchen Weg das krankmachende Agens vom Blut aus einschlägt, um zu denjenigen vitalen Elementen zu gelangen, durch deren Schädigung es den Krankheitsprozess auslöst.

Aehnlich liegen die Verhältnisse beim Tetanus, wenn der bazilläre Erreger dieser Krankheit oder seine Dauerform mit Glassplittern, Holzsplittern, Geschossen usw. durch die Haut hindurchbefördert wird. Auch die Infektion von schon vorhandenen Wunden mit den Erregern pyämischer und septikämischer Krankheiten, und solche Infektionen, welche im Geschlechtsverkehr entstehen, sind recht durchsichtig in ihrem Uebertragungsmodus.

Die Entscheidung über die Frage nach der Eintrittspforte für das Virus und, nach seinem Uebertritt in das Blut, in die Gewebssäfte und Organe, kann aber sehr schwierig sein, wenn einerseits Läsionen der Körperoberfläche und der epithelbekleideten Hohlräume, welche mit der Aussenwelt kommunizieren, nicht vorhanden sind, und wenn andererseits dem Virus keine Mittel zur Durchdringung der äusseren und inneren Schutzdecke des von ihm bedrohten Organismus zur Verfügung stehen.

Welche Invasionsmöglichkeiten in einem solchen Fall in Frage kommen, ist wohl am eingehendsten studiert und diskutiert worden bei der tuberkulösen Infektion, und diese soll uns deswegen hier als Paradigma für die Besprechung der Infektionswege dienen.

Dass die Lungenschwindsucht, welche wir seit dem Jahre 1882 mit R. Koch auf den Tuberkelbazillus zurückführen, eine kontagiöse Krankheit ist, wurde im Laufe der vorangegangenen Jahrhunderte oft behauptet und oft geleugnet. Im 18. Jahrhundert galt sie für die meisten medizinischen Autoritäten nicht für ansteckend. Aber Morgagni sagt im 22. Briefe des 13. Bandes seines Werkes „De sedibus morborum" (ich zitiere die Uebersetzung von G. Herrmann): „Nachdem Valsalva noch in jüngeren Jahren einmal Gefahr lief, schwindsüchtig zu werden, wie es auch in seinem Leben ist beschrieben worden, so hat er meines Erachtens die Körper solcher Leute, welche an dergleichen ansteckenden Krankheiten gestorben waren, nachher weniger untersucht. Ich aber für meine Person (dass ich mich aufrichtig gegen Sie entdecke) habe, da ich noch jung war, solche Leichname mit aller Sorgfalt vermieden, und fliehe sie auch noch, da ich schon ein Greis bin. Und zwar tat ich es damals deswegen, um mich selbst in Acht zu nehmen, jetzt aber, um die studierende Jugend vor Nachteil zu bewahren. Ich tue dies zwar vielleicht mit mehr Behutsamkeit, als nötig wäre, allein es ist doch allemal sicherer. Daher hat Valsalva also nicht eben viele solcher Leichname eröffnet, ich aber kaum einen einzigen.“

Vielleicht hängt mit dieser Stellungnahme Morgagni's die von Laënnec erwähnte Tatsache zusammen, dass zwar nicht in Frankreich, aber in Italien die Ansteckungsgefahr durch Schwindsüchtige bis in das 19. Jahrhundert hinein für sehr gross gehalten worden ist, — ähnlich wie bei uns, unter dem Einfluss der Koch-Cornet-Flügge'schen Lehre von der lungenschwindsuchterzeugenden Wirkung des inspiratorischen Bazillenimports, die pulmonale Primärinfektion als weitaus überwiegender Infektionsmodus angesehen wird.

Morgagni's Furcht, phthisisch zu werden durch die Berührung tuberkulöser Leichen, wird jetzt nicht mehr von uns geteilt. Auch seine sonstigen nosophobischen Aeusserungen werden gegenwärtig als mangelhaft begründet zurückgewiesen werden müssen. Für seine Zeitgenossen und die vielen aus seiner Schule hervorgegangenen Aerzte des 18. Jahrhunderts besass er aber eine so grosse Autorität, dass man sich nicht wundern darf über die Phthiseophobie, welche in Italien das Studium der Tuberkulose lange Zeit beeinträchtigt hat.

Villemin (Etudes sur la tuberculose 1868) hat die wissenschaftliche Analyse des Contagiositätsproblems ein grosses Stück vorwärts gebracht durch den Nachweis, dass die Krankheitsprodukte phthisischer Menschen für Meerschweine und Kaninchen infektiös sind, wenn man sie inokuliert, d. h. in das Gewebe dieser Tiere verpflanzt nach voraufgegangener willkürlicher Verwundung. Er war aber weit entfernt von der Annahme, dass er durch seine experimentelle Tuberkuloseübertragung auf einige Tierarten das den Menschen angehende Contagiositätsproblem gelöst habe. Die Frage, ob die Schwindsucht vererbt wird, hat er in der noch immer modernen Form beantwortet, dass nicht die Krankheit, wohl aber eine Anlage zur Krankheit vererbt wird, und diese Anlage findet er im „lymphatischen Temperament“, welches aber nur insoweit die Disposition zur Tuberkulose oder die tuberkulöse Diathese bedinge, als es dem exogenen Tuberkulosevirus einen günstigen Nährboden darbiete (l. c. S. 273). Ob das hypothetische Virus vererbt werde, lässt er dahingestellt. Auch die Frage lässt er offen, ob ein gesunder Mensch durch Anhusten von Seiten eines Phthisikers und durch die von tuberkulösen Menschen ausgeatmete Luft angesteckt werden könne (cfr. den Versuch von Leblanc l. c. S. 624). Inwieweit seine tier-

experimentellen Uebertragungsversuche auf die Möglichkeit der Phthiseogenese nach subkutaner Wundinfektion Schlussfolgerungen zulassen,
lasse gar nichts sagen. Das einzige ihm bekannte Beispiel einer traumatischen Entstehung der tuberkulösen Lungenschwindsucht ist die
Laënnec'sche Selbstinfektion.

Im Grossen und Ganzen neigt Villemin zu einer Theorie der
epidemiologischen Tuberkulose- und Schwindsucht-Entstehung, die
grosse Aehnlichkeit hat mit Pettenkofer's Infektionstheorien. Er
stellt sich das Virus als eine Art von Miasma vor, welches erst
ausserhalb des menschlichen Organismus denjenigen Virulenzgrad
bekommt, der es dazu befähigt, mit der Atmungsluft in das Blut zu
gelangen und vom Blute aus die Prädilektionsstellen des menschlichen Organismus, in erster Linie die Lungen, tuberkulös zu machen.

Wir können heutzutage mit solchen miasmatisch-kontagiösen Hypothesen und Theorien nicht viel anfangen. Weder die epidemiologische
Statistik, noch das Experiment hat irgend etwas dazu beigetragen,
ihre Berechtigung zu erweisen. Nicht bloss für die Cholera, den
Abdominaltyphus, die Ruhr, die Bubonenpest, greifen wir jetzt zurück
auf die Annahme von Infektionsmodis, welche von der Atmungsluft
ganz absehen, sondern auch die „mala aria", an deren miasmatischer,
alles durchdringender Energie früher kein Naturforscher und kein Laie
gezweifelt hat, ist uns ein Trugbild geworden. Nicht kleinste infektiöse
Molekel schwirren in der Luft herum und durchdringen die innere und
äussere Körperbedeckung, sondern weithin sichtbare, mit blossem Auge
erkennbare geflügelte Insekten, oder springendes und kriechendes Un-
geziefer, bewirken den Transport von Infektionserregern und machen
die Malaria, den exanthematischen Typhus, den Typhus recurrens, die
Schlafkrankheit usw. zu typischen Wundinfektionskrankheiten.
Wir kennen noch keine einzige Infektionskrankheit, deren epidemische
Verbreitung durch direkte Aufnahme des Infektionsstoffes in die gesunden menschlichen Lungen einwandsfrei bewiesen ist. Dass im Tierexperiment willkürlich, auf gewaltsame Weise, eine unmittelbare tuberkulöse Lungeninfektion bewerkstelligt werden kann, ist, für mich
wenigstens, ebensowenig beweisend für die inspiratorische Lungenschwindsuchtsentstehung beim Menschen, wie die Behauptung es sein
würde, der epizootizch auftretende Milzbrand sei eine Inspirationskrankheit, weil Buchner bewiesen habe, dass man bei Laboratoriumstieren
auf inhalatorischem Wege primären Lungenmilzbrand erzeugen könne.
Uebrigens halte ich es noch gar nicht für ausgeschlossen, dass die
experimentellen Lungenmilzbrandfälle Buchner's auf eine primäre
Infektion der lymphatischen Receptorenapparate des Pharynx zu beziehen sind, von denen aus dann, auf dem Umwege über die Bronchialdrüsen, die Lungen infiziert worden sind. Sicherlich ist in diesem
Sinne der Inhalationsmilzbrand von Wollsortierern, Arbeitern in Hut-
fabriken u. s. w. zu interpretieren.

In den älteren Berichten über gelungene Lungentuberkulose-
erzeugung durch absichtliche Inhalation von verstäubtem tuberkulösem
Sputum und anderem in der Atmungsluft suspendiertem tuberkulösem
Material vermisse ich fast überall Angaben darüber, wie die zu den

Bronchial- und Mediastinaldrüsen führenden Lymphbahnen der Hals-
organe beschaffen waren. Seit Schweninger vor ca. 40 Jahren
gezeigt hat, dass die Wand der Lungenalveolen mit den Lymphwegen
communiciert, wodurch ermöglicht wird, „dass nicht nur Flüssigkeiten,
sondern auch der Luft beigemengte kleinste corpuskuläre Elemente
von den Bronchien her in die Lungen eindringen und weiter befördert
werden können," wurde fast allgemein als selbstverständlich angenommen,
dass die nach Inhalationsversuchen im interstitiellen Lungengewebe
und an der Pleura auftretenden Tuberkel der Zufuhr des Tuberkulose-
ansteckungsstoffes durch den Kehlkopf und die Bronchien hindurch,
bis in die Lungenalveolen hinein, ihren Ursprung verdanken müssten,
sodass man die Begriffe „Inhalationstuberkulose" und „primäre
Lungentuberkulose" oder „Inspirationstuberkulose" identi-
ficieren könne.

Zur allgemeinen Verbreitung dieser Hypothese hat sehr viel beigetragen Ludwig Traube's (von Leuthold 1866 in der Berliner
klinischen Wochenschrift veröffentlichte) Untersuchungen von Kohlen-
teilchen im Lungenparenchym.

Traube hatte schon 1860 (Deutsche Klinik Nr. 49 und 50) die
Anwesenheit von Kohlepartikeln im Sputum von Phthisikern beschrieben.
Aber erst die von Leuthold mitgeteilten Sektionsbefunde Cohnheim's bewiesen ihm die Tatsache, dass inspirierte Kohlepartikel in
die Zellen der Lungenalveolen eindringen und legten die Vermutung
nahe, dass das in melanotischen Lungen zu findende schwarze Pigment
seine Herkunft ableitet von Kohleteilchen, welche durch Inspiration
in die alveolären Zellen befördert werden. Nun sind aber die grossen
Kohlepartikel im Sputum, welche Cohnheim abgebildet hat, sicherlich nie in den Interstitien der Alveolen gewesen, und andererseits
können die im Lungenparenchym zu findenden kleinsten Kohlepartikel
auch auf dem Umwege über die Lymphgefässe des Halses eingewandert
sein. Im Experiment lässt sich diese Art des Imports, z. B. bei der
Anwendung chinesischer Tusche, mit grosser Sicherheit bewerkstelligen,
und für den Menschen wird die Annahme des tatsächlichen Vorkommens einer primär-lymphogenen Kohlezufuhr zum Lungenparenchym sehr wahrscheinlich gemacht gerade durch die genaue Analyse
der Traube-Cohnheim'schen Fälle.

Dass die Phthisis, wenn sie als eine contagiöse Krankheit aufzufassen sein sollte, unter den von Natur gegebenen Infektionsbedingungen in der Regel eine Inspirationskrankheit sein müsse, war
für alle älteren Forscher noch bis in die letzten Jahrzehnte hinein so
selbstverständlich, dass sie über andere Möglichkeiten eines primären
Virus-Imports nur selten nachgedacht haben. So sagt Cohnheim
Vorlesungen über allgemeine Pathologie. 1880 S. 221 ff.):

„Ist auch für die echte Tuberkulose der Lungen und die
spezifische Lungenphthise die Ursache in Substanzen zu suchen,
welche mit der Atmungsluft in die Bronchien und die Alveolen und
von hier in das Lungengewebe gelangt sind? Darüber diskutieren
wir nicht, dass es ein spezifisches, corpusculäres Virus sein
muss, auf dem die Tuberkulose beruht, sondern nur das ist fraglich,
ob dies Virus mit der Atmungsluft in den Körper gelangt oder ob

es auf irgend einem andern Wege, etwa von einer Verletzung vom
Darm aus, aufgenommen wird. Möglich ist Beides, und da wir bislang mit den morphologischen oder chemischen Eigenschaften des
Tuberkelvirus nicht hinreichend vertraut sind, um dasselbe positiv
diagnostizieren zu können, so ist eine sichere Entscheidung jener
Frage z. Z. unmöglich. Erwägen wir indessen die Wahrscheinlich-
keiten des einen oder anderen Infektionsmodus, so kann man sich
meines Erachtens nicht gegen die Tragweite des von allen Beob-
achtern aller Orte konstatierten Erfahrungssatzes verschliessen, dass
kein Organ in gleicher Häufigkeit und Intensität von der
Tuberkulose befallen wird, wie die Lungen. Ausserordentlich häufig sind die Lungen mitsamt den Bronchialdrüsen und den
Pleuren die einzige Lokalität, in der die Tuberkulose sich etabliert,
und in zahllosen andern Fällen lehrt sowohl die Krankengeschichte,
als auch der Leichenbefund, dass die Erkrankung der Lungen der
aller übrigen Organe voraufgegangen ist. Dabei kann, was Sie wohl
berücksichtigen wollen, nicht davon die Rede sein, dass der Respirationsapparat etwa einen besonders günstigen Boden für Ansiedelung und
Entwicklung der tuberkulösen Prozesse bilde; denn sowohl die Impftuberkulose, als auch die Erfahrung des Krankenbetts und Leichen-
tisches zeigen in der unzweideutigsten Weise, dass nicht blos fast
kein Organ gegen die Tuberkulose immun ist, sondern dass im Gegenteil die Mehrzahl aller Organe des Körpers, Darmkanal wie Nieren,
Genitalien wie Leber, Milz, Knochenmark, Centralnervensystem etc.,
dass, sage ich, alle diese Apparate für die Tuberkulose in beinahe
gleichem Grade empfänglich sind. Wenn aber trotz dieser gleichen
Empfänglichkeit die Atmungsorgane so ungemein bevorzugt werden,
weist das nicht unverkennbar darauf hin, dass gerade sie von dem
Virus gewöhnlich zuerst getroffen werden oder mit anderen Worten,
dass sie die gewöhnliche Eingangspforte für das tuberkulöse Virus bilden? In dieser Auffassung bestärkt mich ferner
ganz besonders der Umstand, dass gerade die bronchialen und tra-
chealen Lymphdrüsen so ungemein häufig und früh von der Tuberkulose ergriffen werden, der Art, dass man sogar nicht selten eine
vorgeschrittene und weitgediehene Verkäsung der Drüsen trifft, während
der Prozess in den Lungen sich erst auf die Eruption sparsamer
Knötchen oder geringfügige käsige Infiltrate beschränkt. Diese Tatsache aber wird Sie sofort daran erinnern, wie sicher und besonders
wie rasch auch die eingeathmeten Kohleteilchen den Weg zu den
Bronchialdrüsen finden, und Sie werden nun wohl die Berechtigung
der soeben ausgesprochenen Annahme anerkennen, dass das Tuberkelvirus in der Regel von den Lungen aus in den menschlichen Organismus aufgenommen wird."

Das alles klingt auf den ersten Blick sehr überzeugend. Ich
habe aber schon Manches angeführt, was gegen die Auffassung der
Lungenschwindsucht als einer primären Inspirationskrankheit spricht.
Bevor ich noch näher die Frage, ob die Lungenschwindsucht in der
Regel auf einen primären Bazillenimport in das Lungengewebe zurück-
zuführen ist, historisch beleuchte, will ich zunächst einige Worte

sagen, wie man a priori das Hineingelangen des Tuberkulosevirus in die menschlichen Lungen sich vorstellen kann.

Ich unterscheide mit Laennec den Import von exogenem und endogenem Tuberkulosevirus in das Lungengewebe. In letztem Grunde sind ja die das Tuberkulosevirus repräsentierenden Tuberkelbazillen immer ein exogenes und dem menschlichen Organismus heterogenes Produkt. Wenn man aber a priori die Importfrage diskutiert, dann muss auch Rücksicht genommen werden auf die Fälle, in welchen das neugeborene Individuum den Schwindsuchtskeim schon in sich trägt durch hereditäre Uebertragung, und weiterhin muss dann Rücksicht genommen werden auf die Fälle, in welchen das Tuberkulosevirus zwar erst im Individualleben in den menschlichen Organismus eingeschleppt wird, aber nicht zuerst in das Lungengewebe, sondern in die lymphatischen Rezeptorenapparate der intestinalen Schleimhäute, in die subkutan gelegenen Lymphwege u. s. w., und in welchen von tuberkulösen Lymphdrüsen und von anderen Organen aus das Virus dann auf dem Lymphwege, auf dem Blutwege oder per contiguitatem in das Lungengewebe hineingelangt.

Ohne mich hier bei Quantitätsfragen aufzuhalten, will ich bloss im Allgemeinen unterscheiden zwischen den Haupteintrittspforten für das exogene Tuberkulosevirus, nämlich zwischen dem bucconasalpermucösen und dem percutanen Import.

Der bucco-nasale Tb.-Import kann verwirklicht werden durch Inhalation von Tuberkulosevirus, welches in der Atmungsluft suspendiert ist (aërogene Infektion), oder durch flüssige und feste Ingesta, welche mit Tuberkulosevirus infiziert sind (alimentäre Infektion), oder auch durch die Uebertragung von Tuberkulosevirus mit den Fingern, Saugpfropfen u. s. w. (Contakt-Infektion).

Es wird häufig vergessen, dass die aërogene Tb.-Infektion, wenn sie auf bucco-nasalem Wege vor sich geht, nicht bloss pulmonale, sondern auch intestinale Inhalationstuberkulose machen kann, dass sie den Nasenrachenraum gar nicht zu überschreiten braucht, und dass sie auch dann, wenn sie eine Generalisierung der tuberkulösen Erkrankung zur Folge hat, nicht notwendig den pulmonalen oder intestinalen Weg einschlagen muss, sondern alsbald auf die Lymphgefässe und Blutgefässe übergreift, um dann hinterher mit der Lymphflüssigkeit, auf dem Umwege über das Herz, nach den Lungen transportiert zu werden, oder um zunächst einen verkäsenden Tuberkuloseprozess in einer oder mehreren Lymphdrüsenhervorzurufen, welcher dann die Blutgefässwandungen, und von den Mediastinaldrüsen aus, die Lungenspitzen, in Mitleidenschaft zieht.

Villemin hat ebenso wie Cohnheim die Lungenphthisis für eine Inhalationskrankheit gehalten. Er hielt sie auch für eine Inspirationskrankheit; und Villemin hat trotzdem sehr skeptisch sich ausgesprochen inbezug auf die Annahme einer primären Lungeninfektion.

Wie das zu verstehen ist, will ich an einem Villemin'schen Beispiel erläutern. Es ist bekannt, dass der Pferderotz eine Infektionskrankheit ist. Wir kennen das Rotzvirus sehr genau und können damit im Experiment bei Pferden und bei anderen Tieren die Rotzkrankheit mit voller Sicherheit hervorrufen. Wir wissen insbesondere auch, dass man durch Impfinstrumente das Rotzvirus auf Pferde und Menschen von kleinsten Hautwunden aus mit absolut tödlichem Erfolg übertragen kann. Ebenso ist es keinem Zweifel unterworfen, dass durch Verfütterung des Virus die Krankheit bei Pferden erzeugt werden kann.

Wegen der von altersher bekannten Vorliebe der Rotzinfektionen, sich an der Nasenschleimhaut in Gestalt von offenem Rotz zu manifestieren, das Virus von hier aus nach aussen gelangen zu lassen und mit dem bei Niesakten erzeugten heftigen Exspirationsstrom die Luft in der Nähe trozkranker Pferde zu infizieren, kam der berühmte Veterinärprofessor Leblanc auf den Gedanken, den experimentellen Beweis dafür zu liefern, dass der Pferderotz eine Inspirationskrankheit ist. Zu seinem grossen Erstaunen aber erwies sich die Annahme als irrig, dass der Rotz unter natürlichen Lebensbedingungen als eine inspiratorische Lungeninfektion aufzufassen sei. Das Experiment von Leblanc scheint auf Villemin einen so grossen Eindruck gemacht zu haben, dass er die für ihn, der ja als erster die Existenz des Tuberkulosevirus im Sputum hustender Phthisiker entdeckt hat, so naheliegende Hypothese einer Phthiseogenese durch Inhalation von verstäubtem Phthisiker-Sputum kaum mehr in den Bereich seiner Ueberlegungen hineinbezogen hat. Die Beschreibung des Leblanc'schen Experimentes entnehme ich dem Villemin'schen Buche „Etudes sur la Tuberculose", wo es (S. 623 und 624) heisst:

„Ein lehrreiches Experiment möchte ich anführen, welches Leblanc inbezug auf die Rotzkrankheit angestellt hat. Er brachte den Kopf eines rotzkranken Pferdes zusammen mit dem eines gesunden in einen Sack und zwang das letztere während einer Zeit von 8 Stunden die Exhalationen des kranken einzuatmen. Er wiederholte dieses Experiment mit noch 7 anderen Pferden. Keines dieser Tiere bekam Rotz. Aber man bringe ein rotzkrankes Pferd in einen geschlossenen Stall zusammen mit gesunden Pferden, und nach genügend langer Zeit wird zweifellos die Rotzkrankheit auf diese übertragen sein."

Villemin scheint sich danach den Infektionsmodus so vorgestellt zu haben, dass das Virus inspiriert wird und in die Lungenalveolen hineingelangt, diese aber durchdringt, in die Lymphe und in das Blut gelangt und von da aus rückläufig zur tuberkulösen Erkrankung des Lungengewebes führt. Diese Hypothese einer primären Blutinfektion, trotz voraufgegangener Inspiration des Virus, ist in neuerer Zeit von Ribbert wieder aufgenommen worden.

Villemin scheint durch das Leblanc'sche Rotzexperiment gewarnt worden zu sein vor dem Trugschluss: „Hier ist eine infektiöse Lungenkrankheit bei einem Individuum; der nächste Weg zu ihrer exogenen Erzeugung ist das Hineingelangen des Virus mit dem inspiratorischen Luftstrom in die Lungen; dass die Atmungsluft in nächster Nähe eines hustenden Phthisikers das Virus enthält, ist zum mindesten äusserst wahrscheinlich; ergo beginnt die Lungenschwindsucht mit einer tuberkulösen Primär-Infektion des Lungengewebes.

Meinerseits stand ich ursprünglich auf dem Boden der Koch'schen Lehre von der primär pulmonalen Infektion, wenn es zur tuberkulösen

Lungenphthise kommt; ich bin jedoch durch epidemiologische und epizootische Erfahrungen zuerst skeptisch und schliesslich zu einem Gegner dieser Lehre geworden.

Ich will nicht davon reden, dass man ganz allgemein in der Kindheit der epidemiologischen Studien die Neigung vorfindet, jede exogene Infektionskrankheit auf einen primären Contakt des infragestehenden Virus mit dem Respirationsapparat zurückzuführen. Noch in der Pettenkofer'schen Aetiologie der Infektionskrankheiten spielt stillschweigend oder ausgesprochenermassen die Inspirations-Theorie immer die Hauptrolle. Das was man früher miasmatisches Virus nannte, insbesondere das aus dem Boden anfsteigende, war vollkommen zugeschnitten auf die Inhalationstheorie, mit der weiteren Voraussetzung, dass entweder das Miasma vom Blute aus (perspiratorisch) oder auf den Atmungswegen (inspiratorisch) vom Lungenparenchym aus in die Säftemasse eindringe. Cohnheim sagt sogar noch im Jahre 1877:

„Wer von der parasitären Natur der verschiedenen Virusarten überzeugt ist, für den muss die Annahme etwas ungemein Bestechendes haben, dass das Virus der in den Respirationsorganen lokalisierten Infektionskrankheiten eingeatmet wird. Doch liegt meines Erachtens kein prinzipieller Grund vor, diese Annahme auf die in den Atmungsorganen lokalisierten Krankheiten zu beschränken. Nachdem darüber längst kein Zweifel mehr existiert, dass corpusculäre Dinge von den Alveolen aus in die Lymphbahnen der Lungen und damit in die Säfte des Körpers gelangen können, halte ich es für sehr wohl denkbar, dass auch das Virus der Malariakrankheiten, der Recurrens, des Typhus exanthematicus u. a. m. auf eben diesem Wege vom Organismus aufgenommen wird.“

Man wird nicht leugnen können, dass diese Irrlehre Cohnheim's von der inspiratorischen Entstehungsweise der vorgenannten Krankheiten, auch den Wert der oben zitierten Argumente Cohnheim's zu Gunsten der inspiratorischen Lungenschwindsucht-Entstehung stark abschwächt. Die fortschreitende Forschung hat eine Infektionskrankheit nach der andern aus dem inspiratorischen Luftgebäude herausgelöst und ihre andersartige Entstehung, sei es auf permucösem, sei es auf percutanem Wege, bewiesen. Selbst die exquisiteste Inhalationskrankheit unserer Altvorderen, die Malaria, hat diesem Schicksal nicht entgehen können. Sie hat sich die Metamorphose in eine typische Wundinfektion gefallen lassen müssen!

Solche Betrachtungen und Analogie-Schlüsse dürfen selbstverständlich aber nur einen heuristischen Wert haben, und ich hätte es nicht gewagt, den mit Leichtigkeit vorauszusehenden Sturm der Entrüstung auf mich zu lenken durch die ketzerische Behauptung, dass noch nie und nirgends der Beweis geliefert ist für die epidemiologische Lungentuberkuloseentstehung beim Menschen durch eine primärpulmonale Infektion, wenn nicht meine Experimente und epizootischen Beobachtungen über die Entstehung der Rindertuberkulose mir die Fadenscheinigkeit aller Argumente zugunsten der Lehre von der Perlsucht-Genese auf inspiratorischem Wege unzweideutig dargetan hätte. Wer darüber sich näher unter-

richten will, den verweise ich auf das 8. Heft meiner „Beiträge,"
wo ich die ans Unglaubliche streifende Begriffsverwechselung bei der
experimentellen Analyse intestinal und pulmonal bedingter Tuberkulose-
Erkrankungen an dem Beispiel des bekannten Berliner Veterinärprofessors
Geh. Rat S c h ü t z nachgewiesen habe.

Mir scheint, dass mehr und mehr jetzt auch für den Menschen
das Dogma von der inspiratorischen Phthiseogenese in's Wanken ge-
rät, und dass man die von L a ë n n e c und V i l l e m i n offen gelassene
Frage des zu menschlicher Lungentuberkulose und Phthisis führenden
Infektions- und Contagions-Modus als bisher noch nicht definitiv gelöstes phthiseogenetisches Problem gelten lässt.

In diesem allgemein gehaltenen Abschnitt über die Analyse der
Wege, welche ein Virus einschlägt, um für einen Organismus infektiös zu werden, mögen die bisherigen Ausführungen genügen, um zu
zeigen, wie vorsichtig man sein muss mit der Aussage darüber, wo
epidemiologisch die Eintrittspforte für das krankmachende Agens zu
suchen ist. Positive Angaben auf experimenteller Grundlage habe ich
speziell für die Tuberkulose mehrfach in meinen Beiträgen zur experimentellen Therapie gemacht, und für andere Infektionskrankheiten
wird davon noch ausführlich die Rede sein, wenn sie in besonderen
Kapiteln besprochen werden.

Vierter Abschnitt.
Die infektiöse Incubation; spezifische Proteolyse und Karyolyse.

Es ist eine bekannte Tatsache, dass nach dem Eindringen eines
Virus in den menschlichen und tierischen Organismus die Symptome
der danach eintretenden Infektionskrankheit erst nach einem Zeitintervall von mehreren Tagen, zuweilen sogar erst nach mehreren
Wochen bemerkbar werden. Seitdem man weiss, dass wir es immer
mit vermehrungsfähigen Virusarten zu tun haben, lag es nahe, die
Ursache für dieses incubatorische Intervall in dem Zeitbedarf zur
Ansammlung von soviel Virus zu suchen, bis eine gewisse Reizschwelle
überschritten ist. Diese Interpretation, obwohl sie nach unserer heutigen Kenntnis der Sachlage nicht mehr genügt, wird noch ziemlich
allgemein festgehalten. So steht z. B. in dem vortrefflichen Lehrbuch
von K o l l e und H e t s c h vom Jahre 1911 im ersten Band S. 71/72
unter dem Titel „I n c u b a t i o n s z e i t":

„Nach allem, was bisher auseinandergesetzt wurde, muss also
der infizierende Krankheitskeim nicht nur mit dem zu infizierenden
Organismus in Berührung kommen, sondern er muss nach Ueberwindung der sich ihm entgegenstellenden Hindernisse i n d a s G e w e b e
e i n d r i n g e n, sich örtlich oder in bestimmten Geweben vermehren
und seine Gifte zur Wirkung bringen. Es folgt nun das erste Auftreten der für die jeweilige Infektion charakteristischen Krankheitserscheinungen nicht unmittelbar dem ersten Zusammentreffen von
Krankheitserreger und Körperzellen. Es vergeht vielmehr eine gewisse
Zeit, bis die infizierenden Keime die Widerstandskraft des Organismus

überwunden und sich soweit vermehrt haben, dass entweder sie selbst
oder ihre giftigen Produkte eine durch klinische Symptome sinnfällige
schädigende Wirkung ausüben. Diese zwischen Einführung der Erreger und Krankheitsausbruch gelegene Periode bezeichnet man als
„Inkubationszeit". Sie ist bei den einzelnen Infektionskrankheiten je
nach den biologischen Eigentümlichkeiten der Erreger verschieden
lang, schwankt aber auch bei einer und derselben Infektion in gewissen Grenzen, je nach der Menge des den Körper treffenden Infektionsstoffes, nach seiner Virulenz und nach der Empfänglichkeit
des infizierten Individuums."

Schon die Tatsache, dass beispielsweise das Tetanusgift bis
zum Beginn des Eintritts tetanischer Erscheinungen kaum weniger
Zeit in Anspruch nimmt, wie das lebende Tetanusvirus, obwohl das Gift
nicht vermehrungsfähig ist, hätte das Ungenügende jener Interpretation dartun müssen. Nun sind aber in den letzten Jahren auf dem
mit der Entstehung der Infektionskrankheiten auf's engste verknüpften
Gebiet der Anaphylaxie Beobachtungen gemacht worden, die geeignet sind, unsere Auffassung vom Zustandekommen der Incubation
wesentlich zu ändern. Der verdienstvollste Forscher auf diesem Gebiet
und sein eigentlicher Eroberer, von Pirquet, hat den Gegensatz
von unseren früheren und den jetzt zur Geltung kommenden Vorstellungen über die Incubation unter Hinzufügung der hierunter repro-
duzierten graphischen Darstellung folgendermassen geschildert:

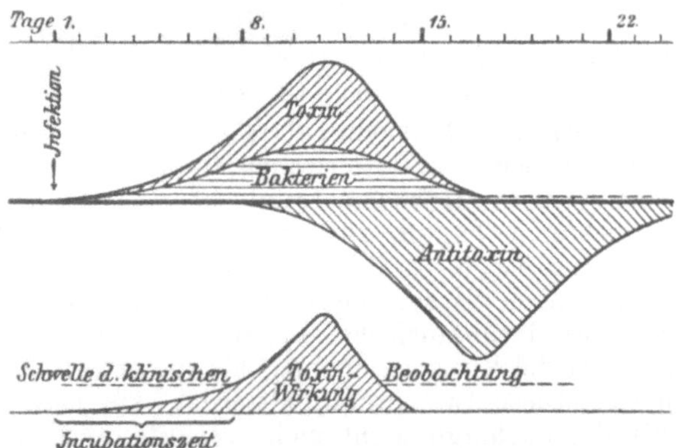

Abb. 10. Diphtherieerkrankung.

„Die bisherige Auffassungsweise der Incubationszeit war die folgende: Der Infektionserreger wird in sehr kleinen Mengen vom Körper
aufgenommen. Der Migroorganismus wächst dann allmählich durch
Teilung oder Sprossung, und beginnt Gifte in den Stoffwechsel abzugeben. Anfangs empfindet der Organismus die geringen Giftmengen
nicht; die klinischen Erscheinungen setzen erst dann ein, wenn die
Menge des Infektionserregers oder seiner Gifte eine bestimmte Reizschwelle erreicht hat. Ein typisches Beispiel für diese Auffassung gebe
ich in Abb. 10 als Schema einer Diphtherieinfektion.

Wir sehen hier die Zeit in Tagen in der oberen Grundlinie.
Auf der zweiten Grundlinie ist zunächst mit horizontaler Schraffierung

die Entwicklung der Bakterien angedeutet und darüber in schrägen Schraffen die Ausscheidung des Toxines. Auf der untersten Grundlinie ist die Wirkung des Toxines in denselben schrägen Schraffen dargestellt. Ein wenig über der Grundlinie liegt die Schwelle der klinischen Beobachtung; im vorliegenden Schema wird sie nach 8 Tagen erreicht, die Inkubationszeit bis zum Auftreten deutlicher Symptome würde mithin in diesem Falle von Diphtherie 8 Tage gebraucht haben.

Die Beendigung der Krankheit war nach den älteren Anschauungen Pasteurs als ein Erschöpfen des Nährbodens aufgefasst worden. Seit der Kenntnis der Antitoxine haben wir jedoch gelernt, uns vorzustellen, dass die Krankheitssymptome durch Antikörper unterdrückt werden. Diese sind in der obigen Abbildung in der zweiten Grundlinie dargestellt."

Unter Hinweisung auf seine Studien über die Serumkrankheit, welche man im Gefolge von Heilseruminjektionen zuweilen auftreten sieht, fährt von Pirquet dann fort:

„Es war schon die erste Serumkrankheit, die nach einer Zeit von 8—12 Tagen auftritt, in diesem Sinne nicht verständlich: eine Vermehrung von Infektionserregern bis zu einer gewissen Reizschwelle konnte hier nicht angenommen werden, da man eine sterile Substanz injiziert, und da diese Substanz schon 24 Stunden nach der Injektion ihre grösste Konzentration im Körper besitzt. Noch weniger aber war es mit der früheren Vorstellung der Inkubationszeit in Einklang zu bringen, dass die zweite Injektion schon innerhalb 24 Stunden Symptome hervorruft. Es war klar, dass sich zwischen der ersten und zweiten Injektion im Organismus ein Wechsel vollzogen haben müsse, der eine Veränderung der Reaktionsfähigkeit bedingte; und ich stellte mir vor, dass der Grund derselben die Bildung von Antikörpern wäre, Antikörpern, die das Serum in einer Weise abbauen, dass die Abbauprodukte toxische Wirkungen entfalten. Nach der ersten Injektion braucht es 8—12 Tage, bis die Antikörper eintreten — daher die späte Erkrankung —, bei der zweiten Injektion sind die Antikörper schon vorhanden, und das fremde Serum kann sofort abgebaut werden und dadurch toxisch wirken.

Zum besseren Verständnis dieser Theorie möchte ich einen Vergleich bringen, der dem Praktiker näher liegt als die Serumkrankheit:

Nehmen wir an, dass ein Mensch ein unlösliches Quecksilbersalz schluckt, das im Magendarmkanal nicht zersetzt wird; es wird den Körper allmählich wieder verlassen, ohne irgend eine giftige Wirkung auszuüben. Nun hätte aber der Organismus die Eigenschaft, durch den Kontakt mit diesem Salze im Verlaufe von 8 Tagen eine Aenderung des Magensaftes in dem Sinne zu erfahren, dass jetzt mit dem Magensaft ein chemischer Körper sezerniert wird, der das Quecksilbersalz löst. Der Teil des Salzes, der nach 8 Tagen noch irgendwo im Verdauungskanal zurückgeblieben ist, wird jetzt gelöst und resorbiert. Jetzt kann es giftig wirken, entweder dadurch, dass das gelöste Salz als solches ein Gift darstellt oder dadurch, dass die Verbindung zwischen dem Quecksilbersalz und dem Magensekret giftig ist. Die Vergiftungserscheinungen, die hier nach 8 Tagen einsetzen, wären ein Analogon der Serumkrankheit nach erster Injektion von Pferdeserum.

Eine Woche später enthält der Magensaft noch solche Lösungskörper; wenn ich jetzt wieder Quecksilbersalz eingebe, so wird es sofort gelöst, resorbiert und wirkt viel schneller und viel giftiger als die erste Dosis, weil die ganze Menge zur Resorption kommt. Dies ist das Analogon zur sofortigen Reaktion und zur Ueberempfindlichkeit nach der zweiten Injektion."

Ich habe schon darauf hingewiesen, dass genau dieselben Erwägungen auch für das nach einer Tetanusgiftinjektion zu beobachtende Inkubationsstadium zutreffen. Die beschleunigte Reaktion nach einer zweiten Giftinjektion kann man hier gleichfalls beobachten, allerdings nicht in Gestalt von Starrkrampf, aber, bei der Einspritzung des Tetanusgiftes unter die Haut, als lokales Oedem und als Temperatursteigerung mit den sonstigen Symptomen des Fiebers — genau wie bei der zweiten Seruminjektion von Pirquet's. Gebe ich beispielsweise einem Pferde so viel Gift erstmalig, dass es einen leicht verlaufenden, spontan in Genesung übergehenden Tetanus bekommt, dann ist der Lauf der Dinge der folgende. Es vergehen nach der Gifteinspritzung 8 bis 14 Tage, ehe sich die ersten tetanischen Symptome einstellen, manchmal mit, zuweilen auch ohne Fieber. An der Injektionstelle ist danach zu keiner Zeit eine entzündliche Reaktion vorhanden. Warte ich dann das Verschwinden des Tetanus ab und spritze nun von neuem die gleiche Giftdosis unter die Haut, dann wird das Pferd überhaupt nicht mehr tetanisch, aber an der Injektionsstelle bildet sich schon nach mehreren Stunden subkutan eine weiche Infiltration, die bis zum folgenden Tage noch zunimmt und sich fest anfühlt. Die Temperatur steigt oft bis zu sehr beträchtlicher Höhe an, und wir sehen alle Anzeichen eines lebhaften Infektionsfiebers vor uns. Aehnlich gestaltet sich der Unterschied in den Folgeerscheinungen nach einer erstmaligen und einer ca. 14 Tage später wiederholten Tetanusgiftinjektion auch dann, wenn die Giftdosis unterhalb der tetanuserzeugenden Schwelle gewählt wird. Die gleiche Dosis bleibt dann das erste Mal ganz insensibel, das zweite Mal ruft sie eine schnell eintretende, fast sofortige Fieberreaktion hervor. Diese Beobachtung an Pferden und ähnliche Beobachtungen sowohl bei tetanusgiftbehandelten wie bei diphtheriegiftbehandelten Schafen, Ziegen und Kaninchen waren es, welche vor 18 Jahren mich zur Aufstellung der Lehre von der Giftüberempfindlichkeit veranlassten. Aber nicht, wie v. Pirquet bei seiner Serumüberempfindlichkeit, auf neu entstandene Antikörper führte ich die Giftüberempfindlichkeit zurück, sondern ich nahm an, dass durch die erstmalige, bezüglich durch öfters wiederholte, Giftinjektion eine celluläre oder histogenetische Ueberempfindlichkeit sich eingestellt habe. Der Eintritt der von Pirquet'schen Serumempfindlichkeit ist ein humoraler Vorgang. Es entsteht nach der ersten Serumbehandlung ein Antikörper, welchen wir (mit Otto) als anaphylaktischen Antikörper bezeichnen wollen. Dieser liefert zusammen mit dem Buchner'schen Alexin des überempfindlich gewordenen Individuums ein proteolytisches Ferment, welches ich als anaphylaktisches Proteolysin oder Analexin bezeichne, und dem Analexin ist es zuzuschreiben, wenn bei der erneuten Serumbehandlung die Serumkrankheit schon nach kurzer Zeit sich einstellt, während es zu ihrem Eintritt nach der erstmaligen Serumbehandlung ca. 8 Tage dauerte. Den Mechanismus der anaphylaktischen Erkrankung hat E. Friedberger in lichtvoller Klarheit demonstriert. Danach wird durch ein spezifisches proteolytisches Ferment — bestehend aus Alexin plus anaphylaktischem Antikörper (= Analexin) — das Serumprotein peptonisiert und schliesslich in indifferente Moleküle zerlegt. Im Verlaufe dieses Proteinzerstörungsprozesses entsteht ein giftiger Körper, welchen Friedberger Anaphylatoxin genannt hat, den ich jedoch nach dem Vorgang von Richet, dem Urheber des Namens Anaphylaxie, Apotoxin nenne; und dieses Apotoxin ist es, welches die anaphylaktische Serumkrankheit unmittelbar hervorruft. Mittelbar bewirkt das apotoxinliefernde Serumprotein die anaphylaktische Krankheit. In seiner Eigenschaft als Mittel zur beschleunigten Krankheiterzeugung während der Dauer des anaphylaktischen Zustandes, der, wie wir nun schon wissen, durch die Anwesenheit des anaphylaktischen Antikörpers im Blut bedingt wird, nenne ich das Serumprotein Anatoxin; in seiner Eigenschaft als Mittel zur Herbeiführung der Anaphylaxie und als ein Mittel zur Produktion des anaphylaktischen Antikörpers heisst es Antigen oder Anaphylaktogen.

Das proteolytische Analexin also ist es, welches den Eintritt der von v. Pirquet analysierten Serumkrankheit entweder überhaupt erst bewirkt, oder wenn sie schon bei erstmaliger Serumbehandlung, nach längerem Inkubationsstadium, eintrat, ihren Eintritt in verstärkter Form beschleunigt.

Wir haben uns mit diesen Auseinandersetzungen scheinbar weit entfernt von der Besprechung meiner Theorie vom Zustandekommen des Inkubationsstadiums bei den Infektionskrankheiten; aber auch nur scheinbar. Denn was ich eben ausführte, musste notwendigerweise vorausgeschickt werden, wenn Sie die von Pirquet'sche Inkubations-Theorie und das, was ich dann über meine Giftüberempfindlichkeits-Hypothese zu sagen habe, richtig verstehen wollen.

von Pirquet hat am ausführlichsten das Problem der infektiösen Inkubation erörtert in seiner Monographie „Klinische Studien über Vakzination und vakzinale Allergie." (1907). Unter der Ueberschrift: „Zusammenfassung der Hypothesen" sagt er daselbst (S. 186 ff):

„Die Vakzine bewirkt im menschlichen Körper Allergie, eine Veränderung der Reaktionsfähigkeit gegenüber der ganzen Gruppe der Blatternerkrankungen.

Diese Veränderung ist nicht eine Immunität im strengen Sinne des Wortes: der Organismus wird nicht unempfindlich, sondern er reagiert graduell und besonders zeitlich anders als bei der ersten Infektion.

Bei gewissen Voraussetzungen kann die Allergie eine Ueberempfindlichkeit sein: die maximale Frühreaktion des oftmals Vakzinierten, die beschleunigte Reaktion mit übermässiger Areabildung sind Beispiele dafür: und bei der Variola haemorrhagica kann die Ueberempfindlichkeit sogar zu raschem Tode führen.

Viel häufiger aber begegnen wir Formen, die der Unterempfindlichkeit angehören: die Frühreaktion, die an der Grenze der Sichtbarkeit bleibt und in der traumatischen Reaktion fast verschwindet, die beschleunigte Reaktion mit kleiner Areola und im Gebiete der Variolainfektion die Lokalpustel und die mannigfachen Abstufungen der Variolois sind Erscheinungen, die, als Ganzes betrachtet, eine verminderte Empfindlichkeit bedeuten.

Wahre Immunität kommt nur ausnahmsweise und fakultativ vor, sie scheint auf eine kurze Zeit nach dem Ueberstehen des ersten stark fieberhaften Immunisierungsprozesses beschränkt zu sein; durch die Revakzination, die den Körper nicht so tief beeinflusst, ist sie nicht wieder zu erlangen.

Auf der theoretischen Grundlage der modernen Immunitätslehre und der klinischen Grundlage der Serumkrankheit haben wir nun alle diese Erscheinungen unter eine Formel gebracht, welche dem alten Gefühle der „Reaktion" des Organismus ein materielles Substrat gibt: die „Reaktion" besteht in der Bildung von Antikörpern, aber nicht nur von solchen, welche das Leben der Mikroorganismen vernichten, die Krankheit heilen, sondern auch von solchen, welche die klinischen Elemente der Krankheit, die entzündlichen Symptome erst hervorrufen, indem sie den Krankheitserreger lösen und aus ihm oder mit ihm toxische Produkte bilden.

Die Entwickelung des krankhaften Prozesses bei den Blattern geht nach meiner Hypothese ungefähr folgendermassen vor sich:

Die virulenten Elemente der Lymphe vermehren sich zunächst nur an dem Orte der Kutis, wo sie eingepfropft worden sind, und infizieren die nächstgelegenen Zellen, ohne dass Reaktionserscheinungen zutage treten. Diese zeigen sich erst nach einem Zeitraume von 1—3 Tagen in der Bildung einer Papel, dann in der Differenzierung derselben zu einer scharf abfallenden Papille und einem schmalen Saum, der Aula. Diese ersten Symptome von seiten des Organismus sind wahrscheinlich schon mit Antikörperbildung verknüpft.

Das nächste Stadium, das Wachstum der Lokalpustel, ist von dem Wachstum des Parasiten in der Haut abhängig. Er vermehrt sich hier wie eine Kolonie auf festem Nährboden. Unterdessen gehen aber schon Parasiten und ihre Stoffwechselprodukte in den Kreislauf über, kommen in die Zentralorgane der Antikörperbildung, das Knochenmark und die Milz, und regen dort die Bildung von Antikörpern an; kleine Partien des Infektionserregers kommen schon jetzt zur Lösung und erzeugen unbedeutende Temperatursteigerungen. Die allgemeinen Antikörper treten bei reichlicher kutaner Infektion am 8. Tage, bei spärlicher Infektion, wie sie bei der spontanen Variola an einer Stelle des Rachen- oder Respirationstraktes statthaben dürfte, am 12.—14. Tage auf, nachdem die vorher angestiegenen polynukleären Leukozyten rasch zu fallen begonnen haben.

Die ersten Antikörper, die auftreten, sind solche, welche gegen die Hüllensubstanzen des Infektionserregers gerichtet sind; erst später kommen Antikörper nach, welche, durch Einwirkungen der Zellgifte hervorgerufen, gegen diese gerichtet sind. Die Hüllenantikörper bewirken an der Lokalpustel Cytolyse eines Teiles der virulenten Elemente; die Giftstoffe, welche dabei frei werden, dringen in die Umgebung und bewirken die Symptome der Hautentzündung: Areola und Infiltration. Im Allgemeinkreislaufe entsteht nach Cytolyse in ähnlicher Weise durch freiwerdende Toxine das erste hohe Fieber: aber nur ein kleiner Teil des Virus wird aufgelöst, der grösste Teil erleidet zunächst nur eine Agglutination wenn er mit dem Blute die Kapillaren der Gewebe passiert, die schon Antikörper aufgenommen haben.

Die Virushäufchen finden in der äusseren Haut und einigen Schleimhäuten die Möglichkeit, sich lebend zu erhalten. Wahrscheinlich findet auch in inneren Organen Agglutination statt; jedenfalls gehen aber dort die Haufen rasch zugrunde, ohne sich zu selbständigen Kolonien auszubilden. Dieser Unterschied kann in einer Verschiedenheit der Antikörperzufuhr oder in Entwicklungsnotwendigkeiten der Parasiten begründet sein.

Während die Kolonien der Haut sich auszubilden beginnen, hat der Kampf im Körperinnern ausgetobt, der Kreislauf ist durch die Agglutination gesäubert. Das Fieber fällt ab und erhebt sich erst wieder, wenn die Antikörper, welche durch die zweite Generation der Parasiten angeregt sind, das Exanthem anzugreifen beginnen.

Die im Verlaufe des Prozesses gebildeten Antikörper bleiben in den Geweben des Organismus durch lange Zeit erhalten, viel länger als in den Körpersäften: anfangs sind sie noch so reichlich, dass sie imstande sind, die Mikroorganismen, die wieder in ihr Gebiet geraten, sofort zu vernichten und dabei auch seine toxischen Produkte fast restlos zu absorbieren. Später schwinden zuerst die antitoxischen Elemente: die Hüllenkörper lösen den Eindringling, aber es zeigt sich wieder eine toxische Reaktion bei seinem Untergange.

Dann werden auch die Hüllenantikörper so vermindert, dass sie den Mikroorganismus nicht mehr aufzulösen vermögen; er bildet trotz ihnen eine neue Kolonie in der Menschenhaut. Aber im Organismus ist die Fähigkeit zurückgeblieben, neue Antikörper rascher nachzubilden, als das erstemal: Dadurch schneidet er den Mikroorganismus in seinem Wachstum ab, bevor noch grössere Mengen desselben im Blute kreisen; bei der Variola fällt damit das Exanthem ganz weg, oder es erliegt dem ersten Ansturm der Antitoxine, welche den Hüllenantikörpern folgen."

Aus v. Pirquet's Schlusssätzen zitiere ich hier noch:

„Als wissenschaftlich sichere Schlussfolgerungen sehe ich erstens die Erklärung der Frühreaktion an, dass sie aus dem Zusammentritte von vorhandenen Antikörpern mit dem neuerlich eingebrachten Gifte entsteht. Ebenso sichergestellt ist zweitens die Analyse der Lokalsymptome in zwei Prozesse, das Wachstum des Infektionserregers und die Antikörperbildung des Organismus, endlich drittens die Erklärung der beschleunigten Areareaktion durch beschleunigte Antikörperbildung.

Diese Schlussfolgerungen sind neu. Sie gipfeln in der Auffassung, dass die entzündlichen Erscheinungen durch die Mitwirkung von Antikörpern zustande kommen, dass das, was man schon immer „Reaktion" des Organismus nannte, als aktive Antikörperbildung aufzufassen ist. Bisher war nur die Beendigung der vakzinalen und variolösen Erscheinungen durch Antikörperbildung angenommen worden."

Während v. Pirquet die in seiner Serumkrankheit-Analyse konzipierte Inkubationstheorie auf die Pockeninkubation vollinhaltlich anwendet und sie auch ausdehnen will auf die Masern und einige andere Infektionskrankheiten, glaubt er, dass sie nicht anwendbar ist auf die Diphtherie und den Tetanus; für diese Krankheiten will er die alte Auffassung auch weiterhin gelten lassen. Darin bin ich nun nicht seiner Meinung.

In meinen früheren Arbeiten habe ich speziell beim Tetanus für die lange Dauer der, ebenso nach Giftinjektion, wie nach der Infektion mit dem lebenden Virus, zu beobachtenden Inkubation die langsame Wanderung der giftigen Proteinmoleküle entlang den Nervenbahnen bis zu den motorischen Ganglienzellen des Rückenmarks verantwortlich gemacht. Dieser Erklärungsmodus ist sicherlich auch in Zukunft nicht zu vernachlässigen, gleichwie wir auch nach wie vor dem Zeitbedarf für die Vermehrung des anfänglich nur in sehr geringer Menge vorhandenen giftproduzierenden Virus werden Rechnung tragen müssen. Nach meiner jetzigen Auffassung ist aber meine frühere Inkubationshypothese unzulänglich. Jetzt stehe ich auf dem Standpunkt der Lehre von der wesentlichen Bedeutung des anaphylaktischen Antikörpers auch bezüglich der tetanischen Inkubation, und erkläre mir sie auf folgende Weise.

Wenn es nach einer Infektion mit Tetanusvirus oder mit dem Tetanusgift zu dem bekannten klinischen Erkrankungsbild des Tetanus kommt, dann geschieht das nach voraufgegangener Denaturierung des giftigen Tetanusproteins in ähnlicher Weise, wie das Serumprotein denaturiert werden muss, wenn es unter Mitwirkung des lebenden Organismus den anaphylaktischen Antikörper liefern soll. Diese Dena-

turierung denke ich mir auf dem Wege der Proteolyse zustandekommend durch ein vulgäres proteolytisches Blutferment, als welches
wir auch das Buchner'sche Alexin anzusehen haben, aber unter Mitwirkung eines Bestandteils derjenigen vitalen Körperelemente, zu welchen
das giftige Protein eine spezifische Beziehung hat; beim Tetanusgift also vermutlich unter Mitwirkung eines Bestandteils der
Ganglienzellen. Ob es dabei zu einer ganglionären Cytolyse kommen
muss, und wie im einzelnen die Bildung des spezifisch proteolytischen Analexins sich vollziehen mag, dass muss ich vorläufig
dahingestellt sein lassen; voraussichtlich aber wird dieses Problem
sich experimentell lösen lassen. Nur soviel glaube ich jetzt schon
sagen zu dürfen, dass der tetanische Symptomenkomplex ausgelöst
wird durch Apotoxinbildung in loco, d. h. im centralen Nervensystem.

Nach Analogie der Weigert-Ehrlich'schen Lehre von der
Ueberproduktion cellulärer Defekte im Regenerationsprozeß nehme ich
an, dass bei der toxischen Cytolyse die das giftige Protein binden-
den Anteile der Ganglienzelle, welche zusammen mit präexistentem
Alexin das spezifisch-proteolytische Analexin repräsentieren, nach
ihrer Beschlagnahme durch das Tetanusgift in gesteigertem Maße
regeneriert werden, wonach dann beim erneuten Giftimport eine beschleunigte Proteolyse unter Apotoxinproduktion stattfinden kann.
Bei einer zum Zustandekommen von Starrkrampfphänomenen nicht
ausreichenden Giftdosierung kann gleichwohl in geringerem Grade
es zu einer Ganglo-Cytolyse und damit zum Überschuss des von
Ganglienzellen gelieferten anaphylaktischen Antikörpers kommen,
wodurch verständlich wird, wie der erste Giftimport insensibel
abläuft, der zweite aber, trotz gleicher Dosierung, zur Erkrankung
alsbald nach der Giftbehandlung führt.

Wenn diese Erklärung der Ueberempfindlichkeit nach wiederholter Behandlung mit Tetanusgift Ihnen annehmbar erscheint, so kann
ich es doch nicht unterlassen, Sie darauf hinzuweisen, dass ich schon
vor Jahren es versucht habe, die Giftüberempfindlichkeit eines Individuums auf normalempfindliche Meerschweine durch Bluttransfusion
zu übertragen. Das war mir aber nicht gelungen. Neben dem
immunitätverleihenden Antitoxin konnte ich und kann ich auch jetzt
noch nicht einen Antikörper auffinden, welcher auch die Ueberempfindlichkeit als ein humoral zu interpretierendes Problem erklärlich macht,
und so muss ich es bei meiner histogenetischen Auffassung des
Ueberempfindlichkeitsphänomens bewenden lassen. Die Giftüberempfindlichkeit von Tieren, welche nach der Vorbehandlung mit
Tetanustoxin und Diphtherietoxin eintritt, steht zwar in intimem
Zusammenhang mit Antikörpern; nur handelt es sich dabei nicht
um Antikörper von der Art des im Heilserum gelösten Antitoxins,
sondern um intracelluläre Antikörper, die namentlich von
Laroche und Grigaut („Etude biologique et chimique de
l'adsorption des toxines diphtérique et tétanique par la substance
nerveuse et des phénomènes corrélatives." Dezemberheft der Annales
de l'Institut Pasteur 1911) genau studiert worden sind. Diese beiden
Autoren haben experimentell festgestellt, dass zertrümmerte und fein-

emulsionierte Gehirnsubstanz spezifisch antitoxische Antikörper sowohl
für das Tetanusgift wie für das Diphtheriegift enthält, welche gift-
adsorbierende und giftfixierende Eigenschaften besitzen.
Diese äussern sich dadurch, dass man aus einer Giftlösung das toxische
Agens durch Gehirnsubstanz ausschütteln kann, sodass danach die
abzentrifugierte Flüssigkeit giftfrei und nur der unlösliche Rückstand
gifthaltig ist. Was das Tetanusgift angeht, so ist dieses dabei an die
Gehirnsubstanz zum Teil nur locker gebunden und bleibt zur Tetanus-
erzeugung nach wie vor befähigt; dieser locker gebundene Giftanteil
kann der Gehirnsubstanz durch geeignetes Auswaschen wieder entzogen werden; er ist nicht „fixiert", sondern bloss „adsorbiert".
Ein anderer Giftanteil ist dagegen derartig gebunden, dass er weder
durch Auswaschen in vitro, noch vom tierischen Organismus in vivo in
Freiheit gesetzt werden kann; jedoch kann man auch diesen „fixierten"
Giftanteil wieder zum Vorschein bringen durch solche Behandlung
des entgifteten Rückstandes, bei welcher zwar nicht das Gift, aber
die giftfixierende Nervensubstanz denaturiert wird, was durch scharfes
Trocknen, durch Aether- oder Alkoholbehandlung und insbesondere
auch durch Papain-Proteolyse gelingt; daraus darf der durch
anderweitige Untersuchungen bestätigte Schluss gezogen werden, dass
das tetanusgiftfixierende Agens ein Proteinkörper ist. Auch das
Diphtheriegift wird vom Gehirnbrei gebunden, und zwar
so, dass es durch wiederholtes Waschen mit physiologischer Kochsalzlösung nicht wieder losgetrennt werden kann. Im Gegensatz
zum Tetanusgift wird es dabei aber nicht nur nicht für
den Tierkörper unwirksam, sondern es erlangt eine erhöhte Giftigkeit. Auch darin tritt ein wesentlicher
Unterschied zutage, dass nicht Proteinkörper, sondern
Lipoide des Gehirnbreies, insbesondere die phosphor-
haltigen Lecithinderivate das Diphtheriegift fixieren.
Gemeinsam ist aber beiden Giften ihre spezifische Beziehung zu intracellulären Bestandteilen des Nervensystems.
Haben wir nun Anhaltspunkte dafür, dass auch im lebenden
Organismus das Gift in Nervenzellen fixiert wird? Diese wichtige
Frage ist für das Tetanusgift im Jahre 1897 von Goldscheider
und Flatau (Weitere Beiträge zur Pathologie der Nervenzellen."
Fortschritte der Medizin No. 16) in bejahendem Sinne beantwortet
worden durch folgende Feststellungen:

„1. Das Tetanusgift erzeugt bei Kaninchen charakteristische nutritive Veränderungen der motorischen Nervenzellen der Vorderhörner, welche mittelst der
Nissl'schen Färbung zu erkennen sind.

2. Dieselben bestehen in Vergrösserung des Kernkörperchens mit Abblassung desselben, Vergrösserung der Nissl'schen Zellkörperchen und Abbröckelung derselben, feinkörnigen Zerfall der Nissl'schen Zellkörperchen und
Vergrösserung der Zellen.

3. Was die Reihenfolge dieser Alterationen betrifft, so tritt zuerst Kernkörperchenschwellung auf; während dieselbe zunimmt, entwickelt sich alsbald
Nissl'sche Zellkörperchenschwellung. Beide Veränderungen können sehr hohe
Grade erreichen. Die Abbröckelung der Nissl'schen Zellkörperchen beginnt entweder erst, nachdem dieselbe schon einen gewissen Grad der Schwellung erreicht
haben, oder setzt bereits beim Beginn der Schwellung ein. Es kommen in dieser

Hinsicht Verschiedenheiten vor; so kann die Abbröckelung auftreten und bei weitergehender Schwellung wieder verschwinden, um dann eventl. wiederzukehren. Weiterhin nimmt die Abbröckelung zu und es treten feinere Körnchen auf, so dass schliesslich die Nissl'schen Zellkörperchen in feinkörnigen Zerfall sich vorfinden. Zu dieser Zeit pflegt die Kernkörperchenschwellung sich zurückzubilden, wobei das Kernkörperchen oft eckige Form annimmt; zuweilen ist die gesamte Zelle in dieser Phase etwas vergrössert.

Wir betrachten dieses Stadium als Uebergang zur Norm, da sich gewöhnlich schon eine Anzahl von normalen oder annähernd normalen Zellen vorfindet.

Wenn auch die Zellen beim feinkörnigen Zerfall sehr verändert aussehen und die Nissl'sche Zellkörperchenbildung nicht erkennen lassen, so stellt dieser Zustand doch eine viel geringere Alteration dar als die Schwellung der Nissl'schen Zellkörperchen. Wir glauben, dass die Cohäsion der chromatophilen Massen, von welcher doch schliesslich die Zusammenballung zu den Nissl'schen Zellkörperchen abhängt, ohne erhebliche Bedeutung für das Zellenleben Schwankungen aufweisen kann.

Der feinkörnige Zerfall ist nicht immer ausgesprochen, er fehlt hauptsächlich bei Anwendung schwacher Giftlösungen bezw. bei wirksamer Antitoxin-Injektion mit retardierender Wirkung, findet sich dagegen bei konzentrierten Giftlösungen.

4. Die Reihe dieser morphologischen Veränderungen ist in ihrem zeitlichen Verlauf abhängig von der Konzentration der Giftlösung und der absoluten Menge des Giftes. Bei konzentrierten Lösungen verlaufen die Veränderungen schnell, so dass man nach weniger als einem Tage schon die Kernkörperchenschwellung und Nissl'sche Zellkörperchenschwellung abgelaufen findet. Dagegen bei schwächeren Lösungen entwickeln sich die Kernkörperchen- und Nissl'sche Zellkörperchenschwellung und Abbröckelung langsamer und halten sich längere Zeit auf derselben Höhe, so dass man bei sehr verdünnten Lösungen durch mehrere Tage hindurch ein Konstantbleiben dieser Alterationen feststellen kann.

Schliesslich gehen auch bei schwachen Lösungen die Veränderungen nach mehr oder weniger langer Zeit zurück (sie konnten 2—3 Wochen lang beobachtet werden), wobei sehr gewöhnlich der feinkörnige Zerfall vermisst wird. Die Nissl'schen Zellkörperchen gewinnen ihr normales Aussehen früher als das Kernkörperchen, welches mit auffälliger Hartnäckigkeit den geschwollenen Zustand beibehält.

5. Der Einfluss der Konzentration der Giftlösung zeigt sich darin, dass auch bei gleicher absoluter Menge des einverleibten Giftes die konzentrierte Lösung eine deutlich stärkere Wirkung entfaltet.

6. Die Nervenzellen reagieren nicht ganz gleichmässig auf das Gift, vielmehr sieht man oft an dicht neben einander gelegenen Exemplaren differente Stadien der Alteration. Namentlich tritt dies beim Rückgang der Veränderungen hervor. Auch individuelle Unterschiede der Tiere spielen eine Rolle.

7. Um eine Anschauung davon zu geben, wie weit der Beginn der Alteration durch die Verdünnung der Giftlösung hinausgeschoben werden kann, erwähnen wir, dass bei 4—5 proz. Lösung schon nach 1—2 Stunden Alterationen merklich sind, während bei Lösung 1 : 1000 dieselben sich erst nach 23 Stunden in der ersten Entwicklung präsentieren.

8. Wir betrachten diese morphologischen Alterationen als charakteristisch für die Tetanusvergiftung, da sie konstant und ausnahmslos von uns gefunden wurden, während wir bei andersartigen Einwirkungen (Malonnitril und Erwärmung, Flatau und Marinesco bei Amputation) und auch andere Autoren bei ihren verschiedenartigen Untersuchungen niemals derartige Vorgänge gesehen haben.

9. Welche Beziehungen lassen sich nun aus unseren Untersuchungen zwischen den Vergiftungssymptomen und den morphologischen Veränderungen der Nervenzellen ableiten?

Eine gewisse Aehnlichkeit in dem Verlaufe beider finden wir in dem Umstande, dass bei konzentrierten Lösungen sowohl die Symptome wie die morphologischen Veränderungen sich schnell entwickeln, während bei dünneren Lösungen Beides langsamer geschieht und sich längere Zeit auf einer gewissen Höhe hält.

Allein nun stossen wir sofort auf gründliche Differenzen: Erstlich nämich steigern sich bei konzentrierten Lösungen die Symptome mehr und mehr bis zum Tode, während unsere morphologischen Veränderungen, nachdem sie auf der Höhe angelangt sind, wieder eine Tendenz zur Rückbildung zeigen. Auch hei dünnen Lösungen tritt schliesslich eine Divergenz ein, indem die klinischen Symtome sich weiter steigern können, während die morphologischen Veränderungen Halt machen und sich zurückbilden.

Zweitens finden wir bei gleichen morphologischeu Bildern differente Phasen der Vergiftungserscheinungen und umgekehrt bei gleichen Vergiftungsymptomen differente morphologische Zustände.

Somit beschränkt sich die Gemeinschaftlichkeit der Vergiftungssymptome und der nutritiven Veränderungen auf die ganz grobe Beziehung, dass starke Gifte nach beiden Richtungen hin intensive, schwache Gifte schwache Erscheinungen zu Wege bringen. Bei näherer Analyse aber ergiebt sich eine vollkommene Incongruenz, insofern als eine regelmässige Beziehung zwischen den Vergiftungssymtomen einerseits und den histologischen Veränderungen andererseits nicht besteht.

10. Zu eben diesem Schluss waren wir auch bei Malonnitril und Erwärmung, im gewissen Sinne auch bei Strychnin gekommen. Wir nehmen daher Gelegenheit, noch einmal darauf hinzuweisen, dass bei der Interpretation von Zellveränderungen auf Grund Nissl'scher Methode mit Bezug auf die Symptome Vorsicht zu üben ist. Das gilt namentlich auch für die pathologisch-anatomischen Betrachtungen.

11. Das Antitoxin entfaltet eine deutliche Einwirkung auf die durch das Toxin verursachten morphologischen Veränderungen der Zelle und zwar so, dass dieselben in ihrer Entwicklung und ihrem Ablauf retardiert werden; unter Umständen bei sehr frühzeitiger Injektion und grosser Dosis so, dass eine schnellere Rückbildung eintritt.

Die retardierende Wirkung war vorwiegend bei den dünnen Lösungen und bei den starken, falls einige Zeit vergangen war. Sie zeigte sich bei den verdünnten Lösungen sowohl bei vorheriger wie gleichzeitiger wie späterer Einspritzung des Antitoxins. Dass hier keine beschleunigende Wirkung auftrat, muss auf die zu grossen Zwischenzeiten und die geringen Dosen zurückgeführt werden.

12. Diese Beziehungen sprechen dafür, dass das Antitoxin nur indirekt auf die Nervenzelle einwirkt, indem es das Toxin neutralisiert, bezw. einen Teil des an die Nervenzellen gebundenen Toxins aus denselben herauslöst. Denn die Erscheinungen verlaufen so, wie sie verlanfen müssen, wenn das eingeführte Toxina plötzlich um ein gewisses Quantnm vermindert bezw. vollkommen aufgehoben wird.

13) Was die Frage nach dem Wesen der morphologischen Veränderung betrifft, so lässt sich dieselbe zur Zeit noch nicht bestimmt beantworten. Da die beschriebenen Struktur-Veränderungen der Nervenzellen keine Congruenz zu den Vergiftungssymptomen zeigen, so kann man nicht annehmen, dass jene von der im Körper vor sich gehenden Antitoxinbildung abhängig sind. Hierfür spricht auch, dass wir bei Strychnin die gleichen Alterationen vorfinden, obwohl der Organismus zu Strychnin keine Antikörper bildet. Wenn trotzdem die künstliche Einführung von Antitoxin auf die morphologischen Alterationen der Zellen einwirkt, so kann dies eben, wie auch aus dieser Betrachtung wiederum folgt, keine direkte, sondern nur eine indirekte Wirkung sein, d. h. eine Wirkung durch Verminderung der Toxine. Die morphologische Alteration der Nervenzellen, wie sie sich in der Schwellung der Kernkörperchen und der Nissl'schen Zellkörperchen zeigt, ist sicherlich der Ausdruck eines chemischen Prozesses, und dieser kann nicht wohl etwas anderes sein, als die chemische Bindung des Toxins an die Nervenzellen. Die Ursache dieser Bindung ist offenbar darin gelegen, dass in der Substanz der Nervenzellen Atomgruppen vorhanden sind, welche eine Affinität zu gewissen Atomgruppen des Tetanusgiftes hahen. Für Strychnin müssen wir dasselbe annehmen, und da bei beiden Giften die gleiche morphologische Veränderung eintritt, so müssen wir annehmen, dass diese Alteration mit einer chemischen Aktion bestimmter Atomgruppen zusammenhängt. Ob es rein

zufällig oder von wesentlicher Bedeutung ist, dass bei eben diesen Veränderungen chemischer und morphologischer Art nun auch eine Hyperexcitabilität der Zellen eintritt, steht dahin.

Eine weitere Folgerung unserer Anschauung ist, dass der chemische Prozess der Toxinbindung so lange fortdauert bis der in den Zellen vorhandene Vorrat an Affinitäten gesättigt ist. Sobald dies der Fall ist, kommt das Restitutionsbestreben der Zelle zum Durchbruch. Die vollständige Rückbildung bedarf dann noch einiger Zeit, besonders diejenige der Kernkörperchen-Schwellung. Wird viel Toxin acut einverleibt, so werden die Affinitäten schnell gesättigt, und es kommt demgemäss zeitig zur Restitution. Kommt dagegen wenig Toxin in den Organismus, so erfolgt die Sättigung der Affinitäten langsam, der chemische Prozess der Toxinbildung dauert lange fort, und so wird das Restitutionsbestreben der Nervenzellen lange Zeit gehemmt; wahrscheinlich kann es schliesslich, bei sehr allmählicher Einwirkung, auch ehe alle Affinitäten gesättigt sind, die Oberhand gewinnen.

Vernichtet das künstlich eingeführte Antitoxin den gesamten noch bindungsfähigen Toxinvorrat im Körper, so wird sich die Nervenzelle alsbald restituieren, in diesem Falle tritt also eine Beschleunigung der Rückbildung ein. Neutralisiert das Antitoxin aber nur einen Teil des Toxins, so geht der Prozess der chemischen Toxinbindung in den Zellen nur mit verminderter Kraft weiter; es tritt Retardierung der morpholologischen Alteration ein.

Wir verkennen nicht, dass auch dieser Erklärungsversuch noch manches dunkel lässt; wir werden noch immer wieder zu der Vorstellung gedrängt, dass sich noch anderweitige wichtige Vorgänge in der Zelle abspielen, welche unserer Erkenntnis noch nicht zugänglich sind."

Aus diesen Feststellungen schliesse ich, dass das Tetanusgift in die Ganglienzellen eindringt — was übrigens durch französische und deutsche Forscher, zumal durch meinen früheren Mitarbeiter Ransom, auch direkt noch bewiesen worden ist —, und dass es dort die Kernsubstanz in ähnlicher Weise zum Zerfall bringt, wie in dem R. Pfeiffer'schen Choleraversuch die Vibrionen granulär zerfallen. Wie hier es zur Bakteriolyse unter dem Einfluss eines spezifischen Antikörpers kommt, so tritt in den Ganglienzellen unter dem Einfluss des als Antikörper fungierenden Tetanusgiftes eine Karyolyse in Erscheinung.

Wir wissen, dass das Tetanusgift nur langsam seinen Weg von dem peripherischen Endapparat eines Neurons bis zum zentralen Nervensystem zurücklegt. Die Untersuchungen von Goldscheider und Flatau lehren jedoch, dass die Zeitdauer bis zum Beginn der tetanotoxischen Gangliokaryolyse viel kürzer ist, als das Zeitintervall zwischen der Giftzufuhr bis zum Beginn der tetanischen Erkrankung. Die Dauer des Incubationsstadiums wird also durch die in den Ganglienzellen mikroskopisch wahrnehmbare Vergiftung nicht erklärt. Nach meinem Dafürhalten wird die Incubationsdauer erst dann für uns verständlich, wenn wir annehmen, dass das Tetanusgift zur Neuproduktion von tetanusgiftbindender Substanz führt, welches aber, solange es intracellulär bleibt, giftzuleitend ist und bei weiterer Giftzufuhr die Funktionsstörung des betroffenen Neurons bewirkt, welche in der klinisch wahrnehmbaren tetanischen Erkrankung ihren Ausdruck findet. Der Antikörper, welcher — wie ich vor 15 Jahren gelegentlich einer Analyse der Tuberkulinüberempfindlichkeit mich ausdrückte — im Blute aufgelöst, krankheitsschützend wirken würde, ist, solange er intracellulär sich befindet, Ursache der Vergiftung.

Diese meine von jeher vertretene histogenetische Interpretation der Toxinüberempfindlichkeit dient mir nunmehr auch zur Erklärung der langdauernden Incubation. Sie setzt sich zusammen erstens aus der Zeitdauer zwischen Giftzufuhr und Ankunft an den giftempfindlichen vitalen Körperelementen und zweitens aus dem Zeitraum zwischen dem Beginn der Giftfixierung in der Zelle bis zu dem Zeitpunkt, wo, im Sinne der Weigert-Ehrlich'schen Lehre von der überkompensierenden Zellregeneration nach einem Defekt, die intracelluläre Ueberproduktion des spezifischen Antikörpers stattgefunden hat. Von diesem letzteren Zeitpunkt an, dessen Eintritt ebenso zu interpretieren ist, wie in den oben zitierten Auseinandersetzungen von Pirquet's, ist die Entstehung des anaphylaktischen Antikörpers zu datieren, durch welchen das giftige Protein innerhalb der gifthaltigen Zelle peptonisiert wird und dabei Apotoxin liefert. Erst das Apotoxin bewirkt diejenige Zellenvergiftung, welche als klinisch wahrnehmbare tetanische Erkrankung in Erscheinung tritt.

Drittes Kapitel.

Therapeutische Standpunkte in geschichtlicher Beleuchtung.

Erster Abschnitt. Das Hippokratische Heilsystem.

(Physiatrie, Diaetetik, Suggestion, Chirurgie, revulsorische Heilmethode,
Alloeopathie).

Nacheinander, nebeneinander und im Gegensatz zu einander
sind in der medizinischen Wissenschaft und Praxis die verschiedensten
Heilsysteme zur Geltung gekommen. Viele sind ganz der Vergessenheit anheimgefallen. Andere haben durch alle Zeiten hindurch sich
erhalten und tauchen nach vorübergehender Vernachlässigung unter
neuen Namen und in neuen Formen immer wieder auf. Das gilt
namentlich von dem Hippokratischen Heilsystem, welches ich hier
zunächst einer eingehenden Besprechung unterziehen muss, da aus
demselben fast alle späteren Heilmethoden hervorgegangen sind. Im
Wesentlichen werde ich dabei der Hippokratischen Lehre Sydenham's
folgen, den ich zu den grössten Aerzten aller Zeiten rechne.

Der richtige Hippokratiker, welcher nach dem Satze „Natura
sanat, medicus curat" handelt, muss an das Wirken einer Naturheilkraft glauben, welche ankämpft gegen die im lebenden Organismus
auftretenden krankmachenden Kräfte. „Physis" ($\varphi v\sigma\iota\varsigma$) ist der grie-
chische Ausdruck für das, was der Lateiner mit natura übersetzt und
die Hippokratische Heilmethode nennt man daher „Physiatrie". Die
Naturheilkraft ist bestrebt, schädliche Stoffe unschädlich zu machen
und zu diesem Zweck bedient sie sich des Intestinalapparates, in
welchem ein Kochprozess ($\pi\varepsilon\pi\sigma\iota\varsigma$, digestio) stattfindet, und der aus-
treibenden Kräfte absondernder Organe. Aber nicht immer gelingt
es der Naturheilkraft, die Schädlichkeiten rechtzeitig durch den Koch-
process zur Ausscheidung reif zu machen. Dann tritt eine Säfte-
verderbnis ein, eine Dyskrasie, und nun muss die Heilkraft
ausserordentliche Anstrengungen machen, um schliesslich doch noch
im Streit mit den feindlichen Mächten zu siegen. Das kommt zum
Ausdruck in erhöhter Tätigkeit des Herzens, der Lungen und
anderer Organe, im Fieber und in dem Versuch, die materia
peccans durch die natürlichen Ausscheidungswege, namentlich durch
die Nieren, die Schweissdrüsen und den Darm, wegzuschaffen. Der
Höhepunkt dieser ausscheidenden Tätigkeit, die Krisis, ist auch der
Höhepunkt der Krankheit, welche als ein Kampf (naturae conamen)

mit den säfteverderbenden schädlichen Kräften aufzufassen ist. Dem Arzte fällt hierbei die wichtige Aufgabe zu, namentlich in acuten Krankheiten mit typischem Verlauf alle äusseren Schädlichkeiten vom Patienten fern zu halten und dabei ganz besonders auf die kritischen Tage zu achten. Fieber, Pulsbeschleunigung, angestrengte Atmung, Schweissabsonderung, Diarrhoe und andere Krankheitserscheinungen sind für Hippokrates nichts anderes als Kampfmittel der medicatrix naturae.

Zu den Physiatern können sich ebenso gut die starren therapeutischen Nihilisten rechnen, welche als blosse Zuschauer exspectativ am Krankenbett stehen, wie Skeptiker, Eklektiker und therapeutische Optimisten, wenn sie nur in dem einen Punkt einig sind, dass schliesslich immer eine besondere Naturheilkraft es ist, welche den Krankheitsprozess zum guten Ende führt.

Der Satz „Natura sanat" ist aber nur der eine und negative Teil des ärzlichen Programms der Physiatrie. „Medicus curat" ist der andere und positive Teil. Die Krankenpflege, die Ernährungstherapie, die klimatische Therapie, die Balneo- und Hydrotherapie und die sonstigen Abarten der nicht medicamentösen Behandlung, alles das gehört zur Hippokratischen und physiatrischen Heilmethode. Der Arzt sorgt dabei mit diätetisch-hygienischen Massregeln dafür, dass der Naturheilkraft ihre Arbeit erleichtert wird durch Fernhaltung aller Einflüsse, welche zu den bestehenden Schädlichkeiten neue hinzufügen. Auch die suggestive Therapie (Hypnose, Tempelschlaf) spielt eine nicht unwesentliche Rolle in der Heilkunst des Hippokrates.

Zur physiatrischen Heilmethode gehört dann weiterhin die operative, orthopädische und anderweitig mechanische Behandlung in den Fällen, wo es gilt, Fremdkörper, abgestorbene und kranke Teile zu entfernen und solche grobe Hindernisse für den günstigen Ablauf des Naturheilprozesses zu beseitigen, mit denen der lebende Organismus allein gar nicht, oder nur sehr schwer fertig werden kann.

Was endlich die medicamentöse Therapie betrifft, so lehrte Hippokrates, dass der Arzt berufen und verpflichtet ist, der Naturheilkraft nicht bloss nachzuhelfen, sondern unter Umständen sogar ihr entgegenzuwirken. Die Hauptaufgabe des Arztes, bei seiner curativen Tätigkeit, ist zunächst allerdings die sorgfältige Beobachtung des Kranken; namentlich im Beginn einer Krankheit soll er sich ja hüten, störend und in schädlicher Weise einzugreifen. „Nil nocere" ist einer von den Hauptsätzen der Physiatrie. Schreitet aber der Krankheitsprozess der Krisis entgegen, dann soll der Arzt, unter Zuhilfenahme seiner Erfahrungen über den regulären Verlauf ähnlicher Krankheitsfälle, darauf achten, ob die Materia peccans auch den richtigen Weg der Ausscheidung nimmt. „Wollen die Säfte," sagt Hippokrates, „nicht dahin gehen, wohin sie gehen sollen, so muss man sie einen Umweg machen lassen oder einen Seitenweg führen, gleichwie man das Wasser eines Baches in ein neues Bett leitet. Anderemale muss man sogar trachten, den Strom der Säfte zu wenden, indem man die nach unten zieht, welche nach oben streben, und nach oben diejenigen, welche nach unten streben."

Damit wird dem Arzt eine sehr verantwortliche Tätigkeit auferlegt. Die Krankenpflege, die Diätetik, die Hygiene und die mechanotherapeutische Behandlung haben verhältnissmässig einfache Indicationen. Manuelle Geschicklichkeit, Uebung und Geduld reichen für die meisten Fälle aus, um offenbare Schädlichkeiten fernzuhalten und hinwegzuräumen und auf diese Weise sich in den Dienst der Naturheilkraft zu stellen. Wer aber nicht bloss der Naturheilkraft dienen, sondern sie meistern will, wer nicht bloss Minister naturae, d. h. Heilgehilfe zu sein sich begnügt, sondern zum Magister naturae, zum Heilkünstler sich berufen glaubt, der muss ein vieles wissender und gleichzeitig ein der Grenzen seines Wissens und Könnens sich deutlich bewusster Mann, kurz gesagt, ein Philosoph im Sinne der alten Griechen sein.

Wenn wir nun zusehen, wie und in welchen Fällen Hippokrates selbst die Naturheilkraft zu dirigiren und zu beeinflussen suchte, so ist sehr bemerkenswert, dass er seinen die Jahrtausende überdauernden Ruf als grösster Arzt erreicht hat, trotzdem ihm bloss eine ausserordentlich kleine Zahl von Arzneimitteln zugebote stand. Die Arzneimittel waren ihm auch nicht die Hauptsache, sondern die Hauptsache war ihm die richtige Wahl der Zeit and der Umstände für die Verordnung des geeigneten Mittels.

Ich kann es mir nicht versagen, an dieser Stelle wörtlich zu citieren, wie Sydenham über die Heilkunst und ihre Hilfswissenschaften in seinem Briefe an Cole (Uebersetzung von J. Kraft. Ulm 1839, p. 82 ff.) sich ausspricht:

„Obgleich wir durch fleissiges Nachforschen die tatsächliche Wirkung und die Werkzeuge, deren sich die Natur bei ihren Unternehmungen bedient, ausfindig machen können, so wird uns doch die Art und Weise, wie sie solches bewirkt, wenn ich mich nicht täusche, immer verborgen bleiben . . . und ich begreife wahrlich nicht, wie es geschehen könne, dass ein Arzt seine Lebenszeit vergeude, um sowohl sich selbst, als auch andere zu hintergehen, indem er sich auf solche Erfindungen verlegt, die mit der Praxis durchaus nichts gemein haben. Denn sowie nur jener ein redlicher und guter Steuermann ist,[1] welcher mehr die nahen und unter dem Wasser verborgenen Felsen kennen und vermeiden zu lernen strebt, statt seinen Geist abmüht, um die Ursache der Ebbe und Flut auszuforschen (was zwar einem Philosophen sehr anständig, doch dem, der Acht haben muss, dass das Schiff nicht scheitere, überflüssig ist), so wird auch derjenige Arzt, dessen Amt in nichts anderem, als in der Heilung der Krankheiten besteht, . . . in der Heilkunde gewiss geringe Fortschritte machen, wenn er nicht seine Geisteskräfte darauf richtet, zu erforschen, wie die Natur die Krankheit erzeugt und unterhält, und dementsprechend seine Heilmittel anwendet, statt sich mit

---

1) Hier ist dem Uebersetzer ein sinnentstellender Lapsus unterlaufen. Er sagt statt „ein" „kein" redlicher und guter Steuermann. Im lateinischen Text steht aber (Ausgabe Leipzig 1827 bei Voss): Et sicuti haudquaquam faustus probusve vavis ad clavum gubernator fuerit ille, qui non tam ad brevia et saxa submarina adgnoscenda evitandaque, quam ad causas fluxus refluxusque maris etc." Danach ist selbstverständlich „kein" durch „ein" zu ersetzen.

eitlen Grübeleten abzumühen, die zur Rettung des Patienten nicht
das geringste beitragen. Die Vernachlässigung dieses Gesichtspunktes
bewirkt, ... dass das was man Arzneiwissenschaft nennt,
mehr eine Kunst zu fabeln und zu schwätzen ist, als zu
heilen. So ist es dahin gekommen, dass das Heil der
Kranken abhängig geworden ist von philosophischen
Spekulationen."

Noch an einer anderen Stelle, in dem Kapitel „Ueber Wassersucht" (Kraft Bd. II, p. 246), da wo er zwei Gattungen von schädlich wirkenden Medizinern charakterisiert, kommt Sydenham auf
dieses Thema zu sprechen; hier sagt er: „Die zweite Gattung ist
diejenige, welche entweder aus Leichtsinn, oder um sich einen An-
strich von Einsicht und Gelehrsamkeit zu geben, mit ihren ein-
gebildeten und mühsam ersonnenen Spekulationen, die zur Heilung
der Krankheiten nicht das geringste beitragen, glänzen wollen.
Diesen nun gab die Natur nur so viel Verstand, dass sie von
ihr gelehrt sprechen können, allein Vernunft gab sie ihnen nicht,
womit sie einsehen hätten können, dass man ihr nicht anders als
durch Erfahrung, und so weit sie selber den Schleier hebt, auf die
Spur kommen könne. Indem uns die Schwäche der menschlichen
Natur nie bis zur innersten Einsicht kommen lässt, so müssen wir
wohl innerhalb der engen Grenzen bleiben, in welche wir von unseren
fünf Sinnen gezwungen werden."

Welche Nutzanwendung Sydenham von dieser Erkenntnis
in konkreten Fällen macht, davon noch ein Beispiel. In demselben
Kapitel erzählt er von vielen wassersüchtigen Kranken, die er von
ihrem Leiden befreit und zu gesunden Menschen gemacht habe. Ausgehend von humoralpathologischen Anschauungen sieht er die Ursache
der Wassersucht in einer fehlerhaften Blutmischung, nimmt jedoch
hiervon diejenigen Fälle aus, in welchen Gefässverstopfungen einen
auf bestimmte Körpergebiete beschränkten Wasseraustritt bewirken,
ferner die Wasseransammlung im Ovarium der Frauen (II, p. 217).
Bei der Frage, wie nun dem Hydrops beizukommen ist, schildert er
(p. 221—225) die Bedingungen, unter welchen derselbe durch Ab-
leitung auf den Darm beseitigt werden kann, zählt die einzelnen
Mittel auf und fährt dann (p. 225—231) fort: „Dass es heimliche
und verborgene Oeffnungen gebe, durch welche das Wasser aus der
Bauchhöhle in die Gedärme gebracht werden kann, ist in der Tat
wahr, indem wir täglich beobachten, dass die wassertreibenden Abführmittel eine solche Menge von dem im Bauch eingeschlossenen
Wasser durch den Stuhl mitabführen, als wenn es von allem Anfang
her schon in den Gedärmen gewesen wäre. Wenn wir aber diese
rätselhafte Erscheinung nicht so leicht erklären können, so fällt mir
gerade jener weise Ausspruch des nach dem einstimmigen Urteil aller
Jahrhunderte weisesten und geschicktesten Arztes Hippokrates
ein, der in seinem Buche sagt: „Einige Aerzte und Sophisten behaupten, es sei unmöglich, dass derjenige die Arzneiwissenschaft
kenne, der nicht wisse, was der Mensch und wie er im Anfang entstanden und zusammengesetzt worden sei. Ich bin aber der Meinung,
dass dasjenige, was einige Sophisten und Aerzte von der Natur ge-

sagt und geschrieben haben, mehr auf die Malerei, als die medizinische Kunst Bezug habe."

Um aber den gottbegnadeten Hippokrates keines Irrtums zu beschuldigen und vorzubeugen, dass die Empiriker ihre Unwissenheit bemänteln, so muss ich ganz frei behaupten, dass ich nach eifrigem Nachdenken, verbunden mit der Erfahrung, allerdings dafür halte, dass es unumgänglich notwendig ist, dass der Arzt den Bau des menschlichen Körpers genau kenne, damit er sich sowohl von der Natur als auch der Ursache der Krankheiten eine deutlichere Idee und eine reinere Anschauung machen kann. Denn es ist unmöglich, dass derjenige, welcher den Bau der Nieren nicht kennt und die Gänge, welche von hier aus in die Blase laufen, beurteilen könne, woher und wie die Symptome, welche ein in dem Becken oder in den Harngängen der Nieren festsitzender Stein hervorbringt, entstehen. Nicht weniger wichtig muss auch dem Wundarzte die Kenntnis der Struktur des menschlichen Körpers sein, damit er bei seinen Operationen die Gefässe und solche Teile nicht berühre, deren Verletzung dem Kranken tödlich sein könnte. Ebenso wenig ist er auch imstande, die ausgerenkten Beine einzurichten und in die natürliche Lage zurückzuführen, wenn er sich nicht an dem Gefüge der Knochen, das man Skelett nennt, ganz genau geübt und alles tief dem Gedächtnisse eingeprägt hat.

Eine genaue Kenntnis der menschlichen Körperkonstruktion ist also durchaus nötig, denn derjenige, der sie nicht hat, muss sozusagen wie ein blinder Fechter gegen die Krankheiten kämpfen, oder wie einer, der sich ohne Compass auf die hohe See wagt. Diese Kenntnis erwirbt man sich jedoch schnell und leicht, indem sie vor anderen schweren den Vorteil hat, dass man sie sich durch Anschauung sowohl der menschlichen als tierischen Kadaver erwerben kann, und dies zwar mit leichter Mühe, so dass sie auch von denjenigen, welche weniger Geistes- und Beurteilungskräfte besitzen, erlernt werden kann.

Man muss aber eingestehen, dass bei allen akuten Krankheiten, die mehr als zwei Drittteile der überhaupt herrschenden ausmachen, so wie auch bei den meisten chronischen, etwas Unbegreifliches und eine ganz besondere Eigenschaft vorhanden ist, welche durch die Zergliederung, man mag sie noch so genau anstellen und den Körper auf das sorgfältigste betrachten, nicht erforscht und ans Licht gebracht werden kann. Daher ist es nicht notwendig, dass man auf die Zergliederung des Körpers so viele Mühe verwendet in dem Glauben, dass dadurch die Heilkunde mehr gewinne, als durch die fleissige Beobachtung desjenigen, was den Kranken nützt oder schadet. Ich bin nun der Meinung, dass jener göttliche Mann nur in dieser Hinsicht die Kenntnis des menschlichen Körpers für einen Arzt entbehrlich hielt . . .

Sowie nun Hippokrates diejenigen tadelt, welche die Zergliederung und genaue Durchforschung des menschlichen Körpers höher schätzen, als die praktische Erfahrung, mit dem gleichen Rechte wird jeder vernünftige Mann unseres Jahrhunderts diejenigen tadeln müssen, welche glauben, dass die medizinische Wissenschaft auf keine Art mehr als durch Erfindungen der Chemie gehoben werden kann.

Es wäre durchaus das Zeichen eines undankbaren Herzens, wenn man nicht mit Freuden den Vorteil anerkennen wollte, welchen wir der Chemie zu verdanken haben; denn sie verschafft uns manche Arzneimittel, welche, um unserer Heilanzeige zu genügen, trefflich passen, und die Chemie wird deshalb immer, so lange sie innerhalb der Grenzen der Pharmakopoe bleibt, eine lobenswerte Kunst für den Arzt sein.

Aber diejenigen, welche sich zu sehr damit abmühen und plagen, sind nicht von Irrtum und Fehlern freizusprechen . . . Demjenigen, welcher die Sache genauer überlegt, wird es wohl einleuchten, dass der Hauptmangel der praktischen Medizin nicht darin besteht, dass wir nicht wissen, auf welchem Wege wir dieser oder jener Heilabsicht Genüge leisten können, sondern darin, dass wir die Heilabsicht nicht hinlänglich genau erkennen, der wir Genüge leisten sollen. Denn der unerfahrenste Apothekerlehrling wird mir binnen einer halben Viertelstunde sagen können, durch welches Mittel ich Erbrechen, Abführen oder Schweiss hervorrufen, oder durch welche ich einen Erhitzten abkühlen kann; allein wer mir mit voller Gewissheit sagen kann, wo diese oder jene Art der Arzneimittel den ganzen Verlauf der Krankheit und Heilung hindurch in Gebrauch gezogen werden müsse, der muss notwendig schon mehr in die Medizin eingeweiht sein . . . .

Obschon nun die medizinische Praxis, ihrem Entwickelungsgange gemäss, aus Hypothesen entstanden zu sein scheint, so haben demungeachtet die Hypothesen ihrerseits, wenn sie einigermassen begründet sind, doch wiederum der Praxis eigentlich ihren Ursprung zu verdanken.

Bei hysterischen Affektionen z. B. verordne ich Eisen und andere blutstärkende Mittel, und enthalte ich mich der abführenden (ausser in bestimmten Fällen), aber nicht aus der Ursache, weil ich für ausgemacht halte, dass diese Krankheit von geschwächten oder darnieder gedrückten Lebenskräften abhänge, sondern weil mich langjährige Beobachtung des Verlaufs der Krankheitserscheinungen gelehrt hat, dass auf Abführmittel eine Verschlimmerung, auf entgegengesetzt wirkende Mittel eine Besserung eintrat. Aus dieser und anderen Beobachtungen entnahm ich mir nun meine Hypothese, so dass hier der Philosoph dem Empiriker nachhinkt. Denn, wenn ich mit der Hypothese angefangen hätte, so würde ich auf dieselbe Weise unsinnig gehandelt haben, wie derjenige, der den oberen Boden und die Balken eines Hauses eher herrichten wollte, als er den Grund gelegt hätte, was indessen nur solchen zu begegnen pflegt, welche sozusagen in die Luft Schlösser bauen wollen; denn diese allein haben das Privilegium, vom oberen Ende anzufangen.“

———

4

Für die Hippokratische Medizin wird die Stellungnahme des Arztes bei der Behandlung innerer Krankheiten durch folgende Fragestellung gekennzeichnet: 1. In welchen Fällen ist überhaupt ein aktives Verfahren zur Beeinflussung des Krankheitsverlaufs indiziert? 2. Wo ist eine Nachhilfe auf dem Wege, den der natürliche Krankheitsprozess eingeschlagen hat, erforderlich? 3. In welchen Fällen nützt der Arzt dadurch, dass er den Krankheitsprozess in andere Bahnen einzulenken sucht, und mit welchen Mitteln soll das dann geschehen?

Da, wo der Arzt dem natürlichen Krankheitsprozess einfach abwartend gegenübersteht und sich auf die curative Behandlung beschränkt, und ebenso da, wo er den natürlichen Ablauf des Krankheitsprozesses bloss zu befördern und zu beschleunigen sucht, steht er konsequent auf dem Boden der Physiatrie; da kommt im wahren Sinne des Wortes die Naturheilmethode zur Geltung. Anders wenn der Arzt sich genötigt glaubt, die natürlichen Krankheitsäusserungen und den spontanen Verlauf des Krankheitsprozesses zu bekämpfen. Man wird ohneweiters verstehen, dass Hippokrates als überzeugter Anhänger des Glaubens an die zweckmässig wirkende Naturheilkraft nur nach gewissenhafter Prüfung und reiflichster Ueberlegung sich zu solchem Unternehmen berechtigt hielt. Jeder Einzelfall bedarf da nach ihm der sorgfältigsten Prüfung, und wenn man einen allgemein geltenden Grundsatz aus seinen Krankengeschichten und Aphorismen deducieren will, dann ist es vielleicht der Satz, dass die schädlichen Säfte von lebenswichtigen Organen abgeleitet und nach weniger gefährlichen Stellen des Körpers hingeleitet, oder künstlich entleert werden sollen. Das ist die Heilabsicht, welche Hippokrates mit dem Aderlass verbunden hat; in diesem Sinne wurden von ihm Abführmittel, Brechmittel und andere säfteentleerende Mittel bei Gehirnkrankheiten und Brustkrankheiten gegeben. In diesem Sinne auch führte er die hautreizenden Mittel, die sogenannten Derivantien und Exutorien, heisse Fussbäder, blasenziehende Mittel, Fontanellen, das Glüheisen u. a. in die Medizin ein. Diese aktive Heilmethode, welche den Namen der revulsorischen Heilmethode bekommen hat, ist zeitweise von der Schulmedizin späterer Jahrhunderte verlassen worden, hat aber stets eine grosse Popularität behalten und wird wohl auch nie ganz aus dem Arsenal der Heilkunde verdrängt werden können. Soweit es sich um medikamentöse Mittel handelt, soll in der Hippokratischen Medizin durch dieselben ein pathologischer Zustand an ganz anderer Stelle gesetzt werden als an derjenigen, auf welche man heilbringend wirken will. Die Hippokratischen Mittel haben mit der nachgewiesenen oder vermuteten Krankheitsursache gar nichts zu tun; sie sind mit dem krankheiterzeugenden Stoff weder identisch, noch auch sind sie ihm ähnlich, und ebensowenig sind sie in der Wirkung entgegengesetzt. Daher tragen diese Mittel in der Medizin den Namen der allöopathischen, was besagen will, dass sie ganz andersartig sind als die krankheiterzeugende Ursache.

Zweiter Abschnitt.

Allopathie, Homoeopathie, symptomatische Therapie.

Die allöopathischen Heilfaktoren der Hippokratischen Medizin sind nicht zu verwechseln mit den allopathischen des Galen, welche Zustände im kranken Organismus herbeiführen sollen, die den Krankheiten, welche man bekämpfen will, direkt entgegengesetzt sind. Der Allopath steht auf ganz anderem theoretischem Standpunkt als der Allöopath. Dieser setzt einen krankmachenden Stoff in den Körpersäften voraus und will ihn mit seinen Medikamenten nach einer anderen Stelle hinleiten oder aus dem Körper entfernen; jener dagegen beabsichtigt, die Tätigkeit erkrankter Organe umzustimmen durch Mittel, die auf das kranke Organ selber in entgegengesetztem Sinne einwirken wie die krankmachende Ursache, oder aber er will durch antagonistische Organe ein Gegengewicht gegen eine krankhafte Organtätigkeit in die Wagschale werfen. Contraria contrariis, dieser Grundsatz der Galenischen Medizin, ist das Leitmotiv der Allopathie, welche in der sogenannten physiologischen Medizin ihre Hauptstütze findet. Muskel- une Nervenlähmungen sollen durch Mittel bekämpft werden, welche nachgewiesenermassen krampferregende Wirkung haben, und umgekehrt sollen Krampfzustände durch lähmende Mittel beseitigt werden. Collapszustände sollen durch excitierende, Excitationszustände durch sedative und schlafmachende Mittel, Fieberzustände durch Antipyretica in ihr Gegenteil übergeführt werden.

Die allopathische Heilmethode ist — im Gegensatz zu der später zu besprechenden ätiologischen Therapie — eine symptomatische Therapie, welche auf den ersten Blick recht plausibel und rationell erscheint, aber in der Praxis so klägliche Ergebnisse gezeitigt hat, dass Paracelsus und Sydenham, die berühmten Diagnostiker der Wiener Schule im Beginn des vorigen Jahrhunderts und die bahnbrechenden Vertreter der Naturwissenschaft in seiner zweiten Hälfte, nicht anders als mit Hohn und Spott oder mit Entrüstung von ihr sprechen konnten. Sie wird von L. Büchner, dem Verfasser von „Kraft und Stoff“ folgendermassen kritisiert:

„Die sogenannte rationelle Therapie (Virchows Arch. Bd. VI, p. 280) konnte nicht halten, was sie versprach . . . . Wie konnte auch eine Zusammenstellung von Grundsätzen, die, wenn wir ehrlich gegen uns selbst sein und die mit Floskeln ärmlich verbrämte Wahrheit ans Licht ziehen wollen, aus nichts anderem bestand, als aus der Ermahnung, kalt zu machen, wo es zu warm, und warm, wo es zu kalt sei, hinwegzunehmen, wo zuviel, und hinzuzutun, wo zu wenig, flüssig zu machen, wo etwas stockt, und wiederum zu verschliessen, wo es fliesst, aufzulösen, wo es zu fest, und zusammenzuziehen, wo es zu weich sei — wie konnte eine Zusammenstellung solcher Grundsätze, welche weit weniger aus Erfahrung, als aus theoretischer Abstraktion gezogen waren, welche allgemeine Eigenschaften der Arzneimittel voraussetzten, die diese oft gar nicht besitzen, und deren Ausführung endlich im einzelnen Falle auf ganz relativen Anschaunngen beruhen musste — wie konnte sie, sagen wir, Anspruch auf wissenschaftliche Geltung machen? Jeder Versuch, diesem alten

3*

Schlendrian einen neuen Frack anzuziehen, musste misslingen, und vorurteilsfreie Aerzte, deren Gewissen noch nicht durch Jahre lange Routine verhärtet ist, mögen heutzutage kaum mehr ohne eine Art von innerer Beschämung ein Rezept nach diesen Begriffen verschreiben."

Auch Hahnemann's Homöopathie ist symptomatische Therapie, die aber nach dem Grundsatz „Similia similibus" verfährt. Sie will ein ὅμοιον, ein simile, d. h. eine ähnliche Kranhheit bewirken wie die zu bekämpfende. Hahnemann's Grundsatz war nach unseren jetzigen Kenntnissen gar nicht so übel. Ausgehend von dem Pockenschutz durch die Vaccination, nahm er zunächst an, dass ein krankheiterregender Stoff bei geeigneter Dosirung zum Heilmittel werden könne für die Krankheit, welche er hervorruft. Dann aber spielte bei Hahnemann noch die Vorstellung eine Rolle, dass der kranke Mensch anders auf Medikamente reagiert wie der gesunde, was empirisch durch Heilversuche am Menschen festgestellt werden müsse.

Wenn Hahnemann nichts weiter verbrochen hätte als seinen therapeutischen Grundsatz, dann brauchte es um seine Reputation gar nicht so schlecht zu stehen. Er hätte damit sogar die Mission Pasteur's schon im Beginne des 19. Jahrhunderts übernehmen können. Seine Sünden liegen ganz wo anders. Ihm fehlte das naturwissenschaftliche Gewissen Pasteur's, welches Hypothesen und Grundsätze zwar respektierte, aber doch nur insoweit, als die Tatsachen der Erfahrung damit übereinstimmten. „Nous avons une passion supérieure, c'est la vérité" war Pasteur's Geständnis und Wahlspruch. Hahnemann hat diese naturwissenschaftliche Denkungsweise nicht gehabt. Schon Bretonneau kennzeichnete die praktische Homöopathie, bei aller Anerkennung des ihr zugrundeliegenden gesunden Gedankenkeims, als Charlatanerie und constatierte, dass für die Lehre von der homöo- und isotherapeutischen Wirkung krankheiterregender Stoffe es gut war, wenn sie von wissenschaftlich denkenden Medizinern ignoriert und vergessen wurde. „Dans l'intérêt de l'art médical mieux vaut qu'un fait majeur soit oublié que perverti," ist sein hierauf bezüglicher Ausspruch.

Uebrigens finden sich schon bei Paracelsus Anklänge an die Lehren der Homöopathie.

Neben dem heuristischen Satz „similia similibus" sind noch andere Besonderheiten in der Homöopathie zu erwähnen. Sie arbeitet mit weitgehenden Verdünnungen der medikamentösen Stoffe (Potenzen) und knüpft daran allerlei mystische Vorstellungen und Verordnungen. Sie setzt ferner spezifische Beziehungen zwischen ihren Mitteln und der zu bekämpfenden Krankheit voraus; und das kann man ihr vielleicht zum Verdienst anrechnen in einer Zeit, wo die medizinische Wissenschaft mit Virchow „Spezifiker und alles Spezifische" in der Heilkunde in Acht und Bann tat.

Dritter Abschnitt.
Sydenham und die medicamentösen Specifica.

In der Volksmedizin, in welcher der Glaube, dass für jede Krankheit „ein besonderes Kraut gewachsen sein müsse", unausrottbar sich durch alle Zeiten forterhalten hat, ferner bei Paracelsus, bei Rademacher, Hahnemann und vielen anderen Vertretern der medizinischen Praxis sind die medikamentösen Spezifica von grosser Wichtigkeit. Virchow brachte seinerzeit „dem Rademacher'schen Werk“ ein warmes Interesse entgegen. Trug doch Rademacher am meisten dem Grundsatz Rechnung, welchen Virchow (Arch. Bd. 4 S. 24) mit folgenden Worten ausgesprochen hat: „In der Tat, wir glauben an die Wirksamkeit von Arzneien, weil wir die Beziehungen bestimmter Stoffe zu spezifischen Orten im Körper für ausgemacht ansehen.“

Virchow spricht hier als Solidarpatholog und Anhänger der spezifischen Organtherapie, der überall, wo Heilwirkungen durch ein Medikament unzweideutig zu Tage treten, eine Umstimmung von Organzuständen dafür verantwortlich macht. So lehnt er z. B. (Arch. Bd. 2 S. 34) die Auffassung ab, dass durch die Chinarinde das im Blut von Malariakranken supponierte Miasma beeinflusst werde, vielmehr erklärt er die Annahme für notwendig, „dass nur die Impressionabilität des Nervensystems durch die Chinarinde geschwächt wird, und dass nach Verminderung dieser Impressionabilität die übrigen Veränderungen sich allmählich spontan verwischen.“

Demgegenüber hat fast 200 Jahre vorher Sydenham die Wirkung der Chinarinde genau so interpretiert, wie wir es jetzt tun. Er tat das als Humoralpatholog, der die Malaria auf das Eindringen einer Krankheitsmaterie, eines Contagiums, in die Säftemasse zurückführt. Die Aufgabe des Arztes erblickt Sydenham demgemäss in der Befreiung des Patienten von dem Contagium mit Hilfe der Rinde, die er übrigens peruvianische Rinde nennt.[1] Es dürfte auch heute noch lehrreich sein, zu hören, wie Sydenham über das Wesen der Krankheit und ihre spezifische Heilung gedacht hat. In freier Uebersetzung heissen die hierher gehörigen Stellen in der lateinischen Ausgabe der „Opera universa medica“ (Gottl. Kühn, Lipsiae, sumptibus Leopoldi Vossii MDCCCXXVII) pag. 12 ff.:

„Typisch verlaufende Krankheiten sind Erscheinungsformen, welche von einer quantitativen oder qualitativen (d. h. spezifischen) Veränderung der flüssigen Bestandteile des Körpers ihren Ursprung herleiten. („Adeo ut quilibet morbus specificus affectio sit ab hac vel illa exaltatione, vel specificatione succi cujusdam in corpore animato ortum ducens.“)

Der grösste Teil derjenigen Krankheiten, welche nach einem bestimmten Typus verlaufen, kann unter diesem Gesichtspunkt betrachtet werden, und sicherlich hält sich die Natur auch bei der Krankheitserzeugung ebenso an eigene Gesetze, wie sie das tut bei der Erzeugung von Pflanzen und Tieren. . . .

Ein gutes Beispiel dafür liefern die eigenartigen Auswüchse an Bäumen und Sträuchern, welche in Gestalt eines Mooses, Schwammes usw. auftreten. Diese Auswüchse sind Wesenheiten, die von dem Wirtsorganismus, mag derselbe Baum oder Strauch sein,

---

[1] Der volkstümliche Name für die Rinde hiess „Pataverpulver“ (pulvis patrum). Sie war von Jesuitenpätern nach Europa gebracht worden.

gänzlich verschieden sind. Und wer nun jenen Erscheinungen recht nachdenkt, welche beispielsweise bei dem viertägigen Wechselfieber zu beobachten sind: wie das Fieber zur Herbstzeit sich einstellt, wie es eine gewisse Ordnung einhält im Fortgang und Ausgang; wie es seinen Kreislauf vom ersten bis vierten Tag, wie ein Zeiger der Uhr, typisch wiederholt; wie noch andere Periodicitäten dabei zu beobachten sind, wenn nicht durch von aussen stammende störende Beeinflussung der Gang unterbrochen wird; wie ferner das Fieber regelmässig mit Frost beginnt, in Hitzegefühl übergeht und mit Schweiss endigt: wer alles dieses wohl überlegt, der wird die Ueberzeugung bekommen, dass diese Krankheit ebenso gut als ein spezifisches Phänomen anzusehen ist, wie eine Pflanzenspezies, die in gesetzmässiger Weise aus der Erde hervorkeimt, blüht und verwelkt und auch in allen übrigen Dingen spezifische Charaktere an sich trägt.

Es ist zu beachten, dass die Körperflüssigkeiten, wenn sie — infiziert durch ein contagiöses Agens — verpestet sind, eine Beschaffenheit annehmen, die sich durch eigenartige (essentielle) Krankheitserscheinungen äussert. Für Leute, die weniger sorgfältig beobachten, könnte es scheinen, dass solche Krankheitssymptome ihren Ausgang nehmen von der Beschaffenheit desjenigen Körperteiles (Organs), in welchem die krankhaft veränderte Körperflüssigkeit ihren Sitz hat; oder von den Körpersäften, bevor dieselben krankhaft verändert sind; in Wirklichkeit aber hängen diese Symptome ab von einem contagium. „Observandum est itaque, quod si humores vel diutius quam par est in corpore fuerint retenti (quia scilicet natura eosdem concoquere nequeat, ac deinceps expellere) vel ab hac aut illa aëris constitutione labem morbificam contraxerint; vel denique contagio aliquo venenato infecti in ejusdem castra transierint; his inquam modis et his similibus, dicti humores in formam substantialem, seu speciem exaltantur, quae his aliisve affectibus, cum propria essentia convenientibus se prodit. Quae quidem symptomata, licet minus cautis videantur oriri, vel a natura partis, quam humor obsedit, vel a natura humoris ipsius, antequam hanc induerat speciem, nihilominus re vera affectus sunt, ab essentia dictae speciei in hunc gradum recens evectae pendentes.“)

Sollte nun jemand fragen, ob die Heilkunde nicht auch die Aufgabe hat, spezifische Heilmittel zu suchen, so antworte ich ohne Bedenken „ja“; .... wer aber der Meinung ist, dass wir schon eine grosse Zahl spezifischer Mittel kennen, der wird, glaube ich, wenn er die Sache ein wenig genauer betrachtet, eingestehen müssen, dass dem nicht so ist. Nur ein einziges, die Fieberrinde, kann er aufweisen. ... Denn es ist ein himmelweiter Unterschied zwischen jenen Arzneien, welche bloss dieser oder jener symptomatischen Indication entsprechen, und die in der Tat bei geschickter Benutzung heilsam sein können; und solchen Mitteln, welche nicht bloss Krankheitssymptome beseitigen, sondern die Krankheit mit der Wurzel anfassen und radikal bekämpfen. ...

Spezifische Arzneimittel in diesem unserem Sinne wird nicht leicht jeder beliebige Mediziner aufzufinden imstande sein. (Spezifica proinde medicamenta, si ad hanc mentem nostram restringantur, non cuivis contingunt.) Wenn nur in jedem Jahrhundert einer auf diese Art sich verdient gemacht hätte, so würde die Heilkunde schon längst auf den höchsten Gipfel der für uns erreichbaren Vollkommenheit gelangt sein. Es ist aber unser Unglück, dass wir von der hippokratischen Heilmethode abgewichen sind, welche in der Entfernung der Krankheitsursachen ihre Hauptaufgabe erblickt."

Sydenham hat noch an verschiedenen anderen Stellen seiner Werke sich darüber ausgesprochen, was er von spezifischen Mitteln denkt: ganz besonders lehrreich sind aber seine Ausführungen in dem „Tractus de podagra", wo er, nach der ausführlichen Schilderung seiner noch jetzt giltigen diätetischen Behandlungsmethode der Gicht, sich folgendermassen äussert (bei Kraft l. c. Bd. I, p. 427 ff): „Hier habe ich nun alles aufgezählt, was ich bisher über die Heilung dieser Krankheit (des Podagra) habe erfahren können. Sollte mir aber jemand den Einwurf machen, dass es viele Mittel gebe, welche spezifisch auf das Podagra hinwirken, so gestehe ich sehr gerne ein, sie nicht zu kennen; und ich fürchte nur, dass andere diese Mittel ebenso wenig kennen wie ich", und: „Ein radikales und ganz vollständiges Heilverfahren, wodurch der Kranke zugleich auch von der Anlage zu dieser Krankheit befreit werden könnte, liegt noch tief im Schoosse der Natur begraben; auch weiss man nicht, wann und von wem es ans Licht gezogen werden wird." „Aber", sagt Sydenham weiter, „ich glaube nicht zu viel zu versprechen, wenn ich mich durch langes Nachdenken, welches ich auf diesen Gegenstand verwendete, zu glauben veranlasst finde, dass noch ein Mittel gegen diese Krankheit werde erfunden werden. Wenn nun dies einmal geschehen sollte, so werden die Dogmatiker durch ihre eigene Unwissenheit geschlagen werden, und man wird daraus klar sehen, wie sehr sie sowohl in der Auffindung der Krankheitsursache, als auch in Anwendung der Arzneimittel gefehlt haben." Sydenham nimmt sich selbst gar nicht aus von dem in diesen Worten liegenden Tadel, welcher seine diätetische Behandlung der Gicht als ein unvollkommenes und provisorisches Auskunftsmittel charakterisieren soll; „denn", fährt er weiter fort, „wie viele Jahrhunderte hindurch haben sich schon die gelehrtesten Männer Mühe gegeben, die Grundursache der Malaria auszuforschen, um die entsprechende Behandlungsweise der von ihnen ausgedachten Theorie anzupassen? Noch heutigen Tages pflegen die Praktiker, welche die verschiedenen Ursachen der Wechselfieber eigenartigen Blutmischungen zuschreiben, ihre Behandlung auf die Umänderung und Beseitigung der fehlerhaften Blutmischung zu lenken. Wie fruchtlos aber ihr Bestreben hierin gewesen ist, beweist uns der glückliche Gebrauch der Perurinde; denn mit ihr erreichen wir heut zu Tage, ohne auf die Blutmischung, die Diät und das übrige Verhalten Rücksicht zu nehmen, unseren Endzweck, wenn wir nur dieses Mittel gehörig gebrauchen.“

Man sieht, dass Sydenham recht hohe Anforderungen an ein spezifisches Heilmittel stellt. Er will selbst das Quecksilber gegenüber der Syphilis nicht als ein solches gelten lassen, wie aus folgenden Worten hervorgeht (Lat. Ausgabe, p. 15): „Mercurius, et Sarsae radices, in lue venerea, specifica vulgo audiunt; quae tamen pro specificis propriis atque immediatis non debent haberi, nisi argumentis satis validis atque irrefragilibus possit confici, mercurium nulla excitata salivatione, sarsae vero radices sine motis sudoribus tam egregiam operam praestitisse.“ Also, erst wenn jemand ganz einwandsfrei beweisen könnte, dass das Quecksilber, ohne seinerseits irgend welche Intoxikationserscheinungen hervorzurufen, die „lues venerea confirmata“ zu heilen vermag, würde Sydenham demselben den Rang eines spezifischen und direkten Heilmittels konzedieren. „Nicht der darf auf den Namen eines wahren Arztes mit vollem Recht Anspruch erheben, wer bloss durch ein Medikament an die Stelle des einen kranken Zustandes einen anderen setzt, wobei zwar auch eine Heilung erfolgen kann, aber ohne dass dabei das Medikament die Krankheitsursache angreift, sondern nur der, welcher Heilmittel besitzt, die den spezifischen Charakter einer Krankheit gänzlich aufheben.“ („In vincendo itaque morbo is demum jure meritoque medici nomen sibi vindicat, penes quem est ejusmodi medicamentum, quo morbi species possit destrui.“)

Ein spezifisches Heilmittel für eine bestimmte, gut charakterisierte Krankheit muss also von solcher Art sein, dass es ohne jede krankmachende Nebenwirkung den Krankheitsprozess seines spezifischen Charakters entkleidet und dadurch den Heilkräften der Natur freies Spiel gewährt.

Das tun weder diätetische Heilmethoden, noch evacuierende; weder die Anwendung wärmezuführender, noch temperaturherabsetzender Mittel; weder die Zuführung von Flüssigkeiten noch die Wegnahme derselben. „Quid enim, obsecro, calor, frigus, humidum, siccumve, aut e secundis qualitatibus, quae ab his pendent, alia aliqua ad morbi curationem faciet, cujus essentia in harum nulla consistit?“)

Ein spezifisches Heilmittel muss nach Sydenham eine intime Beziehung haben zum Wesen der Krankheit.

Worin das „Wesen“, die „Entität“, das „Ontologische“, das „Essentielle“, oder die „Einheitlichkeit“ zu suchen sind, wird ganz verschieden beantwortet in verschiedenen Zeiten und von verschiedenen Beurteilern. Das ist abhängig von dem jedesmaligen Stande der Erkenntnistheorie. Naive und kindliche Gemüter personifizieren alles; so ist auch die dem gesunden Leben eines Individuums zugrunde liegende Harmonie personifiziert worden als „Archäus“ und „Spiritus rector“, ähnlich wie man die in dem Weltbildungsprozess zu Tage tretende Einheitlichkeit in einem mit allen Vollkommenheiten ausgestatteten guten Geiste personifizierte; und ebenso wie man im Weltprozess scheinbare Störungen und Unzweckmässigkeiten auf einen als Person gedachten Teufel zurückführte, so hat man auch die als „Krankheiten" sich dokumentierenden Abweichungen von dem normalen Verlauf im Individualleben bösen Geistern und dem Teufel zugeschrieben.

Im Gegensatz zu diesen personifizierten Ursachen bezeichneten andere Mediziner die Ursache des normalen Lebens als „Lebenskraft"; die Ursache einer Krankheit aber waren Kräfte, die mit bösen Winden in den Menschen hineinfuhren und unter verschiedenen Gestalten gedachte Wesenheiten, die von dem gesunden lebenden Organismus Besitz ergriffen, daselbst ein Eigenleben führten und dadurch den Lebensäusserungen eines kranken Menschen einen fremdartigen, spezifischen Charakter gaben. Jetzt sind es Bakterien, Protozoen und Gifte, von deren Existenz in einem Organismus die Krankheit abgeleitet wird.

Aber wie wir die Anschauung zurückweisen müssen, als im Widerstreit befindlich mit unserer modernen naturwissenschaftlichen Betrachtungsweise, dass die Krankheit eines Menschen das Zeichen eines Besessenseins von bösen Geistern ist, so müssen wir uns auch bewusst bleiben, dass die Bakterien keine Causa sufficiens sind für eine Krankheit, dass vielmehr V i r c h o w ganz Recht hat, wenn er verlangt, dass das lebende Substrat, an welchem sich der Krankheitsprozess vollzieht, nicht ausser Acht zu lassen ist, wenn man sich eine richtige Vorstellung vom Wesen einer Krankheit machen will.

S y d e n h a m legte das Hauptgewicht auf die von aussen stammenden Krankheitsursachen, er war alles das, was V i r c h o w energisch ablehnt; er war O n t o l o g, S p e z i f i k e r, H u m o r a l p a t h o l o g und ä t i o l o g i s c h e r H u m o r a l t h e r a p e u t; dass er aber trotzdem sehr vernünftige Grundsätze lehrte, beweist folgende Stelle aus der Vorrede zu seinen Werken:

„Es ist nützlich, die einzelnen Krankheitsfälle zu klassifizieren, und zwar mit derselben Genauigkeit ($\mathrm{\dot{\alpha}\varkappa\varrho\iota\beta\varepsilon\dot{\iota}\alpha}$), welche von den Botanikern in ihren Phytologieen beobachtet wird. Man findet aber Krankheiten, welche sich in vielen Symptomen so sehr ähnlich verhalten, dass sie nicht bloss in die nämliche Krankheitsgruppe (sub eodem genere) gebracht worden sind, sondern sogar den gleichen Krankheitsnamen bekommen haben, obwohl sie in ihrem Wesen durchaus von einander verschieden sind, und dementsprechend auch eine differente Art der Behandlung verlangen.[1])

Es ist bekannt, dass die botanische Bezeichung „Carduus" (Distel) auf eine ganze Anzahl von Pflanzenspezies Anwendung findet; da würde nun derjenige Botaniker, welcher nur eine generelle Beschreibung der Carduus-Gruppe geben wollte, recht wenig akkurat verfahren; vielmehr hat er den jeder einzelnen Spezies zukommenden und ihr

---

1) Man denke an den Typhus abdominalis, exanthematicus, recurrens u. A.

eigentümlichen Charakter, durch welchen die eine Spezies der Carduus-Gruppe von den anderen zu unterscheiden ist, genau anzugeben.

So ist es auch bei vielgestaltigen ($\pi o\lambda\varepsilon\iota\delta\eta\varsigma$) Krankheitstypen nicht ausreichend, bloss die am meisten in die Augen springenden Kennzeichen in Betracht zu ziehen.

Andererseits existieren spitzfindige Krankheitseinteilungen, die der Hypothese eines geistreichen Mannes zu Liebe gemacht wurden, und die nicht sowohl dazu dienen, die Krankheit ins rechte Licht zu setzen, als vielmehr den Scharfsinn des Autors.

Philosophische Spekulationen und Hypothesen muss man in der Beschreibung der Krankheiten gänzlich zurücktreten lassen, dagegen die Krankheitsphänomene deutlich und wie sie sind, hervorheben, mögen sie auch noch so geringfügig erscheinen; man muss es da machen, wie der Porträtmaler, der auch die Muttermäler und Schönheitsflecken zum Ausdruck bringt (naevos et levissimas maculas exprimit); es ist gar nicht zu sagen, wie unentwirrbar das Netz von Irrtümern ist, welches Schriftsteller mit Hilfe ihrer physiologischen Hypothesen ausgesponnen haben, indem sie, ausgehend von ihren vorgefassten Meinungen, Krankheitsphänomene beschrieben haben, die, ausser in ihrem Gehirn, nirgends eine Existenz haben. Dazu kommt dann, dass solche Schriftsteller rein accidentelle Dinge bei einer Krankheit, bloss weil sie für ihre Hypothese eine Rolle spielen, über jedes Mass hervorheben und so aus der Mücke einen Elephanten machen; alles aber, was nicht in ihre Hypothese hineinpasst, entweder ganz mit Stillschweigen übergehen, oder doch bloss ganz oberflächlich streifen.

Weiterhin ist bei der Beschreibung der Krankheiten streng zu unterscheiden zwischen den spezifischen, nie fehlenden Phänomenen und den gelegentlich auftretenden. Manche Phänomene sind bloss auf die medikamentösen Eingriffe des Arztes zurückzuführen, so dass oft das verschiedene Aussehen einer und derselben Krankheit bei verschiedenen Patienten nicht der Krankheit selbst, sondern dem behandelnden Arzte zuzuschreiben ist. Ich füge noch hinzu, dass sogenannte interessante und seltene Fälle eigentlich nicht in die naturwissenschaftliche Beschreibung des Krankheitstypus hineingehören, wie man ja auch nicht bei der Beschreibung beispielsweise der Salbei, die durch Raupenbisse erzeugten Veränderungen dieser Pflanze unter die charakteristischen Merkmale aufnehmen wird.

Sorgfältig muss beachtet werden, inwieweit die Jahreszeiten mit dem Beginn und mit dem Verlauf der Krankheiten in einem wesentlichen Zusammenhang stehen. Ich leugne zwar nicht, dass viele Krankheiten zu jeder Jahreszeit auftreten; andere aber verhalten sich ähnlich wie manche Vögel und Pflanzen, die in ihren Lebenserscheinungen an die Jahreszeiten gebunden sind. . . .

Was die Individualität der Patienten betrifft, so ist zwar zuzugeben, dass durch dieselbe eine verschiedene Art der Krankheitsbehandlung indiziert sein kann; indessen die Natur verhält sich doch bei der Erzeugung von Krankheiten so gleichmässig, dass die Krankheitssymptome bei verschiedenen Individuen recht eintönig sind; und genau dieselben Symptome, welche eine bestimmte Krankheit bei einem S o k r a t e s in Erscheinung treten lässt, lassen sich im allgemeinen auch bei jedem beliebigen anderen Menschen wiederfinden. Auch hier wieder liegt der Vergleich mit den Eigenschaften der pflanzlichen Spezies nahe. Denn wenn jemand z. B. ein Veilchen nach Farbe, Geruch, Gestalt, Geschmack usw. sorgfältig beschrieben hat, so werden alle Veilchen auf der Erde, die derselben Spezies angehören, in dieser Beschreibung mit einbegriffen sein.“

Vierter Abschnitt.
E m p i r i s c h e I s o p a t h i e u n d I s o t h e r a p i e ; O p o t h e r a p i e.

Diejenige Art der spezifischen Therapie, welche wir als I s o p a t h i e oder I s o t h e r a p i e bezeichnen, weil sie solche Krankheiten, deren Ursache in greifbaren, von aussen stammenden Schädlichkeiten gegeben ist, mit dem krankmachenden Agens bekämpft, verdankt ihren Ursprung keineswegs einer medizinischen Schule, sondern der Volksmedizin.

Bei der Wichtigkeit dieser therapeutischen Richtung für die heutige Lehre von der I m m u n i t ä t möchte ich hier wiederholen, was ich schon an anderer Stelle zusammenfassend gesagt habe.

Das lateinische Wort „i m m u n i t a s“, von dem der jetzt so viel gebrauchte Ausdruck „I m m u n i t ä t“ herstammt, bedeutet so viel wie F r e i h e i t v o n D i e n s t e n , A b g a b e n , L a s t e n (m u n u s , m u n e r a). Immun (i m m u n i s) war im altrömischen Reich, wer von Abgaben und Steuern befreit, und wer geschützt war gegen Gewaltsamkeiten. In diesem politischen Wortsinne sprechen wir heutzutage noch von einer Immunität der Reichstagsabgeordneten, die übrigens hier wie in der Medicin keinen absoluten, sondern bloss einen relativen Schutz gewährt.

Frühzeitig sprach man aber auch schon im ü b e r t r a g e n e n Wortsinne von Immunität, wenn ein Individuum, eine Familie oder ein Volk a u s n a h m s w e i s e geschützt war gegen die verderbliche Wirkung von Krankheitstoffen.

So finde ich in dem bald nach Christi Geburt (im Jahre 60 unsrer Zeitrechnung) bekannt gegebenen Gedicht P h a r s a l i a von L u c a n u s (Liber IX, Vers 95 und 96), gelegentlich der Schilderung der afrikanischen Feldzüge C a t o s, folgende Angabe betreffend die P s y l l e r (einen afrikanischen Volksstamm):

„Natura locorum
„Jussit, ut i m m u n e s mixtis serpentibus essent.“

Die Psyller waren also nach L u c a n u s geschützt gegenüber der verderblichen Wirkung der Schlangenbisse, und zwar geschützt durch den Mangel einer örtlichen Disposition (im Sinne P e t t e n k o f e r s).

L u c a n u s gibt an, dass die Schlangengiftimmunität von den Eltern auf die Kinder übergehe, aber nur, wenn nicht bloss die Mutter, sondern auch der Vater dem Volksstamm der Psyller angehöre; denn wenn eine Psyllerfrau mit einem Manne von f r e m d e m Volksstamme ehebrecherischen Umgang gehabt habe, so sei ihr Kind n i c h t schlangengiftimmun; und diese Vererbungseigentümlichkeit werde als so sicher betrachtet, dass bei einem Zweifel darüber, ob das Kind von einem einheimischen oder von einem ausländischen Manne abstamme, der negative oder positive Ausgang eines Impfversuches als entscheidendes Kriterium betrachtet werde.

Zur Ausführung des Impfversuches bedienten sich die Psyller der Giftzähne von Schlangen.

Die auf die Immunität der Psyller und ihre Impfprobe bezügliche Stelle lautet (Liber IX, Vers 891 ff.):

„Gens unica terras

Incolit a saevo serpentum innoxia morsu:
Marmaridae Psylli. Car lingua potentibus herbis,
Ipse cruor tutus, nullumque admittere virus
Nel cantu cessante potens. Natura locorum
Jussit, ut immunes mixtis serpentibus essent;
Profuit in mediis sedem posuisse venenis.
Pax illis cum morte data est. Fiducia tanta est
Sanguinis: in terras parvus cum decidit infans
Ne qua sit externae veneris mixtura timentes
Letifica dubios explorant aspide partus." [1])

Nach Lucanus waren die Psyller auch imstande, ausländischen Gastfreunden willkürlich durch besondere Vorbehandlung Schlangengiftimmunität zu verschaffen.

Auch Plinius (Secundus) erwähnt die Psyller im 11. Buch seiner „Naturalis Historia", wo von Bienen, Wespen, Skorpionen, Schlangen und andern Tieren die Rede ist, deren Stiche oder Bisse für die Menschen giftig sind und Krankheit und Tod bringen, wenn die giftige Substanz in die Säftemasse aufgenommen wird. Im 25. Kapitel des 11. Buches findet sich eine bemerkenswerte Stelle über homöopathische Schutzwirkung gegenüber giftigen Bissen von Skorpionen; danach soll eine Tinktur, welche die Extraktivstoffe von verbrannten Skorpionen enthält, sich bei innerlichem Genuss nützlich erweisen zur Unschädlichmachung von Skorpionenbissen: („Homini icto putatur esse remedio ipsorum cinis potus in vino.") In demselben Kapitel nennt Plinius auch die Marser schlangengiftimmun, wenn er sagt:

„Mirum tamen est venena portantes ore fingentesque ipsas (apes) non mori, nisi quod illa domina rerum omnium (natura) hanc dedit repugnantiam apibus, sicut contra serpentes Psyllis Marsisque inter homines."

---

1) Landouzy hat in seinem 1898 erschienenen Buche „Les Sérotherapies" S. 85 den die Impfprobe beschreibenden Passus folgendermassen ins Französische übersetzt:

„Telle est leur confiance en ce don tutélaire,
Que, sitôt qu'un enfant sort du sein de sa mère,
S'ils craignent l'œuvre impur d'un amour étranger,
Par la dent de l'aspic ils osent en juger.
Tel le roi des oiseaux, quand son œuf vient d'éclore,
Tourne l'aiglon naissant vers les feux de l'aurore.
S'il en soutient l'éclat sans abaisser les yeux,
Son père le nourrit pour l'usage des cieux;
Mais, s'il cède à Phébus, loin de laire on le chasse.
Le Psylle admet ainsi comme enfant de sa race
Celui qui sans effroi peut toucher des serpents
Et se joue au milieu de ces monstres rampants."

Hier finden wir auch das lateinische Substantivum „repugnantia" = Widerstandsfähigkeit für den Begriff „Immunität", und zwar angewendet auf die Immunität der Bienen gegenüber ihrem eigenen Gift.

Diese aus alter Zeit überlieferten Beispiele von angeborenem und willkürlich erzeugtem Krankheitsschutz gegenüber tierischen Giften wurde von der wissenschaftlichen Medizin des abgelaufenen Jahrhunderts grösstenteils in das Märchengebiet verwiesen, und erst in den letzten Jahrzehnten hat man sich mehr und mehr davon überzeugt, dass derartige Berichte im wesentlicheu auf Wahrheit beruhen.

Plinius erwähnt noch viele andre animalische Gifte unter gleichzeitiger Angabe, wie man sich gegen sie schützen könne. Aber wichtiger ist das, was er von den Pflanzengiften erzählt (Liber XII bis XXV). Die Zahl der von ihm beschriebenen vegetabilischen Gifte ist endlos. Sehr gefürchtet waren nach ihm die von Pilzen und manchen Schwämmen herstammenden, die in den Vergiftungen der Kaiserzeit eine grosse Rolle gespielt haben. Claudius Tiberius soll durch das ihm von Agrippina beigebrachte Gift des Hutpilzes „Boletus" das Leben eingebüsst haben, „wodurch die Welt noch mit einem schlimmeren Gift, nämlich mit Nero, beschenkt wurde." Liber XXII sagt nämlich Plinius: „boletus immenso exemplo in crimen adductus, veneno Tiberio Claudio principi ab conjuge Aggripina dato, quo facto illa terris venenum alterum sibique ante omnes Neronem suum dedit."

Von den uns bekannten giftigen phanerogamischen Pflanzen vermisse ich nur wenige im Plinius. Absichtlich unterlässt er grösstenteils die Schilderung der Giftwirkung, um nicht den verbrecherischen Giftgebrauch zu befördern. Statt dessen gibt er die Präparation giftiger Pflanzen für therapeutische Zwecke sehr genau an und erwähnt die mehr oder weniger beglaubigten Gegengifte (Antidote) und den willkürlich erworbenen Giftschutz. Von Mithridates erzählt er Folgendes (Liber XXV):

„Mithridates, maximus sua aetate regum, quem debellavit Pompejus, omnium ante se genitorum diligentissimus vitae argumentis praeterquam fama intelligitur. Uni ei excogitatum cotidie venenum bibere, praesumptis remediis, ut consuetudine ipsa innoxium fieret, primo inventa genera antidoti, ex quibus unum etiam nomen ejus retinet illius inventum sanguinem anatum Ponticarum miscere antidotis, quoniam veneno viverent."[1]

Danach erlangte also Mithridates einerseits Giftschutz durch Gewöhnung an die Gifte. Andrerseits aber lehrte Mithridates auch die antidotarische Verwendung von solchem Gegengift, welches

---

[1] Nach Ausweis von § 6, Abschnitt 26 im 25. Buch des Plinius (Bd. 4 in der Ausgabe von Julius Sillig, 1855, bei Perthes, Gotha) handelt es sich hier um Helleborus. Von dieser Pflanzenart hatte Crateuas eine Species nach Mithridates benannt: „Ipsi Mithridati Crateuas adscripsit unam; Mithridatiam vocant; huic folia duo a radice acantho similia; caulis inter utraque sustinens roseum floreu."

im Sinne unserer heutigen Blutserumtherapie spezifisch antitoxisch ge-
wirkt hat; denn die mit Gift gefütterten pontischen Euten, deren Blut er
als Gegengift benutzte, sind im Grunde genommen eben so für eine antitoxische Serumtherapie präpariert, wie heutzutage die diphtherie-immuni-
sierten und tetanus-immunisierten Pferde. Diese raffinierte Kunst, mit
Giften umzugehen, ist bei einem Manne von der ausgedehnten politischen
Tätigkeit des Mithridates sehr auffallend; sie wird uns aber verständlich, wenn wir berücksichtigen, dass die am Pontus Euxinus
gelegenen Länder, deren Herrscher er war, die Heimat der jahr-
hundertelang vor Mithridates schon studierten giftigsten und heil-
kräftigsten Pflanzen ist. Schon in dem uralten Gedicht, das die
Fahrt der Argonauten (1200 v. Chr.) nach dem am Schwarzen Meer
gelegenen Kolchis beschreibt, wird von der dortigen Herrscherfamilie,
der auch die arzneikundige Medea entstammte, erzählt, dass sie einen
besonderen Garten für medikamentös benutzte Pflanzen angelegt und
gepflegt habe. Gifte und Heilmittel seien hier gesammelt und an
Tieren, sowie an Menschen, die wegen Verbrechen oder sonst aus
einem Grunde dem Tode geweiht waren, geprüft worden. Von den
bis auf unsre Zeit aus Kolchis überlieferten giftigen Pflanzen nenne
ich bloss Colchicum, giftige Solanumarten, Atropa-(Belladonna)-
Arten und Aconit. Es wäre wohl der Mühe wert, heute von neuem die
genuinen (d. h. durch chemische Eingriffe und durch Hitze nicht
veränderten) Gifte dieser Pflanzen an Stelle der aus ihnen hergestellten Spaltungsprodukte einer Prüfung zu unterziehen und insbesondere auf antigene Eigenschaften zu prüfen. Die Araber hatten
das Verdienst, einige Schriften der Griechen und Römer wieder
für die Medizin nutzbar gemacht zu haben; Paracelsus hat uns
viele anorganische Gifte und ihre Präparation kennen gelehrt. In
unserm Jahrhundert hat man gut charakterisierte chemische Individuen
mit zum Teil sehr giftigen Eigenschaften aus den Pflanzen dargestellt.
Um aber solche therapeutische Kunststücke, wie Mithridates sie
zum Staunen der Mit- und Nachwelt ausführte, neu zu erfinden,
dazu hat das alles nichts genützt; dazu mussten erst wieder genuine,
mit ihren ursprünglichen Kräften begabte, durch eingreifende chemische
Prozesse noch nicht denaturierte pflanzliche und tierische Gifte
therapeutisch verwertet werden.

Merkwürdigerweise ist das erst geschehen, nachdem fast 2000
Jahre vergangen sind, seitdem Plinius in seiner Naturalis Historia
die diesbezüglichen Erfahrungen des Altertums niedergelegt hat. [1]

Eine Abart der Isotherapie ist diejenige Krankheitsbehandlung,
bei welcher nicht die von aussen stammenden Schädlichkeiten das
isopathische Medikament liefern, sondern der nachgewiesene oder vermutete Krankheitsheerd und seine am Ort der Erkrankung deponierten

---

1) In dem Artikel „Lehrmeinungen von Vorläufern der Immunitätsforschung und deren Beziehung zu modernen Anschauungen
von Wolfgang Weichardt entnehme ich folgenden hiehergehörigen Satz,
welcher sich in Ettmüller's Kommentar über J. Schröders's medizinisch-
chemische Apotkeke findet: „Der gantze Storch ist dem gifft zuwider,
weil er sich von Kröten, Fröschen und Schlangen erhält. Man macht aus dem blut
eine unvergleichliche Latwerge wider gifft."

oder nach aussen beförderten Krankheitsprodukte. Im Beginn des vorigen Jahrhunderts ist diese Isopathie aus der Homoeopathie hervorgegangen. Haeser (Grundriss der Geschichte der Medizin. 1884), sagt darüber (S. 330):

„Die frühesten Anhänger Hahnemann's schlossen sich entweder unbedingt der neuen Lehre an, oder sie suchten dieselbe noch zu überbieten. Ein Tierarzt, Lux in Leipzig, steigerte das „Similia similibus" zum „Aequalia aequalibus", und die Homoeopathie zur Isopathie, indem er die Krätze mit potenziertem Krätzeiter, die Blattern mit „Variolin" heilte. Noch andere verordneten gegen Leber- und Lungenkrankheiten Leber- und Lungensubstanz („Hepatin" und „Polmonin")."

Unbewusst ist dabei auch isotherapeutisch im modernen Sinne dieses Wortes verfahren worden, wenn nämlich die den Organen und Krankheitsheerden entnommene Substanz das heterogene krankmachende Agens enthielt. Oskar Jaeger („Wolljäger") hat zur Zeit des Bekanntwerdens der Koch'schen Tuberkulintherapie nicht mit Unrecht darauf aufmerksam gemacht, dass das aus phthisischen Lungen herstammende „Pulmonin" und der früher schon in der sogenannten „Dreckapotheke" für Phthisiker empfohlene tuberkulöse Lungenauswurf das im Tuberkulin wirksame Prinzip enthalten haben müsse.

Die ursprüngliche Indikation für die Wahl solcher Mittel ist aber aus der Lehre von der Organspezifizität abgeleitet worden, und diese ist im Grunde genommen, wenn nicht identisch, so doch nahe verwandt mit der heutigen Opotherapie, welche u. a. in der Behandlung Kropfkranker mit Schilddrüsensaft zur wissenschaftlichen Anerkennung gebracht worden ist.

Das isopathische Heilprinzip finden wir auch in manchen Dichtungen, angedeutet; so im Philoktet des Sophokles und in der Gralssage, wenn erzählt wird, dass eine böse Wunde nur zur Heilung gelangen kann mit Hilfe des vergifteten Speeres, der sie geschlagen hat.

Fünfter Abschnitt.

Aetiologische Therapie im Gegensatz zu den älteren Heilprinzipien.

Der Isotherapie stelle ich gegenüber die Antitherapie, welche mit Antikörpern die krankmachende Ursache bekämpft. Beide fallen unter meinen Begriff der ätiologischen Therapie, den ich der symptomatischen Allopathie und Homöopathie, sowie der revulsorischen Therapie und der empirisch-spezifischen Therapie gegenüberstelle.

Wir wissen jetzt, dass im Grunde genommen auch die Isotherapie nur insofern heilsam wirkt, als sie zur Entstehung von spezifischen Antikörpern führt, die eine ganz elektive Heilwirkung gegenüber denjenigen krankmachenden Agentien ausüben, durch welche die Antikörper im lebenden Organismus produziert worden sind.

Zur ätiologischen Therapie gehören aber auch solche auf die Unschädlichmachung von krankmachenden Agentien gerichtete Heilmethoden, die mit nichtspezifischen Mitteln arbeiten, z. B. alle desinfizierenden Heilmethoden. Hierher gehören zum Teil auch die therapeutischen Bestrebungen der Jatrochemie vergangener Jahrhunderte. Die moderne Chemotherapie kann man als zielbewusst-aetiologische Jatrochemie bezeichnen.

Als den ersten, welcher das ätiologische Heilprinzip konsequent und mit allergrösstem Erfolg für die Praxis nutzbar gemacht hat, müssen wir Lister nennen. Aber nicht die inneren Krankheiten, sondern die Wundkrankheiten waren das Gebiet, auf welchem Lister seine reformirende und revolutionierende Tätigkeit entfaltete. Er lehrte, dass man den lebenden Organismus und die belebten Teile desselben womöglich ganz in Ruhe lassen und statt dessen die von aussen stammenden Schädlichkeisen, welche dem günstigen Wundheilungsverlaufe hinderlich sind, zum Angriffspunkt der ärztlichen Tätigkeit machen soll. Lister's Wundbehandlung hat aus der Chirurgie die früher so viel benutzten allöopathischen Behandlungsmethoden fast vollständig verdrängt. Den Aderlass und die ableitenden Mittel der Hippokratischen Medizin kennt der moderne Chirurg bloss noch als historische Reminiscenz. Und auch die allopathischen Adstringentien, Alterantien, die granulationsbefördernden und alle übrigen Mittel, welche in der früheren Chirurgie die Heiltendenz verwundeter und erkrankter Gewebe befördern sollten, nehmen nur noch einen sehr bescheidenen Platz in der Wundbehandlung ein. „Man nehme die krankmachende Ursache hinweg, dann besorgt der lebende Organismus am besten ganz allein die Heilung,“ das ist der Grundgedanke, welcher alle Schwankungen in der Theorie der Lister'schen Wundbehandlung überdauert.

Dieser Lister'sche Gedanke, welcher seinen Ausgang nahm von der Hypothese, dass in den Wundkrankheiten das krankmachende Agens von aussen stammt und durch lebende Mikroorganismen repräsentirt wird, ist jetzt so populär geworden, dass man kaum noch sich vorstellen kann, wie eine so einfache Ueberlegung in ihren Consequenzen die Chirurgie von Grund aus umgestalten konnte. Und doch hat niemand vor 50 Jahren vorausgesehen, dass Eröffnungen der Gelenkhöhlen und anderer Körperhöhlen, die früher selbst für die geübtesten Operateure das grösste Wagnis bedeuteten, jemals so gefahrlos werden könnten, dass man sie unbedenklich sogar zur blossen Feststellung einer zweifelhaften Diagnose vornehmen darf. Heutzutage fühlt der Chirurg sein Gewissen belastet, wenn ihm zu einer selbstgeschaffenen Wunde eine Wundkrankheit hinzutritt, während früher die Heilung mit vorausgegangener Granulationsbildung und Eiterung als die Regel galt. Das ist sicherlich ein grossartiger Umschwung und ein gewaltiger Fortschritt, und alles das verdanken wir der konsequenten Durchführung des ätiologischen Heilprinzips in der Chirurgie.

Die innere Medizin ist erst viel später dazu gekommen, den Lister'schen Grundsatz für die Praxis nutzbar zu machen.

Als ich vor nunmehr 32 Jahren in Bonn im pharmakologischen Institut des Professor Binz, des eifrigsten Vorkämpfers der ätiologischen Therapie, meine experimentellen Studien über die Heilbarkeit von bakteriellen Infektionskrankheiten begann, da war die Hoffnung noch nicht ausgeschlossen, dass unter der grossen Zahl von bakterienfeindlichen Mitteln sich auch eines oder das andere finden werde, welches bei der Tuberkulose, bei der Diphtherie, beim Milzbrand und bei anderen gut bekannten Bakterienkrankheiten dieselbe Rolle spielen könnte wie das Chinin bei der Malaria. Diese Hoffnung hat mich und viele andere Untersucher getäuscht. Es darf fast als ein Gesetz betrachtet werden, dass die lebenden tierischen und menschlichen Körperzellen um ein Mehrfaches empfindlicher sind gegenüber den Desinfektionsmitteln als die Bakterien, so dass, ehe die Bakterien durch ein Desinfektionsmittel abgetötet oder am Wachstum im Blute und in den Organen verhindert werden, der inficierte Tierkörper schon vorher an diesem Mittel zugrunde geht. Der Pessimismus derjenigen, die voraussagten, „eine Desinfektion am lebenden Organismus ist für alle Zeiten unmöglich,“ schien danach nur zu sehr gerechtfertigt zu sein, und wie wenig der Hinweis auf die Chininwirkung als Gegenargument Eindruck machte, das kann man sich leicht vorstellen. Einerseits handelt es sich bei der Malaria um Parasiten, die mit den Bakterien nichts zu tun haben, und andererseits fehlt ja auch jetzt noch immer ein zwingender Beweis für die Zurückführung der Chininwirkung auf seine Eigenschaft als ätiologisches Antidot.

Man hat im Laufe der Zeit die Tatsache, dass das Chinin ein gutes Malariamittel ist, von jedem der bisher von uns besprochenen therapeutischen Standpunkte aus zu erklären versucht.

Die Erklärung der Chininwirkung auf Grund des revulsiven Prinzips der hippokratischen Allöopathie wird gegenwärtig kaum mehr diskutiert. Vor mehr als 200 Jahren jedoch, in der Zeit, als die Chinarinde durch die Gräfin C h i n c h o n, die Gemahlin des Vizekönigs von Peru, benutzt und später von Jesuitenpatres nach Europa gebracht wurde (1639), spielte diese Erklärung eine grosse Rolle. Der damals lebende S y d e n h a m, welcher sich um die Einführung der Rinde in die Sumpffieberbehandlung die allergrössten Verdienste erworben hat, berichtet uns, dass von den Aerzten seiner Zeit deswegen, weil manchmal nach dem Gebrauche der peruanischen Rinde Abführwirkung eintrat, auch die Heilwirkung darauf zurückgeführt wurde. Der supponierte Krankheitsstoff des Sumpffiebers sollte auf diese Weise aus dem kranken Körper herausgeschafft werden. Als dann aber sehr bald diese Hypothese gegenüber einer strengeren Kritik sich als Trugbild erwies, da gingen die Vertreter des revulsiven Heilprinzips so weit, dass sie sich auf das heftigste der Anwendung der Rinde widersetzten und jeden misslungenen Heilversuch dazu ausbeuteten, um mit lauten Worten die Nutzlosigkeit und Schädlichkeit des neuen Mittels zu verkünden.

Sehr leicht scheint auf den ersten Blick für die Allopathie die Chininwirkung erklärlich zu sein. Im Sumpffieber ist die Temperaturerhöhung ein konstantes Krankheitssymptom. Die Chinarinde aber und das wirksame Alkaloid derselben, das Chinin, setzt nachweislich im Tierversuch und bei Menschen die Temperatur herunter. Deswegen sei es leicht verständlich, dass das Chinin in seiner Eigenschaft als fieberwidriges Mittel heilend wirke. Diese Schlussfolgerung wird aber sofort hinfällig, wenn wir berücksichtigen, dass wir eine sehr grosse Zahl von Mitteln kennen, die noch energischer als das Chinin temperaturherabsetzend wirken, ohne deswegen Malariaheilmittel zu sein. Ebenso wenig stichhaltig sind andere Erklärungen, die vom Standpunkte des allopathischen Heilprinzips aus erdacht worden sind, z. B. diejenigen Erklärungen, welche von der vermuteten anatomischen Grundlage der Malariakrankheit ausgehen. So wird beispielsweise das Wesen dieser Krankheit von manchen Autoren in einer erhöhten Empfindlichkeit oder, wie der Kunstausdruck lautet: „Impressionabilität" des zentralen Nervensystems erblickt (Virchow) und dem Chinin dementsprechend die Wirkung zugeschrieben, dass es die Impressionabilität des Nervensystems vermindere. Andere Autoren nahmen in früherer Zeit gerade das Umgekehrte an; sie glaubten, dass in der Malariakrankheit ein Erschlaffungszustand des Nervensystems bestehe, ein status laxus; die Chinarinde aber bewirke einen Status striktus; sie wirke adstringierend und tonisierend, und der Gerbsäuregehalt der Chinarinde konnte einem solchen Glauben Vorschub leisten. Diese Erklärung hat schon Sydenham mit folgenden Worten zurückgewiesen: „Auf welchen Grund hin will man behaupten, dass die Rinde durch ihre zusammenziehende Kraft das Fieber vertreibe? Wer das beweisen will, müsste notwendigerweise zuvor dartun, dass andere zusammenziehende Mittel eine gleiche Wirkung äussern könnten, was mir wenigstens mit keinem dieser Gattung nach Wunsch gelungen ist. Ja, heilt die Rinde nicht auch die Kranken, welche, wie es zuweilen geschieht, gleichwie nach einem Abführmittel Leibesöffnung bekommen?"

Die mehr moderne allopathische Erklärung beruht auf der Annahme, dass bei dem Malariafieber, wie bei fieberhaften und entzündlichen Krankheiten überhaupt, die lebhafte Tätigkeit und Wanderung beweglicher Zellen eine wesentliche Rolle spiele; nun kann man Versuchsbedingungen herstellen, unter welchen das Chinin die beweglichen Zellen lähmt; deswegen die fieberwidrige Wirkung im allgemeinen und die sumpffieberheilende Wirkung im speziellen. Auch hier wieder leuchtet das Unzureichende der Erklärung sofort ein; zumal bei der jetzt gangbaren Anschauung, dass die grössere Aktivität der Zellen der Heilwirkung förderlich und ihre Lähmung schädlich ist.

Wie Hahnemann die Chinarinde zu einem homöopathischen Mittel stempeln wollte, will ich nach dem Lehrbuche der theoretischen und praktischen Homöopathie von Altschul zitieren. Altschul, ein akademischer Vertreter der Homöopathie, sagt wörtlich Folgendes: „Bei der Uebersetzung von Cullen's Materia medica ward Hahnemann unwillig über die geschraubte theoretische Erklärung der antipyretischen Kraft der Chinarinde, welche dieser damals hochgefeierte Lehrer angab; er beschloss daher, auf einem naturgemässen Erfahrungswege auszumitteln, worauf die wechselfiebertilgende Kraft der Chinarinde beruhe. An sich selbst machte er zuerst den Versuch, nahm als Gesunder ein Lot der Chinarinde, wurde aber an demselben Tage von einem kalten Fieber überfallen, ähnlich dem Sumpffieber. Nicht leicht war jemals ein Kranker so erfreut über seine schnelle Heilung als Hahnemann über sein schnelles Erkranken nach diesem Versuch. Hahnemann ahnte hier ein Gesetz, das in den Wirkungen einer Substanz auf Gesunde ihre Heilkraft für die ähnlichen Krankheitssymptome erkennen lehrt, denn er konnte nicht zweifeln, dass hier mehr als ein blosser Zufall obwaltete."

Als Hahnemann seinen Versnch mit der Chinarinde an sich selber anstellte, war die Thermometrie zur Konstatierung des Fiebers noch nicht Gemeingut der Aerzte geworden, und der Tierversuch zur Arzneimittelprüfung war gleichfalls in der medizinischen Wissenschaft noch nicht sehr gebräuchlich. Hahnemann konnte demnach in gutem Glauben irgend welche subjektiven Wahrnehmungen den Erscheinungen des Sumpffiebers an die Seite stellen. Seitdem aber ist unendlich oft die Chinarinde und das Chinin von Menschen genommen und Tieren auf die verschiedenste Art einverleibt worden, ohne irgendwo bei gesunden Individuen Fieber, geschweige denn Sumpffieber zu erzeugen; statt dessen ist die temperaturherabsetzende Wirkung des Chinins mit absoluter Sicherheit festgestellt.[1]) Da müssen denn die Homöopathen von heute wohl oder übel schon irgend ein anderes Argument erfinden, um das Chinin zu einem Heilmittel nach dem Grundsatze: „similia similibus" zu machen.

Man wird zugeben müssen, dass der Versuch, die rein empirisch als Malariamittel gefundene Chinarinde nachträglich einem der alten Heilsysteme anzupassen, als verunglückt anzusehen ist. Vorurteilsfreie Praktiker haben das auch immer anerkannt und die Sonderstellung der Chinarinde und des Chinins dadurch zum Ausdruck gebracht, dass sie dieses Mittel als Spezificum bezeichneten. Im wissenschaftlichen Sinne ist freilich diese Bezeichnung ziemlich nichtssagend. Sie bedeutet eben weiter nichts, als dass eine intime und heilsame Beziehung des Chinins gerade zum Malariafieber besteht.

Damit wollte und konnte sich jedoch das Causalitätsbedürfnis der medizinischen Forscher nicht begnügen. Immer von neuem wurde nach einem brauchbaren Erklärungsprinzip gesucht, und als die fäulnisswidrigen Eigenschaften des Chinins und seine infusorien- und bakterientötende Fähigkeit entdeckt waren, da gewann die schon von Sydenham in allgemeinen Umrissen konzipierte Idee des ätiologischen Heilprinzips feste Form; da wurde das Chinin als antiparasitäres Heilmittel proklamiert, welches dadurch fiebertilgend wirkt, dass es den Infektionsstoff der Malaria unschädlich macht.

Der Malariainfektionsstoff wird durch Haemosporidien repräsentiert, die wir zur Klasse der Protozoën rechnen und als Amöben bezeichnen.

Von den Malariaamöben ist nun festgestellt, dass sie unter der Einwirkung des Chinins bei den in der Praxis üblichen Chiniugaben ihre Beweglichkeit verlieren. Ob auch ihre Lebensfähigkeit dabei beeinträchtigt wird, lässt sich leider so lange nicht feststellen, als wir noch immer keine künstliche Züchtung mit ihnen vornehmen können.

---

1) Wie wenig die angeblichen Beweise für die Existenz eines Chininfiebers wissenschaftlichen Anforderungen entsprechen, kann man u. a. aus dem Buche Levin's „Nebenwirkungen der Arzneimittel" (1899) entnehmen, wo Tierversuche ganz fehlen, und von Menschen verschieden deutbare Krankengeschichten, die nur als medizinische Curiosa ein Interesse in Anspruch nehmen können, als Beweis angeführt werden.

Wie dem aber auch sei, jedenfalls erkennt man leicht, dass diejenigen Mediziner, welche die Heilwirkung des Chinins auf die Unschädlichmachung der Malariaamöben zurückführen, ein Heilprinzip annehmen, welches von der Wirkung auf Zellen und Organe ganz absieht. Wir wollen nach dieser Auffassung mit dem Chinin weder eine revulsorische Wirkung ausüben, noch einen entgegengesetzten Krankheitszustand schaffen und ebensowenig einen gleichen oder ähnlichen, sondern wir wollen bloss die von aussen stammende Krankheitsursache treffen.

Diese Erklärung der Chininwirkung nach dem ätiologischen Heilprincip halte ich für die richtige, möchte aber, wenn auch aus anderen Gründen wie Virchow (s. o. S. 26), bezweifeln, dass das Chinin ein ätiologisches Specificum von der Art ist, dass es an sich zur Malariaheilung befähigt wäre. Vielmehr glaube ich, dass die Malariaheilung im letzten Grunde immer auf eine Antikörperproduktion hinausläuft, und dass das Chinin nur ein Adjuvans bei der Naturheilung mit Hilfe von solchen Antikörpern ist, wie wir sie in Folgendem genauer kennen lernen werden. Zu diesem Glauben bin ich auf dem Wege von experimentellen Erfahrungen gelegentlich meiner ersten therapeutischen Versuche zur Bekämpfung der Diphtherie und des Tetanus gelangt.

Es wollte mir anfänglich auf keine Weise gelingen, kleine Laboratoriumstiere anders gegen die krankmachende Wirkung des Diphtherievirus und des Tetanusvirus zu schützen, als wenn ich zu dem vollvirulenten Infektionsmaterial gewisse Desinfektionsmittel, insbesondere Jodtrichlorid, hinzusetzte. Speciell die isopathische Diphtherie-Immunisierung gelang und gelingt auch jetzt noch am besten, wenn man den Infektionsstoff mit Jodtrichlorid oder auch mit Lugol'scher Lösung abschwächt. Das kann man im sogenannten Mischungsversuche ausführen, bei welchem man in vitro des Diphtherievirus mit Jodpräparaten behandelt und dann in geeigneter Dosierung das jodierte Virus zur Immunisierung benutzt. Man kann aber auch die Jodierung in den Tierkörper hineinverlegen, durch getrennte Behandlung mit dem Virus und dem Jodpräparat. Meine ersten gelungenen Immunisierungsversuche an Meerschweinchen sind nun auf die Art angestellt worden, dass ich zuerst die Tiere vom Unterhautgewebe aus mit Diphtheriebacillen inficierte und hinterher in die Nähe der Infektionsstelle Jodtrichloridlösung einspritzte. Anf dieselbe Art habe ich dann später auch tetanusinficierte Kaninchen in Gemeinschaft mit Kitasato immunisiert. Wie man sieht, sind das Heilversuche mit immunisierendem Erfolg gewesen und nicht rein-isopathische Immunisierungsversuche. In der Tat erblickte ich vor der Entdeckung der Antitoxine das therapeutisch wirksame Agens nicht im Infektionsstoff, sondern im Jodtrichlorid, und ich wurde in dieser Anschauung bestärkt, als Kaninchen auch mit dem Leben davon kamen, wenn sie nach erfolgter Infektion schon beginnende tetanische Symptome erkennen liessen und dann erst mit Jodtrichlorid behandelt wurden. So kam es, dass zeitweise die Rede davon war, das Jodtrichlorid in die tierärztliche und menschenärztliche Praxis als ätiologisches Tetanus-Heilmittel einzuführen mit der Empfehlung, dass es im lebenden Organismus den Infektionsstoff unschädlich mache. Diese Interpretation erfuhr eine einschneidende Korrektur, als sich herausstellte, dass die nach der Heilung des Kaninchen-Tetanus zurückbleibende Immunität nicht auf Rechnung des Jodtrichlorid zu setzen, sondern specifischen Antikörpern zuzuschreiben ist, welche unter dem Einfluss der Tetanusinfektion von vitalen Körperelementen produciert werden. Nunmehr konnte das Jodtrichlorid nur noch als Adjuvans in dem Sinne gelten, dass es den Infektionsstoff abschwächt und dem animalischen Organismus es ermöglicht, mit dem abgeschwächten Virus ebenso gut fertig zu werden, wie wenn mir nach dem Vorgang von Jenner und Pasteur von vorneherein ein zur Herbeiführung des Todes nicht ausreichendes abgeschwächtes Virus zur Infektion benutzt hätten. In der Folgezeit konnte dann auf das Jodtrichlorid bei der isopathischen Behandlung des chronisch verlaufenden Kaninchen-Tetanus ganz verzichtet werden. Wie Pasteur bei seiner Hundswuttherapie noch im Verlaufe des Incubationsstudiums durch isopathische Behandlung Heilerfolge bekam, so lässt auch der Kaninchen-Tetanus nicht bloss eine vorbeugende, sondern auch eine heilende Therapie mit zweckmässig dosiertem Tetanus-Infektionsstoff zu.

Machen wir aus diesen Erfahrungen eine Nutzanwendung auf die Chininbehandlung der Malaria, dann leuchtet ohne Schwierigkeit ein, wie ich zu dem Glauben gekommen bin, dass auch das Chinin nur ein adjuvans ist, das den Malaria-Infektionsstoff soweit abschwächt, um danach den menschlichen Organismus zum siegreichen Kampf mit den Malariaprotozoen durch ausreichende Antikörperproduktion zu befähigen. Das Chinin würde danach vielleicht ein besseres Malariamittel sein, als Arsen und Methylenblau; es würde aber ebenso aufhören ein ätiologisches Specificum zu sein, wie für mich das Jodtrichlorid aufgehört hat, es für den Kaninchentetanus zu sein.

Aehnlich liegen die Verhältnisse bei der Syphilistherapie. Quecksilber und Jod sind zweifellos brauchbare Syphilismittel. Wenn aber nach ihrer Anwendung hinterher eine Immunität gegenüber der Syphilis zurückbleibt, dann führe ich diese auf eine durch den Gebrauch dieser Mittel beförderte Antikörperproduktion zurück. Sonst müssten Quecksilber und Jod ja auch prophylaktisch wirksam sein und als Immunisierungsmittel verwertet werden können. Wie wenig das aber der Fall ist, hat Kussmaul bewiesen, wenn er zeigte, wie die unter dem Einfluss der Quecksilberwirkung stehenden Arbeiter in Spiegelfabriken der Syphilisinfektion gegenüber sogar übler daran sind, wie andere syphilisbedrohte Menschen.

Dass auch das Ehrlich'sche Salvarsan, unbeschadet der ausgezeichneten Wirkung und wissenschaftlichen Bedeutung dieses Arsenpräparats, nicht ein direktes Heilmittel ist, sondern auf dem Umwege über die Isotherapie heilend wirkt, schliesse ich aus der mehrfach berichteten Tatsache von der Uebertragung einer Syphilis-Immunität durch salvarsanbehandelte syphilitische Mütter auf ihre Brustkinder. Es kann nicht daran gezweifelt werden, dass nicht etwa immunitätverleihendes Salvarsan mit der Milch in den Sänglingsorganismus übergeht, sondern dass es sich da um spezifische Antikörper handelt.

Das Salvarsan ist Dichlorhydrat-diamido-arseno-benzol, also ein Arsenpräparat, dem noch organische Gruppen angehängt sind. Diese letzteren sollen dazu dienen, das Arsen elektiv auf die Spiriochaete pallida Schaudinni zu übertragen, also gewissermassen einen spezifischen Amboceptor (Ehrlich) oder fixateur (Metschnikoff) abzugeben.

A. v. Wassermann hat gegenüber den Mäusecarcinomzellen im Eosin ein Mittel zur elektiven Selen-Uebertragung ausfindig gemacht und auf diese Weise glatte Mäusekrebsheilung erreicht. Die v. Wassermann'sche Entdeckung eröffnet hoffnungsvolle Ausblicke auf eine erfolggekrönte Therapie bösartiger Geschwülste auch beim Menschen, und im Verein mit Ehrlich's Salvarsantherapie liefert sie den Beweis für die Leistungsfähigkeit einer zielbewusst vorschreitenden Chemotherapie.

Es ist aber sehr bemerkenswert, dass sowohl das Chinin, wie das Salvarsan und die Verbindung von Selen mit Eosin, ihre heilsame Wirkung nur gegenüber belebten Infektionsstoffen von nichtbakterieller Natur ausüben. Bakterielle Infektionserreger sind durch chemotherapeutische Mittel bisher nicht annähernd mit gleichem Erfolge bekämpft worden. Immerhin hat man auch ihnen gegenüber die Erfahrung gemacht, dass die Combination chemischer Körper unter Umständen ihre antibakterielle Leistungsfähigkeit potenziert. Vor 20 Jahren habe ich mich hierüber folgendermassen ausgesprochen (Behrings „Gesammelte Abhandlungen“, Carl Thieme, Leipzig, II. T., S. 10 ff., „Ueber Desinfektion im lebenden Organismus“):

„Ich habe im Laufe der letzten vier Jahre fast ununterbrochen mit mehr als 100 Mitteln und an weit über 1000 Tieren Milzbrandheilungsversuche gemacht, ohne einen solchen Erfolg zu erreichen, wie mit der Mischung

$$\text{aus}\quad \left.\begin{array}{l} 0{,}04\,\%\ \text{Quecksilberchlorid} \\ 10\,\%\ \text{Natr. chloroborosum} \end{array}\right\} \text{aa.}$$

Ausser mit Höllensteinlösungen habe ich nur noch mit wenigen Mitteln den Milzbrandtod verhüten können; es gelang meist nur, den Milzbrandtod hinauszuschieben.

Bei grösseren Tieren, z. B. bei Kaninchen, wenn sie an sich schon eine grössere Widerstandsfähigkeit gegenüber dem Milzbrand besitzen, gelingt eine Heilung noch eher; aber bei Mäusen muss ich nach meinen Erfahrungen solche Heilresultate, wie man sie mit der Mischung von Sublimat und Natrium chloroborosum-Lösung bekommen kann, als ausserordentlich günstige bezeichnen. Weder mit dem Sublimat allein noch mit dem Natrium chloroborosum allein lassen sich solche Heilwirkungen beim Milzbrand erreichen; das letztere Präparat jedoch hat an sich schon eine sehr erhebliche Leistungsfähigkeit, und ein kleiner Prozentsatz von definitiven Heilungen ist bei lange fortgesetzten vergleichenden Untersuchungen auch bei ihm allein zur Beobachtung gekommen.

Zur Erklärung der potenzierten Wirkung der Mischung beider Präparate will ich nur mitteilen, dass in der Mischung, wenn sie frisch bereitet ist, sich die bakterienfeindlichen Wirkungen der beiden Präparate nicht bloss addieren, sondern dass sich ein Multiplum der zahlenmässig ausdrückbaren Werte konstatieren lässt. Die Giftigkeit aber des Hauptbestandteils, nämlich des Natrium chloroborosum, nimmt durch den Sublimatzusatz gar nicht zu.

Ich habe diese Dinge ausführlicher besprochen, weil ich glaube, dass wir auf dem Wege der Komposition von mehreren therapeutisch wirksamen Körpern noch manches Neue und praktisch Wichtige finden werden. Die Sache selbst ist ja nicht neu und namentlich von Henle auch schon wissenschaftlich geprüft. Für die Wundbehandlung ist speziell von Lister eine Mischlösung von Quecksilberchlorid und Zink empfohlen worden, und ich kann die Erhöhung der antibakteriellen Wirkung des Quecksilbersublimats durch den Zinkzusatz bestätigen. Dass aber nicht jeder Zusatz verbessernd in dieser Richtung wirkt, mögen Sie aus der Tatsache entnehmen, dass das von Laplace empfohlene Weinsäuresublimat eine grössere relative Giftigkeit besitzt als das einfache Sublimat."

Die Heilversuche mit der oben beschriebenen Mischung von Natrium chloroborosum mit Quecksilberchlorid schilderte ich folgendermassen:

L. c. S. 7: „Wenn man ein hirsekorngrosses Stückchen von der Milz einer an vollvirulentem Milzbrand frisch verendeten Maus in 5 ccm Bouillon verreibt und davon 0,1 ccm einer anderen Maus unter die Haut spritzt, so stirbt dieselbe in spätestens 24 Stunden an Milzbrand.

Der Eintritt des Milzbrandtodes lässt sich aber hinausschieben und auch gänzlich verhüten durch nachträgliche Injektionen einer Mischung von Sublimat- und Natrium chloroborosum-Lösung.

Mischt man einen Teil einer 0,04 prozentigen Sublimatlösung mit drei Teilen einer 10 prozentigen Lösung von Natrium chloroborosum und macht an derselben Stelle, an welcher die Milzbrandaufschwemmung eingespritzt wurde, davon alsbald hinterher eine Injektion von 0,4 ccm, so tritt der Tod erst nach mehreren Tagen, bis zu acht Tagen, ein. Häufig ist dabei das Auftreten eines starken subkutanen Oedems zu beobachten, welches bei den nicht behandelten Mäusen fehlt. Bei der Sektion findet man in dem Oedem spärlich, in dem Blut und in den Organen reichlich Milzbrandbazillen; die Milz ist sehr gross, meistens mindestens doppelt so gross wie die Milzbrandmilz nicht behandelter Mäuse.

Wird die subkutane Injektion der Sublimat-Natrium chloroborosum-Lösung an den acht der Injektion folgenden Tagen wiederholt, so geht das subkutane Oedem langsam zurück, und es entsteht an der Injektionsstelle eine lokale Nekrose, die allmählich nach der Abstossung des nekrotisierten Hautstückchens mit glatter Narbe in 25 bis 30 Tagen verheilt. In vereinzelten Fällen kann noch nach 15 bis 30 Tagen der Tod an Milzbrand erfolgen; zirka 50 Prozent der behandelten Mäuse bleiben aber dauernd am Leben. Ist die Infektion weniger stark und werden zur Behandlung ausgewachsene grosse Mäuse ausgewählt, so lässt sich die Heilung der Mäuse mit grosser Sicherheit erreichen.

Diese Behandlung wurde mannigfach modifiziert, namentlich auch nach der Richtung, dass sie nicht sofort, sondern erst einige Zeit nach der Infektion begonnen wurde; bei derartig infizierten Mäusen, dass sie ohne Behandlung in 18 bis 24 Stunden sterben, wurde jedoch ein Heilerfolg nicht mehr erzielt, wenn die erste medikamentöse Einspritzung später als höchstens zwei Stunden nach der Infektion gemacht wurde."

Seitdem ich vor 20 Jahren diese Sätze habe abdrucken lassen, liess ich zwar das Problem einer potenzierten Desinfektionswirkung eines Mittels durch Zusatz von einem elektiv wirkenden andern Mittel nie ganz aus den Augen. Durch die intensive Beschäftigung mit der Nutzbarmachung der antitoxischen Heilsera für die Praxis wurde aber immer wieder das Interesse von den vulgären Desinfektions- und Heilmitteln abgelenkt, bis ich vor 10 Jahren in meinen experimentell-therapeutischen Studien auf die merkwürdigen Eigenschaften des

Formaldehyds und des Wasserstoffsuperoxyds stiess und schliesslich die potenzierte Desinfektionswirkung der Mischung dieser beiden Mittel in einem ganz bestimmten Verhältnis feststellte. Am günstigsten fand ich das Verhältnis von 1 Teil Formaldehyd auf $12^1/_2$ Teile Wasserstoffsuperoxyd und wässerige Lösungen dieser beiden Körper im Verhältnis von 2 : 25 bezeichne ich als „Sufonlösungen“. Auch mit dem Sufon habe ich bakterielle Infektionen im Tierexperiment zu bekämpfen gesucht und speziell bei lokalisierten Tuberkulose-prossen ermutigende Resultate bekommen.

Das oben erwähnte Jodtrichlorid kann man übrigens auch als ein kombiniertes Mittel ansehen.

Sechster Abschnitt.
Jenner's Pockenbekämpfung.

Die Hauptschrift von Jenner, in welcher er seine Schutz-impfungsmethode der Nachwelt überliefert hat, ist 1798 erschienen unter dem Titel: „An Inquiry into the causes and effects of the variola vaccinae, a Disease, discovered in some of the western counties of England, particulary Glou-cestershire, and known by the name of the Cow Pox“ by Edward Jenner (74 Seiten mit Abbildungen).

Schon 1799 wurden zwei Uebersetzungen in Deutschland ver-öffentlicht, eine in deutscher Sprache von dem hannöverschen Arzt Ballhorn, eine andere, lateinische, in Wien von Aloysius Careno.

Jenner leitet die Menschenpocken von einer unter den Pferden vorkommenden entzündlichen Huferkrankung ab, die in England den Namen „the Grease“ führt, in Deutschland „Mauke“ genannt wird. Die Stelle aus Jenner's Schrift, welche hierauf Bezug hat, lautet bei Careno: „Equi in hoc statu morbum frequenter patiuntur, quem Angli „the Grease“ appellant. Planta pedis inflammata tumet, unde materia peculiaris indolis profluit, quae in corpore humano (mutata nempe, uti demonstrabitur) morbum variolis ita similem excitat, ut plane non dubitem variolas ipsas ab hac materia originem traxisse.“

Wie Jenner sich die Uebertragung zuerst von den Pferden auf Stallknechte, von diesen auf das Kuheuter, von den Kühen auf melkende Personen u. s. w. vorstellt, und wie er durch seine Be-obachtungen an vaccinierten Individuen zur Schutzimpfung kam, geht aus dem folgenden Zitat hervor:

„In hoc nostro comitatu magnus vaccarum numerus alitur, et mulgendo juvenes pariter ac feminae adhibentur. Ubi forte puer, qui pedem equi morbo eo, the Grease, affectum deligaverat, neglecta manuum lotione, ad vaccam mulgendam digitis pure contagioso adhuc foedatis accesserit, evenit plerumque, ut morbus ab infecta manu vaccis, a vaccis vero equis, qui eas tractant, communicetur, a quibus tandem pravi hi effectus per totum praedium et reliqua domestica animalia vulgantur. Unde morbus nomen variolarum vaccinarum (Cow-Pox) obtinuit. Apparet primo in vaccarum uberibus pustularum irregularium species. Mox ubi erupere, colorem plerumque ex pallido caeruleum, vel potius quodammodo lividum ostendunt, et erysipelatosa inflam-matione circumdantur. Hae pustulae, nisi apta remedia adhibeantur,

in ulcera phagedaenica, magnas molestias excitantia, degenerare solent[1]).
Hinc animal aegrotare, et parum lactis secernere. Pustulae nunc aliquae
inflammatae apparent in variis partibus, praecipue in manibus hominum
mulgendo operatis, et non raro in carpo, ubi manus brachio jungitur;
dein in suppurationem abeunt, et speciem parvi ab ustione illati ulceris
referunt. Plerumque phalanges, et apices digitorum corripiuntur; at
in quacumque parte pustulae emicant, nunquam non, si partium situs
id admittat, superficiei inflammatio orbicularem figuram describit, cujus
peripheria super centrum eminentior, et colore fere caeruleo est.
Contagiosa materia continuo a systemate lymphatico absorbitur; tu-
mores tunc apparent in utraque axilla, totum corpus afficitur; pulsus
frequens, horror, lassitudo universalis, dolores lumborum et dorsi,
vomitus accedunt; capitis gravitate aegri queruntur, et per intervalla
delirant. Haec symptomata plus minusve gravia plerumque unum,
duos, tres aut quatuor dies durant: in manibus tandem ulcerosae
pustulae remanent, quae pro varia partium sensibilitate, valde molestae
esse solent; saepius lente sanantur; frequenter phagedaenicae evadunt,
et simillimae vaccinis fiunt; quod tunc ut plurimum solet contingere,
si partes hae ab aegris, digitis materia hac conspurcatis, perfricentur.
Nunquam in aegris, quotquot videre mihi licuit, imminutis et dispa-
rentibus symptomatibus febrilibus, pustulas in cute prodiisse observavi,
unico casu excepto, in quo paucae tandem pustulae in brachio, eaeque
parvae, coloris vividorubrae prorupere, quae tamen brevi iterum, quin
in suppurationem tenderent, iterum disparuerunt ita, ut, haud sciam,
an aliquae cum praecedentibus symptomatibus nexum habuerint.

Atque ita morbus hic ab equis ad ubera vaccarum, et ex illis in
humana corpora propagatur.

Miasma infantum variolosorum in corpus resorptum similia fere
symptomata solet producere. Singularis autem veneni variolarum
vaccinarum indoles ea est, quod homo, ab his femel correptus, im-
munis postea a variolarum humanarum contagio persistat; nam seu
corpora variolarum effluviis exponantur, vel ipsum etiam venenum
variolosum in cute inseratur, nunquam inde variolosus morbus enas-
citur."

Wir werden schwerlich Jenner's epizootische Pockentheorie
acceptieren wollen. Auch Jenner's Zeitgenossen haben wohl in der
Mehrzahl Sydenham zugestimmt, der 100 Jahre vorher die Uebertragung der Pocken von Mensch zu Mensch lehrte.[2]) Sydenham glaubt,
dass Europa von den Zeiten des Hippokrates bis in's frühe Mittelalter

---

1) Promptum contra ejusmodi pecudum aegritudinem habetur remedium in
applicatione solutionis vitrioli zinci, vitrioli cupri etc.

2) Sydenham fand weder bei Hippokrates noch bei Galen irgendwelche Andeutung davon, dass im klassischen Altertum in europäischen Ländern
die Pockenkrankheit existiert hat. Gleichwohl glaubte er, dass es sich um eine
von undenklichen Zeiten her bestehende Seuche handle, die jedoch periodenweise
latent bleibe („Sicut alii morbi jam olim existere, qui vel jam occiderunt penitus
et rarissime comparent, cujus modi sunt lepra atque alii fortasse nonnulli); ita
qui nunc regnunt morbi aliquando demum intercident, novis cedentibus speciebus,
de quibus nos ne minimum quidem hariolari valemus." Opera omnia. Lipsiae.
Leopold Voss 1827. S. 209).

pockenfrei gewesen ist. In der Tat scheint erst im 6. Jahrhundert von Vorderasien her die Seuche nach Europa gelangt zu sein.

Wie mangelhaft Jenner aber auch historisch und epidemiologisch unterrichtet gewesen sein mag; als Naturbeobachter steht er gross da; das beweisen die Krankengeschichten seiner Schrift, und das beweisen die Experimente, welche er inbezug auf die Uebertragungsfähigkeit der Kuhpocken angestellt hat.

Bemerkenswert ist seine Angabe (l. c. S. 17), dass die Kuhpockenlymphe zwar ·den Menschen gegen die variolöse Erkrankung schützt, aber nicht gegen ihre eigene krankmachende Wirkung. Zum Beweise für diese Behauptung soll u. a. sein Fall IX dienen, welcher folgendermassen beschrieben wird:

„Etsi variolae vaccinae corpus a varioloso morbo praeservent, et variolae ipso suo veneno securitatem a futura infectione praestent, fieri tamen potest, ut corpus humanum ad suscipiendum iterum venenum variolarum vaccinarum aptum sit, ut ex sequenti exemplo patet.

Wilhelmus Smith, ex pago Pyrton in hac parochia, anno 1780, quum apud vicinum villicum degeret, hoc morbo correptus fuit. Curabat is equum in praedio eo ulcerosis ungulis adfectum. Hoc modo malum ad vaccas, et a vaccis in ipsum curantem transiit. Scatebat una manus pluribus minutis ulceribus, quum aeger iisdem, quae supra descripsi, symptomatibus adficeretur.

Anno 1791, quum variolae vaccinae in alio praedio grassarentur, ubi tunc servile munus obibat, secunda vice variolis vaccinis conflictatus est, quod idem illi malum anno 1794 iterum accidit. Morbus secunda ac tertia eumdem gravitatis tenorem, quem prima vice observavit. Id non semper solet contingere, et consequens offensio altera mitior plerumque est: quod et in vaccis obtinet.

Huic superiori vere 1795 bis venenum variolosum fuit insertum, quin tamen corpus a materia variolosa ullo modo afficeretur; atque ab eo tempore aegris adstitit variolis affectis in summo etiam contagii gradu, nec ullam inde offensionem contraxit.“

Im Anschluss an den Bericht über einen anderen Fall von recidivierender Vaccine-Erkrankung bespricht Jenner ausführlich seine Theorie der Seuchenentstehung, welcher zufolge das krankmachende Virus wandlungsfähig ist und namentlich beim Uebergang vom Tier auf den Menschen, sowie umgekehrt, bedeutende Virulenzsteigerungen und Abschwächungen erfahren könne. Wenn er vermutet, dass mit dem Scharlach und den Masern Halsaffektionen ätiologisch äquivalent sein könnten, so klingt das eigentlich ganz modern! Die hierhergehörige Stelle findet sich bei Careno S. 17 u. 18:

„Elisabetha Wynne, quae jam anno 1759 variolis vaccinis laboraverat, anno 1797 variolosa materia inoculabatur, et post anno 1798 iterum in vaccinarum variolarum morbum incidit. Vidi ego illam octava ab infectione die. Lassitudo occuparat universalis; alternus frigoris et caloris sensus, extrema frigebant; pulsus celer et irregularis: his symptomatibus dolor sub axilla praecessit. In manu lata plaga ulcerosa apparuit, quae Tab. I. delineata est.

Notatu dignum est, venenum hoc, quod indeterminata et incerta vi agit, priusquam ex equis in vaccas transiit, non solum acrius reddi, sed constanter, et omnimodo specificam hanc virtutem prodere, ut in corpore humano symptomata febris variolosae symptomatibus similia creet, et in eo peculiarem hanc mutationem efficiat, qua a futura variolosi contagii infectione immune reddatur. An itaque non probabilis conjectura esse protest, variolas oriri a peculiari illa morbosa materie, quae ab equorum morbo prognata sensim sine sensu variis circumstantiis, variaque mutatione, malignam tandem indolem et contagiosam induit, ac tam ingentes strages edit! Et quum insignem mutationem observamus, quam venenum equinum transeundo per vaccas, morboque in illis producto patitur; an non inferre inde possumus, multos contagiosos morbos, qui nunc inter nos grassantur, pro ea, qua nunc apparet ratione, non simplicem, sed, compositam omnino originem habere? An hoc tam absonum est, e. g., morbillos, scarlatinam cum ulceribus faucium et maculis cutaneis ex communi hoc fonte profluere.“

Ausführlich bespricht Jenner in seiner Schrift die Eigenschaften und die Anwendungsweise der Kuhpockenlymphe.

Sehr eindringlich warnt er vor einer solchen Aufbewahrung der Lymphe, die zu ihrer Verunreinigung und Zersetzung durch Fäulnis führen kann, sowie vor zu tiefen Einschnitten in die Haut bei der Schutzimpfung (S. 19), und er legt besonders Gewicht darauf, dass der Impfstoff seine Wirkung an der Stelle seiner Einimpfung ausübt, ohne in die Blutbahn aufgenommen zu werden. Die Umwandlung der virulenten Lymphe in den schützenden Stoff (heute würden wir sagen in Antikörper) erfolge nämlich nicht überall gleich gut. („Non fieri quoque potest, ut diversae corporis partes hanc materiam diversimode immutare valeant?“) Mit der besonderen Fähigkeit der obersten Hautschicht zur Umwandlung des Vaccine-Virus in einen Schutzstoff hänge es zusammen, dass man auch das echte Variola-Virus mit schützendem Erfolg, allerdings mit grösserer Gefahr für den Impfling, von der Oberhaut aus übertragen könne.

Die Gefahr der Syphilisübertragung bei der Impfung von Arm zu Arm wird eingehend gewürdigt, auch der böse Einfluss der Variolalymphe-Verimpfung auf skrofulöse Individuen erwähnt; schöne Abbildungen von regulären und irregulären Impfpusteln erläutern die präcisen Beschreibungen.

Wenn wir die epochemachende Bedeutung des Jenner'schen Werkes berücksichtigen, dann mutet uns die kurzgefasste literarische Darstellung ganz eigenartig an. Wir finden da keine gelehrten Zitate, keine Berücksichtigung der medizinischen Schulmeinungen. Alles ist original; mit der Naivetät des Ingeniums geht Jenner von eigenen Beobachtungen aus und endet mit Schlussfolgerungen und Nutzanwendungen, die ganz sein geistiges Eigentum sind.

Das hat dann freilich zur Folge gehabt, dass zwar die Laienwelt von der Grösse seiner Entdeckung fasciniert wurde, und dass, wie um eine Glaubenssache, in weiten Kreisen für und wider ihn gestritten wurde, dass jedoch die Schulmedizin mit der Schutzimpfung nichts anzufangen wusste. Es war schon ein grosser Fortschritt, wenn auf den Universitäten die Technik der Vaccination in der zweiten Hälfte des vorigen Jahrhunderts von Impfärzten demonstriert wurde. Zu einem wissenschaftlichen Lehrgegenstand ist seine Schutzimpfung nicht geworden, bevor Pasteur sie einer allgemeineren Anwendung fähig fand.

Siebenter Abschnitt.
Pasteur.

In noch höherem Grade als Jenner stand Pasteur — der Physiker und Chemiker, der bis an sein Lebensende kein Rezept verschreiben durfte, ohne die Unterschrift eines seiner medizinischen Assistenten darunter setzen zu lassen — aller Schulmedizin fern.

Seinen Grosstaten in der Wissenschaft, Industrie und Seuchenbekämpfung hat Duclaux der zweite Direktor des Pasteur-Instituts, ein unvergängliches Denkmal gesetzt in dem Buche: „Pasteur, Histoire d'un esprit" (Charraire & Co. 1896. 400 S.)

Da wird zuerst seiner kristallographischen Arbeiten und ihrer Beziehungen zu seinen späteren biologischen Entdeckungen gedacht.

Pasteur ist der Entdecker des asymmetrischen Baues organischer Moleküle. Er wies darauf hin, dass optisch aktive anorganische Kristalle, z. B. Quarzkristalle, ihre den polarisierten Lichtstrahl ablenkende Fähigkeit verlieren, wenn man sie auflöst, während kristallinische Substanzen von organischer Herkunft, beispielsweise Ammoniumtartrat, eine optische Aktivität besitzen, die unabhängig ist von ihrer kristallinischen Struktur. „Wenn — sagt Pasteur — ein kristallinischer organischer Körper durch Auflösung zerstört wird, so entsteht eine für das polarisierte Licht aktive Flüssigkeit, weil sie aus Molekülen besteht, die zwar in keiner festen Stellung zu einander beharren, von denen aber jedes einzelne eine gleiche, wenn auch nicht nach allen Richtungen gleich starke Asymmetrie hat."

Durch diese Asymmetrie wird nun nach Pasteur eine Disposition zu eigenartiger Reaktion auf dyssymetrische Kräfte bedingt, und diese Disposition soll in wesentlichem Zusammenhang stehen mit der assimilierenden Fähigkeit lebender Zellen. So sei lebendes Zellprotoplasma dazu befähigt, aus einer Mischlösung von rechts- und linksdrehenden Tartrat-Molekülen nur eine von diesen Molekülarten sich einzuverleiben, während die andere unberührt bleibt. Pasteur hat das tatsächlich für gewisse Mikroorganismen (Penicillium?) demonstriert.

Eine dyssymmetrische oder asymmetrische Molekülstruktur verschafft demnach dem Protoplasma eine richtunggebende Kraft.

Die von Pasteur in organischen Kohlenstoffverbindungen nachgewiesene Molekül-Asymmetrie ist später von van't Hoff und le Bel auf den asymmetrischen Bau des Kohlenstoffatoms zurückgeführt worden, und aus der Lehre vom asymmetrischen Kohlenstoff hat dann Emil Fischer Konsequenzen gezogen, die ihn zur künstlichen Zuckergewinnung geführt haben. Auch die willkürliche

Proteinherstellung und die Synthese solcher Körper, welche in ihrer Wirkung den Verdauungsfermenten an die Seite zu stellen sind, hält Fischer nicht mehr für aussichtslos.

Ein fruchtbares Feld für biophysische und chemische Arbeit hat Pasteur mit seinen kristallographischen Studien der Nachwelt eröffnet! [1])

Ihn selbst führte die Entdeckung, dass mikroskopische Lebewesen aus optisch inaktiven Tartraten (Paratartraten) durch elektive Assimilation ein aktives Tartrat abzuscheiden vermögen, zu der nicht mehr haltbaren Hypothese der biogenen Herstammung aller das polarisierte Licht ablenkenden Kohlenstoffverbindungen, und diese Hypothese war es, welche ihn unentwegt gegen Liebig die vitale Fermentationstheorie verteidigen liess. Siegreich verfocht er seine Behauptung, dass die Milchsäuregährung und Buttersäuregährung durch Bakterien, die alkoholische Gährung durch Hefepilze eingeleitet und unterhalten werde. Dabei entdeckte er nebenher noch die ohne Sauerstoff lebenden (anaëroben) Gährungs- und Fäulniserreger. In welchem Zusammenhang seine klassischen Experimente zum Beweise der ausschlaggebenden Rolle von „geformten" Fermenten (Mikrobien) bei der Gährung mit der Hypothese von der biogenen Herkunft optisch aktiver Gährungsprodukte stehen, kann man insbesondere aus seinen Studien über die milchsaure Gährung von Zuckerlösungen erkennen. Man hat hier, wie auch bei andern Gährungsprozessen, den optisch aktiven Amylalkohol als intermediäres Gährungsprodukt gefunden. Nach der damals herrschenden Anschauung sollte der Zucker in verschieden grosse Bruchstücke zerfallen können, und wenn eines derselben optische Aktivität zeigte, so nahm man mit Liebig an, dass diese auf das Drehungsvermögen des Zuckers zurückzuführen sei. Pasteur aber hatte die Erfahrung gemacht, dass beim Abbau eines Moleküls die ursprüngliche Aktivität immer verloren geht, und er schloss: „Je trouve que le groupe moléculaire de l'alcool amylique est trop distant de celui du sucre pour que, s'il en dérive, il en rétienne une dyssymétrie d'arrangement de des atomes".

---

1) In seinem Nobelvortrag vom Jahre 1910 hat Wallach Pasteur's Anteil an der Erforschung der optischen Aktivität und ihrer Beziehungen zu dem molekularen Aufbau mit folgenden Worten gedacht:

„Es ist bekannt, dass für die Erscheinung der optischen Aktivität die Hypothese von Lebel und van t'Hoff (1874) die richtige Deutung gegeben hat, und dass schon vorher Pasteur erkannt hatte, dass bei dem Vermischen gleicher Mengen rechts- und linksdrehender Modifikationen einer Substanz in Lösung eine neue mit ganz anderen Eigenschaften entstehen kann. Rechts- und Links-Weinsäure vermischt gaben ihm die inaktive Traubensäure, deren Eigenschaften von denen der aktiven Komponenten ganz abweichen. Bis zum Jahre 1888 war das aber das einzige experimentell festgestellte Beispiel für Racemie, wie man diese Erscheinung (in Anlehnung an den Namen acidum racemicum für Traubensäure) nannte."

Wallach war es dann, welcher auf dem Gebiete der Terpene ganze Serien von Racemverbindungen aus ihren aktiven Komponenten (Rechts- und Links-Limonen) gewann, und der auch optisch aktive Verbindungen — entgegen der vitalen Hypothese Pasteur's — synthetisch dargestellt hat.

Pasteur's berufenster Interpret, Duclaux, gibt dann seinen weiteren Gedankengang folgendermassen wieder.

„L'origine de cet alcool doit donc être plus profonde, et en se rappelant alors que la vie est seule capable de créer de toutes pièces des dyssymétries nouvelles, en songeant que l'objection qui se dressait dans son esprit n'aurait plus de raison d'être si entre le sucre et l'alcool amylique s'interposait un être vivant, Pasteur se trouvait tout naturellement conduit à faire de la fermentation un acte vital. Instinctivement, car ce n'est encore que de l'instinct, il se rangeait à côté de Cagniard-Latour et des vitalistes. Mais, pour prendre un parti définitiv, il fallait consulter l'expérience."

Auf dem Wege des Experiments gelangte Pasteur schliesslich zu dem Nachweis der Milchsäurebazillen als der Ursache der Gährung und zu dem Begriff der „geformten" Fermente, den er später auf die Hefepilze bei der alkoholischen Gährung, auf die anaëroben Buttersäurebazillen usw. übertrug.

Das „geformte" lebende Ferment musste den gährungsfähigen Körper nach seiner Theorie immer erst in sich aufnehmen und einen Teil davon assimilieren; die nicht assimilierten Teile sollten dann als Gährungsprodukte in die Nährlösung ausgeschieden werden.

Wenn ich so ausführlich auf diese Gedankengänge und Experimente eingehe, so geschieht es deswegen, weil wir ohne diese Assimilationstheorie wahrscheinlich die mächtigste Umgestaltung der Medizin hinsichtlich der Seuchenbekämpfung, die Begründung der Lehre von der Immunität im heutigen Sinne dieses Wortes, nicht erlebt hätten. Seine Assimilationstheorie war es, welche in Pasteur den Gedanken aufkeimen liess, dass bei der Jenner'schen Schutzimpfung das Vaccinevirus im menschlichen Organismus einen Stoff sich aneigne und verbrauche, der zum Leben und zur Vermehrung des Variolavirus notwendig ist, und ohne welchen es nach seinem Import bei der epidemiologischen Infektion verkümmern und zugrunde gehen müsse. Sie war es, die in dem Physiker und Chemiker Pasteur die kühne Idee reifen liess, eine abgeschwächte Milzbrandkultur den anthraxbedrohten Schafen einzuimpfen, um ihnen den präsumptiven Nährstoff der Milzbrandbazillen durch einen ungefährlichen Infektionsprozess zu rauben.

Die unter dem Namen „Erschöpfungstheorie" in der Immunitätslehre berühmt gewordene Assimilationshypothese mag ebenso irrig sein, wie Jenner's Zurückführung der Menschenpocken auf die Pferdemauke. Der Glaube an die Richtigkeit ihrer Ueberzeugungen hat aber Jenner und Pasteur zu Taten angespornt, die dem Menschengeschlecht noch wichtiger geworden sind, wie ein Glaube, der nach dem biblischen Wort uns dahin bringen könne, „Berge zu versetzen". Und so wollen wir dankbar auch die theoretischen Irrtümer solcher Wohltäter der Menschheit, nach dem sie so segensreich geworden sind, im Gedächtnis behalten.

Wenn Pasteur die Gährungsphänomene auf die Tätigkeit belebter Wesen zurückgeführt wissen wollte, so darf man nicht glauben, dass diese Lehre durch die neueren Forschungsergebnisse, welchen zufolge beispielsweise auch die nicht vermehrungsfähigen Bestandteile des Zellsaftes eine Traubenzuckerlösung vergähren können, endgiltig widerlegt worden ist. Diese Ergebnisse wurden schon vor mehr als 30 Jahren von Claude Bernard vorweggenommen, wenn er sagte: „L'alcool se forme par un ferment soluble en dehors de la vie", und „le ferment soluble se trouve dans le jus retiré" usw. Aber Pasteur zeigte, dass eine solche Annahme mit seinen Anschauungen nicht unvereinbar ist. Er sprach sich darüber folgendermassen aus (Examen critique sur la fermentature. 1879 S. 53): „Bernard méconnaît ici deux choses; d'une part, que les diastases, jusqu'à présent du moins, n'ont opéré que des phénomènes d'hydratation; d'autre part, et cette remarque est essentielle, que les ferments solubles n'ont encore été produits que par un fonctionnement vital. Il faut des cellules en pleine activité pour former la diastase, la pepsine, l'émulsine. ... Les phénomènes de diastases qui peuvent s'accomplir dans un végétal ou dans le cadavre après la mort doivent être de courte durée, par suite du non-renouvellement possible de ces puissants et mystérieux agents. Autant que personne, j'attache de l'importance aux actions des substances qu'on appelle des ferments solubles; je n'éprouverais aucune surprise à voir les cellules de la levure produire un ferment alcoolique soluble; je comprendrais que toute fermentation eût pour cause un ferment de cette nature." Ueber diese denkwürdige Pasteur'sche Kritik sind wir auch heute noch nicht hinausgekommen.

Im Verlaufe seiner Fermentationsstudien gelangte Pasteur zur Reinkultur von verschiedenen Gährungserregern in steriler Bouillon. Vorerst war dabei aber der Glaube an die Spontanentstehung mikroskopischer Lebewesen zu überwinden. Die sinnreichen Apparate, welche er zur experimentellen Widerlegung dieses Aberglaubens konstruiert hat, existieren noch. Man konnte sie im französischen Pavillon der vorjährigen Dresdener internationalen Hygiene-Ausstellung betrachten, und z. T. werden sie — Dank dem freundlichen Entgegenkommen des jetzigen Direktors des Pariser Pasteur-Instituts, Roux — im Münchener Deutschen Museum zu sehen sein. Auch die von Pasteur zum Zweck der Herstellung von keimfreien Nährböden erfundenen Desinfektionsapparate, ebenso die Filtrationskerzen waren in Dresden in Originalexemplaren zu sehen. Mit den kristallographischen Modellen beginnend, konnte der Ausstellungsbesucher in acht aufeinanderfolgenden Abteilungen des in der Mitte des Pavillons aufgestellten Oktagons sich pietätvoll vertiefen in Pasteur's epochemachende Entdeckungen auf dem Gebiete der molekulären Dyssymmetrie, der Lehre von der Gährung und Fäulnis, der Generatio spontanea oder aequivoca, der industriellen Wein- und Essiggewinnung, der Seidenwürmerinfektion und Seiden-

industrie, der Biergewinnung mit Hilfe von rein kulti-
vierter Edelhefe, der Aetiologie der Infektionskrankheiten und der Seuchenbekämpfung mit abgeschwächtem
Virus. Fürwahr, ein Lebenswerk, das seinesgleichen in der Geschichte der wissenschaftlichen Entdeckungen und praktischen Erfindungen nicht hat!

Pasteur wurde hineingeboren in eine Zeit, die als die Blüteperiode
unseres naturwissenschaftlichen Zeitalters bezeichnet werden kann.

Eine ganze Schar von Mathematikern, Chemikern und Physikern
ersten Ranges waren um die Wende des 18. Jahrhunderts in Frankreich auf den Plan getreten und hatten die sophistische, scholastische
und dogmatische Naturbetrachtung verdrängt durch die Klarlegung
von Naturprozessen im Sinne einer konsequent mechanischen Auffassung.

In Deutschland hatte Johannes Müller unter dem Einfluss
Kant's die Tätigkeiten und Fähigkeiten unserer Sinnesorgane als
spezifische Energieen erkannt und mit dieser Erkenntnis unserem
Helmholtz für seine optischen und akustischen Studien die Wege
geebnet.

Goethe, Lamarck, der ältere Darwin, Bichat und viele
andere Biologen hatten schon vor Charles Darwin im Denken der
Menschheit die Lehre von einer zusammenhanglosen Urschöpfung
menschlicher, tierischer und pflanzlicher Lebewesen durch solche ent-
wicklungsgeschichtliche Hypothesen verdrängt, die sich fruchtbringend
erwiesen für willkürliche Metamorphosierung und Rassenzüchtung. Auf
sämtlichen Gebieten des Geisteslebens war man bestrebt, dem Werden
der Dinge nachzuspüren, um auf Grund der Erkenntnis des mechanischen Gewordenseins zur sicheren Vorausberechnung und Beherrschung
zukünftiger Ereignisse zu gelangen. Auch auf dem Gebiet der individuellen Biophysik begann diese Geistesrichtung Eingang zu finden.
So proklamierte Claude Bernard, der bedeutendste Biophysiker
und Physiologe unter den Zeitgenossen Pasteur's: „La science vraie
n'existe que lorsque l'homme est arrivé à prévoir exactement les
phénomènes de la nature et à les maîtriser." Erst dann wird ein
Forschungsergebnis zu einem wahrhaft wissenschaftlichen
gestempelt, wenn es uns befähigt, Zukünftiges vorauszu-
sehen und die erforschte Naturkraft dem Menschengeschlecht dienstbar zu machen. Dieser Forderung war auch
Jenner's Lehre gerecht geworden, aber, wie ein erratischer Block,
als isoliertes Faktum, stehen geblieben.

Im Sinne Claude Bernard's hatte es bis zur zweiten Hälfte
des 19. Jahrhunderts nur eine mathematisch-physikalische Wissenschaft
gegeben. In der Astronomie waren einige Grundsätze so solide, dass
daraufhin, wenn auch nicht die willkürliche Beeinflussung, so doch
die sichere Vorraussage zukünftiger Himmelserscheinungen aus ihnen
abgeleitet werden konnte. Noch weiter brachte es die Naturforschung
auf dem Gebiet der Erdkräfte. Hier formulierten Physiker und Chemiker wissenschaftliche Hypothesen, die uns gelehrt haben, grosse
Massen durch Imponderabilien mit beliebiger Geschwindigkeit in Bewegung zu setzen und andererseits diese unter den Namen Wärme,

Elektrizität, Licht bekannten radioaktiven Imponderabilien zu leiten und zu lenken, gleich als ob sie sich mit Händen greifen liessen. Den Grundsätzen der modernen Lehre von der Wärme, von der Elektrizität, vom Licht, von den chemischen Affinitäten und vom Bau der Moleküle verdankt die Technik ihre erstaunlichen Fortschritte, und man wird nicht daran zweifeln können, dass diese Grundsätze sich auch noch weiter als wahrhaft wissenschaftlich bewähren werden, insofern als sie den Menschen fähig machen: „à prévoir exactement les phénomènes de la nature et à les maîtriser".

Demgegenüber erwiesen sich die meisten Grundsätze in der Medizin recht ohnmächtig, und bis zum Eingreifen Pasteurs in die Arzneikunde verzweifelten gerade die besten medizinischen Forscher, zu welchen auch viele aus der nihilistischen Wiener Schule gehörten, an der Möglichkeit, diejenigen Naturprozesse, welche sich in krankhaften Lebensäusserungen dokumentieren, verhüten oder beseitigen oder sonst irgendwie beherrschen zu können. Man durchstudierte die grosse und kleine Welt, stellte makroskopische und mikroskopische Diagnosen, katalogisierte die verschiedenartigen Symptomenkomplexe nach Linné'schem Muster, „um es am Ende gehn zu lassen, wie's Gott gefällt".

Aus Aerzten, wenn sie zu hohen Dingen sich berufen glaubten, wurden Mathematiker, Physiker, Philosophen und zoologische oder botanische Naturforscher. Man braucht sich bloss an die glanzvollsten Namen unter den bahnbrechenden Forschern Deutschlands zu erinnern, die ursprünglich Aerzte waren, an Johannes Müller, Robert Mayer, L. Büchner, Virchow, Helmholtz, Pflüger, Du Bois-Reymond, Brücke, Wundt etc., um zu erkennen, dass die Resignation in bezug auf wissenschaftlich anzubahnende Fortschritte in der ärztlichen Kunst an der Tagesordnung war. Angesichts dieser Sachlage wird es verständlich sein, dass man in Frankreich die Vertreter der medizinischen Praxis von der Académie des sciences ursprünglich ausschliessen wollte; und Laplace entschied eingestandenermassen nicht deswegen zu ihren Gunsten, weil er die Grundsätze und Methoden der damaligen Mediziner für wahrhaft wissenschaftlich hielt, sondern weil er durch Aufnahme von Aerzten in die Akademie auch in die Arzneiforschung einen wissenschaftlichen Geist hineintragen wollte: „afin que les médecins se trouvent avec des savants".

Laplace hat sich in seinen Hoffnungen nicht getäuscht. Die Pariser wissenschaftliche Akademie hat in der Tat einen wesentlichen Anteil an der Entdeckung von Grundsätzen und Methoden, die den Arzt zur ätiologischen Krankheitsdiagnose, zur Voraussage des Verlaufs einer Krankheit, zur Verhinderung ihres Eintritts und zu ihrer Heilung befähigt haben. Die Comptes rendus de l'académie des sciences aus den 60er und 70er Jahren des vorigen Jahrhunderts lassen unschwer erkennen, dass die medizinischen Entdeckungen Pasteur's in innigem Zusammenhang stehen mit dem Ideenaustausch zwischen Physikern, Chemikern und ärztlichen Biologen, die in der Akademie mehr oder weniger einträchtig zusammensassen.

Von den wissenschaftlichen Errungenschaften, welche die Medizin den Arbeiten Pasteurs zu verdanken hat, ist die antiseptische und aseptische Therapie in erster Linie zu nennen. Lister hat nie ein Hehl daraus gemacht, dass er aus Pasteur's grundlegenden Untersuchungen über Gärung und Fäulnis die technischen Massnahmen abgeleitet hat, mit deren Hilfe es ihm gelang, den Hospitalbrand, die Wundeiterungen, die septikämischen und pyämischen Wundinfektionen zu verhüten und damit die chirurgische Technik zu ihren mit Recht bewunderten Glanzleistungen zu befähigen.

Weiterhin hat dann aber auch die in der inneren Medizin jetzt zur Herrschaft gelangende ätiologische Therapie ihren Ursprung in den Entdeckungen Pasteur's.

Wenn wir in historischer Beleuchtung uns die Prinzipien vor Augen führen, nach welchen im Beginn der zweiten Hälfte des vorigen Jahrhunderts auf die gefürchtetsten Seuchen durch ärztliche Eingriffe eingewirkt wurde, dann bekommen wir ein recht trübseliges Bild.

Mesmerianer, Hahnemannianer, Rademachianer, Gesundbeter und andere Apostel medizinischer Sekten beherrschten in deutschen und ausserdeutschen Ländern das Feld. Dass aber die Bestrebungen der staatlich anerkannten medizinischen Autoritäten gegenüber solchen Richtungen, welche nach dem Satz: „Credo, quia absurdum" vorzugehen schienen, erfolglos blieben, wird nicht sehr verwunderlich sein, wenn man sich ins Gedächtnis zurückruft, wie über die „rationelle" Therapie der damals hervorragendsten Akademiker Ludwig Büchner urteilte (s. S. 51).

Büchner gab die ärztliche Tätigkeit wegen ihres Mangels an naturwissenschaftlicher Begründung auf und wurde Philosoph. Die Begriffe „wissenschaftlich" und „ärztlich" schienen ihm und vielen anderen logisch geschulten Medizinern unvereinbar zu sein.

Diese Zeitstimmung muss man kennen, um zu verstehen, welche ungeheuere Umwälzung Pasteur's erfolggekrönte und mit mathematischer Sicherheit arbeitende Behandlungsmethode solcher Infektionen, die nachgewiesenermassen ohne ärztlichen Eingriff tödlich verlaufen, in der wissenschaftlich denkenden Welt hervorrief!

Der einwandsfreie Beweis dafür, dass dem so ist, gelang ihm vor nunmehr 30 Jahren, im Juni 1881, zu welcher Zeit er in Pouilly-le-Fort das Experiment an 50 Schafen beendigte, in welchem nach genau derselben Milzbrandinfektion 25 nicht geimpfte Schafe starben, 25 schutzgeimpfte aber am Leben blieben.

Man wird Duclaux recht geben müssen, wenn er sagt, dass vieles den Namen Pasteur's berühmt, dieses gelungene Schafexperiment ihn unsterblich gemacht habe.

In der Seuchengeschichte wird die Milzbrandschutzimpfung als das Werk (l'oeuvre) Pasteur's par excellence deswegen gelten, weil sie den unantastbaren Beweis dafür lieferte, dass ein künstlich gezüchtetes Virus durch willkürliche Abschwächung seiner krankmachenden Energie in ein wirksames Seuchenschutzmittel verwandelt werden kann. So wurde Jenner's Vaccinationsmethode wissenschaftlich begründet und einer allgemeinen Anwendung fähig gemacht,

Indessen manche Mediziner eigneten sich das Urteil R. Koch's an, welches folgendermassen lautete: „Wenn auf dem Kongresse zu Genf (1882) Pasteur als zweiter Jenner gefeiert wurde, so geschah das wohl etwas verfrüht, und man hatte offenbar im Drange der Begeisterung vergessen, dass Jenner's segensreiche Entdeckung nicht Schafen, sondern Menschen zugute gekommen ist."

Als aber in der Mitte der achtziger Jahre Pasteur die Möglichkeit der Lebensrettung bei von tollen Hunden gebissenen Menschen einwandsfrei bewiesen hatte, gab es nur noch Anerkennung und Bewunderung für ihn. Der Enthusiasmus über das Gelingen der Wuttherapie bei menschlichen Individuen erfüllte alle Welt, und schon in kurzer Zeit waren durch eine internationale Subskription die Geldmittel beschafft zur Begründung des Pariser Pasteur-Instituts, in welchem nicht bloss tollwutbedrohte Menschen schutzgeimpft werden, sondern auch die übrigen von Pasteur und seinen Schülern in Angriff genommenen Arbeiten eine gedeihliche Entwicklung finden sollten.

Pasteur begann seine Infektionsstudien an Würmern. 1865, im Alter von 43 Jahren, ging er im Auftrage von Napoleon, im Interesse der durch Seidenraupenkrankheiten schwer darniederliegenden Seidenindustrie, nach Südfrankreich. Dort entdeckte er verschiedene mikroparasitäre Infektionsmodi, lehrte die parasitenfreie Aufzucht der Raupen und machte damit die Seidenindustrie wieder rentabel, was im Jahre 1874 die französische Nationalversammlung durch die Gewährung einer lebenslänglichen Pension von 12000 Frcs. anerkannte.

Die unmittelbare praktische Bedeutung seiner Seidenraupen-Studien wird aber weit übertroffen durch die dabei gemachten Beobachtungen über die Variabilität der krankheiterregenden Fähigkeit (Virulenz) verschiedener Parasiten und über die veränderliche Disposition zum Krankwerden bei den Raupen. Pasteur beobachtete insbesondere die Veränderlichkeit der Krankheitsdisposition im Gefolge vulgärer atmosphärischer, alimentärer und traumatischer Einflüsse. Durch solche Einflüsse fand er in der Natur weitverbreitete und in der Regel unschädliche Mikroorganismen zur krankheiterregenden Infektion in ähnlicher Weise befähigt, wie wir jetzt annehmen, dass verschiedene Bakterienarten erst durch Erkältungen und sonstige prädisponierende Faktoren zu Erregern von Lungenentzündungen und anderen Organerkrankungen für menschliche Individuen gemacht werden. Damit schuf Pasteur die Begriffe des fakultativen Parasitismus und der relativen Virulenz, deren volles Verständnis die funktionelle Veränderlichkeit und damit die Möglichkeit der parasitären Virulenz-Abschwächung und Virulenz-Verstärkung schon in sich einschliesst.

Mit solchen Früchten echt wissenschaftlicher Forschung beladen, erfüllt von der Richtigkeit, Wichtigkeit und praktischen Tragweite seiner Infektionstheorie, beendigte Pasteur im Jahre 1870 die fünfjährigen Studien über infektiöse Seidenraupen-Erkrankungen. Ihr unmittelbares Ergebnis war die Rettung der französischen Seidenindustrie vom drohenden Ruin.

Schwere Sorge um sein über alles geliebtes Frankreich belastete jedoch sein Gemüt, als er nach Paris zurückgekehrt war und der deutschfranzösische Krieg begann. Die in den folgenden zehn Jahren von ihm vollbrachten Taten haben ihm recht gegeben, wenn er die politischen Niederlagen durch wissenschaftliche Siege zu überbieten gedachte und während der Kriegszeit in ekstatischem Selbstgefühl seinen Assistenten D u c l a u x mit den Worten apostrophierte: „A h, q u e n e s u i s-j e r i c h e! J e v o u s d i r a i s à v o u s, à R a u l i n, à G e r n e z, à v a n T i e g h e m etc.: V e n e z! N o u s a l l o n s t r a n s - f o r m e r l e m o n d e p a r n o s d é c o u v e r t e s!“ Mit der ihm eigenen plastischen Phantasie antezipierte er das zukünftige Pasteur-Institut und sah sich umgeben von einem grossen Stabe bahnbrechender Mitarbeiter. Schlag auf Schlag kamen seine Entdeckungen der vaccinatorischen Bekämpfung des Milzbrands, der Geflügelcholera, des Schweinerotlaufs, der Hundswut sowie seine zur Hebung der Bierindustrie, der Weinveredelung und sonstiger gärungsindustrieller Probleme mit grossem Erfolg verwerteten Forschungsergebnisse.

Pasteur war nahezu 60 Jahre alt, als er seine Hundswutstudien begann (1881). Nachdem diese gegen das Ende der 80er Jahre als abgeschlossen gelten durften, nahm er noch regen Anteil an der Bearbeitung wissenschaftlicher Probleme innerhalb seines eigenen Instituts und namentlich auch an M e t s c h n i k o f f s P h a g o c y t o s e n - L e h r e, die seit dem Beginn der 90er Jahre im Mittelpunkt der Tätigkeit des Pariser Pasteur-Instituts stand. Mit grossem Interesse verfolgte er auch das Aufblühen der antitoxischen Serumtherapie und billigte ihre Pflege in seinem Institut, obwohl mit dem Sieg der Lehre von den heilbringenden Antikörpern die von ihm in der Immunitätslehre verfochtene Erschöpfungstheorie zu Grabe getragen zu sein schien. Für immer unvergesslich bleiben wird mir das Wohlwollen, welches er mir gegenüber zum Ausdruck brachte, als ich im Jahre 1894, zusammen mit seiner Familie, mit R o u x und M e t s c h n i k o f f, an seinem Krankenbett verweilen durfte. Er erinnerte daran, wie er das erste Auftauchen meiner Antitoxin-Idee in den Jodoformstudien vom Jahre 1882 mit solchem Interesse verfolgt habe, dass er ein ausführliches Referat in seinen Annalen veranlasste mit dem Hinweis auf das Neue des Gedankens von der Bakterienentgiftung durch das Jodoform. Das ist richtig. Die Annales de l'Institut Pasteur haben zuerst mit Entschiedenheit hingewiesen auf den in meinen Jodoformarbeiten demonstrierten neuen Weg zur Unschädlichmachung infektiöser Mikroorganismen. Und das war mir eine grosse Genugtuung in meiner sonst unbeachteten Stellung als junger Schwadronsarzt in der Provinz Posen.

Achter Abschnitt.
Die baktericide Antikörpertheorie.

Als Vorspiel der Antikörpertheorie in ihrer gegenwärtigen Gestalt kann die Zurückführung der Seuchen-Immunität anf eine antiparasitäre Funktion der Körperflüssigkeiten gelten. Wenn P a s t e u r annahm, dass die Blutflüssigkeit und die Gewebssäfte nach erfolggekrönter Schutzimpfung dem neueingeführten Virus keinen zu ihrem Wachstum und ihrer Vermehrung dienenden Nährstoff darbieten, so tauchte Ende der achtziger Jahre im Gegensatz zu dieser Hypothese die Idee auf, dass nicht Mangel an Nährstoff, sondern die Gegenwart von antibakteriell wirkenden Substanzen die deletäre Entwickelung beispielsweise des Milzbrand-, des Schweinerotlauf- und Hühnercholerabazillus im immunisierten animalischen Organismus verhindere.

So publizierte Emmerich aus dem Pettenkofer'schen Institut in München im Jahre 1885 eine Arbeit über Milzbrandbekämpfung mit Erysipel-Streptokokken (Arch. f. Hyg. Bd. 6), in welcher er die Vermutung aussprach, dass milzbrandbazillenfeindliche, im Blute lösliche Produkte unter dem Einfluss einer erysipelatösen Infektion auftreten, und 1888 behauptete er für die erworbene Immunität, speziell gegenüber dem Schweinerotlauf, dass von den Körperzellen des immunisierten Individuums, unter dem Einfluss eines von den infizierenden Bazillen ausgeübten spezifischen Reizes, eine Substanz produziert wird, welche die Bazillen tötet (Emmerich und di Mattei: Untersuchungen über die Ursache der erworbenen Immunität, Fortschr. der Medizin. Bd. 6). Diese Substanz wirke aber nur in statu nascendi. Ausserhalb des lebenden Organismus lasse sich im Blut und in den Gewebssäften die hypothetische antibakterielle Substanz nicht nachweisen.[1]

Demgegenüber fand ich im Jahre 1888 im Pharmakologischen Institut der Universität Bonn, dass das Blnt milzbrandimmuner Ratten auch extravasculär Milzbrandbazillen abtötet, während es anderen Krankheitserregern gegenüber unwirksam ist, sodass wir es hier mit einer spezifischen Blutwirkung zu tun haben.

H. Buchner in München hatte zu gleicher Zeit die Aufmerksamkeit auf allgemein wirksame antibakterielle Bluteigenschaften gelenkt und sie auf die Existenz einer thermolabilen Substanz zurückgeführt, der er den Namen Alexin gab, und die jetzt als Komplement eine so wichtige Rolle in vielen Immunitätsreaktionen spielt.

In Paris waren Bouchard und seine Schüler auf Grund von Studien an Kaninchen, welche mit dem Bacillus pyocyaneus infiziert und immunisiert waren, zu der Ueberzeugung von einem spezifisch bakteriellen Zustand der Körperflüssigkeiten als Ursache der Immunität gelangt.

In einer von mir mit Nissen ausgeführten und im Beginn des Jahres 1890 publizierten Arbeit aus R. Koch's hygienischem Institut in Berlin wurden die antibakteriellen Eigenschaften des frischen Blutserums verschiedener Tierarten einer Prüfung unterzogen. Wir fanden, dass im Serum normaler Meerschweinchen, Mäuse, Schafe, Pferde, Hühner, Tauben, Frösche, Katzen, Hunde die Milzbrandbazillen ungehindert wachsen. Kaninchenserum zeigte ein wechselndes Verhalten; namentlich alte Kaninchen zeigten oft sehr starke wachstum-

---

1) Wenn Emmerich in vitro eine antibakterielle Wirkung des Blutes von schweinerotlaufimmunisierten Tieren nicht nachweisen konnte, so können verschiedene Ursachen dafür geltend gemacht werden. U. a. ist daran zu denken, dass ein tatsächlich vorhandener Antikörper erst unter Mitwirkung des Buchnerschen Alexins wirksam werden konnte.

hemmende und abtötende Wirkung. Aehnlich verhielt sich Rinderserum; Kälberserum war in der Regel unwirksam. Rattenserum erwies sich ausnahmslos als schlechter Nährboden für Milzbrandbazillen.

Danach musste die Annahme zurückgewiesen werden, dass die Milzbrandempfänglichkeit und die angeborene Milzbrandimmunität parallel gehen mit der grösseren oder geringeren Geeignetheit der Blutflüssigkeit als Nährboden für die Milzbrandbazillen.

Sehr bemerkenswert war die von uns gefundene Tatsache, dass auch Schafe, welche nach dem Verfahren von Pasteur immunisiert waren, ein als Nährboden für Milzbrandbazillen sehr geeignetes Serum lieferten, was in Uebereinstimmung steht mit der späteren Feststellung durch Wernicke, dass auch im Blutserum von milzbrandimmun gemachten Meerschweinchen die Milzbrandbazillen ungehindert wachsen.

Wir dehnten dann unsere Untersuchungen in ähnlicher Weise aus auf das Verhalten verschiedener Serumarten gegenüber den A. Fraenkel'schen Pneumoniebakterien, den Choleravibrionen und dem Vibrio Metschnikovi (Gamaleia).

Die Pneumoniebakterien wuchsen überall, auch im Rattenserum.

Die Choleravibrionen fanden überall Wachstumshindernisse, während für den ihnen so nahestehenden Vibrio Metschnikovi das Serum verschiedener Tiere, besonders auch das vom Meerschweinchen, ein guter Nährboden ist. Dagegen zeigten 7 gegen diesen Vibrio immunisierte Meerschweinchen eine stark abtötende Fähigkeit. Und diese war ganz spezifisch, da das Immunserum für andere Bakterienarten unwirksam geblieben war.

Neunter Abschnitt.
Die antitoxische Antikörpertheorie.

Die Tatsache, dass bei der Vibrionensepticämie der Meerschweine mit dem Eintritt der Immunität spezifisch antibakterielle Eigenschaften im Blut auftreten, hätte dazu auffordern müssen, auch anderweitig gesetzmässige Beziehungen zu erforschen zwischen erworbener Immunität gegenüber einem Krankheitserreger und der Fähigkeit des Blutes, ihn unschädlich zu machen. Ich war aber inzwischen z. T. in gemeinschaftlicher Arbeit mit Wernicke, auf Antikörper im Blute diphtherieimmun gemachter Meerschweine gestossen, die von ganz anderer Natur waren und mir viel wichtiger erschienen, nämlich auf specifisch-antitoxische Antikörper.

Den Stand der Frage nach den Kampfmitteln des lebenden Organismus zu der Zeit, als die Blutantitoxine entdeckt waren, und den Eindruck, den diese Entdeckung auf experimentell arbeitende Seuchenforscher machte, schilderte in der Pariser Akademie der Wissenschaften der berühmte Kliniker Bouchard, gelegentlich der Verteilung eines Diphtheriepreises durch die Akademie im Jahre 1896, mit folgenden Worten:

„Ce prix, dont la rente avait été jusqu'à ce jour, suivant la volonté du fondateur, attribuée à l'Institut Pasteur, nous a paru devoir être décerné cette année. Le vœu du donateur est accompli: un moyen de guérir la diphtérie a été trouvé.

Ce qui est un grand bienfait pous l'humanité se trouve être un grand triomphe pour la Science. La thérapeutique nouvelle du croup et de l'angine couenneuse ne relève d'aucune des données scientifiques antérieurement acquises. Elle est l'application de cette notion nouvelle que, dans certaines maladies infectieuses dont le nombre est encore malheureusement restreint, le poison fabriqué par l'agent infectieux produit dans l'organisme de l'animal inoculé une modification durable qui donne naissance à un contre-poison.

Il semble tout d'abord qu'il y ait simplement dans cette conception une interprétation nouvelle de faits déjà connus. On savait en effet, et depuis longtemps, que les animaux guéris de certaines maladies infectieuses ont acquis l'immunité contre ces maladies. On sait depuis neuf ans que certains animaux qui ont acquis l'immunité ont les humeurs bactéricides, et ce fait, qui avait d'abord été mal compris, a été établi d'une façon définitive, pour certains microbes, par Charrin et Roger, il y a six ans. On sait depuis huit ans que l'immunité s'obtient non seulement par l'inoculation des microbes vivants, mais aussi par l'injection des produits chimiques qu'ils sécrètent: et il a été établi il y a six ans que, quand l'immunité produite par l'inoculation d'un microbe s'accompagne d'état bactéricide, l'immunité qui succède à l'intoxication par les oisons de ce microbe s'accompagne, elle aussi, d'état bactéricide. Malgré toutes les dénégations, tout cela reste debout. Tout cela est vrai, pourvu qu'on ne généralise pas d'une façons abusive; pourvu que, si l'on parle d'une humeur bactéricide, on n'entende pas seulement une humeur qui tue et dissout les bactéries, mais une humeur qui peut entraver leur végétation et leur multiplication, supprimer ou amoindrir leurs fonctions chimiques et, en particulier leur fonction virulente. Tuer un microbe ou l'atténuer, par une humeur, cela ne correspond pas à deux états différents, mais seulement à des degrés divers de l'état bactéricide de cette humeur.

État bactéricide d'une part, phagocytisme d'autre part, tels étaient les deux procédés, les seuls auxquels on pensait pouvoir attribuer l'immunitè acquise et même la guerison qui serait la première manifestation de cette immunité que confère la maladie.

Et comme le sang renferme, chez les animaux rendus réfractaires les cellules qui accomplissent les actes phagocytaires et le sérum qui possède les qualités bactéricides, on pensa qu'en infusant à l'homme malade le sang d'un animal qui avait triomphé du même mal, on introduirait ainsi chez le malade les agents de la guérison naturelle. Je ne sais pas quelle est de ces deux actions thérapeutiques celle que poursuivirent Richet et Héricourt quand les premiers ils ont cherché et obtenu chez le chien l'empêchement relatif du développement d'une maladie septique et purulente en lui injectant dans le péritoine le sang d'un autre chien préalablement vacciné par le microbe de cette maladie; mais l'influence curative ou préservatrice des leucocytes de ce sang était invoquée par Bertin pour motiver la préférence qu'il accordait aux injections de sang pris en totalité sur les injections du sérum. J'avais cependant montré que le sérum possède, même après filtration à la bougie, un pouvoir protecteur plus grand que le sang complet.

Tel était l'état de la Science sur cette question spéciale des conditions de la guérison et de l'immunité acquise quand, le 4 décembre 1890, parut le travail de MM. Behring et Kitasato sur la production de l'immunité diphtérique et de l'immunité tétanique.

Ces expérimentateurs vaccinent un lapin contre le tétanos. Ils éprouvent sa résistance acquise en lui injectant une quantité de culture vivante de bacille tétanique cent quarante fois plus forte que celle qui suffit pour produire la mort des animaux non vaccinés. Le lapin résiste. On prend de son sang, on en injecte deux à quatre gouttes à des souris dans le péritoine. A d'autres souris, on injecte quatre gouttes du sérum de ce sang et l'on inocule ces animaux en même. temps que des témoins avec le bacille tétanique. Les témoins meurent vers la trentième heure, les souris qui ont reçu le sang ou le sérum ne deviennent pas malades. Jusque-là les choses se passent identiquement comme dans les essais d'hémothérapie de Richet et Héricourt ou dans mes expériences de sérothérapie à l'aide d'un sérum bactéricide. Mais il n'y a qu'apparence et non similitude. La culture tétanique stérilisée, injectée à la dose de $^1/_{100}$ de milligramme, tue une souris en six jours; à la dose de $^1/_{10}$ de milligramme elle la tue en deux jours. La culture tétanique ainsi débarrassée de tout microbe et réduite à ses poisons, injectée aux mêmes doses chez les souris qui ont reçu le sang ou le sérum d'un vacciné, ne produisent plus aucune action.

Chez les animaux que nous traitions par le sérum bactéricide d'un vacciné il n'en va pas de même. S'il faut 8^{cc} de culture pyocyanique stérilisée pour tuer un lapin normal, Charrin a montré qu'il faut exactement la même dose, et même moins, pour tuer un vacciné du même poids. Le poison bactérien, qui tombe dans un sang bactéricide, ne perd donc pas sa toxicité. L'experience de M. Behring prouve que le sang des animaux vaccinés contre le tétanos rend le poison tétanique inoffensif.

Je n'ai pas à entrer ici dans le détail des faits qui établissent que le sérum de l'animal vacciné contre le tétanos n'agit pas par une propriété bactéricide, qu'il ne détruit pas plus les poisons microbiens qu'il ne détruit les microbes eux-mêmes; mais qu'il met l'organisme animal vivant dans un état qui le rend insensible aux poisons tétaniques et en particulier à ceux de ces poisons qui empêchent la lutte de l'économie contre le développement du microbe. Ce que je dis du tétanos je pourrais le répéter de la diphtérie. J'ai choisi la première maladie parce que la puissance antitoxique y atteint un degré qui défie toute imagination. Aussi quand on veut, par l'injection du sérum antitoxique, empêcher chez l'animal le développement du tétanos, suffit-il de quantités extrêmement minimes.

C'est ce qui fait, pour la Thérapeutique humaine, la supériorité des sérums antitoxiques sur les sérums bactéricides. On agit avec 10^{cc} ou 20^{cc} de sérum antitoxique, il faudrait 600^{cc} de sérum bactéricide.

Certaines maladies, certains poisons microbiens, et je puis dire, d'une façon beaucoup plus générale, certains poisons provoquent dans l'organisme animal une réaction qui aboutit à la formation de

contre-poisons et, dans le nombre, il s'en trouve qui rendent possible
la lutte contre les microbes. Ces contre-poisons qui, dans certaines
maladies, rendent la guérison possible et assurent l'immunité peuvent
être puisés dans le sang de l'animal guéri; et transportés dans le
corps d'un animal sain, ils le garantissent pour quelque temps contre
la maladie; transportés dans le corps d'un animal malade, ils rendent
possible ou hâtent sa guérison.

Ce sont, à ne considérer que des apparences grossières, les
mêmes effets que nous observions avec le sérum bactéricide, mais le
mécanisme est tout différent et l'intensité d'action est incomparable-
ment plus grande. Les poisons microbiens font une chose parmi tant
d'autres: ils provoquent la cellule animale à élaborer la matière suivant un mode inusité et les produits de cette élaboration sont capables
d'impressionner les cellules vivantes, que ce soient les cellules bactériennes ou les cellules animales. Quand elles impressionnent défa-
vorablement les cellules bactériennes les humeurs sont dites bactéricides quand elles impressionent favorablement les cellules animales,
surtout les cellules nerveuses, quand elles stimulent les actions défen-
sives que les poisons bactériens tendent à paralyser, les humeurs sont
dites antitoxiques. Une même humeur peut avoir un seul de ces
caractères ou les deux à la fois.

C'est ce caractère antitoxique qui constitue la nouveauté et, l'on
peut dire, la grande découverte de ces dernières années. Rien ne la
faisait prévoir, personne ne l'avait soupçonnée, personne n'a eu l'idée
de la revendiquer. Elle appartient tout entère à M. Behring. J'ajoute
que M. Behring seul pouvait dégager clairement l'idée des résultats
expérimentaux qu'il observait, parce que son esprit sétait arrêté déjà
à l'étude et à l'interprétation d'autres faits qui ont été pour lui la
première étape dans la voie qui devait aboutir à la découverte des
antitoxines. Je fais allusion à ses études sur l'iodoforme qui datent
de treize ans et où il montre que l'action favorable de ce médicament
dans les blessures n'est pas due à ses propriétés bactéricides, mais
résulte plutôt de son action neutralisante sur les poisons.

Avec M. Behring, nous sommes en possession d'un troisième
moyen de protection contre les agents infectieux. A l'action phago-
cytaire de certaines cellules du sang, de la lymphe et de divers
tissus, à la propriété bactéricide des tissus et des humeurs, s'ajoute
l'état antitoxique du sang.

Ces trois moyens de défense sont réunis dans le sang. Si l'on
a eu la pensée illusoire de puiser dans le sang des réfractaires les
leucocytes qu'on supposait mieux préparés à la lutte, pour les intro-
duire dans le corps de l'homme malade dans un but thérapeutique;
si, plus heureusement au moins dans les essais de Pathologie expérimentale, on a pu enrayer chez l'animal la maladie infectieuse en lui
injectant le sang bactéricide d'un animal vacciné par la même maladie, il était plus naturel encore d'injecter à l'animal, d'injecter enfin
à l'homme malade le sérum antitoxique d'un animal vacciné. C'est
ce que M. Behring a fait avec succès chez l'animal pour le tétanos
et pour la diphtérie; c'est ce qu'il a fait avec succès chez l'homme
pour la diphtérie.

De divers côtés, en Allemagne, on prépara le sérum antitoxique, et dans la plupart des hôpitaux d'enfants on en fit l'application suivant les indications de M. Behring.

En France, grâce aux ressources de l'Institut Pasteur, M. Roux put fabriquer en grand le sérum anti-diphtéripue; il en dirigea l'emploi à l'hôpital des Enfants-Malades sous le contrôle des médecins de cet hôpital. Il fit chez nous à la fois ce que faisait Aronson et ce que faisaient Wassermann, Ehrlich, Kossel en Allemagne. Si nous choisissons son nom pour le rapprocher de celui de M. Behring, c'est parce que c'est à lui que la France est redevable de l'application de cette méthode; c'est parce qu'il a concouru plus qu'aucun autre à la démonstration statistique des bienfaits de la méthode; c'est parce que, parmi les documents qui ont été présentés au congrés de Buda-Pesth, le faisceau des trois cents faits qu'il apportait a paru emporter toutes les convictions; c'est parce que sa statistique portant sur un seul hôpital pouvait être comparée à celle d'un autre hôpital d'enfant de la même ville, hôpital où le sérum antidiphtérique n'avait pas été introduit. C'est aussi parce que M. Roux est l'auteur de découvertes importantes relatives sinon à la thérapeutique, au moins à la pathologie de la diphtérie, qu'il a découvert la toxine diphtérique en collaboration avec M. Yersin."

Zehnter Abschnitt.
Zur Geschichte der antiinfektiösen Blutwirkung.

Von hohem Interesse für die Frage nach der Präexistenz von antibakteriellen Kräften im lebenden Organismus sind viele Beobachtungen, welche hierüber veröffentlicht wurden ohne besondere Rücksichtnahme auf den Mechanismus des Zustandekommens der erworbenen Immunität. Ich denke dabei an die Untersuchungen von Grohe (Dorpater Dissertation), Wyssokowitsch (Ztschr. f. Hyg. Bd. 1), Fodor (Deutsche med. W. 1887 Nr. 34), Nutall (Ztschr. f. Hyg. Bd. 4), Nissen (Ztschr. t. Hyg. Bd. 6), in welchen das intravaskuläre Blut lebender Tiere, das aus dem Blutgefässsystem entleerte Blut, das defibrinierte Blut, das zellenfreie Plasma und das Serum zuweilen antibakteriell wirksam, und dann wieder auch unwirksam gefunden wurde.

Mit der wichtigsten unter diesen Arbeiten, der von Wyssokowitsch, „Ueber die Schicksale der in's Blut injicierten Mikroorganismen im Körper der Warmblüter" wurde im Jahre 1886 die von Koch und Flügge begründete Zeitschrift für Hygiene eröffnet.

Wie die Mikroorganismen, welche willkürlich in die Blutbahn eingeführt werden, daraus verschwinden, wenn sie nicht den Tod herbeiführen, lässt sich nach Wyssokowitsch a priori auf mehrfache Art vorstellen. Man kann an eine Ausscheidung durch die Nieren, durch den Darm und andere Sekretionswege denken; es wäre ferner möglich, dass sie in irgend welchen Organen oder Organteilen des Körpers abgelagert werden und an den Ablagerungsstätten zugrunde gehen; sie könnten aber auch innerhalb des circulierenden Blutes absterben. Die so bedeutungsvoll gewordene Lehre Metschnikoff's von den intra- und extravasculären beweglichen Fresszellen hatte im Jahre

1886 noch keinen Eingang in die medizinische Forschung gefunden. Gleichwohl wird der Kampf zwischen Zellen und Mikroorganismen schon gewürdigt, wenn W. (l. c. S. 43) sagt:

„Das Schicksal der in die Blutbahn injizierten Bakterien ist in fast allen Beziehungen dem der Farbstoffkörnchen ähnlich. Dieselben Organe fixieren beide und halten sie zurück; und in den Organen schlagen beide ungefähr die gleichen Wege ein, nur dass die späteren Einlagerungsstellen der Farbstoffkörnchen bei den Bakterien nicht zur Anschauung kommen, weil dieselben entweder bald unter dem Einfluss der Organzellen zu Grunde gehen oder aber den Widerstand der Zellen besiegen, sich vermehren und weiter verbreiten. Wir haben somit durch die vorstehenden Versuche eine neue und wichtige Reguliervorrichtung im Körper des Warmblüters kennen gelernt, mit Hülfe deren es demselben möglich ist, in den Blutstrom eingedrungene Bakterien zu beseitigen und unschädlich zu machen. Zu diesem Zwecke bedient sich der Körper nicht etwa seiner Sekretionsorgane und sucht nicht etwa durch die Nieren, durch den Darm etc. die Eindringlinge fortzuschaffen, vielmehr liegt die Schutzvorrichtung des Körpers in der Struktur der Gefässwand und namentlich in den Endothelzellen der letzteren. In oder zwischen den Endothelzellen an der Wandung der Kapillaren, und am reichlichsten in den Organen mit verlangsamter Blutströmung, haften die ins Blut gelangten Bakterien und werden festgehalten; und nun beginnt dort jener Kampf zwischen Zellen und Bakterien, auf welchen schon von vielen Seiten hingewiesen ist, über dessen Verlauf, Angriffs- und Schutzmittel wir aber noch nichts näheres wissen. Der Ausgang dieses Kampfes ist dann entweder der, dass die Bakterien erliegen und zu Grunde gehen, oder dass die Zellen durch schädliche Einflüsse und Bakterien zum Absterben gebracht werden und dann den Siegern das Substrat zur Vermehrung liefern. Diejenigen Bakterien, welche regelmässig in dem Kampfe Sieger bleiben, haben wir als die spezifisch pathogenen Bakterien der betreffenden Tiergattung anzusehen.

Offenbar ist die Ausbildung dieser Schutzvorrichtung für die einzelnen Tiergattungen, Rassen und selbst für die verschiedenen Individuen einer Rasse sehr ungleich; und es muss weiteren Forschungen vorbehalten bleiben, worauf speziell diese Abweichungen zurückzuführen sind. — Ferner unterliegt die Leistungsfähigkeit der Vorrichtung bei demselben Individuum bedeutenden Schwankungen unter dem Einfluss gewisser äusserer Einwirkungen. Als ein Moment, das in hervorragender Weise herabsetzend wirkt, seien z. B. die toxischen Stoffe erwähnt, welche von zahlreichen Bakterien produziert werden und in genügender Dosis sowohl die Fixierung im Blute kreisender Bakterien, sowie die Schädigung und Tötung derselben an den Ablagerungsstätten zu hemmen scheinen. — Diese und andere die Reguliervorrichtung beeinflussende Momente, sowie namentlich auch die Aenderung der Leistungsfähigkeit jener Vorrichtung gegenüber pathogenen Bakterien, deren Virulenz abgeschwächt ist, habe ich in einer zweiten demnächst mitzuteilenden Versuchsreihe einem eingehenderen Studium unterzogen.“

In der Arbeit von Wyssokowitsch finden wir auch einige historisch interessante Daten.

Er erinnert daran, dass Traube und Gscheidlen (Breslauer J. B. d. med. G. f. vaterl. Kultur, 1854) intravenös in mässiger Menge injicierte Bakterien 24 bis 48 Stunden später in extravaskulärem Blut nicht mehr vorfinden konnten. Diese Autoren sprachen die Vermutung aus, dass ozonisierter Sauerstoff in der Blutbahn die Bakterien zugrunde gehen lasse. —

Watson Cheyne (Transactions of the path. S. of London 1879) suchte nicht in bakterienfeindlichen Agentien die Ursache der intravaskulären Bakterienvernichtung, vielmehr sei danach zu fragen, auf welche Weise die natürlichen Abwehrkräfte unter Umständen versagen. Er glaubt, dass diese durch Bakteriengifte erst gelähmt werden müssten, ehe es zu einer Vermehrung der Mikroorganismen im lebenden Organismus und zu Krankheit und Tod kommt. Das ist eine Auffassung, welcher auch ich Ausdruck gegeben habe, wenn ich nach der Antitoxinentdeckung sagte, dass die Diphtheriebacillen, wenn sie ihres Giftes beraubt sind, waffenlos den proteinzerstörenden und korpuskuläre Elemente ausscheidenden Kräften des lebenden Organismus ausgeliefert sind.

Fodor (Sitzungsbericht der ungarischen Akad. d. W. vom 18. V. 1885) machte wieder das lebende Blut für die Bakterienvernichtung verantwortlich, aber nicht wegen eines von Traube und Gscheidlen supponierten Ozongehalts, sondern wegen antibakterieller Eigenschaften der Blutflüssigkeit im Sinne der Hypothese vom schlechten Nährboden. Seine Untersuchungen leiten dann hinüber zu den späteren Arbeiten über antibakterielle Funktion des extravaskulären Blutes, des Plasmas und des Serums.

Viertes Kapitel.
Zur Geschichte der antitoxischen Antikörper.
Erster Abschnitt.
Die Entdeckung des Diphtherieantitoxins.

Im Laufe des Jahres 1890 fand ich solche Meerschweinchen, welche zuerst mit einer für Kontrolltiere subletalen Dosis des Diphtherievirus subkutan infiziert, dann an der Infektionsstelle mit Jodtrichlorid nachbehandelt und dadurch geheilt worden waren, bis zu einem gewissen Grade diphtherieimmun. Wurde nun die Immunität durch weitere Behandlung mit lebenden Diphtheriebazillen oder mit Diphtheriegift gesteigert, dann liess das Blut der immunisierten Meerschweine antidiphtherische Eigenschaften erkennen. Entgegen der bis zum Jahre 1890 herrschenden Immunitätslehre besass aber das immunitätverleihende Blut keine antibakteriellen Antikörper. Nun war mir durch meine Jodoformstudien bekannt, dass unter Umständen die antiinfektiöse Leistungsfähigkeit eines therapeutisch wirksamen Mittels auf seine entgiftende oder antitoxische Wirkung zurückzuführen ist, und als ich das Immunblut und Immunserum mit Diphtheriegift mischte, fand ich, dass dieses antitoxische Erklärungsprinzip auch für die hämatogene Diphtherie-Immunität zutrifft.

Diese Tatsache ist implicite am 4. Dezember 1890 in Nr. 51 der Deutschen medizinischen Wochenschrift in der von mir mit Kitasato gemeinschaftlich publizierten Arbeit „Ueber das Zustandekommen der Diphtherie-Immunität und Tetanus-Immunität" bekannt gegeben worden. Explicite berichtete ich über meine Diphtherie-Immunisierungsversuche erst 8 Tage später in der Deutschen medizinischen Wochenschrift.

Am 4. Dezember 1890 sagte ich:

„Die Immunität von Kaninchen und Mäusen, die gegen Tetanus immunisiert sind, beruht auf der Fähigkeit der zellenfreien Blutflüssigkeit, die toxischen Substanzen, welche die Tetanusbacillen produzieren, unschädlich zu machen.

Die Erklärung für die Immunität, welche im vorstehenden Satz zum Ausdruck gebracht ist, wurde in denjenigen Arbeiten, die in neuerer Zeit sich mit der Immunitätsfrage beschäftigten, noch nicht in Erwägung gezogen.

Ausser mit der Phagocytosenlehre, die in der vitalen Tätigkeit der Zellen die Erklärung suchte, wurde noch mit der bakterienfeindlichen Wirkung des Blutes und mit der Giftgewöhnung des tierischen Organismus gerechnet.

Wenn eins dieser Erklärungsprinzipien nicht ausreichte, oder von experimentell arbeitenden Autoren als unrichtig erkannt wurde, so glaubte man auf dem Wege der Ausschliessung die anderen in Anspruch nehmen zu dürfen. So sagte Bouchard in seiner Rede auf dem X. internationalen medizinischen Kongress, (1890) die vielleicht am prägnantesten den bisherigen Stand der Immunitätsfrage wiedergibt, Folgendes: „Ne parlons donc plus d'entraînement des leucocytes et d'accoutûmance des cellules nerveuses aux poisons bactériens: c'est pure rhétorique“ und „C'est en effet cet état bactéricide qui constitue la vaccination ou l'immunité acquise.“

Diese positive Erklärung kommt auf dasselbe hinaus, was Roger[1] früher mit folgenden Worten ausdrückte: „La vaccination détermine dans l'organisme des modifications chimiques qui rendent les humeurs et les tissus peu favorables à la végétation du microbe, contre lequel on a prémuni l'animal.“

Nun konnte der eine von uns (Behring) bei seinen Studien an diphtherieimmunen Ratten und an immunisierten Meerschweinchen feststellen, dass keine der oben erwähnten Theorieen uns die Immunität dieser Tiere zu erklären vermag, und er sah sich genötigt, nach einem anderen Erklärungsprinzip zu suchen. Nach manigfachen vergeblichen Bemühungen zeigte sich in der diphtheriegiftzerstörenden Wirkung des Blutes von diphtherieimmunen Tieren die Richtung, in welcher die Unempfänglichkeit für Diphtherie zu suchen ist. Aber erst bei der Anwendung der bei der Diphtherie gemachten Erfahrungen auf den Tetanus sind wir zu Ergebnissen gelangt, die, soweit wir erkennen können, an Beweiskraft nichts zu wünschen übrig lassen.

Die im folgenden angeführten Experimente beweisen:

1. Das Blut des tetanusimmunen Kaninchens besitzt tetanusgiftzerstörende Eigenschaften.

2. Diese Eigenschaften sind auch im extravasculären Blut und in dem daraus gewonnenen zellenfreien Serum nachweissbar.

3. Diese Eigenschaften sind von so dauerhafter Natur, dass sie auch im Organismus anderer Tiere wirksam bleiben, so dass man imstande ist, durch die Blut- bezw. Serumtransfusion hervorragende therapeutische Wirkungen zu erzielen.

4. Die tetanusgiftzerstörenden Eigenschaften fehlen im Blut solcher Tiere, die gegen Tetanus nicht immun sind, und wenn man das Tetanusgift nicht immunen Tieren einverleibt hat, so lässt sich dasselbe auch noch nach dem Tode der Tiere im Blut und in sonstigen Körperflüssigkeiten nachweisen.“

---

1) „Contribution à l'étude de l'immunité acquise.“ 1890.

Zweiter Abschnitt.
Ueber die Wirkungsweise des Diphtherieheilserums.

Die spezifische Antitherapie der Diphtherie begann ich gemeinschaftlich mit dem jetzigen Professor der Hygiene in Posen, Geheimrat Wernicke, bald nach der im Jahre 1890 erfolgten Antitoxinentdeckung; sie fand aber erst 1903 ausgedehntere Anwendung in Krankenhäusern und in der ärztlichen Privatpraxis. Zuerst wurde das Heilserum von Schafen, Ziegen und Rindern gewonnen und zwar mit Hilfe von nicht filtrierten Bouillonkulturen des Diphtheriebazillus, denen ich zum Zweck der Virulenzabschwächung Jodtrichlorid hinzusetzte. Nachdem dann zur Tetanusantitoxinproduktion Pferde sich besonders gut geeignet erwiesen hatten, benutzte ich diese Tiere auch für die Diphtherieheilserumgewinnung und ersetzte bei ihrer immunisierenden Behandlung Vollkulturen durch gifthaltige Kulturfiltrate.

Ein schwerer Kampf war auszufechten, ehe die vielfachen Vorurteile überwunden wurden, welche anfänglich meiner spezifischen Serumbehandlung hinderlich entgegentraten. Verhältnismässig schnell konnte bewiesen werden, dass die Behauptung von der Gefährlichkeit der parenteralen Einführung von Tierserum in den menschlichen Organismus mit unvermeidlichen Gefahren verknüpft sei. Auch der Glaube an die therapeutische Leistungsfähigkeit meines Serums drang bald in immer weitere Kreise. Hatte doch selbst Virchow, der heftigste Gegner eines Medikaments, welches den Anspruch erhob, heilsam zu sein, ohne auf Zellen und Organe einzuwirken, im Jahre 1894 erklärt, dass man sich vor der „brutalen Gewalt der Zahlen" beugen müsse. Meine Lehre aber, dass wir es hier mit einem Mittel zu tun haben, das seines gleichen in der Geschichte der Medizin noch nicht gehabt hat, da es ohne Mitwirkung belebter Körperelemente, einzig und allein durch Unschädlichmachung des von aussen kommenden Infektionsstoffes, den drohenden Krankheitsprozess verhütet und den schon begonnenen zum Stillstand bringt, konnte ich erst nach mehrjähriger Polemik zur Anerkennung bringen. Den im Banne der Cellularpathologie stehenden Medizinern konnte Metschnikoff's Theorie, derzufolge das Serum die Phagocytose befördere und dadurch therapeutisch wirksam sei, viel leichter mundgerecht gemacht werden, wie meine humorale Erklärungsweise. Auch Buchner fand mit seiner Behauptung, dass das Serum die Körperorgane umstimme und immunisiere, viele Anhänger. Aber meine Interpretation, die aus dem Rahmen cellularpathologischer Anschauungen heraustrat und ausserdem noch der Lehre Koch's von der ausschlaggebenden Bedeutung der lebenden Krankheitserreger für das Schicksal des infizierten Patienten entgegentrat, fand nur wenig Verständnis. Sie ist erst richtig zur Geltung gekommen, nachdem im Laufe der ersten Jahre des 20. Jahrhunderts immer mehr Fälle unter dem Namen „Bazillenträger" bekannt wurden, in welchen nach dem Ueberstehen von Infektionskrankheiten und nach latent verlaufenen Infektionen vollkommen virulente Mikrobien aus dem Organismus ganz gesunder Menschen herausgezüchtet werden konnten. Das war nach der ursprünglichen Lehre Koch's nicht denkbar. Wie man früher sich die Beziehungen der parasitären Krankheitserreger dachte, lässt sich aus folgendem Satz Löffler's in seiner grundlegenden Diphtheriearbeit entnehmen: „Wenn die Bazillen, wie bei der subkutanen Impfung, in dem Meerschweinchenkörper verbleiben, dann erfolgt regelmässig der Tod, da die Produktion des die Gefässe alterierenden Giftes längere Zeit stattfindet; eine Genesung der erkrankten Tiere ist nur dann wahrscheinlich, wenn eine Einwirkung der Bazillen nur vorübergehend stattgefunden hat."

Demgegenüber machte ich darauf aufmerksam, dass bei einer solchen Vorstellungsweise die Selbstheilung von Infektionskrankheiten, in welchen wir eine fortschreitende Vermehrung der Krankheitserreger beobachten, ganz unverständlich bleiben müsse. Wenn man nicht mit mir annehmen wolle, dass im Infektionsprozess Reaktionsprodukte auftreten, welche entweder die Krankheitserreger zum Absterben bringen oder sie dadurch unschädlich machen, dass sie giftzerstörend wirken, dann ist gar nicht einzusehen, wie der Krankheitsprozess zum Stillstand gebracht und rückläufig werden könne.

Für mich war, nachdem ich mir das Problem einer Selbstheilung klar gemacht hatte, die Produktion von Antikörpern im Infektionsprozess ein logisches Postulat, und nach der Entdeckung des Diphtherieantitoxins zweifelte ich keinen Augenblick mehr daran, dass mir nicht bloss die Aufdeckung eines Mechanismus der Naturheilung gelungen war, sondern dass wir nunmehr auf Grund dieser Entdeckung die bis dahin so geheimnisvolle Naturkraft willkürlich in den Dienst der ärztlichen Heilkunst zwingen können.

Die Grundgedanken der serumtherapeutischen Diphtheriebekämpfung lassen sich folgendermassen zusammenfassen:

„Die Serumtherapie in der Form, in welcher sie zur Behandlung diphtheriekranker Menschen Anwendung findet, ist eine giftwidrige oder entgiftende Heilmethode. Sie hat zur Vorraussetzung die durch Löffler in Deutschland und durch Roux in Frankreich begründete Auffassung, dass die diphtherieerregenden Parasiten, die Löffler'schen Diphtheriebazillen, nicht an sich, sondern durch ihre Giftproduktion den diphtherischen Krankheitsprozess auslösen. Ohne Löffler's und Roux's Vorarbeiten würde es keine Diphtherieheilserum-Behandlung geben.

Wird im Inneren des menschlichen Organismus das Diphtheriegift unschädlich gemacht, dann verhalten sich die Diphtheriebazillen wie die unzähligen Mikroorganismen, welche wir ohne Schaden tagtäglich in uns aufnehmen, und wie solche mit den Diphtheriebazillen morphologisch übereinstimmende Mikroorganismen, die eine giftproduzierende Fähigkeit nicht besitzen (Pseudodiphtheriebazillen). Das von den Bazillen ausgeschiedene Gift ist die für die Menschen gefährliche Angriffswaffe der Diphtheriebazillen, ohne welche sie den natürlichen Abwehrkräften des lebenden animalischen Organismus hilflos ausgeliefert sind.

Wo die Diphtheriebazillen nach ihrem Eindringen in den menschlichen Körper ihr Gift absondern, und wie dann das Gift seine verderbliche Tätigkeit entfaltet, darüber existieren lehrreiche Untersuchungen, deren Ergebnis sich kurz mit folgenden Worten schildern lässt. Bei der typischen, von dem Franzosen Bretonneau vor 90 Jahren zuerst zu einem einheitlichen Krankheitsbild zusammengefassten Diphtherie des Menschen siedeln sich die Bazillen zunächst auf den Mandeln des Rachens an, wohin sie hauptsächlich wohl durch unmittelbare Berührung mit Bazillenträgern und mit der Atmungsluft gelangen, daneben aber auch mit den Stoffen, die wir zum Zweck der Ernährung in uns aufnehmen. In den Nischen und kleinen Hohlräumen der Mandeln können sich die Diphtheriebazillen wie in einem künstlichen Brutapparat vermehren und ihr Gift absondern. Bei Tieren fehlt das Organ, welches man wegen seiner Gestalt mit dem Namen „Mandeln“ (Tonsillen) bezeichnet, und wahrscheinlich hängt es damit zusammen, dass die epidemisch auftretende Diphtherie das traurige Vorrecht des Menschen ist. Auf dem Wege der Lymphgefässe gelangt das Diphtheriegift dann in die Blutbahn und löst von da aus in verschiedenen Organen entzündliche Prozesse aus. Aeusserlich wahrnehmbar aber sind die Entzündungserscheinungen vornehmlich in der Nähe der Produktionsstätte des Giftes, auf der Rachenschleimhaut und im Kehlkopf.

Führen wir nun mit dem Diphtherieheilserum dem Blute das Gegengift zu, dann gelangt dieses Gegengift nach allen Körperstellen, zu welchen die Blutflüssigkeit Zugang findet. Geschah die Heilserumeinspritzung zu einer Zeit, wo die Diphtheriebazillen noch nicht ihre verderbliche Tätigkeit begonnen hatten, so wird es zu den entzündlichen Folgeerscheinungen der Diphtherievergiftung gar nicht kommen können. Wir sprechen dann von Immunisierung oder von verhütender oder prophylaktischer Serumtherapie. War dagegen der Vergiftungsprozess schon im Gange, dann werden die schon bestehenden entzündlichen Vorgänge ihren natürlichen Ablauf nehmen; denn auf die Substrate der Entzündung, auf die Zellen und Organe, übt das Heilserum keinen Einfluss aus, weder einen nützlichen noch einen schädlichen. Was in diesem Falle der schon bestehenden Erkrankung noch geschehen kann, das betrifft erstens die Unschädlichmachung des in den intercellulären Gewebsflüssigkeiten noch gelösten Giftes und zweitens die Verhinderung des Eintretens von neuem Gift in die Blutbahn.

Daraus geht ohne weiteres hervor, wie wichtig die frühzeitige Anwendung des Diphtherieserums ist. Je länger nach Beginn der diphtherischen Erkrankung man mit der Serumeinspritzung wartet, um so mehr schon bestehende Entzündungsherde und um so mehr vitale Funktionsstörungen bedrohen Gesundheit und Leben.

Dazu kommt noch, dass vom Beginn der Serumeinspritzung gerechnet, immer eine gewisse Zeit vergeht, bis das entgiftende Serum seine heilbringende Tätigkeit an den gefährdeten Körperstellen entfalten kann. Das unter die Haut eingespritzte Serum wird nicht direkt von den Blutgefässen aufgenommen, sondern zuerst von den Lymphgefässen. Von diesen aus gelangt es erst nach mehreren Stunden allmählich in die Blutbahn, und ehe es dann in die extravaskulären gifthaltigen Flüssigkeiten hinein diffundieren kann, vergeht wiederum einige Zeit. Diese Zwischenzeit zwischen Einspritzung und Entgiftung kann über Leben und Tod des gefährdeten Individuums entscheiden, und es hat sich mir die Frage aufgeworfen, ob man nicht zum Nutzen für den diphtheriekranken Menschen die Zwischenzeit abkürzen kann. Das gelingt nun in der Tat, wenn man das Serum direkt in die Blutbahn, statt unter die Haut einspritzt. Morgenroth und Levy, „Ueber die Resorption des Diphterieantitoxins" Ztschr. f. Hyg. u. Infekt. Bd. 70 (1911) S. 69 ff. befürworten die intramuskuläre Injektion (in die Streckmuskulatur des Oberschenkels), nach welcher die innerhalb von 4—8 Stunden resorbierte Zahl von Antitoxineinheiten zwar geringer als nach intravenöser, aber 10 mal grösser, als nach subcutaner Injektion sein soll. Weiterhin kann man auch noch lokal auf die Giftproduktionsstätte dadurch einzuwirken suchen, dass man eine Serumverdünnung als Mundwasser zum Abspülen der gifthaltigen Rachenorgane benutzt.

Dritter Abschnitt.
Ueber Humoraltherapie und Cellulartherapie.

Um die Stellung zu kennzeichnen, welche diese serumtherapeutische Krankheitsbehandlung, verglichen mit anderen Behandlungsmethoden, in der Heilkunde einnimmt, wollen Sie gestatten, dass ich auf einige ältere Fachausdrücke zurückgreife, nicht bloss deswegen weil an dieselben sich im Laufe der Zeit ein weit bekannter und z. T. altehrwürdiger Begriffsinhalt angeknüpft hat, sondern auch deswegen, weil diese der lateinischen oder griechischen Sprache entnommenen Fachausdrücke für die internationale Verständigung geeigneter sind, als neusprachliche Wortbildungen, die wir an ihre Stelle setzen könnten.

Seit alten Zeiten standen sich in demjenigen Gebiet der Heilkunde, welchem die logische Analyse der Krankheitserscheinungen, ihrer Ursachen und ihrer natürlichen oder künstlich herbeigeführten Ueberwindung zufällt, der Pathologie, Humoralpathologen und Solidarpathologen gegenüber. Im verflossenen Jahrhundert haben die Solidarpathologen die Oberhand gewonnen, und die Gestalt, welche Virchow der Solidarpathologie durch die Begründung der Cellularpathologie gegeben hat, ist so festgefügt, dass die alte Humoralpathologie wohl für immer als zu Grabe getragen betrachtet werden kann. Mit dem Siege der Solidarpathologie ist aber pari passu auch eine Solidar- und Cellulartherapie in der Schulmedizin zur Herrschaft gelangt, von welcher man nicht so Gutes aussagen kann, wie von der Cellularpathologie.

In der Wundbehandlung äusserte sich die solidartherapeutische Richtung früher in den Salben, Balsamen, Alterantien, welche die kranken Körperelemente in schlecht aussehenden Wunden zu heilsamer Tätigkeit antreiben sollten. Sie wissen, dass dieser Teil der Solidartherapie aus der Heilkunde verschwunden ist, seitdem Lister mit epochemachendem Erfolge den Grundsatz aufgestellt und bis ins kleinste zu befolgen gelehrt hat: „Lasst die Finger weg von den Wunden, lasst die Zellen soviel wie möglich in Ruhe, aber sorgt dafür, dass die von aussen stammenden Schädlichkeiten den Wunden und den Zellen fern bleiben."

In der inneren Medizin blieb aber, faute de mieux, die Solidartherapie noch weiter bestehen. Immer neue Mittel gelangten auf den Markt und in die Praxis, welche die im Fieber sich äussernde, zu lebhafte Zelltätigkeit durch Antifebrilia eindämmen, die gesunkenen Lebensgeister excitieren, die verkehrte Zelltätigkeit alterieren sollten. Ich brauche garnicht erst besondere Beispiele zu zitieren für meine Behauptung, dass die noch lebende ältere Generation von Medizinern grossgezogen wurde in dem solidar- und cellulartherapeutischen Dogma, nach welchem Gegenstand der internen Therapie die krankhaften Lebensäusserungen sind und sein müssen. Ein Blick in die staatlich sanktionierten Pharmakopöen belehrt uns darüber, dass auch jetzt noch die Klassifizierung der Medikamente von diesem Gesichtspunkt aus vorgenommen wird.

Die entgiftende, oder antitoxische Serumtherapie ist dagegen humorale Therapie. Ebensowenig wie sie auf die lebenden Diphtheriebazillen direkt einwirkt, ebensowenig ist sie imstande, irgendwelchen direkten Einfluss auszuüben auf· die lebenden Körperelemente des diphtheriekranken oder diphtheriebedrohten Individuums. Der Entgiftungsprozess spielt sich ausschliesslich ab in den Körperflüssigkeiten, im Blut, in der Lymphe und in den perizellulären Lymphräumen. Ich muss das ganz besonders deswegen betonen, weil manche Autoren die Anschauung vertreten, dass das Diphtherieantitoxin auch noch das in die Körperzellen eingedrungene und von ihnen fixierte Gift neutralisieren kann. Meine eigenen Experimente widersprechen durchaus einer solchen Annahme. Nach meinen Untersuchungen kann ausserhalb der Gefässbahn das Antitoxin dem Gift nur bis zu den pericellulären Lymphräumen nachfolgen und es dort noch neutralisieren, und zwar um so schneller und vollständiger, je stärker die Antitoxinkonzentration im Blute ist. Von dem Blutantitoxin diffundiert aber immer nur ein geringer Bruchteil durch die Gefässwände in die intercelluläre Flüssigkeit hinein, und man muss deswegen sehr grosse Antitoxindosen verabfolgen, wenn man die vom extravasculären Gift bedrohten Zellen schnell und sicher schützen will.

Die serumtherapeutische Diphtherietherapie ist also Humoraltherapie im strengsten Sinne des Wortes, und sie führt uns zurück in die angeblich längst beseitigte Krasenlehre, welche der besonderen Art der Mischungsverhältnisse gelöster Stoffe in den Körperflüssigkeiten eine bedeutsame Rolle für die Krankheitsentstehung und Krankheitsüberwindung zuschrieb. So lange als noch aktives Diphtheriegift in den Körperflüssigkeiten vorhanden ist, besteht eine Dyskrasie. Nach der Inaktivierung des Diphtheriegiftes, oder mit anderen Worten, nach der Entgiftung der Körperflüssigkeiten durch Zufuhr von Diphtherieantitoxin wird die Dyskrasie beseitigt; an ihre Stelle tritt sozusagen eine Eukrasie. Ich habe nichts dagegen, wenn jemand sagt, dass der Krankheitsprozess nicht besteht in der fehlerhaften Säftemischung, sondern in der abnormen Funktion lebender Körperelemente, der Solida, im Gesamtorganismus. In der Tat kann es ja nur eine Solidarpathologie oder Cellularpathologie geben, und nie eine Humoralpathologie, da die leblosen Körperflüssigkeiten von keinem $\pi\alpha\vartheta o\varsigma$, von keiner Krankheit befallen werden können. Insofern aber die krankhafte Funktion der lebenden Körperelemente wesentlich bedingt wird durch die fehlerhafte Säftemischung, möchte ich die sprachliche Inkonsequenz beim Gebrauch des Wortes „Humoralpathologie" nicht schlimmer finden, als wenn man von „pathologischer Anatomie" spricht, trotzdem der Inhalt dieser Disziplin durch die Kadaver-Anatomie gegeben wird, und Kadavern kann doch auch ein $\pi\alpha\vartheta o\varsigma$ eigentlich nicht zugesprochen werden. Wie dem auch sei, an der Existenz einer Humoraltherapie wird nicht mehr gezweifelt werden können, seitdem die antitoxische Diphtherietherapie sich einen sicheren Platz in der Medizin erobert hat.

Ich muss der Serumtherapie noch ein weiteres wichtiges Epitheton beilegen, um ihre Stellung in der Heilkunde zu charakterisieren. Sie ist ätiologische Therapie im Gegensatz zu der oben charakterisierten symptomatischen Therapie. Genau wie die Lister'sche Behandlung der lokalisierten Wundinfektionen proklamiert die Serumtherapie auch für die Behandlung der Allgmeininfektionen den Grundsatz: „Lasst die Zellen in Ruhe und sorgt bloss dafür, dass die von aussen stammenden Schädlichkeiten fern gehalten und, wenn sie in den Körper eingedrungen sind, wieder beseitigt werden." Die innerlich-antiinfektiöse Therapie hat augenscheinlich die schwerere Aufgabe, und so lange man eine antiinfektiöse Aktion nicht anders glaubte ausführen zu können, als durch Abtötung der lebenden Krankheitserreger, schienen die Pessimisten mit vollem Recht den entmutigenden Satz aufstellen zu dürfen, dass eine „innere Desinfektion für immer unmöglich bleiben würde". Wenn nun doch eine innerliche Desinfektion verwirklicht worden ist, so ist das dem Umstande zu verdanken, dass nicht die Spekulation, und nicht die überkommene Lehrmeinung, sondern die Natur selber als Lehrmeisterin zu Hilfe genommen wurde. Ich möchte daran zweifeln, dass es überhaupt jemals gelingen wird, auf künstlichem Wege, ohne Zuhilfenahme der vitalen Organisations- und Sekretionskräfte, das im Diphtherieheilserum vorhandene antitoxische Prinzip herzustellen. Es ist mit das Wunderbarste, was man sich vorstellen kann, wenn man sieht, wie die Zufuhr von Gift die Bedingung wird zum Auftreten von Gegengift im vergifteten lebenden Organismus, wie dann durch systematische Steigerung der Giftzufuhr das Gegengift im Blute zu unglaublicher antitoxischer Energie anschwillt, wie das antitoxische Protein, der Träger dieser Energie, gar keine Anzeichen von irgend welcher chemischen Veränderung verrät; wie die neugewonnene Energie von unerhörter Elektivität ist, derart dass wir kein anderes Mittel haben, ihre Existenz nachzuweisen, als einzig und allein das Diphtheriegift.

An dem Beispiel der antitoxischen Diphtherietherapie habe ich versucht, die hauptsächlichsten Merkmale Ihnen aufzuzählen, durch welche die Serumtherapie als novum in der Heilkunde und als Fortschritt in der Heilkunst charakterisiert wird.

Sie ist Humoraltheraphie; denn sie entfaltet ihre Wirksamkeit nur innerhalb der flüssigen und gelösten Bestandteile des kranken und krankheitsbedrohten Individuums. Sie wirkt anti-infektiös durch Unschädlichmachung des toxischen Infektionstoffes, im Gegensatz zu der antibakteriellen Behandlungsmethode, welche beispielsweise mit Hilfe der R. Pfeiffer'schen Bakteriolysine bei manchen anderen Krankheiten verwirklicht werden kann. Weil sie nicht das Substrat der krankhaften Lebensäusserungen, die Zellen und Organe, beeinflusst, sondern bloss die krankmachende Ursache, nenne ich sie ätiologische Therapie, was ungefähr auf dasselbe hinauskommt, wie die von anderer Seite als kausal, radikal, abortiv u. s. w. bezeichneten therapeutischen Bestrebungen.

Im Gegensatz zur Jenner'schen Pockenimpfung, zur Pasteur'schen Milzbrandverhütung und Hundswutbehandlung, zur Koch'schen Tuberkulintherapie, welche Behandlungsarten man als isotherapeutische bezw. homöotherapeutische Methoden bezeichnen kann, ist sie Antitherapie. Die Serumtherapie arbeitet mit Anti-Körpern, die Isotherapie mit Iso-Körpern, wie man sich kurz ausdrücken kann.

Fünftes Kapitel.

Die serumtherapeutische Diphtheriebekämpfnng.

Erster Abschnitt.

Ueber die Wichtigkeit der frühzeitigen Heilserumbehandlung und über meine Stellungnahme zur Zentralisierung der bakteriologischen Diphtheriediagnose.

Ich darf vielleicht als historische Reminiszenz Ihnen mitteilen, dass ich anfänglich auf eine wirksame kurative (heilende) Diphtheriebekämpfung mit meinem Heilserum kaum rechnete, weil in Tierversuchen auch relativ hochwertige Präparate gegenüber der schon manifesten Diphtherieinfektion eine Heilwirkung nicht unzweideutig ausübten. Die präventive Therapie dagegen erwies sich auch bei der Anwendung von minderwertigem Serum im Tierexperiment so sicher wirksam, dass mir der Erfolg einer antitoxischen Diphtherieprophylaxis über jeden Zweifel erhaben erscheinen musste. Die Auseinandersetzung der Gründe, warum in der ärztlichen Praxis grade umgekehrt das Diphtherieserum kurativ allgemein, präventiv aber nur wenig zur Anwendung gelangt, wird für Sie nicht ohne Interesse sein.

Ich muss da zunächst erwähnen, dass die unerwartet gute Heilwirkung des Serums beim Menschen dem Umstand zuzuschreiben ist, dass wir die menschliche Diphtherieinfektion schon als lokale Rachenerkrankung diagnostizieren und deswegen gewissermassen noch im Inkubationsstadium behandeln können. Wird mit der Serumeinspritzung gewartet, bis schon die Symptome einer Allgemeininfektion unverkennbar sind, dann ist der Heilerfolg ebenso unsicher wie im Tierversuch, zumal wenn es sich um so schwere Erkrankungen handelt, wie wir sie tierexperimentell herstellen, um die Möglichkeit einer Selbstheilung vollkommen auszuschliessen. Auf das zu lange Abwarten nach der Erkennung der ersten Krankheitssymptome ist es zurückzuführen, wenn immer von neuem Stimmen laut werden, die das Versagen der Heilwirkung behaupten, und ich muss es als schwere Unterlassungssünde bezeichnen, dass nur zu oft der Termin für die rechtzeitige und dann fast unfehlbare rettende Serumbehandlung versäumt wird aus allerlei nichtigen Gründen, zu welchen ich auch das Abwarten der bakteriologischen Diagnose in besonderen Instituten rechne.

Schon Variot, der berühmte französische Kinderarzt, hat sich mit grosser Lebhaftigkeit dagegen ausgesprochen, dass nach der klinischen Diphtheriediagnose vorerst ein Bakteriologe, der mit dem Patienten im übrigen gar nichts zu tun hat, sein placet zur Serumeinspritzung abgeben soll. Abgesehen davon, dass unwiderbringliche

Zeit damit verloren geht, die in schweren Fällen dem Patienten oft genug schon das Leben gekostet hat, betrachte ich es auch als unwürdig für einen wissenschaftlich geschulten Arzt, und als ein schlechtes testimonium, wenn er zugestehen muss, dass er eine so einfache Sache, wie den Diphtheriebazillennachweis nicht selber leisten kann. Schliesslich ist auch noch zu berücksichtigen, dass der Bazillennachweis über das Vorhandensein einer diphtherischen Erkrankung nicht entscheiden kann, da wir ja wissen, dass es Diphtheriebazillenträger ohne Diphtherie gibt.

In meinem Buch „Diphtherie" vom Jahre 1901 (von Coler-Bibliothek, Bd. II S. 151 ff.) habe ich mich hierüber folgendermassen ausgesprochen:

„Ich komme jetzt zu der Unterstützung, welche die heilende Antitoxinbehandlung der Diphtherie durch die Breslauer Diphtherieuntersuchungsstation hätte finden können.

Schon mit Ablauf des Jahres 1895 war die Heilwirkung des Diphtherieserums für jeden Arzt, der überhaupt der Beweiskraft therapeutischer Tatsachen zugänglich war, endgültig entschieden; die Sammlung statistischer Daten für eine prozentische Berechnung der unter der Serumbehandlung geheilten Diphtheriefälle ist unter die Hauptaufgaben der Station bei ihrer Begründung deswegen wohl von vornherein nicht gezählt worden, und der Bericht macht in dieser Hinsicht auch keine Angaben. Es kann sich bei der Förderung der Serumtherapie durch Zentralstationen für eine bakteriologische Diphtheriediagnose meiner Ansicht nach im wesentlichen jetzt nur noch darum handeln, dass mit ihrer Hülfe auch solche Diphtheriefälle der Serumbehandlung rechtzeitig zugänglich gemacht werden, welche ohnedies die Wohltat der Antitoxinbehandlung entbehren würden. Mir scheint nun aber, dass der Einfluss der Breslauer Station sich zuweilen auch in umgekehrter Richtung geltend gemacht hat. Wenn nämlich, wie anscheinend es in Breslau in Wirklichkeit der Fall war, eine Serumbehandlung erst nach erfolgtem Db.-Nachweis für indiziert gehalten wird, und wenn aus den oben von mir genannten Gründen in einem nicht unbeträchtlichen Prozentsatz der Fälle bei wirklichen Diphtherien der Db.-Befund negativ gewesen ist, so wird die Folge davon gewesen sein, dass die Antitoxinbehandlung vielfach zum Schaden der Kranken unterlassen wurde.

Ob überhaupt die bakteriologische Untersuchung der Anwendung meines Diphtheriemittels voraufzugehen habe, darüber lässt sich noch diskutieren. Ich selbst bin sehr geneigt, mich den Ausführungen von Variot („La diphtérie et la sérumthérapie". Paris 1898. Einleitung, S. VII ff.) anzuschliessen, welcher in dieser Frage sich folgendermassen ausspricht:

„Il n'est pas rare non plus de rencontrer le bacille, sans qu'un processus diphtérique soit en évolution dans le larynx; il peut persister des semaines après la disparition de la maladie; si l'on s'appuyait sur la seule constatation du Loeffler pour appliquer le sérum, on s'exposerait à commettre de véritables erreurs.

L'examen clinique dans la diphtérie conserve une incontestable supériorité sur l'examen bactériologique parce qu'il est plus rapide en général, plus simple et parce qu'il donne des indications plus exactes et plus complètes.

Le médecin familiarisé avec la diphtérie reconnaît au premier coup d'oeil, par la topographie des exsudats pharyngiens, par leur confluence, leur mode d'extension, la coïncidence de troubles laryngés, etc., la maladie qui est en évolution. Il peut intervenir immédiatement, fait capital quant à l'action curative du sérum, qui est d'autant plus sûre que l'injection est plus précoce.

Il faut attendre vingt-quatre heures dans les villes, le plus souvent, pour avoir les résultats d'une culture sur sérum; dans les campagnes et dans les bourgs où l'instrumentation bactériologique manque, où le temps du médecin est rempli par les occupations professionelles, il faut renoncer absolument à ce procédé d'investigation. — Mais il y a plus, l'examen bactériologique est tout à fait insuffisant pour nous éclairer sur la gravité du cas en évolution; dans les diphtéries légères ou graves les formes bacillaires ne varient pas. Le clinicien au contraire jugera bien vite d'après l'intensité des manifestations morbides, d'après la réaction même de l'organisme, le retentissement sur les ganglions, etc., si l'infection est plus ou moins redoutable.

Dans la pratique hospitaliére même, où nous avons un laboratoire bactériologique bien organisé, la constatation du Loeffler n'est pas notre guide ordinaire pour l'application du sérum; elle nous éclaire sur les diphtéries tout à fait à leur début, dans le croup d'emblée ou sur les formes très atténuées, et sur la persistance des germes après la terminaison du processus.

L'immense majorité des enfants diphtériques reçoivent le sérum après l'inspection de la gorge et après l'examen des autres organes. — La bactériologie vient presque toujours confirmer le lendemain le diagnostic clinique porté dès la veille.

La signification des associations microbiennes dans la diphtérie, est encore plus incertaine que celle du bacille de Loeffler qui reste néanmoins un germe bien déterminé, fournissant d'utiles indications dans les cas douteux et au point de vue prophylactique.

En s'appuyant sur un petit nombre de faits de streptocooccie pharyngée infectieuse, on a cru pouvir admettre, d'une manière générale, que le streptocoque renforçait la virulence du bacille de Loeffler et on a considéré le terme de diphtérie associée comme synonyme de diphtérie aggravée. — La confrontation des cultures sur sérum avec les résultats de l'examen clinique n'a pas confirmé ces vues théoriques. Il faut renoncer à cette hypothèse pour expliquer les insuccés du sérum dans quelques formes de diphtérie toxique: le Loeffler acquiert parfois un haut degré de virulence et il est inutile de faire intervenir le streptocoque pour comprendre l'inefficacité du sérum antidiphtérique dans ces circonstances. De tous côtés des objections ont surgi contre la signification des associations microbiennes que l'on rencontre dans les cultures sur sérum. Le streptocoque, comme le staphylocoque, est un microbe banal de la bouche, et son association au Loeffler ne correspond pas à des formes spécialement graves de la maladie.

Tant que nous n'aurons pas de moyen rapide et sûr d'apprecier la virulence du streptocoque, nous ne serons pas en droit de lui attribuer une importance quelconque. D'ailleurs sa présence simultanée avec le Loeffler dans les cultures sur sérum, ne se caractérise par aucune modification reconnue jusqu'à présent dans l'évolution de la diphtérie.

Au point de vue pratique, les notions cliniques acquises par nos devanciers, loin d'avoir été affaiblies par les progrès de la bactériologie, ont été plutôt affermies.

Nous devons non seulement conserver notre ancienne méthode d'observation, mais nous efforcer encore de la perfectionner et de l'étendre, pour injecter le sérum de la maniére la plus opportune.

La constatation du bacille de Loeffler nous a donné une indication tout à fait nouvelle, qui vient s'adjoindre utilement aux signes fournis par l'examen clinique; mais le bactériologiste qui, de son laboratoire, aurait la prétention de porter un diagnostic et un pronostic de diphtérie et de diriger le traitement, ressemblerait au clinicien qui affirmerait une néphrite, parce qu'il aurait trouvé de l'albumine dans les urines.

Il paraît maintenant que la connaissance du germe morbide n'a qu'une valeur relative·dans la pratique, et que nous devons considérer avant tout les manifestations locales de la diphtérie, les réactions des divers organes, le terrain sur lequel le germe est tombé et se développe."

Variot bemisst die Zeit, welche vergehen muss bis zum bakteriologischen Nachweis der Diphtheriebazillen, wohl etwas zu lang, und auch in anderen Einzelheiten wird er bei deutschen Diphtheriespezialisten auf mehr oder weniger berechtigten Widerstand stossen; in der Hauptsache aber muss ich ihm Recht geben, wenn er die antitoxische Diphtheriebehandlung nicht abhängig sein lassen will von der bakteriologischen Differenzialdiagnose, zumal wenn dieselbe noch ausgedehnt werden soll auf die Unterscheidung typischer und atypischer Löffler'scher Bazillen.

Durch die Zentralisierung der bakteriologischen Untersuchung von diphtherieverdächtigen Krankheitsprodukten in besonderen Instituten ist zweifellos wertvolles statistisches Material gesammelt worden; für die Bedürfnisse des praktischen Handelns halte ich es aber eher für schädlich, wenn dem Arzte die Meinung beigebracht wird, er sei zur Feststellung von Diphtheriefällen nicht befähigt. Das durchschnittliche Können des praktischen Arztes wird nach meiner Meinung auf ein gar zu niedriges Niveau heruntergedrückt, wenn ihm so einfache Aufgaben, wie die mikroskopische Untersuchung von Diphtheriemembranen aus der Hand genommen wird. Selbst die kulturelle Prüfung müsste, wo sie notwendig erscheint, zu den Obliegenheiten eines jeden praktischen Arztes gerechnet werden. Wenn derselbe sich zweckentsprechende Nährböden, in Reagenzgläsern schräg erstarrt, vorrätig hält, dann ist das Anlegen von Kulturen das einfachste Ding

von der Welt; einen kleinen Brutapparat, wo Gas fehlt durch eine
Petroleumflamme geheizt, kann jeder Arzt in seinem Hause haben.
Wird erst das Bedürfnis für kulturelle Prüfungen in ärztlichen Kreisen
allgemeiner, dann werden sich ohne Schwierigkeit Lieferanten für
die fertigen Nährböden finden.

Namentlich jüngere Aerzte, deren Blick für die Erkennung der
Bretonneau'sche Diphtherie im Einzelfall noch nicht genügend ge-
schärft ist, bekommen durch die eigene bakteriologische Untersuchung
die beste Gelegenheit zur Kontrolle über die Richtigkeit oder Un-
richtigkeit ihrer Diagnose; sie können die bakteriologische Prüfung
in späteren Stadien wiederholen und auf diese Weise sich davon
überzeugen, dass der negative Bazillenbefund in manchen Diphtheriefällen bloss temporär ist und vielleicht von unzweckmässiger Entnahme
des Untersuchungsmaterials oder anderen Zufälligkeiten abhängt."

Ich kann nicht genug betonen, dass namentlich in Zeiten
mit schwerem Verlauf einer epidemisch auftretenden Diphtherie, wie
wir sie an vielen Orten grade jetzt erleben, jeder Arzt geradezu einen
Kunstfehler begeht, wenn er nach der klinischen Diphtheriediagnose,
selbst wenn sie nur eine Wahrscheinlichkeitsdiagnose sein sollte,
nicht sobald wie möglich die Serumeinspritzung macht. Bei bösartigen Charakter einer Epidemie möchte ich dringend die intravenöse Injektion befürworten. Bei frühzeitiger und intravenöser
Behandlung werden 1000 Antitoxineinheiten eine in den allermeisten
Fällen ausreichende Dosis sein, während der Antitoxinbedarf zur Erreichung des gleichen Heileffekts viel grösser ist, wenn die Behandlung
später als am ersten bis zweiten Krankheitstage einsetzt und subkutan
ausgeführt wird. Wird die subkutane Injektion schon am ersten
Krankheitstage, alsbald nach der Erkennung der ersten Lokalsymptome ausgeführt, dann wird die Sterblichkeit selbst bei nur
600 Antitoxineinheiten auch nach subkutaner Injektion auf einen sehr
geringen Prozentsatz herabgesetzt. Dafür lieferte schon im Jahre 1894
die aus dem Koch'schen Institut publizierte Arbeit Kossel's „Uber die
Behandlung der Diphtherie des Menschen mit Diphtherieheilserum" überzeugende statistische Beweise. Während nämlich
von 233 serumbehandelten Diphtheriekranken (einschliesslich 72 trache-
otomierten Fällen) im Ganzen 13% starben, betrug die Sterblichkeit

0 %	bei 7	am	ersten	Krankheitstage
3 %	„ 71	„	zweiten	„
13 %	„ 30	„	dritten	„
23 %	„ 39	„	vierten	„
40 %	„ 25	„	fünften	„
ca. 50 %	„ 51	„	nach dem fünften Krankheitstage be·	

handelten Patienten.

Anliegende Tabelle veranschaulicht graphisch diese Ergebnisse.

Zweiter Abschnitt.
Ueber Diphtheriebazillenträger und über die durch Bacillenträger bedrohten Schulkinder.

Gegenwärtig wird aus Berlin und aus anderen Städten des Deutschen Reiches von schweren Diphtherie-Epidemien berichtet, durch welche besonders die Schulkinder bedroht sind.

So lese ich im Berliner Lokalanzeiger, in der Abendnummer vom 12. Dezember 1911:

„Schulklassen wegen der Diphtherie geschlossen. Unter den Schülern der zweiten Gemeindeschule in der Joachim-Friedrich-Strasse in Halensee sind mehrere Fälle von Diphtherie aufgetreten, die zur Schliessung einer Klasse geführt haben. Nachdem jetzt neue Erkrankungen zu verzeichnen waren, wurden gestern weitere zehn Klassen derselben Schule bis auf weiteres geschlossen. Die Räume sollen vor ihrer Wiederbenutzung gründlich desinfiziert werden. — In der Mittelschule zu Schöneberg wurde ebenfalls wegen mehrerer Diphtherie-Erkrankungen unter den Schülern eine Klasse geschlossen.“

Aehnliche Berichte waren mir schon früher zugegangen, und ich habe dabei mit besonderem Interesse verfolgt, wie die zuständigen Behörden und Aerzte der Diphtheriegefahr in den Schulen entgegentreten.

Ich habe schon in meinem Diphtheriebuch vom Jahre 1901 (von Coler Bibliothek Bd. 2) auseinandergesetzt, warum ich von der Desinfektion der Schulräume und vom Klassenschluss einen wesentlichen Einfluss auf die Weiterverbreitung der Diphtherie mir nicht versprechen kann, indem ich darauf hinwies, dass durch die Raum-Desinfektion die Hauptansteckungsquellen, welche man in der Mundhöhle und Rachenschleimhaut gesunder Bacillenträger zu suchen habe, nicht getroffen werden; der Klassenschluss aber habe, abgesehen von der unerwünschten Schulversäumnis und der mangelnden Ueberwachung ausserhalb der Schule, noch viel andere Unzuträglichkeiten zur Folge; vor allem aber sei mit ihm für die Diphtherieprophylaxis viel weniger gewonnen, als wenn man durch kleine Heilserumdosen die Diphtherie-erkrankung zu verhindern und im Uebrigen durch sorgfältigste Reinhaltung des Mundes, der Nase und der Krypten in hypertrophischen Tonsillen, (Gurgelungen mit antiseptischem Mundwasser, häufiges Putzen der Zähne, Entfernung schlechter Zähne u. a.) die Ansiedelung von Diphtheriebacillen zu verhüten und zu beseitigen suche.

Aus einem Bericht des bekannten Sozialhygienikers R. Lennhoff über eine Aerzteversammlung, welche am 5. Dezember 1911 in Berlin in einer gemeinsamen Sitzung der Gesellschaft für öffentliche Gesundheitspflege und des Vereins für Schulgesundheitspflege tagte, ist zu entnehmen, dass meine früher bemängelte Stellungnahme zur prophylaktischen Bekämpfung der Schülerdiphtherie jetzt auch anderwärts Anklang findet. In Lennhoff's Bericht finde ich u. a. folgende Sätze:

„Wie gestaltet sich eine Diphtherieepidemie in der Schule? In irgend einer Klasse erkrankt ein Kind, gelegentlich ein zweites, dann längere Pause, oder auf den Nachbarplätzen einige Erkrankungen. Ganz allmählich mehren sich die Fälle, hier und da über die Klasse zerstreut. Jetzt kommt die Aufsichtsbehörde, holt den Schularzt, schliesst die Klasse auf einige Wochen, in denen gründlich desinfiziert wird. Manchmal hat das Erfolg, manchmal auch nicht; kaum hat der Unterricht wieder begonnen, da beginnen auch wieder die Erkrankungen, nicht nur in der einen Klasse, sondern in der ganzen Schule. Die ganze Schule wird geschlossen und desinficiert — manchmal mit, ebenso oft ohne Erfolg."

Von Dr. E. Seligmann, der in der Versammlung den Hauptvortrag hielt, wurde mit Recht die Nutzlosigkeit der Schuldesinfektion auf die besonderen Verhältnisse der Diphtherie-Entstehung und die Rolle, welche die Bacillenträger dabei spielen, zurückgeführt.

„Der Löffler'sche Diphtheriebacillus — heisst es in Lennhoff's Bericht — wird von einer Person auf die andere übertragen durch Küsse, Anhusten, Anhauchen. Gelegentlich auch, indem er Gebrauchsgegenständen anhaftete oder in den eingeatmeten Staub gelangt war. Der Bacillus allein genügt aber nicht zur Erkrankung, er muss einen geeigneten Boden finden, eine geeignete Disposition. Gesunde können ihn in Rachen und Nase beherbergen und dauernd gesund bleiben, oder aber sie erkranken an Diphtherie nach einer leichten Erkältung, im Anschluss an einen leichten Rachenkatarrh. Diese gesunden Beherberger von Bacillen nennt man Bacillenträger, ihre Bacillen sind ebenso gefährlich wie die von Schwerkranken. Es kommt auch vor, dass ein Diphtheriekranker völlig geheilt ist, dass aber die Bacillen in seinem Rachen weiterleben, weiter für andere eine Gefahr bilden. Auch diese Leute sind Bazillenträger.

Nun ist es klar, warum trotz Schulschluss, trotz Desinfektion die Epidemie stets von neuem aufflackert. Da sitzt ein ganz gesundes Kind in der Klasse, von ihm geht die Ansteckung aus. Man entfernt die Kranken, desinfiziert, in der Klasse sind keine Keime mehr vorhanden. Die gesunden Kinder nehmen den Unterricht wieder auf, von dem einen Bazillenträger gehen stets neue Erkrankungen aus. Oder es war nur ein Kind erkrankt und wurde so frühzeitig vom Unterricht ferngehalten, dass Ansteckungen nicht erfolgten. Schliesslich kehrt es froh und munter in die Klasse zurück — aber als Bazillenträger und nun beginnt die Epidemie. Um so gefährlicher, je weniger man in jenen gesunden Kindern die Verbreiter der Krankheit vermutet.

In einer Klasse erkrankt ein Knabe an Diphtherie. Bald darauf ein zweiter, mit Erbrechen im Klassenzimmer. Der Schularzt fürchtet, dass hierdurch viele Bazillen in den Raum gelangt sein könnten, veranlasst Schliessung der Klasse und Desinfektion. Zugleich aber wendet er sich an das städtische Untersuchungsamt mit der Bitte, alle Kinder bakteriologisch zu untersuchen. Von 46 Kindern waren 33 Bazillenträger!"

Beispiele solcher Art brachte der Vortragende in grosser Zahl. Zugleich aber zeigte er, dass nicht etwa stets und überall Bazillenträger umherlaufen, sondern dass in jedem einzigen Fall ein Erkrankungsherd als Quelle nachgewiesen werden konnte. Er zeigte ferner, dass die Erkrankungen oft ganz harmlos verlaufen, als einfache Unpässlichkeit, leichter Schnupfen u. dergl. Je höher die Zahl solcher voraufgegangenen Erkrankungen, um so grösser nachher die

Zahl der gefundenen Bazillenträger. In vielen Fällen konnte durch das Zusammenwirken von Schule, Schularzt und Untersuchungsamt ganz genau die Quelle der Infektion, auch wenn sie ausserhalb der Schule gelegen, nachgewiesen werden.

In der Sitzung des Vereins für innere Medizin und Kinderheilkunde vom 11. XII. 1911 wurde mitgeteilt, dass im städtischen Kaiser- und Kaiserin-Friedrich-Kinderkrankenhause Untersuchungen angestellt worden sind, um festzustellen unter welchen Umständen und wie lange die Diphtheriebazillen verbreitet werden. Dr. Sommerfeld fand bei einer Reihe von sonst gesunden Kindern wirkliche Diphtheriebazillen, ferner bei etwa 50 Prozent der aus dem Krankenhaus entlassenen, diphtheriekrank gewesenen Kinder und bei 36 Prozent ihrer Angehörigen. Alle diese Bazillenträger können, wie Dr. Sommerfeld betonte, zur Verbreitung der Diphtherie beitragen. Leider kann man, wie der Leiter der Kinderklinik in der Charité, Geheimrat Heubner, bestätigte, die krank gewesenen Kinder nicht so lange im Krankenkaus behalten, bis sie keine Bazillen mehr beherbergen, weil dazu weder Platz noch Geld ausreichen. Vielleicht würde sich nach Heubners Vorschlag die Angliederung von Genesungsstationen an die Krankenhänser empfehlen; man könnte auf diese Weise zahlreiche Bazillenträger isolieren. Geheimrat Heubner, Professor Finkelstein und andere Kinderärzte wiesen auf die Schwierigkeit dieser Isolierung hin. So wichtig übrigens die Bazillenträger sind, die Ausbreitung und Schwere einer Diphtherieepidemie ist nicht auf ihr Konto allein zu setzen; bei der gegenwärtigen Epidemie spielt nach Heubner noch irgend ein unbekanntes Moment mit. Möglicherweise ist es in der auch unter den kleinen Kindern stark verbreiteten Grippe zu suchen. Dass auch die Masern eine Diphtherie-Infektion sehr gefährlich machen, ist schon eine altbekannte ärztliche Erfahrung.

Nach den hier und anderwärts berichteten Befunden über die Zahl gesunder Diphtheriebazillenträger habe ich im Jahre 1901 in meinem Diphtheriebuch diese sehr unterschätzt. Ich stützte mich damals namentlich auf die Untersuchungen von Löffler, der (8. Internationaler Kongress für Hygiene und Demographie) hierzu sagte:

„Von recht erheblicher Wichtigkeit für das Verständnis der diphtherischen Infektion ist nun noch eine Tatsache, welche ich bereits in meiner ersten Arbeit festgestellt hatte, und welche lange Zeit der Anerkennung des Diphtheriebazillus als ätiologischen Moments entgegengestanden hat, d. i. das Vorkommen von Diphtheriebazillen bei gesunden Individuen, ohne dass dieselben irgend welche krankhaften Erscheinungen machen. Zahlreiche Forscher haben diese Tatsche bestätigt, so C. Fraenkel bei uns, Roux und Yersin in Paris. Heute erscheint dieses Faktum uns nicht mehr wunderbar, nachdem bei gesunden Individuen, welche der cholerischen Infektion ausgesetzt gewesen sind, Cholerabazillen in den Fäces nachgewiesen sind. Bei der enormen Verbreitung, welche das Diphtherievirus überall bei uns gefunden hat, ist es selbstverständlich, dass die Diphtheriebazillen in die ersten Wege zahlreicher Individuen gelangen. Wie bei der Cholera erkrankt nur ein Teil der befallenen Individuen, ein anderer Teil aber nicht. Während unserer letzten Greifswalder Epidemie habe ich Gelegenheit gehabt, nach dieser Richtung einige interessante Beobachtungen zu machen.

Nachdem in mehreren Schulen Diphtheriefälle vorgekommen waren, wurde seitens der Sanitätskommission eine ärztliche, von Zeit zu Zeit zu wiederholende Untersuchung sämtlicher Schulkinder angeordnet und von den verschiedenen medizinischen Universitätsinstituten auch durchgeführt. Das hygienische Institut beteiligte sich ebenfalls an diesen Untersuchungen. Ich habe nun diese günstige Gelegenheit benutzt, und 160 Kinder mit meinem Assistenten Dr. Abel bakteriologisch untersucht. Bei vier von diesen fanden sich am nächsten Tage auf den

Blutserumröhrchen echte Diphtheriebazillen. Bei sofortiger persönlicher Erkundigung in der Schule ergab sich, dass einer von diesen Bazillenträgern, welche bei der Okularinspektion, wie ich ausdrücklich betonen möchte, nicht krank befunden waren, in der Schule fehlte. Er war an Diphtherie erkrankt. Bei dem zweiten wurde eine floride Diphtherie entdeckt. Der Junge war etwas torpide, hatte zu Hause nicht geklagt und sass nun mit seiner Diphtherie zwischen seinen Mitschülern. Der dritte hatte eine leichte Mandelentzündung ohne irgend welche subjektiven Beschwerden, und der vierte war ganz gesund. Die beiden letzteren erkrankten auch nicht, wiewohl bei dem einen erst nach drei Tagen, bei dem andern sogar erst nach zehn Tagen die Bazillen aus dem Rachen verschwanden. Bei elf von den Kindern wurden ausserdem noch sogenannte Pseudodiphtheriebazillen gefunden, welche von manchen, so von Roux und seinen Mitarbeitern, für eine abgeschwächte, oder sagen wir lieber nicht virulente Art der Diphtheriebazillen, von mir aber für eine ganz andere Bakterienart gehalten werden."

Angesichts der grossen Zahl der gesunden Bazillenträger, die, wie wir gesehen haben, unter Umständen bis zu 50% der untersuchten, nicht diphtheriekranken Personen während dieses Jahres in Berlin betragen hat, halte ich ihre Isolierung der Bazillenträger nicht bloss für schwierig, sondern für praktisch unausführbar. Es ist gewiss anzuerkennen, wenn aus humanitären Gründen den Lehren der Bakteriologie über Ansteckungsmöglichkeiten Rechnung getragen wird. Wollten wir aber auch nur diejenigen Menschen, von welchen Diphtherie und Tuberkulose auf andere übertragen werden kann, vom öffentlichen Verkehr ausschalten, dann würden wir den Zustand verwirklichen, den Goethe gegenüber Herder's „Traumwünschen" und zuweitgetriebenen Humanitätsrücksichten befürchtete, wenn er entgegnet:

„Auch muss ich selbst sagen, ich halte es für wahr, dass die Humanität endlich siegen wird; nur fürchte ich, dass zu gleicher Zeit die Welt ein grosses Hospital und einer des andern humaner Krankenwärter sein wird."

Aus dem oben zitierten Bericht von Lennhoff mögen noch folgende Ausführungen betreffend die prophylaktische Diphtheriebekämpfung in Schulen an dieser Stelle Platz finden:

„Zwischen geschlossenen Erziehungsanstalten und Schulen ist ein Unterschied zu machen, da ja doch in ersteren die Kinder verbleiben. Hier ist das Behringsche Diphtherieserum zur Schutzimpfung wichtig. Der Schutz ist nicht absolut sicher, hält auch nur einige Wochen vor, aber im allgemeinen gerade lange genug, um in der Zeit höchster Gefahr wirksam zu sein. Der Schulschluss hat untergeordnete Bedeutung. Er nützt gar nichts, wenn hinterher wieder die Bazillenträger in die Klasse kommen."

Von Interesse sind auch folgende Diskussionsbemerkungen: „Der Leiter des Charlottenburger Untersuchungsamts, Prof. Dietrich, berichtete über die dortigen Erfahrungen, die sich im wesentlichen mit den Berliner decken. Nur in den Bekämpfungsmassregeln ist man weiter gekommen, dank der Tätigkeit des Stadtmedizinalrats. Fussend auf der Bestimmung des Seuchengesetzes, dass bei Schulepidemien die Schulbehörde zur Ergreifung aller geeigneten Massnahmen berechtigt ist, wurde dort die Untersuchung auf Bazillenträger ganz allgemein verfügt, so dass sie fast automatisch eintritt. Auch werden die vom Schulbesuch ferngehaltenen Kinder dauernd von den Stadtärzten überwacht. Hier wurde der Neid der anwesenden Berliner Schulärzte rege. In Berlin muss nämlich der Schularzt die bakteriologische Untersuchung gesunder Kinder erst bei der Schuldeputation beantragen, kann sie nicht ohne weiteres veranlassen. Dass dadurch kostbare Zeit verloren geht, bedarf keiner Erörterung.

Dr. Alfred Bruck zeigte die Bedeutung der Nase als Obdach der Bazillen, und Dr. Seligmann bestätigte, dass besonders bei Epidemien in Säuglingsanstalten die Nasendiphtherie überwiegt. Geh. Rat Nesemann vom Polizeipräsidium teilte mit, dass in diesem Jahre in Berlin schon 7000 Diphtherieerkrankungen zu verzeichnen sind, vornehmlich im N. und NO., also in den Gegenden der grössten Wohndichtigkeit. Dr. Sommerfeld vom Kaiser- und Kaiserin-Friedrich-Kinderkrankenhaus setzte auseinander, dass es dort gar nicht möglich sei, klinisch geheilte Kinder so lange zurückzubehalten, bis sie keine Bazillen mehr haben. Einmal könnte man dann die Schwerkranken wegen Platzmangels nicht mehr aufnehmen, sodann aber fehlt es den Eltern an Geld, lange Zeit hindurch Pflegekosten zu bezahlen. Geh. Rat Baginsky sprach ebenfalls gegen den Schulschluss als Angstmassregel. Was fängt man mit den Kindern ausserhalb der Schule an? Seit mehreren Jahrzehnten hat Baginsky nicht so überaus schwere Diphtheriefälle gesehen wie jetzt. Stets handelt es sich um Fälle, bei denen Serum nicht früh genug angewendet worden war. Nie hat sich die Wirksamkeit des Serums glänzender gezeigt als jetzt, denn trotz der schweren Epidemie starben in seinem Krankenhause nur 13 von hundert kranken Kindern, vor dem Serum stieg die Zahl manchmal bis auf 80!

Generalarzt Kühne erklärte sehr einfach, warum nicht öfter Serum angewendet wird. Es kostet viel Geld, und das haben die Eltern nicht. Also: es müssen öffentliche Gelder zur Serumbeschaffung für Minderbemittelte ausgeworfen werden.“

Dritter Abschnitt.
Die prophylaktische Bekämpfung der Diphtherie.

Aus allen in letzter Zeit bekannt gewordenen Vorschlägen von sachverständiger Seite über die Stellungnahme zur epidemischen Schuldiphtherie leuchtet die Ueberzeugung hervor, dass das Diphtherieserum ein mächtiges Mittel auch zur präventiven Diphtheriebekämpfung ist. Sollte da wirklich seine Anwendung zur Verhütung so grosser Gefahren für Gesundheit und Leben und zur Vermeidung von so beträchtlichen wirtschaftlichen Schäden, wie sie mit einer hohen Diphtheriemorbidität verbunden sind, bloss an der Geldfrage scheitern?

Dass die Diphtherie als endemische Seuche auch ohne grossen Kostenaufwand mit Hilfe des Diphtherieantitoxins wirksam bekämpft werden kann, habe ich in dem am 21. XII. 1911 gehaltenen Kursusvortrag auseinandergesetzt. Ich sagte da:

M. H. Ich habe Ihnen in einem besonderen Vortrag geschildert, wie gross die Gefahren für Leben und Gesundheit vieler Kinder sind, welche gerade jetzt in grossen und kleinen Städten des deutschen Reiches unter heftigen Diphtherieepidemien leiden, und wie sehr durch den vielfach angeordneten Schulenschluss, durch die Störung eines geordneten Familienlebens und durch wirtschaftliche Schäden die Eltern dabei mitbetroffen werden.

Sind nun diese missliebigen Verhältnisse unvermeidbar? Wäre es jetzt, wo wir nicht bloss ein gutes Heilmittel, sondern auch ein sicheres Schutzmittel für die Diphtherie haben, nicht an der Zeit, den Versuch zu unternehmen, diese Krankheit ebenso ungefährlich zu machen, wie es die Pockenkrankheit überall da geworden ist, wo man Jenner's Schutzpockenimpfung zielbewusst durchgeführt hat?

Ich will es versuchen, Ihnen die Gründe klar zu legen, warum dieser naheliegende Gedanke bisher nicht verwirklicht worden ist, und wie nach meiner Kenntnis der Sachlage man es anzufangen hat, um auf dem Wege der immunisierenden Diphtherieantitoxinbehandlung zu einer erfolgreichen praeventiven Diphtheriebekämpfung zu gelangen.

Alsbald nach der Entdeckung meines Diphtheriemittels habe ich es, zusammen mit meinem Freunde Wernicke, zunächst als Prophylaktikum empfohlen und mit gutem Erfolge, namentlich im Oldenburgischen unter Mitwirkung des damaligen Stabsarztes Muttray zur Verhütung von Schulepidemien unter ähnlichen Verhältnissen, wie sie jetzt aus Gross-Berlin und anderen Städten berichtet werden, nutzbar gemacht. Ich habe nun nicht den geringsten Zweifel, dass man auf diesem Wege konsequent weiter fortgeschritten wäre, wenn nicht — entgegen meiner Erwartung — mein Diphtheriemittel sich als ein so gutes Heilmittel entpuppt hätte.

Muttray bekam für die Praeventivtherapie im Jahre 1891/92 noch sehr geringwertige Sera und hat im Einzelfall nicht mehr als 20 bis höchstens 100 Antitoxineinheiten in 1 bis 5 ml Serum subkutan eingespritzt und trotzdem bei dieser Dosierung ganz unzweideutige Schutzwirkung erreicht. Durchschnittlich war unser Diphtherieserum damals noch nicht 20fach, also 20 mal weniger stark, wie die schwächsten Heilsera, die jetzt im Handelsverkehr zugelassen werden. Für Heilzwecke war damit nichts rechtes zu erreichen, und wenn es dabei geblieben wäre, so würden wir alles daran gesetzt haben, die diphtheriebedrohten Individuen vor der Erkrankung zu schützen, nötigenfalls, mit Rücksicht auf das Allgemeinwohl, ähnlich wie bei der Verhütung der Pockengefahr, durch zwangsweise Immunisierung. Der Einwand, dass die Jenner'sche Impfung mehrere Jahre lang, das Serum aber nur für wenige Wochen Krankheitsschutz gewährt, wäre nicht stichhaltig; denn wir wussten damals schon, dass wir auf einem Umwege das Serum zur Erreichung eines langdauernden Diphtherieschutzes tauglich machen können. Fügt man ihm nämlich Diphtherievirus oder Diphtheriegift in solcher Dosis hinzu, dass eine eben noch wahrnehmbare Allgemeinreaktion eintritt, die nicht bloss ebenso unschädlich, sondern noch weniger schädlich ist, wie die Vaccination, und die ausserdem besser abgestuft werden kann, dann erlangen wir damit eine Immunisierung, die kaum weniger lange anhält, wie der Pockenschutz nach der Jenner'schen Impfung. Die Ursache für den differenten Immunisierungseffekt einerseits nach der reinen Serumbehandlung und andererseits nach der kombinierten Behandlung ist Ihnen bekannt. Sie wissen, dass in jenem Fall die Immunität bedingt wird durch fremdartiges (heterogenes) Immunprotein oder Antitoxin, dessen der Organismus möglichst schnell sich zu entledigen bestrebt ist, im letzteren Fall aber durch selbstproduziertes Antitoxin oder homogenes Immunprotein, dessen Existenzdauer im Blute sehr viel länger bemessen ist. Das ist der eigentliche Sinn, welchen man bei der Etablierung des Unterschiedes zwischen der sogenannten passiven und aktiven Immunisierung im Auge zu behalten hat. Im wesentlichen, inbezug auf die Ursache des Krankheitsschutzes, verhalten sich aktive und passive Immunität gleich; denn in beiden Fällen handelt es sich um eine Antitoxin-Immunität.

Auch die jetzt so vielbesprochene Serumkrankheit hätte bei der Einführung der sicheren und langdauernden kombinierten Diphtherie-Immunisierung kein Hinderniss für ihre allgemeine und obligatorische Einführung abgegeben. Sie wissen ja, dass die antitoxische Serumwirkung nur zu fürchten ist, wenn es sich um eine wiederholte Serumeinspritzung handelt, und dass die zweite und alle folgenden Einspritzungen von Serumproteinen unerwünschte Nebenwirkungen deswegen haben, weil nach voraufgegangener Proteinbehandlung im Organismus Antikörper zurückbleiben, welche ihn überempfindlich machen gegen Proteine von der gleichen Art. Diese überempfindlichmachenden oder anaphylaktisierenden Antikörper bleiben aber nicht für immer im lebenden Organismus zurück, und ich habe allen Grund zu der Annahme, dass der Krankheitsschutz nach meiner kombinierten Immunisierung länger anhält, wie die zuerst durch von Pirquet gründlich studierte Serumanaphylaxie des Menschen.

Was endlich die zuweilen zu beobachtende primär-toxische Serumwirkung angeht, so ist sie nach allem, was ich davon weiss, in der Mehrzahl der Fälle bedingt durch ein Agens, welches man durch Erhitzen des Diphtherieserums auf 58⁰, ohne Beinträchtigung seiner antitoxischen Wirkung, unschädlich machen kann, was bekanntlich für das sensibilisierende Agens nicht gilt. Ueberdies sind die primär-toxischen Serumwirkungen nicht bloss selten, sondern in der Regel auch vollkommen ungefährlich, sodass in 500 Fällen, in welchen 1891/92 bis zu 5 ml Serum nur einmal gesunden Individuen zu Schutzzwecken eingespritzt worden waren, auch nicht ein einziges Mal eine Serumkrankheit beobachtet worden ist.

Angesichts dieser Sachlage wird mit Recht gefragt werden, warum denn, wenn wir es in der Hand haben, die Diphtherie ebenso in einem Lande auszutilgen, wie es mit den Pocken — dank der Zwangsimpfung — im Deutschen Reich geschehen ist, im Laufe von 20 Jahren nichts getan wurde, um ein so erstrebenswertes Ziel tatsächlich zu erreichen?

Meine Antwort darauf habe ich Ihnen schon gegeben. Die Ursache dafür müssen Sie, so paradox es auf den ersten Blick klingt, in dem grossen Erfolg meines Diphtheriemittels als Heilmittel suchen. Nehmen Sie an, Jenner's Schutzbehandlung hätte sich im Beginn einer variolösen Infektion ebenso heilsam gezeigt, wie die jetzige serumtherapeutische Diphtheriebehandlung am ersten Krankheitstage, wo die Sterbeziffer der Sterbefälle noch nicht 1⁰/₀ erreicht, dann werden Sie mit mir zu der Meinung kommen, dass eine obligatorische Vaccination nie hätte durchgeführt werden können. Ist doch auch ohnedies in vielen Staaten, und vor allem im Vaterlande Jenner's, vom guten Willen es abhängig, ob vacciniert wird oder nicht, und dieser Wille ist nicht gar zu gross, wenn die jetzt geringe Wahrscheinlichkeit, mit dem Pockenvirus infiziert zu werden, gegenübergestellt wird der mit der Impfung verbundenen Belästigung, den möglichen Impfschäden und dem Eingriff in das Selbstbestimmungsrecht. Man lässt sich allenfalls solche Eingriffe gefallen bei Kriegsgefahr und in anderen kritischen Situationen. Aber man sagt sich, dass es sich dann um Ausnahmegesetze handelt, die ausser Kraft treten, wenn ihr besonderer Anlass verschwunden ist. Mit den Pocken leben wir aber doch für gewöhnlich jetzt im Frieden!

Wenn nun bei uns das Schutzimpfungsgesetz trotz aller impfgegnerischen Angriffe aufrecht erhalten werden kann, für die Diphtherie aber, obwohl wir mit ihr grade jetzt im bösen Kriege stehen, an eine obligatorische Immunisierung nicht gedacht wird, so trägt bewusst oder unbewusst die Zuversicht, mit welcher man auf die Heilkraft des Serums rechnet, daran die Schuld. Erst wenn so alarmierende Tatsachen in die Oeffentlichkeit dringen, wie sie in letzter Zeit vielfach aus Berlin berichtet worden sind, kann sich der Mahnruf „caveaut consules“ Gehör verschaffen.

Wie ohnmächtig gegenüber der Schülerdiphtherie die behördlicherseits angeordneten Massnahmen gewesen sind, geht drastisch hervor aus einem Referat des bekannten Sozialhygienikers Prof. Lennhoff, welches er über eine Diphtheriedebatte in der gemeinsamen Sitzung der Gesellschaft für öffentliche Gesundheitspflege und des Vereins für Schulgesundheitspflege vom 5. Dezember 1911 in der Vossischen Zeitung veröffentlicht hat. Danach ist der prophylaktische Erfolg des Schulschlusses und der Desinfektion der Schulräume in Zeiten mit zahlreichen Diphtherieerkrankungen ganz illusorisch, und er muss illusorisch sein, solange die nicht mehr anzuzweifelnde Tatsache von der Verbreitung der Diphtherie im wesentlichen durch die Ansteckung von Person zu Person, und weiterhin die Tatsache von der Existenz des Diphtherievirus im Munde und im Nasenrachenraum vieler gesunder Kinder, zu Recht besteht. Dass wir durch die Desinfektion der Schulräume diese Ansteckungsquelle nicht treffen, und dass der Schulschluss in Permanenz erklärt werden müsste, wenn man nicht verhindern kann, dass mit dem Wiederbeginn der Schule „Bazillenträger“ das Virus von Neuem mitbringen, liegt klar zu Tage.

Die Heilkraft des Serums hat sich, wie der bekannte Kinderarzt Geh. Rat Baginsky in dieser Versammlung erklärte, nie glänzender gezeigt als jetzt. Auch die Schutzwirkung wurde allgemein zugestanden, und das Vertrauen auf die prophylaktische Heilserumwirkung ist dadurch zum Ausdruck gekommen, dass verschiedene Gemeindevertretungen Geldmittel bewilligt haben zur kostenfreien Serumabgabe an die Aerzte zum Zweck der Praventivinjektion. Damit wird nun zwar sicherlich schon viel genützt, aber es ist doch nicht alles, was man im Interesse der serumtherapeutischen Diphtheriebekämpfung tun kann. Man müsste darauf ausgehen, die Diphtherie, die nicht immer eine endemische Krankheit in europäischen

Ländern war, wieder zu einer exotischen Seuche zu machen, wie die Pocken, nachdem sie Jahrhunderte lang in Mitteleuropa geherrscht hatten, wieder eine exotische Krankheit für uns geworden sind.

Diese Hoffnung dürften wir nicht hegen, wenn die Diphtheriebazillen ein bei uns auch in der freien Natur vegetierendes Virus wären, wie es z. B. das Typhusvirus und die ihm nahestehenden Bazillen sind, die vielleicht im menschlichen Organismus zum krankmachenden Virus sich umwandeln; oder wenn das Diphtherievirus, wie der Tuberkelbazillus, in vielen Tieren gute Existenzbedingungen vorfände; wenn endlich drittens der diphtherieerzeugende Bacillus, bei allen Menschen auf der Schleimhaut der Mund- und Nasenhöhle vorkäme. So liegt aber die Sache nicht.

Was zunächst sein Vorkommen in der freien Natur angeht, so würde jeder Winter dem Diphtherievirus bei uns bald ein Ende machen. Ich kenne kein Bakterium, welches kälteempfindlicher wäre, wie der Löffler'sche Bazillus der menschlichen Diphtherie. Das habe ich mit Wernicke erfahren, als wir im Winter 1891/92 unsere Kulturen von dem damals mit der Charité verbundenen Institut für Infektionskrankheiten nach der Chirurgischen Klinik in der Ziegelstrasse transportierten, um dort unsere Immunisierungsversuche dem Geheimrat von Bergmann zu demonstrieren. Das Misstrauen, welches dieser grosse Chirurg lange Zeit gegen die experimentelle Begründung meiner Serumtherapie gehegt hat, ist hauptsächlich auf das Misslingen unserer damaligen Demonstration zurückzuführen. Die von uns vorbehandelten Meerschweine blieben nämlich zwar gesund, ebenso aber auch zu unserer grossen Verwunderung die gleichzeitig mit ihnen infizierten Kontrolltiere. Später fanden wir, dass bei dem an einem Kältetage erfolgten Transport die Diphtheriebazillen abgestorben waren![1]) Durch die Bildung von Dauerformen können sich die Diphtheriebazillen der abtötenden Kältewirkung nicht entziehen, und so muss ich annehmen, dass ebenso wie das Choleravirus auch das Diphtherievirus nur in tropischen Ländern ausserhalb eines warmblütigen Wirtsorganismus dauernd verbreitet sein kann. In tierischen Organismen aber finden wir zwar diphtherieähnliche Krankheiten, namentlich bei Vögeln, nirgends aber den Löffler'schen Bazillus als deren Ursache. Im menschlichen Organismus schliesslich hat er auch nur vorübergehendes Heimatrecht, wie wir grade durch das sorgfältige Studium der „Bazillenträger" erfahren haben. Nur wo Diphtherieerkrankungen vorkommen oder vor nicht langer Zeit beobachtet worden sind, lässt sich bei gesunden Menschen der Diphtheriebazillus nachweisen. Die Diphtherie ist wie die Syphilis eine dem Menschengeschlecht eigentümliche Seuche. Aber wie das syphilitische Virus und wie das Pockenvirus bietet auch das Diphtherievirus gerade deswegen die allerbesten Chancen für seine radikale Ausrottung in allen Ländern, in denen es nicht in der freien Natur existenzfähig ist. Beim Pockenvirus ist einem konsequenten Vernichtungskampf uns der Sieg bescheert worden. Dass bei der Syphilis ein solcher Kampf kaum ernstlich unternommen worden

____

1) Vgl. experimentelle Daten über Kälte-Desinfektion im Kapitel über Desinfektion.

ist, trotzdem wir mit Sicherheit wissen, dass er siegreich für uns enden müsste, wenn wir jeden syphilitischen Mann und jede syphilitische Frau in ähnlicher Weise vom freien Verkehr ausschalten wollten, wie das mit leprösen Menschen geschah zu der Zeit und in den Ländern, wo der lepröse Aussatz mehr gefürchtet wurde wie die Pest, möchte ich dem Umstande zuschreiben, dass das Quecksilber als gutes Syphilismittel entdeckt worden ist. Man greift eben bloss bei grosser allgemeiner Not zu staatlichen Zwangsmitteln, zumal wenn sie die menschliche Freiheit wesentlich beschränken und ausserdem für den von ihnen Betroffenen unbequem zu ertragen sind.

Solche Erwägungen waren es, welche, bei klarer Einsicht in die Möglichkeit einer erfolggekrönten Diphtherietilgung, mich bisher davon abgehalten haben, agitatorisch einzutreten für eine konsequente serumtherapeutische Diphtherie-Immunisierung.

In meiner eigenen Familie war meine Stellungnahme zur prophylaktischen Serumeinspritzung bisher durch folgende Ueberlegungen gekennzeichnet. Solange als umfangreichere Erfahrungen über die kombinierte Methode der Einspritzung von Serum plus Virus nicht vorliegen — Erfahrungen, welche nur in grossen Krankenhäusern zu einwandsfreien Ergebnissen führen können —, kam diese Methode für meine Kinder um so weniger in Frage, als ich sie schon durch die jetzt übliche Antitoxinbehandlung vor den Gefahren der Diphtherie schützen kann. Als ultimum refugium bleibt immer die sofortige Serumeinspritzung beim Vorhandensein eines genügend begründeten Verdachts, dass diphtherische Halserkrankung vorliegt. Wird dieser Verdacht später durch den Krankheitsverlauf und die bakteriologische Untersuchung bestätigt, dann bekommen die gesunden Kinder präventive Injektionen; auf strenge Isolierungsmassnahmen verzichte ich umsomehr, als die Infektion einerseits doch kaum zu vermeiden und andererseits sogar erwünscht ist, da alsdann der Erfolg der Serumeinspritzung dem gleichkommen kann, welchen ich durch die kombinierte Methode erreichen würde. Die im Körper etwa vorhandenen Bazillen, zusammen mit dem eingespritzten Antitoxin, werden die Veranlassung zur Produktion von autochthonem Antitoxin, welches dann eine viel länger dauernde Immunität verbürgt, wie die Präventivinjektion in nicht infiziertem Zustande. Kommen in den Schulklassen, in welchen meine Kinder sitzen, Diphtheriefälle vor, dann halte ich sie weder vom Schulbesuch ab, noch wende ich da präventiv das Serum an. Das müsste nämlich so ziemlich jedes Jahr, zuweilen in einem Jahre mehrmals geschehen, und würde wahrscheinlich schon bei der schützenden Serumbehandlung, wenn sie wiederholt wird, ziemlich sicher aber, wenn hinterher doch einmal es zur Diphtherieerkrankung käme, bei der heilenden Serumeinspritung zu anaphylaktischen Symptomen führen, denen ich meine Kinder nicht gerne aussetzen mag.

Wenn ich nun glaube, dass für die Vermeidung der durch die Diphtherie dem einzelnen Menschen drohenden Gefahren auf diese Weise genügend Sorge getragen werden kann, so ist gegen die endemische Diphtherieverbreitung damit freilich nichts geschehen, und solange als durch die Anaphylaxieerzeugung der Präventivinjektion meinem Serum ein Makel anhaftete, sah ich mich nicht in der Lage, andere Ratschläge, wenn ich danach gefragt wurde, bezüglich der serumtherapeutischen Diphtheriebekämpfung zu geben, als solche, welche den individuellen Krankheitsschutz angehen. Allenfalls riet ich dazu, dadurch auf eine Verringerung der Infektionsgelegenheit hinzuwirken, dass das Diphtherieserum benutzt wurde, um mittelst einer Lokalbehandlung des Nasenrachenraumes die Bazillenträger möglichst schnell vom Diphtherievirus zu befreien.

Es ist sehr auffallend, dass zu diesem Zweck das Diphtherieantitoxin noch so wenig angewendet wird. Schon die Erwägung, dass durch die Imprägnierung der bazillentragenden Schleimhäute mit der Antitoxinlösung die Diphtheriebazillen entgiftet werden und infolgedessen ihre Infektiosität für den Bazillenträger verlieren, hätte dazu auffordern müssen. Ich habe aber noch andere Gründe für die dringende Empfehlung einer lokalen Antitoxinbehandlung aller Individuen, welche im gesunden und kranken Zustande, sowie während der Rekonvalescenz nachgewiesenermassen Diphtheriebazillen in der Mundhöhle, auf den Mandeln oder im Nasenrachenraum beherbergen. Man kann nämlich experimentell den Beweis dafür liefern, dass das Antitoxin, wenngleich es in vitro ohne Einfluss auf die Lebensfähigkeit der Löffler'schen Bazillen ist, in vivo trotzdem einen sehr merklichen antibakteriellen Effekt ausübt. Das ist schon vor langer Zeit in meinem Marburger Institut von Ransom festgestellt worden gelegentlich von Studien betreffend das Verhalten von virulenten und avirulenten Diphtheriebazillen in der Bauchhöhle von Meerschweinchen. Ransom fand da, dass zwar avirulente, aber nicht virulente Bazillen, wenn sie in physiologischer Kochsalzlösung suspendiert in die Bauchhöhle gebracht werden, der Phagocytose anheimfallen; fügt man dagegen der Suspension eine geringe Antitoxindosis hinzu, dann werden auch die virulenten Bazillen von Fresszellen aufgenommen und gehen in ihnen allmählich zugrunde. Mit dieser Beobachtung bringe ich die Tatsache in Zusammenhang, dass beispielsweise in der Diphtherierekonvalescenz von Neuem sich einstellende diphtherische Beläge nicht bloss auffallend schnell durch die lokale Antitoxinbehandlung beseitigt werden, sondern dass auch der Bazillenschwund dadurch beschleunigt wird. Für die klinische Forschung wäre es eine dankbare Aufgabe, statistisch den Wert einer lokalen Antitoxinbehandlung der mit Diphtheriebazillen behafteten Schleimhautoberflächen zu prüfen und gleichzeitig zu untersuchen, ob danach ein beschleunigter Bazillenschwund mit einer gesteigerten Phagocytose Hand in Hand geht. Es darf nicht in Zweifel gezogen werden, dass — unter Voraussetzung der klinischen Bestätigung meiner vorstehenden Angaben — zur Diphtherietilgung durch die antitoxische Lokalbehandlung aller Bazillenträger sehr viel beigetragen werden kann. Als Lösungsmittel für das Antitoxin empfehle ich eines der gebräuchlichen, für die Schleimhäute indifferenten Mundwässer, und zwar soll die Antitoxinlösung durch einen Spray-Apparat oder energisches Betupfen zu einer möglichst intensiven Imprägnation der bazillentragenden Schleimhaut gebracht werden.

Noch mehr hoffe ich zur Tilgung der Diphtherie als Endemie beitragen zu können durch die Einführung eines Antitoxinpräparats, nach dessen Anwendung für prophylaktische Zwecke wir nicht mehr zu befürchten brauchen, dass die nachherige Behandlung mit einem der gebräuchlichen Handels-Sera zu Heilzwecken anaphylaktische Erkrankungssymptome auslöst. Das Tierexperiment liefert, wie Sie in eigenen Versuchen gesehen haben, einwandsfrei den Beweis dafür, dass mein „gereinigtes" Antitoxinpräparat dieser Forderung in hohem Grade gerecht wird.

Die „Heilserumreinigung" ist keine leichte Aufgabe; aber sie ist eine dankbare Aufgabe. Ich erinnere nur daran, dass Sie selbst, ohne auf meine kombinierte Methode zurückzugreifen, eine Serumverbesserung um's 8fache erreichen konnten, und Sie haben sich davon überzeugt, dass eine exakte Berechnung und ein präziser Ausdruck für den Grad der Serumverbesserung erreichbar ist. Wenn man nämlich den therapeutischen Heilserumwert in Antitoxin-Einheiten (= A. E.) und den anaphylaktischen Giftwert in Anatoxin-Einheiten (= An. E.) experimentell feststellt, so wird der Heilserumwert um so grösser sein, je weniger An. E. auf 1 A. E. kommen. Für ein 400-faches Handels-Diphtherieserum beträgt durchschnittlich, wie wir gefunden haben, die Zahl der auf 1 A. E. kommenden An. E. 1/3. Wenn Sie nun über ein aus dem 400-fachen Diphtherieserum gewonnenes gereinigtes Präparat verfügen, welches auf 1 A. E. nur 1/24 An. E. enthält, dann ist die Gefahr der toxischen Nebenwirkung dieses Präparates 8mal geringer als bei dem Rohserum.

Bis zu welchem Grade die anaphylaktische Giftigkeit sich bei meiner kombinierten Methode wird herabdrücken lassen, wenn ich gereinigtes Heilserum für die Bedürfnisse der Praxis in grösserem Massstabe herstellen werde, lässt sich mit Sicherheit noch nicht voraussagen. In meinen vielen für wissenschaftliche Zwecke bisher ausgeführten Heilserumreinigungsversuchen habe ich als Optimum auf 1 DAE (Diphtherieantitoxineinheit) 1/40 An. E. bekommen. Der Aufwand an Arbeitskraft und Geldmitteln war dabei jedoch so gross, dass ich fürchte, für die Praxis mit Diphtherieantitoxinpräparaten von stärkerer relativer Anatoxicität mich begnügen zu müssen. Aber wenn wir auch nur dahin es bringen könnten, dass wir für prophylaktische Seruminjektionen Präparate anwenden, welche bloss noch 1/30 An. E. auf 1 D. A. E besitzen, dann halte ich das Auftreten einer Serumkrankheit auch bei anaphylaktisch überempfindlichen Individuen für ausgeschlossen. Für die klinische Prüfung dieser wichtigen Frage möchte ich Ihre Mitwirkung ganz besonders erbitten.

Herr Prof. Römer hat die Freundlichkeit gehabt, Sie mit der Diphtherie-Antitoxinbestimmung nach seiner Intrakutanmethode genau bekannt zu machen, und ich hoffe, dass Sie von ihr reichlich Gebrauch machen werden für die Blutprüfung von heilserumbehandelten Individuen, von Bazillenträgern, von Diphtherierekonvaleszenten usw., um danach prognostische Anhaltspunkte und allgemeingiltige Indikationen für die Serumbehandlung zu gewinnen. Ich habe die von Prof. Römer selbst verfasste Gebrauchsanweisung am Schluss dieses Heftes abdrucken lassen unter Hinzufügung der Schemata, welche dem ungeübten Laboratoriumsarbeiter die Ausführung der intrkautanen Bestimmung des Heilserumwertes sehr erleichtern.

Vierter Abschnitt.

Die Bewertung des Diphtheriegiftes und des Diphtherieantitoxins nach der Intrakutanmethode von Prof. Römer.

Im Gegensatz zum Tetanusgift, welches bei erstmaliger Einspritzung die Gewebe der Haut und des Unterhautgewebes von Meerschweinchen nicht zu lädieren vermag, besitzt das Diphtheriegift eine für diese Gewebe primär-toxische Wirkung, welche sich in Exsudatbildung mit konsekutiver Nekrose äussert. Auf dieser Eigenschaft des Diptheriegiftes beruht die von Prof. Römer ausgearbeitete Intrakutanmethode zur Wertbestimmung des Diphtheriegiftes und von Mischungen des Diphtherieantitoxins mit diesem Gift, in welchem es im Ueberschuss vorhanden ist. Als Prüfungsdosis zur Antitoxinwertbestimmung wird diejenige Giftdosis gewählt, welche mit einer Antitoxineinheit oder einem Bruchteil derselben noch eine Spur von Nekrose (Ln) macht. Diese Prüfungsdosis beträgt um ein Geringes mehr wie eine Gifteinheit (DGE.). Wenn wir als Diphtheriegift-Einheit (1 = DGE) diejenige Giftdosis bezeichnen, welche mit einer Diphtherieantitoxineinheit (= 1DAE) im Meerschweinversuch bei subkutaner Injektion der Mischung genau neutralisiert wird, also Lo gibt, so lässt sich experimentell feststellen, dass diese Gifteinheit identisch ist mit derjenigen, welche durch intrakutane Injektion von 1DGE + 1DAE ermittelt wird. Auch diese Mischung gibt Lo.

Entsprechend der Auseinandersetzung betreffend das Tetanusgift (S. 27 u. 54) bezeichnen wir den antitoxin-neutralisierenden Wert des Diphtheriegiftes als indirekten Giftwert, und 1DGE ist demgemäss eine indirekt geprüfte Gifteinheit. Sie enthält 25000 + m. 1 + M ist die tödliche Minimaldosis für ein Meerschwein von 250 g Gewicht (= $\mathfrak{M}^{250}$). In frischen Bouillonkulturfiltraten finden wir nun in der Regel, dass 1 + m = 1 + M ist. Aeltere Gifte enthalten dagegen meistens mehr als 1 + m, zuweilen bis zu 5 + m. Gifte von der letzteren Art nennen wir abgeschwächte Diphtheriegifte.

Als Testgift benutzen wir in meinem Institut seit 10 Jahren die nur sehr wenig abgeschwächte Giftlösung Nr. 7, welche innerhalb dieses Zeitraums ihren indirekten Giftwert unverändert festgehalten hat, während der direkte Giftwert um das 4 fache gesunken ist. Seit zwei Jahren enthält 1 ml 240000 + m und 60000 + M. Die Prüfungsdosis zur Antitoxinbestimmung für 1AE beträgt jetzt 0,105 ml.

Während wir bei der subkutanen Antitoxinwertbestimmung als Prüfungsdosis immer 1 GE. wählen, nehmen wir bei der Intrakutanmethode in der Regel $^1/_{10}$ GE., für besondere Fälle sogar noch kleinere Gifteinheiten als Prüfungsdosis. Wir müssen dann aber den hierbei ermittelten Antitoxinwert umrechnen, da mit fallender Diphtheriegiftdosis der Antitoxinbedarf zur Neutralisierung fällt — im Gegensatz zum Tetanusgift, bei welchem mit fallender Prüfungsdosis der Antitoxinbedarf zur Neutralisierung steigt.

Die Vorzüge der Intracutanmethode bestehen:

1. in der Möglichkeit, an einem einzigen Meerschwein bis zu 6 Prüfungen auszuführen, also in einer beträchtlichen Tierersparnis

wobei durch Wahl geeigneter kleiner Testgiftdosen sogar jeder Tierverlust vermieden werden kann.

2. in der Möglichkeit, viel kleinere Antitoxinmengen als bisher bestimmen zu können.

Die Nachteile des Verfahrens gegenüber der bisherigen subkutanen Prüfungsmethode, die besonders in der subjektiven Beurteilung des Lokaleffektes begründet sind, können bei sorgfältiger Beachtung der nachfolgenden Vorschriften für die Ausführung der Prüfung vermieden werden.

Voraussetzung für die Möglichkeit einer exakten Diphtherieserumbewertung ist der Besitz der Diphtherie-Antitoxin-Einheit (DAE). Mit Hilfe dieser Antitoxin-Einheit stellt man sich die abgelagerte stabile Diphtheriegiftlösung No. 7 mit Hilfe der intrakutanen Prüfungsmethode ein, indem man die Giftdosen ermittelt, welche mit bestimmten Bruchzeilen der DAE (z. B. 1/10 A.E., 1/50 A.E., 1/2000 A.E.) den Ln-Wert geben. Erst nach so erfolgter Ermittelung der Giftdosen erfolgt mit Hilfe des geprüften Giftes die Wertbestimmung des zu prüfenden Serums.

Im folgenden sind demgemäss eine Anweisung und ein Beispiel erstens für die Einstellung des Giftes gegenüber dem Testantitoxin und zweitens für die eigentliche Wertbestimmung eines zu prüfenden Serums gegeben.

I. Anweisung und Beispiel für die Einstellung des Giftes gegenüber dem Testantitoxin bei intrakutaner Prüfung.

Präparierung der Tiere. Man benutzt Meerschweinchen von mittlerem Gewicht, die bisher zu keinen anderen Versuchen verwandt waren und aus gesunder Zucht stammen.

Alle Verdünnungen von Gift und Antitoxin erfolgen mit peinlicher Akkuratesse; als Verdünnungsflüssigkeit wird ausschliesslich sterile 0,85 proz. Kochsalzlösung benutzt.

Die Präparierung der Tiere erfolgt in der Weise, dass am Abend des der Injektion vorangehenden Tages die seitlichen Brust- und Bauchpartien zunächst mit einer gebogenen Schere kurz geschoren werden. Dann wird mit einem Borstenpinsel Calciumhydrosulfid in mässig dicker Schicht aufgetragen und nach einem Kontakt von 2 bis 3 Minuten mit wassergetränkter Watte energisch abgewaschen, wobei eine glatte Depilierung eintritt. Hierauf wird, um ein Sprödwerden der Haut und die sonst recht häufigen, durch die Depilierung bedingten Ekzeme zu vermeiden, etwas Vaseline auf die depilierten Hautstellen eingerieben. Von den so präparierten Tieren werden am folgenden Tage nur diejenigen zum Versuch verwandt, bei denen keine Hautreizung durch die Depilierung zustande gekommen ist. Es trifft das übrigens bei Beachtung obiger Massnahmen für nahezu alle Tiere zu.

Herstellung der Toxin-Antitoxinmischungen. Die Toxin-Antitoxinmischungen werden in der Weise hergestellt, dass die gewünschte Toxinmenge in 0,05 ml Flüssigkeit und ebenso die gewünschte Antitoxinmenge in 0,05 ml Verdünnungsflüssigkeit enthalten ist. Nach Herstellung der Toxin- uud Antitoxinverdünnungen werden gleiche Teile derselben und zwar je 1,0 ml miteinander in sterilen Gläschen gemischt.

Die Mischungen kommen dann eine Stunde in einen auf 37° eingestellten Thermostaten. Dann folgt die Injektion. Dieselbe wird ausgeführt mit Hilfe einer mit Zwanzigstel-Einteilung versehenen, 1 ml fassenden Recordspritze, armiert mit einer tunlichst feinen, aber widerstandsfähigen Kanüle. Die Einspritzung wird so ausgeführt, dass man zwischen Daumen und Zeigefinger der linken Hand eine kleine Hautfalte der depilierten Stelle aufhebt, dann die Kanüle in paralleler Richtung zur Oberfläche möglichst dicht unter dieselbe einführt. Die ovale Oeffnung der Kanüle hält der Operateur dabei am zweckmässigsten seinem Auge zugekehrt, um zu erkennen, wann eben die Kanülenöffnung unter die Hautoberfläche verschwunden ist; hierauf schiebt man die Kanüle 1—2 mm weiter ein, um dann langsam die Flüssigkeitsmenge von 0,1 ml zu injizieren. Es entsteht eine erbsengrosse Beule, die man nicht etwa durch Streichen oder Massieren verteilen darf, sondern unberührt lässt. Beim Herausziehen der Kanüle komprimiert man mit Daumen und Zeigefinger der linken Hand leicht die Einspritzungsstelle, um das Herausfliessen eines Teiles der Flüssigkeit zu verhindern.

Die Kontrolle des Impfeffektes findet nach 24, 2×24, 3×24, 4×24 und 7×24 Stunden statt. Sie besteht einmal in einer genauen Besichtigung der Injektionsstelle, wobei wir besonders darauf aufmerksam machen, dass es zur Erkennung geringer Rötung empfehlenswert ist, aus einer gewissen Entfernung — etwa $1/_2$ m Distanz — die Tiere zu betrachten. Dann folgt Abtastung der Einspritzungsstellen und ihrer Umgebung zur Feststellung vorhandener Schwellungen. Hierbei ist Vergleich mit einer nicht injizierten Hautpartie angezeigt.

Beispiel für die Ausführung einer derartigen Giftwert-Bestimmung.

a) Ermittelung der Ln-Dosis von Diphtheriegift Ballon 7 gegenüber 1/10 DAE.

Die Ausführung ist am besten erkenntlich aus dem beigegebenen Schema I, in welchem die eingezeichneten runden Kreise die Fläschchen darstellen, in denen die Verdünnungen uud Mischungen stattfinden. Die Ausführung ist folgende:

1. Etikettierung aller Fläschchen,

2. Vorlegen der nötigen eingezeichneten Kochsalzmengen in alle bezeichneten (weissen und schraffierten) Fläschchen,

3. Herstellung der Giftverdünnungen in den weissen Fläschchen, d. h. Abmessen von 0,375 ml, 0,4 ml, 0,425 ml etc. mit genau geaichter Pipette in die weissen Fläschchen,

4. Mit neuer Pipette Einfüllen von 1 ml der gut durchgemischten Giftverdünnungen in die weiss-schraffierten Fläschchen,

5. Herstellung der Antitoxinverdünnung im schraffierten Fläschchen (mit neuer Pipette) durch Zumischen von 2 ml des 10 fachen Testantitoxins zu 8 ml NaCl,

6. Einfüllen von 1 ml der gut durchgemischten Antitoxinverdünnung im schraffierten Fläschchen in die schraffiert-weissen Fläschchen (mit neuer Pipette),

7. Schraffiert-weisse Fläschchen gut durchschütteln, dann Einstellen in den Brutschrank bei 37° und Injektion nach einer Stunde bei einem nach Vorschrift depilierten Meerschwein.

(Die Nachrechnung ergibt, dass jedes Mischungsfläschchen pro 0,1 ml 1/10 DAE und (von links nach rechts) steigende Giftdosen von 0,0075 ml, 0,008 ml, 0,0085 ml, 0,009 ml, 0,0095 ml, 0,01 ml enthält).

Das Resultat der Prüfung gibt das nachfolgende Tierprotokoll wieder; dabei bedeutet:

r. = schwache } Rötung,   i. = kleines } Infiltrat,   q. = kleine } Quaddell,
R. = starke   I. = grosses   Q. = grosse

n. = kleine } Nekrose.
N. = grosse

		Resultat nach			
	24 h	2×24 h	3×24 h	4×24 h	7×24 h
0,0075	0	0	0	0	0
0,008	r.	r. i.	r. i.	r.	0
0,0085	r. i.	r. I.	n.	n.	n.
0,009	q.	q. n.	n.	n.	n.
0,0095	q.	Q. n.	N.	N.	N.
0,01	Q.	Q. n.	N.	N.	N.

𝔐 9018²⁵⁰-1/10 DAE + DG Ballon 7 (Tabelle oben)

Resultat: 0,0085 ml DG Ballon 7 + 1/10 DAE = Ln.

b) Ermittelung der Ln-Dosis von Diphtheriegift Ballon 7 gegenüber 1/50 DAE.

Die Ausführung geschieht in der gleichen Weise wie unter a und ist nach dem beigegebenen Bildschema II ohne weiteres verständlich.

(Die Nachrechnung ergibt, dass jedes Mischungsfläschchen pro 0,1 ml Flüssigkeit 1/50 DAE und (von links nach rechts) steigende Giftdosen, entsprechend 0,001, 0,00125, 0,0015, 0,002, 0,00225 und 0,0025 ml Diphtheriegift enthält.)

Das Resultat der Prüfung ist: 0,002 ml Diphtheriegift Ballon 7 + 1/50 DAE = Ln.

c) Ermittelung der Ln-Dosis von Diphtheriegift Ballon 7 gegenüber 1/2000 DAE.

Die Ausführung geschieht in der gleichen Weise wie unter a und ist nach dem beigegebenen Bildschema ohne weiteres verständlich.

(Eine Nachrechnung ergibt, dass jedes Mischungsfläschchen pro 0,1 ml Flüssigkeit 1/2000 DAE und (von links nach rechts) steigende Giftdosen, entsprechend 0,000095, 0,0001, 0,000125, 0,00015, 0,000175 und 0,0002 ml Diphtheriegift enthält.)

Das Resultat der Prüfung ist: 0,000125 ml Diphtheriegift Ballon 7 + 1/2000 DAE = Ln.

II. Anweisung und Beispiele für die Wertbemessung eines Diphtherieserums.

Die unter I verzeichneten Giftprüfungen haben ergeben:

$$\left. \begin{array}{l} 0,0085 \quad \text{Diphtheriegift Ballon } 7 \; + \; 1/10 \quad \text{DAE} \\ 0,002 \qquad\quad\text{''} \qquad\qquad \text{''} \qquad + \; 1/50 \qquad \text{''} \\ 0,000125 \qquad \text{''} \qquad\qquad \text{''} \qquad + \; 1/2000 \quad \text{''} \end{array} \right\} = \text{Ln.}$$

Hieraus leiten sich für die intrakutane Serumprüfung folgende Prüfungsformeln ab:

$$\left. \begin{array}{l} 0,0085 \quad \text{DG} + \dfrac{1}{10 \times n} \; \text{Serum} \\[2ex] \text{bezw. } 0,002 \quad \text{DG} + \dfrac{1}{50 \times n} \; \text{Serum} \\[2ex] \text{bezw. } 0,000125 \; \text{DG} + \dfrac{1}{2000 \times n} \; \text{Serum} \end{array} \right\} \text{Prüfungsformeln}$$

Die Mischungen von Diphtheriegift und Diphtherieserum werden auch hier so hergestellt, dass Giftdosis und Serumdosis in je 0,05 ml Flüssigkeit enthalten sind, insgesamt also 0,1 ml injiziert werden. Man mischt auch hier 1 ml Giftverdünnung mit 1 ml Serumverdünnung. Daher gelten bei Prüfung eines Serums auf n-fach folgende Mischungsformeln:

$$\left. \begin{array}{l} 1 \text{ ml}\dfrac{1,7}{10}\text{Gift} + 1 \text{ ml}\dfrac{2}{n} \text{ Serum} \\[2ex] \text{bezw. } 1 \text{ ml}\dfrac{0,4}{10}\text{Gift} + 1 \text{ ml}\dfrac{2}{5 \times n}\text{Serum} \\[2ex] \text{bezw. } 1 \text{ ml}\dfrac{0,5}{200}\text{Gift} + 1 \text{ ml}\dfrac{1}{100 \times n}\text{Serum} \end{array} \right\} \text{Mischungsformeln}$$

Als Beispiel Aufgabe: Ein gegebenes Serum ist zu prüfen auf 400fach, 375fach, 350fach, 325fach, 300fach und 275fach.

Ausführung bei Verwendung der Giftdosis 0,0085 ml (siehe Schema IV):

1. Etikettierung aller Fläschchen,
2. Vorlegen der nötigen NaCl-Mengen in alle bezeichneten Fläschchen,
3. Herstellung der Giftverdünnung im weissen Fläschchen,
4. Einfüllen von 1 ml Giftverdünnung in die schraffiert-weissen Fläschchen (Pipette gut ausspülen),
5. Herstellung der Antitoxinverdünnung im schwarzen Fläschchen (dann neue Pipette),

6. Herstellung weiterer Antitoxinverdünnung im s c h r a f f i e r t e n Fläschchen (dann neue Pipette),

7. Zumischung der Antitoxinverdünnung aus den s c h r a f f i e r t e n
Fläschchen in die s c h r a f f i e r t - w e i s s e n Fläschchen,

8. S c h r a f f i e r t - w e i s s e Fläschchen gut durchschütteln, dann Einstellen 1 Stunde bei 37⁰ und Injektion.

(Bei Nachrechnung ergibt sich, dass jedes Mischungsfläschchen
enthält pro 0,1 ml Flüssigkeit 0,0085 ml Diphtheriegift und (von links
nach rechts) steigende Serumdosen, entsprechend 1/4000, 1/3750, 1/3500,
1/3250, 1/3000 und 1/2750 ml).

E r g e b n i s   d e r   P r ü f u n g.

$\mathfrak{M}$ 9300²⁷⁰ 0,0085 ml DG, Ballon 7 + Prüfungsserum:

	Resultat nach:				
	24 h	2×24 h	3×24 h	4×24 h	7×24 h
1/4000 ml	Q.	Q. n.	N.	N.	N.
1/3750 ml	R. I.	R. I.	R. I. n.	N.	N.
1/3500 ml	R. i.	R. I.	R. I.	N.	N.
1/3250 ml	r. i.	r. I.	r. 1.	n.	n.
1/3000 ml	r.	r. i.	r. i.	r. I.	n.
1/2750 ml	r.	r. i.	r.	0	0

Serum also 300fach.

A u s f ü h r u n g der Serumprüfung bei Verwendung der Giftdosis
0,000125 ml Diphtheriegift.

Vergleiche beigegebenes und ohne weiteres verständliches
Schema V.

(Bei Nachrechnung ergibt sich, dass jedes Mischungsfläschchen
enthält pro 0,1 ml Flüssigkeit 0,000125 ml Gift (von links nach rechts)
steigende Serumdosen, entsprechend 1/800000, 1/750000, 1/700000,
1/650000, 1/600000 und 1/550000 ml.)

E r g e b n i s   d e r   P r ü f u n g.

$\mathfrak{M}$ 9301⁸⁰⁰ 0,000125 ml DG, Ballon 7 + Prüfungsserum:

	Resultat nach				
	24 h	2×24 h	3×24 h	4×24 h	7×24 h
1/800000 ml	q.	q. n.	n.	N.	N.
1/750000 ml	R. i.	R: I.	R. I. n.	N.	N.
1/700000 ml	r. i.	R. I.	R. I.	n.	N.
1/650000 ml	r i.	r. i.	R. I.	n.	n.
1/600000 ml	r.	r. i.	r. I.	r. I.	n.
1/550000 ml	r.	r. i.	0	0	0

Das Resultat der Prüfung ist also: Serum = 300fach.

Hervorzuheben ist, dass bei der Prüfungsdosis von 0,000125 ml
Diphtheriegift jeder Verlust des Tieres ausgeschlossen ist, denn selbst
unter der Voraussetzung, dass das Prüfungsserum antitoxinfrei ist, ergibt die Summe der Prüfungsdosen erst 0,00075 ml. Die tödliche
Minimaldosis dieses Giftes für ein Meerschwein von 300 g beträgt aber
0,005 ml (1 ml = 60000 + M).

Aehnliche Vorteile wie für die Antitoxinbewertung bezw. die Bestimmung des indirekten Giftwertes hat die Intrakutanmethode auch für die direkte Wertbestimmung des Diphtheriegiftes, durch welche wir erfahren wollen, wieviel Meerschweingewicht 1 ml Giftlösung nach spätestens 100 Stunden tötet (L†), und welche Giftdosis wir anwenden müssen um L __, L= und L≡ zu machen. Genauere Angaben darüber finden sich in der Arbeit von Römer: „Ueber den Nachweis sehr kleiner Mengen des Diphtheriegiftes" (Ztschr. für Immunitätsforschung. Bd. III Heft 2, 1909).

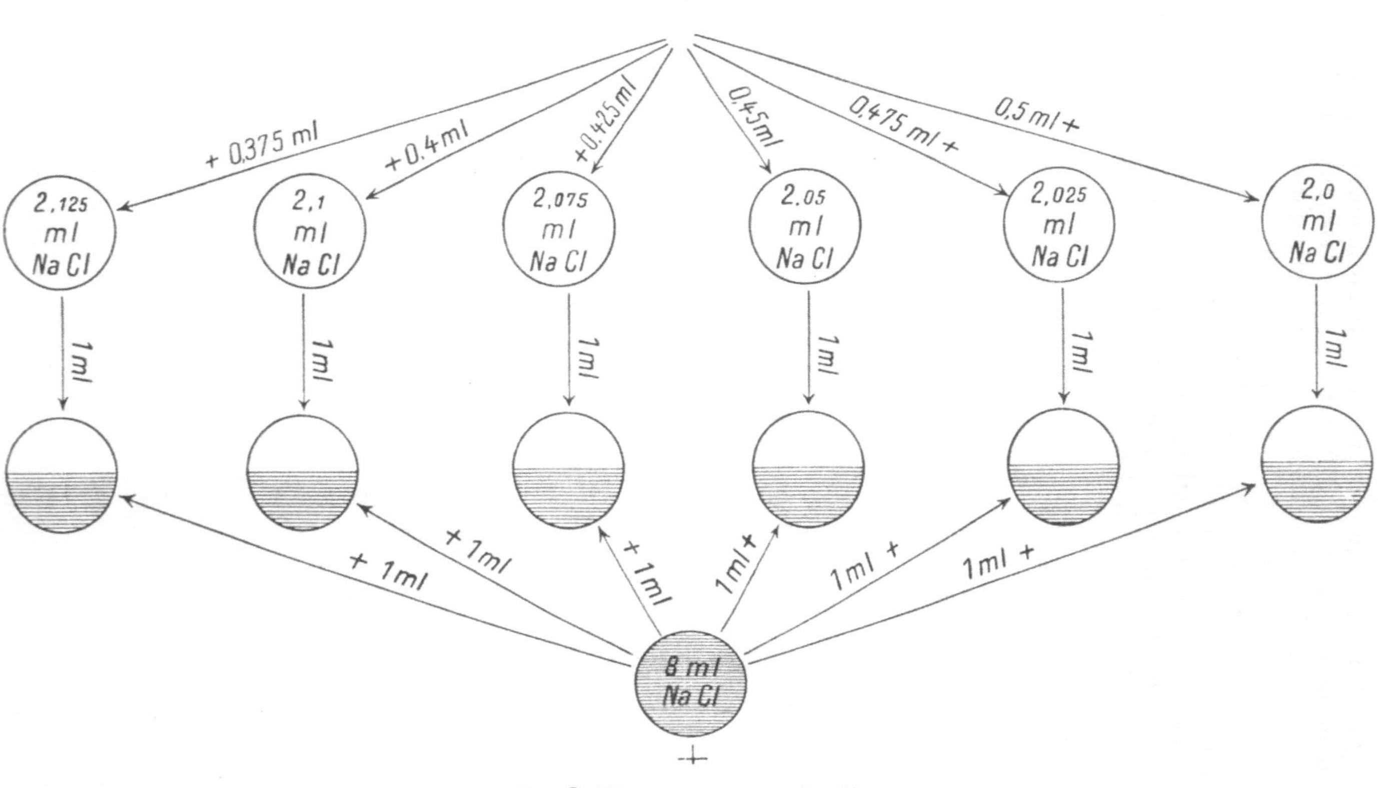

Schema I.
Diphtheriegift Nr. 7.
+ 0,375 ml
+ 0,4 ml
+ 0,425 ml
0,45 ml
0,475 ml +
0,5 ml +
2,125 ml Na Cl
2,1 ml Na Cl
2,075 ml Na Cl
2,05 ml Na Cl
2,025 ml Na Cl
2,0 ml Na Cl
1 ml
1 ml
1 ml
1 ml
1 ml
1 ml
+ 1 ml
+ 1 ml
+ 1 ml
1 ml +
1 ml +
1 ml +
8 ml Na Cl
2 ml Testserum (10 fach)

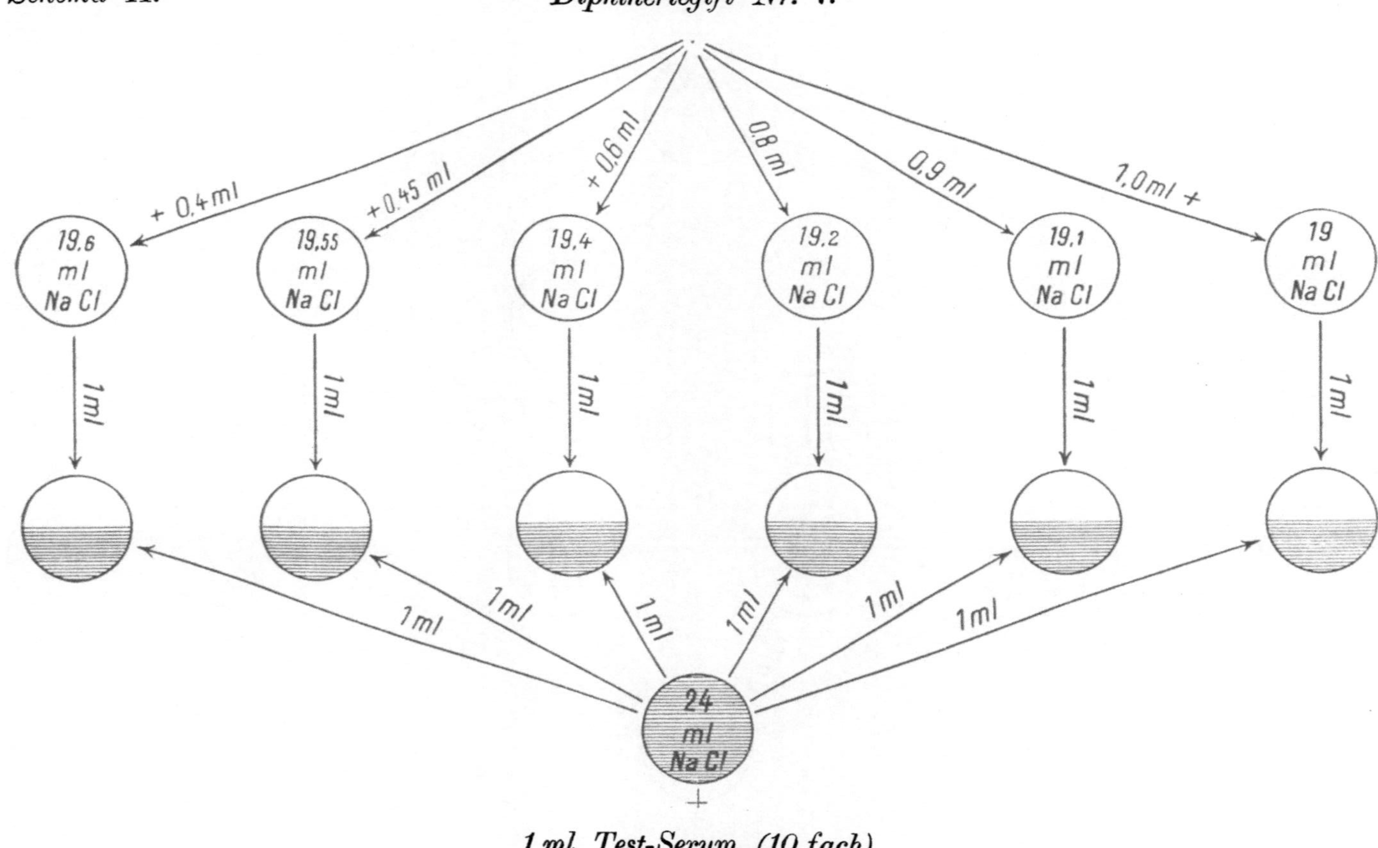

Schema II.
Diphtheriegift Nr. 7.
+ 0,4 ml
+ 0,45 ml
+ 0,6 ml
0,8 ml
0,9 ml
1,0 ml +
19,6 ml Na Cl
19,55 ml Na Cl
19,4 ml Na Cl
19,2 ml Na Cl
19,1 ml Na Cl
19 ml Na Cl
1 ml
1 ml
1 ml
1 ml
1 ml
1 ml
1 ml
1 ml
1 ml
1 ml
1 ml
1 ml
24 ml Na Cl
1 ml Test-Serum (10 fach)

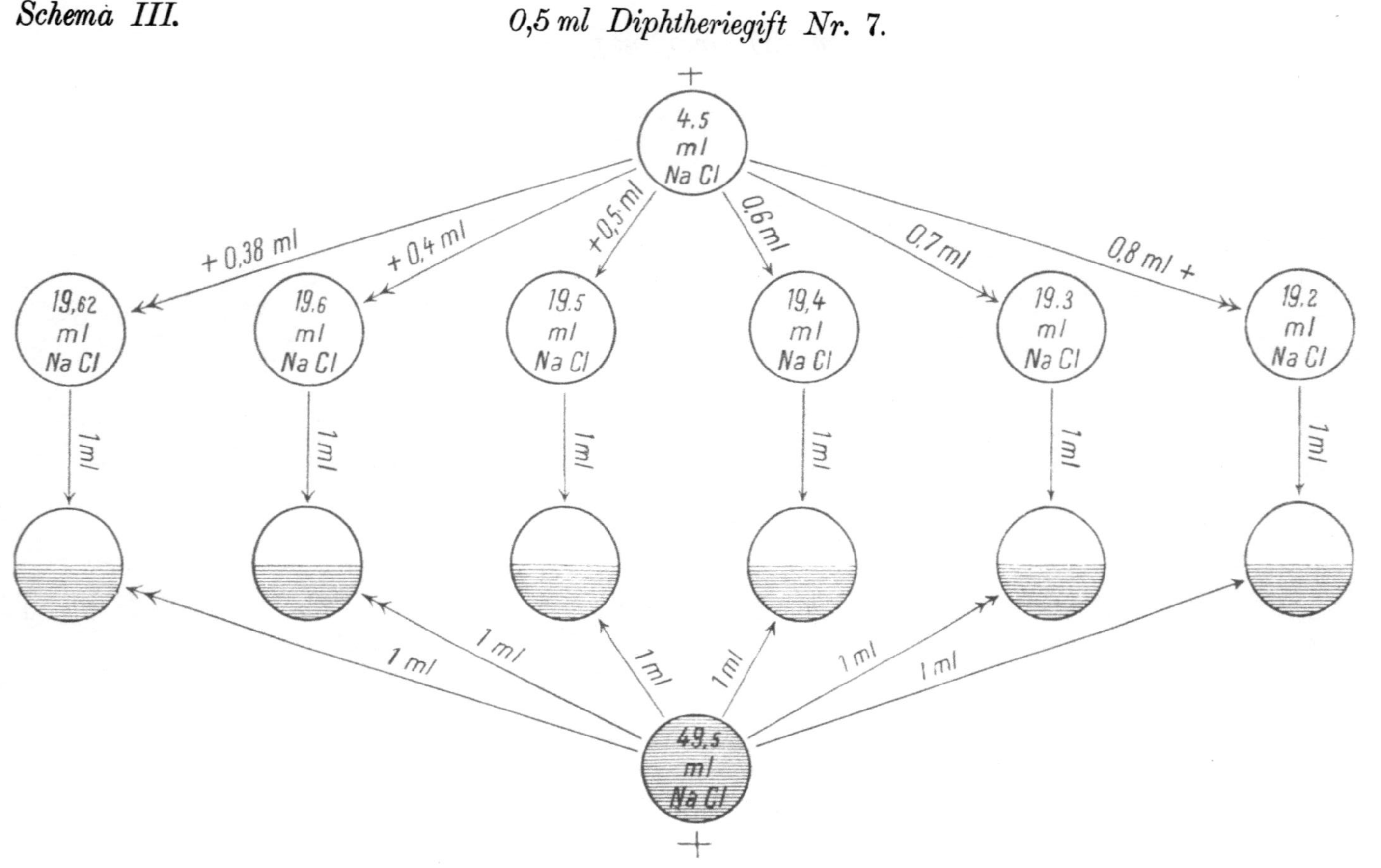

Schema III.
0,5 ml Diphtheriegift Nr. 7.
4,5 ml Na Cl
+ 0,38 ml
+ 0,4 ml
+ 0,5 ml
0,6 ml
0,7 ml
0,8 ml +
19,62 ml Na Cl
19,6 ml Na Cl
19,5 ml Na Cl
19,4 ml Na Cl
19,3 ml Na Cl
19,2 ml Na Cl
1 ml
1 ml
1 ml
1 ml
1 ml
1 ml
49,5 ml Na Cl
1 ml
1 ml
1 ml
1 ml
1 ml
1 ml
0,5 ml Test-Serum (1 fach)

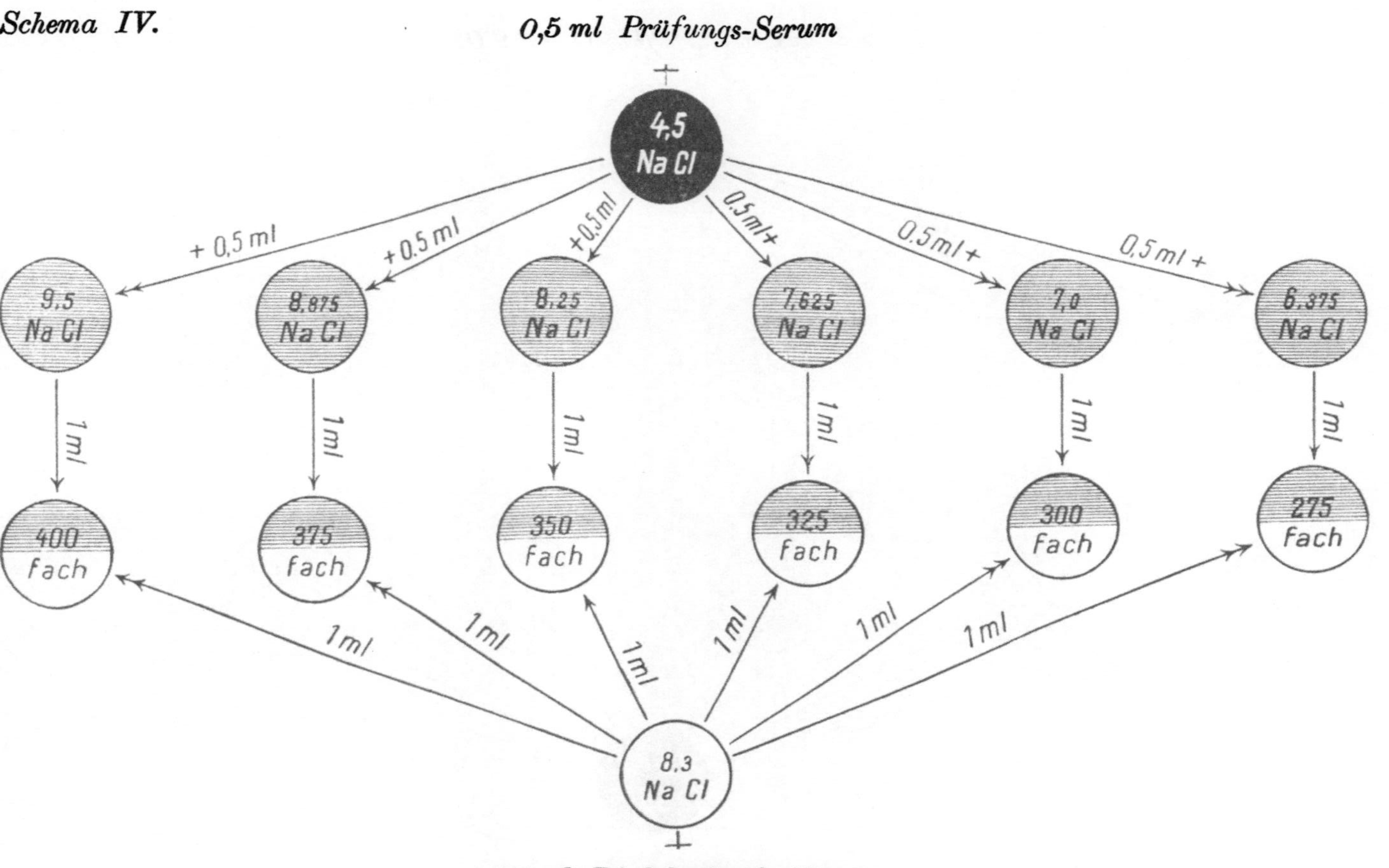

Schema IV.
0,5 ml Prüfungs-Serum
1,7 ml Diphtheriegift Nr. 7
4,5 Na Cl
8,3 Na Cl
+ 0,5 ml
+ 0,5 ml
+0,5 ml
0,5 ml+
0,5 ml+
0,5 ml+
9,5 Na Cl
8,875 Na Cl
8,25 Na Cl
7,625 Na Cl
7,0 Na Cl
6,375 Na Cl
1 ml
1 ml
1 ml
1 ml
1 ml
1 ml
400 fach
375 fach
350 fach
325 fach
300 fach
275 fach
1 ml
1 ml
1 ml
1 ml
1 ml
1 ml

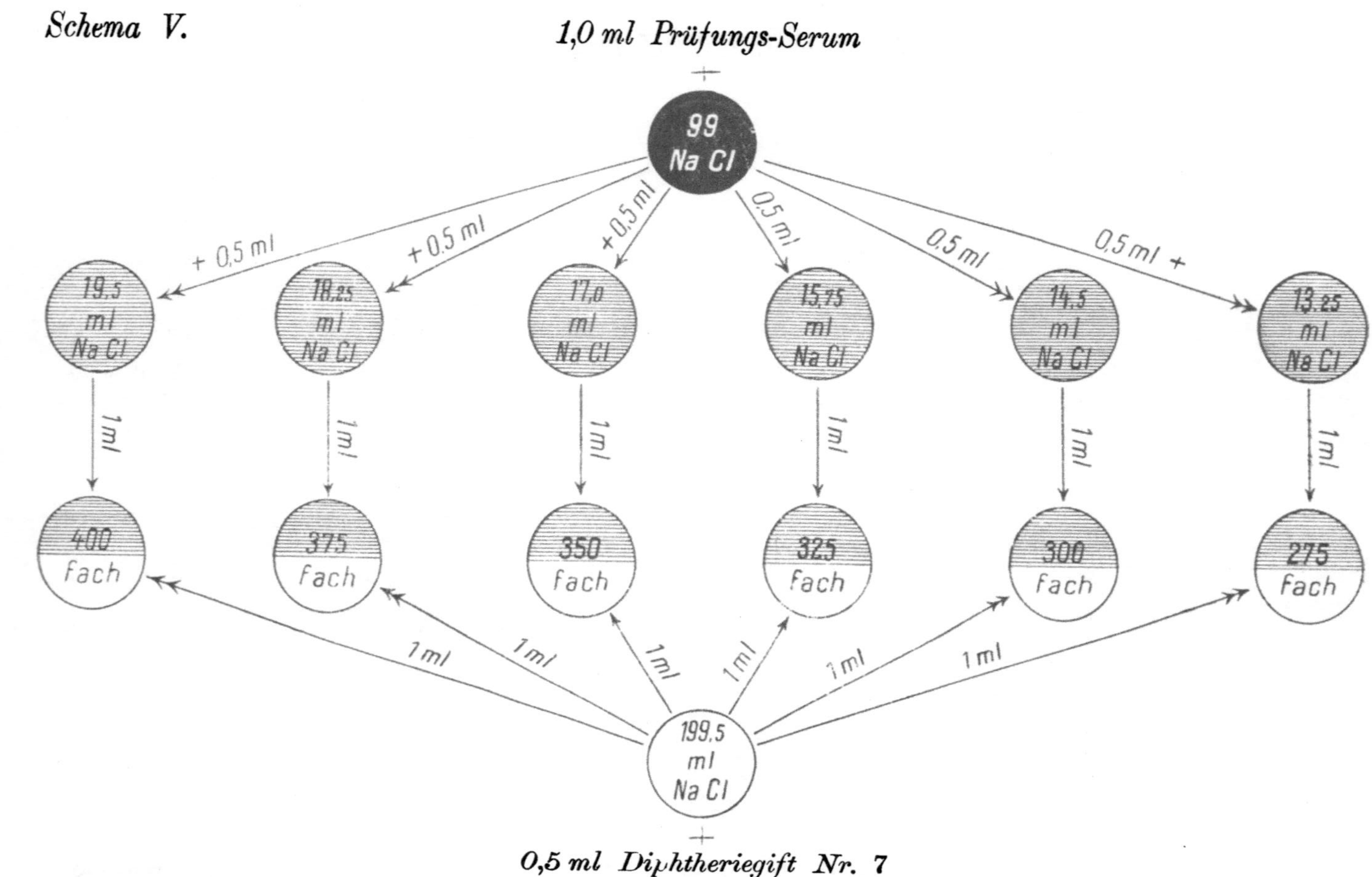

Schema V.
1,0 ml Prüfungs-Serum
99 Na Cl
+ 0,5 ml
+ 0,5 ml
+ 0,5 ml
0,5 ml
0,5 ml
0,5 ml +
19,5 ml Na Cl
18,25 ml Na Cl
17,0 ml Na Cl
15,75 ml Na Cl
14,5 ml Na Cl
13,25 ml Na Cl
1ml
1ml
1ml
1ml
1ml
1ml
400 Fach
375 Fach
350 Fach
325 Fach
300 Fach
275 Fach
1ml
1ml
1ml
1ml
1ml
1ml
199,5 ml Na Cl
0,5 ml Diphtheriegift Nr. 7

Sechstes Kapitel.

Anaphylaxie.

Erster Abschnitt.
Ueber anatoxische Pferdeserumwirkung.

Unter „anatoxischer“ Giftwirkung verstehe ich die krankmachende Wirkung einer Substanz, welche erst bei ihrer wiederholten Einverleibung zu beobachten ist. Die anatoxische Pferdeserumwirkung beruht auf einer „Sensibilisierung“ durch Proteinkörper, welche im Pferdeserum enthalten sind. In besonderen Fällen kann die Sensibilisierung auch durch andersartige Proteine erfolgen, zumal wenn diese gleichzeitig mit Diphtheriegift parenteral eingespritzt werden.

In der medizinischen Literatur werden die hierhergehörigen Phänomene als „anaphylaktische“ zusammengefasst.

Das Wort Anaphylaxie ist im Jahre 1904 von Richet in unseren Sprachgebrauch eingeführt und von Arthus auf die von ihm zuerst studierte Pferdeserumüberempfindlichkeit der Kaninchen angewendet worden. Richet hatte in Versuchen mit Aktiniengift, Miesmuschelgift und Euphorbiensaft die Beobachtung gemacht, dass diese Gifte bei wiederholter Anwendung das Versuchstier nicht weniger, sondern stärker empfindlich machen. Spritzte er beispielsweise die aus den Tentakeln von Aktinien (Seerosen) durch Maceration gewonnene giftige Flüssigkeit in der Menge von 0,1 g Hunden in die Blutbahn ein, so traten nach einiger Zeit mässige und bald vorübergehende Vergiftungserscheinungen (Hypothermie, Aufregung, Durchfall) auf; wurde dann nach einigen Wochen die Einspritzung wiederholt, so stellte sich fast unmittelbar darauf eine stürmische Vergiftung ein mit Dyspnoe, Erbrechen, blutiger Diarrhoe, Lähmung, und nach 12 bis 24 Stunden erfolgte der Tod. Wir haben es hier mit dem Phänomen zu tun, welches ich vor Richet am Diphtheriegift und Tetanusgift studiert und als Ueberempfindlichkeit bezeichnet hatte. Richet nannte den Ueberempfindlichkeitszustand „Anaphylaxie“, um ihn der Prophylaxie, d. h. der willkürlichen Herbeiführung eines Unterempfindlichkeitszustandes, gegenüberzustellen.

Ihre besondere und hohe Bedeutung hat die Anaphylaxie erst bekommen durch Arthus und von Pirquet, nachdem diese beiden Forscher das von Richet kreïerte Wort auf Empfindlichkeitszustände übertrugen, die durch ursprünglich ungiftige Serumproteine hervorgerufen werden.

Arthus hatte unter dem Titel „Injections répétées de sérum de cheval chez le lapin" in der Pariser biologischen Gesellschaft im Jahre 1903 (26. VI) mitgeteilt, dass Pferdeserum sowohl bei subkutaner wie bei intravenöser Injektion für Kaninchen in der Regel ganz unschädlich ist, dass jedoch durch die Wiederholung der parenteralen Pferdeserumbehandlung die Kaninchen in hohem Grade serumempfindlich gemacht werden können. Wenn die Versuchstiere alle 6 Tage subkutan behandelt wurden, so stellten sich von der vierten Injektion ab lokales Oedem und zuweilen auch Gangrän der Injektionsstelle ein. Bei einem Kaninchen, welches 8 mal subkutan vorbehandelt war, trat nach intravenöser Injektion von 2 ml Pferdeserum der Tod ein, nachdem grosse Unruhe, sehr beschleunigte Atmung und reichliche Stuhlentlehrung voraufgegangen war. Wenn die Kaninchen sich von einem anaphylaktischen Anfall nach intravenöser Injektion zunächst wieder erholten, wurden sie später kachektisch.

Aehnliche Erscheinungen beobachtete Arthus auch nach wiederholter Injektion von entfetteter und auf 100^0 erhitzter Kuhmilch.

Nur wenig später als Arthus publizierte von Pirquet seine Erfahrungen über die erworbene Serumempfindlichkeit von Kaninchen. Er zeigte, dass schon eine einmalige Vorbehandlung die Empfindlichkeit hervorzurufen vermag. Wenn er 1 ml Pferdeserum auf je 100 Gramm Lebendkaninchengewicht subkutan einspritzte, so konnte er durch die 20 Tage später erfolgte Reinjektion von 10 ml Serum unter der Bauchhaut ein derbes, die Injektionsmenge wesentlich übertreffendes Infiltrat erzeugen, welches mehrere Tage bestehen blieb. Jedoch waren bei der Empfindlichkeitsprüfung durch subkutane Injektion in die Bauchgegend die Versuchsergebnisse schwankend, und von Pirquet bevorzugte später für die Reinjektion die Aussenseite der Ohrmuschel. 5 ml Serum erzeugen eine bis zum dritten Tage immer mehr zunehmende, mächtige erysipelatöse Infiltration; das Ohr hängt herab und fühlt sich heiss und dick an. Ebenso wie Arthus stellte auch v. Pirquet fest, dass die Reaktion artspezifisch ist. Kaninchen die mit Pferdeserum vorbehandelt waren, reagierten nicht auf Schweineserum, und schweineserumvorbehandelte Kaninchen reagierten nicht auf Pferdeserum. v. Pirquet verfolgte auch die Verhältnisse der Blutpräzipitinbildung im Gefolge der Serumbehandlung und fand dabei, dass die Stärke der Präzipitinbildung nicht immer übereinstimmt mit der Intensität der Lokalreaktion. Nach wiederholter Serumbehandlung werden die Präzipitine früher und reichlicher gebildet. Weiterhin hat dann v. Pirquet (in Gemeinschaft mit Schick) die von ihm sogenannte Serumkrankheit des Menschen eingehend studiert und die Analogie zwischen ihr und der anaphylaktischen Serumempfindlichkeit der Kaninchen klar gelegt.

Zweiter Abschnitt.

Die Serumkrankheit des Menschen.

Die serumtherapeutische Praxis hatte vielfache Gelegenheit geboten zur Beobachtung von Exanthemen, Gelenkschwellungen, Drüsenschwellungen und anderen schädlichen Nebenwirkungen der Heilsera;

aber es waren vor v. Pirquet die gesetzmässigen Unterschiede im Verhalten der Erkrankungen nach erstmaliger und nach wiederholter Serumeinspritzung nicht erkannt worden. Hierüber sagen v. Pirquet und Schick (S. 112 ihrer Monographie „Die Serumkrankheit") wörtlich: „Ausser der Präzipitinbildung sehen wir nach Einführung von artfremdem Serum beim Menschen, weniger deutlich beim Tiere, eine andere Reaktionsform, die „Serumkrankheit". Sie tritt nach erster Injektion nach einer 8—12 tägigen Inkubationszeit auf; wiederholt man die Injektion desselben artfremden Serums nach einem grösseren Zeitintervalle, so tritt die Reaktion rascher in Erscheinung; die Inkubationszeit verkürzt sich auf 5 Tage. Diese Form haben wir mit dem Namen „beschleunigte Reaktion" bezeichnet. Die Krankheit befolgt also dasselbe Gesetz, wie die in vitro nachweisbare Antikörperbildung, das Gesetz der beschleunigten Reaktionsfähigkeit. Wir stellen deshalb die Theorie auf, dass die Antikörperbildung und Krankheit in kausalem Zusammenhang stehe, wobei wir betonen, dass wir den Begriff Antikörper nicht mit Präzipitin identifizieren, sondern weiter fassen. Nur als ein äusserlich wahrnehmbares Zeichen der im Organismus sich abspielenden Vorgänge ist uns der Verlauf der Präzipitinkurve wertvoll, denn je mehr wir die klinischen Erscheinungen in den Vordergrund stellen, desto klarer wird es, dass die vitale Reaktion viel feiner die Vorgänge im Organismus erkennen lässt, als der Versuch in vitro.

Wir haben aber in der Klinik der Reinjektion nicht bloss die beschleunigte Reaktion kennen gelernt, sondern den Nachweis führen können, dass nach einem gewissen Intervalle nach der ersten Injektion (12 Tage bis ca. 9 Monate) eine eigentümliche Reaktionsform auftritt, die wir als „sofortige Reaktion" bezeichnet und von der beschleunigten scharf geschieden haben. Wenn man innerhalb dieser Zeit subkutan Serum einverleibt, so erfolgt ein lokales Oedem, welches innerhalb 24 Stunden in maximalen Fällen bis zur 200fachen Menge der eingespritzten Flüssigkeit zunimmt. Daneben kommt es gleichzeitig zu Symptomen, welche klinisch mit jenen Symptomen übereinstimmen, wie wir sie bei normalzeitiger Serumkrankheit zu sehen gewohnt sind: Urtikaria, Fieber, Oedeme, Drüssenschwellungen, Gelenkschmerzen.

Aus der Gleichheit der Symptome müssen wir schliessen, dass auch für beide Symptomreihen die auslösende Ursache dieselbe ist. Haben wir die beschleunigte Reaktion mit Antikörperbildung in Zusammenhang gebracht, so müssen wir auch für die sofortige Reaktion die Antikörper verantwortlich machen: Eine Neubildung von Antikörpern in der manchmal minimalen Zeit zwischen der Einführung des Antigens und dem Ausbruch der Symptome kann nicht angenommen werden. Wir müssen also annehmen, dass die Reaktion auf vorhandene Antikörper zurückzuführen ist. Die Beschränkung der sofortigen Reaktionsfähigkeit auf eine bestimmte Periode nach der Erstinjektion (12 Tage bis 6 Monate) steht mit dieser Annahme in vollem Einklange. Dass das Präzipitin früher schwindet als die sofortige Reaktionsfähigkeit, findet darin seine Erklärung, dass eben die vitale Reaktion eine viel feinere ist als der Versuch in der Eprouvette.

Die sofortige Reaktion wirft ein Licht auf den Mechanismus der Serumkrankheit. Bisher konnte man die Vorstellung haben, dass die Bildung des Antikörpers an sich mit Krankheitserscheinungen verknüpft sei: Das Serum wäre in diesem Falle nur der auslösende Reiz zur Antikörperbildung. Bei der sofortigen Reaktion sehen wir aber, dass das Antigen bei der Erzeugung der Krankheitserscheinungen eine wichtige Rolle spielt; hier zeigt es sich deutlich, dass das Zusammentreffen von Antigen mit Antikörpern die Erscheinungen auslöst.“

Wegen der Inkongruenz zwischen der Intensität der Krankheitserscheinungen und der Präzipitinbildung seien aber die Antikörper der vitalen Reaktion nicht als identisch mit den Präzipitinen aufzufassen, und nicht die Präzipitatbildung im Organismus bewirke die Serumerscheinungen, sondern eine chemische Wechselwirkung anderer Art zwischen dem Pferdeserum und dem Antikörper der vitalen Reaktion (L. c. S. 115).

Später (1910 im Bd. 5 der „Ergebnisse der inneren Medizin und Kinderheilkunde) sagt aber v. Pirquet (S. 486): „Im Falle der Serumallergie [1]) ist es durch die Untersuchungen von Friedemann, Friedberger, Doerr, und Russ gesichert worden, dass das Ergin mit den Präzipitinen identisch ist.“

Ich zitiere hier noch folgende Sätze von Pirquet's: „Durch die einmalige Injektion von Pferdeserum ändert sich die Reaktion des menschlichen Organismus auf Wiedereinführung derselben Substanz in gesetzmässiger Weise:

1. Die Serumkrankheit, welche nach Erstinjektion nach einer Inkubationszeit von mehreren Tagen einzutreten pflegt, zeigt sich innerhalb einiger Stunden; die Inkubationszeit fällt aus.

2. Neben der zeitlichen Verschiebung findet sich eine graduelle Veränderung: Der Reinjicierte ist überempfindlich. Bei ihm tritt die Reaktion auch schon bei kleiner Menge häufiger (in den Versuchsreihen 90 % gegen 20 %) und stärker auf. Sie besteht vornehmlich in einem intensiven Oedem der Injektionsstelle, seltener in Fieber und allgemeinen Exanthemen.

---

1) Anmerkung. v. Pirquet fasst alle nach Antigeninjektionen (d. h. nach solchen Proteininjektionen, welche zur Bildung von Antikörpern mit sensibilisierender oder immunisierender Fähigkeit führen) eintretenden Veränderungen im Organismus unter dem Begriff Allergie zusammen Allergen ist das allergisierende und anatoxische Antikörper produzierende Agens, welches nach dem Vorgang von Detré Antigen genannt wird; Ergin der durch ein Allergen erzeugte Antikörper, mit welchem die Allergie passiv (d. h. ohne Mitwirkung von lebenden Körperelementen) hervorgerufen werden kann. Dörr und Russ haben vorgeschlagen, das vom allergisierten Individiuum gewonnene erginhaltige Serum in Ergin-Einheiten zu bewerten, und sie nennen eine Ergineinheit (= 1 E. E.) diejenige Serummenge, welche nach intraperitonealer Injektion ein Meerschwein von 250 Gramm Körpergewicht so stark allergisiert (sensibilisiert), dass es durch die intravenöse Injektion von 0,2 g Allergen (Antigen) grade noch akut getötet wird. Was hier „Ergin“ genannt wird, trägt anderweitig auch den Namen „Sensibilisin“ und ist mit dem durch das Antigen in vitro zu erzeugenden präzipitierenden Antikörper identisch. Dieser präzipitierende Antikörper (Präzipitin) liefert, in vitro zusammengebracht mit dem Antigen in geeignetem Verhältnis, das Anaphylatoxin (Apotoxin).

3. Diese Aenderung der Reaktion findet sich regelmässig, wenn bei der Erstinjektion grosse Dosen von Serum verwendet werden, und wenn zwischen erster und Reinjektion ein Intervall von drei bis acht Wochen liegt.....

Erst die Vereinigung der verkürzten Inkubationszeit mit dem raschen Eintritt und Ablauf der Krankheit ergibt das typische Bild der „beschleunigten Reaktion" des Reinjicierten.

Das Doppelbild der „sofortigen" und „beschleunigten Reaktion" leitet uns zu einer dritten Form der Reaktion des Reinjicierten über, die nur aus der beschleunigten Reaktion besteht. Die sofortige Reaktion bleibt aus. Dieses Bild finden wir bei Reinjicierten nach langem Intervalle.... Nach der Länge des Intervalls ergeben sich 3 Perioden, welche fliessend in einander übergehen:

1. Intervall von 20—40 Tagen: sofortige Reaktion allein.

2. Intervall von $1^{1}/_{2}$ bis 6 Monaten: sofortige und beschleunigte Reaktion.

3. Intervall über 6 Monate: nur beschleunigte Reaktion....

Ausnahmsweise, namentlich bei Erwachsenen, kann die sofortige oder „Frühreaktion" auch bei Erstinjicierten vorkommen (Fieber)."
v. Pirquet fasst diese Frühinjektion als Idiosynkrasie auf.

Dritter Abschnitt.
Meerschweinchen-Anaphylaxie.

Wie anfänglich v. Pirquet, so glaubte auch R. Otto, der der Begründer der Lehre von der passiven Anaphylaktisierung, die Annahme der Identität des anaphylaktisierenden Antikörpers mit den Präcipitinen ablehnen zu müssen.

R. Otto hat seine Anaphylaxieversuche in Ehrlich's Institut an Meerschweinchen angestellt (1906). Im „Handbuch der pathogenen Mikroorganismen" von Kolle und Wassermann (2. Ergänzungsband S. 256—277) fasst er seine Versuchsergebnisse folgendermassen zusammen:

„Was die anaphylaktisierende Eigenschaft des normalen Pferdeserums anbetrifft, so genügt es, die Meerschweinchen ein einziges Mal mit einer beliebigen Serumdosis (von mehreren Kubikcentimetern bis zu den minimalsten Mengen) vorzubehandeln, um sie mit Sicherheit für eine bestimmte spätere Zeit serumüberempfindlich zu machen. Zur Erzielung der Anaphylaxie genügen selbst ganz minimale Mengen; so konnte noch durch $^{1}/_{1000000}$ Kubikcentimeter eine deutliche Anaphylaxie bewirkt werden (Rosenau und Anderson). Bei seinen ersten Versuchen fand R. Otto, dass gerade grosse Dosen nicht oder doch weniger stark anaphylaktisierend wirkten wie minimale. Es hat sich aber gezeigt, dass diese Beobachtung wohl nur in gewissem Sinne richtig ist, insofern als die Thiere bei der subkutanen Prüfung undeutlicher reagieren; prüft man sie nach genügend langem Intervall intraperitoneal, so zeigen auch sie sich fast alle ohne Unterschied überempfindlich. Der Eintritt der Ueberempfindlichkeit hängt also von der Serumdosis und der Ausfall der Reaktion von der

Prüfungsmethode ab. Bei grossen Dosen (6—10 ml) erfolgte der Eintritt der Ueberempfindlichkeit oft erst nach Monaten, während gerade bei den Minimaldosen, z. B. nach $\frac{1}{200}$ bis $\frac{1}{500}$ ml, die Ueberempfindlichkeit sehr schnell eintritt. Sie ist bei intrakardialer Nachprüfung z. B. schon am 6. Tage, bei subkutaner meist erst am Ende der 2. Woche sicher ausgeprägt, doch oft schon vorher nachweisbar.

„Die Symptome, welche man bei der subkutanen Reinjektion mit bestimmten Mengen normalen Pferdeserums beobachten kann, sind folgende: Mehr oder weniger kurze Zeit, meist einige Minuten nach der Reinjektion beginnen die Tiere unruhig zu werden und sich heftig und lebhaft an den Pfoten zu knabbern und an der Nase zu jucken, wie wenn sie an diesen Stellen einen unausstehlichen Juckreiz verspürten. Dieses krankhafte Jucken dauert in der Regel nur kurze Zeit, dann beginnt das Tier meist ziemlich plötzlich unter gesteigerter Unruhe eigentümlich zu würgen und sich im Käfig bald hier, bald dort hinzulegen, um schliesslich an einer Stelle ermattet liegen zu bleiben. Wenn man es nun aufrichtet, ist es nicht mehr imstande, sich aufrecht zu halten. Meist erfolgt jetzt gleich unter Erbrechen und Abgang von Kot und Urin eine Reihe schwerster, stoss- und ruckweise auftretender Krampfanfälle, bei denen es häufig durch den ganzen Käfig geschleudert wird. Manchmal fehlen aber diese Krämpfe und das Meerschweinchen bleibt in seinem Schwächezustand unter stark beschleunigter Herztätigkeit und angestrengtesten Atembewegungen ohnmächtig auf der Seite liegen. Oft gehen die beiden genannten Formen des Krankheitsbildes ineinander über, und es schliessen sich dann die paralytischen Erscheinungen meist den Krampfanfällen an. U. Friedemann hat ferner darauf aufmerksam gemacht, dass bei den kranken Tieren scheinbar eine ausserordentlich starke Hyperalgesie der Haut besteht. Bei genügender Serumdosis tritt in einem hohen Prozentsatze der Tiere in kürzester Zeit der Tod durch Atemlähmung ein. Diejenigen Tiere, welche nicht eingehen, sitzen zwar noch einige Zeit mit gesträubten Haaren da, befinden sich aber sehr bald wieder munter und zeigen am nächsten Tage meist ein völlig normales Aussehen.

Neben dieser äusserst akuten und heftigen Allgemeinreaktion findet sich bei einem gewissen Prozentsatze der Meerschweinchen nach der subkutanen Injektion noch eine andere Reaktionsform, die besonders von Lewis genau beschrieben ist. Sie besteht darin, dass die akuten Symptome fortfallen oder nur sehr gering sind, dass aber nach 24 Stunden die Tiere deutlich krank sind und ein ausgebreitetes lokales Oedem an der Reinjektionsstelle zeigen. Dieses Oedem kann fortschreiten und am 2. und 3. Tage die Tiere töten, oder aber in anderen Fällen zu ausgedehnter kutaner und subkutaner Nekrosis führen.“

Von der Anaphylaxie-Uebertragung sagt R. Otto: „Nicolle hatte schon früher Kaninchen, die mit dem Serum überempfindlicher Tiere vorbehandelt waren, bei der 24 Stunden später erfolgenden Injektion von Pferdeserum an lokalen Oedemen erkranken und bei der intravenösen Injektion sogar innerhalb 24 Stunden eingehen sehen, während die Kontrolltiere ohne Oedeme und munter blieben.

Einen weiteren Fortschritt brachten die Versuche von Gay und Southard. Sie fanden, dass Meerschweinchen, denen man das Blut vorbehandelter über- oder unempfindlicher Meerschweinchen injizierte, bei der nach 15 Tagen angestellten Nachprüfung überempfindlich waren. Sie erklärten dies in der Weise, dass durch die in dem Blute der Tiere vorhandenen nicht neutralisierbaren Reste des Serums diese Anaphylaxie erzeugt würde."

Unabhängig von diesen Autoren war es R. Otto gelungen, gesunde Meerschweinchen mit dem Serum überempfindlicher Tiere anaphylaktisch zu machen. Injicierte er nämlich Meerschweinchen einige Milliliter Serum von überempfindlichen Tieren, so zeigte sich, dass die Injektion zwar sofort und wenige Stunden nachher ohne deutliche Krankheitserscheinungen vertragen wurde, dass die passiv vorbehandelten Tiere aber in ganz charakteristischer Weise erkrankten, sobald man zwischen Vor- und Nachbehandlung 24 Stunden verstreichen liess. Nach R. Otto soll diese Ueberempfindlichkeitsübertragung durch einen bestimmten, im Blut der überempfindlichen Tiere vorhandenen anaphylaktischen Antikörper erfolgen. Mit den bisher bekannten Antikörpern (Präcipitinen u. s. w.) wollte Otto diesen neuen Körper nicht identifiziert wissen.

Von besonderer Wichtigkeit war die Beobachtung Otto's, dass die schon bestehende Anaphylaxie durch die einmalige Injektion grosser Serumdosen wieder aufgehoben und in einen Zustand übergeführt wird, welcher unter der Bezeichnung Antianaphylaxie von Besredka (z. T. mit Steinhardt) im Pariser Pasteur-Institut sehr eingehend analysiert worden ist. Auch durch die mehrmalige Behandlung mit kleineren Serumdosen in kürzeren Intervallen konnte Otto den Eintritt der Meerschwein-Anaphylaxie verhindern.

Otto hat einen grossen Teil seiner Anaphylaxieuntersuchungen an solchen Meerschweinchen ausgeführt, welche anaphylaktisch wurden infolge einer Einspritzung von antitoxischem Serum, dem noch Diphtheriegift hinzugefügt worden war (gelegentlich von Diphtherieantitoxinbewertungsversuchen). Die vergleichende Beobachtung zeigte nun, dass das Diphtheriegift die sensibilisierende Leistungsfähigkeit des Pferdeserums erhöht. Diese Beobachtung ist von Bachrach unter der Leitung von Prof. Römer in meinem Institut bestätigt und nach der Richtung ergänzt worden, dass die Artspecificität eines Serums durch Diphtheriegiftzusatz durchbrochen wird, so dass z. B. Meerschweine, welche Rinderserum plus Diphtheriegift bekommen haben, auch gegen Pferdeserum sensibel sind. (Bachrach Inaugural-Dissertation 1910). Im Jahre 1908 (Therapie der Gegenwart. November-Heft) machte Otto darauf aufmerksam, dass wahrscheinlich besonders schwere Serum-Vergiftungen menschlicher Diphtheriefälle mit diesen Beobachtungen in Zusammenhang zu bringen sind. Er sagt daselbst:

„Schon in meiner ersten Arbeit „über das Theobald Smithsche Phänomen der Serumüberempfindlichkeit" war ich auf Grund von Tierexperimenten, die ich seiner Zeit im Frankfurter Institut unter der Aegide P. Ehrlich's auszuführen Gelegenheit hatte, zu der Ueberzeugung gekommen, dass zwar das Serum allein bei den

Meerschweinchen Anaphylaxie hervorriefe, dass aber die kombinierte Wirkung von Serum und Diphtheriegift ganz besonders hohe Grade von Serumüberempfindlichkeit zurückliesse, eine Tatsache, die später von verschiedener Seite bestätigt ist. Wir hatten diese Erscheinung durch die Annahme erklärt, dass die Auslösung der Ueberempfindlichkeit in der Weise veranlasst würde, dass durch Spuren von anwesenden Giftresten die Zellen eine bestimmte Stimulation erfahren, die sie anderen Agentien gegenüber empfindlicher macht. Ich hatte daher bereits damals es für geboten erklärt, in Zukunft bei der Serumkrankheit Reinjizierter darauf achten zu müssen, ob es sich um Patienten handelt, die die erste Seruminjektion im gesunden Körperzustande zu prophylaktischen Zwecken erhalten hatten oder um Personen, bei denen die erste Injektion aus therapeutischen Gründen während einer Diphtherieerkrankung ausgeführt wurde. Nach den Ergebnissen meiner Versuche hatte ich gerade im letzteren Falle den Eintritt einer hohen Serumüberempfindlichkeit erwartet und hierfür einen Fall von Serumkrankheit zitiert, bei dem es sich um das Kind eines Arztes handelte, das früher einmal bei einer Diphtherieerkrankung zu Heilzwecken mit Serum injiziert war. Dieses Kind erkrankte bei der späteren Reinjektion unter den schwersten Krankheitserscheinungen. Dabei war die Dosis, welche zur Auslösung des anaphylaktischen Anfalls genügt hatte, ausserordentlich gering; sie betrug nur 0,8 Kubikzentimeter Heilserum."

Das in diesem Zitat erwähnte Theobald Smith'sche Phänomen gab eigentlich erst die Veranlassung zu der für die Lehre von der Anaphylaxie so wichtig gewordenen Verwendung von Meerschweinchen für die Ueberempfindlichkeitsversuche. In seiner Publikation Degrees of susceptibility in diphtherie-toxin among Guinea-pigs J. of Med. Res. Bd. 22 (1904) gab Smith bekannt, dass solche Meerschweine, welche eine zur Diphtheriegiftneutralisierung ausreichende Dosis von antitoxischem Pferdeserum erhalten hatten, wenn sie nach einigen Monaten zur Antitoxin-Wertbestimmung von Neuem benutzt wurden, schwer erkrankten oder unter akuten Vergiftungssymptomen verendeten. Die Einreihung dieser auffallenden Tatsache in das Anaphylaxiegebiet blieb aber Otto vorbehalten. Smith hatte nur die einfache Tatsache mitgeteilt.

Grosse Aehnlichkeit mit der anatoxischen Serumwirkung haben manche für Meerschweine primärtoxische Proteïne, wie sie im Aalserum (Mosso), Rinderserum, Ziegenserum enthalten sind. Nach H. Pfeiffer (Ztschr. für Hygiene 1905, Bd. 51) wirken diese Sera nekrotisierend und allgemeingiftig durch ein Hämolysin für die Erythrocyten derjenigen Tiere, für welche sie toxisch sind. Manche Autoren wollen gegenwärtig auch diese primärtoxischen Serumwirkungen als anaphylaktische gelten lassen.

Vierter Abschnitt.

Ueber die Beziehungen zwischen Anaphylaxie und Immunität.

Zweifellos znm Anaphylaxiegebiet gehören die Ueberempfindlichkeitserscheinungen, welche ich an Rindern beobachtete, die zum Zweck der Immunisierung mit schwach virulenten Tuberkelbazillen vorbehandelt waren und mehrere Wochen nachher von Neuem Tuberkulosevirus bekamen. Sie zeigten dann eine „beschleunigte" Fieberreaktion; nach intravenöser Injektion in mehreren Fällen auch eine sofortige Reaktion mit tödlichem Ausgang. Nach subkutaner Injektion traten lokalisierte Infiltrate auf, welche bei der Erst-Injektion fehlten.

Bei immunisierten Pferden habe ich nach intravenös injizierten Diphtherie-Kulturfiltraten sofortige allgemeine Quaddelbildung (urticariaähnlich) beobachtet, mehrfach auch shockartigen Zusammenbruch und Temperatursturz.

Von besonderem Interesse in den Beobachtungen an tuberkuloseimmunisierten Rindern und diphtheriegift-, sowie tetanusgiftbehandelten Pferden ist das gleichzeitige Vorhandensein von Anaphylaxie und Immunität, worüber ich hier ausführlicher reden muss.

Das gleichzeitige Bestehen von Ueberempfindlichkeit und Unterempfindlichkeit hat mir schon seit 19 Jahren viel zu denken gegeben.

Meine erste Mitteilung darüber, und was Wladimiroff (Ztschr. f. Hyg. 1893) auf meine Veranlassung publizierte, wurde mit Kopfschütteln und Unglauben aufgenommen. H. Buchner leitete daraus die Schlussfolgerung ab, dass das bei überempfindlichen Pferden und Ziegen im Blute vorhandene Antitoxin keine giftzerstörende Aktion besitzen könne. 1894 (Dtsche. med. W. Nr. 11) hält er die Annahme, dass es nur durch eine organschützende Wirkung heilsam sein könne, tür eine logische Notwendigkeit und fügt dieser Erklärung Folgendes hinzu: „Zuletzt habe ich darauf hingewiesen, dass Behring's eigene neueste, in Nr. 48 dieser Wochenschritt 1893 mitgeteilte Erfahrungen das gleiche ergeben. Denn wie wäre die von ihm geschilderte „Ueberempfindlichkeit des lebenden Organismus" gegen Tetanusgift überhaupt möglich, und zwar eines Organismus, der gleichzeitig ein Serum von hoch antitoxischen Eigenschaften besitzt, wenn die Antitoxine im Körper giftzerstörend zu wirken vermöchten?"

Wenn wir das Ueberempfindlichkeitsphänomen bei immunisierten Tieren mit antitoxinhaltigem Blut richtig deuten wollen, so werden wir, vom Standpunkt unserer heutigen Kenntnisse ausgehend, die Entstehung eines anaphylaktischen Antikörpers im isopathischen Immunisierungsprozess annehmen müssen, und es fragt sich bloss, ob man glauben soll, dass neben dem antitoxischen ein besonderer sensibilisierender Antikörper produziert wird.

Dass das antitoxische Serum dieselbe Funktion haben kann, wie der anaphylaktische Antikörper, hat E. Friedberger („Ueber den Mechanismus der Anaphylatoxinbildung und die Beziehungen zwischen Anaphylatoxin und Toxin" Berl. Klin. W. 1911 Nr. 42) zu zeigen versucht, indem er (mit Mita) Tetanusgift

mit antitoxischem Serum in einer zur vollständigen Giftneutralisierung
nicht ausreichenden Dosis zusammenbrachte und Komplement hinzu-
fügte. Es entstand darnach in dieser Mischung „ein stark wirkendes
akutes Gift, ein echtes Anaphylatoxin." Friedberger
verteidigt dabei die Ansicht, dass das giftige Protein als Apotoxinquelle zu betrachten ist. Er sagt (L. c. S. 1880): „Wenn man Eiweiss-
Antieiweissverbindungen irgendwelcher Art oder auch nur artfremdes
Eiweiss allein, mit normalem Meerschweinserum, oder Immunserum und
Komplement digeriert, so entstehen bekanntlich giftige Spaltprodukte,
die, Meerschweinchen intravenös eingespritzt, die Tiere akut töten,
und die wir als Anaphylatoxin bezeichnen. Schon die Möglichkeit
der Giftabspaltung aus gekochtem Antigen, nicht aber bei Erhitzung
des Amboceptorkomplementkomplexes auf über 56⁰ spricht für die
Entstehung des Anaphylatoxins aus dem Antigen."

Was speziell die Apotoxinbildung aus dem Tetanusgift betrifft,
so betont Friedberger, dass bei einem Ueberschuss von Antiserum
das Gift relativ schnell in ungiftige Spaltprodukte weiter zerlegt wird,
was um so leichter gelingen müsse, je kleiner die Antigendosis, hier
also die tetanotoxische Proteindosis, ist.

„Daher ist die Entgiftung (sagt er L. c. S. 1881), so paradox das
zunächst erscheinen mag, am vollständigsten grade bei den besonders
toxischen Eiweisskörpern, bei denen die als tödliche Dosis im biologischen Versuch oder in der Praxis in Frage kommende Eiweiss-
menge eine sehr geringe ist. Denn die Leichtigkeit der Entgiftung
hängt ja nicht von der primären Giftigkeit ab, sondern von der relativen Menge des zu entgiftenden Eiweisskomplexes . . . Je ungiftiger
ein Eiweiss an sich ist, um so grössere Dosen man dementsprechend
zur toxischen Wirkung nötig hat, um so schwerer ist die Entgiftung
des dann reichlich entstehenden Anaphylatoxins auch durch grosse
Mengen von Immunserum. Deshalb kann man wohl gegenüber Bakterien-
giften, Schlangengift, Aalserum u. s. w. mit Antiserum leicht eine antitoxische Wirkung nach dem Gesetz der Multipla erzielen, nicht aber
z. B. gegenüber Hammelserum . . . Das Hauptergebnis unserer Untersuchungen ist also das folgende: Es besteht keine scharfe
Trennung zwischen antitoxischen Seris und gewöhnlichen Antieiweissseris. Die antitoxische Wirkung, d. h.
die völlige Entgiftung kommt dann zustande, wenn die
giftige Eiweissdosis eine kleine und damit der Abbau
ein leichter ist."

Nach diesen Auseinandersetzungen ist demnach der antitoxische
Antikörper identisch mit dem anaphylaktischen, und wir haben es bei
der antitoxischen Serumwirkung tatsächlich mit einer „Giftzerstörung" zu tun. Das genuine Giftmolekül wird in kleinere Atomkom-
plexe „zersplittert". Aber während bei einem grossen Antitoxinüberschuss diese Zerstörung gewissermassen „explosionsartig"
erfolgt, wird, wenn der Abbau unter geeigneten Mischungsbedingungen
langsam an einem genügenden Quantum von toxischem Protein vor
sich geht, zur Entstehung von akut wirkendem Apotoxin Gelegenheit
gegeben, d. h. es bildet sich das die Ueberempfindlichkeitssymptome

auslösende akuttoxische Zwischenprodukt, bevor das spezifisch giftige, erst nach einem Inkubationsstadium wirksame Protein in die ungiftigen Endprodukte zerlegt ist.

Solche für die Apotoxinentstehung günstige Mischungsverhältnisse können nach meiner Beobachtung auch bei reichlichem Antitoxingehalt des Blutes hergestellt werden, wenn nämlich der giftige Proteinkörper in solche Körpergewebe gelangt, welche, wie die Haut, saftarm und deswegen auch antitoxinarm sind.

Es ist nur eine Dosirungsfrage, ob das Immunserum gegenüber seinem toxischen Antigen antitoxische oder apotoxinerzeugende Wirkungen äussert.

Wie die erworbene Immunität so hat sich jetzt auch die Anaphylaxie als ein humoral zu interpretierendes Problem erwiesen. Der im Individualleben erworbene Giftschutz wie die erworbene Giftüberempfindlichkeit, die ich früher als ein histogenes Phänomen betrachten zu müssen glaubte, lassen sich auf lösliche Antikörper zurückführen, und was früher als Unterempfindlichkeit und Ueberempfindlichkeit cellulärer Elemente imponierte, deren ursprünglicher Empfindlichkeitsgrad durch voraufgegangene Giftbehandlung „umgestimmt" sein sollte, hat sich als Täuschung erwiesen. Wir können nach wie vor von einem „Sensibilisieren" durch „allergisierende" Mittel sprechen, müssen uns dabei aber bewusst bleiben, dass der Mechanismus des Sensibilisierens nicht in einer konstitutionellen und funktionellen Alteration vitaler Körperteile, sondern in einer eigenartigen Alteration der Körpersäfte, auf die man ganz passend das alte Wort „Idiosynkrasie" anwenden könnte, zu suchen ist.

Die humoralpathologisch zu deutende Anaphylaxie muss nicht immer ein unerwünschtes, als Krankheit aufzufassendes Phänomen sein, sondern kann unter Umständen für die Gesundheit nützlich und als seuchenverhütender Kunstgriff der Naturheilkraft wirksam sein. In diesem Sinne habe ich die Ueberempfindlichkeitszustände schon frühzeitig gewürdigt. In der von mir in Gemeinschaft mit Kitashima 1901 (Berl. Klin. W. No. 6) veröffentlichten Arbeit „Ueber Verminderung und Steigerung der ererbten Giftempfindlichkeit" machte ich darauf aufmerksam, dass Meerschweinchen, welche gegenüber dem Diphtheriegift überempfindlich geworden waren, gleichzeitig eine nicht unbeträchtliche Immunität gegenüber der Infektion mit Diphtheriebazillen zeigten. Unter der Ueberschrift:

„Giftempfindlichkeit und bakterielle Empfänglichkeit
im Normalzustande des Tierkörpers."
sagte ich:

„Der von uns experimentell festgestellten Tatsache eines Antagonismus zwischen Diphtheriegift-Empfindlichkeit und bazillärer Empfänglichkeit kommt eine erhebliche und allgemeinere Bedeutung zu. Man kann sich vielleicht vorstellen, dass bei gesteigerter Giftempfindlichkeit auf die Einführung lebender Bakterien von den vitalen Körperelementen mit einer lebhafteren Lokalreaktion geantwortet wird zu

einer Zeit, wo die Zahl der Bakterien noch klein ist, und dass in
Folge der frühzeitig eintretenden Lokalreaktion der Vermehrung der
Bakterien besser Einhalt getan wird, als wenn die Giftempfindlich-
keit eine geringere ist. So ist es vielleicht auch zu verstehen, dass
die stärker diphtheriegiftempfindlichen Kaninchen eine höhere tödliche
Minimaldosis von einer lebenden Diphtheriebouillon-Kultur auf gleiches
Körpergewicht berechnet besitzen, also relaltiv mehr immun sind wie
Meerschweine. Eine Ausnahme machen Mäuse, welche bei fast vollkommener Giftimmunität auch einen sehr hohen Grad der Widerstandsfähigkeit gegen die bazilläre Infektion besitzen. Aber diese
Ausnahme ist eigentlich bloss eine scheinbare[1]). Wir haben eine
grosse Zahl von weissen Mäusen sowohl subkutan wie intraperitoneal
mit lebender Diphtheriebouillonkultur behandelt, und wir haben dabei
gefunden, dass zwar, um Mäuse zu töten, eine 6000 mal grössere
Dosis von einer eintägigen Diphtheriebouillonkultur erforderlich ist,
als für Meerschweine; aber was die Vermehrung der Diphtheriebazillen und ihre Verbreitung im lebenden Organismus betrifft, so
geben die Mäuse einen günstigeren Nährboden ab, als die Meerschweine.
Dass trotz der starken Vermehrung der Bazillen der Tod zuweilen
gar nicht oder sehr spät eintritt, ist ohne weiteres verständlich, wenn
man berücksichtigt, dass die Mäuse, auf gleiches Körpergewicht berechnet, 6000 mal mehr Diphtheriegift zur Tötung brauchen, als
Meerschweine, und wenn weiter berücksichtigt wird,
dass Mäuse infolge der bazillären Infektion keine
Steigerung der Diphtheriegiftempfindlichkeit erfahren,
was wir durch besondere Untersuchung festgestellt haben.

Wir haben der Frage nach den Beziehungen zwischen der Giftempfindlichkeit und zwischen der bakteriellen Empfänglichkeit deswegen besonders unsere Aufmerksamkeit zugewendet, weil im Marburger Institut für experimentelle Therapie zuerst für den Milzbrand,
später auch für andere Krankheiten, insbesondere aber auch für die
Tuberkulose, geradezu ein umgekehrtes Verhalten zwischen Höhe der
Giftempfindlichkeit und bakterieller Empfänglichkeit gefunden worden ist.

Die Giftempfindlichkeit gegenüber dem Tuberkulosegift
wird — auf das gleiche Körpergewicht berechnet — bei subkutaner
Giftinjektion für verschiedene Tierarten im Normalzustand nach unseren
experimentellen Erfahrungen gradatim in folgender Reihenfolge immer
geringer: Schafe, Pferde, Ziegen, Hunde, Kaninchen, Rinder, Meerschweine. Für die bazilläre Infektion mit unserer Tuberkulosekultur
sind dagegen die genannten Tierarten in umgekehrter Reihenfolge
empfänglich."

In meinem Buch „Diphtherie" (v. Coler-Bibliothek Bd. 2 1901)
berührte ich nochmals mit folgenden Worten dieses Thema:

„Die Begriffe Immunität (Unterempfänglichkeit, Unterempfindlichkeit für einen Infektionsstoff, Infektionsschutz) und Ueberem-

---

1) In dem Begriff der bazillären Empfänglichkeit eines Individuums
liegt ein doppelter Sinn: 1. Empfänglichkeit für die krankmachende Wirkung des
Bazillus. 2. Geeignetheit dem Bazillus als Nährboden zu dienen. Hier ist von
bazillärer Empfänglichkeit in letzterem Sinne die Rede.

pfänglichkeit (Ueberempfindlichkeit, Disposition, Prädisposition, verringerte Widerstandsfähigkeit für einen Infektionsstoff) haben zur Voraussetzung den Begriff einer normalen Empfänglichkeit.

Immunität und Ueberempfänglichkeit sind Begriffe, die der Beobachtung eines auffallenden Verhaltens eines Individuums oder einer Gruppe von Individuen gegenüber krankmachenden Stoffen entsprungen sind. Für die Römer waren beispielsweise die Angehörigen einiger afrikanischer Völkerschaften schlangengiftimmun. Das Normale war die Schlangengiftempfänglichkeit, das Abnorme die Schlangengift-Immunität vom Standpunkt der Römer aus. In moderner Zeit nennen wir Individuen nicht bloss dann immun, wenn wir ihr Verhalten gegenüber einem Krankheitsstoff vergleichen mit dem Verhalten der grossen Mehrzahl von Individuen derselben Art, sondern wir nennen beispielsweise Hühner tetannsgiftimmun, weil sie sich gegenüber dem Tetanusgift anders verhalten als Mäuse, Meerschweine, Pferde und alle anderen Säugetiere; seltener schon kommt es vor, dass Menschen immun genannt werden, wenn sie nicht durch solche Krankheitsstoffe gefährdet sind, die für manche Tierarten als verderblich gelten. A priori ist ja nicht recht einzusehen, warum wir alle Tierarten als syphilisimmun und als malariaimmun bezeichnen, aber kaum Veranlassung dazu finden, das Menschengeschlecht schweinerotlaufimmun, schweinepestimmun u. s. w. zu nennen. Da kommt eben unser nicht sehr logischer anthropocentrischer Standpunkt zur Geltung!

Grössere Bedeutung als diese sprachlichen Inkonsequenzen haben diejenigen Unklarheiten im Gebrauche des Wortes Immunität, welche im Zusammenhang stehen mit der Tatsache, dass nicht genügend unterschieden wird zwischen epidemiologisch und experimentell festgestellter Immunität. Mäuse, Meerschweine und andere im Experiment mit Leichtigkeit tetanisch zu machende Tierarten sind vom epidemiologischen Gesichtspunkt aus geradezu als tetanusimmun zu betrachten. Es gibt ferner kaum Tierarten, die so leicht im Experiment mit Milzbrandbazillen krank gemacht werden können, wie Mäuse und Meerschweine. Diese beiden Tierarten besitzen so wenig Widerstandsfähigkeit gegenüber der Milzbrandinfektion, dass ein einziger virulenter Milzbrandbazillus zur Herbeiführung einer tödlich verlaufenden Infektion genügen kann, und doch gehört das spontane Auftreten des Milzbrands bei Mäusen und Meerschweinen so sehr zu den Ausnahmen, dass ich selbst es noch nie beobachtet habe, trotzdem ich viele Tausende von diesen Tieren eng zusammengepfercht mit milzbrandkranken und milzbrandverendeten Individuen im Laufe der Jahre beobachtet habe. Im Gegensatz dazu würden unter gleichen Lebensbedingungen Rinder und Schafe zweifellos zu einem grossen Prozentsatz milzbrandkrank werden, obwohl sie im Experiment viel schwerer zu infizieren sind.

Wenn an diesen Beispielen erkannt werden kann, dass eine statistisch festzustellende epidemiologische Immunität durchaus nicht zusammenfallen muss mit einer geringen Empfänglichkeit im willkürlich angestellten Experiment, so lässt sich andererseits auch beweisen, dass die statistisch nachzuweisende starke Durchseuchung einer bestimmten Tierart mit einem Virus nicht ohne weiteres schliessen lässt auf eine besonders hohe Empfänglichkeit derselben Tierart bei willkürlicher Einverleibung des Virus. Es gibt wohl keine Tierart, die von der Tuberkulose so durchseucht wäre wie das Rindvieh; versucht man aber im Experiment Rinder auf die Art tuberkulös zu machen, welche bei Meerschweinen, Kaninchen, ja sogar bei Ziegen und Schafen zum Ziele führt, nämlich durch Einbringen lebender anthropogener Tuberkelbazillen in das subkutane Gewebe, dann werden Rinder dadurch so wenig geschädigt, dass man sie auf Grund eines derartigen Experiments geradezu als tuberkuloseimmun bezeichnen müsste. Ich habe im Laufe von 6 Jahren mehr als 20 Rinder beobachtet, welchen zum Teil nicht weniger als $^1/_2$ Liter von einer virulenten Tuberkulose-Bouillonkultur subkutan eingespritzt worden war, ohne dass danach eine allgemeine Tuberkuloseinfektion eintrat, und wenn mehrere Monate oder Jahre hinterher die Tiere getötet wurden, dann konnte weder aus dem Befunde an der Injektionsstelle noch an den inneren Organen auf eine voraufgegangene Einspritzung lebender Tb-Kultur geschlossen werden. Selbst vom Peritoneum aus gelingt eine zum Tode führende Infektion durch Einspritzung lebender Tuberkelbazillen nur ausnahmsweise; bei derjenigen Infektionsmethode aber, die mich bei Rindern noch am sichersten zum Ziele geführt hat, bei intravenöser Injektion von Tuberkelbazillen, sterben die epidemiologisch fast als tuberkuloseimmun anzusehenden Hunde und Pferde viel eher an generalisierter Tuberkulose wie die Rinder.

Wer nicht eine grosse Menge von experimentell festgestellten Tatsachen gesammelt hat, welche dafür sprechen, dass viel häufiger ein Antagonismus als eine Koincidenz zu konstatieren ist zwischen dem Grade der Giftempfindlichkeit einer Tierart und der Fähigkeit derselben dem bakteriellen Giftproduzenten als guter Nährboden zu dienen, dem muss das, was ich vorher ausführte, sehr überraschend vorkommen. Ich habe aber im Laufe mehrjähriger vergleichender Beobachtungen bei verschiedenen Krankheiten und bei verschiedenen Tierarten die Ueberzeugung gewonnen, dass wir es in dieser Beziehung mit einem gesetzmässigen Verhalten zu tun haben, welches in seiner Wichtigkeit gar nicht überschätzt werden kann.“

Fünfter Abschnitt.

Kritische Analyse klinisch bemerkenswerter Phänomene aus dem Anaphylaxiegebiet.

Beachtenswerte Stimmen sprechen sich auch jetzt noch dafür aus, dass die erworbene Toxin-Ueberempfindlichkeit histogen zu interpretieren ist. So sagt Friedemann in Weichardt's Jahresbericht über die Ergebnisse der Immunitätsforschung Bd. 6 (1911) S. 94: „Verschiedene Beobachtungen sprechen dafür, dass die Gewebe anaphylaktischer Tiere dem Antigen gegenüber eine veränderte Reaktionsfähigkeit besitzen können. In diesem Sinne sind wahrscheinlich die verschiedenen Formen lokaler Tuberkulinreaktion zu deuten. Wenn auch bei der Ophthalmoreaktion die Möglichkeit der Entstehung des

Anaphylaxiegiftes durch im Blute kreisende Antikörper nicht ganz auszuschliessen ist, so wird doch diese Annahme bei der v. Pirquet'-schen Cutanreaktion sehr unwahrscheinlich, und man kann daher v. Pirquet nicht Unrecht geben, wenn er diese Reaktion auf eine lokale „Allergie" der Gewebe selbst bezieht."

Wenn in einem Organismus unter dem Einfluss infektiöser Agentien neue Gewebsarten entstehen, die seiner ursprünglichen Konstitution fremd sind, wie z. B. R. Koch das „tuberkulöse Gewebe" als fremdartig und zu einer besonderen Reaktion auf sein Tuberkulin befähigt auffasste, oder wie von manchen Autoren Krebsgeschwülste als heterogenes Gewebe betrachtet werden, dann könnten wir es in der Tat mit einer histogen bedingten Veränderung der Giftreaktion zu tun haben, insofern, als diese fremdartigen Gewächse teilnehmen am Stoffwechsel des Individuums, dem sie anhaften und dann seiner Reaktionsweise ihren besonderen Stempel aufdrücken. Aber die hinterher bei tuberkulösen Individuen unter dem Einfluss kleiner Tuberkulindosen oft zu beobachtende Steigerung der Tuberkulinempfindlichkeit deute ich als anaphylaktisches Phaenomen, welches der Produktion von anaphylaktischen Antikörpern seinen Ursprung verdankt, und die bekannten Symptome der Tuberkulinreaktion fasse ich als Apotoxinvergiftung auf.

Das Apotoxin, welches die anaphylaktischen Symptome erzeugt, wird von dem am meisten um die Lehre von seiner Entstehung und seinen Eigenschaften verdienten Forscher, dem in Berlin im Pharmakologischen Institut arbeitenden E. Friedberger, Anaphylatoxin genannt.

Ein dem Apotoxin entsprechendes Produkt hat vielleicht schon 1902 Weichardt in Händen gehabt, als er Placentarzellen mit einem spezifischen Serum behandelte. Richet nahm an und machte durch Experimente wahrscheinlich, dass bei der Anaphylaxie gegenüber den von ihm geprüften Giften ein Antikörper (Toxogenin) im Spiele sei, welcher aus dem Antigen das die anaphylaktischen Symptome erzeugende Gift (Apotoxin) abspalte. Friedemann bewies in seinen Versuchen über Erythrocytenanaphylaxie die wesentliche Bedeutung des Komplements neben Antigen und Antikörper für die Apotoxinentstehung (1909). Aus Serumproteïnpräzipitaten stellte dann Friedberger Apotoxin dar und lieferte mit seinen Schülern in zahlreichen Arbeiten ausserordentlich zuverlässige und wertvolle Daten zur Beurteilung der in der klinischen Praxis vorkommenden Anaphylaxiefälle.

Auf Grund seiner experimentellen Studien kam er zu dem Ergebnis, dass es verschiedenartige Apotoxine nicht gebe. Ein einheitliches Apotoxin bewirke die Fiebersymptome der Infektionskrankheiten, und die Annahme, dass neben einem einheitlichen Apotoxin noch besondere spezifische Gifte für die Entstehung der Temperaturstörungen im Infektionsprozess verantwortlich zu machen sind, hält er nicht für notwendig (Berl. Klin. W. 1910, Nr. 42). Die Vielgestaltigkeit des Infektionsfieber werde bedingt durch quantitative Verhältnisse und den zeitlichen Ablauf der Apotoxinentstehung, nicht durch eine Verschiedenartigkeit der Apotoxine.

Allgemein anerkannt ist Friedberger's Untersuchungsergebnis, dass das Apotoxin ein den Peptonen nahestehender Körper ist, welcher die Biuretreaktion gibt. Biedl und Kraus hatten das vorher schon durch Versuche an Hunden wahrscheinlich gemacht. Diesen Autoren gelang es, das Witte-Pepton durch Komplementzusatz giftiger zu machen.

Zum Beweise dafür, dass das Apotoxin aus dem Antigen auf fermentativem Wege entstehe, wobei Antikörper plus Komplement das den Antigenabbau bewirkende fermentative Prinzip (Analexin) darstelle, führt Friedberger u. A. die Tatsache an, dass Tuberkelbazillen und andere Bakterien der Siedehitze ausgesetzt werden können und beim Zusammenbringen mit Analexin doch Apotoxin liefern, während der Versuch negativ verläuft, wenn man den Antikörperkomplementkomplex auf 56° erhitzt. Je nach der Dosis, dem Applikationsort, dem zeitlichen Intervall zwischen den einzelnen Einspritzungen gelang es ihm, mit einem einzigen Apotoxin die verschiedensten Krankheitssymptome zu erzeugen. Auch die verschiedene Schnelligkeit, mit welcher eine gegebene Apotoxindosis in die Blutbahn gelangt, hat einen wesentlichen Einfluss auf die Giftwirkung. So kann man bis zum Siebenfachen der bei sehr schneller intravenöser Injektion tödlichen Dosis ohne Lebensgefahr Meerschweinchen in die Blutbahn einbringen, wenn die Einspritzung ganz langsam erfolgt und sich über eine halbe Stunde ausdehnt.[1] Das Apotoxin bewirkt bei relativ grosser Dosis Temperatursturz, in kleineren Dosen Temperatursteigerung. Ausser den schon früher geschilderten Symptomen des Meerschweinshocks verdienen unter den vielgestaltigen Apotoxinwirkungen noch besondere Erwähnung die entzündungserregende und nekroseerzeugende Fähigkeit, die tetanische Kontraktur der glatten Bronchialmuskulatur, das Cheine-Stokes'sche Atmungsphänomen, Lungenemphysem, Lungenödem, Senkung des arteriellen Blutdrucks infolge einer enormen Erweiterung der peripherischen Gefässe und insbesondere auch der Baucheingeweidegefässe, Vasokonstriktur, Herabsetzung der Gerinnungsfähigkeit des Blutes, Schwinden der polynukleären Leukocyten, Lymphocytenvermehrung. Meerschweinchen, Kaninchen, Hunde u. s. w. verhalten sich in bezug auf den Symptomenkomplex recht verschieden.

So wird man sich nicht wundern dürfen, wenn auch beim Menschen die allerverschiedensten Krankheitsbilder auf anaphylaktischer Basis zu beobachten sind. Sehr lehrreich sind in dieser Richtung die Beobachtungen von Allard (Berl. Klin. W. 1911 Nr. 3) an zwei Aerzten und die an die Mitteilung dieser beiden Fälle in der Medizinischen Sektion d. schl. G. f. v. K. in Breslau am 4. XI. 1910 und 11. XI. 1910 sich anschliessenden Diskussionsbemerkungen (Berl. Klin. W. 1910 Nr. 51).

Aus der Breslauer medizinischen Universitätsklinik hatte am 4. November 1910 Allard über lebenbedrohende anaphylaktische Anfälle bei zwei Kollegen Dr. Scheller und Dr. Hans Wolff berichtet. Beide Aerzte hatten prophylaktische Seruminjektionen bekommen. Ich lasse zunächst folgen, was sie selbst an sich beobachtet haben.

---

[1] Friedberger empfiehlt dazu einen von Dr. Groeber construierten Apparat (Dtsch. Med. Wochenschrift 1912 Nr. 5).

Dr. Scheller: „Viel zur Krankengeschichte zu erzählen vermag ich nicht, da ja viele Einzelheiten des Krankheitskomplexes mir als Patient nicht zum Bewusstsein gekommen sind; ich möchte betonen, dass ich unter dem Eindrucke der grössten Atemnot stand und das Empfinden hatte, dass ich nur willkürlich zu atmen vermochte; ja, ich musste um jeden Atemzug förmlich kämpfen. Der Todesgefahr, in der ich durch diese Atemstörung schwebte, wohl bewusst, hatte ich andererseits keine Ahnung von der beinahe ebenso gefährlichen Vasokonstriktion, wenn mir auch die Kälte der Haut und der kalte Schweiss auffiel. Subjektive Beschwerden seitens des Herzens bestanden nicht. Ueberhaupt bis auf das Gefühl der fürchterlichsten Atemnot fühlte ich mich sonst wohl und erinnere mich, dass ich während der ärgsten Zeit ein Hungergefühl hatte.

Ich habe schon früher, wie Herr Allard bereits berichtet hat, anaphylaktische Anfälle durchgemacht, so gelegentlich einer zweiten Diphtherieseruminjektion, infolge welcher am 7. Tage ein Serumexanthem, sowie universelle Neuralgien und Myalgien auftraten; auch habe ich während der zweiten Woche einer Wutschutzimpfung sehr grosse Beschwerden gehabt, ja infolge allgemeiner Gesundheitsstörung ca. 8 Pfund abgenommen.

Da ich Hammelserum vorher niemals injiziert erhalten habe und die von Herrn Allard an mir beobachtete Erkrankung von einer Injektion mit Hammelserum herrührte, so ergibt sich die Frage, worauf wohl diese Erkrankung zurückzuführen ist.

Das Serum hat wohl an und für sich keine schädlichen Eigenschaften gehabt, was dadurch bewiesen wird, dass eine Dame, die mir bei dem verunglückten Milzbrandexperiment geholfen hat, aus derselben Flasche die gleiche Menge Serum injiziert bekam, und so gut wie gar keine Folgeerscheinungen hatte.

Ferner könnte man der Meinung sein, dass die früheren Immunisationen mit Pferdeserum und Kaninchenrückenmark die Anaphylaxie für Hammelserum zur Folge gehabt hätten, dass also hier vielleicht ein Uebergreifen der sensibilisierenden Wirkung des artfremden Eiweisses (Rind, Kaninchen) auf das Eiweiss einer anderen Spezies (Hammel) angenommen werden könnte. Dies ist aber nach den bisherigen Forschungsergebnissen, welche zeigten, dass die Anaphylaxie streng spezifisch ist, höchst unwahrscheinlich.

Vielleicht könnte man eine andere Erklärung heranziehen. Einer privaten Mitteilung seitens des Herrn Prausnitz zufolge ist ein Angestellter einer chemischen Fabrik, der sich nur mit dem Entnehmen Trocknen und Zermalen von Pferdeimmunserum zu beschäftigen hatte, im Laufe der Zeit so empfindlich gegen Pferdeserum geworden, dass er jedesmal, wenn er mit Trockenpferdeserum arbeitete, Asthmaanfälle bekam; er bekommt diese Anfälle nicht, wenn er mit einer Maske arbeitet, die ihn gegen Staubinhalation schützt. Es wäre denkbar, dass ich, der ich seit langem sehr viel mit Hammelblut arbeite, ähnlich wie jener Angestellte, durch allenthalben im Laboratorium herumfliegenden trockenen Blutstaub sensibilisiert worden bin, und es würde vielleicht daraus die Forderung resultieren, namentlich bei Aerzten, die eine derartige Laboratoriumsbeschäftigung haben, mit Seruminjektionen besonders vorsichtig zu sein.

Bemerken möchte ich, dass eine Idiosynkrasie gegen Hammelfleisch bei mir weder je bestanden hat, noch jetzt besteht.

Was die Diagnose eines anaphylaktischen Anfalles beim Menschen anlangt, so glaube ich mit Herrn A l l a r d, dass wohl bei Kindern, die bereits unter hochgradigen Diphtheriesymptomen Seruminjektionen bekommen, ein eventueller Tod durch Anaphylaxie nur zu leicht als Folge der Diphtherieerkrankung angesehen werden kann, und so der Diagnose entgeht.

Hüten müssen wir uns vor der ersten Seruminjektion und diese nur im äussersten Notfalle verabreichen; ebenso müssen wir die prophylaktischen Seruminjektionen so gut wie ganz fallen lassen, denn jede derartige nicht unbedingt notwendige Injektion macht eine später notwendig werdende Injektion entweder unmöglich oder sehr gefährlich.

Schliesslich ist die Forderung, möglichst hochwertige Sera in kleinem Volumen zu gebrauchen, nachdrücklich zu unterstreichen; ebenso wäre es mit Freude zu begrüssen, wenn Immunsera für jede Krankheit von verschiedenen Tierarten in Bereitschaft gehalten würden.

In der Veterinärmedizin beginnt man die Seruminjektionen dadurch unschädlich zu machen, dass man für die Therapie Serum anwendet, welches von Tieren derselben Art gewonnen worden ist.“

Dr. H a n s W o l f f gab in seiner Krankengeschichte die anamnestisch interessante Tatsache an, dass die Tochter seines Bruders an einer konstitutionellen Anaphylaxie gegen Hühnereiweiss leidet und schon auf minimale per os zugeführte Mengen mit heftigen, Fieber und Urticaria begleitenden, Magendarmerscheinungen reagiert. Er selbst leidet an einer hochgradigen Idiosynkrasie gegen Austern, die sich auf ähnliche Weise äussert. Bemerkenswert zu seinem Krankheitsbild ist noch, dass am 7. Tage nach der Injektion, am Tage vor Ausbruch der schweren anaphylaktischen Erscheinungen, eine abermalige lokale Reaktion in Gestalt von Schwellung, Rötung und Hitze des Arms auftrat. Er betont ferner den Unterschied in den an das Herz gestellten Anforderungen bei sich und Herrn S c h e l l e r und die dadurch erklärliche Insuffizienz seines eigenen Herzens. Bei Herrn S c h e l l e r stand im Vordergrund der Erscheinungen die zentrale Atembehinderung, im Hintergrund die vasomotorische Störung, die sich nur in einer Vasokonstriktion äusserte. Bei ihm selbst beherrschte das Krankheitsbild die enorme Vasodilatation, die eine so grosse Gefahr für das Herz bedeutet, da die ganze Blutmenge nach der Peripherie geschleudert wird und das Herz sich um den leeren Ventrikel kontrahiert; die Gefahr der Verblutung in der Peripherie liege nahe. Hierbei können natürlich Insuffizienzerscheinungen wie Unregelmässigkeit in der Contractionsfolge und fadenförmiger Puls auftreten. Den von Herrn A l l a r d als Vasokonstriktion aufgefassten Zustand, der jedesmal auf die Dilatation folgte, fasse er als Collaps auf. Sicher spiele beim Zustandekommen des Collaps auch noch der enorme durch die universelle Urticaria gesetzte Juckreiz eine Rolle.

v. P i r q u e t (l. c. S. 2369) äusserte sich folgendermassen: „Die Biologen haben jetzt vornehmlich die A l l g e m e i n s y m p t o m e nach der

Reinjektion studiert und waren hauptsächlich darauf ausgegangen, den Tod der Versuchstiere hervorzurufen. Die Allgemeinsymptome sind nun davon abhängig, dass das Apotoxin, das Gift, welches durch Vereinigung von Antigen und Antikörper entsteht, im Allgemeinkreislauf gebildet wird. Die feineren klinischen Symptome, die dabei zutage treten, hängen vermutlich davon ab, ob das Apotoxin mehr in den Zentralorganen (Nervensystem) oder in der äusseren Haut oder in der Lunge erzeugt wird. Bei intravenöser Injektion scheint die Bindungsart und damit der Angriffspunkt der Gifte nach Tierart und Individuum verschieden zu sein. Viel klarere Verhältnisse erhalten wir, wenn wir das Apotoxin an einer Stelle zur Bildung bringen, an der wir den ganzen Verlauf klar beobachten können. Ich habe darum von Anfang an das Experimentieren auf der Haut (kutane und subkutane Injektion) bevorzugt. Es ist dieses ungefähr so, als wenn man, um den Effekt des elektrischen Stromes zu studieren, einen peripheren Reizpunkt aussucht; die intravenöse Injektion wäre dem vergleichbar, dass man den Strom durch den ganzen Körper durchgehen lässt und statt auf Zuckung nur auf Tod achten würde.

Zur klinischen Verwertung ist es aber auch sehr wichtig, die Allgemeinwirkungen zu studieren; in diesem Sinne sind die Fälle des Herrn Allard sehr interessant, weil jetzt Reinjektionen von älteren Personen immer häufiger vorkommen werden, die in ihrer Jugend Diphtherieserum therapeutisch erhalten hatten und daher solche Symtomenkomplexe öfters zu erwarten sind."

Carl Bruck (ibidem) berücksichtigte in seinen Ausführungen namentlich das Interesse der Dermatologen an der Anaphylaxie. Er sagte: „Die Ausführungen des Herrn Allard haben mich um so mehr interessiert, als ich seit mehreren Jahren mit Untersuchungen über die Bedeutung des Anaphylaxiephänomens für das Gebiet der Hautkrankheiten beschäftigt bin. Ich begann diese Untersuchungen bei der Urticaria. Zwei Punkte waren es, die als pathogenetische Momente für die Urticaria in Betracht kamen: eine nervöse Theorie, die z. B. die Urticaria factitia, die psychische Urticaria usw. erklären sollte, und die „toxische" Theorie, die die exogenen (Insektenstich, Raupenbiss usw.) und endogenen (Autointoxikationsurticarien) Urticariaformen verständlich machte. Aus dem Rahmen dieser toxisch-nervösen Urticariapathogenese fiel jedoch die sog. Urticaria ex injectis völlig heraus, da ja hierbei Substanzen und Nahrungsmittel in Betracht kamen, die nicht als Gifte angesehen wurden. Es gelang mir nun, durch Versuche, auf die ich hier nicht eingehen kann, zu zeigen, dass die Urticaria ex injectis auf einer echten, angeborenen oder erworbenen Anaphylaxie beruht, dass sich also im Körper derartiger Menschen bei der Einverleibung der betreffenden Speisen ein „Anaphylaxiegift" bildet, genau so wie es sich in den von Herrn Allard beschriebenen Fällen nach subkutaner Einverleibung eines bestimmten Serums gebildet hatte.

Ich habe dann einige Fälle von Arzneiexanthemen einer Untersuchung unterzogen. Auch hier ergab sich, dass verschiedene Erscheinungen, die wir bisher mit dem nichtssagenden Begriff „Idiosynkrasie" belegten, echte Anaphylaxiephänomene darstellen. So gelingt es, bei Tuberkulin-, Jodoform- und Antipyrinidiosynkrasien den sog. anaphylaktischen Reaktionskörper durch Uebertragung des Serums solcher Menschen auf normale Tiere nachzuweisen.

Es ist dieses Phänomen um so interessanter, als es sich um Anaphylaxieen gegen chemisch definierbare Substanzen handelt. Ich stelle mir das so vor, dass durch die Einführung dieser Arzneimittel menschliches Eiweiss gewissermassen heterologisiert worden ist dadurch, dass jene Substanzen Verbindungen mit Eiweiss (jodiertes Eiweiss usw.) eingehen, und gegen dieses heterolog gewordene Eiweiss dürfte die betreffende Anaphylaxie zustande kommen.

Ich glaubte also, dass das Anaphylaxiephänomen für die Dermatologie und speziell auch für die Arzneidermatosen eine sehr grosse Bedeutung hat.

Was die therapeutischen Vorschläge, die gemacht wurden, angeht, so wurde hauptsächlich das Chlorcalcium hervorgehoben. Ich möchte zur Erwägung stellen, ob in solchen Fällen nicht womöglich gleich im Beginn an die Einleitung einer Narkose gedacht werden könne; liegen doch experimentelle Untersuchungen von Besredka u. a. vor, die zeigen, dass Tiere durch Narkose völlig vor dem Ausbruch des anaphylaktischen Anfalls geschützt werden können, bezw. der bereits ausgebrochene Anfall zum Stillstand gebracht werden kann sogar bei intracerebraler Zufuhr des Antigens, einem Modus, der sonst unfehlbar den Tod herbeiführt. Ich möchte also anheimstellen, in solchen, glücklicherweise ja seltenen Fällen an die Narkose zu denken!"

Die Anaphylaxietherapie[1]) hatte Allard in seinem Vortrage vom 4. IX. 1910 mit folgenden Worten berührt:

„Eine Vorbehandlung der Patienten mit Chlorcalcium ist von Netter und auch von Gewin angegeben; beide haben damit eine starke Verminderung der Serumkrankheit erzielt; immerhin dürfte dieses Verfahren, da es drei Tage dauert, für die meisten Fälle nicht in Frage kommen.

Die akute Anaphylaxie der Reinjizierten ist natürlich am wirksamsten zu bekämpfen durch die Vermeidung der Reinjektion des gleichen, schon früher injizierten Serums. Ascoli und Jochmann schlagen daher vor, nicht nur Heilsera von einer Tierart herzustellen, sondern Sera verschiedener Herkunft vorrätig zu halten.

Moro schlägt nach den Untersuchungen Neufeld's die praktische Verwendung der Antianaphylaxie zur Vermeidung des anaphylaktischen Schocks vor, da man schon durch die Vorinjektion minimaler, an sich unschädlicher Serumdosen den Organismus antianaphylaktisch machen kann.

Endlich sei noch auf die experimentellen Erfahrungen Besredka's hingewiesen, der durch tiefe Aethernarkose den tödlichen Aus-

---

1) Fritz Müller (Berl. Klin. W. 1911 No. 9 S. 426) glaubt, dass wir in dem Aether ein Mittel haben zur wirksamen Bekämpfung alarmierender Anaphylaxinsymptome.

gang des anaphylaktischen Anfalls bei seinen Tieren verhindern konnte. Beim Menschen liegen Erfahrungen darüber noch nicht vor; doch muss ich sagen, dass ich es in meinen Fällen nicht gewagt haben würde, eine Narkose einzuleiten. Ob die günstigen Erfahrungen von Biedl und Kraus mit Chlorbaryum bei der Anaphylaxie der Hunde vielleicht sich auf den Menschen werden ausdehnen lassen, muss die Zukunft lehren."

Es lassen sich sehr viele interessante Einzelheiten aus den Verhandlungen der Breslauer medizinischen Sektion vom November 1910 entnehmen; besonders möchte ich hier aber anknüpfen an die Bemerkungen von Carl Bruck betreffend die Zurückführung der Urticaria ex injectis auf Anaphylaxie. Dass auf intestinalem Wege unter Umständen eine Anaphylaktisierung durch Proteinkörper zustandekommen und auch eine anaphylaktische Vergiftung nach intestinaler Resorption des anaphylaktisierenden Proteins erfolgen kann, wird nicht bezweifelt werden dürfen.

Aus einem Referat über vorwiegend französische Arbeiten aus dem Gebiet der alimentären Anaphylaxie, welches ich in „Therapeutische Monatsberichte" Heft 2 vom 28. II. 1911 gefunden habe, zitiere ich folgende Angabe über Kuhmilch-Anaphylaxie:

„Nicht allzu selten sieht man nach dem Genusse der Kuhmilch krankhafte Erscheinungen auftreten. Es handelt sich meistens um kleine Kinder im ersten und zweiten Lebensjahre, um Säuglinge, bei denen das Phänomen nach der Entwöhnung von der Mutterbrust erstmals auftritt. Das Kind hat die Muttermilch gut ertragen, aber die Entwöhnung ist schwierig, die Kuhmilch erzeugt zunehmende dyspeptische Störungen, so dass man dem Kleinen wieder die Brust reicht. Macht man nach einigen Tagen wieder einen Versuch mit Kuhmilch, so treten sofort sehr schwere Symptome der Intoleranz auf: Heftiges Erbrechen und profuse Durchfälle beherrschen das Krankheitsbild, während gleichzeitig das Gesicht einfällt, die Extremitäten kühl werden und der Puls fadenförmig wird, so dass schliesslich bedenkliche Kollapszustände eintreten. Nicht zu selten sind die Fälle, wo sich zu diesen Symptomen noch erythematöse oder urtikariaähnliche Hauteruptionen hinzugesellen, die sich über die ganze Körperoberfläche ausbreiten. Diese Erscheinungen dauern 24 bis 48 Stunden an und verschwinden dann, wenn man die Kuhmilch ausgesetzt hat. Aber bei jedem neuen Nährversuche mit der Kuhmilch tritt der gleiche Symptomenkomplex mit grösserer Heftigkeit wieder auf. Immerhin sind Todesfälle sehr selten, doch hat Finkelstein einen solchen Fall erlebt. Es handelte sich um ein Brustkind, dem im Alter von 5 Wochen 60 g Kuhmilch gegeben wurden. Darauf erfolgte ein Kollaps, der zum Aussetzen dieser Nahrung nötigte. Ein neuer Versuch in der neunten Lebenswoche erzeugte wieder das gleiche Phänomen. Als man dem Säugling in der achtzehnten Woche nochmals Kuhmilch gab, war der darauffolgende Kollaps derart schwer, dass man Kampferöl injizieren musste, und ein letzter Versuch mit Kuhmilch, der in der sechsundzwanzigsten Woche vorgenommen wurde, führte zum Exitus. Es ist für den Praktiker ausserordentlich wichtig, dass er die Ursache dieser Krankheitserscheinungen kennt. In einem solchen Falle ist die

Kuhmilch sofort auszusetzen und erst nach dem Ablauf mehrerer Monate wieder mit grösster Vorsicht zu versuchen. Zugleich muss man energisch gegen den Kollaps auftreten. Die Abkühlung der Extremitäten ist durch heisse Einwickelungen zu verhindern und die Herzschwäche muss mit Aether- und Kampherölinjektionen bekämpft werden.

Hutinel hat gezeigt, dass ähnliche Erscheinungen auch bei älteren Kindern auftreten können, wenn sie eine Enterocolitis durchgemacht haben. Hat man bei solchen Kindern den Darmkatarrh durch strenge Diät geheilt und versucht man nun kleine Mengen von Kuhmilch zu geben, so treten oft sehr schwere Intoxikationssymptome auf. Sehr selten sind dagegen die Fälle, wo die Intoleranz des Säuglings gegenüber der Kuhmilch eine primäre ist und gleich beim ersten Nährversuch eintritt. Ebenso selten sieht man die Ueberempfindlichkeit mehrere Jahre lang andauern, meistens verschwindet sie mit dem zunehmenden Alter. Doch wird jeder Praktiker hie und da einen Fall beobachten, wo während des ganzen Lebens die Milch schlecht ertragen wird.

Auch Säuglinge, die nach der Abheilung einer Enteritis Buttermilch als Nahrung erhielten, bekamen zuweilen heftige Fieberanfälle, die Castaigne und Gouraud auf eine Anaphylaxie zurückführen wollen.

Dagegen scheint Kephir in dieser Beziehung vollständig unschädlich zu sein, wenigstens weist die Literatur keinen Fall von Idiosynkrasie diesem Mittel gegenüber auf.

Jeder Praktiker kennt ferner Personen, welche die Hühnereier schlecht vertragen. Das Weisse des Eies, welches in geschlagener Form gerne zu Kuchen verbacken wied (gâteaux Saint-Honoré), erzeugt oft Intoxikationen, weil es sich in der Hitze leicht zersetzt. In einem solchen Falle erkranken alle Personen, welche von dem Kuchen genossen haben, in gleicher Weise. Es gibt aber auch Fälle, wo die genossenen Eier von tadelloser Qualität sind und nur prädisponierte Individuen krank machen, während alle übrigen Personen, die von den Eiern genossen haben, gesund bleiben.

Lesné hat einen solchen typischen Fall von Anaphylaxie veröffentlicht. Es handelte sich um ein achtzehnjähriges Mädchen, das bisher immer gesund geblieben war und welches seit der Entwöhnung von der Mutterbrust jeden Tag ein Ei genoss, das tadellos vertragen wurde. Immerhin hatte man hie und da flüchtige Urtikariaeruptionen und einseitiges Oedem der Augenlider beobachtet. Eines Tages aber traten, scheinbar ohne Grund, während der Mittagsmahlzeit Bauchschmerzen und Durchfälle auf. Trotz sofortigen Diätwechsels dauerten diese Erscheinungen die folgenden Tage an und verschwanden erst, als man die Eier aus dem Speisezettel eliminierte. Während vier Monaten ging alles wieder gut. Da hatte die Mutter die unglückliche Idee, dem Töchterchen etwas von einem Zwischengericht, das eine kleine Eizugabe enthielt, zu reichen. Sofort, nachdem das Kind den ersten Löffel voll von dieser Suppe genommen hatte, traten entsetzliche Bauchschmerzen und unstillbares Erbrechen auf, welche Symptome 48 Stunden lang anhielten; selbst Eiswasser, das kaffeelöffelweise gereicht wurde, wurde nicht vertragen. Die Zunge war rot und trocken, die Gesichtszüge verfielen wie bei einem Cholerakranken, und es stellten sich beträchtliche Abmagerung und äusserste Schwäche ein. Die Extremitäten wurden zyanotisch und fühlten sich kalt an, der Puls betrug 140, und die Temperatur im After schwankte zwischen 36,2 ⁰ und 36,5 ⁰. Der spärliche Urin enthielt Azeton und eine kleine Menge Albumin. Dieses Bild zeigt alle Merkmale des anaphylaktischen Shocks: lange Dauer der Ueberempfindlichkeit, plötzliches, explosionsartiges Auftreten der toxischen Erscheinungen, minimale Dosis der den Anfall provozierenden Proteinsubstanz und Sinken des Blutdruckes während des Anfalles.

Glücklicherweise sind so schwere Intoleranzerscheinungen selten; häufiger hingegen beobachtet man nach dem Eigenuss Erbrechen, Diarrhoe und Bauchschmerzen. Hier und da sieht man auch Urtikaria auftreten. Meistens handelt es sich bei dieser Ueberempfindlichkeit um Kinder und junge Leute im Präpubertätsalter. Fast immer verschwindet diese Idiosynkrasie mit dem Eintritt der Pubertät.

Castaigne und Gouraud machen darauf aufmerksam, dass die Intoleranzerscheinungen hauptsächlich auftreten bei Kindern, die schwache Verdauungsorgane oder Darmkatarrh haben. Auch nach übermässigem Genuss von Hühnereiern, wie das bei Phthisikern oft vorkommt, kann Intoleranz auftreten. Man hat auch untersucht, ob nur das Eigelb oder das Weisse des Eies, oder ob beide Substanzen zusammen Intoleranzerscheinungen auslösen können. Durch klinische Erfahrungen wurde festgestellt, dass das Eigelb allein sicher anaphylaktische Symptome erzeugen kann und Wheeler, Nobécourt und Paisseau konnten am Tiere mit dem Weissen des Eies das gleiche Phänomen auslösen.

Während das Fleisch, wenn es verdorben oder infiziert ist, sehr häufig Intoxikationen und Infektionen verursacht, wird es im guten Zustande sehr selten schlecht toleriert. So scheinen Ochsenfleisch und Pferdefleisch niemals Ueberempfindlichkeit zu bewirken, während es Fälle gibt, wo Kalbfleisch nicht vertragen wird. Sobald manche Personen auch nur kleinste Quantitäten von Kalbfleisch geniessen, so bekommen sie Klemmen im Bauch und Durchfall, oft mit Darmkatarrh begleitet, während das Gesicht sich entfärbt und einen ängstlichen Ausdruck annimmt. Diese Erscheinungen gehen aber rasch wieder vorüber und sind niemals von bedrohlicher Intensität.

Auch das Schweinefleisch kann hie und da ähnliche Intoleranzsymptome auslösen, manchmal kommt es nach dessen Genuss zu Urtikariaeruptionen.

Das Fleisch der Fische, Krustazeen, Mollusken und Muscheln wird sehr häufig schlecht toleriert und bewirkt oft schwere Zufälle. Hier scheint die Art des Muskeleiweisses die ausschlaggebende Rolle zu spielen, denn während das Säugetierfleisch mit dem Menschenfleisch grosse Aehnlichkeit hat, zeigt das Fleisch der Fische, Krustazeen usw. eine vom menschlichen Muskeleiweiss sehr abweichende Zusammensetzung.

Was zunächst die Fische anbetrifft, so werden die Süsswasserfische im allgemeinen gut vertragen, während die Meerfische sehr oft toxische Symptome auslösen. In den exotischen Ländern, besonders auf den Antillen und in Brasilien, gibt es Fische, deren Fleisch für den Menschen giftig ist, oder die nur von der einheimischen Bevölkerung, welche durch allmähliche Gewöhnung gegen das Gift immun geworden ist, ohne Gefahr genossen werden können. Die Eingeborenen jener Länder kennen auch Fische, die gewöhnlich nicht giftig sind, die aber unter gewissen Bedingungen plötzlich schwere Intoxikationen erzeugen können. Die Symptome der Vergiftungen entsprechen den Erscheinungen der anaphylaktischen Reaktion und stellen eine ganze Stufenleiter der Intoxikation dar. In den leichtesten Fällen handelt es sich nur um ein Gefühl innerer Hitze mit Nausea oder Magenschmerzen, während in den schweren Fällen Erbrechen, Durchfall und selbst tödliche Kollapszustände eintreten können.

Dagegen sind die Meerfische, die man in Europa geniesst, nicht giftig und werden im allgemeinen von gesunden Personen gut vertragen. Bei Personen aber, die an Hautaffektionen, insbesondere an Urtikaria leiden, sieht man nach dem Genuss von Meerfischen oft frische Hauteruptionen auftreteu. Castaigne und Gouraud erklären dieses Verhalten wiederum durch einen abgeschwächten anaphylaktischen Zustand. Zum Beweise führen sie einen von ihnen beobachteten Fall an. Es handelte sich um einen Phthisiker, dem sie seit acht Tagen Marmorekserum subkutan injizierten. Eines Abends, als der Patient etwas Lachs, der von tadelloser Qualität war und von den übrigen Tischgenossen gut vertragen wurde, genossen hatte, bekam er einen ausgebreiteten Urtikariaausschlag, so dass die Serumbehandlung unterbrochen werden musste. Die beiden französischen Autoren glauben, dass bei dem Kranken die Seruminjektionen eine Anaphylaxie erzeugten, und dass der Genuss des Meerfisches die anaphylaktische Reaktion ausgelöst habe.

Die Miesmuscheln (moules) werden häufig nicht vertragen und nach der Einnahme der Muscheln erkranken bekanntlich viele Personen mit mehr oder weniger schweren Intoxikationserscheinungen. Gewöhnlich beobachtet man folgendes Krankheitsbild: Zwei bis drei Stunden nach dem Mahle stellt sich Nausea ein, zu der sich bald Angstgefühl, Atemnot und ein Gefühl des allgemeinen Unbehagens hinzugesellen. Nun kommt es zum Erbrechen und zu profusen Durchfällen. Der Puls wird klein, fadenförmig, die Haut kühl und bald stellen sich noch Ohnmachtsanwandlungen ein. Manchmal kommt es sogar zu Delirien, Konvulsionen und Koma. Oft besteht auch starker Juckreiz, Hitze in der Haut, und das Auftreten von urtikariaähnlichen Hautausschlägen ist nicht zu selten, ja manchmal gleicht der Ausschlag einer Roseola syphilitica. Glücklicherweise führt dieser Zustand sehr selten zum Tode, fast immer gehen die alarmierenden Symptome nach einigen Stunden zurück. Die Heilung wird beschleunigt durch die Anwendung von Brechmitteln und Kardiotonika. Diese Intoleranz gegenüber dem Fleische der Miesmuscheln ist gewöhnlich keine primäre Idiosynkrasie, denn man sieht sie meistens bei Personen auftreten, die früher schon oft ungestraft von dieser Speise genossen hatten. Nach den Untersuchungen Richet's, der aus den Miesmuscheln das Mytilokongestin herstellte, handelt es sich in diesen Fällen um experimentell sicher festgestellte Anaphylaxie. Austern geben sehr oft, wenn sie nicht mehr ganz frisch sind, Anlass zu schweren Vergiftungen, dagegen wird frische, tadellose Ware gewöhnlich gut toleriert und Fälle von Ueberempfindlichkeit sind selten. Treten trotzdem Intoleranzerscheinungen auf, so sind sie gewöhnlich nur leichter Natur.

Auch für das Fleisch der Hummer, Langusten und Krebse bestehen manchmal Idiosynkrasien, die sich gewöhnlich im Auftreten von urtikariaähnlichen Hautausschlägen äussern, während es nur selten zum Erbrechen oder zu Herzschwäche kommt.

Ob es unter den Gemüsen solche gibt, die Idiosynkrasien auslösen können, ist noch nicht ganz sicher gestellt. Man hat zwar experimentell Anaphylaxie erzeugt durch die albuminoide Substanz der Linsen, und Debove beobachtete einen Fall, wo nach dem Genusse einer einzigen Bohne eine sehr bedrohliche Intoxikation eingetreten war. Auch nach dem Essen von Zwiebeln sind solche Symptome beobachtet worden, aber einzelne Fälle sind hier nicht beweisend. Allgemein bekannt ist die Tatsache, dass bei vielen Personen nach dem Genusse von Erdbeeren Urtikaria auftritt; aber es ist noch fraglich, ob bei diesen Fällen die Anaphylaxie eine Rolle spielt; Gautier erklärt diese Eruptionen durch die reizende Wirkung der Salizylharnsäure.

Die Tierversuche sprechen zu Gunsten der Auffassung jener oben erwähnten idiosynkrasischen Erkrankungen nach dem Genuss von Nahrungsmitteln als Anaphylaxiefälle. Mit Ausnahme der Erdbeeren sind alle oben angeführten Nahrungsmittel aus animalischem und vegetabilischem Eiweiss zusammengesetzt. Sie gehören daher zu den Substanzen, die nach den Erfahrungen aller Autoren Anaphylaxie erzeugen können. Arthus und Besredka haben durch intravenöse Injektion von roher und gekochter Milch sowohl beim Kaninchen wie beim Meerschweinchen Anaphylaxie erzeugt und Vaughan, Wheeler und Nobécourt erzielten das gleiche Phänomen durch Injektion und Ingestion von Hühnereiweiss. Bahnbrechend waren die Versuche Richets mit Miesmuscheln. Man kann aber diesen Experimenten gegenüber den schwerwiegenden Einwand erheben, dass die Anaphylaxie in der grossen Mehrzahl der Fälle nur durch subkutane, intravenöse oder intrazerebrale Injektion erzeugt wurde, während die alimentäre Idiosynkrasie durch Einführung der Substanzen in den Magendarmkanal zu Stande kommt. Die Tierversuche, die man in dieser Richtung bis jetzt gemacht hat, haben noch kein eindeutiges Resultat ergeben. Arthus, Besredka und Frl. Bouteil konnten auf dem gastrointestinalen Wege keine Anaphylaxie erzeugen, während Rosenau und Anderson Meerschweinchen für Pferdeserum anaphylaktisch machen konnten durch Fütterung mit Pferdefleisch. Interessant sind auch die Versuche von Bernstein, dem es gelang, Kaninchen für Ochsenfleisch überempfindlich zu machen durch tägliche Verfütterung kleinster Mengen dieses Fleisches. Dabei traten bei den Versuchstieren zwischen der neunten und sechszehnten Woche tödlich verlaufende Krankheitserscheinungen auf, die vollständig den Symptomen der Anaphylaxie glichen. So scheint es doch möglich zu sein, durch Einführung von Proteinsubstanzen in den Magen Anaphylaxie zu erzeugen."

Castaigne und Gouraud vermuten, dass die Anaphylaxie nur dann eintritt, wenn ein Teil des Proteins unverändert durch die Darmwand resorbiert wird, ohne dass es vorher durch die Verdauungssäfte assimilierbar gemacht wurde. Sie verweisen in dieser Hinsicht auf die Versuche von Frl. Bouteil, der es gelang, Anaphylaxie zu erzeugen, wenn sie das Protein in die Darmvenen oder in die Pfortader injizierte. Für den direkten Protein-Uebergang aus dem Darmkanal in das Blut sprechen die Ueberempfindlichkeit gegen Kuhmilch bei Kindern, die an Darmkatarrh oder anderweitigen Läsionen der Darmschleimhaut leiden. Besonders möchte ich hier aber an meine Auseinandersetzungen im Tuberkulosekapitel über die Durchgängigkeit der Schleimhäute des Intestinalapparates von Neugeborenen für genuine Proteine erinnern.

Dass es eine alimentäre Anaphylaxie gibt, hat man auch dadurch bewiesen, dass man in den Körpersäften von Personen, die gegen bestimmte Nahrungsproteine überempfindlich sind, eigentümliche Reaktionen nachweisen konnte. So zeigte Moro, dass bei Kindern, die mit Kuhmilch ernährt wurden, eine beträchtliche digestive Leukozytose besteht, welche bei Brustkindern fehlt, weil die ersteren artfremdes Eiweiss umändern und assimilieren müssen. Ebenso wiesen Moro und Heimann nach, dass das Serum eines mit Kuhmilch ernährten Kindes weniger reich an Komplementen sei, da diese durch das Albumin der Kuhmilch fixiert werden.

Sehr wichtig ist auch die folgende von Bruck gemachte Beobachtung. Er injizierte das Serum eines Kranken, der nach dem Genuss von Schweinefleisch heftige Intoleranzerscheinungen zeigte, einem Meerschweinchen und es gelang ihm auf diese Weise, das Versuchstier für Schweinefleisch anaphylaktisch zu machen.

Die Ueberempfindlichkeit gegen manche stomachal verabreichte Arzneimittel äussert sich im wesentlichen durch das Auftreten von Hauteruptionen, welche man Arzneiexantheme genannt hat. Sehr viele Medikamente können bei prädisponierten Menschen solche Exantheme erzeugen, z. B. Antipyrin, Phenazetin, Aspirin, Jodtinktur, Jodoform, Jodkali usw. Auch diese Ueberempfindlichkeitserscheinungen sucht man durch Anaphylaxie zu erklären. Von grossem Interesse sind in dieser Beziehung die Versuche Brucks, der das Serum von Menschen, die gegen Jodoform idiosynkrasisch waren, auf Meerschweinchen übertrug und bei den letzteren dadurch Jodoform-Ueberempfindlichkeit erzeugen konnte. Dic Symptome, welche die so vorbehandelten Meerschweinchen nach der Injektion von Jodoform zeigten, glichen vollständig dem Bilde der Anaphylaxie. Bruck nimmt an, dass bei der Einführung des Jodoforms in den menschlichen Körper eine Jodeiweissverbindung entsteht, die als artfremdes Eiweiss Anaphylaxie hervorruft. Spritzt man nun das Serum dieses gegen Jodoform anaphylaktischen Menschen in den Körper des Meerschweinchens, so gelangt der Jodeiweiss-Antikörper in den Organismus, und die nachfolgende Injektion von Jodoform schafft durch Bildung von Jodeiweiss die Bedingungen zum Auftreten der anaphylaktischen Reaktion.

E. Klausner (Arzneiexantheme und Ueberempfindlichkeit. Münchener medizin. Wochenschrift, 1910, Nr. 38) wiederholte die Versuche Brucks und erzielte die gleichen Resultate. Er dehnte nun seine Experimente weiter aus, indem er das Jodkali zur Prüfung heranzog. Das Serum von Menschen, die gegen Jodkali idiosynkrasisch waren, wurde auf sechs Meerschweinchen übertragen, denen man 48 Stunden später je 0,5 Jodkali injizierte. Darauf trat bei allen Versuchstieren der gleiche Symptomenkomplex auf. Alsbald nach der Injektion blieben die Tiere regungslos liegen und verendeten entweder sofort oder im Verlauf der ersten Stunde, während die Kontrolltiere in dieser Zeit keine Krankheitssymptome zeigten. Auch hier entsprechen die Krankheitserscheinungen dem Bilde des anaphylaktischen Shocks[1]).

Dass eine angeborene Ueberempfindlichkeit durch Vererbung entstehen kann, indem ein anaphylaktischer Antikörper perplazentar oder mit der Muttermilch übertragen wird, dass ferner mit der Ammenmilch ein anaphylaktischer Zustand hergestellt werden kann, ist experimentell bewiesen, und diese Tatsache berechtigt uns, auch die primären Idiosynkrasien in das Anaphylaxiegebiet zu verweisen.

Im Anschluss an die Anaphylaxie gegenüber Nahrungs- und Arzneimitteln will ich noch Einiges zur Geschichte der Anaphylaxie bei einzelnen Krankheitsformen hinzufügen.

Weichardt's Idee, dass die Krankheitssymptome der Eklampsie mit der Resorption von Syncytiotoxin in Zusammenhang stehen, knüpft an Schmorl's Beobachtung an, dass bei eklamptischen Frauen häufig Plazentarzotten auf dem Blutwege im mütterlichen Organismus verschleppt werden.

1903 übertrug Weichardt seine Apotoxin- (bzw. Endotoxin-) Hypothese auf das Heufieber erzeugende Pollenprotein, von welchem er annahm, dass aus ihm durch zytolytische Antikörper eine giftige Substanz in Freiheit gesetzt wird.

Zusammen mit Schittenhelm studierte Weichardt später die „Enteritis anaphylactica" der Hunde, welche sich äussert in blutigen Durchfällen, Tenesmus und Erbrechen. Bei der Autopsie findet sich der Darm angefüllt mit einer blutig-schleimigen Flüssigkeit; die Darmschleimhaut und die darunter gelegenen Schichten zeigen zahlreiche miliare Hämorrhagien bis zum Pylorus und abwärts bis zur Analgegend, am stärksten in der Duodenalgegend. Der Allgemeinzustand kann soporös oder krampfartig sein. Schittenhelm (in seiner Arbeit: „Ueber Anaphylaxie vom Standpunkt der pathologischen Physiologie und der Klinik" in Weichardt's Jahresbericht über die Ergebnisse der Immunitätsforschung, 1911, S. 163) fasst die Enteritis anaphylactica als „lokalisierte zelluläre Anaphylaxie" auf, die er auch beim Heufieber annimmt. Im Sinne einer lokalisierten zellulären Anaphylaxie deutet er auch den Versuch Friedberger's (mit Mita), durch Serumprotein-Inhalation bei sensibilisierten Meerschweinchen Lungenentzündung zu erzeugen, ferner die akute Entstehung von Angina und Schnupfen, welche Moro bei älteren menschlichen Individuen beschrieben hat — im Gegensatz zur allmählichen Entwicklung dieser Affektionen beim Säugling.

Schittenhelm findet schliesslich bei den verschiedensten Infektionskrankheiten neben allgemeinen Ueberempfindlichkeitssymptomen auch lokal-zelluläre heraus und erinnert daran, dass v. Pirquet in ähnlicher Weise die Lokalisation des Pocken- und Masernexanthems interpretiert hat.

In der anaphylaktischen Empfindlichkeit gegenüber manchen aero-

---

1) Vgl. die neueren Untersuchungen von Friedberger an Meerschweinchen, welche mit jodiertem Meerschwein-Protein behandelt und danach anaphylaktisch wurden (Ztschr. f. Immun. Bd. 12.)

genen Einflüssen will Schittenhelm den Schlüssel für die Aetiologie
vieler Asthmaaffektionen erblicken. Er erwähnt das „Wittepepton-
Asthma", das sich bei einem Patienten immer einstellte, wenn er sich
in einem Raum befand, wo mit diesem Präparat gearbeitet wurde. In
einem von Bacon und Williams beschriebenen Fall von Pferdeserum-
Anaphylaxie erfolgte heuschnupfenähnliches Asthma durch Pferdeaus-
dünstungen, und so vermutet Schittenhelm, dass ein von ihm beob-
achteter Ingenieur, der regelmässig in einem Tunnel Asthma bekam,
anderwärts aber nicht, durch eine bestimmte in der Tunnelluft suspen-
dierte Substanz sensibilisiert und dann anaphylaktisch krank gemacht
worden sei. Hierher gehöre auch die Reaktion mancher Menschen auf
das vielumstrittene „Anthropotoxin" und ein für Meerschweinchen
von Weichardt in der Ausatmungsluft als anaphylaktogen nachgewiesenes
Agens. Der Enteritis anaphylactica stellt Schittenhelm somit das
Asthma anaphylacticum an die Seite.

Während bei diesem weitgehenden Versuch zur Einreihung so
vielfach verschiedener Erkrankungen in das Anaphylaxiegebiet die Beziehungen zu einer nachweisbaren Apotoxinvergiftung oft recht zweifelhaft sind, kennen wir solche Beziehungen recht genau bei dem Krankheitsbild, welches im Gefolge der Verbrennung und Verbrühung von Körper-
bestandteilen beim Menschen und bei Tieren oft genug beobachtet ist.
      Viele und schwierige Arbeit ist von Falck an bis auf Heyde und
Ed. Vogt geleistet worden, ehe die Intoxikationshypothese zur Erklärung des Verbrennungsshocks gegenüber der Reflextheorie siegreich
durchgedrungen ist.
      In seiner Marburger Inauguraldissertation „Versuche über die
Uebertragbarkeit der Verbrennungsgifte" gibt Vogt ein übersichtliches Bild über die historische Entwicklung der Lehre von den
Verbrühungen und Verbrennungen und berichtet dann über seine eigenen
unter Heyde's Leitung angestellten Experimente, welche den Verbrennungs-
shock einwandsfrei als anaphylaktisches Phänomen demonstrieren. Danach stirbt ein mit dem verbrannten Tier parabiotisch verbundenes Individuum genau unter den gleichen Shocksymptomen wie das erstere und
entleert mit seinem Harn dasselbe, den charakteristischen Anaphylaxie-
shock beim Meerschweinchen bewirkende Apotoxin, wie jenes. Gelegentlich seiner gemeinschaftlich mit Heyde durchgeführten Verbrennungs-
studien war es, dass Kutscher im Methylguanidin einen Körper von
bekannter chemischer Zusammensetzung mit Apotoxinwirkung gefunden
hat. Dale und Laidland haben von einem Histidinderivat, dem β-
Iminazolyläthylamin, mitgeteilt, dass es auf Meerschweine nach intravenöser Injektion wie ein typisches Apotoxin wirkt. Die bei der Verbrennung apotixinliefernden Epidermiszellen können, wie Krusius in
meinem Institut gefunden hat, und ähnlich wie Augenlinsenprotein
(Uhlenhuth), anaphylaktisierende Antikörper in demselben Organismus
produzieren, von welchem sie gewonnen sind. Das gilt auch vom
Spermaprotein und anderen Proteinen des Geschlechtsapparates. Dementsprechend hat Vogt, ausser der auf primärtoxische Proteinderivate
zurückzuführenden Apotoxinvergiftung nach Hautverbrennungen, auch
eine erst nach 8 bis 10 Tagen shockartig auftretende anaphylaktische

Vergiftung im engeren Sinne des Wortes bei seinen Versuchstieren feststellen können.

Vogt hat ferner bestätigen können, dass nicht die Abbauprodukte nach sehr vorgeschrittener Verbrennung, sondern Zwischenprodukte des Proteinzerfalls es sind, welche die anaphylaktischen Symptome hervorrufen. Durch Transplantation partiell verbrannter Gewebsstücke auf andere Tiere gelang es ihm gleichfalls, anaphylaktische Vergiftungsbilder zu bekommen.

In das Gebiet der Autoapotoxinbildung gehört wahrscheinlich auch die sympathische Ophthalmie, die man auf Grund des gegenwärtigen Standes unserer Kenntnisse als Sensibilisierung und anaphylaktische Entzündung durch die aus einem zerstörten Auge resorbierten und wie artfremde Proteine wirkenden Bestandteile der Linse und des Uvealtraktus interpretieren kann.

Den oben erwähnten chemisch gut charakterisierten Protein- und Proteidspaltungsprodukten von bekannter und unbekannter Konstitution mit typischer Apotoxinwirkung schliessen sich einige Präparate an, welche in bezug auf Temperatursturz, Verhinderung der Blutgerinnung, Blutdruckerniedrigung, sehr schnell eintretenden Tod nach intravenöser Injektion usw. dem Apotoxin in seiner Wirkung ähneln, denen aber die Fähigkeit zur Erzeugung einiger charakteristischer Merkmale des Meerschweinshocks, z. B. des der Lungenstarre und der prodromalen Symptome des Kratzens, Putzens, der Brechneigung und der eigentümlichen Krampferscheinungen fehlen. Zu diesen Präparaten rechne ich das Kadaverin (Pentamethylendiamin) und das Piperidin. Charakteristische Lungenblähung machen die Saponine.

Dass im Wittepepton eine apotoxinähnlich wirkende Substanz (Vasodilatin) vorkommt, ist schon bei anderer Gelegenheit erwähnt worden. Toxische Körper kann man aus ursprünglich ungiftigen Proteinsubstanzen auf sehr verschiedene Art bekommen. Weichardt nimmt an, dass die Ermüdungssymptome mit toxischen Produkten des Stoffwechsels zusammenhängen und glaubt im Kenotoxin ein den Ermüdungsstoffen ähnliches Produkt künstlich darstellen zu können. Er gewinnt sein Kenotoxin folgendermassen: 250 g Eiereiweiss werden mit 25 ml 33 proz. Natronlauge und 225 ml 3 proz. Wasserstoffsuperoxyd gemischt. Nach 8 tägigem Stehen wird mit Salzsäure bis zur schwach sauren Reaktion neutralisiert, von den ausfallenden Proteinen abfiltriert und das Filtrat nach der Dialyse im Vakuum bei 30° eingeengt. Das in dem eingeengten Filtrat vorhandene Gift entspricht nun wohl dem Begriff „Apotoxin", insofern es aus einem ursprünglich ungiftigen Protein abgespalten wird; aber seine Eigenschaften, die mit den hypothetischen „Ermüdungsstoffen" aus überarbeiteten Muskeln übereinstimmen sollen, weichen doch sehr ab von denjenigen, welche das anaphylaktische Apotoxin besitzt.

Eher könnte man als richtige Apotoxine ansehen die Spaltungsprodukte, welche Vaughan und Wheeler bekamen, wenn sie Proteinkörper der Hydrolyse durch 70° heissen Alkohol unterwarfen, wobei ein Gift in Lösung überging, das bei Meerschweinchen anaphylaktische Symptome hervorruft und diese Tiere akut tötet.

Hartoch und Sirenskij, sowie Weichardt und Schittenhelm sahen bei der tryptischen Serum- und Organverdauung apotoxinähnliche Produkte auftreten und Kirchheim fand solche (unter Leitung von Matthes) in proteolytisch wirksamen Pankreaspräparaten („Ueber die Giftwirkung des Trypsins und seine Fähigkeit, lebendes Gewebe zu verdauen". Marburger Habilitationsschrift. 1911).

Ueber die Versuche Aronson's zur Apotoxingewinnung in vitro werde ich im siebenten Abschnitt berichten[1]).

Sechster Abschnitt.
Physiologische Analyse des Anaphylaxieprozesses.

Ueber den physiologischen Mechanismus des anaphylaktischen Shocks ist in der Zeitschrift für Immunitätsforschung (Bd. 8. No. 1. Novemberheft 1910) eine wichtige Arbeit von Wilfred H. Manwaring (New York) veröffentlicht worden.

An Kaninchen, welche durch 6 ml Pferdeserum sensibilisiert waren und 14 Tage später durch intravenöse Pferdeseruminjektion krank wurden, beobachtete der Verfasser Sinken des Blutdrucks in der Carotis. Nach 8 Minuten war die Minimalgrenze der Blutdrucksenkung erreicht. Nach 30 Minuten war der Blutdruck wieder normal. Wurde danach die intravenöse Seruminjektion wiederholt, dann blieb die Blutdruckerniedrigung aus.

Das Aderlassblut war im anaphylaktischen Anfall ungerinnbar geworden. Nach dem Zentrifugieren des Blutes war das Plasma hämoglobinhaltig.

Aehnliche Verhältnisse beobachtete M. im anaphylaktischen Shock sensibilisierter Katzen; nur die Hämolyse blieb aus. Bei sehr schneller intravenöser Injektion tritt die Blutdruckerniedrigung rapide ein, verschwindet aber schon nach 1 bis 2 Minuten. Bei 5 maliger schneller Wiederholung der Injektion mit stetiger Abnahme der Blutdruckerniedrigung war das Blut am Schluss des Versuchs wieder gerinnbar geworden. Die Blutdrucksenkung im anaphylaktischen Anfall tritt auch ein, wenn beide Vagi durchschnitten sind. Sie beruht also nicht auf Vagushemmung.

Bei Hunden wurde im anaphylaktischen Shock das Blutdruckminimum nach 90 Sekunden erreicht, und normaler Druck war nach $2\frac{1}{2}$ Minuten noch nicht vorhanden. Das dunkelrote Aderlassblut, welches $1\frac{1}{2}$ Stunden nach der anatoxischen Seruminjektion entnommen wurde, gerann innerhalb von 24 Stunden nicht. Das Plasma blieb hämoglobinfrei. Im Intestinaltraktus fanden sich Hämorrhagien; auch die Leber zeigte subkapsuläre Blutungen. Bemerkenswert ist noch, dass bei schwächerem Shock die Blutgerinnung nicht vollständig ausblieb.

Wird die Aorta und Vena cava oberhalb des Zwerchfells temporär unterbunden, so reagiert die obere Hälfte des anaphylaktisierten Körpers nicht auf solche Serumeinspritzungen, die bei sensibilisierten Kontroll-

---

1) J. Bauer („Ueber die Herkunft des Anaphylatoxins." Berl. klin. W., 1912, No. 8) glaubt nachweisen zu können, dass aus Komplementserum durch Komplementberaubung Apotoxin entstehe und will hierauf die Tatsache zurückführen, dass Meerschweinserum für Meerschweine durch Kaolinbehandlung giftig gemacht werden kann.

hunden Shock auslösen. Bei diesem Versuch werden aus dem anaphylaktischen Mechanismus ausgeschieden:

    a) Zentrales und peripherisches Nervensystem und die Nervenendigungen;

    b) der kardiovaskuläre und respiratorische Apparat;

    c) Bindegewebe und Lymphgewebe;

    d) glatte und quergestreifte Muskulatur.

Diese Körperteile können demgemäss, soweit sie überhaupt an dem Shock mitwirken, nicht **primär**, sondern nur **sekundär** in denjenigen Shockprozess hineinbezogen werden, welcher auch nach Unterbindung der Aorta und Vena cava das Leben bedroht. Der primär reagierende anaphylaktische Mechanismus ist zu suchen unter den Geweben **unterhalb** des Zwerchfells, und zwar vermutlich unter denjenigen subdiaphragmatischen Geweben, welche in der supradiaphragmatischen Körperhälfte nicht vertreten sind.

Weitere Versuchsanordnungen führten schliesslich den Verfasser zu der Schlussfolgerung, dass die Leber und die Gedärme in erster Linie apotoxinempfindlich sind und die Hauptrolle beim Zustandekommen des anaphylaktischen Shocks spielen. Von den Endothelien der Blutgefässe und Kapillaren scheint eine shockhemmende Wirkung auszugehen.

Die Transfusion von Blut, welches durch Hirudin ungerinnbar gemacht ist, erhöht die anaphylaktische Serumempfindlichkeit und ist nicht geeignet zur Shockbekämpfung durch Blutdruckbeeinflussung.

M. nimmt auf Grund seiner sinnreich und sorgfältig durchgeführten Versuche an, dass als Reaktion auf eine erstmalige Einspritzung von heterogenem Protein der anaphylaktische Antikörper (als ein Co-Enzym) in der Leber gebildet und zum Teil in das zirkulierende Blut abgestossen wird. Unter Mitwirkung von fixen Leber- und Darmzellen fungiere dieser Körper als proteolytisches Ferment und bewirke parenteral hydrolytischen Proteinzerfall, der sonst nur enteral auf fermentativem Wege zustandekomme. Dabei entstehe als intermediäres Zwischenprodukt das Apotoxin, welches möglicherweise durch die Beeinflussung wichtiger Blutelemente seine Giftwirkung ausübe. **Zweifellos sei in erster Linie die Leber für den Eintritt des anaphylaktischen Shocks verantwortlich zu machen.**

Meinerseits möchte ich auf Grund von eigenen Experimenten die **Aufmerksamkeit lenken auf den Blutplättchenschwund und Fibrinfermentverbrauch** im anaphylaktischen Shock. Das Apotoxin bedarf zu seiner Entstehung aus dem antigenen Protein der Mitwirkung des Alexins. Darüber sind alle Forscher auf dem Anaphylaxiegebiet untereinander einig. Nun besteht aber, soweit ich erkennen kann, ein vollkommener Parallelismus der Existenzbedingungen einerseits für das Alexin und andererseits für das Fibrinferment, und alle Mittel, welche das letztere binden oder zerstören, wirken ebenso auch auf das Alexin ein. Alexinverbrauchende Mittel sind stets auch Mittel zur Verhinderung der Blutgerinnung, deren Ausbleiben oder Beeinträchtigung mit der Intensität des anaphylaktischen Shocks und der Apotoxinvergiftung pari passu erfolgt. Es ist eine einfache Konsequenz dieser Tatsachen, wenn man annimmt, dass durch fibrinferment- bzw. alexinverbrauchende Agentien der anaphylaktische Shock verhütet werden kann; aber man darf als besonderes Verdienst die experimentelle Bestätigung dieser Schlussfolgerung

durch F. C. Löffler anerkennen, welcher als Medizinalpraktikant im
Greifswalder Hygienischen Institut bewies, dass bei einem sensibilisierten
Meerschwein der Shock nach der Reinjektion vollkommen ausbleibt, wenn
man es eine Stunde vorher mit der zum Alexin-(Komplement-)Verbrauch
erforderlichen Menge eines hämolytischen Systems vorbehandelt hat.

Dass im anaphylaktischen Shock nicht bloss Alexinschwund, sondern
auch Fibrinfermentschwund eintritt, hat in seiner Arbeit „Zur Frage
über die Gerinnbarkeit des Blutes bei experimenteller Anaphylaxie" (Ztschr. f. Immunitätsforschung Bd. XII, Heft 3) N. N. Sirenskij bewiesen, indem er die verschiedenen Fibringeneratoren bei vergleichenden Blutprüfungen quantitativ bestimmte. In dieser Arbeit wird
gesagt: „Der Fermentgehalt und der Gehalt an Calcium- und Magnesium-
salzen wurde bestimmt durch Titration mit Ammonium oxalicum- bzw.
Hirudin. Hirudinlösung von fallender Konzentration: 0,02, 0,01,
0,05 pCt. usw. und in gleicher Weise abgestufte Ammonium-oxalicum-
Lösung: 0,5, 0,4, 0,3 pCt. usw. wurden in den ausgezogenen Teil von
Pasteur'schen Pipetten bis zur Marke aufgesogen. Alsdann wurde die
Arteria carotis freigelegt, zentral und peripher durch Anlegen von
Klammern abgeklemmt und seitlich ganz fein angeschnitten. Die Pipetten mit den verschieden abgestuften Lösungen wurden alsdann durch
Lüften der zentralen Klammer bis zur oben erwähnten Marke mit dem
zu untersuchenden Blute gefüllt. Alsdann wurde das Blut mit der
betreffenden Lösung, analog der Wright'schen Opsonintechnik, gemischt
und wieder in den mittleren Teil der Pipette aufgesogen. Hernach
wurde das obere und das untere Ende des kapillären Teils der Pipette
abgeschmolzen. Die so hergestellten Kapillaren wurden 5 Minuten lang
in einer Wasserzentrifuge leicht zentrifugiert und das Resultat abgelesen.
In denjenigen Röhrchen, in denen die Blutgerinnung nicht stattgefunden
hat, findet man nach dem Zentrifugieren den ganzen Inhalt der Kapillare
am Boden derselben, wobei über dem Blutkörperchensatz die farblose
Mischung des Serums und der Titrationsflüssigkeit sich ansammelt. Im
entgegengesetzten Falle bleibt das koagulierte Blut in der Mitte der
Kapillare haften und nur das Serum und die Titrationsflüssigkeit sinken
zu Boden. Mit Hilfe dieser Methode, über deren Einzelheiten wir auf
die Arbeit von Slowzoff[1]) verweisen, lässt sich mit Leichtigkeit diejenige Menge Hirudin bzw. Ammonium oxalicum eruieren, die eine
Gerinnung des Blutes noch hintanhält. Das Fibrinogen wurde aus dem
Salzplasma nach Hammarsten gewonnen und durch Wägung quantitativ
bestimmt. Vor der Reinjektion, und 30 bis 40 Minuten nach derselben,
wurde aus der Arteria carotis Blut entnommen, und zwar durch eine
dünne abgeknickte Kanüle, deren freies Ende in ein Gefäss mit gesättigter
$MgSO_4$-Lösung mündete. Nach gründlicher Vermischung wurde das so
aufgefangene Blut auf einer elektrischen Zentrifuge 15 Minuten lang
scharf zentrifugiert und das Salzplasma sorgfältig abgehebert. Zur Gewinnung des Fibrinogens werden alsdann gleiche Teile des Salzplasmas
mit einer gesättigten Kochsalzlösung vermischt, wobei das Fibrinogen

---

1) Slowzoff, Ruszky Wratsch. 1908.

als weisser flockiger Niederschlag ausfällt[1]). Die quantitativen Bestimmungen des Fibrinogens (durch Wägung) wurden ausgeführt von Dr. Lukin unter der bewährten Leitung von E. S. London.

Die Versuchsergebnisse sind der Uebersicht halber in folgender Tabelle zusammengestellt.

Tabelle I.

Meerschwein		Gerinnungszeit				Gehalt an Calcium und Magnesiumsalzen[2])				Fermentgehalt[2])				Bemerkungen
Nummer	Gewicht	vor der Injektion	nach 15 bis 20'	nach 45'	post mortem	vor der Injektion	nach 15 bis 20'	nach 45'	post mortem	vor der Injektion	nach 15 bis 20'	nach 45'	post mortem	
1	360 g	1' 45''	2' 35''	4' 35''	—	0,3	0,3	0,3	—	0,01	0,01	0,001	—	
2	350 g	2' 10''	2' 10''	4' 35''	—	0,3	0,2	0,3	—	0,01	0,02	0,005	—	Sensibilisiert
3	385 g	2' 10''	4' 35''	4' 20''	8' 15''	0,3	0,2	0,3	0,3	0,01	0,02	0,001	0,001	mit 0,01 ccm
4	355 g	2' 35''	3' 55''	4' 40''	—	0,3	0,3	0,3	—	0,02	0,001	0,001	—	Pferdeserum.
5	400 g	2' 65''	2' 45''	5' 00''	6' 10''	0,3	0,3	0,3	0,3	0,02	0,02	0,01	0,005	Nach 14 Tag.
6	340 g	2' 00''	3' 40''	4' 30''	—	0,3	0,3	0,3	—	0,01	0,01	0,0005	—	Reinjektion
7	365 g	3' 15''	4' 25''	—	—	0,3	0,3	—	—	0,01	0,005	—	—	von 2—3 ccm
8	380 g	2' 00''	4' 25''	—	—	0,3	0,3	—	—	0,05	0,02	—	—	Pferdeserum
9	400 g	1' 45''	3' 10''	5' 20''	—	0,3	0,3	0,3	—	0,05	0,01	0,001	—	ip.
10	355 g	1' 30''	1' 45''	5' 10''	6' 30''	0,3	0,3	0,3	0,3	0,03	0,02	0,001	—	
						Kontrollen.								
11	380 g	2' 15''	2' 00''	1' 45''	—	0,3	0,3	0,3	—	0,01	0,01	0,01	—	Nicht sensib.
12	370 g	2' 10''	2' 25''	2' 15''	—	0,3	0,3	0,3	—	0,02	0,02	0,02	—	Injektion von
13	350 g	2' 30''	2' 45''	2' 40''	—	0,3	0,3	0,3	—	0,02	0,01	0,02	—	2—3 ccm
														Pferdeserum ip.

Fibrinogenbestimmungen.

Versuch I. Gewicht des Fibrinogens in 9 ccm Meerschweinchenblut vor der Reinjektion . . . . 0,0672 g — 0,75 pCt.

Gewicht des Fibrinogens in 9 ccm Meerschweinchenblut 30' nach der Reinjektion. . . . . 0,0190 g — 0,2 „

Versuch II. Gewicht des Fibrinogens in 18 ccm Meerschweinchenblut vor der Reinjektion (Mischserum von 3 Meerschweinchen) . . . . 0,1998 g — 1,1 „

Gewicht des Fibrinogens in 18 ccm Meerschweinchenblut 30' nach der Reinjektion (Mischserum von 3 Meerschweinchen . . . . 0,1712 g — 0,9 „

Zusammenfassung.

Die angeführten Versuchsergebnisse lassen uns folgende Schlussfolgerungen ziehen:

1. Bei der experimentellen Anaphylaxie kommt es zur Verzögerung der Blutgerinnung, wobei die höchsten Werte im Stadium der schweren

---

1) Da zu zuverlässigen quantitativen Bestimmungen des Fibrinogens grössere Blutquanta erforderlich sind, so konnten die Blutproben nicht bei ein und demselben Tiere entnommen werden.

2) Die Werte für den Calcium- und Magnesiumgehalt und den Fermentgehalt sind bezogen auf die in Prozenten ausgedrückte Grenzkonzentration (geringste Konzentration) der Ammon. oxalic.- bzw. der Hirudinlösung, die bei oben angeführter Versuchsanordnung die Gerinnung noch gerade verhüten konnte.

klinischen Symptome, kurz vor dem Exitus erhalten werden. Noch auffälliger ist der Unterschied bei Verwendung von Postmortalblut (gewonnen
aus noch schlagendem Herzen).

2. Der Calcium- und Magnesiumsalzgehalt des Blutes bleibt bei
experimenteller Anaphylaxie unverändert, wogegen der Gehalt an Fibrinferment nach der. Reinjektion sich wesentlich verringert. Besonders
deutlich ist die Verringerung des Gehaltes an Fibrinferment im Stadium
der schweren klinischen Symptome und im Postmortalblut (5—10 weniger).

3. Auch der Fibrinogengehalt des Blutes scheint bei experimenteller
Anaphylaxie sich zu verringern."

Ich betrachte dieses Versuchsergebnis als eine Bestätigung meiner
Annahme, dass das Substrat der Fibrinfermentwirkung einerseits, der
Komplement- und Alexinwirkung andererseits, identisch ist.

Siebenter Abschnitt.
Apotoxinqualitäten.

Wenn wir ganz allgemein den Apotoxinbegriff so fassen, dass darunter
solche Giftkörper zu verstehen sind, welche durch Abspaltung aus einer
komplizierten Substanz entstehen, so ist die Apotoxinkenntnis uralt, und
die Zahl der Apotoxine ist dann sehr gross. Aus ungiftigen oder wenig
giftigen Nitraten, Phosphaten, Arsen- und Antimonsalzen entstehen durch
Reduktion sauerstoffarme Verbindungen von grosser Giftigkeit, welche im
lebenden Organismus den Sauerstoff des Blutes und der Gewebe an sich
reissen und dadurch einen normalen Stoffwechsel unmöglich machen.
Andere Spaltungsprodukte indifferenter Salze, z. B. die Halogene Chlor,
Jod und Brom, wirken dadurch giftig, dass sie eine energische Oxydationswirkung ausüben und auf diese Weise das Protoplasma zum
respiratorischen Gasaustausch unfähig machen. Mit der Störung des respiratorischen Gaswechsels hängt auch die Giftwirkung des aus der Kohlensäure durch Reduktion zu gewinnenden Kohlenoxyds und die Wirkung der
aus vielen organischen Verbindungen abspaltbaren Blausäure zusammen.

Allen diesen giftigen Spaltprodukten gemeinsam ist die Schnelligkeit
der nach ihrem Hineingelangen in die Blutzirkulation eintretenden Intoxikation, im Gegensatz zu den erst nach einem mehr oder minder
langen Inkubationsstadium sich einstellenden Krankheitserscheinungen im
Gefolge der Einverleibung von infektiösen Proteinkörpern.

Dieses Merkmal des schnellen Eintritts der Giftwirkung kommt auch
den Apotoxinen im engeren Sinne des Wortes zu, die in den gefürchtetsten Infektionskrankheiten, zumal bei der Cholera, beim Typhus, bei
den Pocken, der Lungenentzündung, den exanthematischen Krankheiten,
der Eklampsie und anderen akut verlaufenden Krankheitsprozessen zwar
von jeher wirksam gewesen sind, aber erst in neuester Zeit in ihrem
Wesen und in ihrer krankmachenden Bedeutung richtig erkannt worden sind.

Zu den früher berichteten Entstehungsbedingungen und Eigenschaften
der aus verschiedenem Material gewonnenen Apotoxine hat Hans
Aronson (Berl. Klin. Wochenschr. 1912, Nr. 5 u. 6) sehr bemerkenswerte neue Tatsachen hinzugefügt, welche die Friedbergerschen Forschungsergebnisse grösstenteils bestätigen, in wichtigen Einzelheiten aber
auch ergänzen und zum Teil korrigieren.

Aronson hat sich hauptsächlich mit der Apotoxingewinnung aus Bakterienkulturen beschäftigt. Sein Ausgangsmaterial bestand aus verschiedenen Infektionserregern, welche er auf zweierlei wesentlich verschiedene Art verarbeitete, nämlich mit und ohne Komplementzusatz.

Als Komplement diente ihm frisches Meerschweinserum. Je $4^1/_2$ ml Serum erhielten einen Zusatz von Bakterienleibessubstanz, die folgendermassen präpariert wurde. Von Agarkulturen oder aus Bouillonkulturen erhaltene Bakterienmasse wurde in abgewogener Menge zuerst für sich, dann zusammen mit Kochsalzlösung, im Achatmörser sorgfältig verrieben, die so entstandene Emulsion in abgestufter Dosierung verdünnt, von der verdünnten Emulsion immer 1 ml zum Serum zugesetzt und im Brütschrank bei 37 ⁰ digeriert. Nach verschieden langer Digestion wurde zentrifugiert und schliesslich das im Abguss enthaltene Apotoxin auf seine Wirkung durch Injektion von 4 ml in die Blutbahn von Meerschweinchen geprüft. Wenn wir diejenige Dosis, welche gerade noch akuten Todeseintritt unter den charakteristischen Symptomen der Apotoxinvergiftung bewirkt, als eine Apotoxineinheit (= 1 Ap E) bezeichnen, so enthielten nach 2 stündiger Digestion, berechnet auf 1 g Bakterienmasse,

Typhusbazillen	2 000— 5 000	Ap E
Prodigiosusbazillen . . .	2 500—10 000	„
Staphylokokken	100— 200	„
Milzbrandbazillen . . .	100— 200	„
Diphtheriebazillen . . .	5— 10	„
Tuberkelbazillen	5— 10	„

Streptokkokken lieferten, wenn überhaupt, so nur sehr wenig Apotoxin. Die digerierten Bakterien sahen gequollen aus und erwiesen sich weniger leicht färbbar als vor der Digestion.

Die auf eine Dauer von 2 Stunden ausgedehnte Serumeinwirkung bewirkt nicht das Optimum der Apotoxinkonzentration, dieses wird vielmehr schon in kürzerer Zeit erreicht. Schon nach einer Minute liefern beispielsweise die Typhusbazillen Apotoxin in reichlicher Menge, und nach $2^1/_2$ Stunden ist die apotoxische Energie des Abgusses geringer als nach 2 Stunden. Das spricht nach Aronson für die Richtigkeit der Angabe Friedberger's, dass das Komplement, in seiner Eigenschaft als proteolytisches Ferment, das Apotoxin über die wirksamste Giftigkeitsstufe hinaus zu weniger giftigen bezw. ungiftigen Produkten abzubauen vermag.

Aus dem apotoxinhaltigen Abguss lässt sich ein konzentrierteres Präparat gewinnen, wenn man ihn gefrieren und langsam wieder auftauen lässt. Die erst gewonnene Tauflüssigkeit ist reicher an Apotoxin, wie die zurückbleibende Eismasse.

Injiziert man solche starke Apotoxinlösung, welche viele Apotoxineinheiten enthält, in die Blutbahn, dann erfolgt der Meerschweinchentod blitzartig durch Herzstillstand bei kollabierter Lunge, während durch eine oder wenige Apotoxineinheiten der Tod durch Lungenblähung bei schlagendem Herzen erst nach einigen Minuten eintritt[1]).

---

1) Die von vorneherein schon etwas unwahrscheinliche Angabe, dass gerade die Tauflüssigkeit besonders apotoxinreich sein soll, scheint mir durch neue Versuche Friedberger's (nach mündlicher Mitteilung vom 2. III. 1912) widerlegt zu sein. Möglicherweise handelt es sich bei dem ohne Lungenblähung „blitzartig" eintretenden Tode um die Wirkung von reinem Wasser.

Durch halbstündiges Erhitzen auf 60—65⁰ wird die Apotoxinlösung kaum abgeschwächt. Trotz ihrer Thermostabilität schwächt sie sich beim Stehenlassen aber doch schnell ab, wahrscheinlich infolge einer Oxydation durch den Luftsauerstoff. Insofern unterscheidet sich jedoch die erhitzte Apotoxinlösung von der bei $37°$ gewonnenen, als bei subkutaner Injektion die der letzteren zukommende nekrotisierende Wirkung fehlt.

Das aus Typhusbazillen entstehende Apotoxin ist nicht dialysabel, wird aber dialysierbar, wenn es in den Harn übergeht. Es bewirkt dabei sehr schnell Nierenreizung; später tritt auch Eiweiss im Harn auf. Wahrscheinlich wird das ursprünglich in Gestalt von einer Nuklein- oder Nukleoproteidverbindung gewonnene Apotoxin im lebenden Organismus gespalten, und im Harn erscheint dann der apotoxisch wirksame Anteil als organische Basis. Auch das dialysierbare Harnapotoxin schwächt sich beim Stehenlassen ab.

Zum Zweck der Konservierung kann man die Apotoxinlösung im Frigorapparat einfrieren lassen oder es in Trockenform überführen durch Eintrocknen im Vakuumapparat oder durch Alkoholfällung. Das Apotoxin ist unlöslich in absolutem Alkohol, aber löslich in 50 pCt. Spiritus. Bei 70 pCt. Alkoholgehalt geht es zum grössten Teil in den Niederschlag über.

Man kann aus Bakterienkulturen das Apotoxin auch ohne Komplementmitwirkung, durch Extraktion mit inaktiviertem Meerschweinserum, erhalten, wenn man die Extraktion bei $37°$ im Brütschrank $2\frac{1}{2}$ Stunden lang erfolgen lässt. Die besten Präparate bekommt man aus Typhusbazillen durch Extraktion dick aufgeschwemmter Agarkulturen mit Kochsalzlösung im Schüttelapparat bei 60—65⁰. Nach einer Stunde enthält der Abguss bei dieser Gewinnungsmethode eine Apotoxineinheit in 4 ml.

Die Feststellung, dass man aus Bakterienkulturen das Apotoxin so gewinnen kann, dass jede Mitwirkung nicht bloss eines Ambozeptors, sondern auch des Komplements gänzlich ausgeschlossen ist, würde eine fundamentale Bedeutung haben und die volle Analogie der fermentativen Apotoxinentstehung im anaphylaktischen Shock mit der Apotoxinbildung aus Proteinkörpern durch vulgäre Fermente, z. B. durch das Trypsin beweisen, wenn A.'s Versuche als einwandsfrei anerkannt werden müssten.

Nach Aronson verhalten sich Bakterien wie die spezifischen Präzipitate, die aus Serum plus Antikörper gebildet werden. Sie können deswegen im lebenden Organismus auch ohne seine vorausgegangene Sensibilisierung zur Apotoxinquelle werden, indem sie wie die Serumpräziptate durch das Alexin des Blutes aufgeschlossen werden. Inzwischen hat Friedberger (Ber. über d. S. d. Berl. mikr. Ges. vom 21. XI. 11, 12. XII. 11, 9. I. 12) die Angabe von A., dass die Apotoxinbildung aus Bakterien der Existenz von endobakteriellen Fermenten zuzuschreiben sei, dadurch in Frage gestellt, dass er auf die Experimente hinweist, in welchen eine genügende Menge von bakterieller Leibessubstanz auch nach der Erhitzung auf 100⁰, also nach Ausschaltung etwaiger Endofermente, bei unvorbehandelten Meerschweinchen eine apotoxische Vergiftung herbeiführt.

Achter Abschnitt.
Anaphylaxie-Literatur[1]).

Um von dem gewaltigen Umfang der Anaphylaxie-Literatur dem Leser eine Vorstellung zu geben, mag hierunter das Verzeichnis Platz finden, welches Friedberger im Bd. 2 der „Fortschritte der deutschen Klinik" 1911 hat abdrucken lassen.

Abderhalden, Die Anwendung der „optischen Methode" auf dem Gebiete der Immunitätsforschung. Med. Klinik. 1909. — Abderhalden u. Pincussohn, Zeitschrift für physiol. Chemie. 1910. — Abderhalden u. Weichhardt, Ueber den Gehalt des Kaninchenserums an peptolytischen Fermenten unter verschiedenen Bedingungen. Zeitschr. f. physiol. Chemie. Bd. 62. 1909. — Abelous et Bardier, L'anaphylaxie pour l'urohypotensine. Soc. biol. 1909. Bd. 67. — Achard et Aynaud, Les globulins dans l'anaphylaxie. Compt. rend. Soc. biol. 1909. Bd. 67. — Achard et Flandin, Toxicité des centres nerveux pendant le choc anaphylactique. Compt. rend. Soc. Biol. T. 69. 1910. — Amiradzibi, Zur Frage der Serodiagnose des B. coli, zugleich ein Beitrag zur Verschiedenheit der Antikörper. Zeitschr. f. Immunitätsforschung. Bd. 6. 1909. — Angerer, Ueber Ambozeptorwirkung in Salzlösung verschiedener Konzentration. Zeitschr. f. Immunitätsforsch. Bd. 4. — Anderson, Hypersuscept bility to horse serum. Journ. of med. research. 1906. Vol. 15. — Anderson u. Rosenau, Further studies upon anaphylaxis. Journ. of med. research. 1908. Vol. 19. Fol. 1. — Andrejew, Ueber Anaphylaxie mit Eiweiss thierischer Linsen. Arb. a. d. Kaiserl. Gesundheitsamte. Bd. 30. 1909. H. 2. — Apolant, Ueber die Empfindlichkeit von Krebsmäusen gegen intraperitoneale Tumorinjektionen. Zeitschr. f. Immunitätsforsch. Bd. 3. H. 1. — Armand-Delille, Anaphylaxie pour la substance grise cérébrale. Compt. rend. Soc. Biol. T. 68. 1910. No. 10. — Armit, Hypersensibility to pure egg albumin. Zeitschr. f. Immunitätsforsch. VI. 1910. — Aronson, Diskussionsbemerkung zu Piorkowski's Vortrag. Berliner med. Gesellschaft. 7. 12. 1904. — Arthus, Injections répétées de sérum de cheval chez le lapin. Bull. de la Soc. de Biol. 20. Juni 1909; Sur la séro-anaphylaxie du lapin. Bull. de la Soc. de Biol. 1906; Sur la séro-anaphylaxie. La Presse médic. 1909. No. 35; La séro-anaphylaxie du chien. C. R. de la Soc. de Biol. Bd. 148. 1909; La séro-anaphylaxie du lapin. C. R. Acad. Scienc. Bd. 148. Fasc. 15. 1909. — Arthus u. Breton, Lésions cutanées produites par les injections de sérum de cheval chez le lapin anaphylactisé par et pour ce sérum. C. R. de la Soc. de Biol. 1903. — Arthus, La séro-anaphylaxie du lapin. Arch. intern. de Physiol. T. 7. 1909; La séro-anaphylaxie de lapin. Arch. intern. de Physiol. T. 9. 1910; La séro-anaphylaxie du chien. Arch. intern. de Physiol. T. 9. 1910. — Asch, Zur Kasuistik der Heilserumexantheme. Berliner klin. Wochenschr. 1894. Nr. 51. — Ascoli, Essai de diagnostic de la fièvre typhoïde au moyen de l'anaphylaxie passive, C. R. Soc. Biol. T. 65. 1908; Anallergische Sera. Zeitschr. f. Immunitätsforschung. Bd. 6. 1910; Anallergische Sera. Deutsche med. Wochenschr. 1910. — Auer u. Lewis, Acute anaphylactic death in Guinea pigs. Journ. of the Amer. med. Assoc. 1909. Bd. 53. 6; La cause de la mort dans l'anaphylaxie aiguë du cobaye. Compt. rend. Soc. Biol. T. 68. 1910. — Auer, The effect of vagus section upon anaphylaxis in Guinea pigs. The Journ. of experim. Med. Vol. 12. 1910. — Axamit, Ueberempfindlichkeitserscheinungen nach Hefeinjektionen. Arch. f. Hygiene. 1907. H. 1. — Azuma, Beiträge zur pflanzlichen Anaphylaxie. Diss. Osaka. 1910.

Bail, Ueberempfindlichkeit bei tuberkulösen Tieren. Wiener klin. Wochenschr. 1904; Uebertragung der Tuberkulinüberempfindlichkeit. Zeitschr. f. Immunitätsforsch. Bd. 4. H. 4. — Bail u. Weil, Bemerkungen zu der Arbeit von Holobut: Zur Frage der Bakterienanaphylaxie. Zeitschr. f. Immunitätsforsch. Bd. 4. — Banzhaf et Famulener, The influence of chloralhydrate an Serum anaphylaxies. Journ. of

---

1) Angeführt ist nur die im Text von Friedberger's Monographie „Die Anaphylaxie" 1911 zitierte Literatur. Ausführliche Literaturverzeichnisse finden sich bei Otto, Kolle-Wassermann's Handb. Erg.-Bd. 2. 1908; Doerr, Handb. der Immunitätsforsch., Kraus-Levaditi; Doerr, Zeitschr. f. Immunitätsforsch. Ref. Bd. 2. H. 7 u. 8; Moro, Lubarsch-Osterstag, Erg. d. pathologischen Anatomie. XIV. Jahrg. 1910. H. Pfeiffer, Problem der Eiweissanaphylaxie. Jena 1910.

infect. Dis. Vol. 7. 1910. No. 4. — Batelli, L'anaphylaxie vis-à-vis des globules sanguins chez les animaux immunisés. C. R. de la Soc. de Biol. 1905. — Bauer, Die passive Uebertragung der Tuberkuloseüberempfindlichkeit. Münchener medizin. Wochenschr. 1909. Nr. 24. — Bcclère, Chambon et Ménard, Etude expérimentale des accidents post-sérothérapeutiques. Annal. inst. Pasteur. 1896. — v. Behring u. Kitashima, Ueber Verminderung und Steigerung der ererbten Giftempfindlichkeit. Berliner klin. Wochenschr. 1901. Nr. 6. — Belin, Transmission de l'anaphylaxie sérique de la mère au foetus. Compt. rend. Soc. Biol. T. 67. 1910; Hérédité de l'anaphylaxie sérique. Compt. rend. Soc. Biol. T. 68. 1910. — Besche, Gefahrdrohende Dyspnoë mit Kollaps nach der Seruminjektion. Berliner klin. Wochenschrift. 1909. 35. — Besredka, Comment empêcher l'anaphylaxie? C. R. de la Soc. de Biol. 1907. Bd. 62; De la toxicité des sérums thérapeutiques et du moyen de la doser. C. R. de la Soc. de Biol. 1907. Bd. 62; Toxicité des sérums thérapeutiques, sa variabilité et son dosage. Annal. de l'inst. Pasteur. 1907. Bd. 21. Nr. 10; Comment peut-on combattre l'anaphylaxie? Annal. de l'Institut Pasteur. 1907. Bd. 21; De l'anaphylaxie sérique expérimentale. Bull. de l'inst. Pasteur. 1908; Du mécanisme de l'anaphylaxie vis-à-vis du sérum de cheval. Annal. de l'inst. Pasteur. Bd. 22. 1908; De l'anaphylaxie lactique. Compt. rend. de la Soc. de Biol. T. 64. 1908; De l'anaphylaxie lactique. Annal. Pasteur. Bd. 23. 1909. Nr. 2; De la vaccination antianaphylactique. C. R. de la Soc. de Biol. T. 65. 1908; De l'anaphylaxie (Huitième mémoire). Annal. de l'inst. Pasteur. 1909. Bd. 23. Nr. 10; De la vaccination antianaphylactique. C. R. de la Soc. de Biol. T. 65. 1908; Des moyens d'empêcher les troubles anaphylactiques. C. R. de la Soc. de Biol. 1909. Bd. 66. Nr. 3; De l'anaphylaxie. Annal. de l'inst. Pasteur. T. 25. 1909. Nr. 2; Du moyen d'empêcher la mort subite produite par injections répétées du sang ou des microbes dans la circulation générale. Compt. rend. Soc. Biol. 1909. Bd. 67. Nr. 27; De l'antianaphylaxie, le procédé des petites doses et les injections subintrantes. Annal. Pasteur. T. 24. 1910; Le procédé des vaccinations subintrantes appliqué aux animaux passivement anaphylactisés; l'antianaphylaxie passive. Compt. rend. Soc. Biol. T. 69. 1910. — Besredka und Steinhardt, De l'anaphylaxie et de l'antianaphylaxie vis-à-vis du sérum de cheval. Annal. de l'inst. Pasteur. 1907. Bd. 21; Du mécanisme de l'antianaphylaxie. Annal. de l'inst. Pasteur. 1907. Bd. 21, — Biedl und Kraus, Experimentelle Studien über Anaphylaxie. Wiener klinische Wochenschrift. 1909. Nr. 11; Ueber passive Anaphylaxie (Serumanaphylaxie). Zeitschr. f. Immunitätsforsch. Bd. 4. H. 1; Zur experimentellen Analyse der Anaphylaxie. Vortrag. 3. Tag. d. freien Vereinig. f. Mikrobiologie. 1909; Experimentelle Studien über Anaphylaxie. III. Mitt. Die Serumanaphylaxie beim Meerschweinchen. Wien. klin. Wochenschr. 1910. Nr. 11; Die Wirkung intravenös injizierten Peptons bei Meerschweinchen. Zentralbl. f. Physiol. Bd. 24. 1910; Experimentelle Studien über Anaphylaxie. 4. Mitt. Zur Charakteristik des anaphylaktischen Shocks. Zeitschr. f. Immunitätsforsch. Bd. 7. 1910; Ueber die Giftigkeit heterologer Sera und Kriterien der Anaphylaxie. Zeitschr. f. Immunitätsforschung. Bd. 7. 1910. — Blaizot, Toxicité pour les lapins neufs du sang de lapin anaphylactisé au sérum de cheval. Compt. rend. Soc. Biol. T. 68. 1910. — Bloch und Massini, Studien über Immunität und Ueberempfindlichkeit bei Hyphomyzetenerkrankungen. Zeitschr. f. Hyg. 1909. Bd. 63. H. 1. — Bogomolez, Ueber die Lipoidanaphylaxie. Zeitschr. f. Immunitätsforsch. Bd. 5. H. 1; Ueber die Lipoidanaphylaxie. Zeitschr. f. Immunitätsforsch. Bd. 5. 1910; Weitere Untersuchungen über die Lipoidanaphylaxie. Zeitschr. f. Immunitätsforsch. Bd. 6. 1910. — Boehm, Ueber die Wirkungen der Barytsalze auf den Tierkörper. Arch. f. experim. Pathol. u. Pharmakol. Bd. 3. 1875. — v. Bókay, Die Heilserumbehandlung gegen Diphtherie im Budapester Stephanie-Kinderspital. Zeitschr. f. Kinderheilk. 1897. Bd. 44; Meine Erfolge mit Behring's Diphtherieheilserum. Deutsche med. Wochenschr. 1895; Meine Erfahrungen mit dem Moser'schen polyvalenten Scharlach-Streptokokkenserum. Deutsche med. Wochenschr. 1904; Beiträge zur Kenntnis der Serumkrankheiten. Deutsche med. Wochenschr. 1911. Nr. 1. — Braun, Serumüberempfindlichkeit. Münchener med. Wochenschr. 1909. Nr. 37; Zur Frage der Serumüberempfindlichkeit. Zeitschr. f. Immunitätsforsch. 1909. Bd. 3. H. 6. — Briot, Sur l'anaphylaxie sérique chez le lapin. Compt. rend. Soc. Biol. T. 68. 1910. Nr. 8; Propriétés du sérum des lapins séro-anaphylactisés. Compt. rend. Acad. Soc. T. 150. 1910. — Bruck, Experimentelle Untersuchungen über Arzneiexantheme. Berliner klin. Wochenschr. 1910. Nr. 12; Weitere Untersuchungen über das Wesen der Arzneiexantheme. Berliner klin. Wochenschrift. 1910. Nr. 42. — Bruynoghe, Contribution à l'étude de l'anaphylaxie. Arch.

int. de Pharm. et de Thér T. 29. 1909. —· Bujwid, O., Kann das Antidiphtherie-
serum schädlich sein? Polnisch. Ref. Virchow's Jahrb. 1897. II. — Burkhardt;
Ueber das quantitative Verhältnis von Präcipitingehalt und Uebertragungsfähigkeit des
Serums für die homologe passive Anaphylaxie beim Meerschweinchen. Zeitschr. f.
Immunitätsforsch. Bd. 8. 1910.
   Calmette u. Massol, C. R. S. B. Bd. 67. 1909. — Carnot, P. et Sclavu,
Gr. J., Sur un procédé capable d'éviter les accidents d'anaphylaxie sérique. Compt.
rend. Soc. Biol. T. 68. 1910. p. 995. — Chauffard, Boidin et Laroche, Ana-
phylaxie hydatique expérimentale. C. R. Soc. Biol. Bd. 67. Fasc. 32. 1909. —
Cesa-Bianchi. Pathologica. 1911. — Cesaris-Demel, Sull' anafilassi. R. Accad.
Med. Torino. Sitzung vom 18. Februar 1910. — Clough. Arbeiten aus dem Kaiser-
lichen Gesundheitsamte. Bd. 36. — Cnyrim, 2 Fälle von Erkrankungen nach Anwendung des Diphtherieserums. Deutsche med. Wochenschr. 1894. Nr. 48. —
Courmont, Etudes sur les substances solubles prédisposantes à l'action pathogène
de leurs microbes producteurs. Revue de méd. 1891. — Currie, Abnormal reactions
to horse serum in the serum treatment of cerebrospinal fever. Journ. of med. Res.
Vol. 8. 1908. Nr. 4.
   Davidsohn u. Friedemann, Untersuchungen über das Salzfieber bei normalen
und anaphylaktischen Kaninchen. Berliner klin. Wochenschr. 1909. Nr. 24 und
Archiv f. Hyg. 1909. Bd. 71. — Dallera, Considerazioni e casi clinici di tras-
fusione del sangue. Il Morgagni. 1874. VII. — Daut, Zur Statistik der Serumexantheme. Jahrb. f. Kinderheilk. Bd. 44. 1897. — Delanoë, Des différentes propriétés du sérum des cobayes anaphylactisés et antianaphylactisés vis-à-vis du bacille
d'Eberth. C. R. Soc. Biol. Bd. 66. H. 8; Du mécanisme de l'anaphylaxie typhique.
C. R. Soc. Biol. Bd. 66. H. 9; De l'anaphylaxie ou hypersensibilité typhique. C. R.
Soc. Biol. 1909. Nr. 5; Quelques observations relatives aux phénomènes anaphylactiques et en particulier à leur spécifité. C. R. 1909. Bd. 148. Juni; De
l'hypersensibilité tuberculeuse. Journ. of Physiol. et de Path. gén. 1909. Bd. 9;
Des quelques particularités de l'anaphylaxie ou hypersensibilité typhique. C. R. Soc.
Biol. 1909. Bd 66. Nr. 6; Dévé, Anaphylaxie hydatique postopératoire mortelle,
C. R. Soc. Biol. T. 69. 1910. — Dewitzky, Contribution à l'étude de l'anaphylaxie.
C. R. Soc. Biol. T. 70. 1911. — Doerr, Ueber·Anaphylaxie. Wiener klin. Wochen-
schrift. 1908. Nr. 13; Die Anaphylaxie. Handb. d. Immunitätsforschung. Kraus-
Levaditi. 2. Bd. — Doerr u. Moldovan, Beiträge zur Lehre von der Anaphylaxie.
Zeitschr. f. Immunitätsforsch. Bd. 5. H. 2/3: Analyse des Präcipitationsphänomens
mit Hilfe der anaphylaktischen Reaktion. Zeitschr. f. Immunitätsforsch. Bd. 5.
H. 2/3; Die Wirkung toxischer Normal- und Immunsera als anaphylaktische Reaktion.
Zeitschr. f. Immunitätsforsch. Bd. 7. 1910. — Doerr u. Raubitschek, Toxin und
anaphylaktisierende Substanz des Aalserums. Berliner klin. Wochenschr. 1908.
Nr. 33. — Doerr u. Russ, Studien über Anaphylaxie. II. Die Identität der ana-
phylaktisierenden und der toxischen Substanz artfremder Sera. Zeitschr. f. Immuni-
tätsforsch. 1909. Bd. 2. H. 1; III. Der anaphylaktische Immunkörper und seine
Beziehungen zum Eiweissantigen. Zeitschr. f. Immunitätsforschung. Bd. 3. H. 2;
IV. Zeitschr. f. Immunitätsforsch. 1909. Bd. 3. H. 7. — Donati, Della anafilassia
passiva da tumori maligni. Pathologica. Vol. 2. 1910. — Dunbar, Zur Ursache
und spezifischen Heilung des Heufiebers. München, Oldenbourg, 1903; Ursache und
Behandlung des Heufiebers. Leipzig 1905; Ueber das serobiologische Verhalten der
Geschlechtszellen. Zeitschr. f. Immunitätsforsch. Bd. 4. H. 6; Ueber das serobiologische Verhalten der Geschlechtszellen. II. Mitteilung. Zeitschr. f. Immunitätsforschung. 1910. Bd. 7. — v. Dungern, Die Antikörper. Gustav Fischer, Jena
1903; Neue Beobachtungen über Empfindlichkeit. Naturhist.-med. Verein Heidelberg.
Sitzungsbericht vom 17. Juni 1909. Refer. Deutsche med. Wochenschr. 47. —
v. Dungern u. Coca, Ueber Hasensarkome, die in Kaninchen wachsen und über das
Wesen der Geschwulstimmunität. Zeitschr. f. Immunitätsforsch. Bd. 2. H. 4; Ueber
spezifische Hämolysine durch isotonische Salzlösungen. Münchener med. Wochenschr.
1908. Nr. 1. — v. Dungern u. Hirschfeld, Ueber lokale allergetische Reaktionen
gegenüber artfremdem, artgleichem und individuumgleichem Hodengewebe nach spezi-
fischer Vorbehandlung und bei trächtigen Tieren. Zeitschr. f. Immunitätsforsch.
Bd. 4. H. 3; Ueber die Giftigkeit des Blutes nach der Injektion protoplasmatischer
Substanzen und während der Schwangerschaft und über passive Allergie gegenüber
Hodensubstanzen. Zeitschr. f. Immunitätsforsch. 1910. Bd. 8.
   Ehrlich u. Morgenroth, Ueber Hämolysine. Berliner klin. Wochenschr.

1900. — Ehrlich u. Sachs, Ueber den Mechanismus der Amboceptorwirkung. Berliner klin. Wochenschr. 1902. Nr. 21. — Eitner u. Störk, Serologische Untersuchungen über Tuberkulose der Lunge und Haut. Wiener klin. Wochenschr. 1909. — Elias, Die temperaturherabsetzende Wirkung von Gewebspresssäften und Lipoiden und ihre Bedeutung für die Pfeiffer'sche Reaktion. Beiträge z. Carcinomforsch, Bd. 1. H. 2.

Fein, Studien über Serumanaphylaxie. Zentralbl. f. Bakt. 1909. Bd. 51. — Finger u. Landsteiner, Untersuchungen über Syphilis an Affen. I. Mitteilung. Archiv f. Dermat. u. Syph. 1906. Bd. 78. H. 2/3; Untersuchungen über Syphilis an Affen. II. Mitteilung. Archiv f. Dermatol. und Syphilis. 1906. Bd. 81. — Finzi, L'anaphylaxie passive à l'égard de l'endotoxine du bacille tuberculeux. Compt. rend. Soc. Biol. T. 68. 1910. — Fleischmann u. Michaelis, Ueber experimentell in vivo erzeugten Komplementschwund. Med. Klinik. 1906. Nr. 1. — Fonteyne, Contribution à l'étude de l'anaphylaxie, Moyens de la combattre, Zentralbl. f. Bakt. 1910. Bd. 53. H. 4; Seconde contribution à l'étude de l'anaphylaxie. Zentralbl. f. Bakt. 1910. Bd. 54. — Frey, Studien über Serumempfindlichkeit, im besonderen das Theobald Smith'sche Phänomen. Arbeiten aus dem Institut zur Erforschung der Infektionskrankheiten in Bern. Bd. 1. — Friedberger, Kritik der Theorien über die Anaphylaxie. Zeitschr. f. Immunitätsforsch. 1909. Bd. 2; Nachtrag zu meiner Arbeit „Kritik der Theorie über Anaphylaxie". Zeitschr. f. Immunitätsforsch. 1909. Bd. 2; Weitere Mitteilungen über Anaphylaxie. III. Erwiderung auf die Arbeit von Kraus und Novotny. Zeitschr. f. Immunitätsforsch. 1909. Bd. 3. H. 7; Weitere Untersuchungen über Eiweissanaphylaxie. IV. Mitteilung. Zeitschr. f. Immunitätsforsch. Bd. 4. H. 5; Ueber das Anaphylatoxin und die anaphylaxieerzeugende Wirkung von antikörperhaltigen Seris. Med. Klinik. 1910. Nr. 13; Die Rolle des Komplements bei der Anaphylaxie. Kritik der „Richtigstellung" des Herrn Sleeswijk. Zeitschr. f. Immunitätsforsch. 1910. Bd. VII; Ueber die Beziehungen zwischen Ueberempfindlichkeit und Immunität. Berliner klin. Wochenschr. 1910. Nr. 32; Weitere Mitteilungen über die Beziehungen zwischen Ueberempfindlichkeit und Infektion. Berliner klin. Wochenschr. 1910. Nr. 42; Ueber Anaphylaxie. X. Mitteilung. Zugleich Erwiderung auf die Arbeiten von Biedl u. Kraus. Zeitschr. f. Immunitätsforsch. 1910. Bd. VIII. H. 2; Zur Theorie der Anaphylaxie. Berliner klin. Wochenschr. 1910. Nr. 50; Ueber das Wesen und die Bedeutung der Anaphylaxie. Münchener med. Wochenschr. 1910. Nr. 50 u. 51; Die Anaphylaxie mit besonderer Berücksichtigung ihrer Bedeutung für Infektion und Immunität. Deutsche med. Wochenschr. 1911. Nr. 11. — Friedberger und Hartoch, Der Einfluss intravenöser Salzinjektionen auf die aktive und passive Anaphylaxie beim Meerschweinchen. Berliner klin. Wochenschr. 1909. Nr. 36; Ueber das Verhalten des Komplements bei der aktiven und passiven Anaphylaxie. Zeitschr. f. Immunitätsforsch. 1909. Bd. 3. H. 6. — Friedberger u. Burckhardt, Weitere Untersuchungen über Eiweissanaphylaxie. V. Mitteilung. Gibt es eine passive Uebertragung der Meerschweinchenanaphylaxie im präanaphylaktischen Stadium des aktiv präparatierten Tieres? Zeitschr. f. Immunitätsforsch. 1910. Bd. 4. H. 5. — Friedberger u. Castelli, „Ueber Anaphylaxie". VI. Mitteilung. Weiteres über die „Antiserumanaphylaxie". Zeitschr. f. Immunitätsforsch. 1910. Bd. 6. H. 1. — Friedberger u. Goldschmid, Ueber Anaphylaxie. VII. Mitteilung. Beruht die Anaphylaxie verhütende Wirkung bei intravenöser Zufuhr konzentrierter Salzlösung auf der Hemmung der Komplementbindung oder der Hemmung der Verankerung zwischen Eiweiss und Antieiweiss? Zeitschr. f. Immunitätsforsch. 1910. Bd. 6. H. 2/3. — Friedberger u. Vallardi, Ueber Anaphylaxie. VIII. Mitteilung. Die quantitativen Beziehungen bei der Anaphylatoxinbildung. Zeitschr. f. Immunitätsforschung. 1910. Bd. VII. H. 1/2. — Friedberger und Jerusalem, Ueber Anaphylaxie. IX. Mitteilung. Das Verhalten des Anaphylatoxins gegenüber einigen physikalischen und chemischen Einflüssen. Zeitschr. f. Immunitätsforsch. 1910. Bd. VII. H. 6. — Friedberger u. Schütze, Ueber das akut wirkende Gift (Anaphylatoxin) aus Tuberkelbazillen. Berliner klin. Wochenschr. 1911. Nr. 9. — Friedberger u. Gröber, Ueber Anaphylaxie. XI. Mitteilung. Das Verhalten von Puls und Atmung bei der Anaphylaxie des Kaninchens. Zeitschr. f. Immunitätsforschung. 1911. Bd. IX. — Friedberger, Goldschmidt, Szymanowski, Schütze, Nathan, Ueber Anaphylaxie, XII.—XV. Mitteilung. Beiträge zur Frage der Bildung des Anaphylatoxins aus Mikroorganismen. Zeitschr. f. Immunitätsforsch. 1911. Bd. IX. H. 3. — Friedberger u. Nathan, Ueber Anaphylaxie. XVI. Mitteilung. Die Anaphylatoxinbildung aus Eiweiss im Reagenzglas durch normale Sera. Zeitschr. f. Immunitätsforsch. 1911. Bd. IX. H. 4. — Friedberger und Girgolaff, Ueber Anaphylaxie. XVII. Mitteilung. Die Bedeutung sessiler Rezeptoren. Ibid. 1911. — Friedberger u. Mita, Ueber Anaphylaxie. XVIII. Mitteilung. Die anaphylaktische Fieberreaktion. Ibid. 1911. Bd. X; Ueber Anaphylaxie. XIX. Mitteilung, Die Anaphylaxie des Frosches. Ibid.; Ueber Anaphylaxie. XX. Mitteilung. Ibid. — Friedemann, Ueber passive Ueberempfindlichkeit. Münchener med. Wochenschr. 1907; Weitere Untersuchungen über den Mechanismus der Anaphylaxie. Zeitschr. f. Immunitätsforschung. 1909. Bd. II. H. 5; Ueber die Kriterieren des anaphylaktischen Zustandes. Erwiderung auf den Aufsatz des Herrn Prof. R. Kraus. Zeitschr. f. Immunitätsforsch. 1909. Bd. 3. H. 7. — Friedemann u. Isaac, Weitere Untersuchungen über den parenteralen Eiweissstoffwechsel, Immunität und Ueberempfindlichkeit. Zeitschr. f. exp. Pathol. u. Therap. 1907; Ueber Eiweissimmunität und Stoffwechsel. Zeitschr. f. exp. Pathol. 1905/06.

Gay u. Adler, On the chemical separation of the sensiting fraction (anaphylactin) from horse serum. Journ. of med. res. Bd. 18. 1908. — Gay u. Southard, On Serum Anaphylaxis in the Guinea pig. Journ. of med. research. Bd. 16. 1907; On the mechanism of serum anaphylaxis and intoxication in the Guinea-pig. Journ. of med. research; Further studies in anaphylaxis. Journ. of med. research. Bd. 18. 1908; The relative specificity of anaphylaxis. Journ. of med. research; On recurrent anaphylaxis and repeated intoxication in Guinea-pigs by means of horse serum. Journ. of med. research. Vol. 19; The localisation of cell and tissue anaphylaxis in the Guinea-pig, with observations on the cause of death in serum intoxication. Journ. of med. research. — Gewin, Calcium chloricum tegen Serumziekte. Nederl. Tijdschr. f. Geneeskunde. II. Nr. 25. 1908; Chlorcalcium gegen die Serumkrankheit. Münchener med. Wochenschr. Nr. 51. 1908. — Ghedini u. Zamorani, Versuche über die durch helminthische Produkte hervorgerufene Anaphylaxie. Zentralbl. f. Bakt. Bd. 55. S. 49. — Gibson, Journ. biol. Chemistry. Bd. 1. 1906. — Gózony u. Wiesinger, Pathogenese der Eklampsie (ungarisch). Ref. Zeitschr. f. Immunitätsforsch. Bd. 1. H. 7. — Gräfenberg u. Thies, Ueber die Wirkung des arteigenen fötalen Serums usw. Zeitschr. f. Immunitätsforsch. Bd. IX. 1911. — Graetz, Experimentelle Untersuchungen zur Serodiagnostik der Echinokokkeninfektion. Zentralbl. f. Bakteriol. Abt. I. Bd. 55; Die Bedeutung der Lungenblähung als Kriterium der Anaphylaxie. Bemerkungen zu dem Aufsatz von Biedl u. Kraus, Ueber die Giftigkeit heterologer Sera und Kriterien der Anaphylaxie. Zeitschr. f. Immunitätsforsch. Bd. VIII. 1911. — Grossmann, Der Lungenbefund bei der Anaphylaxie. Wiener med. Wochenschr. 1910. S. 2473.

Hailer, Tagung d. Freien Verein. f. Mikrobiol. 1910. — Haendel u. Steffenhagen, Auswertung von Antieiweiss-Seris. Zeitschr. f. Immunitätsforsch. Bd. VII. 1910. — Hamburger, Die pathologische Bedeutung der Tuberkulinreaktion. Wiener klin. Wochenschr. Nr. 29. 1908; Ueber Tuberkulinimmunität. Münchener med. Wochenschrift. 1909; Ueber die Wirkung des Alttuberkulins auf den tuberkulosefreien Menschen. Münchener med. Wochenschr. 1908; Ueber Tuberkuloseimmunität. Brauer's Beiträge z. Klin. d. Tuberkulose. H. 3. 1909. — Hamburger u. Moro, Ueber die biologisch nachweisbaren Veränderungen des menschlichen Blutes nach der Seruminjektion. Wiener klin. Wochenschr. Nr. 15. 1905; Anaphylaxie und Präzipitinreaktion. Zeitschr. für Immunitätsforsch. Bd. 4. H. 5. 1910. — Hartoch, Beitrag zur Lehre von der Anaphylaxie. St. Petersburger med. Wochenschr. Nr. 49. 1909; Zur Frage der Serumüberempfindlichkeit. Zeitschr. f. Immunitätsforsch. Bd. VI. 1910. — Hartoch und Ssirenskij, Zur Lehre über die toxische Wirkung der Produkte der tryptischen Serumeiweissverdauung im Zusammenhang mit der Lehre von der Anaphylaxie. Zeitschrift f. Immunitätsforsch. Bd. VII. 1910; Nachtrag zur Arbeit „Zur Lehre über die toxische Wirkung usw.". Zeitschr. f. Immunitätsforsch. Bd. VIII. 1910. — Hartung, Die Serumexantheme bei Diphtherie. Jahrbuch f. Kinderheilkd. 1896. — Heilner, Ueber die Wirkung grosser Mengen artfremden Blutserums im Tierkörper nach Zufuhr per os oder subkutan. Zeitschr. f. Biologie. Bd. 50. 1907; Versuch eines indirekten Fermentnachweises (durch Alkoholzufuhr), zugleich ein Beitrag zur Frage der Ueberempfindlichkeit. Münchener med. Wochenschrift. Nr. 49. 1908; Ueber die Wirkung künstlich erzeugter physikalischer (osmotischer) Vorgänge im Tierkörper. Zeitschrift f. Biol. Bd. 50. 1908. — Hektoen u. Ruediger, The antilytic action of salt solutions and other substances. Journ. of Infect. Diseases. 1904. Vol. 1. — H. Helmholtz, Ueber passive Uebertragung der Tuberkulinüberempfindlichkeit bei Meerschweinchen. Zeitschr. f. Immunitätsforsch. Bd. 3. H. 4. 1909. — Hess, Ueber

Idiosynkrasie. Berliner klin. Wochenschr. Nr. 38. 1908. — Heubner, Praktische Winke zur Behandlung der Diphtherie mit Heilserum. Deutsche med. Wochenschr. 1894. Nr. 36; Klinische Studien über die Behandlung der Diphtherie mit dem Behring'schen Heilserum. Leipzig 1895; Ueber die Anwendung des Heilserums bei der Diphtherie. Jahrb. f. Kinderheilk. Bd. 38. — Hintze, Untersuchungen über den Nachweis von intravenös eingeführtem artfremden Eiweiss in der Blutbahn des Kaninchens mittelst Präzipitation, Komplementbindung und Anaphylaxie. Zeitschr. f. Immunitätsforsch. Bd. VI. 1910. — Hirschfelder, Another point of resemblance between anaphylactic intoxication and poisoning with Wittes Pepton. The Journ. of exper. Med. Vol. 12. 1910. — Holobuth, Zur Frage der Bakterienanaphylaxie. Zeitschr. f. Immunitätsforsch. 1909. Bd. 3. H. 7; Ueber Bakterienanaphylaxie. Zeitschrift f. Immunitätsforsch. Bd. 4.

Inomata, Ueber die durch Pflanzensamen hervorgerufene Ueberempfindlichkeit. Saikingaku-Zassi. 1910. — Joachimoglu, Experimentelle Beiträge zur Anaphylaxie. Zeitschr. f. Immunitätsforsch. Bd. VIII. 1911. — Johanessen, Ueber Injektion mit antidiphtheritischem Serum und reinem Pferdeserum. Deutsche med. Wochenschrift. Nr. 51. 1895; Ueber Immunisierung bei Diphtherie. Deutsche med. Wochenschr. 1895. 13. — Joseph, Zur Theorie der Tuberkulinüberempfindlichkeit. Zeitschrift für Immunitätsforsch. Bd. 4. H. 5. — Isaac, Der parenterale Eiweisstoffwechsel (Ergebn. d. wissenschaftl. Med. 1910. H. 2.).

Karasawa, Ueber Anaphylaxie, erzeugt mit pflanzlichem Antigen. Zeitschrift f. Immunitätsforschung. Bd. V. 1910. — Kelling, Anaphylaktische Untersuchungen beim Karzinom des Menschen. Wiener klin. Wochenschr. Nr. 12. 1910. — Keyser und Wassermann, Ueber Toxopeptide. Fol. serologica. 1911. — Klausner, Arzneiexantheme als Ausdruck von Idiosynkrasie und Anaphylaxie. Münchener med. Wochenschrift. 1910; Arzneiexantheme und Ueberempfindlichkeit. Münchener med. Wochenschrift. 1910. Nr. 38. — Knöpfelmacher, Subkutane Vaccineinjektionen am Menschen. Wiener med. Wochenschr. 45. 1906. — Knox, Moss und Brown, Subcutaneous reaction of rabbits to horse serum. The Journ. of experim. Med. Vol. 12. 1910. — Koch, Weitere Mitteilungen über ein Heilmittel gegen Tuberkulose. Deutsche med. Wochenschr. 1890: Ueber bakteriologische Forschung. Intern. Kongr. Berlin 1890; Fortsetzung der Mitteilungen über ein Heilmittel gegen Tuberkulose. Deutsche med. Wochenschr. Nr. 3. 1891; Ueber neue Tuberkulinpräparate. Deutsche med. Wochenschrift. 1897. — Kraus, Ueber die Giftigkeit der Serumhämolysine und über die Kriterien des anaphylaktischen Zustandes. Zeitschr. f. Immunitätsforsch. Bd. 3. H. 2. 1909; Weitere Einwände gegen die Theorie Friedberger's über die Serum- und Bakterienanaphylaxie. Zeitschr. f. Immunitätsforschung. VIII. 1910. — Kraus und Amiradzibi, Ueber Bakterienanaphylaxie. III. Mitt. Zeitschr. f. Immunitätsforsch. Bd. 4. H. 5. — Kraus und Doerr, Ueber Bakterienanaphylaxie. Vortrag, geh. in der Freien Vereinig. f. Mikrobiologie, Berlin, Juli 1908. Wiener klin. Wochenschrift. Nr. 28. 1908; Ueber Anaphylaxie. Sitzung d. Mikrobiolog. Gesellschaft, Berlin 1908. Ref. Zentralbl. f. Bakteriol. 27. Oktober 1908. — Kraus, Doerr u. Sohma, Ueber Anaphylaxie, hervorgerufen durch Organextrakte (Linsen). Wiener klin. Wochenschr. Nr. 30. 1908. — Kraus u. Novotny, Zur Theorie Friedberger's über Anaphylaxie. Zeitschr. f. Immunitätsforsch. Bd. 3. H. 7. 1909. — Kraus u. v. Stenitzer, Ueber anaphylaktische Erscheinungen bei Immunisierung mit Giften der Typhus- und Paratyphusbazillen. Wiener klin. Wochenschr. 1907. — Kraus u. Volk, Zur Frage der Serumanaphylaxie. Zeitschr. f. Immunitätsforsch. Bd. 1. H. 5. 1909; Weitere Beiträge zur Frage der Serumanaphylaxie. Zeitschr. f. Immunitätsforsch. Bd. 3. H. 3. 1909; Ueber eine besondere Wirkung der Extrakte tuberkulöser Organe des Meerschweinchens. Wiener klin. Wochenschr. 1910. Nr. 8; Ueber die Spezifizität der intrakutanen Tuberkulinreaktion und über die Frühreaktion mit Tuberkelbazillen. Zeitschr. f. Immunitätsforsch. Bd. VI. 1910. — Kraus u. Müller, Weitere Studien über die primäre Giftigkeit normaler und Immunsera. Zeitschr. f. Immunitätsforsch. Bd. VIII. 1910. — Kretz, Ueber die Beziehungen zwischen Toxin und Antitoxin. Zeitschrift f. Heilk. Nr. 23. 1902. — Krusius, Ueberempfindlichkeitsversuch vom Auge aus. Arch. f. Augenheilk. Bd. 67. H. 1.

Landmann, Ein seltener Fall von Idiosynkrasie gegen Hühnereiweiss nebst Beitrag zur Würdigung des Fleischsaft „Puro". Münch. med. Wochenschr. 1908. Nr. 20. — Landois, Die Transfusion des Blutes. Leipzig 1875. — Landsteiner, Immunität und Serodiagnostik bei menschlicher Syphilis. Zentralbl. f. Bakt. Bd. 41. — Laroche, Richet et Saint-Girons, Anaphylaxie alimentaire lactée. Compt. rend. Soc. Biol.

1911. T. 70. H. 5. — Lassablière, Etude expérimentale sur l'ostéocongestine substance extraite des huitres. C. R. d. l. Soc. de Biol. Bd. 62. 1907. — Lemaire, Recherches cliniques et expérimentales sur les accidents sérotoxiques Thèse de Paris 1905. Steinheil; Quelques conditions de l'anaphylaxie sérique passive chez le lapin et le cobaye. C. R. d. l. Biol. 1907. Bd. 63: Notes sur quelques points particuliers de la cutiréaction à la tuberculine. C. R. Soc. Biol. 1907. Bd. 63. Nr. 28. — Lesné et Dreyfuss, Sur la spécifité de l'anaphylaxie chez le lapin. Soc. Biol. 1909. Bd. 66; Anaphylaxie et incoagulabilité du sang chez le lapin. C. R. Soc. Biol. T. 67. F. 30. 1909; Sur la réalité de l'anaphylaxie par les voies digestives etc. Compt. rend. Soc. Biol. 1911. T. 70. Fasc. 4. — Levaditi, Ueber Anaphylaxie (zusammenfassendes Referat). Weichhardt's Jahresbericht über die Ergebnisse d. Immunitätsforsch. 1908. III. Bd. — Levaditi et Raychmann, Sur l'adsorption des protéines anaphylactisantes du sérum par les éléments cellulaires. Soc. Biol. 1909. Bd. 67. Juni. — Lewis, The induced susceptibility the Guinea-pig to the toxic action of the bloodserum of the horse. Journ. exper. med. Bd. 10. 1908. Ref. Zentralbl. f. Bakt. 46. 1908; Proceed of the Soc. f. exp. B. a. M. Vol. 1. Zit. n. Otto; Further observations on anaphylaxis to horse serum. Journ. of exp. Med. Vol. 10. H. 5. — Livierato, Die typhus- und typhusähnlichen Bakt. und die von denselb. hervorgeruf. Infekt., betrachtet vom Standpunkt der passiven Anaphylaxie. Zentralbl. f. Bakt. etc. Bd. 53. 1910; Die Magensaftanaphylaxie. Anwendung derselben zur Diagnostik des Magencarcinoms. Zentralbl. f. Bakt. Bd. 55. H. 10; Weiteres über Magensaftanaphylaxie. Zentralbl. f. Bakt. Bd. 57. 1911. — Löffler, Das Komplement als ausschlaggebender Faktor für das Zustandekommen des anaphyl. Anfalles. Zeitschr. f. Immunitätsforsch. Bd. VIII. 1910. — Lockemann u. Thies, Tag. der Freien Vereinigung für Mikrobiologie. 1910. Zentralbl. f. Bakt. Ref. Bd. 47. — Lublinski, Ueber eine Nachwirkung des Antitoxins bei Behandlung der Diphtherie. Deutsche med. Wochenschr. 1894. Nr. 45. — Lucas u. Gay, Localized anaphylactic intoxication in children following the repeated injection of antitoxin. Journ. of med. Research. 1909. 20.

Mac Farland, Lässt sich durch autolysierte Organe bei der gleichen Spezies Anaphylaxie erzeugen? Arch. f. Hyg. Bd. 71. 1909. — Manwaring, The action of certain salts on the complement in immune serum. Journ. of Infect. Diseas. 1904. Vol. 1; Serophysiologische Untersuchungen. I. Der physiologische Mechanismus des anaphylaktischen Shocks. Zeitschr. f. Immunitätsforsch. Bd. VIII. 1910; Serophysiologische Studien. II. Mitt. Ueber die Beziehungen zwischen dem anaphylaktischen Shock und dem Peptonshock bei Hunden. Zeitschr. f. Immunitätsforsch. Bd. VIII. 1911. — Marfan, Leçons sur la diphthérie. Paris 1906. — Marfan u. Lemaire, Contribution à l'étude des accidents sérotoxiques. Revue mens. des malad. de l'enf. 1907. — Marfan et Le Play, Recherches sur la pathogénie des accidents sérothérapeutiques. Bull. Soc. méd. des Hôpitaux, séance du 24 Mars 1904. Zit. n. Lemaire. 204. — Marie et Tieffenan, Note sur la sensib. de mammifères à la tuberculine. C. R. S. B. T. 64. 1908. — Markel, Die Erhaltung der Hämolyse durch Salze. Zeitschr. f. Hyg. 1902. Bd. 39. — Matthes, Arch. f. experim. Path. Bd. 38. — Michaelis, Leonor, Zur Frage nach dem Zusammenhang zwischen toxischer, sensibilisierender und präzipitinogener Substanz bei der Anaphylaxie. Zeitschr. f. Immunitätsforschung. Bd. II. 1909; Anaphylaxie. Oppenheimer's Handb. d. Biochem. Fischer. Jena. 2. Bd. — Michaelis u. Fleischmann, Ueber experimentell in vivo erzeugten Komplementschwund. Med. Klinik. 1906. — Michaelis u. Rona, Untersuchungen über den parenteralen Eiweissstoffwechsel. I. Pflüger's Arch. f. Phys. 1909. Bd. 121; II. Ebenda. Bd. 123; II. Ebenda. Bd. 124. — Miessner, Zentralbl. f. Bakt. Bd. 56. 1910. — Mita, Ueber die Verwertbarkeit des anaphylaktischen Temperatursturzes zur Grössenbestimmung eines Ueberempfindlichkeitsshocks. Zeitschr. f. Immunitätsforsch. Bd. V. 1910. — Mori, Il passagio di sensibilisine specifiche verso sieri eterogenei dall' organismo materno al fetale in rapporto allo choc anafilattico. Biochemica e Terap. Sperim. Vol. 2. 1910; Anafilassi e vaccinazione della cavia verso il siero antidifterico. Biochem. e Terap. Sper. Vol. 1. — Moro, Beiträge zur Kenntnis des Labenzyms. Zentralbl. f. Bakt. 1904; Zur Theorie des Exanthems. Sitzungsbericht der Münchener Gesellsch. f. Kinderheilk. Münchener med. Wochenschr. 1908. Nr. 9; Ueber eine diagnostisch verwertbare Reaktion der Haut auf Einreibung mit Tuberkulinsalbe. Münch. med. Wochenschr. 1908. Nr. 5; Ergebnis der Salbenreaktion im Kindesalter. Verhandl. d. Gesellsch. f. Kinderheilk. Köln 1908; Klinische Ergebnisse der perkutanen Tuberkulinreaktion. Brauer's Beitr. z. Klin. d. Tuberk. 1909. Bd. 12. H. 2; Klinische Ueberempfindlichkeit. I. Tuberkulinreaktion und Nervensystem. Münch.

med. Wochenschrift. 1908. Nr. 39; Ueber Angina punctata der Säuglinge. Sitzungsbericht Münchener Gesellsch. f. Kinderheilk. am 17. Dezember 1909. Ref. Münchener med. Wochenschr. 1910. Nr. 5; Experimentelle und klinische Ueberempfindlichkeit (Anaphylaxie) Lubarsch-Ostertag, Ergebnisse der pathologischen Anatomie. 1910. XIV. Jahrg. — Moro u. Stheemann, Klinische Ueberempfindlichkeit. II. Oertliche Hautreaktionen auf Atoxyl. Münch. med. Wochenschr. Nr. 28.

Netter, A., Efficacité du chlorure de calcium comme moyen préventif des éruptions après injection souscutanée de sérum. Effets moins satisfaisants dans les injections intrarachnoïdiennes. C. R. Soc. Biol. Bd. 67. 1909. Nr. 26. — Neudörfer, Beiträge zur Bluttransfusion. Zeitschr. f. Chir. Bd. VI. — Neufeld, Diskussionsbemerkung zum Vortrag von Neufeld und Haendel über Antipneumokokkenserum. Fr. Ver. f. Mikrobiologie. 3. Tgg. 1909; 16. internationaler medizinischer Kongress Budadest 1909 und Naturforscherversammlung Königsberg 1910. — Neufeld u. Dold, Ueber Bakterienempfindlichkeit und ihre Bedeutung für die Infektion. Berliner klin. Wochenschr. 1911. Nr. 2. — Neufeld u. Haendel, Ueber Herstellung und Prüfung von Antipneumokokkenserum und die Aussichten einer spezifischen Behandlung der Pneumonie. Zeitschr. f. Immunitätsforsch. Bd. III. — Nicolle, Etude sur la morve expérimentale du cobaye. Annal. de l'Inst. Pasteur. 1906; Contribution à l'étude du phénomène d'Arthus. Annal. de l'Inst. Pasteur. 1907; Une conception générale des anticorps et de leurs effets. Annal. de l'Inst. Pasteur. Bd. 22. 1908. — Nicolle u. Abt, Les anticorps des alb. et des cellules. Annal. de l'Inst. Pasteur. 1908. — Nicolle u. Pozerski, Les anticorps des tox. solubl. Annal. de l'Inst. Pasteur. 1908. — Nicolle, M. et Pozerski, E., Hypersensibilité au suc pancréatique. Compt. rend. Soc. Biol. T. 68. 1910. p. 1113. — Nobécourt, Mortalité des lapins soumis à des injections de blanc d'oeuf de poule, faites dans l'estomac ou le rectum à des intervalles variables. Soc. Biol. 1909. H. 18. Bd. 66. — Nolf, Immunité et Anaphylaxie pour le venin de cobra. Bull. de l'Acad. roy. de Belgique. 1910. Nr. 8. p. 669; Annal. de l'Inst. Pasteur. 1911. — Novotny, Ist die Temperatursteigerung als Kriterium bei der passiven Uebertragung der Tuberkuloseüberempfindlichkeit anzusehen? Zeitschr. f. Immunitätsforsch. Bd. III. H. 7. — Novotny u. Schick, Versuche über homologe, heterologe und passive Anaphylaxie. Zeitschr. f. Immunitätsforsch. 1909. Bd. III. H. 7; Ueber Diphtheriecutanreaktion beim Meerschweinchen. Zeitschr. für Immunitätsforschung. Bd. IV. H. 4.

Onaka, Ueber die passive Uebertragung der Tuberkulinüberempfindlichkeit bei Meerschweinchen. Zeitschr. f. Immunitätsforsch. Bd. V. H. 2 u. 3. 1910; Weitere Studien über die Uebertragbarkeit der Tuberkulinüberempfindlichkeit. Zeitschrift für Immunitätsforsch. Bd. VII. 1910. — Orsini, Aktive Anaphylaxie durch Bakterienpräparate. Zeitschr. f. Immunitätsforsch. Bd. V. H. 1. 1910. — Otto, Das Theobald Smith'sche Phänomen der Serumüberempfindlichkeit. von Leuthold-Gedenkschrift. Bd. 1. 1906; Zur Frage der Serumüberempfindlichkeit. Münchener med. Wochenschr. Nr. 34. 1900; Ueber Anaphylaxie und Serumkrankheit, inbesondere über experimentelle Serumüberempfindlichkeit. Kolle-Wassermann's Handbuch d. path. Mikroorganismen. II. Ergbd. 1908; Gefahr der Reinjektion von Heilserum. Ther. d. Gegenw. 1908.

H. Pfeiffer, Ueber die nekrotisierende Wirkung normaler Seren. Wiener klin. Wochenschr. 1905. Nr. 18 und Zeitschr. f. Hygiene. 1905. Bd. 51; Ueber den anaphylaktischen Temperatursturz und seine praktische Bedeutung. Ber. aus der kaiserlichen Akademie d. Wissensch. Wien. 12. April 1909; Ueber das verschiedene Verhalten der Körpertemperatur nach Injektion und Reinjektion von artfremdem Serum. Wiener klin. Wochenschr. 1909. Nr. 1; Versuchstechnische Bemerkungen zum Nachweis des anaphylaktischen Temperatursturzes. Wiener klin. Wochenschr. 1909. Nr. 36; Zur Frage des Nachweises eines anaphylaktischen Reaktionskörpers im Blute von Tumorkranken. Zeitschr. f. Immunitätsforsch. Bd. IV. H. 4; Bemerkungen zu dem Artikel von J. Novotny, Ist die Temperatursteigerung als Kriterium bei der passiven Uebertragung der Tuberkuloseüberempfindlichkeit anzusehen? Zeitschr. f. Immunitätsforsch. Bd. IV; Bemerkungen zu Ranzi's Artikel: Zur Frage des Nachweises eines spezifischen anaphylaktischen Reaktionskörpers im Blute von Tumorkranken. Wiener klin. Wochenschrift. 1909. Nr. 1; Ueber Anaphylaxie und forensischen Blutnachweis. Vierteljahrschr. f. gerichtl. Med. u. öffentl. Sanitätswesen. 3. Folge. Bd. 39. 1910. Suppl.-H.; Zur Organspezifität der Ueberempfindlichkeit. Zeitschr. f. Immunitätsforsch. Bd. VIII. 1910; Das Problem der Eiweissanaphylaxie. Gustav Fischer, Jena 1910. — H. Pfeiffer und J. Finsterer, Notiz zu unserer Arbeit über den Nachweis eines spezifischen Antikörpers im Serum von Krebskranken. Wiener klin. Wochenschr. 1909. Nr. 29; Ueber den Nachweis eines gegen das eigene Carcinom gerichteten anaphylaktischen Antikörpers im Serum von Krebskranken nebst vorläufigen Bemerkungen zu diesem Befunde. Wiener klin. Wochenschr. 1909. Nr. 28. — H. Pfeiffer u. Mita, Studien über Anaphylaxie. Zeitschr. f. Immunitätsforsch. 1909. Bd. IV. H. 4; Experimentelle Beiträge zur Kenntnis der Eiweissantieiweissreaktion. Zeitschr. f. Immunitätsforsch. Bd. VI. 1910; Zur Kenntnis der Eiweissanaphylaxie, weitere Mitteilungen. Zeitschr. f. Immunitätsforsch. Bd. VI. 1910; Studien über Eiweisanaphylaxie. Zeitschr. f. Immunitätsforschung. Bd. IV. 1909. H. 6. — R. Pfeiffer u. Besson, Zentralbl. f. Bakteriol. 1910. — Pick u. Yamanouchi, Studien über Anaphylaxie. Wiener klin. Wochenschrift. Nr. 44. 1908; Chemische und experimentelle Beiträge zum Studium der Anaphylaxie. Zeitschr. f. Immunitätsforsch. 1909. Bd. I. H. 5; Ueber Anaphylaxie, Bemerkungen zu dem Aufsatz des Herrn Michaelis, Zeitschr. f. Immunitätsforsch. 1909. Bd. II. H. 5. — Piorkowsky, Syphilisinfektion eines Pferdes. Berliner med. Gesellsch. 7. XII. 1904. — v. Pirquet, Zur Theorie der Vaccination. Verhandl. d. Gesellsch. f. Kinderheilk. Naturf.-Vers. Kassel 1903; Die frühzeitige Reaktion bei der Schutzpockenimpfung. Wiener klin. Wochenschr. 1906. Nr. 28; Allergie. Münchener med. Wochenschr. 1906; Klinische Studien über Vaccination und vaccinale Allergie. Wien. Deuticke, 1907; Die Allergieprobe zur Diagnose der Tuberkulose im Kindesalter. Wiener med. Wochenschr. 7. VII. 1907; Verlauf der tuberkulösen Allergie bei einem Falle von Masern und Miliartuberkulose. Wiener klin. Wochenschr. 908. Nr. 24; Allergie, Ergebnisse der inneren Medizin und Kinderheilk., Bd. I. 1908. — v. Pirquet u. Schick, Zur Theorie der Inkubationszeit (Vorl. Mitt.). Wiener klin. Wochenschr. Nr. 26. 25. Juni 1903; Zur Theorie der Inkubationszeit. Wiener klin. Wochenschr. Nr. 45. 1903. Vortrag, gehalten auf dem hygienischen Kongress in Brüssel. 7. Sept. 1903; Die Serumkrankheit. Wien. Deuticke. 1905; Ueberempfindlichkeit und beschleunigte Reaktion. Münchener med. Wochenschr. 1906. — Ponfick, Experimentelle Beiträge zur Lehre von der Transfusion. Virchow's Archiv. 1875. Bd. 62. — Pozerski, Anaphylaxie du cobaye pour la papaïne. C. R. d. l. Soc. Biol. T. 64. 1908.

Quarelli, Tentativi di anafilassia passiva per la diagnosi della tuberculosi. Giorn. d. R. Acad. d. med. Torino. 1909. No. 6—8.

Ranzi, Zur Frage des Nachweises eines spezifischen anaphylaktischen Reaktionskörpers im Blute von Tumorkranken. Wiener klin. Wochenschr. Nr. 40; Ueber Anaphylaxie durch Organ- und Tumorextrakte. Zeitschr. f. Immunitätsforsch. Bd. 2. H. 1. — Raubitschek, Zur Kenntnis der Immunphytalbumine. Wiener klin. Wochenschr. 1909. Nr. 50. — Rembold, Zwei Fälle von Erkrankungen nach Anwendung des Heilserums. Deutsche med. Wochenschr. 1894. Nr. 51. — Remlinger, Contribution a l'étude de phénomène d'anaphylaxie. C. R. de la Soc. de Biol. Bd. 62. 1907; Absence d'anaphylaxie au cours des injections sous-cutanées de virus rabique et de sérum antirabique. C. R. de la Soc. de Biol. Bd. 61. 1907. — Richet, Des poisons contenus dans les tentacules des actinies. Congestine et Thalassine. Bull. de la Soc. de Biol. 1903; De l'anaphylaxie ou sensibilité croissante des organismes à des doses successives de poison. Archivio di Fisiologia. 1904. Vol. 1; Des effets prophylactiques de la thalassine et anaphylactiques de la congestine dans le virus des actinies. C. R. de la Soc. de Biol. 1904; De l'anaphylaxie après injection de congestine chez le chien. Soc. de Biol. 1905; De l'action de la congestine sur le lapin et de ses effets anaphylactiques. C. R. de la Soc. de Biol. 1905; Anaphylaxie après injections d'apomorphine. Bull. de la Soc. de Biol. 1905; De l'anaphylaxie dans l'intoxication par la cocaïne. Arch. intern. de Pharmacodynamie et de Thérapie. 1908. Vol. 18; Anaphylaxie par la mytilo-congestine. C. R. de la Soc. de Biol. 1907; De l'anaphylaxie en général et de l'anaphylaxie par la mytilo-congestine en particulier. Annal. de l'inst. Pasteur. 1907. Vol. 21; Mesure de l'anaphylaxie par le dose émétisante. C. R. de la Soc. Biol. 1907; De l'anaphylaxie et des toxogénines. Annal. de l'inst. Pasteur. 1908. Vol. 22; De la substance anaphylactisante ou toxogénine. Soc. de Biol. T. 64. 1908; Etudes sur la crépitine (Toxine de Hura crepitans, Euphorbiaceae). Annal. de l'inst. Pasteur. 1909. Bd. 23. 1910; L'anaphylaxie crée un poison nouveau chez l'animal sensibilisé. C. R. de la Soc. Biol. 1909. Bd. 66. H. 18: Rôle du système nerveux dans les phénomènes de l'anaphylaxie aigue. La Presse médic. 1909. Nr. 28; De la réaction anaphylactique in vitro. Soc. Biol. 1909. Bd. 66. June; Note sur l'anaphylaxie. C. R. de la Soc. de Biol. T. 65. 1908; De l'anaphylaxie „in vitro" avec le tissu cérébral. Compt. rend. Soc. Biol. T. 67. 1910; Nouvelles expériences sur la crépitine et l'actino-congestine (anaphylaxie et immunité). Annal. Past. T. 24.

1910. — Richet, Charles, De d'anaphylaxie alimentaire. Compt. rend. Soc. Biol.
T. 170. 1911. Nr. 2; Immunité, antianaphylaxie et leukocytose après ingestion.
C. r. Soc. Biol. Bd. 70. 1911. p. 232. — Richet u. Héricourt, Effets lointains
des injections de serum d'anguille. C. R. de la Soc. de Biol. 29. I. 1898. — Richet
u. Portier, De l'action anaphylactique de certains venins. C. R. de la Soc. de Biol.
1902. — Rist, Sur la toxicité des corps de bacilles diphtéritiques. C. R. de la Soc.
de Biol. Bd. 55. 1903. — Ritter v. Rittershain, Erfahrungen über die in den
letzten 4 Jahren beobachteten Serumexantheme. Jahrb. f. Kinderheilk. 1902. Bd. 55.
— Römer, Spezifische Ueberempfindlichkeit und Tuberkuloseimmunität. Uebersicht
über die Theorien der Ueberempfindlichkeit. Beitr. zur Klinik d. Tuberk. 1908. Bd. 11;
Weitere Versuche über Immunität gegen Tuberkulose, zugleich ein Beitrag zur Phthiseogenese. Brauer's Beitr. zur Klinik der Tuberkul. 1909. Bd. 13; Experimentell-kri-
tische Untersuchungen zur Frage der Tuberkuloseimmunität. Zeitschr. f. Infektionskrankh. etc. d. Haustiere, 1909. Bd. 6. H. 6; Ueber experimentelle kavernöse Lungentuberkulose. Berliner klin. Wochenschr. 1909. Nr. 18. — Römer u. Joseph, Prognose und Inkubationsstadium bei experimenteller Meerschweinchentuberkulose. Berl.
klin. Wochenschr. 1909. Nr. 28. — Roepke u. Busch, Untersuchungen über die
Diagnose der Menschentuberkulose mittelst Anaphylaxie. Brauer's Beitr. z. Tuberkul.
1909. Bd. 14. H. 2. — Rosenau u. Anderson, Hypersusceptibility. Journ. americ.
med. Assoc. Bd. 62. 1906; A study on the cause of sudden death following the injection of horse serum. Hyg. Labor. Washington Bull. Bd. 29. 1906; A new toxic
action of horse serum. Journ. med. research. Bd. 15. 1906; The influence of antitoxin upon postdiphteritic paralysis. Hyg. Labor. Washington Bull. No. 38. 1907;
Studies upon Hypersusceptibility and Immunity. Washington M. S. Public Health
and Marine-Hosp. Bull. Nr. 36. 1907; Further Studies upon Hypersusceptibility and
Immunity. Journ. Med. Res. 1907. Bd. 16; The specific nature of anaphylaxis.
Journ. of infect. diseases. 1907; A review of anaphylaxis with special reference to
immunity. The Journ. of infect. diseases. Vol. 5. 1908; Anaphylaxie. Journ. of
americ. Assoc. 1908. 19; Further studies upon anaphylaxis. Hyg. Labor. M. S. Public
Health and Med. Hosp. Serv. Bull. No. 45. 1908; Rovere, Sur la présence des pré-
cipitines dans le sang des sujets atteints d'accidents consécutifs à des injections du
sérum antidiphtérique. Arch. génér. de méd. 7. Febr. 1905, zit. n. Lemaire.
      Sachs u. Ritz, Berliner klin. Wochenschr. 1911. — Salus, Wirkungen nor-
maler Sera auf den Organismus. Med. Klinik. Nr. 27. 1908; Zum Anaphylaxieproblem.
Wiener klin. Wochenschr. 1909. Nr. 48; Versuche über Serumgiftigkeit und Anaphylaxie. Medizinische Klinik. 1909. Nr. 14; Ueber Anaphylaxie, Fortschr. d. Med.
Bd. 27. 1909. Nr. 14. — Schenk, Ueber das Verhalten des Komplements bei der
Tuberkulinreaktion. Zeitschr. f. Immunitätsforsch. 5. 1910; Ueber gesteigerte Reaktionsfähigkeit gravider Tiere gegen subkutane Gewebsinjektion. Münchener med. Wochenschrift. 1910; Ueber den Uebergang der Anaphylaxie von Vater und Mutter auf das
Kind. Münchener med. Wochenschr. 1910. — Schern, Experimentelle Beiträge zur
praktischen Verwertbarkeit der Anaphylaxie. Archiv f. wissensch. u. prakt. Tierheilk.
Bd. 36. Suppl.-Bd. 1910. — Schippers, Serumkrankheit. Nederl. Tijdschr. vor
Geneeskd. 21. 1909; Ervaringen oser Serumzickte. Nederl. Tijdschr. vor Geneesk.
1909. — Schippers u. Wentzel, Zur Behandlung der Serumkrankheit. Zentralblatt
f. inn. Med. 1910. p. 697. — Schittenhelm u. Weichardt, Münchener med. Wochenschrift. 1911. Nr. 16. — Schorl, Bericht über einen ähnlichen Effekt von Heilseruminjektionen. Deutsche med. Wochenschr. 1894. — Schultz, Physiological studies in
anaphylaxis. The reaction of smooth muscle of the guinea-pig sensitized with horse
serum. Journ. of Pharmacol. and experim. Therapeutics. Vol. 1. 1910. — Scott, On
anaphylaxis and the behaviour of complement. Journ. of Pathol. and Bacter. 1909.
Bd. 14; Anaphylaxis in the rabbit; the mechanism of the symptoms. Journ. of Path.
and Bact. Vol. 15. 1910. — Sellei, Ueberempfindlichkeit bei Psoriasis vulgaris. Wiener
klin. Wochenschr. 1909. Nr. 34 u. 35. — Simon, Ueber Tuberkulinanaphylaxie. Zeitschrift f. Immunitätsforsch. Bd. 4. H. 4. — Slatinéanu u. Danielopulo, Sensi-
bilisation à l'inf. tub. par une injection par de tuberculine, C. R. de la Soc. de Biol.
T. 64. 1908. — Sleeswijk, Untersuchungen über Serumsensibilität. Zeitschr. für
Immunitätsforsch. 1909. Bd. 2. H. 2.; Bemerkungen zu der Arbeit von Thomsen.
Bd. 1. H. 6. Zeitschr. f. Immunitätsforsch. Bd. 2; Zur Komplementfrage in der Serum-
anaphylaxie. Zeitschr. f. Immunitätsforsch. Bd. 5. 1910; Anaphylaxie und Komplement.
Ein Wort zur Richtigstellung und Kritik. Zeitschr. f. Immunitätsforsch. Bd. 7. 1910.
— Smith, Th., Degrees of susceptibility to diphtheria-toxin among Guinea-pigs. Journ.

of Med. Res. Bd. 22. 1904; Discussion of Hypersusceptibility. Journ. of americ. med. Assoc. Bd. 47. 1906. — Sobernheim, Beitrag zu Frage der Bakterienanaphylaxie. Zeitschr. f. Immunitätsforschung. 5. 1940. — Spronck, Chauffage du sérum anti- diphtérique. Annal. de l'inst. Pasteur. XII. — Steffenhagen u. Clough, Biologische Untersuchungen über die Herkunft der Knochen. Berliner klin. Wochenschr. 1910. Nr. 46.

Thomsen, Untersuchungen über die Blutanaphylaxie und die Möglichkeit ihrer Anwendung in der Gerichtsmedizin. Zeitschr. f. Immunitätsforsch. 1909. Bd. 3. H. 6; Ueber die Spezifizität der Serumanaphylaxie und die Möglichkeit ihrer Anwendung in der mediko-forensischen Praxis zur Differenzierung von Menschen- und Tierblut (in Blutflecken etc.). Zeitschr. f. Immunitätsforsch. 1909. Bd. 1. H. 6; Ueber Blutanaphylaxie. und ihre Verwendung in der gerichtlichen Medizin. Hospitalstid. 1909. Nr. 37. — Titze, Die Anaphylaxie und ihre praktische Verwertbarkeit. Zeitschr. für Fleisch- und Milchhygiene. 1909. Jahrg. 20. H. 4. — Trommsdorff, Ueber biologische Eiweiss- differenzierung bei Ratten und Mäusen. Arb. a. d. kaiserl. Gesundheits-Amt. 1909. Bd. 32. H. 2; Zur biologischen Eiweissdifferenzierung. Zeitschr. f. Immunitätsforsch. Ref. Bd. 1. H. 8. — Tsurn, Ueber Komplementabnahme bei den verschiedenen Formen der Anaphylaxie, Zeitschr. f. Immunitätsforsch. Bd. 4. H. 5. — Turán, Studien über Anaphylaxie. Budapesti Orvosi Ujsag. 1909. Nr. 32.

Ucke, Zum Verhalten des Phäochroms bei der Anaphylaxie. St. Petersburger med. Wochenschr. 1910. — Uhlenhuth, Zur Kenntnis der giftigen Eigenschaften des Blutserums. Zeitschr. f. Hyg. 1897. Bd. 26; Bemerkung zur Arbeit Thomsen's. Zeitschr. f. Immunitätsforsch. 1909. Bd. 1. H. 6; Diskussion zu dem Vortrag von Haendel über Ergebnisse der Immunitätsforsch. Deutsche militärärztl. Zeitschr. 1909. Nr. 2; Diskussionsbemerkung zum Vortrag von Biedl u. Kraus, Zur experimentellen Analyse der Anaphylaxie. Freie Vereinig. f. Mikrobiol. 3. Tg. Wien. 1909. Refer. Zeitschr. f. Immunitätsforsch. Bd. 1. H. 8; Tag. d. Freien Vereinig. f. Mikrobiol. 1909/10; Verhandl. d. 77. Vers. Deutscher Naturforscher u. Aerzte in Meran. 1905; Ueber die Bestimmung der Herkunft von Mumienmaterial mit Hilfe spezifischer Sera. Deutsche med. Wochenschr. 1905; Ein Verfahren zur biologischen Unterscheidung von Blut verwandter Tiere. Deutsche med. Wochenschr. 1905; Komplementablenkung und Bluteiweissdifferenzierung. Deutsche med. Wochenschr. — Uhlenhuth u. Andrejew, Arb. a. d. kaiserl. Gesundh.-Amt. Bd. 30. 2. — Uhlenhuth u. Haendel, Ueber nekrotisierende Wirkung normaler Sera, speziell des Rinderserums. Zeitschr. f. Immunitäts- forschung. Bd. 3. H. 3.; Untersuchungen über die praktische Verwertbarkeit der Anaphylaxie zur Erkennung und Unterscheidung verschiedener Eiweissarten. Zeitschr. f. Immunitätsforsch. Bd. 4. H. 6. — Uhlenhuth u. Weidanz, Arb. a. d. kaiserl. Gesundh.-Amt. Bd. 30. 1909; Praktische Anleitung zur Ausführung des biologischen Eiweissdifferenzierungsverfahrens. Fischer. Jena. 1909.

Vallardi, Ueber Tuberkuloseanaphylaxie. Zeitschr. f. Immunitätsforsch. Bd. VII. 1910. — Vallé, Sur les propriétés du sérum du cheval hyperimmunisée contre la tuberc. à l'aide des bac. hum. virulents. C. R. S. B. T. 67. 1909. — Vaughan, Discussion of „Hypersusceptibility". Journ. of americ. med. Assoc. Bd. 17. 1906; Protein sensitization and its relation to some of the infectious diseases. Zeitschr. f. Immunitätsforsch. 1909. Bd. 1. — Vaughan and Wheeler, A study of susceptibility and immunity. Americ. meeting of assoc. of amer. phys. Washington 1907; The effects of egg-white and its split products on animals; a study of susceptibility and immunity. Journ. of inf. diseases. 1907; The split products of the tubercle bacillus and their effects upon animals. Trans. Am. Assoc. 1907.

H. de Waele, Recherches sur l'anaphylaxie contre les toxines et sur le mode d'absorption des toxines. Zeitschr. f. Immunitätsforsch. Bd. 3. H. 5. — Wassermann u. Bruck, Experimentelle Studien über die Wirkung von Tuberkelbazillenpräparaten auf den tuberkuloseerkrankten Organismus. Deutsche med. Wochenschr. 1906. — Weichardt, Zur plazentaren Theorie der Eklampsieätiologie. Arch. f. Gyn. 1909. Bd. 87. H. 3; Zur Frage der Ueberempfindlichkeit. Fol. haematol. Bd. 4. 1907; Ueber Eiweissüberempfindlichkeit und Beeinflussung des Zellstoffwechsels. Zentralbl. f. Bakt. Bd. 52. H. 1. 1909; Ueber Anaphylaxie. Uebersichtsref. Med. Klinik. 1909. Nr. 35; Ueber spezifisches Heufieberserum. Sitzungsber. d. physik.-med. Soc. in Erlangen. 1905. Bd. 37; Ueberempfindlichkeit durch Organeiweiss mit besonderer Berücksichtigung des Syncytialeiweisses. Verhandl. d. deutschen pathol. Gesellsch. Erlangen 1910. — Weichardt u. Piltz, Experimentelle Studien über Eklampsie. Deutsche med. Wochen- schrift. 1906. Nr. 46. — Weil-Hallé et Lemaire, Quelques conditions de l'anaphylaxie sérique passive chex le lapin et le cobaye. C. R. d. l. Soc. d. Biol. 1907. Bd. 65;

Actions empêchant d'un antisérum sur la production de précipitine. C. R. d. l. Soc. d. Biol. Bd. 63. 1907; L'anaphylaxie passive du cobaye pour le sérum de cheval. C. R. d. l. Soc. d. Biol. Bd. 65. 1908; Klinische und experimentelle Seroanaphylaxie. Sem. médic. 1909. Nr. 37. — Wells, Studies on the chemistry of anaphylaxis. The Journ. of infect. diseases. Vol. 6. 1909. — Wendelstadt u. Fellmer, Beitrag zur Kenntnis der Immunisierung durch Pflanzeneiweiss. Zeitschr. f. Immunitätsforsch. Bd. VIII. 1910. — Werbitzky, Contribution à l'étude de l'anaphylaxie. Compt. rend. d. l. Soc. Biol. 1909. Bd. 67. Fasc. 23. — Wolff-Eisner, Untersuchungen über einige Immunitätsfragen. Berliner klin. Wochenschr. 1904, Zentralbl. f. Bakt. 1904; Ueber Grundgesetze der Immunität. Zeitschr. f. Bakt. Bd. 37. 1904; Das Heufieber, sein Wesen und seine Behandlung. München. Lehmann's Verlag. 1906; Ueber die Urtikaria vom Stanpunkt der neuen Erfahrungen über Empfindlichkeit gegenüber körperfremden Eiweisssubstanzen. Dermat. Zentralbl. 10. Jahrg. 6. 1906; Ueber Eiweissimmunität und ihre Beziehungen zur Serumkrankheit. Zentralbl. f. Bakt. Bd. 40. 1906; Typhustoxin, Typhusantitoxin und Typhusendotoxin. Die Beziehungen zwischen Ueberempfindlichkeit und Immunität. Berliner klin. Wochenschr. 1907.

Yamanouchi, Action de la tuberculine sur les animaux préparés avec du sang de tuberculeux. C. R. Soc. Biol. Bd. 66. 1909. Nr. 12; Ueber die Anwendung der Anaphylaxie zu diagnostischen Zwecken. Wiener klin. Wochenschr. Nr. 47. 1908; C. R. Soc. Biol. 1909. Nr. 16: Sur la diminution de l'excitabilité des nerfs chez les animaux préparés avec le sérum d'une espèce étrangère. Ann. Pasteur. Bd. 23. 1909. Fasc. 7; Expériences d'anaphylaxie chez l'homme et le singe. C. R. S. B. T. 68. 1910.

Bezüglich der „forensischen Blutdiagnose und forensischen Eiweissdifferenzierung mittels der Anaphylaxie" des „Mechanismus und der Deutung der anaphylaktischen Reaktion" und namentlich auch der Symptomatologie und Theorie des anaphylaktischen Krankheitsbildes verweise ich auf Friedberger's Anaphylaxie-Arbeit in den Fortschritten der Deutschen Klinik, welcher das vorstehende Literaturverzeichnis entnommen ist.

Siebentes Kapitel.

Entgiftungsarten.

Erster Abschnitt.

Histogene Giftgewöhnung.

Wie bei der Diphtherie, so spielt in der medikamentösen Therapie
auch vieler anderer Infektionskrankheiten die Entgiftung toxischer In-
fektionsstoffe eine wesentliche Rolle. Wir haben deswegen ein hervorragendes Interesse an der Beantwortung der Frage, auf welche Art die
Entgiftung sich vollzieht. Wir haben gesehen (cf. 5. Kapitel), dass das
Diphtherietoxin im Organismus isopathisch immunisierter Tiere die
Giftigkeit vollkommen verliert. Wir möchten nun aber auch den
Mechanismus der Entgiftung verstehen lernen. Soviel lässt sich
schon dem, was ich bisher über das Zustandekommen der antitoxischen
Diphtheriegift-Neutralisierung mitgeteilt habe, entnehmen, dass wir es
hier nicht mit derjenigen Art des Unschädlichwerdens zu tun haben,
welche in früherer Zeit unter den Begriff der „Giftgewöhnung", im
Sinne eines Unempfindlichwerdens ursprünglich giftempfindlicher Zellen
und Organe, untergebracht wurde. Für das Vorkommen einer derartigen
„Umstimmung" der Empfindlichkeit vitaler Elemente kennen wir überhaupt noch nicht ein einwandsfrei demonstriertes Beispiel; vielmehr
konnte jeder Fall, wo ein giftiger Körper für ein Individuum seine
Giftigkeit verliert, anderweitig aufgeklärt werden.

Eine lokalisierte Zellenveränderung an der Eintrittspforte eines
Giftes scheint in gewissen Fällen freilich vorzukommen und dann zur
Ursache einer relativen Giftgewöhnung werden zu können. So soll die
Darmschleimhaut für die Resorption von gepulvertem Arsenik nach
fortgesetztem Arsenikgebrauch ungeeignet werden. H. Meyer fasst das,
was wir über die Arsengewöhnung wissen, in seinem mit Gottlieb
herausgegebenen Buch „Experimentelle Pharmakologie" (II. Aufl.,
1911, S. 370) mit folgenden Worten zusammen:

„Nach wiederholter vorsichtiger Zufuhr von Arsenik in den Magen
steigt die Toleranz, so dass sonst sicher krankmachende Mengen und
vielleicht sogar das Drei- bis Vierfache einer mitunter tödlichen Dosis
ohne Schaden ertragen werden. Das ist an den Arsenikessern in Steier-
mark beobachtet und an Tieren experimentell bestätigt worden. Dabei
scheint die Retention des Arsens zuzunehmen, also möglicherweise die
Fähigkeit, Arsenik in einer ungiftigen organischen Form zu fixieren.
Nach Cloëtta soll dagegen die Arsenik-Resorption vom Darmkanal aus
abnehmen, die Darmschleimhaut also gegen den gepulverten Arsenik

resistent und undurchlässig werden. Ob gleichzeitig auch eine allgemeine „Gewöhnung der Gewebszellen" an den spezifischen Arsenikreiz stattfindet, ist nicht genügend untersucht. Bei der Wirkung auf Hefezellen scheint es der Fall zu sein; bei Tieren ist es ganz zweifelhaft. Hausmann fand nur, dass bei arsengewöhnten Hunden die Schleimhäute gegenüber der Aetzwirkung von Arsenik erheblich widerstandsfähiger als sonst waren; Cloëtta's arsengewöhnter Hund starb wenige Stunden nach der subkutanen Injektion von nur $1/_{60}$ der seit Monaten per os schadlos ertragenen Dosis."

Von der Morphiumgewöhnung sagt R. Gottlieb (Ebendas. S. 38): „Ueber die eigentliche Ursache der Gewöhnung, d. h. aus welchem Grunde immer grössere Gaben notwendig sind, um die gewohnte Wirkung zu erzielen, sind wir neuerdings durch Faust wenigstens zum Teil unterrichtet. Es hängt dies nahe mit dem Schicksal des Morphins und der ihm verwandten Verbindungen im Organismus zusammen. Faust (Arch. f. exp. Pathol. u. Therap. 1908. Bd. 44) hat festgestellt, dass Hunde bei einmaliger Morphiuminjektion etwa 70 pCt. der eingeführten Menge durch den Magen und Darm ausscheiden, dass aber die Morphinmenge in den Fäzes bei andauernder Zuführung allmählich steigender Gaben immer mehr abnimmt, so dass endlich trotz täglicher Injektion sonst tödlicher Gaben kein Morphium mehr in den Ausscheidungen erscheint. Da nach dem Tode auch die Organe nur ganz geringe Mengen des Giftes enthielten, so schloss Faust mit Recht, dass der Organismus bei der Gewöhnung an Morphin die Fähigkeit erlangt, weitaus grössere Mengen des Giftes zu zerstören, als der nichtgewöhnte vermag."

Nach Pringsheim wird der Alkohol nach täglich wiederholter Einführung rascher verbrannt als nach einmaliger Gabe.

Gottlieb meint jedoch, dass neben der erworbenen Fähigkeit zur schnelleren Giftzerstörung bei dem Gewöhnungsphänomen auch noch eine zelluläre Unterempfindlichkeit als Erklärungsprinzip herangezogen werden müsse.

Jedenfalls lehren die experimentellen Analysen, dass wir bei der Gewöhnung an organische Verbindungen von der Art des Morphiums mit der Giftzerstörung als einer wesentlichen Ursache der erworbenen Gift-Immunität zu rechnen haben, während die Gewöhnung an anorganische Giftpräparate hauptsächlich wohl auf veränderte Resorptionsverhältnisse zurückzuführen ist.

Abgesehen von der Entgiftung durch Einrichtungen und Kräfte des lebenden Organismus, zu welchen auch die später zu analysierende antitoxinproduzierende Fähigkeit gehört, haben wir in der Entgiftungslehre zu berücksichtigen die pharmazeutischen Entgiftungsmittel.

Zweiter Abschnitt.

Zur Lehre von den antagonistischen und chemischen Antidoten.

In der Lehre von den entgiftenden Mitteln werden zwei wesentlich verschiedene Arten von giftwidrigen Antidoten unterschieden. Die eine Art nennt man antagonistische oder physiologische Antidote. Ein Beispiel dafür ist das südamerikanische Pfeilgift Curare, welches

u. a. dazu dienen kann, beim Tetanus und bei der Hundswut die Krampferscheinungen zu bekämpfen. Es wirkt dabei als ein Mittel, welches
die motorischen Nervenendigungen lähmt und infolgedessen den Muskeltetanus aufhebt. Nach meinen Auseinandersetzungen in dem Kapitel
über „therapeutische Standpunkte“ ist demgemäss Curare ein sym-
ptomatisches Heilmittel und gehört in die allopathische Therapie,
die einen Krankheitszustand dadurch bekämpft, dass sie eine entgegen-
gesetzte Erkrankung bewirkt. Im vorliegenden Fall wird an Stelle der
nervösen Uebererregbarkeit durch chemische Beeinflussung der Nervenendigungen eine Untererregbarkeit gesetzt.

Hierher gehört vielleicht auch das Physostigmin (Eserin), als
Curare-Antidot, falls nämlich — was noch nicht sicher bewiesen ist
— seine exzitierende Wirkung an den Nervenendplatten und nicht an
anderen Stellen des Nervenendapparates einsetzt. Zweifellos gehört hierher das Pilokarpin als Atropinantidot. Das Pilokarpin wirkt auf
Iris und Ciliarmuskel und erzeugt Miose, Akkommodationskrampf und
Herabsetzung des intraokulären Drucks durch Erregung der Endapparate
(Okulomotorius-Endigungen im Sphincter iridis und Ciliarmuskel). Auf
die gleichen Endapparate wirkt auch das Atropin, aber nicht erregend,
sondern lähmend. Wenn nun bei disponierten Patienten durch Atropin
ein akuter Glaukomanfall ausgelöst wird, so lässt sich dieser durch
Pilokarpin — ebenso wie durch das ähnlich wirkende Eserin — mit
Erfolg bekämpfen. Das Kokain ist imstande, den intraokulären Druck
herabzusetzen durch die Kontraktion der das Kammerwasser liefernden
Gefässe des Ciliarkörpers und der Iris und kann so unter Umständen
auch zu einem Atropinantidot werden, wirkt dann aber dadurch, dass
es antagonistische Apparate (vasokonstringierende Sympathikusendigungen)
in Tätigkeit setzt.

Gegenüber solchen physiologischen (antagonistischen, allopathischen,
symptomatischen) Antidoten stehen die uns in der Infektionslehre ausschliesslich beschäftigenden ätiologischen Antidote, welche dadurch
gekennzeichnet sind, dass ihre Beeinflussung der Giftwirkung ohne
Alteration der giftempfindlichen Organe, allein durch Einwirkung auf das
giftige Agens, stattfindet. Derartige Antidote können chemisch, fermentativ und physikalisch wirksame Agentien sein.

Chemisch wirksame Antidote sind die Desinfektionsmittel von der
Art des Jodtrichlorids, des Jodoforms, des Formaldehyds, des Wasserstoffsuperoxyds usw., insofern sie nicht bloss die Vitalität, sondern auch
die Giftigkeit der Infektionsstoffe abschwächen und vernichten. Dass
sie in diesem Sinne wirksam sein können, habe ich zuerst am Jodoform
demonstriert.

<hr>

Dritter Abschnitt.
Das Jodoform als Antidot gegen Wundvergiftung.

Dass das Jodoform hervorragende desinfizierende Eigenschaften be-
sitzt, ist empirisch durch v. Mosetig gefunden und dann von allen
Chirurgen bestätigt worden. Wie es aber wirkt, darüber konnte lange
Zeit keine Einigung erreicht werden. Solange als die Begriffe „Des-

infektion“ und „Antibakterielle Wirkung“ identifiziert wurden, wollten die Praktiker es sich nicht ausreden lassen, dass es ein bakterienwidriges Mittel sei; manche Bakteriologen aber, die das im Laboratoriumsexperiment nicht bestätigen konnten, wollten es als Wunddesinfektionsmittel nicht gelten lassen, bis ich den experimentellen Beweis dafür lieferte, dass das Jodoform nicht als antibakterielles, sondern als antitoxisches Mittel desinfizierend wirkt. Ich hatte zunächst ebenso wie viele andere Bakteriologen feststellen können, dass die Gegenwart von Jodoform in einem Kulturnährboden das Wachstum von Bakterien nicht verhindert, dass es dagegen in fäulnisfähigen Substraten den Fäulnisprozess verhütet und in Flüssigkeiten, welche sich im Zustand einer mit der Bildung von übelriechenden Produkten einhergehenden Zersetzung befinden, diese zum Stillstand bringt. Später untersuchte ich den Einfluss des Jodoforms auf ein chemisch reines Fäulnisprodukt, das Briegersche Cadaverin, welches ein starkes Gift ist und ebenso wie viele faulende Substanzen stark entzündungerregend wirkt; ich fand da, dass das Jodoform mit dem Cadaverin eine chemische Umsetzung erfährt, nach deren Zustandekommen die Giftigkeit und entzündungerregende Fähigkeit des Cadaverins aufgehoben wird. Das führte mich dann weiterhin zur Prüfung der Einwirkung des Jodoforms auf die krankmachenden Produkte des Eiters in heissen Abszessen; und hier konnte ich die Entgiftung der Eitergifte nachweisen. Einen Teil der Eiterversuche führte ich zusammen mit de Ruyter, dem damaligen Assistenten an der von Bergmannschen Klinik in Berlin, aus. Wir brachten große Eitermengen in Kontakt mit Jodoform und fanden, dass dieser sonst so stabile chemische Körper von Tag zu Tag immer grösser werdende wasserlösliche Jodverbindungen freigab, die zwar durch die bekannten Jodreaktionen nicht direkt im Eiter, aber im Dialysat des jodoformhaltigen Eiters nachweisbar waren. Meine diesbezügliche Mitteilung aus dem Jahre 1888 schloss ich mit den Worten: „Für die vielen mit bösartiger Sekretabsonderung und virulentem Eiter einhergehenden Wundkrankheiten hat uns von Mosetig im Jodoform ein Heilmittel, und zwar der besten eines, kennen gelehrt, und für den praktischen Arzt wird der Wert dieses Heilmittels dadurch nicht geschmälert werden, dass es nach der heutigen Terminologie keinen Anspruch auf den Namen „Desinfektionsmittel“ machen darf. Diese meine Jodoformarbeit war es, auf welche Pasteur in dem von mir früher berichteten Gespräch Bezug nahm. Dass freies Jod und wasserlösliche Jodpräparate, wenn sie ihr Jod leicht abzugeben vermögen, zu Desinfektionsleistungen gut befähigte Mittel sind, war schon lange vorher bekannt. Sie sind aber kein brauchbarer Jodoformersatz, weil sie selber giftig sind und die Wunden stark reizen, während das Jodoform als solches diese unerwünschten Nebenwirkungen nicht besitzt. Es verhält sich in Wunden ganz indifferent und tritt erst in Aktion, wenn Zersetzungsprodukte da sind, die einerseits das Wundsekret zu entzündungerregender und den Gesamtorganismus vergiftender Wirkung befähigen, andererseits das Jodoform aufspalten und Jod aus ihm frei machen; deswegen verglich ich das Jodoform einem guten „Aufpasser“, der sich ruhig und still verhält, so lange seine Tätigkeit nicht gebraucht wird, aber sofort zuspringt, wenn seine Hilfe nötig ist.

Wenn wir auf diese Weise erfahren haben, dass das Jod im Jodoform es ist, welches die giftigen Sekretionsprodukte in Wunden unschädlich macht, so bleibt für den Mechanismus dieses Entgiftungsprozesses doch noch viel zu erforschen übrig. Denn man kann sich das Unschädlichwerden eines Giftes in sehr verschiedener Weise zustandekommend denken. Stellt man es sich nach Analogie der Aufhebung der Säurewirkung durch Alkalizusatz vor, dann wird von einer Neutralisierung gesprochen werden. Manche Gifte werden durch Sauerstoffzufuhr unschädlich, z. B. der aktive Phosphor, der Phosphorwasserstoff und die niedrigeren Sauerstoffverbindungen desselben; andere Gifte werden durch Wegnahme von Sauerstoff weniger giftig, z. B. das Quecksilberoxyd, welches nach der Reduktion zu metallischem Quecksilber selbst in grösseren Dosen nicht mehr giftig ist. Das ist dann eine oxydierende bzw. reduzierende Entgiftung. So gibt es noch andere chemische Entgiftungs-Möglichkeiten, z. B. die der Hydratation usw.

Bemerkenswerte Studien über die Entgiftungsverhältnisse liegen vor für die Vergiftung mit Salzsäure und Blausäure.

Vierter Abschnitt.
Ueber Salzsäure-Entgiftung.

Bei der Heilwirkung der Alkalien gegenüber der Salzsäurevergiftung sind die beiden Faktoren, nämlich die Salzsäure und das Alkali, z. B. die Natronlauge, von sehr einfacher chemischer Konstitution, so dass wir uns eine klare Vorstellung von ihrer gegenseitigen Einwirkung machen können. Wenn wir Salzsäure mit Natronlauge zusammenbringen, so entstehen neue Körper nach der Formel: $HCl + NaOH = NaCl + H_2O$. Die Salzsäure ist ein Gift für den Tierkörper, auch die Natronlauge ist ein Gift, aber weder das Kochsalz noch das Wasser sehen wir als Gifte an. Die Salzsäure wird also durch die Natronlauge ungiftig, und wir können die Natronlauge als ein Antitoxin für die Salzsäure bezeichnen. Da die Natronlauge selber ein Gift ist, so passt auf sie auch der Ausdruck „Gegengift“. Nun können wir aber auch die Salzsäure ungiftig machen durch solche Mittel, die selber keine Gifte sind, z. B. durch doppeltkohlensaures Natron, nach der Formel: $HCl + NaHCO_3 = NaCl + H_2O + CO_2$; das entspricht dann im Effekt dem, was wir bei der Einwirkung der Blutantitoxine auf Bakteriengifte beobachten, wo die ersteren gleichfalls antitoxisch wirken, ohne selber Gifte zu sein. Wir können die Parallelen noch weiter ziehen, indem wir folgende verschiedene Fälle setzen. Wir können erstens den Prozess des Ungiftigmachens der Salzsäure ins Reagensglas verlegen, wir können aber auch die antitoxische, d. h. die giftwidrige Wirkung des Alkali auf die Salzsäure im Tierkörper stattfinden lassen. In beiden Fällen haben wir weitere Unterschiede zu machen. Nach dem Zusammenbringen der Salzsäure mit dem Alkali kann die Mischung sofort inkorporiert werden, oder man kann auch beide Körper erst einige Zeit im Reagensglase auf einander einwirken lassen. Für den antitoxischen Effekt ist beides ziemlich gleichwertig, wenn als Antitoxin die Lauge gewählt wird; dagegen bedürfen kohlensaure Alkalien etwas längerer Einwirkung, um die chemische Umsetzung, welche zum Ungiftigwerden der Salzsäure führt, vollständig erfolgen zu lassen. Bei der Einwirkung des Alkali auf die Salzsäure im Tierkörper wiederum macht es einen erheblichen Unterschied im antitoxischen Effekt aus, welche Applikationsmethode wir für beide Agentien wählen. Der Einfachheit halber nehme ich an, dass wir das Gift, nämlich die Salzsäure, subcutan applizieren. Dann ist es verständlich, dass die Chancen für eine Paralysierung der Giftwirkung am grössten sind, wenn das Alkali subkutan an dieselbe Stelle hingebracht wird, wo man die Säure eingespritzt hat. Wählt man die stomachale Einverleibung, so ist die Alkaliwirkung nur von der Blutbahn aus möglich, und ob sie auf diese Weise überhaupt eintreten kann, ist von mancherlei Zufälligkeiten abhängig; wenn der Mageninhalt zufällig stark sauer ist, so kann das Gegengift dadurch ganz unwirksam werden; aber auch mangelhafte Resorption kann den antitoxischen Effekt vereiteln. Besseren Erfolg verspricht die direkte Einführung des Alkali in die Blutbahn, und zwar wählt man da zweckmässig die intravenöse Infusion. Damit sind aber die zu beachtenden Unterschiede noch nicht erschöpft. Auch die subkutane Injektion des antitoxisch wirkenden Alkali kann gänzlich resultatlos bleiben, wenn sei der Giftapplikation einige Zeit verstrichen ist. Die Salzsäure ist dann in die Blutbahn aufgenommen worden und hat in der Blutflüssigkeit chemische Alterationen verursacht. Besser erreicht man, wie das Experiment gezeigt hat, eine antitoxische Wirkung, wenn das Alkali intravenös injiziert wird; in diesem Falle kann selbst wenige Stunden vor dem erfahrungsgemäss — bei unbeeinflusstem Verlauf der Salzsäurevergiftung — eintretenden Tode eine lebensrettende Wirkung erzielt werden. Wir haben endlich noch den Fall zu unterscheiden, dass wir das Alkali nicht gleichzeitig mit der Salzsäure inkorporieren, auch nicht hinterher, sondern vorher. Wenn durch voraufgehende Alkalinisierung das später mit Salzsäure zu behandelnde Tier gegen die Giftwirkung der letzteren geschützt werden soll, so ist die Sache nicht so dringlich, und wir haben freie Wahl, durch stomachale, durch subkutane und durch intravenöse Applikation dies zu erreichen; nur die Dosierung wird eine verschiedene sein müssen; am meisten Alkali brauchen wir zur Erreichung des Effektes bei stomachaler, demnächst bei subkutaner, am wenigsten bei intravenöser Applikation; auch ist der Eintritt der giftschützenden Wirkung bei diesen verschiedenen Applikationsmethoden verschieden.

Bei dieser Analyse hat man es, wie man sieht, mit denselben Verhältnissen zu tun, die auch für die Einwirkung der Antitoxine aus dem Blute immunisierter Tiere auf Bakteriengifte in Betracht kommen. Hier wie dort wird ein Gift durch Zusammenbringen mit einem anderen Körper im Reagensglase unschädlich. Ich glaube, dass für diese Tatsache der Ausdruck „zerstören" am wenigsten präjudiziert. Wollte man den Ausdruck „neutralisieren" brauchen, so würde der Sinn des Geschehnisses damit nicht präziser bezeichnet werden; ausserdem aber würde die Korrektheit dieser Bezeichnung noch erst bewiesen werden müssen. Der Ausdruck „neutralisieren" wird hergenommen von dem chemischen Prozess der Umwandlung einer Säure, wenn dieselbe dabei ihre das Lakmuspapier rötende Eigenschaften verliert. Nun ist aber schon bei den Mineralsäuren „Neutralisieren" nicht identisch mit „Ungiftigmachen"; denn ungiftig werden Salzsäurelösungen schon lange bevor sie ihre Wirkung auf Lakmus verlieren. Noch viel weniger sind für andere Säuren die Ausdrücke „neutralisieren" und „ungiftigmachen" gleichbedeutend; ich brauche blos an die Blausäure zu erinnern, welche bekanntlich keineswegs durch Neutralisierung ungiftig wird. Wollte man aber das Wort „neutralisieren" im übertragenen Sinne nehmen und damit blos ausdrücken, dass eine Wirkung aufgehoben wird, so sehe ich nicht ein, welchen Vorzug diese Bezeichnungsweise vor der von mir gewählten, weniger zweideutigen „giftzerstörend" oder „giftvernichtend" haben soll. Ich habe als Ersatz an das Wort „paralysierend" gedacht und dasselbe auch zeitweise für die giftzerstörende Aktion der Blutantitoxine gebraucht, bin aber wieder davon abgegangen, um nicht dadurch den Anschein zu erwecken, als ob wir es mit Verhältnissen zu tun haben, die von den bei anderen giftigen und giftwidrigen Mitteln zu beobachtenden Prozessen im Prinzip verschieden sind. Der chemische Begriff des Neutralisierens kann uns aber nach der Richtung nützliche Dienste tun, dass wir uns überhaupt einmal klar zu werden suchen, worauf im chemischen Sinne die antitoxische Wirkung anerkannter giftwidriger Mittel beruht. Dabei sehe ich gänzlich ab von dem Versuch, physiologische Erklärungen dafür zu geben, warum die Salzsäure für ein Tier giftig wirkt, das Kochsalz aber nicht; warum das Jodoform giftig ist, auch die aus dem Jodoform unter Umständen entstehende Jodwasserstoffsäure, während das Jodkalium, das Sumpfgas und das Wasser, welche Körper beim Zusammenbringen mit Alkali unter geeigneten Bedingungen schliesslich aus dem Jodoform entstehen, dem Tierkörper keinen Schaden verursachen. Solche Tatsachen als gegeben voraussetzend, will ich nun untersuchen, welche chemischen Umsetzungen Körper von bekannter Konstitution erleiden, wenn sie aus dem giftigen in einen ungiftigen oder weniger giftigen Zustand übergehen. Als Beispiel wähle ich die Blausäure, welcher die Formel CHN zukommt.

Fünfter Abschnitt.
Ueber Blausäure-Entgiftung.

Wir kennen zweierlei Arten des Zusammentritts der Elemente aus der Blausäure. Bei der einen ist der Stickstoff dreiwertig, und man hat sich die Verbindung der Atome nach der Formel $\begin{matrix} N \equiv C \\ | \\ H \end{matrix}$ zu denken; bei der anderen ist der Stickstoff fünfwertig, so dass die Formel folgendermassen aussieht: $\begin{matrix} N \equiv C; \\ | \\ H \end{matrix}$ in dem einen Fall hängt das Wasserstoffatom am Kohlenstoff, im anderen am Stickstoff, und die grosse Differenz dieses verschiedenen Verhaltens kommt im physiologischen Experiment dadurch zum Ausdruck, dass die erstere Verbindung, die eigentliche Blausäure, eines der stärksten Gifte ist, die andere aber, die Isocyanwasserstoffsäure, als nur sehr wenig oder gar nicht giftig zu betrachten ist; vielleicht kann auf eine solche Umlagerung der Atome die

Abnahme der Giftigkeit von Blausäurelösungen bei längerem Stehen zurückgeführt werden; wir wissen das nicht sicher, da in reinem Zustande die Isocyanwasserstoffsäure nicht bekannt ist. Ganz unzweifelhaft wird die Ungiftigkeit dieser Art der Atomverkettung, wenn wir die Derivate der Isocyanwasserstoffsäure, die Isonitrile oder Carbylamine, physiologisch prüfen.

Dass durch Neutralisation die Giftwirkung der Blausäure nicht zerstört, sondern höchstens etwas abgeschwächt wird, haben wir schon gesehen: was die Hydratation betrifft, durch welche die Cyanwasserstoffsäure in die Cyansäure ($CNOH$) übergeht, so kennen wir bis jetzt diese Verbindung nur mit fünfwertigem Stickstoff; diese aber ist ungiftig: sie steht in naher Beziehung zum Harnstoff, aus welchem heim Erhitzen unter Ammoniakabspaltung die Cyansäure entsteht nach den Formeln:

$$1.\ 3CON_2H_4 = (CONH)_3 + 3NH_3,$$
Harnstoff   Cyanursäure   Ammonaik

$$2.\ (CONH)_3 = 3\,CONH.$$
Cyanursäure 3 Moleküle Cyansäure.

Man könnte weiter zeigen, dass der Sauerstoff bei höherer Temperatur und bei Lichteinwirkung die Blausäure oxydiert und dadurch ungiftig macht; dass Substitutionsprodukte der Blausäure mit Metallen zum Teil ungiftig sind, wie die Ferrocyanwasserstoffsäure; zum Teil aber giftig, wie die Silber- und Quecksilbercyanide. Es mag das bisher Gesagte aber genügen, um den Beweis zu liefern, dass schon bei Giften mit bekannter chemischer Konstitution die Bedingungen, unter welchen sie ungiftig werden, so zahlreich sein können, dass es vergeblich sein würde, einen allgemein zutreffenden, den chemischen Prozess charakterisierenden Ausdruck dafür zu finden, und dass es nicht bloss erlaubt, sondern einzig und allein zweckentsprechend ist, wenn ich für die antitoxische Aktion die nicht präjudizierenden Worte „giftzerstörend“ oder „giftvernichtend“ wähle, falls die Giftwirkung vollständig aufgehoben wird, und wenn ich von „Giftabschwächung“ spreche, wenn die antitoxische Aktion sich bloss in einer Verminderung der Giftwirkung äussert.

Die Giftzerstörung und die Giftabschwächung konstatieren wir bei den Giften mit bekannter Konstitution, wie bei solchen, deren chemische Natur wir noch nicht kennen, in der Weise, dass wir das antitoxische Agens ausserhalb des giftempfindlichen Organismus einwirken lassen und hinterher durch Inkorporation der Mischung zusehen, ob der Körper, welcher vorher ein Gift war, nachher kein Gift mehr ist. Für ärztliche Zwecke liegt nun der Gedanke gewiss nahe, solche Mittel, die bei einer Einwirkung ausserhalb des lebenden Organismus sich als giftzerstörend erwiesen haben, auch daraufhin zu prüfen, ob sie imstande sind, das Gift unschädlich zu machen, wenn dasselbe schon in die Säftemasse eingedrungen ist. Wir haben gesehen, dass dies bei den Alkalien gegenüber der Giftwirkung der Salzsäure tatsächlich der Fall ist. Wir kennen auch andere Beispiele für eine derartige Wirkung, die man mit dem landläufigen Ausdruck des „Heilens“ bezeichnet.

Bekanntlich wendet man aktiven Sauerstoff enthaltendes altes Terpentinöl an, um Phosphorvergiftungen zu bekämpfen; man kann sich leicht überzeugen, dass ausserhalb des Tierkörpers solches Terpentinöl den Phosphor sehr schnell ungiftig macht, indem es ihn oxydiert. Ein sehr interessantes Beispiel ist ferner die therapeutische Wirkung der Natriumsulfatlösungen bei Carbolsäurevergiftung. Wie Sonnenburg fand, wirkt Glaubersalz sehr günstig auf Menschen ein, die nach chirurgischem Gebrauch der Karbolsäure Intoxikationserscheinungen zeigen. Das würde mich aber nicht veranlassen, dieses Beispiel zu zitieren, wenn nicht der Wirkungsmodus unserem Verständnis näher gebracht worden wäre dadurch dass Baumann die gepaarten Schwefelsäuren entdeckte. Die Karbolsäure geht mit der Schwefelsäure verschiedene Verbindungen ein; mag nun aber die ätherartige Verbindung entstehen, bei welcher der Schwefelsäurerest den Wasserstoff der Hydroxylgruppe ersetzt (C_6H_5-O-SO_3H) oder eine von den Sulfosäuren, bei welcher ein Wasserstoffatom im Phenolkern durch den

$$\text{Schwefelsäurerest ersetzt wird} \quad \left(\begin{array}{c} \mathrm{C(OH} \\ \mathrm{H} \qquad \mathrm{HSO_3} \\ \mathrm{H} \qquad \mathrm{H} \\ \mathrm{H} \end{array}\right), \quad \text{in beiden Fällen ist die}$$

Karbolsäure weniger giftig geworden. Man hat für die Desinfektionspraxis diese Tatsachen ausnützen wollen und unter dem Namen „Aseptol" die Orthophenolsulfosäure in den Handel gebracht mit dem Vorgeben, ein weniger oder garnicht giftiges und dabei desinfizierend noch wirksameres Mittel, als die Karbolsäure, bieten zu können. Leider hat sich gezeigt, dass mit der Ungiftigkeit für lebendes tierisches Eiweiss auch die Ungiftigkeit für lebendes pflanzliches Eiweiss Hand in Hand bei diesem Substitutionsprodukt der Karbolsäure einhergeht, und bekanntlich hat C. Fraenkel experimentell nachgewiesen, dass, um zum Zweck der Löslichmachung roher Karbolsäure die Schwefelsäure anwenden zu können, sorgfältige Kühlung des Gemisches stattfinden muss. Geschieht das nicht, dann erhitzen sich die Karbolsäure und die Kresole beim Zusammenbringen mit Schwefelsäure, es entstehen die Sulfoverbindungen, und diese sind sehr viel weniger desinfizierend wirksam als ein solches Gemisch von Schwefelsäure und Karbolsäure, in welchem durch Kühlung die chemische Umsetzung vermieden wird. Was uns hier aber besonders interessiert, ist die Tatsache, dass durch den Eintritt des Schwefelsäurerestes in die Phenolgruppe, welchen Baumann und Preusse auch im Tierkörper nachgewiesen haben, es verständlich geworden ist, wie schwefelsaure Salze heilend auf die Karbolsäurevergiftung einwirken können.

Sonnenburg hatte schon gefunden, dass die Verabfolgung von Glaubersalz auch prophylaktisch gegen die Karbolsäurevergiftung hilft. Man kann sich die Schutzwirkung durch schwefelsaures Natron so erklären, dass bei prophylaktischem Gebrauch desselben das Blut dieses Salz enthält und dass die Karbolsäure nach der Resorption in geschwefelte Verbindungen umgewandelt und dadurch unschädlich wird. Aber ganz gleichgültig, ob die Sache so oder anders zu erklären ist, wenn nur die Tatsache von der Schutzwirkung der schwefelsauren Salze richtig ist, so haben wir es hier mit einer Immunisierung gegen die Karbolsäure zu tun. Zum mindesten muss ferner die Möglichkeit zugestanden werden, dass die antitoxische Aktion, welche man ausserhalb des Tierkörpers nachweisen kann, wenn Schwefelsäure mit Karbolsäure zusammengebracht wird, auch innerhalb des Organismus sich abspielen kann.

Sichergestellt ist die antitoxische Thiosulfatwirkung gegenüber der Blausäurevergiftung in vivo.

Auf Grund der Experimente von Lang, Heymans und Masoin können wir die antitoxische Wirkung des Natriumhyposulfits auf die Umwandlung der giftigen Cyangruppe in das viel weniger giftige Rhodan zurückführen. Der Eintritt der Rhodanbildung lässt sich durch chemische Reaktionen nachweisen, und wir sind deswegen in der Lage, mit Sicherheit anzugeben, wo und unter welchen Bedingungen die Entgiftung vor sich geht.

Bekanntlich findet man das Rhodankalium im Speichel des Menschen und der Tiere. Man nimmt an, dass der Parotisspeichel die Quelle dieser Cyanverbindung ist. Die Rhodanverbindungen sind nur wenig giftig, trotz ihrer sehr nahen Verwandtschaft mit der so giftigen Blausäure. Folgende Formeln geben über das verwandtschaftliche Verhältnis zwischen Blausäure und Rhodan Auskunft:

$$\underset{\substack{\text{Blausäure} \\ \text{(Cyanwasserstoff)}}}{\underset{\text{H}}{\overset{\text{C} \equiv \text{N}}{|}}} \qquad \underset{\text{Cyansäure}}{\underset{\text{OH}}{\overset{\text{C} \equiv \text{N}}{|}}} \qquad \underset{\substack{\text{Thiocyansäure} \\ \text{Rhodanwasserstoff}}}{\underset{\text{SH}}{\overset{\text{C} \equiv \text{N}}{|}}} \qquad \underset{\text{Rhodankalium}}{\underset{\text{SK}}{\overset{\text{C} \equiv \text{N}}{|}}}$$

Der Wasserstoff der Blausäure ist also in Rhodanverbindungen durch die Sulfidgruppe ersetzt, ebenso wie er in der Cyansäure durch die Hydroxylgruppe vertreten wird, und in beiden Fällen, sowohl durch die Hydroxylierung wie durch die Sulfurierung, wird die Blausäure entgiftet.[1])

Nachdem nun Pascheles gezeigt hatte, dass die Ueberführung der Blausäure in Rhodan bis zu einem gewissen Grade durch die Eiweisskörper des Blutes vermittelt werden kann und dass hierdurch kleine Blausäuremengen, die unterhalb der tödlichen Minimaldosis liegen, vom Tierkörper entgiftet werden, kam Lang auf den Gedanken, dem lebenden Organismus diese Arbeit dadurch zu erleichtern, dass er demselben solche Schwefelverbindungen zuführte, welche den Sulfidschwefel besser abgeben als die Eiweisskörper des Blutes. Nachdem er mit nur geringem Erfolge zu diesem Zwecke mit verschiedenen Schwefelverbindungen experimentiert hatte, stiess er schliesslich auf das Natriumhyposulfit,

$$(Na_2 S_2 O_3 = \underset{\text{Na S}}{\overset{\text{Na O}}{}} \text{>} SO_2 = \text{Thiosulfat}; \text{ in der Photographie als } \textbf{Fixirnatron}$$

bekannt). Obwohl das Natriumhyposulfit nur unter besonderen Bedingungen imstande ist, im Reagensglase die Blausäure in die Rhodanverbindung zu verwandeln, so vermittelt es doch sehr prompt diese Reaktion, wenn es im Blute mit Cyanverbindungen zusammentrifft. Das Natriumhyposulfit ist als ungiftig zu betrachten. Man kann diesen

---

1) Nach meinen eigenen Versuchen ist die Entgiftung keine vollständige, da sowohl die Cyansäure wie das Rhodan einen gewissen Grad von Giftigkeit besitzen. Von grosser Wichtigkeit ist die durch private Mitteilung mir bekannt gewordene Entdeckung von Herrn Heymans, dass für Frösche das Rhodankalium kaum weniger giftig ist als das Cyankalium, und dass infolge dessen für Frösche das Cyankalium durch Sulfurierung nicht entgiftet werden kann.

Körper vom Magen aus, subkutan und intravenös in ebenso grossen Mengen einverleiben wie das Kochsalz, ohne eine Vergiftung herbeizuführen. Für den therapeutischen Effekt ist es gleichgiltig, wie das Natriumhyposulfit gegeben wird, wenn es nur in genügender Menge im Blute kreist zu der Zeit, wo die Blausäure in das Blut hineingelangt. Von Wichtigkeit ist die Konstatierung der Tatsache (durch Lang, und durch Heymans und Masoin: „Hyposulfite de soude et cyanure de potassium", Arch. de Pharmacodynamie, 1897, III, Heft 3—4), dass die antitoxische Wirkung zwar präventiv eintritt, dagegen ausbleibt, wenn irgendwelche Krankheitssymptome der Blausäurevergiftung schon bemerkbar sind. Wir haben hier also den Fall, wo eine antitoxische Immunisierung zu konstatieren ist, aber keine antitoxische Heilung und auch keine antitoxische Wirkung in vitro.

Um quantitativ die antitoxische Leistung des Hyposulfits beurteilen zu können, muss man über die Giftigkeit der Cyanverbindung, mit welcher man arbeitet, genau unterrichtet sein. Die Berechnung der Giftigkeit erfolgt am besten nach derjenigen Methode, die ich für die quantitative Giftigkeitsbestimmung der Infektionsgifte eingeführt habe. (S. Kap. III.) Danach wird die für 1 g Kaninchengewicht tödliche Minimaldosis als $1 + K$ bezeichnet. Gibt man $2 + K$ pro 1 g Kaninchengewicht, so ist das die doppelt tödliche Minimaldosis. 1 g Cyankalium enthält bei subkutaner Injektion $100\,000 + K$.

Lang hat nun gefunden, dass die antitoxische Wirkung, je nach der Versuchsanordnung, sehr verschieden ausfällt. Es wurden im günstigsten Falle unschädlich gemacht, wenn er für Cyankalium und Hyposulfit folgende Applikationsmethoden wählte:

	Cyankalium	Hyposulfit		Unschädlich		
I	subkutan	subkutan	höchstens	$1 + K$	pro	1 g
II	stomachal	stomachal		$1\frac{1}{2} + K$	„	1 g
III	subkutan	intravenös		$2 + K$	„	1 g
IV	stomachal	subkutan		$4 + K$	„	1 g
V	stomachal	intravenös		$5 + K$	„	1 g
VI	intravenös	intravenös		$2 + K$	„	1 g

In eigenen Versuchen habe ich Cyankalium und Hyposulfit in vitro gemischt und gefunden, dass im Mischungsversuch das Hyposulfit nicht wesentlich mehr leistet, als wenn man Cyankalium und Hyposulfit an verschiedenen Körperstellen getrennt unter die Haut spritzt, falls die Mischung sehr bald nach ihrer Herstellung subkutan injiziert wird. Lässt man aber die Mischung von Cyankalium und Hyposulfit in alkalischer Lösung 24—48 Stunden stehen, bevor sie eingespritzt wird, dann ist der antitoxische Effekt sehr viel grösser.

Die Ursache der differenten antitoxischen Wirkung des Hyposulfits nach kurzem und langem Stehen der Mischung ist leicht nachzuweisen. Im ersteren Falle fehlt die Umwandlung des Cyankaliums in Rhodankalium, im zweiten Fall ist sie mehr oder weniger vollständig eingetreten.

Ich schliesse daraus, dass eine chemische Entgiftung in vitro eingetreten ist, wenn im Mischungsversuch bei subkutaner Injektion von Gift und Antidot der antitoxische Effekt erheblich grösser ist als bei getrennter subkutaner Injektion des Giftes und des Antidotes, und andererseits, dass eine chemische Entgiftung in vitro nicht stattgefunden hat, wenn im Mischungsversuch der antitoxische Effekt nicht nennenswert grösser ist als bei der getrennten Applikation.

<hr>

Sechster Abschnitt.
Ueber Saponin-Entgiftung.

Von ganz besonderem Interesse ist diejenige Art der Entgiftung, welche mein früherer Mitarbeiter Ransom am Saponin studiert hat, indem er die hämolytische Wirkung dieses Glykosids in ähnlicher Weise durch Serumwirkung aufhob, wie man beispielsweise das Tetanolysin durch Tetanusheilserum hämolytisch unwirksam macht. In No. 13 der Deutschen med. Wochenschr. vom Jahre 1901 teilte Ransom darüber folgendes mit:

Für die nachfolgend zu berichtenden Untersuchungen habe ich Saponin pur. alb. von Merck angewandt. Dasselbe stellt ein weisses amorphes Pulver dar, welches sich sehr leicht in Wasser löst und die für die Saponingruppe charakteristischen Eigenschaften besitzt. Insbesondere wollte ich die hämolytische Wirkung näher studieren und habe mich zu diesem Zwecke hauptsächlich des Hundeblutes bedient. Andere Blutarten zeigen sich nur quantitativ verschieden in ihrer Empfindlichkeit gegenüber Saponin.

Die Versuche sind bei Zimmertemperatur mit verdünntem Blute gemacht und die Reaktion ist in 10 ml Flüssigkeit vorgenommen. Unter diesen Bedingungen lösen

2 mg Saponin 0,3 ml Hundeblut in 3 Minuten
2 mg   „   0,5 ml   „   in 10—15 Minuten
2 mg   „   0,7 ml   „   in 12—24 Stunden
2 mg   „   0,9 ml   „   nur zum Teil
2 mg   „   1,5 ml   „   nur wenig
2 mg   „   2,0 ml   „   gar nicht.

Unter „lösen" verstehe ich, dass die Blutverdünnung vollständig klar und durchsichtig wird und nach 24 stündigem Stehen keinen Bodensatz zeigt.

Wenn wir die roten Blutkörperchen als belebtes Untersuchungsobjekt betrachten, so sehen wir, dass 2 mg Saponin ungefähr die tödliche Minimaldosis ist für die in 0,7 ml Hundeblut enthaltenen Erythrocyten. Dieselbe Menge Saponin ist aber für ca. 0,9—1,5 ml Blut nur eine krankmachende Dosis, und in 2 ml Blut ist die Zahl der Körperchen so gross, dass die auf jedes derselben kommende Saponinmenge nicht ausreicht, um es krank zu machen.

Bei gleichmässiger Verstärkung der Blutverdünnung und der Saponinlösung vollzieht sich die Lösung schneller. Sehr verdünnte Saponinlösungen greifen das Blut überhaupt nicht mehr an.

Wird das Blut der Saponinlösung refracta dosi zugesetzt, so löst sich weniger Blut auf, als wenn man die Blutmenge mit einem Mal zugibt. Setzt man z. B. das Blut in Raten von 0,1 ml, in Zwischenräumen von einer Viertelstunde, der Saponinlösung zu, so werden nicht wie sonst 0,7 ml, sondern nur 0,5 ml aufgelöst. Diese Tatsache scheint darauf hinzudeuten, dass das Saponin bei der Ausübung seiner hämolytischen Kraft verbraucht oder gebunden wird. Es lässt sich dies auch direkt beweisen: Nimmt man nämlich eine Mischung von Saponin und Blut, welche je nach der Blutart mehr Saponin enthält, als nötig wäre, um das Blut aufzulösen, und setzt, nachdem die Auflösung fertig ist, noch etwas Blut dazu, so wird zwar noch Blut aufgelöst, aber nicht so viel, wie man aus dem berechneten Ueberschuss von Saponin hätte erwarten müssen. Ferner wenn zu einer Mischung von Blut und Saponin, welche eben genügend Saponin enthält, um das Blut aufzulösen, nach der Auflösung noch ein wenig Blut zugesetzt wird, so bleibt die zweite Blutportion unangegriffen. Es ergibt sich hieraus, dass das Saponin bei der Blutauflösung verbraucht bzw. gebunden wird, und es fragt sich nun, von welchem Teil des Blutes es fixiert wird.

Trennt man durch Zentrifugieren die roten Zellen vom Serum ab und füllt dann Kochsalzlösung auf die Blutmenge auf, so zeigt sich dieses serumfreie Blut weitaus empfindlicher für die schädigende Wirkung des Saponins als das Vollblut. Das Blut ist eben in gewissem Sinne überempfindlich geworden. Ich fand z. B. bei Hundeblut, dass das Saponin in einer Verdünnung von 1 : 200000 noch auf die vom Serum getrennten roten Körperchen wirkte, das Vollblut dagegen wurde bei einer Verdünnung des Saponins auf 1 : 40000 nicht mehr angegriffen.

Wir haben also hier ein Verhalten, wie es Camus und Gley und H. Kossel für das Ichthyotoxin des Aalserums gegenüber dem Blute immuner Tiere beschrieben haben. Die roten Blutkörperchen schwimmen in einem Medium, welches sie schützt gegen den Angriff des Saponins, indem es das Gift fixiert.

Unter den roten Körperchen von verschiedenen Tierarten habe ich in dieser Beziehung keine grossen Unterschiede gefunden. Die relative Immunität der Blutsorten gegen Saponin scheint in der Hauptsache von der Menge des im Serum befindlichen Schutzkörpers abhängig zu sein.

Die Untersuchung dieser Schutzkraft des Serums ergab, dass man das Saponin durch Serum unschädlich machen kann in folgenden Zahlenverhältnissen:

In 10 ml Flüssigkeit

2 mg Saponin + 1 ml   Serum + nach $\frac{1}{4}$ Std. 0,5 ml Blut keine Auflösung
2 mg   „   + 0,75 ml   „   +   „ $\frac{1}{4}$ „   0,5 ml „   „   „
2 mg   „   + 0,5 ml   „   +   „ $\frac{1}{4}$ „   0,5 ml „   etwas   „
2 mg   „   + 0,25 ml   „   +   „ $\frac{1}{4}$ „   0,5 ml „   ca. $\frac{1}{2}$ gelöst
2 mg   „   + 0,125 ml „   +   „ $\frac{1}{4}$ „   0,5 ml „   fast alles gelöst.

Demnach sind 0,75 ml Hundeserum imstande, 2 mg Saponin so zu fixieren, dass nachgeschicktes Blut nicht angegriffen wird.

Diese saponinbindende Kraft des Serums wird durch halbstündiges Erwärmen auf 55° C nicht beeinträchtigt. Wurde dagegen das Serum schwach angesäuert, gekocht und filtriert, so hatte das Filtrat keine Wirkung auf Saponin.

Ein weiterer Versuch zeigte, dass auch die roten Körperchen selbst das Saponin fixieren. Ungefähr 0,75 ccm Hundeblut ohne Serum binden

2 mg Saponin, so dass bei weiterem Zusatz von Blut keine Auflösung
stattfindet. Demnach ist sowohl in den roten Körperchen als im Serum
eine saponinfixierende Kraft vorhanden.

Vom Serum befreite rote Körperchen wurden mit destilliertem Wasser
lackfarben gemacht, dann wurden die Stromata gefällt und durch Zentrifugieren von der Hämoglobinlösung getrennt. Die auszentrifugierten
Stromata wurden mit Kochsalzlösung auf die ursprüngliche Blutmenge
aufgefüllt und ihr Verhalten gegen Saponin mit dem der Hämoglobinlösung verglichen. Es ergab sich, dass letztere keinen Einfluss auf das
Saponin ausübte, denn das nachträglich zugesetzte Blut wurde aufgelöst.
Die Stromata dagegen fixierten das Saponin, und das nachher zugegebene
Blut wurde nicht aufgelöst.

Demzufolge ist der Angriffspunkt des Saponins in dem Stroma des
roten Körperchens zu suchen. In oder an demselben muss ein Stoff
sein, welcher eine Beziehung zu Saponin besitzt.

Gut gewaschene Erythrocyten wurden nun mit Aqua destillata und
Aether lackfarben gemacht und mehrere Tage mit Aether geschüttelt.
Der dekantierte und filtrierte Aetherextrakt wurde stark verdampft
und mit etwas Alkohol in Kochsalzlösung gegossen. Es entstand
hierbei eine milchige Mischung, welche sich als ein wirksamer Schutz
gegen das Saponin erwies. Die nach dem Dekantieren des Aethers
zurückgebliebene Hämoglobinlösung war dagegen absolut ohne saponinbindende Kraft.

Da, wie oben gesagt, das Serum einen Stoff enthält, welcher imstande ist, eine gewisse Menge Saponin unschädlich zu machen, so
schüttelte ich Hundeserum mit Aether aus, dekantierte, vertrieb den im
Serum gelösten Aether und fand nun, dass das Serum seine Fähigkeit,
Saponin zu fixieren, vollständig eingebüsst hatte. Der fast völlig verdampfte Aetherextrakt des Serums, in Kochsalzlösung gegossen, gab eine
milchige Emulsion, welche sich als fähig erwies, die Auflösung der roten
Körperchen durch Saponin zu verhindern.

Es ergibt sich hieraus, dass der Stoff, welcher in den roten Körperchen sowohl wie im Serum das Saponin fixiert, in Aether löslich ist.
Dass die Emulsion in der Tat schützend wirkt, lässt sich leicht zeigen.
Man nimmt eine kleine Menge Emulsion (0,2—04 ml), verdünnt sie mit
Kochsalzlösung und setzt Saponinlösung zu; nach etwa $^1/_4$ Stunde wird
etwas Blut (ca. $^1/_5$ der Blutmenge, welche das Saponin sonst imstande
wäre aufzulösen) in die Mischung gebracht. Das Blut wird nicht lackfarben, auch nicht nach mehreren Stunden. Die Erythrocyten sinken zu
Boden, und die obere Flüssigkeit wird völlig farblos. Im Kontroll-
röhrchen ohne Emulsion dagegen wird das Blut in wenigen Minuten aufgelöst. Eine nähere Untersuchung des Aetherextrakts des Serums sowohl als der Erythrocyten ergab in beiden Fällen als Hauptbestandteil
Cholesterin.

Danach war das Experimentum crucis leicht auszuführen.
Ich nahm etwas reines Cholesterin, löste bzw. emulsionierte
es, einem Vorschlage von Prof. Meyer folgend, in Lecithin
und fand, dass diese Emulsion dieselbe Wirkung gegenüber
Saponin ausübte, wie der Aetherextrakt des Serums oder des

roten Körperchens. Das Lecithin allein ist vollständig ohne Einfluss auf das Saponin.

Setzt man zu 20 ml einer 0,1 proz. Lösung von Saponin in 0,85 proz. Kochsalzlösung 1 ml einer 1 proz. Lösung von Cholesterin in Aether, schüttelt es gut durch und lässt es einige Stunden bei 36 ⁰ C stehen, so erweist sich die Mischung, nachdem der Aether durch Luftdurchleitung entfernt ist, als vollständig unschädlich für Hundeblut. Filtriert man, so ist das wasserhelle Filtrat auch wirkungslos. 2 ml einer 0,1 proz. Saponinlösung unter die Haut eines Frosches injiziert, rufen schwere lokale Vergiftungserscheinungen, mitunter auch den Tod hervor. Eine gleiche oder grössere Menge der Cholesterin-Saponinmischung wird anstandslos vertragen. Eine in der oben angegebenen Weise hergestellte Mischung ist jedoch nicht für alle Blutarten harmlos. Meerschweinchenblut z. B., welches bedeutend empfindlicher für Saponin ist als Hundeblut, wird noch immer angegriffen. Will man das Saponin für diese Blutart unschädlich machen, so muss man mehr Cholesterin im Verhältnis zu Saponin — etwa gleiche Teile — nehmen. Eine solche Mischung kann man nach dem Filtrieren einem Meerschweinchen in die Blutbahn injizieren, ohne Krankheitssymptome hervorzurufen, auch wenn mehr als die tödliche Dosis Saponin in der injizierten Menge enthalten war.

In bezug auf die hier mitgeteilten Ergebnisse ist es interessant, dass Phisalix dem Cholesterin sowie dem Tyrosin eine immunisierende Wirkung gegen Schlangengift zuschreibt. Schon früher hat Fraser eine ähnliche Fähigkeit für die Galle von giftigen Schlangen behauptet.

Fassen wir die Ergebnisse meiner Versuche kurz zusammen, so habe ich gefunden, dass, was die hämolytische Wirkung des Saponins betrifft, derselbe Stoff, nämlich Cholesterin, in dem Serum als Giftableiter, in den roten Körperchen aber als Giftzuleiter fungiert.

Es existiert vielleicht ein Löslichkeitsverhältnis zwischen Saponin und Cholesterin, wodurch es dem ersteren möglich ist, auf die Gewebe, welche letzteres enthalten, als Gift zu wirken, dieses aber unter gewissen Bedingungen zum Schutzkörper gegen das erstere macht.

Das Saponin ist für die roten Blutkörperchen giftig, indem es einen wesentlichen Bestandteil — das Cholesterin — angreift. Dies geschieht aber nicht mit einem Male. Es gibt gewissermaassen für das Saponin eine Inkubationszeit und eine zweite Periode, welche vom Beginn des hämolytischen Prozesses bis zu seinem Ende dauert. Das Saponin greift zunächst augenscheinlich die Oberfläche des roten Körperchens an, und, wie die Strukturverhältnisse auch liegen mögen: bis eine gewisse Menge Cholesterin angegriffen wird, kann kein Hämoglobin auftreten. Dieses Zeitintervall ist für Saponin die Inkubationszeit. Man kann tatsächlich die roten Körperchen in allen Stadien der Zerstörung sehen, von solchen, welche noch viel Hämoglobin enthalten, bis zu solchen, welche fast hämoglobinfrei sind. Die grösste Menge Saponin, welche das Körperchen mit seinem Cholesteringehalt binden kann, ist eben grösser als die krankmachende, wahrscheinlich auch grösser als die tödliche Dosis.

Soweit ich bis jetzt untersucht habe, ist das Cholesterin nur wirk-

sam gegen hämolytisch wirksame Körper der Saponingruppe. Gegenüber anderen Hämolysinen pflanzlichen Ursprungs sowie gegen die hämolytische Serumwirkung ist es unwirksam.

Mit der Entdeckung des Verhältnisses von Cholesterin zu der Saponin-
hämolyse ist es zum ersten Male gelungen, direkt aus dem von einem
Toxin angegriffenen Gewebe jenen Stoff, welcher den Angriffspunkt für
das Toxin bildet, zu isolieren und gleichzeitig zu demonstrieren, dass
dieses auch als Schutzmittel dienen kann.

<hr>

Siebenter Abschnitt.
Ueber Toxin-, Apotoxin- und Anatoxin-Entgiftung.

Die im vorigen Abschnitt zitierte Saponinentgiftung durch Ransom
nähert uns in vielfacher Beziehung dem Entgiftungsproblem, welches wir
zu analysieren haben, wenn wir die Entgiftung der Gifte von der Art
des Tetanustoxins und Diphtherietoxins studieren. Hier wie dort handelt
es sich um hochkonstituierte Gifte von kolloidalem Charakter, welche
schwer dialysierbar sind, und hier wie dort gelingt die Entgiftung nicht
bloss in vitro, sondern auch in vivo, wenn wir ein geeignetes Blutserum
als entgiftendes Agens wählen. Aber während wir bezüglich der serumtherapeutischen Entgiftung beim Diphtherie- und Tetanusgift noch im
Dunkeln tappen, wenn wir sie naturwissenschaftlich erklären wollen, hat
Ransom den Wirkungsmodus des antitoxischen Serums gegenüber dem
Serum weitgehend aufgeklärt. Ich will deswegen im folgenden noch genauer auf die Saponinentgiftung eingehen.

Die sogen. Saponine sind Pflanzenextrakte, welche auch in Bakterien aufgefunden worden sind; sie besitzen alle Eigenschaften, welche
wir mit dem Toxinbegriff verbinden, nur dass wir die chemische Zusammensetzung der meisten anderen Toxine nicht kennen, von den Saponinen dagegen genaue chemische Analysen besitzen.

Willibald Laube, ein Schüler von dem Rostocker Pharmakologen
R. Kobert, schildert das, was man über die Saponingruppe weiss, in
der Zeitschrift f. experim. Pathol. u. Therapie (Dezemberheft 1911) mit
folgenden Worten:

„Was sind Saponine? Selbstverständlich hängt das Wort Saponin etymologisch mit sapo, Seife, zusammen. Der erste Autor,
welcher es für einen Pflanzenstoff im Jahre 1808 benutzt hat, Schrader,
gebrauchte es jedoch, wie kürzlich L. Rosenthaler dargetan hat, nur
in dem Sinne von „wirksamer Extraktivstoff". So redet er von
Saponin der Chinarinde und der Enzianwurzel, die beide ja gar kein
Saponin im modernen Sinne enthalten. Die Brücke zur Umdeutung des
Wortes gab der von ihm ebenfalls dargestellte Extraktivstoff der roten
Seifenwurzel. Gmelin gebührt das Verdienst, den Begriff Saponin ein-
geschränkt zu haben auf die Gruppe der „seifenartig schäumenden
Extraktivstoffe" aus Drogen des Pflanzenreiches. Das Verdienst, den
Glykosidcharakter der in diesen Extraktivstoffen steckenden Sub-
stanzen erkannt zu haben, dürfte — wenigstens nach Meinung aller
französischen Autoren — Bussy zukommen. Ob diese glykosidischen
Saponine der verschiedenen Drogen identisch sind oder nicht, darüber

gingen 7 Jahrzehnte lang die Meinungen der Chemiker auseinander. Noch Gg. Dragendorff und sein Schüler Christophsohn glaubten durch Elementaranalysen die Identität aller bis dahin bekannten Saponine erweisen zu können. Ueber die Wirkung dieser Saponine aufs Blut war damals überhaupt noch nichts bekannt.

Ein Umschwung und eine Vertiefung der Anschauungen trat ein, als Kobert sich der Saponinfrage zuwandte. Durch ihn und seine Schüler wurden folgende Punkte festgestellt:

1. Das Wort Saponin ist ein Sammelname; es gibt viele verschiedene Saponine.

2. Die Elementaranalysen dieser Saponine liefern Werte, welche sich zum Teil in homologe Reihen anordnen lassen. So nähern sich die Werte von 35 Saponinen aus den verschiedensten Pflanzenklassen der Formel $C_n H_{2n-8} O_{10}$ so sehr, dass ein zufälliges Zusammenstimmen ausgeschlossen erscheint. Auch die Formel der Solanine, deren es bekanntlich ebenfalls mehrere gibt, lässt sich aus dieser Formel ohne weiteres ableiten, wenn man ein O durch ein N ersetzt. Acht weitere Saponine stimmen annähernd zu der Formel $C_n H_{2n-16} O_{28}$.

3. Bei der Spaltung der Saponine können sekundäre Glykoside als Zwischenprodukte auftreten, zum Teil von der Formel $C_n H_{2n-6} O_7$.

4. Spaltet man hydrolytisch, bis aller Zucker aus dem Molekül der Saponine losgelöst ist, so entstehen Stoffe, von denen einige die Formel $C_n H_{2n-6} O_2$ und andere die Formel $C_n H_{2n-6} O_3$ haben. Erstere werden als Sapogenole und letztere als Oxysapogenole bezeichnet.

5. In manchen Pflanzen finden sich nebeneinander zwei Saponine, welche sich durch die aufeinanderfolgende Fällung des Dekoktes erst mit Bleizucker und dann mit Bleiessig gesondert voneinander darstellen lassen.

6. Die zur Reinigung der Saponine bis dahin meist benutzte Barytmethode, d. h. die Fällung mit heiss gesättigter Baryumhydroxydlösung hat ihre Bedenken, da sie auf die Wirkung der Saponine abschwächend wirkt.

7. Das Wirkungsbild aller Saponine ähnelt sich namentlich insofern, als sie fast ausnahmslos auf rote Blutkörperchen der verschiedensten Tiere hämolytisch und auf Fische bei Zusatz zum Wasser selbst bei grosser Verdünnung abtötend wirken.

Nach der Zusammenstellung von Kobert finden sich Saponine in etwa 60 Familien des Pflanzenreichs, die sich auf alle drei Gruppen der Monokotylen, der Dikotylen und der Gefässkryptogamen verteilen. In der Klasse der Bakterien sind zwei Arten als Saponinbildner angesprochen worden: doch wurde diese Angabe später bestritten. Im Tierreich hat Faust im Schlangengift zwei Saponine nachgewiesen.

Von offizinellen Pflanzen sind die folgenden reichlich saponinhaltig: Cortex Quillajae, Cortex (nicht Lignum) Guajaci, Radix Sassaparillae, Radix Senegae, von Digitalis Semen mehr als Folia.

Von obsoleten Drogen nenne ich namentlich Stipites Dulcamarae, Radix Saponariae rubrae und Radix Saponariae albae sowie Tuber Chinae.

Neben den vielen Einflüssen, welche die Saponinsubstanzen auf die äussere Haut, die Schleimhäute, den Magendarmkanal, das Zentralnervensystem, die quergestreifte Muskulatur und das Nervengewebe ausüben, interessiert uns vor allen Dingen die Frage der Einwirkung der Saponinsubstanzen auf das Blut.

Kobert war es, der bereits in den 80er Jahren in dieser Richtung Versuche anstellte und sich dabei zunächst der aus der Cortex Quillajae Saponariae herstammenden und in Gestalt des Na-Salzes auftretenden Quillajasäure bediente. Defibriniertes Blut — es wurde solches von Katzen, Hunden und Kaninchen genommen — wurde mit quillajasaurem Natron versetzt und dabei die Veränderungen, die mit dem Blute in auffallend deutlicher Form vor sich gingen, genau untersucht. Das Blut wurde stets defibriniert und 50—100fach mit physiologischer Kochsalzlösung verdünnt angewandt. Die roten Blutkörperchen wurden einesteils ausgelaugt, andernteils auch gänzlich aufgelöst. Danach erschien das Blut dann stets lackfarben. Auch die weissen Blutkörperchen wurden stets abgetötet; sie verloren aber ihre Gestalt nicht. Spätere Untersuchungen haben gezeigt, dass bei vorsichtigem Saponinzusatz die roten Blutkörperchen nur ausgelaugt, aber nicht aufgelöst werden. Eine partielle Hämolyse der roten Blutkörperchen wurde auch dann noch beobachtet, wenn es sich um eine Konzentration des Giftes im Blute von 1 : 100000 handelte, indem das Serum, das sich normaliter farblos oben absetzt, sich nunmehr rot färbte. Eine auffallende Begünstigung der Gerinnung des undefibrinierten Blutes durch Natrium quillajinicum war wenigstens bei kleineren Dosen nicht zu bemerken; beim Cyclamin nach Tufanow aber wohl.

Bei Injektion grosser Dosen von quillajasaurem Natron ins Blut kommt die hämolysierende Wirkung des Natrium quillajinicum ebenfalls zur Geltung. So spritzte Kobert einer Katze 10 mg dieses Salzes in eine kleine Fussvene. Vor und während der Vergiftung wurden bei dieser Katze Zählungen der roten Blutkörperchen vorgenommen. Dabei ergab sich, dass die vor der Vergiftung in 1 ml Blut enthaltenen 10,65 Millionen Erythrozyten in der 22. Stunde der Vergiftung auf 6,93 Millionen gesunken waren."

„Ob die Entgiftung des Saponins durch Cholesterin infolge einer chemischen Reaktion stattfindet oder durch einen physikalischen Vorgang bedingt sei, war im Anfang zweifelhaft.

Hausmann, Abderhalden und Le Count fanden, dass chemische Momente bei der Entgiftung hämolytischer Substanz durch Cholesterin eine Rolle spielen.

Zu dieser Ansicht gelangten ferner auch Kobert, Madsen und Noguchi, welche die Existenz einer äusserst labilen Saponin-Cholesterinverbindung annahmen. Der exakte rein chemische Nachweis für das Vorhandensein eines Saponincholesterins fehlte aber noch vollkommen.

Deshalb machte es sich A. Windaus zur Aufgabe, die vermutete Verbindung zwischen Saponin und Cholesterin in einwandsfreier Form darzustellen, und wählte zu diesem Behufe unter den Saponinen das Digitonin. In der Tat erzielte Windaus mit Leichtigkeit eine Umsetzung zwischen Digitonin und Cholesterin. Er goss alkoholische Lösungen beider Substanzen zusammen und erhielt sofort einen in feinen Nadeln krystallisierenden Niederschlag, der aus einer Verbindung von Digitonin und Cholesterin besteht.

Die Darstellung geschieht folgendermassen:

Man löst 1 g Digitonin in 100 ccm 90 proz. Alkohol und setzt dazu eine Lösung von 0,4 g Cholesterin in 60 ccm 95 proz. Alkohol. Beide Lösungen werden in heissem Zustande zusammengeschüttet. Der Niederschlag besteht aus grösseren, gut ausgebildeten Krystallen, die unter dem Mikroskop sich als zu Rosetten zusammengesetzt zeigen. Nachdem der Niederschlag 1 Stunde gestanden hat, wird er abfiltriert, mit Alkohol ausgewaschen und dann getrocknet. Löst man ihn in 120 ccm kochendem Methylalkohol auf und setzt alsdann mit Vorsicht ein wenig Wasser zu, so lässt er sich leicht und ohne Zersetzung umkrystallieren. Als Cholesterinderivat erkennt man die Verbindung daran, dass sie ganz deutlich die Liebermann-Bouchard'sche Cholestolprobe gibt.

Eigenschaften der Verbindung sind, dass sie in lufttrockenem Zustande Krystallwasser enthält, das bei 110° langsam abgegeben wird; in getrocknetem Zustande ist sie sehr hygroskopisch; endlich zeigt es sich bei der Analyse, dass die Verbindung sehr schwer verbrennlich ist.

Was nun die Analyse anbetrifft, so ergibt sich mit Sicherheit, dass sich 1 Molekül Digitonin und 1 Molekül Cholesterin — ohne dass Wasser abgegeben wird — zu einer Anlagerungsverbindung vereinigen:

$$C_{55}H_{94}O_{28} + C_{27}H_{46}O = C_{82}H_{140}O_{29}.$$

Es handelt sich somit bei der Reaktion zwischen Digitonin und Cholesterin um die Bildung einer Molekularverbindung.

Es muss das Digitonincholesterid unbedingt als ein „chemisches Individuum" und nicht etwa als Adsorptionsverbindung aufgefasst werden.

Wie fest der Komplex ist, geht daraus hervor, dass man auch bei andauernder Extraktion mittels Aether nicht imstande ist, demselben das gebundene Cholesterin zu entziehen.

Es hat sich herausgestellt, dass auch andere Saponine mit dem Cholesterin Additionsprodukte geben; jedoch zeigen dieselben im allgemeinen nicht ganz die Eigenschaften wie die Digitoninderivate. So ist das Solanincholesterid nur in geringem Grade krystallisationsfähig. Das Cyclamincholesterid krystallisiert in sehr kleinen und sehr feinen Nadeln. Auch gibt es bei der Extraktion mit Aether das gebundene Cholesterin wieder ab, ist mithin weit weniger beständig als das Digitonincholesterid."

„Wie schon oben erwähnt wurde, entstehen durch hydrolytische Spaltung der Saponine neben verschiedenartigen Zuckern (Pentosen und Hexosen) die sogen. Sapogenine. Man muss diese in zwei Untergruppen einteilen, nämlich in solche, welche bei weiterer Spaltung nochmals Zucker liefern. Diese nennt man nach Kobert's Terminologie Anfangssapogenine oder sekundäre Glykoside. Die keinen Zucker mehr liefernden heissen Endsapogenine. In einigen Drogen sind Anfangssapogenine präformiert vorhanden, während Endsapogenine bisher nur als Kunstprodukte gewonnen worden sind. . . . . .

Im ersten Augenblick kann es befremdlich erscheinen, dass ein Autor die Sapogenine wirksam fand, andere aber nicht. Dieser Wider-

spruch wird aber verständlich, wenn man auf das physikalische Verhalten
dieser Substanzen eingeht. Alle Endsapogenine sind in Wasser neutraler
und saurer Reaktion unlöslich. Das Filtrat einer Verreibung von Sapogenin
mit Wasser ist daher stets unwirksam, da es nichts oder so gut wie
nichts enthält. Zusatz von kohlensauren oder fixen Alkalien wirkt auf
die Endsapogenine anders, falls diese frisch dargestellt und noch nicht
feucht sind, als wenn sie im Trockenschrank scharf getrocknet worden
sind. Während die noch feuchten Präparate sich schon bei Anwesenheit
von Spuren eines Alkalis völlig lösen, ist die Löslichkeit der scharf
getrockneten auch bei Anwesenheit von viel kohlensaurem Natrium eine
recht mangelhafte. . . . . .

Das in der Radix Saponariae albae enthaltene Saponin, welches
von Kruskal als Sapotoxin der Saponaria alba bezeichnet wird, wird
jetzt als Saponalbin bezeichnet, in Analogie zum Saporubrin, d. h.
zum Sapotoxin der Saponaria rubra.

Was die Eigenschaften des von mir benutzten Saponalbins anbelangt,
so ist dasselbe amorph und hat eine weissgelbe Farbe. Der Geschmack
des Saponalbins ist anfangs milde, dann brennend und erzeugt für lange
Zeit Kratzen im Halse. Der Staub desselben erregt heftiges Brennen in
der Nase und Niesen.

Die Löslichkeitsverhältnisse des Saponalbins liegen nun so, dass es
sich in Wasser sehr leicht löst; in starkem Weingeist ist das Saponalbin
schwerer löslich als in schwachem, in siedendem Alkohol leichter als in
kaltem; beim Erkalten fällt es zum grössten Teil wieder aus. In Aether,
Chloroform, Petroläther, Benzin und Schwefelkohlenstoff ist das Saponalbin
unlöslich.

Sonstige Eigenschaften gehen dahin, dass die wässerige Lösung des
Saponalbins neutral reagiert; beim Schütteln entsteht viel Schaum, noch
mehr Schaum entsteht bei Hinzugabe eines kohlensauren Alkalis, von
Aetzkali oder Aetznatron, oder auch von Ammoniak. Je konzentrierter
die wässerige Lösung ist, desto mehr besitzt sie die Fähigkeit, unlösliche Körper suspendiert zu halten. Bei längerem Stehen an der Luft
in nicht sterilen Lösungen zersetzt sich die wässerige Lösung recht
schnell.

Ausser den oben bereits angeführten Eigenschaften bei Einwirkung
auf die Organe ruft das Saponalbin fernerhin Lähmung des Zentral-
nervensystems mit gelegentlich auftretenden interkurrenten Krämpfen
und Erbrechen hervor. Ferner ergab die Sektion von mit Saponalbin-
lösung in die Vena jugularis injizierten Tieren als konstanten Befund
Darmentzündung und subendokardiale Blutaustritte. Bei Applikation per
os zeigte sich aber, dass selbst Dezigrammdosen des Saponalbins, in
den Magen von Kaninchen eingeführt, reaktionslos ertragen werden, was
davon herrührt, dass diese Substanz vom Darmkanal eben nur äusserst
langsam oder garnicht resorbiert, dagegen von den glykosidspaltenden
Darmbakterien vermutlich sehr rasch tiefgreifend zerlegt und dabei entgiftet wird. Brandl konnte für die beiden Saponine der Kornrade in
der Tat nachweisen, dass sie im Darmkanal bis zu einer Substanz abgebaut werden, die nach Kobert's Auffassung ein Endsapogenin ist.

Das jetzt Saponalbin genannte Sapotoxin der Saponaria alba wurde
von mir zum grössten Teil von der Firma E. Merck bezogen, frisch-

gelöst in einer Konzentration, bei der 1 ccm gleich 10 mg entsprach. Die Lösung der Substanz erfolgte in physiologischer Kochsalzlösung und konnte durch entsprechende Verdünnung auf jeden beliebigen Konzentrationspunkt gebracht werden.

Was die verschiedenen Blutarten anbetrifft, auf welche ich dieses Präparat einwirken liess, so bediente ich mich durchweg bei meinen Versuchen des 2proz. Vollblutes, d. h. einer Mischung von 98 ccm physiologischer Kochsalzlösung und 2 ml des betreffenden defibrinierten Blutes resp. — wenn ich den Versuch nur mit Blutkörperchen anstellte — einer 1proz. ebenfalls in physiologischer Kochsalzlösung erfolgten Suspension des letzteren. Im letzteren Falle verfuhr ich so, dass ich das Blut zentrifugierte und alsdann von den am Boden des Gläschens abgesetzten Blutkörperchen vorsichtig mit der Pipette 1 ml aufnahm. Vielfaches Waschen der Blutkörperchen habe ich grundsätzlich vermieden, da es die Vitalität der Blutkörperchen den Saponinen gegenüber schwächt.

Die Versuche stellte ich nun so an, dass ich jedesmal eine Reihe von Reagensgläsern aufstellte, die vorher auf's peinlichste gereinigt wurden, damit bei den Versuchen keinerlei andere Faktoren betreffs der Giftwirkung in Rede kommen konnten. Diese Reagensgläser wurden nun nacheinander mit der gleichen Menge, d. h. mit je 10 ml des 2proz. Vollblutes oder der 1proz. Blutkörperchenlösung versetzt und in jedes Gläschen eine bestimmte Menge der gelösten Giftsubstanz in aufsteigender Dosis hinzugetan und nach Zusatz gut umgeschüttelt.

Die Zeit des Aufsetzens der Gläschen wurde jedesmal genau notiert. Die Ablesung der eingetretenen Wirkung erfolgte niemals später als nach 24 Stunden, was insofern von Wichtigkeit ist, als eine über den Rahmen der genannten Zeit erfolgte Ablesung nicht mehr mit Sicherheit hätte ergeben können, ob die eingetretene Wirkung der Giftsubstanz oder — zumal im Sommer — der Autolyse zuzuschreiben war.

Nach diesem Gesagten will ich einige Versuche als Beispiel für die übrigen, auf deren Resultate ich mich nur beschränken will, in toto anführen. Ich bemerke, dass ich von totaler Hämolyse rede, wenn das betreffende Gläschen einen völlig klar durchsichtigen roten Inhalt hatte. Ich weiss sehr wohl, dass man durch geeignete Massnahmen in dieser Flüssigkeit noch Stromata nachweisen kann. Ich müsste also eigentlich statt totaler Hämolyse totale Auslaugung des Hämoglobins aus den Körperchen sagen.

Versuch I.

a) Ich benutzte eine 1proz. in physiologischer Kochsalzlösung erfolgte Suspension von Katzenblutkörperchen (also ohne Serum).

b) Die Giftsubstanz war das jetzt mit Saponalbin benannte, von der Firma E. Merck-Darmstadt bezogene Sapotoxin der Saponaria alba, in physiologischer Kochsalzlösung frisch gelöst, so dass 1 ml der Lösung gleich 10 mg der Substanz entsprach. Durch entsprechende Verdünnung wurden auch Lösungen hergestellt, von denen 1 ml nur 1 mg und auch nur 0,1 mg der Substanz entsprach.

Gläschen I = 10 ml 1proz. Blutkörperchen ohne Giftzusatz dient als Kontrolle
„ II = 10 „ 1 „ „ „ + 1 ccm = 0,1 mg Saponalbin
„ III = 10 „ 1 „ „ „ + 2 „ = 0,2 „ „

14

Gläschen IV = 10 ml 1 proz. Blutkörperchen + 3 ccm = 0,3 mg Saponalbin
„   V = 10 „ 1 „   „   + 4 „   = 0,4 „   „
„   VI = 10 „ 1 „   „   + 5 „   = 0,5 „   „
„ VII = 10 „ 1 „   „   + 6 „   = 0,6 „   „
„ VIII = 10 „ 1 „   „   + 7 „   = 0,7 „   „
„   IX = 10 „ 1 „   „   + 8 „   = 0,8 „   „
„   X = 10 „ 1 „   „   + 9 „   == 0,9 „   „
„   XI = 10 „ 1 „   „   + 10 „ = 1,0 „   „

Zeit der Aufsetzung: 4 Uhr nachmittags des 13. Mai 1909.

Die Zeit der Ablesung erfolgt nach 24 Stunden, also um 4 Uhr nachmittags des 14. Mai 1909. Dabei zeigte sich, dass das als Kontrolle dienende Gläschen I vollkommen unverändert war. Gläschen II und III ebenfalls unverändert. Gläschen IV: Das Blut zeigt die typische lackfarbene Beschaffenheit. Bodensatz nicht vorhanden. Es war hier totale Hämolyse eingetreten. Gläschen V—IX zeigten dementsprechend ebenfalls totale Hämolyse.

Ergebnis: Es erfolgte noch totale Hämolyse der Katzenblutkörperchens bei einer Verdünnung des Saponalbins von 1 : 43333 (0,3 mg : 13 ccm = 3 : 130 000 = 1 : 43333).

Der Versuch wird des öfteren wiederholt und zeigt dasselbe Resultat.

Die Aufstellung einer auf Grund der gesammelten Resultate aufgebauten Tabelle, in der die verschiedenen Blutarten nach der Intensität der Saponalbinwirkung auf dieselben geordnet sind, folgt hierunter:

Blutarten	Substanz: Sapotoxin Sap. albae = Saponalbin
a) Nur Blutkörperchen	Wann erfolgte noch die Hämolyse?
1. Rinderblutkörperchen	Es erfolgte totale Hämolyse bei einer Verdünnung von . 1 : 16 000
2. Hühnerblutkörperchen	do. 1 : 22 500
3. Pferdeblutkörperchen	do. 1 : 30 000
4. Hammelblutkörperchen	do. 1 : 30 000
5. Katzenblutkörperchen	do. 1 : 43 333
6. Kaninchenblutkörperchen	do. 1 : 60 000
7. Menschenblutkörperchen	do. 1 : 60 000
b) Blutkörperchen + Serum	Wann erfolgte noch die Hämolyse?
1. Rinderblut	Es erfolgt totale Hämolyse noch bei einer Verdünnung von . 1 : 6 000
2. Katzenblut	do. 1 : 11 000
3. Hundeblut	do. 1 : 11 000
4. Taubenblut	do. 1 : 11 000
5. Hammelblut	do. 1 : 17 500
6. Aalblut	do. 1 : 20 000
7a. Blut von lebenden Menschen . . .	do. 1 : 26 666
7b. Leichenblut	do. 1 : 26 666
8. Schweineblut	do. 1 : 30 000
9. Kälberblut	do. 1 : 30 000
10. Igelblut	do. 1 : 30 000
11. Pferdeblut	do. 1 : 30 000
12. Hühnerblut	do. 1 : 30 000
13. Meerschweinchenblut	do. 1 : 35 000
14. Kaninchenblut	do. 1 : 43 333

Wie die Tabelle zeigt, verhalten sich zum grossen Teil die verschiedenen Blutarten auch verschieden dem Saponalbin gegenüber. Am meisten widersteht — falls wir nur das Vollblut in Anbetracht ziehen — das Blut des Rindes der giftigen Einwirkung des Saponalbins, am wenigsten das Blut von Kaninchen. Dazwischen liegen aber andererseits auch wieder verschiedene Blutarten, die, obwohl verschiedenen Tieren angehörend, dennoch dasselbe Verhalten dem Saponalbin gegenüber zeigen; so z. B. zeigen ein gleiches Verhalten das Blut von Katze, Hund und Taube einerseits, von Schwein, Kalb, Igel, Pferd und Huhn andererseits.

Das aus dem Saponalbin gewonnene Endsapogenin wirkt in gewissen — meist höheren — Dosen ausflockend auf die Blutkörperchen. Einige wenige Versuche zeigten zwar, dass diese Ausflockung nur eine so lose war, dass schon geringes Schütteln genügte, um diese Erscheinung zum Verschwinden zu bringen. Andere Versuche hingegen — und diese in der Mehrzahl — ergaben, dass diese Ausflockung beim Filtrieren auf dem Filter als solche zurückblieb, während die über der „Ausflockung" stehende Flüssigkeit von klarer und farbloser Beschaffenheit ebendieselbe Eigenschaft nach dem Filtrieren aufwies.

Wir haben es hier also offenbar mit einer in Form lockerer Flocken vor sich gegangenen Agglutination zu tun. Dasselbe trat — wie manche Versuche es in sehr schöner Weise zeigen — ganz allmählich auf, d. h. es liess des öfteren einen allmählichen Uebergang von der Hämolyse zur Agglutination konstatieren, indem der „Uebergang" selbst zum Teil Hämolyse, zum Teil Agglutination aufwies.

Den Grund, weshalb Endsaponin in kleineren Dosen hämolytisch, in mittleren Dosen hämolytisch und daneben auch agglutinierend und in grossen Dosen nur agglutinierend wirkt, vermag ich allerdings zur Zeit noch nicht anzugeben.

Zum Schluss möchte ich nur noch bemerken, dass wie gegen die Hämolyse, so auch gegen die Agglutination, das Serum stets eine schützende Kraft auf die Blutkörperchen ausübte."

Die Untersuchungen Willibald Laube's haben ein ganz hervorragendes Interesse für uns. Sie zeigen, dass die Gifte der Saponingruppe ebenso wie die Bakterientoxine Proteinderivate sind. Wie das Tetanusgift eine hämolytisch wirksame Komponente, das Tetanolysin, besitzt, so ist das auch bei den Saponinen der Fall. Im Saponalbin ist aber ausserdem noch eine die Blutkörperchen agglutinierende Komponente vorhanden, und wir haben hier zum ersten Male einen experimentellen Beweis für die intime Beziehung, welche zwischen lytischer und agglutinierenden Funktion einer toxischen Substanz bestehen kann.

Die grösste Wichtigkeit lege ich aber demjenigen Teil der vorstehend zitierten Ergebnisse bei, welcher den Beweis dafür liefert, dass die antitoxische Cholesterinwirkung gegenüber den Saponinen auf einer chemischen Umsetzung beruht, bei welcher eine komplexere Verbindung, ein ungiftiges Cholesterid entsteht. Der Entgiftungsvorgang erfolgt hier also im Sinne der „Molekularvergrösserungshypothese", welche ich im 7. Heft meiner Beiträge besprochen habe.

Experimentelle Beiträge zur Frage der Bindungsweise von Toxin und Antitoxin in vitro haben für Infektionsgifte Calmette (1895) und Wassermann (1896) geliefert. Calmette fand, dass aus einer unschädlich gewordenen Mischung von Cobragift und dem zugehörigen Antitoxin durch 10 Minuten langes Erhitzen auf 68 ° das Cobragift in giftiger Form wieder gewonnen werden kann; bei 68 ° wird nämlich zwar das Antitoxin, aber nicht das Cobragift weniger wirksam gemacht. Wassermann arbeitete mit Pyocyaneusgift und Pyocyaneusantitoxin und fand, dass eine unschädliche Mischung dieser beiden Stoffe wieder giftig wird durch Erhitzen auf 100 °; auch hier wird das Antitoxin, aber nicht das Gift, durch Erhitzen zerstört. Mit Recht machen C. J. Martin und T. Cherry (Proceeding of the Royal Society. 1898, LXIII) in ihrer Arbeit: „The nature of the antagonism between toxins and antitoxins" darauf aufmerksam (pag. 423), dass die Schlussfolgerung Calmette's und Wassermann's, es bleibe in vitro jede chemische Verbindung zwischen Gift und Antitoxin in den von ihnen nntersuchten Fällen aus, trotz der Zuverlässigkeit der Experimente an sich, nicht gerechtfertigt ist. Sie sagen: „Nevertheless their conclusions are quite unjustified, by modification of the factor, time, temperature, and active masses, exactly opposite results may also be obtained."

Von den experimentellen Beweisen für das tatsächliche Eintreten der chemischen Bindung eines Infektionsgiftes durch sein Antitoxin in vitro sind besonders lehrreich die Versuche von Martin und Cherry mit Schlangengift und Schlangengiftantitoxin.

Die Verfasser mischten antitoxisches Schlangenserum in solchem Verhältnis mit Schlangengift, dass im ersten Fall 1 ml Serum zwei tödliche Minimaldosen davon enthielt (Mischung I), im zweiten Fall drei (Mischung II), und im dritten Fall vier tödliche Minimaldosen (Mischung III). Ausgehend von der im Jahre 1896 durch Martin (Journ. of Physiol. 1896, XX) gefundenen Tatsache, dass man in einer Lösung, die neben Stoffen mit sehr grossem Molekül solche mit kleinerem Molekül enthält, die ersteren von den letzteren trennen kann, indem man die Lösung unter hohem Druck durch eine Gelatinehaut filtriert, wobei die Stoffe mit sehr grossem Molekül von der Gelatinehaut zurückgehalten werden; und gleichzeitig ausgehend von der Hypothese, dass das Toxin-Antitoxinmolekül viel grösser ist als das Giftmolekül, rechneten die Verfasser darauf, dass sie das Schlangengift aus den Mischungen mit antitoxischem Serum durch eine solche Filtration wieder abscheiden würden, falls es ungebunden neben dem Antitoxin existiert, dass dagegen das Filtrat kein Gift enthalten würde, wenn das Schlangengift vom Antitoxin chemisch gebunden ist. Sie filtrierten nun die Mischungen I, II und III durch eine Gelatinehaut hindurch, nachdem diese Mischungen verschieden lange Zeit, 2, 5, 10, 15 und 30 Minuten, vom Zeitpunkt der Herstellung an gerechnet, bei 20—23 ° C. gestanden hatten, und sie sahen dann zu, welche Wirkung 1 ml des Filtrats von jeder Mischung auf Meerschweine bei subkutaner Injektion ausübte, nachdem sie vorher festgestellt hatten, dass die in 1 ml der Mischung I enthaltene Giftmenge ohne Antitoxin Meerschweine nach 15 Stunden; die Giftmenge in 1 ml der Mischung II nach 12 Stunden; die Giftmenge in 1 ml der Mischung III nach 9 Stunden tötete; und sie fanden bei dieser Versuchsanordnung, dass 1 ml des Filtrats von allen drei Mischungen gänzlich unwirksam geworden war, wenn dieselben vor der Filtration 30 Minuten lang gestanden hatten; dass dagegen nach kürzerem Stehen der Mischungen vor der Filtration noch Gift in 1 ml Filtrat enthalten war, und dass die Menge desselben um so grösser war, je weniger lange Zeit die Mischungen gestanden hatten, und je mehr Gift in der Mischung ursprünglich vorhanden war.

Die Versuchsergebnisse im einzelnen lassen sich in übersichtlicher Weise erkennkar machen durch die Darstellung in der nachstehenden Tabelle:

Die Mischungen haben vor der Filtration bei 20−23° C gestanden	1 ml Filtrat der Mischung		
	I wirkt auf Meerschweine	II wirkt auf Meerschweine	III wirkt auf Meerschweine
2 Minuten . . .	═══	† nach 20 Stunden	† nach 13 Stunden
5 „ . . .	══	† „ 28 „	† „ 15 „
10 „ . . .	0	══	† „ 23 „
15 „ . . .	0	—	══
30 „ . . .	0	0	0
	Giftdosis in I ohne Antitoxin wirkt auf Meerschweine	Giftdosis in II ohne Antitoxin wirkt auf Meerschweine	Giftdosis in III ohne Antitoxin wirkt auf Meerschweine
	† nach 15 Stunden	† nach 12 Stunden	† nach 9 Stunden

Dieses Versuchsergebnis spricht sehr für meine Molekularvergrösserungshypothese, welche ich gegenüberstelle der gleichfalls im 7. Heft meiner Beiträge auseinandergesetzten energetischen Hypothese, welcher zufolge ein mit toxischer Energie gewissermassen „geladenes" Giftmolekül weniger giftig wird, wenn die Energieabgabe durch besondere Löslichkeitsverhältnisse oder sonst irgendwie verlangsamt wird, und seine Giftigkeit ganz verliert nach der Neutralisierung der toxischen Energie durch solche Agentien, welche mit entgegengesetzter Energie beladen sind, ähnlich wie die elektropositive Energie eines Leiters durch elektronegative Energie neutralisiert wird. Die Molekularvergrösserungshypothese geht von einem chemischen, die energetische Hypothese von einem physikalischen Erklärungsprinzip aus.

Untersuchungen über die Anwendbarkeit des physikalischen Erklärungsprinzips auf antitoxische Entgiftungsvorgänge sind aus meinem Marburger Behringwerk vom Jahre 1905 von W. Biltz, H. Much und C. Siebert (10. Heft meiner Beiträge) publiziert worden. Diese Autoren sprechen sich über die zur Zeit der Publikation gangbaren Entgiftungshypothesen folgendermassen aus:

„Ueber die Natur der Vorgänge bei der Entgiftung toxischer Lösungen durch Antitoxine herrschen zur Zeit vornehmlich drei verschiedene Anschauungen. Ehrlich substantiiert die von toxischen Lösungen ausgehenden Wirkungen als chemische Verbindungen, welche durch die ebenfalls als chemische Individuen aufgefassten Antikörper infolge der zwischen ihnen bestehenden starken chemischen Affinität gebunden werden.

Im Gegensatz hierzu sucht Arrhenius die fraglichen Neutralisierungserscheinungen als Dissoziationsgleichgewichte zwischen einheitlichen, aber schwach aviden Körpern zu interpretieren.

Nach einer dritten Anschauung wird das Gift nicht durch chemische Bindung mit einem Gegengift, sondern dadurch unschädlich gemacht, dass der Giftkörper durch Adsorption an den Antikörper gebunden und in diesem Zustande schneller als unter normalen Bedingungen zerstört wird.

Adsorptionserscheinungen sind in der Natur ausserordentlich verbreitet; sie charakterisieren sich als Vorgänge, bei welchen eine Bindung zweier Stoffe eintritt, welche chemisch nur in geringem Masse oder unter den gegebenen Bedingungen überhaupt nicht zu reagieren vermögen. Das trivialste Beispiel dieser Art ist die Einwirkung von Tierkohle auf Farbstoffe. Im Allgemeinen neigen zwei Stoffe umsomehr zur Adsorption, je grösser ihre Oberflächenentwickelung ist, weswegen man deren physikalische Ursache als eine Aeusserung der Oberflächenenergie zu betrachten berechtigt ist. Kolloidale Stoffe erfüllen diese Bedingung einer grossen Oberflächenentwickelung sehr weitgehend, wobei es im Allgemeinen verhältnismässig wenig Unterschied ausmacht, ob sie gelöst oder als Hydrogele vorliegen. Adsorptionsverbindungen zwischen zwei und mehr Kolloiden werden daher häufig auftreten; doch existieren auch zahlreiche zwischen Kolloiden einerseits, Krystalloiden andererseits. Bisweilen ist das Adsorptionsvermögen eines Stoffes ausgesprochen selektiv; dieses spezifische Adsorptionsvermögen kann man nach einem Vorschlage von Biltz als Zustandsaffinität bezeichnen. Ueber die quantitativen Beziehungen zwischen adsorbierendem Substrat und adsorbierter Substanz weiss man, dass bei gleichbleibender Menge jenes aus verschieden konzentrierten Lösungen dieser verschieden grosse Mengen aufgenommen werden und zwar im Allgemeinen derart, dass mit wachsender Konzentration die adsorbierte Menge einen immer geringeren Bruchteil der insgesamt vorhandenen beträgt. Formal erinnert häufig eine solche Adsorptionskurve an die einer chemischen Dissoziation. Da alle Stoffe, mit welchen sich die Serumtherapie beschäftigt. in das Gebiet der Kolloidchemie gehören, so sind die Vorbedingungen für Adsorptionserscheinungen gegeben.

Für diejenigen unserer Leser, welche den Fragen der Kolloidchemie ferner stehen, versuchen wir die Orientierung durch den im Folgenden gegebenen Hinweis auf einige Stichworte zu erleichtern. Zusammenfassende Darstellungen finden sich bei Bredig, Anorg. Fermente, Leipzig 1901; Lottermoser, Anorg. Kolloide, Stuttgart 1902; Arthur Müller, Theorie der Kolloide, Leipzig und Wien 1903; derselbe, Literaturverzeichnis, Zeitschrift f. anorg. Chem. 39. 121 (1904).

Eine scharfe Abgrenzung zwischen Lösungen kolloidaler und kristalloider Stoffe existiert nicht[1]); nichtsdestoweniger ist es in allen praktischen Fällen infolge der grossen quantitativen Verschiedenheiten beider Klassen meist leicht möglich, eine ausreichende Charakterisierung zu schaffen. Kennzeichen der kolloidalen Lösungen sind die folgenden: 1. Gelöste Kolloide (Pseudolösungen) dialysieren nicht oder nur äusserst

---

1) Spring (cf. „Waltère Spring et l étude de l'état colloidal" von L. Delange in Ann. et Bull. des Sciences méd. et nat. de Bruxelles, 1912, 70. Jahrg., Heft 1) hat bewiesen, dass nicht nur kolloidale Lösungen, sondern auch konzentrierte Salzlösungen, Lösungen von Mangan-, Zink-, Kobalt-, Nickel-, Kadmiumsalzen, ferner Aluminiumsalz- und Eisensalzlösungen, ja sogar Chloroform, viele Alkohole usw. bei seitlicher Beleuchtung sichtbar werdende Teilchen enthalten.

langsam durch Pergament. 2. Sie üben einen im allgemeinen sehr geringen, manchmal aber gut messbaren osmotischen Druck aus. 3. Unter dem Einflusse des elektrischen Stromes erleiden die Kolloidpartikel eine konvektive Ueberführung (Konvektion oder Kataphorese) in einer von der Natur des Kolloids abhängigen Richtung. 4. Kolloide können aus ihren Lösungen durch Elektrolyte, durch andere Kolloide (meist entgegengesetzter elektrischer Ladung) oder durch feste poröse oder gequollene Substrate (Hydrogele) abgeschieden werden. 5. Kolloidhaltige Lösungen sind nicht optisch leer[1]).

Mit Hilfe des unter 2 genannten Kriteriums können kolloidale Lösungen von feinen Suspensionen, welche keinen osmotischen Druck ausüben, unterschieden werden; zur Ausscheidung von Kristalloiden und Kolloiden pflegt man sich in erster Linie des unter 1 genannten Mittels zu bedienen.

Die in kolloidalen Lösungen enthaltenen Stoffe scheiden sich oft bei der Einwirkung der genannten Reagentien in einer eigentümlich gequollenen Form ab. Man unterscheidet solche, amorphe, stark wasserhaltige Massen von den gelösten, auch als Hydrosole bezeichneten Kolloiden als Hydrogele. Beispielsweise resultiert beim Fällen einer kolloidalen Lösung von Eisenhydroxyd das Hydrogel dieses Stoffes in Form des bekannten braunen hydratischen Niederschlages, der auch beim Fällen beliebiger Ferrisalzlösungen mit Alkali erhalten wird. In praxi wird man natürlicherweise zur Bereitung der Hydrogele dieser zweiten Methode den Vorzug geben.

Den sub 3 erwähnten Einfluss des elektrischen Stromes betreffend, sei noch Folgendes hier erwähnt.

Bei der Einwirkung des elektrischen Stromes auf Elektrolyte findet bekanntlich ein Transport der Ionen an die entsprechenden Elektroden und daselbst eine Entladung (Elektrizitätsausgleich) und Abscheidung der jetzt unelektrischen Atome oder Atomgruppen statt. Nicht dissoziierte, im Wasser fein verteilte Stoffe werden, in gleicher Weise behandelt, ebenfalls nach einer Elektrode transportiert; ein prinzipieller Unterschied dieser Ueberführungen gegenüber den elektrolytischen, besteht darin, dass in diesem Falle die Ueberführung nur nach einer der beiden Elektroden die Regel ist; während man also aus der zuerst genannten Art der elektrischen Ueberführung auf das Vorhandensein von zwei entgegengesetzt geladenen Stoffarten im Elektrolyten zu schliessen hat, führt diese Erscheinung (Konvektion oder Kataphorese) dazu, einen polaren Gegensatz zwischen der gelösten (feinverteilten, pseudogelösten) Materie und dem Lösungsmittel anzunehmen; ob ein in Wasser pseudogelöster Stoff positiv oder negativ gegen das Lösungsmittel geladen ist, hängt von seiner und des Lösungsmittels Natur ab.

Im engsten Zusammenhange mit dem elektrischen Charakter der Kolloidpartikel steht ihre Fähigkeit, sich gegenseitig zu beeinflussen (vgl. dazu W. Biltz, Bericht der Deutsch. Chem. Gesellsch. 37. 1095. 1904); entgegengesetzt geladene Kolloide fällen sich im allgemeinen aus, gleichsinnig geladene Kolloide üben beim Mischen entweder keine Beeinflussung oder eine eigentümliche Schutzwirkung aus."

---

1) Der Ausdruck „optisch leer" wurde zuerst von Tyndall (1868) auf staubfreie Luft angewendet, welche nach dem Durchtritt von Sonnenstrahlen das Tyndall'sche Luft-Phänomen nicht aufweist. Der belgische Forscher Spring („La lumière comme détective de la constitution des corps" 1905, und vorher: „Sur la diffusion de la lumière par les solutions" 1899) übertrug ihn dann auf homogene Flüssigkeiten.

Die Verfasser fanden nun, dass beispielsweise agglutinierendes Typhus-
serum seine spezifische Wirksamkeit verliert, wenn man es mit den kolloidal
gelösten Hydroxyden des Eisens, Zinks und Thoriums behandelt, durch
Kieselsäure aber nicht beeinflusst wird. Von der Prüfung der Hämolysine
— repräsentiert durch Tetanolysin — sagen sie (l. c. S. 46):

„Die Blutaufschwemmung wurde durch Suspendieren aus Pferdeblut
gewonnener, zweimal mit 0,85 proz. Kochsalzlösung gewaschener, durch
Zentrifugieren abgetrennter Blutkörperchen in einer ebensolchen Kochsalzlösung hergestellt. Die Blutkörperchenaufschwemmung war stets 2,5 proz.
Zu den Messungen wurden zu je 10 ml Blutaufschwemmung, vor deren
Entnahme die Gesamtaufschwemmung jedesmal sorgfältig durchgemischt
wurde, steigende Dosen der hämolytisch wirkenden Lösung [1]) gefügt, die
Mischungen nach tüchtigem Umschütteln eine Stunde bei 37^0 und sodann
20—24 Stunden im Eisschrank bei 7^0 belassen. Nach dem Absetzen
der nicht angegriffenen Blutkörperchen wurde der Prozentsatz der Hämolyse durch Vergleichung mit einer Farbenskala ermittelt, die (ganz nach
den zitierten Angaben) durch Verdünnen einer durch Wasser völlig hämo-
lysierten 2,5 proz. Blutlösung bereitet war. Die Farbenskala ist etwa
3 Tage lang brauchbar: dann schlägt die Farbe in Violett um.

Wie zunächst aus der folgenden Tabelle hervorgeht, wird Tetanolysin
schon durch Schütteln für sich abgeschwächt.

Zusatz ml	Nicht geschütteltes Präparat pCt. Hämolyse	4 Std. geschütteltes Präparat pCt. Hämolyse
1,0	55	40
0,8	54	—
0,6	50	32
0,5	45	—
0,4	38	24
0,35	—	22
0,3	29	14
0,2	26	10,5
0,15	—	8,5
0,1	8,5	4
0,05	1,0	—

Der Grad der Hämolyse steht zu der zugesetzten Menge Tetanolysin
bekanntlich in einer ziemlich komplizierten Beziehung (vgl. dazu
Arrhenius und Madsen). Kurven, deren Ordinaten die Prozente Hämolyse, deren Abszissen die zugesetzten Milliliter darstellen, beginnen mit
einem gegen die Abszisse konvexen Stück, im weiteren Verlauf sind sie
konkav; sie zeigen demnach im allgemeinen eine mehr oder weniger aus-
geprägte S-förmige Gestalt. Für schwaches Tetanolysin konnten wir die
von Arrhenius gegebene Interpolationsformel bestätigen. Für die Abhängigkeit der Hämolyse von der Konzentration des Lysins gilt nach
diesem Forscher die Formel:

$$\frac{b}{c^2} = K \qquad (1),$$

____

[1]) Grössere Dosen wurden vor dem Zusatz mit 0,85 pCt. Kochsalz gemischt, um
einer allein durch die Verdünnung der Testlösung bewirkten Hämolyse vorzubeugen.

wenn b den Prozentsatz der Hämolyse, c die Konzentration des Lysins und K eine Konstante bedeutet; c berechnet sich aus der zugesetzten Menge in Milliliter (a) nach folgender Gleichung:

$$c = \frac{10\,a}{10 + a} \quad (2).$$

a Zusatz	b gef. Hämolyse	c	K	b berechnet
4,0	22	2,9	2,6	19
3,0	11	2,3	2,1	12
2,5	8,5	2,0	2,1	9,2
2,0	6	1,7	2,2	6,4
1,0	2	0,91	2,4	1,9
0,5	Spur	0,48	—	0,5
			Mittel 2,3	

Die Zahlen der Spalte 4 sind, wie die Formel fordert, nahezu konstant; berechnet man mit Hilfe des Mittels der Konstante 2,3 aus dieser b zurück, so findet man unter „b berechnet" Zahlen, welche mit „b gef." sehr weitgehende Uebereinstimmung zeigen.

Ueber die Einwirkung von Hydrogelen verschiedener Gattungen unterrichtet die folgende Tabelle; selbstverständlich wurde, um einen einwandsfreien Vergleich zu ermöglichen, ein Parallelversuch ohne Hydrogelzusatz ausgeführt.

Je 5 ml Tetanolysin XXa + 0,5 ml Hydrogel; 2 Std. geschüttelt.

ml	Tetanolysin XXa	Tetanolysin XXa + Zircon	Tetanolysin XXa + Thoriumhydroxyd	Tetanolysin XXa + Kieselsäure
1,0	35	4	Spur	20
0,6	15	Spur	„	4
0,4	8,5	„	0	4
0,5	5	0	0	0

Demnach geht die hämolytische Kraft durch Behandlung mit Zircon und Thoriumhydroxyd ganz ausserordentlich stark, durch Kieselsäure nur wenig zurück. Die Einwirkung von Eisenhydroxyd prüften wir etwas genauer, um uns über die Abhängigkeit der Einwirkung von der Konzentration des Tetanolysins zu orientieren.

Um aus nachstehender Tabelle den Wirkungswert des Eisenhydroxyds in verschiedenen Tetanolysinkonzentrationen zu berechnen, wurden nach dem Vorgange von Arrhenius diejenigen Milliliter Lösung verglichen, welche gleich starke Hämolyse bewirken. In der folgenden Tabelle ist dieser Vergleich für eine Hämolyse von 12 pCt. durchgeführt, die „isolytischen" in Spalte 2 angegebenen Milliliter sind meist durch graphische Interpolation aus den Versuchsdaten der vorigen Tabelle abgeleitet. Unter „ml corr." finden sich die auf das gleiche Volumen (10 ml) reduzierten Milliliter Tetanolysin [vergleiche dazu die Formel (2)]. Wenn man den Wirkungswert der Lösungen durch ihren Gehalt an reiner Stammlösung bemisst, also die Vorstellung einführt, dass 1,9, 0,61,

Je 20 ml Tetanolysin XXa + 1 ml Eisenhydroxyd; 4 Std. geschüttelt.

ml Tetanolysin-Stammlösung im ursprünglichen Gemisch: ml Zusatz	20	15	10	7	5
	pCt. Hämolyse				
5,0	—	—	—		
2,4	—	—	12		
2,0	42	—	—		
1,8	—	—	9		
1,6	—	27	8		
1,5	38	—	—	0	0
1,4	—	--	6		
1,0	32	22	2,5		
0,8	27	18	< 2,5		
0,6	23	10	Spur		
0,4	—	6	0		

0,38 ml von den Lösungen 2—4 nach dem Schütteln jeweils 0,25 ml Stammlösung enthalten, so ergibt die entsprechende Umrechnung auf 20 ml, dass ingesamt noch die in der 4. Spalte angegebenen Milliliter Stammlösung frei vorhanden sind. Die Differenzen gegenüber der angewandten Menge Tetanolysin sind, wie man aus der letzten Spalte sieht, nahezu gleich, d. h. die absolute Wirkung des Eisenhydroxyds ist von der Konzentration unabhängig, die relative demnach in verdünnten Lösungen ausserordentlich viel stärker, als in konzentrierten.

Nummer	Tetanolysin-Stammlösung in 20 ml	Isolytische ml für 12 pCt. Hämolyse	Dieselb. korr.	ml Stammlösung in je 20 ml Lösung noch vorhanden	ml Stammlösung zerstört
1	Stammlösung	0,25	0,25	—	—
2	20 ml	0,40	0,39	13	7
3	15 „	0,65	0,61	8,2	6,8
4	10 „	2,4	1,9	2,6	7,4
5	7 „	—	—	0.	7

Ich lasse nunmehr die Saponinversuche von Biltz, Much und Siebert folgen:

„Im Anschluss an die vorstehenden Versuche sei eine Charakteristik des Saponins vom Standpunkte der Kolloidchemie gegeben, eines Körpers, der besonders wegen seiner hämolytischen Wirkung einen Vergleich mit den Hämolysinen der Toxine nahelegt. Zunächst liess sich leicht nachweisen, dass Saponin kolloidal gelöst ist.

Am 24. IX. wurde eine Dialyse von 40 ml 0,1 proz. Saponinlösung gegen 150 ml Wasser begonnen. Ein sehr scharfer Indikator, der noch für 0,0001 proz. Saponinlösung brauchbar ist, ist die Eigenschaft dieser Lösung zu schäumen. Nach 12 stündiger Dialyse erwies sich das Aussenwasser beim Umschütteln als völlig schaumfrei; ebenso am 26. und 27. IX. Die Prüfung des Schlauchinhaltes ergab, dass die hämolytische Kraft der Saponinlösung beim Dialysieren langsam abnimmt, wie aus folgenden Zahlen ersichtlich wird.

ml Sap.-Lös. zu je 10 ml 2,5 proz. Blut	Ausgangs- lösung	Nach 12 Stunden Dialyse	Nach 48 Stunden Dialyse	Nach 72 Stunden Dialyse	Ausgangslös. 72 Stunden verschlossen aufbewahrt
		pCt. Hämolyse			
0,2	—	—	—	20	—
0,1	45	19	11	11	20
0,06	19	12,5	5	6	14
0,04	13,5	7,5	3	—	12,5
0,03	12	6	3	3	8,5
0,02	5	5	—	—	3

Die Abnahme des Schlauchinhaltes an hämolytisch wirksamer Substanz ist nicht auf Saponinverlust durch Dialyse zurückzuführen; vielmehr scheint es, dass eine vielleicht hydrolytische Spaltung dieses Defizit bewirkt, eine Annahme, die durch den Vergleich der Abnahme, welche auch eine sorgfältig aufbewahrte Saponinlösung spontan zu erkennen gibt (Spalte 6), plausibel gemacht wird.

Die Einwirkung von anorganischen Kolloiden auf Saponinlösung lieferte ein höchst übersichtliches und klares Bild. Positive Kolloide fällen durchweg, negative versagen völlig.

Verwendet wurden je 0,5 ml 1 proz. Saponinlösung mit wechselnden Mengen anorganischer Kolloidlösungen.

Fe	Cr	Zr	Th	Al	Pt	Au	Sb_2S_3	Vd_2O_5	Berl. Blau	SnO_2
++	+++	+++	++	++	0	0	0	0	0	0

In vorliegendem Falle liess sich der Zusammenhang zwischen Fällbarkeit und elektrischer Ladung der Kolloidteilchen gegen Wasser leicht konstatieren. Nach den Fällungsresultaten war auf eine negative Ladung der Kolloidteilchen zu schliessen. Ein diesbezüglicher Versuch ergab das erwartete Resultat:

Ueberführung von 20 ml 0,1 proz. Saponinlösung. Absolut keine Gasentwickelung bemerkbar. Versuchsdauer 4 Stunden. Starkstrom (etwa 110 Volt).

Flüssigkeit ml	Minuspol Hämolyse ml	Pluspol Hämolyse ml
1,0	98?	100
0,3	20—30	60
0,2	7,5	50—60
0,1	4	35
0,05	3	10

Ein Vereinigungsbestreben von Saponin mit ebenfalls negativ geladenen Kolloiden, z. B. Gold, liess sich nicht nachweisen, wie ein vergeblicher Versuch, mit Hilfe von Saponinlösung die Goldlösung gegen Einwirkung von Elektrolyten zu schützen, bewies.

Die Feststellung des kolloidalen Charakters von Saponinlösungen berechtigt, da, wie wir uns durch besondere Versuche überzeugten, auch die Hämolysine der Giftlösungen nicht dialysierbar sind, um so mehr zu einer Analogisierung dieser Körper mit jenen, die von Ramson seiner Zeit aus dem Verhalten des Saponins gezogenen Schlüsse gewinnen hierdurch an Beweiskraft."

Wie man sieht, lässt sich die hämolytische Saponin-Entgiftung nicht bloss chemisch, sondern auch physikalisch bewirken, und es fordert dieses Ergebnis exakter Forschung dazu auf, vorsichtig zu sein mit apriorischen Behauptungen über den im Einzelfall in Frage kommenden Entgiftungsmodus von Toxinen.

In einer Epikritik sagen die Verfasser:

„Für die Interpretation dieser Erscheinungen, zu denen auch die abschwächende Wirkung von Palladiumasbest (vergl. von Behring, Allgemeine Therapie der Infektionskrankheiten, S. 1070, ff.) auf Toxine zu rechnen ist, bieten sich, sofern man den im Anfang der Arbeit gekennzeichneten Standpunkt einnimmt, zwei einander verwandte Möglichkeiten:

Entweder ist der Wirksamkeitsverlust auf eine Adsorptionserscheinung zwischen Antikörper und wirksamem Material zurückzuführen und somit dieses wirksame Material zwar intakt, aber festgelegt und in seiner Reaktionsfähigkeit gehemmt; oder es handelt sich um eine durch die Kolloide bewirkte Beschleunigung der Zersetzung der Giftkörper. Diese zweite Deutung wird im Folgenden noch des Genaueren erläutert werden. Wäre die erste zulässig, so sollte man erwarten, dass 1. unverändertes, wirksames Material aus dem mit der Eiweisslösung geschüttelten Hydrogel zurückgewonnen werden kann. 2. Verluste an Eiweissstoffen innerhalb einer mit Hydrogel behandelten Lösung analytisch nachweisbar sind.

1. Ist die Bindung von Toxin und Hydrogel eine reversible Adsorption, wie z. B. eine unechte substantive Färbung, so ist denkbar, dass ein zur Giftabschwächung benutztes Hydrogel im Tierkörper durch partielle Giftabspaltung die charakteristischen Krankheitserscheinungen hervorruft. Wir untersuchten Eisenhydroxyd, von welchem 3 ml mit 20 ml Diphtheriegift aus Ballon 5 geschüttelt waren[1]). Das Hydrogel wurde abfiltriert, 3mal mit sterilem Wasser auf dem Filter gewaschen und von der Gesamtmenge etwa der zehnte Teil einem Meerschwein eingespritzt. Das Resultat fiel durchaus negativ aus, obwohl man, sofern wirklich ein reversibles Adsorptionsgleichgewicht vorliegt, eine starke Giftwirkung hatte erwarten müssen, wenn man nicht annehmen wollte, dass das Gift durch die Behandlung in eine auch im Tierkörper unlösliche Form übergeführt worden sei. Versuche aus einem Eisenhydroxyd, welches zur Abschwächung des Tetanolysins gedient hatte, Hämolysin zurückzugewinnen, schlugen ebenfalls gänzlich fehl.

2. Zur Prüfung der zweiten Frage, ob und in welchem Masse Eiweisskörper durch Hydrogele adsorbiert werden[2]), bedienten wir uns zunächst des Nachweises solcher Körper mit Hilfe der sogenannten Goldzahl.

---

1) Der Erfolg dieser Behandlung des Diphtheriegiftes geht aus folgender Tabelle hervor:

2) Soweit uns bekannt ist, liegen nur wenig Untersuchungen ähnlicher Art vor. R. Hermann und Fräulein Dupré (Pflüger's Archiv f. Physiologie, Bd. 26, S. 442, 1881) fanden, dass Kasein und Fett aus der Milch durch gepulverten gebrannten Ton oder Tierkohle adsorbiert werden. Als W. Ramsden (Arch. f. Anatomie und Physiologie, 1894, S. 517) die Fällbarkeit der Eiweissstoffe durch mechanische Einflüsse studierte,

Prüfung von D. G. Ballon 5 auf direkten Giftwert. Zusatz von 3 ml Eisenhydroxyd zu verschiedenen Konzentrationen des Giftes.

	Geprüft auf 200 000+M.	Geprüft auf 150 000+M.	Geprüft auf 100 000+M.	Geprüft auf 80 000+M.	Geprüft auf 50 000+M.	Geprüft auf 20 000+M.	Geprüft auf 10 000+M.	Die Prüfungen berechnet auf das (in den Verdünnungen) vorhandene Gift
12. IX. 1904 D. G. Ballon 5	+nach 48 Std.	—	+nach 36 Std.	—	+nach 36 Std.	—	—	—
15. IX. 1904 D. G. Ballon 5 20 ml Gift + 3 ml Eisenhydroxyd 4 Std. geschüttelt	+nach 6×24 Std.	+nach 3×24 Std.	+nach 3×24 Std.	+nach 36 Std.	—	—	—	—
15. IX. 1904 D. G. Ballon 5 20 ml Gift + 3 ml Eisenhydroxyd 8 Std. geschüttelt	—	—	+nach 3×24 Std.	+nach 36 Std.	—	—	—	—
20. IX. 1904 D. G. Ballon 5 10 ml Gift + 10 ml Wasser + 3 ml Eisenhydroxyd 4 Std. geschüttelt	+nach 4×24 Std.	+nach 3×24 Std.	+nach 2×24 Std.	+nach 36 Std.	+nach 36 Std.	+nach 36 Std.	+nach 24 Std.	NB. Diese Versuchsreihe stimmt mit einer anderen vom 15. IX. 1904 vollkommen überein
17. IX. 1904 D. G. Ballon 5 5 ml Gift + 15 ml Wasser + 3 ml Eisenhydroxyd 4 Std. geschüttelt	0	0	0	0	0	+nach 2×24 Std. ?	+nach 36 Std.	—

Wie Zsigmondy[1]) fand, wird eine rote kolloidale Goldlösung durch Versetzen mit Kolloiden, wie z. B. Gummi, Dextrin u. a. gegen die Einwirkung von Elektrolyten geschützt, die sich bekanntlich darin äussert, dass das Gold nach vorheriger Blaufärbung der Lösung allmählich metallisch abgeschieden wird. Diejenige Menge Kolloid in mg, welche jene Blaufärbung und Sedimentierung unter gegebeneu Bedingungen gerade noch zu verhindern vermag, bezeichnet Zsigmondy als Goldzahl des Kolloids. Da wir es durchweg mit gelösten Schutzkolloiden zu tun hatten, beschränkten wir uns auf Ermittelung der zum Schutze nötigen Kubikzentimeter. Wir führten die Untersuchung in der Weise aus, dass wir wachsende Mengen des zu prüfenden Kolloids mit je 10 ml

---

konnte er feststellen, dass Albuminlösungen durch Schütteln sehr viel weitgehender entmischt werden, wenn man vorher Sand zufügt. Serumalbumin ist gegen Schütteln ohne Zusatz fast völlig beständig, ein Ergebnis, das wir in der vorliegenden Arbeit oftmals haben bestätigen können.

1) Z. f. analyt. Chem., Bd. 40, S. 697 (1901), Schulz u. Zsigmondy, Z. f. d. gesamte Biochemie, III, S. 137 (1902).

einer hochroten nach Vorschrift von Zsigmondy bereiteten Goldlösung mischten, sodann je 1 ml 10proz. NaCl.-Lösung hinzufügten und den Farbenumschlag beobachteten. An verschiedenen Versuchen, von denen der eine tabellarisch wiedergegeben ist, überzeugten wir uns, dass die Goldzahl der Lösung dem Gehalt an Kolloid nahezu indirekt proportional ist, so dass man aus der Goldzahl jenen ungefähr taxieren kann.

Goldzahlen von Pferdeserum verschiedener Konzentration.

a. Konzentration	b. Goldzahl	a × b
2	0,001—0,0015	0,0026
1	0,003	0,003
0,5	0,004	0,002
0,2	0,015	0,003

Die in der nachfolgenden Tabelle wiedergegebenen Goldzahlen einiger von uns untersuchten kolloiden Flüssigkeiten sind untereinander nur wenig verschieden.

Goldzahlen von Nährbouillon und Giftlösungen in frischem Zustande waren nicht bestimmbar, da sich beim Mischen mit diesen die Goldlösung schon ohne Kochsalzzusatz von selbst blau färbt. Dies eigenartige Verhalten [1]), welches an gewisse Beobachtungen von Schulz und Zsigmondy an einem die Eiweissstoffe „verunreinigenden Körper" erinnert, ist sehr wahrscheinlich auf den Peptongehalt der Nährbouillon zurückzuführen. Pepton Witte bläut ebenfalls Goldlösung sofort. Es scheint, dass die vorliegende Reaktion ganz charakteristisch für Peptone ist und als solche vielleicht analytische Brauchbarkeit gewinnt: wird, wie bei einer von uns nicht steril durchgeführten Dialyse der Nährbouillon durch Wachstum von Bakterien eine Veränderung der Peptone veranlasst, so erhält die Flüssigkeit wieder die Eigenschaft eines Schutzkolloids. Beispielsweise betrug die Goldzahl einer durch Bakterienwachstum veränderten Nährbouillon: 0,011 (vgl. oben). Bei steril durchgeführter Dialyse bleibt die Fähigkeit zu spontaner Blaufärbung erhalten.

Schutzwirkungen auf Goldlösung:

	Goldzahl
Tetanus-Antitoxin	0,001
Dasselbe dialysiert	0,003
Paulserum	0,003
Dasselbe dialysiert	0,003
Emilserum	0,001
Fritzserum	0,002
Theklaserum	0,001—0,002
Tetanus-Antitoxin 10	0,001
Dasselbe 4 Stunden geschüttelt .	0,001
Milch	0,001—0,002
Nährbouillon dialysiert (nicht steril)	0,011

---

1) Es ist dies nicht auf den Gehalt der Nährbouillon an NaCl zurückzuführen, denn die durch die Dialyse von NaCl befreite Flüssigkeit gibt dieselbe Reaktion.

Wir können demnach bezüglich des Verhaltens der untersuchten Flüssigkeiten zu kolloidaler Goldlösung folgende Reihe aufstellen:

1. Albumine: Spezifische Schutzwirkung.
2. Peptone: Spontane Blaufärbung.
3. Veränderte Peptone: Wiederum Schutzwirkung.

Die Resultate der Adsorptionsversuche sind hierunter tabellarisch zusammengestellt.

Adsorptionsversuch (Bestimmung des Eiweisses mittelst der Goldzahl[1]).

	Goldzahl	
	vorher	nachher
1. Paulserum 20 ml mit 1 ml Fe-gel	0,003	0,003
„ 10 „ +) mit 1 ml)		
„ . 10 „ Wasser) Fe-gel)	0,006	0,007—0,008
„ 10 „ mit 3 ml Fe-gel	0,003	0,006
2. Tetanus-Antitoxin (3 Stunden geschüttelt) 10 ml mit 1 ml Fe-gel	0,001	0,002—0,003
3. Frische Nährbouillon 10 ml mit 3 ml Fe-gel; Adsorption unvollkommen (nach Augenschein; Goldzahl unbestimmbar, vergl. oben)		
4. Paulserum dialysiert[3]) 10 ml mit 3 ml Fe-gel . . .	0,003	0,011
5. Tetanus-Antitoxin 10 dialysiert[3]) 10 ml mit 3 ml Fe-gel	0,003	0,007
6. Nährbouillon dialysiert[3]) 10 ml mit 3 ml Fe-gel . . .	0,011	∞ [2])
7. Tetanusgift Xa dialysiert[3]) 10 ml mit 3 ml Fe-gel . .	> 3	∞ [2])

Es ergibt sich aus den Goldzahlen, dass in elektrolythaltigen Eiweisslösungen durch Adsorption eine schwache, jedenfalls aber sehr viel kleinere Abnahme eintritt, als in dialysierten Lösungen, die durchweg stabiler sind.

Dasselbe Resultat erhielten wir noch bei weitem exakter durch Bestimmung des Eiweisses und Peptons auf dem gewöhnlichen analytischen Wege.

Adsorptionsversuch (gewichtsanalytische Bestimmung des Eiweisses).

	Prozentgehalt Eiweiss [4])
1. Frisches Emilserum . . .	7,36
2. 10 ml desselben mit 1,5 ml . Zirconhydroxyd geschüttelt . .	6,8
3. Theklaserum dialysiert[5]) .	6,85
4. 10 ml davon + 1,5 Zr. . . .	4,88 [6])
5. 10 ml + 1,5 Fe.	5,4

1) Wo nichts anders bemerkt ist, wurde 4 Stunden geschüttelt.

2) Nicht zu bestimmen, weil durch Adsorption alles Eiweiss entfernt war.

3) Die Dialysierversuche waren nicht steril durchgeführt.

4) Zur Analyse wurden je 2 ml Serum mit 100 ml Wasser verdünnt, bis zum Sieden erhitzt und mit ca. 1 ml 1/20 N.-Essigsäure gefällt, der Niederschlag wurde bei 100° getrocknet und gewogen.

5) Die Dialyse wurde steril durchgeführt und solange fortgesetzt, bis in der äusseren Flüssigkeit Chlor nicht mehr nachzuweisen war.

6) Nach dem Schütteln liess sich das Serum von Fe und Zr durch Zentrifugieren und Filtrieren nicht völlig klar abtrennen; indessen war die in dem Filtrat vorhandene Oxydmenge, wie der Aschengehalt des ganzen Niederschlages bewies, analytisch unerheblich.

Adsorptionsversuch (Bestimmung des Peptons auf kolorimetrischem Wege).

	Prozent Peptongehalt[1]
1. Nährbouillon	0,7
2. 20 Bouillon $+$ 1 Fe $(OH)_3$ . .	0,7
3. 20 „ $+$ 3 „ „ . .	0,7
4. 20 „ $+$ 3 Zr „	0,6—0,07
5. Dialys. Nährbouillon . .	0,95
6. Hiervon 10 ml $+$ 1,5 Fe . . .	0,8
7. Dialys. Nährbouillon $+$ 1,5 Zr.	0,8

Ein geringer („physiologischer") Salzgehalt wirkt demnach bei Adsorptionsversuchen konservierend auf Eiweisslösungen.

Dieses Resultat liefert neues Material zur Beantwortung der Frage, welche physikalische Bedeutung dem Kochsalzgehalt des Organismus zuzuschreiben ist. Es ist bekannt, dass der Salzgehalt der Körperflüssigkeiten zunächst den Zweck erfüllt, diese isotonisch mit dem flüssigen Zellinhalte zu machen; innerhalb einer Lösung geringereu osmotischen Druckes würden die Zellwände zersprengt werden (vgl. Hämolyse durch reines Wasser). Wie sich nunmehr zeigt, scheint die Anwesenheit des Kochsalzes des weiteren auch die Möglichkeit des Eiweisstransportes zu bedingen und somit eine entscheidende Rolle bei der Ernährung zu spielen; denn es leuchtet ein, dass bei seiner Abwesenheit das Serumalbumin in ähnlicher Weise von den kolloidalen Gefässwandungen des Organismus weitgehend adsorbiert werden würde, wie von den anorganischen Hydrogelen. Die von Ramsden bereits aufgeworfene Frage, „weshalb im zirkulierenden Blut keine Spur von mechanischer Koagulierung vorhanden ist, obgleich es sicher einer genügend starken Bewegung ausgesetzt ist", dürfte somit beantwortet werden können.

Der Umstand, dass es bisher weder einwandsfrei gelungen ist, aus den Reaktionsprodukten echter Antitoxine und Toxine, noch aus den hier behandelten Produkten der organischen Stoffe und der Giftlösungen die reinen Stoffe zurückzugewinnen, ferner die Tatsache, dass ein Adsorptionsvermögen von analytischem Belang zwischen Hydrogelen und den fraglichen Eiweisslösungen unter normalen Bedingungen kaum existiert, führt zu der Meinung, dass eine reine Adsorptionshypothese zur Deutung der Erscheinungen nicht ausreicht. Man könnte eine solche zwar mit dem Hinweis darauf verteidigen, dass die in Frage kommenden reaktiven Stoffe nur in sehr kleiner Gewichtsmenge vorhanden sind, so dass der analytische Nachweis einer stofflichen Abnahme in der Lösung versagen muss; die vergeblichen Bemühungen, eine Reversibilität des Bindungsvorganges zu beweisen, würden damit aber nicht erklärt sein. Andererseits ist die Gesetzmässigkeit der Toxin-Antitoxinbindung, wie die Ungleichung von Ehrlich und die Hämolysin-Antihämolysinkurven von

---

1) Methode: 2 ml mit 10 ml Wasser verdünnt, mit Phosphorwolframsäure gefällt, mit 50 ml 1/10 N-HCl gewaschen, in 20 ml 10 pCt. KOH gelöst und nach der modifizierten Methode von Schmidt (Mülheim), Kutscher, Seemann, Loewi, kolorimetrisch geprüft.

Arrhenius und Madsen zeigen, den bei reinen Adsorptionserscheinungen zu Tage tretenden Regeln ungemein verwandt. Eine ungezwungene und zugleich der Vielseitigkeit der Erscheinungen Rechnung tragende, weit gefasste Deutung ergibt sich aber, wenn man, wie dies von uns bereits befürwortet worden ist, die „Neutralisierungsvorgänge" in zwei Prozesse zerlegt.

Im ersten Stadium wird toxisches Material von dem Antikörper (spezifischer Antikörper — Antitoxine; generelle Antikörper — gewisse Kolloide) durch Adsorption gebunden. Dieser Vorgang verläuft nach den allgemeinen Erfahrungen der Kolloidchemie in Abhängigkeit von der Beschaffenheit und der Konzentration der Reagentien.

Im zweiten Stadium zerfällt der adsorbierte organische Stoff und zwar schneller, als in freiem Zustande.

Man kann sich, worauf in diesem Zusammenhange bereits Nernst[1]) hingewiesen hat, diesen Vorgang an dem Beispiel der Wasserstoffsuperoxydzersetzung durch fein verteiltes Platin veranschaulichen. In diesem Falle folgt aller Wahrscheinlichkeit nach einer primären Verdichtung des Wasserstoffsuperoxyds auf dem Metall, die analytisch nicht nachweisbar zu sein braucht, eine sekundäre schnellere Zersetzung des kondensierten und somit in höherer Konzentration, als vorher, vorhandenen Stoffes. Man pflegt diese kondensierende Wirkung des Metalls bekanntlich in das grosse Kapitel der katalytischen Wirkungen einzurechnen.

Welches Gesamtbild die Giftzerstörung in jedem Falle bietet, wird offenbar von dem Verhältnisse der verschiedenen Geschwindigkeiten beider erwähnter Vorgänge abhängen. Ist die Adsorptionsgeschwindigkeit gegen die Zersetzungsgeschwindigkeit gross, so wird man bei quantitativen Versuchen die Adsorptionsregeln bestätigt finden (Toxin, spezifisches Antitoxin).

Ist das Umgekehrte der Fall (Wasserstoffsuperoxydkatalyse; Toxine) generelle Antikörper), so wird eine der Menge des Antikörpers im einfachsten Falle proportionale Vergrösserung der Zersetzungsgeschwindigkeit zum Ausdrucke kommen. Es scheint uns wesentlich, zu betonen, dass hiernach die „Toxinneutralisierung" den Erscheinungen der chemischen Dynamik, nicht aber den Gleichgewichtserscheinungen zuzureihen ist."

Die Frage liegt nahe, wie Ehrlich's Neutralisierungshypothese für die antitoxische Entgiftung des Diphtheriegiftes zu klassifizieren ist.

Soviel geht aus allen Angaben Ehrlich's hervor, dass er eine chemische Umsetzung annimmt, wenn antitoxisches Serum diese Gifte unschädlich macht. Er geht dabei von der Voraussetzung aus, dass das antitoxisch wirksame Agens im Heilserum identisch ist mit denjenigen Bestandteilen lebender Zellen, auf welche das in Frage kommende Toxin vergiftend einwirkt, und diese cytogenen Bestandteile nennt er „Seitenketten".

Ich bin vollkommen einig mit Ehrlich in Bezug auf die fundamentale Bedeutung der Frage nach den spezifischen Angriffspunkten im lebenden Tierkörper, sowie der Frage nach dem inti-

---

1) Z. f. Elektrochem. Bd. 10. S. 399 (1904).

meren Mechanismus der Einwirkung des Giftes auf belebte Körperelemente; aber bei den Versuchen, diese Fragen auf naturwissenschaftlichem
Boden der Entscheidung näher zu führen, sind wir im Laufe der
Jahre vielfach auseinandergegangen, zumal in Bezug auf die Konsequenzen, welche die Frankfurter Schule aus Ehrlich's Seitenkettentheorie gezogen hat.

Nichts liegt mir ferner als die Seitenkettentheorie in ihrem ausserordentlich grossen Wert für unser toxikologisches und physiologisches
Denken herabzusetzen. Selbst wenn sie in späterer Zeit in vollem
Umfange nicht bestehen bleiben sollte, müssten wir ihr immer noch deswegen eine epochemachende Bedeutung beimessen, weil sie die Zusammenfassung der unendlichen Fülle von toxikologischen und therapeutischen Einzeltatsachen auf dem Gebiet der Infektionskrankheiten für
eine einheitliche Betrachtung ermöglicht hat. In aller Welt werden jetzt
neugewonnene experimentelle Daten auf diesem Gebiet in Ehrlich's
Sprache diskutiert und publiziert, und eine unübersehbare Menge von
Anregungen zu vertieftem Denken ist von der Seitenkettentheorie ausgegangen.

Nach meiner persönlichen Ueberzeugung steckt in dieser Theorie
überdies ein Gehalt von unvergänglichem erkenntnisstheoretischem Wert.
Im ersten Heft meiner „Beiträge" (S. 949) habe ich mich darüber ungefähr folgendermassen ausgesprochen: „Alle Versuche, die Frage nach
der Ursache für die therapeutischen Leistungen eines Infektionstoffes
(bei geeigneter Dosierung und Applikationsweise) gegenüber einer Krankheit, die durch eben denselben Infektionsstoff erzeugt ist, befriedigend zu
beantworten, waren gescheitert, bis Ehrlich eine neue Hypothese in
die Erklärungsversuche einführte. Der Hauptinhalt der Ehrlich'schen
Hypothese lässt sich mit folgenden Sätzen wiedergeben:

1. Ein Infektionsgift ist krankmachend nur für solche Individuen,
welche eine dieses Gift chemisch bindende Substanz in lebenden Körperelementen besitzen.

2. Wenn giftbindende Substanz aus den lebenden Körperelementen
(Zellen) ausgestossen wird und in die Blutflüssigkeit gelangt, dann wird
sie zum schützenden und heilenden Antikörper gegenüber dem in Frage
kommenden Gift.

Noch kürzer lässt sich die Ehrlich'sche Hypothese folgendermassen
zusammenfassen: Dieselbe Substanz im lebenden Körper, welche,
in der Zelle gelegen, Voraussetzung und Bedingung einer Vergiftung ist, wird Ursache des Krankheitsschutzes und der Krankheitsheilung, wenn sie sich in der Blutflüssigkeit befindet. Dieser
Satz erinnert lebhaft an den Hippokratischen Ausspruch: „Dasselbe,
was eine Krankheit erzeugt, heilt sie auch"; mit dem grossen
Unterschied jedoch, dass der Satz des Hippokrates dogmatisch geblieben ist, während Ehrlich's Behauptung der naturwissenschaftlichen
Analyse und experimentellen Untersuchung zugängig ist."

Im Sinne der so charakterisierten Ehrlich'schen Hypothese sind
alle meine experimentell-therapeutischen Studien ausgefallen, und wenn
ich trotzdem die Terminologie Ehrlich's mir nicht angeeignet habe,
dann ist das nicht etwa unterblieben aus unberechtigtem Eigensinn oder
weil ich über die Richtigkeit des oben zitierten Grundsatzes der Seiten-

kettentheorie eine weniger zuversichtliche Meinung bekommen hätte, sondern weil meine eigenen Untersuchungen mich zu solchen experimentell bestätigten Deduktionen aus der genialen Hypothese Ehrlich's geführt haben, welche sich in seiner Sprache nicht richtig wiedergeben lassen.

Der Hauptunterschied zwischen Ehrlich's und meiner Art und Weise, den intimeren Mechanismus der Vergiftung und ihre Beziehungen zur Antikörperproduktion zu interpretieren, lässt sich darauf zurückführen, dass ich weniger Neigung habe, zu personifizieren; ich komme häufig mit der Annahme von energetischen Unterschieden aus, wo Ehrlich essentielle (somatische) Unterschiede bei der Analyse der Eigenschaften und Leistungen einer in ihrer Zusammensetzung uns unbekannten Rohsubstanz glaubt annehmen zu müssen.

Wie grosse Differenzen durch diesen Unterschied selbst bei der Analyse der physiologischen Leistungen eines so einfachen und so allgemein bekannten Körpers, wie des Sauerstoffs, in der Vorstellungsweise bedingt werden, mögen die nachfolgenden Bemerkungen illustrieren: Es gibt giftige und ungiftige Formen des Sauerstoffs. Die Chemiker schreiben den atomistischen Sauerstoff, welcher als solcher nicht existenzfähig ist, „O“, die giftige Modifikation (Ozon) „O_3“ und den vulgären ungiftigen Sauerstoff „O_2“. Es hindert uns nichts, die toxische Funktion im Ozon bloss einem der hypothetischen Sauerstoff-Atome zuzuschreiben; dann hätten wir eine toxophore Gruppe, welche ebenso wie die haptophore einem als Amboceptor dienenden Sauerstoffatom angefügt ist, so dass raumsinnlich dargestellt das Ozon-Molekül folgende Gestalt haben würde:

O———O (Amboceptor)

(Haptophore |

Gruppe) O (toxophore Gruppe).

Solche raumsinnlichen Vorstellungen entsprechen aber nicht notwendigerweise der Wirklichkeit, und ich selbst bewege mich lieber in den energetischen Anschauungsformen der neueren Physiker, welchen zufolge das Ozon vom inaktiven Sauerstoffmolekül sich durch ein Plus von Energie unterscheidet. W. Ostwald („Grundlinien der anorganischen Chemie“. 1900. S. 84) setzt beispielsweise Ozon = „Sauerstoff + Energie“, für welche Auffassungsweise er die Tatsache anführt, dass man den vulgären Sauerstoff durch Behandlung mit elektrischen Schwingungen gewissermassen laden kann, und dass Ozon, wenn es in vulgären Sauerstoff übergeht, Wärme entwickelt. Mit der Energiebeladung geht eine Volumverminderung des materiellen Trägers der Sauerstoffwirkung einher derart, dass bei gleichem Gewicht das Ozon nur $66\,^2/_3$ pCt. von dem' Volumen des vulgären Sauerstoffs einnimmt. Man kann sich das veranschaulichen, wenn man sich zwei gleich grosse Kugeln vorstellt, welche beide je eine im dynamischen Gleichgewicht befindliche Sauerstoff-Einheit repräsentieren, die eine aber mit zwei, die andere mit drei Sauerstoffatomen:

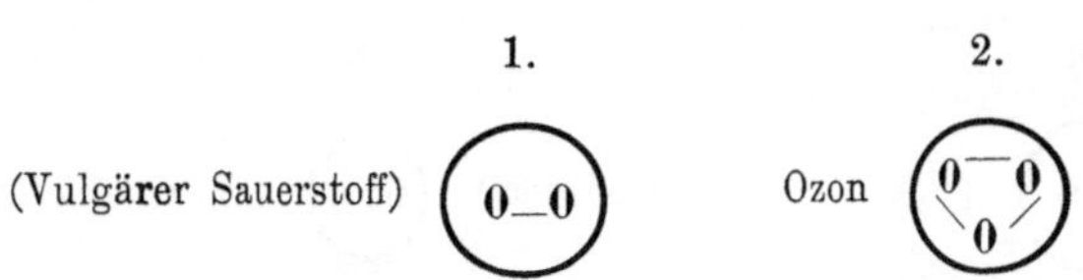

Es ist leicht einzusehen, dass der Sauerstoff in dem Molekül sub 1 unter kleinerem Druck steht wie der Sauerstoff sub 2, was zur Folge hat, dass das dreiatomige Molekül neue Verbindungen leichter eingeht wie das zweiatomige Molekül. Ich lege keinen Wert darauf, ob in Wirklichkeit die Unterschiede in den Eigenschaften und Leistungen des vulgären Sauerstoffes und des Ozons durch die hier wiedergegebene Darstellung genügend und richtig erklärt werden. Mir kommt es hier nur darauf an, dass ich in dubio diejenige Interpretation, welche mit der Homogenität der Ozonkomponenten rechnet, vorziehe der einen Wesensunterschied in den hypothetischen Sauerstoffatomen des Ozons voraussetzenden Erklärung. Ich folge da dem alten Grundsatz: „Causas praeter necessitatem non esse multiplicandas“.

Bei der auf das Ozon angewendeten Homogenitäts-Hypothese habe ich es nur mit einer personifizierten „causa“ zu tun. Alle Teile des Ozonmoleküls betätigen sich gleichartig an der toxischen Ozonwirkung. Wer dagegen annimmt, dass das Ozon seine toxische Wirkung einer besonderen toxophoren Gruppe verdankt, muss Wesensunterschiede in dem materiellen Träger der Ozonwirkung voraussetzen. Diese Voraussetzung führt, wie man in dem obigen Beispiel sieht, zu einer „Drei-Einigkeitslehre“.

So hat man ja auch die Gesamt-Phänomene unserer Sinneswelt bald auf eine, bald auf zwei, bald auf drei und noch mehr personifizierte „causae“ zurückgeführt. Die Theologie und die Kirchengeschichte weiss von heissen Kämpfen zu erzählen, in welche die Meinungsverschiedenheit in bezug auf die Zahl und Art der personifizierten Welturachen ganze Völker hineingezogen hat. Auf naturwissenschaftlichem Gebiet, wo wir allen Grund haben, jede Personifikation von Ursachbegriffen skeptisch zu betrachten, können wir ähnliche Meinungsverschiedenheiten viel ruhiger diskutieren!

Das Beispiel vom Sauerstoff ist vielleicht geeignet, uns eine Vorstellung davon zu verschaffen, wie möglicherweise die von mir als Ursache einer partiellen, nicht antitoxischen Entgiftung des Tetanustoxins (Tetanus-Giftabschwächung) vermutete Verlangsamung der Reaktionsgeschwindigkeit zustande kommt, ohne dass materielle Bestandteile von dem Gift abgespalten oder ihm hinzugefügt werden.

Bei Betrachtung der oben gezeichneten Figuren 1. für vulgären oder inaktiven Sauerstoff und 2. für Ozon könnte man immer noch sagen, dass ja tatsächlich die toxische Ozonwirkung verknüpft sei mit dem Hinzutritt eines Sauerstoffatoms, dass also die Ozonisierung doch mit der Addition von Materie zusammenhängt. Aber man kann die Umwandlung von inaktivem Sauerstoff in Ozon auch noch auf andere Weise bildlich darstellen, nämlich so, dass man sich wiederum zwei mit Sauerstoff gefüllte Kugeln denkt, von denen aber beide die gleiche Sauerstoffmasse enthalten. Selbstverständlich wird dann die Ozonkugel um $33\,^1/_3$ pCt. kleiner sein, wie die Sauerstoffkugel:

3.   4.

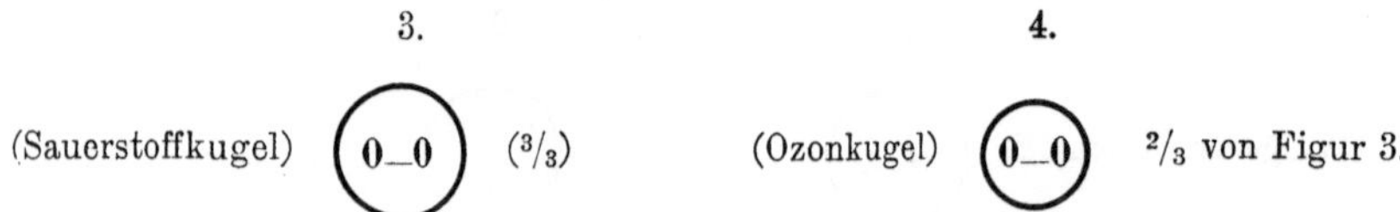

Der Ozonsauerstoff, welcher sich unter stärkerem Druck im dynamischen Gleichgewicht befindet und diesem Umstande, wie wir annehmen wollen, seine Giftigkeit und seine übrigen Sondereigenschaften verdankt, wird toxisch abgeschwächt, wenn er in den stabileren Zustand übergeführt wird, in welchem wir ihn gewöhnlich kennen. Dieser ungiftige Zustand unterscheidet sich von dem giftigen durch die geringere Reaktionsgeschwindigkeit, mit welcher der Sauerstoff in neue chemische Verbindungen eintritt.[1])

Wie nun der inaktive Sauerstoff als abgeschwächt-allotroper Zustand des Ozonsauerstoffs betrachtet werden kann, so ist vielleicht auch ein abgeschwächtes Tetanusgiftmolekü nichts weiter als ein bei der Bluttemperatur tetanusgiftempfindlicher Tiere beständigerer und deswegen langsamer seine Energie abgebender, allotroper Zustand des genuinen Tetanusgiftmoleküls.

Wer mit mir den theoretischen Betrachtungen, betreffend das Wesen der Abschwächung des Tetanusgiftes, diese energetische Hypothese zu grunde legt, der kann unmöglich die Abschwächungsphänomene auf den Verlust einer für sich existierenden toxophoren Gruppe zurückführen, womit gleichzeitig gesagt ist, dass ich meine eigene Auffassung vom tetanischen Vergiftungs- und Entgiftungsprozess nicht in Ehrlich'scher Terminologie wiedergeben kann.

Um noch weiter in dem Gleichnis von der Sauerstoff-Allotropie zu bleiben, wonach der toxisch abgeschwächte Sauerstoff ein grösseres Molekül besitzt, wie der aktive, so können wir uns denken, dass auch das Giftmolekül mit dem Verlust seiner toxischen Energie einerseits ein grösseres Molekül und andererseits eine grössere Stabilität bekommt; und diese Hypothese entspricht durchaus vielen experimentell bewiesenen Tatsachen. Ich erinnere da namentlich an die Tatsache, dass abge-

---

[1]) Ueber die Bildungsweise und über die Eigenschaften des Ozons sind von den Herren Richarz und Rudolf Schenck in Marburg Untersuchungen angestellt worden, deren Ergebnisse mir von allergrösster Bedeutung zu sein scheinen.

Richarz und Schenck haben nachgewiesen (durch das Dampfstrahlphänomen, durch die Leitfähigkeit usw.), dass bei der Bildung des Ozons und bei seinem Zerfall Sauerstoffionen auftreten, welche (wie früher schon Goldstein gezeigt hatte) als $\overset{+}{O}$- und $\overline{O}$-Ionen fungieren können, von welchen aber die letzteren eine grössere Stabilität besitzen. Ozon, welches einige Zeit aufbewahrt ist, hat dagegen keine freien Ionen, also auch keine Leitfähigkeit. Die Ozon-Formel wäre $\left(O_2(O\overline{E})\overset{+}{E}\right)$. Beim Zerfall des Ozonmoleküls wird Wärme abgegeben. Es verhält sich wie die schon bekannten radioaktiven Substanzen; es lassen sich an ihm auch Fluoreszenz-Phänomene nachweisen und man darf vielleicht die katalytischen Ozonwirkungen auf Emanationen zurückführen, wie sie Ramsay vom Radium geschildert hat. Wenn die hier nach einer mündlichen Mitteilung der Herren Richarz und Schenck wiedergegebene Vorstellung von der Konstitution des Ozonmoleküls, wie ich nicht bezweifle, sich bewähren sollte, dann würde zwar bei der Ozonentstehung und bei der Ozonzersetzung eines von den drei hypothetischen Sauerstoffatomen sich von den beiden anderen unterscheiden müssen; das fertige Ozonmolekül könnte aber trotzdem homogen sein, da ja $\overset{+}{E}$ und $\overline{E}$ sich schliesslich neutralisieren müssen.

Für meine Vorstellung von einer intramolekularen Druckdifferenz im O_2 und O_3 kann ich übrigens folgendes Zitat aus Ostwald (l. c. S. 82) anführen: „Wenn man reinen Sauerstoff dem Einfluss elektrischer Schwingungen aussetzt, so verändert er seinen Raum, indem er sich zusammenzieht."

schwächte Gifte zur isopathischen Immunitätserzeugung besser geeignet sind wie die genuinen Giftkörper. Diese Tatsache bringe ich in Zusammenhang mit der verringerten Schnelligkeit der Energieabgabe, welche verschiedene Ursachen haben kann. Einmal kann sie die unmittelbare Folge sein der von mir supponierten Allotropie und dann kann sie auch mit der verringerten Diffusionsgeschwindigkeit, die ihrerseits wiederum die Folge der Molekülvergrösserung ist, zusammenhängen. Wir wissen, dass man die Verbesserung der immunisierenden Leistungsfähigkeit auch erreichen kann, wenn man auf andere Art die Diffusionsfähigkeit vermindert, so z. B. durch Ueberziehen des in feste Form gebrachten Giftes mit einem Kollodiumhäutchen, nach der Methode von Roux. Der verringerten Diffusionsgeschwindigkeit entspricht eine Verminderung der Resorption einer gegebenen Giftdosis in der Zeiteinheit, und die können wir auch erreichen, wenn wir eine gegebene Giftmenge refracta dosi verabreichen. Die Pferdeimmunisierung zum Zweck der Heilserumgewinnung erfolgt in der Tat jetzt allgemein so, dass die noch unschädliche Anfangsdosis von Gift in vielen Bruchteilen gegeben wird.

Die partielle Entgiftung, welche Giftabschwächung genannt wird, äussert ihren Charakter als modifizierte Abgabe von toxischer Energie in einer sehr merkwürdigen Gifteigenschaft, welche ich im Tetanuskapitel bei der Unterscheidung des direkten und indirekten Giftwertes genauer besprechen werde. Das Wesentliche dieser Eigenschaft besteht darin, dass z. B. das Tetanusgift, wenn wir mit ihm Vergiftungsversuche vornehmen, im Laufe der Zeit oder durch willkürliche Beeinflussung mit physikalischen und chemischen Agentien seine krankmachende Energie eingebüsst haben kann ohne Verlust derjenigen spezifischen Energie, welche im antitoxinbindenden Giftwert zum Ausdruck kommt. Diesen letzteren nenne ich den indirekten Giftwert. Die Wichtigkeit und Bedeutung des Unterschiedes zwischen direktem und indirektem Giftwert ist in diesem Buche mehrfach betont worden. An dieser Stelle soll nur darauf aufmerksam gemacht werden, dass die antitoxische Entgiftung insofern von ganz anderer Art ist, wie diejenige Entgiftung, welche meinem Giftabschwächungsbegriff entspricht, als sie bei genügendem Antitoxinzusatz die Spezifizität des Giftmoleküls vollkommen aufhebt. Wenn auch sie mit einer Molekülvergrösserung einhergeht, worauf der oben erwähnte Filtrationsversnch von Martin und Cherry hindeutet, dann handelt es sich nicht um eine Allotropie, sondern um die Kombination von zwei verschiedenen Molekülen. Aber wir haben bei der antitoxischen Entgiftung noch an einen anderen Entgiftungsmodus, den fermentativen, zu denken. Die fermentative Entgiftung zerstört das Giftmolekül, verkleinert es also, und beraubt es gänzlich derjenigen Giftigkeit, die ihm ursprünglich zukam, wobei nicht ausgeschlossen ist, dass die Bruchstücke ihrerseits giftig sind, nur dass dann diese Giftigkeit mit der ursprünglichen nichts zu tun hat. Im Anaphylaxiekapitel habe ich unter den Namen „Apotoxin und apotoxische Giftigkeit“ die Toxizität der Bruchstücke beschrieben, die aus dem Proteinzerfall hervorgehen. Da nun die Substrate der Toxinwirkung des Diphtheriegiftes, des Tetanusgiftes und anderer infektiöser Gifte gleichfalls Proteinkörper sind, so ist anzunehmen, dass auch sie unter Apotoxinbildung fermentativ zerstört werden können, und es entsteht so die Frage, ob wir vielleicht bei der antitoxischen Entgiftung es tatsächlich mit einer Giftzerstörung zu tun haben. Diese Frage ist zur Zeit noch nicht spruchreif; ich glaube aber, dass sie später einmal in bejahendem Sinne beantwortet werden wird; wahrscheinlich aber so, dass der Entgiftungsprozess dabei in zwei Phasen verläuft, wovon die eine in der Bildung einer Toxin-Antitoxinverbindung, die andere in dem fermentativen Abbau dieser Verbindung unter Mitwirkung eines Komplements besteht. Die hypothetische Toxin-Antitoxinverbindung ist nach meiner Annahme ungiftig, jedoch reversibel, so dass die von Morgenroth (1904)[1]), Otto und Sachs (1906)[2]), Morgenroth und Willanen[3]) u. a. berichtete Dissoziierung speziell des Diphtheriegiftes aus seiner Antitoxinverbindung noch im Bereiche der Möglichkeit liegt. Auch die Uebersättigung bei der Mischung von Antitoxin und Toxin in vitro, welche von mir, von Knorr, von Philipp Eisenberg (1903)[4]) u. a. untersucht worden ist, bietet dem Verständnis bei der Annahme einer vorübergehenden Reversibilität der Toxin-Antitoxinverbindung keine Schwierigkeiten. Ich werde darauf im Tetanuskapitel zurückkommen.

Wenn der fermentative Abbau der Toxine bzw. der Toxin-Antitoxinverbindung in vivo noch als zu lösendes Problem angesehen werden muss, so ist er durch die Serumanaphylaxie-Studien für das antitoxische Serum schon einwandfrei bewiesen; und wir wissen, wie schon erwähnt, dass unter den Bruchstücken des fermentativen Antitoxinabbaues ein apotoxisches Gift sich befindet, welches wir als die Ursache der im vorigen Kapitel beschriebenen Serumkrankheit anzusehen haben. Dadurch gewinnt die Apotoxinentgiftung ein hervorragendes praktisches Interesse.

In vitro gelingt sie auf sehr verschiedene Art. Ich erinnere daran, dass der Luftsauerstoff schon bei Zimmertemperatur das Apotoxin stark abschwächt, wahrscheinlich infolge von Autooxydation; ferner an die fermentative Entgiftung, welche ohne unser Zutun sich vollzieht, wenn wir den durch die Alexinwirkung eingeleiteten Zersetzungsprozess nicht zu geeigneter Zeit unterbrechen. Auch derjenige Entgiftungsmodus, welchen ich gelegentlich der Besprechung der Adsorption kolloidal gelöster Körper besprochen habe, ist für das Apotoxin schon demonstriert worden. Speziell für die Knochenkohle hat Friedberger mit Jerusalem 1910 (Bd. 7 der Zeitschr. f. Immunitätsforschung) eine apotoxinadsorbierende Kraft nachgewiesen. Ritz und Sachs (Berl. klin. Wochenschrift. 1911. Nr. 22) haben dann das Kaolin in dieser Beziehung genauer untersucht und gefunden, dass das aus einer Prodigiosuskultur

---

1) J. Morgenroth, Untersuchungen über die Bindung von Diphtherietoxin und Antitoxin, zugleich ein Beitrag zur Konstitution des Diphtheriegiftes. Zeitschr. f. Hyg. Bd. 48.

2) R. Otto und H. Sachs, Ueber Dissoziationserscheinungen bei der Toxin-Antitoxinverbindung. Zeitschr. f. exper. Pathologie u. Therapie.

3) J. Morgenroth und K. Willanen, Ueber die Wiedergewinnung des Diphtherietoxins aus seiner Verbindung mit dem Antitoxin. Virch. Arch. f. path. Anat. u. Phys. u. f. klin. Med. Bd. 190.

4) Ph. Eisenberg, Ueber die Bindungsverhältnisse zwischen Toxin und Antitoxin. Zentralbl. f. Bakt., Parasitenkunde und Infektionskr. I. Abt. Bd. 34. Nr. 3.

gewonnene und in **4** ml Flüssigkeit gelöste Apotoxin, welches Kontroll-
meerschweinchen mit Sicherheit tötet, aus der Lösung durch ihre Behandlung mit 0,5 g Kaolin nach $1^1/_2$ Stunden entfernt wird. Dieselben
Autoren zeigten ferner, dass ähnlich wie durch Kaolin auch durch
Mikroorganismen (u. a. Vibrio Metschnicovi) das Apotoxin fixiert wird.
Ich selbst habe Adsorptionsversuche mit Lipoiden (Lezithin, Cholesterin,
Myelin) angestellt, welche dadurch eine grössere Wichtigkeit gewinnen,
weil die Lipoidbehandlung auch in vivo antiapotoxisch wirksam gemacht
werden kann [1]).

Anderweitig empfohlene apotoxintherapeutische Methoden, welche
ich im Anaphylaxiekapitel erwähnt habe (Narkose, protrahierte Infektionsmethode usw.), sind nicht eigentlich gegen das Apotoxin, sondern gegen
das apotoxogene Anatoxin (Apotoxin lieferndes Serum) gerichtet.
Durch beschleunigte Eliminierung des aus ihm gebildeten Apotoxins
mittels Aderlass, diuretischer und abführender Mittel kann gleichfalls die
anatoxische Vergiftung mit einigem Erfolg bekämpft werden.

In vitro wird bei der im Diphtheriekapitel erwähnten Heilserumreinigung, auf welche ich im folgenden Kapitel noch zurückkomme,
ein antianatoxischer Effekt erreicht.

---

[1]) Meine diesbezüglichen Versuchsergebnisse werden an anderer Stelle ausführlich mitgeteilt werden.

Achtes Kapitel

Antitoxische Tetanustherapie.

Erster Abschnitt.

Tetanusvirus und Tetanusgift.

Der in der Regel sehr leicht zu diagnostizierende infektiöse Tetanus des Menschen ist zurückzuführen auf die Giftwirkung eines Bazillus, welcher nach seinen Wachstumsbedingungen, seinem Aussehen im mikroskopischen Bilde und seiner mit der Bildung ganz eigentümlicher Riechstoffe einhergehenden Nährbodenzersetzung genügend gekennzeichnet ist. Dieser Bazillus, der zuerst von Nicolaier gesehene und künstlich gezüchtete Tetanusbazillus, bildet ausserordentlich widerstandsfähige Sporen, die häufig in Kulturen am Ende eines dünnen Stäbchens wie eine kugelige Auftreibung hervortreten, so dass man an das Bild einer am Strohhalm hängenden Seifenblase erinnert wird. Das Missverhältnis zwischen Sporendurchmesser und Stäbchendicke kann auch weniger stark ausgesprochen sein, und man findet dann Stecknadel- oder Trommelschlägerformen; gelegentlich sieht man auch Uhrschlüsselformen, wenn nämlich die Sporenanlage nicht endständig, sondern mittelständig zu sein scheint. Ich sage absichtlich „zu sein scheint", weil in Wirklichkeit die Sporen immer endständig sind und als mittelständig nur vorgetäuscht werden durch Hinzufügung eines zweiten Stäbchens zu dem freien Pol der Spore. Der mit beginnender Sporenbildung immer dünner werdende Protoplast kann übrigens vollkommen verschwinden, und wir bekommen dann die Sporen als freiliegende runde Körper.

Die Tetanusbazillen sind schon bei Temperaturen, die nur wenig über 15° hinausgehen, entwicklungsfähig, wenn ihnen bei Ausschluss von freiem Sauerstoff Zerfallsprodukte organischer Substanzen als Nährstoffe zur Verfügung stehen. Ueberall, wo stinkende Fäulnis besteht, wo in der Natur die Entstehung von Schwefelwasserstoff, Ammoniak, salpetriger Säure und anderen sauerstoffarmen Körpern das Vorwalten von Reduktionsprozessen anzeigt, z. B. auf Düngerstätten, in der Gartenerde, in den unteren Darmpartien der Säugetiere, kann man das Tetanusvirus vergesellschaftet mit vielen anderen anaëroben, aber auch aëroben Bakterien nachweisen, wenn das zu untersuchende Material in nicht zu kleiner Menge Meerschweinen unter die Haut gebracht wird. Um in möglichst einfacher Versuchsanordnung aus dem unter der Haut auf diese Weise tetanisch gemachter Meerschweine verbleibenden Bakteriengemisch die Tetanusbazillen in Reinkultur zu erhalten, habe ich in vielen Fällen die nachträgliche Uebertragung auf Mäuse durch intraperitoneale Injektion bewährt gefunden.

Die Tetanusbazillen und ihre Dauerformen sind zu saprophytischer

Existenz befähigt und sehr verbreitet in der Nähe menschlicher Wohn-stätten, so dass die Gelegenheit zur epidemiologischen Tetanusinfektion reichlich genug vorhanden ist.

In künstlichen Nährböden sind die Tetanusbazillen leicht zu züchten, wenn man nur dafür sorgt, dass der freie Sauerstoff irgendwie beseitigt wird. Ganz besonders gut gedeihen sie in der gewöhnlichen Nähr-gelatine, wenn diese hochgeschichtet wird. In Fleischpeptonbouillon kann man die Tetanusbazillen auch ohne Sauerstoffaustreibung zu üppigem Wachstum bringen, wenn gleichzeitig andere Bakterien, z. B. die gewöhn-lichen Heubazillen, mitgeimpft, oder wenn sie in ölüberschichtete, noch warme Bouillon reichlich übergeimpft werden.

Es ist sehr bemerkenswert, dass die Infektiosität und die Giftpro-duktion des Tetanusvirus in verunreinigten Kulturen eher eine Zunahme als eine Abnahme erfährt. Bei vergleichenden Untersuchungen in meinem Marburger Institut sind die stärksten Tetanusgifte gerade aus Misch-kulturen gewonnen worden.

Bouillonkulturen des Tetanusbazillus sind während der ersten Tage des Wachstums durchweg getrübt, werden später aber klar, und die Bazillenmasse setzt sich am Boden ab. Ich bewahre für Immunisierungs-zwecke die von 8—10 Tage alten Kulturen abfiltrierte Flüssigkeit unter Toluol oder mit 0,5 pCt. Karbolzusatz auf und benutze zur Giftwert-bestimmung und für die Antitoxinerzeugung mit Vorliebe Toluol-Bouillon-filtrate.

Die Giftwertermittelung erfolgt in meinem Marburger Institut für den praktischen Gebrauch, d. h. zur antitoxinerzeugenden Behandlung von Pferden, durch Feststellung des antitoxinneutralisierenden Wertes, welchen ich den indirekten Giftwert nenne.

Der direkte Giftwert wird folgendermassen bestimmt:

Das aus Bouillonkulturen der Tetanusbazillen zu gewinnende Gift wird in seiner Stärke an Mäusen so ausgewertet, dass man zunächst die kleinste krankmachende Dosis durch subkutane Injektion von jedesmal 0,25 ml, in mehr oder weniger starker Verdünnung auf 10 g Mäuse-gewicht ermittelt.

Die krankmachende Wirkung, welche ich durch das Zeichen "—" zum Ausdruck bringe, ist beim Tetanusgift äusserst charakteristisch, wie Sie an diesen Mäusen erkennen können. Sie äussert sich in einer streng lokalisierten Kontraktur derjenigen Muskelpartien, in deren Nähe das Gift eingespritzt worden ist. Da ich stets auf der rechten Bauchseite, nach dem Hinterschenkel zu einspritzen lasse (sk. r. h.), so müssen Sie Ihre Aufmerksamkeit auf das rechte Hinterbein der Maus, wenn sie sich in Bewegung setzt, und dann auf die rechtsseitige Bauchmuskulatur und die Rückenkurvatur bei der hochgehobenen Maus richten. Die tetanisch erkrankte Maus macht mit dem rechten, nach hinten ausgestreckten Bein ruderförmige Bewegungen und wenn man sie bei der Nackenhaut fasst, in die Höhe hebt und ruhig hängen lässt, so sieht man, wie die Bauch-muskelkontratur eine Ausbuchtung des Körpers mit der Konkavität nach der rechten Seite und Hautfaltenbildung nach dem rechten Hinterschenkel zu bewirkt. Auch ohne jede tetanische Erkrankung der rechten Hinter-extremität ermöglicht eine leise Andeutung der Hautfaltenbildung dem erfahrenen Blick die Wahrscheinlichkeitsdiagnose auf beginnende Erkrankung, welche in meinen Protokollen durch ''?'' bezeichnet wird. Bleibt es bei dieser Andeutung von Bauchmuskelkontraktur, dann wird das Endergebnis der Beobachtung mit ''Lo'' in meinen Versuchsprotokollen vermerkt. Schreitet die Erkrankung bis zu unverkennbarer, aber nach ein bis zehn Tagen vorübergehender Kontraktur, welche schliesslich auch die Beinmuskulatur ergreift, vor, so schreibe ich ''L''. ''L-'' (Viertelstrich), ''L_'' (Halbstrich), ''L__'' (Ganzstrich), je nach dem Grade und der Dauer des lokalisiert bleibenden Tetanus. Der allgemeine Gesundheitszustand, das Körpergewicht und die Lebhaftigkeit der Bewegungen werden bei den Tetanusgraden bis L— nicht sehr merklich berührt. Stark ausgeprägter, über weitere Muskelpartien ausgedehnter, bis zu mehreren Wochen andauernder, aber das Allgemeinbefinden nur wenig beeinträchtigender Tetanus bekommt das Zeichen L=, mit den Abstufungen ''L.—'', ''L=—'' und ''L==''. Beim Fortschreiten bis zu allgemeinem Muskeltetanus mit struppigem Aussehen, verklebten Augen und Verbleiben in apathischem Zustand wird ''L==='' geschrieben, und wenn nach ca. $4^{1}/_{2}$ Tagen der Tod an Tetanus erfolgt, so ist der Grenzwert ''L†'' erreicht.

Die Dauer des Inkubationsstadiums bis zum Beginn der eben bemerkbaren tetanischen Symptome ist um so länger, je leichter der Vergiftungsgrad ist. Für L. bis L—Werte kann es 2 bis 3 Tage, in manchen Fällen noch länger dauern. Bei dieser Gelegenheit möchte ich einschalten, dass ceteris paribus das Inkubationsstadium um so länger dauert, je grösser das tetanisch vergiftete oder infizierte Individuum ist. Bei Pferden beträgt es auch für den L= und L† Wert 9 bis 12 Tage, und Sie wissen, dass auch spontan heilbare Tetanusfälle beim Menschen, die etwa L= nach meiner Ausdrucksweise erreichen, durchschnittlich erst 10 bis 14 Tage nach der Infektion tetanisch werden. Dieses Verhalten hängt, abgesehen von der im zweiten Kapitel besprochenen Ausbildung eines allergetischen Zustandes, zusammen mit der Tatsache, dass das Tetanusgift zu den Ganglienzellen der Vorderhörner des Rückenmarks auf dem Wege der Nervenbahnen in ähnlicher Weise gelangt, wie eine Pflanzenährlösung oder eine Farbstofflösung von den Wurzeln zum Stamm und dann zu den Aesten, Zweigen und Blättern durch Endosmose fortwandert. Je länger der Weg, um so länger ist auch die Zeitdauer für die Stoffwanderung. Daher kommt es, dass das Inkubationsstadium für Mäuse, Meerschweinchen, Kaninchen, Schafe, Menschen, Pferde gradatim mit der Länge der Nervenbahnen immer länger dauert, und damit hängt es auch zusammen, dass Kopfverletzungen, nach welchen das Gift bis zu den Nervenzentren eine kürzere Weglänge zurückzulegen hat, bei im übrigen gleichen Verhältnissen, schneller zum Tetanus führen, wie Verletzungen an den peripherischen Teilen der Extremitäten. Endlich erklärt sich daraus auch das frühzeitige Auftreten von Kinnbackentetanus usw. Die kürzere Inkubationsdauer nach starken Vergiftungen ist gleichfalls leicht verständlich, wenn man sich daran erinnert, dass konzentriertere Giftlösungen auf endosmotischem Wege an ihrem Angriffspunkt eher den Schwellenwert erreichen müssen, wie verdünnte.

Meine gut ausgereiften Tetanuskulturen liefern nach Entfernung der Bazillen und Sporen eine Giftlösung, welche durchschnittlich so stark ist, dass $\frac{1}{100000}$ ml eine Maus von 10 g Gewicht nach ca. $4\frac{1}{2}$ Tagen tötet, und dass die Dosis von $\frac{1}{500000}$ ml eine ebenso schwere Maus eben noch deutlich krank macht, also den L—Wert erreichen lässt.

Wenn ich nun die Maus als Individuum mit den deutschen Buchstaben $\mathfrak{Ms}$, 1 g Lebendmäusegewicht als 1 Ms (mit lateinischen Buchstaben), die für 1 Ms tödliche Minimaldosis als $1 + \overset{\dagger}{\text{Ms}}$, und die für

1 Ms eben noch sicher krankmachende Dosis als $1 + \underline{\text{Ms}}$ bezeichne; und wenn ich ferner das Gewicht der Maus durch eine Zahl hoch oben, neben $\mathfrak{Ms}$ ausdrücke, so bekommen die oben mitgeteilten Daten in meinen Protokollen folgende Gestalt:

1.

$\mathfrak{Ms}^{10}$ | 2. I. 11, 2 Uhr Nm. | Tet BC-F $^{30.\ XII.\ 10}$. Davon 0,25 ml sk. r. h. $\frac{}{400000}$

1 ml geprüft auf $1000000 + \text{Ms} = \text{L}\ \dagger$

3. I. 11	. . . .
4. I. 11	. . . .
5. I. 11	. . . .
6. I. 11	. . . .

$\dagger$ 7 Uhr Nm.
($\dagger$ nach 101^{h}).

2.

$\mathfrak{Ms}^{12}$ | 2. I. 11, 2 Uhr Nm. | Tet BC-F $^{30.\ XII.\ 10}$. Davon 0,3 ml. sk. r. h. 2000000

1 ml geprüft auf $5000000 + \text{Ms} = \text{L}-$

3. I. 11	. . . .	0
4. I. 11	. . . .	÷
5. I. 11	. . . .	—
6. I. 11	. . . .	—
7. I. 11	. . . .	—
8. I. 11	. . . .	—
9. I. 11	. . . .	.
10. I. 11	. . . .	0

Danach hatte das Tetanusbouillonkulturfiltrat vom 30. Dez. 1910 in 1 ml 1 Million $+$ Ms und 5 Millionen $+ \underline{\text{Ms}}$. Bei der Prüfung auf 6 Millionen $+ \overset{\dagger}{\text{Ms}}$ bekam ich den Lo bzw. L?-Wert.

Die (Gross) $+$ Ms-Werte bezeichne ich als direkte Giftwerte im Gegensatz zu den indirekten (Klein) $+$ ms-Werten, welche gefunden werden, wenn man die antitoxinneutralisierende Energie des Tetanusgiftes gegenüber einem von Geheimrat Ehrlich in Frankfurt staatlich geprüften Tetanusantitoxin feststellt, z. B. an dem Tet. H. S. 75, welches nach Ehrlich in 1 ml 7 Antitoxineinheiten (A. E.) enthält, also Tet. A N^7 ist.

Die antitoxinneutralisierende Energie eines Tetanusgiftes erfolgt nach der Formel:

$$\begin{cases} \frac{1}{1000}\ \text{A. E.} \left(= \dfrac{0{,}1\ \text{ml Tet. H. S. 75}}{700} \right. = \text{Lo, L}- \text{ usw.} \\ ?\ \text{Tet. G.} \end{cases}$$

Für das Gift in den Versuchen Nr. 1 und 2 bekam ich folgende Ergebnisse bei indirekter Prüfung:

3.

$\mathfrak{M}\mathfrak{s}^{12}$	3. I. 11 4 Uhr Nm.	1/1000 A. E. 0,04 ml Tet BC-F 30. XII. 10 } in 1 ml. Davon

0,3 ml sk. r. h.

1 ml geprüft auf 1 000 000 + ms = Lo

	4. I. 11	. . . .	0
	5. I. 11	. . . .	0
	6. I. 11	. . . .	0
	7. I. 11	. . . .	?
	8. I. 11	. . . .	0

4.

$\mathfrak{M}\mathfrak{s}^{16}$	3. I. 11 4 Uhr Nm.	1/1000 A. E. 0,05 ml Tet BC-F 30. XII. 10 } in 1 ml. Davon

0,4 ml sk. r. h.

1 ml geprüft auf 800 000 + ms = L †

	4. I. 11	. . . .	0
	5. I. 11	. . . .	—
	6. I. 11	. . . .	=
	7. I. 11	. . . .	≡
	8. I. 11	. . . .	† gefunden (nach ca. $4^1/_2$ Tagen).

Das Zeichen "1 + ms" bedeutet eine **kleine** indirekte Gifteinheit ebenso wie 1 + Ms eine **kleine** direkte Gifteinheit. $^1/_{1000}$ A. E. neutralisiert 0,04 ml von unserer Giftlösung bis ·zu Lo. 0,04 ml von Tet. BCF vom 30. XII. 10 enthalten nun aber, wie wir aus Versuch 1 berechnen können, 0,04 mal 1 000 000 = 40 000 + Ms.

Als ich vor fast 20 Jahren zuerst mit frischen Tetanusgiften meine Antitoxinpräparate einstellte, bezeichnete ich diejenige Antitoxindosis, welche 1 + Ms bis zu Lo neutralisiert, als 1 — Ms. Später ging ich bei der Antitoxinbewertung nicht von dem labilen Gift, sondern von einem stabilen Antitoxin aus, welches ich Normalantitoxin nannte. Von diesem neutralisierte 1 ml 40 000 000 + Ms. Dieses Normalantitoxin, welches 40 Millionen — Ms in 1 ml enthielt, wurde zur Bewertung **neuer** Tetanusheilsera in der Weise gebraucht, dass zunächst mit ihm ein stabiles Tetanus-**Testgift** titriert worden ist. Dabei ergab sich, dass die mäusetötende und die antitoxinneutralisierende Energie in ganz verschiedenem Maasse sich abschwächten. Demzufolge musste ich für den antitoxinneutralisierenden oder indirekten Giftwert ein neues Zeichen schaffen, und dieses neue Zeichen für eine kleine Gifteinheit, welche 1 — Ms von meinem Normalantitoxin zu Lo neutralisiert, ist eben "1 + ms". Ich besitze Testgifte, welche in 1 ml blos noch 4000 + Ms aber 800 000 + ms enthalten.

Neutralisiert 1 ml Testgiftlösung bei der oben angegebenen Versuchsanordnung 40 Millionen — Ms (= 1 A. E.), so enthält es 1 G. E. (Gift-Einheit) in 1 ml, ist Tet. TN[1] und enthält 40 Millionen + ms. Wenn nun in Versuch Nr. 3 Tet. A.N$^1/_{1000}$ mit 0,04 ml Tet. BCF. vom 30. XII. 10

im 1 ml Flüssigkeit gemischt würde, so sollte durch diesen Versuch festgestellt werden, ob 0,04 ml Gift mehr oder weniger vollständig durch $^1/_{1000}$ A. E. für Mäuse unschädlich gemacht werden, falls auf 10 Ms 0,25 ml von der 1 ml betragenden Mischflüssigkeit gegeben werden. 0,04 ml Gift werden dabei auf antitoxinneutralisierende Kraft gegenüber 40000 — Ms = $^1/_{1000}$ A. E. und 1 ml Gift demgemäss auf

$$\frac{40000}{0,04} = 1000000 + \text{ms geprüft.}$$

Besitzt man nun ein gut haltbares Testgift, so ist die Antitoxinbestimmung in einem Heilserum sehr einfach. Gegenwärtig benutze ich das Testgift 6, welches auch beim Transport auf weite Strecken in flüssiger Form sich als relativ haltbar erwiesen hat. Dieses Gift bewahre ich mit mehreren konservierenden Zusätzen seit ca. 11 Jahren auf.

Seit 15 Monaten, vom Dezember 1910 bis März 1912, ist sein antitoxinneutralisierender Wert von mir genau verfolgt worden und hat dabei Zahlenverhältnisse ergeben, welche aus nachfolgender Tabelle erkannt werden können.

Tabelle zur Beurteilung des antitoxinneutralisierenden Wertes von Testgift Nr. 6 während einer 15 Monate langen Beobachtungsdauer.

Im Dez. 1910 gaben 0,06 ml vom Testgift Nr. 6 mit $^1/_{1000}$ A. E. L† : 1 ml = 670000 + ms
„ März 1911 „ 0,066 „ „ „ „ : 1 „ = 600000 + ms
„ Juni 1911 „ 0,08 „ „ „ „ : 1 „ = 500000 + ms
„ Septb. 1911 „ 0,1 „ „ „ „ : 1 „ = 400000 + ms
„ Dez. 1911 „ 0,12 „ „ „ „ : 1 „ = 333333 + ms
„ März 1912 „ 0,133 „ „ „ „ : 1 „ = 300000 + ms

Aus dem Anstieg der Prüfungsdosis vom Testgift Nr. 6 für $^1/_{1000}$ A. E. von 0,06 auf 0,130 ml lässt sich entnehmen, dass im Laufe von 15 Monaten eine Abnahme des indirekten Giftwertes um ca. 120 pCt., für jeden Monat also um 8 pCt., stattgefunden hat.

Der direkte Giftwert ist in dem Zeitraum von 15 Monaten von 136000 + Ms auf 7500 + Ms gefallen, also um 1800 pCt., demnach monatlich im Durchschnitt um mehr als 100 pCt. Dazu ist jedoch zu bemerken, dass mit steigender Abnahme des direkten Giftwertes seine weitere Verkleinerung in immer langsamerem Tempo vor sich geht. In den drei Monaten vom Dezember 1911 bis März 1912 fiel er im Monat durchschnittlich nur noch um 10 pCt. (von 9000 auf 6000 + Ms).

Zweiter Abschnitt.

Bemerkungen zur Bestimmung des direkten, indirekten und immunisatorischen Giftwertes.

Es ist sehr bemerkenswert, dass individuelle Unterschiede in der Tetanusgiftempfindlichkeit weisser Mäuse nur insoweit beobachtet werden, als mit dem Körpergewicht in geradem Verhältnis die krankmachende und tödliche Dosis steigt. Auf 1 g Mäusegewicht (= 1 Ms) berechnet, habe ich bei normalen Mäusen die giftige Dosis aller Tetanusgifte gleich gross gefunden. Um zu diesem Versuchsergebnis zu kommen, muss man freilich eine grosse Reihe von Fehlerquellen ausscheiden.

Sehr wichtig ist zunächst die richtige Auswahl der Versuchstiere, die Fütterung und Aufbewahrung und die Wahl der Infektionsstelle für das Gift.

Selbstverständlich darf man keine sichtlich kranken Tiere in den Versuch hineinnehmen. Ebenso sind gravide, geschwulsttragende, sowie alle anderen Individuen auszuschalten, welche von der normalen Blutmenge und der normalen Blutverteilung abweichende Verhältnisse aufweisen.

Die Fütterungsverhältnisse und Fütterungsperioden können einen die Giftempfindlichkeit scheinbar beeinflussenden Faktor deswegen darstellen, weil das Körpergewicht durch den Inhalt des Intestinalapparates und der Blase das eine Mal nur wenig, ein anderes Mal aber beträchtlich vermehrt wird. Wir tragen diesem Faktor dadurch Rechnung, dass alle Mäuse auf gleiche Art gefüttert und auf ihre Giftempfindlichkeit zu derselben Tagesstunde geprüft werden.

Wenig, aber doch merklich wird die Tetanusgiftwirkung durch die Temperatur beeinflusst, bei welcher die Mäuse gehalten werden; stellten wir beispielsweise Mäusegläser mit Tieren, die in ganz gleicher Weise vergiftet waren, einerseits auf den Eisschrank, andererseits auf den Brütschrank, so starben die bei höherer Temperatur gehaltenen Mäuse etwas später, als die anderen, und ich halte es nicht für ausgeschlossen, dass an heissen Tagen der Vergiftungseffekt anders ausfällt als in kalten.[1]

Unsere Mäuse werden an möglichst gleichmässig temperierten und gleich belichteten Orten in mit bleibeschwertem Drahtnetz bedeckten Gläsern aufbewahrt, welche auf dem Boden Haferspreu und ausserdem noch Watte, zum Schutz gegen Abkühlung, enthalten. Gefüttert werden sie mit wassergetränktem Graubrot. Bei dieser Art der Aufbewahrung und Fütterung haben wir die Wahl des Standortes für den Vergiftungseffekt gleichgiltig gefunden, so dass beispielsweise die in meinem Institut und die in der hiesigen Frauenklinik beobachteten Mäuse sich vollkommen gleich empfindlich gegenüber dem Tetanusgift erwiesen haben.

Wichtig ist die Wahl der Injektionsstelle. Es ist durchaus nicht gleichgültig, ob die Prüfungsdosis vom Tetanusgift oder von der Toxin-Antitoxin-Mischung mit einem Giftüberschuss in die vordere oder die hintere Schenkelbeuge, am Rücken oder am Bauch, in lockeres oder straffes subkutanes Gewebe gespritzt wird. Bei Mäusen sind die Unterschiede nicht sehr bedeutend, wohl aber bei grösseren Tieren, z. B. bei Kaninchen, für welche H. Meyer mit O. Loewi in ihrer Arbeit: „Die Tetanusgiftempfindlichkeit und Ueberempfindlichkeit" (Archiv f. experim. Pharm. u. Path., Supplem.-Bd. 1908, S. 355 ff.) den Beweis geliefert haben, dass die Vergiftung nach Injektion unter die Haut des Vorderbeines um ein Mehrfaches von dem Vergiftungsgrad abweichen kann, den man nach Injektion der gleichen Dosis unter die Haut des Hinterschenkels beobachtet.

Für die Tetanusgiftempfindlichkeit der Kaninchen ist auch das Alter von grosser Bedeutung. Das beweisen die Erfahrungen, welche ich an verschiedenen Stellen meiner „Allgemeinen Therapie der Infektionskrankheiten" (im ersten und zweiten Heft meiner „Beiträge

---

1) Dieses Versuchsergebnis ist deswegen besonders bemerkenswert, weil man nach den von H. Meyer mitgeteilten Beobachtungen an poikilothermen Individuen (Fledermäusen) erwarten durfte, dass die „Kältetiere" sich weniger giftempfindlich erweisen würden.

zur experimentellen Therapie", Urban und Schwarzenberg, Wien 1899)
mitgeteilt habe.   U. a. sage ich daselbst S. 1065/66:

„Während in allen Versuchen an Kaninchen über 1500 g Gewicht
1 ml Tetanusgift Nr. 23a nicht mehr als 500 + K enthielt, zeigte 1 ml
desselben Giftes für Kaninchen unter 700 g einen Wert von 1500 + K
und darüber.   Als Beispiele für die grosse Differenz des Giftwertes für
grosse und kleine Kaninchen führe ich die beiden folgenden Versuche an:

57.

Ꙗ 595 Nr. 47	28. VII. 99	3 ml Tet G. Nr. 23a sk. r. h.	
		$\dfrac{10}{\text{Geprüft auf } 2000 + \text{K}}$	
	29. VII. 99	. . . .	0
	30. VII. 99	. . . .	0
	31. VII. 99	. . . .	0
	1. VIII. 99	. . . .	0
	2. VIII. 99	. . . .	—
	3. VIII. 99	. . . .	—
	4. VIII. 99	. . . .	=
	5. VIII. 99	. . . .	=
	6. VIII. 99	. . . .	† (nach ca. 8½ Tagen)

58.

Ꙗ 2610 Nr. 48	28. VII. 99	3,4 ml Tet G. Nr. 23a sk. r. h. Geprüft auf 750 + K	
	29. VII. 99	. . . .	0
	30. VII. 99	. . . .	0
	31. VII. 99	. . . .	0
	1. VIII. 99	. . . .	0
	2. VIII. 99	. . . .	—
	3. VIII. 99	. . . .	=
	4. VIII. 99	. . . .	=
	5. VIII. 99	. . . .	=
	6. VIII. 99	. . . .	=

Nach mehreren Wochen wurde Kaninchen Nr. 48 wieder gesund.
Es erreichte bei der Prüfung auf 750 + K L=— und wir können auf
Grund dieses Versuches sowie später wiederholter Kaninchenversuche
schliessen, dass 1 ml Tet G. 23a höchstens 400 + K enthielt und nach
8—9 Tagen erst infolge einer subkutanen Injektion von mindestens 6 ml
gestorben wäre.   Für 1 kg Lebendkaninchengewicht waren demnach vom
Tetanusgift 23a ca. 2,4 ml die tödliche Minimaldosis, wenn Kaninchen
von ca. 2500 Gewicht geprüft wurden, während bei der Bestimmung
des direkten Giftwertes an Kaninchen von ca. 600 g die tödliche Minimaldosis bloss 0,54 ml von eben demselben Gift am gleichen Tage betrug,
so dass im vorliegenden Fall 1 kg Lebendgewicht von jungen Kaninchen

annähernd 5mal stärker tetanusgiftempfindlich war, wie 1 kg Lebendgewicht von alten Kaninchen."

Wenn nun ähnliche Differenzen in der Giftempfindlichkeit auch bei
den zur Giftwertbestimmung dienenden Mäusen zu beobachten sein
würden, dann müsste streng darauf gehalten werden, dass nur Mäuse
von gleichem Alter und Körpergewicht zu vergleichenden Versuchen benutzt werden. In Wirklichkeit sind aber junge und alte normale Mäuse
in gleichem Grade tetanusgiftempfindlich.

Meerschweinchen von hohem und niedrigem Körpergewicht unterscheiden sich nur wenig in ihrer relativen Giftempfindlichkeit. Aus
meinen Versuchen lässt sich berechnen, dass die extremen Unterschiede
1—2 pCt. kaum übersteigen.

Verschiedene Tierarten haben gegenüber demselben Gift eine sehr
verschiedene Empfindlichkeit. Auf das Körpergewicht berechnet sind
ausgewachsene Kaninchen gegenüber demjenigen Tetanusgift, welches ich
aus meiner alten Kultur gewinne, ca. 150 mal weniger, Tauben 4000 mal
weniger, Meerschweinchen 6 mal mehr und Pferde 12 mal mehr empfind-
lich als Mäuse. $1 + \text{Ms}$ ist danach gleich $\frac{1}{150} + \text{K} + \frac{1}{4000} + \text{T}$,
$6 + \text{M}$ und $12 + \text{Pf}$. Eine von Tizzoni aus Bologna herstammende
und eine später in meinem Institut gezüchtete Tetanuskultur liefern dagegen ein Gift, welches für Kaninchen ebenso giftig ist wie für Mäuse
$(1 + \text{Ms} = 1 + \text{K})$, während im Uebrigen die Giftigkeitsskala unverändert bleibt. Von hohem Interesse ist die Tatsache, dass das Gift
aus meiner alten Kultur die gleiche Giftigkeit für Mäuse und Kaninchen
erlangt, wenn man es vorher den Kaninchenkörper hat passieren lassen.
Im ersten Heft meiner Beiträge habe ich diese Tatsache auf Grund von
vielen Experimenten darauf zurückgeführt, dass die Endothelien der Blutgefässe von Kaninchen zwar mein altes, aber nicht mein neues Tetanusgift fermentativ abschwächen, und ich habe aus blutgefässreichen Organen,
namentlich den Lungen, eine Substanz extrahiert, welche diesen die Gift-
qualität verändernden Einfluss auch in vitro ausübt. Diese Substanz,
wird von mir „Tetanotoxinase" genannt.

Injiziert man das Tetanusgift nicht unter die Haut, sondern in die
Bauchhöhle, in das Blut, in das Gehirn usw., so ändert es, wie ich im
ersten Heft meiner Beiträge mitgeteilt habe, quantitativ seine krankmachende Wirkung. Auch die antitoxinerzeugende Fähigkeit wird durch
den Applikationsort wesentlich beeinflusst.

Vom Intestinalapparat aus kann man eine Tetanusvergiftung nur
ausnahmsweise herbeiführen. Es scheint, als ob dazu eine Läsion der
intestinalen Schleimhäute erforderlich ist. Ransom hat die diesbezüglichen Verhältnisse genauer studiert und im Jahre 1898 sich darüber
folgendermassen geäussert:

„Es ist eine schon bekannte Eigenschaft einiger Bakteriengifte, vom
Magen-Darmkanal aus inaktiv zu sein. Gibier hat dies neuerdings für
das Diphtheriegift und das Tetanusgift auf Grund eigener Versuche bestätigt. Das Choleragift ist gleichfalls in der Regel ohne Wirkung, wenn
man es Meerschweinchen per os beibringt, ebenso das Tuberkulosegift,
das Diphtheriegift und die meisten anderen Infektionsgifte. Als Erklärung
für diesen auffallenden Unterschied zwischen der intensiven Wirkung
dieser Gifte, wenn sie subkutan oder intraperitoneal verabreicht werden,

und ihrer Inaktivität vom Intestinalkanal aus hat man verschiedene Hypothesen aufgestellt; so soll die Säure im Magen oder der Drüsensaft im Darm vernichtend auf die Gifte einwirken. Im Marburger hygienischen Institute wurden nun Versuche angestellt, um zu erfahren, ob vielleicht in der Magen- oder Darmwand eine Substanz vorhanden ist, welche giftbindende Eigenschaften besitzt, doch fielen diese Versuche negativ aus.

Neuerdings haben wir Meerschweinchen Tetanusgift per os und per rectum verabreicht und dann genaue Untersuchungen über das Verbleiben des Giftes angestellt.

Versuch 1. Einem Meerschweinchen von 750 g wurden mittelst Sonde 10 ml einer 5proz. Tetanusgiftlösung in den Magen gebracht mit dem Giftwert von 25 Millionen $+$ Ms, welche Giftmenge der fast 300000fach tödlichen Minimaldosis für $\mathfrak{M}^{750}$ entspricht (gleich ca. 200 Millionen $+$ M.).

Ein Meerschweinchen von 300 g bekam ca. 5 ml von der gleichen Lösung per rectum.

Beide Tiere blieben vollständig gesund und zeigten keine Spur von Tetanus.

Nachdem so erwiesen war, dass man diese enormen Dosen rektal ohne Störung der Gesundheit geben konnte, wollten wir erfahren, wo im Tierkörper am meisten das Tetanusgift nach der intestinalen Einverleibung nachzuweisen ist.

Versuch 2. Ein Meerschweinchen von 400 g Gewicht (= $\mathfrak{M}^{400}$) bekam per os 10 ml einer 5proz. Tetanusgiftlösung, gleich 25 Millionen $+$ Ms (= 200 Millionen $+$ M). Nach 4 Stunden wurde das Tier mit Chloroform getötet. Verschiedene Organteile wurden dann mit der dreimaligen Menge einer physiologischen Kochsalzlösung in der Reibeschale sorgfältig verrieben, und von den so entstandenen Emulsionen bekamen Mäuse subkutan je 0,5 ml = 0,125 g Organsubstanz. Magen, Dünndarm und Dickdarm wurden mit ihrem Inhalt herausgenommen, fein zerschnitten und gleichfalls mit der dreimaligen Menge physiologischer Kochsalzlösung gut verrieben; von der Verreibung bekam dann je eine Maus 0,5 ml subkutan. Von dem Harn, welcher in der Blase vorgefunden wurde, bekam eine Maus 0,5 ml unverdünnt. In der Zeit zwischen der Einführung des Giftes und der Tötung wurde das Meerschwein in einem Glasgefäss gehalten, um den entleerten Kot und den Harn zu sammeln.

Die eingespritzten Mäuse blieben vier Tage lang in Beobachtung. Die Ergebnisse in Bezug auf den Giftgehalt waren folgende: Gehirn nichts, Rückenmark nichts, Muskel nichts, Lunge nichts, Leber nichts, Galle nichts, Milz nichts, Nieren nichts, Nebennieren nichts, Harn (in der Blase vorgefunden) nichts, Magen leichter Tetanus, Dünndarm mässiger Tetanus, Dickdarm Tetanustod nach 3 Tagen, Blutkuchen nichts, Blutserum nichts.

Zwei Stunden nach der Vergiftung hatte das Meerschwein 12—15 ml Exkremente entleert. Davon bekam eine Maus 0,5 ml unverdünnt; sie starb innerhalb 25 Stunden an allgemeinem Tetanus. Die entleerten Exkremente stammten zum grössten Teil aus dem Darmkanal, zum kleineren Teil aus der Harnblase.

Versuch 3. Ein Meerschweinchen von 500 g Gewicht ($\mathfrak{M}^{500}$) bekam

10 ml 5proz. Tetanusgiftlösung = 25 Millionen + Ms per os. Nach zwei Stunden hatte das Tier ca. 15 ml Flüssigkeit mit einigen Stücken festen Kotes entleert. Von der Flüssigkeit, welche mit Kotbestandteilen imprägniert war, bekam eine Maus $^1/_{20}$ ml: in 24 Stunden † Tetanus, eine Maus $^1/_{2000}$ ml: in 3 Tagen † Tetanus, eine Maus $^1/_{50000}$ ml: in 5 Tagen † Tetanus.

Der Rest der entleerten Flüssigkeit wurde mit dem entleerten festen Kot verrieben, davon bekam eine Maus $^1/_{10000}$ ml: in 36 Stunden † Tetanus.

Der Behälter wurde jetzt gereinigt. Es sammelten sich in den nächsten 12 Stunden ca. 40 ml Flüssigkeit und mehrere Stückchen Kot an. Von dem verriebenen Kot und der Flüssigkeit bekam eine Maus $^1/_{20}$ ml, sie machte einen ziemlich starken Tetanus durch und war am achten Tage noch sehr krank.

Angesichts der Tatsache, dass in Versuch 2 der Harn aus der Harnblase völlig ungiftig war, muss man annehmen, dass ein beträchtlicher Teil der entleerten Flüssigkeit aus dem Darmkanal entstammte, zumal sie nicht das Aussehen des Harns hatte, vielmehr dem flüssigen Inhalt des Dickdarms ähnelte.

Die gesamte Giftmenge, welche in dem zwei Stunden nach der Giftzufuhr entleerten Darminhalt nachweisbar war, betrug zirka 15 Millionen + Ms, also drei Fünftel der eingeführten Giftmenge. Diese Zahl ergibt sich aus folgender Berechnung: $^1/_{50000}$ ml = tödliche Minimaldosis für $\mathfrak{M}\mathfrak{s}^{20}$ = 20 + Ms; 1 ml = 20 × 50000 + Ms = 1 Million + Ms, also 15 ml = 15 Millionen + Ms.

Versuch 4. Dieser Versuch sollte den Befund in Versuch 2 kontrollieren, namentlich in bezug auf die Giftigkeit des Inhalts der verschiedenen Abteilungen des Magendarmkanals.

Ein Meerschwein von 540 g Gewicht bekam 25 Millionen + Ms per os. Nach fünf Stunden wurde das Tier mit Chloroform getötet. Magen, Dünndarm und Dickdarm wurden mit ihrem Inhalt gesondert herausgenommen. Jeder Teil wurde dann fein zerschnitten und mit seinem Inhalt und der dreimaligen Menge Kochsalzlösung sorgfältig zerrieben.

Magenverreibung: Maus 0,5 ml, ziemlich schwerer Tetanus, war am zehnten Tage noch krank. Maus 0,005 g, zeigte nur eine Spur Tetanus.

Dünndarmverreibung: Maus 0,5 ml, am fünften Tage †. Tetanus. Maus 0,05 ml, leichter Tetanus.

Dickdarmverreibung: Maus 0,5 ml, am dritten Tage †. Tetanus.

Von dem zum Versuch 1 benutzten Tier wurde am fünften Tage nach der Giftverabreichung Blut entnommen und auf Antitoxingehalt geprüft; das Resultat war negativ.

Als Ergänzung zu dem Bericht ist vielleicht folgendes von Interesse: Es ist bekanntlich nicht immer ganz leicht, Meerschweinchen mit der Sonde eine Flüssigkeit beizubringen, und so passierte es uns, dass bei einem Tiere etwas von der Giftlösung in die Lungen geriet; das Tier starb in zirka acht Stunden an Lungenödem; als wir nun das Blut untersuchten, fanden wir es gifthaltig.

Wir haben das Tetanusgift deswegen für diese Versuche gewählt, weil dieses Gift in ganz kleinen Mengen unzweideutige Symptome auslöst und weil es bekanntlich nach subkutaner Injektion sehr schnell in der

Blutbahn erscheint. Mit Diphtherie-, Cholera- und Tuberkulosegift wäre
die Versuchsanordnung umständlicher und das Resultat weniger beweiskräftig gewesen.

Wir glauben nun durch diese Versuche experimentell festgestellt zu
haben:

1. Das Tetanusgift ist vom intakten Magendarmkanal aus unschädlich, sogar in sehr grossen Dosen.

2. Das Gift wird weder vom Magen noch vom Darm absorbiert,
infolgedessen erscheint weder Gift noch Antitoxin im Blut.

3. Das Gift wird im Magendarmkanal nicht zerstört, sondern fliesst
unverändert durch und wird per anum ausgeschieden."

In manchen Fällen wird zwar der direkte Giftwert ($+$ Ms-Wert)
vermindert, der indirekte ($+$ ms-Wert) aber nicht verkleinert; es tritt,
wie ich mich ausdrücke, eine Giftabschwächung ein, die wohl zu
unterscheiden ist von einer partiellen Giftzerstörung, bei der sowohl
der direkte, wie der indirekte Giftwert eine Einbusse erleidet. Auch in
Ransom's Versuchen über das Schicksal des Tetanusgiftes im Darmkanal ist eine Giftabschwächung nicht auszuschliessen. Manche Gewebe,
Körpersäfte und Sekrete, z. B. die Gehirnsubstanz und Galle, üben
in beträchtlichem Grade einen giftabschwächenden Einfluss aus. In vitro
bewirken atmosphärische Agentien, namentlich in belichtetem Zustand,
ferner der Kontakt mit Palladium, Platin und anderen Metallen, der Zusatz von Jodtrichlorid, Lugol'scher Lösung usw. mehr oder weniger weitgehende Abschwächung von Tetanusgiftlösungen. In Jodtrichloridgiften
fand ich nicht selten $1 + \text{Ms} = 1000 + \text{ms}$, wenn in dem genuinen
Gift $1 + \text{Ms} = 1 + \text{ms}$ gewesen war, also eine 1000fache Abschwächung.

Solche stark abgeschwächte Tetanusgifte sind uns deswegen wertvoll geworden, weil sie zur isopathischen Immunisierung ganz besonders
gut geeignet sind. Zumal zur Herstellung der sogenannten „Grund-
immunität", d. h. zur anfänglichen Immunisierung von solchen Individuen, welche noch kein Antitoxin im Blute haben, sind sie viel besser
befähigt, als die genuinen Gifte mit annähernd gleichem direkten und indirekten Giftwert.

Das Problem der Gewinnung von Tetanusgiften mit erhöhter immuni-
satorischer Leistungsfähigkeit ist neuerdings experimentell geprüft worden
von M. von Eisler und E. Löwenstein. („Ueber Formalinwirkung auf
Tetanustoxin und andere Bakterientoxine." Zentralbl. f. Bakt., Bd. 61,
Heft 3.)

Es heisst daselbst:

„Von dem Bestreben geleitet, eine praktische Schutzimpfungsmethode
gegen den Tetanus zu finden, hat der eine[1]) von uns Versuche unternommen, in denen es ihm gelungen ist, durch Belichtung einer mit
Formalin versetzten Tetanusbouillon das Toxin in einer solchen
Weise zu beeinflussen, dass die giftigen Eigenschaften verschwanden, die
immunisatorischen aber erhalten blieben. Wir wollen hier noch einmal
die wesentlichen Ergebnisse dieser Versuche wiederholen.

---

1) Löwenstein, E., Ueber aktive Schutzimpfung beim Tetanus durch Toxoide.
Zeitschr. f. Hyg. Bd. 62. (1909.)

Im diffusen Tageslicht wurde eine völlige Entgiftung der Tetanusbouillon nur dann beobachtet, wenn diese 1—2 pM. Formalin enthielt; aber auch unter dieser Bedingung nahm die Entgiftung bei einer Flasche, die 200 ml enthielt, geraume Zeit (9 Monate) in Anspruch. Wurden Giftlösungen, die einen Gehalt von 1—2 pM. Formalin besassen, dem Lichte einer $^1/_4$ Amp. Nernstlampe ausgesetzt, so vollzog sich die Entgiftung so rasch, dass nach ca. 14 Tagen selbst 2 ml einer Giftbouillon, von der ursprünglich 0,0003 eine Maus getötet hatten, unschädlich waren. Dieser Unterschied in der Wirkung des diffusen Tageslichtes und des Lichtes der Nernstlampe scheint nicht bloss auf quantitativen Differenzen zu beruhen; denn Versuche, in denen gleiche Quantitäten Toxin unter Farbfiltern aus Glas exponiert wurden, zeigten, dass gerade·den roten Strahlen die Hauptrolle beim Entgiftungsprozess zukommt. Die langwelligen Strahlen sind aber im Spektrum des künstlichen Lichtes reichlicher vertreten als in dem des natürlichen.

Mit auf diese Weise entgifteter Tetanusbouillon wurden Mäuse und Meerschweinchen vorbehandelt. Beide Tierarten zeigten nach der Vorbehandlung eine deutliche Immunität gegen das Tetanusgift; bei den Meerschweinchen war eine solche Immunität viel leichter zu erzeugen als bei den Mäusen. Aber nicht nur gegen das Gift, sondern auch gegen Kulturbouillon waren solche Meerschweinchen resistent. Bezüglich des zeitlichen Auftretens der Immunität wurde festgestellt, dass diese bereits am 10. Tage nachweisbar ist und bis zum 24. Tage steigt. Bemerkt sei noch, dass die Lichtvaccine auch ihr Bindungsvermögen für Antitoxin behalten hatten. Weiter konnte Löwenstein noch zeigen, dass auch die Fähigkeit, Antitoxine zu erzeugen, in dieser „Vaccine" völlig erhalten war.

Wir haben diese Untersuchungen neuerdings aufgenommen und auf breiterer Basis durchgeführt, um über die Art des Entgiftungsvorganges und der durch die Vaccine erzeugten Immunität Aufschluss zu erlangen; ferner wurde ausser dem Tetanusgift auch eine Reihe anderer bakterieller Toxine in diese Untersuchungen einbezogen. Zunächst soll über die beim Tetanusgift gewonnenen Erfahrungen berichtet werden."

Vom Tetanustoxin sagen die Verfasser: „Zur Herstellung der Vaccine benutzten wir Pukallfiltrate aus einer 2proz. Traubenzuckerbouillon, die nach der Impfung 10—14 Tage bebrütet wurde. Die Giftigkeit der Kulturfiltrate schwankte zwischen 0,0001—0,0002 ml für eine weisse Maus von 20 g[1]). Die Bouillon wurde nach der Filtration in den meisten Versuchen mit 1,5 pM. Formalin versetzt. Die formalinisierte Giftbouillon wurde in flache Glasschalen in Mengen von 50—250 ml gebracht und diese dann dem Lichte einer $^1/_4$ Amp. Nernstlampe ausgesetzt. Wir haben dabei besonders auf guten Verschluss der Glasschalen (Abdichtung mit Paraffin) geachtet, weil die Entgiftung durch eine Einengung der Bouillon, wahrscheinlich infolge der höheren Salzkonzentration, behindert werden kann. (Die gefüllten Schalen und die Nernstlampe wurden in eine Holzkiste gestellt, deren obere Oeffnung mit schwarzem Papier bedeckt war.) Die Entfernung des Brenners von den Schalen war ca. 40 ml. Die Belichtungsdauer betrug 2—3 Wochen. Die Tem-

---

1) Nach meiner Berechnung enthielt demnach 1 ml Filtrat 50 000 bis 200 000 + Ms.

peratur, auf dem Boden der Kiste gemessen, schwankte zwischen 27 und 30 ⁰ C. In mehreren Versuchen haben wir Portionen der mit derselben Menge Formalin versetzten Giftbouillon im Dunkeln gehalten, und zwar im Eisschrank und bei einer Temperatur von 30 ⁰ C."

Aus zahlreichen Einzelversuchen ergab sich, dass bei 30 ⁰ im Dunkeln gehaltenes Gift viel weniger abgeschwächt wird, als das gleich lange Zeit belichtete Gift. Ein Gehalt von 3 pM. Formalin setzte nach 12 Tagen jedoch auch unbelichtete und im Eisschrank aufbewahrte Giftlösung in ihrer Toxicität stark herab, während 1 pM. und 1,5 pM. Formalin nur eine geringe Giftabschwächung bewirkten, aber bei 30 ⁰ auch ohne Lichtwirkung eine weitgehende Entgiftung zustande brachten. Das Inkubationsstadium der mit stark abgeschwächtem Gift noch krank gemachten Tiere war ausserordentlich verlängert. Zuweilen dauerte es 15—20 Tage. Sowohl Meerschweinchen, wie Mäuse liessen dabei das Phänomen des lokalisiert an der Infektionsstelle auftretenden Tetanus gänzlich vermissen. Mein D^I-Wert (Differenz zwischen tödlicher und eben noch krankmachender Dosis = L† und L0) war auffallend klein; er erhob sich nur wenig über 2; d. h. die Hälfte der tödlichen Minimaldosis pflegte Krankheitssymptome nicht mehr auszulösen. Solche Giftmodifikationen wurden aber in der Regel nur nach der Belichtung beobachtet. Unter Luftabschluss erfolgte die Entgiftung immer viel weniger vollständig als bei Luftzutritt, und zwar ist für die schnellere Entgiftung der Luftsauerstoff verantwortlich zu machen. Die antitoxinbindende Fähigkeit war in den entgifteten Präparaten nicht verloren gegangen.

Mit solchem Tetanustoxin, welches durch Formalinzusatz und Belichtung entgiftet ist, können Meerschweinchen in hohem Grade tetanusgiftimmun gemacht werden. Eine einzige Injektion genügt oft, um diese Tiere gegen mehr als das Tausendfache der für Kontrolltiere tödlichen Dosis von einem nicht abgeschwächten Gift zu schützen. Dieser Immunität entspricht der Antitoxingehalt des Blutes. Es muss jedoch betont werden, dass nicht bei allen Meerschweinchen eine so glatte Immunisierung gelingt. Ziemlich unsicher ist der immunisierende Effekt der Behandlung mit abgeschwächtem Tetanusgift bei Mäusen. Wenn überhaupt, so geht der isopathisch erworbene Schutz über das 10fache der tödlichen Dosis nicht hinaus.

Besondere Hervorhebung verdient die Tatsache, dass hochimmun gewordene Meerschweine auch gegen intraneurale Giftinjektion (vom N. ischiadicus aus) geschützt sind. Auch Kaninchen konnten die Verfasser gegen intraneurale Vergiftung immunisieren, was deswegen bemerkenswert ist, weil H. Meyer und Ransom bei ihren Versuchen (Zeitschr. f. exp. Path. u. Ther., Bd. 49, 1903), nur negative Ergebnisse in dieser Beziehung bekommen hatten.

Während ein höherer Formalingehalt auch ohne Belichtung das Tetanusgift merklich abschwächt, scheint ein geringer Formalinzusatz (unter 1,5 pM.) bei niedriger Temperatur aufbewahrte Giftlösungen zu konservieren.

Die mit meinen Erfahrungen über jodtrichlorid-abgeschwächte Tetanusgifte übereinstimmende Angabe von Eisler und Löwenstein, dass die Differenz zwischen der tödlichen und unschädlichen Minimaldosis kaum grösser als 2 ist, bedarf noch einer näheren Würdigung.

Auf S. 278 sagen die Verfasser, dass sie 40 ml von einem Toxin wie gewöhnlich in eine verschlossene Glasschale brachten und 40 ml in eine andere Glasschale füllten, die mit einem Zu- und Ableitungsrohr versehen war, sodass in dieser Glasschale die atmosphärische Luft durch eine Wasserstoffatmosphäre ersetzt werden konnte. Beide Schalen wurden nun für 4 Tage unter die Nernstlampe gestellt. Als hinterher die beiden Toxine am 18. I. 11 an Mäusen ausgewertet wurden, ergab die Prüfung

1. für das Toxin unter Luftzutritt:

0,2 ml am 23. I. 11 leichten Tetanus; überlebt,
0,4 ml „ 23. I. 11 Tetanus; tot am 27. I. 11,
0,8 ml „ 23. I. 11 „ „ „ 24. I. 11,

2. für das Toxin unter Luftabschluss:

0,01 ml dauernd gesund,
0,05 ml am 23. I. 11 Tetanus; tot am 27. I. 11,
0,1 ml „ 23. I. 11 „ „ „ 26. I. 11,

Nach meiner Ausdruckweise (conf. die Zeichenerklärungen am Schluss dieses Buches) hatte das Tetanusgift Nr. 1 am 23. I. 11 in 1 ml ca. $30 \underset{\dagger}{+}$ Ms und ca. $60 \underset{-}{+}$ Ms; das Tetanusgift Nr. 2 aber ca. $240 \underset{\dagger}{+}$ Ms.

Die Differenz in der tödlichen Minimaldosis $(\underset{\dagger}{+}$ Ms$)$ von Nr. 1 u. 2 interessiert uns hier weniger, als eine sehr bemerkenswerte Tatsache, welche man gleichfalls aus dem obenstehenden Prüfungsergebnis herauslesen kann, nämlich die Differenz zwischen der tödlichen Minimaldosis $(\underset{\dagger}{+}$ Ms$)$ und der eben noch krankmachenden $(\underset{-}{+}$ Ms$)$, also die Differenz zwischen L† und L0.

Diese Differenz, meinen D^{I}-Wert, können wir in ihrer Grösse für das Tetanusgift Nr. 2 aus den mitgeteilten Mäuseversuchen nicht genau berechnen. Der $\underset{-}{+}$ Ms-Wert muss jedoch zwischen den Giftdosen von 0,05 und 0,01 ml liegen; er kann höchstens die Zahl 5 erreichen. Ich muss aber annehmen, dass er auch nicht viel kleiner als 5 gewesen sein wird, und zwar aus folgendem Grunde. Mit 0,05 ml vom Tetanusgift Nr. 2 wurde die Versuchsmaus nach 4 Tagen getötet, was der von mir für die tödliche Minimaldosis in Anspruch genommenen Zeitdauer entspricht. Nach 0,1 ml trat der Tod nach 3 Tagen ein; es war somit durch die Verdoppelung der Giftdosis nur eine mässige Beschleunigung des Todeseintritts erfolgt. Dementsprechend ist zu erwarten, dass durch Heruntergehen auf die Hälfte der tödlichen Minimaldosis (0,025 ml) nur eine Verlangsamung des Todeseintritts erreicht und keinenfalls die Erkrankung an Tetanus verhindert worden wäre. Auch der vierte Teil von 0,05 ml würde voraussichtlich noch leichten Tetanus gemacht haben, sodass ich meinen D^{I}-Wert auf ca. 4 einschätzen darf. Demzufolge würde Tetanusgift Nr. 2 ca. $240 \underset{\dagger}{+}$ Ms und ca. $1000 \underset{-}{+}$ Ms gehabt haben, gegenüber $30 \underset{\dagger}{+}$ Ms und $60 \underset{-}{+}$ Ms für Tetanusgift Nr. 1.

Genuine, durch frische Bouillonkulturfiltrate repräsentierte Tetanusgifte haben einen D^I-Wert von durchschnittlich 3 bis 5, während er bei den unter Toluol aufbewahrten und allmählich abgeschwächten Giften auf 10, ja auf 15 und noch mehr ansteigen kann. Ich hahe nun gefunden, dass alle abgeschwächten Tetanusgifte zur isopathischen Immunisierung besser geeignet sind, wie die genuinen Gifte, dass jedoch die mit starker Verkleinerung des D^I-Wertes einhergehende Abschwächung (durch Jodtrichlorid, Lugol'sche Lösung, energische Belichtung bei Sauerstoffzutritt usw.) die immunisierende Leistungsfähigkeit ganz besonders günstig beeinflusst. Meine niedrige Schätzung des D^I-Wertes von Tetanusgift Nr. 1 wird übrigens noch dadurch gestützt, dass — im Gegensatz zu Nr. 2 — die Verdoppelung der tödlichen Minimaldosis (von 0,4 auf 0,8 ml) die Lebensdauer der Versuchsmaus ausserordentlich stark verkürzt hat; sie starb schon nach 24 Stunden an Tetanus. Bekanntlich wirken noch viel besser immunisierend als die durch Belichtung, Jodtrichlorid usw. abgeschwächten Tetanusgifte, solche Gifte, welche durch Antitoxinzusatz eine Verminderung ihres direkten Giftwertes erfahren haben; da ist es denn sehr bemerkenswert, dass Mischungen von Toxin und Antitoxin mit einem Giftüberschuss D-Werte besitzen, welche noch kleiner sind als 2.

Den D-Wert, welcher in solchen Gemischen beobachtet wird, bezeichne ich als D^{II}-Wert. Mit ihm haben wir es immer bei indirekter Giftprüfung und bei Antitoxinwertbestimmungen zu tun.

Ausserdem unterscheide ich einen D^{III}-Wert, welchen wir erhalten, wenn wir den indirekten Giftwert $(+\,ms)$ durch den direkten Giftwert für $\underset{-}{L_-}$ $(+\,Ms)$ dividieren. D^{III} ist also $= \dfrac{+\,ms}{\underset{-}{+\,Ms}}$, während ich den

$\dfrac{+\,ms}{\underset{\dagger}{+\,Ms}}$-Wert als D^{IV}-Wert bezeichne. Alle diese D-Werte besitzen

sowohl theoretisches wie praktisches Interesse. Es wird davon an anderer Stelle noch ausführlicher die Rede sein.

Dritter Abschnitt.

Die amphotere Zone der Toxin-Antitoxinverbindungen und das Dissoziierungsproblem nebst einer Kritik der Ehrlichschen Lehre von den Toxinen und Toxonen.

Was ich im vorigen Abschnitt von dem D^{II}-Wert der Mischungen von Toxin und Antitoxin sagte, das ist von anderen Gesichtspunkten aus in der Literatur schon gründlich diskutiert worden. Zuerst hat wohl Knorr auf Grund seiner im meinem Institut ausgeführten experimentellen Arbeiten auf die hierhergehörigen Tatsachen aufmerksam gemacht. In Nr. 17 der Fortschritte der Medizin vom Jahre 1897 sagt er (S. 665):

„Mischt man starke Tetanusgift-Lösungen mit soviel Antitoxin, dass keine Krankheitserscheinungen mehr auftreten, dass also eine ausgeglichene Mischung entsteht, so ist anzunehmen, dass das Toxin und Antitoxin in derselben Aequivalentmenge in der Mischung enthalten ist. Es handelt sich dabei, wie ich früher nachweisen konnte, um eine Bindung von Toxin durch Antitoxin.

250 000 $+$ Ms plus 250 000 plus Ms geben also einen 0-Wert.

Bei der grossen Menge von Toxin sollte nun schon ein ganz geringes Minus von Antitoxin die schwersten Erscheinungen hervorrufen. Das ist jedoch nicht der Fall.

Ich habe zum Beispiel für mein Testgift und Test-Antitoxin folgende Verhältnisse festgestellt:

Gift:		Antitoxin:		
250 000 $+$ Ms	plus	250 000 $-$ Ms	$=$	0,
250 000 $+$ Ms	„	225 000 $-$ Ms	$=$	$-$,
250 000 $+$ Ms	„	200 000 $-$ Ms	$=$	Tod in 4—9 Tagen,
250 000 $+$ Ms	„	150 000 $-$ Ms	$=$	Tod in $2^1/_2$—4 Tagen,
250 000 $+$ Ms	„	125 000 $-$ Ms	$=$	Tod in $1^1/_2$—$2^1/_2$ Tagen,
250 000 $+$ Ms	„	100 000 $-$ Ms	$=$	Tod ohne Verzögerung (nach 24 Stunden).

Zwischen völlig ausgeglichener Mischung und eben bemerkbarer Einwirkung des Antitoxins ist also hier ein Unterschied von 150 000 $+$ Ms Gift. Oder 100 000 $+$ Ms mit Antitoxin im Ueberschuss einer Mischung haben die toxische Wirkung von etwa 15 $+$ Ms freien Giftes.

In meinen früheren Arbeiten habe ich gezeigt, dass dieser „unausgeglichene Giftrest" sich noch durch andere bemerkenswerte Eigenschaften auszeichnet, wovon für unsere Erörterungen eine der interessantesten ist, dass er für empfindlichere Tiere viel giftiger ist als für weniger empfindliche.

Mischt man ferner weniger konzentrierte Lösungen von Toxin und Antitoxin zusammen, so genügt die gleiche Antitoxinmenge nicht mehr, um alle Gifterscheinungen aufzuheben:

250 000	$+$ Ms	plus	250 000	$-$ Ms	$=$	0
2 500	$+$ Ms	„	2 500	$-$ Ms	$=$	$-$
25	$+$ Ms	„	25	$-$ Ms	$=$	$-$

Der Antitoxinmehrbedarf schwankt dabei in breiten Grenzen. Es wirkt darauf z. B. die Zeit, während welcher das Toxin-Antitoxingemisch hergestellt war, bevor es dem Tiere eingespritzt wurde, so stark ein, dass eine genaue Bestimmung kaum möglich ist.

Gift:	Antitoxin;	Gleich nach Mischung:	Nach 2 Stunden:	Nach 24 Stunden:
2 500 $+$Ms plus 2 500 $-$ Ms		$+$ nach $3^1/_2$ Tagen	$=$	0
2 500 $+$Ms „ 2 000 $-$ Ms		$+$ nach $2^1/_2$ Tagen	$+$ nach $3^1/_2$ Tagen	$=$
2 500 $+$Ms „ 1 250 $-$ Ms		$+$ nach $3^1/_2$ Tagen	$+$ nach $2^1/_2$ Tagen	$+$ nach $3^1/_2$ Tagen,
2 500 $+$Ms „ 1 000 $-$ Ms		$+$ nach $1^1/_2$ Tagen	$+$ nach $1^1/_2$ Tagen	$+$ nach $1^1/_2$ Tagen.

Die Resultate sind jedoch je nach Art des Giftes äusserst variabel.

Aus diesen beiden Tatsachen muss man nach meiner Meinung annehmen, dass die Vereinigung von Toxin und Antitoxin eine langsame ist und zwar um so langsamer, je weniger konzentriert die beiden Lösungen auf einander einwirken.

Weiter geht daraus hervor, dass vom Antitoxin auch noch ein Ueberschuss von Toxin gebunden wird in der Art einer Doppelverbindung. Diese Doppelverbindung wird um so fester, je konzentrierter und je länger das Toxin auf das Antitoxin eingewirkt hat, sie bleibt um so lockerer, je verdünnter und je kürzer die Einwirkung war.

Diese Anschauung findet unstreitig viel Vergleichspunkte in der Chemie, ich brauche nur an die langsame Einwirkung des Sauerstoffs auf viele chemische Körper hinzuweisen.

Noch wichtiger aber ist, glaube ich, dass diese Anschauung im vollen Einklang steht mit allen Erscheinungen, die beim Verlauf der Tetanusvergiftung des Organismus auftreten.

Auch im Körper müssen wir eine Substanz voraussetzen, die eine starke Affinität zum Tetanusgift besitzt. Durch die Vereinigung mit dem Gift wird diese Substanz für den Organismus unbrauchbar, ihre Funktion fällt aus. Diese Funktion besteht, besonders nach den Goldscheider'schen Entdeckungen, in einer hemmenden Kraft im Rückenmark. Ihr Ausfall also veranlasst die tonischen Krampferscheinungen, das Krankheitsbild des Tetanus."

In dem erstzitierten Versuch von Knorr wurden durch eine gegebene Antitoxindosis, deren giftbindende Energie zu 250 000 — Ms angenommen wird, von einem starken Tetanusgift 250 000 + Ms bis zu L0 entgiftet.

Gesetzt den Fall, dass diese Antitoxindosis 1 mg Trockensubstanz enthielt, so würde, wenn das sogenannte Gesetz der Multipla genaue Giltigkeit besässe, zu schliessen sein, dass 25 + Ms durch $^1/_{10000}$ mg von demselben

Trockenantitoxin bis zu L0 entgiftet werden. Wir wollen davon absehen, dass tatsächlich die Entgiftung von 25 + Ms nicht bis zu L0, sondern

nach Knorr für das von ihm untersuchte Gift nur bis zu L — erfolgt, dass also $^1/_{10000}$ mg nicht 25 — Ms, sondern in diesem Fall weniger (bloss etwa 15 — Ms) enthält; immerhin sollte man a priori erwarten, dass, wenn zu 250 000 + Ms nicht 1 mg Trockenantitoxin, sondern vielleicht 0,9998 mg, also bloss 249 950 berechnete — Ms, hinzugefügt werden, das Minus von 50 — Ms den Tod einer Maus von 25 g Gewicht ($\mathfrak{M}\mathfrak{s}^{25}$) zur Folge haben müsste. Tatsächlich ist das nun nicht der Fall; man muss vielmehr den Antitoxinzusatz um mindestens 0,2 mg (um 50 000 berechnete — Ms) vermindern, um die Toxizität der Mischung bis zu L † zu steigern. Umgekehrt bedarf es, wenn man sich eine bis zu L † durch 0,8 mg Trockenantitoxin entgiftete Toxindosis von 250 000 + Ms, eines Zusatzes, nicht von etwa 0,0002 mg Antitoxin für eine Maus von 25 g Gewicht, sondern eines Zusatzes von 0,2 mg, um zu L0 zu gelangen und wenn man die Mischung 250 000 + Ms plus 1 mg

Antitoxin (mit dem L0-Wert) durch Toxinzusatz wieder auf den L†-Wert bringen will, dann genügen dazu nicht, wie man à priori annehmen sollte, für $\mathfrak{M}\mathfrak{s}^{25}$ 25 + Ms, sondern man braucht dazu mehr als 50 000

+ Ms.

Solche Mischungen von starkem Tetanusgift mit Antitoxin, die bis zu L † entgiftet sind, haben, wie schon erwähnt, einen sehr niedrigen D^{II}-Wert, verglichen mit dem D^{I}-Wert antitoxinfreier genuiner Tetanusgiftlösungen, aber nur unter der Voraussetzung, dass jedesmal die Prüfung mit in besonderer Mischung vorgenommenen Abstufungen der Toxin- und Antitoxindosierung angestellt wird. Im vorliegenden Fall beträgt der D^{II}-Wert etwa $^{1}/_{5}$, d. h. man braucht bei gleichbleibender Zusammensetzung der zur Toxinlösung dienenden (hier antitoxinhaltigen) Flüssigkeit die toxische Substanz bloss um 20 pCt. zu vermehren, um von L † zu L + zu gelangen, während man die toxische Substanz der genuinen, antitoxinfreien Giftlösung durchschnittlich um's 4 fache vermehren muss, um zu dem gleichen Ergebnis zu gelangen. So betrachtet, besteht, wie man sieht, das Verwunderliche nicht in der zu **grossen**, sondern in der zu **kleinen** Grösse des Zuwachses von giftiger Substanz, der zur Herbeiführung des Todes durch ein Toxin-Antitoxingemisch erforderlich ist.

In antitoxinhaltigen Flüssigkeiten darf man aber nicht für die toxische Funktion das reine Gift verantwortlich machen, sondern, wie schon Knorr es verlangte, und wie die Adsorptionshypothese (vgl. die Auseinandersetzungen von Biltz, Much und Siebert) es verlangt, man muss daran denken, dass wir es mit gebundenem Gift zu tun haben.

Man kann sich die hier in Frage stehende Vorstellungsweise auf folgende Art veranschaulichen.

Wenn, wie bei der Farbstoff-Adsorption, das Toxin sich in einer antitoxinhaltigen Flüssigkeit auf alle Antitoxinmoleküle gleichmässig verteilt hat, und wenn dann neu hinzugesetztes Toxin wiederum gleichmässig auf die entstandenen Toxin-Antitoxinteilchen übergeht, statt von ihnen abgesondert seine Funktion auszuüben, dann wird im Endeffekt dieses Verhalten auf dasselbe hinauskommen, was Knorr (s. o.) unter der Bildung von Doppelverbindungen verstanden wissen will. In der Chemie können wir ähnliche Vorgänge beispielsweise an den phosphorsauren Salzen studieren, von denen wir die einbasischen, zweibasischen und dreibasischen als selbständig existenzfähige Produkte kennen, die u. a. durch ihre Wirkung auf Lakmuspapier sich unterscheiden lassen. Die dreibasischen (chemisch neutralen) Salze färben rotes Lakmuspapier blau, reagieren also alkalisch, die zweibasischen (chemisch sauren) Salze färben rotes Lakmuspapier bläulich und blaues rötlich (violett), reagieren also amphoter, und die einbasischen Salze (chemisch stark sauer) färben blaues Reagenspapier rot. Stellen wir die Energieabgabe der Lösungen phosphorsaurer Salze, welche sich in der Wirkung auf Lakmuspapier äussert, der durch die tödliche Wirkung auf Mäuse gekennzeichneten Abgabe von toxischer Energie des Tetanusgiftes an die Seite, und wenden wir dann für beide Arten der Energieabgabe das „ + " - Zeichen an, so würden wir beispielsweise in der Mischung von Natron und Phorphor-

säure ein energetisches Gleichgewicht, ausgedrückt durch $\left(\pm\right)$, dann

zu notieren haben, wenn 2 Aequivalente Phosphorsäure mit 1 Aequivalent Natron gemischt sind; relativ kleine Zusätze von Natron bzw. Phosphorsäure bewirken nun nicht sofort und nicht deutlich einen Farben-

umschlag nach blau bzw. rot, sondern wir beobachten eine nicht unbeträchtliche Breite der amphoteren Zone.

Ganz ähnlich stelle ich mir die Verhältnisse der Toxin-Antitoxinverbindung vor, und was Knorr über die eigenartigen Bindungsphänomene
mitgeteilt hat, entspricht durchaus dem Begriff einer breiten amphoteren Zone.

Auch ein anderes Phänomen amphoterer Salzlösungen kann man an
Toxin-Antitoxingemischen wahrnehmen. In beiden Fällen bleibt bei
einem Ueberschuss des einen energetisch wirksamen Anteils dieser mit
zunehmender Verdünnung der Mischlösung auffallend lange spezifisch
wirksam, ja seine Wirksamkeit kann sogar mit zunehmender Verdünnung
immer deutlicher zutage treten. Infolgedessen ist in einem Toxin-Antitoxingemisch im Gegensatz zu dem auffallend kleinen D^{II}-Wert der gelösten
Verbindungen von Tetanustoxin und Antitoxin, der D^{I}-Wert, — welchen
man erhält, wenn eine fertige Mischlösung mit Wasser verdünnt wird,
und wenn man dann den toxischen Wert gleicher Mengen von den konzentrierten und von den verdünnten Lösungen vergleichend prüft — auffallend gross. Er kann bis auf 100 und mehr ansteigen. Ja, es kann
vorkommen, und das ist besonders in frisch hergestellten
Gemischen der Fall, dass die Toxizität mit zunehmender
Verdünnung ansteigt. Die diesbezüglichen experimentellen Feststellungen habe ich im 7. Heft meiner Beiträge folgendermassen geschildert:

In höchstem Grade bemerkenswert ist das Verhalten von
solchen Tetanusgiftlösungen mit Antitoxinzusatz, welche einen
Giftüberschuss enthalten, wenn man sie daraufhin prüft,
welcher Bruchteil der tödlichen Minimaldosis eben noch
krankmachend wirkt.

Von der Mischung $\frac{\frac{1}{2}\ \text{A. E.}}{4\ \text{ml G. L.}}\Big\}$ in 8 ml Flüssigkeit gab Ransom
einer Serie von Meerschweinen je 0·4 ml von einer 10 fachen, 100 fachen,
1000 fachen, 10 000 fachen Verdünnung. Die folgenden Protokolle geben
Auskunft über das Resultat:

28.

Nr. 358 $\mathfrak{M}^{400}$	$^5/_{XI}$ ^{99} 0·4 ml $\dfrac{\text{Mischung}}{100}$	$^7/_{XI}$ 0 $^8/_{XI}$ ═ $^8/_{XI}$ ─ $^{10}/_{XI}$ †

29.

Nr. 357 $\mathfrak{M}^{395}$	$^6/_{XI}$ ^{99} 0·4 ml $\dfrac{\text{Mischung}}{100}$	$^7/_{XI}$ 0 $^8/_{XI}$ ─ $^9/_{XI}$ ═ $^{10}/_{XI}$ ═ $^{11}/_{XI}$ ═ $^{12}/_{XI}$ ═ u. s. w.

30.

Nr. 356 $\mathfrak{M}^{400}$	$^6/_{XI}$ ^{99} 0·4 ml $\dfrac{\text{Mischung}}{1000}$	$^7/_{XI}$ 0 $^8/_{XI}$ 0 $^9/_{XI}$ 0 $^{10}/_{XI}$ ─ $^{11}/_{XI}$ ═ $^{12}/_{XI}$ ═ u. s. w.

31.

Nr. 355 $\mathfrak{M}^{390}$	$^6/\text{xi}$ ^{99} 0·4 ml $\dfrac{\text{Mischung}}{10\,000}$	$^7/\text{xi}$ 0 $^8/\text{xi}$ 0 $^9/\text{xi}$ —— $^{10}/\text{xi}$ ═══ $^{11}/\text{xi}$ ══ $^{12}/\text{ix}$ ══

Wir sind also mit einer 10 000 fachen Verdünnung noch nicht an die Grenze der krankmachenden Wirkung gekommen, und bei dem Meerschweinchen Nr. 355 schien anfangs sogar die 10 000 fache Verdünnung stärker wirksam zu sein wie die 1000 fache Verdünnung bei Nr. 356.

Dass aber nicht jede Mischung zu einer Giftigkeitszunahme mit steigender Verdünnung führt, beweist ein gleichfalls im 7. Heft meiner Beiträge (S. 54) zitierter Versuch.

Am 27. November 1897 mischten wir (Ransom und ich) 10 ml $\dfrac{\text{Tet.-Gift Nr. 2}}{10} = 4$ Millionen $+$ Ms mit 10 ml einer Antitoxinlösung, die in 1 ml 3 200 000 $-$ Ms enthielt; 1 ml der Mischung (M) bestand danach aus $\begin{array}{l} 2\,000\,000 + \text{Ms} \\ 1\,600\,000 - \text{Ms} \end{array}$.

19) $\mathfrak{M}\mathfrak{s}$ Nr. 1005   27. Nov. 1897:   0·5 ml M unverdünnt $= \begin{array}{l} 1\,000\,000 + \text{Ms} \\ 800\,000 - \text{Ms} \end{array}$

               28. Nov. 1897: ══

               29. Nov. 1897: ═══

               30. Nov. 1897: † (nach $2^1/_2$ Tagen)

20) $\mathfrak{M}\mathfrak{s}$ Nr. 983   27. Nov. 1897:   0·2 ml M unverdünnt $= \begin{array}{l} 400\,000 + \text{Ms} \\ 320\,000 - \text{Ms} \end{array}$

               28. Nov. 1897: $-$

               29. Nov. 1897: ══

               30. Nov. 1897: † (nach $2^1/_2$ Tagen)

21) $\mathfrak{M}\mathfrak{s}$ Nr. 998   27. Nov. 1897:   0·5 ml $\dfrac{\text{M}}{5} = \begin{array}{l} 200\,000 + \text{Ms} \\ 160\,000 - \text{Ms} \end{array}$

               28. Nov. 1897: ——

               29. Nov. 1897: ══

               30. Nov. 1897: † (nach $2^1/_2$ Tagen)

22) $\mathfrak{M}\mathfrak{s}$ Nr. 999   27. Nov. 1897:   0·5 ml $\dfrac{\text{M}}{50} = \begin{array}{l} 20\,000 + \text{Ms} \\ 16\,000 - \text{Ms} \end{array}$

               28. Nov. 1897: $-$

               29. Nov. 1897: ══

               30. Nov. 1897: † (nach 3 Tagen)

23) $\mathfrak{M}\mathfrak{s}$ Nr. 997   27. Nov. 1897:   0·5 ml $\dfrac{\text{M}}{500} = \begin{array}{l} 2000 + \text{Ms} \\ 1600 - \text{Ms} \end{array}$

               28. Nov. 1897: $-$

               29. Nov. 1897: ══

               30. Nov. 1897: ══

               1. Dec. 1897: † (nach 4 Tagen)

24) $\mathfrak{M}\mathfrak{s}$ Nr. 973   27. Nov. 1897:   0·5 ml $\dfrac{\text{M}}{5000} = \begin{array}{l} 200 + \text{Ms} \\ 160 - \text{Ms} \end{array}$

               28. Nov. 1897: 0

               29. Nov. 1897: $-$

               30. Nov. 1897: ══

               1. Dec. 1897: ══

               2. Dec. 1897: † (nach 5 Tagen)

Für dasselbe Testgift Nr. 2 fanden wir, wenn die Mischungen mit abnehmendem Toxingehalt jedesmal neu hergestellt wurden, folgende Zahlenverhältnisse:

9) Ms Nr. 1124. 6. Dezember 1897 $\left.\begin{array}{r}250\,000 + \text{Ms} \\ 240\,000 - \text{Ms}\end{array}\right\}$ L —

10) Ms Nr. 1113. 6. Dezember 1897 $\left.\begin{array}{r}25\,000 + \text{Ms} \\ 24\,000 - \text{Ms}\end{array}\right\}$ L —

11) Ms Nr. 1112. 6. Dezember 1897 $\left.\begin{array}{r}2\,500 + \text{Ms} \\ 2\,400 - \text{Ms}\end{array}\right\}$ L $\equiv$

12) Ms Nr. 1105. 6. Dezember 1897 $\left.\begin{array}{r}250 + \text{Ms} \\ 240 - \text{Ms}\end{array}\right\}$ L † n. 3 Tagen

13) Ms Nr. 1104. 6. Dezember 1897 $\left.\begin{array}{r}25 + \text{Ms} \\ 24 - \text{Ms}\end{array}\right\}$ L $=$

Die sehr auffallende Tatsache betreffend den abnehmenden gift-neutralisierenden Wert des Tetanusantitoxins mit steigender Verminderung der Zahl von + Ms, welche in 1 ml zu neutralisieren sind, findet wahrscheinlich darin ihre Erklärung, dass die Neutralisierung in stärker konzentrierter Lösung von Gift und Antitoxin schneller vor sich geht, als in verdünnter Lösung. Lässt man nämlich die Lösungen längere Zeit, bis zu acht Tagen stehen, dann gleichen sich die Differenzen in dem Neutralisierungswert fast vollständig aus. Wir haben die vorstehend bezeichneten Mischungen 48 Stunden lang auf Eis stehen lassen und fanden dann bei der erneuten Prüfung die Differenz schon sehr vermindert.

14) Ms Nr. 1130. 8. Dezember 1897 $\left.\begin{array}{r}250\,000 + \text{Ms} \\ 240\,000 - \text{Ms}\end{array}\right\}$ LO

15) Ms Nr. 1129. 8. Dezember 1897 $\left.\begin{array}{r}25\,000 + \text{Ms} \\ 24\,000 - \text{Ms}\end{array}\right\}$ LO (?)

16) Ms Nr. 1128. 8. Dezember 1897 $\left.\begin{array}{r}2\,500 + \text{Ms} \\ 2\,400 - \text{Ms}\end{array}\right\}$ L $=$

Beim Zusammenbringen konzentrierter Lösungen von Tetanusantitoxin und Tetanusgift erfolgt also die Bindung in vitro innerhalb desselben Zeitraumes viel energischer und schneller als beim Zusammenbringen stark verdünnter Lösungen beider Körper. Für verschieden konzentrierte Mischungen mit solchem Giftüberschuss, dass jede frisch hergestellte Mischung in 0,4 ml die für Mäuse einfach tödliche Minimaldosis enthielt, also den L†-Wert erreichte, fanden wir, dass L† nach zweitägigem Stehen

a) einer Mischung mit ¹/₄₀₀₀₀ A. E. in 0·4 ml verwandelt wurde in L 0

b) „ „ „ ¹/₄₀₀₀ A. E. „ 0·4 „ „ „ „ „ L $=$

c) „ „ „ ¹/₁₀₀₀ A. E. „ 0·4 „ „ „ „ „ L $\equiv$

d) „ „ „ ¹/₁₀₀ A. E. „ 0·4 „ „ „ „ „ L $\equiv$"

Die hier berichteten Vorgänge erinnern einigermassen an eine Beobachtung von Spring, welche er an Aluminium-, Eisen-, Kupfer-, Blei-Salzlösungen machte, bei deren Verdünnung mit Wasser Hydrate in geringer Menge entstehen, welche der Lösung einen kolloidalen Charakter verleihen. („Sur la diffusion de la lumière par les solutions." Bull. de l'Acad. Belge. 1899). Aus solchen Lösungen verschwinden im Laufe der Zeit die ultramikroskopisch sichtbaren Teilchen, und es stellt sich ein definitives Gleichgewichtsverhältnis ein, bei welchem die Lösungen optisch leer werden; gleichzeitig wird auch ihr elektrischer Leitungswiderstand vermehrt, was darauf hindeutet, dass die Hydratbildung rückgängig geworden ist. („Sur une modification lente des solutions de certains sels." Arch. des Sciences phys. et nat. Bd. 29. 1910.)

In dem Fall, wo wir nur eine sehr breite amphotere Zone (hoher D^I-Wert) der Mischlösung, aber nicht eine Zunahme der Giftigkeit mit steigender Verdünnung (das „Verdünnungsphänomen") zu verzeichnen hatten, arbeiteten wir mit einem nur wenig abgeschwächten Gift von hohem direktem Giftwert (4 Millionen + Ms in 1 ml), während das Gift, welches mit einem zur Entgiftung nicht ganz ausreichenden Antitoxinzusatz bei zunehmender Verdünnung immer giftiger wurde, ein ziemlich stark abgeschwächtes Gift war. Ob auf diesem Unterschied die Differenz auf den Einfluss der Verdünnung zurückzuführen ist, muss durch neue Versuche erst entschieden werden. Aehnlich wie das Tetanusgift verhalten sich inbezug auf das Verdünnungsphänomen das Botulin (Madsen) und das Arachnolysin (Otto und Sachs).

Ob die von Morgenroth und Willanen („Ueber die Wiedergewinnung des Diphtherietoxins aus seiner Verbindung mit dem Antitoxin," Virch. Arch., 1907, Bd. 190) demonstrierte Tatsache, dass man durch Säurebehandlung die Giftigkeit einer längere Zeit aufbewahrten Mischlösung von Diphtherietoxin und Antitoxin vermehren kann, dem Verdünnungphänomen an die Seite zu stellen ist, möchte ich bezweifeln. Als Morgenroth (Berl. klin. Wochenschr. 1905) das gleiche Phänomen an Kobragift-Antitoxingemischen studiert hatte, äusserten sich Otto und Sachs (Ueber Dissoziationserscheinungen bei der ToxinAntitoxinverbindung." Zeitschr. f. exp. Path. u. Ther., 1906, Bd. 3) folgendermassen dazu: „Morgenroth zeigte die wichtige Tatsache, dass aus neutralen Gemischen von Kobragift und Antitoxin durch Einwirkung von Salzsäure das Toxin und Antitoxin quantitativ wieder gewonnen werden kann, und erblickt in dieser Feststellung mit Recht ein wesentliches Postulat der chemischen Theorie der Toxin-Antitoxinverbindung. Dass dieses Verhalten der von Ehrlich begründeten strukturchemischen Auffassung der Toxin-Antitoxinverbindung durchaus nicht widerspricht, hat schon Morgenroth hervorgehoben. Es scheint eben nach Verfestigung der Verbindungen nur durch tiefgreifende Einwirkungen, wie sie durch die Salzsäure oder bei Glykosiden durch gewisse Fermente verursacht werden, eine Abspaltung möglich zu sein. Dagegen ist das von uns behandelte Verdünnungsphänomen, wie wir gesehen haben, offenbar nur in dem ersten Stadium einer lockeren Bindung zu erzielen, während die verfestigte Bindung durch die einfache Verdünnung nicht mehr zu trennen ist. Eine Analyse der Reaktionen im Sinne des Guldberg-Waageschen Gesetzes erscheint natürlich auch danach, wie nach den bisherigen Erfahrungen, ausgeschlossen. Ebenso muss Widerspruch dagegen erhoben werden. die Verhältnisse vom Standpunkte der Kolloidchemie aufzufassen. Die Veranlassung dazu ist in rein äusserlichen Analogien gelegen, die nicht dazu berechtigen, die strukturchemische Betrachtungsweise, welche allein bisher dem Gesamtgebiet der Erscheinungen gerecht werden konnte, zu verlassen."

Wer sich nun diesen Ausführungen anschliesst und die Toxizitätsvermehrung durch Salzsäurebehandlung der Giftbildung aus Glykosiden

durch Fermentwirkung an die Seite stellt, der wird bei der Morgenroth'schen
Giftwiedergewinnung von einer Dissoziation nicht sprechen wollen.

Für notwendig halte ich übrigens auch bei meinem Verdünnungsphänomen die zeitweise von mir und später von Otto und Sachs heran-
gezogene Dissoziationshypothese nicht. Ich ziehe vielmehr folgende Interpretation vor. Wie mit abnehmender Giftdosis der Antitoxinbedarf zur
Entgiftung von Tetanusgift in vitro relativ erhöht ist, so ist das auch
bei getrennter Einspritzung von Gift und Antitoxin in vivo der Fall.
Wenn wir nun annehmen, dass in den Fällen mit positivem Verdünnungsphänomen Giftmoleküle und Antitoxinmoleküle in der Mischlösung getrennt nebeneinander existieren, so wird der Erfolg der Injektion
einer solchen Mischlösung derselbe sein müssen, wie wenn man gleichzeitig Gift und Antitoxin an verschiedenen Körperstellen eingespritzt
hätte: der Vergiftungseffekt wird in denjenigen Fällen grösser sein, wo
mit einer kleineren Zahl, als wo mit einer grösseren Zahl von $+$ Ms
die entsprechende und relativ gleiche Zahl von $-$ Ms gegeben wird.
Wenn diese Annahme zutreffen sollte und ebenso, wenn der positive Ausfall des Verdünnungssphänomens zusammenfallen sollte mit der Toxinbindung durch lockere reversible Adsorption an Antitoxinmoleküle, welche
mit steigender Verdünnung rückgängig wird, so würde das Verdünnungsphänomen in das Gebiet der Dissoziationserscheinungen nicht hineinfallen.

Wie ich schon in dem Entgiftungskapitel andeutete, nehme ich an,
dass die Einwirkung des Antitoxins auf das Toxin abläuft mit drei
Reaktionen, die jede für sich eine Endreaktion sein kann, die aber auch
sich aufeinander folgen können:

Erstens mit dem Eintritt einer reversiblen Adsorption;

Zweitens mit einer chemischen Bindung zu einem kombinierten und
dadurch vergrösserten Molekül;

Drittens mit einem fermentativen Abbau des durch Adsorption mit
dem Antitoxin verbundenen Toxins oder des chemisch kombinierten Toxin-
Antitoxin-Moleküls im anaphylaktisch gewordenen tierischen Organismus,
unter Mitwirkung von Komplement.

Mit diesen drei Hypothesen komme ich vollkommen aus bei dem Versuch,
die Entgiftungsverhältnisse bei der antitoxischen Entgiftung zu erklären!

Für Ehrlich's Toxoid-Lehre finde ich da nirgends einen Platz.

Anders steht es mit der Toxon-Lehre Ehrlich's. Wenn man das
Tetanohämolysin in Tetanusgiftlösungen, das sogenannte Paralysin
in Diphtheriegiftlösungen und andere Nebengifte in Toxinlösungen mit
dem Sammelnamen „Toxone" bezeichnen will, so ist dagegen nichts zu
sagen. Zu dem Ehrlich'schen Toxoidbegriff haben solche Toxone aber
keine Beziehung.

Vierter Abschnitt.

Das sogenannte „Gesetz der Multipla" und die Vermeidung von Fehlerquellen bei der Antitoxinwertbestimmung.

Der Ausdruck „Das Gesetz der Multipla" fand zu einer Zeit auf
die Bindungsverhältnisse zwischen einem Toxin und seinem Antitoxin
Anwendung, als die quantitativen Wertbestimmungen noch nicht so genau

arbeiteten, wie das im Laufe der Zeit durch immer weitergehende Verfeinerung der methodischen Technik möglich wurde. Dieses „Gesetz“ besagt, dass eine Toxinlösung, von welcher beispielsweise 0,1 ml durch 0,0001 ml Antitoxinlösung bis zu L0 entgiftet wird, für 1,0 ml die 10fache, für 10,0 ml die 100fache Antitoxinmenge zur vollständigen Entgiftung braucht, so dass schliesslich 1 l Toxinlösung durch 10 ml Antitoxinlösung für Versuchstiere unschädlich gemacht wird, wenn beide Lösungen in diesem Mischungsverhältnis in vitro vereinigt und dann durch subkutane Injektion zur Resorption gebracht werden. Ein kleines plus vom Toxin soll krankmachende Wirkung haben und den L0-Wert der Mischlösung nach dem L†-Wert verschieben.

Ich will hier nicht darauf eingehen, dass der Antitoxinbedarf zur Erreichung von L0, L—, L† für eine gegebene Toxindosis für verschiedene Tierarten nicht immer der gleiche ist, dass er durch das Zeitintervall zwischen der Herstellung der Mischung und ihrer Injektion, durch den Injektionsmodus und andere Modalitäten beeinflusst wird; aber auch wenn alle solche Einflüsse ausgeschaltet werden, bleiben noch recht bemerkenswerte Ausnahmen von dem Gesetz der Multipla bestehen.

Um für die antitoxische Entgiftung des Tetanusgiftes in vitro zahlenmässige Angaben zu machen, gehen wir davon aus, dass das Antitoxin in Trockensubstanz seinen giftbindenden Wert unverändert festhält. Als eine Antitoxineinheit (= 1 A. E.) bezeichnen wir dann diejenige Substanzmenge, welche in 1 ml Flüssigkeit gelöst, 40 Millionen +ms (cf. die Zeichenerklärungen) bis zu L0 entgiftet, und eine Antitoxinlösung, welche dieser Forderung genügt, nennen wir eine einfache Normalantitoxinlösung (= Tet A N[1]). Eine Tetanusgiftlösung, welche in 1 ml 40 Millionen +ms enthält, nennen wir einfach normal (= Tet T N[1]), und solche Giftlösungen, für deren genaue Einstellung wir garantieren können, sodass sie zu Antitoxinwertbestimmungen zu benutzen sind, heissen Testgifte. Mein Tetanustestgift No. 6, welches auch bei längerem Stehen recht gut seinen Giftwert behält, hatte während des Monats März 1912 in 1 ml 320000 +ms und ist demnach $^1/_{125}$ Normalgift oder Tet T N$^{1/_{125}}$. Wollen wir mit diesem Testgift ein Tetanusheilserum von unbekanntem Antitoxingehalt auswerten, dann mischen wir in 1 ml Gesamtflüssigkeit $^1/_{1000}$ Gifteinheit (= $^1/_{1000}$ G. E.) mit demjenigen aliquoten Teil des Serums, mit welchem diese Giftdosis bis zu L0 entgiftet wird. Ist das beispielsweise der 10000. Teil eines Milliliters (= 0,0001 ml Serum), so enthält dieser Teil 320000 —Ms oder $^1/_{1000}$ A.E„ und wir haben es dann mit einem 10fachen Normalantitoxin (Tet A N[10]) zu tun. Die Prüfungsformel, in welcher diese Zahlenverhältnisse einen präzisen Ausdruck finden, ist:

$$\left.\begin{array}{l} 0,125 \text{ ml Testgift No. 6} = {}^1/_{1000}\text{ G. E.} \\ 0,0001 \text{ ml Heilserum} \end{array}\right\} \text{ in 1 ml : L0}$$

Die zur Prüfung dienende Mischlösung spritzen wir einer weissen Maus unter die Haut der rechten Vorderschenkelbeuge in einer solchen Dosis, dass die Maus auf je 10 g Gewicht 0,25 ml bekommt. Eine Maus von 16 g Gewicht (Ms [16]) soll demgemäss 0,4 ml von der Mischlösung subkutan injiziert bekommen.

Wenn wir nun im vorliegenden Fall unter den hier geschilderten Versuchsbedingungen das Heilserum als 10fach austitriert haben, so würde, wenn das „Gesetz der Multipla" zu Recht bestände, derselbe Wert auch gefunden werden müssen, falls wir statt $^1/_{1000}$ G. E. $^1/_{10\,000}$ G. E. oder $^1/_{100}$ G. E. als Prüfungsdosis wählen wollten. Das ist aber tatsächlich nicht der Fall. Mit $^1/_{10\,000}$ G. E. geprüft würde das hier in Frage stehende Serum weniger, und mit $^1/_{100}$ G. E. mehr als 10 A. E. in 1 ml enthalten.

Wollen wir mit Hilfe eines Testantitoxins eine Tetanusgiftlösung von unbekanntem indirektem Giftwert titrieren, dann lautet die Prüfungsformel:

$$\left.\begin{array}{l} ^1/_{1000}\ \text{A. E.} \\ ^1/_x\ \text{ml Tetanusgiftlösung} \end{array}\right\} \text{in 1 ml; davon 0,25 ml sk auf 10 Ms} = \text{LO.}$$

Wäre $^1/_x = 0{,}125$ ml, wie beim Testgift No. 6, dann sollte man nach dem Gesetz der Multipla erwarten, dass

$$\frac{^1/_{10\,000}\ \text{A. E.}}{0{,}0125\ \text{ml Testgift 6}} \quad \text{und} \quad \frac{^1/_{100}\ \text{A. E.}}{1{,}25\ \text{ml Testgift 6}}$$

gleichfalls LO geben; in Wirklichkeit aber enthält die Mischung mit $^1/_{10\,000}$ A. E. einen Giftüberschuss und die mit $^1/_{100}$ A. E. einen Antitoxinüberschuss. Diese Abweichungen vom Gesetz der Multipla habe ich im 12. Heft meiner „Beiträge zur experimentellen Therapie." 1912. (Meine Blutuntersuchungen) auf S. 103 ff. folgendermassen gewürdigt:

Wenn man mit einer Testantitoxinlösung eine Tetanusgiftlösung als Testgift einstellen will, so ist zu berücksichtigen, dass das sogenannte Gesetz der Multipla nur annähernd für die Neutralisierungsverhältnisse zwischen Antitoxin und Gift giltig ist. Je mehr man mit der in 1 ml Mischflüssigkeit enthaltenen Antitoxindosis unter $^1/_{1000}$ A. E. heruntergeht, um so geringer wird seine giftneutralisierende Energie, und man muss deswegen sich streng an die von mir oben aufgestellte Neutralisierungsformel halten, wenn man richtige Versuchsergebnisse bekommen will.

In meinen Beiträgen zur experimentellen Therapie vom Jahre 1900 (S. 1022 ff.) sage ich darüber folgendes:

Wird nicht für 1/1000 A. E., sondern für 1/100000 A. E. im Mäuseexperiment die Giftdosis ausfindig gemacht, welche bei subkutaner Injektion der Mischung von Gift und Antitoxin in 0.4 bis 1.0 Kubikcentimeter Lo gibt, so beträgt dieselbe nicht

$$\frac{0.008}{100} = 0.00008\ \text{ccm. G. L.}$$

(wie man erwarten sollte, wenn für die Prüfungsdosen das Neutralisierungsverhältnis gleich bliebe), sondern blos 0.0000125 ccm., wie die folgenden Versuche beweisen.

7.

Ms²⁰	Datum	1/100000 A. E. 22/VI. 98
Nr. 224	10. VII. 98	0.0000125 ccm. G. L. 2/VII. 98
	11. VII. 98	
	bis	
	16. VII. 98	 0

8.

Ms²⁰	Datum	1/100000 A. E. 22/VI. 98
Nr. 223	10. VII. 98	0.000015 ccm. G. L. 2/VII. 98

11. VII. 98	. . . .	—	
12. VII. 98	. . . . . „	—	
13. VII. 98	. . . .	—	
14. VII. 98	. . . .	—	
15. VII. 98	. . . .	—	
16. VII. 98	. . . .	—	
17. VII. 98	. . . .	—	
18. VII. 98	. . . .	—	
19. VII. 98	. . . .	—	
20. VII. 98	. . . .	0	

9.

$\mathfrak{M}\mathfrak{s}$ [20]	Datum	1/100000 A. E. 22/VI. 98
Nr. 222	10. VII. 98	0,000025 ccm G. A. 2/VII. 98
	11. VII. 98	. . . . —
	12. VII. 98	. . . . =
	13. VII. 98	. . . . =
	14. VII. 98	. . . . = erholt sich ganz
	15. VII. 98	. . . . = allmählich.
	16. VII. 98	. . . . =
	17. VII. 98	. . . . =

9a. Ergänzungsversuch.

$\mathfrak{M}\mathfrak{s}$ [19]	Datum	1/100000 A. E. 22/VI. 98
Nr. 222a	15. VII. 98	0,00003 ccm G. L. 2/VII. 98
	16. VII. 98	. . . . —
	17. VII. 98	. . . . =
	18. VII. 98	. . . . =
	19. VII. 98	. . . . =
	20. VII. 98	. . . .
	21. VII. 98	. . . . †

In anderen Versuchen, die ebenso wie die eben erwähnten sämtlich im Sommer 1898 ausgeführt worden sind, wurde ferner Lo für Gemische mit solchen Prüfungsdosen des Antitoxins ermittelt, welche einerseits zwischen 1/1000 und 1/100000 A. E. und andererseits über 1/1000 A. E. gelegen sind. Das Endergebnis wird erkennbar aus folgenden Zahlenangaben:

a) 1/10 A. E.
   0,8 ccm G. Nr. 3   } subkutan injiziert = Lo

b) 1/100 A. E.
   0,08 ccm G. L. Nr. 3   „   „   „

c) 1/1000 A. E.
   0,008 ccm G. L. Nr. 3   „   „   „

d) 1/4000 A. E.
   0,0016 ccm G. L. Nr. 3   „   „   „   im Mäuse-

e) 1/10000 A. E.
   0,0004 ccm G. L. Nr. 3   „   „   „   experiment.

f 1/40000 A. E.
   0,00005 ccm G. L. Nr. 3   „   „   „

g) 1/100000 A. E.
   0,000015 ccm G. L. Nr. 3   „   „   „

Aus diesen experimentell festgestellten Zahlenverhältnissen, die ich im Prinzip ganz ebenso für andere Tetanusgifte, z. B. für das Tetanusgift Nr. 4 und 5 bestätigt fand, lassen sich sehr wichtige Schlussfolgerungen ableiten.

Es geht daraus hervor, dass die Neutralisierung des Tetanusgiftes Nr. 3 in vitro durch solche Prüfungsdosen des Antitoxins, die 1/1000 A. E. bis 1/10 A. E. betragen, nach einer gleichmässig ansteigenden arithmetischen Progression erfolgt, so dass

$$\left.\frac{\dfrac{1\ A.\ E.}{x}}{\dfrac{40\,000\,000\ +\ Ms\ Nr.\ 3}{x}}\right\} \quad \text{immer } L\,o \text{ im Mischungsversuch gibt, falls } x$$

nicht grösser ist als 1000.

Im Einzelversuch können Abweichungen bis zu 10 pCt. vorkommen. Das ist aber sicherlich, bei der individuellen Verschiedenheit der einzelnen Versuchsmäuse, viel weniger bemerkenswert als die Tatsache, dass die Versuchsresultate in Bezug auf den Neutralisierungseffekt eine so weitgehende Uebereinstimmung zeigen. Sie steht hinter der Genauigkeit des durch Farbenreaktionen, beim Zusammenbringen von Alkali und Säure, quantitativ zu bestimmenden Neutralisierungseffektes nicht zurück.

Es muss aber sehr scharf betont werden, dass der zu 40000000 -Ms berechnete Antitoxinwert von 1 A. E. sich nur auf Prüfungsdosen bezieht, die nicht kleiner oder grösser sind als 1/1000 A. E.

Fünfter Abschnitt.

Die Preussische Prüfungsvorschrift für das Tetanusheilserum.

„Das Tetanusheilserum unterliegt der staatlichen Prüfung durch das Königliche Institut für experimentelle Therapie in Frankfurt a. M.

Die Prüfung erstreckt sich auf festes und flüssiges Serum.

I. Allgemeine Erfordernisse. Das flüssige Serum soll klar sein und darf höchstens einen geringen Bodensatz zeigen; Serum mit starker bleibender Trübung oder stärkerem Bodensatz darf nicht zugelassen werden. Es muss 0,5 pCt. Karbolsäure bzw. 0,4 pCt. Trikresol enthalten. Das flüssige Serum muss als solches unmittelbar dem Tierkörper entstammen. Ein Eindicken von Serum oder das Auflösen von festem in flüssigem Serum ist nicht gestattet. Jedes Serum ist auf seinen Eiweissgehalt zu untersuchen; dieser darf 12 pCt. nicht überschreiten.

Das feste Serum soll gelblich sein, mehr oder minder durchscheinende Plättchen oder ein weisses Pulver darstellen, das sich in der zehnfachen Menge Wasser von Zimmertemperatur binnen einer halben Stunde zu einer in Farbe und Aussehen dem flüssigen Serum entsprechenden Flüssigkeit löst. Es wird im Vakuumröhrchen aufbewahrt; ein Zusatz irgend eines konservierenden Mittels ist nicht gestattet.

II. Prüfung auf Unschädlichkeit. Zur Prüfung auf Keimfreiheit sind je 4—5 Tropfen des Serums

1. mit einem Röhrchen Fleischpeptonagar,
2. mit einem Röhrchen Traubenzucker (Hohe Schicht),
3. mit 2 Bouillonröhrchen

zu mischen. Röhrchen ad 1 wird zur Platte ausgegossen. Die Kulturen sind im Brutschrank bei etwa 37° 6 Tage lang zu beobachten. Entwickeln sich aus dem Serum in dieser Zeit Keime, so ist es zu verwerfen.

Zur Prüfung auf Ungiftigkeit sind einer Maus 0,5 ml des Serums bzw. der Lösung unter die Haut zu spritzen. Bietet das Tier Erscheinungen, welche auf einen zu hohen Gehalt des Serums an konservierender Flüssigkeit oder auf einen Gehalt an giftigen Stoffen zu beziehen sind, so ist das Serum zu verwerfen.

In gleicher Weise erhält ein Meerschweinchen 10 ml des ffüssigen Serums bzw. der entsprechenden Lösung subkutan. Beobachtungsdauer 6 Tage.

III. Prüfung auf den Eiweissgehalt. Die Bestimmung des Eiweissgehaltes erfolgt mittels Alkoholfällung und Abwägung.

IV. Prüfung des Wertes. Der Wertmessung wird zu Grunde gelegt ein Stammserum von genau bestimmtem Wert, das unter Ausschluss von Sauerstoff und Wasser in abgemessenen Mengen in besonders gearbeiteten Vakuumröhrchen im Institut für experimentelle Therapie in Frankfurt a. M. aufbewahrt wird. Zur Zeit beträgt der Inhalt eines Röhrchens 0,26 A. E.

Das Testgift wird ebenfalls in Vakuumröhrchen aufbewahrt, nachdem es vorher auf seinen Keimgehalt untersucht ist. Abgesehen von ganz einzelnen Tetanussporen darf es keine fremden Keime enthalten.

Vor dem jedesmaligen Gebrauch ist je ein Vakuumröhrchen mit dem Gift zu öffnen und in 0,85 proz. Kochsalzlösung aufzulösen.

Die Prüfung eines Serums erfolgt an weissen Mäusen in einer doppelten Versuchsreihe. In der ersten Reihe wird durch Mischung von $^1/_{1000}$ A. E. des Stammserums mit abgestuften Mengen des Testgiftes erstens diejenige Menge Gift ermittelt, welche von $^1/_{1000}$ A. E. vollkommen neutralisiert wird, sowie zweitens diejenige Menge Gift, in welcher trotz Zufügung von $^1/_{1000}$ A. E. ein solcher Giftüberschuss wirksam bleibt, dass der Tod des Versuchstiers innerhalb 4 Tagen erfolgt.

In der zweiten Reihe wird der gleichen Anzahl Tiere in gleicher Weise unter die Haut gespritzt eine Mischung der gleichen Menge Gift mit derjenigen Menge des zu prüfenden Serums, welche nach den Angaben der Fabrik $^1/_{1000}$ A. E. enthalten müsste.

Zwecks Anstellung der Versuche wird entweder $^1/_{10}$ A. E. in 1 ml Wasser gelöst und mit der entsprechenden Menge Gift und Wasser versetzt, dass das Gesamtvolumen 40 ml beträgt, oder es wird bei ausschliesslicher Benutzung von Präzisionspipetten 1 ccm einer Antitoxinlösung, die $^1/_{100}$ A. E. in 1 ml enthält, mit den entsprechenden Mengen Gift und soviel Wasser versetzt, dass das Gesamtvolumen 4 ml beträgt. Nachdem diese Mischung 30 Minuten bei Zimmertemperatur gestanden hat, wird einer Maus von ca. 15 g Gewicht 0,4 ml der Mischung, enthaltend $^1/_{1000}$ A. E. unter die Haut des rechten Hinterbeins injiziert.

Die gestorbenen Tiere sind auf interkurrente Krankheiten zu untersuchen. Die Beobachtungsdauer beträgt 6 Tage. Ergeben die beiden

Reihen übereinstimmende Resultate, so entspricht der Wert des geprüften Serums den Angaben; ist das Ergebnis bei dem geprüften Serum günstiger, so hat es einen höheren, im umgekehrten Falle einen niedrigeren Wert als angegeben.

Zeigt die Prüfung, dass der mit mehr als 6 Antitoxin-Einheiten angegebene Wert nicht vorhanden ist, so erfolgt ohne weiteres die Zulassung unter dem durch Vergleich der beiden Reihen festgestellten Wert, sofern dieser noch den vorgeschriebenen Mindestgehalt erreicht.

Die Prüfungsgebühren sind nach dem ermittelten Wert zu berechnen.

Ueber eine nochmalige Zulassung beanstandeter Sera zur Prüfung entscheidet der Direktor des Instituts für experimentelle Therapie. Bei gesundheitsschädlicher Beschaffenheit eines Serums, insbesondere Anwesenheit pathogener Keime kann auf Antrag des Direktors durch das Ministerium die Vernichtung angeordnet werden.

Zur Prüfung sind seitens der Fabrikationsstätte je 6 Fläschchen mit 4—5 ml flüssigem bzw. 0,4—0,5 g festem Serum einzusenden.

V. Nachprüfung. Sämtliche Sera sind nach einem Zeitraum von 2 Jahren einer Nachprüfung zu unterziehen, die sich bei dem flüssigen Serum auf Klarheit und Wert, bei dem festen auch auf Löslichkeit zu erstrecken hat. Bei einer Abschwächung, die mehr als 10 pCt. des anfänglichen Wertes beträgt, findet die Einziehung des betreffenden Serums statt.

Nach Ablauf von 3 Jahren werden sämtliche flüssigen Sera wegen Ablaufs der staatlichen Gewährsdauer serienweise auf Antrag des Direktors des Instituts für experimentelle Therapie eingezogen.

Die festen Sera unterliegen dieser Nachprüfung nicht, jedoch ist ihre Nachprüfung von 2 zu 2 Jahren zu wiederholen.

VI. Besondere Bestimmungen. Der Mindestgehalt an Antitoxineinheiten soll sein:

a) für das flüssige Serum 4 oder 6 A. E. in 1 ml,
b) für das feste Serum 40 oder 60 A. E. in 1 g.

Die Prüfungsgebühr beträgt:

a) bei dem flüssigen Serum mit einem Gehalt von 4—6 A. E. 5 pCt. des Verkaufspreises der Fabrikationsstätte,
b) bei dem flüssigen Serum mit einem Gehalt von mehr als 6 bis 10 A. E. 20 Mark für 1 Liter,
c) bei dem festen Serum mit einem Gehalt von 40—60 A. E. 5 pCt. des Verkaufspreises der Fabrikationsstätte,
d) bei dem festen Serum mit einem Gehalt von mehr als 60 bis 100 A. E. 20 Mark für je 100 g.

Die Mindestmenge des zur Prüfung einzubringenden Serums wird bei dem flüssigen Serum auf 10 (a) bzw. 5 (b) Liter, bei dem festen auf 500 (c) bzw. 250 g (d) festgesetzt."

<hr>

Sechster Abschnitt.

Heilserum-Reinigung.

Durch Zerlegung von Tetanusheilserum und Diphtherieheilserum in seine einzelnen Bestandteile (Wasser, Salze, Proteinkörper, fermentartig wirkende Substanzen, z. B. Fibrinferment, Katalasen und Oxydasen,

Farbstoff) konnte zunächst die Tatsache festgestellt werden, dass die antitoxische Energie mit dem Blutprotein untrennbar verbunden ist; bei der Analyse der Proteinkörper zeigte sich dann, dass man durch Uebersättigung mit Magnesiumsulfat das Albumin entfernen kann ohne Antitoxineinbusse. Die durch Magnesiumsulfat ausgefällten Proteinkörper der Heilsera können durch Ammonsulfatfällung noch weiter differenziert werden in eine von mir Paralbumin genannte Substanz, welche in reinem Wasser löslich ist, und in die Al. Schmidt'schen Globuline, welche nur bei Gegenwart von Salzen, Alkali oder Säure wasserlöslich sind. Die Globuline fand ich, wenn nicht vollkommen antitoxinfrei, so doch sehr antitoxinarm. Im wesentlichen wird demnach der antitoxisch wirksame Körper im Diphtherieheilserum und Tetanusheilserum durch das Paralbumin repräsentiert.

Um die Antitoxine möglichst rein zu erhalten, erwächst uns somit die Aufgabe, aus dem Heilserum alle Bestandteile bis auf das Paralbumin wegzuschaffen. Zur Erreichung dieses Zwecks habe ich sehr viele Mittel und Methoden auf ihre Leistungsfähigkeit genau geprüft, u. a. Ammonsulfat, Kalialaun, Magnesiumsulfat, Säuren, Kalksalze, Filtration und Adsorption durch schleimige und gelatinierende Substanzen, die Dialyse usw. Hauptsächlich kam es mir dabei darauf an, das Paralbumin vom Globulin und Albumin zu befreien.

Ueber die Eigenschaften und die Gewinnungsweise der Globuline will ich Alexander Schmidt („Zur Blutlehre" 1892) zitieren, von welchem der Name „Globulin" für die hier in Frage stehende Proteingruppe herstammt.

Al. Schmidt (l. c. S. 131) bezeichnet das, was heute manche Autoren Euglobulin nennen, als Paraglobulin. Er leitet diesen Proteinkörper ab vom Cytoglobin, einem in reinem Wasser löslichen Abkömmling des Cytins aus Blutleukozyten und den Zellen der verschiedenen Organe. Das Cytoglobin kann in vitro zerlegt werden in das Präglobulin und in ein Produkt, „welches zwar sehr stickstoffreich ist, aber doch keine Eiweisskörper darstellt" (Nukleinsäure). Das Präglobulin steht dem im Blutplasma und Serum vorkommenden Paraglobulin sehr nahe. Es ist unlöslich in reinem Wasser, ausserordentlich leicht löslich in verdünnten und in kohlensauren Alkalien, unlöslich in Essigsäure, selbst beim Kochen, und unterscheidet sich dadurch von dem in alkalischem Wasser und im Säureüberschuss löslichen Paraglobulin. Konzentrierte Salz-, Schwefelund Salpetersäure lösen das Präglobulin auf, aber offenbar unter wesentlicher Veränderung seiner Substanz. Die salpetersaure Lösung wird durch Uebersättigung mit Ammoniak orangefarben. Eine alkalische Präglobulinlösung wird, auch wenn kein Alkaliüberschuss vorhanden ist, weder durch Kochen noch durch Alkohol gefällt, ausser wenn Neutralsalze zugegen sind . . . Der Alkoholniederschlag des gereinigten Präglobulins ist wieder leicht löslich in hochgradig verdünnter Natronlauge und wird aus dieser Lösung durch Essigsäure als ein im Ueberschuss der Säure unlöslicher, in Kochsalz löslicher Körper gefällt: kurz eine Veränderung der Substanz hat nicht stattgefunden. Konzentrierte Alkalien wandeln das Präglobulin in Alkalialbuminat um. Durch Pepsinsalzsäure und durch Trypsin ist das Präglobulin ebenso wie das Cytoglobin wenig oder gar nicht verdaulich. Im Blutserum und im filtrierten Plasma löst sich das Präglobulin, da diese Flüssigkeiten alkalisch reagieren, leicht auf. Hierbei hebt das Präglobulin — ebenso wie das Cytoglobin — die spontane Gerinnungsfähigkeit des Plasmas auf. Das Präglobulin wirkt nur sehr schwach katalysierend auf Wasserstoffsuperoxyd; das andere in Wasser lösliche Spaltungsprodukt des Cytoglobins (Nukleinsäure) verhält sich in dieser Beziehung vollständig indifferent, ebenso auch gegenüber der Faserstoffgerinnung. Mehreren Versuchen zufolge lieferte das Cytoglobin bei der Zersetzung durch Essigsäure 56 bis 61 pCt. Präglobulin.

Hierzu ist zu bemerken, dass Al. Schmidt die Muttersubstanz des Präglobulins, das Cytoglobin, für seine Versuche aus Lymphdrüsen, Milzzellen und farblosen Blutkörperchen mit gleichmässigem Ergebnis gewonnen hatte. Lebercytoglobin verhält sich insofern anders, als daraus das Präglobulin nicht vollständig zur Fällung gebracht werden kann. L. c. S. 133 sagt Schmidt darüber folgendes: „Beim vorsichtigen Ansäuern einer wässerigen, aus Leberzellen gewonnenen Cytoglobinlösung trübt sie sich zwar anfangs, aber lange bevor die Zersetzung beendet ist, schwindet die Trübung bei weiterem Säurezusatz wieder."

Das aus Leberzellen herstammende Präglobulin verhält sich demnach in dieser Beziehung wie das Paraglobulin der Blutflüssigkeit.

Cytoglobin dreht die Polarisationsebene nach links, Präglobulin dreht nach rechts. 13 ml von einer 2,175 proz. Präglobulinlösung, welche durch 0,4 ml Normalnatronlauge aufgelöst waren, opaleszierten sehr stark; erst nach weiterem Zusatz von 8 ml Normalnatronlauge war die Lösung soweit geklärt, um auf ihre polarisierende Wirkung untersucht werden zu können, und zeigte dann eine spezifische Drehung von 81,4°. Bei dieser Behandlung ist zweifellos Alkali-Globulinat entstanden.

Löst man Präglobulin im Blutserum oder in filtriertem Plasma auf und fügt dann sofort ein paar Tropfen Essigsäure hinzu, so erhält man einen im Ueberschuss der Säure löslichen Niederschlag (Acid-Globulin).

Bei längerem Kontakt mit der Blutflüssigkeit wird das Präglobulin bei Essigsäureüberschuss löslich und kann dann vom Paraglobulin nicht unterschieden werden. Das Paraglobulin besitzt, wie das Präglobulin, katalytische Kraft, im Gegensatz zu dem katalytisch unwirksamen Paralbumin und Albumin.

Vom Paraglobulin unterscheidet Schmidt das aus dem Paraglobulin dnrch partielle Umwandlung oder Spaltung entstehende Metaglobulin (S. 199), welches bei der Blutgerinnung Fibrin liefert. „Mit der Zelle beginnend und mit dem Faserstoff endigend, erhalten wir die folgende Reihe von auseinander hervorgehenden Stoffen: Cytin, Cytoglobin, Präglobulin, Paraglobulin, fibrinogene Substanz (Metaglobulin), lösliches Zwischenprodukt der Faserstoffgerinnung (flüssiger Faserstoff), Faserstoff."

Das zur Fibringerinnung erforderliche Fibrinferment ist ein steter Begleiter des Paraglobulins. Die Tatsache, dass nach der Blutgerinnung noch Paraglobulin im Serum vorhanden ist, erklärt Al. Schmidt mit dem Zurückbleiben eines in Metaglobulin nicht übergehenden, sondern ungespalten in der Flüssigkeit nach der Gerinnung zurückbleibenden Restes, aus welchem nur das Blutplasma, so lange es als solches besteht, Metaglobulin zu erzeugen vermag (S. 193).

Alle oben angeführten cytogenen Proteinstoffe habe ich, auch wenn das Blut, aus dem sie gewonnen wurden, noch so hochwertig war, antitoxisch wenig oder gar nicht wirksam im Tetanusheilserum gefunden.

Mit Rücksicht darauf nun, dass der antitoxische Proteinkörper sich von der durch Alexander Schmidt definierten Globulingruppe durch seine Löslichkeitsverhältnisse scharf unterscheiden lässt, und weil er dem Albumin in dieser Beziehung näher steht als den Globulinen, nenne ich ihn Paralbumin.

Zur Geschichte der Globuline ist folgendes zu sagen: Was Al. Schmidt als „Globulin" bezeichnete, ist im grossen und ganzen identisch mit Panum's Serumkasein". Panum („Ueber einen konstanten, mit dem Kasein übereinstimmenden Bestandteil des Blutes", Virch. Arch., Bd. 3) fällte durch Verdünnen des Blutes mit reinem Wasser oder durch Ansäuern sein Serumkasein aus. Kühne fällte Paraglobulin aus Blutserum aus, indem er nach der Serumverdünnung noch Kohlensäure durchleitete.

Im Gegensatz zu Schmidt benannte Hammersten alle durch überschüssiges Magnesiumsulfat fällbaren Proteinkörper mit dem Wort „Globulin" (Zeitschr. f. phys. Chemie, Bd. 8; Pflüger's Arch., Bd. 17 u. 18). Von der Voraussetzung ausgehend, dass nur zwei Proteinarten, Albumin und Globulin, im Blutserum vorhanden sind, schloss er aus der Tatsache, dass man durch Zusatz von Magnesiumsulfat im Ueberschuss zum Serum und nachträgliches Filtrieren zweifellos Albumin im Filtrat bekommt, alles durch Magnesiumsulfat fällbare Protein müsse Globulin sein.

Wenn man aber die Proteinkörper einzig und allein auf Grund von Fällungsreaktionen differenziert, so setzt man sich dem Vorwurf aus, den Duclaux gegen ein solches Verfahren erhob, indem er sagte, dass man dann ebenso gut die auf demselben Baume gewachsenen Aepfel unterscheidet und mit verschiedenen Namen belegt, je nachdem sie beim ersten, zweiten, dritten Schütteln usw. herunterfallen. Es können ja tatsächlich dabei Unterschiede sich möglicherweise feststellen lassen, insofern als die wurmstichigen, die grossen, die kleinen Früchte nacheinander fallen. Das muss dann aber im Einzelfall doch erst durch besondere Untersuchung der Fallprodukte bewiesen werden. Dieser Forderung ist Schmidt gerecht geworden, indem er das im Blute vorkommende und vom Albumin durch Dialyse trennbare Paraglobulin und Metaglobulin auf Derivate von solchen Körperzellen zurückführte, in welchen kein Albumin vorkommt. Ob innerhalb der Proteinmasse des Blutserums nach der Paraglobulinausscheidung sich noch verschiedene Proteinmodifikationen innerhalb der Albumingruppe nachweisen lassen, darüber hat Schmidt nichts ausgesagt. Jetzt wissen wir durch Kristallisierungsversuche, Prüfung der Koagulationstemperaturen, Bestimmung der optischen Eigenschaften usw., dass das tatsächlich der Fall ist. Der Nachweis eines Proteinkörpers in der Schmidt'schen Albumingruppe, welcher ausser durch seine besonderen Fällungsgrenzen noch durch die antitoxische Funktion sich von der übrigen Albuminmasse unterscheidet, berechtigt und verpflichtet uns jedenfalls, ihm einen beson-

deren Namen zu geben. Wie nun Schmidt innerhalb seiner Globulingruppe die von ihm auf Zellderivate zurückgeführten Proteine wegen
ihrer verschiedenartigen Anteilnahme am Gerinnungsprozess als Paraglobulin und Metaglobulin unterschieden hat, so unterscheide ich innerhalb der Albumingruppe das Paralbumin von den übrigen Albumin-
modifikationen wegen seiner Sonderstellung in bezug auf die Gewinnung
von antitoxischer Energie im Immunisierungsprozess. Die Kennzeichnung
des antitoxischen Proteins als Albuminmodifikation, im Gegensatz zu der
seit Hammarsten üblichen Charakterisierung als Globulinmodifikation,
wird übrigens um so mehr berechtigt erscheinen, nachdem Howell (The
proteids of the blood etc. Amer. Journ. of Phys., 1906, Bd. 17) den
durch Dialyse und Essigsäurezusatz nicht fällbaren Anteil an dem im
Magnesiumniederschlag erscheinenden Protein als ein Albumin erkannt
hat, welchem Lezithin anhaftet und deswegen andere Fällungsbedingungen
zeigt wie das übrige Serumalbumin.

Morawitz (l. c. S. 73) acceptiert für den Proteinkörper, welchen
ich Paralbumin nenne, die von Fuld und Spiro eingeführte Bezeichnung
„Pseudoglobulin“, welchem Schmidt's Globuline als „Euglobuline“
gegenübergestellt werden. Zur Differenzierung der gegenwärtig besonders
benannten Plasma- und Serumproteine empfiehlt Morawitz die Fraktio-
nierung mit Natriumsulfat (nach den Angaben von Hopkins und Pinkus,
Journ. of phys., 1901, Bd. 27) mit folgenden Worten: „Das Plasma
oder Serum wird mit Kochsalzlösung auf das doppelte bis vierfache
Volumen aufgefüllt. Eine Probe wird zur Bestimmung des Gesamtstick-
stoffs abgemessen, weiterhin je eine Probe mit $\frac{1}{4}$ Volum (a), $\frac{1}{2}$ Volum
(b) und dem gleichen Volum (c) bei 32^0 gesättigter Natriumsulfatlösung
versetzt. Die Mischungen lässt man 3—6 Stunden bei etwa 37^0 stehen.
Vom Filtrat wird ein abgemessenes Volumen zur N-Bestimmung nach
Kjeldahl verwandt. Die bei a ausfallende Fraktion entspricht im wesentlichen dem Fibrinogen, b der Eu- und c der Pseudoglobulin(Paralbumin)-
fraktion. Der Anteil der einzelnen Fraktionen berechnet sich aus dem
Stickstoffgehalte des Filtrates und dem Gesamt-N-Gehalt (von letzterem
muss der sog. inkoagulable N abgezogen werden). Also Gesamtstickstoff
minns Stickstoff des Filtrates von a = N-Gehalt der Fibrinogenfraktion.
Die Methode besitzt vor der Ammonsulfatmethode den grossen Vorzug,
dass das oft sehr langwierige Auswaschen vermieden wird. Kalium-
azetat gibt etwas andere Werte und scheint weniger geeignet zu sein
(Wallerstein).“

Kauder (Arch. f. exp. Path. u. Pharm., Bd. 20) und Pohl (eben-
daselbst) führten zur Differenzierung der Serumproteine die fraktionierte
Ammonsulfatfällung ein.

Patein (Journ. de pharm. et de chémie, 1907, Bd. 25; und Soc.
de Biologie, 1907, Bd. 53) trennte die Gruppe der Schmidt'schen Globuline innerhalb des Magnesiumniederschlags von einem Proteinkörper
ab, welcher der Anforderung Schmidt's, dass jedes Globulin, durch
Essigsäure gefällt, im Ueberschuss dieses Fällungsmittels wieder löslich
sein soll, nicht genügte, also wohl meinem Paralbumin entsprach. Das
Metaglobulin konnte er durch die Koagulationstemperatur vom Paraglobulin unterscheiden und dieses wiederum durch 0,6 proz. NaCl-Lösung
in eine lösliche und unlösliche Fraktion zerlegen.

Durch fraktionierte Ammonsulfatfällung bei weniger als 33 pCt. Sättigung unterschieden Fuld und Spiro das Schmidt'sche Globulin unter dem Namen „Euglobulin", von dem erst zwischen 34—46 pCt. Sättigung ausfallenden „Pseudoglobulin" als verschiedenartig funktionierende Proteine, indem sie die Beziehung dieser Proteinfraktionen zur Milchgerinnung differentialdiagnostisch verwerteten. Sie fanden das Euglobulin labend, das Pseudo-globulin labhemmend.

Pick (Hofmeister's Beiträge, Bd. 1) fand gewisse Immunkörper nur der einen oder der anderen von den obengenannten Fraktionen anhaftend.

Porges und Spiro (Hofmeister's Beiträge, Bd. 3), sowie Freund und Joachim (Zeitschr. f. phys. Chemie, Bd. 36) haben zwischen 28 pCt. bis 46 pCt. Ammonsulfatsättigung nicht bloss zwei, sondern drei Proteinfraktionen auf Grund des Gehalts an Kohlenstoff und Wasserstoff und auf Grund von Differenzen in den optischen Konstanten unterschieden.

Morawitz, welchem ich diese Angaben grösstenteils entnehme, sagt (l. c. S. 74): „Man wird wohl nach diesen Untersuchungen nicht daran zweifeln dürfen, dass die Eiweisskörper, welche die grosse Gruppe des Serumglobulins bilden, nicht einheitlicher Natur sind." Uebrigens geht in den Magnesiumsulfatniederschlag auch noch ein Nukleoproteid über, welches nach Pekelharing (Centralbl. f. Phys., 1895, Nr. 3) mit dem Zymogen des Fibrinferments identisch sein soll.

Durch Befreiung des Paralbumins von den übrigen Proteinstoffen im Tetanusheilserum wird der auf 1 mg Trockensubstanz berechnete Antitoxingehalt durchschnittlich um das Doppelte erhöht; jedoch wechselt in Heilseris von verschiedener Herkunft der Konzentrationseffekt in ziemlich weiten Grenzen. Im allgemeinen habe ich die Erfahrung gemacht, dass er beträchtlicher ist in geringwertigen wie in hochwertigen Operationsnummern.

Als Methode zur quantitativen Proteinbestimmung bevorzuge ich die Essigsäuremethode vor der auf S. 251 in der Prüfungsvorschrift empfohlenen Alkoholmethode namentlich aus dem Grunde, weil manche Proteinmodifikationen alkohollöslich sind und in das Filtrat übergehen. Nennenswerte Abweichungen habe ich aber bei vergleichender Prüfung dieser beiden Methoden nicht gefunden. Der Proteingehalt verschiedener Pferdesera schwankte in meinen unzähligen Einzelversuchen zwischen 5—11 pCt. Niedrige Zahlen fanden sich besonders bei solchen Pferden, denen innerhalb eines kurzen Zeitraums grosse Blutmengen entzogen waren.

Wenn wir es nun beispielsweise mit einem vierfachen Heilserum zu tun haben, dessen ursprünglicher Proteingehalt 10 pCt. beträgt, so enthält 1 ml 4 A. E. in 100 mg Proteinsubstanz und 1 mg Protein liefert dann $^1/_{25}$ A. E. Das aus einem solchen Heilserum gewonnene reine Paralbumin aber enthält in der Regel ca. $^1/_{10}$ A. E., so dass eine 10proz. Paralbuminlösung zu einer 10fachen Antitoxinlösung geworden ist und eine Konzentration ums $2^1/_2$fache erfahren hat.

Zur Frage nach dem materiellen Substrat der antitoxischen Funktion in einem Heilserum liegen viele Experimentalarbeiten (von Emmerich, Tizzoni, Aronson, Smirnow, Brieger, Freund, Seng, Pick,

Gibson u. A.) vor. Ausführlich hat über seine Versuche, den Anteil der verschiedenen Proteinfraktionen am Diphtherieantitoxingehalt des Serums quantitativ zu bestimmen, vor 15 Jahren Dieudonné in den „Arbeiten aus dem Kaiserlichen Gesundheitsamt" berichtet unter dem Titel: Ueber diphtheriegiftneutralisierende Wirkungen der Serumglobuline.

Dieudonné fand das nach der Hammarsten'schen Methode ausgefällte und beim Filtrieren auf dem Filter zurückbleibende Magnesiumsulfat-Protein in höherem Grade antitoxisch wirksam wie das Gesamtprotein des Serums. Das in das Infiltrat übergehende Albumin fand er unwirksam. Dialysierte er das Magnesiumsulfatprotein, so fiel Globulin aus, und dieses war dann — auf Trockensubstanz berechnet — etwas mehr antitoxisch wirksam, wie das gelöst gebliebene Protein. Das letztere bestand, wie ich auf Grund der experimentell gewonnenen Daten annehmen muss, aus Paralbumin plus Albumin, während das ausgefallene Globulin seinerseits noch wasserlösliches Paralbumin enthalten haben musste.

Eine bessere Trennung der einzelnen Proteinfraktionen erfolgte, als Dieudonné eine Auflösung des Magnesiumsulfatproteins mit Hilfe von Kohlensäuredurchleitung ausfällte. Das auf diese Weise isolierte Globulin war um ein Vielfaches stärker wirksam, wie das Protein der ursprünglichen Lösung. Sein Kohlensäure-Globulin gewann er auf folgende Art: 2 ml eines 100 fachen Diphtherieserums wurden mit dem 10 fachen Volumen Wasser verdünnt und darauf CO_2 eingeleitet. Der sich hierbei bildende reichliche, feinflockige Niederschlag wurde in 2 proz. Kochsalzlösung gelöst und die Lösung zu weiterer Reinigung der Dialyse im strömenden Wasser unterworfen. Hierbei fiel ein feiner Niederschlag im Dialysatorschlauch zu Boden, welcher von der darüberstehenden Flüssigkeit durch Dekantieren und Filtrieren getrennt wurde. Der aus fast reinem Globulin bestehende Filterrückstand wurde schliesslich in 4 ml einer 2 proz. Kochsalzlösung gelöst. Nach meinen eigenen Erfahrungen bekommt man auf diese Weise ca. 0,4 pCt. vom Gesamtprotein in Gestalt von reinem Globulin.

0,01 ml von der Globulinlösung enthielt ca. 2500 — M, das gesamte Globulin in 4 ml demnach $400 \times 3500 = 1\,000\,000 - M = 40$ A. E., also den fünften Teil des in 2 ml Ausgangsmaterial enthaltenen Antitoxingehalts. Das ist viel mehr, als ich selbst in ähnlichen Versuchen auf das Globulin an Antitoxin fallen sah. Nehmen wir an, das 100 fache Serum hätte 10 pCt. Protein gehabt, so würde 1 mg Protein 1 A. E. enthalten haben, während das Globulin, dessen Gesamtmenge höchstens 1 mg betrug, in 1 mg 40 A. E. gehabt haben würde[1]).

Meine Versuche sind freilich mit denen von Dieudonné nicht ohne weiteres vergleichbar, da sie sich vorwiegend auf das Tetanusheilserum beziehen.

Dieudonné kam durch seine Untersuchungen zu der Meinung, dass der antitoxisch wirksame Körper von den Proteinen bei ihrer Ausfällung

---

1) Ich habe die Beobachtung gemacht, dass schon kurz dauernde Beeinflussung des Paralbumins durch Anionen und Kationen (Säure- und Alkaliwirkung) seine Ueberführung in Acidalbumin bzw. Alkalialbuminat veranlasst und ich halte es nicht für ausgeschlossen, dass Dieudonné in seine Globulinfraktion derartig modifiziertes Paralbumin hineinbekommen hat.

nur mitgerissen werde, und dass seine wahre Natur uns noch unbekannt
sei. Diese Meinung kann ich nicht teilen, glaube vielmehr, dass im
Immunisierungsprozess die Proteine selbst es sind, welche mit antitoxischer Energie beladen werden.

Schon durch die Möglichkeit einer Antitoxinkonzentration im Heil-
serumreinigungsprozess sind wir in der Lage, ein Heilserum wertvoller
zu machen, da mit der Höherwertigkeit einer Antitoxinlösung ihre Fähigkeit zur Hervorrufung schädlicher, insbesondere anaphylaktischer Nebenwirkungen immer geringer wird. Nun habe ich aber gefunden, dass
der anatoxische Index, d. h. die Minimaldosis von Proteinsubstanz,
welche bei sensibilisierten Individuen anaphylaktische Vergiftungssymptome auslöst, im „gereinigten" Serum ein anderer ist als im Vollserum:
Die Proteindosis zur Erzeugung anaphylaktischer Symptome
übersteigt beim „gereinigten" Serum um ein Mehrfaches diejenige Proteindosis, welche beim Vollserum dazu genügt.
Durch diese Entdeckung gewinnt die Heilserumreinigung grosse
praktische Bedeutung. Wenn z. B. ein gereinigtes Tetanusheilserum-
präparat Op Nr. 1 bei 1,1 pCt. Proteingehalt 2fach normal ist, in 1 ml
also 11 mg Protein enthält, und wenn 2 mg Protein von diesem Präparat (tödliche Minimaldosis für ein gegen Pferdeserum sensibilisiertes
Meerschwein bei der Einspritzung in die Blutbahn $=$ 1 Anatoxineinheit)
1 A. E. enthalten, so wird die Wahrscheinlichkeit des Auftretens von anaphylaktischen Vergiftungssymptomen nach der Anwendung dieses Präparats
zur Reinjektion bei sensibilisierten Menschen viel kleiner sein, als bei der
Anwendung des Heilserums, von welchem dieses Präparat herstammt.
Ich habe es gewonnen aus einem Tetanusheilserum mit 6 A. E. und
100 mg Protein in 1 ml, in welchem $^4/_5$ mg Protein 1 An. E. und 100 mg demgemäss 125 An. E. enthielten. Auf 6 A. E. kommen hier also 125 An. E.,
so dass 1 An. E. $= \frac{6}{125} =$ ca. $\frac{1}{21}$ A. E. war, während in Op Nr. 1 $\frac{11}{2}$ An. E.
$=$ 2 A. E. enthielten oder 1 An. E. $= {}^4/_{11} =$ ca. $^1/_3$ A. E. Die Wahrscheinlichkeit, anaphylaktische Vergiftunssymptome zu erzeugen, ist danach bei
Op Nr. 1 7mal geringer wie bei dem nicht gereinigten Heilserum.
Ob ein so weit gehend entgiftetes Heilserumpräparat überhaupt noch
zur Erzeugung anaphylaktischer Symptome bei sensibilisierten Menschen
befähigt ist, werden die Erfahrungen entscheiden, welche gelegentlich von
Blutmengebestimmungen mit Hilfe meiner antitoxischen Methode in
verschiedenen Kliniken gesammelt werden.

Neuntes Kapitel.

Die Lehre von den diastatischen Prozessen.

Erster Abschnitt.

Malzdiastase, Oxydasen, Katalasen, Laccase, Zymasen usw.

Der Name Diastase verdankt seinen Ursprung dem Umstand, dass bei der Gersteverzuckerung im Brauverfahren der Gerstenaufguss in drei Schichten zerlegt (diastasiert) wird, von welchen die oberste und die unterste aus der unlöslichen Hüllsubstanz des Gerstenkorns, die mittlere aus gelöstem Dextrin besteht. Nach dem Vorgang von Duclaux wurden in Frankreich und auch wohl in anderen Ländern alle Fermente, welche chemische Umsetzungen einer komplexen organischen Substanz bewirken, als Diastasen bezeichnet, auch wenn dabei keine mit dem Auge wahrnehmbare „Diastasierung" stattfindet. Je nachdem Stärke, Zucker, Fette usw. Objekt des Fermentationsprozesses sind, spezifiziert man dann den Kollektivbegriff „Diastase" durch entsprechende Wortbildungen mit der Endung „ase", z. B. Amylase, Saccharase, Lipase usw.

Die Blutgerinnung, bei welcher wir, wie bei der Malzdiastase, gleichfalls eine Schichtbildung, (oben Speckhaut, in der Mitte und seitlich Flüssigkeit, unten Cruormasse) beobachten, ist eine Diastasierung im strengen Sinne des Wortes. Das Gerinnungsferment könnten wir demgemäss als „Haemase" bezeichnen. Wenn es im Plasma Fibrin erzeugt, nennen wir es „Plasmase".

Wegen ihrer epochemachenden Bedeutung will ich die Geschichte der Malzdiastase hier etwas genauer berichten.

Nachdem im Jahre 1823 Dubrunfort gezeigt hatte, dass die aus gekeimter Gerste gewonnene Malzsubstanz Stärke bei Gegenwart von Wasser saccharifizieren kann, bewiesen im Jahre 1832 Payen und Persoz, dass diese Malzwirkung zurückgeführt werden kann auf ein im Malz enthaltenes lösliches Agens. Sie gewannen dieses Agens in konzentrierter Form auf folgende Art: Zunächst wurde Malz mit Wasser extrahiert, dann das wässrige Extrakt mit Alkohol gefällt und schliesslich das alkoholische Präzipitat mit Hilfe von destilliertem Wasser wieder aufgelöst, bzw. in wässriger Stärkeaufschwemmung zur Auflösung gebracht. Duclaux sagt darüber wörtlich in seinem „Traité de Microbiologie" (1899):

„Du liquide de macération du malt, Payen et Persoz apprennent à retirer, par l'action de l'acool, une substance solide, blanche, amorphe, neutre, sans saveur marquée, insoluble dans l'acool, soluble dans l'eau et dans l'acool faible, et non précitable par le sousacétate de plomb. Chauffée de 70 à 75° avec de la fécule en présence de l'eau, elle en sépare une substance soluble, qui est la dextrine, étudiée quelque temps auparavant par Biot, tandis que les téguments insolubles dans l'eau surnagent ou se précipitent, suivant les mouvements du liquide; cette singulière propriété de séparer les enveloppes des globules de fécule de leur matière intérieure détermina Payen et Persoz à donner à la substance qui la possède le nom diastase, qui exprime précisément ce fait."

Das auffallende Phänomen der Diastasierung oder Schichtung, welches durch das alkoholische Präzipitat in einer Stärkeaufschwemmung hervorgerufen wird, veranlasste also die französischen Forscher zur Wahl des Namens „Diastase".

Bei längerer Einwirkung der Diastase auf die primär entstandene Dextrinlösung wird bei einer Temperatur von 63—75° schliesslich Maltose gebildet.

Schon Payen und Persoz wussten, dass die Diastase nach stärkerem Erhitzen unwirksam wird. Sie wiesen ihre Existenz ausser im Gerstenmalz auch in den Keimlingen anderer Getreidearten und in keimenden Kartoffelknollen nach. Die Wurzeln der auswachsenden Getreidekörner fanden sie ebensowenig diastatisch wirksam wie die Wurzeltriebe der Kartoffeln. Von ihrer Malzdiastase saccharifizierte ein Gewichtsteil 2000 Gewichtsteile Trockenstärke.

Diese historisch bemerkenswerten Feststellungen eröffneten ein ganz neues Forschungs- und Erkenntnisgebiet, an dessen Bearbeitung, Erweiterung und Umgestaltung im Laufe von jetzt nahezu 80 Jahren sich unzählige Forscher beteiligt haben. Das Geheimnisvolle eines Vorgangs, bei welchem mit kleinster Substanzmenge grosse Massen in Bewegung gestzt und chemisch verändert werden, musste jeden denkenden Menschen faszinieren und dazu auffordern, darauf zu achten, wo sonst in der Natur Aehnliches zu beobachten ist.

Wie wenn ein Funke ins Pulverfass fällt und durch gewaltige Gasentwickelung eine Explosion bewirkt, so genügt eine Spur Platinstaub zur Sprengung eines verschlossenen Glasgefässes, in welchem man konzentrierte Wasserstoffsuperoxydlösung aufbewahrt hat. Wie ist das zu erklären?

Nach Leo von Liebermann ist Platin ein autooxydabler Körper, welcher an seiner Oberfläche mit dem Luftsauerstoff sich oxydiert nach der Formel:

$$2\,Pt + O' = PtO$$

Erst das oxydierte Platinmolekül reagiert mit Wasserstoffsuperoxyd, und zwar so, dass es seinerseits wieder zu metallischem Platin reduziert wird unter Abgabe von Sauerstoff, der reduzierend auf Wasserstoffsuperoxyd wirkt:

$$PtO + H_2O_2 = Pt + H_2O + O_2$$

Der dabei entstehende molekulare Sauerstoff oxydiert von neuem das Platin und so geht das Spiel weiter fort, bis alles Wasserstoffsuperoxyd zerlegt ist.

Wie man sieht, wirkt hier das Platin als Sauerstoffüberträger, und das tun alle autooxydablen Substanzen, von denen wir viele auch unter den organischen Verbindungen vorfinden. Zu ihnen gehört u. a. die Malzdiastase, die gleichfalls Wasserstoffsuperoxyd zersetzt.

Die Zersetzung des Wasserstoffsuperoxyds durch Kontakt mit einem autooxydablen Körper wird als Katalyse bezeichnet, und die wasserstoffsuperoxydzersetzenden Kontaktkörper organischen Ursprungs nennt man Katalasen. Die organischen Katalasen sind sämtlich kolloidal gelöste Körper. Da ist es nun von besonderem Interesse, dass auch die katalytisch wirksamen Metalle in kolloidale Lösung übergeführt werden können. Sie zersetzen in kolloidalem Zustand Wasserstoffsuperoxyd, und Liebermann hat gerade das kolloidal gelöste Platin für seine Analyse des katalytischen Zersetzungsprozesses gewählt. Bredig bezeichnet die kolloidalen Metallösungen wegen ihrer fermentähnlichen Eigenschaften als anorganische Fermente.

Wie kolloidales Platin auf Wasserstoffsuperoxyd reduzierend wirkt, so kann es andererseits auch unter Umständen als Oxydationsferment dienen. Das ist z. B. der Fall bei der Einwirkung auf Guajaktinktur, wenn diese beim Kontakt mit kolloidal gelöstem Platin gebläut wird, indem die in ihr enthaltene Guajakonsäure unter Aufnahme von Sauerstoff und Austritt von Wasser in eine sauerstoffreichere Verbindung übergeht nach der Formel:

$$C_{20}H_{24}O_5 + O_2 = C_{20}H_{20}O_6 + H_2O$$

In diesem Fall würde das Platin ein Analogon zu den organischen Oxydasen repräsentieren. Solche Oxydasen finden sich in der Blutflüssigkeit und namentlich auch in frischer Kuhmilch. Sie färben nach meinen zusammen mit Much ausgeführten Untersuchungen die Guajaktinktur blau in ihrer Eigenschaft als Sauerstoffüberträger, und zwar entnehmen sie den Sauerstoff dem Wasserstoffsuperoxyd, welches sich in geringer Menge bei der Verharzung der Guajaktinktur aus einem in ihr enthaltenen ätherischen Oel ebenso gut bildet, wie in verharzendem Terpentinöl, Zimmtöl usw. Entgegen den Angaben v. Liebermann's konnten wir nämlich bei der Dialyse dieser verharzenden Flüssigkeiten im Dialysat Wasserstoffsuperoxyd nachweisen, freilich in so geringer Menge (ca. 1 : 250 000), dass die Kaliumdichromatreaktion nicht mehr positiv ausfiel, wohl aber die Wurster'sche Paraphenylendiaminreaktion.

Die verharzenden Oele enthalten autooxydable Körper, welche unter dem Einfluss des Lichtes Peroxyde unter Aufspaltung des molekularen Sauerstoffs bilden nach der Formel:

$$O = O \qquad \text{verwandelt in} \qquad {-}O{-}O{-}$$

molekularer Sauerstoff   atomistischer Sauerstoff

wobei zur Bildung von Wasserstoffsuperoxyd bei Anwesenheit von Wasser Gelegenheit gegeben ist. Aus der Niere und den Lungen hat man gleichfalls autooxydable und infolgedessen als Oxydasen fungierende Substanzen extrahiert, die zwar nicht Guajakol, aber Salizylaldehyd zu oxydieren vermögen. Man wird nicht daran zweifeln dürfen, dass solche Oxydasen im animalischen Stoffwechsel eine wichtige Rolle spielen.

Unna („Die Umschau", 1912, Februar-Heft) hat unter dem Titel „Die Sauerstofforte im tierischen Gewebe" eine Arbeit veröffentlicht, in welcher er auf färberischem Wege, durch seine Rongalitweiss-Reaktion, die Zellkerne, die Ehrlich'schen Mastzellen, Knorpelsubstanz, Drüsen, Leukozyten, alle Keimschichtzellen und die Zellen der Ausührungsgänge drüsiger Organe zur Oxydasenfunktion befähigt uns kennen lehrt. Die Zellen der Lungenalveolen und die Erythrozyten[1]) haben dagegen reduzierende Wirkung, und das Protoplasma aller Zellen kann Sauerstoff sowohl aufnehmen wie abgeben. In Gemeinschaft mit Godoletz, („Dermatologische Studien" 1912) hat Unna gezeigt, wie man unter Berücksichtigung des Gegensatzes zwischen stark reduzierendem Protoplasma und den „Sauerstofforten" (oxypolare Affinität) die Färbetechnik sehr verbessern kann.

Am besten studiert ist der diastatische Oxydationsmechanismus bei der Laccase, einer Oxydase, welche M. G. Bertrand im Pariser Pasteur-Institut aus der Harzmasse des japanischen Lackbaumes gewonnen hat. Er isolierte daraus zwei verschiedene chemische Individuen: das Laccol, einen wasserunlöslichen, aber in Alkohol löslichen Phenolkörper, und einen Proteinkörper, dem er den Namen Laccase gab. Diese ist nun imstande, den Luftsauerstoff auf eine sonst äusserst stabile wässerige Laccolemulsion zu übertragen und dadurch braun zu färben. Ausser dem Laccol werden noch Hydrochinon, Pyrogallol und Tannin — lauter Polyphenole — durch die Laccase oxydiert, z. B.:

$$C_6H_6O_2 + O = C_6H_4O_2 + H_2O$$
Hydrochinon   Chinhydron (metallgrün)

Diese an sich schon interessanten Tatsachen gewinnen noch viel grösseres Interesse durch die fundamentale Entdeckung Bertrand's, dass diese Wirkung einer organischen Diastase im wesentlichen gebunden ist an ihre Aschebestandteile, welche hauptsächlich aus Manganoxyd bestehen, und dass die Autooxydabilität der Mangansalze als Ursache der Oxydation von Polyphenolen durch die Laccase anzusehen ist. Die Proteinsubstanz, mit welcher in der Laccase das Mangan zusammen wirkt, darf jedoch nicht als gleichgiltig für den Fermentationsprozess betrachtet werden, vielmehr wird erst durch das Laccase-Protein die oxydierende Manganwirkung sehr hochgradig; ohne Mangan wirkt das Protein nur sehr schwach, und Mangan ohne das Laccaseprotein ist fast unwirksam. Man kann es einigermassen wirksam machen durch seine Vereinigung mit schwachen Säuren, die mit ihm leicht dissoziierbare Salze bilden z. B. mit Benzoesäure, Milchsäure, Bernsteinsäure usw. Das Laccaseprotein fungiert nun wahrscheinlich in spezifischer Art als noch schwächere Säure, wie die eben genannten.

So mag auch bei der Blutgerinnung, von welcher später die Rede sein wird, und bei der ihr durchaus analogen Labgerinnung der Milch, der Kalk in Gegenwart eines spezifischen Proteins oder Proteids als autooxydabler Körper die Fermentierung bewirken. Duclaux, welcher zuerst diese Vermutung ausgesprochen hat (Traité de mikrobiologie II, S. 580), macht auch darauf aufmerksam (l. c. S. 575), dass man mit Hilfe der Bertrand'schen Laccase, bei ihrer Einwirkung auf Pyrogallol, ein Phänomen beobachten kann, welches durchaus dem respiratorischen Gaswechsel an die Seite gestellt werden kann. Stellt man sich nämlich eine Lösung von 1 g Pyrogallol in 60 ml Wasser her, fügt ca. $2^1/_2$ mg Laccase hinzu und

---

1) Dass die Erythrozyten reduzierende Substanz enthalten, haben auch H. Lyttkens und J. Sandgren (Chem. Zentralbl., Bd. 2, 1911) am Blut von Rindern, Pferden, Schafen, Schweinen, Katzen und Meerschweinchen bewiesen. Diese Autoren bewiesen auch, dass nicht etwa Traubenzucker die Reduktionswirkung bedinge, da sie auch nach der Vergärungsprobe unverändert bestehen blieb.

18

leitet dann atmosphärische Luft ein, dann findet man nach 6 Stunden ca. 30 ml Sauerstoffgas absorbiert und ca. 16 ml Kohlensäuregas entwickelt. Pyrogallol geht dabei nach Richard in Purpurogallin über. Auch in den Pflanzen vollzieht sich ein respiratorischer Gaswechsel. Da nun Oxydasen von der Art der Laccase im Pflanzenreich sehr verbreitet sind, so glaubt Duclaux, dass sie es sind, welche den in der Kohlensäureausatmung zutage tretenden langsamen Verbrennungsprozess vermitteln.

Mit explosiven Diastasewirkungen beginnend, sind wir somit bei insensibel verlaufenden chemischen Umsetzungen angelangt, die aber im Grunde genommen mit jenen wesensgleich sind und nur durch die spezifische Einstellung der Autooxydatoren auf besonders empfängliche Körpersysteme ihre unendliche Mannigfaltigkeit bekommen. Wie gross diese Mannigfaltigkeit ist, kann man erkennen, wenn man sich der grossen Zahl von Diastasen erinnert, die allein schon in der Kuhmilch nachgewiesen sind, seitdem sie nach dieser Richtung Gegenstand sorgfältiger Untersuchung geworden ist.

Ich spreche von Milch-Zymasen, wenn ich die Katalasen, Oxydasen, Peroxydasen, Superoxydasen, Reduktasen usw. mit einem Sammelnamen bezeichnen will. Die Worte Reduktasen, Oxydasen, Katalasen usw. sind Spezialausdrücke für fermentähnliche Leistungen, von denen wir noch nicht wissen, ob sie abhängig sind von besonderen Substraten oder ob nicht vielmehr verschiedene Funktionen einem und demselben Substrat zukommen, so dass unter Umständen dieselbe Substanz das eine Mal aus Wasserstoffsuperoxyd vulgären Sauerstoff frei macht und danach eine Katalase wäre, das andere Mal bei Gegenwart von Wasserstoffsuperoxyd den vulgären Sauerstoff aktiviert und somit als Oxydase wirkt, das dritte Mal bei Gegenwart von Aldehyd zur Reduktase wird usw.

Der Ausdruck „Zymase“ ist ein Kompromissausdruck. Er trägt Rechnung den älteren Kühne'schen Ueberlegungen, welchen zufolge wir ein besonderes Wort brauchen für die fermentierenden Substanzen organischer Herkunft, um sie zu unterscheiden von den anorganischen Fermenten; er zeigt gleichzeitig aber auch durch die Endsilbe „ase“ die Verwandtschaft an mit denjenigen Substanzen, welche weitgehende Analogien aufweisen mit der von Payen und Persoz entdeckten Malzdiastase.

Was die Bedeutung der Kuhmilchzymasen für die Ernährung angeht, so möchte ich am wenigsten Wert legen auf die wasserstoffsuperoxydzersetzende „Katalase“, welche Raudnitz als „Superoxydase“ bezeichnet. Auch die sogenannte Aldehydkatalase (Smit), welche bei der bekannten Schardinger'schen Reaktion in Tätigkeit tritt, scheint mir keine nennenswerte Bedeutung zu haben in bezug auf die gewebsbildenden und ernährenden Fähigkeiten der Kuhmilch. Ich habe nämlich die an das Milchfett gebundenen katalytischen und Methylenblau reduzierenden Agenzien um so weniger wirksam gefunden, je weniger die Kuhmilch durch bakterielle und anderweitige Beimengungen verunreinigt war, so dass ich diese Zymasen in der Hauptsache als akzidentelle Mikrobiasen betrachte.

Um so höher veranschlage ich die physiologische Bedeutung der in die Milchmolken übergehenden Zymasen, deren Existenz man durch verschiedene Reaktionen nachweisen kann. Ich rechne dahin die Guajakol-Reaktion, die Reaktion auf Paraphenylentetramin und -diamin bei Gegenwart von wenig Wasserstoffsuperoxyd, die antibakteriellen Zymasen, von welchen die Colizymase und Milchsäurebazillenzymase konstant in der rohen Kuhmilch nachweisbar ist. Ich rechne dahin auch die antitoxischen Antikörper, welche bei Immunkühen in die Milch übergehen. Das gewissermassen noch mit einem Rest von Vitalität begabte frische Milchserum (Molke) verliert alle diese spezifischen Energien auf einmal durch das Erhitzen, und es gelingt auf keine Weise, eine dieser Energieen isoliert zu zerstören oder zu konservieren. Wenn beispielsweise in einer Milch, der man willkürlich einen Gehalt von tetanusantitoxischer oder diphtherieantitoxischer Energie verliehen hat, diese Art von spezifischer Energie verloren gegangen ist durch einen bestimmten Erhitzungsgrad, dann sind auch die diastatischen Milchserumwirkungen verloren gegangen, und eine Milch, in welcher die antitoxische Energie noch erhalten ist, zeigt auch jene sonst bekannten Zymasereaktionen des Kuhmilchserums, zuweilen freilich mit veränderter Reaktionsgeschwindigkeit.

Die Milchfettkatalase lässt sich ohne Schwierigkeit isolieren durch Extraktion des Rahms mit Wasser; sie kann durch verschiedene Mittel zum Verschwinden gebracht werden, ohne dass die Serumzymasen verloren gehen.

Zweiter Abschnitt.

Anderweitige diastatische Fermentationsprozesse.

Zum besseren Verständnis der fermentativen Natur der Diastasen will ich ihre Geschichte noch in Anlehnung an einen Bericht der Senckenberg-Gesellschaft, gelegentlich der Verleihung des Tiedemann-Preises an Ed. Buchner für seine Zymase-Entdeckung, hier rekapitulieren.

* * *

Oft wird, was man sonst als Fermentation bezeichnet, auch Katalyse genannt.

Der Name Katalyse stammt von Berzelius. Er bezeichnete damit im Jahre 1835 die Art der Einwirkung von Schwefelsäure auf Alkohol, bei der Mitscherlich 1834 beobachtet hatte, dass man mit verhältnismässig kleinen Mengen beliebig grosse Mengen Alkohol in Aether verwandeln könne, ohne dass sich die Schwefelsäure an dieser Umwandlung beteiligte.

Berzelius wies gleichzeitig darauf hin, dass ähnliche Beobachtungen schon früher gemacht worden waren und dass dieselbe Rolle, wie die starke Schwefelsäure bei der Aetherbildung, die verdünnte Säure spielt, die Kirchhoff 1811 zur Zerlegung von Stärke in Dextrin und Zucker, oder der Malzauszug, den er 1813 zu demselben Zwecke benutzt hatte. An Stelle des Malzauszuges hatten dann die Franzosen Payen und Persoz 1832 aus der keimenden Gerste eine besondere Substanz isoliert, die Diastase, welche bei der Verzuckerung der Stärke als Katalysator zu wirken schien. Diese Diastase war das erste Ferment, welches aus einer Muttersubstanz in zielbewusster wissenschaftlicher Arbeit dargestellt worden ist.

Auch die Zersetzung des Wasserstoffsuperoxyds durch Metalle, Metalloxyde oder durch Fibrin (Thénard 1818) und die Einwirkung von fein verteiltem Platin auf Gasgemenge, die Davy 1817 beobachtet hatte und die Döbereiner 1822 zu seiner bekannten Zündmaschine benutzte, zählte Berzelius zur Katalyse und definierte die katalytische Kraft dahin, dass gewisse Körper durch ihre blosse Anwesenheit und nicht durch chemische Verwandtschaft die schlummernden Verwandtschaften anderer Körper zu wecken vermögen. Solche Körper nennt man Katalysatoren und, da sie durch ihre blosse Anwesenheit wirken, so nennt man diese Erscheinungen auch Kontaktwirkungen.

Man unterscheidet vier Gruppen solcher Wirkungen. Zur ersten gehört die Kristallisation aus übersättigten Lösungen, die bekanntlich eintritt, wenn diese mit kleinsten Mengen der gelösten Substanz geimpft werden. Die Grösse dieser Mengen liegt weit unter der Wägbarkeit; Ostwald hat gezeigt, dass die untere Grenze bei etwa $^1/_{1000000}$ mg liegt. Aus diesen Grössenverhältnissen geht hervor, dass die Impfung nur die Auslösung des Kristallisationsprozesses in der übersättigten Lösung ist und nicht etwa die Ursache desselben im Sinne Robert Mayers. Es gilt vielmehr für alle katalytischen Prozesse, dass die dazu nötige Energie nicht durch den Katalysator zugeführt wird, sondern aus anderen Quellen stammen muss; das heisst, es sind nur solche Reaktionen möglich, die nach den Gesetzen der Energetik auch ohne diesen Einfluss stattfinden könnten.

Die zweite Gruppe der Kontaktwirkungen bildet die Katalyse in homogenen Gemischen. Hierher gehört der bekannte Schwefelsäurekammerprozess, wo Stickstoffoxyd als Katalysator wirkt für die Vereinigung von schwefliger Säure und Sauerstoff, eine Reaktion, die schon im Jahre 1806 von Clément und Désormes beobachtet worden ist.

Man sieht, dass hier der Katalysator als Reaktionsbeschleuniger wirkt, ganz ebenso, wie bei der dritten Gruppe, der heterogenen Katalyse, das Platin im modernen Schwefelsäurekontaktverfahren beschleunigend auf die Vereinigung von schwefliger Säure und Sauerstoff zu Schwefelsäure oder bei der Knallgasentzündung auf das Gemisch von Wasserstoff und Sauerstoff wirkt. Die unter Bildung freier Energie, nämlich von Wärme, verlaufende und daher theoretisch mögliche Vereinigung dieser Stoffe braucht unter gewöhnlichen Umständen unendlich lange Zeit. Die Gegenwart des Platins, namentlich des feinverteilten, bewirkt eine so starke Beschleunigung der Reaktionen, dass sie in kurzer Zeit verlaufen und daher praktische Verwendung finden können.

Bei allen diesen Reaktionen zeigt sich dieselbe Erscheinung und wir können mit W. Ostwald sagen: Ein Katalysator ist jeder Stoff, der ohne im Endprodukt einer chemischen Reaktion zu erscheinen, ihre Geschwindigkeit verändert, d. h. beschleunigt oder verzögert.

Ein besonderer Fall von Katalyse soll nicht unerwähnt bleiben, die Autokatalyse, weil sie gewisse Analogieschlüsse auf die organisierte Materie zulässt. Sie tritt da ein, wo sich die Reaktion ihren Beschleuniger selbst bildet. Bringt man Kupfer mit Salpetersäure zusammen, so entsteht salpetrige Säure, welche ihrerseits als Katalysator wirkt und dadurch die

Umsetzung mit zunehmender Beschleunigung zu einer stürmischen Reaktion steigert, bis sie sich mit abnehmender Konzentration der Salpetersäure wieder beruhigt und schliesslich stillsteht. Das ist die typische Fiebererscheinung. Aber auch die Gewöhnung und das Gedächtnis der Materie illustriert diese katalytische Reaktion. Eine Salpetersäure, die früher schon einmal Kupfer aufgelöst hat, ist gewissermassen durch Gewöhnung für diesen Prozess besser geeignet, als eine solche, die dies zum ersten Male macht. Sie hat die frühere Tätigkeit noch im Gedächtnisse.

Endlich ist von Interesse, dass das Platin und andere Metalle nicht nur in feinverteiltem Zustande als Katalysatoren wirken, sondern auch in wässriger Lösung, wenn sie sich im kolloidalen, gelatineartigen Zustande befinden. Diese Tatsache bildet den Uebergang zu der vierten Gruppe von Kontaktwirkungen, denen der Fermente oder Enzyme, welche sich ebenfalls in diesem Zustande befinden und die als Katalysatoren der Lebewesen alle Reaktionsgeschwindigkeiten des Lebensprozesses regulieren und dadurch die Organismen in den Stand setzen, ihre wichtigsten Funktionen, wie die Verdauung, die Assimilation, die Atmung, die Energiebeschaffung usw. auszuführen. Zu diesen enzymatischen Katalysen gehört auch die Aufspaltung des Zuckers durch die Hefe in Alkohol und Kohlensäure. Sie wurde zuerst von Lavoisier beobachtet und von Gay Lussac quantitativ verfolgt, der die noch heute giltige Gleichung aufstellte:

$$C_6H_{12}D_6 \quad = \quad 2\,C_2H_6O \quad + \quad 2\,CO_2$$

Traubenzucker   Alkohol   Kohlensäure

Die bei diesem Gärungsprozesse auftretende Hefe hielt man zuerst für eine nebensächliche Erscheinung, obwohl schon Leeuwenhoek 1680 sie unter dem Mikroskop als eigentümliche kugelige Gebilde erkannt hatte, die Erxleben 1818 als lebende Organismen ansprach. Erst 1835 wurde ihr durch Cagniard Latour in Paris, sowie 1837 durch Theodor Schwann in Berlin und durch Friedrich Kützing in Nordhausen erneute Aufmerksamkeit geschenkt.

Dass man gekochte Zuckerlösungen durch Luftabschluss vor der Vergärung bewahren konnte, war durch das Appert'sche Konservierungsverfahren bekannt. Schwann zeigte aber, dass die Absperrung des Sauerstoffs nicht die Ursache dieser Erscheinung war, da die Zuckerlösung auch bei Luftzuführung unzersetzt blieb, wenn die Luft nur vorher durch Schwefelsäure geleitet, d. h. gereinigt wurde. Da also der Luftzutritt nicht die Ursache der Gärung sein konnte, so stellte Schwann die Ansicht auf, dass sie in der Hefe zu suchen sei, und nahm an, dass die Hefe den Zucker zu ihrer Ernährung brauche. In Frankreich bekannte sich namentlich Turpin 1839 zu dieser „vitalistischen" Gärungstheorie, die jedoch in Deutschland namentlich in Wöhler und Liebig heftige Gegner umsomehr fand, als man durch die eben erfolgte künstliche Darstellung des Harnstoffes die sogenannte Lebenskraft endgiltig aus der Chemie entfernt zu haben glaubte.

Liebig verhöhnte diese Theorie in einer anonymen satirischen Schrift in seinen Annalen und stellte eine Gegentheorie auf, wonach die Ursache der Zuckerzersetzung in dem Zerfalle der absterbenden Hefezellen zu suchen sei, deren destruktive Bewegung die Zuckermoleküle in Mitleidenschaft ziehen sollte. Während Berzelius bei seiner Kontakt-

Theorie blieb, stellte sich Pasteur an die Spitze der Vitalisten, indem er den Satz aufstellte: „Keine Gärung ohne Organismen; die Gärung hängt mit dem Leben der Hefe zusammen, nicht mit ihrem Absterben."

Ihn unterstützte die Beobachtung von Eilhard Mitscherlich 1842, dass sich die Gärung nicht durch eine Papierwand fortsetze, und die von H. Helmholtz 1844, dass sie auch durch eine tierische Blase nicht fortschreite. Auch dass eine faulende Flüssigkeit keine Gärung einleiten könne, sprach gegen Liebig.

Die Beobachtung Schröder's 1853, dass man die Gärung und die Fäulnis durch einen Watteverschluss verhindern könne, führte 1860 zu der Annahme, dass die Zersetzungen durch organische Keime aus der Luft eingeleitet werden möchten, die durch die Baumwolle zurückgehalten würden, und als Pasteur statt der Baumwolle Schiessbaumwolle verwandte, nach deren Auflösung in Aether-Alkohol er die gesuchten Keime unter dem Mikroskop als Rückstand vorfand, schien für die vitalistische Theorie der endgültige Beweis erbracht zu sein. Selbst Liebig musste 1870 seine Zersetzungstheorie modifizieren; denn eine lebende Zelle kann sich als solche nicht zersetzen. Allerdings stiess die biologische Erklärung, wonach Alkohol und Kohlensäure Stoffwechselprodukte der Hefezellen waren, auf Schwierigkeiten, als Nägeli 1879 zeigte, dass man mit einer Hefenmenge, die nur $1\frac{1}{2}$ Gewichtsteile Trockensubstanz enthielt, 100 Teile Zucker zersetzen könne, wovon 95 Teile in Alkohol und Kohlensäure zerfallen und 4 Teile in Glyzerin und Bernsteinsäure, während nur 1 Teil zum Wachstum der Hefe beitrug. Die Assimilationstheorie war nach diesem Resultate allerdings unhaltbar. Pasteur erfand infolgedessen eine Atmungstheorie, wonach die Hefe ursprünglich eine anaërobe Pflanze sei, die aus Gewohnheit den Sauerstoff nicht aus der Luft nehme, sondern aus dem Zucker, wogegen Eduard Buchner 1885, damals noch Student in München, zeigte, dass das Wachstum der Hefe durch reichliche Lüftung befördert werde. Schon 1858 hatte der Dr. phil. und Weinhändler Moritz Traube in Ratibor die Ansicht ausgesprochen, dass, wie die in der keimenden Gerste vorhandene Diastase die Stärke in Zucker verwandele, so auch bei der Gärung ein besonderer chemischer Körper in den Hefezellen vorhanden sein müsse, der den Zucker in Alkohol und Kohlensäure spalte. Inzwischen hatte man eine ganze Reihe derartiger unorganisierter Fermente aufgefunden, die Kühne mit dem Namen Enzyme belegte. Für die Chemiker war natürlich die Traube'sche Enzymtheorie sehr einleuchtend; Berthelot, Claude Bernard, Schönbein sowie besonders Hüfner traten dafür ein. Es misslang jedoch jeder Versuch, ein derartiges Enzym, welches den Zucker in Alkohol und Kohlensäure zu spalten vermochte, von den Hefezellen abzutrennen; selbst Pasteur konnte kein positives Ergebnis erzielen. (vgl. S. 79) Zuletzt haben Nägeli und Loew Hefezellen mit Glyzerin ausgezogen; ausser der Invertinwirkung konnten aber im Extrakt keine anderen fermentativen Wirkungen festgestellt werden. Durch diese Misserfolge sah sich der Pflanzenphysiolog Nägeli zu einer neuen Gärungstheorie gedrängt, wonach die Gärung in einer Uebertragung von Bewegungszuständen des lebenden Plasmas bestehen sollte, durch die das Gleichgewicht der Zuckermoleküle gestört und zum Zerfalle gebracht würde. Diese ganz unbefriedigende Theorie hatte das Gute, dass sie zu neuen Versuchen anregte. Es trat nämlich die Frage auf: Kommen den Inhaltsstoffen der Hefezellen überhaupt besondere Wirkungen zu?

Die Hefezellen[1]) sind kleine Bläschen, erfüllt mit einer halbflüssigen Masse, dem Protoplasma, um welches sich eine verhältnismässig derbe Zellhaut legt. Durch diese Membran geschieht die Aufnahme von Nahrungsstoffen und die Abgabe von Ausscheidungsstoffen. An der Innenseite der Membran liegt eine besondere Plasmaschicht, der sog. Plasmaschlauch, der den Aus- und Eintritt von Substanzen regelt. Hochmolekulare Substanzen werden wahrscheinlich aus den Zellen überhaupt nicht austreten können. Für die chemische Untersuchung der Inhaltsstoffe war es daher nötig, die Zellenmembran und den Plasmaschlauch durch Zerreissen aus dem Wege zu räumen: ferner mussten alle chemisch wirksamen Extraktionsmittel, sowie höhere Temperatur vermieden und endlich das Verfahren in kürzester Zeit vollendet werden, damit eine Veränderung der Inhaltsstoffe während der Gewinnung möglichst ausgeschlossen werde. Obwohl man früher wiederholt, aber ohne Erfolg versucht hatte, die Hefezellen mechanisch durch Zerreiben zu zerstören, so führten diese Ueberlegungen in der Hand von Buchner und seinem damaligen Mitarbeiter Martin Hahn zu folgendem Verfahren. Setzt man zu Hefe das gleiche Gewicht Quarzsand und ein Fünftel des Gewichts an Kieselguhr, so lässt sich die anfangs staubtrockene Masse in einer Reibschale mit einem schweren Stössel in wenigen Minuten zerreiben, wobei sie sich dunkelgrau färbt und teigförmig plastisch wird. Die feuchte Beschaffenheit zeigt, dass Flüssigkeit aus dem Zellinnern ausgetreten ist. Gibt man nun den dicken Teig, in starke Segelleinwand eingeschlagen, in eine hydraulische Presse, deren Druck man allmählich auf 90 Atmosphären steigert, so entquillt ihm ein flüssiger Saft. Aus 100 g Hefe lassen sich in wenigen Stunden 500 ml dieses Hefesaftes gewinnen. Um die genauere Ausarbeitung dieses Verfahrens hat sich Professor Martin Hahn Verdienste erworben, indem er die Anwendung von Kieselguhr und die Benutzung der hydraulichen Pressen in Vorschlag brachte. Der Hefenpresssaft bildet eine angenehm riechende, gelbbraune, durchsichtige Flüssigkeit, welche beim Erwärmen Flocken von geronnenem Eiweiss abscheidet. Die Anwesenheit von gerinnbarem Eiweiss im Innern von Mikroorganismen hat Buchner hiermit zum ersten Male nachgewiesen. Als Buchner dem frischen Pressaft Zuckerlösung zusetzte, trat nach einiger Zeit starke Gasentwickelung auf, die beim Erwärmen auf 40° wesentlich beschleunigt wurde. Die genauere Untersuchung zeigte bald, dass hierbei nicht nur Kohlensäure, sondern auch Alkohol und zwar in demselben Verhältnisse wie bei der gewöhnlichen Hefegärung gebildet wird. Hiermit war zum ersten Male der Nachweis einer zellfreien Gärung geliefert worden, einer Gärung, die unabhängig von einem Lebensprozesse verlief. Es versteht sich von selbst, dass jede Täuschung durch etwaige Anwesenheit lebender Zellen durch alle möglichen Kautelen, wie Filtration des Saftes durch Bisquitporzellan und dgl. ausgeschlossen wurde. Auch gelang es, den Presssaft im Vakuum zu trocknen und im Wasserstoffstrome sogar bis 110° zu erhitzen, wobei

---

1) vgl. Ed. Buchner, Ueber den Nachweis von Enzymen in Mikroorganismen. Verhandl. d. physiol. Gesellsch. Berlin 1906.

er jede Wachstumsfähigkeit eingebüsst hatte, ohne dass er seine Gärkraft verloren hätte. Auch durch Fällung mit Alkohol und Aether gelingt es, aus dem Presssaft einen Niederschlag zu erhalten, der seine Gärkraft behält. In ähnlicher Weise kann man aus der Hefe direkt mit Hilfe von Aceton eine sog. Dauerhefe erhalten, die unter dem Namen Zymin in den Handel gebracht wird, welche keine Lebensfähigkeit, wohl aber starke Gärwirkung besitzt. Die Tatsache dagegen, dass frischer Presssaft beim Aufbewahren bei gewöhnlicher Temperatur seine Gärungsfähigkeit bald verliert, ist auf ein Verdauungsenzym in dem Zellinhalte, die Endotryptase, zurückzuführen, durch welches die Zymase zerstört wird.

Durch diese Arbeiten ist zunächst festgestellt, dass man eine Trennung der Gärwirkung von den lebenden Hefezellen durchführen kann. Zur Einleitung des Gärvorgangs bedarf es also keiner so komplexen Apparatur wie die Zelle; sondern es gibt eine zellfreie Gärung. Buchner hat nun dieses neue Enzym, die Zymase, benutzt, um den Gärungsprozess weiter zu studieren. In Gemeinschaft mit J. Meisenheimer wurde festgestellt, dass bei der zellfreien Gärung durch Hefepresssaft bald Milchsäure gebildet wird, bald zugesetzte Milchsäure verschwindet. Diese merkwürdige Beobachtung zwingt zu der Annahme, dass es sich bei der alkoholischen Gärung nicht um ein, sondern vielmehr um zwei Enzyme handelt, deren eines, die Hefezymase, den Zucker in Milchsäure spaltet, während das andere sie in Alkohol und Kohlensäure zerlegt. Der Mechanismus dieser Zersetzung geschieht nach folgender Gleichung:

$$C_6H_{12}O_6 \;=\; 2\,C_3H_6O_3 \;=\; 2\,C_2H_6O \;+\; 2\,CO_2$$
$$\text{Zucker} \qquad \text{Milchsäure} \qquad \text{Alkohol} \qquad \text{Kohlensäure}$$

Mit Hilfe des Acetonverfahrens ist es ferner gelungen, auch in den Essigsäurebakterien und in den Milchsäurebakterien die Anwesenheit der entsprechenden Gärungsenzyme nachzuweisen. Aber auch für die allgemeine Biologie sind Buchner's Untersuchungen von Bedeutung. Die Tatsache, dass in den höheren Gewächsen das Vorkommen von Alkohol häufig beobachtet wird und dass die Milchsäure im Tierkörper allgemein verbreitet ist, z. B. auch im absterbenden Muskel auftritt, lässt vermuten, dass die Gärungsenzyme auch im Organismus eine wesentliche Rolle spielen.

Versucht man der Ursache nachzugehen, warum der Kampf um die Gärungstheorie mehr als ein halbes Jahrhundert bis zu seiner Entscheidung gewährt hat, so findet man sie in der Tatsache, dass erst durch die Arbeiten Buchner's eine neue Klasse von Enzymen aufgefunden worden ist, dadurch charakterisiert, dass sie normal nur innerhalb der Zelle wirken. Martin Hahn hat sie deshalb als Endoenzyme bezeichnet. Während man diese Vorgänge als typische Aeusserungen des Zellenlebens auffasste, ist nunmehr erwiesen, dass intrazellulare Enzymwirkungen vorliegen. Neuere Arbeiten von Molisch und von Usher und Pristley scheinen die Kohlensäureassimilation auf Enzymwirkung zurückführen zu können. Der Atmungsvorgang wird durch Oxydasewirkung zu erzielen sein. Da man weiss, dass die Enzymwirkungen reversible Prozesse sind, die unter Umständen auch in umgekehrter Richtung verlaufen, so darf man vermuten, dass die Verdauungsenzyme in der Zelle nicht nur den Abbau der Eiweissstoffe, sondern auch den Aufbau derselben, die Assimilation vermitteln.

Dritter Abschnitt.
Die Blutgerinnung als diastatischer Prozess.

John Hunter, der grosse Chirurg, erblickte in der Blutgerinnung ein vitales Phänomen. Durch sinnreiche Versuchsanordnungen suchte er zu beweisen, dass in den flüssigen Blutbestandteilen die Lebenskraft ebensogut vorhanden ist, wie in einem entwicklungsfähigen Hühnerei. Die Blutkoagulation, wenn sie ausserhalb des lebenden Organismus eintritt, fasste er als Analogon zur Totenstarre der Muskeln auf; extravasiere aber im Organismus das Blut, dann koaguliere es zwar auch, aber könne in lebendes Gewebe umgewandelt werden, und zwar nicht bloss derart, dass schon vorhandenes Gewebe seine Masse vom Koagulum her vermehre; vielmehr sei das Blut an sich organisationsfähig; insbesondere solle es in seinem Innern sich vaskularisieren können. Freilich erfolge in der Regel die Organisation eines Blutgerinnsels auf die Art, dass von der Umgebung her Gefässe hineinwachsen. Die hierauf bezügliche Stelle lautet in der französischen Uebersetzung der Richet'schen Sammlung „Les maîtres de la science", in dem Band „Hunter, Le sang". S. 157: „Le sang extravasé forme des vaisseaux dans son épaisseur, ou bien reçoit, de la surface divisée, des vaisseaux qui pénètrent dans sa substance en s'allongeant par une sorte de végétation, ainsi que cela a lieu, selon toute apparence, dans le développement des granulations. Toutefois, je pense que le coagulum a, sous l'influence de la nécessité, la puissance de former dans son épaisseur des vaisseaux qui naissent de sa propre substance."

Hunter unterschied schon einen besonderen Anteil der Blutflüssigkeit als „lymphe coagulante", entsprechend unserem Fibrinogen, vom Serum, und nicht dieses, sondern nur das Fibrinogen hielt er für organisationsfähig.

Gegenwärtig ist man mehr dazu geneigt, der Blutflüssigkeit die Fähigkeit zu einer progressiven Metamorphose abzusprechen. Schon Johannes Müller hat sich in diesem Sinne ausgesprochen, und in der Mitte des vorigen Jahrhunderts hat der um die Lehre von der Blutgerinnung ausserordentlich verdiente Arzt Zimmermann (zuerst in Hamm, später in Freiburg) recht plausible Argumente für seine Meinung beigebracht, dass das Fibrin und seine flüssige Vorstufe, das Fibrinogen, als ein Produkt der regressiven Metamorphose und als exkrementitieller Stoff anzusehen sei. Im 2. Heft von Moleschott's Untersuchungen sagt er: „Reinhardt hat schon vor mehreren Jahren zu beweisen gesucht, dass der Faserstoff in den Exsudaten nicht zur Zellenbildung diene, dass er gerinne und durch eine Art Verwesung zur Resorption geschickt gemacht werde. Nachdem ich jahrelang gegen die Anschauung angekämpft, dass es eine Zellenneubildung in freien, formlosen Exsudaten gebe (s. medizin. Zeit. d. Vereins f. Heilkunde in Preussen, 1847—1856), sind selbst diejenigen davon zurückgekommen, die sie früher leidenschaftlich verteidigten; so z. B. Virchow, der jetzt nur noch eine endogene Zellenbildung in Exsudaten annimmt (s. dessen spezielle Pathologie und Therapie, I. Bd., S. 329); auch dieser Forscher lässt den Faserstoff nicht mehr in die Zellenbildung eingehen. Meine bereits im Jahre 1843 aufgestellte Hypothese von der exkrementitiellen

Natur des Faserstoffs im Gegensatz zu der gangbaren von der plastischen Bedeutung desselben hat bei manchem Tadel, bei manchem Anerkennung gefunden. Zur Vermittelung beider Hypothesen stellte Lehmann (Physiologische Chemie, I. Bd.) die Ansicht auf, der Faserstoff sei als oxydiertes Albumin zur Zellenbildung und Ernährung bestimmt, der nicht verbrauchte Ueberschuss verfalle aber der regressiven Metamorphose und werde zu exkrementitiellen Stoffen umgesetzt. Wenn Kompromisse überhaupt nicht taugen, so sind sie gewiss am wenigsten in exakten Wissenschaften an ihrer Stelle: ich glaube, dass niemand jener Ansicht beitreten kann. Jeder wird bei einiger Ueberlegung einräumen, dass ein so scharf ausgeprägter Stoff wie das Fibrin entweder nur zur Zellenbildung und Ernährung verbraucht und dann auch nur in erforderlicher Menge gebildet wird, oder dass er, wofür so sehr vieles spricht, ein Proteinkörper ist, der aus irgendwelchen Ursachen kontinuierlich entsteht, aber in solchem Verhältnis durch Verarbeitung zu exkrementitiellen Stoffen entfernt wird, dass das normale Blut nur einen gewissen Bruchteil erhält, der gerade zu dem Zwecke hinreicht, Verletzungen des Gefässsystems durch Gerinnung unschädlich zu machen.

Was hätten zunächst diejenigen zu tun, die da annahmen, der Faserstoff sei vorzüglich ein Blastemkörper, in den das Albumin erst übergehen müsse, bevor es zur Zellenbildung und Ernährung tauglich werde! Sie müssten zeigen, dass im Vogelei dieser Prozess statt hat, ein Postulat, das z. B. Henle (Rationelle Medizin, II. Bd., S. 670) als ganz von selbst verständlich in albuminösen Exsudaten, die sich organisieren sollen, voraussetzt! Sie müssten ferner zeigen, dass die jungen Zellen ein entweder ebenso oder noch mehr oxydiertes Albumin sind als der Faserstoff, dass sie denselben Gehalt an Schwefel besitzen und dass ihr flüssiger Inhalt Fibrin ist, was nicht der Fall sein kann, da er nicht gerinnbar ist. Sie müssten ferner die Frage beantworten, weshalb das Blut des Fötus, und wahrscheinlich auch dessen Lymphe, keinen Faserstoff enthält: denn auch ich kann die Tatsache bestätigen, dass das Blut der eben geborenen Kinder ungerinnbar ist. Derselbe geht also weder von dem Blute der Mutter in das des Kindes über, noch bildet er sich im Embryo: seine Entstehung datiert vom Beginn des Respirationsprozesses, und was unterhält dieser wesentlich anderes als die Vorgänge der regressiven Metamorphose, die Umsetzung der Proteinkörper in exkrementitielle Stoffe? Die den Faserstoff betreffenden pathologischen Fakta sind noch weniger vom Standpunkte jener Theorie zu erklären, sie drängen zu der Ueberzeugung hin, dass die übermässige Anhäufung desselben im Blute Folge einer gehemmten Umsetzung desselben in Exkretionsstoffe ist.

Unter denjenigen, die sich meiner Hypothese von der exkrementitiellen Natur des Fibrins zunächst anschlossen, muss ich Rokitansky erwähnen. „Bei der Häufigkeit starrer, faserstoffiger Blasteme", sagt derselbe in seiner „Pathol. Anatomie" (I. Bd., S. 148) „als Grundlage pathologischer Neubildungen im Vergleiche zu ihrer Seltenheit im physiologischen Zustande können wir mit Hinblick auf das Vorwalten der Entwicklung der Gewebe aus Zellen im physiologischen Zustande und auf den Mangel an Faserstoff im Embryo die Aeusserung nicht unter-

drücken, dass wir geneigt sind, in dem Faserstoff wirklich ein Aus-
wurfsgebilde (mit Zimmermann), einen durch Oxydation dem Zerfallen
nahe gebrachten Stoff — ein durch Oxydation verbrauchtes Eiweiss —
zu sehen, der nebst Eiweiss nur noch in der Form der Pseudofibrine
zur Ernährung verwendet zu werden scheint." Diese Stelle wurde 1845
noch unter dem Eindrucke der jetzt erst gestürzten Hypothese von der
Entwicklungsfähigkeit der fibrinösen Exsudate geschrieben: bei mehr
Schärfe der Auffassung konnte aber derjenige, der den Faserstoff als
nicht qualifiziert zur physiologischen Neubildung betrachtete, ihn auch
nicht zur pathologischen geeignet halten.

Sodann ist C. Schmidt zu erwähnen, der sich (s. dessen Charak-
teristik der epidem. Cholera, S. 102) ebenfalls dafür erklärt, dass der
Faserstoff ein exkrementitielles Protein sei und durch die regressive
Metamorphose der Muskelsubstanz entstehe. C. Schmidt sucht einen
Beweis hierfür in der Faserstoffzunahme im Blute der Ruhrkranken;
zum Ersatz für das verloren gehende Albumin werde eine exzessive
Resorption der Muskelsubstanz angeregt, wofür die Abmagerung der
Kranken spreche.

Ich hatte diese Hypothese im Jahre 1843 unter anderen Gründen
auch aus dem konzipiert, weil nach den damaligen Angaben der Chemiker
der Muskel- und Blutfaserstoff identisch sein sollten: nachdem aber die
grossen Differenzen, die zwischen beiden obwalten, aufgedeckt waren
und nachdem ich mehr pathologische Tatsachen gefunden, die dagegen
sprachen, kam ich bald zu der Ueberzeugung, dass jene Ansicht nicht
viel für sich habe und dass kein Grund vorliege, die Entstehung des
Fibrins anderwärts zu suchen als im Lymphgefässsystem, wo wir
ihn zunächst finden (s. meine Schrift über die Analyse des Blutes,
S. 324). Er muss entweder als Nebenprodukt bei der hier statthabenden
Zellenbildung entstehen oder aus einem für den organischen Haus-
halt unbrauchbaren Albumin, das durch weitere Oxydation entfernt
werden soll.

Unter denjenigen, die sich in neuester Zeit für meine Hypothese
von der Nichtplastizität des Fibrins erklärt haben, ist, wie schon oben
erwähnt, Reinhardt zu nennen, der die Entstehung neuer Zellen in
Exsudaten aus dem Fibrin leugnete, nachdem er sie früher verteidigt
hatte, und endlich Virchow, der am Schluss seiner Abhandlung über
den Faserstoff (s. dessen gesammelte Abhandlungen, I. Bd., S. 137) sein
Urteil dahin zusammenfasst, dass derselbe ein Umsetzungsprodukt der
Gewebe sei und zwar zunächst der mit dem Lymphgefässsystem näher
zusammenhängenden Teile, wie der Lymphdrüsen, der Milz und besonders
des Bindegewebes. Es entstehe zunächst fibrinogene Substanz und je
nachdem diese mit dem Sauerstoff in Kontakt trete, bilde sich das
eigentliche Fibrin: dies werde im gesunden Zustande weiter umgesetzt
und entfernt.

Will man chemisch reines Fibrin analysieren, so muss man Blut in
einer Salzlösung auffangen, die erhaltene serofibrinöse Flüssigkeit durch
ein dreifaches feines Filtrum laufen lassen, so dass sie ganz frei von
allen körperlichen Elementen ist, und dann mit destilliertem Wasser bis
zur Gerinnung verdünnen.

Fasst man alle Tatsachen, welche über den Faserstoff vorliegen zu-

sammen, so machen sie den Total-Eindruck, dass sowohl seine physiologische wie pathologische Erzeugung eine Veranstaltung ist, durch
welche sich der Organismus eines Proteinkörpers entledigt, den er nicht
weiter verbrauchen kann und dessen Anhäufung ihm schädlich werden
würde. Mag sich dieser Proteinkörper bilden, wo und wobei er wolle,
bei der Verdauung, bei der regressiven Metamorphose gewisser Zellen
und Gewebe, die Lymphgefässe, diese wichtigsten Laboratorien und
Korrektionsanstalten für das Blut, bemächtigen sich seiner und verwandeln es in Fibrin, falls es nicht dazu schon bei der regressiven
Metamorphose der Gewebe geworden war. Je gesunder ein Mensch,
um so weniger Fibrin enthält sein Blut: ein kleines Quantum
wird immer gebildet aus physiologischen Gründen, und es resultiert
daraus der Vorteil, dass das Blut zum Schutze des bedrohten Lebens
bei Verletzungen des Gefässsystems usw. gerinnbar sei. Aendern sich
aber die organisch-chemischen Verhältnisse, erzeugt sich viel von dem
Proteinkörper, den der Organismus nicht in seiner Gestalt beherbergen
kann, so nehmen ihn die Lymphgefässe als Regulatoren des Chemismus
auf und verwandeln ihn in Fibrin, in die Substanz, die durch weitere
Oxydation zu exkrementitiellen Stoffen umgesetzt und so ausgeführt
werden kann. Mitunter geht jene Fibrinerzeugung so tumultuarisch und
schnell von statten, dass die Umsetzung in exkrementitielle Stoffe nicht
erfolgen kann und dann kommt es zu Exsudationen des aufgehäuften
Fibrins, die dazu dienen, das Blut für den Moment von jenem Bestandteil in Etwas zu befreien. Später, wenn die Ursache der abnormen
Krase aufgehört hat, kann es wieder resorbiert und ausgeführt werden.
So ist es in der Pleuritis, in der Pneumonie usw.

Wo aus irgend welchen Gründen der Albumingehalt der Blutflüssigkeit sehr erheblich vermindert wird, so dass dadurch die Blutkörperchen
Gefahr laufen würden, in ihrer Existenz gefährdet zu werden, da scheint
der Faserstoff reserviert zu werden, um in Etwas das zerstörte Gleichgewicht
herzustellen. In 1000 Teilen der Blutflüssigkeit gesunder junger Männer
finde ich z. B.:

> 3,670 Fibrin
> 5,276 Fette
> 74,193 Albumin usw.
> 8,001 Mineralsubstanzen
> ______
> 91,140

In 1000 Teilen Blutflüssigkeit eines Morb. Bright.-Kranken mit
Albuminurie fand ich z. B.:

> 10,90 Fibrin
> 9,90 Fette
> 40,10 Albumin usw.
> 9,10 Mineralsubstanzen
> ______
> 70,00

Wären in solcher Blutflüssigkeit die Fette und das Fibrin in der
normalen Menge vorhanden, so würde der Gehalt an organischen Materien
so unbedeutend werden, dass kaum der Austritt des Hämatin aus den
Blutbläschen gehindert würde."

Zimmermann's Arbeiten auf dem Gebiet der Blutgerinnung verdienen auch heute noch das aufmerksamste Interesse theoretisch und praktisch arbeitender Mediziner. Sie sind mit Unrecht so sehr in Vergessenheit geraten, dass seine bedeutsame Entdeckung des Anteils, welchen die Kalksalze am Gerinnungsgrozess haben, in keinem der mir bekannten Lehrbücher erwähnt wird; und doch wusste er lange vor Arthus und Pagès, dass dem Kalk im hohen Grade die Bedeutung eines fibrinbildenden Faktors zukommt.

Zimmermann hat diese seine Entdeckung gelegentlich von Untersuchungen über den Einfluss des Wasserzusatzes zum Vollblut und zu filtriertem Salzplasma gemacht. In der vorher zitierten Abhandlung, welche er 1856 unter dem Titel „Ueber den Faserstoff und die Ursache seiner Gerinnung" von Hamm aus als praktizierender Arzt veröffentlichte, sagt er S. 136 ff.:

„Schon in meiner Abhandlung über den Faserstoff, der aus Blut gewonnen wird, das durch Salze flüssig erhalten war (Arch. f. physiol. Heilkunde. 1847), hatte ich auf den merkwürdigen Umstand aufmerksam gemacht, dass es eine Reihe von Salzen gibt, die ihre serofibrinöse Flüssigkeit trotz aller Verdünnung mit destilliertem Wasser nicht gerinnen lassen. Zu diesen gehört z. B. das kohlensaure Kali und Natron und es könnte scheinen, als veränderten sie die chemische Konstitution des Fibrin in der Art, dass es sich verhält wie Eiweiss oder wie wir ihn finden, wenn man ihn aus dem geronnenen Zustande durch Salze in den flüssigen zurückgeführt hat. Denn diese Fibrinlösungen, sie mögen mit dem Salpeter oder dem Kochsalz geschehen sein, kann man mit Wasser so sehr verdünnen, wie man will, sie koagulieren nicht wieder.

Dass dem aber nicht so sei, dass der Faserstoff durch die noch so sehr verdünnte Kali- oder Natronlösung nur am Gerinnen verhindert werde, das erkennt man sofort, wenn man statt des destillierten Wassers Brunnenwasser nimmt oder die bereits mit destilliertem Wasser verdünnte serofibrinöse Flüssigkeit nur mit wenig Brunnenwasser vermischt. Denselben Erfolg sah ich, wenn ich in destilliertem Wasser kohlensauren oder schwefelsauren Kalk löste und damit die serofibrinöse Flüssigkeit verdünnte.

Folgende Beispiele werden dies beweisen.

a) 5 Unzen Blut von einem an Kongestionen leidenden Manne liess ich in eine Solution von 28 Gran Kali carb. dep. und 1000 Gran destilliertes Wasser fliessen. Zu 1 Teil der serofibrinösen Flüssigkeit tat ich erst 1 und nach 24 Stunden noch 1 Teil Aq. dest.; es erfolgte keine Gerinnung; als ich nach 3 Tagen Brunnenwasser dazu tat, gerann der Faserstoff sehr bald. — Eben dasselbe geschah, als ich 1 Teil serofibrinöse Flüssigkeit mit 1 Teil Brunnenwasser verdünnte.

b) 3 Unzen Blut von einem Kranken mit Kongestionen liess ich in eine Lösung von 30 Gran Kali carb. dep. und 500 Gran destilliertes Wasser fliessen. 2 Tage darauf verdünnte ich 1 Teil serofibrinöse Flüssigkeit mit 6 Teilen destillierten Wassers und als sie nach 48 Stunden noch nicht geronnen war, mit 36 Teilen, aber es erfolgte keine Gerinnung.

Dagegen gerann dieselbe serofibrinöse Flüssigkeit mit 6 Teilen Brunnenwasser in 6 Stunden.

Ca. 2 Unzen Blut von einem ebensolchen Kranken liess ich in eine Solution von 40 Gran Natr. bicarb. und 1000 Gran Wasser fliessen. 1 Teil serofibrinöse Flüssigkeit mit 3 Teilen Brunnenwasser verdünnt gerann sehr bald; 1 Teil mit 18 Teilen destilliertem Wasser gerann nicht.

Wie soll man sich nun diese Tatsache erklären? Da destilliertes Wasser, in dem kohlensaurer oder schwefelsaurer Kalk aufgelöst sind, ebenso wirkt, wie das an Kalkverbindungen und anderen Salzen reiche Brunnenwasser, so muss man notwendig daran denken, dass der chemische Prozess, der durch die Transmutation der Säuren und Basen, also durch die anorganischen Bestandteile der Aq. font. in der serofibrinösen Flüssigkeit hervorgerufen wird, auch dem Fibrin den Anstoss zu einer anderen Lagerung seiner Atome gibt, durch die es koaguliert. Es war alles in ihm dazu vorbereitet, aber die sonst wirksame Ursache der Fibringerinnung konnte sich nicht geltend machen, ähnlich wie Wasser bis zu — 3 ° R. erkalten kann, ohne zu gefrieren, wenn es still steht. Wie aber hier die geringste Bewegung das Wasser gefrieren macht, so gerinnt auch der Faserstoff, indem sich die chemische Bewegung, die in den anorganischen Bestandteilen vor sich geht, ihm mitteilt. Denn daran, dass durch die Salze des Brunnenwassers der serofibrinösen Flüssigkeit etwas kohlensaures Kali entzogen werden könnte, wodurch es nun weniger löslich erhaltende Kraft äussert, darf man wohl nicht denken, da dessen Menge zu gering ist, als dass sie ins Gewicht fallen könnte.

Wo Blut in einer schwachen und an Menge geringen Lösung des kohlensauren Kali oder Natron aufgefangen und anfangs flüssig geblieben ist, später aber gerinnt, da muss die Ursache, welche die Koagulation des Fibrins bewirkt, allmählich stärker werden und die lösende Kraft jener Salze überwinden. Warum tut sie das aber nicht in der serofibrinösen Flüssigkeit, die mit destilliertem Wasser stark verdünnt ist? Wie ich später zeigen werde, muss der Grund hiervon in den Zellen des Blutes liegen, welche einen Einfluss auf die Gerinnung des Fibrins haben.

Als ich das kohlensaure Ammonium darauf prüfte, ob es sich ebenso verhalte wie das kohlensaure Kali und Natron, fand ich, dass es das Blut wohl am Gerinnen hindert, aber dadurch, dass es die eigentliche chemische Konstitution des Fibrins vernichtet. Denn man kann das Blut, dessen Körperchen ihr Hämatin grösstenteils an das Interzellularfluidum abgegeben haben, so sehr mit destilliertem oder Brunnenwasser verdünnen, wie man will, es koaguliert nicht.

Wendet man andere Salzlösungen als die kohlensauren an, so ist es gleichgültig, ob man die serofibrinöse Flüssigkeit mit destilliertem oder Brunnenwasser verdünnt, sie koaguliert stets, aber es scheint, als ob das letztere die Gerinnung beschleunige.

Ich hatte 5 Unzen Blut in 50 Gran Bittersalz und 1000 Gran destillierten Wassers aufgefangen; die Blutkörperchen senkten sich gut und 6 Stunden post V. S. schöpfte ich die serofibrinöse Flüssigkeit ab, um sie durch ein doppeltes Filtrum von schwedischem Fliesspapier zu filtrieren. Die Blutkörperchen blieben auf jenem haften und letztere lief klar ab. 2 Stunden darauf vermischte ich 1 Teil serofibrinöse Flüssigkeit mit 7 Teilen destillierten Wassers; 2 Stunden danach begann die erste Flockenbildung, und zwar von oben her; nach weiteren 2 Stunden hatten sich die Flocken vermehrt und abgelagert; 8 Stunden danach fand ich vollständige Gerinnung.

Um dieselbe Zeit vermischte ich 1 Teil serofibrinöse Flüssigkeit mit 7 Teilen Brunnenwasser: nach 3 Minuten begann die Flöckchenbildung, aber nicht von oben her; sie vermehrte sich, und nach im ganzen 10 Minuten war die ganze Flüssigkeit durch und durch geronnen! Eine halbe Stunde danach entfernte ich den Faserstoff; 5 Minuten danach hatte sich die klar gewordene Flüssigkeit durch nachträgliche Gerinnung von neuem getrübt; ich entfernte den Faserstoff und jetzt erfolgte keine Koagulation weiter.

Ich habe diesen Versuch öfter und mit demselben Erfolge wiederholt: immer gerann die mit der gleichen Menge Brunnenwasser verdünnte serofibrinöse Flüssigkeit eher als die mit dem destillierten.

Worin haben wir den Grund dieser auffallenden Differenz zu suchen? Er kann begründet sein in den Mineralsubstanzen, die das Brunnenwasser besitzt, die mit den Salzen des Blutserums und dem angewendeten Salz sich umsetzen und bei diesem chemischen Prozess dem Fibrin den Anstoss zum Gerinnen geben. Verdünnt man Blutserum mit destilliertem Wasser und kocht, so opalisiert es höchstens, nimmt man Brunnenwasser, so gerinnt das Albumin in Flocken, eine Differenz, die darauf beruhen muss, dass das **Natron des Albumins durch den gelösten kohlensauren Kalk oder ein anderes Salz des Brunnenwassers demselben entzogen und z. B. in kohlensaures umgesetzt wird.**"

Die Tatsache, dass gerinnungsfähige Blutflüssigkeit durch die Gegenwart von wasserlöslichem Kalk zur Koagulation veranlasst wird, und dass die Fibrinbildung sistiert ist, wenn der gelöste Kalk durch Mittel, welche ihn in eine unlösliche Verbindung überführen, inaktiviert wird, macht ·die gerinnungshemmende Wirkung der kohlensauren Alkalien leicht erklärlich: denn umgekehrt wie beim Zusatz von kalkhaltigem Wasser, wo in den Proteinverbindungen des Plasmas Natron durch Kalk ersetzt wird, treten Natron bezw. Kali an die Stelle des Fibrinogenkalks, indem die kohlensauren Alkalien ihn in unlöslichen kohlensauren Kalk umwandeln, der bekanntlich erst durch einen grossen Kohlensäureüberschuss löslich wird und dann beispielsweise im Trinkwasser die vorübergehende Härte bedingt, welche verschwindet, wenn man **das Wasser kocht.** Dementsprechend hatte auch Zimmermann Brunnenwasser nach dem Kochen zur Gerinnungsbeschleunigung wenig oder gar nicht geeignet gefunden (l. c. S. 140). Nur von oben 'her, wo die Kohlensäure der Luft den Kalk löslich machte, trat geringe Fibrinbildung ein. Mit der kalklösenden bzw. unlöslich machenden Kohlensäurewirkung hängt es auch zusammen, wenn arterielles und venöses Blut eine Differenz der Gerinnungsenergie erkennen lassen. Im Blute ist die Kohlensäure nicht in Gasform vorhanden, sondern an Natron und Kali gebunden, und der grössere Kohlensäuregehalt des venösen Blutes ist auf den von kohlensauren und phosphorsauren Alkalien locker gebundenen Kohlensäuregehalt zurückzuführen, der hier in höherem Grade wie im arteriellen Blut zur Bindung des Fibrinogenkalks befähigt sein wird. Damit finden die nachstehenden Mitteilungen Zimmermann's ihre Erklärung (l. c. S. 146 ff.):

„Es steht fest, dass das arterielle Blut schneller gerinnt als das venöse. Um zu ermitteln, ob sich der Faserstoff dieser beiden Blutarten noch ebenso verhalten würde, wenn das Blut durch eine Salzsolution am Gerinnen verhindert worden ist, stellte ich folgenden Versuch an. Ich liess gleiche Quantitäten arteriellen und venösen Blutes zu ein und derselben Zeit aus der Art. carot. und Vena jugularis eines rotzkranken Pferdes in eine Solution von je 60 Gran Bittersalz und 1000 Gran destilliertem Wasser fliessen. Der Cruor senkte sich schnell und vollständig. 48 Stunden nach der Blutentziehung nahm ich von der serofibrinösen Flüssigkeit gleiche Teile und vermischte sie mit dem dreifachen Volumen Wasser. Die des arteriellen Blutes begann sich nach 45 Minuten zu trüben, die des venösen erst nach 75 und in demselben Verhältnis zeigte sich die Gerinnung beendigt.

Es ist ferner bekannt, dass das bei einem Aderlass zuerst ausfliessende Blut langsamer gerinnt als das letzte, und Prater hatte bereits bei seinen Versuchen mit Blut, das er in eine Salzlösung hatte fliessen lassen, dasselbe gefunden. Ich habe dieses Experiment wiederholt und dabei folgendes Resultat erhalten.

Am 8. Juni 1853 liess ich einer plethorischen, an Biergenuss gewöhnten Frau zu Ader. Die ersten 500 Gran Blut fing ich in eine Solution von 30 Gran Bittersalz und 500 Gran destilliertem Wasser auf, ebenso verfuhr ich nach Ausflusss von 16 Unzen mit den letzten 500 Gran. — Dort gerann 1 Teil serofibrinöse Flüssigkeit mit 6 Teilen Aq. dest. erst in 10, hier in 8 Tagen, also 2 Tage früher! — In 1000 Teilen Blut fand ich 1,36 trockenen Faserstoff, in 1000 Teilen Blutflüssigkeit 2,80.

Indem ich annahm, dass diese Differenz in dem venösen Blute dadurch bedingt sei, dass das Blut, welches nach dem Anstich der Vene zuerst ausfliesst, mehr Kohlensäure enthält, weil es längere Zeit angestaut gewesen ist, das letzte aber, da es frei weg fliesst und die Kapillaren schneller als sonst passiert, mehr Sauerstoff, so glaubte ich, den Versuch noch einmal anstellen zu müssen, ob die Kohlensäure die Gerinnung des Fibrins verlangsamt, also auch die Ursache der langsameren Gerinnung des Venenbluts im Verhältnis zum arteriellen ist. Ich liess daher in dem bekannten Liebig'schen Apparat Brunnenwasser sich mit Kohlensäure imprägnieren und vermischte 1 Teil serofibrinöse Flüssigkeit von Blut, das in Bittersalzsolution aufgefangen war, mit 4 Teilen desselben. Sie blieb ganz klar; erst 67 Minuten darnach zeigte sich die erste Trübung von oben her, und nach weiteren 45 Minuten die obere Hälfte teilweise geronnen.

Dagegen gerann 1 Teil derselben serofibrinösen Flüssigkeit mit 4 Teilen des gewöhnlichen Brunnenwassers in 45 Minuten vollständig, und mit 6 Teilen geschah dies schon in 20 Minuten."

Dasselbe Erklärungsprinzip, welchem zufolge die Blutgerinnung beschleunigt wird durch gelösten Kalk und gehemmt oder verhindert werden kann durch Kalkbindung mit Hilfe von Kohlensäure, welche an kohlensaure Alkalien gebunden ist, gilt für die Versuche von Arthus und Pagès („Nouvelle théorie" usw. Journ. de phys. 1869. Bd. 22), in welchen 40 Jahre nach Zimmermann die allerdings sehr viel stärker kalkbindende Kraft der oxalsauren und zitronensauren Alkalien zur Löslicherhaltung des Blutplasmas benutzt worden ist.

Man wird sich vorstellen dürfen, dass das Fibrin eine Kalkverbindung des Fibrinogens ist, welche ausserhalb der Blutbahn des lebenden Organismus, unter Umständen auch schon intravaskulär, entsteht, wenn durch besondere Einflüsse der immer im Blute vorhandene Kalk auf das Fibrinogen übertragen wird. Schon Zimmermann hat dabei mit einem Fermentationsprozess gerechnet. Er hielt zur Einleitung der Gerinnung einen „Kontaktkörper" für erforderlich. Gelegentlich seiner Kritik einer im Jahre 1856 preisgekrönten Arbeit des Engländers Richardson, welcher das Flüssigbleiben des zirkulierenden Blutes auf Ammoniakgehalt zurückführen wollte und mit diesem Erklärungsprinzip über Brücke den Sieg davontrug, sagt Zimmermann z. B. u. a:

„Wollten wir annehmen, dass die flüchtige Ammoniakverbindung des Blutes von einigem Einfluss auf den flüssigen Zustand desselben ist, so könnte man nur annehmen, dass sie dasselbe vor der Selbstzersetzung schützt. Aber dass dieser Einfluss entweder gar nicht oder nur in einem kaum wahrnehmbaren Grade besteht, geht aus den oben zitierten Beobachtungen hervor, dass nämlich schon die doch sehr glatte Oberfläche eines Quecksilberkügelchens im zirkulierenden Blute genügt, um das Fibrin auf eine gewisse Entfernung hin zum Gerinnen zu bringen. Dagegen können wir auf die Untersuchungen von E. Brücke hin dreist annehmen, dass das Blut vor der Selbstzersetzung durch die innere Gefässmembran bewahrt wird; sowie sich diese in ihrer Konstitution, also auch in ihren Lebenseigenschaften ändert oder sowie das Blut des Kontaktes mit der unversehrten Gefässwand beraubt wird, verfällt es einer Art chemischer Zersetzung, wobei sich wahrscheinlich ein Kontaktkörper bildet, der in statu nascenti den Faserstoff des Plasma in den koagulierten Zustand überführt. Hätte wirklich das wenige Ammoniak im Blute einen Einfluss auf das Fibrin, so ist er doch nicht so stark, als dass er jenen Vorgang aufhalten könnte; die Gerinnung erfolgt, nicht weil das Ammonik entweicht, sondern trotzdem, dass es noch da ist!"

Wir verdanken jedoch die zwingenden Beweise für die Richtigkeit der Auffassung des Blutgerinnungsprozesses als eines fermentativen Vorgangs erst den Untersuchungen des Dorpater Professors Alexander Schmidt. Dieser spricht sich in seiner Blutlehre vom Jahre 1892 über die Entdeckung seines Fibrinferments, dem er den Namen „Thrombin" gegeben hat, folgendermassen aus:

„Die Art, wie häufig über die Autorschaft des Fibrinferments referiert wird, veranlasst mich, hier zu konstatieren, dass ich der erste gewesen bin, welcher die Möglichkeit einer Fermentation mit Beziehung auf die Faserstoffgerinnung ins Auge gefasst hat und auch das Wort Ferment ausgesprochen hat. Ich brauche in dieser Hinsicht nur auf meine allerältesten Arbeiten in Reichert und Du Bois-Reymond's Archiv, Jahrg. 1861, S. 565 und 566, Jahrg. 1862, S. 550 und 551 hinzuweisen. Die von mir beobachteten Tatsachen waren der Art, dass sie mir die Idee eines Fibrinferments schon damals nahelegen mussten, ich wies sie aber zurück, weil andere, in den zitierten Arbeiten ausführlich dargelegte Beobachtungstatsachen ihr zu widersprechen schienen;

der Hauptgrund lag darin, dass ich das Ferment noch nicht vom Paraglobulin zu trennen verstand und daher auch die Wirkungen des ersteren dem letzteren zuschrieb; das Paraglobulin seinerseits aber beeinflusste die Gerinnung wiederum in einer Weise, welche dem Begriff eines Ferments nicht zu entsprechen schien, wie es denn überhaupt nicht gut möglich war, diesen Eiweisskörper als ein Ferment aufzufassen. Brücke ist in seiner 6 Jahre später, im Jahre 1867, erschienenen Abhandlung: „Ueber das Verhalten einiger Eiweisskörper gegen Borsäurelösung" (Wiener akad. Sitzungsber., Math.-naturw. Kl. 2. Abteilung, Bd. V) auf Grund der unrichtigen Voraussetzung, dass das Paraglobulin bei meinen Gerinnungsversuchen überhaupt gar nicht mitgewirkt habe, konsequenterweise zur Annahme eines anderen, vom Paraglobulin eingeschlossenen Stoffes gelangt, welchem er die von ihm bestätigte koagulierende Wirkung der Paraglobulinniederschläge zuschrieb. Er hat damit, was die Tatsache betrifft, dass noch ein wirksamer Stoff in den letzteren existiert, das Richtige getroffen; aber er hat diese Tatsache weder bewiesen, noch auch nur eine Vermutung über die Natur dieses unbekannten, von ihm präsumierten Stoffes ausgesprochen; dagegen sagt er selbst, dass mir bei meinen damaligen Arbeiten offenbar die Idee eines Ferments „vorgeschwebt" habe, was ich mit Beschränkung akzeptiere, da sie mir zwar durch die Tatsache mehrfach aufgedrängt wurde, ich sie aber ausdrücklich noch zurückwies. Aber in der zitierten Arbeit von Brücke lag für mich jedenfalls kein zwingender Grund, von meinen zuerst gefassten Vorstellungen abzugehen, da ich seine Grundvoraussetzung von der Indifferenz des Paraglobulins beim Gerinnungsakte nicht teilte und auch jetzt noch nicht teile, vielmehr im weiteren Fortgange meiner Untersuchungen gezeigt habe und auch in dieser Arbeit zeigen werde, in welcher Weise die Faserstoffgerinnung vom Paraglobulin beeinflusst wird. Die mir selbst nicht genügende Deutung meiner eigenen Versuche trieb mich dazu, der Sache weiter nachzugehen und wenn es mir dabei gelang, das Ferment vom Paraglobulin zu trennen und als solches zu erkennen, so bin ich damit einfach zu einer Vorstellung zurückgekehrt, die ich als Erster ins Auge gefasst und auch ausgesprochen habe, und man wird zugeben müssen, dass ich auf durchaus eigenen Wegen zur Entdeckung des Fibrinferments gelangt bin."

Die Herkunft seines Thrombins leitet Schmidt von den Körperzellen ab, die aber zunächst nur eine Vorstufe des Thrombins das Prothrombin (Zymogen) liefern, welches erst unter dem Einfluss von zytogener zymoplastischer Substanz zum Thrombin wird. Gegenwärtig wird angenommen, dass das Thrombin als Kalküberträger wirksam ist. Nach Morawitz (Handb. f. Biochemie. 1909. Bd. 2. S. 52) soll man sich den Gerinnungsprozess so vorstellen, dass im Plasma vorhandener Kalk sich mit dem Prothrombin (Thrombogen) unter Mitwirkung einer zytogenen Thrombokinase zum Thrombin vereinigt, den Kalk dann auf das Fibrinogen überträgt und dadurch fibrinbildend wirkt. In dem danach sich ausscheidenden Serum soll das Thrombin in Metathrombin umgewandelt werden, welches durch Alkalien wieder zu Thrombin reaktiviert werden kann.

Das Thrombin soll ein Nukleoproteid sein (Pekelharing). Lilienfeld („Ueber Blutgerinnung". Zeitschr. f. phys. Chemie. 1896. Bd. 22) will ein Nukleohiston, welches die Leukozyten liefern, für die Gerinnung verantwortlich machen. In diesem sehr komplizierten Proteid sei es das durch Mineralsäuren abspaltbare Leukonuklein, welches das Fibrinogen in Fibrin umwandle.

Aus Plasma hat Hammarsten, der berühmte schwedische Physiologe, Fibrinferment auf folgende Art in sehr wirksamer Form angeblich kalkfrei gewonnen. Er zentrifugierte aús Pferdeaderlassblut die Blutkörperchen ab, vermischte das Plasma mit 0,3 pCt. Kaliumoxalat und befreite es dann von dem danach entstandenen Kalziumoxalat vollständig durch erneutes Zentrifugieren und nachträgliche Filtration. Um noch zurückgebliebene Kalkreste sicher zu beseitigen, verdünnte er das klare Filtrat mit dem dreifachen Volum destillierten Wassers. Nach einigen Tagen waren dann Globuline ausgefallen und hatten alle suspendierten Substanzen mit Einschluss des Kalkes mitgerissen. Danach verdünnte er mehrmals das vollkommen klare Filtrat mit Wasser, erzeugte durch wenig Essigsäurezusatz von neuem einen Niederschlag, welcher das Ferment enthielt. Durch Zusatz von wenig Alkali gelöst und abermals mit Essigsäure gefällt, entstand schliesslich ein plasmareiches Präzipitat, welches, durch Kochsalzzusatz gelöst, bei der Analyse jede Spur von Kalk vermissen liess.

Mit seinem „kalkfreien" Ferment konnte Hammarsten aus gleichfalls „kalkfreier" Fibrinogenlösung Fibrin mit allen seinen charakteristischen Eigenschaften darstellen. Danach ist mit der Möglichkeit zu rechnen, dass Kalksalze kein notwendiges Desiderat für den Fibrinbildungsprozess sind. Freilich darf nicht verschwiegen werden, dass der so sachkundige Kritiker Duclaux dazu die Bemerkung macht: „Il reste la possibilité, qu'on ne peut pas exclure a priori, que la coagulation du sang soit un réactif du calcium plus sensible que tous les autres. N'oublions pas que le réactif le plus sensible de l'argent n'est pas le sel marin, mais l'aspergillus niger".

———

Zehntes Kapitel.

Phagozytose.

Erster Abschnitt.
Metschnikoff's Phagozytoselehre.

Im Jahre 1901 hat Metschnikoff in seinem Buche „L'immunité dans les maladies infectieuses" (Masson u. Co.) die Frucht 25jähriger experimenteller Arbeit auf dem Phagozytosegebiet zusammengefasst. Beginnend mit den an Paramecien, Rhizopoden, Amöben und anderen Protozoen zu beobachtenden Phagozytosephänomenen, geht er über zu höheren animalischen Lebewesen und bespricht da zunächst, wie Wyssokowitsch (s. a. zweites Kapitel, 10. Abschnitt), den Verbleib der in das Blut überlebender Tiere gelangten Bakterien. Auf Grund einer unter seiner Leitung ausgeführten Experimentalarbeit von Métin (Annales de l'Institut Pasteur. 1900, Bd. 14) widerlegt er die Angaben anderer Autoren über Ausscheidung der Bakterien durch die Sekretionsorgane, bespricht ihre Ablagerung namentlich in den Lymphdrüsen, die von den lymphoiden Organen herstammende Enterokinase (Delezenne im 15. Bande von Past. Ann. 1901) und ihre Bedeutung für die Verdauung von bakterieller Leibessubstanz und gibt schliesslich eine Uebersicht über den Mechanismus der Resorption geformter Elemente im lebenden Organismus, in welchem „Fresszellen" (Makrophagen und Mikrophagen) die Hauptrolle spielen.

Die Makrophagen sind amöboide Zellen, welche mit Hilfe von protoplasmatischen Fortsätzen sich der korpuskulären Elemente (rote Blutkörperchen, Bakterien, Farbstoffkörner usw.) bemächtigen und in sich aufnehmen. Es gibt sessile und mobile Makrophagen. Zu den ersteren gehören u. a. Ganglien- und Neurogliazellen, die grossen Zellen der Milzpulpa und Lymphdrüsen, gewisse Endothelien und Bindegewebszellen. Mobile Makrophagen sind die grossen mononukleären Blutleukozyten, Metschnikoff's „Hämo- oder Lympho-makrophages". Die Makrophagen enthaltene ein der Enterokinase ähnlich wirkendes Ferment, welches von Metschnikoff als „fixateur" bezeichnet wird; es übt die Funktion von Bordet's „substance sensibilisatrice" und Ehrlich's „Amboceptor" aus. In Exsudaten findet man nicht selten Makrophagen mit 2 und noch mehr Kernen. Die Riesenzellen kann man als vielkernige Makrophagen ansehen.

Was in der medizinischen Literatur den Namen „vielkernige (polynukleäre) Leukozyten" trägt, ist eine Leukozytenart, die identisch ist mit Metschnikoff's Mikrophagen. Diese haben in Wirklichkeit nur

einen Kern, welcher jedoch vielgestaltig (polymorph) auftritt. Er ist
oft „gelappt" und kann auch in mehrere Teile zerfallen. Seine Substanz ist durch basische Anilinfarben viel intensiver färbbar, wie die der
Blutmakrophagen. Diese sind nach Metschnikoff aufzufassen als diffe-
renzierte Lymphozyten, welche ursprünglich kleiner sind als die polymorphkernigen Mikrophagen, und die sich ausserdem durch ihren Mangel
oder ihre Armut an Cytoplasma in ihrem ursprünglichen Zustand unterscheiden. Mit ihrem Cytoplasmamangel hängt auch ihre Unfähigkeit zur
Phagozytose zusammen. Sie können sich aber im weiteren Verlaufe ihrer
Existenz weiterentwickeln zu Zellen mit einem chromatinarmen Kern und
reichlichem Cytoplasma, wonach sie dann eben zu den sogenannten
grossen mononukleären Zellen oder Blutmakrophagen werden. Diese
Zellen sind es, welche unter dem Namen „Staubzellen" in den Alveolen
und Bronchien, als Kupffer'sche „Sternzellen" in der Leber, angetroffen werden, und die man an anderen Orten mit Epithelzellen und
Bindegewebszellen verwechselt hat.

Zu den polymorphkernigen Mikrophagen gehören auch Ehrlich's
„Mastzellen", Ranvier's „Klasmatozyten" und ebenso auch Ehr-
lich's „eosinophile" Zellen. Alle Mikrophagen stammen aus dem
Knochenmark her und können demgemäss als Myelozyten zusammen-
gefasst werden, im Gegensatz zu den aus der Milz und den Lymph-
drüsen herstammenden kleinen und grossen mononukleären Lymphozyten.
Diese gehören also zu den Gebilden, welche sich aus dem mittleren
Keimblatt entwickeln.

Ein zum Studium der Phagozyten besonders geeignetes Untersuchungsobjekt ist der freie Bauchhöhleninhalt des Meerschweinchens.
Er besteht normalerweise aus einer spärlichen Menge Flüssigkeit, in
welcher viele Leukozyten suspendiert sind. Diese Fähigkeit ändert aber
schnell ihren Charakter, wenn in die Bauchhöhle Fremdkörper eingeführt
werden. Auf Seite 86 seines Buches empfiehlt Metschnikoff zum
Studium der Fremdkörperwirkung die Injektion von defibriniertem Vogel-
blut, in welchem die ovalen, kernhaltigen Blutkörperchen mikroskopisch
in ungefärbtem und gefärbtem Zustand sehr deutlich sichtbar sind und
auch in der Bauchhöhle der Meerschweinchen stundenlang intakt bleiben,
während die Leukozyten der Bauchhöhlenflüssigkeit bis auf wenige kleine
Lymphozyten verschwinden. Von den Makrophagen und Mikrophagen
bleibt nichts übrig als kleine Konglomerate, welche die Zeichen einer
weitgehenden Degeneration (Phagolyse) erkennen lassen. Erst nach
einem Zeitraum von einer bis zu mehreren Stunden erscheinen von neuem
Leukozyten in immer grösser werdender Zahl, die aus den dilatierten
Gefässen des Peritoneums ausgewandert sind. Zunächst überwiegen die
Makrophagen über die Mikrophagen. Die Makrophagen beginnen alsbald nach ihrer Einwanderung kleine protoplasmatische Fortsätze aus-
zusenden, mit welchen sie die Blutkörperchen an sich fesseln, wonach
dann diese ihrerseits mit amöboiden Bewegungen in die makrophage
Zelle eindringen. Der erste Akt dieser Phagozytose besteht aber, wie
gesagt, in der Aussendung von gewissermassen haptophoren Pseudopodien. Dieser Intussuszeptionsprozess der Phagozytose beginnt etwa
3 Stunden nach der Injektion und lässt sich oft mehrere Tage verfolgen.
Dann wird die Lymphflüssigkeit von den mit Blutkörperchen bzw. den

zum Teil zertrümmerten Blutkörperchen beladenen Makrophagen befreit, indem diese von den Lymphgefässen aufgenommen und in die Mesenterialdrüsen, die Leber, Milz usw. verschleppt werden.

Zweiter Abschnitt.
Ueber das Verhalten der Diphtheriebazillen in der Bauchhöhle von lebenden Meerschweinchen. (Nach Versuchen von Fred Ransom.)

Im Diphtheriekapitel habe ich erwähnt, dass virulente Diphtheriebazillen durch einen Antitoxinzusatz so beeinflusst werden, dass sie sich wie avirulente Bazillen verhalten und wie diese nach voraufgegangener Phagozytose im lebenden Organismus nach kurzer Zeit abgetötet werden. Den experimentellen Beweis dafür hat schon vor mehreren Jahren mein früherer Mitarbeiter Ransom in meinem Marburger Institut geliefert, als er das Verhalten der Diphtheriebazillen in der Bauchhöhle lebender Meerschweinchen studierte. Die mir zur Veröffentlichung übergebenen Ransom'schen Versuche habe ich mit dem nachfolgenden Text versehen, in welchem ich Herrn Ransom redend einführe.

Spritzt man einem Meerschweinchen eine schnell tötende Dosis von einer 24—48 Stunden alten Diphtheriebouillon in die Bauchhöhle ein und untersucht dann die mittelst Kapillarröhrchen in kurzen Zwischenräumen aus dem Peritoneum entzogene Flüssigkeit unter dem Mikroskop, so nimmt man folgendes war:

a) die intraperitoneale Flüssigkeit, welche normalerweise ziemlich reich an grossen mononukleären Zellen (Makrophagen) und kleinen Lymphozyten ist, wird ärmer an Zellen, besonders an grossen mononukleären Zellen;

b) die eingespritzten Bazillen verschwinden mit grosser Schnelligkeit;

c) die noch vorhandenen mononukleären Zellen sind mit Bazillen vollgepfropft;

d) nach Ablauf einer gewissen Zeit entwickelt sich eine bedeutende Leukozytose, welche hauptsächlich durch polynukleäre (gelapptkernige) Zellen zustande kommt und bis zum Eintritt des Todes fortdauert;

e) unter den zuerst erscheinenden polynukleären Zellen pflegen viele eosinophile Körnung zu zeigen; später überwiegen die Zellen mit neutraler Körnung.

Um zu erfahren, wie sich giftfreie Diphtheriebazillen in der Meerschweinchenbauchhöhle verhalten, habe ich eine Aufschwemmung von Bazillen aus Serum- oder Agarkulturen benutzt. Auch hier verschwinden die Bazillen schnell unter gleichzeitiger Verminderung der Zahl der grossen mononukleären Zellen und mit nachfolgender polynukleärer Leukozytose. Die Verminderung der grossen mononukleären Zellen nach der Einspritzung von einer Agarkulturaufschwemmung führt oft bis zu völliger Zelllosigkeit der peritonealen Flüssigkeit.

Die intraperitoneale Einspritzung von gelöstem Diphtheriegift hat keinen Einfluss auf die Zahl der grossen und kleinen Lymphozyten. Etwa 2 Stunden nach der Einspritzung tritt eine polynukleäre Leukozytose ein, genau so wie nach dem Einspritzen von einfacher Bouillon oder Kochsalzlösung. Es liegt daher der Gedanke nahe, dass das Verschwinden der mononukleären Zellen von der Gegenwart der Bazillen abhängig ist. Die weiteren Versuche werden zeigen, inwiefern diese Voraussetzung stichhaltig ist.

Wird die peritoneale Flüssigkeit kurze Zeit nach der Bazilleninjektion untersucht, so findet man, wie schon gesagt, die vorhandenen grossen mononukleären Zellen mit Bazillen vollgestopft; es kann daher keinem Zweifel unterliegen, dass die meisten Bazillen von den Zellen abgefangen werden: dennoch ist es möglich, dass nicht die Phagozytose allein das Verschwinden der Bazillen bewirkt. Wenn man nämlich das Präparat aus der Bauchhöhle in der üblichen Weise mit Loeffler'scher Lösung färbt, so fällt die eigentümliche Art der Bazillenfärbung auf. Die Bazillenleiber färben sich nur unvollkommen; ein Pol ist dunkel tingiert, der übrige Leib durch 2—3 kokkenähnliche Punkte angedeutet; hier und da sieht man Bazillen, welche wie ganz kurze Streptokokken aussehen, und wo die Bazillen in Gruppen liegen, empfängt man den Eindruck einer Granulabildung. Diese Formen sind sowohl in den Zellen als auch frei in der Flüssigkeit zu erkennen. Die granuläre Diphtheriebazillenform ist schon lange bekannt; aber es ist doch bemerkenswert, wenn eine Kultur, welche vor dem Einspritzen kontinuierlich gefärbte Bazillen gab, nach 5 Minuten langem Aufenthalt in der Bauchhöhle nur partiell gefärbte Bazillen zeigt. Ob man es hier mit einer beginnenden Auflösung der Bazillenleiber zu tun hat, muss dahingestellt bleiben.

Im Stadium der polynukleären Leukozytose getötete Tiere zeigen bei der Sektion die polynukleären Zellen stark bazillenhaltig[1]). Beispiel:

𝔐 410 Nr. 1799	Datum 14. VIII. 1898	0,3 ml Aufschwemmung von einer Diphtheriekultur auf Agar ip.	† nach 30 Stunden.

Sektionsbefund: Die Bauchhöhle enthält ziemlich viel rötliches klares Exsudat. Das Omentum ist zusammengerollt, stark gerötet und geschwollen; seiner Oberfläche haften mehrere weissgelbliche kleine Flocken bis Linsengrösse an. Unter dem Mikroskop sieht man, dass diese membranartigen Flocken aus mononukleären und polynukleären Zellen bestehen, welche viele Bazillen enthalten. Diese Bazillen sind oft irregulär geformt und granuliert. Die Flüssigkeit aus der Bauchhöhle zeigt freiliegende Bazillen und bazillenhaltige Zellen in mässiger Zahl.

Sowohl aus der Flüssigkeit wie aus den dem Omentum anhaftenden membranartigen Flocken lassen sich die Diphtheriebazillen in Reinkultur herauszüchten: Hieraus ergibt sich, dass das schnelle Verschwinden der Bazillen nicht die Folge eines bakteriziden bzw. bakteriolytischen Pro-

---

1) cfr. Vincenzo Patella, „Sulla morfologia degli Essudati". Siena 1903. (Ueber Makrophagenverzehrung durch leukozytäre Mikrophagen.)

zesses ist, sondern durch die Aufnahme in Leukozyten und deren Fixierung im Omentum bedingt wird. Die ursprünglich beweglichen Phagozyten werden unbeweglich, kleben zusammen und werden in den Falten des Netzes zurückgehalten. Eine Abtötung der von Zellen eingeschlossenen Bazillen findet innerhalb der Zeitdauer bis zu 2 Stunden nicht statt; auch ist anzunehmen, dass die Giftproduktion nicht durch die Phagozytose aufgehoben wird, da wir die Schwellung und Rötung des Omentums als ein Intoxikationsphänomen anzusehen haben. Und dieses zeigt sich auch dann, wenn alle Bazillen der Phagozytose anheimgefallen sind. Freilich findet man in den membranähnlichen Gebilden nicht bloss intrazelluläre, sondern auch interzelluläre Bazillen, und es ist möglich, dass die zusammenklebenden Zellen die Bazillen auch mechanisch mitreissen.

Nach Feststellung dieser Verhältnisse, die im Gefolge einer intraperitonealen Einspritzung von virulenten Diphtheriebazillen, welche in einer giftfreien Flüssigkeit (Bouillon) aufgeschwemmt sind, eintreten, habe ich die Injektionsversuche mehrfach modifiziert. Für die nachfolgenden Versuche wurde eine grössere Zahl von Agarkulturen in Bouillon aufgeschwemmt, die Aufschwemmung zusammengegossen und gut verrieben; von der so entstandenen, als giftfrei anzusehenden Bazillen-Emulsion wurde dann ein Teil mit löslichem Diphtheriegift versetzt.

In den beiden folgenden Versuchen wurde die krankmachende Wirkung der giftfreien und gifthaltigen Emulsion geprüft.

	Datum		
ℳ 270 Nr. 1518	11. VII. 1898	1 ml Diphtheribazillenaufschwemmung $+$ 1 ml Bouillon ip.	Bleibt am Leben.
ℳ 270 Nr. 1520	11. VII. 1898	1 ml derselben Aufschwemmung $+$ 1 ml $\dfrac{D.T.N^{50}}{5000} =$ 250 $+$ M. ip. [1]	† nach 24 Stunden.

Die Prüfung des Bauchhöhleninhalts dieser beiden Tiere ergab: Die bazilläre Emulsion verursachte zunächst ein vollständiges Verschwinden der Zellen aus der peritonealen Flüssigkeit. Eine 2 Stunden nach der Einspritzung mit der Flüssigkeitsprobe aus der Bauchhöhle des Gift-Tieres angelegte Kultur wuchs sehr reichlich, dagegen wies die Kontrollkultur vom anderen Tiere nur 20—30 Kolonien auf. Sieben Stunden nach der Einspritzung ist die Flüssigkeit in der Bauchhöhle des Kontrolltieres schon steril, während eine zu gleicher Zeit angelegte Kultur vom Gift-Tier noch 12 Kolonien aufwies. Die polynukleäre Leukozytose tritt bei beiden Tieren zu beinahe derselben Zeit auf, jedoch etwas früher beim Gift-Tiere. Bemerkenswert ist, dass bei dem Gift-Tiere sich eine deutliche Vermehrung der Bazillen in der zweiten Stunde zeigte. Nur

----

1) Wegen der Erläuterung der in den Protokollen benutzten Abkürzungen und Zeichen s. Heft 12 meiner Beiträge und die Zeichenerklärung am Schluss dieses Buches.

geringfügig war der Unterschied, wenn ich die Dosis von der Emulsion verdoppelte und den Giftzusatz um das Vierfache kleiner wählte.

An den Meerschweinchen Nr. 1518, 1572 und 1561 wurde der Einfluss der Diphtheriebazillen-Virulenz geprüft. Nr. 1518 erhielt eine avirulente, Nr. 1572 eine schwach-virulente, Nr. 1561 eine vollvirulente Kultur.

	Datum		
𝔐 270 Nr. 1518	11. VII. 1898.	1 ml Aufschwemmung aviru-lenter Diphtheriekultur ip.	Bleibt am Leben.
𝔐 350 Nr. 1572	15. VII. 1898.	1 ml Aufschwemmung schwachvirulente Diphthe-riekultur ip.	† nach ca. 36 Std.
𝔐 310 Nr. 1561	16. VII. 1898.	1 ml Aufschwemmung voll-virulenter Diphtheriekultur ip.	† nach ca. 24 Std.

Die Peritonealflüssigkeit von Nr. 1518 enthielt 15 Minuten nach der Injektion viele bazillenhaltige Makrophagen, die von Nr. 1572 wenige und von Nr. 1561 fast gar keine. Die Makrophagen waren nach 15 Minuten bei Nr. 1561 bis auf wenige aus der Flüssigkeit verschwunden; ebenso die Bazillen. Bei Nr. 1672 fanden sich neben bazillenhaltigen Makrophagen auch freie Bazillen in der Flüssigkeit, während bei Nr. 1518 die Flüssigkeit gar keine Bazillen, aber noch bazillenfreie Makrophagen enthielt.

Eine nachträgliche polynukleäre Leukozytose trat am frühesten bei Nr. 1561, am spätesten bei Nr. 1518 ein.

2 Stunden nach der Einspritzung der nichtvirulenten Kultur wuchsen aus einer grossen Oese der peritonealen Flüssigkeit nur 20—30 Kolonien, und in der siebenten Stunde war das Exsudat im Peritoneum schon steril. 2 Stunden nach der Einspritzung der schwach-virulenten und voll-virulenten Bazillen wuchsen die angelegten Kulturen reichlich. Sechs Stunden nach der Einspritzung wuchs die Kultur aus der Bauchhöhle von Nr. 1672 nur spärlich; aber die von Meerschwein Nr. 1561, welches die voll-virulente Kultur bekommen hatte, war noch ziemlich reichlich gewachsen. Nach dem Tode wuchsen aus der Flüssigkeit im Peritoneum von Nr. 1672 nur einige Kolonien und das Blut des Tieres war steril, dagegen von Nr. 1561 wuchs die Kultur ziemlich reichlich; die aus dem Blute zeigte 16 Kolonien.

Fassen wir die Ergebnisse dieser Versuche kurz zusammen, so können wir sagen: Die Virulenz der Diphtheriebazillen äussert sich in der Widerstandsfähigkeit gegenüber der phagozytären Funktion der mononukleären Zellen (Makrophagen). Diese Widerstandsfähigkeit kann nun auch nicht-virulenten Bazillen verliehen werden, wenn man ihrer Aufschwemmung Diphtheriegift hinzufügt. Das merkwürdige und auffallend schnelle Verschwinden der Diphtheriebazillen aus der peritonealen Flüssigkeit nach dem Einspritzen von avirulenten und schwach-virulenten Kulturen ist nicht etwa auf eine Bakteriolyse zurückzuführen, sondern die Bazillen werden von den Leukozyten, zunächst den grossen mononukleären, später von den polynukleären fortgeräumt. Die mit Bazillen vollbeladenen Zellen kleben zusammen und schlagen sich nieder auf dem

Omentum, wo sie die oben beschriebenen Auflagerungen bilden, lokale Vergiftung hervorrufen und (wenn das Tier mit dem Leben davon kommt) nach und nach zugrunde gehen.

Die folgenden Versuche demonstrieren den Einfluss eines Antitoxinzusatzes zu der Bazillenaufschwemmung. Ich setze dabei als bekannt voraus, dass die subkutane Seruminjektion eine polynukleäre Blut-Leukozytose bewirkt.

$\mathfrak{M}$ 260 Nr. 1738 (Kontroll-tier).	Datum 4. VIII. 1898.	2 ml $\dfrac{\text{D . A . N}^{300}}{\text{sk.}} = 15\,000\,000 - \text{M.}$ Das kurz vor der Einspritzung untersuchte Blut verhielt sich normal inbezug auf den Leukozytengehalt. 15 Minuten nachher: eher etwas weniger Leukozyten. 1 Stunde nachher: ebenso. 3 Stunden nachher: starke polynukleäre Leukozytose des Blutes.

Es folgen jetzt Versuche, in welchen mit Antitoxin subkutan vorbehandelte Tiere hinterher diphtherisch infiziert wurden.

	Datum		
$\mathfrak{M}$ 210 Nr. 1660 (Kontroll-tier)	26. VII. 1898.	1 ml Diphtheriebazillenaufschwemmung ip.	† nach 24 Stunden.
$\mathfrak{M}$ 200 Nr. 1656	25. VII. 1898.	1 ml $\dfrac{\text{D . A . N}^{300}}{3000} = 250 -$ M sk.	† nach 27 Stunden.
	26. VII. 1898.	1 ml Diphtheriebazillenaufschwemmung ip.	
$\mathfrak{M}$ 240 Nr. 1617	19. VII. 1898.	1 ml D . A . N^{500} = 12 500 000 — M sk.	Bleibt gesund.
	25. VII. 1898.	1 ml D . A . N^{500} = 12 500 000 — M sk.	
	26. VII. 1898.	1 ml Diphtheriebazillenaufschwemmung ip.	

Nach 36 Stunden war die Zahl der Bazillen in der peritonealen Flüssigkeit des Kontroll-Meerschweinchens Nr. 1660 noch so bedeutend dass 200—300 Kolonien auf den Kulturen zur Entwicklung kamen, wogegen nach Ablauf derselben Zeit von Nr. 1656, welches eine kleine Dosis Antitoxin bekommen hatte, 60—70 Kolonien und aus Nr. 1617, welches mit der grossen Dosis Antitoxin vorbehandelt war, nur 40 bis 50 Kolonien wuchsen.

Nach dem Tode von Nr. 1660 wuchsen aus den membranartigen Flocken und aus der Flüssigkeit in der Bauchhöhle reichlich Kolonien, auch das Blut war so mit Bazillen überflutet, dass mehr als 100 Kolonien aus einer Oese auf der Serumkultur ausgekeimt waren. Nr. 1656 (kleine Dosis Antitoxin) war zwar nach 27 Stunden verendet und aus den membranähnlichen Flocken wuchsen die Bazillen reichlich aus, aber die Flüssigkeit in der Bauchhöhle enthielt in einer Oese nur 40 bis 50 lebensfähige Keime und das Blut war steril.

Bei Nr. 1617 verschwanden die Bazillen aus der Flüssigkeit in der Bauchhöhle sehr langsam; das Meerschwein blieb aber gesund. Als es 96 Stunden nach der Infektion getötet wurde, ergab der Sektionsbefund noch lebensfähige Bazillen in membranösen Auflagerungen des Omentum. Auch die Anzeichen einer lokalen Giftreaktion liessen sich nicht verkennen. Demnach ist nach vorausgegangener subkutaner Antitoxinbehandlung und nachfolgender intraperitonealer bazillärer Infektion eine deutliche Beförderung der Phagozytose zu bemerken, aber die intrazellulären Bazillen werden weder sogleich getötet, noch verlieren sie ihre entzündungserregende Wirkung. Sie leben wenigstens zum Teil noch fort und bleiben in loco giftig; wenn trotzdem der Gesamtorganismus keinen Schaden erleidet, so ist das dem Umstande zuzuschreiben, dass das im Blute vorhandene Antitoxin das Vordringen der Bazillen und des Giftes zu den lebenswichtigen vitalen Elementen verhindert.

In den folgenden Versuchen habe ich die präventive Antitoxindosis für Nr. 1569 noch gesteigert.

	Datum		
ℳ ^{350} Nr. 1572 (Kontrolltier)	15. VII. 98	1 ml Diphtheriebazillenaufschwemmung ip.	+ nach 24 Stunden
ℳ ^{350} Nr. 1569	14. VII. 98 15. VII. 98	1 ml D. A. N^{500} = 12 500 000 − M sk. 1 ml Diphtheriebazillenaufschwemmung ip.	Bleibt gesund

In den ersten beiden Stunden nach der Infektion war ein Unterschied zwischen Nr. 1572 und 1569 kaum wahrzunehmen, aber während Nr. 1572 innerhalb 24 Stunden stirbt, wird Nr. 1569 nicht merklich krank. Der Bazillenschwund aus der Bauchhöhlenflüssigkeit vollzieht sich ebenso langsam bei Nr. 1569 wie bei Nr. 1617 in der vorigen Versuchsreihe. Es kann danach keinem Zweifel unterliegen, dass die durch die Vorbehandlung mit Antitoxin gewonnene Giftfestigkeit das entscheidende Moment bei der antitoxischen Schutzwirkung ist, wenngleich die Rolle, welche die Phagozytose bei der unschädlichen Beseitigung der entgifteten Bazillen spielt, nicht unterschätzt werden darf.

Wir wenden uns jetzt den Ergebnissen zu, welche bei gleichzeitiger Einspritzung von lebenden Bazillen und Antitoxin in die Bauchhöhle gewonnen worden sind.

	Datum		
			Bleibt gesund
ℳ ^{220} Nr. 1409	9. VII. 98	0,1 ml D. A. N ^{50} gemischt mit 2 ml 48 Stunden alter Diphtheriebazillen-Bouillon ip.	
ℳ ^{220} Nr. 1456	9. VII. 98	1 ml D. A. N ^{60} gemischt mit 1 ml D. T. N ^{50} ip.	Bleibt gesund

Während beim Meerschwein Nr. 1409, welches ausser dem Antitoxin noch Diphtheriebazillen intraperitoneal injiziert erhielt, die mononukleären Zellen aus der Bauchhöhlenflüssigkeit schnell verschwanden, verhielt sich das mit einer Mischung von Antitoxin und Gift behandelte Tier kaum anders wie ein normales Kontrolltier.

Die sekundäre polynukleäre Leukozytose kam in beiden Fällen ziemlich gleichmässig zum Vorschein; man beobachtet sie übrigens auch nach der Einspritzung von steriler Bouillon, Kochsalzlösung usw.

Sehr interessant ist das Ergebnis der nachstehenden Versuche.

	Datum		
$\mathfrak{M}$ 410 Nr. 1799	14. VIII. 98	0,3 ml Aufschwemmung einer Diphtheriebazillen-Kultur, welche angelegt wurde mit Flüssigkeit aus der Bauchhöhle des Tieres Nr. 1776, 3 Stunden nach der intraperitonealen Infektion desselben, ip.	† nach 30 St.

Nach der Sektion:
Kultur aus einer Oese von den membranähnlichen Gebilden am Omentum 100—150 Kolonien.
Kultur aus einer Bauchhöhlenflüssigkeit 18 Kolonien.
Blut steril.

$\mathfrak{M}$ 340 Nr. 1798	14. VIII. 98	0,3 ml Aufschwemmung einer Diphtheriebazillen-Kultur, welche angelegt wurde mit Flüssigkeit aus der Bauchhöhle des Tieres Nr. 1776 7 Stunden nach der intraperitonealen Infektion desselben, ip.	Wird leicht krank, bleibt aber am Leben.
$\mathfrak{M}$ 380 Nr. 1797	14. VIII. 98	0,3 ml Aufschwemmung einer Diphtheriebazillen-Kultur, welche angelegt wurde von den membranähnlichen Gebilden am Omentum des Tieres Nr. 1776, ip.	† nach 40 St.

Nach der Sektion:
Membranähnliche Gebilde am Omentum waren nicht vorhanden.
Kultur aus der Flüssigkeit in der Bauchhöhle steril.
Blut steril.

Hieraus ersehen wir, dass die nach dreistündigem Verbleiben im Peritoneum entfernten Bazillen die virulentesten, die nach siebenstündigem Verbleiben im Peritoneum entfernten Bazillen ganz abgeschwächt waren, während die Bazillen, welche von Zellen eingeschlossen waren, einen beträchtlichen Grad von Virulenz behielten.

Andere Versuche zeigten, dass die aus dem Blute gewonnenen Bazillen regelmässig weit weniger virulent waren als die ursprüngliche Kultur.

Man kann nicht umhin, zu glauben, dass auch die bazilläre Abschwächung eine wichtige Rolle in dem Verteidigungskampfe spielt, welchen das Meerschweinchen gegenüber der Infektion mit Diphtheriebazillen zu bestehen hat.

Dritter Abschnitt.

Bakterizidin, Opsonin, Bakteriotropin, Antiaggressin usw.

Die Art und Weise, wie die Diphtheriebazillen der Phagozytose anheimfallen, um dann innerhalb der Leukozyten auf dem Omentum abgelagert zu werden und daselbst eine lokale Giftwirkung auszuüben, weicht sehr von dem Vorgange ab, welchen man bei Choleravibrionen und Typhusbazillen beobachtet. Bei der intraperitonealen Infektion der Cholera- und Typhus-Erreger tritt eine mehr oder minder ausgesprochene Flockenbildung in dem peritonealen Exsudat ein, aber diese meist sehr kleinen Flocken bleiben grösstenteils schwimmend im Exsudat zurück, zum geringeren Teil bilden sie Auflagerungen auf der Leber und Milz. Dagegen werden die mit Diphtheriebazillen beladenen Zellen in stark hervortretenden Häufchen auf dem Omentum niedergeschlagen, wo sie eine frappante Aehnlichkeit mit Diphtheriemembranen haben. Die peritoneale Flüssigkeit wird danach fast völlig bazillenfrei. Dieses Forträumen der Diphtheriebazillen geht so schnell von statten, dass man bei der Untersuchung der durch Kapillarröhrchen entzogenen Flüssigkeit auf den Gedanken kommen könnte, es handle sich hier um eine Bakteriolyse, und die Phagozytose spiele eine ganz untergeordnete Rolle. Eine genaue Verfolgung des Bazillenschwundes beweist jedoch, dass gerade hier die Phagozytose eine Hauptrolle spielt; denn eben weil die Zellen sich mit Bazillen vollbeladen und auf dem Omentum niedergeschlagen haben, können sie nicht in das Kapillarröhrchen aus der Bauchhöhle aufgezogen werden, so dass die Flüssigkeit unter dem Mikroskop fast zellen- und bazillenfrei erscheint. Auch das Verschwinden der Choleravibrionen bei dem Pfeiffer'schen Phänomen[1] mag zum Teil auf einem ähnlichen Vorgang beruhen. Die Tatsache, dass die Diphtheriebazillen aus der peritonealen Flüssigkeit sich oft nur mangelhaft färben lassen, kann man häufig auch in ganz frischen und in ganz alten Diphtheriekulturen beobachten; mit einer Bakteriolyse scheint sie nichts zu tun zu haben; höchstens könnte man daran denken, dass die Hüllensubstanz in der Meerschweinchenbauchhöhle alteriert wird.

Eine direkt-bakterizide Fähigkeit habe ich an der Bauchhöhlenflüssigkeit nicht entdecken können, auch dann nicht, wenn sie antitoxinhaltig war, und ich bin geneigt, das schliessliche Absterben der Bazillen und ihre endgültige Beseitigung ausschliesslich einem innerhalb der Phagozyten stattfindenden Verdauungsprozess zuzuschreiben. Die Phagozytose beseitigt aber nur dann die Diphtheriebazillen, wenn sie keine tödlich verlaufende Infektion bewirken. Da nun das Antitoxin die deletäre Infektiosität der Bazillen aufhebt, so wirkt es indirekt bakterizid.

---

1) R. Pfeiffer, Weitere Mitteilungen über die spezischen Antikörper der Cholera. Zeitschr. f. Hygiene u. Infektionskrankh. Bd. XX. S. 206. 1905.

Wie in der Bauchhöhle, funktioniert das Antitoxin als antibakteriell wirksames Mittel auch an anderen Orten des lebenden Organismus, zu welchen phagozytäre Leukozyten hingelangen können. Das ist auch der Fall auf der Schleimhautoberfläche des Nasenrachenraumes, woraus die Indikation zur lokalen Antitoxinbehandlung der Diphtheriebazillenträger zu entnehmen ist.

Die Tatsache, dass man einer nichtvirulenten Diphtheriebazillenkultur durch Hinzufügen von Diphtheriegift die Eigenschaften einer virulenten Kultur verleihen und einer virulenten Kultur durch Antitoxinzusatz ihre Virulenz nehmen kann, so dass sie sich dann genau so verhält, wie eine ursprünglich avirulente Kultur, versteht sich von selbst, wenn man sich auf den Boden der Lehre stellt, dass das Diphtheriegift die Angriffswaffe ist, durch welche der Bazillus dem lebenden Organismus gefährlich wird.

Wenn Staphylokokken mit leukozytenhaltigem Blutserum in vitro zusammengebracht werden, so werden sie von den Mikrophagen aufgenommen, während sie in anderen Flüssigkeiten ausserhalb der Zellen liegen bleiben. Das Serum macht also die Kokken gewissermassen erst „schmackhaft", sie werden „opsoniert", und das Agens, welches den Opsonierungsprozess bewirkt, nannte Wright „Opsonin". Dem Opsonin wird demnach eine ähnliche Wirkung zugeschrieben, wie der Metschnikoff'schen Makrozytase, der Bordet'schen „substance sensibilisatrice" und dem Ehrlich'schen Ambozeptor. Wenn schliesslich die Kokken abgetötet werden, so soll das auf eine intrazelluläre Verdauung in den Mikrophagen zurückzuführen sein. Baumgarten bestreitet die mikrophagozytäre Abtötung; er glaubt, dass eine solche nur der Blutflüssigkeit zukomme, und dass die Leukozyten lebende Keime zu verdauen nicht imstande sind; selbst wenn sie ein proteolytisches Ferment besässen, so greife dieses nur totes, nicht lebendes Bakterienprotoplasma an; die Leukozyten seien nur die Totengräber für die abgestorbenen Bakterienkeime. Zugunsten dieser seiner Auffassung zitiert Baumgarten u. a. die Versuche von Matthes, welcher bewiesen habe, dass auch für Pepsin und Trypsin lebende Zellen nicht angreifbar sind. Matthes hat sich aber neuerdings (mit Kirchheim) davon überzeugt, dass seine diesbezüglichen Versuche aus älterer Zeit nicht einwandfrei sind, und dass speziell das Trypsin auch lebende Zellen verdauen könne. Damit ist das Baumgarten'sche Argument gegen die von Wright akzeptierte Phagozytenlehre Metschnikoff's hinfällig geworden.

Ebenso wie gegenüber den Staphylokokken hat das Serum auch gegenüber den Tuberkelbazillen und anderen Mikroben opsonierende Kraft.

Immunsera, welche von Individuen herstammen, welche mit den zu opsonierenden Bakterien vorbehandelt sind, besitzen eine gesteigerte Opsonierungsenergie, welche dadurch zum Ausdruck gebracht und genau bemessen werden kann, dass man den Grad der Serumverdünnung feststellt, bei welchem noch Phagozytosephänomene zu beobachten sind. Auf diese Weise lässt sich eine Skala für die phagozytäre Energie beispielsweise eines Menschen, der mit Staphylokokken oder Tuberkelbazillen infiziert ist, aufstellen, und da Wright für die isotherapeutische Therapie und die Dosierung des isopathischen Mittels auf Grund der Feststellung des Opsonierungsindex praktisch wichtige Behandlungsregeln glaubt ableiten zu dürfen, so schreibt er seiner Lehre von den Opsoninen eine grosse Wichtigkeit für die Prognose und Therapie der Infektionskrankheiten zu.

Etwas Aehnliches wie Wright's Opsonine bedeuten die von Denys und Leclef, Neufeld und Rimpau im Blutserum supponierten Bakterientropine und die Antiaggressine von Bail. Was die letzteren angeht, so stellt Bail sich vor, dass in krankmachenden Bakterien Aggressine, d. h. Stoffe, welche die antibakterielle Blutwirkung lähmen, enthalten sind. Diese sollen eine negative Chimiotaxis bewirken und die Leukozyten von den Krankheitserregern fernhalten, so dass sie sich ungehindert vermehren können. Durch Extraktion mit reinem Wasser lassen sich in der Tat aus manchen Infektionserregern, z. B. aus Milzbrandbazillen, Flüssigkeiten gewinnen, welche dem Aggressivbegriff einigermassen entsprechen. Die Antiaggressine sollen nun die schädliche Aggressinwirkung wieder aufheben und eine heilsame Phagozytose ermöglichen. Die Antiaggressinimmunität ist demgemäss eine humoral bedingte Immunität im Sinne der Antitoxinlehre, und dadurch unterscheidet sich ihr Begriffsinhalt von dem der Tropin- und Opsoninimmunität. v. Gruber's Agglutininimmunität, R. Pfeiffer's Lysinimmunität, Buchner's Alexinimmunität haben gleichfalls sehr intime Beziehungen zur Phagozytose, und man darf wohl behaupten, dass wir es — abgesehen von dem durch spezifische, isopathisch erworbene Immunkörper bedingten Unterschied — überall hier nicht mit wesentlich verschiedenen, sondern nur verschieden interpretierten Mechanismen der antiparasitären Phagozytose zu tun haben.

Für den Milzbrand glauben v. Gruber und Futaki noch eine besondere Quelle antiparasitärer Schutzstoffe in dem dritten Blutelement, den Blutplättchen, entdeckt zu haben. Die in die Blutbahn gelangten Milzbrandbazillen sollen aus den Blutplättchen eine Substanz, das Plakanthrakozidin, frei machen, welches bakterizide Wirkung besitzt. Nach der Erschöpfung dieser Substanz, welche die Phagozytose erst ermöglichen soll, bekommen die übrig bleibenden Milzbrandbazillen eine Kapsel, durch welche sie geschützt seien gegen die intrazelluläre Verdauung. Auch die Leukozyten sollen übrigens eine Substanz mit bakterizider Wirkung besitzen, das Leukanthrakozidin. Sowohl dieses wie das Plakanthrakozidin treten nur, wenn sie in die Blutflüssigkeit sezerniert werden, in Aktion, und das geschehe normalerweise nicht, sondern erst unter dem Einfluss einer Chimiotaxis, welche durch die Bazillen ausgeübt wird. Bei der Blutgerinnung gehen die Anthrakozidine in das Serum über. In dieser Beziehung herrscht Uebereinstimmung zwischen v. Gruber und Metschnikoff; denn auch dieser leugnet die Existenz präexistenter bakterizider Körper in der Flüssigkeit des zirkulierenden Blutes. Bail will im keimfrei gemachten Oedem milzbrandinfizierter Tiere immunitätverleihende Stoffe nachgewiesen haben, die jedoch nicht aus geformten Blutelementen, sondern aus den Bazillen herstammen, also isopathisch immunisierend wirksam sein dürften.

Elftes Kapitel.

Blutuntersuchungen.

Einleitende Bemerkungen.

Das Blut steht wieder im Mittelpunkt der Pathologie und Therapie. In der alten Humoralpathologie spielte es eine dominierende Rolle neben den drei anderen Kardinalsäften ($\chi\nu\mu\omega$), der gelben Galle, der schwarzen Galle und dem Schleim. Nach der Entdeckung des Blutkreislaufes durch Harvey und des Kapillarnetzes durch Malpighi im 18. Jahrhundert ging aber die Humoralpathologie ganz auf in der Hämatopathologie.

Vorübergehend war im 16. Jahrhundert durch Paracelsus neben der Humoralpathologie eine vorwiegend spiritualistische Richtung in Deutschland zur Herrschaft gelangt, welche ich als Dynamopathologie bezeichnen möchte. Nach Paracelsus sollten personifiziert gedachte Kräfte es sein, welche Gesundheit und Krankheit bedingen. Heilsame und giftige Emanationen sollten aus pflanzlichen, tierischen und metallischen Arkanis, aus der Erdatmosphäre, den Gestirnen und dem gesamten Weltall auf das Leben des Menschen einwirken.

Am meisten, und bis in unsere Tage hinein, wurde die Herrschaft der Humoralpathologie bedroht durch die Solidarpathologie, welche im 16. Jahrhundert durch Vesal vorbereitet, im 18. durch Morgagni (1682 bis 1791) fest begründet und im 19. Jahrhundert durch Rudolf Virchow zur Zellularpathologie ausgebaut worden ist.

Was durch Virchow die medizinische Wissenschaft an unverlierbaren Schätzen auf dem Gebiet der Leichenkunde erworben hat, wird ein monumentum aere perennius bleiben. Die Wissenschaft vom Leben und von der Krankheitsbekämpfung hat sich aber mehr dem Studium der flüssigen Anteile des animalischen Organismus zugewandt, und die medizinische Literatur der Gegenwart liefert offenkundig den Beweis, dass die Humoralpathologie im neuen Gewande wieder zu Ehren gekommen ist. Ungeahnte Kräfte, von denen vorher geglaubt wurde, dass sie ausschliesslich dem lebenden Individuum in seiner Gesamtheit oder den Organen und Zellen anhaften, sind als Attribute von Körperflüssigkeiten erkannt worden. Eine unübersehbare Zahl von fermentativen Prozessen unterhält und reguliert die Lebenstätigkeit, und wenn wir diese mit nutzbringendem Erfolg studieren wollen, dann müssen wir Methoden anwenden, welche der Forschungsmethode Virchow's fremd geblieben sind.

Blutuntersuchungen beherrschen die diagnostische, prognostische und therapeutische Arbeit der Klinik. Instrumente zur Erforschung der Bewegung und Verteilung des Blutes; zur Messung des Blutdrucks und des

Schlagvolums; zur Differenzierung der geformten und zur Analyse der flüssigen Blutbestandteile; zum Nachweis von Giften, infektiösen Stoffen und Antikörpern kann heutzutage kein gut eingerichtetes Krankenhaus entbehren; und wer auch nur einigermassen die wissenschaftlichen Grundlagen der Serodiagnostik und Serumtherapie richtig verstehen, wer über die Prozesse der Krankheitsentstehung und Krankheitsheilung mit- urteilen will, der muss vor allem die Zusammensetzung und die Funk- tionen des Blutes unter physiologischen und pathologischen Lebens- bedingungen studieren. Man braucht bloss die klinische Tätigkeit der Jetztzeit und die vor 50 Jahren mit einander zu vergleichen, um die Berechtigung der Behauptung zu erkennen, dass die Blutlehre wieder im Mittelpunkt der Pathologie und der Therapie steht.

Erster Abschnitt.
Geformte Blutelemente.

Von den Erythrozyten und Leukozyten des Blutes ist in verschie- denen Kapiteln dieses Buches schon mehrfach die Rede gewesen. Eine be- sondere Besprechung erfordern hier noch die sogenannten „Blutplättchen".

Helber sagt im Deutschen Archiv f. klin. Med., Bd. 82 (1904), in seiner Arbeit „Ueber die Entstehung der Blutplättchen und ihre Be- ziehungen zu den Spindelzellen":

„Die Blutplättchen sind im Blute des gesunden Menschen in an- nähernd regelmässigen Zahlen vorhanden. Die Plättchen zeigen nur ge- ringe physiologische, aber ausgesprochen starke pathologische Schwan- kungen. Schon aus dieser Tatsache erwächst unseres Erachtens eine Berechtigung, die Blutplättchen nicht als Degenerationsprodukte, be- ziehungsweise als Fragmente anderer morphologischer Gebilde anzusehen. Auch durch den Befund von Kernen in den Plättchen[1]), wie durch den Nachweis einer besonderen physiologischen Funktion[2]) derselben ist die Ansicht von ihrer Natur als selbständiges Gebilde des weiteren gestützt worden. Ich versuchte (auf Aufforderung des Herrn Prof. Krehl), eine Vorstellung über ihre Entwicklung zu gewinnen, weil die Hoffnung be- stand, dass dabei ihre Beziehungen zu den roten und weissen Blut- körperchen klarer werden würden.

Nachdem man die Plättchen im menschlichen Blute gefunden hatte, wurden sie auch im Blute der Poikilothermen gesucht. Es scheint jedoch, als ob keiner der Autoren, welche sich damit befasst haben, wirkliche Plättchen gesehen hat, denn jeder spricht nur von analogen Gebilden. Vielfach wurden die spindelförmigen farblosen Zellen, welche sich im Blute der Poikilothermen finden, in Analogie zu den Plättchen des Menschen gesetzt; jedoch ohne dass diese Anschauung allgemeine Anerkennung gefunden hätte.

Im normalen Froschblut fand Riess[3]) keine Plättchen, wohl aber

---

1) **Dekhuyzen**, Anatom. Anzeiger. 1901. Bd. 19. S. 529 und **Kopsch**, **Ebenda.** S. 541.

2) **Morawitz**, Deutsches Arch. f. klin. Med. 1904. Bd. 79. S. 215.

3) Vgl. die neueste zusammenfassende Abhandlung von **Riess**, Arch. f. exper. Pathol. u. Pharm. 1904. Bd. 51. S. 190.

konnte er das Auftreten und ihre Entstehung aus zerfallenden Leukozyten im Blute anämisch gemachter Frösche nachweisen. Er beschreibt sie als rundlich, elliptisch oder etwas verzogen, scheibenförmig, 1,5 bis 5,5 μ gross. Sie färben sich mit Methylviolett hellbläulich-violett, sind nicht selten leicht punktiert, zeigen bisweilen Vakuolen. Figuren, die einem Zellkern glichen, wurden nie gesehen. In ähnlicher Weise spricht sich Löwit[1] aus. Er sagt, die Spindeln entsprächen nicht den Plättchen, sie seien weisse Blutzellen. Giglio-Tos[2] hält die Spindelzellen (Thrombozyten) der Ichthyo- und Sauropsiden für ähnlich den Thrombozyten der Säugetiere; nach ihm sind sie elliptisch, spindelförmig, das Chromatin ist in Fäden angeordnet, der Nukleolus fehlt. Nach seiner Ansicht gehen sie aus den Leukozyten hervor. Eisen[3] untersuchte das Blut von Batrachoseps und fand darin spindelförmige Zellen, die er Plasmozyten nennt; er hält sie für degenerierende kernhaltige rote Blutkörperchen, welche ihr Hämoglobin und ihre Membran verloren haben. Macallum[4] sieht die Spindelzellen des Amphibienblutes als Reste von dekonstruierten roten Blutkörperchen an.

Eberth und Schimmelbusch[5] halten sie für die Bildner der Erythrozyten; sie haben auch Beziehungen zu den weissen Blutzellen. Nach Neumann[6] sind die Spindeln Hämatoblasten, die Hämoglobin aufnehmen und zu Erythrozyten werden. Er beschreibt sie als ovaläre Scheiben von der Grösse $\frac{1}{2}$ bis $\frac{2}{3}$ des roten Blutkörperchens; die Kerne haben längliche Form.

Ueber anderweitige korpuskuläre Elemente im Blute von Tieren mit kernhaltigen roten Blutkörperchen, die etwa den Plättchen der Säugetiere entsprechen würden, falls die Spindelzellen nicht als identisch mit den Plättchen anzusehen wären, habe ich in der Literatur ausser den Riess'schen Angaben nichts finden können. Auch Engel[7] macht in seinen Untersuchungen über die Blutzellen des bebrüteten Hühnereis keine näheren Angaben über Spindelzellen oder Plättchen.

Ueber die Plättchen im Blute von anderen Organismen mit kernlosen roten Blutkörperchen als dem Menschen liegen einige Angaben in der Literatur vor. Van Emden[8] fand bei der Zählung der Plättchen des Meerschweinchens mittels Thoma-Zeiss'scher Kammer eine Zahl von 400—600 000 in 1 dml, beim Hunde von 275—329 000. Engel[9] beschreibt das Vorkommen von Plättchen im Säugetierblut (Schwein, Mensch) auch schon im embryonalen Blute.

Es ist notwendig, auf die Entwicklung der Blutzellen einzugehen. Ueber die Untersuchungen des embryonalen Blutes speziell in Hinsicht

1) Löwit, Arch. f. exper. Pathol. 1887. Bd. 23. S. 20.
2) Giglio-Tos. Archiv ital. de Biologie. 1898. Bd. 29. S. 287.
3) Eisen, G., Referat im Zoolog. Jahresbericht. 1898. Vertebrata S. 66 (Proc. Calif. Acad. 1897.)
4) Macallum, Referat im Zoolog. Jahresbericht 1892. Vertebrata S. 61 (Trans. Canad. Inst. Toronta Vol. 26.)
5) Eberth u. Schimmelbusch, Virch. Arch. 1887. Bd. 108. S. 359.
6) Neumann, Virch. Arch. 1896. Bd. 143. S. 225.
7) Engel, Arch. f. mikrosk. Anatomie. 1895. Bd. 44. S. 237.
8) Van Emden, Fortschritte der Med. Bd. 16. S. 241 u. 281.
9) Engel, Leitfaden zur klin. Untersuchung des Blutes. Berlin 1902.

auf die Plättchenfrage liegen nur wenige Angaben vor. Die meisten Untersuchungen haben sich auf die Beobachtung des Blutes neugeborener Tiere beschränkt.

Heinz[1]) hat das Blut an Schnitten von Kaninchenembryonen untersucht und fand in der ersten Hälfte der Embryonalzeit kernhaltige rote Blutkörperchen; in der zweiten Hälfte tritt eine Abblassung der Kerne ein, woraus er schliesst, dass nicht eine Ausstossung des Kerns, sondern eine Fragmentierung eintrete. Die eingehendsten Beobachtungen verdanken wir Engel. Engel[2]) untersuchte Mäuseembryonen von 5 mm Länge, also 8 Tage alt, und fand in ihrem Blute nur Metrozyten I. Ordnung, bei Embryonen, die 12—15 Tage alt waren, Metrozyten II. Ordnung, kernlose rote Blutkörperchen, ausserdem sah er Plättchen, welche aus einem roten Blutkörperchen „wie aus einer Granate herausplatzten". Weiter untersuchte Engel[3]) das Blut des bebrüteten Hühnereis. Er fand am 3. Tage grosse kreisrunde hämoglobinhaltige Zellen mit kleinerem Kerne, die er als Metrozyten-Tochterzellen bezeichnet; sie sind durch Teilung aus den Metrozyten I. Ordnung entstanden; ferner fand er kernlose rote Blutkörperchen und Lymphozyten, daneben eosinophile Zellen. Am 6. Tage wird die Form der roten Blutkörperchen bereits elliptisch; er sah in Zerfall begriffene Kerne und eosinophile Granulationen. Auch an 3—4 monatigen menschlichen Embryonen hat Engel[4]) Gelegenheit gehabt, das Blut zu untersuchen. Er fand in der Mitte der roten Blutzellen bläulich-körnige Massen, die er für Kernreste hält, rote Blutkörperchen in Kugelform, freie Plättchen und solche, die eben aus Erythrozyten austreten. Die letzteren nahmen im wesentlichen Protoplasmafarbe, nur zuweilen Kernfarbe an. Die Frage, was aus dem Kern der Metrozyten wird, beantwortet er folgendermassen: „der Kern wird durch Karyolyse entfernt oder ausgestossen, vielleicht retiniert in der Leber." Weiter hat Engel[5]) Schweineembryonen in der ersten Hälfte des embryonalen Lebens untersucht. Er sagt: der Kern der roten Blutzellen zerfällt entweder durch Karyolyse, und es bleibt eine kernlose rote Zelle übrig oder der Kern, welcher in diesem Falle stets einen Protoplasmasaum hat, tritt aus, oder drittens, die rote Blutzelle teilt sich in einen kernlosen Teil (normales rotes Blutkörperchen) und in einen kleineren Teil mit Kern. In seinem Leitfaden zur klinischen Untersuchung des Blutes fasst Engel[6]) alles nochmals zusammen. In dem embryonalen Stadium, welches alle roten Blutkörperchen noch kernhaltig zeigt, wurden Plättchen nicht gefunden. Sie treten erst dann auf, wenn die Blutkörperchen ihre Kerne verlieren. Aus diesem zeitlichen Zusammentreffen glaubt er den Schluss ziehen zu können, dass beim normalen Untergang der Kerne die basophilen Granulationen und die fast amorphen Plättchen entstehen. Einen Kerngehalt der Plättchen hält er nicht für erwiesen, weil diese eben nur zuweilen Kernfarbe annehmen, meist aber sich mit Säurefarbe färben.

1) Heinz, Virch. Arch. Bd. 168. S. 485.
2) Engel, Arch. f. mikrosk. Anat. 1893. Bd. 42. S. 217.
3) Engel, Arch. f. mikrosk. Anat. 1895. Bd. 44. S. 237.
4) Engel, Arch. f. mikrosk. Anat. Bd. 53. S. 333.
5) Engel, Arch. f. mikrosk. Anat. Bd. 54. S. 24.
6) Engel, Leitfaden zur klin. Untersuchung des Blutes. Berlin 1902.

In der Kernfrage stehen sich zwei Ansichten ziemlich schroff gegenüber. Rindfleisch[1]) äussert sich folgendermassen: In den jugendlichen Zellen liegt der Kern niemals in der Mitte. Zerzupft man von Blut gereinigtes Knochenmark des Meerschweinchens in physiologischer Kochsalzlösung, so kann man sehen, dass der Kern von etwas Protoplasma umhüllt die Zelle verlässt, eine kernlose Zelle bleibt zurück. Auch an Embryonen hat er 4 mal diesen Vorgang beobachtet. Er meint, dass die frei gewordenen Kerne von etwas Protoplasma umgeben im Marke liegen bleiben. Gegen diese Ansicht Rindfleich's wendet sich Spuler[2]), welcher angibt, dass man in Farbpräparaten des Blutes aus dem Mesenterium neugeborener Mäuse und Kaninchen auffallend viele nicht kreisrunde rote Blutkörperchen mit rundem zentralen Teile, der mehr oder weniger Farbstoff gebunden hat, findet. Er hält diesen Teil für Kernrest. Der Kern tritt also nach ihm nicht aus. Ferner sagt er, es finde an den Kapillarenden ein Zerfall der roten Blutkörperchen durch Zerbröckelung, ausnahmsweise durch Quellung des Kernrestes statt; letzterer Vorgang könne sich natürlich nur beim Untergange noch junger Blutkörperchen abspielen. Es ist hier nicht erwähnt, was schliesslich aus den Kernresten der roten Blutkörperchen wird, ebenso nicht, was aus den gequollenen Kernresten untergehender jugendlicher Zellen wird. Eine vermittelnde Rolle nimmt Ehrlich[3]) ein. Nach seiner Ansicht entstehen die Normozyten aus den Normoblasten durch Kernausstossung oder Kernauswanderung, während die Megalozyten aus den Megaloblasten durch Kernuntergang innerhalb der Zelle entstehen. Arnold[4]) hat im Innern der roten Blutzellen einen feinkörnigen, beziehungsweise feinfädigen Innenkörper entdeckt und hält ihn für das Umwandlungsprodukt des früheren Kerns, für nukleoide Substanz. Nach ihm kann dieser Innenkörper mit den Abschnürungsprodukten aus den Erythrozyten ausgeschieden werden. Derartige Abschnürungsprodukte ergeben nach seiner Ansicht diejenige Menge von Plättchen, die sich mit Kernfarben färben. Löwit will an dem Innenkörper eine membranartige Abgrenzung gesehen haben; er hält ihn ebenfalls für einen Kernrest. Laodowski hat ihn als Nukleoid bezeichnet. Pappenheim[5]) hat, wenn er Deckglasabstrichpräparate machte, den Kernaustritt nicht beobachten können, wohl aber, wenn er Abzugspräparate machte; er schliesst daraus, dass der Kernaustritt kein physiologischer Vorgang sei; besonders im embryonalen Blute nimmt er keinen physiologischen Kernaustritt an. Weiter fand Pappenheim[6]) bei Untersuchungen am pathologischen Blute im Innern der Erythrozyten kernhaltige Substanz und hält diese Substanz gleich Arnold, Schmauch u. a. für Kernreste; auch hieraus schliesst er, dass der Kernaustritt nicht der normale Vorgang sei. Das Vorkommen des Kernaustritts leugnet er jedoch nicht. Nach ihm färben sich die Nukleoide wie die Plättchen. Er konnte den Austritt des Nukleoids aus einem roten Blutkörperchen beobachten. Die Engel'schen Plättchen, die aus

1) Rindfleisch, Arch. f. mikrosk. Anat 1880. Bd. 17. S. 1 u. 21.
2) Spuler, Arch. f. mikrosk. Anat. 1892. Bd. 40. S. 530.
3) Ehrlich, Nothnagel's Handbuch. 1898. Bd. 8. S. 21.
4) Arnold, Virch. Arch. 1896. Bd. 145. S. 1.
5) Pappenheim, Virch. Arch. 1900. Bd. 157. S. 19.
6) Pappenheim, Münch. med. Wochenschr. 1901. Nr. 24. S. 989.

den Erythrozyten herausplatzen, hält er für Fragmente. Ausser diesem
Nukleoid wurden von anderen, wie Löwit, Hirschfeld, in der Delle
des roten Blutkörperchens 1—3 Binnenkörper beobachtet; Löwit hält
auch diese für Kernreste. Pappenheim hat auch diese Körperchen
austreten gesehen; er hält sie für Plättchen. Bloch[1]) sieht dem gegenüber den Kernaustritt nicht für ein Kunstprodukt, sondern für einen
zweiten Entkernungsmodus an. Er glaubt, dass der Innenkörper der
Erythrozyten nicht durch einen Kernrest, sondern durch eine Differenzierung des Protoplasmas bedingt werde. Das normale rote Blutkörperchen habe eine homogene Struktur. Auch die Punktierungen der Erythrozyten hält er nicht für Kernreste, da sie gleichzeitig in einer Zelle
mit noch vorhandenem und in Mitose befindlichem Kerne vorkommen;
auch nach ihrem färberischen Verhalten hält er sie nicht für Kernteile.
Bloch nimmt im wesentlichen den Ehrlich'schen Standpunkt in diesen
Fragen ein. Er konnte keinen Protoplasmasaum an den freien Kernen
sehen; selten, sagt er, werde durch den Untergang der ganzen Zelle
auch ein Kern frei. Als zweiten Modus gibt er den intrazellulären
Kernuntergang zu. Selmar Aschheim[2]) hat seine Untersuchungen an
Mäuseembryonen angestellt. Er fand zuerst nur Flüssigkeit im Kreislauf, dann traten rote und später weisse Blutkörperchen auf. Ueber
Plättchen äussert er sich nicht. Der Kern der Erythrozyten zerfällt
nach seiner Ansicht innerhalb der Zelle in Bröckel, und diese Bröckel
verlassen die Zelle. In Milz und Knochenmark sah er die Kerne Ro-
settenform annehmen und sich schliesslich auflösen. Ein Teil der
Bröckel ist frei, ein anderer findet sich als Körnchen in den roten Blutkörperchen. Was aus den Bröckeln wird, lässt er unerörtert. Türk[3])
gibt an, dass er im Blute bei schwerer Anämie und Karzinose des
Knochenmarks den direkten Kernaustritt aus der zugehörigen roten Blutzelle beobachtet habe. Er hält es nicht für wahrscheinlich, dass der
Kern durch unzarte Behandlung aus der Zelle ausgepresst worden sei.
Auch das Freiwerden des Kerns durch Degeneration und Zerfall des
Protoplasmas (Israel, Pappenheim) gibt er nicht zu. Die Ausstossung eines erhaltenen Kerns sieht er trotzdem nicht als einen physiologischen Vorgang an, indem er mit Bloch darauf hinweist, dass die
Kernausstossung vorwiegend pyknotische, das heisst im Stadium re-
gressiver Umwandlung begriffene Kerne betreffe.

Die meisten Autoren geben somit den Kernaustritt zu; bei den einen
tritt er mit, bei den anderen ohne Protoplasma aus. Ueber das weitere
Schicksal des Kerns ist nichts bekannt, oder es knüpfen sich Ver-
mutungen betreffs der Entstehung der Plättchen daran. Andere Autoren
nehmen einen intrazellulären Kernuntergang an und geben als Beweis
das Vorkommen eines Innenkörpers im Innern der roten Blutkörperchen
an. Demgegenüber halten einzelne Autoren diesen Innenkörper nicht für
einen Kernrest. Pappenheim, auch Arnold, sahen solche Gebilde aus
den Erythrozyten austreten; diese ausgetretenen Gebilde sind nach
Pappenheim's Ansicht identisch mit den Plättchen. Als sehr wesentlich möchte ich gleich hier darauf hinweisen, dass, ob der Entkernungs-

---

1) Bloch, Zeitschr. f. klin. Med. 1901. Bd. 43. S. 420.
2) Selmar Aschheim. Arch. f. mikrosk. Anat. 1902. Bd. 60. S. 261.
3) Türk, Vorlesungen über klinische Hämatologie. Wien 1904. S. 270.

modus dieser oder jener ist, der Endeffekt ja derselbe sein wird, nämlich eine schliessliche Ausstossung des Kerns oder nach Arnold, Pappenheim des Kernrestes.

Ueber die Entstehung der Blutplättchen herrschen vollends die verschiedensten Ansichten. Arnold[1]) lässt sie vorwiegend durch Abschnürungsvorgänge aus dem Protoplasma der Erythrozyten entstehen. Sein Schüler Schwalbe[2]) vertritt dieselbe Ansicht. Es gibt nach ihm erythrozytäre und leukozytäre Plättchen. Er gibt zu, dass die Plättchen einen Innenkörper, also Kern oder Kernrest haben; er sagt jedoch, dass diese Plättchen mit Innenkörper dieselbe Provenienz haben, wie diejenigen ohne solchen. Grawitz[3]) hält die Entstehung ebenfalls für keine einheitliche, er sagt „auch an ihre Abstammung aus Kernsubstanz muss gedacht werden und diese kann sowohl aus den roten, wie aus den farblosen Zellen stammen". Auch ihre Entstehung aus Eiweissniederschlägen weist Grawitz nicht ganz von der Hand. In Gegensatz hierzu stellen sich Sacerdotti[4]) und besonders Hirschfeld[5]). Letzterer lässt sie aus endoglobulären Gebilden, die sich innerhalb der roten Blutkörperchen finden und sich blau färben, entstehen. Eisen[6]) unterscheidet echte und falsche Plättchen, oder organisierte und nicht organisierte; letztere entstehen durch Fällung von Fibrin und Globulin. Weidenreich[7]) lässt die Plättchen durch Abschnürung oder Zerfall aus den roten und weissen Blutzellen entstehen. Diejenigen aus den Erythrocyten haben Hämoglobin oder sind frei davon und sind kernlos; die Produkte aus den Leukozyten sind farblos und färben sich mit Kernfarben. Löwit[8]) trennt Discoplasmenteile (abgesprengt von den Erythrozyten) von den wahren Plättchen. An den ersteren sah er stets Hämoglobin. Nach seiner Ansicht entstehen die Plättchen aus den Leukozyten.

Deetjen, Dekhuyzen, Kopsch[9]) halten die Plättchen für vollständig selbständige Gebilde, die mit den roten und weissen Blutzellen nichts zu tun haben. Dekhuyzen[10]) sagt „ich kann meine Beobachtungen nicht anders zusammenfassen als durch die Annahme, dass bei Würmern, Echinodermen, Mollusken, Crustaceen, Vertebraten, die Mammalia einbegriffen, die nämliche Zellart dieselbe Rolle spielt: eine amöboide, feinkörnige Spindelzelle mit ovalem Kern usw."

Riess[11]) neuerdings hat die Entstehung von Plättchen im Blute anämisierter Frösche aus den weissen Blutkörperchen beobachtet.

---

1) Arnold, Zentralbl. f. allg. Patholog. 1897/99. Bd. 8. S. 289.

2) Schwalbe, Anatom. Anzeiger. 1902. Bd. 21. S. 203 und Ergebnisse der allgem. Pathol. und pathol. Anatom. 1902. VIII. Jahrg. S. 150.

3) Grawitz, Pathologie des Blutes. 1902. S. 120.

4) Sacerdotti, Anatom. Anzeiger. 1900. S. 249.

5) Hirschfeld, Virchow's Archiv. Bd. 166. S. 195 und Anatom. Anzeiger Bd. 20. 1902. S. 607.

6) Eisen, On the Blood Plates of the human Blood. Journ. Morph. V. 15. Nr. 3 aus Referat in Jahresbericht der Anat. und Entwicklungsgeschichte. 1898. IV. S. 143.

7) Weidenreich, Anat. Anzeiger. 1903. Bd. 24. Nr. 7.

8) Löwit, Zentralbl. f. allg. Pathol. und pathol. Anat. Nr. 25. S. 20. und Virchow's Archiv. Bd. 167. S. 545.

9) Siehe Referat Zoolog. Anzeiger. 1901. S. 10. — Kopsch, Anatom. Anzeiger 1901. Bd. 19. S. 541. — Deetjen, Virch. Arch. Bd. 164. S. 239.

10) Dekhuyzen, Anat. Anzeiger. 1901. Bd. 19. S. 529.

11) Riess, Arch. f. exper. Pathol. u. Pharmak. 1904. Bd. 51. S. 190.

von Frey[1]) bezeichnet die Blutplättchen als III. Formelement des Blutes und sagt, dass sie durch ihre Farblosigkeit, ihre Kerne, ihre Beweglichkeit den Leukozyten verwandt und als IV. Gruppe derselben anzusehen seien.

Schmauch[2]) hält die Plättchen für Endprodukte der Kerne der roten Blutkörperchen und stellt folgende Reihenfolge auf: Normoblast, Normozyt, Plättchen. Er beschreibt sich blaufärbende Körperchen innerhalb der Erythrozyten, die er für Kernreste hält. Ebenso hat Engel (s. oben) auf Grund seiner Untersuchungen die Ansicht ausgesprochen, dass die Plättchen mit den Kernen etwas zu tun haben.

Nach Pappenheim[3]) entstehen die Plättchen aus den Erythrozyten und zwar aus dem Nukleoid derselben; nur in einer beschränkten Anzahl gehen nach seiner Ansicht aus den Leukozyten plättchenähnliche Gebilde hervor. Türk[4]) hält die Plättchen nicht für selbständige Gebilde, sondern für Produkte einer regressiven Metamorphose. Er gibt das Vorkommen einer Kernsubstanz im Innern der Plättchen zu. Bürker[5]) hält die Blutplättchen für selbständige Elemente des Blutes, also nicht unmittelbar aus roten oder weissen Blutkörperchen entstehend."

Helber selbst kommt auf Grund ausgedehnter und, wie mir scheint, einwandfreier Untersuchungen zu folgendem Ergebnis:

„Man könnte an die Möglichkeit denken, dass nach dem Aufhören der Plättchenentstehung im Kreislaufe des Embryonalblutes diese Funktion auf kürzere Zeit von der Leber übernommen wird. Alsdann geht die Funktion auf das rote Mark über. Die Plättchenentstehung geht von da ab in langsamerer Weise vonstatten als im Embryonalblut; es ist dies auch verständlich, da es sich ja nur um eine Ergänzung von zugrunde gehenden Plättchen im ausgewachsenen Blute handeln kann und nicht um eine Neuformation, wie im Embryonalblute.

Auffallend ist, dass zu einer Zeit, wo sicher noch keine weissen Blutkörperchen im Embryonalblute nachweisbar sind, bereits 18000 Plättchen in 1 ml Blut nachweisbar waren. Dass beim Untergange von Leukozyten und deren Kernen Plättchen entstehen können, will ich gar nicht ableugnen, denn die morphologischen Bedingungen sind hier ebenso erfüllt. Hier ist aber wiederum ein Untergang der Zelle erforderlich. Man könnte an das analoge Verhalten der erhöhten Leukozytenzahl bei vermehrter Plättchenzahl, z. B. bei septischen Prozessen und der verminderten Leukozytenzahl bei verminderter Plättchenzahl, z. B. beim Typhus, denken.

Jedenfalls das lässt sich mit grösster Wahrscheinlichkeit sagen: der ursprüngliche Stamm der Plättchen kommt aus den Kernen der roten Blutkörperchen; die Schwankungen, bzw. Vermehrung und Verminderung könnten wieder von einer vermehrten oder verminderten Bildung der Erythroblasten (vielleicht auch der Leukozyten) abhängen. Ob ein kleinerer Teil der echten Plättchen durch die Ausstossung der erst noch sicher als Kernteile zu erweisenden intrazellulären Kernreste der Erythrozyten in den Kreislauf gelangt, will ich dahingestellt sein lassen.

---

1) von Frey, Vorlesungen über Physiologie. 1904. S. 26.
2) Schmauch, Virch. Arch. Bd. 156. S. 201.
3) Pappenheim, Münch. med. Wochenschr. 1901. Nr. 24 und Virch. Arch. Bd. 166. S. 195.
4) Türk, Vorlesungen über klin. Hämatologie. 1904. S. 289.
5) Bürker, Arch. f. d. ges. Physiol. 1904. Bd. 102.

Die richtige Unterscheidung der verschiedenen Arten von Plättchen glaube ich mit den Bezeichnungen protoplasmatische oder kurz Plasma-plättchen und echten Plättchen oder Kernplättchen anzugeben. Zur Frage der morphologischen Stellung der Plättchen wäre nach dieser Ein-teilung zu bemerken, dass wohl kein Recht besteht, die Plasmaplättchen als selbständige Zellen anzusehen, anders steht aber die Frage bei den Kernplättchen. Ich glaube, dass man sie als selbständige Gebilde (dritter Formbestandteil des Blutes) anerkennen kann, obwohl sämtliche Be-dingungen für die Selbständigkeit einer Zelle an dem Kernplättchen nicht erfüllt sind (Kernmembran, selbständige Vermehrung)."

Im Juli-Heft der „Publications of the Massachusetts General Hospital in Boston vom Jahre 1911 hat James Homer Wright unter dem Titel „The Histogenesis of the Blood Platelets" eine Arbeit veröffentlicht, in welcher er den Ursprung der Blutplättchen zurückführt auf W. H. Howell's Megakaryozyten der blutbildenden Organe. Es sind das Riesenzellen, die wohl zu unterscheiden sind von den vielkernigen Osteo-klasten oder Polykaryozyten. Danach wären also die Annahmen der-jenigen Autoren irrig, welche die Blutplättchen als leukozytäre Fragmente, als ausgestossene Kerne von Erythrozyten, als ganz unabhängig von an-deren Zellen entstehende geformte Blutelemente, als Proteinniederschläge, als Vorstufen der Erythrozyten usw. angesehen haben. Wright fand die blutplättchenbildende Fähigkeit der Megakaryozyten sowohl beim Menschen wie bei verschiedenen Tierarten, und zwar liefere das Zyto-plasma die Blutplättchen. Die Plättchen sind durch Grösse, Gestalt und ihre färberischen Eigenschaften scharf gekennzeichnet und sie können deshalb im Megakaryozytenplasma ohne Schwierigkeiten identifiziert werden. Das Plasma der Riesenzelle kann Pseudopodienform annehmen. Nicht selten trennt es sich vom Kern ganz los. Die Pseudopodien geben die Blutplättchen ab nach voraufgegangener Fragmentation. Nur Säugetiere besitzen diese Art von Zellen und die von ihnen ab-stammenden Blutplättchen. Zu ihrer Darstellung muss das Material noch während des Lebens oder gleich nach dem Tode fixiert werden. Zu ihrer Färbung dient eine Mischung von drei Teilen polychromem Methylen-blau und zehn Teilen einer 0,2proz. Eisenlösung in reinem Methyl-alkohol, in welcher sich die Granula des Zytoplasmas, welche zu Blut-plättchen werden, rot färben.

Ich reproduziere hier diese Angaben Wright's, ohne über ihre Berechtigung ein Urteil fällen zu können.

Ebenso wenig möchte ich mir zu eigen machen, was Aynard in Pasteur's Annalen vom Jahre 1911 über die Herkunft der Blutplätt-chen sagt. Dieser Autor leugnet die Existenz der Blutplättchen im Blute von Neugeborenen. Für ihren Nachweis schreibt er ein äusserst subtiles Verfahren vor. Das Blut müsse in paraffinierten, staubfreien Gefässen durch Venaepunktion mittelst weiter Kanüle aufgefangen werden, wobei es während einer bis zu fünf Stunden flüssig bleibe. Abkühlung ist während der Sedimentierung zu vermeiden. Zum Zweck der Blut-plättchen-Untersuchung solle man aus der schon nach 5 Minuten klar gewordenen obersten Plasmaschicht mit paraffinierter Pipette eine Probe entnehmen, sie auf vaselinebestrichenem Deckglas ausbreiten und im hängenden Tropfen untersuchen. Die richtigen Blutplättchen sollen sich dann als Stäbchen präsentieren und folgende Reaktionen geben:

Nach Essigsäurezusatz werden sie besser sichtbar und zeigen in dieser Beziehung das Verhalten der leukozytären Kernsubstanz, während die Erythrozyten aufgelöst werden. Sie sollen wasser- und alkaliresistent, frei von Fett, Glykogen, sowie von neutro-, eosino- und basophilen Granulis sein. Nach Giemsa-Färbung sollen rotviolette Granula sichtbar werden infolge Vitalfärbung mit Methylenrot. May-Grünwald färbt nichts. Ultramikroskopisch sind sie sehr gut sichtbar. Die ursprüngliche Blutplättchengestalt ist rund, ganz eben, aber wegen Kantenstellung bei mikroskopischer Betrachtung scheinbar stäbchenförmig. In der Kälte schwindet die ursprüngliche Form schnell.

Konservierend wirken Citrate, Oxalate, Metaphosphate, Ferrocyanid, Hirudin, Pepton.

Die Plättchen sollen ausschliesslich im Blute vorkommen und eine sowohl von Leukozyten wie Erythrozyten vollkommen unabhängige Existenz besitzen. Aynard glaubt beweisen zu können, dass sie bei Gegenwart von Gewebssaft zum Ausgangspunkt für die Fibrinbildung werden.

Mit grosser Bestimmtheit spricht, im Gegensatz zu Aynard, der im Hamburger tropenhygienischen Institut arbeitende Hämatologe V. Schilling sich zu Gunsten der Lehre von der erythryzytogenen Herkunft der Blutplättchen aus. Im April 1911, in der Leipziger anatomischen Gesellschaft, erklärte er, dass bei möglichster Schnelligkeit der Blutfixierung, unter Benutzung des Brutschranks mit Wasserdampfsättigung bei 37°, das gesamte Plättchen „als ein scharf konturierter, anscheinend flacher Körper imponiere, in dessen Mitte ein intensiv mit Azurrot (Giemsa) färbbarer, scharf begrenzter Innenkörper heraustrete, der in bester Erhaltung die Form eines Champignonknöpfchens aufwies". Aus diesem Gebilde ging dann bei schlechter Fixierung erst das bekannte Blutplättchen hervor. Je besser die schnelle Fixierung und Ausschaltung von Nebeneinflüssen gelang, um so engere Beziehungen ergaben sich zwischen den Blutplättchen und Erythrozyten, sodass alles für die Hypothese sprach, dass die Plättchen Kernäquivalente der kernlosen Erythrozyten sind. Bei der Dunkelfeldbeobachtung konnte Schilling den Vorgang der Plättchenausstossung aus den Erythrozyten direkt mit dem Auge verfolgen.

Im 40. Bande des Anatomischen Anzeigers (1911) hat Schilling dann weitere Mitteilungen „über die Struktur des vollständigen Säugetier-Erythrozyten" (inkl. Plättchenkern) und über den Plättchenaustritt gemacht. Er berichtet daselbst hauptsächlich über seine Beobachtungen an anämischen Meerschweinchen und kommt zu dem Ergebnis, dass der Kern im lebensfrischen kernhaltigen Erythrozyten unsichtbar ist, und im Augenblick, wo er erkennbar wird, auch schon auszutreten beginne; ein grosser Teil der Erythrozyten sei übrigens schon in der Zirkulation kernfrei.

Auf Grund eigener Kenntnisnahme der schönen Präparate Schilling's habe ich die Ueberzeugung gewonnen, dass an dem Ursprung der Blutplättchen aus den Erythrozyten und an ihrer Kernnatur nicht mehr gezweifelt werden darf.

Bezüglich der Zahlenverhältnisse sagt Helber (l. c.):

„Im frischen Präparate des Meerschweinchenblutes sieht man neben den roten und weissen Blutkörperchen dieselben Plättchen, wie beim Menschen. Die roten Blutkörperchen sind kernlos.

Zahl der roten Blutkörperchen: 3 800 000
„ „ weissen „ : 6 000 } in 1 ml
„ „ Plättchen : 190 000

Im Farbpräparat sieht man zahlreiche, sich mit Chromatinfarbe färbende Plättchen.

Hundeblut: Im frischen Präparate sieht man zahlreiche Plättchen, ebenso sind im Farbpräparat echte Plättchen vorhanden.

Zahl der roten Blutkörchen: 4 000 000
„ „ weissen „ : 7 000
„ „ Plättchen „ : 210 000

Kaninchenblut: Im frischen Präparate sind Plättchen vorhanden, die sich im Farbpräparat als echte Plättchen erweisen.

Die Vögel besitzen keine echten Plättchen; ihr Blut enthält aber neben den gewöhnlichen weissen Blutkörperchen Zellen von Spindelform in spärlicher Anzahl.

Die Säugetiere dagegen haben echte Plättchen, die bei allen etwa in gleicher Zahl wie beim Menschen vorhanden sind. Spindelzellen habe ich bei diesen nicht gesehen.

Hier möchte ich darauf hinweisen, wie auffallend es ist, dass Tiere mit kernhaltigen roten Blutkörperchen keine echten Plättchen besitzen, im Gegensatz zu den Tieren mit kernlosen Erythrozyten. Diese Tatsache rechtfertigt die Vermutung, dass zwischen der Entstehung der Plättchen und der Kerne nahe Beziehungen bestehen.

Blut vom Kaninchenembryo, 13 Tage alt, etwa dem Hühnerblut vom 4.—5. Tage entsprechend, wird in Zeiss'scher Kammer mit 10 proz. Natriummetaphosphatlösung verdünnt. Man sieht folgendes Bild: Grosse kugelige, hämoglobinhaltige Zellen mit grossem Kern (sog. Mutterzellen) und solche mit kleinerem Kern (Tochterzellen). Es sind keine weissen Blutzellen sichtbar. Dagegen sieht man eine grössere Zahl von teilweise sich bewegenden, den menschlichen Plättchen in Form, Grösse und Aussehen völlig entsprechenden Gebilden; teilweise liegen solche in Haufen zusammen. Nach 2 Stunden war in der Kammer noch keine Veränderung des Bildes wahrnehmbar.

Zahl der roten Blutzellen 1 380 000
Zahl der Plättchen 28 000

Im Farbpräparat nach Romanowsky-Giemsa sieht man Mutterzellen und Tochterzellen. Der Kern der letzteren liegt häufig exzentrisch am Rande oder man sieht ihn den Rand bereits überragend, so dass man die Ueberzeugung gewinnt, er verlasse die Zelle. Diese Kerne haben noch ihre normale Grösse oder sind nur unbedeutend vergrössert. Ferner sieht man eine ziemliche Anzahl freier Kerne vom ersten Beginn der Auflösung an bis zu einem Stadium, wo sie völlig zerflossen sind.

Betrachtet man die Kerne, die in Auflösung begriffen sind, so fällt sofort auf, dass die vorhandenen chromatischen Plättchen sich haufenweise in deren Nähe aufhalten. An einer grösseren Anzahl solcher Kerne kann man ferner folgende Beobachtung machen: Es bildet sich vom Rande des Kerns aus eine Einbuchtung, der Saum dieser Einbuchtung ist auffallend stark chromatinhaltig, während der übrige Teil des Kerns chromatinärmer wird. Von diesem Chromatinsaum sieht man deutlich echte Plättchen sich entfernen. An einzelnen dieser Plättchen besteht noch ein sicherer Zusammenhang mit dem Kern. Oder aber es plattet sich der Kern an einer Seite ab, das Chromatin sammelt sich hier an und man sieht zahlreiche Plättchen davon ausgehen. Diese Plättchen unterscheiden sich in nichts von den Plättchen im Kaninchen- oder Menschenblut.

Blut von Kaninchenembryonen 15—17 Tage alt: Die Mutterzellen werden spärlicher, auch die Zahl der Tochterzellen wird wesentlich geringer, dagegen finden sich reichlich Normoblasten und Normozyten, ausserdem zahlreiche Plättchen und freie Kerne.

Blut von Kaninchenembryonen 18—19 Tage alt: Es finden sich fast ausschliesslich normale rote Blutkörperchen, nur wenige Normoblasten. An einigen roten Blutkörperchen sieht man protoplasmatische Abschnürungen mit Hämoglobinfarbe. Weisse Blutkörperchen sind vorhanden.

Zahl der roten Blutkörperchen 1 990 000—2 010 000
„   „ weissen   „   ca. 3 000
„   „ Plättchen   „   190 000—204 000

Wenn nun Schilling mit Heller in bezug auf den erythrozytogenen Ursprung übereinstimmt, so geht ihre Interpretation der Plättchenentstehung nach der Richtung auseinander, dass Schilling aus einem Erythrozytenkern immer nur ein Plättchen, Helber dagegen viele hervorgehen lässt. Ich bin geneigt, in dieser Frage mich auf Helber's Seite zu stellen.

Die physiologische Bedeutung der Blutplättchen ist noch sehr strittig. Ich habe schon erwähnt, dass nach von Gruber und Futaki ihnen eine wichtige Rolle im Milzbrandinfektionsprozess zufällt. Von den meisten Hämatologen werden sie ferner in einen ursächlichen Zusammenhang gebracht mit der Blutgerinnung, welche Annahme eine starke Stütze findet in der von allen Seiten bestätigten Tatsache, dass sie mit dem Eintritt der Fibrinbildung aus der Blutmasse verschwinden. Man nimmt an, dass sie an der Fibrinfermentbildung wesentlich beteiligt sind. Wir haben an anderer Stelle (cf. Diastase-Kapitel) gesehen, dass einerseits alle Kernsubstanzen als Substrate einer Oxydasenwirkung anzusehen sind, und dass andererseits Oxydationsfermente zur Auslösung diastatischer Prozesse von der Art der Blutgerinnung in naher Beziehung stehen, woraus zu schliessen wäre, dass in der Tat die Blutplättchen für die Fibrinfermentproduktion eine wesentliche Bedeutung haben müssen.

Auch die Blutleukozyten sind von jeher für die Einleitung der Fibringerinnung mehr oder weniger verantwortlich gemacht worden, und auch von ihnen ist behauptet worden, dass der Eintritt der Gerinnung mit ihrem Zugrundegehen pari passu erfolgt. Aber ein so vortrefflicher Blutforscher, wie Gürber, hat diese ursprünglich auch von ihm verfochtene Annahme im Verlauf immer eingehender werdender Studien doch wesentlich einschränken müssen. Er fand, dass bei der Gerinnung in der Regel ungefähr die Hälfte der Leukozyten zugrundegeht, und zwar auch dann, wenn ihre Zahl, beispielsweise nach Blutentziehungen, um das Doppelte und noch mehr angestiegen war[1]).

In solchem Blut, welches durch Abkühlen auf 0° oder Oxalatzusatz am Gerinnen verhindert wird, bleibt die Leukozytenzahl unverändert.

„Von ganz besonderer Wichtigkeit“, sagt nun Gürber (Sitzungs-Ber. der Würzburger phys.-med. Ges. vom 18. VI. 1892), „für das Verständnis der Tätigkeit der weissen Blutkörperchen bei der Blutgerinnung dürfte folgende Beobachtung sein: Wurde nämlich das abgekühlte Blut nach Verlauf einiger Stunden defibriniert und die Zahl der Leukozyten in ihm bestimmt, so zeigte sich, dass bei dieser nachträglichen Gerinnung keine Leukozyten zu Grunde gegangen waren; ihre Zahl blieb nach wie vor der Gerinnung dieselbe.

Abgekühltes Blut.

Vor der Gerinnung	Nach der Gerinnung
6800	6850
5100	5000

Aus den polynukleären Zellen aber waren mononukleäre geworden, indem sich die vielen kleinen Kerne der ersteren Art zu einzelnen grossen Kernen der letzteren Art vereinigt hatten. Daneben machten sich noch andere weitgehende Veränderungen an den Leukozyten bemerkbar. Bei vielen war das Protoplasma so stark gequollen, dass ich die Zellengrenzen kaum mehr zu erkennen vermochte. Ein Gleiches zeigten auch die Kerne dieser Zellen. Ueberhaupt machten sie im ganzen den Eindruck, als wären sie gerade im Begriffe sich aufzulösen. Eine spätere Untersuchung desselben Blutes ergab denn auch, dass nachträglich sich sehr viele Leukozyten aufgelöst hatten.

Etwas anders verhielt sich das Kaliumoxalatblut: Wurde dieses durch Calciumchloridlösung wieder gerinnbar gemacht und dann defibriniert, so gingen die weissen Blutkörperchen bei dieser Gerinnung ebenso rasch und noch zahlreicher zu grunde, als wie bei der Gerinnung des frischen Blutes.

Kaliumoxalatblut.

Vor der Gerinnung in 1 ml	Nach der Gerinnung in 1 ml
10 400	3200

Soll ich diesen Tatsachen, so weit möglich, eine bestimmte Deutung geben, so möchte ich kurz folgendes hervorheben: Bei der normalen Blutgerinnung geht immer ungefähr die Hälfte der im Blute enthaltenen

---

1) Nach Blutentziehungen wird die Leukozytose hauptsächlich durch Vermehrung der Lymphozyten bedingt, und diese verschwinden bei der Gerinnung in viel geringerem Grade wie die Myelozyten. Im defibrinierten Blut finden sich dann viele stark glänzende Körnchen, die nach Gürber als Kernrudimente anzusehen sind.

weissen Blutkörperchen zu grunde und zwar infolge der Gerinnung; denn, wird das Blut an der Gerinnung verhindert, so kommt es, wie die Versuche mit dem abgekühlten Blute und dem Kaliumoxalatblute zeigen, auch zu keinem Zerfall der Leukozyten. Dieser Zerfall ist aber für das Zustandekommen der Gerinnung nach den Versuchen mit dem abgekühlten Blute nicht notwendig, folglich kann auch die Gerinnung nicht durch denselben veranlasst werden. Da jedoch aller Wahrscheinlichkeit nach das Fibrinferment von den weissen Blutkörperchen stammt, so darf man jetzt nicht mehr ihr Zugrundegehen mit der Entstehung des Fermentes identifizieren, sondern man muss nun annehmen, dass die Fermentbildung ein besonderer, durch irgend welche Einflüsse angeregter Prozess in diesen Zellen sei, wobei sie allerdings abstürben und zerfielen. Der Zerfall der weissen Blutkörperchen bei der Blutgerinnung wäre mithin nicht ein primärer, wohl aber ein sekundärer Vorgang, der bei unbehinderter Gerinnung vielleicht synchron oder doch zeitlich nicht sehr verschieden mit der Fermentbildung verlaufen und mit ihr in kausalem Zusammenhang stehen kann, ihr aber nicht vorauszugehen braucht."

Nach meinen Untersuchungen teilt das Fibrinferment alle seine Eigenschaften mit dem Buchner'schen Alexin und hat die gleichen Entstehungsbedingungen wie dieses. Konsequenterweise muss ich also annehmen, dass beide Agentien karyogenen Ursprungs sind, und dass für das Alexin wie für das Fibrinferment auch die Blutplättchen als Entstehungsquelle zu berücksichtigen sind.

Mit dieser Auffassung steht in gutem Einklang die Beobachtung, dass, im Gegensatz zu den kernlosen Säugetier-Erythrozyten, die kernhaltigen Erythrozyten der Vögel am Blutgerinnungsprozess gleichfalls beteiligt sind. Jedoch möchte ich die Frage noch offen lassen, ob nicht das Stroma der kernlosen Säugetier-Erythrocyten einen fibrinbildenden Faktor abgeben kann.

Während wir mit Al. Schmidt annehmen dürfen, dass in den Leukozyten, ebenso wie in den Organzellen, der plasmatische Inhalt wohl Globuline aber keine Albumine liefern kann, müssen wir mit Gürber die Erythrozyten als albuminhaltig ansehen und ihnen die Fähigkeit zuschreiben, durch Austritt von Proteinsubstanz (bei vermindertem osmotischem Druck der Blutflüssigkeit) die Albuminfraktion des Blutes zu vermehren.

Am Gerinnungsprozess nimmt das Albumin keinen Anteil; auch die von mir „Paralbumin" genannte Proteinsubstanz, welche bei der erworbenen Diphtherie- und Tetanus-Immunität antitoxische Energie gewinnt, hat zur Fibrinbildung keinerlei Beziehung.

Wenn ich mit Al. Schmidt für die Globuline des Blutes durchweg eine zytogene Herkunft annehme, so möchte ich die Albumine — abgesehen von dem erythrozytogenen Anteil — auf das Nahrungseiweiss zurückführen und als trophogen bezeichnen.

Auch Morawitz („Beobachtungen über den Wiederersatz der Bluteiweisskörper" Ztschr. f. d. gesamte Biochemie. Bd. 7, H. 4/6. 1905) meint, dass sehr verschiedenartige Versuchsanordnungen von Burckhardt,

Wallerstein, Lewinski, Githens u. a. im wesentlichen die Ansicht befestigt haben, dass die Albumine zu den als Nahrung aufgenommenen Eiweisskörpern in näherer Beziehung stehen als die Globuline.

Zweiter Abschnitt.
Blutmenge; Blutbewegung und Blutverteilung mit Berücksichtigung des Erkältungsproblems.

Auf vielfach verschiedene Art hat man im Laufe der Zeit sich eine Vorstellung zu verschaffen versucht von der zu gegebener Zeit in einem Individuum vorhandenen Blutmenge.

John Hunter glaubte aus dem Füllungszustand pulsierender Gefässe Anhaltspunkte zur Beantwortung der Frage, ob ein Mensch verhältnismässig viel oder wenig Blut hat, gewinnen zu können; und zur Beurteilung der absoluten Blutmenge versuchte er Beobachtungen über die Blutverluste zu verwerten, die ohne Lebensgefahr bei profusen Magenblutungen und bei grossen Aderlässen noch vertragen werden. An Leichen glaubte Beneke (der Aeltere) aus der Grösse des Aortendurchmessers, Bollinger aus der Herzgrösse die Blutmengeverhältnisse beurteilen zu können. Bei den diesbezüglichen vergleichenden Messungen stellte sich heraus, dass schnelllaufende Individuen im Verhältnis zu ihrem gesamten Körpergewicht ein viel grösseres Herz, weitere Gefässe und damit auch wohl ein grösseres Blutquantum besitzen, wie träge, fettreiche und muskelarme Individuen verschiedener und gleicher Art, was bis zu einem gewissen Grade die schon von Hunter aufgestellte **Lehre** bestätigt, dass die Blutmengeregulierung von der Organtätigkeit abhängig ist.

Aber schon Harvey (1737) und Haller (1769) haben Arbeiten publiziert, in welchen sie rationellere Methoden zur Blutmengebestimmung angaben, und 1838 teilte der Berner Physiologe Valentin mit, wie man durch Einspritzen eines abgemessenen Flüssigkeitsquantums in die Blutbahn die zirkulierende Blutmasse berechnen kann aus der Differenz der Trockensubstanz in einem aliquoten Teil des Aderlassblutes vor und nach der Einspritzung. Die Valentin'sche Injektionsmethode kann ohne Gesundheitsschädigung des untersuchten Individuums angewendet werden. Sie ist bis in die neueste Zeit nach verschiedenen Richtungen modifiziert worden. Einmal hat man die Injektionsflüssigkeit mehrfach gewechselt, dann aber ist als Massstab für die Differenz in den Blutproben vor und nach der Injektion statt der Trockensubstanz eine einzelne Blutqualität, z. B. das spezifische Gewicht, oder ein einzelner Blutbestandteil, z. B. das Hämoglobin, gewählt worden. Auch die Differenz im Blutkörperchenvolum, im Hämatokrit bestimmt, ist der Blutmengeberechnung zugrunde gelegt worden.

Gréhant und Quinquaud führten ein neues methodisches Prinzip ein (1882), indem sie als blutveränderndes Mittel die Kohlenoxydgas-Inhalation anwendeten und die Differenz in der Kapazität einer Aderlassblutprobe für Kohlenoxyd vor und nach der Inhalation zur Blutmengeberechnung benutzten.

Tarchanoff (1880) wollte aus dem Grade der Hämoglobineindickung nach genau gemessenem Wasserverlust im Dampfbade Rückschlüsse auf die Blutmenge machen.

Gegenüber diesen indirekten Blutmengebestimmungsmethoden, welchen noch die plethysmographische von Morawitz (1907) und meine antitoxische Methode (1911) hinzugefügt worden sind, ist Welker's Auswaschungsmethode als direkte Methode zur Blutmengebestimmung zu bezeichnen. Sie geht von der Annahme aus, dass man die gesamte Blutmenge aus dem Gefässsystem entfernen kann, wenn dieses — nach ausgiebigem Blutabfluss aus einer grösseren Arterie (Karotis) — mit Salzwasser durchspült wird, und dass man in der blutigen Spülflüssigkeit den Verdünnungsgrad genau bestimmen könne durch Vergleichung ihrer Farbintensität mit einer bis zur gleichen Farbnüance verdünnten Blut- probe, die vor der Durchspülung entnommen wurde. Für die Kontrollierung der Ergebnisse, welche nach den indirekten Blutmengebestimmungen gewonnen werden, hat die Welker'sche Methode sich sehr wertvoll erwiesen. Sie ist aber an grossen Individuen schwer ausführbar und mit der Lebenserhaltung nicht vereinbar.

Im 12. Heft meiner Beiträge („Meine Blutuntersuchungen". 1912) habe ich die verschiedenen Blutmengebestimmungsmethoden ausführlich be- sprochen und einer eingehenden Kritik unterzogen. An dieser Stelle soll nur noch von meiner Antitoxinmethode die Rede sein, welche in- zwischen bei mehr als 100 gesunden und kranken Menschen erprobt worden ist. Aus der Marburger Frauenklinik (Zangemeister) hat Fries im 69. Bande der Zeitschrift f. Geburtshilfe und Gynäkologie. (1912) über 50 Fälle berichtet. Ich zitiere aus seiner Arbeit folgende Sätze (l. c. S. 341 ff.)

„Ihrem Prinzip nach ist die neue Methode den früheren Injektions- methoden zuzurechnen, bei denen Flüssigkeiten von bekannter Zusammen- setzung in die Blutbahn eingebracht werden und die Berechnung der Blutmenge aus der Beschaffenheit des Blutes vor und nach der Injektion geschieht.

Das Wesentliche der Behring'schen Methode besteht kurz im fol- genden: Dem auf seine Blutmenge zu untersuchenden Individuum werden eine gewisse Anzahl von Tetanusantitoxineinheiten intravenös injiziert. Nach kurzer Zeit werden einige Milliliter Blut entnommen und in einer isotonischen, die Blutgerinnung hemmenden Kaliumoxalatlösung auf- gefangen. Nunmehr wird die Antitoxinkonzentration des aufgefangenen Blutes im Tierexperiment in der Weise bestimmt, dass fallende Volumina des antitoxinhaltigen aufgefangenen Blutes mit einer Tetanustestgiftlösung in bestimmtem Verhältnis gemischt und den Versuchstieren subkutan injiziert werden. Die toxische Energie dieser Tetanusgiftlösung ist für die zur Verwendung kommenden Versuchstiere — in diesem Falle Mäuse — genau ermittelt. Aus den im Verlauf der nächsten Tage auf- tretenden Vergiftungserscheinungen, die bei Mäusen für Tetanusgift ausserordentlich charakteristisch und in ihren schwächeren Graden scharf lokalisiert sind, wird der Antitoxingehalt des zur Herstellung der Misch- flüssigkeit verwandten Blutes und daraus, unter Berücksichtigung der

Anzahl der dem menschlichen Individuum injizierten Antitoxineinheiten, die Gesamtblutmenge berechnet.

Da, wie Behring und sein Mitarbeiter Zeissler nachgewiesen haben, sich das Tetanusantitoxin ausserordentlich schnell und vollkommen gleichmässig auf die ganze Blutmenge verteilt, ohne dass innerhalb relativ langer Zeit eine Bindung an korpuskuläre Elemente oder ein Austritt von Antitoxin aus der Blutbahn erfolgt, erleidet im Gegensatz zu den früheren Injektionsmethoden die Konzentration der Injektionsflüssigkeit keine Veränderung." Und (l. c. S. 349/350): „Die Ergebnisse meiner Untersuchungen über die Veränderungen der Blutmenge im Verlauf der einzelnen Gestationsperioden lassen sich an der Hand der nachfolgenden Uebersichtstabelle in folgende Sätze zusammenfassen.

Uebersichtstabelle.

	Körpergewicht	Blutgewicht	
		Absol. in Kilogramm	Rel. in Proz. des Körpergewichts
a) Nichtgravide.			
Mittel	63,5	5,0	7,9
Minimum	52,5	3,3	5,7
Maximum	78,0	5,7	9,1
b) Gravide.			
Mittel	62,0	4,6	7,4
Minimum	54,0	3,3	5,3
Maximum	81,6	5,7	8,3
c) Kreissende.			
Mittel	54,0	4,7	8,7
Minimum	51,0	3,7	7,2
Maximum	56,4	5,5	9,8
d) Wöchnerinnen.			
Mittel	55,5	4,8	8,7
Minimum	45,0	3,3	6,4
Maximum	64,0	7,3	13,8

1. Die bisher angenommenen Normalwerte der Blutmenge ausserhalb der Schwangerschaft kommen den durch vorstehende Untersuchungen experimentell festgestellten nahezu gleich.

2. In der Schwangerschaft erfährt, im Gegensatz zu der bisherigen Annahme, das absolute und das relative Blutgewicht bei ungefähr gleichbleibendem Körpergewicht eine geringe Verminderung.

3. Im Verlauf der Geburt und des Wochenbetts steigt die Blutmenge langsam wieder zur Norm an, das relative Blutgewicht ist dagegen stark erhöht, entsprechend einer beträchtlichen Körpergewichtsabnahme um diese Zeit.

Die Feststellung dieser Tatsachen hat zunächst einen rein wissenschaftlichen Wert. Sie gewinnt aber dadurch an Bedeutung, dass wir nur unter Zugrundelegung einwandfreier Befunde in der Lage sind, pathologische Veränderungen der Blutmenge richtig zu beurteilen, wie wir solche bei Eklampie, Herzfehlern, plethorischen Zuständen, Oligämien u. a. erwarten müssen. Die Anwendung der Behring'schen Methode erscheint daher geeignet, uns vielleicht wichtige Aufschlüsse über die Pathogenese derartiger Krankheitsformen zu erbringen.“

Ueber die Blutverteilung liegen von sachverständiger Seite sehr sorgfältige Untersuchungsergebnisse vor. In Nr. 606/608 der Sammlung klinischer Vorträge (1910) hat Otfried Müller mit E. Veihel unter dem Titel „Beiträge zur Kreislaufsphysiologie des Menschen, besonders zur Lehre von der Blutverteilung (Studien an Wasser-, Kohlensäure- und Sauerstoffbädern verschiedener Temperatur. I. Teil.) eine Arbeit veröffentlicht, die vom klinischen Gesichtspunkte aus die Kreislaufsverhältnisse klarlegt.

Zur Technik ihrer Untersuchungen machen die Verfasser folgende Vorbemerkungen:

„Bei dem heutigen Stande unserer Kenntnisse werden wir die Methoden, welche uns über die Druckverhältnisse in den Arterien aufklären, nämlich die Sphygmomanometrie und allenfalls auch die moderne optisch registrierende Sphygmographie, mit denjenigen, welche uns über das Gefässkaliber Aufschluss geben, nämlich der Plethysmographie und der Onkometrie, kombinieren, und wir werden endlich nach Möglichkeit über die Aenderungen der Stromgeschwindigkeit mittels der Tachographie oder einer andern neueren Methode zu deren Bestimmung Aufschluss zu erlangen suchen. Da das Ziel unserer Wünsche die Differenzierung von Herz- und Gefässtätigkeit innerhalb des Gesamtbildes des Kreislaufes ist, so werden wir versuchen, mit unseren Verfahren zur Bestimmung des Gefässkalibers möglichst weit peripherwärts, mit denjenigen zur Bestimmung des Druckes und der Stromgeschwindigkeit aber möglichst weit zentralwärts anzugreifen, um klare Bilder zu bekommen.“

In besonderen Abschnitten werden die Methoden zur Schätzung der Stromgeschwindigkeit (Tachographie), zur Bestimmung des Gefässtonus (Plethysmographie und Sphygmographie), zur Blutdruckmessung (nach Riva-Rocci und v. Recklinghausen) beschrieben und kritisch gewürdigt, wonach dann der Bädereinfluss auf die Kreislaufverhältnisse auf Grund eigener Untersuchungen genau geschildert wird.

Von den therapeutisch bedeutsamen Konsequenzen der wissenschaftlichen Versuchsergebnisse will ich nur anführen, was zum Schluss über das Erkältungsproblem gesagt wird (S. 718 ff.):

„Als die Lehre von den Infektionskrankheiten ihren Siegeszug gehalten hatte, schrieb Penzoldt: „Wenn in 50 Jahren die Erkältung so viel an Terrain verloren hat, so ist es wahrscheinlich, dass sie das kleine Gebiet, das ihr jetzt noch zugestanden wird, auch noch verlieren wird.“ Seitdem sind wieder zahllose experimentelle Arbeiten gemacht worden, welche die Berechtigung der Annahme krankmachender Einflüsse der Kälte, sei es nun an und für sich als solcher, sei es als Unterstützungs- und Einleitungsmittel für eine Infektion dartun sollten. Diese Arbeiten sind zu dem Schlusse gekommen, dass nicht die direkt abkühlende Wirkung der Kälte das Schädigende sein kann (denn eine Abkühlung des Körpers in toto tritt erst bei hohen Kältegraden, wie sie praktisch kaum in Betracht kommen, ein), sondern dass hier wohl reflektorische Einflüsse eine Rolle spielen müssen. Nun ist die Frage:

„Kann durch Blutüberfüllung innerer Organe, wie sie bei einem Kaltreiz auf die Haut zustande kommt, eine krankhafte Veränderung dieser lebenswichtigen Teile herbeigeführt werden?" Bei kurzer Dauer des Kaltreizes ist das offenbar nicht der Fall. Jede Waschung mit kühlem Wasser, die wir vornehmen, bewirkt nachweislich eine solche Umschaltung der Blutverteilung und ist erfahrungsgemäss ebenso unschädlich, wie notwendig. Anders liegen aber die Dinge offenbar bei langer Einwirkung der Kälte. Hierbei bleibt nach unseren Untersuchungen die eingetretene Umlagerung der Blutmassen lange Zeit in mehr oder weniger ausgesprochenem Masse bestehen. Eine dauernde Blutüberfüllung innerer Teile scheint aber in der Tat zuletzt greifbare Veränderungen der Organe herbeiführen zu können. Es wird, wie man zu sagen pflegt, aus der rein funktionellen Zustandsänderung eine anatomische.

Durch Tierversuche, unter denen ich die von Affanassiew, Lassar, Dürck, Nebelthau und Zillessen nennen möchte, ist nun gezeigt worden, dass bei länger dauernder intensiver Kälteeinwirkung auf die Haut an entfernten Stellen im Innern des Körpers, z. B. in der Lunge anatomische Veränderungen auftreten können. Namentlich Dürck sah unter Kälteeinwirkung auf die Haut Verdichtungen in den Lungen auftreten, die beginnenden Pneumonien sehr nahestanden. Er wies schon auf die Möglichkeit hin, dass eine durch den Kaltreiz bedingte kongestive Hyperämie der Lungen entstehen könnte, und dass diese, sei es direkt, sei es indirekt, zur Entstehung der Veränderung führen möchte.

Wenn wir nun auch heute durch Gerhardt wissen, dass die Lungengefässe als solche keine Vasomotoren besitzen, die sie zu wesentlichen Tonusschwankungen befähigen, und wenn es auch demgemäss den Anschein hat, dass der absolute Blutgehalt der Lungen durch die unter Kälteeinwirkungen auftretenden Blutverschiebungen nicht wesentlich verändert wird, so lässt sich doch ein gleiches von den oberen Luftwegen nicht sagen. Alwens hat gezeigt, dass die Temperatur in der Tiefe der Nasenhöhle in kalten Bädern um etwa $0{,}5^{0}$ ansteigen kann, während die Temperatur der Stirnhaut gleichzeitig um $0{,}9^{0}$ zu sinken vermag. Es tritt da also eine sehr energische Umlagerung von Blut zwischen den äusseren und inneren Teilen des Kopfes auf. Es erscheint nicht ausgeschlossen, dass die unter intensiven Kaltreizen auftretende Hyperämie der Nasenschleimhaut das plötzliche Niesen und die Entstehung von Sekretionen bedingt, wie sie so oft bei empfindlichen Personen unmittelbar an einen ungewohnten Luftzug sich anschliessen und so rasch einsetzen, dass von Infektion füglich noch gar nicht die Rede sein kann. Es wäre dann weiter denkbar, dass die in ihrem Blutgehalt veränderte Schleimhaut für etwa auf ihr vorhandene Infektionserreger einen besseren Angriffspunkt böte, dass die reflektorisch ausgelöste kongestive Hyperämie innerer Teile einen Locus minoris resistentiae für das Haften einer Infektion böte. Haben die Pneumokokken aber erst einmal Wurzel in den oberen Luftwegen geschlagen, so ist ihre Ansiedelung in den Lungen leichter möglich als vorher.

Aehnlich liegen die Dinge bei der Entstehung von Durchfällen. Die Erfahrung lehrt, und man hat das ja auch klinisch immer wieder

anerkannt und hervorgehoben, dass bei gewissen Menschen nach Kälteeinwirkungen Durchfälle auftreten. Am häufigsten lässt sich das bei
militärischen Uebungen beobachten, wenn die Leute nach starken Anstrengungen in erhitztem Zustande einige Zeit mit dem Bauch auf der
Erde liegen müssen. Da treten nach der Erfahrung der Militärärzte
oft auffallend rasch Durchfälle auf, die sich wiederum zunächst wegen
der Kürze der seit der Kälteeinwirkung verstrichenen Zeit kaum auf
Infektionen beziehen lassen. Zieht man den starken Blutzufluss in
Betracht, der sich nach unseren Untersuchungen bei Kälteeinwirkungen
in die Bauchhöhle ergiesst, so wäre auch hier die Möglichkeit einer
Erklärung gegeben. Zunächst könnte die starke Hyperämie als solche
schädlich wirken, weiter könnte dann wieder auf ihrer Basis eine Infektion haften.

Betrachtet man die Dinge unter diesem Gesichtspunkte, so kann
man auch eher verstehen, warum man sich in einem Falle leicht er-
kältet, im anderen gesund bleibt. Zunächst muss da hervorgehoben
werden, dass es für die Ausgiebigkeit der eintretenden Blutverschiebungen durchaus nicht ganz gleichgültig ist, an welcher Stelle
des Körpers der Kaltreiz einwirkt. An den für gewöhnlich entblösst
getragenen Händen und im Gesicht empfinden wir Kälteeinwirkungen
naturgemäss nicht so stark, wie an den von den Kleidern bedeckten
Stellen. Besonders kälteempfindliche Partien sind bei vielen Menschen
die Füsse, der Rücken und der behaarte Kopf. Dass man auch diese
Teile durch Gewöhnung so wenig kälteempfindlich machen kann, wie
die Hände und das Gesicht, lehrt die Erfahrung bei den Barfüssigen
und den Kahlgeschorenen. Auf der anderen Seite kann man aber die
Haut auch besonders empfindlich machen, wenn man sie einerseits
niemals Abkühlungen aussetzt (namentlich durch Waschungen), oder
wenn man sie andererseits vielleicht durch starke Anstrengungen in
den Zustand reichlicher Durchblutung und damit besonderer Durch-
wärmung versetzt und nunmehr plötzlich abkühlt. Entsprechend diesen
alltäglichen Erfahrungen kann man denn auch im Experiment direkt
zeigen, dass die auf einen bestimmten Kältereiz folgende Blutverschiebung aus der Körperperipherie ins Innere um so stärker ausfällt,
an je kälteentwöhnteren Punkten der Reiz angreift und je wärmer (je
reichlicher durchblutet) diese Punkte zur Zeit der Kälteeinwirkung sind.
Mit anderen Worten: Wenn man nach körperlicher Anstrengung stark
geschwitzt einer intensiven, womöglich feuchten Zugluft ausgesetzt
wird, die etwa den Rücken trifft, so wird man besonders leicht krank
werden.

Nun ist aber auf der anderen Seite bekannt, dass man sich vor
Erkältung schützen kann, wenn man bei Einwirkung des Kaltreizes
kräftige Muskelbewegungen macht, oder auch wohl Alkohol zu sich
nimmt. Wir wissen, dass bei Arbeitsleistung dem Muskel, d. h. also
der Peripherie, reichlich Blut zugeführt wird. Das Blut kann also
in diesem Falle nicht in gleichem Masse aus der Peripherie ins Innere
gedrängt werden, als wenn man stillsitzt. Aehnliches tritt ein, wenn
man Alkohol aufnimmt. Ueberdauert dann freilich die Kälteeinwirkung
den Einfluss der Arbeit oder des Alkohols, so sind die Bedingungen
doppelt ungünstig, da nunmehr aus der stark durchbluteten Peri-

pherie eine um so grössere Welle von Blut ins Innere geschleudert
werden kann.

Aus diesen Gesichtspunkten besonderer Kälteempfindlichkeit des
Körpers unter bestimmten Bedingungen einerseits und verminderter
Empfindlichkeit bei gewissen Manipulationen andererseits ergibt sich
nun die praktisch so wichtige Frage, wie kann man sich gegen Erkältungen am besten schützen, wie kann man sich abhärten, und wie
muss man sich diesen Abhärtungsprozess theoretisch etwa denken?
Auch hier weist das Experiment nach bestimmter Richtung. Wenn
man einen Menschen einem Kältereiz aussetzt, so kann man beobachten,
dass die eintretende Blutverschiebung aus den äusseren Teilen ins
Innere eine bestimmte Grösse hat. Wiederholt man den gleichen Reiz
sehr häufig, so dass die Versuchsperson sich daran gewöhnt, so wird
die Blutverschiebung allmählich kleiner. Bei Menschen, die sehr an
Kälteeinwirkungen aller Art gewöhnt sind, bleibt diese Verkleinerung
der Verschiebungsreaktion dauernd bestehen. Dettweiler hat diese
Auffassung, die sich jetzt bis zu einem gewissen Grade experimentell
stützen lässt, schon vor vielen Jahren in den Worten präzisiert: „Abhärtung ist nichts anderes, als die Reizempfänglichkeit gewisser Hautstellen durch sehr allmähliche, die wirkliche Auslösungsschwelle nicht
überschreitende Gewöhnung abzustumpfen und dadurch die gewohnte
Bahn gewissermassen ausser Uebung zu setzen."

Zur Nutzanwendung dieser Beobachtungen und Ueberlegungen für
die therapeutische Praxis hat Otfried Müller in seinem Vortrag „Erkältung und Abhärtung" 1910 in der Deutschen Gesellschaft für
Volksbäder (Heidelberg) sich folgendermassen ausgesprochen:

„In erster Linie kommt als Schutz gegen Erkältungen ein aus-
reichender Aufenthalt in freier Luft in Betracht. Diejenigen, deren
Beruf langdauernden Aufenthalt in geschlossenen Räumen mit sich
bringt, müssen besonders darauf bedacht sein, ein ausreichendes Gegengewicht zu schaffen. Es ist eine alte Erfahrung, dass Menschen mit
immer wiederkehrenden chronischen Katarrhen der Luftwege gesunder werden, wenn sie allmählich in vorsichtiger Weise mehr und
mehr an die frische Luft gebracht werden Besonders in die Augen
springend ist diese Gewöhnung durch den Aufenthalt im Freien eventl.
auch bei sehr kalter Witterung in der Geschichte der Nordpol-
expeditionen. Auf allen diesen Reisen sind nach den übereinstimmenden Berichten der Forscher auffallend wenig Erkältungskrank-
heiten beobachtet worden. Nun hat man gemeint, es komme daher,
dass in den Polargegenden keine Bakterien vorkämen, und dass
mithin auch keine Gelegenheit zur Infektion vorhanden wäre. Dieser
Umstand mag auch gewiss dass Seinige beitragen, allein ausschlaggebend
ist er auf keinen Fall. Die Leute, die in die Polarländer reisen, nehmen
auf ihren Schleimhäuten Bakterien mit und diese haben gar keine
Veranlassung, in dem warmen lebenden Körper abzusterben. Sie würden
also ihren Wirt gerade so bedrohen, wie in unserem Klima, wenn dieser
nicht durch die Gewöhnung allmählich in hohem Grade abgehärtet und
damit gegen ihre etwaigen schädlichen Einflüsse widerstandsfähig
geworden wäre.

Dass zur Gewöhnung an frische Luft auch das Tragen einer verständigen Kleidung gehört, liegt auf der Hand. Schon beim Kinde muss da begonnen werden. Erfreulicherweise ist man ja neuerdings von dem festen Wickeln der Säuglinge abgekommen. Auch lässt man die Kinder, wenn sie erst laufen können, im Sommer gern mit Halbstrümpfen und ausgeschnitten gehen. Die Erwachsenen kommen mehr und mehr auf eine gut ventilierende Unterkleidung hin, die das Schwitzen einerseits besser verhindert und vorhandenen Schweiss andererseits leichter verdunsten lässt. Auch das Tragen ganz eng anliegender und absolut abschliessender Oberkleidung wird allmählich mit Erfolg bekämpft.

Viele Erfolge sind in den letzten Jahren mit der Anwendung der sogenannten Freiluft- und Sonnenbäder erzielt worden. Gegenüber den Uebertreibungen und Auswüchsen, mit denen diese Behandlungsmethode anfangs von laienhaftem Unverstand reklamehaft inauguriert wurde, trat vielfach bei den Aerzten eine sehr berechtigte kritische Reaktion ein. Allmählich hat sich aber ein gewisses Gleichgewicht hergestellt; man hat erkannt, was die Sache Gutes gebracht hat, und benutzt das gern. In der Tat haben heute sorgsame Aerzte sehr gute und reichliche Erfolge bei Verwendung von Luft- und Sonnenbädern; aber jeder gewissenhafte Beobachter spricht auch frei und offen aus, wie sorgsam individualisierend man gerade hier vorgehen muss, und wie leicht man eher Schaden als Nutzen stiftet. Sehr zu perhorreszieren ist es jedenfalls, dass Laien sich selber Luftbäder verordnen und nun in oft unverantwortlicher Weise auf ihre Gesundheit herein hausen. Dass es einzelne robuste Naturen gibt, die auch sehr beträchtliche Schädlichkeiten ohne sichtbare Störungen aushalten, besagt dabei wenig, verführt aber leicht weniger widerstandsfähige Menschen zu Dingen, die ihnen beträchtlich schaden.

Das Leben in Lufthütten, wie es in manchen Sanatorien und Naturheilanstalten durchgeführt wird, kann wohl in einzelnen Fällen zur Abhärtung beitragen, hat aber in unserem dicht bevölkerten Lande zu viele Schwierigkeiten und Bedenken, um sich allgemeiner zu verbreiten. Sehr gute Resultate werden aber offenbar in Aegypten mit Kuren erzielt, bei denen bestimmte Kranke am Rande der Wüste zeitweise in Zelten untergebracht werden. Auch das Zeltleben, das viele amerikanische Familien während der Ferien in geeigneten Gegenden führen, scheint gesundheitlich Erspriessliches zu leisten.

Von wesentlicher Bedeutung für die Erzielung einer vernünftigen Abhärtung ist dann selbstverständlich die Benutzung kühlen oder kalten Wassers. Wenn man auch sicher den schutz- und wärmebedürftigen Säugling nicht mit kaltem Wasser behandeln soll, so ist es doch etwa vom vollendeten ersten Lebensjahre ab wünschenswert, wenigstens eine morgendliche Abwaschung des ganzen Körpers mit kühlem Wasser von etwa 20—25° C vorzunehmen. Am Abend sollte man kleinere Kinder lieber noch mit lauwarmem Wasser abwaschen. Duschen sind für Kinder in der Regel wenig angezeigt, so nützlich sie für Erwachsene auch sein mögen. Mit zunehmendem Alter des Kindes geht man dann bei der morgendlichen Waschung auf Zimmertemperatur herab, wobei zu bemerken ist, dass diese Zimmertemperatur während der Nacht jedenfalls nicht unter 12—14° C sinken sollte. Das eiskalte Schlafen

z. B. bei offenem Fenster, auch im Winter, ist auch durchaus nicht für
alle Erwachsenen unbedenklich. Besonderer Vorsicht bedarf es bei
Kindern unter allen Umständen in den Zeiten raschen, schubweisen
Wachstums, sowie in der Pubertät.

Bei Erwachsenen ist dann die morgendliche Ganzwaschung mit
Wasser von Zimmertemperatur, oder bei gesunden und widerstandsfähigen
Individuen auch eine morgendliche Dusche empfehlenswert. Abends
sollte man keine energischen Kaltapplikationen vornehmen, da diese erregend wirken und darum nicht in geeigneter Weise zur Ruhe überleiten.
Fluss- und Seebäder im Sommer sind für gesunde Menschen um so
mehr zu empfehlen, wenn sie mit gleichzeitigen kräftigen Körperbe-
wegungen, wie z. B. Schwimmen, verbunden werden. Doch sollten
kalte Vollbäder niemals allzu lange ausgedehnt werden. In unserer
nervösen Zeit wird vielfach mit langanhaltenden eiskalten Bädern ge-
schadet. Vor allen Dingen muss man sich jedes Jahr erst langsam und
allmählich wieder an den Aufenthalt im kalten Wasser gewöhnen. Das
gleiche gilt für Seebäder, bei denen man nach der Empfehlung von
v. Jürgensen sich zuerst nur mit einmaligem Untertauchen, dann mit
einigen wenigen Wellenschlägen und auch später mit einer begrenzten
Anzahl von Minuten begnügen sollte. Dass es Menschen gibt, die darin
ganz Exorbitantes leisten und auch vertragen, ist noch durchaus kein
Beweis für die allgemeine Nützlichkeit oder gar Heilsamkeit gewaltsamer
Einwirkungen. Es ist ja bekannt, dass Priessnitz viele Patienten im
Winter unter den Wasserfall eines Baches stellte, dessen Eis zuvor erst
aufgehackt werden musste. Auch auf den Naturmenschen, von dem
Kussmaul in seinen Lebenserinnerungen erzählt, dass er unbekleidet
auf einer Eisscholle den Rhein heruntergefahren sei, einen Becher Rhein-
wassers beim Passieren der Mainzer Brücke schwenkend, darf als Beispiel derartiger unsinniger Uebertreibung hingewiesen werden.

Dass man auch kranke Menschen mit grossem Vorteil in ver-
nünftiger und vorsichtiger Weise abhärten kann, hat uns, um nur ein
Beispiel zu nennen, die moderne Behandlung der Lungenkranken gezeigt.
Ein sehr wichtiger Faktor bei der Heilstättenbehandlung ist eine systematische Gewöhnung an mässige kalte Applikationen und an frische Luft.

Schliesslich sei noch erwähnt, dass manche Völker, wie z. B. die
Japaner, sich in der Weise abhärten, dass sie sehr heisse Bäder
nehmen und dann unvermittelt zu ganz kalten Prozeduren umwechseln.
Selbstverständlich wird der Kaltreiz um so stärker wirken, je kontrast-
reicher er eintritt. Man kann das im Experiment direkt nachweisen.
Man bekommt eine viel grössere Verdrängung von Blut aus der Haut,
wenn man diese durch eine Warmapplikation vorher übermässig blutreich gemacht hatte. Für unsere Verhältnisse dürfte sich aber diese
Form des Erkältungsschutzes nicht eignen.

Wenn ich am Schlusse die Hauptpunkte meiner Darlegungen zusammenfassen darf, so lässt sich zur Frage der Erkältung und Abhärtung kurz etwa folgendes sagen: Kaltreize bewirken um so mehr, je
ungewohnter sie sind, eine Verschiebung von Blut aus den äusseren Be-
deckungen des Körpers nach den inneren Teilen. Hält diese Blutverschiebung lange Zeit an, so können die inneren Teile dadurch wahr-

scheinlich in mässiger Weise krankhaft verändert werden. Besteht Gelegenheit zu einer Infektion, so wird diese in den krankhaft veränderten inneren Teilen leichter Wurzel schlagen, als in gesunden. Ob die Infektionserreger dabei schon vorher untätig im Körper vorhanden waren, oder ob sie zufällig erst von aussen hereingekommen, bleibt sich gleich. Wir können uns gegen die einfachen sowohl, als gegen die infektiös komplizierten Erkältungen bis zu einem gewissen Grade schützen, wenn wir uns auf verschiedene Weise allmählich in gesunden Tagen an Kälteeinwirkungen gewöhnen. Einen absolut sicheren Erkältungsschutz gibt es natürlich nicht. Offenbar werden durch diese Gewöhnung die Blutverschiebungen, die unter dem Einfluss der Kälte eintreten, allmählich geringfügiger, so dass sie, wenn auch keineswegs völlig ausbleibend, doch keine ernstlichen Schädigungen mehr herbeiführen können. Die Hauptsache bei diesem durch Gewöhnung herbeizuführenden Erkältungsschutz ist ein für das betreffende Individuum sachkundig ausgewähltes, sorgsames und allmähliches ,Vorgehen. Jeder brüske Reiz bringt hier, wie überall, viel leichter Schaden als Nutzen. Wenn wir erkannt haben, dass die durch Kaltreize gesetzten Veränderungen im Körper mindestens so stark sind, wie die durch kräftige Arzneien hervorgebrachten, ist die Forderung doppelt berechtigt, auch hier den Sachverständigen zu Rate zu ziehen. Nachdem die Hydrotherapie begonnen hat, sich aus der rohen Empirie heraus zu entwickeln und ein der Pharmakologie ähnliches durchforschtes Wissensgebiet zu werden, wird die erste Forderung jeglicher sachkundig geleiteter Therapie auch bei ihr immer dringlicher, und die heisst: nihil nocere.“

Dritter Abschnitt.
Anderweitige Blutuntersuchungen.

Quantitative Verhältnisse der geformten und plasmatischen Blutbestandteile; Proteinmodifikationen im Plasma und Serum; Prozentgehalt an Gesamtprotein; akzidentelle Beimengung von Infektionsstoffen und Antikörpern; sensibilisierende und anatoxische Funktion des Blutes und seiner einzelnen Proteinfraktionen; Reaktion auf Paranitrophenol, spezifisches Gewicht, Gerinnungsenergie, Viskosität und andere Qualitäten des Blutes und seiner Bestandteile.

Gelegentlich der unzähligen Blutentnahmen von immunisierten Pferden zum Zweck der Heilserumgewinnung bin ich aufmerksam geworden auf die so sehr verschiedenenen quantitativen Verhältnisse der geformten und plasmatischen Blutbestandteile. Wenn in der Regel das durch Oxalate, Zitrate, Hirudin, Kälteeinfluss, Neutralsalze usw. flüssig erhaltene Pferdeblut nach ausgiebigem Zentrifugieren $2/_3$ Volum Plasma und $1/_3$ Volum Blutkörperchen liefert, so sah ich unter pathologischen Lebensbedingungen den Blutkörperchengehalt bis auf 45 pCt. ansteigen und bis auf 16 pCt. fallen. Reichliche Blutentziehungen erniedrigen ihn regelmässig in beträchtlichem Grade, und die Plasma- bzw. Serumausbeute ist dann erheblich gesteigert, was für die Heilserumgewinnung ein günstiges Ergebnis bedeutet.

Um das Aderlassblut bei mehrtägiger Aufbewahrung vor der Gerinnung und gleichzeitig vor der Zersetzung durch Mikroorganismen zu schützen, versetze ich es mit einer 10 pCt. Kaliumoxalat, 0,7 pCt. Kochsalz, 0,02 pCt. Formaldehyd und 0,0001 pCt. Paranitrophenol enthaltenden Flüssigkeit. Diese Mischung ($= ZOL$) verhindert die Gerinnung, wenn sie in 20 facher Verdünnung $\left(\frac{ZOL}{20}\right)$ zu gleichen Teilen mit Pferdeblut vermischt wird. Zu diesem Zweck lasse ich eine 10 ml - Rekordspritze mit 5 ml 0,5 pCt. ZOL füllen, nach aufgesetzter, weiter Kanüle eine Halsvene anstechen und 5 ml Blut einfliessen. Das Blut hat dann einen $\frac{ZOL}{40}$ - Gehalt. Dieser Gehalt an ZOL-Flüssigkeit genügt auch zur Gerinnungshemmung von menschlichem Aderlassblut und von Schafblut, während Kaninchenblut erst bei einem $\frac{ZOL}{20}$-Gehalt flüssig bleibt.

Zur annähernd genauen Ermittelung des prozentualen Gehaltes an Plasma und Blutkörperchen lasse ich 5 ml von der Blutmischung in einem Koberöhrchen[1]), bei 2000 Umdrehungen in der Minute, 20 Minuten lang zentrifugieren. Das danach ausgeschiedene Oxalatplasma enthält das gesamte Oxalatwasser. Wenn also beispielsweise aus 5 ml zur Hälfte verdünntem Oxalatblut sich 0,75 ml Blutkörperchenmasse abgesetzt hat, so ist das 4,25 ml betragende Zentrifugat aus 2,5 ml Oxalatwasser und 1,75 ml Plasma zusammengesetzt; daraus berechnet sich die Blutkörperchenmasse auf $\frac{0,75}{2,5} = 30$ pCt. und der Plasmaanteil auf $\frac{1,75}{2,5} = 70$ pCt.

Diese Methode leidet an einigen Fehlerquellen; insbesondere ist nicht zu vermeiden, dass durch den Akt des Zentrifugierens aus den Erythrozyten Flüssigkeit austritt und den Plasmaanteil vermehrt. Ob Hedin's Hämatokrit-Methode („Ueber die Brauchbarkeit der Zentrifugalkraft zu quantitativen Blutuntersuchungen." Pflüger's Archiv. Bd. 60) oder eine andere Methode exakter arbeitet, kann ich auf Grund eigener vergleichender Prüfung nicht beurteilen.

Ueber die Gewinnung der verschiedenen Proteinfraktionen aus dem Plasma und Serum habe ich schon gelegentlich der Auseinandersetzungen über „Heilserumreinigung" genaue Angaben gemacht. Zur Ermittelung des prozentualen Gehalts an Gesamtprotein benutze ich nach vielen vergleichenden Untersuchungen jetzt ausschliesslich die Essigsäuremethode. Der Nachweis von Infektionsstoffen (Mikrobien und Infektionsgiften) sowie von Antikörpern ist an verschiedenen Stellen dieses Buches besprochen worden. An dieser Stelle will ich nur noch von denjenigen Blutfunktionen, welche für die Anaphylaxie-Lehre von Bedeutung sind, einige Worte sagen.

Ich darf hier als bekannt voraussetzen, dass alle Proteinmodifikationen des Blutes als Sensibilisine und Anatoxine (cf. Anaphylaxiekapitel) fungieren können, und so sollte man a priori annehmen, dass für ein

---

1) Cf. v. Behring's Beitr. z. exp. Ther. 1912. H. 12. S. 47.

Meerschweinchen, welches mit Vollblut, Vollplasma oder Vollserum sensibilisiert worden ist, jeder einzelne Proteinbestandteil der sensibilisierenden Substanz anatoxisch wirksam ist. Bis zu einem gewissen Grade ist das vielleicht auch der Fall. Prüft man nun aber quantitativ die tatsächlichen Verhältnisse, dann ergeben sich sehr merkwürdige Eigentümlichkeiten.

Hat man beispielsweise ein Meerschwein durch subkutane Injektion von 1 mg Gesamtprotein aus Pferdeserum (= ca. $^1/_{100}$ ml Pferdeserum) sensibilisiert und prüft dann 14 Tage bis 6 Wochen später seine anatoxische Empfindlichkeit durch Einbringen von Proteinsubstanz in die Blutbahn, dann beträgt die tödliche Minimaldosis vom Gesamtserum ca. 1 mg Proteinsubstanz. In dem Pferdeserum sind enthalten Globuline (incl. Fibrinogen), Paralbumine, Albumine und auch Hämoglobin, das letztere freilich in sehr geringer Menge. Man kann nun Hämoglobin in noch so grosser Menge dem sensibilisierten Meerschwein in die Blutbahn injizieren, ohne dass es anaphylaktische Symptome zeigt. Auch reines Albumin (als Auflösung von kristallinischem Blutalbumin) ist fast vollkommen unwirksam, obwohl doch ungefähr die Hälfte der sensibilisierenden Proteinsubstanz in Gestalt von Albumin gegeben war. Vom Paralbumin sind 2—4 mg die anatoxische Minimaldosis, während von den Globulinen zur akuten Tötung 0,5—1,0 mg genügen.

Die Feststellung dieser Zahlenverhältnisse erforderte einen sehr grossen Tierverbrauch, der noch beträchtlich gesteigert wurde, als ich die einzelnen Protein-Fraktionen zur Sensibilisierung benutzte und dann Pferdeproteinsubstanz aus Blut, Plasma und Serum im ursprünglichen Mischungsverhältnis und in den einzelnen Fraktionen auf ihre anatoxische Leistungsfähigkeit prüfte. Die Darlegung der sehr komplizierten Versuchsergebnisse muss einer Spezialarbeit vorbehalten werden; an dieser Stelle will ich nur darauf aufmerkam machen, dass die sensibilisierende und anatoxische Spezifizität sowohl der Modifikationen des Pferdeproteins, ebenso wie die Spezifizität verschiedenartiger — von anderen Tierarten herstammender — Proteine durchbrochen wird, wenn man das sensibilisierende Agens mit einer unterhalb der manifesten Toxizität liegenden Diphtheriegiftdosis kombiniert.

Zur Alkaleszenz- bzw. Säurebestimmung im Plasma und Serum benutze ich Paranitrophenol als Indikator. Das spezifische Gewicht lasse ich im Sprengel-Ostwald'schen Pyknometer bestimmen. Für die Messung der Gerinnungsenergie des Blutes wähle ich als Masstab die Menge von Kalziumchlorid, welche zum Oxalatplasma hinzugesetzt werden muss, um die gerinnungshemmende Oxalatwirkung wieder aufzuheben. Die Versuchsausführung erfolgt auf die Art, dass 12 Röhrchen mit Oxalatplasma und einem Zusatz von Kalziumchlorid in fallender Menge — von 0,5 pCt. bis weniger als 0,001 pCt. — erhalten. Je mehr Röhrchen darnach innerhalb einer gegebenen Zeitdauer geronnen sind, um so grösser war die ursprüngliche Gerinnungsenergie des Blutes. Einen zahlenmässigen Ausdruck für dieselbe bekommt man durch Angabe der Zahl der Röhrchen mit geronnenem Plasma. Für die Viskositätsbestimmung habe ich bisher Determann's Viskosimeter benutzt, der aber für das Plasma garnicht, für das Blut und das Blutserum nicht ohne beträchtliche Fehlerquellen brauchbar ist.

Hämoglobinbestimmungen werden in meinem Institut mit dem Autenrieth-Königsberger'schen Apparat ausgeführt und für die Untersuchung anderer Blutqualitäten halten wir uns an die Vorschriften des Grawitz'schen Lehrbuchs.

Wie in Uebereinstimmung mit mir Prof. Matthes in seiner Marburger Klinik (durch die Herren Zeissler und Hürthle) systematische Blutuntersuchungen hat ausführen lassen, darüber gibt die anliegende Tabelle Auskunft.

Zwölftes Kapitel.

Tuberkulosebekämpfung.

Erster Abschnitt.

Lungenschwindsucht, Phthisis, Skrofulose und Tuberkulose.

Von Phthisis oder Schwindsucht menschlicher Individuen sprechen
wir, wenn wir das Körpergewicht und die Körperkräfte allmählich
schwinden sehen in der Blüte der Jahre. Vorzugsweise wird der Krank-
heitsname „Phthisis" angewendet auf den mit Lungenerkrankung einhergehenden Körperschwund (Phthisis pulmonum oder Lungenschwindsucht) im heranwachsenden Alter und auf der Höhe der Lebensjahre.

Seit etwa 100 Jahren wird die Lungenschwindsucht in einen ursächlichen Zusammenhang gebracht mit der Lungentuberkulose, und fast
überall gilt gegenwärtig das Wort Schwindsucht als gleichbedeutend mit
tuberkulöser Lungenschwindsucht. In früheren Jahrhunderten besagte
skrofulöse Schwindsucht fast genau dasselbe, was jetzt tuberkulöse
Schwindsucht genannt wird.

Die Lungenschwindsucht ist mit allen ihren charakteristischen Symptomen schon von den ältesten medizinischen Schriftstellern beschrieben
worden.

Kaum weniger alt sind die Berichte, welche die Lungenschwindsucht
in einen nrsächlichen Zusammenhang bringen mit Geschwulstbildungen.
Die alten Griechen nannten die Geschwülste $\varphi\nu\mu\alpha\tau\alpha$, um zum Ausdruck
zu bringen, dass fremdartige Gewächse Saft und Kraft dem mensch-
lichen Organismus entziehen. Hippokrates unterschied dann die $\chi o\iota\varrho\acute\alpha\delta\varepsilon\varsigma$
als eine besondere Geschwulstart, welche dadurch ausgezeichnet ist, dass
ihr das Kriterium des akuten Verlaufs und der Entzündlichkeit abgeht.
In der lateinischen Sprache bedeutet nach dem Zeugnis von Galen
„scrofulae" dasselbe, wie die Hippokratischen $\chi o\iota\varrho\acute\alpha\delta\varepsilon\varsigma$. Galen definiert nämlich die Skrofeln als eine „adenum passio . . ., non ex calida
materia, neque ad suppurationem properante, sed potius quodam modo
pituitosiore et frigidiore consistens". Ueber die Etymologie des Wortes
Scrofula will ich im folgenden zitieren, was Virchow darüber in seinem
Geschwulstwerk (Bd. II, S. 558) sagt:

„Scrofula oder Scrophula ist die wörtliche Uebersetzung des griechischen Choeras, welches sich einigemale bei Hippokrates findet: beide
Ausdrücke bezeichnen zunächst ein junges Schwein (scrofa, $\chi o\tilde\iota\varrho o\varsigma$), sind
also, wie so viele andere Krankheitsnamen des Altertums, von einer
Tierähnlichkeit hergenommen. Die Alten selbst leiten sie davon her,
dass die Choeraden so vielfach seien, wie die Jungen eines Schweines,

oder davon, dass die Schweine gerade an dieser Krankheit leiden, oder endlich davon, dass die Schweine einen drüsenreichen Hals haben. . . . Erst in der salernitanischen Schule gewinnt das Wort Skrofel wirkliches Bürgerrecht, und obwohl man sich grosse Mühe gab, die Skrofeln von den Drüsen zu unterscheiden, so kann doch kein Zweifel sein, dass es im wesentlichen dasselbe bedeutete, wie heutzutage."

Das „heutzutage" im obigen Zitat bezieht sich auf die 60er Jahre des vorigen Jahrhunderts.

Wenn wir fragen, was im Beginn unseres Jahrhunderts das Wort Skrofel bedeutet, so lautet die Antwort sehr verschieden. In manchen Lehrbüchern der Kinderheilkunde und in manchen monographischen Bearbeitungen der skrofulösen Erkrankungen lässt man nichts gelten als echt skrofulös, was nicht tuberkulösen Ursprungs ist, was also nicht unter Mitwirkung von Koch'schen Tuberkelbazillen entstanden ist. In anderen Darstellungen dagegen wird neben einer auf tuberkulöser Grundlage entstehenden Skrofulose noch eine besondere, nicht tuberkulöse Skrofelentstehung angenommen. Auch als Virchow vor ca. 50 Jahren die oben zitierten Sätze schrieb, waren sich die Gelehrten durchaus nicht einig über den Begriffsinhalt des Wortes Skrofulose. Es gab nämlich in jener Zeit Autoren, von welchen weder histogenetisch noch ätiologisch zwischen skrofulösen und tuberkulösen Prozessen ein Unterschied gemacht wurde; und andererseits erklärten sich sehr gewichtige Stimmen, darunter die von Virchow, für eine strenge Scheidung von Tuberkulose und Skrofulose, so dass tuberkulöse und skrofulöse Krankheitsprozesse, auch wenn sie gleichzeitig in einem und demselben Individuum und in einem und demselben Organ vorkommen, als ganz verschiedene Krankheitsformen betrachtet werden müssten. Ausserdem gab es noch solche Forscher, welche Uebergänge und Umwandlungen von Skrofeln in Tuberkel zulassen wollten. Diese terminologische Unsicherheit ist auch jetzt noch nicht aus der Medizin verschwunden.

Wir sehen also, dass in der Geschichte der medizinischen Wissenschaft mit den Worten Tuberkulose und Skrofulose ein ganz verschiedener Sinn verbunden wird, je nachdem diese oder jene Fachautorität über die Beziehungen zwischen Tuberkulose und Skrofulose entscheidet. Das eine Mal soll man glauben, es handle sich um identische Krankheiten, das andere Mal, wir hätten es mit ganz verschiedenen Krankheiten zu tun, ein drittes Mal, die Tuberkulose sei ein Teilgebiet der Skrofulose, das vierte Mal gerade umgekehrt, die Skrofulose sei ein Teilgebiet der Tuberkulose. Es kann nicht bloss am guten Willen der einzelnen Forscher liegen, wenn sie sich untereinander über den Sprachgebrauch nicht einigen können, wo doch allgemein anerkannt wird, dass eine unzweideutige Begriffsbestimmung der zur Diskussion stehenden Worte die allererste wissenschaftliche Forderung ist. In der Wissenschaft, die sich mit der Erforschung der Skrofulose und Tuberkulose abgibt, sind diese Worte aber nicht bloss zweideutig, sondern sogar vierdeutig, wie wir gesehen haben! Um zu verstehen, wie man in diesen Zustand, der an den babylonischen Turmbau erinnert, hineingeraten ist, will ich zunächst eingehen auf den Sinn, welcher in die Worte Tuberkulose, Tuberkel und tuberkulös heutzutage hineingelegt wird, und dann auf das geschichtliche Werden des gegenwärtigen Tuberkulosebegriffs.

Heutzutage gilt jede krankhafte Veränderung, welche makroskopisch und mikroskopisch, auskultatorisch und perkutorisch, toxikologisch (durch Tuberkulinprüfung) oder sonst irgendwie auf die Wirkung der Kochschen Tuberkelbazillen zurückgeführt werden kann, als tuberkulös. Auch wo von einem Tuberkulum, d. h. von einem relativ kleinen knötchenförmigen Gewächs, gar nichts vorhanden ist, wird dieses Wort angewendet. So sind Tuberkelbazillen doch ganz gewiss keine Tuberkel; trotzdem tragen wir kein Bedenken, die Infektion mit Tuberkelbazillen als tuberkulöse Infektion zu bezeichnen. Das liesse sich allenfalls noch rechtfertigen, wenn jedesmal die Infektion mit Tuberkelbazillen zur Tuberkelbildung führen würde. Wir wissen aber, dass eine solche Voraussetzung für viele Fälle nicht zutrifft.

„Tuberkulum" bedeutet ursprünglich soviel wie ein kleiner Auswuchs an einem grösseren Ganzen, eine relativ kleine Protuberanz. Tuberkulum ist das Diminutiv von „Tuber", welches Wort in's Deutsche übersetzt werden kann mit „Gewächs." Vorzugsweise werden knollenförmige Gewächse als Tubera bezeichnet.

Kleine knollenförmige Auswüchse, Gewächse oder Geschwülste, ohne Rücksicht darauf, ob sie etwas Krankhaftes oder durchaus Normales darstellen, finden wir in der medizinischen Kunstsprache vielfach unter dem Namen von Tuberkeln vor. Wir kennen beispielsweise ein tuberculum majus und ein Tuberculum minus noch jetzt in der Anatomie der Knochen. Hart sich anfühlende, knorpelähnliche, fibröse und kapselartige Gebilde, wenn sie eine rundliche Gestalt hatten, sind aber schon von älteren Forschern auch in pathologischem Sinne Tubercula genannt worden. So zitiert Virchow aus Celsus (Medicina Lib. VIII, Cap. 6) folgende Stelle: „In capite multa variaque tubercula oriuntur: ganglia, meliceridas, atheromata nominant; aliisque etiam num vocabulis quaedam alii discernunt: quibus ego steatomata quoque adjiciam." Ferner: „Condyloma est tuberculum, quod ex quadam inflammatione nasci solet.„ (Lib. VI, Cap. 18), wozu ergänzend, wegen des Kriteriums der Härte, noch aus Liber VII, Cap. 30 das Zitat „Ad tubercula, quae condylomata appelantur, ubi induruerunt" hinzugefügt werden möge.

Auf knötchen- und knotenförmige Neubildungen in der Lunge, welche zur Lungenschwindsucht in Beziehung stehen sollten, hat am Ende des 17. Jahrhunderts Sylvius den Ausdruck „Tuberkel" angewendet. In den Mittelpunkt der Lehre von der Entstehung der Lungenschwindsucht ist die Tuberkelbildung im heutigen Sinne des Wortes aber erst durch die französischen Forscher Bayle und Laënnec im Beginne des vorigen Jahrhunderts gestellt worden, nachdem Ende des 18. Jahrhunderts der Engländer Baillie, als erster, eine genaue Beschreibung geliefert hatte von der Eruption junger Tuberkel im Lungenparenchym, ihrer Gruppierung, ihrem Anwachsen und Verschmelzen zu grösseren Knoten. Baillie lehrte, dass diese Tuberkel skrofulöse Tuberkel seien, später zerfallen und durch ihren Zerfall die Lungenschwindsucht bedingen (Matth. Baillie „Anatomie des krankhaften Baues von einem der wichtigsten Teile im menschlichen Körper." Aus dem Englischen übersetzt von Sömmering, Berlin 1794).

Der berühmte Anatom Sömmering schickte seiner Uebersetzung des Baillie'schen Buches, welches ihm Graf Carl von Harrach aus

England mitgebracht hatte, eine enthusiastische Würdigung seines Inhalts in einer Vorrede voraus, aus welcher ich folgende Bemerkungen von allgemeiner Bedeutung wiedergebe:

„Die in unsern Tagen garnicht seltenen Leicheneröffnungen tragen oft recht wenig zum Aufschlusse der Pathologie bei. Man weiss meistens nicht Was noch Wie man suchen soll, man zerschneidet den Leichnam nach hergebrachtem Zunftgebrauch und wundert sich dann, dass man nichts Besonderes findet, mit anderen Worten: was nicht auch diejenigen schon gesehen haben, die den Zunftgebrauch eingeführt haben. Keine Anweisung, zu sezieren, kann hier aushelfen. Solche Dinge lassen sich nicht lehren. Ueberlegung bei vorkommenden Fällen und ein nach der Krankheitsgeschichte modifizierter Plan zur Untersuchung, der während der Untersuchung selbst nach den sich zeigenden Erscheinungen oft und mannigfach abgeändert werden muss, darf allein die Richtung der ferneren Untersuchung bestimmen. Die Natur der Sache selbst, nicht der Handwerksgebrauch, muss die Augen und die Hände des Untersuchenden leiten . . .“.

In lapidarem Stil wird von Baillie auf 268 kleinen Druckseiten ein das ganze Gebiet der abnormen Leichenbefunde umfassendes Material dem Leser vorgeführt. Was speziell das Tuberkulosegebiet angeht, so finden wir bei Baillie für jedes innere Organ Beispiele vor; aber immer unter der Charakterisierung als skrofulöser Krankheitsprodukte.

Baillie ist der Entdecker der später zu besprechenden Granulationstuberkel und der Begründer der Lehre von dem skrofulösen Charakter der zur Lungenschwindsucht führenden Tuberkel; die Tuberkelbildung ist ihm eine besondere Manifestation der Skrofulose.

Diese Auffassung ist zuerst wohl von dem Wiener Prosektor Vetter energisch bekämpft worden (in seinen „Aphorismen aus der pathologischen Anatomie. 1803.)

Im Gegensatz zu Baillie will Vetter von einer skrofulösen Lungenphthisis überhaupt nichts wissen, und auch in andern Organen erkennt er die skrofulöse Natur tuberkulöser Veränderungen nicht an. „Es gehört, sagt Vetter, wahrscheinlich zu den Nationalfehlern dieses sonst so vortrefflichen Beobachters, überall Skrofeln zu sehen“.

Mir scheint, dass eine andere Einigung über den Sprachgebrauch bei der Abgrenzung des Geltungsbereichs der Skrofulose und Tuberkulose kaum möglich ist, als dass man entweder beide Begriffe identifiziert und dann das eine Wort oder das andere Wort nicht weiter verwendet oder dass man sich zu einer solchen Wortdefinition entschliesst, welche das eine Wort zum Oberbegriff, das andere zum Unterbegriff macht. Letzteres wird nach meinem Dafürhalten ganz zweckdienlich dadurch erreicht, dass man dem einen Wort eine symptomatisch-klinische, dem andern eine ätiologische Bedeutung beilegt.

Einen Ausweg der ersten Art haben Rilliet und Barthez vorgeschlagen („Traité clinique et pratique des maladies des enfants“ von Rilliet und Barthez): „Nous éliminons donc de la scrofule toutes les maladies qui ne sont pas tuberculeuses; ou plutôt nous aimerions

mieux voir retrancher de la nosologie le mot de scrofule, pour
le remplacer par celui de tuberculisation)."

Dieser Vorschlag, die Worte Skrofel, Skrofulose und skrofulös aus
der medizinischen Sprache vollständig zu verbannen, hat jedoch nur bei
einem mässigen Teil von literarisch tätigen Tuberkuloseforschern Anklang
gefunden und schwerlich wird er jemals zu einer allgemein gültigen
Verständigung führen.   Nicht bloss der historische Sinn sträubt sich dagegen, sondern wir müssten uns geradezu ein neues Wort erfinden,
um den schwer definierbaren, und doch aller Welt geläufigen Begriffsinhalt zum Ausdruck zu bringen, der zwar in dem Worte Skrofulose,
aber nicht in dem Wort Tuberkulose für unser Sprachgefühl enthalten ist.

Dagegen scheint der zweite von mir angedeutete Ausweg heutzutage für alle diejenigen gangbar zu sein, welche von der ätiologischen
Zusammengehörigkeit der Baillie'schen Skrofuloseprodukte überzeugt sind.
Ein Sprachgebrauch, dem zufolge der Skrofulosebegriff, als klinisch
wahrnehmbarer Symptomenkomplex, in substantivischer Form, mit dem
adjektivisch als „tuberkulös" bezeichneten ätiologischen Nebenbegriff
verbunden wird, kann dann, wie mir scheint, von Niemand beanstandet
werden.   Hier und da spricht man ja auch bisher schon von „tuberkulöser Skrofulose".

Die Bezeichnung „tuberkulöse Skrofeln und tuberkulöse Skrofulosis"
wird übrigens gerade denjenigen Autoren eine sprachliche Erleichterung
gewähren, welche den Skrofulosebegriff ausdehnen auch auf solche Krankheitssymptome, die nach ihrer Meinung nicht auf die Wirkung von
Tuberkelbazillen zurückzuführen sind.   Für diejenigen Forscher aber,
welche nur auf tuberkulöser Grundlage entstandene Krankheitsäusserungen
skrofulös nennen, würde die tuberkulöse Skrofulose, als ein mit käsiger
Metamorphose einhergehender Prozess, — im Unterschied zur typischen
Eruption von Granulationstuberkeln — durchaus nicht überflüssig sein.

In Frankreich gilt Bayle als Entdecker derjenigen spezifischen
Lungentuberkel, die von Laënnec tuberkulöse Granulationen genannt
worden sind, von Rokitansky als einfach-faserstoffige, von Lebert
als graue, von Virchow als „wahre" Tuberkel beschrieben wurden,
und welche ich als Granulationstuberkel bezeichne.

Bayle hat als junger Forscher unter der Leitung von Dupuytren
gearbeitet und im Journal de Médecine in den Jahren 1803—1805
mehrere Abhandlungen veröffentlicht, in welchen er den Tuberkelbegriff
einschränkt auf nicht verkäsende, knorpelharte, graue und durchscheinende
Knötchenformen.   Das Wort „Tuberkulose" hat er noch nicht gebraucht.
Dieses Wort verdanken wir dem deutschen Kliniker Schönlein, der
es Mitte der dreissiger Jahre des vorigen Jahrhunderts in die medizinische Sprache einführte.   Den Tuberkulose-Begriff aber hat Bayle
vollkommen klar erfasst und mit dem Ausdruck „Tuberkulöse Diathese" deutlich abgegrenzt, wenn er sagt: „Peut-être conviendrait-il
de désigner sous le nom de diathèse tuberculeuse la tendance à la
production de tubercules".   Genau denselben Begriffsinhalt hat Schönlein
seiner „Tuberkulose" gegeben, indem er dieses Wort als tuberkelbildende Anlage verstanden wissen wollte, nach Analogie des Wortes
Skrofulose, welches er mit „skrofelbildende Anlage" übersetzte.

Trotz dieser scheinbar vollkommenen Uebereinstimmung zwischen Bayle's tuberkulöser Diathese und Schönlein's Tuberkulose ist der sachliche Inhalt der beiden Wortbildungen toto coelo verschieden, da Bayle die Granulationstuberkel, Schönlein die verkäsenden Miliartuberkel meint. Schönlein's Tuberkulose bedeutet soviel wie „skrofulöse Tuberkulose", während Bayle's tuberkulöse Diathese am besten durch den Ausdruck „Granulationstuberkulose" ersetzt wird.

Schönlein's Tuberkulose liefert immer verkäsende Tuberkel, Bayle's Diathèse tuberculeuse soll dagegen mit den verkäsenden Tuberkeln gar nichts zu tun haben und ausschliesslich submiliare, nie verkäsende Tuberkeln liefern.

Im internationalen Sprachgebrauch wurde der Tuberkulosebegriff im Sinne einer die Lungenschwindsucht bedingenden Anlage ziemlich allgemein angenommen nach dem Vorgang von Laënnec, dem Begründer der physikalischen Lungentuberkulose-Diagnostik und dem Schöpfer unserer heute noch giltigen Tuberkulose-Einheit.

Ich bin geneigt, Laënnec als bahnbrechenden Tuberkuloseforscher, mit Baillie, Villemin und Koch in einer Reihe zu nennen.

Durch die auskultatorische und perkutorische Untersuchung der Brustorgane phthisischer Menschen im Verein mit pathologisch-anatomischen Leichenuntersuchungen, und unter Zuhilfenahme epidemiologischer Forschungsergebnisse, gelang es Laënnec, die hervorragendsten Mediziner in Frankreich und in anderen Ländern davon zu überzeugen, dass die Lungenschwindsucht nur auf dem Wege eines primären Tuberkuloseprozesses zustande kommt. Ausserdem vertrat er aber auch mit Erfolg die Lehre von der Spezifizität und Arteinheit aller im menschlichen Organismus vorkommenden Tuberkelbildungen, gleichgültig ob sie am Lymphgefässsystem, am Blutgefässsystem oder an irgendwelchen anderen Gewebesystemen sich abspielen. Von Skrofeln und Skrofulose spricht er nur selten. Er, wie vor ihm schon Bayle, war der Meinung, dass sich unter dem alten Skrofelbegriff allerlei versteckt hält, was ätiologisch und histogenetisch von sehr verschiedener Natur ist, so dass es sich gar nicht erst lohnt, viel darüber zu diskutieren, was dieser oder jener eigentlich meint, wenn er von Skrofulose spricht, oder bestimmte Krankheitsprodukte und Krankheitssymptome skrofulös nennt.

In der Meissner'schen Uebersetzung (1832) des Laënnec'schen Hauptwerkes „Auscultation médiate" finde ich u. a. (S. 504 in Bd. I) eine Stelle, die mir zu beweisen scheint, dass Laënnec zu denjenigen Forschern gehört, welchen der Skrofulosebegriff in der Tuberkulose aufgeht. Es heisst daselbst: „Die Lungentuberkel unterscheiden sich in Nichts von denen, die, in den Drüsen gelegen, den Namen „Skrofeln" annehmen."

An einer anderen Stelle freilich (l. c. S. 430) sieht es so aus, als ob er die Existenz von skrofulösen Zuständen annimmt, die noch etwas Besonderes an sich haben. Er beschreibt nämlich an dieser Stelle verschiedene Arten der Tuberkelerweichung, darunter eine, bei welcher „die tuberkulöse Materie einen Zustand annimmt, in welchem sie undurchsichtig und von der Konsistenz eines weichen und zerreiblichen Käses ist. In diesem letzterem Zustande, der besonders bei skrofulösen

Subjekten vorkommt, sagt er, gleicht sie oft ganz Molken, in welchen Stücke von käsiger Materie schwimmen.

Schon aus dieser Darstellung kann man entnehmen, dass Laënnec, obwohl er den Ausdruck „Tuberkel" immer bloss auf knötchen- und knotenförmige Geschwülste anwendet, das adjektivische „tuberkulös" auf alle Substanzen bezieht, die von Tuberkeln herstammen und aus denen Tuberkel nach seiner Meinung entstehen können.

Entsprechend den wissenschaftlichen Vorstellungen seiner Zeit nahm er an, dass der organisierte Tuberkel einem aus dem Blute abgeschiedenen spezifischen Tuberkelstoff von weicher Konsistenz und homogener Beschaffenheit, also einem Plasma oder Blastem, seinen Ursprung verdanke. Der Satz „omnis cellula e cellula" hatte, als Laënnec sein Buch schrieb, noch keine wissenschaftliche Geltung. Ein Urschleim, ein halbflüssiges halbfestes „Blastem" galt als die Quelle alles organischen Werdens.

Hierüber will ich Laënnec selber reden lassen, indem ich die Stelle zitiere, wo er von den Hirsekorn-Tuberkeln, seinen „Miliartuberkeln"[1]) (l. c. 422—430) einerseits und von der „tuberkulösen Granulation" andererseits spricht und sich gegen Bayle wendet, welcher die Granulationstuberkel für etwas ganz Besonderes hielt, was gar nichts mit der zur kavernösen Lungenschwindsucht führenden Tuberkulose zu tun hat. Bayle war geneigt, sie für chondromatöse Neubildungen· zu halten. „Bayle hat sich offenbar getäuscht, sagt Laënnec (l. c. S. 124), wenn er die Granulationen für eine von den skrofulösen Tuberkeln ätiologisch verschiedene Neubildung erklärt." Während nun Bayle eine Erweichung und Verkäsung der Granulationstuberkel aus prinzipiellen Gründen für ausgeschlossen hielt, glaubte Laënnec zuweilen ihren Uebergang in sogenannte gelbe Tuberkel bewiesen und gefunden zu haben, dass in den grösseren Granulationstuberkeln eine speckartige (steatomatöse) Substanz sich bilde. Von dieser Substanz sagt Laënnec (l. c. S. 427):

„Dürfte diese speckige Materie der Alten . . . . vielleicht für die Tuberkelbildung das sein, was Eigelb für das Huhn, was die primitive tierische Gallerte (soviel wie Urschleim) für die Organe ist, die sich darin entwickeln, d. h. eine Art Matrix, die bestimmt ist, der normalen Organisation fremde, und durch eine krankhafte Veränderung der Ernährung hervorgebrachte Materialien aufzunehmen?"

Mit der hier angedeuteten entwicklungsgeschichtlichen Vorstellungsweise, derzufolge die tuberkulösen Geschwülste sich aus einem besonderen Nährmaterial, dem tuberkulösen Urstoff oder Rohstoff, aufbauen, hängt der Sinn solcher Wortbildungen Laënnec's, wie „Tubercules crus" (Tubercula cruda, Roh-Tuberkel) zusammen.

Der Tuberkulose-Urstoff oder tuberkulöse Rohstoff kann nach Laënnec verschiedene Gestalten annehmen und ist in seinem Vorkommen nicht etwa beschränkt auf das Innere der gelben Tuberkel, in welchen er gewissermassen encystiert ist, wie das Eidotter im Eiweiss und in der Eischale, oder wie ein Entozoon in seiner Kapsel. Er kommt vielmehr

---

1) Laënnec's Miliartuberkel (Tubercules miliaires) stehen in ähnlichem — wenn auch nicht gleichem — Verhältnis zu Virchow's Miliartuberkeln, wie Bayle's tuberkulöse Diathese zu Schönlein's Tuberkulose.

auch in freiem Zustande vor und infiltriert dann das Lungenparenchym als gallertartiger oder ziemlich fester Stoff von zuerst grauem, später mehr gelblichem Aussehen.

Im Lungenparchym kann man demgemäss unterscheiden:

1. eine gallertartige weiche tuberkulöse Infiltration,
2. eine graue, ziemlich derbe tuberkulöse Infiltration (= graue Hepatisation),
3. eine gelbe tuberkulöse Infiltration (= gelbe oder käsige Hepatisation).

Laënnec gibt zu, nicht immer den Beweis dafür liefern zu können, dass die sichtbaren Endprodukte der tuberkulösen Lungeninfiltration diese drei Stadien durchlaufen haben. Das liege aber bloss an der Mangelhaftigkeit seiner Untersuchungsmethoden: „Die Umwandlung der grauen und gallertartigen tuberkulösen Infiltration in rote und gelbe Materie (sagt er l. c. S. 429) geht manchmal so rasch vor sich, dass man keine Spur mehr findet von den beiden primitiven Materien in solchen Fällen, in welchen die gelbe Hepatisation offenbar durch diffuse Infiltration und nicht durch die Vereinigung einer grossen Menge verkäster Miliartuberkel entstanden ist."

Aus der tuberkulösen Infiltration sollen (l. c. S. 428) in dem Masse, als die (durch Ausfüllung von Lungenzellen mit tuberkulöser Materie bedingte) graue Hepatisation in den Zustand der gelben Hepatisation übergeht, sich zunächst kleine gelbe und undurchsichtige Punkte entwickeln.

Andererseits könne aber auch unter gewissen Umständen, wenn nämlich in der Lunge, und insbesondere in den Lungenspitzen, eine grosse Menge von Miliartuberkeln sich vereinigt hat und hinterher erweicht ist, der dabei freiwerdende Tuberkelstoff in die Alveolen gelangen und käsige Hepatisation (gelbe Infiltration) hervorrufen, ohne dass ein Stadium der gallertigen oder grauen Infiltration vorausgeht.

Diese etwas komplizierte Vorstellungsart entspricht dem Bilde vom Huhn und Hühnerei, welches zum besseren Verständnis von Laënnec's Schilderungen der Tuberkel-Genese und Tuberkel-Metamorphose immer stillschweigend vorausgesetzt werden muss. Wie aus dem Eidotter der Vogelembryo, aus diesem das Huhn, aus diesem wieder das Ei mit Dotter hervorgeht und so ad infinitum, ähnlich könne man auch nach Belieben entweder den tubercule cru, den gelben Tuberkel, an den Anfang des Tuberkelprozesses setzen, oder den freien gelben Tuberkel-Urstoff, welcher die Keime zur Entwickelung neuer Tuberkel-Individuen enthält.

Wenn wir an die Stelle von Laënnec's hypothetischen Tuberkelkeimen das jetzt bekannte Tuberkulosevirus setzen, so können wir die Tuberkelgenese auch heute uns noch ähnlich vorstellen wie er. Der Tuberkelkäse enthält ja in der Tat die tuberkelbildenden Keime, und wir wissen, dass der Tuberkelbazillus sowohl in enzystierten Tuberkeln, als auch in Gewebsflüssigkeiten zur Erzeugung neuer Bazillengenerationen befähigt ist.

Selbst die Vorstellung, dass nicht die Tuberkelkeime für sich allein das ganze Virus oder das Tuberkel-Bildungsmaterial (den Urstoff) repräsentieren, hat manches für sich. Es müssen ja tatsächlich mehrere materielle Faktoren, nämlich die heterogenen Keime, die endogenen Zellen und eine flüssige Nährsubstanz symbiotisch zusammenwirken, um die Gebilde, welche wir Tuberkel nennen, entstehen zu lassen!

An manchen Stellen schwebte Laënnec noch ein anderes evolutionistisches Bild vor, wenn er die Genese der Tuberkeleruption veranschaulichen wollte: nämlich das Bild von einem Saatfelde. Laënnec schrieb seinem Tuberkulose-Bildungsstoff infektiöse Eigenschaften zu in dem Sinne, dass er, in geeignete Gewebe verpflanzt, diese zur Tuberkelbildung veranlasst. Aehnlich wie die Aussaat von kleinsten Keimen weithin sichtbare Pflanzengewächse in geeignetem Boden aufgehen lässt, so entstehen aus dem erweichten Rohstoff, wenn er mit Hilfe des Säftestroms in das Lungenparenchym und in andere Gewebssysteme ausgestreut wird, makroskopicch erkennbare Tuberkeleruptionen. „Unter allen Ursachen, die eine beträchtliche Tuberkeleruption hervorbringen können (sagt er l. c. S. 512), ist die mächtigste, offenbarste und häufigste unstreitig die Erweichung einer gewissen Anzahl schon vorhandener Tuberkel, weil danach sekundäre Ausbrüche von unzähligen Tuberkeln in der Lunge und manchmal in allen anderen Organen zum Vorschein kommen."

Die Eruption von Tuberkeln in grosser Zahl kann nach Laënnec von zweierlei Art sein.

Es können nämlich erstens die Bayle'schen submiliaren Tuberkel entstehen, welche von Laënnec Granulations tuberculeuses genannt werden, es kann aber auch die Eruption erfolgen in Gestalt von miliaren und supermiliaren Tuberkeln (Tubercules miliaires „tubercula miliaria), welche in ihrem Reifestadium zu „tubercules crus" werden. Als vierte Tuberkelvarietät schildert er dann schliesslich noch die kapselförmigen oder enzystierten Tuberkel (Tubercules enkystés, tubercula saccata).

Die Morphologie und Histogenese dieser 4 Tuberkelvarietäten wird von Laënnec folgendermassen erläutert:

„Die Varietät der Granulationstuberkel ist zum ersten Male von Bayle beschrieben worden, der vielleicht durch die sehr hervorspringenden Kennzeichen, die sie darbietet, und die ihn auf die Meinung gebracht haben, dass sie ein von den schon früher bekannten skrofulösen Tuberkeln gänzlich verschiedenes Erzeugnis ausmache, zu sehr überrascht worden ist. Die Granulationen haben beinahe die Grösse eines Hirsekornes; ihre Form ist vollkommen rund oder eirund; sie unterscheiden sich ausserdem von den gewöhnlichen Tuberkeln durch die Gleichförmigkeit ihrer Masse und ihre Durchsichtigkeit. Sie sind gewöhnlich in unzähliger Menge in einer übrigens oft ganz gesunden Lunge, über einen grossen Teil derselben, verstreut, ohne dass man mehrere zu einer Gruppe vereinigt findet. An manchen Stellen bilden sie jedoch durch ihre grosse Menge und durch ihr Aneinanderstehen feste Massen. Durchschneidet man diese Massen, so findet man jede einzelne Granulation von der andern durch ein ganz gesundes oder schwach mit Serum infiltriertes Zellgewebe getrennt. Bayle hat sich offenbar getäuscht, wenn er diese Granulationen für ein von den (skrofulösen) Tuberkeln wesentlich verschiedenes Wucherungsprodukt erklärt. Die Miliartuberkel (tubercules miliaires, tubercula miliaria) sind die gewöhnlichste Form, welche die tuberkulöse Materie in der Lunge einnimmt. Ihr Aussehen ist das kleiner, grauer und halbdurchsichtiger (opaker), manchmal sogar beinahe durchsichtiger farbloser Körner, die eine etwas geringere Konsistenz als die der Knorpel haben; ihre Dicke variiert von der eines Hirsekorns bis zu der eines Hanfkorns. (Sie sind also miliar und supermiliar zum Unterschied von den tuberkulösen Granulationen, deren einzelne Gebilde kaum jemals die Grösse eines Hirsekorns erreichen). Ihre beim ersten Anblick länglich runde Form ist, wenn man sie mit der Lupe genauer untersucht, unregelmässig. Manchmal erscheint die Oberfläche sogar stellenweise eckig."

Die Miliartuberkel adhärieren innig dem Lungengewebe, und man kann sie, ohne Losreissung von Lungengewebsstückchen, von ihrer Umgebung nicht loslösen. Sie setzen sich zusammen aus einzelnen Granulis, die durch Intussuszeption stärker werden und sich gruppenweise vereinigen. Bevor es zu dieser Vereinigung (Konglomeration) kommt, entsteht im Zentrum eines jeden Granulums ein kleiner gelblich weisser undurchsichtiger Punkt, der sich allmählich vom Mittelpunkt des Granulums nach der Peripherie hin vergrössert. Schliesslich wird der ganze Tuberkel von einer gelblich weissen undurchsichtigen Masse ausgefüllt.

„Erst lange Zeit nach der Vereinigung der kleinen Granula zu einem Miliartuberkel verschmelzen mehrere Miliartuberkel zu grösseren Knoten. (Virchow's „Konglomerat-Tuberkel" im Gehirn, in den Lungen, Nieren usw.). Durchschneidet man einen solchen grossen Konglomerattuberkel, so kann man sehr gut noch die einzelnen gelben Punkte unterscheiden, welche im Zentrum eines jeden einzelnen Miliartuberkels liegen — umgeben von noch erhaltener grauer Substanz. Nach und nach verschwinden auch in der Peripherie der früheren Miliartuberkel die grauen Bestandteile, der ganze Knoten besteht dann fast nur noch aus einer weisslich gelben Masse, die ziemlich fest und trocken ist. Diese Tuberkelform nennt man „rohen gelben" oder auch bloss „rohen" Tuberkel (tuberculum crudum, tubercule cru). Wenn die Miliartuberkel isoliert bleiben, so kann jeder von ihnen für sich in den Zustand eines „rohen" bezw. „rohen und gelben" Tuberkels übergehen. Sind sehr wenig Tuberkel in der Lunge vorhanden, bloss hundert oder noch weniger, dann erlangen die einzelnen Tuberkel oft Kirschkern- bis Haselnussgrösse. Zuweilen werden sie noch grösser. Die umfänglicheren rohen Tuberkel, die man gewöhnlich in den Lungen antrifft, sind das Produkt der Anhäufung mehrerer Tuberkel oder der tuberkulösen Infiltration. Dass die isolierten rohen Tuberkel nur einen einzigen Kern haben, erkennt man im allgemeinen daran, dass sie ihre primitive länglich runde Form behalten. Das Lungengewebe ist gewöhnlich um die Tuberkeln herum vollkommen gesund und knisternd und zwar umso mehr, je kleiner sie sind, und in einer je früheren Epoche man sie untersucht."

Im Gegensatz zu Bayle lehrte Laënnec, dass aus Granulationstuberkeln miliare Tuberkel entstehen können. „Il n'y a d'autre différence entre les uns (tubercules miliaires) et les autres (granulations miliaires) que celle qui existe entre un fruit mûr et un fruit vert."

———————

Zweiter Abschnitt.

Aetiologische Begründung der Lehre von der tuberkulösen Lungenschwindsucht.

Laënnec und seine Zeitgenossen sind durch epidemiologische und anatomische Untersuchungen dazu gelangt, das Tuberkulosegebiet in solcher Weise abzugrenzen, dass es genau übereinstimmt mit unserem heutigen Tuberkulosebegriff. Villemin hat dann durch ätiologische Untersuchungen die Forschungsergebnisse Laënnecs bestätigt.

Die Untersuchungen Villemin's über die Aetiologie der Tuberkulose sind von einer solchen Exaktheit, dass sie noch heute als mustergültig betrachtet werden können.

Als Versuchstiere zur experimentellen Erzeugung einer Impftuberkulose benutzte Villemin hauptsächlich Kaninchen, für deren Infektion er junge miliare Tuberkel, Kaverneneiter, Käsepartikel aus verschiedenen tuberkulösen Organen des Menschen wählte, ferner, was besonders bemerkenswert ist, die Perlknoten der Rindertuberkulose, durch welche er eine schnellere Generalisation der Impftuberkulose beim Kaninchen erzeugen konnte, als durch menschliche Krankheitsprodukte der Tuberkulose. Negativ war das Impfresultat, wenn Villemin die Produkte der Geflügeltuberkulose zur Impfung verwendete.

Ausser den Kaninchen eigneten sich zur sicheren Tuberkuloseerzeugung in Villemin's Versuchen noch Meerschweine und Ziegen. Hunde blieben manchmal ganz gesund, in anderen Fällen fanden sich zwar nach der Tötung Tuberkel; zum Tod an Tuberkulose kam es aber nicht. An Katzen, Hammeln, Hühnern bekam er keine positiven Impferfolge.

Besondere Aufmerksamkeit richtete Villemin auf die Infektiosität derjenigen Krankheitsformen, welche vom Begriff der echten Tuberkulose von manchen pathologischen Anatomen ausgeschieden wurden. Er zählt namentlich auf die infiltrierten Tuberkel der desquamativen und käsigen Pneumonie und die Käsepartikel skrofulöser Drüsen, welchen er ein besonderes Kapitel widmet. Ebenso wie diese Krankheitsprodukte fand er wirksam das Sputum der Phthisiker.

Das Blut der Phthisiker gab zweifelhafte Resultate, selbst wenn es in grösserer Menge in Wunden, die Villemin durch Skarifikation beim Kaninchen erzeugte, hineingebracht wurde. Von der Trachea aus, in welche Villemin aufgeschwemmte tuberkulöse Substanz den Kaninchen einimpfte, gelang es ihm nicht, mit Sicherheit Tuberkulose hervorzurufen. Tuberkulöse Neubildung, von der Impfstelle willkürlich infizierter Tiere entnommen, machte genau dieselbe Krankheit wie das Ausgangsmaterial. Die von tuberkulösen Tieren abstammenden jungen Tiere zeigten bei der Sektion niemals Zeichen der Tuberkulose. Von Interesse ist ferner die Beobachtung Villemin's, dass bei tuberkulösen Kaninchen und Meerschweinen die Gravidität häufig vorzeitig unterbrochen wird.

Ein grösserer Abschnitt in Villemin'schen Tuberkulosebuch vom Jahre 1868, welches 624 Druckseiten umfasst und den vollen Titel trägt:

„Etudes sur la Tuberculose.
(Preuves rationelles et expérimentales de la spécificité et de son
inoculabilité.)"

wird ausgefüllt durch die Mitteilung von Versuchen über die Impf-
wirkung solcher Substanzen, die von manchen Forschern mit der Lungenphthisis in Zusammenhang gebracht worden sind, in Wirklichkeit aber
nichts Wesentliches mit ihr zu tun haben.

Villemin prüfte Eiter von verschiedener Herkunft; Krebsformen
verschiedener Art; Tuberkelbildungen, welche bei Schafen durch Entozoën
produziert werden, pneumonische, pseudomembranöse, typhöse Krankheitsprodukte, ohne damit Tuberkulose erzeugen zu können. Er ver-
wahrt schliesslich seine an Kaninchen angestellten Experimente gegen
den Vorwurf, dass diese Tiere oft an sich schon tuberkulös seien; er
könne das durchaus nicht bestätigen und ist der Meinung, dass kleine
Cysten mit eiterartigem Inhalt, die sich, dem Peritoneum angelagert,
bei Kaninchen vorfinden (Gregarinen u. a.), unerfahrene Tuberkuloseforscher getäuscht haben.

Dass Villemin's Entdeckung der Existenz eines spezifisch tuberkulösen Virus und seiner Uebertragbarkeit in Deutschland zunächst wenig
günstige Aufnahme fand, mag daraus erkannt werden, dass noch im
Jahre 1873 ein so hervorragender Tuberkuloseforscher wie C. Friedländer (in der Volkmann'schen Sammlung klinischer Vorträge) die
Beweiskraft der Meerschweinchen- und Kaninchenversuche ableugnete,
Unter dem Titel „Ueber lokale Tuberkulose" veröffentlichte Friedländer Untersuchungen, die den Nachweis bringen sollten, dass die
Infektionskrankheit, welche durch Uebertragung käsiger Produkte auf
Tiere erzeugt werde, eine chronische Pyämie sei, die zwar tuberkel-
ähnliche Gebilde, aber keine echten Tuberkel aufweise.

Weigert wollte gleichfalls die „sogenannte" Impftuberkulose anfangs
der 70er Jahre nicht als echte Tuberkulose anerkennen (nach einer
Notiz bei Friedländer, l. c. S. 530), und auch Cohnheim hatte
ursprünglich, infolge von gemeinschaftlich mit B. Fraenkel in Virchow's
Institut ausgeführten Experimenten, die Villemin'schen Versuche als
nicht beweiskräftig betrachtet. Mit B. Fraenkel glaubte Cohnheim
anfänglich durch Korkstücke, Papierbäusche, Leinwandfäden u. a. Meerschweine tuberkulös machen zu können, was, wenn die Experimente
einwandsfrei gewesen wären, die Villemin'sche Behauptung, dass ein
spezifisches Virus zur Erzeugung der Impftuberkulose erforderlich sei,
widerlegt hätte. Erst später liess Cohnheim sich durch Klebs davon
überzeugen, dass mit den Fremdkörpern, die in die Bauchhöhle der
Meerschweine im Berliner Charité-Krankenhaus eingebracht wurden,
gleichzeitig unbeabsichtigt auch Tuberkelvirus hineingelangt war. Bei
der Wiederaufnahme der Infektionsversuche (s. Allg. Pathologie. Bd. I.
S. 609. [1877]) im Kieler und im Breslauer Pathologischen Institut, und
bei Benutzung derjenigen Versuchsanordnung, bei welcher die vordere
Augenkammer der Kaninchen als Infektionsort gewählt wird, wurde dann
jeder Zweifel an der Spezifizität des tuberkulösen Virus für Cohnheim
gehoben.

Dass auch **Virchow** sich der zwingenden Beweiskraft der späteren Infektionsversuche nicht verschloss, geht hervor aus seinen Ges. Abh. Bd. II. S. 627. 1879, wo er, unter Berufung auf **Gerlach's** Erzeugung von Impftuberkulose durch Perlknoten, das Verbot des Genusses von Milch und Fleisch perlsüchtiger Rinder in Erwägung zieht.

Der entscheidende Sieg der **Villemin'schen** Lehre von der Heterogenität, Infektiosität und Kontagiosität des tuberkulösen Virus ist aber erst nach der Entdeckung des Tuberkelbazillus durch **Robert Koch** herbeigeführt worden (1882).

Dritter Abschnitt.
Histogenetische Analyse des Tuberkuloseprozesses.

Fast alle Forscher sind darüber einig, dass die Tuberkulose ein geschwulstbildender Prozess ist, dem der Charakter der Entzündung ebenso fehlt, wie dem karzinombildenden Prozess. Wohl aber gehört die Geschwürsbildung zum Wesen des Tuberkuloseprozesses.

Im zweiten Bande seines Geschwulstwerkes (1864/65) beschreibt **Virchow** an verschiedenen Stellen (S. 492 ff., S. 389, S. 644 usw.) tuberkulöse Geschwürsprozesse der Haut (**Lupus cutaneus**), der Gelenke (**Lupus articularis**), des Larynx (**tuberkulöse Larynxphthisis**). Besonders lehrreich ist seine Geschwürsanalyse in der nachfolgend wörtlich wiedergegebenen Schilderung (S. 647 bis S. 652):

„Gleichwie die käsige Umwandlung, so beginnt auch die Erweichung an den ältesten Stellen des Knötchens, und insofern diese in der Regel die zentralen sind, ist auch die zentrale Erweichung die regelmässige. Eine scheinbare Ausnahme bilden die an Oberflächen gelegenen Tuberkel, von denen der älteste Teil nicht die Mitte des ganzen Knötchens, sondern die Mitte der Oberfläche einzunehmen pflegt. Die mehrfach geäusserten Bedenken derer, welche vielmehr eine peripherische Erweichung aufgestellt haben, beziehen sich auf Konglomerate oder auf nicht tuberkulöse Käsemassen. **Lombard** und **Andral**[1]) betrachten die Erweichung als die Folge einer durch die Anwesenheit des Tuberkels in dem umliegenden Gewebe hervorgerufenen Reizung, welche eine Eiterabsonderung und durch sie eine Art von mechanischer Zerteilung der Tuberkelmasse bedinge. Dies ist falsch. Die Erweichung ist ein rein chemischer Vorgang, an dem gar keine Eiterbildung teil hat: die Gewebsreste, welche die käsige Masse bilden, zerfallen mehr und mehr in kleinere Teile, lösen sich endlich vollständig auseinander und können bei längerem Bestand zu einer reinen Flüssigkeit schmelzen. Ob dabei eine Aufnahme von Wasser von aussen her stattfindet, ist zweifelhaft. Denn man darf sich die Trockenheit des Käseknotens nicht zu gross vorstellen; es ist immer noch genug Gewebsflüssigkeit (gewissermassen Kristallwasser) darin vorhanden, um bei der Schmelzung der festen Bestandteile eine weiche, meist doch nur breiige Masse hervorzubringen.

---

1) **Lombard**, Essai sur les tubercules. Thèse de Paris. 1826. **Andral**, Path. Anat. Bd. I. S. 325.

Liegen diese erweichten Tuberkel an einer Oberfläche, wie wir es besonders an Schleimhäuten wahrnehmen, so folgt alsbald die Ulzeration. Diese geschieht zunächst ohne alle Eiterung, einfach durch die Ablösung der erweichten Massen. Das erste Sekret ist zerflossene Käsesubstanz. Da aber die Erweichung nicht sofort die ganze Käsesubstanz zu betreffen pflegt, so ist der Grund und häufig auch der Rand des primären Tuberkelgeschwürs noch käsig oder „speckig infiltriert"; erst nach und nach reinigt sich dieses Geschwür durch fortschreitende Erweichung und Abbröckelung, und nach einiger Zeit findet man es vollständig gereinigt, tuberkulös seiner Entstehung, aber nicht mehr seinem Wesen nach. Es ist meist ein oberflächliches, die ganze Dicke der Schleimhaut durchbrechendes, flaches Geschwür von linsenförmiger Gestalt: das Lentikulärgeschwür. Erst dieses gereinigte Geschwür kann wirklichen Eiter absondern.

Das ist der Gang der tuberkulösen Verschwärung an den verschiedensten Stellen. So finden wir es im Darm und in den Bronchien, in der Nase, an der Zunge und am Gaumen, in der Scheide und in den Ureteren, nirgends aber in so deutlicher Entwicklung, als an der Harnblase. Denn gerade hier kann man nicht bloss die Entwicklung der Miliarknötchen, sondern auch den allmählichen Fortgang der Ulzeration in der klarsten Weise neben einander übersehen. Insbesondere kann man die weitere Entwicklung des Lentikulargeschwürs zu den grösseren Sekundärgeschwüren hier um so bequemer verfolgen, als einerseits keine präexistierenden Lymphfollikel die Erkenntnis der heteroplastischen Knötchen stören, wie es am Darm der Fall ist, andererseits die einzelnen Tuberkel wenigstens für gewöhnlich die käsige Metamorphose erreichen, wie es an den Luftwegen häufig nicht vorkommt.

Diese Sekundärgeschwüre entstehen durch allmähliche Konfluenz der diskreten Primärgeschwüre und durch neue Ulzeration akzessorischer Knötchen, welche sich teils neben den Primärgeschwüren, teils unter denselben entwickeln. Denn das Primärgeschwür „frisst", indem immer neue Miliareruptionen neben und unter demselben entstehen, welche ihrerseits in Verschwärung übergehen. So bildet sich ein Ulcus rodens, das je nach Umständen bald mehr in der Fläche, bald mehr in der Tiefe fortschreitet, ohne ein Gewebe zu verschonen, das aber unter allen Umständen durch seine eigentümlich zerfressenen, gleichsam zernagten, ausgebuchteten Ränder, häufig auch durch seinen unebenen, stellenweise vertieften Grund und durch die Anwesenheit noch nicht erweichter Knötchen seinen spezifischen Charakter zu erkennen gibt.

Das gereinigte tuberkulöse Geschwür, mag es nun ein primäres oder ein sekundäres sein, kann unzweifelhaft durch Vernarbung heilen und zwar definitiv heilen. Aber leider ist dies meist nicht der Fall. Die fortschreitende Eruption neuer Knötchen neben und unter dem Geschwür, ein unverkennbares Anzeichen des infektiösen Charakters, begünstigt die Unterhaltung und Vergrösserung der Ulzeration. Ja nicht selten bilden sich sogar neue Knötchen in der Narbe selbst und ihre Erweichung zerstört von neuem, was eben erst gewonnen zu sein schien. So erklärt sich der überaus rebellische Gang der Krankheit, die Neigung zur Phthisis, selbst in den Fällen, wo kein inneres Parenchym ergriffen ist, das trostlose Rezidivieren nach schon begonnener Heilung.

Glücklicherweise ist dies wenigstens nicht ausnahmslos der Fall; vielmehr gibt es auch grosse Sekundärgeschwüre, z. B. im Darm, welche schliesslich sich reinigen und vernarben. Jedoch ist auch diese Vernarbung nicht ohne Gefahren, denn sie bringt nicht selten die Striktur des betroffenen Kanals mit sich.

Aehnliche Vorgänge der Miliareruption und Ulzeration kommen auch an den Synovialhäuten vor, am häufigsten am Kniegelenk, und bilden hier eine der hartnäckigsten Formen des sogenannten Tumor albus. Auch an den serösen Häuten, zumal an Brust- und Bauchfell, werden sie zuweilen gefunden, obwohl in der Mehrzahl der Fälle die tuberkulöse Pleuritis und Peritonitis ohne Ulzeration tötet. An den Hirnhäuten habe ich ulzeröse Formen der Art nie gesehen. Der ursprüngliche Grund der ungemeinen Häufigkeit von Otorrhoe, Perforation des Trommelfells und kariöser Zerstörung des Felsenbeins bei Skrofulösen und Schwindsüchtigen ist noch nicht genügend untersucht; indes dürfte wohl ulzeröse Tuberkulose des mittleren Ohres dabei mit in Betracht kommen."

Virchow bezeichnet den tuberkulösen Zerstörungsprozess an den Gelenkoberflächen als Lupus articularis. Vielleicht empfiehlt es sich noch mehr, von einem Lupus subsynovialis, als Analogon des Lupus cutaneus, zu sprechen, und als dritte Art einen Lupus submucosus zu unterscheiden. Nicht die Epidermis, die Epitheldecke der Gelenkoberfläche und der Schleimhäute fällt dem tuberkulösen „Fress"-Prozess leicht anheim; vielmehr sind die Epithelien in ganz auffallender Weise überall zum Widerstand gegen den tuberkulösen Zerstörungsprozess befähigt, und wo sie schliesslich infolge des Untergangs der sie ernährenden Gefässe doch absterben, da ergänzt sich in der Regel bald von den Seiten her der Epitheldefekt, und mir scheint, dass gerade die tuberkulösen Geschwüre eine grosse Neigung besitzen, sich mit einer epithelialen Schutzdecke zu überhäuten. Immer sind es die Bindegewebsteile, welche dem fortschreitend lupösen Prozess zum Opfer fallen, so dass man mit Recht von einem subsynovialen und submukösen Lupus sprechen könnte. Ich möchte glauben, dass auch der Geschwürsprozess in den Lungen in der Regel vom submukösen Gewebe (der kleinen Bronchialäste) seinen Ausgang nimmt; dann würde man Virchow's klassische Analyse des Harnblasen-Lupus in den wesentlichen Zügen auch auf die sogenannten Lungenkavernen übertragen können.

Dass die Annahme des Beginns phthisischer Lungentuberkuloseerkrankungen an Bronchialästen nichts präjudiziert über den Importmodus für das Tuberkulosevirus, dass sie insbesondere durchaus nicht die weitere Annahme einer bronchogenen Primärinfektion involviert, dafür kann ich das Zeugnis von J. Orth anrufen, der am 10. Febr. 1904 in der Berliner medizinischen Gesellschaft sich folgendermassen ausgesprochen hat: „Es ist ungeheuer schwierig, und man muss dabei äusserst vorsichtig sein, um über den Gang der Tuberkulose aus den anatomischen Befunden einen sicheren Schluss ziehen zu wollen. Es ist bei der Tuberkulose wie beim Krebs. Diese Schwierigkeiten in der Feststellung des Ganges der Tuberkulose gelten nun auch ganz besonders für die Lunge. Wenn wir eine phthisische Lunge untersuchen und uns diejenige Stelle zur Untersuchung auswählen, wo die jüngsten Veränderungen sind,

so kann man fast stets nachweisen, dass die Prozesse von den Bronchien
ihren Ausgang nehmen. Ich habe in einem Referat über die Wirkungen
des Tuberkelbazillus, das ich im Auftrage der Pathologischen Gesellschaft auf der Naturforscherversammlung in Hamburg erstattet habe,
auf diesen Punkt schon die Aufmerksamkeit besonders gerichtet, um
gegen die Ansicht von Aufrecht anzukämpfen[1]), dass in der Lunge die
tuberkulösen Veränderungen von den Blutgefässen ihren Ausgang nehmen.
Es ist zweifellos, dass auch von den Blutgefässen eine tuberkulöse Veränderung ausgehen kann. Ich rechne mir das Verdienst zu, zuerst darauf hingewiesen zu haben, dass es eine Tuberkulose der Intima der
Blutgefässe speziell in der Lunge gibt. Allein diese Tuberkulose spielt
eine untergeordnete Rolle. Der Regel nach sieht man an den jüngsten
Stellen eine Veränderung der Bronchien, wobei die Bronchien schon ganz
verkäst und ohne Kernfärbung sein können, während die Arterien noch
durchgängig sind, vielleicht nur eine ganz kleine Verdickung ihrer
Wandungen darbieten. Also bei der fortschreitenden Tuberkulosis sind
es die Luftwege; aber natürlich um Inhalationstuberkulose
handelt es sich da nicht, denn die Bazillen sind ja schon in der
Lunge, sie werden nur auf den Luftwegen in der Lunge oder auf den
Lymphwegen weiter verbreitet. Aber die Lufträume sind es, die ganz
besonders dabei verändert zu sein pflegen. Nun können wir aber aus
dem Fortschreiten der Tuberkulose natürlich keinen Rückschluss ziehen
auf den Beginn derselben." und:

„Man kann die Frage, wie die Tuberkulose in der Lunge beginnt,
an den alten Phthisen nicht mehr feststellen, man muss versuchen, die
Feststellung an solchen Präparaten zu machen, wo man wirklich ganz
frische primäre tuberkulöse Veränderungen in der Lunge hat, und die
haben wir bei der akuten Miliartuberkulose. M. E. können wir nur
bei der Untersuchung der Lunge mit akuter Miliartuberkulose eine begründete Vorstellung über den ersten Beginn der Tuberkulose in der
Lunge gewinnen, und gerade die akute Miliartuberkulose ist deswegen
m. E. so interessant, weil bei ihr die Inhalation ausgeschlossen
ist. Bei ihr handelt es sich um eine hämatogene Infektion, bei ihr sind
durch den Blutstrom die Bazillen in die Lungen gekommen.

Wie ist nun der Befund in der Lunge bei der akuten Miliartuberkulose? Wir haben erst ganz vor kurzem einen sehr interessanten Fall
zur Sektion gehabt, der auch klinisch interessant war, denn es war die
Diagnose zweifelhaft. Ja, die Erscheinungen waren so, dass man sich
für die Diagnose Typhus entschied, und als wir die Sektion machten,
war es kein Typhus, sondern es war eine ganz akute, unter den Erscheinungen einer akutesten Infektion verlaufende Miliartuberkulose mit
ganz kleinen Herdchen in der Lunge, und die Untersuchung dieser Lunge
hat ergeben, dass zahlreiche kleine Herdchen in der Mitte einen kleinsten
Bronchus, einen Bronchiolus oder einen Alveolargang enthielten, mit
käsigen tuberkulösen Massen gefüllt, um sie herum Alveolen mit einem
käsigen pneumonischen Prozesse; und das war eine hämatogene Tuberkulose der Lunge. Denken Sie sich nun, dass ein solcher Herd grösser

---

1) Aufrecht hat die Angriffe Orth's in „Pathologie und Therapie der
Lungenschwindsucht" S. 27 zurückgewiesen.

geworden wäre, dass ein solcher Herd weitergewachsen wäre, so hätten wir eine Bronchialtuberkulose in der Lunge gehabt mit käsiger Pneumonie, eine Bronchopneumonie ganz ohne allen Zweifel, und das wäre eine hämatogene Tuberkulose und keine Inhalationstuberkulose."

Dass in dem von Orth beschriebenen Fall, in welchem von alten Herderkrankungen in der Lunge, welche das Infektionsmaterial für neue Lungenherde hätten liefern können, nicht die Rede ist, die Tuberkelbazillen auf dem Wege des Blutstroms der Pulmonalarterie in das Gewebe kleinster Bronchialäste abgesetzt worden sind, ist zum mindesten äusserst wahrscheinlich, und dass, um eine tuberkulöse Erkrankung zu machen, das Virus durch die Gefässwand hindurchbefördert sein muss, scheint mir eine fast unabweisbare Schlussfolgerung zu sein.

Warum nun aber gerade in den Lungen im Anschluss an das Hineingelangen von Tuberkulosevirus in die Blutbahn die Lokalisierung mit Vorliebe erfolgt, und warum gerade hier so häufig es zur tuberkulösen Geschwürsbildung, zur lupösen Tuberkulose, kommt, das ist eine Frage, die nach meinem Dafürhalten Niemand bis jetzt besser beantwortet hat, wie Aufrecht. Aufrecht hat gezeigt, dass insbesondere da, wo Cohnheim'sche Endarterien die Blutzufuhr zum Gewebsparenchym besorgen, unter dem Einfluss des Tuberkulosevirus ausserordentlich leicht und häufig Gefässwandalterationen, beginnend mit der oben von Orth erwähnten Wandverdickung, sich einstellen.

Welche Folgen die dadurch bedingten Veränderungen der Blutströmung und der Gewebsernährung im allgemeinen haben, wissen wir aus den epochemachenden Arbeiten Cohnheim's über das Zustandekommen der entzündlich-exsudativen Prozesse. Aufrecht's Verdienst ist es, die Bedeutung der von einer tuberkulösen Gefässwanderkrankung abhängigen Exsudationsprozesse für die käsige Gewebsmetamorphose gezeigt zu haben.

Für die Entstehung einer epiphlogotischen Tuberkeleruption mit nachfolgender Verkäsung kann eine tuberkulöse Gefässerkrankung das primum movens sein, ohne dass die Durchgängigkeit des erkrankten Gefässes dauernd aufgehoben zu sein braucht, und ich kann mir vorstellen, dass in dem oben von Orth zitierten Fall die „kleine Verdickung" der Arterienwand genügt hat zur Herbeiführung solcher Blutstromveränderungen, welche nach Cohnheim eine exsudative Entzündung, und nach Aufrecht eine käsige Metamorphose des entzündlichen Exsudats (epiphlogotische Tuberkulose) bedingen, falls in dieses Tuberkelbazillen hineingelangen.

Es braucht nicht einmal zu mikroskopisch erkennbarer Arterienwandtuberkulose zu kommen nach einer Alteration des Gefässes durch entzündliche Prozesse in der Nachbarschaft, speziell durch entzündliche Prozesse an benachbarten Lymphdrüsen, welche käsig metamorphosiert worden sind, um die Gefässwand für Tuberkelbazillen durchlässig zu machen. Das beweisen die auf Veranlassung von Aufrecht durch Gördeler ausgeführten Untersuchungen, welche im Aufrecht'schen Buch folgendermassen beschrieben werden.

„Gördeler hatte bei mehreren Fällen von akuter allgemeiner Miliartuberkulose, nach Herausnahme der Lunge und des Herzens in toto, von
den Herzhöhlen aus Lungenarterie und Lungenvene, sowie deren Aeste
aufgeschnitten, diejenigen Stellen, wo Mediastinaldrüsen an der Gefässwand fest adhärierten, herausgenommen und aus denselben nach ent-
sprechender Härtung und Einbettung in Paraffin Mikrotom-Querschnitte
durch Drüse und Gefässwand hindurch angelegt. Auf diese Weise ist
es geglückt, zunächst den Nachweis zu führen, dass von den
einzelnen, käsige Herde enthaltenden Mediastinaldrüsen aus
Tuberkelbazillen die in ihrer histologischen Struktur vollkommen unversehrte Wand des Gefässes bis zur Innenfläche
hinein durchsetzten. In einem Präparat fand sich sogar ein Bazillus
in einer Gefässendothelzelle.“

Es verdient besonders hervorgehoben zu werden, dass R. Koch
die Wandung solcher Arterien, welche in tuberkulöses Gewebe einge-
lagert gefunden wurden, als wenig oder nicht verändert beschrieben hat.
Das schliesst nicht aus, dass die Gefäss-Intima, worauf Orth später
aufmerksam gemacht hat, alteriert ist. Immerhin ist die Gefässalteration
nicht gross genug gewesen, um die Blutzirkulation zu unterbrechen,
trotzdem die Gefässwandung für den Eintritt des Tuberkulosevirus von
aussen nach innen durchgängig geworden war.

Auch da, wo nachgewiesenermassen lebende Tuberkelbazillen in ein
arterielles Gefäss hineingelangen und im Ernährungsgebiet dieses Gefässes
Miliartuberkulose produzieren, muss nicht notwendigerweise die Arterie
an der Stelle, wo der Bazillenimport vor sich gegangen ist, eine unheil-
bare Wandalteration erleiden. Selbst die Stellen der in die Kapillaren
übergehenden kleinsten Gefässverzweigungen, an welchen die Bazillen
zur Bildung von miliaren Tuberkeln mit weisslichem Kern die Veranlassung geben, müssen nicht Ausgangspunkte für Verkäsung und Geschwürsbildung werden. Diese Konsequenz ergibt sich vielmehr erst
dann, wenn diese Stellen infolge von mehr oder weniger lang andauernden
Zirkulationshindernissen dem aërobiotischen Ernährungsmodus entzogen
werden und fermentativen Zersetzungen anheimfallen. Ich glaube nämlich geradezu es als ein gesetzmässiges Phänomen bezeichnen zu dürfen,
dass die sogenannte „käsige“ Metamorphose nur da sich einstellt, wo
tuberkulös infizierte Gewebsbestandteile dem belebenden Einfluss des Oxy-
hämoglobins nicht zugänglich sind.

Die zu tuberkulösen Geschwüren so häufig hinzutretende Entzündung
ist ein accidentelles Phänomen, und die Einreihung der Granulationstuberkulose unter die Entzündungskrankheiten (durch die Bezeichnungen
Peritonitis, Pleuritis, Meningitis tuberculosa bzw. granulosa) ist zu be-
anstanden.

Die Granulationstuberkulose ist in ihrer Eigenschaft als multiple
Eruption von organisationsfähigem und organisiertem Gewebe ebensowenig
eine Entzündungskrankheit (Inflammation und Phlegmasie der Franzosen),
wie der physiologische Prozess, welcher einhergeht mit multipler Lymph-
follikel-Neubildung, und der pathologische Prozess der Neubildung von
Endotheliomen und Epitheliomen.

Durch verschiedene spezifische und nicht spezifische Agentien können
aber die tuberkulösen Granulome zum Ausgangspunkt für accidentelle

entzündliche Prozesse werden. Das tuberkulöse Granulationsgewebe durchläuft dann alle Stadien des Entzündungsprozesses, beginnend mit der Hyperämie seines gefässhaltigen Anteils, fortschreitend zur Exsudation von gerinnungsfähigem Exsudat und endigend — je nach den besonderen lokalen und nutritiven Verhältnissen — mit Pseudomembranbildung, Eiterung, Koagulationsnekrose, Geschwürsbildung und den sonstigen Ausgängen der Entzündung in den verschiedenen Gewebssystemen.

Zu den spezifischen Entzündungsreizen für das tuberkulöse Granulationsgewebe rechne ich das Koch'sche Tuberkulin sowie einige Bestandteile der Tuberkelbazillen, welche im Koch'schen Alttuberkulin nicht enthalten sind.

Als nichtspezifische Entzündungsreize können alle diejenigen Agentien fungieren, welche von Cohnheim genauer studiert worden sind, und ausserdem die in neuerer Zeit bekannt gewordenen mikroparasitären Entzündungsreize.

Sowohl für die spezifische, wie für die nicht-spezifische Entzündung des Bauchfells, des Lungenfells, der Hirngefässhaut usw. sind die Ausdrücke „Peritonitis", „Pleuritis", „Meningitis granulosa bzw. tuberculosa" mit vollem Recht anwendbar.

Die Entzündung des tuberkulösen Gewebes setzt ihre Produkte (flüssiges gerinnungsfähiges Exsudat, Leukozyten und Erythrozyten) an die Stelle des von ihr ergriffenen Granulationsgewebes und führt zu seinem totalen oder partiellen Untergang, was als Heilvorgang, im Sinne einer Beseitigung der krankhaften Neubildung, zu betrachten ist.

Der entzündliche Prozess kann aber unter Umständen seinerseits schlimmere Folgen haben wie der Prozess der Granulationstuberkulose. Unter diesen schlimmen Folgen erwähne ich vor allem die raumbeengende Wirkung der Meningitis tuberculosa, welche ich bei einer grösseren Zahl von Rindern als Todesursache beobachtet habe, teils unter eklamptischen Erscheinungen inter partum, teils im Anschluss an probatorische Tuberkulininjektionen und an die intravenöse Einspritzung von solchen Tuberkelbazillen, die für gesunde Rinder ganz unschädlich sind, z. B. die Arloing-Bazillen und Vogeltuberkulosebazillen. Im Gefolge von intravenösen Bazilleneinspritzungen stellte sich schon nach weniger als einer Stunde bei mehreren meiner Rinder ein genickstarreähnlicher Zustand mit Lungenödem ein, welcher als anaphylaktischer Shock aufzufassen ist. In diesen Fällen wirkten demnach die Bazillen als Anatoxin.

In der Regel erholten sich die Rinder von dem eklamptischen Anfall und man sah ihnen dann nach 8—24 Stunden nichts mehr an von der schweren Gefahr, in der sie geschwebt hatten. Ich habe den Eindruck gewonnen, als ob man durch reichlichen Aderlass solche gefahrvollen Anfälle zuweilen kupieren kann. Mehrere Male liessen sich im Anschluss an den überstandenen, mit Lungenödem verlaufenen Anfall die Symptome der fibrinösen kroupösen Lungenentzündung feststellen.

Ein Anfall bei einem trächtigen $2^1/_2$ jährigen Rinde endete tödlich nach vorzeitiger Ausstossung eines beinahe ausgetragenen Kalbes. In diesem Falle fand Herr Prof. Aschoff einen Bluterguss an einer Stelle im Kleinhirn, die der Sitz eines älteren, ziemlich grossen tuberkulösen

Herdes war. Er war sicherlich hervorgegangen aus einem erweichten Konglomerattuberkel.

Bei einem anderen 4jährigen Rinde waren im Laufe von 12 Monaten drei eklamptische Anfälle vorgekommen. Die intra vitam gestellte Diagnose auf tuberkulöse Meningitis wurde bei dem in relativ gutem Gesundheitszustande getöteten Tiere von Prof. Aschoff bestätigt. In diesem Fall wurde kein Konglomerattuberkel im Gehirn gefunden. Dagegen waren die Nieren durchsetzt mit Konglomerattuberkeln und die Blase hatte einen eiterähnlichen Inhalt, in welchem sehr viele Tuberkelbazillen gefunden wurden. Der übrige Organismus war frei von Tuberkeln, trotzdem diesem Tiere im Laufe von 2 Jahren mehrmals in die Blutbahn solche Dosen von starkvirulenten Perlsuchtbazillen eingespritzt worden waren, welche gesunde Kontrollrinder in 3—4 Wochen an akuter Granulationstuberkulose zugrunde gehen lassen.

Ein Rind (Nr. 48)[1]), welches sich in ausgezeichnetem Ernährungszustande befand, bekam jedesmal einen schnell vorübergehenden eklamptischen Anfall, wenn ich ihm subkutan oder in die Blutbahn einen in Wasser unlöslichen Tuberkelbazillenbestandteil einspritzen liess.

Ich fasse die eklamptischen Anfälle meiner Rinder als Gehirndrucksymptome auf, die den wechselvollen Krankheitsbildern im Gefolge jeder beliebigen exsudativen Basilarmeningitis einzureihen sind, und die an sich nur eine mechanische, keine infektiöse Bedeutung haben. Nach Beseitigung der akuten Lebensgefahr, welche durch den Gehirndruck bewirkt wird, bleibt ein durch den geschwulstbildenden Prozess bedingter pathologischer Zustand zurück, der früher oder später von neuem zu entzündlicher Exsudation Veranlassung geben kann. Durch die erweiterte Kenntnis von der anaphylaktischen Natur der eklamptischen Anfälle und durch ihre Zurückführung auf Apotoxinprodukten wird an dieser meiner Auffassung nichts geändert.

Weniger gefährlich sind die Exsudationsprozesse ausserhalb der Schädelhöhle, die auf dem Boden einer Granulationstuberkulose in der Brusthöhle, Bauchhöhle, in den Gelenkhöhlen — auch ohne Hinzutritt von akzidentellen Infektionsstoffen — auftreten können. Bei Rindern habe ich Gelegenheit gehabt, solche exsudative Prozesse an tuberkulösen Gelenken intra vitam zusammen mit Herrn Prof. Küttner durch mein Desinfektionsmittel „Sufon" hervorzurufen und zum Gegenstand therapeutischer Experimente zu machen.

Die an tuberkulöser Synovitis (wohl zu unterscheiden von der primären synovialen Granulationstuberkulose) leidenden Rinder empfinden die Gewebsspannung offenbar sehr unangenehm; sie sind während einer Exazerbation unter dem Einfluss des Sufons, des Koch'schen Tuberkulins usw. für eine Zeitlang auch kaum zum Aufstehen zu bringen, im übrigen aber sind sie als gesund zu betrachten und ihr Ernährungszustand braucht dabei in keiner Weise zu leiden.

Die Gefahren der lokal begrenzten Granulationstuberkulose erblicke ich insbesondere in zweierlei Ereignissen:

---

1) Dieses Rind ist im hiesigen Schlachthaus geschlachtet worden. Die Diagnose „Meningitis basilaris tuberculosa" wurde von Prof. Aschoff bestätigt. In den Lungen fanden sich verkäste Knoten. Im übrigen war das Tier gesund und ist tierärztlicherseits als vollwertig im städtischen Schlachthause anerkannt worden.

Erstens in dem Eintritt einer **epiphlogotischen** Tuberkulose, wenn aus anderswo im Organismus existierenden **erweichten** Tuberkeln in zufällig entzündetes tuberkulöses Granulationsgewebe Bazillen einwandern und zur Tuberkelbildung führen, die nunmehr mit schneller Verkäsung und Erweichung einhergeht.

Zweitens in dem Import von anderweitigen Mikroparasiten in das tuberkulöse Exsudat. Die danach eintretende Infektion hat eine unzählige Menge verschiedenartig sich manifestierender Krankheitsprozesse zur Folge, die zwar auch **ausserhalb** des tuberkulösen Granulationsgewebes sich abspielen können, in diesem aber einen Boden vorfinden, auf welchem sie — quoad sanationem completam und quoad vitam — eine besonders bösartige Rolle übernehmen.

Zu den bösartigen akzidentellen Infektionsprozessen von dieser Art rechne ich u. a. die Meningitis cerebrospinalis epidemica, sowie bösartige Diphtheriefälle, Influenzafälle und Typhusfälle auf tuberkulöser Basis. Zu den durch die Granulationstuberkulose ungünstig beeinflussten **chronischen** Infektionskrankheiten ist wahrscheinlich die Syphilis zu rechnen.

Ebenso wie es infektiöse Prozesse gibt, die durch eine bestehende Granulationstuberkulose begünstigt werden, so gibt es auch solche, deren Fortschritt durch die Granulationstuberkulose aufgehalten wird; so glaube ich beispielsweise, dass etwas Wahres an der alten Lehre ist, nach welcher endotheliom- und epitheliombildende Krankheitsprozesse dort einen ungünstigeren Boden für ihre Entwickelung vorfinden, wo sich ein granulombildender Tuberkuloseprozess etabliert hat. Diese Lehre hat nach meiner Auffassung aber nur eine lokale Bedeutung; sie hat keine Geltung in dem vielfach angenommenen Sinne einer **Exklusion von Tuberkulose und Carcinomatose im Gesamtorganismus.**

Die Lehre von einer hemmenden Beeinflussung granulombildender Prozesse durch die Blutstauung glaube ich auf Grund von experimentellen Beobachtungen bis zu einem gewissen Grade mit Erfolg verteidigen zu können. Nach meinen Erfahrungen gehört nämlich zur ungestörten Granulomentwickelung das Vorhandensein von Sauerstoff und von Sauerstoffüberträgern. Durch die venöse Stauung wird aber die Sauerstoffzufuhr zum interstitiellen Gewebe beeinträchtigt.

Vierter Abschnitt.

Die Virulenz der Tuberkelbazillen und ihre Giftigkeit.

In den so sehr nach Abstammung, Behandlung, Virulenz, Wachstumsenergie usw. von einander abweichenden Kulturen der Tuberkelbazillen habe ich nie qualitativ verschiedene Tuberkulosegifte gefunden, wohl aber konnten beträchtliche Unterschiede im Giftigkeitsgrade — auf 1 ml Kulturflüssigkeit und auf 1 g Bazillensubstanz berechnet — festgestellt werden.

Dieses Ergebnis sehr vieler und sehr sorgfältiger vergleichender Tuberkulosegiftprüfungen, welchem noch hinzuzufügen ist, dass die chemische Analyse sehr für einen einheitlichen chemischen Giftkern in allen Präparaten mit spezifischer Tuberkulinwirkung spricht, ist eines von den Argumenten, die mir die Artgleichheit insbesondere der vom Menschen und der vom Rinde stammenden Tuberkelbazillen zu beweisen scheinen. Als andere hierher gehörige Argumente will ich aufzählen: den Mangel an morphologischen und kulturellen Unterschieden von durchgreifendem Wert; die identischen anatomischen und bakteriologischen Befunde beim Uebertragungsversuch auf Meerschweinchen und Kaninchen; die Uebertragungsmöglichkeit der menschlichen Tuberkelbazillen auf das Rind mit positivem Infektionserfolg; die Möglichkeit, durch geeignete Tierpassage den Mſch-Tb eine hohe Rd-Virulenz zu verleihen; die experimentell festzustellende Tatsache, dass auch die Rd-Tb. nicht notwendig beim Rinde Perlsucht machen, und die mehr und mehr sich festigende Ueberzeugung, dass der mit dem Namen „Perlsucht" bezeichnete Befund an Tuberkulosegeschwülsten nichts weiter ist, als ein Ausdruck für die besondere Art des chronischen Verlaufs der Krankheit; die Möglichkeit der Immunisierung von Rindern gegenüber dem Rd-Tuberkulosevirus durch Mſch-Tb.; die Möglichkeit willkürlicher Modifikation nicht bloss der Virulenz eines bestimmten Kulturstammes, sondern auch seines in Kulturen makroskopisch erkennbaren Wachstums bis zu dem in den Arloing-Tb.-Kulturen hervortretenden Grade.

Gegenüber diesen Argumenten im Sinne der Artgleichheit von Rd-Tb. und Mſch-Tb. scheinen mir die für eine Artverschiedenheit ins Feld zu führenden Gründe sehr an Stärke zurückzustehen.

So wies ich in meinem Stockholmer Vortrage vom 12/XII 1901 darauf hin, dass bei den statistischen Feststellungen über die Verbreitung der Rindertuberkulose in einigen Kreisen der Provinz Hessen-Nassau eine Koinzidenz von hohen Zahlen für die Tuberkulose von Menschen und Rindern mehrfach vermisst worden ist; später sind mir aber auch Fälle von tierärztlicher Seite genannt worden, wo eine derartige Koinzidenz sehr scharf hervortritt.

Auf ein in meinem Stockholmer Vortrage erwähntes, scheinbar differentielles Verhalten, betreffend die Virulenzskala der vom Menschen und der vom Rinde stammenden Tuberkelbazillen, muss ich hier genauer eingehen, weil meine damaligen Mitteilungen korrekturbedürftig sind. Ich sagte:

„Sehr bemerkenswert ist, dass man aus dem Verlust der krankmachenden Energie für Rinder durchaus noch nicht schliessen darf auf eine Virulenzabnahme für andere Tiere. In den Pasteur'schen Milzbrandstudien verhält es sich in der Tat so, dass eine feststehende Skala für die Virulenzabnahme besteht. Ein abgeschwächter Milzbrandstamm, welcher Mäuse nicht mehr tötet, tötet auch keine anderen Tiere mehr, und ein für Kaninchen virulenter Milzbrandstamm ist unter allen Umständen erst recht virulent für Meerschweinchen und Mäuse. Es würde ganz ausserordentlich überraschend sein und auf berechtigten Unglauben stossen, wenn jemand von einem Milzbrandstamm berichten würde, dass er zwar für Kaninchen virulent ist, aber nicht für Mäuse und Meerschweinchen. Wir haben hier eben eine ganz feste Skala, wonach alle Milzbrandstämme, wo und wie sie auch gewonnen sind, Mäuse mit grösserer Energie krankmachen, wie Meerschweinchen und Kaninchen.

Bei der Tuberkulose liegt die Sache anders. Ich habe in dieser Richtung besonders genau 3 Tuberkelbazillen-Modifikationen studiert: Tuberkelbazillen vom Menschen (Tb.-Mſch), Tuberkelbazillen vom Rind (Tb.-Rd) und Tuberkelbazillen nach Arloing abgeschwächt (Tb.-Arl.). Tb.-Mſch und Tb.-Rd bleiben mit grosser Hartnäckigkeit virulent für Meerschweinchen und Kaninchen, verhalten sich aber insofern verschieden, als Tb.-Mſch ihre Kaninchen-Virulenz leichter verlieren als Tb.-Rd; Tb.-Arl. sind für Meerschweinchen unschädlich, bei Kaninchen und bei Pferden rufen sie, intravenös injiziert, schwere Erkrankungen hervor, die schon nach kurzer Zeit unter den Erscheinungen einer Pneumonie zum Tode führen können. Für diese Tuberkulosestämme fand ich danach eine verschiedene Virulenzskala, je nach der Tierart, die zum Massstab genommen wird. Ganz besonders auffallend ist das Verhalten der Pferde, für welche Tiere die vom Rinde stammenden Tuberkelbazillen den niedrigsten Virulenzgrad besitzen."

Die vorstehend zitierten Beispiele für das Vorkommen einer elektiven Virulenz betrachte ich, nach gemeinsam mit Herrn Prof. Römer in meinem Marburger Institut durchgeführten Studien, jetzt mit anderen Augen als in früherer Zeit. Die Tatsache, dass wir bei gleicher Dosierung Kaninchen und Pferde nach intravenöser Injektion von Tb. 22 (Tb.-Arl.) an akut pneumonischer Erkrankung schneller zugrunde gehen sahen, als nach intravenöser Injektion von Rd-Tb., können wir nicht aus der Welt schaffen. Die Interpretation dieser Tatsache ist jetzt für uns aber eine andere geworden. Wir sehen in den akut entzündlichen Prozessen, auch wenn sie bei ihrem Auftreten in einem Organ von der lebenswichtigen Bedeutung der Lungen sehr stürmische und gefährliche Krankheitssymptome bedingen, nicht mehr einen unzweideutigen Ausdruck für den Virulenzgrad des diese entzündlichen Prozesse auslösenden Mikroparasiten. Wir haben wiederholt die Erfahrung gemacht, dass das Ueberstehen einer durch die Tb.-Arl. (22) bedingten Pneumonie mit voller Wiederherstellung der Gesundheit des schwer krank gewesenen Tieres endigte, während das im gleichen Zeitraume bei den vergleichenden Versuchen noch wenig krank erscheinende, mit Tb.-Rd (8) infizierte Tier einem langdauernden Siechtum verfiel. Im Lichte der neueren Forschungsergebnisse werden wir die nach Tb.-Arl. auftretende akute Lungenentzündung nicht als tuberkulöse Infektion, sondern als apotoxische Vergiftung auffassen müssen.

Mehr noch als durch diese Erwägungen sind wir zur Revision unseres früheren Urteils über eine elektive Virulenz der Tuberkelbazillen veranlasst worden durch unsere Erfahrungen mit Schafpassagekulturen. Die gleichzeitige Virulenzzunahme dieser Kulturen ist für Mäuse, Meerschweine, Kaninchen, Schafe und Rinder durchweg so in die Augen fallend, dass hier von einer elektiven Virulenz nicht mehr die Rede sein kann. Wenn wir die Empfänglichkeitsskala gegenüber dem Tuberkulosevirus, — welche ich in meinem Buche „Die Diphtherie" [erschienen im Frühjahr 1901 bei Hirschwald (Berlin)] S. 96 für willkürlich infizierte Tiere andeutete, und welche ich früher mit Kitashima (Berliner klin. Wochenschrift 1901, Nr. 6) so aufgestellt habe, dass Meerschweine im willkürlichen Experiment am meisten tuberkuloseempfänglich sein sollten, dann Rinder, demnächst Kaninchen, Hunde, Ziegen, Pferde, Schafe — auf Grund unserer erweiterten Erfahrungen korrigieren und ergänzen, so würden wir jetzt immer noch Meerschweine oben anstellen, dann aber Kaninchen, Schafe, Hunde und Ziegen folgen lassen, während Rinder, wenigstens junge Rinder von 5—8 Monaten, Pferde, weisse Mäuse tiefere Stufen der Empfänglichkeitsskala einnehmen dürften. Unter Zugrundelegung dieser Skala für die subkutane Infektion mit Tuberkulosevirus glauben wir behaupten zu können, dass unsere von Säugetieren abstammenden Tuberkulosekulturen sämtlich sich ähnlich verhalten wie Milzbrandstämme verschiedener Herkunft, bei welchen bisher in einwandfreier Weise ein Herausfallen aus der allgemein giltigen Skala noch nicht demonstriert ist.

Im Gegensatz zu der Lehre R. Koch's von der Unschädlichkeit der Rb-virulenten Tuberkelbazillen für den Menschen möchten wir demzufolge zu der zuerst von A. de Jong (Semaine médicale 1902, Nr. 3) vertretenen Auffassung hinneigen, welche in den nachfolgenden Sätzen zusammengefasst wird: „On peut admettre, que le bacille du boeuf jouit d'une virulence supérieure à celle du bacille humain"; und „on ne peut pas accepter que la supériorité de virulence des bacilles tuberculeux de boeuf, — supériorité qui s'est manifestée dans des expériences comparatives sur le boeuf, le mouton, le chèvre, le chien et le singe — ne puisse se montrer également chez l'homme."

Das letzte Wort in der Frage nach der Beschaffenheit der Virulenzskala für die verschiedenen Tierarten bei Stammkulturen der Tuberkelbazillen von verschiedener Provenienz ist vielleicht noch nicht gesprochen. Einwandfreie Feststellungen dieser Art sind gerade für das Tuberkulosevirus sehr schwer zu verwirklichen wegen der langen Dauer und der Vielgestaltigkeit der durch dasselbe ausgelösten Krankheitsprozesse, und es werden wohl noch viele Jahre vergehen müssen, ehe man eine ganz befriedigende Antwort auf die vorliegende Frage finden wird. Aber dass eine feste Virulenzskala besteht, wird jetzt nicht mehr bezweifelt werden dürfen.

Eine mehr oder weniger schnell vorübergehende Anpassung an eine ganz bestimmte Tierart der Art, dass für diese die Virulenz in höherem oder gar in umgekehrtem Verhältnis sich verändert, wie für andere Tierarten, erachte ich freilich nicht bloss für möglich, sondern für sehr wahrscheinlich, zumal für Tierarten, die in der phylogenetischen Reihe weit voneinander abstehen und im Normalzustande auf andere Temperaturen eingestellt sind. Als ein hierhergehöriges Beispiel möchte ich insbesondere die vom Huhne abstammenden Tuberkelbazillen rechnen, deren Wachstumsoptimum, wenn sie frisch aus dem Hühnerkörper herausgezüchtet sind, um fast 3° höher gelegen ist, als das Wachstumsoptimum unserer von Säugetieren abstammenden Tuberkelbazillen; solche Bazillen müssen selbstverständlich in einen tierischen Organismus, dessen Temperatur normalerweise über 40° eingestellt ist, bessere Wachstumsbedingungen finden, wie im Organismus solcher Tiere, deren Körpertemperatur 38° nicht übersteigt.

Bis zum Jahre 1901 wurde bei uns in Marburg fast ausschliesslich mit der vom Menschen stammenden Kultur 1 gearbeitet; wie dabei die Infektionsergebnisse ausfielen, habe ich in meinem Buche „Die Diphtherie" 1901, S. 95, an der Stelle, wo ich von der Inkongruenz zwischen der statistisch festzustellenden epidemiologischen und der im willkürlichen Experiment zu findenden Empfänglichkeit spreche, folgendermassen geschildert:

„Es gibt wohl keine Tierart, die von der Tuberkulose so durchseucht wäre, wie das Rindvieh; versucht man aber im Experiment Rinder auf die Art tuberkulös zu machen, welche bei Meerschweinchen, Kaninchen, ja sogar bei Ziegen und Schafen zum Ziele führt, nämlich durch Einbringen lebender Tuberkelbazillen in das subkutane Gewebe, dann werden Rinder dadurch so wenig geschädigt, dass man sie auf Grund eines derartigen Experiments geradezu als tuberkulose-immun bezeichnen müsste. Ich habe im Lauf von 6 Jahren mehr als 20 Rinder beobachtet, welchen zum Teil nicht weniger als $^{1}/_{2}$ Liter von einer virulenten Tuberkulosebazillen-Kultur subkutan eingespritzt worden war[1]), ohne dass danach eine allgemeine Tuberkuloseinfektion eintrat, und wenn mehrere Monate oder Jahre hinterher die Tiere getötet wurden, dann konnte weder aus dem Befunde an der Injektionsstelle, noch an den inneren Organen auf eine voraufgegangene Einspritzung lebender Tb.-Kultur geschlossen werden. Selbst vom Peritoneum aus gelingt eine zum Tode führende Infektion durch Einspritzung lebender Tuberkelbazillen nur ausnahmsweise; bei derjenigen Infektionsmethode aber, die mich bei Rindern noch am sichersten zum Ziele geführt hat, bei intravenöser Injektion der Tuberkelbazillen[2]), sterben die epidemiologisch fast als tuberkulose-immun anzusehenden Hunde und Pferde viel eher an generalisierter Tuberkulose wie die Rinder."

Da ich zu jener Zeit eine für Rinder sicher tödliche Tb.-Kultur nicht besass und deswegen den Erfolg meiner damals begonnenen Bovovaccination auf experimentellem Wege nicht prüfen konnte, so wurde eine umfangreiche Arbeit in einigen Kreisen der Provinz Hessen-Nassau unternommen (1900), deren Endzweck es war, auf statistischem Wege den Einfluss von Tuberkulose-Immunisierungsversuchen an Rindern zu studieren.

Mehrere Tausend Rinder sind mit Hilfe von Tuberkulineinspritzungen daraufhin geprüft worden, ob sie tuberkulös sind oder nicht. Wir haben dabei Ortschaften gefunden, in welchen auf Grund von Tuberkulin-Reaktionen der von Tuberkulose befallene Rindviehbestand bis über 70 pCt. eingeschätzt werden musste. In derartig durchseuchten Heerden stellte ich meine vaccinierten Rinder ein, um abzuwarten, ob sie tuberkulosefrei bleiben würden. Eine sehr einschneidende Aenderung und eine wesentliche Förderung erfuhren nun meine Immunisierungsversuche durch die auf dem Kongress in London 1901 zuerst bekannt gewordenen

---

1) Diese Angabe bezieht sich auf viele Jahre von Kultur zu Kultur übergeimpfte Tuberkelbazillen, welche eine noch geringere Virulenz besassen als unsere Knltur von 𝔐ѩ𝔠𝔥-Tb. 1.

2) Die Sterbefälle an Tuberkulose bei Rindern und anderen Tieren nach intravenöser Injektion stammen aus den Jahren 1898 bis 1900, wo wir schon die Kultur 1 in Gebrauch genommen hatten.

Arbeiten von R. Koch über die Virulenzunterschiede der vom Menschen und der vom Rinde herstammenden Tb.-Kulturen.

Es gibt in der Tat Tb.-Kulturen, welche mit voller Sicherheit, bei jeder Art der Einverleibung und in verhältnismässig geringer Dosierung, Rinder an akuter Miliartuberkulose der Lungen und der Bauchorgane wenige Wochen nach der Infektion töten. Solche Kulturen kann man gelegentlich auch aus menschlichen Tuberkulosefällen herauszüchten. Viel sicherer aber bekommt man sie von Perlsuchtfällen bei Rindern. So wichtig nun auch die Feststellung einer differenten Virulenz der anthropogenen und taurogenen Tuberkelbazillen ist, und so nützlich sie mir für meine Bovocaccination wurde, so muss ich doch die Schlussfolgerung R. Koch's, dass es sich dabei um eine Artverschiedenheit handelt, ablehnen. Meine Stellungnahme zu dieser vieldiskutierten Frage will ich in Folgendem ausführlicher begründen.

Zur Tuberkelbazillengruppe werden gegenwärtig alle Bazillenstämme gerechnet, die gekennzeichnet sind durch folgende Merkmale:

a) durch ihre Herkunft aus Granulationsgeschwülsten vom Typus des miliaren Tuberkels und seiner vielgestaltigen Entwickelungsstadien, einschliesslich der käsigen Metamorphose;

b) durch die bei der Ziehlfärbung, Gramfärbung usw. erkennbare Aehnlichkeit im mikroskopischen Bilde mit dem von Koch vor 25 Jahren aus Säugetiertuberkeln herausgezüchteten Tuberkelbazillen;

c) durch kulturelle Merkmale, unter welchen die wachstumfördernde Wirkung glyzerinhaltiger Nährböden, ein relativ langsames Wachstum und die Kahmhautbildung auf flüssigem Nährboden besonders erwähnenswert sind. Es muss aber ausdrücklich betont werden, das die kulturellen Merkmale in hohem Grade durch sehr verschiedenartige Faktoren beeinflusst werden können. Besondere Erwähnung verdienen hier die Umzüchtungen anthropogener und taurogener Tuberkelbazillen in homogene Kulturen durch Arloing und die Umwandlungen von Säugetiertuberkelbazillen im Organismus von Vögeln in den aviären Bazillentypus;

d) durch die Fähigkeit der mit heissem Glyzerin gewonnenen bazillären Extrakte, spezifische Reaktionen von der Art der bekannten Tuberkulinwirkung auszulösen;

e) durch die Fähigkeit, unter geeigneten Versuchsbedingungen im Tierkörper miliare Granulome und die sonstigen tuberkulösen Produkte und Symptome zu erzeugen.

Die Mehrzahl der Tuberkuloseforscher nimmt jetzt an, dass ein phylogenetischer Zusammenhang zwischen den aus Säugetieren, Vögeln und Kaltblütern gezüchteten Tuberkelbazillenstämmen besteht. Es gibt jedoch Varietäten mit so konstanten Sondereigenschaften, dass es begreiflich ist, wenn manche Autoren von verschiedenen Tuberkelbazillen-Arten sprechen. Möglicherweise haben wir als Urstamm aller tuberkelbildenden Bazillen die in der freien Natur zu findenden Möller'schen Grasbazillen anzusehen.

Im Gegensatz zu derjenigen naturwissenschaftlichen Betrachtungsweise, welche die Deszendenz entscheiden lässt über die Zusammenfassung verschiedener Tuberkelbazillenstämme mit einem gemeinsamen Namen, kann man sie auch von vielen anderen Gesichtspunkten aus gruppieren.

Man spricht, je nach der Fundstätte, von Rindertuberkulosebazillen,

Menschentuberkulosebazillen und könnte noch hinzufügen die Bazillen der Affentuberkulose, Pferdetuberkulose, Schaftuberkulose usw., soweit Säugetiere die Fundstätte eines in Frage kommenden Stammes sind.

Unter den Vogeltuberkelbazillen kennt man ausser Hühnertuberkulosebazillen noch Bazillen der Papageientuberkulose, der Kanarienvogeltuberkulose usw.

Kaltblütertuberkelbazillen werden als Fischtuberkulosestämme, Blindschleichentuberkulosestämme, Schildkrötentuberkulosestämme usw. in verschiedenen Laboratorien fortgezüchtet.

So wie man bei diesem von der Provenienz hergeleiteten Einteilungsprinzip einen Typus bovinus und humanus unterscheidet, so könnten durch entsprechende Namenbildung noch sehr viel andere Typen aufgestellt werden, je nach der Säugetierart, der Vogelart, der Kaltblüterart, von welcher eine Kultur herstammt, falls sie tinktorielle, morphologische, kulturelle und tierexperimentelle Sondermerkmale mit einiger Regelmässigkeit erkennen lässt.

Ich selbst habe für meine Tuberkulosestudien am meisten bewährt gefunden ein einheitliches Einteilungsprinzip, welches hergenommen ist von dem Grade der tuberkuloseerzeugenden Fähigkeit für Meerschweine. Ohne Rücksicht zu nehmen auf die Herkunft und die in Kulturen erkennbaren morphologischen Unterschiede, teile ich die von mir untersuchten Kulturstämme je nach ihrem Virulenzgrade für Meerschweine ein in:

1. Taurintuberkelbazillen.
2. Bovintuberkelbazillen.
3. Bovovaccintuberkelbazillen.
4. Avirulente Tuberkelbazillen.

Zum Zweck einer methodischen Virulenzbestimmung werden in meinem Institut abgewogene Mengen frisch getrockneter Tuberkelbazillen, die aus junger Glyzerinbouillonkultur gewonnen sind, in die linke Herzkammer gesunder Meerschweine von etwa 250 g Körpergewicht eingespritzt. Sterben dann die Versuchstiere nach Ablauf von 12 bis 16 Wochen noch an Tuberkulose, wenn sie nicht mehr als ein Millionstel mg Trockentuberkelbazillen bekommen haben, so rechne ich einen solchen Kulturstamm zu den Taurintuberkelbazillen. Solche Bazillen, von welchen man etwa 1000mal mehr Kulturmasse braucht zur Erreichung des gleichen Infektionsergebnisses, gehören nach meiner Terminologie zu den Bovintuberkelbazillen, während von meinen Bovovaccintuberkelbazillen ein millionenfaches Multiplum (etwa 1 mg getrocknete Kulturmasse) erforderlich ist, um mit Sicherheit Meerschweine an Tuberkulose sterben zu lassen.

Wenn auch nach solcher Dosierung, die 1 mg beträchtlich übersteigt, eine tuberkuloseerzeugende und zum Tode führende Wirkung durch einen Kulturstamm nicht erreicht wird, dann nenne ich ihn avirulent bzw. schwach virulent.

Ich habe nun gefunden, dass in ähnlicher Weise, wie für Milzbrandkulturen, so auch für Tuberkulosekulturen eine konstante Virulenzskala bei der Prüfung an verschiedenen Säugetierarten besteht.

Zur Feststellung der Virulenzstufe, auf welcher ein gegebener Milzbrandkulturstamm steht, sind wir gewohnt, Kaninchen, Meerschweine und Mäuse als lebende Testobjekte oder Reagentien zu benutzen.

Ein Stamm, welcher in kleiner Dosis, die 1 mg Trockenbazillen-substanz noch nicht erreicht, weder Kaninchen noch Meerschweine und Mäuse zu töten vermag, wird der untersten Virulenzstufe zuerteilt und als avirulenter Milzbrand bezeichnet. Ein zwar für Mäuse, aber nicht für Meerschweinchen und Kaninchen virulenter Stamm heisst „Mäuse-milzbrand". Er entspricht dem Begriff des Pasteur'schen premier vaccin für Schafe, während Pasteur's deuxième vaccin „Meerschwein-milzbrand" zu nennen ist, weil er zwar Mäuse und Meerschweinchen, aber nicht Kaninchen mit Sicherheit zu töten vermag. Ist ein Stamm auch für Kaninchen virulent, so gehört er der 4. Virulenzstufe an und ist als „Kaninchenmilzbrand" oder vollvirulenter Milzbrandstamm zu bezeichnen. Die Erfahrung hat gezeigt, dass der Kaninchenmilzbrand auch für Rinder und Schafe tödlich ist, während ein Meerschweinmilz-brand in der Regel, und ein Mäusemilzbrand ausnahmslos, bei diesen Tierarten versagt.

Noch niemals hat man diese Virulenzskala derart auf den Kopf gestellt gefunden, dass beispielsweise ein für Mäuse unschädlicher Stamm sich für normale Meerschweine oder Kaninchen virulent erwiesen, oder ein für Meerschweine avirulenter Stamm Kaninchen, Schafe und Rinder getötet hätte. Wo ein derartiges Durchbrechen der Virulenzskala doch behauptet oder einwandsfrei festgestellt worden ist, da konnten immer abnorme Zustände, z. B. krankhafte Veränderungen, Gravidität, gestörte Temperaturregelung, anderweitige Infektionen oder Intoxikationen usw. als Erklärungsmomente für solche Ausnahmen nachgewiesen werden.

Durchaus ähnlich liegen die Verhältnisse bei allen bisher von mir untersuchten Tuberkelbazillenstämmen, wenn ich zur Feststellung ihrer Virulenzstufe Meerschweinchen, Kaninchen, Schafe und Rinder benutzte. Ich kenne noch keine einzige Ausnahme von der Regel, dass ein Tuberkelbazillenstamm, welcher in mässiger, 10 mg nicht über-steigender Dosis gesunde Rinder an subakut zum Tode führender Tuber-kulose sterben lässt, für Schafe, Kaninchen und Meerschweine nicht vollvirulent gewesen wäre und ich kenne ebensowenig einen für Meer-schweine avirulenten oder schwachvirulenten Tuberkelbazillus, der Kanin-chen, Schafe und gar Rinder tuberkulös zu machen imstande ist.

Weiter habe ich dann gefunden, dass man sehr zuverlässige Schluss-folgerungen ableiten kann aus der experimentell für Meerschweine ge-fundenen tödlichen Minimaldosis eines Stammes auf sein Verhalten gegenüber Kaninchen, Schafen und Rindern. Die vergleichenden Unter-suchungen habe ich auch noch auf Mäuse, Ziegen, Hunde, Schweine und Pferde ausgedehnt. Ueberall in meinen Säugetierexperimenten konnte ich mich von dem Bestehen einer konstanten Virulenzskala überzeugen.

Wenn man die Analogie mit Pasteur's Ausdrucksweise für die Be-zeichnung der verschiedenen Milzbrandvirulenzstufen innehalten will, so braucht man bloss an die Stelle der zur präventiven Milzbrandbekämpfung von Pasteur gewählten Schafe die zum Studium der präventiven Tuberkulosebekämpfung von mir hauptsächlich benutzten Rinder zu setzen, um dann als oberste (4.) Virulenzstufe die für Rinder vollviru-lenten Stämme, als 3. Stufe oder deuxième vaccin die bloss noch für junge Schafe vollvirulenten Stämme, als 2. Stufe oder premier vaccin die noch für Meerscheine, aber nicht mehr für Schafe vollvirulenten Stämme einzusetzen, während die niedrigste 1. Stufe von den auch für Meerschweine (in der Dosis von höchstens 1 mg) avirulenten Tuberkelbazillen eingenommen wird.

Meine Taurintuberkelbazillen entsprechen demgemäss dem Begriff von vollvirulenten Tuberkulosekulturen, während die Bovinstämme als Analogon zum Pasteur'schen deuxième vaccin und meine Bovovaccintuberkelbazillen als Analogon zum premier vaccin anzusehen sind.

Nachdem in ausserordentlich zahlreichen Einzelversuchen an Kaninchen, Schafen, Rindern, Pferden, Ziegen, Schweinen, Hunden und Mäusen bei einwandsfreier Versuchsanordnung die im Meerschweinversuch festgestellte Virulenzskala als allgemeingültig für Säugetiere nachgewiesen ist, halte ich mich für berechtigt, auch für das Menschengeschlecht die Giltigkeit meiner Virulenzskala logisch zu deduzieren und die von Koch auf dem Londoner Kongress vom Jahre 1901 behauptete Unschädlichkeit der taurogenen Tuberkelbazillen für menschliche Individuen als kritikbedürftig hinzustellen.

Die vereinigte Arbeit von Tuberkuloseforschern in aller Welt scheint jetzt in der Tat mehr und mehr zu der Lehre zu führen, dass der Mensch keine Ausnahme macht von der Regel, welcher zufolge bei gleichgestalteten Infektionsbedingungen rindvirulente Tuberkelbazillen für ihn gefährlicher sind, als Tuberkelbazillen vom Bovintypus und Bovovaccintypus, ganz gleichgültig, ob die Bazillen von Rindern, Schweinen, Ziegen, Affen, Menschen, Hühnern oder sonst woher stammen, und ganz gleichgültig, welche besonderen Wachstumseigentümlichkeiten und färberische Eigenschaften sie besitzen.

Ich kenne Rindertuberkulosebazillen, welche kaum den Virulenzgrad der Bovintuberkelbazillen erreichen, und Menschentuberkulosebazillen, welche die Bovintuberkelbazillen an Virulenz übertreffen. C. Fraenkel-Halle hat im Meerschweinversuch sehr viele anthropogene Tuberkelbazillenstämme untersucht und darunter solche gefunden, welche nach seiner Beschreibung des Ausfalls der Virulenzbestimmung im Meerschweinversuch sogar den Taurintuberkelbazillen nahekommen müssen, und ich zweifle nicht daran, dass C. Fraenkel's stärkstvirulente Stämme, obwohl sie aus menschlichen Tuberkulosefällen herausgezüchtet sind, zur Tuberkuloseerzeugung im Rindsorganismus befähigt sind.

Im 5. Heft meiner Beiträge (1902) ist eine Kultur (Tuberkelbazillus 25) erwähnt, die aus einem Huhn herausgezüchtet ist und kulturell durchaus wie ein Vogeltuberkulosestamm sich verhält, im Meerschweinversuch aber als zugehörig zu einer Virulenzstufe sich erwies, die zwischen den Bovintuberkelbazillen und Taurintuberkelbazillen gelegen sein musste. Als dann die Prüfung dieses Vogeltuberkulosestammes auf Schafe und Rinder ausgedehnt wurde, konnte diese Prognose durchaus bestätigt werden. Daraus leite ich die Schlussfolgerung ab, dass es ein Irrtum ist, wenn geglaubt wird, dass die von Vögeln herstammenden Tuberkelbazillen unter allen Umständen für das Menschengeschlecht als weniger gefährlich angesehen werden müssten wie Säugetiertuberkelbazillen.

Wenn tatsächlich auch nach meiner Ansicht die meisten menschlichen Tuberkulosefälle durch anthropogene Tuberkelbazillen verursacht werden, so ist das nicht zurückzuführen auf eine besondere Disposition des menschlichen Organismus, die ihn wenig oder gar nicht empfänglich macht für die Tuberkelbazillen anderer Provenienz; sondern das ist zurückzuführen auf die sozialen Lebensbedingungen, welchen zufolge die Gelegenheit zur Infektion mit anthropogenen Tuberkelbazillen für die meisten Menschen in viel reicherem Masse gegeben ist, als mit hochvirulenten Tuberkelbazillen von anderer Herkunft.

Eine mächtige Stütze für die Annahme der Existenz einer festen Virulenzskala auf dem Tuberkulosegebiet, in welcher nicht bloss alle übrigen Säugetiere, sondern auch die dem Menschengeschlecht zugehörigen Individuen einen bestimmten Platz einnehmen, erblicke ich noch in einer anderen gesetzmässigen Tatsache.

Gelegentlich meiner Untersuchungen auf dem Gebiete der Diphtherieätiologie hat sich ergeben, dass die krankmachende Fähigkeit eines Diphtheriebazillenstammes gegenüber Meerschweinen, Kaninchen und anderen Säugetieren steigt und fällt mit seiner Fähigkeit, mehr oder weniger stark wirksames Diphtheriegift zu produzieren.

Auch die Bazillen der Tuberkelbazillengruppe sind Giftproduzenten, sie haben aber nur wenig Neigung ihr Gift in die Kulturflüssigkeit abzusondern; sie speichern es auf in ihrer Leibessubstanz, aus welcher man es ihnen nach Koch's Vorgang durch Behandlung mit heissem Glyzerinwasser extrahieren kann. Das von Koch mit dem Namen „Tuberkulin" bezeichnete, spezifisch giftige bazilläre Extrakt habe ich nun aus je 1 g getrockneter Taurin-, Bovin-, Bovovaccin- und avirulenten Tuberkelbazillen hergestellt, auf gleiches Volum gebracht und dann unter Benutzung von tuberkulösen Meerschweinchen, Rindern und Schafen die in je 1 ml Tuberkulin von verschiedener Provenienz enthaltene Giftigkeitsenergie vergleichend festgestellt.

Bei diesen Toxizitätsprüfungen sind zwei Tatsachen von fundamentaler Bedeutung festgestellt worden.

Es hat sich erstens ergeben, dass ausnahmslos der höheren Virulenzstufe eine hohe Giftproduktion der untersuchten Bazillenstämme entspricht; und zweitens hat sich ergeben, dass man mit grosser Sicherheit aus dem Ergebnis der Feststellung der Giftenergie eines Tuberkulinpräparates, gleichgültig ob es von anthropogenen oder taurogenen Bazillen, aus Vogel- oder Kaltblütertuberkelbazillen gewonnen ist, Rückschlüsse machen kann auf seinen Toxizitätsgrad für Rinder, Schafe, Pferde und andere Säugetiere.

Auf Grund dieses gesetzmässigen Verhaltens für alle untersuchten Säugetiere war es für mich ein logisches Postulat, dass auch der Mensch sich der in Säugetierversuchen gefundenen Toxizitätsskala einfügen wird, und ich wollte nun feststellen lassen, ob dieses logische Postulat empirisch bestätigt werden kann. Zu dem Zweck übergab ich einigen Klinikern Tuberkulinpräparate von verschiedener Provenienz unter Angabe ihres im Tierversuche gefundenen Giftigkeitswertes, berechnet auf das Koch'sche Alttuberkulin.

In keinem Fall fielen die an menschlichen Individuen beobachteten positiven und negativen Reaktionen aus der tierexperimentell gefundenen Toxizitätsskala heraus. Durchschnittlich erwiesen sich die aus Taurintuberkelbazillen gewonnenen Tuberkuline 2 mal giftiger als Bovovaccintuberkuline.

Nach alledem zweifle ich nicht daran, dass die rindvirulenten taurogenen Tuberkelbazillen auch für das Menschengeschlecht die höchste Virulenzstufe repräsentieren. Dass statistisch, bei epidemiologischen Untersuchungen, die Entstehung der Lungenschwindsucht durch anthropogene Tb. weitaus beim Menschen überwiegt, beweist nur die vermehrte Gelegenheit zur Infektion mit diesen Bazillen, aber nicht ihre höhere Virulenz für den Menschen. Wo eine Infektion mit taurogenen Tb. erfolgt, da finden wir tatsächlich auch ihre krankmachende Energie grösser wie die der Milch-Tb.; insbesondere lässt sich das beobachten, bei der Ernährung von menschlichen Säuglingen mit ungekochter Milch von perlsuchtkranken Kühen. Die danach eintretenden Fälle von intestinaler Tuberkulose mit tödlichem Ausgang sind viel häufiger wie bei Brustkindern, die von phthisischen Müttern Tb.-haltige Milch bekommen.

Zurückzuweisen ist die Forderung, dass kulturell der „bovine Typus“ immer nachweisbar sein müsse, wenn eine tuberkulöse Erkrankung auf Rechnung von Rd-Tb gesetzt werden soll. Ebenso wie nachweislich der humane Kulturtypus während eines jahrelangen Aufenthalts in Tuberkeln des Rinderorganismus allmählich in den bovinen verwandelt wird, so lässt sich annehmen, dass auch umgekehrt der bovine Typus des Wachstums während eines langdauernden Aufenthalts im menschlichen Organismus in den humanen übergeht. Eine solche kulturelle Umwandlung bedeutet nur sehr wenig gegenüber der schnellen Umwandlung des Wachstumstypus von taurogenen und anthropogenen Tb durch Arloing in den „homogenen“ Typus der von Hühnern abstammenden Tb! Der einwandsfreie Beweis dafür, dass durch typische Milch-Tb Rinder perlsüchtig gemacht werden können, ist übrigens nicht bloss in meinem Marburger Institut, sondern auch in der Leipziger tierärztlichen Hochschule ihrem Direktor Prof. Eber gelungen.

In meinem Vortrag in Stuttgart vom Jahre 1906 habe ich mich zusammenfassend über das Tuberkulosevirus folgendermassen ausgesprochen:

In proteusartigen Gestaltungsformen treibt das Tuberkulosevirus sein Wesen in den Individuen des Menschengeschlechts.

Auf Kosten der Körpersäfte des menschlichen Organismus vermehrt sich das durch Koch’sche Tuberkelbazillen repräsentierte Virus, produziert Gifte und führt den Tod herbei, wenn sich seiner Vermehrung und Giftbildung keine Widerstände entgegenstellen. In der Regel aber reagiert der menschliche Organismus mit einer Art von Belagerungskrieg auf das Eindringen der Tuberkelbazillen. Sie werden von Zellen eingeschlossen. Um den ersten zellulären Ringwall bildet sich ein zweiter, dritter usw.; die inneren Ringwälle stürzen aber mit der Zeit ein, wenn die zelluläre Geschwulst, die wir Tuberkel nennen, grösser wird. Die zerfallenden tuberkulösen Herde bilden verschwärende Hohlräume, dehnen sich als fressende Geschwüre immer weiter aus und zerstören so, je nach ihrem Sitz, die äussere Haut, die Schleimhäute, die Gelenke, das Bindegewebe, das Gewebe der Lungen und anderer Organe. Die fressenden Geschwüre sind es, welchen die Worte Lupus, Cancer, Carcinoma, Noma usw. ihren Ursprung verdanken. Die Ausdrücke Noma, Carcinoma, Cancer, Chancre sind aber schon seit langer Zeit für solche Gewebsstörungen reserviert worden, die nicht durch den Tuberkelbazillus, sondern durch anderweitige Infektionsstoffe ausgelöst werden. Nur das Wort Lupus hat sich als Terminus technicus für tuberkulöse Gewebszerstörungen erhalten, und auch dieses nur für die Geschwürsprozesse auf der äusseren Haut, insbesondere auf der Gesichtshaut. In der Tat handelt es sich bei der tuberkulösen Gewebszerstörung immer um Geschwürsbildungen, um ulzerative Prozesse. Auch die berüchtigten Lungenkavernen sind nichts anderes als Geschwüre in den Lungen.

Die tuberkulösen Herde können aber auch mehr oder weniger vollkommen in Heilung übergehen. Sie können verkalken, vernarben, ja sie können spurlos verschwinden, indem sie durch gesundes Gewebe von genau derselben Beschaffenheit ersetzt werden, wie sie dasjenige Gewebe besass, in welchem unter dem Einfluss des Tuberkulosevirus die tuberkulöse Geschwulst sich neugebildet hatte.

Mit der grossen Verschiedenheit der einzelnen Tuberkulosefälle in ihrem zeitlichen Verlauf, mit der Vielgestaltigkeit der tuberkulösen Manifestationen und mit der Mannigfaltigkeit ihrer Lokalisierung hängt es zusammen, dass trotz des jahrtausendelangen Bestehens der hierher gehörigen Krankheitsprozesse erst in moderner Zeit ihre ursprüngliche Zusammengehörigkeit erkannt worden ist.

Was früher als Lungenschwindsucht, chronischer Lungenkatarrh, Spitzenkatarrh, käsige Pneumonie, miliare und submiliare Tuberkulose, Skrofulose, Lupus, Karies und Nekrose, Tumor albus, Darmschwindsucht, Entzündungen des Bauchfells (Peritonitis), des Brustfells (Pleuritis, der Gehirnhäute (Meningitis) und unter hundert anderen Namen in verschiedenen Kapiteln der Krankheitslehre abgehandelt wurde, das rechnen wir zum grössten Teile zur Tuberkulose, seitdem durch die Entdeckung des Tuberkelbazillus durch Robert Koch der Ariadnefaden gefunden ist, an welchem man in dem unabsehbaren Labyrinth des Lehrgebäudes der Pathologie sich zurechtfinden kann.

Den Tuberkelbazillus entdeckt zu haben, seine pflanzliche Natur und die Möglichkeit seiner Reinzüchtung in vitro festgestellt zu haben, ist eine der Grosstaten Koch's auf phthiseogenetischem Gebiet.

Sie war schwierig genug und hätte nicht gemacht werden können ohne die methodische Glanzleistung ebendesselben Forschers, welche wir in der Herstellung von bakteriellen Reinkulturen mit Hilfe von festen Nährböden zu erblicken haben.

Noch schwieriger, und — nach meiner Kenntnis der Sachlage — noch bedeutungsvoller für alle zukünftigen Tuberkulosestudien von ätiologischer und therapeutischer Art, ist die zweite Grosstat Koch's, die beinahe 10 Jahre nach der Entdeckung des Tuberkelbazillus veröffentlichte Tuberkulinentdeckung.

Das Tuberkulin ist ein in Wasser lösliches Derivat der saprophytär gezüchteten Tuberkelbazillen, welches auf animalische Organismen ganz anders wirkt nach einer tuberkulösen Infektion als vorher. Denn ein kleiner Bruchteil von derjenigen Tuberkulindosis, die für ein Individuum in nichtinfiziertem Zustande noch ganz unschädlich bleibt, kann nach der tuberkulösen Infektion krankmachend und tödlich wirken. Darauf beruht die diagnostische Tuberkulinverwertung.

Wir nennen einen solchen abnormen Körperzustand, in welchem durch voraufgegangene Behandlung eines Individuums mit chemischen Agentien Ueberempfindlichkeit entsteht gegenüber dem Mittel, mit welchem die Vorbehandlung stattgefunden hat, „anaphylaktisch". Die Tuberkulinüberempfindlichkeit ist ein anaphylaktisches Phänomen, welches bei solchen Tieren und Menschen beobachtet wird, die unter dem Einfluss von Tuberkulosevirus lebendes tuberkulöses Gewebe gebildet haben. Das lebende tuberkulöse Gewebe braucht aber nicht in Tuberkeln sich zu manifestieren. Die gelatinösen Pneumonien, die adenoiden Granulationen usw. sind tuberkulöses Gewebe ohne Tuberkel.

Auf Grund der diagnostischen Tuberkulinisierung der Soldaten in mehreren bosnischen Regimentern durch den österreichischen Militärarzt Franz und auf Grund vieler anderer systematisch durchgeführter Untersuchungen weiss man jetzt, dass „tuberkulös infiziert sein" noch lange nicht so viel bedeutet, wie „Schwindsuchtskandidat sein". Viele sich gesund fühlende und gesund bleibende Menschen reagieren auf Tuberkulin und zeigen dadurch an, dass sie unter dem Einfluss einer tuberkulösen Infektion gestanden haben oder noch stehen, ohne dass sie jemals lungenleidend werden!

Die allergrösste Bedeutung haben aber diejenigen Ergebnisse der Tuberkulinforschung, die beweisen, dass die Tuberkulinreaktion eine Immunitätsreaktion ist und bedingt wird durch die Entstehung von Schutzkräften und heilsamen Antikörpern im Organismus tuberkulös infizierter Individuen.

Mit dieser Behauptung bin ich aber schon angelangt an der Grenze, welche das Koch'sche Forschungsgebiet von meinem eigenen trennt, und von wo ab in der Lehre von der Entstehung, von dem Verlauf und von der Bekämpfung der Tuberkulose die Wege sich trennen für alle diejenigen, welche heutzutage an der Lösung von phthiseogenetischen und phthiseotherapeutischen Problemen mitwirken wollen, so dass sie entweder mit Koch gegen mich oder mit mir gegen Koch marschieren müssen.

Im folgenden will ich versuchen, möglichst kurz die hauptsächlichsten Differenzen zwischen der Stellungnahme Koch's und zwischen meinem eigenen Standpunkt in brennenden Tuberkulosefragen zu präzisieren.

1. Nach Koch ist die Entstehung der meisten menschlichen Tuberkulosefälle zurückzuführen auf die Einatmung von Tuberkelbazillen enthaltender Luft durch den Kehlkopf hindurch in die Lungen. Im Gegensatz zu dieser Auffassung behaupte ich, dass auf diese Weise nur sehr selten unter den Verhältnissen der epidemiologischen Wirklichkeit ein Mensch die Lungenschwindsucht bekommt, dass vielmehr die Schwindsucht in der Regel solche Menschen befällt, welche die Schwindsuchtskeime im Kindesalter mit der Milch in ihren Körper eingeführt haben, dass ferner die Milchtuberkelbazillen auf dem Umwege über den Verdauungsapparat in die Lymphgefässe und in das Blut gelangen und in der Regel von der Blutbahn aus die Lungen infizieren; dass endlich auch solche Tuberkelbazillen, die mit dem Luftstrom inhaliert werden oder

durch Kontaktinfektion in den Mund und in die Nasenrachenhöhle gelangen, erst auf dem Umwege über die Lymphgefässe und Blutgefässe
in die Lungen hineinkommen.

2. Nach Koch's Lehre sind die mit der Kuhmilch in den menschlichen Organismus hineingelangenden Tuberkelbazillen nicht befähigt zur
Erzeugung von Tuberkulose und Schwindsucht, während ich behaupte,
dass die vom Rinde herstammenden Tuberkelbazillen nicht bloss ebenso
gefährlich, sondern noch gefährlicher für den Menschen sind, als die von
tuberkulösen Menschen herstammenden.

Wenn in der Mehrzahl der Fälle tatsächlich die menschliche Lungenschwindsucht auch nach meiner Meinung dem anthropogenen Tuberkulosevirus ihren Ursprung verdankt, so liegt das nicht daran, dass dieses
einen höheren Grad von tuberkuloseerzeugender Energie besitzt, wie das
taurogene Tuberkulosevirus, sondern daran, dass zur Infektion mit an-
thropogenem Virus den Individuen des Menschengeschlechts viel häufiger
Gelegenheit gegeben wird.

3. Koch stellt für die Lungenschwindsuchtsentstehung die Infektion
im erwachsenen Lebensalter in den Vordergrund. Ich dagegen verteidige
die Lehre, dass die entscheidenden tuberkulösen Infektionen in das
Kindesalter fallen; und zwar behaupte ich, dass in der Mehrzahl der
Fälle die neugeborenen Menschenkinder, wenn sie in erwachsenem Lebensalter die Schwindsucht bekommen, mit der Muttermilch den Schwindsuchtskeim eingesogen haben, oder mit der Ammenmilch, oder bei der
Flaschenmilchernährung mit der Kuhmilch — allgemein ausgedrückt —
mit der Säuglingsmilch.

Ich habe diese Lehre mit folgenden Sätzen in früheren Vorträgen
zum Ausdruck gebracht:

„Die Säuglingsmilch ist die Hauptquelle für die Schwindsuchtsentstehung" und

„Die Schwindsucht ist nur der letzte Vers von dem Liede, dessen
erster Vers dem Säugling schon an der Wiege gesungen wurde."

4. Nach Koch's Lehre ist das Tuberkulin ein sicheres Mittel zur
Entscheidung darüber, ob ein Mensch tuberkulös ist und die Anwartschaft
besitzt auf den Schwindsuchtstod. Nach meinen Untersuchungen können
wir dagegen zwar mit Hilfe des Kochschen Tuberkulins feststellen, ob
ein Mensch unter dem Einfluss einer tuberkulösen Infektion steht oder
gestanden hat. Die Feststellung einer Ueberempfindlichkeit gegenüber
dem Tuberkulin beweist aber keineswegs, dass das überempfindliche
Individuum tuberkulöse Herde in seinem Organismus beherbergt. Denn
im Tierexperiment kann man willkürlich die grössten Grade der Tuberkulinüberempfindlichkeit erzeugen, ohne dass bei der Sektion auch nur
der kleinste Tuberkel gefunden wird. Das ist ganz gesetzmässig der
Fall bei vaccinierenden Infektionen mit relativ schwachem Tuberkulosevirus und mit meinem Tulasepräparat.

Die Tuberkulinüberempfindlichkeit ist nach meiner Lehre eine Immunitätsreaktion, die nur zufällig deswegen in der epidemiologischen
Wirklichkeit so häufig einhergeht mit tuberkulösen Herderkrankungen,
weil unter den natürlichen Lebensbedingungen der Organismus des
Menschen und seiner Haustiere nicht mit relativ schwachen und jenneri-
sierend wirksamen Virusarten, sondern mit relativ starken und des-

wegen zur Tuberkelbildung führenden Varietäten des Tuberkulosevirus infiziert wird.

5. Im Tuberkulosebekämpfungsplan von Koch steht im Vordergrunde die Beseitigung des Lungenauswurfes hustender Phthisiker, und Koch ist der Meinung, dass bei rigoröser Desinfektion und unschädlicher Beseitigung des Phthisikersputums es gelingen müsse, allmählich die Tuberkulose als Volkskrankheit auszurotten. Nach meiner phthiseogenetischen Auffassung sind zwar die zur Vermeidung der Sputumverstäubung empfohlenen hygienischen Massnahmen nicht zu vernachlässigen, und die Erziehung des Publikums zur Unterlassung der Beschmutzung des Fussbodens der Wohnungen, der Eisenbahnwagen, Pferdebahnwagen usw., die Vermeidung des Hineinspuckens in Taschentücher und die Verunreinigung von Wäschegegenständen mit dem Lungenauswurf ist nach meiner Meinung schon aus ästhetischen Rücksichten sehr empfehlenswert. Die Hauptquelle der Schwindsuchtentstehung, die tuberkelbazillenhaltige Säuglingsmilch, kann aber selbstverständlich durch Spuckverbote, Spucknapfpropaganda und Sputumdesinfektion nicht verstopft werden.

6. Die von mir im Jahre 1901 publizierte Bekämpfung der Rindertuberkulose durch eine immunisierende Kälberbehandlung mit Hilfe von schwachvirulenten anthropogenen Tuberkelbazillen ist einige Jahre später auch von Koch als brauchbar anerkannt und in die landwirtschaftliche Praxis übertragen worden. Ueber die wissenschaftlichen Grundlagen der Bovovaccination gehen aber Koch's Anschauungen und die meinen diametral auseinander. Nach Koch ist das anthropogene Tuberkulosevirus artverschieden vom taurogenen Tuberkulosevirus, und infolge seiner Artverschiedenheit ist es zur Immunisierung von Rindern befähigt, woraus die Schlussfolgerung abzuleiten sei, dass man zur Immunisierung von menschlichen Individuen das taurogene Virus mit Erfolg anwenden könnte. Demgegenüber behaupte ich die Artgleichheit des taurogenen und des anthropogenen Tuberkulosevirus, lasse aber insofern einen Unterschied zu, als durchschnittlich die vom Menschen herstammenden Tuberkelbazillen für alle Säugetiere, einschliesslich des Menschen, eine geringere krankmachende Energie besitzen als die aus perlsüchtigen Rindern herausgezüchteten Bazillen.

———

Fünfter Abschnitt.

Ueber die Disposition menschlicher und tierischer Individuen zur Erkrankung an Lungenschwindsucht.

Das Problem einer wirksamen Schwindsuchtsbekämpfung wird, wie ich glaube, nicht gelöst werden, bevor wir nicht wissen, was denn eigentlich das ausschlaggebende Moment dafür ist, dass manche Menschen einer zur Schwindsucht führenden tuberkulösen Lungenerkrankung zum Opfer fallen unter denselben Lebensverhältnissen, unter welchen so viele andere Menschen von der Schwindsucht verschont bleiben.

Es gab eine Zeit, und die liegt noch nicht weit zurück, wo viele Forscher

sich die Antwort auf diese Frage leicht machten, wo man sagte, das
hängt einfach davon ab, ob jemand Tuberkelbazillen in die Lungen ein-
atmet oder nicht.

Man kann sogar noch jetzt hie und da eine solche Auffassung vertreten finden.

In einer im Koch'schen Institut entstandenen Arbeit von Herrn
Mitulesku, welche in der Koch-Flügge'schen Zeitschrift für Hygiene
und Infektionskrankheiten veröffentlicht worden ist, wird es beispielsweise als erwiesen betrachtet, dass gesunde erwachsene Menschen
schwindsüchtig werden, wenn sie viel mit Büchern zu tun haben, die von
einem Phthisiker beim Husten oder Niesen mit Partikeln seines Auswurfs
beschmutzt worden sind.

Das ist ja zweifellos sehr unappetitlich, geschieht aber in aller
Welt so häufig, dass, wenn jeder, der ein durch die Hände von Phthisikern gegangenes Buch aus einer Leihbibliothek oder aus einer Kranken-
hausbibliothek benutzt, Lungenschwindsucht davon allein schon bekommen
kann, es eine Kleinigkeit sein müsste, auf statistischem Wege diese Art
der Lungenschwindsuchtentstehung einwandsfrei zu beweisen.

Herr Mitulesku hat nun zwar, wie mir scheint, einwandsfrei bewiesen, dass viel gelesene Romane und populär-wissenschaftliche Zeit-
schriften virulente Tuberkelbazillen in mehr als 30 pCt. der untersuchten
Exemplare enthalten, wenn sie 3 bis 6 Jahre im Gebrauch gewesen sind,
und ich stimme ihm auch bei, wenn er die Ansicht vertritt, dass solche
Bücher, in denen durch die üblichen Untersuchungsmethoden keine Tuberkelbazillen nachgewiesen werden, sie trotzem enthalten können. Für die
Behauptung aber, dass von solchen Büchern erwachsene gesunde Menschen
sich die Schwindsucht geholt haben, hat Herr Mitulesku das Beweis-
material nicht aus eigener Erfahrung und nicht aus kontrollierbaren
Angaben deutscher Aerzte und Kliniker zusammengetragen, sondern er
beruft sich auf Dr. Knopf aus New York, der angeblich unwiderleglich
bewiesen habe, dass 20 Bureaubeamte nacheinander davon schwindsüchtig geworden sind, dass sie mit Aktenbündeln und Heften zu tun
hatten, die vorher ein einziger Phthisiker beim Husten und Niesen mit
Sputumpartikeln bespritzt und ausserdem beim Umwenden der Blätter
mit seinen speichelbenetzten Fingern angefasst hatte.

Die Geschichte von diesen 20 sozusagen „librogenen" Schwindsuchtsfällen habe ich auch anderweitig zitiert gefunden, und bei der
Wichtigkeit, welche im Koch'schen Institut diesem sensationellen ameri-
kanischen Bericht beigelegt wurde, hielt ich es für der Mühe wert, genauer
nachzuforschen, was denn eigentlich in der Original-Mitteilung des
Dr. Knopf gesagt wird.

Diese ist in der Pariser „Presse médicale" (1900) publiziert worden
und teilt mit, dass aus einer Stadt (Lansing) im Staate Michigan
Bureaubeamte eines Sanitätsamtes an das New Yorker Sanitätsbureau die
Nachricht geschickt hätten, dass 20 Beamte an librogener Lungenschwindsucht nacheinander („successivement") gestorben seien. In welchem
Zeitraum diese Todesfälle sich ereignet haben, ob in 10 oder in 50 Jahren,
welchen Prozentsatz diese 20 Beamten von der Gesamtzahl der Beamten
in der ganzen Beobachtungsperiode ausmachten, darüber schweigt sich
Knopf vollkommen aus; er erzählt aber weiter, dass man in Lansing

auf die Idee kam, es könnten die alten Aktenbündel Tuberkelbazillen
enthalten und an den Schwindsuchtsfällen Schuld sein. Der Tuberkel-
bazillennachweis ist nun nicht etwa von Knopf geführt worden, sondern
Knopf erzählt bloss vom Hörensagen, ohne jede Notiz über die Untersuchungsmethode, dass die Aktenhefte von Tuberkelbazillen gewimmelt
hätten — er braucht das Wort „remplis".

Dazu kommt dann noch eine phantasievolle Schilderung, wie früher
einmal (wann, wird verschwiegen) ein Phthisiker, den „tout le monde"
als solchen diagnostizierte, es angefangen habe, um seine Tuberkelbazillen
in die Aktenbündel abzulagern.

Dieser sensationelle amerikanische Bericht wird weiter getragen,
Fama crescit eundo, und für die Leser der Koch-Flügge'schen Zeitschrift
wird er zu einem unwiderlegten und unwiderleglichen Beweise gestempelt
für das häufige Vorkommen einer primären Inhalationsschwindsucht!

Statistische Erhebungen in grossem Stil über librogene Schwind-
suchtsfälle halte ich meinerseits für ganz überflüssig angesichts der Tatsache, dass jeder vielbeschäftigte Arzt eifrige Romanleserinnen kennen
wird, die nicht phthisisch werden, obwohl sie ihre Lektüre Jahr für
Jahr kaum zu zählenden Leihbibliothekbüchern entnehmen, deren Geschichte und Aussehen einen reichlichen Gehalt an Tuberkelbazillen
recht wahrscheinlich machen. Dass aber auch viele Schwindsuchtskandidaten und ausgesprochene Phthisiker solche Bücher lesen, und
dass man die Koinzidenz von Leihbibliothekbücherlektüre mit Lungenschwindsucht recht häufig finden kann, wird bei näherer Ueberlegung
nicht leicht jemand als zwingenden Beweis dafür ansehen wollen, dass
das Lesen alter Leihbibliothekbücher ein wesentlicher Faktor in der
Phthiseogenese ist.

Ich habe schon 1903 in meinem Casseler Vortrag darauf aufmerksam gemacht, dass, wenn vom Munde und von der Nase mit der
Atmungsluft aufgenommene Tuberkelbazillen so ohne weiteres Lungenschwindsucht machen könnten, vielbeschäftigte Laryngologen durchweg
als Phthisiker endigen müssten. Ich kenne aber eine grosse Zahl von
Kollegen, bei welchen nach jahrzehntelanger laryngologischer Beschäftigung mit hustenden Phthisikern kaum der Verdacht auf tuberkulöse
Herderkrankung klinisch gerechtfertigt werden kann, geschweige denn,
dass bei ihnen eine Lungenphthisis diagnostiziert werden könnte.

Nach alledem verhalte ich mich recht skeptisch gegenüber den eine
primäre Inhalationsschwindsucht beweisen sollenden kasuistischen und
statistischen Daten. Ueberall vermisse ich die vorurteilsfreie Berücksichtigung dessen, was Claude Bernard „contre-épreuve" nannte
(das Experimentum crucis), welches man immer wie einen Advocatus
diaboli in seine Ueberlegungen hineinziehen müsse, bevor bedeutsame
Schlussfolgerungen gezogen werden aus Einzelheiten, und bevor man auf
Grund seiner Schlussfolgerungen in die Verhältnisse des Verkehrslebens
und der menschlichen Einrichtungen eingreifen will.

Ich vertrete auf Grund meiner eigenen Beobachtungen und Experi-
perimente die Auffassung, dass der Grund zur Schwindsucht in der Regel
gelegt wird im frühen Kindesalter; die Aufnahme von Tuberkelbazillen
in die Mundhöhle in vorgeschrittenem Lebensalter ist nach meiner
Meinung zwar für den Verlauf einer schon bestehenden Lungentuberkulose

nicht gleichgültig; aber die Zurückführung ihres Wirkungsmodus auf das primäre Eindringen in die Alveolen ist eine unbewiesene Hypothese; vielmehr verdanken die Schwindsuchtskandidaten ihre viel besprochene Disposition einer infantilen Infektion mit solchem Tuberkulosevirus, welches zuerst nicht in die Lungen, sondern zuerst in die Lymphbahnen und in das Blut gelangt.

Die Lehre von der Häufigkeit einer primären Inhalationsschwindsucht würde mir allenfalls noch verständlich sein können, wenn ich mit vielen anderen Forschern sagen könnte:

„An sich genügt zwar nicht die Inhalationshypothese zum vollen Verständnis der Schwindsuchtsätiologie; aber wenn die inhalierten Tuberkelbazillen in die Luftwege disponierter[1]) Menschen hineingeraten, dann finden wir keine Schwierigkeit mehr für die Annahme der Lehre von der Häufigkeit einer Inhalationsschwindsucht."

Bei einer solchen Formulierung muss ich aber sofort fragen, was denn das heisst: „Disposition zur Schwindsucht".

Ich habe mit eifrigem Bemühen die medizinische Literaturgeschichte durchstudiert, um zu erfahren, wie diejenigen, welche diesen Begriff sich zu eigen gemacht haben, ihn verstanden wissen wollen, und ich bin da schliesslich zu drei Haupttypen der Begriffsdefinition gekommen.

Bei den Griechen in vorhippokratischer Zeit, ferner im alten und im neuen Testament deckt sich der Dispositionsbegriff in bezug auf alle Krankheiten mit dem Prädestinationsbegriff und ist transzendent gedacht, das heisst die Ursache des Krankwerdens ist ausserhalb des kranken Individuums zu suchen, und ein Fatum ist es, was die Krankheit erzeugt. Im einzelnen gehen aber bei dieser Auffassung der Sachlage die Lehren auseinander, insbesondere schwankt die Meinung darüber, ob von Ewigkeit her ein unabwendbares Schicksal die Krankheit prädestiniert, oder ob sie durch irgendwelche Mittel willkürlich herbeigeführt und abgewendet werden kann. Konsequenterweise müssen diese Mittel gleichfalls von transzendenter Art sein. Auch heute noch glauben ja manche Menschen ans Gesund-Beten, wie im Mittelalter an ein Krankbeten („Behexen") allgemein geglaubt wurde.

Hippokrates, und die bedeutendsten ärztlichen Praktiker bis in das vergangene Jahrhundert hinein, rechneten mit einer immanenten Krankheitsentstehung; eine personifiziert gedachte Kraft, die dem Hippokrates wohl mehr spiritistisch, späteren grossen Aerzten mehr materalisiert zu sein schien, sollte entscheiden über Gesundheit und Krankheit. Sydenham beispielsweise hat speziell den Geschwülsten ein Eigenleben auf Kosten des Wirtsorganismus zugeschrieben; er verglich die Geschwülste den parasitären Gewächsen auf Bäumen, und wie die vegetabilischen Gewächse in ihrem Entstehen, Reifen und Vergehen wesentlich von den Jahreszeiten abhängig sind, sollten auch diejenigen Krankheiten, welche wir heutzutage als Infektionskrankheiten bezeichnen, von den Jahreszeiten in ihrer Entwicklung wesentlich beeinflusst werden.

Aus dem vorigen Jahrhundert nenne ich bloss Schönlein, der gerade die Tuberkulose in ähnlichem Sinne wie Sydenham auffasst, die

---

1) Ich rede hier nicht von dem gut determinierten Begriff einer erworbenen Disposition, z. B. der Arbeiter in einem Steinbruch, der Goldarbeiter, Metallschleifer usw., sondern von der sogenannten erblichen Schwindsuchtsbelastung.

Tuberkel aber nicht vegetabilischen Lebewesen an die Seite stellt, sondern sie analogisiert mit encystierten Entozoen. Zu Schönlein's Zeit konnte man noch ungehindert an die endogene Entstehung eigenartiger Lebewesen im menschlichen Organismus glauben, also an eine Generatio aequivoca der Krankheitskeime. Wurde doch erst lange nachher die Lehre von der Urzeugung durch Pasteur erschüttert. Nach Schönlein wird die Disposition zur Schwindsucht vererbt in Gestalt von für unsere Sinne nicht wahrnehmbaren Keimen. Zu gegebener Zeit wachsen diese Keime aus zu sichtbaren, anfangs kleinen und durchscheinenden Knötchen; wenn diese das Reifestadium überschritten haben, dann enzystieren sie sich, ähnlich wie eine Trichine in den Muskeln enzystiert wird. Schliesslich sterben die Gebilde ab unter käsigem Zerfall, bis am Ende nichts übrig bleibt, als eine nicht mehr organisierte oder, wie man sich früher ausdrückte, eine anorganische Masse, unter Zurücklassung der im Reifestadium ausgebrüteten kleinsten Keimchen.

Abgesehen von der Vererbung der tuberkelbildenden Keime könnte man auch jetzt noch ganz gut in Schönlein'scher Art den tuberkulösen Infektionsprozess auffassen. Dass wir uns seit Virchow's überwiegendem Einfluss auf die Geschwulstlehre gewöhnt haben, den Tuberkel als eine zum Bestande des Wirtsorganismus gehörige Neubildung anzusehen, ist doch ziemlich willkürlich. Bei den trichinösen Knötchen und bei anderen entozootischen Geschwülsten, z. B. den Echinokokken, rechnen wir die Zystenwand zum geschwulstbildenden Parasiten hinzu und lassen begrifflich dem Wirtsorganismus gar nichts mehr übrig von der Geschwulst. Beim enzystierten Tuberkel dagegen macht man es gerade umgekehrt; dem geschwulstbildenden Virus lässt man da bloss den nackten Körper als Anteil von der Geschwulst. Aber ist der enzystierte Tuberkel nicht ebenso gut eine dem Wirtsorganismus fremdartige biologische Einheit, wie das sich enzystierende Entozoon?

Wie ich die Sache ansehe, ist der Tuberkel weder zu identifizieren mit der Wesenseinheit des Virus, noch mit der Wesenseinheit des Wirtsorganismus und seinen zellulären Elementen. Vielmehr haben wir es zu tun mit auf symbiotischer Grundlage entstandenen neuen biologischen Einheiten, wie in den Kefyrkörnern durch die Symbiose heterogener zellulärer Lebewesen eine neue biologische Einheit geschaffen wird, und wie in der Trüffel und in den Wurzelknöllchen, durch die Symbiose von Pilzhyphen mit der Wurzelsubstanz mancher waldbildender Bäume und vieler Leguminosearten, eigenartige Gebilde entstehen, die zu einer neuen begrifflichen Einheit unter dem Namen „Mykorrhiza" vereinigt worden sind. In diesem Begriff werden den Bestandteilen der Pflanzenwurzel und den Bestandteilen des knöllchen- und knollenbildenden Pilzes gleiche Anrechte zugestanden. Die neue biologische Einheit würde nie in Erscheinung treten, wollte man die erforderliche Wurzelsubstanz oder den die Knöllchenbildung anregenden Pilz aus dem Bildungsprozess ausschalten.

Analog dem Wort „Mykorrhiza" könnte man auch für die Gesamtheit der nur durch einen symbiotischen Bildungsprozess im menschlichen Organismus entstehenden Neoplasmen einen gemeinsamen neuen Namen schaffen; aber ich denke, wir können uns begnügen mit den

Wortkompositionen „Entozooengeschwülste", „Bakteriengeschwülste" u. a., wenn wir uns nur bewusst bleiben, dass beispielsweise für einen Rotzknoten, für eine syphilitische Gummigeschwulst, für einen Tuberkel, die aus dem Wirtsorganismus herstammenden Geschwulstelemente ohne die vom Parasiten herstammenden Geschwulstelemente ebensowenig zu denken sind, wie die vom Hundebandwurm herstammenden Anteile an der Entstehung einer Echinokokkengeschwulst sachlich nicht getrennt werden können von dem das Nährmaterial liefernden Menschen.

Vielleicht kommt Schönlein's Auffassung des tuberkulösen Infektionsprozesses im modernisierten Gewande zu neuen Ehren!

Uebrigens dürfte es von Interesse sein, zu wissen, dass Schönlein es war, der zuerst den Namen „Tuberkulose" in die medizinische Sprache eingeführt hat. In der Literatur findet sich diese Krankheitsbezeichnung zum ersten Male im III. Band seiner Vorlesungen, welche im Jahre 1837 von einem seiner Zuhörer herausgegeben worden sind. Die Tuberkulose als Krankheitsentität oder Krankheitseinheit war danach eine tuberkelbildende Anlage des Menschen, und der Tuberkel war ein Gebilde mit Hülle und Kern, eine Afterorganisation, welche gleichsam ein Amnion und Dotter enthält und eine eigentümliche spezifische Substanz, den Käse, hervorbringt, welcher seinerseits wiederum tuberkelbildende Seminien enthält.

Für Schönlein und alle sonstigen früheren Vertreter der Lehre von einer endogenen Tuberkuloseentstehung war die Erblichkeit der Disposition selbstverständlich; und die Frage nach der Herkunft der Disposition zur Lungenschwindsucht musste von diesem Standpunkt aus ebenso müssig erscheinen, wie vom altgriechischen, biblischen und hippokratischen Standpunkt aus.

Ganz anders aber steht es mit dem Dispositionsbegriff für die heutigen Mediziner, welche auf eine somatische Ursache der Tuberkelentstehung, in Gestalt des Tuberkelbazillus, zurückgreifen. Wer nicht mit v. Baumgarten den Tuberkelbazillus sich vererben lässt und wer nicht mit mir annehmen will, dass eine infantile Infektion mit Tuberkelbazillen den Zustand schafft, den man Disposition oder Anlage zur Schwindsucht nennt, wer also eine vom Tuberkelbazillus unabhängige Disposition zur Schwindsucht annimmt, dem darf die Frage nicht erspart werden, wo denn nun diese Disposition herkommt.

Manchmal scheint es mir, dass man da mit einer nicht weiter zu definierenden Kraft rechnet, welche von Ewigkeit her den einzelnen Menschen und ganze Familien zur Schwindsucht disponiert oder prädestiniert, ähnlich wie in der Lehre des heiligen Augustinus ein Teil der Menschen zur ewigen Seligkeit, ein anderer Teil zum Höllenleben prädestiniert ist. Nirgends bin ich auf einen ernstlichen Versuch zur naturwissenschaftlich-exakten Bestimmung der Genese einer ererbten Schwindsuchtsanlage gestossen. Denn das wird man doch nicht als eine genetische Analyse ansehen wollen, dass man einige Symptome aufzählt, an welchen man die Schwindsuchtsanlage soll erkennen können und sagt, die Disposition stammt her von ihren Manifestationen. Uebrigens ist es mit den symptomatischen Kriterien einer Schwindsuchtsanlage auch recht übel bestellt. Dem neugeborenen und auch dem heranwachsenden Kinde sieht man sie noch gar nicht an, wenigstens nicht so, dass ein vorsichtiger Sachverständiger ohne Gefahr für sein Renommée sich getrauen würde, die Disposition sicher zu diagnostizieren; und selbst in der Pubertätszeit läuft die Feststellung der Schwindsuchtsanlage, wie mir scheint, im wesentlichen darauf hinaus, dass hinterher, wenn die sog. Phthisis incipiens da ist, gesagt wird, der Mann oder die Frau hat offenbar an einer Disposition zur Schwindsucht gelitten, sonst hätte es gar nicht zur Schwindsucht kommen können.

Aber selbst angenommen, die Symptome einer Disposition zur Schwindsucht wären so beschaffen, dass sie lange vor der Phthisis incipiens eine sichere Diagnose und Prognose ermöglichen, dann sind wir noch keinen Schritt weiter, dann müssen wir sofort weiter fragen, woher denn nun beispielsweise die Brustkorbanomalie und der sonstige Habitus eines zur Schwindsucht disponierten Menschen herstammt? Bei den mir bekannt gewordenen Antworten auf diese Frage handelt es sich im grossen und ganzen immer um Wortspiele von der Art, die Fritz Reuter persiflierte, wenn er die Armut von der pauvreté herstammen liess.

Der Begriff „Disposition zur Schwindsucht" kann jedoch einen sehr vernünftigen und naturwissenschaftlichen Sinn erhalten, wenn man ihn definiert als eine derartige Anordnung der Körperteile und Körperkräfte in einem menschlichen Individuum, dass unter gegebenen Bedingungen die Lungenschwindsucht nicht bloss entstehen kann, sondern entstehen muss. Den Dispositionsbegriff in diesem Sinne genommen, stelle ich die Behauptung auf, dass jeder Mensch zur Lungenschwindsucht disponiert ist, ebenso wie jedes neugeborene Kalb zur Perlsucht disponiert ist; und' zwar sind die neugeborenen Kälber so gleichmässig nach dieser Richtung organisiert, dass ich mich anheischig mache, 100 Kälber hintereinander so zu präparieren, dass auch nicht ein einziges der Perlsuchtkrankheit entgeht. Ich bin auch imstande, ausgewachsene Rinder an Lungenschwindsucht sterben zu lassen; ebenso kann ich das an Ziegen und Pferden leisten; es hat aber ein sehr sorgfältiges Studium des Zustandekommens einer Lungenphthise bedurft, bevor ich hier positive Versuchsresultate bekam; jetzt gehts aber und jetzt gelingt es mir auch, Meerschweine an tuberkulöser Lungenphthise sterben zu lassen.

Bei den kurzlebigen und unter den üblichen Aufbewahrungsverhältnissen allen möglichen Zufällen exponierten Meerschweinen ist die Lungenschwindsuchtserzeugung nicht ganz leicht. Nachdem ich aber gesehen habe, dass sie möglich ist, würde es offenbar eine sehr voreilige Schlussfolgerung sein, wenn ich das Misslingen eines Schwindsuchtserzeugungsversuchs auf eine differente ererbte Disposition verschiedener Meerschwein-Individuen zurückführen wollte. Die existiert so wenig, dass selbst die Deszendenten von tuberkulösen Meerschweinchen mir keine Anzeichen einer vom Arttypus abweichenden kongenitalen Disposition dargeboten haben.

Wie soll ich da, nach solchen experimentellen Erfahrungen, mit einem Male die Hypothese für zulässig halten, dass von allen animalischen Lebewesen bloss der Mensch eine Ausnahme macht, dass gerade unter dem Menschengeschlecht einzelne Individuen prädestiniert sein sollen zur Schwindsucht und andere zum Freibleiben von der Schwindsucht?

24*

„Gelegenheit ist alles", kann ich hier mit dem Dichter sagen. Gebe ich verschiedenen menschlichen Individuen von Geburt an genau die gleiche Infektionsgelegenheit, kann ich sie genau unter dieselben Bedingungen nicht bloss für die Aufnahme von Tuberkulosevirus, sondern auch in allen übrigen Beziehungen versetzen, dann werden sie zuverlässig auf die gleiche Weise darauf reagieren, wie Rinder, Ziegen, Pferde, Meerschweinchen und andere Tierarten, die ich daraufhin experimentell geprüft habe, welche zwar Artverschiedenheiten, aber nicht individuelle Verschiedenheiten in bezug auf die Schwindsuchtsdisposition zeigen. Zur Kenntnis der Bedingungen auch für die Lungenschwindsuchtentstehung beim Menschen hoffe ich einiges beizutragen, wenn ich nunmehr die Phthisiogenese im Tierexperiment auseinandersetze.

Bekanntlich unterliegen Meerschweine und andere Tiere nach der Einführung virulenter Tuberkelbazillen unter die Haut, in die Bauchhöhle und in die Blutbahn einem Krankheitsprozess, der gar keine Aehnlichkeit besitzt mit der menschlichen Lungenschwindsucht.

Eher schon könnte man bei der Entstehung der sogenannten Inhalationstuberkulose[1]) an manche Formen einer Schwindsuchtlunge erinnert werden. Ich will nicht näher eingehen auf die Besprechung der Tatsache, dass beim Hineingelangen von Tuberkelbazillen in die Mundhöhle keineswegs primär eine bronchiale oder alveoläre Infektion erfolgt, und dass es zwar ein weit verbreiteter, nichtsdestoweniger aber leicht zu widerlegender Irrtum ist, wenn man annimmt, dass z. B. die Inhalationstuberkulose der Meerschweine ihre Entstehung einer aerogenen Alveolar-Infektion verdankt und nicht bloss eine Inhalationstuberkulose, sondern auch eine Inspirationstuberkulose ist. Man kann das Krankheitsbild der sog. Inhalationstuberkulose nämlich auch durch einen solchen Infektionsmodus erzeugen, bei welchem jede Aufnahme von Tuberkelbazillen in die Luftwege ausgeschlossen ist, z. B. durch die Einspritzung von Tuberkelbazillen in das Zungenparenchym. Genau so, wie bei der spontan entstandenen Inhalationstuberkulose entsteht dann das typische Bild der alimentären Lungentuberkulose; aber der primäre Infektionsweg verläuft innerhalb der Lymphgefäss- und Blutgefässbahnen. Zuerst erkranken dabei die submentalen, dann die Halslymphdrüsen, schliesslich auch die Mediastinaldrüsen. Später, vom Blute her, lokalisiert sich der Krankheitsprozess in den bronchialen Lymphdrüsen und in den subpleural gelegenen Endigungen der Arteria pulmonalis. Von da ab entsteht das Bild der disseminierten Lungentuberkulose.

Bei den üblichen Fütterungs- und Inhalationsversuchen an Meerschweinchen kommt es in der Regel nicht zur Kavernenbildung und zu den sonstigen Symptomen der typischen menschlichen Lungenschwindsucht. Die Tiere sterben schon vorher, manchmal noch bei recht gutem Ernährungszustand.

---

1) Ich rede hier von derjenigen Form der Lungentuberkulose bei Meerschweinchen, welche bei diesen Tieren nicht selten beobachtet wird, wenn sie lange Zeit zusammen mit an offener Tuberkulose leidenden Tieren in einem gemeinsamen Raum gehalten werden. Als älteste Erkrankungsherde findet man dann verkäste Mediastinaldrüsen und Halslymphdrüsen.

Will man den Zustand der kavernösen Lungentuberkulose und die Allgemeinsymptome der tuberkulösen Phthisis im Tierversuch erzeugen, dann bedarf es, wie schon v. Baumgarten gezeigt hat, eines solchen Infektionsmodus, bei welchen Tuberkelbazillen in relativ geringer Dosis in die Lymphbahn gebracht werden. Ich bin in Gemeinschaft mit Römer am sichersten zum Ziel gelangt, wenn ich Meerschweine mit formalinbehandelter Milch von solchen Kühen fütterte, die mit Eutertuberkulose behaftet waren. Wenn da der Infektionsprozess sehr chronisch verläuft, wenn womöglich die skrofulös erkrankten Halslymphdrüsen durch Eiterungsprozesse oder sonst irgendwie verödet sind, womit immer auch eine Reduktion der lymphatischen Rezeptorenapparate (Schleimhautfollikel) einherzugehen scheint, dann können die Versuchstiere lange Zeit ganz munter bleiben, sie magern aber ab und schon intra vitam kann man Herderkrankungen in der Lunge gelegentlich diagnostizieren.

In diesem Stadium getötete Tiere hatten in unseren Versuchen in den Lungen häufig bloss eine grosse Kaverne, in welcher aber das sequestrierte Gewebe noch zurückgehalten war, während die Lungen im übrigen relativ gesund waren.

Bei Meerschweinchen dauert es immer monatelang, ehe sie eine derartige Lungenphthise bekommen; bei grossen Tieren jahrelang. Ziegen beispielsweise sah ich erst 2—3 Jahre nach der primären Infektion mit Lungenphthise behaftet[1]), und von den Rindern weiss man ja schon aus den epizootischen Erfahrungen, dass sie nur selten zu phthisischen Hustern werden, bevor sie ein vorgeschrittenes Lebensalter erreicht haben.

Man hat früher in veterinärärztlichen Kreisen den Satz aufgestellt: erwachsene Rinder sind disponiert zur Lungentuberkulose, junge Rinder dagegen zur intestinalen Tuberkulose; und wie beim Menschen, so hat man auch beim Rinde die Lungentuberkulose bis vor nicht langer Zeit auf inhaliertes und inspiriertes Tuberkulosevirus zurückgeführt. Die erfahrenen und wissenschaftlich geschulten Veterinärärzte haben jetzt schon umgelernt, die wissen jetzt schon, dass die Lungentuberkulose bloss das vorgeschrittene Stadium einer sehr chronisch verlaufenden primär-intestinalen Tuberkulose ist: und so glaube ich auch, ohne Gefahr einer Desavouierung, die Prophezeihung wagen zu dürfen, dass die menschenärztlichen Praktiker in gar nicht langer Zeit sich zu der Lehre bekennen werden, dass die menschliche Lungenschwindsucht nichts anderes ist, als das Endstadium einer im infantilen Lebensalter erfolgten Infektion mit Tuberkelbazillen, die im puerilen Lebensalter eine relativ latent verlaufende Skrofulose erzeugten; während die Skrofulose ihrerseits nach dem Abheilen viele Verödungen im Bereich der lymphatischen Apparate, sowie eine auf Veränderungen der Blutgefässwandungen beruhende Tuberkulinüberempfindlickeit zurücklässt, und im Einzelfall noch allerlei besondere Störungen im Gefolge hat, wohin ich auch die Brustkorbanomalien rechne, als Folgezustände einer insensiblen Rippenskrofulose. Die Anomalien der Brustkorbkuppel verdanken wahrscheinlich ihre Entstehung dem Umstande, dass verkäsende Mediastinaldrüsen in der puerilen Infektionsperiode die Sternalgelenke in Mitleidenschaft ziehen.

---

1) Auch Aronson hat im willkürlich angestellten Experiment Lungenphthisis bei Ziegen erzeugt.

So komme ich denn zu dem Schluss, dass in der Tat zur Entstehung der menschlichen Lungenschwindsucht eine spezifische Disposition erforderlich ist, aber nicht im Sinne einer von Ewigkeit her gewissen Individuen des Menschengeschlechts zugewiesenen Disposition, auch nicht im Sinne einer irgendwie von Vorfahren erworbenen Disposition, die dann auf die Deszendenten erblich übertragen wird, sondern im Sinne einer durch infantile Infektion erworbenen Disposition, die, auf dem Umwege über die Skrofulose und ihre Folgezustände, in der Lungenspitzenverkäsung ihre erste charakteristische Manifestation erfährt.

Die Lungenschwindsucht ist bloss das Ende von dem einem Schwindsuchtskandidaten schon an der Wiege gesungenen Liede.

Sechster Abschnitt.

Programm für eine Analyse betreffend die Phthiseogenese beim Menschen und bei Tieren.

1. Lungenphthisis kann im Meerschweinchenversuch erzeugt werden durch Infektion mit Tb. von der Mundhöhle aus, und zwar unter solchen Bedingungen, dass jede direkte Aufnahme von Tb. in die Lungen (Alveolärinfektion auf dem Luftwege durch die Trachea hindurch = aërogene und inspiratorische Lungeninfektion) ausgeschlossen ist. Diese parapulmonale Infektion mit Schwindsucht erzeugendem Erfolg kann bewirkt werden durch:

a) Infektion vom Zungenparenchym aus,

b) Verfütterung von Tb. mit der Milchnahrung.

2. Die auf diese Weise von mir experimentell erzeugte Lungenphthise führe ich zurück auf lymphogene und hämatogene Lungeninfektion nach voraufgegangener skrofulöser Erkrankung.

(Definition des Ausdrucks „Skrofulose" als multiple verkäsende Herderkrankung in Lymphdrüsen und in anderen Organen, bedingt durch Tb.-Infektion. Ueber die Etymologie des Wortes „Skrofulose" (griechisch = „Choeraden") s. Virchow's Geschwülste Bd. II. S. 558 ff.)

3. Andere Arten der experimentellen Phthiseogenese.

a) v. Baumgarten's Versuchsanordnung zur willkürlichen Erzeugung der Lungenphthise durch primäre Infektion des Urogenital-Apparats.

b) Die Versuche von Troje und Tangl mit künstlich abgeschwächten Tuberkelbazillen.

4. Kritische Analyse der sogenannten „Inhalationstuberkulose" der Meerschweine und Kaninchen, mit dem Ergebnis, dass sie nicht auf primär-pulmonale Infektion zurückzuführen ist.

a) Eigene Versuche, in welchen das typische Bild einer Inhalationstuberkulose hervorgerufen wurde durch lymphogenen und hämatogenen Tb.-Import, mit vollkommenem Ausschluss der primär-alveolären oder bronchialen Infektion.

b) Die Versuche von Weleminsky (Hüppe) über lymphogenen Tb.-Transport.

c) Unterscheidungsmerkmale zwischen tuberkulöser Lungenschwindsucht und sogenannter Inhalationstuberkulose, welche im wesentlichen eine Halsdrüsentuberkulose ist.

5. Unwahrscheinlichkeit einer wesentlich für die Phthiseogenese ins Gewicht fallenden primär-bronchialen oder gar primär-alveolären Tb.-Infektion nach aërogenem Tb.-Import in den Mund und die Nase.

6. Begründung meiner Annahme:

a) Dass inhalierte Tb. unter den in der Natur für den Menschen in Betracht kommenden Verhältnissen durch lymphatische Rezeptoren-Apparate aufgenommen werden, ohne zunächst an den Eintrittspforten in die Lymphbahnen Tuberkuloseerkrankung zu machen.

b) Dass inhalierte Tb. nach dem Eindringen in die Lymphbahnen des Nasen-Rachenraumes zum Teil in submentalen und Halslymphdrüsen Haltestationen finden; zum Teil bis zu den Mediastinaldrüsen und Bronchialdrüsen transportiert werden; zum Teil in die Blutbahn gelangen und dann hämatogene Infektionen bewirken, insbesondere an den peripherischen (subpleuralen) Endigungen der Arteria pulmonalis, wo Tuberkel entstehen, von denen aus dann das Lungenparenchym infiziert werden kann; zum Teil endlich auch durch den Magen hindurch zu den unteren Darmabschnitten verschleppt werden, und von da aus in die mesenterialen Lymphdrüsen, in die V. portae und in das Netz gelangen können.

c) Dass der Tb.-Import in die Lymphbahnen vermittelt wird durch die primäre Tb.-Aufnahme in leukozytäre Wanderzellen.

7. Bei Pflanzenfressern werden die Tb. vorzugsweise vom Blinddarm aus in die mesenterialen Lymphdrüsen eingeschleppt, beim Menschen fungieren auch die agminierten Follikel des Dünndarms und die solitären Follikel des Dickdarms als Eintrittspforten (cfr. Carl Hof, „Ueber primäre Darmtuberkulose". Kieler Dissertation 1903. Vgl. auch v. Hansemann „Ueber Fütterungstuberkulose". Berliner klin. Wochenschr. 1903, Nr. 7.)

8. Hinweis auf die besonderen Magenverhältnisse der Wiederkäuer und Bemerkungen über primäre Magentuberkulose (Schottelius).

9. Notiz über die primäre Entstehung lokalisierter Tb.-Herde im Omentum minus nach stomachaler Infektion in einer frühen Säuglingsperiode nach Versuchen, die in Gemeinschaft mit dem Anatomen Prof. Disse ausgeführt worden sind.

10. Experimentell und statistisch (kasuistisch) festgestellte Besonderheiten der Säuglingsinfektion vom Intestinalapparat aus:

a) Fütterungsversuche mit Milzbrandbazillen und anderen Bakterien in Gemeinschaft mit Dr. Much.

b) Sporenfütterungen, welche zu Lungenerkrankungen führten.

c) Tuberkulosevirus verhält sich in vielen Beziehungen mehr wie die Dauerform des Milzbrandvirus, zumal das in käsigem Eiter nachweisbare Tuberkulosevirus.

d) Die Beobachtungen von Adalbert Czerny und Paul Moser über Bakterien im Blute lebender menschlicher Säuglinge (1894).

e) Carl Weigert's Angaben über die Durchgängigkeit des Intestinalapparats sehr jugendlicher Kinder für Tuberkulosevirus (aus dem Jahre 1883), zitiert in Deutsche medizin. Wochenschr. 1903, Nr. 41.

f) Raw's Mitteilung (British med. Journal 1903, Januar- und März-Heft) über eine Statistik betreffend 300 Fälle von Tabes meseraica, von denen kein einziger bei solchen Kindern gefunden wurde, die ausschliesslich an der Brust ernährt worden waren, in denen vielmehr durchweg längere Zeit Kuhmilch zur Säuglingsernährung diente.

11. In dichtbevölkerten Kulturländern wird wahrscheinlich jeder Mensch gelegentlich mit Tuberkulose infiziert. Der Erfolg der Infektion ist ausser von der Qualität und Quantität des Tb.-Virus in hohem Grade abhängig von dem physiologischen Zustande des infizierten Individuums und von akzidentellen Infektionsbedingungen (interkurrente pathologische Faktoren; endogene und exogene Infektionsbedingungen).

12. Es ist noch nirgends ein einwandsfreier Beweis dafür erbracht worden, dass ein erwachsener Mensch durch inhalierte Tb. unter den in Kulturländern durchschnittlich vorhandenen Lebensbedingungen jemals pulmonale, bronchiale, tracheale und laryngeale Tuberkuloseherde bekommen hat, wenn er nicht vorher schon infiziert und dadurch überempfindlich geworden war gegenüber dem Tuberkulosegift.

13. Gegen die tuberkuloseerzeugende Wirkung der Tb. vom Intestinalapparat aus erscheinen gesunde, erwachsene Menschen ausreichenden Schutz durch die Beschaffenheit ihrer Schleimhautoberfläche und durch die antibakterielle Wirkung der Verdauungssäfte zu besitzen; wie denn auch erst noch zu beweisen ist, dass von tuberkulösen Rindern stammende Tb.-haltige Nahrungsmittel (Milch, Butter, Fleisch) gesunde erwachsene Menschen vom Intestinalapparat aus tuberkulosekrank machen können.

14. Erwachsene Menschen akquirieren wahrscheinlich in gar nicht seltenen Fällen Intestinaltuberkulose durch Tb.-haltige Nahrungsmittel, wenn die Epitheldecke der intestinalen Schleimhäute defekt wird, oder wenn gar bis in das Parenchym der Wandungen des Tubus alimentarius eindringende Geschwürsbildung besteht. (Exanthematische Krankheiten, Typhus abdominalis, Dysenterie, Carcinomatose u. a.)

15. Ob erwachsene Menschen, wenn bei ihnen zur Entstehung intestinaler Infektion günstige Bedingungen gegeben sind, primär Tuberkulose-Herderkrankungen der Darmwand oder primär Herderkrankungen der Mesenterialdrüsen und des Peritoneums erleiden, wird wesentlich bedingt durch den Umstand, ob sie durch voraufgegangene Infektion tuberkulin-überempfindlich geworden sind oder nicht. Tuberkulin-überempfindlich gewordene Individuen neigen zu Herderkrankungen an der Eintrittsstelle für das Tuberkulosevirus, wenn an dieser zum Tb.-Import durch leukozytäre Wanderzellen Gelegenheit gegeben ist. Diese Gelegenheit fehlt in der virilen Infektionsperiode an solchen Stellen, wo der lymphatische Rezeptorenapparat verödet ist

16. Zur Aufklärung der Entstehungsweise von käsiger Pneumonie und tuberkulösen Bronchopneumonien ist bei Sektionen das Uebergreifen verkäster Mediastinal- und Bronchialdrüsen auf Bronchialäste (vgl. [Ribbert] Sievers, Marburger Dissertation vom 14. August 1902) aufs Sorgfältigste zu berücksichtigen, bevor mit einer aërogenen oder hämatogenen Pathogenese gerechnet wird.

17. Kritische Analyse einiger statistischer Angaben, welche die alveoläre Lungentuberkulose direkt auf inhalierte Tb. zurückführen wollen, mit besonderer Berücksichtigung der in der Zeitschrift für Hygiene (1903) von Mitulescu zitierten Angabe Knopf's (New-York), dass in einer in Michigan gelegenen Stadt (Lansing) 20 Bibliothekbeamte durch die

Beschäftigung mit Tb.-haltigen Büchern schwindsüchtig geworden sein sollen. Wahrscheinlichkeit meiner Annahme, dass Knopf durch unwissenschaftliche briefliche Mitteilungen aus Lansing irregeführt worden ist; Nachweis, dass Mitulescu wiederum Knopf falsch verstanden hat.

18. Es ist bis jetzt nicht einwandsfrei bewiesen, dass Menschen nach Hautinfektionen mit Mensch-Tb. oder Rind-Tb. phthisisch geworden sind. (Eigene Beobachtungen über Infektionen an der Hand beim Arbeiten mit Tuberkelbazillen von verschiedener Herkunft.)

19. Berechtigung des von Virchow ausgesprochenen Satzes (in seinem Aufsatz über „Phymatie, Tuberkulose und Granulie“): „Die Geschichte der Phthise hat vielmehr mit käsigen Hepatisationen zu tun, als mit Tuberkeln.“ (Virchow's „Tuberkel“-Begriff.)

20. Die Analyse der Lungenschwindsuchtentstehung hat zu beginnen mit dem Studium der örtlich und zeitlich primären Angriffe der in den Organismus importierten Tb.

21. Als primäre Angriffpunkte für Tb. haben wir in der Regel anzusehen myelogene Leukozyten im Blute und in lymphatischen Rezeptoren-Apparaten, demnächst die Muskelelemente in den Wandungen kleinster Gefässe. Endothelien und Epithelien können durch eingewanderte Leukozyten (Patella) Träger der Tb. werden.

22. Für den krankmachenden Erfolg des Tb.-Imports haben wir, abgesehen von der Frage nach dem Virulenzgrad, nach der Dosierung, nach der einmaligen oder mehrmaligen Tb.-Zufuhr, nach den primären Angriffsstellen (regionär und zellulär), besonders noch zu berücksichtigen die Altersperioden, in welchen die primäre Infektion stattfindet. Ich unterscheide deren folgende vier:

a) Infantile Infektionsperiode,
b) puerile   „
c) virile   „
d) senile   „

23. Für die epidemiologische Lungenschwindsuchtentstehung ist die infantile Tb.-Infektion, mit nachfolgender latenter oder manifester Skrofulose in der puerilen Infektionsperiode, von so wesentlicher Bedeutung ist, dass man den Satz aufstellen kann:

„Eine infantile tuberkulöse Infektion prädisponiert zur tuberkulösen Lungenschwindsucht.“

24. Die primäre Infektion vom Mund und von der Nase aus mit so wenig Tuberkulosevirus, wie bei dem Import mit Nahrungsmitteln oder gar bei der Tb.-Inhalation unter den von Natur gegebenen Lebensbedingungen in Frage steht, hat nach dem Eindringen der Tuberkelbazillen in die Blutbahn zunächst eine Alteration der Wandungen kleinster Gefässe zur Folge. Diese äussert sich:

a) mikroskopisch in einer Auflockerung der Gefässwandung, zwischen deren Elementen alsbald nach der Infektion Tb. gefunden werden, welche durch Wanderzellen importiert und nach dem Zugrundegehen der Wanderzellen frei geworden sind;

b) in primären funktionellen Störungen, die erkannt werden können an dem Verhalten der Temperaturkurve und der Herzaktion;

c) in sekundärer Tuberkulin-Ueberempfindlichkeit.

25. Die Gefässwandalteration kann nach schwacher Infektion in kurzer Zeit wieder rückgängig werden unter Beseitigung der eingedrungenen Tb. Sie lässt aber ausnahmslos eine Tuberkulin-Ueberempfindlichkeit zurück von verschiedener Intensität und verschiedener Dauer, je nach dem Virulenzgrad der infizierenden. Tb. und je nach ihrer mehr örtlich begrenzten oder allgemeinen Einwirkung auf das Gefässsystem.

26. Nach mässig starker Infektion kommt es zur Ausbildung transparenter submiliarer Eruptionen (unserer heutigen grauen Miliartuberkel), zumal um die kleinsten Gefässe seröser Häute herum. Diese Eruptionen sind organisationsfähig, und zwar liefern sie nach ihrer Abheilung ein Gewebe, welches vollkommen identisch ist mit dem Gewebe, aus welchem sie hervorgegangen sind. (Bichat, Leber, Empis und viele andere ältere Forscher.) Aufrecht: Dtsch. Arch. f. klin. Med., Bd. LXXV.

27. Ein derartiger starker Import von Tb. in die Blutbahn, dass die kleinsten Gefässe verstopft werden — zumal die Cohnheimschen Endarterien der Milz, der Lungen und der Nieren (vgl. Aufrecht, Arch. f. klin. Med., Bd. LXXV) — führt zur Exsudation gerinnungsfähiger Flüssigkeit und zur Nekrobiose des extravaskulären Versorgungsgebietes der thrombosierten Endarterien. In das abgestorbene Gewebe werden durch Wanderzellen Tb. eingeschleppt, welche sich hier vermehren und eine chemische Umsetzung bewirken, welche zuerst in speckartiger (steatomatöser), dann in käsiger Metamorphose ihren Ausdruck findet (cf. Koch, Bd. II der Mitteil. aus dem Kaiserl. Gesundheitsamt, S. 21 und Tafel IX, Fig. 45 und 46). Eigene Beobachtungen. Aufrecht, l. c.; vergl. auch das kritische Referat von Virchow über die älteren Arbeiten von Vetter, Gendrin, Lobstein, Lombard, Cruveilhier, Bayle, Baillie, Laënnec, Rilliet u. Barthez, Vulpian, Craigie usw. aus der ersten Hälfte des 19. Jahrhunderts in „Phymatie, Tuberkulose und Granulie" und im II. Bd. von „Die krankhaften Geschwülste".

28. Als Folgezustände primärer tuberkulöser Herderkrankungen sind aufzuzählen:

a) anatomisch nachweisbare Residuen,

b) funktionelle Alterationen.

29. Funktionelle Alterationen können bestehen bleiben ohne anatomisch nachweisbare Residuen des primären Infektionsprozesses.

Ich teile die funktionellen Alterationen ein in:

a) Immunität gegenüber dem belebten Tuberkulosevirus zurücklassende Alterationen, welche wahrscheinlich in einem besonderen Zustand der Gefässwandmuskulatur zu suchen sind und wenigstens anfänglich immer einhergehen mit Ueberempfindlichkeit gegenüber dem löslichen Tuberkulosegift.

b) Skrofulöse Diathese, bestehend in einer derartigen Veränderung im Bereich des Gefässsystems und der lymphatischen Apparate, dass bei erneuten Tb.-Infektionen verkäsende Herderkrankungen sich mit besonderer Leichtigkeit einstellen.

30. Als skrofulöse Infektionsprozesse fasse ich auf:

a) Lupus, den ich als kutane additionelle Tb.-Infektionsleistung interpretiere.

b) Drüsenskrofulose[1]) einschliesslich der Mediastinal-, Bronchial- und Mesenterialdrüsentuberkulose.

c) Knochenskrofulose und Gelenkskrofulose.

d) Skrofulose im Bereich der äusseren Körperbedeckung, der Schleimhäute, der lymphatischen Bahnen.

e) Käsige Metamorphose in inneren Organen mit Einschluss der Sinnesorgane und der Gefässintima.

31. Die klinisch diagnostizierbare akute Miliartuberkulose des Menschen ist in der Regel als provokatorische Sekundärinfektion aufzufassen, ausgehend von Skrofulose der Gefässintima, wenn von verkäsenden Intimatuberkeln nach ihrem Zerfall viele Tb. auf einmal in die Blutbahn gelangen (Weigert-Ponfick).

32. Der wegen ihrer besonderen Dignität für die Lungenschwindsuchtsentstehung für sich zu betrachtenden Lungenspitzenerkrankung in der virilen Infektionsperiode gehen Folgezustände einer infantilen Infektion vorauf, unter welchen obenan stehen die sekundäre Hypoplasie der glatten Muskulatur (Gefässmuskeln, Bronchialmuskeln, Darmwandmuskeln); demnächst die Verödung lymphatischer Apparate (quantitative und qualitative Reduktion der follikulären Rezeptorenapparate im Tubus alimentarius; Lymphdrüsenzerstörung; dann die sekundäre Hypoplasie anderer primärer Angriffspunkte für die Tb.-Wirkung (in der Milz, in den Knochenmarkshöhlen, an serösen Häuten der grossen Körperhöhlen und der Gelenkhöhlen). Die Prädilektion der Brustkorbkuppel für immobilisierende Alterationen hängt wahrscheinlich zusammen mit ihrer Exponiertheit für Tb.-Infektionen im Anschluss an voraufgegangene Mediastinaldrüsenskrofulose, während die Prädilektion der Lungenspitzen für verkäsende Herderkrankungen wiederum in kausalen Zusammenhang zu bringen ist mit sekundären Verknöcherungsprozessen an den Gelenkverbindungen der Brustwandkuppel auf skrofulöser Grundlage (cf. Aufrecht l. c.).

33. Akut verlaufende Eruptionen grauer, nicht verkäsender Tuberkel, insbesondere auf den serösen Häuten der drei grossen Körperhöhlen, konnten in meinen Versuchen an tuberkulösen Rindern provoziert werden durch Tuberkulinbehandlung, wobei nicht selten die interkurrente Exazerbation nach ihrem Ablauf den alten Infektionsprozess günstig beeinflusste.

34. Auch beim Bestehen verkäsender Herderkrankungen sind die nebenher auftretenden submiliaren transparenten Eruptionen (Granulie der älteren Autoren) als organisationsfähig und spontan heilbar anzusehen. Sie sind beim Menschen viel häufiger, als man bisher angenommen hat, was u. a. hervorgeht aus ihrer zufälligen Feststellung bei der Eröffnung der Bauchhöhle solcher jugendlicher Individuen, die keine klinisch diagnostizierten Symptome einer Miliartuberkulose darboten.

Es ist von hohem Interesse, das Schicksal derartiger Individuen mit geheilter Miliartuberkulose des Bauchfells nach der Richtung hin weiter zu verfolgen, ob in viriler Altersperiode bei ihnen die Disposition zur Lungenschwindsucht erhöht oder vermindert ist.

---

1) Es empfiehlt sich, den Namen Skrofulose für die mit Verkäsung einhergehenden Tb.-Infektionsprozesse ausserhalb der Lungen beizubehalten, wenn man den Zusammenhang mit den histogenetisch so ausserordentlich wichtigen Forschungsergebnissen früherer Zeiten wieder herstellen will.

35. Das klinische Krankheitsbild der Skrofulose in der puerilen Infektionsperiode wird ätiologisch kompliziert durch anderweitige Infektionsprozesse, namentlich im Bereich der äusseren Körperbedeckung. Die nach infantilen Tb.-Infektionen zurückbleibenden funktionellen Alterationen des Gefässsystems finden ausser in der erhöhten Tuberkulinempfindlichkeit einen Ausdruck noch in einer grossen Labilität des dynamischen Gleichgewichts der Zirkulationsverhältnisse (lymphatische Konstitution), welcher zufolge durch parasitäre und toxische Agentien ekzematöse Eruptionen viel leichter ausgelöst werden, als bei solchen Individuen, die keine infantile Tb.-Infektion (mit unvollkommener Heilung) erlitten haben. Zur Erklärung der skrofulösen Phänomene können wir gegenwärtig auch die Erfahrungen auf dem Gebiet der Lehre von der Anaphylaxie heranziehen.

36. Die Symptome der sogen. Schwindsuchtsanlage sind der Ausdruck für eine unvollständige Ueberwindung der infantilen und puerilen Infektionsperioden. Die vorwiegende Beteiligung der Muskelelemente an den Reaktionen auf im Blute kreisende Tb. ist geeignet, die Entwicklungshemmungen und Schwächezustände der mit glatten Muskelfasern ausgestatteten Organe (Gefässwandmuskeln, Darmwandmuskeln, Bronchial-wandmuskeln) verständlich zu machen. Ob die Schwächezustände und Entwicklungshemmungen im Bereiche der quergestreiften Muskeln (Herzmuskel, Skelettmuskeln) unmittelbar oder mittelbar der Tb.-Infektion zur Last zu legen sind, bedarf ebenso noch weiterer Untersuchungen, wie die Frage nach dem Mechanismus des Zustandekommens der Brustkorbanomalien bei Schwindsuchtskandidaten. Eine nach dem Ueberstehen der (skrofulösen) puerilen Infektionsperiode sich einstellende partielle Verkümmerung der intestinalen lymphatischen Rezeptorenapparate ist vermutlich dafür verantwortlich zu machen, dass auch reichliche Nahrungszufuhr den Fettansatz nur wenig befördert.

37. Es ist die Möglichkeit zu berücksichtigen, dass im Verlauf der puerilen Infektionsperiode eine Entwicklung verkäsender Tuberkel an den Gelenkverbindungen zwischen Rippenknorpel und Brustbein sich ebenso gut abspielen und mit Defektheilung enden kann, wie an den Gelenken der Extremitäten, dass wir aber die skrofulösen Brustkorberkrankungen klinisch viel weniger leicht diagnostizieren können wie die skrofulösen Knochenerkrankungen an den Extremitäten, von denen wiederum skrofulöse Knochenerkrankungen der unteren Extremitäten der klinischen Diagnose weniger Schwierigkeiten entgegensetzen, als die der oberen Extremitäten, weil auch leichtere Alterationen im Knochensystem beim Gehen und Laufen durch funktionelle Störungen sich bemerkbar machen.

38. Für eine detaillierte Analyse der Lungenschwindsuchtsentstehung sind ausser den Folgezuständen der infantilen und puerilen Infektionsperiode noch zu berücksichtigen:

a) Additionelle virile Tb.-Infektionen (cf. Romberg, Deutsches Arch. f. klin. Med., 1903).

b) Die Mitwirkung komplizierender Infektionen.

c) Die Mitwirkung allgemeiner hygienisch-diätetischer Schädigungen.

---

39. Für meine Tuberkulosebekämpfungspläne ergeben sich nach alledem folgende nächstliegende Gesichtspunkte:

a) Vermeidung des Tb.-Imports mit den Nahrungsmitteln, insbesondere mit der Milch im infantilen Lebensalter.

b) Zufuhr von Tb.-Antikörpern mit der Milch in der frühesten Säuglingsperiode zum Zweck der Unschädlichmachung von aërogenen, trophogenen etc. Tb.

Siebenter Abschnitt.
Die infantile Tuberkuloseinfektion und ihre Bekämpfung.

Im Jahre 1906 habe ich im Deutschen Landwirtschaftsrat ausführlich berichtet über die Beziehungen der Rinderperlsucht zur Entstehung der menschlichen Lungentuberkulose und ich habe dabei besonders berücksichtigt die tuberkulösen Säuglingsinfektionen, welche durch Kuhmilchtuberkelbazillen verursacht werden. Durch amerikanische, dänische und englische Sammelforschungen ist bestätigt worden, dass die Perlsuchtbazillen von den menschlichen Tuberkelbazillen im wesentlichen sich nur durch ihre grössere Fähigkeit zur Tuberkelbildung und Krankheitserzeugung unterscheiden, und namentlich von England aus ist die Gefährlichkeit der Kuhmilchtuberkelbazillen durch offizielle Kundgebungen zur allgemeinen Kenntnis gebracht worden.

Die Entstehung der Lungentuberkulose durch Säuglingsinfektion hat man sich folgendermassen vorzustellen.

Wo und wie auch immer zu allererst das Virus in den lebenden Organismus eindringt, ob von der äusseren Haut aus oder durch die intestinalen Schleimhäute hindurch mit den Nahrungsmitteln oder durch Einatmung in die Luftwege, schliesslich muss es das Blut passiert haben, wenn es zur Lungentuberkulose unter natürlichen Lebensverhältnissen führen soll. Das ist der Sinn unserer heutigen Lehre von der hämatogenen Schwindsucht, welche Lehre im Gegensatze steht zu der Cohnheim-Koch'schen Lehre von der inspiratorischen Lungentuberkuloseentstehung. Auch die Milchtuberkelbazillen gelangen auf dem Umwege über das Blut in die Lungen und beginnen hier ihr Zerstörungswerk durch Tuberkelbildung, und die Säuglingsinfektion mit Milchtuberkelbazillen steht nach meiner Auffassung so sehr im Vordergrunde unter den Faktoren der Schwindsuchtsentstehung, dass ich es für zweckmässig halte, sie in einem besonderen Abschnitt zu besprechen.

Obwohl ich im fünften Abschnitt dieses Kapitels der Erblichkeit in der Lungenschwindsuchtentstehung eine besondere Bedeutung nicht zuerkennen konnte, so bin ich doch weit davon entfernt, den Einfluss der Eltern und anderer Familienangehöriger zu leugnen. Wenn z. B. in der Krankheitsgeschichte eines tuberkuloseverdächtigen Patienten Todesfälle an Lungenschwindsucht bei Verwandten festgestellt werden, dann würde ich die klinisch noch nicht manifestierte, aber durch Tuberkulinreaktion festgestellte Tuberkuloseinfektion immer recht pessimistisch ansehen.

Man wird mit einigem Recht mich fragen, wie ich die Vererbung leugnen und doch den Einfluss der Aszendenten, Kognaten und Hausgenossen auf die Entstehung der Lungenschwindsucht so hoch veranschlagen kann. Es bedarf jedoch blos einer kleinen begrifflichen Auseinandersetzung, um meine Auffassung der Sachlage ins rechte Licht zu setzen.

Der Ausdruck Vererbung der Tuberkulose oder vielmehr der Tuberkelbazillen kann sehr Verschiedenartiges bedeuten. Man kann da an väterliche und mütterliche Vererbung denken, man kann auf grossväterliche und grossmütterliche Vererbung und noch weiter in der Ahnenreihe zurückgehen. Wenn wir die elterliche Vererbung als kongenitale, die weiter zurückliegende als prägenitale Heredität bezeichnen, so kommt für die epidemiologische Lungenschwindsuchtentstehung im allgemeinen weder die prägenitale noch die kongenitale Heredität in Betracht und soweit man bei meiner Annahme des Verwandteneinflusses überhaupt von Vererbung reden will, müsste man von postgenitaler Heredität sprechen; dass in der Tat die menschliche Tuberkulose in der Regel postgenital entsteht, ist jetzt fast überall anerkannt.

Ich habe die Erfahrung gemacht, dass man für wissenschaftliche Forschungen, wenn man Neues entdecken will, gerade die Ausnahmen von der Regel zum Gegenstande seines Studiums machen muss; für die Praxis aber tut man gut, sich an die Regel zu halten. So werden wir auch in der Tuberkulosebekämpfung ohne Schaden die kongenitalen Tuberkulosefälle vernachlässigen können, umsomehr aber die Bedingungen studieren müssen, unter welchen im extrauterinen Leben die zur Schwindsucht führenden Tuberkuloseinfektionen entstehen, und da glaube ich eine neue Regel entdeckt zu haben, welche lautet:

„Die Säuglingsmilch ist die Hauptquelle für die Schwindsuchtentstehung."

Diese Behauptung wird auf den ersten Blick überraschen müssen. Wird doch seit langer Zeit schon darauf gehalten, dass der Säugling, wenn er nicht von seiner Mutter oder von einer Amme ernährt wird, keimfreie oder wenigstens keimarme Milch bekommt. Die Kuhmilch künstlich ernährter Kinder wird meistens vorher abgekocht, wogegen im späteren Lebensalter des Menschen viel geringere Sorgfalt verwendet wird auf die Auswahl möglichst steriler Milch. Wie ist das vereinbar mit der Tuberkulosegefahr, welche gerade die Säuglingsmilch in sich bergen soll?

Und doch ist es so, aber nicht wegen der schlechteren Beschaffenheit gerade der Säuglingsmilch sind neugeborene Kinder durch die Infektion mit Milchtuberkelbazillen viel mehr ausgesetzt, als Menschen im vorgeschrittenen Lebensalter, sondern deswegen, weil der menschliche Säugling, gleich allen tierischen Säuglingen, in seinem Verdauungsapparat der Schutzeinrichtungen entbehrt, die im erwachsenen Zustande normalerweise das Eindringen von Krankheitserregern in die Gewebssäfte verhindern.

Es hat vieljähriger experimenteller Arbeit bedurft, um diese Tatsache einwandfrei festzustellen. Gegenwärtig ist jedoch, wie ich glaube, die Beweiskette so festgefügt, dass ich nicht mehr das geringste Bedenken trage, meinen Tuberkulosebekämpfungsplan auf der Grundlage dieser Tatsache aufzubauen.

Ausgegangen bin ich von der unerwarteten Feststellung durch meinen Mitarbeiter Römer, dass genuine Eiweisskörper die Intestinalschleimhaut neugeborener Fohlen, Kälber und kleinerer Laboratoriumstiere ebenso unverändert durchdringen und ebensolche Wirkungen auf den Gesamtorganismus ausüben, wie wenn man sie direkt in die Blutbahn hineinbringt, während erwachsene Individuen aller Tierarten die genuinen Eiweisskörper erst verdauen und in Peptone umwandeln müssen, ehe sie die Intestinalschleimhaut passieren können.

Das Diphtherieheilserum und das Tetanusheilserum enthalten Heilkörper in Gestalt von genuinem Eiweiss. Davon geht nun keine Spur nach stomachaler Einverleibung in das Blut von gesunden erwachsenen Tieren und Menschen über; bei Neugeborenen dagegen kann man nach stomachaler Einverleibung fast quantitativ das unveränderte antitoxische Eiweiss experimentell im Blute nachweisen. Diese Entdeckung besagt, dass die grössten Moleküle, welche wir kennen, die Proteinmoleküle, durch die bei Erwachsenen als dialysierende Membranen fungierenden Schleimhäute nicht unverändert hindurchgehen können, während die Schleimhäute des Säuglings sich verhalten wie ein grossporiges Filter.

Es war blos eine naheliegende Konsequenz der unerwarteten Erkenntnis von dieser Ausnahmestellung der Säuglingsschleimhäute, wenn ich dann weiter nachforschte, ob nicht auch Bakterien ungehindert die Schleimhäute neugeborener und sehr junger tierischer Individuen passieren. Für die ersten Versuche nahm ich virulente Milzbrandbazillen, welche in sporenfreiem Zustande, mit Milch stomachal gegeben, erwachsene Meerschweinchen ganz gesund lassen. Sie werden ziemlich schnell mit den Exkrementen wieder ausgeschieden, nur im Blinddarm verweilen sie etwas länger. Meerschweine im Alter bis zu acht Tagen starben dagegen bei der gleichen Bazillenfütterung ebenso schnell an Milzbrand, wie nach der sonst üblichen parenteralen Infektionsmethode. Dann ging ich über zu den abgeschwächten Milzbrandbazillen, welche für Meerschweine vom subkutanen Gewebe aus unschädlich sind. Nach Verfütterung dieser abgeschwächten Milzbrandbazillen an neugeborene Meerschweine wurde das Blut bazillenhaltig gefunden, ohne dass die Versuchstiere hinterher an Milzbrand zu Grunde gingen.

Schliesslich, unter Benutzung meiner in Gemeinschaft mit Much gewonnenen Erfahrungen über die Schicksale der Milzbrandbazillen im neugeborenen und im ausgewachsenen Meerschweinchenkörper nach stomachaler Verabreichung, untersuchte ich mit Römer das Verhalten der Meerschweine gegenüber einer einmaligen Verfütterung von Tuberkelbazillen in genau abgewogener Menge. Auch hierbei zeigte sich, dass wenn nirgends mehr auf mikroskopischem Wege im Tubus alimentarius Bazillen gefunden werden konnten, der Blinddarm häufig bazillenhaltig war; und auch hier wurden nach der Verfütterung einer sehr geringen Bazillenmenge nur die neugeborenen oder wenige Tage alten Tiere tuberkulös. Gab man grössere Dosen, dann kam es vor, dass auch alte Tiere tuberkulös wurden. Bei neugeborenen Tieren findet man wenige Tage später als Sektionsbefund submiliare Verdickungen im kleinen und grossen Netz mit Tuberkelbazillen. Von besonderem Interesse ist der Entwicklungsgang der alimentären Meerschweintuberkulose bei den am Leben gelassenen alten Tieren. Immer kann man bei den mit positivem Erfolge gefütterten Tieren, während ihr Allgemeinbefinden noch durchaus normal ist, zuerst Halsdrüsentuberkulose feststellen, ein Erkrankungsmodus, welcher der menschlichen Skrofulose am meisten entsprechen dürfte. Später entwickelt sich nicht selten dasjenige Bild der pulmonalen Meerschweintuberkulose, welches man bisher als Ausdruck einer Inspirationstuberkulose aufgefasst hat.

Ich sehe in diesen Versuchsergebnissen eine experimentelle Bestätigung meiner Auffassung von der Entstehung auch der epidemiologischen Lungentuberkulose des Menschen und der epizootischen Lungentuberkulose des Rindes durch primär-intestinale Infektion und zwar durch eine intestinale Infektion in sehr jugendlichem Lebensalter.

Man wird bei einigem Nachdenken sofort noch eine weitere logische Konsequenz aus meiner experimentellen Feststellung der Durchgängigkeit infantiler Schleimhäute für Bakterien ziehen müssen. Wenn selbst nichtvirulente Milzbrandbazillen bei stomachaler Verabreichung ungehindert in das Blut der Neugeborenen hineingelangen, dann müssen ja alle Milchbakterien die Möglichkeit des Ueberganges in die Blutbahn haben, und dann müssen wir erwarten, dass die zufällige Anwesenheit krankmachender Bakterien in der Säuglingsmilch eine verderbliche Wirkung auf den jugendlichen Kindeskörper ausübt. Auf die Zahl der stomachal eingedrungenen infektiösen Keime kommt es nicht viel an. Im Darm, zumal im Blinddarm, wo sie längere Zeit verweilen können, finden krankmachende Keime eine Brutstätte, wo sie sich reichlich vermehren, und so kann auch eine keimarme Milch zur bösartigen Infektionsquelle werden. Die Gefahr der Uebertragung von Krankheitskeimen auf Brustkinder ist — abgesehen von den Tuberkelbazillen, auf welche ich später noch zu sprechen komme — nicht sehr gross, da aus dem Innern des animalischen Körpers lebende Keime nur ausnahmsweise in die Milch übergehen. Die immer auch in der ganz frischen Milch zu findenden Keime stammen her von der Körperoberfläche oder aus den Ausführungsgängen der Milchdrüsen, allenfalls noch aus den Drüsenepithelien. Das haben ad hoc angestellte eigene Versuche ergeben, bei denen ich von dem Oekonomen Herrn Rösler unterstützt wurde. Ganz anders verhält sich aber die Sache bei künstlich ernährten Neugeborenen. Bei den vielen Manipulationen, die beispielsweise mit einer in grossen Städten käuflichen Milch vorgenommen werden, ehe sie vom Kuheuter in das Milchgefäss, von da in die Sammelgefässe des ländlichen Produktionsortes, dann auf dem Transport in die Stadt in die Sammelmolkerei, hinterher bei der Abfüllung in die Kleingefässe für den Detailverkauf, schliesslich in die Häuser der Konsumenten gelangt, würde es ein wahres Wunder sein, wenn nicht gelegentlich krankmachende, von den melkenden Personen und von den vielen Menschen, die später noch mit der Säuglingsmilch zu tun haben, herstammende Keime die Milch und dann schliesslich die Milchkinder infizieren.

Dieses Wunder tritt in Wirklichkeit nicht ein. Man braucht bloss oberflächlich die Statistiken über die Sterblichkeitsziffern bei künstlich ernährten Milchkindern zu studieren, um zu erkennen, dass meine experimentellen Erfahrungen durchaus in Uebereinstimmung stehen mit den epidemiologischen Tatsachen.

Die erschreckende Zahl der Todesfälle unter den mit Flaschenmilch ernährten Kindern, welche in grossen Städten bis zu 50 pCt. im ersten Lebensjahr ansteigen kann, liegt aber nicht etwa in der Natur der Dinge;

es ist nicht eine Naturnotwendigkeit, der wir fatalistisch uns fügen
müssten. Das geht am besten daraus hervor, dass es Orte und ganze
Länder gibt, wo auch während des ersten Lebensjahres die Kindersterblichkeit sich in mässigen Grenzen hält. In Irland und Schottland,
sowie in Norwegen und Schweden übersteigt sie kaum 1 pCt. In
Stockholm sah ich ein Findlingshaus mit bewunderungswürdiger, vielleicht einzig in der Welt dastehender Organisation, in welchem die Säuglingssterblichkeit noch geringer ist.

Die Behauptung, dass die Beschaffenheit der Säuglingsmilch verantwortlich zu machen ist für die grossen Unterschiede in der Sterblichkeits-
ziffer für Milchkinder, wird heutzutage nirgends ernstlich bestritten. Nur
über die ausschlaggebenden Momente in der Milchfrage und in der Frage,
wie man in Orten mit sehr hoher Kindersterblichkeit den zum Himmel
schreienden Notstand beseitigen kann, gehen die Meinungen weit auseinander.

Nach meinen diesbezüglichen Untersuchungen wird dieser Notstand
durch die Verabreichung von sterilisierter Milch nicht mit durch-
schlagendem Erfolg bekämpft werden können. Es ist mir sogar noch
zweifelhaft, ob die Milchsterilisierung in ihrer jetzigen Handhabung überhaupt als hygienisch berechtigte Forderung dauernd gelten kann. Vorläufig haben wir jedoch nichts Besseres.

Aber die Diskussion dieser Seite der Milchfrage gehört nicht in den
Rahmen dieses Kapitels. Ich habe nur deswegen die abnorm hohe
Sterblichkeitziffer für die Milchkinder fast aller unserer grossen Städte
berührt, um ein weiteres epidemiologisches Argument anzuführen für meine
Behauptung betreffend die Schutzlosigkeit des kindlichen Tubus alimentarius gegenüber den Infektionsstoffen belebter und unbelebter Art. Denn
auch die infektiösen Gifte gehen zwar bei ganz jungen Individuen, aber
nicht bei gesunden erwachsenen Individuen unverändert durch die Intestinalschleimhaut hindurch. Die Ursache dieses so auffallenden Unterschiedes haben wir zu suchen in einer wesentlichen Differenz der anatomisch
erkennbaren Schleimhautbeschaffenheit des Intestinalapparates. Ausführliche Mitteilungen darüber hat der Marburger Anatom Prof. Disse an
verschiedenen Stellen veröffentlicht. Mit seinem Einverständnis bringe
ich hier folgendes Autoreferat zum Abdruck.

1. Der Magen des Erwachsenen besitzt einen zusammenhängenden Schleimüberzug. Dieser besteht aus den peripherischen, in Schleim
umgewandelten Abschnitten der Epithelzellen. Mikroskopisch lässt sich
schon ohne färberische Hilfsmittel die Zusammensetzung des Schleim-
überzugs aus verschiedenen Zellenterritorien erkennen.

2. Bei Säugetieren mit einfachem Magen ist zur Zeit der Geburt
die Schleimlage unterbrochen durch Protoplasmagitter, und die einzelnen,
durch schleimfreie Stellen unterbrochenen Partien der vorhandenen
Schleimlage sind bei neugeborenen Individuen viel dünner, als beim Erwachsenen.

3. Die Zeit, die nach der Geburt bis zur vollständigen Ausbildung
der Schleimlage verstreicht, ist nicht nur bei verschiedenen Tierarten,
sondern auch bei einzelnen Individuen derselben Art verschieden; für
den Menschen konnte sie bis jetzt, aus Mangel an ausreichendem Untersuchungsmaterial, noch nicht genauer bestimmt werden.

4. Beim neugeborenen Menschen wechselt die Schleimmenge in den Zellen des Oberflächenepithels; man findet schleimarme und schleimreichere Bezirke nebeneinander. Darum ist für eine genügende Orientierung über die Schleimdecke des Magens die Untersuchung vieler grösserer Schleimhautstücke an Schnittreihen eine unabweisliche Forderung. Befunde aus einzelnen Schnitten dürfen nicht verallgemeinert werden.

5. Der Schleimgehalt des Epithels der Magengrübchen (trichterförmige Einsenkungen der Schleimhautoberfläche, in welche die Magendrüsengruppen ihr Sekret entleeren) ist sowohl beim Neugeborenen, wie beim älteren menschlichen Embryo meistens grösser, als der Schleimgehalt der Epithelzellen, die die Leisten der Magenschleimhaut bekleiden; meistens enthält jede Zelle in den Magengrübchen einen dünnen Schleimpfropf; selten findet

Fig. 1.

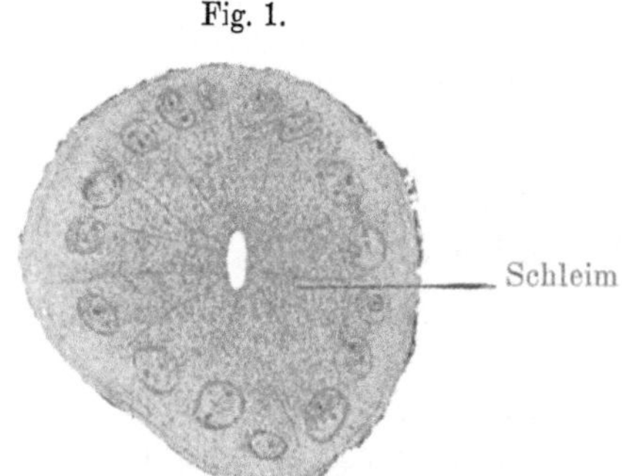

Erwachsener Hund, Magen.   Querschnitt eines Magengrübchens.   Schleimlage dunkel. Färbung mit Säurerubin.

man Gruppen von Zellen, deren Protoplasma ganz in Schleim umgewandelt ist, von Zellen mit geringem Schleimgehalt umgeben. Die Form isoliert liegender schleimgefüllter Zellen erinnert an die bekannten Becherzellen.

6. Schon bei menschlichen Embryonen aus dem 7. und dem 8. Monat habe ich im Fundusteil die Epithelien der meisten Magengrübchen in ganzer Höhe mit Schleim gefüllt angetroffen, so dass der Kern im Basalende der Zellen lag; das Epithel auf den Leisten und Kämmen der Schleimhaut war dagegen meistens noch ganz frei von Schleim, und nur wenige Zellen wiesen je einen dünnen Schleimpfropf auf.

7. Bei einem Kinde, das 2½ Tage nach der Geburt gestorben war, fand ich in den Zellen des Oberflächenepithels nur hier und da Schleim in Form eines isolierten, dünnen „Schleimpfropfs" vor. Die grosse Mehrzahl der Epithelzellen war rein protoplasmatisch.

Die Epithelzellen in den Magengrübchen waren ebenfalls, der Mehrzahl nach, schleimfrei. Einige Gruppen von Magengrübchen wurden gefunden, in denen das Epithel eine dünne Schleimlage aufwies. (Der untersuchte Magen war lebensfrisch, unmittelbar nach dem Tode, in Zenker'sche Lösung eingelegt worden.)

8. In allen menschlichen Mägen von Embryonen und Neugeborenen, die bisher von mir untersucht worden sind, war also die Schleimlage des Epithels eine unterbrochene, trotz bedeutender Schleimproduktion einzelner Stellen.

9. Bei jungen Kaninchen ist schon zur Zeit der Geburt die periphersche Schicht der Oberflächenepithelien des Magens in eine 0,003 bis 0,004 mm dicke Schleimlage umgewandelt; der Schleimüberzug ist zusammenhängend. Bis zum Ende der 6. Lebenswoche aber nimmt die Dicke dieser Schleimlage nicht zu. Ausnahmsweise and ich bei einem 14 Tage alten Kaninchen eines Wurfes, dem 3 der untersuchten Tiere angehörten, in grösseren Bezirken des Magenfundus die Epithelien noch durchaus frei von Schleim; es kommt also auch hier verspätete Schleimbildung vor.

10. Ich konnte bisher nicht mit Sicherheit feststellen, ob der Darmtraktus zur Zeit der Geburt sich so verhält wie später, oder ob Unterschiede im anatomischen Verhalten bestehen. Insbesondere über den Blinddarm besitze ich noch keine eigenen Erfahrungen."

Aus der Publikation des Prof. Disse in Nr. 1 der Berl. klin. Wochenschrift vom Jahre 1903 zitiere ich noch wörtlich einige hierhergehörige Sätze mit gleichzeitigem Hinweis auf die sehr instruktiven Abbildungen:

„Schon vor der Geburt findet man die Schleimdecke des Magens vor; aber sie weicht beträchtlich ab von der, die man in späterer Zeit antrifft. Sie ist beim älteren Fötus wie beim Neugeborenen nicht nur viel dünner, als beim Erwachsenen, sie ist auch unterbrochen und besteht aus vielen einzelnen Stücken, die durch Zellprotoplasma von einander getrennt werden. Ich gebe zunächst eine Schilderung der Verhältnisse bei einem menschlichen Embryo des letzten Monats.

Die Zellen des Oberflächenepithels sind hohe helle Prismen; die Zellgrenzen sind von der Propria bis zur freien Oberfläche hin kenntlich. Eine Zerlegung jeder Zelle in zwei Zonen, wie beim Erwachsenen, ist nicht durchführbar, die Zelle erscheint einheitlich; aber jede Zelle enthält nahe der freien Fläche eine rundliche, kuglig oder linsenförmig gestaltete Einlagerung, die aus dicht gedrängten Körnchen besteht. Sie färbt sich in Säure-Rubin leuchtend rot, wie die Schleimzone des fertigen Magenepithels, wir können aus ihrer späteren Ausbildung entnehmen, dass sie sich direkt in den Magenschleim umwandelt und wollen sie als „Schleimpfropf" bezeichnen. (Fig. 2, a und b.)

Der Schleimpfropf nimmt die axiale Partie der Zelle ein; er wird seitlich und nach unten hin vom Zellprotoplasma umgeben, und erreicht in manchen Fällen die freie Fläche der Zelle, in andren aber nicht, sodass ihn dann eine dünne Protoplasmaschicht vom Lumen des Magens trennt. Zwischen dem Schleimpfropf und dem Zellkern liegt eine dicke Schicht von Protoplasma, welche reich an gröberen Körnchen ist; der Durchmesser des Schleimpfropfs, in der Richtung der Zellenache gemessen, beträgt $1/7$ bis $1/8$ von der Gesamthöhe der Zelle.

Ein Flächenschnitt durch das Epithel, oberhalb der Zellkerne geführt, zeigt die Schleimpfröpfe in der Ansicht von oben (Fig. 2b). Man sieht, dass jeder Schleimpfropf genau die Mitte des von der Zelle gebildeten Polygons einnimmt, und dass er allseitig von einer Lage von Protoplasma umgeben wird, das auf der Figur hell gehalten ist. Auf

Fig. 2a.

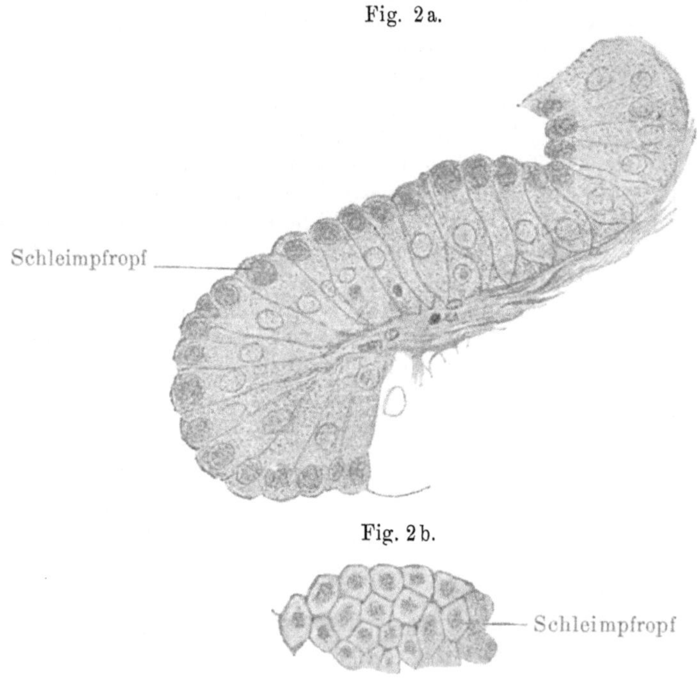

Mensch, Embryo, 10 Monat.   Magenepithel.   a Durchschnitt, b Flächenansicht.
Die Schleimpfröpfe mit Säurerubin gefärbt.

den ersten Blick könnte man glauben, die Zellkerne vor sich zu haben; diese unterscheiden sich aber, abgesehen von ihrer Struktur, schon durch ihre Färbung sehr deutlich von den Schleimpfröpfen."

Gegenüber diesen nicht bloss für die Säuglingsinfektionen, sondern auch für die intestinale Antikörper- und Giftresorption bei Neugeborenen sehr bedeutungsvollen Disse'schen Feststellungen hat Benda geglaubt, wegen seines Nachweises von Becherzellen im embryonalen Magen Widerspruch erheben zu müssen. Dazu möchte ich folgendes bemerken: Becherzellen finden sich zahlreich im Epithel des Dünndarms; sie sind mit Schleim gefüllte Zellen, die den Schleim durch eine an ihrer Kuppe befindliche Oeffnung entleeren (ihr Schleim quillt in Alkalien, koaguliert in Säuren; er unterscheidet sich hierdurch vom Magenschleim, der zwar auch in Alkalien quillt, aber in Säure nicht koaguliert). Die Becherzellen gehen aus gewöhnlichen Epithelzellen hervor, indem sich ihr Protoplasma in Schleim umwandelt. Dieser quillt (unter Wasseraufnahme?), wodurch die Zellhülle ausgebuchtet und die ganze Zelle zur

Becherzelle wird, die unter Umständen eine Rückverwandlung zur gewöhnlichen Epithelzelle erfahren kann. Es ist leicht verständlich, dass aus einer grösseren Gruppe von Epithelzellen, wenn alle gleichmässig mit Schleim gefüllt sind, keine die Becherform annehmen kann, was im Magen die Regel ist. Nur wenn einzelne Zellen in einer Zellengruppe mit Schleim gefüllt sind, kann die typische Becherform ent-

Fig. 3.

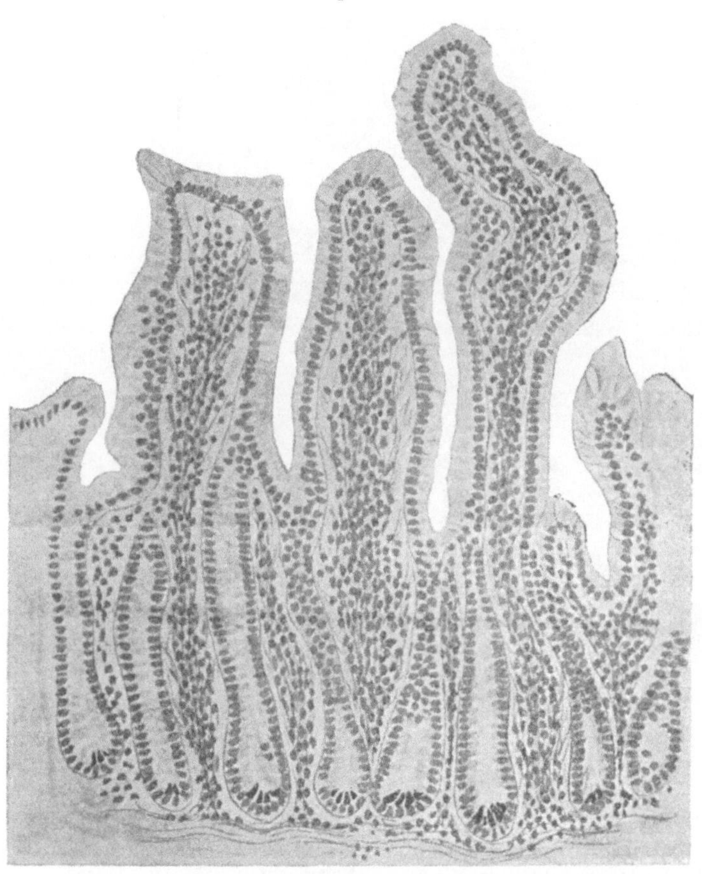

(Bloch.) Schnitt durch die Darmschleimhaut des Jejunum.
Die Schleimhaut ist natürlich, wohlerhalten. In dem Grund der Drüsen sieht man
sekretgefüllte Paneth'sche Zellen.

stehen. Wenn Nachbargruppen, infolge geringeren Schleimgehaltes der einzelnen Zellen, leichter kompressibel sind, kann eben die prismatische Form vereinzelter Zellen und Zellgruppen in die Becherform übergehen, durch ihre Anfüllung mit Schleim und den dadurch bedingten Quellungszustand.

Sehr anschaulich sind diese Verhältnisse in den Figuren 3 und 4

der schönen Arbeit von C. E. Bloch (Jahrb. f. Kinderheilkunde. 1903.
November-Nummer. S. 776) zu erkennen.

Wenn daher Benda (Diskussion in der Berl. med. Gesellschaft am
17. II. 1904) bei einem menschlichen Fötus von 7 Monaten „schönste
Becherzellen" im Magenepithel und „ausgiebigen Schleimbelag" gesehen hat, ohne zu sagen, ob alle peripherischen Abschnitte der

Fig. 4.

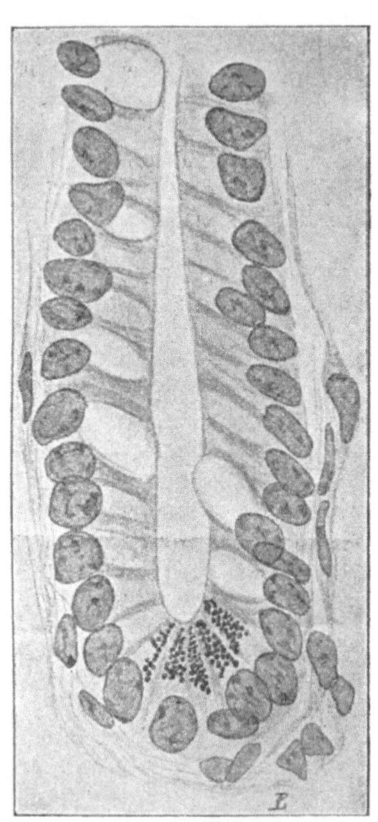

(Bloch.)   Eine Lieberkühn'sche Drüse des Jejunum.
Im Grunde der Drüse sieht man die Paneth'schen Zellen mit ihren charakteristischen
Sekretkügelchen.

Epithelzellen verschleimt waren, so dass er es mit einer zusammenhängenden Schleimlage zu tun hatte, dann möchte ich gerade aus
dem Vorhandensein (der im Magen des Erwachsenen normalerweise
fehlenden) Becherzellen schliessen, dass die Schleimbildung noch mangelhaft ist.

Im übrigen befinde ich mich auf gleichem Boden mit Benda, wenn
er sagt (Berl. klin. Wochenschr. 1903, No. 10, S. 224):

„Wir können . . . behaupten, dass alles, was in den Mund kommt,

auch in den Darmkanal hineinkommen und dort eine Infektion hervorrufen kann. Ich brauche das nicht weiter auszuführen. Der Mund ist
beim Sprechen, beim Singen usw. der Haupteingang für die Respirations-
luft. Es kommt ausserdem durch Unreinlichkeit und durch alle möglichen Zufälligkeiten eine Unmenge von Dingen in den Mund, die nicht
zur Nahrung und überhaupt nicht hineingehören. Jeder Familienvater
wird wissen, was seine Kinder alles in den Mund bringen, was eigentlich keine Speise ist und da nicht hineingehört. Aber auch Erwachsene
sind nicht immer besser geschützt. Auch wir werden uns erinnern, dass
wir als Studenten mit anderen Leuten aus demselben Weissbierglase ge-
trunken haben, bei welchen wir vorher nicht die Tuberkulinreaktion gemacht hatten. Dann weise ich darauf hin, dass sich junge Leute auch
küssen, ohne vorher die nötigen anamnestischen Daten erhoben zu haben;
auch dabei ist eine Quelle der Infektion gegeben. Und dann ist auch
sehr wichtig die gewerbliche Infektion: es ist nachgewiesen, dass Glas-
bläser durch Benutzung derselben Instrumente sich infizieren können.“
    Und (S. 224): „Wir können voraussetzen, dass, wenn wir grössere
Zahlen in Vergleichung bringen aus Ländern, in denen z. B. viel unge-
kochte Milch verzehrt, viel rohes Fleisch gegessen wird, und wenn wir dann
bedeutende Unterschiede gegenüber den Daten in gut kultivierten Ländern
haben, wo das nicht der Fall ist, wir daraus wohl einige Schlüsse ziehen
können. Da kommt aber entschieden wieder der Einwand zur Geltung,
dass wir bei solcher Statistik keine Kontrolle über die Gesichtspunkte
haben, nach denen die Pathologen ihre Diagnose gestellt haben. Wir
haben Statistiken aus England, wo primäre Darmtuberkulose bis
63 pCt. gerechnet wird. Ich habe durch persönliche Umfragen bei
mehreren Pathologen gehört, dass sie selbstverständlich Tuberkulose der Tonsillen und der submaxillären Drüsen als In-
testinal- und Fütterungstuberkulose rechnen! Also ich glaube,
dass wir am besten ganz davon absehen, diese Frage der primären
Darmtuberkulose mit der von Koch gestellten Frage der Identität von
Menschen- und Rindertuberkulose zu verquicken.“
    In einer Erwiderung hatte ich, zu Gunsten der Annahme einer mangel-
haften Schleimhautausbildung bis etwa 20 Tage nach der Geburt aller Säuge-
tierdeszendenten, angeführt, was Gmelin für das Hundegeschlecht[1]) behauptet, dass nämlich während dieser Zeitdauer die peptischen und tryptischen Fermente fehlen oder wenigstens sehr mangelhaft produziert
werden; ferner die Tatsache, dass kolloidale Antikörper durch die
Schleimhäute neugeborener Individuen ungehindert hindurchgehen und
spezifisch wirksam in das Blut aufgenommen werden, während die
Schleimhäute gesunder erwachsener Individuen eben dieselben Antikörper nicht hindurchlassen; dass Bakterien die intestinalen Schleimhäute der Neugeborenen passieren können und daraus die Schlussfolgerung abgeleitet, dass die Gelegenheit zu einer intestinalen In-

----

    1) In seiner sehr wichtigen Arbeit: „Untersuchungen über die Magen-
verdauung neugeborener Hunde“ (Pflüger’s Arch. f. d. g. Physiologie, 1902,
Bd. 90, S. 591 ff.) zitiert W. Gmelin auch Hammarsten’s Untersuchungen an Hunden
und Katzen, ferner die Arbeiten von Wolffhügel, Zweifel, Huppert, Morrigia,
Sewall, Kranenburg, Leo u. a.

fektion mit Tuberkulosevirus für Neugeborene etwas ganz anderes bedeutet, wie für Erwachsene.

An diese Auseinandersetzungen schloss sich dann ein Briefwechsel zwischen Benda und mir an, aus welchem hervorgeht, dass in bezug auf die phthiseogenetische Hauptfrage, in bezug auf die Frage nämlich, ob die infantilen Schleimhäute gegenüber der Infektion mit Tuberkulosevirus viel weniger geschützt sind, wie die Schleimhäute erwachsener Individuen, Benda und ich durchaus nicht verschiedener Meinung sind. Ich bin von Herrn Benda autorisiert worden, zum Zweck der Klarlegung der Sachlage den nachfolgenden Inhalt eines an mich gerichteten und vom 19. März 1906 datierten Briefes zu veröffentlichen:

„Ihre Untersuchungen und Theorien haben in mannigfaltigen Beziehungen in Probleme, die mich seit Jahren beschäftigen, eingegriffen; zu zwei Punkten habe ich mich gelegentlich publizistisch geäussert. Diese betrafen die Tuberkuloseinfektion der Säuglinge und die Struktur des Magendarmtraktus bei Neugeborenen.

1. Eine eigentliche Differenz besteht zwischen Ihren Angaben und meinen Erfahrungen nur hinsichtlich der Tuberkuloseinfektion der Neugeborenen. Ich habe seinerzeit auf der Konferenz der Tuberkuloseärzte (1903) darauf hingewiesen, dass die pathologisch-anatomischen Erfahrungen nicht für Ihre Auffassung sprechen, da erstens gerade bei den kleinsten Kindern die primäre tuberkulöse Erkrankung der Bronchialdrüsen überwiegend gefunden wird und dieser Befund auf die Aufnahme der Tuberkelbazillen durch den Respirationstraktus hinweist, und da zweitens der foudroyante Verlauf, der meistens bei tuberkulösen Infektionen der kleinsten Kinder beobachtet wird, gegen die Annahme einer latenten Tuberkulose bei den Neugeborenen (in Ihrem Sinne) spricht.

Hinsichtlich dieser Einwände muss ich jetzt zugeben, dass sich die Fragestellung erheblich verwickelter gestaltet hat, als mir damals schien. Es ist inzwischen bezweifelt worden, ob die von mir (in Uebereinstimmung mit Cornet) vorausgesetzte ausschliessliche regionäre Beziehung der Bronchialdrüsen zum Respirationstraktus zu Recht besteht, oder ob sich die von Weleminsky behauptete (von mir bezweifelte!) direkte Verbindung der Bronchialdrüsen mit dem Digestiontraktus bestätigt. Es ist ferner noch immer nicht klar, ob das Ueberwiegen der primären Bronchialdrüsentuberkulose überall Gültigkeit besitzt, oder ob es, wie Heller meint, nur durch ungenügende Untersuchung der Mesenterialdrüsen vorgetäuscht wird, und ob nicht vielmehr überall bei Kindern die Mesenterialdrüsentuberkulose einen wesentlichen Anteil an der Primärerkrankung hat. Selbst wenn eine Einigung dahin erzielt wird, dass in manchen Beobachtungsbezirken die Mesenterialdrüsentuberkulose, in anderen die Bronchialdrüsentuberkulose prävaliert, würde das einen bedeutsamen Beweis für die Bewertung der Fütterungstuberkulose bilden können, wenn sich ergibt, dass in ersteren Beobachtungsbezirken mehr tuberkulöse Milch zur Ernährung benutzt wird. Ich kann daher nicht umhin, meine damaligen Ausführungen hinsichtlich der Primärtuberkulose der Kinder einer Revision zu unterziehen.

2. Hinsichtlich der anderen Einwände handelt es sich bei mir nicht um eine Bekämpfung Ihrer Beobachtungen und Theorien, sondern nur um abweichende Beobachtungen meinerseits über einige Punkte, welche

Sie zu Hilfshypothesen verwandt haben, und die sehr gut widerlegt werden können, ohne dass die Hauptsachen darunter leiden. Wie ich meine, kann ich sogar vielleicht Ihren Anschauungen eine besser begründete Unterstützung zur Verfügung stellen.

Sie hatten experimentell den Digestionstraktus neugeborener Tiere als empfänglicher für Antitoxine und Infektionen befunden, als denjenigen älterer, und wollten diese Tatsache durch die Befunde Disse's über Abweichungen der Schleimsekretion des Magenepithels Neugeborener erklären. Ich habe auf Grund meines Materials behauptet, dass die Angaben Disse's für den menschlichen Neugeborenen nicht zutreffen, und verschiedene Nachuntersuchungen (Becker, von der Leyen) haben meine Angaben bestätigt, ebenso wie ich selbst bei Wiederholung meiner Untersuchung immer zu dem gleichen Ergebnis komme. Ich kann auch nicht zugeben, dass irgend eine Verschiedenheit der Schleimsekretion an der Magenoberfläche und den Magengrübchen besteht.

Ich habe von vornherein geglaubt, dass der durch Sie und Disse eingeschlagene Weg nicht zu dem von ihnen erwarteten Ergebnis führen wird, weil die Schleimsekretion des Magendarmkanals meines Ermessens auch beim Erwachsenen nicht ausreicht, um die relative Widerstandsfähigkeit der Schleimhaut gegen Infektionen und die relative Elektion gegenüber Toxinen und Antitoxinen zu erklären. Ich meine, dass diese Eigenschaften der Schleimhaut besser durch die Aktion der Verdauungsenzyme, den Bau der Oberflächenepithelien und endlich durch den grossen lymphadenoiden Apparat der Schleimhaut erklärt werden. Ich sehe besonders die Bedeutung des letzteren beim Erwachsenen darin, dass er als Filter und oberflächliche Ablagerungsstätte für die eingedrungenen Bakterien dient und einen grossen Teil der letzteren an einer Stelle festhält, wo sie, wie bei Typhus und Tuberkulose, durch Ulzerationen wieder abgestossen werden können.

Von den genannten drei Vorrichtungen sehe ich in der Epithelstruktur keine Abweichung beim Neugeborenen; aber sowohl in dem Bau der Verdauungsdrüsen, wie in der Anordnung und dem Reichtum des peripherischen Lymphapparats. Hinsichtlich der Verdauungsdrüsen habe ich mich bei mehreren Fällen überzeugt, dass die Fundusdrüsen des Magens sehr viel weiter liegen als beim Erwachsenen und dass sie sehr viel kürzer sind. Die Verkürzung trifft ausschliesslich den eigentlichen Drüsenfundus mit den Haupt- und Belegzellen, während der Drüsentrichter und Hals fast die gleiche Entwickelung wie beim Erwachsenen zeigen. Diese Struktur muss mit einer erheblichen Minderheit der Sekretion verknüpft sein, nicht nur absolut, sondern auch relativ! Es wird also der Kindermagen viele per os eingeführte Stoffe unzersetzt weiter gehen lassen und resorbieren können, die beim Erwachsenen zerstört werden.

Noch wichtiger, und ganz speziell für den Magendarmkanal des Neugeborenen, erscheint mir aber das Verhalten der peripheren Lymphknötchen, die ganz sicher nach schon vorhandenen Untersuchungen (Stöhr) beim Neugeborenen erheblich geringer entwickelt sind, und deren Entwickelung schnell fortschreitet. Im Magen der neugeborenen Kinder ist mir ihre geringfügige Entwickelung aufgefallen; im Darm (Processus vermiformis) sind schon Lymphknötchen zu sehen, aber erheblich spärlicher als später.

Ich glaube, dass hier die Untersuchung anknüpfen kann, um Ihren Beobachtungen eine gut begründete Unterlage zu geben."

Aus meinen obigen Ausführungen ist zu entnehmen, dass das Problem der Epitheldeckendifferenz im Intestinalapparat des Neugeborenen einerseits und der Individuen späterer Lebensperioden andererseits zum mindesten noch diskutabel ist. Wie aber auch schliesslich die Entscheidung fallen möge, soviel geht auch aus Benda's Untersuchungen hervor, dass meine Lehre von der besonderen Wichtigkeit der infantilen und intestinalen Infektion für die Entstehung der menschlichen Lungenschwindsucht auf viel zu breiter Basis aufgebaut ist, als dass einzelne noch problematische Argumente dieser Lehre ihre Solidität irgendwie beeinträchtigen könnten.

So muss ich denn jetzt mehr als je darauf bestehen bleiben, dass unser Kampf gegen die menschliche Tuberkulose und Schwindsucht im frühesten Lebensalter einsetzen muss, und dass wir dabei besonders im Auge behalten müssen diejenige Infektion mit Tuberkelbazillen, welche den Säugling von den durch Mund und Nase gegebenen Eingangspforten bedroht. Es versteht sich von selbst, dass, soweit es sich um die Milchinfektion handelt, die Frage, ob die Bazillen schon ursprünglich in der Milch vorhanden waren oder ihr später von irgend woher beigemengt wurden, an der Hauptsache und an der grossen Wichtigkeit der alimentären Infektion nichts ändern kann, und dass weiterhin die durch Mund und Nase eindringenden aërogenen Bazillen, wenn sie im Nasenrachenraum deponiert, oder durch den Magen hindurch zu den unteren Darmabschnitten transportiert werden, eine intestinale Infektion bedingen, trotzdem sie inhaliert sind. Die Gelegenheit zu den verschiedenen Arten der intestinalen Infektion ist in jeder mit Schwindsucht belasteten Familie überreichlich gegeben, und jede Phthisikerwohnung ist ein gefährlicher Seuchenherd.

Deswegen stelle ich für die Schwindsuchtsentstehung die in den Wohnungen tuberkulös belasteter Familien so reichlich fliessenden Infektionsquellen in den Vordergrund. Innerlich und äusserlich ist das neugeborene Menschenkind in den ersten Lebenswochen schon normalerweise so disponiert, wie ein Erwachsener unter pathologischen Verhältnissen. Nur durch seine Wegnahme von der tuberkulösen Mutter, durch die Entfernung aus der tuberkulosedurchseuchten Wohnung, durch die Ueberführung in einen tuberkulosefreien Aufenthaltsort und durch die Ernährung mit einer hygienisch einwandfreien Säuglingsmilch können wir das aus einer tuberkulös belasteten Familie herstammende Milchkind vor der Infektion mit dem Schwindsuchtsbazillus bewahren.

In reichbegüterten Familien, welchen eine sehr geräumige Wohnung zur Verfügung steht, kann diesen Indikationen auf mannigfache Art entsprochen werden. Für die grosse Volksmasse aber haben meine Studien der einschlägigen Verhältnisse zu dem Ergebnis geführt, dass es ganz unmöglich ist, menschliche Säuglinge in einem Phthisikerhause mit einiger Aussicht auf Erfolg durch die bisher empfohlenen prophylaktischen Massnahmen vor der tuberkulösen Infektion zu schützen, und dass als einzig rationelles Tuberkuloseschutzverfahren die Ueberführung in ein tuberkulosefreies Haus und die Ernährung mit hygienisch einwandfreier Flaschenmilch, insbesondere mit tuberkelbazillenfreier Kuhmilch, vorläufig und wohl auch für lange Zeit uns übrig bleibt.

Von der Beschaffenheit hygienisch einwandfreier Kuhmilch wird so viel gesprochen und auch geschrieben, und ich selbst habe verschiedentlich mich darüber so ausführlich geäussert, dass ich hier darüber hinweggehen will.

Was die Ueberführung des tuberkulosebedrohten Säuglings aus Phthisikerräumen in einen tuberkulosefreien Aufenthaltsraum angeht, so hängt diese Aufgabe eng zusammen mit den jetzt viel diskutierten Wohnungsfragen und Bodenreformbestrebungen, deren Realisierbarkeit nicht über jeden Zweifel erhaben ist. Aber ein anderer Weg kann an vielen Orten jetzt schon beschritten werden. Ich meine die Ausnutzung der ansehnlichen Geldmittel, Arbeitskräfte und organisatorischen Einrichtungen, welche der opferwillige Gemeinsinn schon in vielen Städten Deutschlands in den Dienst des Säuglingsschutzes gestellt hat. Säuglingsheim und Milchkühe sind wie geschaffen dazu, um aus den Wohnungen solcher tuberkulös und phthisisch belasteten Familien, die sich in bedrängter Vermögenslage befinden, die neugeborenen Menschenkinder wegzunehmen und gesundheitsgemäss aufzuziehen, statt erst abzuwarten, bis sie tuberkulös infiziert sind und durch skrofulöse Symptome, durch atrophische Zustände, Tabes meseraica, katarrhalische, meningitische und anderweitige Erkrankungen anzeigen, dass das Tuberkulosevirus seine unheimliche Unterminierung der Gesundheit und Jugendkralt schon begonnen hat.

Allgemein bekennt man sich zu dem Satze, dass es viel leichter ist, Krankheiten zu verhüten, als zu heilen. Wenn irgendwo, dann tritt aber dieser Satz in seiner vollen Richtigkeit und Wichtigkeit im Säuglingsalter zutage.

Die diätetische Hygiene des Säuglingsalters würde übrigens mit den tuberkulösen Infektionen gleichzeitig auch viele andere infantile Infektionen verhüten und die erschreckend grosse Säuglingssterblichkeit herunterdrücken.

Dreizehntes Kapitel.
Desinfektion.

Erster Abschnitt.
Definition der Worte „Desinfektion", „Antisepsis", „Sepsis",
„Septikämie", „Pyämie" usw.

Was man als Desinfektion und als Desinfektionsmittel zu bezeichnen habe, darüber sind zu verschiedenen Zeiten die Meinungen sehr
verschieden gewesen. Es ist deswegen notwendig, vorweg zu sagen,
was in diesem Buche darunter verstanden wird.

Der ursprüngliche Sinn des Ausdrucks „Infektion" präjudizierte
nichts weiter; er sagte nur aus, dass der lebende Organismus durch
ein krankmachendes Agens „verunreinigt" werde. Welcher Art das
infizierende, d. h. verunreinigende oder ansteckende Agens sei, diese
Frage wurde zunächst in suspenso gelassen. Auf die Dauer wollte man
sich aber mit einem so vieldeutigen Begriff nicht begnügen, und als
unter Pasteur's und Lister's Einfluss der weitgehende Parallelismus
zwischen dem Zustandekommen und dem Ablauf mancher Infektionen
einerseits und den Fäulnisprozessen andererseits in die Denkweise der
Mediziner Eingang gefunden hatte, wurde dieser Betrachtungsweise durch
die Einführung des Begriffs der „Sepsis" und der „septischen Infektion"
Rechnung getragen. Das Studium von Wunden mit üblem Geruch und
anderen Kriterien der Fäulnis liess es schliesslich fast vergessen, dass
es infektiöse Krankheitsprozesse gibt, in welchen von einer Sepsis nicht
die Rede sein kann.

Die Wundinfektion, sowie die an sie sich anschliessende Allgemeinerkrankung betrachtete man als Folgeerscheinung des Hineingelangens
von faulenden Stoffen und lebenden Fäulniserregern, deren Bedeutung
im Infektionsprozess vielfach als unwesentlich galt. Wie bis in die
siebziger Jahre des vorigen Jahrhunderts über die Frage der bakteriellen Infektionen geurteilt wurde, möchte ich durch die nachfolgende
Reminiszenz illustrieren, welche aus den humorvollen Erzählungen des
verstorbenen Frankfurter pathologischen Anatomen Karl Weigert aufbewahrt zu werden verdient.

Die Mikroorganismenforschung war vor ungefähr 40 Jahren, bevor
Ferdinand Cohn und Robert Koch die Bakterien zum Gegenstand
von Spezialstudien machten, in ein Stadium der generalisierenden Systematik eingetreten, welches durch Billroth's Buch über „Coccobacteria septica" und v. Nägeli's Lehre von den „niederen
Pilzen" am besten gekennzeichnet wird. Ueberall suchte man

gleitende Uebergänge nachzuweisen, und wenn Darwin für die höheren Lebewesen Tausende und Millionen Jahre für ihre Umwandlung forderte, so glaubte man mikroskopische Formen in ihrer Umbildung mit eigenen Augen verfolgen zu können und Artverschiedenheiten unter den Bakterien ganz in Abrede stellen zu müssen. So kam es, dass auf einem Chirurgenkongresse Mitte der siebenziger Jahre ein Forscher von nicht zu unterschätzender Bedeutung die Unschädlichkeit „der Bakterien“ und ihre bloss akzidentelle Rolle in der Entstehung der Wundinfektionskrankheiten dadurch einwandsfrei demonstrieren wollte, dass er sich vor der Versammlung eine Suspension von ubiquitären Bakterien in destilliertem Wasser unter die Haut einspritzen liess, ohne dass danach eine entzündliche Reaktion eintrat. Gegen die Beweiskraft dieses Versuchs trat nun Weigert mit dem Einwand auf, dass durch die Uebertragung in destilliertes Wasser die Bakterien möglicherweise in ungünstige Lebensbedingungen gerieten, also malträtiert und in ihrer krankmachenden Energie geschädigt würden. Ausserdem aber wies er auf die Möglichkeit hin, dass es schädliche und unschädliche Bakterien geben könnte, wie denn ja mindestens 10 morphologisch verschiedene Bakterienarten schon mit Sicherheit nachgewiesen wären, darunter auch solche, z. B. Milzbrandbakterien, deren krankmachende Fähigkeit nicht mehr bezweifelt werden könne. Dieser Kritik Weigert's folgte nun eine sehr lebhafte Polemik. Sein erster Einwand wurde mit der Bemerkung abgetan, dass er, statt an den Verstand der Leser, an ihr Gefühl appelliere; was aber die Behauptung von festen Arten unter den Bakterien angehe, so müsse Weigert erst überzeugende Beweise dafür beibringen. Ehe nun Weigert von neuem auf die Antikritik antwortete, wandte er sich vorsichtigerweise erst an den ihm von Wollstein bzw. Breslau bekannten Kreisphysikus R. Koch mit der Anfrage, ob er (Weigert) sich auch nicht zu weit vorgewagt hätte in der Zahlenangabe betreffend die scharf zu unterscheidenden Bakterienarten. Da habe ihn denn Koch beruhigt mit der Erklärung, dass er ohne Bedenken von 100 und noch mehr artlich verschiedenen Bakterien, die sich ineinander nicht umwandeln lassen, sprechen dürfe.

Soweit also überhaupt die „akzidentellen“ Wundkrankheiten und die sich daran anschliessenden Allgemeinerkrankungen mit Mikroorganismen vor 40 Jahren in Zusammenhang gebracht worden sind, wurden diese als vielgestaltige Bakterienart angesehen, die mit dem Namen „Coccobacteria septica“ genügend gekennzeichnet schien. Klinisch aber unterschied man zwei Hauptformen der akzidentellen Wundinfektion, die Septikämie oder das Faulfieber, als deren charakteristisches Merkmal man die Blutzersetzung ansah, und die Pyämie, von welcher man dann sprach, wenn eitrige Metastasen bei der Leicheneröffnung gefunden wurden. Die Pyämie sollte mit der Septikämie vereinigt auftreten können und hiess dann Septikopyämie.

Der Befund von tiefgelegenen Eiterherden ohne nachweisbare Wundinfektion fand in dem Wort „kryptogenetische Septiko-Pyämie“ seinen Ausdruck.

In der medizinischen Praxis wurden somit alle Wundkrankheiten auf septische Infektion zurückgeführt, und Lister handelte durchaus konsequent, wenn er alle Massnahmen, die gegen die krankmachenden

Wirkungen einer Infektion gerichtet sind, als „antiseptisch" bezeichnete. Die in den infizierten Wunden zu findenden Mikroorganismen
und ihre Stoffwechselprodukte brauchte er nicht zu differenzieren, so
lange ihm die Fäulnis ein einheitliches Ganzes war, dessen wesentlichstes
Merkmal in der Zersetzung organischer Substanz besteht.

Lister's Antisepsis umfasste sowohl prophylaktische wie kurative
Massnahmen. Erst in späterer Zeit, nach dem Bekanntwerden der ätiologischen Untersuchungen R. Koch's, wurde das Wort „antiseptisch" in einem
mehrfach abgeänderten und eingeschränkten Sinne gebraucht, bis schliesslich die ursprüngliche Bedeutung ganz verloren ging und der Begriff
„fäulniswidrig" dem Wort „entwicklungshemmend" Platz machte. Nachdem nämlich R. Koch für den Milzbrand, die Mäuseseptikämie, ferner
für eine als „Pyämie" bezeichnete infektiöse Erkrankung der Kaninchen,
schliesslich für die Tuberkulose und andere Krankheiten des Menschen
solche Parasiten als Krankheitserreger nachgewiesen hatte, die mit der
Fäulnis nichts zu tun haben, und nachdem später auch für die vulgären
Wundinfektionen des Menschen gut charakterisierte Staphylokokken und
Streptokokken als Infektionserreger gefunden waren, hatte die Bezeichnung „antiseptisch" ihre Berechtigung eigentlich ganz eingebüsst;
R. Koch behielt jedoch diese Bezeichnung noch bei für die das Wachstum von Mikroorganismen in toten, fäulnisfähigen Nährsubstraten
schädigende Wirkung chemischer Präparate — mit der Einschränkung,
dass nur die Entwicklungshemmung der Mikroorganismen unter den
Begriff der Antisepsis fällt, nicht aber die Abtötung derselben.

Als „Desinfektion" bezeichnete R. Koch das Unschädlichmachen
und Abtöten der lebenden Krankheitserreger.

Als es im Jahre 1881 galt, aus dem Wuste von angeblichen Desinfektionsmitteln diejenigen herauszufinden, welche für die Desinfektionspraxis empfehlenswert sind, wurde von R. Koch als Kriterium hierfür
die Fähigkeit angesehen, alle, auch die widerstandsfähigsten Mikroorganismen abzutöten. Wenn daher beispielsweise die Milzbrandsporen
durch ein Mittel nicht abgetötet wurden, so konnte dasselbe für die
Anfangs der 80er Jahre von R. Koch begründete moderne Desinfektionspraxis als zuverlässiges Desinfektionsmittel nicht angesehen werden, da
ja die noch unbekannten Infektionsstoffe ebenso widerstandsfähig, ja
noch widerstandsfähiger sein konnten, wie die Milzbrandsporen. In
seiner Arbeit: „Ueber Desinfektion" wird deshalb aufs schärfste
unterschieden zwischen solchen Desinfektionsmitteln, welche bloss sporenfreie Bakterien zu töten imstande sind, und solchen, die auch sporenhaltiges Infektionsmaterial vernichten können. Mittel der ersten Art
können, wie es daselbst heisst: „nur gegen solche Krankheiten
Verwendung finden, von denen sich mit Gewissheit voraussetzen liesse, dass die ihnen eigentümlichen Infektionsstoffe
keine so resistenten Dauerformen anzunehmen vermögen."
Während nun zu jener Zeit bei keiner einzigen menschlichen Infektionskrankheit solche Dauerformen mit Sicherheit ausgeschlossen werden
konnten, steht gegenwärtig die Sache anders. Von den Bakterien der
Cholera, des Abdominaltyphus, der Pneumonie, Pest, Diphtherie, des
Rotzes, der Tuberkulose usw. wissen wir, dass sie keine Sporen bilden.
Kokken, sowohl Staphylokokken wie Streptokokken, sind gleichfalls

stets sporenfrei. Man würde über das Ziel hinausgehen, wenn man auch hier überall zu Desinfektionszwecken nur solche Mittel nehmen wollte, welche Milzbrandsporen oder gar noch widerstandsfähigere Dauerformen, wie wir sie in der Erde und auf Kartoffeln finden, abzutöten imstande sind. Es können jetzt in speziellen Fällen auch solche Mittel zur Desinfektion Verwendung finden, die der Anforderung, alle, auch die widerstandsfähigsten Bakterienkeime zu töten, nicht entsprechen, wenn sie nur die in Frage kommenden Infektionskeime mit Sicherheit vernichten.

Auch die Anwendung des Wortes „Desinfektion" ausschliesslich auf solche Körper und Kräfte, welche Bakterien zu töten vermögen, ist nicht mehr aufrecht zu erhalten. Abgesehen davon, dass immer mehr Infektionskrankheiten nicht-bakteriellen Ursprungs im Laufe der letzten Jahrzehnte bekannt geworden sind, dürfen wir nicht mehr von der historisch begründeten, mit dem eigentlichen Wortsinne aber unverträglichen Annahme ausgehen, dass das Wesentliche der Desinfektion in einer Keimtötung bestehe, wir müssen vielmehr davon ausgehen, dass infizierte Objekte Gegenstand der Desinfektion sind, und dass die letztere weiter nichts ist als die Befreiung infizierter Objekte von Infektionsstoffen. Wir desinfizieren nicht die Bakterien, sondern wir desinfizieren lebende und tote Körper, welche Träger der Bakterien und anderer Krankheitserreger sind.

Wir dürfen ferner nicht vergessen, dass nicht alle Bakterien als Infektionsstoffe für den Menschen oder für unsere Haustiere zu betrachten sind, und andererseits, dass es Infektionsstoffe gibt, die keine Lebewesen sind. Als Infektionsstoff haben wir das materielle Agens (die Materies inficiens) anzusehen, welches bei den sogenannten Infektionskrankheiten die äussere Ursache für ihr Zustandekommen darstellt (cf. erstes und zweites Kapitel), und wir wollen daran festhalten, dass jedes materielle Agens, mag es belebt oder nicht belebt sein, als Infektionsstoff zu bezeichnen ist, falls es imstande ist, das klinische Bild einer von den bekannten Infektionskrankheiten des Menschen und der Tiere hervorzurufen. Wenn beispielsweise im Tierexperiment der durch den Tetanusbazillus erzeugte Starrkrampf genau ebenso auch durch das Tetanusgift erzeugt werden kann, so ist für mich das letztere ebensogut ein Infektionsstoff wie der lebende Parasit.

Nach diesen Vorbemerkungen wird es klar sein, aus welchen Gründen ich mich mit dem bislang geübten Gebrauch der Worte „Desinfektion" und „Desinfektionsmittel" nicht einverstanden erklären kann. Bei der Begriffsbestimmung, welche bakterientötende und desinfizierende Wirkung identifiziert, begeht man einen mehrfachen Fehler; einmal nämlich den, dass die Infektionsstoffe nicht bakterieller Art unberücksichtigt bleiben, so dass also der Begriff zu eng gefasst ist; zweitens wird dabei der Begriff der Desinfektion in unberechtigter Weise auf die Vernichtung auch von solchen Organismen ausgedehnt, die keine nachweisliche Beziehung zu menschlichen oder tierischen Infektionen haben, und die deswegen als Infektionsstoffe gar nicht anzusehen sind. Endlich wird dabei mit derjenigen Befreiung infizierter Gegenstände von Infektionsstoffen, welche beispielsweise durch die Filtration erreicht wird, die aber zweifellos doch auch eine desinfizierende Leistung ist, gar nicht gerechnet.

Auch noch andere Gründe lassen die alte Terminologie unzulässig erscheinen. Es gibt Blutarten, deren zellfreies Serum gegenüber belebten und unbelebten Infektionsstoffen eine ganz ausserordentlich grosse desinfizierende Kraft besitzt. Wir kennen Serumarten, die eine eminente bakterientötende Wirkung ausüben; andere machen Bakteriengifte, also Infektionsstoffe unbelebter Art, schneller und vollständiger unwirksam, als der heisse Wasserdampf von 100 ; solche Serumarten sind aber nicht allgemeine, sondern spezifische Desinfektionsmittel, denn sie wirken nur auf ganz bestimmte Bakterien bzw. auf ganz bestimmte Gifte. Man kann weiterhin den pathogenen Bakterien die infizierende Fähigkeit dauernd rauben, ohne sie abzutöten, Milzbrandbazillen beispielsweise soweit abschwächen, dass sie unter keinen Umständen mehr eine Infektion hervorrufen; auch mit dieser Wirkung müssen wir rechnen, wenn wir durch desinfizierende Beeinflussung der Krankheitserreger Infektionskrankheiten bekämpfen wollen.

Nach meiner Auffassung haben wir folgende Desinfektionsarten zu unterscheiden:

1. Die mechanische Entfernung der Infektionsstoffe aus infizierten Gegenständen;

2. Die Abtötung der lebenden Krankheitserreger;

3. Die Wachstumsverhinderung derselben;

4. Das Unschädlichmachen der von den Krankheitserregern im infizierten Organismus produzierten krankmachenden Stoffe.

Diese theoretisch konstruierten Möglichkeiten einer verschiedenartigen Desinfektion werden für die Praxis nur dann mit Erfolg verwirklicht werden können, wenn man die tatsächlichen Verhältnisse aufs sorgfältigste berücksichtigt. Vor allem ist dabei der Umstand zu erwägen, ob wir im lebenden Organismus oder ausserhalb desselben die Infektionsstoffe unschädlich machen wollen.

Wenn wir im Einzelfall eine parasitäre Infektion verhüten oder heilen wollen, so ist der nächstliegende Gedanke, dies dadurch zu erreichen, dass wir die krankheiterregenden Parasiten abtöten. Ist das nicht möglich, so können wir versuchen, ihre Vermehrung im infizierten Organismus zu verhüten, oder aber ihre vitale Tätigkeit so zu verändern, dass die krankmachenden Gifte, mittels derer die Parasiten ihre deletären Wirkungen ausüben, von ihnen nicht mehr erzeugt werden. Bei der sub 4 genannten Art der Desinfektion benutzen wir spezifische Antitoxine dazu, um die krankmachenden Gifte so zu verändern, dass sie aufhören, für das zu behandelnde Individuum ein Gift zu sein. Es hat sich gezeigt, dass wir auf diese Weise imstande sind, Infektionen zu verhüten und zu beseitigen, ohne dass die Parasiten abgetötet, abgeschwächt oder in ihrer Giftproduktion beeinträchtigt werden. Die Bedeutung der spezifisch-antitoxischen Behandlung infizierter Individuen wird gewiss nicht vermindert durch den Umstand, dass auch das spontane Aufhören einer Infektionskrankheit, d. h. die ohne unser Zutun erfolgende Heilung infizierter Menschen und Tiere, mit einer Antitoxinproduktion einhergeht; vielmehr dürfte gerade durch den Nachweis, dass die Naturheilkraft sich dieses Desinfektionsmittels in ausgedehntem Masse bedient, die energische Ausnützung desselben erst recht geboten sein, und zwar um so mehr, als die spezifischen, im infizierten Organismus erzeugten Antitoxine — im Gegensatz zu den allgemeinen Desinfektionsmitteln — den Vorzug der Unschädlichkeit besitzen.

Wir finden bei allen Lebewesen, bei den niederen sowohl wie bei den höheren den eingeborenen Trieb, gewisse Formen anzunehmen und zu bewahren — ein Trieb, auf welchen auch die Tatsache zurückzuführen ist, dass verletzte Teile des lebenden Organismus eine restitutio ad integrum erfahren können. Die restitutio ad integrum ist wohl das, was man Heilung im eigentlichen Sinne des Wortes nennt. Wir erweitern jedoch den Begriff der Heilung im medizinischen Sprachgebrauch und schliessen darin auch die für das Leben des lädierten Individuums ungefährlichen Ausgänge mit Defektbildung und Deformationen ein. Bei Allgemeinerkrankungen sind wir nach dieser Richtung anspruchsvoller als bei lokalen Affektionen. Bei jenen wird in der Tat selbst nach sehr ausgedehntem Ergriffensein des Organismus von materiellen und funktionellen Störungen nur eine vollkommene Rückkehr zur Norm als richtige Heilung betrachtet. Die Tendenz belebter Teile, immer wieder zum ererbten Normaltypus zurückzukehren, halte ich für eine mechanisch nicht zu erklärende Tatsache. Wenn man diese Tendenz als Naturheilkraft oder als Naturheilbestreben bezeichnen will, wie es die alten Mediziner taten, so sehe ich darin bloss die Konstatierung des Vorhandenseins eines den Instinkten an die Seite zu stellenden Naturtriebes. Ueber das Wesen und die Herkunft desselben Urteile abzugeben, ist Sache der Metaphysiker, nicht Sache naturwissenschaftlicher Experimentatoren. Wohl aber sind wir imstande, die physikalischen Kräfte und die chemischen Mittel zu untersuchen, deren sich die Naturheilkraft bedient, wenn sie die durch die Infektionsstoffe bedingten krankhaften Störungen überwindet und desinfizierend wirksam ist.

Zweiter Abschnitt.
Ueber Hitze- und Kältedesinfektion.

Hohe und niedere Temperaturgrade sehe ich als Bedingungen an, unter welchen die chemische Wirkung eines desinfizierenden Mediums sich mehr oder weniger lebhaft äussert. Wenn man Wärme an sich als desinfizierendes Agens anzusehen sich gewöhnt hat, so ist dies wohl nur dem Umstande zuzuschreiben, dass auch die überall in der Natur verbreiteten atmosphärischen Stoffe, namentlich der Luftsauerstoff und das Wasser, bei hohen Temperaturen die vitalen Gebilde schädigen.

Der Sauerstoff repräsentiert hauptsächlich das in der Luft in Betracht kommende Desinfektionsmittel, und zwar vermöge seiner oxydierenden Fähigkeit, welche ihn den so energisch auf organische Substanzen einwirkenden Chlor-, Jod- und Brom-Ionen an die Seite stellt. Der Unterschied ist nur der, dass die drei letztgenannten Körper ihre Aktivität in molekularem Zustande dokumentieren, der Sauerstoff aber erst, wenn er auf irgend eine Weise aus seinem indifferenten, molekularen Zustand in den aktiven atomistischen übergeführt wird. Wenn sich nun zeigt, dass das fermentativ durch autooxydable Substanzen gespaltene Sauerstoffmolekül, ferner der belichtete, erhitzte und durch elektrische Spannung veränderte Sauerstoff, statt ein belebendes Agens zu sein, lebensfeindlich auf Mikroorganismen einwirkt, so ist es doch eben immer der Sauerstoff, welcher desinfizierend wirkt, nicht etwa die Fermentation oder Wärme, Licht und Elektrizität an sich.

Die Desinfektionswirkung gegenüber vermehrungsfähigen Parasiten haben wir uns in der Weise zustandekommend zu denken, dass entweder die chemische Aktion der in Frage kommenden Mittel Verhältnisse schafft, welche mit dem normalen Ablauf des Lebens der Parasiten unverträglich sind, oder dass diese Mittel auf die von den Parasiten produzierten Krankheitsgifte so einwirken, dass sie aufhören Gifte zu sein, oder endlich, dass die Substanz des Parasiten direkt angegriffen und abgetötet wird. Bei dem Versuch, die Desinfektionswirkung des Sonnenlichtes zu erklären, muss zunächst die Tatsache auffallen, dass dieses nicht unter allen Umständen die Infektionsstoffe schädigt. Bei gleichbleibender Intensität wirkt es verschieden, je nach der Farbe und chemischen Zusammensetzung des Mediums, in welchem sich die Infektionsstoffe befinden. Ich habe diese Verhältnisse studiert an dem Einfluss des Lichtes auf die Jodoformzersetzung. Die Beobachtung, dass Jodoform in seinen Lösungen unter der Einwirkung des Sonnenlichtes freies Jod abspaltet, also zersetzt wird und dann schädigend auf Mikroorganismen und Infektionsgifte einwirkt, war längst bekannt. Länger als ein halbes Jahrhundert hatte man sich nun dabei beruhigt, dass man sagte, das Licht besitze chemische Wirkungen, die es bald mehr bald weniger kräftig äussert, und das Jodoform gehöre eben zu den stark lichtempfindlichen Körpern. Ich untersuchte nun, ob die Lichtwirkung nicht in anderer Weise zustande komme, nämlich so, dass das Licht zunächst auf die Lösungsmittel für das Jodoform, z. B. auf Alkohol, Aether, fette Oele, zersetzend einwirkt, und dass dann die Zersetzungsprodukte dieser Flüssigkeiten das Jodoform spalten. Auch das war nicht der Fall: reiner Alkohol, reiner Aether und reine Oele lassen unter der Einwirkung auch des intensivsten Sonnenlichtes keine jodoformzersetzenden Körper entstehen. Dagegen fand ich, dass wasser- und sauerstoffhaltige Lösungsmittel sehr schnell und reichlich in sonnenbelichtetem Zustande aus dem Jodoform das Jod abscheiden. Dass in der Tat nur der sonnenbelichtete Sauerstoff bei Gegenwart von Wasser in meinen Experimenten für die Jodabscheidung verantwortlich zu machen war, dafür lieferte den Beweis eine Versuchsreihe, welche ich im Bonner chemischen Institut zusammen mit Prof. Klinger unter der Leitung von Wallach im Jahre 1889 ausführte. Chemisch reiner, von Sauerstoff und Wasser befreiter Aether nämlich, welcher zur Lösung des Jodoforms diente, wurde in ein gewöhnliches farbloses Reagensglas gefüllt und dieses vollkommen luftdicht mit einem Gummistopf geschlossen. In diesem Zustande wurde das Glas monatelang dem direkten Sonnenlicht ausgesetzt, ohne dass auch nur eine Spur von Jodabscheidung eintrat, während in anderen ebenso behandelten, aber Luftsauerstoff enthaltenden Gläsern durch die Bräunung der ursprünglich strohgelben Jodoformlösung die Jodoformzersetzung und Jodabscheidung sich sehr bald erkennen liess. Ich hoffe an diesem Beispiel gezeigt zu haben, dass es ein grosser Unterschied ist, ob man sagt, dass das Jodoform durch das Licht zersetzt werde, oder ob man mit mir den belichteten Sauerstoff als Ursache der Jodabscheidung erklärt, und wenn das zugegeben wird, so darf es gewiss auch nicht für gleichgültig angesehen werden, ob in den Fällen, in welchen bei intensivem Sonnenlicht Infektionsstoffe unschädlich werden, dieser Effekt einer direkten Einwirkung des Sonnenlichtes zuzuschreiben ist, oder einem chemischen Agens, das durch die Belichtung zu einer intensiveren chemischen Aktion angeregt wird. Ich würde jedoch hierauf nicht so weitläufig eingegangen sein, wenn nicht diese Unterscheidung für die Desinfektionspraxis eine grosse Bedeutung hätte. Was nämlich soeben von der differenten chemischen Wirkung gleicher Intensitätsgrade des Sonnenlichtes auf lichtempfindliche Körper, je nach dem Medium, in welchem sie sich befinden, gesagt ist, das kann mutatis mutandis auch von der desinfizierenden Wirkung hoher Temperaturgrade gesagt werden.

Der Einfluss verhältnismässig geringer Erwärmung desinfizierender Phenole auf die Erhöhung ihrer Aktionskraft ist zuerst von Henle genauer untersucht worden. In Gemeinschaft mit Hünermann habe ich dann 1889 folgende Experimente angestellt, um für Quecksilbersublimat diesen Einfluss quantitativ zu bestimmen.

Von frischen Agarkulturen verschiedener Bakterien wurde eine Platinöse voll entnommen und in 5 ml Bouillon sorgfältig verrieben. Den Aufschwemmungen wurde soviel Sublimat hinzugesetzt, dass die Bouillon 1 : 100 000, 1 : 50 000, 1 : 25 000 usw. davon enthielt. Ein Teil der Kulturaufschwemmungen wurde bei $+ 3^{\circ}$ im Eisschrank, ein anderer bei 36° im Brutschrank gehalten, bzw. im Wasserbade auf diese Temperatur gebracht. Nach fünf Minuten und nach einer Stunde wurden Proben entnommen und in frische Bouillon übergeimpft; die im Brutschrank gehaltene Bouillon wurde dann von Tag zu Tag darauf untersucht, ob die eingeimpften Bakterien sich vermehrt hatten oder nicht. Blieb sie dauernd steril, so wurde auf gelungene Desinfektion geschlossen. In dem nachstehenden Schema, welches die Versuchsresultate übersichtlich wiedergibt, bedeutet $+$ gewachsen, — nicht gewachsen, $K = 3^{\circ}$ C, $W = 36^{\circ}$ C.

Verhältnis der zugesetzten Sublimatmenge	1:100 000				1:50 000				1:25 000				1:10 000				1:1000			
Einwirkungsdauer	5 Min.		1 Std.		5 Min.		1 Std.		5 Min.		1 Std.		5 Min.		1 Std.		5 Min.		1 Std	
Temperatur	W	K	W	K	W	K	W	K	W	K	W	K	W	K	W	K	W	K	W	K
Asporogener Milzbrand	+	+	—	+	—	+	—	—	—	—	—	—	—	—						
Cholerabakterien	+	+	—	+	—	+	—	—	—	—	—	—	—	—						
Typhusbazillen	+	+	+	+	+	+	+	+	+	+	—	+								
Pyocyaneus	+	+	+	+	+	+	+	+	+	+	+	+	—	+						
Staph. aureus	+	+	+	+	+	+	+	+	+	+	+	+	+	+	+	+	—	+	—	+

Aus den Zahlenangaben ist zu ersehen, dass beispielsweise Milzbrandbazillen und die Kommabazillen der Cholera bei der beschriebenen Versuchsanordnung schon bei 1 : 100 000 abgetötet werden, wenn das

Sublimat bei 36⁰ einwirkt, während dasselbe Resultat bei 3⁰ erst bei einem Sublimatgehalt von 1 : 25 000 erreicht wird.

Dieser Einfluss der Temperatur auf die Abtötung der Bakterien ist um so bemerkenswerter, als er gerade in umgekehrter Richtung zu beobachten ist, wenn wir die entwickelungshemmende Wirkung untersuchen. Die letztere ist — wenigstens bei denjenigen Bakterien, die zu ihrem Wachstum höherer Temperaturgrade bedürfen — um so geringer, je mehr sich die Temperatur der Brutwärme nähert.

Dieses paradoxe Verhalten findet ziemlich leicht seine Aufklärung, wenn wir berücksichtigen, dass durch die höhere Temperatur nicht bloss die Aktivität des Desinfektionsmittels, sondern auch die Aktivität des lebenden Protoplasmas erhöht wird. Das lebende Protoplasma der Bakterien entfaltet bekanntlich bei verschiedenen Temperaturgraden mit sehr verschiedener Schnelligkeit seine vitalen Funktionen. Jede Bakterienart hat dabei ihr Temperaturoptimum, welches für die eine Art um 10⁰ herum, für die andere bei ca. 20⁰, für die dritte bei ca. 30⁰, für die vierte bei ca. 40⁰, für manche, z. B. die von Globig gefundenen Kartoffelbakterien, noch höher liegen kann. Die meisten uns interessierenden Bakterien mit krankmachenden Eigenschaften für den Menschen und für warmblütige Tiere haben ihr Temperaturoptimum bei ca. 36⁰. Wenn wir nun auf solche pathogene Bakterien, die bei 36⁰ üppiger gedeihen, als bei niedriger Temperatur, eine zur Abtötung noch nicht ausreichende, aber entwickelungshemmende Sublimatdosis einwirken lassen, so finden wir, dass diese Dosis grösser ist bei einer Temperatur, die dem Optimum nahe liegt, als bei niederer Temperatur. Ich stelle mir die Sache dabei in folgender Weise vor.

In dem Fall, wo das Sublimat als entwickelungshemmendes Mittel wirkt, unterliegen die Bakterien gewissermassen einer chronischen Vergiftung, die dahin führt, dass dieselben eine Lebensfunktion nach der anderen einbüssen: zuerst die Fähigkeit, ihre spezifischen Stoffwechselprodukte zu bilden (vorübergehender Verlust der Virulenz), dann die Fähigkeit, Fruchtformen zu normaler Reife zu bringen (Verlust der sporenbildenden Fähigkeit), weiterhin die Vermehrungsfähigkeit (Entwickelungshemmung), bis sie schliesslich ihre Vitalität gänzlich verlieren (Absterben einzelner Individuen). Dass nun diese bakterienvergiftende Wirkung des Sublimats mit geringeren Dosen dieses Mittels zu erreichen ist bei niederer Temperatur als beim Wachstumsoptimum, das ist eine Tatsache, die ihr Analogon bei allen, auch den höheren animalischen Lebewesen findet. Auch diese überwinden chronische Vergiftungen leichter, wenn sie unter günstigere Lebensbedingungen gebracht werden, während sie durch Mangel an Nahrung und in ungünstigem Klima gegen viele Noxen überempfindlich werden. In eine allgemeingültige Formel gebracht, lässt sich diese Tatsache in der Weise ausdrücken, dass wir sagen: „Die Giftwirkung eines Mittels wird, ceteris paribus, von allen Lebewesen um so leichter überwunden, je günstiger für dieselben die allgemeinen Lebensbedingungen sind."

So lange diese Tatsache nicht bekannt war oder nicht genügend
beachtet wurde, war es unvermeidlich, dass bei der zahlenmässigen Bestimmung des desinfizierenden Wertes eines Mittels fehlerhafte Resultate
herauskamen, und dass die Zahlenangaben verschiedener Untersucher in
beträchtlichem Grade voneinander abwichen. Ein sehr lehrreiches Beispiel dafür liefert die Bestimmung des Desinfektionswertes der Säuren.
Wie wir später noch genauer erfahren werden, ist die entwicklungshemmende und bakterientötende Wirkung der meisten Säuren, sowohl
der anorganischen, wie der organischen, im wesentlichen nur davon abhängig, welchen Aciditätsgrad sie dem Desinfektionsobjekt verleihen,
so dass auf Normalsäure berechnet, die Säuren sämtlich den gleichen
Desinfektionswert besitzen. Nun existiert eine überaus sorgfältige und
zuverlässige Arbeit über die bakterientötende Wirkung vieler Säuren von
Kitasato, in welcher ein sehr wesentlicher Unterschied insbesondere
zwischen der Salzsäure und der Schwefelsäure zum Ausdruck kommt,
derart, dass die Schwefelsäure etwa 2 bis 4mal kräftiger desinfiziert als
die Salzsäure. Auch hatte Kitasato überall höhere Werte für die
Säuren gefunden als ich und meine Mitarbeiter. Bei genauerer Nachprüfung stellte sich nun heraus, dass die Differenz der Untersuchungsergebnisse darauf zurückzuführen war, dass Kitasato die Lebensfähigkeit der mit Säuren behandelten Kulturen in Gelatinerollröhrchen bei
höchstens 16⁰ geprüft hatte, während ich und Boer dieselben in
Bouillonkulturen bei 36⁰ prüften. Als dann vergleichende Untersuchungen mit säurebehandelten Cholera- und Typhuskulturen angestellt
wurden, in denen aus derselben Kultur eine Probe in Gelatine aus-
gesäet, eine andere in Bouillon übergeimpft wurde, wuchsen in Bouillon
charakteristische Cholera- und Typhuskulturen schon nach 24 Stunden,
während die Gelatineplatten und Rollröhrchen zunächst steril blieben
und die gelungene Abtötung vortäuschten, aber nach vieltägiger Beobachtung doch noch auskeimten. Aber nicht bloss das. Auch die von
Kitasato beobachtete Ueberlegenheit der Schwefelsäure über die Salzsäure konnten wir bestätigen, wenn Gelatinekulturen zur Feststellung
der gelungenen Abtötung gewählt wurden; wahrscheinlich ist diese
Differenz auf den Umstand zurückzuführen, dass die Salzsäure bei
höherer Temperatur flüchtig ist, die Schwefelsäure aber nicht.

Was den desinfektionserhöhenden Einfluss der Erhitzung angeht,
so ist von jeher bekannt, dass bei sehr hohen Temperaturgraden jedes
organische Leben aufhört; aber die Vorstellungen, welche man sich über
die Einzelheiten dieser Tatsache in früheren Zeiten machte, haben sich
manche Korrekturen gefallen lassen müssen. Man lese nur die physiologischen Lehrbücher älteren und auch manche neueren Datums, so wird
man sich bald davon überzeugen können, dass es erst eine Errungen-
schaft der modernen bakteriologischen Untersuchungen ist, wenn heute
kein Sachverständiger mehr zweifelt, dass es Lebewesen gibt, die auch
bei 140⁰ noch eine Weile ihre Vitalität behaupten können. Ebenso sind
auch erst durch bakteriologische Untersuchungen die grossen Unterschiede festgestellt worden, welche sich in der lebensfeindlichen Wirkung
hoher Temperaturen nachweisen lassen je nach den verschiedenen Bedingungen, unter welchen sie auf Lebewesen einwirken.

In letzterer Beziehung sind besonders lehrreich die im Reichsgesundheitsamt von R. Koch und Wolffhügel mit heisser Luft und von R. Koch, Gaffky und Löffler mit heissen Wasserdämpfen vor fast 25 Jahren angestellten Versuche. Dieselben haben ergeben, dass die atmosphärische Luft selbst bei 130° viel weniger das Leben sehr widerstandsfähiger Bakterienformen schädigt, als Wasserdampf bei 100°, und was den letzteren betrifft, so zeigte sich in jenen Versuchen, dass durch weitere Erhitzung über 100° die abtötende Wirkung desselben nicht notwendigerweise zunehmen muss, sondern dass unter Umständen der der über 100° erhitzte Wasserdampf weniger leistungsfähig wird. Für die praktische Verwertung hoher Temperaturgrade zu Desinfektionszwecken sind diese Ergebnisse von grundlegender Bedeutung geworden.

Zur vergleichenden Feststellung der Desinfektionskraft des heissen Wasserdampfes von 100° und der heissen Luft von 100° prüfen wir, ob und eventuell nach welcher Zeit an Seidenfäden angetrocknete und in Filtrierpapier eingehüllte Milzbrandsporen, welche einerseits in einem Dampfkochtopf und andererseits in einem Trockenschrank untergebracht sind, abgetötet werden. Die Zeitdauer wird dabei von dem Zeitpunkt an gerechnet, in welchem die Temperatur, die in dem Luft- bzw. Wasserdampf enthaltenden Desinfektionsraum auf die Sporen eingewirkt hat, 100° beträgt. Um diesen Zeitpunkt genau festzustellen, genügt es selbstverständlich nicht, dass durch die den Desinfektionsraum einschliessende Wand ein Thermometer nach aussen soweit hervorragt, dass man daran die Temperatur ablesen kann; wir würden dadurch eben nur erfahren, welche Temperatur diejenige Stelle im Desinfektionsraum hat, an welcher sich die Quecksilberkugel des Thermometers befindet. Es ist vielmehr erforderlich, dass wir durch Einbringung von mehreren Wärmemessungsapparaten über die Temperaturverteilung an verschiedenen Stellen des Innenraums orientiert werden, und vor allem auch darüber, welche Temperatur in dem Desinfektionsobjekt erreicht ist. Um dies zu ermöglichen, kann man Maximalthermometer benutzen; aber die Herausnahme derselben zum Zweck des Ablesens der Temperatur ist mit grossen Unzuträglichkeiten verbunden, und für exakte Prüfungen von Desinfektionsapparaten benutzt man daher zweckmässig Signalapparate (Wärmefühler) nach Art der Wolff-Merke'schen Kontaktthermometer, welche in dem Augenblick, wo die Temperatur von 100° erreicht ist, durch ein elektrisches Läutewerk davon Kenntnis geben. Es geschieht das dadurch, dass ein aus einer bei 100° schmelzenden Metallegierung gefertigter Stift die Branchen einer federnden Klammer, welche mit elektrischen Leitungsdrähten in Verbindung stehen, auseinander hält. Sowie nun die Temperatur an der Stelle, wo die Klammer sich befindet, 100° erreicht hat, schmilzt die Legierung, die Branchen berühren einander, und die elektrische Leitung, welche eine Klingel in Bewegung setzt, wird geschlossen. Die Klammern sind in durchbrochenen Hülsen mit genügend weitem Spielraum untergebracht und können beliebig auf und in den Desinfektionsobjekten, z. B. wollenen Decken, zusammengeballten Woll- oder Seideabfällen usw., verteilt werden.

Während der auf diese Weise angestellte Versuch ergibt, dass Milzbrandsporen von mittlerer Widerstandsfähigkeit nach 5 Minuten durch strömenden Wasserdampf von 100° abgetötet werden, so findet man, dass atmosphärische Luft von 100° hierzu selbst nach stundenlanger

Einwirkungsdauer nicht ausreicht, ja sogar, dass auch heisse Luft von
120° die Entwickelungsfähigkeit der Milzbrandsporen nicht aufhebt. Es
wird dies in der Weise festgestellt, dass nach der beabsichtigten Einwirkungsdauer der heissen Luft bzw. des heissen Wasserdampfs der
Verschluss des Desinfektionsraumes geöffnet, die mit den Sporen
imprägnierten Seidenfäden herausgenommen, in Peptonbouillon übertragen und in einen auf 36° eingeschränkten Wärmeschrank gebracht
werden; schon nach 24 Stunden kann dann ein sicherer Schluss auf die
gelungene oder misslungene Desinfektion gemacht werden; im ersteren
Fall ist die Bouillon klar geblieben, im letzteren hat sich ein Geflecht
von Milzbrandfäden, vom Seidenfaden ausgehend, entwickelt.

Auf diese Art fand man, dass in einem Dampfkochtopf nach
Papin'schem Prinzip selbst bei $2^1/_2$ Atmosphären Ueberdruck, also bei
127°, die erwartete Desinfektionsleistung ausbleiben kann. Als wesent-
lichste Ursache dieser sehr überraschenden Tatsache ergab die nähere
Untersuchung das Zurückbleiben von Luft, und eine sichere Garantie
für die Sterilisation wurde erst dann erlangt, wenn man den Dampf zunächst etwa 5 Minuten lang entweichen liess, wodurch die im Desinfektionsraum und in den Desinfektionsobjekten enthaltene Luft ausgetrieben wird.
Besondere Verdienste um die weitere Kenntnis dieser merkwürdigen Verhältnisse haben sich später v. Gruber und v. Esmarch erworben.
Diese Autoren zeigten, dass auch der Wasserdampf von 100° und
darüber unter gewissen Bedingungen versagt. So ist der auf mehr
als 100° erhitzte („überhitzte") Wasserdampf in bezug auf seine Desinfektionswirkung geringwertiger als der gesättigte freiströmende Wasserdampf. Ueberhitzter Wasserdampf kann technisch leicht in der Weise
hergestellt werden, dass man den in den Desinfektionsraum einströmenden
Dampf, vor dem Eintritt in denselben, an stark erhitzten Metallrippen
oder Metallflächen vorbeistreichen lässt, wobei er je nach dem Grade der
Erhitzung dieser Metallflächen jede beliebige Temperatur annimmt. In
dieser Weise hatte beispielsweise Henneberg, in seinem Desinfektor
Modell A, überhitzten Dampf von 110° und darüber hergestellt in der
Absicht, dadurch eine Abkürzung der Desinfektionsdauer zu ermöglichen.
Das Resultat war aber, wie v. Esmarch zeigte, dass nunmehr mit
diesem überhitzten Dampf solche Milzbrandsporen nicht mehr getötet
wurden, die im strömenden Dampf von 100° nach wenigen Minuten ab-
starben. Infolge der Ueberhitzung hatte man den Wasserdampf
zu einem ungesättigten gemacht, und der ungesättigte Wasserdampf verhält sich in seiner desinfizierenden Wirkung im
wesentlichen ebenso wie die heisse Luft.

Um uns eine Vorstellung von der Ursache dieser wichtigen Tatsache
zu machen, ist zu berücksichtigen, dass die Milzbrandsporen sich in
einem feuchten Zustande befinden müssen, wenn sie durch eine Temperatur von 100° abgetötet werden sollen, und es desinfiziert nicht sowohl
die Temperaturerhöhung an sich, als vielmehr das Wasser bzw. der an
den Desinfektionsobjekten kondensierte Wasserdampf von 100°. Diese
Auffassung erweist sich als sehr nützlich für das Verständnis mancher
Tatsachen in der Desinfektionspraxis, die auf den ersten Blick recht
paradox aussehen. Sobald wir daran festhalten, dass nur das heisse
Wasser, aber nicht die heisse Luft imstande ist, in kurzer Zeit die Milz-

brandsporen zu töten, wird der grosse Unterschied sofort ins rechte Licht
gesetzt, welcher in der Desinfektionswirkung hoher Temperaturgrade auch
in bezug auf andere Mikroorganismen besteht, je nachdem dieselben sich
in ausgetrocknetem oder in einem feuchten Zustande befinden. Diphtheriebazillen, Typhusbazillen, Tuberkelbazillen, Staphylokokken, Streptokokken
und alle sonstigen Mikroorganismen, welche man daraufhin untersucht
hat, lassen diese Unterschiede ebenso zu tage treten, wie die Milzbrandsporen und andere Dauerformen. Diese sind eben dadurch, dass sie eine
für Wasser nur sehr schwer durchdringbare Hülle besitzen, vor der deletären Wirkung höherer Temperaturgrade viel mehr geschützt, als die
vegetativen Formen der Mikroorganismen. Dazu kommt noch, dass in
den vegetativen Lebewesen Flüssigkeit vorhanden ist, durch deren Erhitzung und Ueberführung in einen anderen Aggregatzustand das Protoplasma seine Lebensfähigkeit einbüsst.

Die Veränderung des Aggregatzustandes der Flüssigkeit, in welcher
das mikroparasitäre Protoplasma sich befindet, möchte ich hauptsächlich
verantwortlich machen für die lebenschädigende Wirkung einer Tempe-
raturveränderung. Noch mehr als bei dem Studium des Einflusses hoher
Temperaturgrade wird die Richtigkeit dieser meiner Hypothese einleuchten,
wenn man sich die Bedingungen vergegenwärtigt, unter welchen bei
niederer Temperatur Mikroorganismen absterben. Ich habe im Diphtheriekapitel darauf aufmerksam gemacht, dass die Diphtheriebazillen an Kälte-
tagen während unseres nordischen Winters in der freien Natur kaum
lebensfähig bleiben dürften, muss hier aber besonders betonen, dass selbst
bei Temperaturen unter — 10⁰ ihre Keimfähigkeit nicht beeinträchtigt
wird, wenn das flüssige Medium, in welchem sie sich befinden, dabei
nicht zum Gefrieren gebracht wird. Im diesjährigen Winter sind z. B.
in meinem Marburger Institut Versuche angestellt worden mit Diphtherie-
bouillonkulturen, die bei strenger Kälte vor das Fenster gestellt wurden.
Das eingetauchte Thermometer fiel bis — 11⁰, ohne dass die Flüssigkeit
gefror, und bei dieser Temperatur 24 Stunden und noch länger stehen
gelassene Bazillen blieben dann durchaus lebensfähig und virulent. Sie
wurden jedoch abgetötet, wenn man durch Eintauchen eines Fremdkörpers
die Flüssigkeit zu Eis erstarren und dann durch Eintauchen in warmes
Wasser schnell wieder auftauen liess. Ganz allmähliches Auftauen hatte
nicht mit Sicherheit die Abtötung bewirkt. Sie erfolgte aber auch dann,
wenn wir die Bouillon bei einer Temperatur, die nur wenig unter 0⁰ fiel,
gefrieren und schnell wieder auftauen liessen. Die Erreger der Cholera,
der Dysenterie und des Typhus sind unter ebendenselben Bedingungen
erheblich widerstandsfähiger. Wenn nun in unserem Klima die Choleravibrionen in der freien Natur im Winter zugrunde gehen, so wird das noch
eher der Fall sein müssen bei den weniger kältewiderständigen Diphtheriebazillen. Ich führe diesen Unterschied darauf zurück, dass die protoplasmatischen Anteile der Diphtheriebazillen durch Hüllsubstanz kaum geschützt
sind, wie man im Färbeversuch feststellen kann. Nach meinem Dafürhalten
ist es in der Tat nicht so sehr von einer differenten Beschaffenheit des
lebenden Protoplasmas, als viel mehr von der Beschaffenheit der Ober-
flächenmembran abhängig, wenn die Prüfung der Widerstandsfähigkeit
von Mikroorganismen in verschiedenen Alters- und Entwickelungsperioden
und in verschiedenen Medien so sehr von einander abweichende Resultate

ergibt. Wir finden ja derartige Unterschiede auch bei antibakteriellen Chemikalien. Die schweflige Säure, die Halogene, Sublimat, Karbolsäure und alle anderen Chemikalien wirken ganz anders ein auf trockene als auf befeuchtete oder von Natur schon in sukkulentem Zustande sich befindende Mikroorganismen; und wenn wir nach dem Grunde für dieses praktisch so wichtige Verhalten fragen, dann werden wir immer wieder darauf geführt, dass die Hüllsubstanz und deren Durchdringbarkeit für die in Frage kommenden desinfizierenden Agentien den Unterschied bedingt. Wenn die Hülle wasserundurchlässig und nicht benetzbar ist, dringen übrigens auch Farbstoffe in die Bakterienleiber schwer ein, und die Färbung bedarf einer vorbereitenden Behandlung mit Säuren, Alkalien, Erhitzung der Farbstofflösungen usw.

Die Tatsache, dass im vegetativen Zustand die Bakterien schon bei Temperaturen unter 80° abgetötet werden, bringe ich damit in Zusammenhang, dass das Protoplasma koaguliert wird, also seinen Aggregatzustand ändert.

———

Dritter Abschnitt.
Ueber die Laboratoriumsprüfung von Desinfektionsmitteln.

Die experimentelle Prüfung von Desinfektionsmitteln soll uns Auskunft verschaffen über diejenigen Eigenschaften derselben, welche für ihre Fähigkeit, Infektionsstoffe unschädlich zu machen, von Bedeutung sind.

Bei solchen Mitteln, die rein empirisch, d. h. ohne eine zielbewusste wissenschaftliche Untersuchung, als brauchbare Desinfektionsmittel erkannt sind, ist es die Aufgabe der Laboratoriumsprüfung, den Wirkungsmodus genauer zu bestimmen. Bei neu zu untersuchenden Mitteln aber, von denen erst festgestellt werden soll, dass sie für praktische Desinfektionszwecke tauglich sind, erwächst der Laboratoriumsarbeit die Aufgabe, den Praktiker auf Grund der experimentellen Prüfung darauf hinzuweisen, gegenüber welchen Infektionsstoffen, in welcher Dosierung, und in welcher Applikationsart voraussichtlich das neue Mittel Gutes leisten wird.

Für die Desinfektionspraxis wird nur unter genauer Berücksichtigung der quantitativen Verhältnisse ein Urteil über die Brauchbarkeit und Leistungsfähigkeit einzelner Mittel abgegeben werden können. Ceteris paribus wird ein Desinfektionsmittel um so besser sein, je geringer die Quantität desselben ist, mit welcher ein bestimmter Desinfektionseffekt erreicht werden kann. Aber in Anbetracht des Umstandes, dass die Chemikalien nicht bloss einseitig auf die Infektionsstoffe wirken, muss auch berücksichtigt werden, welchen Einfluss es auf die Desinfektionsobjekte ausübt, denen die Infektionsstoffe anhaften. Handelt es sich um die Desinfektion am und im lebenden Organismus des Menschen und der Tiere, so ist die Giftigkeit der Desinfektionsmittel in Rechnung zu ziehen, und da ist ein Desinfektionsmittel um so besser, je weniger giftig es ist. Jedoch wäre es offenbar verfehlt, die absolute Giftigkeit für die Beurteilung zu Grunde zu legen und das Sublimat beispielsweise bloss deswegen hinter die Karbolsäure zu stellen, weil die letztere erst in grösseren Quantitäten Menschen und Tiere vergiftet als das erstere. Wir werden vielmehr die Rechnung so anstellen, dass wir desinfizierend gleich wirksame Quantitäten der zu vergleichenden Mittel in Beziehung setzen zu ihrer Giftigkeit, und wenn sich dann herausstellt, dass das Sublimat in einer $^1/_{1000}$ Verdünnung an desinfizierender Kraft mindestens gleichkommt einer 5 proz. Karbolsäure, dabei aber weniger giftig ist als diese, dann müssten wir die Erklärung abgeben, dass die relative Giftigkeit, d. h. die Giftigkeit bezogen auf den Desinfektionseffekt, beim Sublimat kleiner ist als bei der Karbolsäure.

Von ähnlichen Ueberlegungen müssen wir uns leiten lassen bei der Beurteilung derjenigen Nebenwirkungen der Desinfektionsmittel, welche dieselben bei ihrer Anwendung zum Zweck der Desinfektion lebloser Desinfektionsobjekte äussern. Bei der sehr verschiedenen Art der chemischen Zusammensetzung und physikalischen Beschaffenheit der Desinfektionsobjekte lässt sich jedoch ein allgemeines Urteil über die schädigende Wirkung der Desinfektionsmittel nicht abgeben. Heisse Luft lässt auch bei sehr hohen Temperaturen Glassachen intakt, während dieselben durch manche Säuren schon bei geringer Konzentration angegriffen werden. Kleider, Betten und andere Utensilien können ohne Schädigung durch Wasserdampf von 100° desinfiziert werden, während Lederwaren dadurch unbrauchbar werden. Leinene Wäschegegenstände werden sehr zweckmässig mit warmen Laugen- und Seifenlösungen desinfiziert; wollene und seidene Unterkleider kann man dagegen in dieser Weise nicht behandeln, ohne sie zu ruinieren, und wir sehen somit, dass die Läsionsfähigkeit der verschiedenen Desinfektionsobjekte gegenüber den gleichen Desinfektionsmitteln eine ausserordentlich wechselnde ist. Nur in Beziehung auf die besondere Art der zu desinfizierenden Gegenstände wird man daher die Brauchbarkeit der einzelnen Mittel bei vergleichender Prüfung beurteilen dürfen. Man kann eigentlich genau das Gleiche, was wir bei leblosen Desinfektionsobjekten konstatiert haben, auch von dem lebenden Organismus des Menschen und der Tiere aussagen, nur dass wir hier die differente Läsionsfähigkeit durch ein und dasselbe Mittel mit einem besonderen Namen belegen. Wir sprechen bei den höheren animalischen Individuen von einer differenten „Disposition“ und verstehen darunter die verschiedene Reaktionsfähigkeit auf die gleichen krankmachenden Stoffe. Die Erfahrung hat gelehrt, dass die allgemeinen Desinfektionsmittel, welche auf alle belebten Organismen schädigend einwirken, für Säugetiere der verschiedensten Art ungefähr den gleichen Giftigkeitsgrad besitzen, sodass, wenn man z. B. von der Karbolsäure, dem Quecksilberchlorid, dem Jodtrichlorid usw. für eine Maus diejenige kleinste Quantität genau bestimmt hat, welche in wässeriger Lösung den Tod derselben herbeiführt, ziemlich sicher vorausberechnet werden kann, welches die tödliche Minimaldosis von eben denselben Mitteln für ein Meerschwein, für ein Kaninchen, für eine Ziege, für ein Schaf, für ein Pferd ist. Die Berechnung geschieht dabei unter Zugrundelegung des Körpergewichts. Was z. B. die Karbolsäure angeht, so haben systematische Bestimmungen ergeben, dass dieselbe für alle eben genannten Tiere tödlich wirkt, wenn durch subkutane Injektion in wässeriger Lösung soviel inkorporiert wird, dass die Gesamtmenge der Karbolsäure, aufs Körpergewicht berechnet, 1 : 3000 beträgt, dass jedoch der Tod ausbleibt, wenn man erheblich unterhalb dieser Dosis bleibt.

Wenn auf diese Weise für die Giftigkeit der allgemeinen Desinfektionsmittel ein für die Praxis brauchbarer zahlenmässiger Ausdruck gefunden werden kann, so bleibt noch übrig, auch den Desinfektionseffekt mit einer bestimmten Zahl zu bezeichnen. Nun variiert bekanntlich die desinfizierende Kraft eines Mittels ausserordentlich je nach der Natur des Infektionsstoffes, gegen welchen es angewendet wird, und zunächst ist es daher rein willkürlich, welche Art der Desinfektionsleistung man für die Berechnung herausgreifen will. ·Ich habe für die vergleichende Bestimmung des Desinfektionseffekts aller Desinfektionsmittel diejenige Leistung als Massstab gewählt, die in der Einwirkung auf das Wachstum von Milzbrandbazillen im Rinderblutserum besteht. Bei dieser Methode werden sehr genaue Zahlenwerte gewonnen, die von den verschiedensten Untersuchern und in verschiedenen Laboratorien immer wieder bestätigt werden konnten. Um dafür ein Beispiel zu geben, so ist nach dieser Methode berechnet der entwicklungshemmende Wert der Karbolsäure, welcher mir zum Massstab für ihre desinfizierende Fähigkeit gegenüber belebten Infektionsstoffen dient, gleich 1 : 500, d. h. die Karbolsäure verhindert das Auskeimen und die Vermehrung der Milzbrandbazillen im Rinderblutserum, wenn in 500 ml 1 g Karbolsäure gelöst ist.

Wir haben also für die Giftigkeit der Karbolsäure die Zahl 3000 (1 : 3000), für den desinfizierenden bezw. den entwicklungshemmenden Wert die Zahl 500 (1 : 500) gefunden und können nunmehr die relative Giftigkeit durch die Zahl $^{3000}/_{500} = 6$ ausdrücken. In Worten lässt sich dieses Ergebnis so zusammenfassen, dass die Karbolsäure für höhere tierische Individuen 6 mal giftiger ist, als für Milzbrandbazillen im Rinderblutserum.

Meine Untersuchungen über die relative Giftigkeit, welche jahrelang unter Aufwendung von sehr viel Zeit und Tiermaterial fortgesetzt worden sind, wurden hauptsächlich deswegen unternommen, um solche Mittel zu entdecken, die für den Menschen und für unsere Haustiere weniger giftig sind, als für die pflanzlichen Mikroorganismen, und ich werde noch davon zu reden haben, dass es in der Tat solche Mittel gibt. Im Allgemeinen aber hat sich bei der Prüfung von weit über 100 chemischen Präparaten gezeigt, dass eine ganz auffallende Gleichmässigkeit in den für die relative Giftigkeit gefundenen Zahlen besteht, und dass, abgesehen von gewissen Spezifizitäten, die meisten Chemikalien mit der Fähigkeit, die pflanzlichen Mikroorganismen zu schädigen, auch gradweise an Giftigkeit für die höheren animalischen Individuen zunehmen.

Diese Erkenntnis hat mich schliesslich dazu geführt, auf das Suchen nach allgemeinen Desinfektionsmitteln zum Zweck der Desinfektion im lebenden Organismus zu verzichten. Die allgemeinen Desinfektionsmittel behalten nach meiner Meinung ihren ausserordentlich grossen Wert für das Unschädlichmachen der Infektionsstoffe ausserhalb des lebenden menschlichen und tierischen Organismus. Wo es aber gilt, im Innern desselben die Infektionsstoffe zu treffen, da ist die Aussicht nicht sehr gross, dass wir ohne Gefährdung des zu desinfizierenden Individuums unser Ziel erreichen.

Wenn wir hier absehen von dem methodischen Arbeiten zum Zweck der Neuentdeckung von brauchbaren Desinfektionsmitteln, so können wir entsprechend den voraufgegangenen Auseinandersetzungen bei einem gegebenen Mittel folgende Einzelheiten als besonders untersuchungsbedürftig bezeichnen:

Erstens den Desinfektionseffekt gegenüber belebten Infektionsstoffen, wobei man willkürlich einzelne Desinfektionsleistungen herausgreifen kann, nach meiner Erfahrung aber am zweckmässigsten die entwicklungshemmende Wirkung gegenüber Milzbrand im Rinderblutserum wählt.

Zweitens den Desinfektionseffekt gegenüber den infektiösen Giften. Die bestgekannten unter denselben sind das Diphtheriegift und das Tetanusgift, und es wird sich empfehlen, von diesen beiden das Diphtheriegift zu wählen, weil dasselbe ohne Schwierigkeit ganz stabil konserviert werden kann.

Drittens die Wirkung auf leblose Desinfektionsobjekte.

Viertens muss bei denjenigen Mitteln, die zur Desinfektion am und im lebenden Organismus benutzt werden sollen, ihre Giftigkeit quantitativ bestimmt werden.

Fünftens sollen die erhaltenen Ergebnisse in einen zahlenmässigen Ausdruck gebracht und in Beziehung zu einander gesetzt werden.

Sechstens können solche Mittel, welche nach einer derartigen Vorprüfung besonderer Beachtung würdig gefunden sind, daraufhin genauer untersucht werden, ob ihre desinfizierende Leistungsfähigkeit gegenüber ganz bestimmten Infektionsstoffen besonders gross ist, sodass sie als Specifica verwendet werden können.

Es ist leicht einzusehen, dass eine allseitige Desinfektionsprüfung, selbst wenn viele Experimentatoren sich zusammentäten, nicht für jedes Desinfektionsmittel ausgeführt werden kann, und wenn es doch geschähe, so würde die Mitteilung aller Einzelergebnisse in den meisten Fällen kaum von erheblicherem Interesse sein. Ich werde an den Quecksilberpräparaten die Methode der Bestimmung des entwickelungshemmenden Wertes, der relativen Giftigkeit und die Kautelen bei der Feststellung der Sporentötung auseinandersetzen; am Jodtrichlorid die differenten Ergebnisse bezüglich der Fähigkeit, die Milzbrandsporen unschädlich zu machen, je nach der verschiedenen Wahl der Untersuchungsbedingungen; am Kreolin die methodische Untersuchung über die verschiedene antibakterielle Wirkung in künstlichen Nährböden und in tierischen Geweben, sowie ferner die Methode einer genaueren quantitativen Bestimmung seiner Giftwirkung.

Bei der Besprechung der antibakteriellen Wirkung der Chemikalien empfiehlt es sich, dieselben in Gruppen einzuteilen, innerhalb derer die zugehörigen Körper wichtige Eigenschaften gemeinsam haben. Mir scheint es zweckmässig, zunächst zwei Arten von Desinfektionsmitteln zu unterscheiden, die anorganischen und die organischen. Zuweilen kann es zweifelhaft sein, ob ein Mittel als anorganisches oder organisches zu bezeichnen ist, so z. B. bei manchen Metallsalzen, deren elektropositiver Anteil eine organische Säure ist. In diesem Falle werde ich solche Mittel nach demjenigen Anteil benennen, welcher für die desinfizierende Wirkung hauptsächlich in Frage kommt. Unter den anorganischen Mitteln werden dann besonders zu besprechen sein die

Metalle und Metallsalze, die Säuren, die Alkalien, die Halogene und andere in gasförmigem Zustande wirkende Mittel; unter den organischen die Phenole, ätherische Oele und aldehydartige Körper, organische Basen, Farbstoffe und endlich chemische Agentien von unbekannter Konstitution.

Vierter Abschnitt.

Desinfizierende Quecksilberpräparate.

Vor ca. 30 Jahren wurde dem Quecksilbersublimat (Quecksilberchlorid $= HgCl_2$) durch R. Koch in seiner Arbeit „Ueber Desinfektion" eine dominierende Stellung unter den chemisch wirksamen Desinfektionsmitteln zuerkannt. Obwohl nun auch gegenwärtig noch dieses Hauptergebnis zu Recht besteht, so hat doch im Laufe der Zeit die Wertschätzung des Sublimats beträchtliche Einbusse erlitten.

Das noch jetzt übliche Prüfungsverfahren hat die Hauptprinzipien der von Koch angewendeten Methode, die Wahl von Bakterienreinkulturen als Testobjekte, die Wahl von Milzbrandsporen (an Seidenfäden angetrocknet) als Repräsentanten der widerstandsfähigsten Infektionserreger, die Aufhebung der Vermehrungsfähigkeit in einem geeigneten Nährboden als Kriterium der gelungenen Desinfektion, beibehalten, einzelnes aber modifiziert. So habe ich selbst für die Uebertragung von Kulturproben zur Feststellung der gelungenen Abtötung nicht, wie Koch, Gelatine gewählt, die bei Zimmertemperatur gehalten wird, sondern Nährbouillon oder Blutserum bei Brütschranktemperatur. Dabei wurden die Zahlenwerte für die desinfizierende Leistungsfähigkeit des Sublimats viel niedriger gefunden als früher. Während R. Koch eine Sublimatlösung von 1 : 5000 nach wenigen Minuten sporentötend fand, kam ich zu dem Resultat, dass Sublimat selbst im Verhältnis von 1 : 1000 nach 20 Minuten Sporen noch nicht sicher tötete.

In ähnlicher Weise wie für die Sporentötung mussten auch für die Abtötung von sporenfreien Bakterien die Zahlenwerte für die Leistungsfähigkeit des Sublimats reduziert werden. Noch mehr aber als inbezug auf die Bakterientötung hat unser Urteil über die Entwickelungshemmung eine Wandlung erfahren. Nach Koch werden Milzbrandbazillen schon bei einem Gehalt von 1 : 1000000 in der Gelatine am Wachstum gehindert, und jedermann kann sich von der Richtigkeit dieses Befundes leicht überzeugen. Man kann nun Versuchtieren soviel Sublimat direkt in die Blutbahn injizieren, dass es, auf das Körpergewicht berechnet, im Verhältnis von 1 : 500000 konzentriert ist, ohne dass die Tiere Schaden nehmen, und so lag der Versuch nahe, durch Sublimatbehandlung milzbrandinfizierte Tiere zu heilen. Die Resultate waren aber durchaus negativ.

Diejenigen, welche solchen Versuchen von vornherein mit Misstrauen gegenüberstanden, verkündeten mit Genugtuung, dass der lebende Körper kein Reagensglas ist, gleich als ob sie damit eine neue Weisheit entdeckt hätten. Mir schien es für die Sache förderlicher zu sein, den Ursachen nachzuforschen, warum das Sublimat im Tierkörper die entwickelungshemmende Wirkung nicht ausübte, die es in der Nährgelatine zeigte, und ich konnte den Beweis liefern, dass nicht irgend welche geheimnisvolle Lebenseigenschaften hierbei eine Rolle spielen, sondern dass die Körperflüssigkeiten auch extravaskulär sich anders verhalten, als die Nährgelatine. Wählte ich zellenfreies Blutserum als Nährboden für Milzbrandbazillen, so wurde erst durch einen Sublimatgehalt von 1 : 10000 die Vermehrung derselben verhindert. Es bedurfte also eines 100 mal stärkeren Sublimatzusatzes, um hier den gleichen Effekt zu bekommen, wie in den Versuchen von R. Koch. Da nun aber Sublimat schon in kurzer Zeit die Versuchstiere tötet, wenn es im Verhältnis von 1 : 60000 im Organismus derselben enthalten ist, so kann ein therapeutischer Erfolg von der Sublimatbehandlung des Milzbrandes garnicht erwartet werden. Als ich dann die Bedingungen für die entwickelungshemmende Wirkung weiter studierte, da fand ich ausser dem Blutprotein noch eine ganze Reihe von Momenten, welche zu berücksichtigen sind; von ganz besonderem Einfluss zeigte sich namentlich die Temperatur, bei welcher die Nährböden gehalten wurden, und die Konzentration der Nährstoffe. Für die Untersuchungsmethoden zur Bestimmung des desinfizierenden Wertes ergab sich mir nach diesen Erfahrungen als eine der wichtigsten Forderungen, dass die Prüfung eines Mittels, welches im Innern des menschlichen und tierischen Körpers Allgemeinwirkung ausüben, oder welches in Wunden angewendet werden soll, an solchen Nährböden vorgenommen wird, die eine den Körperflüssigkeiten ähnliche Zusammensetzung besitzen. Wenn das geschieht, dann liefern die Laboratoriumsversuche im Reagensglas auch für die in der Praxis vorkommenden Verhältnisse brauchbare und zuverlässige Resultate.

Um zu erfahren, ob und in welchem Grade ein Mittel die Fähigkeit besitzt, Bakterien abzutöten, gehen wir methodisch in der Weise vor, dass wir zunächst an einem Testobjekt, welches schon vielen Untersuchern zu Desinfektionsprüfungen gedient hat, und welches daher in seinen Eigenschaften recht genau bekannt ist, Orientierungsversuche anstellen.

Als Testobjekt für ein Infektionsmaterial, welches Dauerformen enthält, wählen wir nach dem Vorgange von R. Koch in der Regel Milzbrandsporen; und für die meisten Desinfektionsprüfungen empfiehlt es sich auch, die Form beizubehalten, welche Koch wählte, nämlich die Sporen an Seidenfäden angetrocknet zu untersuchen. Weder die Anwendung von Sporensuspensionen, noch der Ersatz der Seidenfäden durch Asbest, Leinenfäden u. s. w. zur Antrocknung der Sporen haben bei vergleichender Prüfung einen Vorteil erkennen lassen.

Die Herstellung der Sporenfäden geschieht in der Weise, dass circa 1 cm lange Seidenfäden von mittlerer Dicke geschnitten und sterilisiert werden. Zur Vermeidung des Aufrollens und Zerfallens der Fäden erweist sich die Sterilisierung durch heissen Wasserdampf zweckmässiger, als die durch trockene Hitze. Sporen von grosser und gleicher Widerstandsfähigkeit, sowie in reichlichster Menge bekommt man von Kulturen auf schräger Agarfläche in Reagensgläsern, die im Brütschrank noch drei Tage nach Beginn der ersten Sporenbildung gehalten werden. Die

Kulturen werden dann mit einer starken Platinöse abgeschabt, in sterilisiertem Wasser zu einer gleichmässigen, bis zur Undurchsichtigkeit dicken Suspension aufgeschwemmt und auf die Seidenfäden in einem Schälchen aufgegossen, welches mit einer zweiten Glasschale bedeckt wird. Nachdem für eine gleichmässige Imbibition der Seidenfäden Sorge getragen ist, nimmt man einzeln die Fäden heraus und legt sie in Abständen in eine Petri'sche Doppelschale, wo sie schon nach wenigen Stunden getrocknet und zum Gebrauch fertig sind.

Bei allen diesen Manipulationen und bei der späteren Aufbewahrung muss auf's sorgfältigste durch entsprechende Kautelen die Verunreinigung durch andere Bakterien vermieden werden.

Bei der von R. Koch an einer sehr grossen Zahl von chemischen Körpern vorgenommenen Prüfung ihrer Wirkung auf Milzbrandsporen waren die Versuche in folgender Weise ausgeführt worden.

Die einzelnen Mittel, wenn sie sich nicht von vornherein in flüssigem Zustande befanden, wurden in Lösung übergeführt; in die Flüssigkeiten, bezw. in die Lösungen wurden Seidenfäden mit angetrockneten Milzbrandsporen hineingelegt, dann wurde von Zeit zu Zeit ein Seidenfaden herausgenommen und auf feste Nährgelatine übertragen. Wenn nun die vorbehandelten Sporen gerade so schnell und reichlich auskeimten, wie solche Sporen, die zur Kontrolle auf Nährgelatine gebracht waren, so war damit die völlige Unbrauchbarkeit des zu prüfenden Mittels für die Vernichtung der Sporen bewiesen; aber auch bei langsamem und lückenhaft erfolgendem Wachstum musste das Mittel als unzulänglich angesehen werden. Blieb dagegen auch bei längerer Beobachtungsdauer jede Kolonienentwickelung aus, so konnte dies auf einer Abtötung der Sporen beruhen; indessen mussten, um zu diesem Schluss zu gelangen, erst noch mancherlei Einwände ausgeschlossen werden. „In allen Desinfektionsversuchen, sagt Koch, ist wohl darauf zu achten, dass die Probe, welche auf die Entwickelungsfähigkeit ihrer Bakterien untersucht werden soll, nicht zuviel von dem Desinfektionsmittel absorbiert, dem Nährboden, auf dem die Bakterien wachsen sollen, zuführt und ihn damit aus einem für das Bakterienwachstum günstigen in einen ungeeigneten verwandelt. Ich habe bei meinen Versuchen, um diese Fehler zu vermeiden, die Probe möglichst klein, für die Experimente mit Milzbrandsporen z. B. kurze Stückchen mit Sporenflüssigkeit getränkter und wieder getrockneter Seidenfäden, und den Nährboden verhältnismässig gross genommen, damit durch Diffusion von der Probe in den Nährboden eine so starke Verdünnung des Desinfektionsmittels eintrat, dass sie eine Entwickelungshemmung der Bakterien nicht mehr bewirken konnte. In zweifelhaften Fällen wurde das Desinfektionsmittel durch eine entsprechende indifferente Flüssigkeit, z. B. durch sterilisiertes Wasser, absoluten Alkohol usw. aus der Probe vor dem Kulturversuch entfernt oder auch die Impfung auf Versuchstiere zu Hilfe genommen.“

Im Laufe der Jahre hat sich gezeigt, dass diese Kautelen noch nicht genügen, um von dem Ausbleiben des Wachstums auf eine gelungene Desinfektion zu schliessen. So hat Riedel im Reichsgesundheitsamt konstatieren können, dass eine 5 proz. Karbolsäure keine merkliche Beeinflussung auch nach 14 tägiger Einwirkung auf Milzbrandsporen ausübt, wenn die Seidenfäden, nachdem sie zuvor mit Wasser abgespült sind, in flüssige Gelatine gebracht werden, und wenn man „durch anhaltendes Hin- und Herneigen des Glases eine innige Durchtränkung des Fadens mit der Gelatine bewirkt." Desgleichen fand C. Fränkel im Berliner hygienischen Institut, dass eine 1 prom. Sublimatlösung auch nach 20 Minuten langer Einwirkung keine Abtötung der Milzbrandsporen bewirkte, wenn die Sporenfäden mit Wasser abgespült und dann in Bouillon gebracht wurden.

Diese Beobachtungen mussten zu der Annahme führen, dass bei dem Hineinbringen in feste Gelatine eine genügende Befreiung von fortwirkendem Sublimat nicht verbürgt wird.

Später hat dann Geppert im Bonner pharmakologischen Institut gezeigt, dass das Sublimat an dem Desinfektionsobjekte so fest haftet, dass wir es durch noch so sorgfältiges Abspülen und Auswaschen mit Wasser nicht entfernen können. Um nun doch eine Fortwirkung desselben nach beendigtem Desinfektionsversuch auszuschliessen, bewirkte er durch Schwefelwasserstoff eine Fällung des Quecksilbers als Schwefelquecksilber; und wenn er darnach die Lebensfähigkeit der Sporen prüfte, so konnte er selbst nach stundenlanger Einwirkung 1 prom. Sublimatlösungen noch lebende Kulturen erhalten. Weiterhin fand Geppert auch, dass solche Sporen, auf welche Sublimat in einer zur Abtötung noch nicht völlig genügenden Stärke eingewirkt hatte, schon durch viel geringere Mengen eines desinfizierenden Mittels in der Entwickelung gehemmt werden, als normale Sporen. Es ist das eine sehr wichtige Tatsache, welcher bei Desinfektionsversuchen besondere Aufmerksamkeit geschenkt werden muss; so hatte man früher beim Uebertragen von Proben eines flüssigen Desinfektionsobjektes in Nährgelatine sich gegen eine Mitübertragung zu grosser Mengen des Desinfektionsmittels völlig gesichert geglaubt durch folgenden Kontrollversuch. In eine Gelatineplatte, in welche mit den Bakterien auch Sublimat oder Karbolsäure hineingebracht war, und in der dann die vorbehandelten Bakterien nicht ausgekeimt waren, wurden lebende Bakterien derselben Art übergeimpft; wuchsen nun diese gut aus, so wurde der Schluss gemacht, dass die Abtötung durch das zu prüfende Mittel gelungen war, da ja die mit demselben behandelten Bakterien auf einem geeigneten Nährboden keine Lebensfähigkeit bewiesen hatten. Wir wissen jetzt, dass dieser Schluss nicht ohne weiteres erlaubt ist; es besteht immer noch die Möglichkeit, dass nur eine Verminderung der Lebensfähigkeit das Wachstum verhinderte. So fand Geppert, dass Milzbrandsporen und Bazillen, die in Karbolsäure oder in Sublimat gelegen hatten und deren Lebensfähigkeit sowohl durch das Tierexperiment wie durch Kulturversuch erwiesen war, in solchen Nährböden nicht mehr auskeimten, die absichtlich mit einem minimalen Sublimatzusatz versehen wurden (1 : 200000); normale Milzbrandbakterien wuchsen aber auf ebensolchen Nährböden ganz ungehindert.

Ausser einer einwandsfreien Feststellung der tatsächlich erfolgten Abtötung der Sporen hat die methodische Desinfektionsprüfung ferner zu berücksichtigen das Medium, in welchem sich die abzutötenden Sporen befinden.

Es ist für den Ausfall der Desinfektionsprüfung nicht gleichgiltig, ob man das Quecksilberchlorid auf die Sporen in Wasser, oder in Bouillon, oder in Flüssigkeiten mit starkem Eiweissgehalt, z. B. in Blutserum, einwirken lässt. Freilich sind die hierbei sich ergebenden Differenzen nicht sehr gross; indessen man findet immerhin die Zahlen, welche den abtötenden Wert angeben, für Auflösungen des Quecksilberchlorids in Wasser und Bouillon einerseits, in Blutserum andererseits, soweit verschieden, dass in letzterem erst die doppelte bis vierfache Konzentration des Mittels den gleichen sporentötenden Wert besitzt, wie in den erstgenannten Flüssigkeiten. Noch grösser sind die Differenzen, wenn die Sporen sich in einer Flüssigkeit befinden, die noch andere Mikroorganismen enthält. Faulflüssigkeiten mit sehr zahlreichen Bakterien erhöhen den Sublimatbedarf für eine sichere Abtötung der Milzbrandsporen noch mehr als der Eiweissgehalt eines sterilen Blutserums; für die Praxis aber dürfen wir diese Tatsache um so weniger übersehen, als ja in der Wirklichkeit nur selten sporenenthaltende Desinfektionsobjekte, abgesehen von den Sporen, frei von Mikroorganismen sein werden.

Diese Tatsachen fordern dazu auf, für methodische Desinfektionsprüfungen das Medium, in welches die sporentragenden Seidenfäden, zum Zwecke ihrer Abtötung mittels Quecksilbersublimat, übertragen werden, einheitlich zu gestalten, da nur so Resultate bekommen werden, die einer Vergleichung fähig sind. Wir wählen dazu rein wässrige Sublimatlösungen. Werden andere Lösungen genommen, so muss das jedenfalls ausdrücklich hinzugefügt werden.

Auch die Zahl der an dem Seidenfaden haftenden Sporen ist auf das Resultat der Prüfung von Einfluss, jedoch nicht so sehr aus dem Grunde, welcher für den Einfluss der Anwesenheit anderer Bakterien und der Milzbrandbazillen von uns als massgebend angenommen wurde, sondern deswegen, weil die einzelnen Sporen nicht die gleiche Widerstandsfähigkeit besitzen, und weil die Wahrscheinlichkeit, sehr widerstandsfähige Exemplare am Seidenfaden vorzufinden, um so grösser ist, je mehr Sporen demselben anhaften. Allerdings sind Sporen von verschiedenen Kulturen noch mehr in ihrer Resistenz gegenüber der Sublimatwirkung verschieden, als die einzelnen Sporenindividuen innerhalb derselben Kultur, und für vergleichende Untersuchungen bedarf es daher einer genauen Charakterisierung der Abstammung und Gewinnungsweise derjenigen Sporen, mit welchen die Seidenfäden imprägniert sind.

Wie sehr ferner die Dauer der Einwirkung eines Desinfektionsmittels den abtötenden Wert desselben beeinflusst, ist genugsam bekannt. Dagegen wird vielfach noch zu wenig darauf geachtet, dass die Temperatur, wie auf die Aktion aller anderen Chemikalien, so auch auf die des Quecksilberchlorids sehr erheblich einwirkt, und dass auch schon Temperaturunterschiede von wenigen Graden Differenzen in dem Prüfungsergebniss bedingen, die durchaus nicht zu vernachlässigen sind. Die Angabe, dass die Prüfung bei „Zimmertemperatur" vorgenommen ist, dürfte kaum genügen, wenn man berücksichtigt, dass im heissen Sommer die Temperatur in einem Laboratorium nicht selten um 20 ° höher ist als im Winter. Beträgt die Einwirkung des Quecksilbersublimats weniger als eine Stunde, so wird freilich auch bei solcher Temperaturdifferenz das Resultat noch nicht gar zu sehr beeinflusst; bei 24 stündiger und noch längerer Einwirkungsdauer kann aber dadurch der abtötende Wert der gleichen Sublimatlösung um ein vielfaches verändert werden.

Die eben genannten Momente lassen sich dahin präzisieren, dass der Wirkungswert einer Sublimatlösung um so grösser ist, je konzentrierter die Lösung, je höher ihre Temperatur und je länger die Dauer ihrer Einwirkung.

Im folgenden sollen die Resultate einiger Versuche mitgeteilt werden, in welchen ausser dem Quecksilberchlorid auch noch andere Quecksilberverbindungen der Mercuriireihe geprüft wurden. Die Unterschiede in der Leistungsfähigkeit der verschiedenen Quecksilberpräparate sind nicht sehr gross, und in anbetracht des Umstandes, dass das Quecksilberchlorid den Vorteil grosser Haltbarkeit und Billigkeit darbietet, wird man zu dem Schluss geführt, dass keine Ursache vorliegt, es durch andere Quecksilberverbindungen zu ersetzen.

Wo hierüber nichts Besonderes hinzugefügt ist, sind die Resultate stets an der gleichen Sorte von Sporenfäden gewonnen worden, die auf einmal in sehr grosser Zahl angefertigt wurden, sodass dadurch die Versuchsbedingungen in dieser Beziehung sich durchaus gleichmässig gestalteten. Die Einwirkung der Desinfektionsmittel fand ferner bei Zimmertemperatur von 16 bis 18° C statt und zwar auf Sporenfäden, die in Doppelschälchen mit 10 ml wässriger Lösung der zu prüfenden Mittel gebracht wurden. Es wurde dabei stets sorgfältig darauf geachtet, dass die Sporen-Seidenfäden sich schnell mit den Flüssigkeiten imbibierten und zu Boden sanken, so dass nicht etwa einzelne Teile der Fäden aus der Flüssigkeit hervorragten. Zur Entfernung der nach Beendigung der beabsichtigten Einwirkungsdauer an den Seidenfäden noch anhaftenden Spuren der Desinfektionsflüssigkeit wurden dieselben zunächst 5 Minuten lang in 30 proz. Schwefelammon mittelst Platinnadeln agitiert und dann in Bouillonröhrchen mit je 10 ml Bouillon hineingetan. Die Bouillon wurde im Brutschrank bei 37° gehalten und von Tag zu Tag darauf untersucht, ob vom Faden aus Milzbrandwachstum eintrat. Dabei zeigte es sich bei den unzähligen Einzelversuchen, dass, wenn am zweiten Tage keine Entwickelung eingetreten war, auch später eine solche nie mehr erfolgte. Es verdient noch hervorgehoben zu werden, dass Verunreinigung durch andere Bakterien ausserordentlich selten — unter 100 Röhrchen höchstens in einem — zu beobachten war.

Ich berichte zunächst über Desinfektionsversuche mit Sublimat und anderen Quecksilberverbindungen, welche Nocht im Berliner hygienischen Institut im Jahre 1890 angestellt hat. Die Tabelle, welche die Versuchsresultate angibt, wird ohne weiteren Kommentar verständlich sein.

Ausser an Milzbrandsporen ist dann im Berliner hygienischen Institut auch an sporenfreien Milzbrandbazillen die abtötende Wirkung von Quecksilberpräparaten festgestellt worden.

Es kommen Milzbrandbazillen vor, und man kann solche sich auch willkürlich durch besondere Züchtungsmethoden verschaffen, welche dauernd die sporenbildende Fähigkeit verloren haben. Derartige Bazillen liefern uns ein brauchbares Testobjekt für sporenfreie Infektionserreger.

Um diejenigen Fälle der Desinfektionspraxis herauszugreifen, in welchen auch in der Wirklichkeit die Milzbrandbazillen sich in sporenfreiem Zustande befinden, nehmen wir an, dass das Infektionsmaterial von frisch gefallenen oder noch lebenden Tieren stammt. Schon während des Lebens kann nämlich das Sekret aus Milzbrandkarbunkeln oder anderes Wundsekret, zuweilen auch blutiger Urin, Quelle der Ansteckung

Tabelle I.
Sublimat und andere Quecksilberverbindungen.

Lösung	Art der Entfernung des Desinfektionsmittels	Dauer der Einwirkung bis zum Eintritt der Desinfektion	Bemerkungen
$HgCl_2$ 1 : 1000	Wiederholtes Abspülen mit warmem Wasser	30 Minuten —	Maus stirbt an Milzbrand
desgl.	Abspülen in $(NH_4)_2S$ dann in Wasser	nach 4 Std. noch keine Abtötung	
$HgCl_2$ 1 : 1000 mit Salzsäure	desgl.	3 Stunden —	
$HgCl_2$ 1 : 1000 mit Weinsäure	desgl.	3 „ —	
$HgCl_2$ 1 : 100	desgl.	20 Minuten —	Geimpfte Mäuse bleiben am Leben
$HgCl_2$ 1 : 1000 bei 37,5° C	desgl.	3 Stunden —	
$HgCl_2$ 1 : 1000 mit Weinsäure bei 37,5° C	desgl.	3 „ —	
$HgCl_2$ 1 : 1000 mit Jodkalium	desgl.	nach 1 Stunde noch keine Abtötung	In diesen Versuchen soll nur gezeigt werden, dass andere Quecksilberverbindungen, wie Quecksilberjodid, -cyanid u. -oxycyanid nicht mehr leisten wie das Sublimat
$HgCy_2$ 1 : 1000	desgl.	nach 3 Stunden noch keine Abtötung	
$HgCy_2$ 1 : 1000 bei 50° C	desgl.	desgl.	
Quecksilberoxycyanid 1 : 1000	desgl.	nach 4 Stunden noch keine Abtötung	

für empfängliche Tiere werden. Häufiger noch ist das der Fall mit dem Blut und blutigen Sekret, welches namentlich aus Nase und Maul nach dem Tode der Tiere sich entleert, oder mit dem Blut, dem Gewebssaft und dem Oedem aus dem zum Zweck der Enthäutung eröffneten Tierkadaver. In der warmen Jahreszeit geschieht erfahrungsgemäss dabei die Uebertragung oft durch Vermittelung stechender Insekten.

Wenn wir nun zur Unschädlichmachung des bazillenhaltigen Infektionsmaterials eine Sublimatlösung wählen, so fragt es sich, welcher Sublimatzusatz und event. welches Minimum desselben ist noch mit Sicherheit imstande, die Desinfektion zu bewirken? Diese Frage prüfen wir im Laboratorium in der Weise, dass wir zunächst in den verdächtigen Flüssigkeiten, wie Blut, Oedem, Gewebssaft, die Anwesenheit lebender Bazillen feststellen, dieselben dann mit genau dosierten Sublimatmengen versetzen und nach bestimmten Zeiträumen, nach einigen Sekunden, Minuten oder Stunden untersuchen, ob die Bazillen noch lebensfähig sind oder nicht.

Haben wir z. B. soviel Sublimat zugesetzt, dass es im Milzbrandblut im Verhältnis von 1 : 4000 enthalten ist, wobei störende Eiweissniederschläge noch nicht entstehen, und bringen wir nach $^1/_2$ Stunde eine Blutprobe in einen geeigneten Nährboden, so findet aus dem Sublimatblut, Oedem usw. ein Auswachsen nicht mehr statt. Wenn man aber aus dem Ausbleiben der Vermehrung mit Recht auf eine Abtötung der Bazillen schliessen will, so sind einige prinzipielle Fehler zu vermeiden, die in vielen Untersuchungen zu irrtümlichen Schlüssen Veranlassung gegeben haben. Wenn man beispielsweise aus dem Sublimatblut (1:4000) 0,05 ml = etwa zwei Platinösen zur Uebertragung in 5 ml eines neuen Nährbodens nimmt, so bringen wir in denselben ausser den Bazillen auch Sublimat hinein und zwar soviel davon, dass, wie man leicht ausrechnen kann, Sublimat im neuen Nährboden im Verhältnis von 1:400000 enthalten ist. Besteht der Nährboden nun aus Nährgelatine, die bei Zimmertemperatur gehalten wird, so wissen wir, dass ein derartiger Sublimatgehalt schon jedes Wachstum von Milzbrand verhindert, und so können wir auf diese Weise gar nicht erfahren, ob eine Abtötung der Bazillen stattgefunden hat oder nicht. Anders wird die Sache, wenn die entnommene Probe auf ein grösseres Volum des Nährbodens verteilt wird, oder wenn der letztere in den Brutschrank gestellt wird. Bei Bruttemperatur tritt nämlich die entwickelungshemmende Wirkung des Sublimats erst bei etwa 10 mal stärkerer Konzentration auf als bei Zimmertemperatur von 16⁰ bis 18⁰ C. Bei 36⁰ beginnt eine Behinderung des Milzbrandwachstums erst bei einem Gehalt von einem Teil Sublimat in 100 000 Teilen Bouillon, und wenn wir demnach eine gleich grosse Blutprobe (0,05 ml) in 5 ml Bouillon verteilen, die in den Brutschrank gestellt wird, so können wir jetzt aus dem Ausbleiben des Wachstums in der Tat darauf schliessen, dass die Bazillen tot sind. Wo wir gezwungen sind, noch mehr Sublimat in den Nährboden zu übertragen, wird mit Vorteil sterilisiertes Blutserum gewählt, in welchem erst ein Sublimatgehalt von 1:10 000 das Milzbrandwachstum aufhebt, oder man kann auch nach Geppert's Vorgang das Sublimat durch Zusatz von wenig Schwefelammon in unwirksames Schwefelquecksilber verwandeln.

Ungefähr übereinstimmend mit dem Resultat der Feststellung einer gelungenen Desinfektion durch das Kulturverfahren sind diejenigen Ergebgnisse, die man für die Sublimatwirkung gegenüber dem Milzbrand durch das Tierexperiment bekommt.

Das zirkulierende Blut und der Lymphstrom des lebenden Tierkörpers besitzen in hohem Grade die Fähigkeit, sich des Sublimats zu bemächtigen und es im ganzen Körper zu verteilen. Wenn nun eine Probe von der Sublimatmischung einem Tier, welches für Milzbrand sehr empfänglich ist, z. B. einem Meerschweinchen, unter die Haut gebracht wird, so wird das Sublimat gewissermassen ausgelaugt, und mitgeimpfte Bazillen können nunmehr, wenn sie noch gar nicht, oder noch nicht alle abgetötet waren, sich vermehren und das Tier töten, und so schliessen wir dann aus einem positiven Impferfolg, dass die Desinfektion noch nicht erfolgt war und aus dem Ausbleiben der Infektion auf eine Abtötung der Bazillen. Mit Rücksicht auf die Tatsache, dass der Abtötung durch ein chemisches Mittel nicht selten ein Stadium voraufgeht, in welchem die Bazillen zwar noch lebensfähig sind, aber ihre Virulenz, d. h. ihre Fähigkeit, die Tiere krank zu machen, mehr oder weniger eingebüsst haben, müssen wir jedoch das Kulturverfahren als ein feineres Reagens auf die Lebensfähigkeit betrachten wie das Tierexperiment; und nur zur Kontrolle für das erstere werden wir in gewissen Fällen auf das letztere zurückgreifen.

Haben wir nun gefunden, dass das Sublimat, wenn es im Verhältnis von 1 : 4000 im Milzbrandblut nach ½ stündiger Einwirkung Milzbrandbazillen im Laboratoriumsversuch zu töten vermag, so wird zuverlässig dasselbe auch unter allen anderen Umständen der Fall sein, wenn nur die sonstigen Bedingungen die gleichen sind wie im Experiment. Durch jahrelange Erfahrung und durch vielfach modifizierte Versuchsanordnungen ist man aber auf eine Reihe von Momenten aufmerksam geworden, welche die Ursache für irrtümliche Schlussfolgerungen in bezug auf die desinfizierende Leistungsfähigkeit des Sublimats geworden sind.

Abgesehen davon, was ja ganz selbstverständlich ist, dass dasselbe nur wirken kann, wo es in dem angegebenen Verhältnis und in der genannten Dauer in gelöstem Zustand vorhanden ist, hat sich gezeigt, dass man keineswegs aus seiner Leistungsfähigkeit in dem einen Medium auf die in einem von anderer chemischer und physikalischer Beschaffenheit schliessen darf, und zwar wäre hier ein solcher Schluss noch fehlerhafter, als bei der Beurteilung der sporentötenden Fähigkeit der Quecksilberpräparate.

Bazillen, die im Wasser verteilt sind, werden z. B. schon in wenigen Minuten durch einen Sublimatgehalt von 1 : 500 000 sicher getötet, in Bouillon bei 1 : 40 000, während im Blutserum, wenn die Desinfektion in wenigen Minuten erfolgen soll, ein Sublimatgehalt von 1 : 2000 noch nicht immer ausreicht; und vergleichende Beobachtungen haben dann bewiesen, dass die Sublimatwirkung um so mehr beeinträchtigt wird, je mehr organische Substanzen und besonders je mehr koagulierbare Eiweisskörper im Desinfektionsobjekt vorhanden sind.

Noch ein anderer Umstand verdient sorgfältige Beachtung.

Nimmt man stärkere Sublimatlösung als 0,25 prom. zur Desinfektion von Blut und tierischer Gewebsflüssigkeit, so stellt sich der Sublimatwirkung dadurch ein Hindernis entgegen, dass Eiweiss gefällt und nun das Eindringen des Sublimats in die tieferen Flüssigkeitsschichten verhindert wird. In noch höherem Grad ist dieser Uebelstand vorhanden, wenn es sich um die Desinfektion von Organen handelt, bei denen wir in der Tat nur eine Oberflächendesinfektion erzielen können. Dem durch die Eiweissfällung resultierenden Uebelstand kann leicht abgeholfen werden durch Zusatz von Kochsalz zur Sublimatlösung; ferner durch Zusatz von Kaliumchlorid, von Ammoniumchlorid, Kalium- oder Natriumjodid, Cyankalium und manchen anderen Salzen. Die Quecksilberlösungen mit Chloriden haben den Vorzug grösserer Haltbarkeit; sie können auch mit nicht destilliertem, aber abgekochtem Wasser hergestellt werden, ohne an Wirksamkeit zu verlieren. Die etwaige Bildung von Oxychloriden und ähnlichen Quecksilberverbindungen im nicht destillierten Wasser beeinträchtigen den Desinfektionswert nicht im mindesten, wie eigens auf diesen Punkt gerichtete Untersuchungen ergeben haben; der desinfizierende Wert der Quecksilberverbindungen ist im wesentlichen nur von dem Gehalt an löslichem Quecksilber-Jonen abhängig, die Verbindung mag sonst heissen wie sie wolle; darnach sind auch die anderen neu eingeführten Präparate — das Sozojodolquecksilber, die Verbindungen mit Salizylsäure, Thymol usw. — zu beurteilen. Die Doppelsalze des Quecksilberchlorids mit Kochsalz und Kaliumchlorid zeichnen sich in ihren Lösungen aber vor den meisten anderen löslichen Quecksilberverbindungen dadurch aus, dass die Zahl derjenigen chemischen Körper, welche Fällungen bewirken, eine viel kleinere ist; insbesondere wird durch kohlensaure und andere Alkalien keine Fällung bewirkt, und dies ist auch der Grund, warum im Blut und im Serum keine Niederschläge durch diese Salze entstehen. Ueberdies wird auch durch den Zusatz dieser Chloride die reduzierende Wirkung des Lichts sehr erheblich vermindert. Daraus ergibt sich, dass überall da, wo man Sublimatlösungen haltbarer machen will, der Zusatz von Natriumchlorid oder Kaliumchlorid sehr empfehlenswert ist, und zwar ist ein Zusatz von fünf Teilen Kaliumchlorid auf ein Teil Sublimat ausreichend. Von ganz besonderer Wichtigkeit erweist sich der die Haltbarkeit des Sublimats erhöhende Zusatz der Chloride für die Präparation der Verbandstoffe, wie die Untersuchungen von Salzmann und Wernicke gezeigt haben.

Jede lösliche Quecksilberverbindung wird im alkalischen Blut, im Serum und in den Gewebsflüssigkeiten in die Oxydverbindung übergeführt, und die Entstehung von Niederschlägen dabei oder das Ausbleiben derselben ist lediglich davon abhängig, ob gleichzeitig in jenen eiweisshaltigen Flüssigkeiten Körper in genügender Menge vorhanden sind, welche das Quecksilberoxyd in Lösung zu halten vermögen. Je mehr Quecksilbersalz wir in Blut oder Serum hineinbringen, um so weniger reicht das Kochsalz dieser Flüssigkeiten und andere quecksilberoxydlösende Körper aus, und um so mehr müssen wir Chloride u. a. hinzu setzen. Nur solche Quecksilberverbindungen wie das Cyanid, welche mit Alkalien keine Fällung geben, bedürfen zu ihrer Lösung keines Salzzusatzes.

Wenn daher chirurgischerseits die Meinung geltend gemacht wird, dass das Sublimat, sobald es mit Körpersäften und Wundsekreten zusammenkommt, nicht mehr Sublimat ist, sondern chemische Umsetzungen erleidet, so ist das richtig. Aber im Anschluss an die früheren Erörterungen und auf Grund spezieller Untersuchungen über diesen Gegenstand kann nicht entschieden genug der gleichfalls sehr oft kundgegebenen Anschauung entgegengetreten werden, dass dadurch das Quecksilbersalz aufhört, desinfizierend wirksam zu sein.

Folgender einfache, leicht zu wiederholende Versuch beweist das Gegenteil. Durch 1 ml einer 1 prom. Sublimatlösung erzeugte ich mit 5 ml Blutserum im Becherglas einen Eiweissniederschlag, welchen ich in 45 ccm Bouillon auflöste, so dass die Bouillon einen Quecksilbergehalt — auf Sublimat berechnet — von 1 : 5000 enthielt. Von dieser Lösung untersuchte ich dann die desinfizierenden Eigenschaften und fand dieselben quantitativ ebenso wirksam wie eine gleich starke wässerige Sublimatlösung, so dass darnach von einem Verlust der Wirkung durch Eiweissfällung nicht die Rede sein kann. Uebrigens hat bekanntlich Lister ein Quecksilberalbuminat für die antiseptische Wundbehandlung benutzt und warm empfohlen. Die Haltbarkeit der Quecksilberalbuminatlösungen ist aber noch geringer als die der einfachen wässerigen Lösungen; namentlich wird unter der Einwirkung des Lichts sehr bald Quecksilberoxydul und Quecksilber in unlöslicher Form abgeschieden, was sich durch eine graue opake Färbung und schliesslich durch einen Bodensatz von regulinischem Quecksilber schon mit blossem

Auge erkennen lässt. Wenn man von der Haltbarkeit der Quecksilberpräparate und ihrer Lösungen absieht, ist es also ziemlich gleichgiltig, welches Präparat wir für Desinfektionszwecke anwenden, wenn wir nur imstande sind, es in Lösung zu bringen. Das gilt auch vom Quecksilberalbuminat.

Dass im Blutserum und in anderen konzentrierten Proteinlösungen alle Quecksilberpräparate eine viel geringere Desinfektionskraft besitzen, wie in proteinarmen Flüssigkeiten, ist demnach nicht auf Niederschläge zurückzuführen, sondern auf die Verringerung disponibler Quecksilber-Jonen.

Zur Prüfung des entwickelungshemmenden Wertes des Quecksilberchlorids bevorzuge ich die Untersuchung im hängenden Tropfen. Dazu ist vorzubereiten: die Quecksilberlösung, 10 ml sterilisiertes Rinderblutserum im Reagenglas, 5 numerierte hohle Objektträger, deren Ausschliff mit Vaseline umstrichen wird, 5 zum Zweck der Sterilisation durch die Flamme gezogene Deckgläschen, ferner kleinste milzbrandsporentragende Seidenfädchen, welche so gewonnen werden, dass man mit einer Schere etwa 1 mm lange Stückchen von einem Milzbrandsporenfaden abschneidet. Dabei zersplittern die abgeschnittenen Stückchen in feine Fasern. Das Zerschneiden des Seidenfadens geschieht zweckmässig in einer sterilisierten Glasschale, die jedesmal nach der Herausnahme der Seidenfädchen mit einer zweiten Glasschale überdeckt wird.

Die Ausführung des Versuchs geht dann in folgender Weise vor sich: Von den Seidenfädchen lege ich eins oder mehrere auf je ein Deckglas, in die Mitte desselben, mittels einer feinen sterilisierten Pinzette. Mit einer mittelgrossen ausgeglühten Platinöse bringe ich nun einen Tropfen Blutserum aus dem Reagenglas so auf das Deckglas, dass die Seidenfädchen in der Mitte des Tropfens liegen bleiben, fasse das Deckglas an einer Kante mit feiner Pinzette, drehe es um, lege es mit hängendem Tropfen auf den Rand der Höhlung des Objektträgers, drücke es gegen die Vaseline an, um einen luftdichten Verschluss herzustellen und bezeichne diesen hohlen Objektträger mit „Kontrolle". Dann setze ich zum Blutserum im Reagenglas 0,1 ml von einer $^1/_2$ prom. Sublimatlösung und präpariere ganz ebenso wie den ersten einen zweiten Objektträger („HgCl$_2$ 1 : 50000"), setze zu dem Blutserum im Reagenglas von neuem 0,1 ml der Lösung hinzu („HgCl$_2$ 1 : 25000"), und beschicke damit den dritten Objektträger; der vierte Objektträger wird präpariert, nachdem weitere 0,2 ml und der fünfte, nachdem noch 0,4 ml $^1/_2$ prom. Sublimatlösung dem Blutserum im Reagenglas hinzugefügt sind. Zuletzt enthält demnach das Blutserum insgesamt 1,0 ml = 0,002 g HgCl$_2$ („HgCl$_2$ 1 : 15000"). Die 5 Objektträger werden dann in den Brütschrank gestellt und nach 1×24 Stunden, 2×24 Stunden und 3×24 Stunden wird mikroskopisch untersucht, ob von den Seidenfäden aus Milzbrandbazillen gewachsen sind oder nicht. In den folgenden Tabellen bedeutet + reichlich gewachsen, +· mässig reichlich, +·· spärlich, +··· sehr spärlich, — nicht gewachsen. Wenn in den Milzbrandfäden Sporenbildung erfolgt war, dann ist dies durch „Sp." angedeutet; Verunreinigung durch andere Mikroorganismen, die übrigens bei sorgfältiger Anfertigung der Präparate fast mit Sicherheit zu vermeiden ist, habe ich durch „ " vermerkt. Nach diesen Vorbemerkungen werden, wie ich hoffe, die Tabellen sofort ein übersichtliches Bild über die Versuchsergebnisse gewähren.

Tabelle II.

Blutserum-Mischung	Nach 1 × 24 Std.	Nach 2 × 24 Std.	Nach 3 × 24 Std.
Kontrolle	+ +	+ +	+ +
HgCl$_2$ 1 : 50 000.	+··	+·	+
HgCl$_2$ 1 : 25 000.	—	+··	+·
HgCl$_2$ 1 : 12 500.			
HgCl$_2$ 1 : 10 000.	—	—	+···

Das Reagenglas mit dem Blutserum hatte ich im vorstehenden Versuch gleichfalls in den Brütschrank gestellt; das Blutserum war steril geblieben, es hatte sich aber am Boden ein grauer Anflug gebildet, bestehend aus metallischem Quecksilber, möglicherweise vermischt mit etwas Quecksilberoxydul. Nach 3tägigem Stehen im Brütschrank fertigte ich mit diesem Blutserum von neuem einen hohlen Objektträger an und warf auch in das Reagenglas selbst einen Milzbrandsporenfaden hinein. Im hohlen Objektträger sowohl wie im Reagenglas erfolgte jetzt ziemlich reichliches und schnelles Auswachsen der Sporen zu Fäden. Die Wachstumsgrenze von Milzbrand im Blutserum bei Brüttemperatur ist demnach nach 2tägiger Beobachtung bei 1 : 10000 HgCl$_2$ gefunden worden. Dieser entwickelungshemmende Wert gilt aber nur für eben diese Beobachtungsdauer. Lässt man die Blutserumsublimatmischung längere Zeit stehen, so zersetzt sich das Sublimat, und es zeigt sich dann, dass ein ursprünglicher HgCl$_2$-Gehalt von 1 : 10000 zur Wachstumsaufhebung nicht mehr genügt. Ein weiterer Versuch ergab, dass auch ein Gehalt von 1 : 6000 Sublimat noch nicht mit Sicherheit das Wachstum verhinderte, als nach 8 Tagen das Blutserum mit Milzbrandsporen infiziert wurde. Es ergibt sich daraus die Notwendigkeit, dass genau gesagt wird, für welche Beobachtungsdauer die Zahlen Geltung haben, welche die Entwickelungshemmung angeben.

In gleicher Weise wie im Rinderblutserum untersuchte ich auch die entwickelungshemmende Wirkung des Sublimats in einer Bouillon, die in üblicher Weise als Fleischinfus mit Pepton- und Kochsalzzusatz hergestellt war. Tabelle III zeigt die Wirkung des Sublimats, wenn die Präparate bei Zimmertemperatur (20° C.) gehalten wurden, Tabelle IV bei Brüttemperatur (36° C.).

Tabelle III.

Bouillon bei 20° C	Nach 24 Stunden	Nach 2 × 24 Std.	Nach 3 × 24 Std.
Kontrolle	+··	+·	+
HgCl$_2$ 1 : 1 000 000.	+···	+··	+·
HgCl$_2$ 1 : 500 000.	—	+···	+···
HgCl$_2$ 1 : 250 000.	—	—	—
HgCl$_2$ 1 : 125 000.	—	—	—

Tabelle IV.

Bouillon bei 36° C	Nach 24 Stunden	Nach 2 × 24 Std.	Nach 3 × 24 Std.
Kontrolle	+ Sp.	Sp.	—
1 : 250 000	+˙	+	+ Sp.
1 : 125 000	—	+ˑˑ	+˙
1 : 75 000	—	—	—

Dieselbe Bouillon wurde auch in Reagensgläsern mit Milzbrandsporen infiziert; das Ergebnis war fast genau das gleiche, wie in den hohlen Objektträgern; bei Zimmertemperatur genügte ein Gehalt von 1 : 400000, um jedes Wachstum zu verhindern, während bei 36 ° C. ein Gehalt HgCl$_2$ 1 : 100000 noch nicht mit Sicherheit das Auskeimen der Sporen verhinderte.

Viel beträchtlicher erwies sich die entwickelungshemmende Wirkung des Sublimats in dieser Bouillon, nachdem ich dieselbe mit der 6 fachen Menge sterilisierten Wassers verdünnt hatte. Jetzt blieb auch bei Brüttemperatur noch bei 1 : 300000 jedes Milzbrandwachstum aus (Tab. V).

Tabelle V.

¹/₆ Bouillon bei 36° C	Nach 24 Stunden	Nach 2 × 24 Std.	Nach 3 × 24 Std.
Kontrolle	+ Sp.	+ Sp.	+ Sp.
HgCl$_2$ 1 : 1 200 000	+ˑˑ	+ˑˑ	+˙
HgCl$_2$ 1 : 600 000	—	—	+ˑˑˑ
HgCl$_2$ 1 : 300 000	—	—	—

Aus diesem Versuch kann gleichzeitig ersehen werden, dass die Verdünnung der Bouillon nicht ihre Fähigkeit aufhebt, den Milzbrandbazillen als guter Nährboden zu dienen. Es ist dies eine Beobachtung, die in noch höherem Grade für Blutserum zutrifft, welches durch mässige Verdünnung mit sterilisiertem Wasser sogar ein viel besseres Nährmittel für Milzbrandbazillen wird, wie ausser an dem reicheren Wachstum auch daran erkannt werden kann, dass verdünntes Blutserum die Bildung von Milzbrandsporen gestattet, während beim unverdünnten Blutserum dies unter gewöhnlichen Bedingungen nicht der Fall ist. Man kann Rinderblutserum mit der 50fachen Menge Wasser verdünnen, ohne dass darin das Auskeimen der Milzbrandsporen und das schnelle Auswachsen der Bazillen zu langen Fäden ausbleibt: nur ist das Fadengeflecht viel weniger dicht, als in nicht so stark verdünntem Blutserum. Untersucht

Tabelle VI.

Sublimat 1 : 500 000	Nach 24 Stunden	Nach 2 × 24 Std.	Nach 3 × 24 Std.
¹/₁₀ Blutserum	+˙	+˙	+˙
¹/₂₀ „	—	+ˑˑˑ	+ˑˑ
¹/₄₀ „	—	—	—
¹/₅₀ „	—	—	—
¹/₆₀ „	—	—	—

man nun den Einfluss des Sublimats auf die Entwickelung von Milzbrandbazillen in verdünntem Blutserum, so findet man denselben sehr viel beträchtlicher als im unverdünnten, und zwar wächst derselbe ziemlich genau proportional mit der Verdünnung, so dass in $^1/_{40}$ Blutserum auch im Brütschrank noch kein Wachstum zu beobachten ist, wenn Sublimat darin im Verhältnis von 1 : 500000 enthalten ist (Tab. VI).

Um für eine bestimmte Verdünnung die entwickelungshemmende Wirkung des Sublimats noch genauer festzustellen, habe ich die in Tabelle VII und VIII mitgeteilten Versuchsreihen ausgeführt.

Tabelle VII.

$^1/_{40}$ Blutserum	Nach 24 Stunden	Nach 2 × 24 Std.	Nach 3 × 24 Std.
Kontrolle	+·	+· Sp.	Sp.
HgCl₂ 1 : 1 600 000	+···	+··	+·· Sp.
HgCl₂ 1 : 800 000	—	+···	+··
HgCl. 1 : 400 000	—	—	—
HgCl₂ 1 : 200 000	—	—	—

Tabelle VIII.

$^1/_{10}$ Blutserum	Nach 24 Stunden	Nach 2 × 24 Std.	Nach 3 × 24 Std.
Kontrolle	+	+	Sp.
HgCl₂ 1 : 1 600 000	+	+	+ Sp.
HgCl₂ 1 : 800 000	+	+	+
HgCl₂ 1 : 400 000	+··	+·	+·
HgCl₂ 1 : 200 000	+···	+···	+··

Aus diesen Beobachtungen muss geschlossen werden, dass in der Bouillon sowohl, wie im Blutserum Agentien vorhanden sind, welche die entwickelungshemmende Wirkung des Sublimats beeinträchtigen. Um Anhaltspunkte dafür zu gewinnen, ob von den Proteinkörpern, die in erster Linie hierbei in Frage kommen, einzelne Modifikationen besonders anzuschuldigen sind, habe ich, anschliessend an andere Versuche. die Globuline näher untersucht. Diese sind es nämlich, welche, wie ich in anderen Versuchen fand, vornehmlich den desinfizierenden Wert der Goldpräparate herabsetzen.

Aus 20 ml Blutserum hatte ich nach 15 facher Verdünnung mit Wasser und nach CO_2-Durchleitung 15 ml feuchtes Globulin gewonnen. In demselben wuchsen Milzbrandbazillen erst, nachdem durch Natronlauge (10 ccm Normallauge pro Liter) die freie Kohlensäure, bzw. die vom Globulin locker gebundene, beseitigt war. Die Prüfung der Sublimatwirkung in dieser durch Kochen sterilisierten Nährlösung ergab das in Tab. IX verzeichnete Resultat.

Aus Tabelle IX geht hervor, dass wir in gekochter konzentrierter Globulinlösung einen Nährboden besitzen, in welchem der Wert des Sublimats noch geringer ist als im vollen Blutserum. Aber auch in der Globulinlösung nimmt mit der Verdünnung der Wert des Sublimats gradweise zu.

Tabelle IX.

Globululin + ml N. L. im Liter, sterilisiert bei 100°	Nach 24 Stunden	Nach 2 × 24 Std.	Nach 3 × 24 Std.
Kontrolle	+ Sp.	+ Sp.	Sp.
HgCl₂ 1 : 160 000	+ Sp.	+ Sp.	Sp.
HgCl₂ 1 : 80 000	+ Sp.	+ Sp.	+ Sp.
HgCl₂ 1 : 40 000	+·	+·	+
HgCl₂ 1 : 20 000	+··	+·	+·
HgCl₂ 1 : 10 000	+···	+··	+·

In den bisher mitgeteilten Versuchen bestand das zur Impfung des Blutserums dienende Material aus Milzbrandsporen. Die folgenden Tabellen (X, XI, XII) geben eine Uebersicht über die entwickelungshemmende Wirkung des Sublimats im Blutserum, wenn dasselbe mit Milzbrandbazillen infiziert wird. Es geschieht dies am zweckmässigsten in der Weise, dass in das Herzblut einer frisch an Milzbrand verstorbenen Maus eine ausgeglühte und wieder abgekühlte Platinnadel eingetaucht und dann die Nadelspitze mit dem daran haftenden Blut in kurzdauernde Berührung mit dem am Deckglas hängenden Serumtropfen gebracht wird. Das Einschliessen des Deckglases im hohlen Objektträger und alles Uebrige wird ganz ebenso ausgeführt, wie beim Impfen mit Sporenseidenfädchen. In dem in Tabelle X mitgeteilten Versuch war zur Impfung des Blutserums das Blut einer Maus benutzt worden, welcher ein Seidenfaden mit Milzbrandsporen in eine Hauttasche an der Schwanzwurzel eingebracht war, und die 36 Stunden später an Milzbrand verendete. Bekanntlich sind im Innern des Tierkörpers die Milzbrandbazillen stets sporenfrei.

Tabelle X.

Blutserum geimpft mit Milzbrand	Nach 24 Stunden	Nach 2 × 24 Std.	Nach 3 × 24 Std.
Kontrolle	+	+	+
HgCl₂ 1 : 60 000	+	+	+
HgCl₂ 1 : 30 000	+··	+·	+
HgCl₂ 1 : 15 000	—	—	+···

Zur Entwickelungshemmung bei 2 tägiger Beobachtungsdauer genügte also ein Gehalt von HgCl₂ 1 : 15 000 im Blutserum. Darnach ist es für das Versuchsergebnis nicht ganz gleichgiltig, ob mit Milzbrandsporen oder mit Milzbrandbazillen geimpft wird, namentlich wenn eine etwas längere Beobachtungsdauer der Rechnung zu Grunde gelegt wird. Die Ursache dafür ist wahrscheinlich die, dass Milzbrandbazillen in solchem Blutserum, dessen Sublimat zur Wachstumsverhinderung hinreicht, bald zu Grunde gehen, und dass daher, wenn nach einiger Zeit der Wert des Sublimats im Blutserum geringer geworden ist, kein weiteres Wachstum erfolgen kann, während die Milzbrandsporen auch nach längerer Zeit als 2 × 24 Stunden auskeimen können. Für Milzbrandbazillen liegen also diejenigen Zahlen, welche die entwickelungshemmende und die tötende Fähigkeit des Sublimats angeben, nahe bei einander, während bei den Sporen bekanntlich entwickelungshemmende und abtötende Wirkung ausserordentlich verschiedenen Sublimatgehalt erfordern.

In Tab. XI und XII habe ich noch zwei Versuche angeführt, welche die differente Leistungsfähigkeit des Sublimats gegenüber verschiedenen Milzbrandsorten illustrieren sollten. Das Blutserum war in beiden Versuchen aus demselben Reagensglas entnommen; aber in Versuch XV stammte das zur Impfung des Serums dienende Blut von einer Maus, die an einer anderen Milzbrandsorte verendet war; dieselbe hatte ich mir aus demjenigen Milzbrand, von welchem bisher immer die Rede war, und mit welchem auch die Maus für den Versuch in Tab. XI infiziert wurde, so umgezüchtet, dass sie keine Sporen mehr bildete aber die Virulenz ziemlich unverändert behalten hatte. Die Widerstandsfähigkeit der Bazillen dieses asporogenen Milzbrands gegen Sublimat war wider mein Erwarten, wie man aus den Tabellen erkennen kann, etwas grösser als die des sporenbildenden.

<table>
<tr><td colspan="3" align="center">Tabelle XI.</td><td colspan="3" align="center">Tabelle XII.</td></tr>
<tr><td>Blutserum, geimpft mit
Milzbrandblut</td><td>Nach
24
Std.</td><td>Nach
2×24
Std.</td><td>Blutserum, geimpft mit
asporog. Milzbrand</td><td>Nach
24
Std.</td><td>Nach
2×24
Std.</td></tr>
<tr><td>Kontrolle . . . . . .</td><td>+</td><td>+</td><td></td><td></td><td></td></tr>
<tr><td>$HgCl_2$ 1 : 60 000 . . . .</td><td>+</td><td>+</td><td>$HgCl_2$ 1 : 60 000 . . . .</td><td>+</td><td>+</td></tr>
<tr><td>$HgCl_2$ 1 : 30 000 . . . .</td><td>+··</td><td>+·</td><td>$HgCl_2$ 1 : 30 000 . . . .</td><td>+</td><td>+</td></tr>
<tr><td>$HgCl_2$ 1 : 20 000 . . . .</td><td>—</td><td>+···</td><td>$HgCl_2$ 1 : 20 000 . . . .</td><td>+··</td><td>+·</td></tr>
</table>

Bei richtiger Würdigung der aus den Tabellen II bis XII zu erkennenden Ergebnisse meiner Versuche muss es sofort einleuchten, wie wenig Wert die Angabe einer Zahl für die entwickelungshemmende Wirkung des Quecksilberchlorids hat, wenn nicht ganz genau hinzugefügt wird:

1. die Zusammensetzung des Nährbodens,

2. die Temperatur, bei welcher das Milzbrandwachstum beobachtet worden ist,

3. die Dauer der Beobachtung,

4. die Art und Herkunft des Impfmaterials.

Fast möchte es danach scheinen, als ob die Prüfung des entwickelungshemmenden Wertes eines Mittels wegen der grossen Labilität der zu findenden Werte, die sich z. B. beim Sublimat in meinen Versuchen zwischen 1 : 6000 und 1 : 1 200 000 bewegen, überhaupt von sehr mässiger Bedeutung sei. Das ist jedoch nicht meine Meinung. Bei den unzähligen Einzelversuchen, in denen ich an Milzbrandsporen von sehr verschiedener Herkunft und im Blutserum von verschiedenen Tieren, von Rindern, Hammeln, Pferden, die entwickelungshemmende Wirkung des Sublimats untersucht habe, sind die Ergebnisse sehr gut übereinstimmend gewesen. Nach 2×24 stündiger Beobachtungsdauer habe ich als niedrigste Zahl 1 : 8000, als höchste 1 : 15 000 gefunden; in der übergrossen Mehrzahl aber wichen die Zahlen noch viel weniger von dem Durchschnittswert 1 : 10 000 ab.

Zur einheitlichen und vergleichenden Bestimmung des Wertes der im Folgenden zu besprechenden 13 Quecksilberpräparate habe ich aus allen diesen Gründen denselben in der Weise geprüft, dass ich Milzbrandsporen, an Seidenfäden angetrocknet, in Rinderblutserum brachte und 2 Tage lang im Brütschrank bei 36° C. stehen liess. Diejenige Konzentration der einzelnen Mittel im Serum, welche noch genügte, um während dieser Zeit das Auskeimen der Sporen vollständig zu verhindern, habe ich dann als wirksam angesehen, und dies durch Einfügung der entsprechenden Zahl in die Tabelle zum Ausdruck gebracht.

Wie für das einfache Quecksilberchlorid habe ich auch für jedes einzelne der 13 anderen Quecksilberpräparate der Tab. XIII die entwickelungshemmende Wirkung möglichst genau festgestellt. Um dann gut vergleichbare Zahlen zu bekommen, führte ich einige grössere Versuchsreihen aus, in denen gleichzeitig mehrere Lösungen unter ganz gleichen Bedingungen geprüft wurden. Die Lösungen sub 1 bis 7 der Tabelle XIV stellte ich mir für diesen Zweck in folgender Weise her. Eine 0,2 proz. Lösung verdünnte ich mit der gleichen Menge destillierten Wassers und erhielt so eine 0,1 proz. Lösung von $HgCl_2$. Die sub 2 bis 7 genannten Lösungen bekam ich durch den Zusatz abgewogener

Tabelle XIII.

0,1 proz. Lösungen in destilliertem Wasser	I. Entwickelungshemmung berechnet auf $HgCl_2$	II. Entwickelungshemmung berechnet auf Hg
1. Quecksilberchlorid $HgCl_2$	1 : 10 000	1 : 13 300
2. 1 Quecksilberchlorid $+$ 10 Kochsalz $HgCl_2 + 10$ NaCl	1 : 15 000	1 : 20 000
3. 1 Quecksilberchlorid $+$ 3 Salmiak (Alembroth'sches Salz) $HgCl_2 + 3$ NH_4Cl	1 : 12 000	1 : 16 000
4. 1 Quecksilberchlorid $+$ $\frac{1}{2}$ Cyankalium $HgCl_2 + \frac{1}{2}$ KCy . . .	1 : 12 000	1 : 16 000
5. 1 Quecksilberchlorid $+$ 1 Cyankalium $HgCl_2 +$ KCy.	1 : 15 000	1 : 20 000
6. 1 Quecksilberchlorid $+$ 2 Cyankalium $HgCl_2 + 2$ KCy	1 : 18 000	1 : 24 000
7. 1 Quecksilberchlorid $+$ 5 Weinsäure (Laplace'sche Lösung) $HgCl_2 +$ $C_4H_6O_6$	1 : 8 000	1 : 11 000
8. Quecksilbercyanid $HgCy_2$	1 : 18 000	1 : 24 000
9. Quecksilbercyanid-Cyankalium (Krystallinische Verbindung von E. Merck) $HgCy_2(KCy)_2$	1 : 24 000 (1 : 20 000)	1 : 32 000
10. Quecksilberoxycyanid (Präparat von Kahlbaum) $HgOHgCy_2$ . . .	1 : 16 000	1 : 20 000
11. Quecksilberjodidjodkalium (Nessler's Reagens) $HgJ_2 + 2$ KJ . .	1 : 20 000	1 : 25 000
12. Quecksilberformamid (Liebreich's Lösung) HgO gelöst in wässrigem Formamid	1 : 10 000	1 : 13 000
13. 1 Sozojodolquecksilber (Präparat von Trommsdorff) $+$ 5 Kochsalz .	(1 : 6 000)	? 1 : 18 000
14. 1 Sozojodolquecksilber $+$ 3 Jodkalium	(1 : 10 000)	1 : 30 000

Tabelle XIV.

	Nach 24 Stunden	Nach 2×24 Std.	Nach 3×24 Std.
1. Kontrolle	+	+	+
2. $HgCl_2$ 1 : 20 000	+··	+·	+
3. $HgCl_2$ + 10 NaCl 1 : 20 000 . . .	—	+···	+·
4. $HgCl_2$ + 3 NH_4Cl 1 : 20 000 . . .	—	+···	+
5. $HgCl_2$ + ½ KCy 1 : 20 000 . . .	+···	+··	+
6. $HgCl_2$ + 1 KCy 1 : 20 000 . . .	—	+···	+··
7. $HgCl_2$ + 2 KCy 1 : 20 000 . . .	—	—	+···
8. $HgCl_2$ + 5 $C_4H_6O_6$ 1 : 20 000 . . .	+·	+ Sp.	+ Sp.
9. KCy 1 : 7500	+	+ Sp.	Sp.

Mengen von reinem Kochsalz, Salmiak, Cyankalium (97 proz., aus Blausäure bereitet). Dann füllte ich aus einem Kolben sterilisierten Rinderblutserums 9 Reagensgläser mit je 5 ccm. Ein Glas ohne jeden Zusatz diente zur Herstellung eines Kontrollpräparats; 7 Gläser erhielten so viel von jeder Lösung, dass der Gehalt an Quecksilberchlorid 1 : 20 000 betrug; das neunte Glas versetzte ich mit Cyankalium 1 : 7500, um zu erkennen, ob etwa das Cyankalium an sich in der in Frage kommenden, oder auch in noch stärkerer Konzentration entwickelungshemmend wirkt.

Das Quecksilbercyanid ist das bekannte, auch in der Medizin, namentlich bei der Syphilis (Mandelbaum u. a.) und zur Behandlung der Diphtherie (Roth) verwendete Präparat. Es ist in Wasser leicht löslich. Eine wässerige Lösung desselben löst in der Wärme noch erhebliche Mengen von Quecksilberoxyd; jedoch muss das letztere frisch gefällt sein. Man bekommt auf diese Weise das Quecksilberoxycyanid. Ich habe mir dasselbe von Kahlbaum herstellen lassen. Das Quecksilberoxycyanid ist von Chibret schon auf seine desinfizierenden Eigenschaften geprüft und wirksamer gefunden worden, als das Sublimat. Das Quecksilberkaliumcyanid habe ich durch das freundliche Entgegenkommen der chemischen Fabrik von E. Merck in Darmstadt in schönen Krystallen erhalten. Das Quecksilberjodkaliumjodid empfahl Vachez zu subkutanen Injektionen gegen Syphilis; sehr gerühmt und als Ersatz für das Quecksilberchlorid dringend empfohlen wurde es auch von Ricord. Das Quecksilberformamid wird dargestellt durch Auflösen von frisch gefälltem Quecksilberoxyd in wässerigem Formamid. Nachdem es von Liebreich im Jahre 1883 dargestellt und in die Syphilistherapie zu hypodermatischer Verwendung eingeführt worden war, ist auf dem Kopenhagener medizinischen Kongress (1884) von verschiedenen Praktikern die Brauchbarkeit dieses Präparates anerkannt worden. Es hat jedoch den Nachteil der ausserordentlich leichten Zersetzlichkeit. Denselben Nachteil wie diese Verbindung des Quecksilbers besitzen auch die Verbindungen desselben mit Amidosäuren, z. B. das Glykokoll-, Asparagin-, Alaninquecksilber. Wolff, welcher diese Präparate in der Strassburger Universitätsklinik genau geprüft hat, musste sich besondere Spritzen für die subkutanen Injektionen konstruieren, um die schnelle Zersetzung und damit das Unwirksamwerden der Lösungen zu verhüten. Ein sehr beachtenswertes Präparat ist das Sozojodolquecksilber, welches von Trommsdorff in Erfurt hergestellt wird. Die Verbindungen des Quecksilbers mit organischen Körpern aus der aromatischen Reihe, z. B. das karbolsaure und das salicylsaure Quecksilber, sind sehr schwer lösliche Präparate, und aus diesem Grunde waren sie für meine Untersuchungen nicht geeignet. Auch das Sozojodolquecksilber ist nun eine aromatische Quecksilberverbindung; es gelingt aber durch Kochsalzzusatz und durch Jodkalium ziemlich leicht, dasselbe in Lösung zu bringen. Die entwickelungshemmende Wirkung dieses Präparates kommt ausschliesslich dem Quecksilber zu; das Sozojodol an sich hat kaum mehr Einfluss auf das Milzbrandwachstum als durch seine sauren Eigenschaften bedingt wird. Wird es neutralisiert, so übertrifft die entwickelungshemmende Wirkung des Sozojodols nur wenig die des Kochsalzes.

Wir haben bis jetzt nur gegenüber den Krankheitserregern des Milzbrands die abtötende und die entwickelungshemmende Kraft der Quecksilberpräparate betrachtet. Wenngleich nun aus den dabei gewonnenen Ergebnissen sehr wertvolle Rückschlüsse auf das Verhalten derselben auch gegenüber anderen Mikroorganismen gemacht werden können, so bedarf es doch noch wiederum besonderer Untersuchungen, wenn wir erfahren wollen, was wir von den Quecksilberpräparaten für die Abtötung und Entwickelungshemmung der lebenden Krankheitserreger der Cholera, des Typhus, der Diphtherie, des Tetanus, der Tuberkulose, der Pneumonie, der Influenza, der menschlichen Wundinfektionen usw. zu erwarten haben. Insoweit als hierfür brauchbare Daten vorliegen, werden dieselben an einer anderen Stelle dieses Abschnitts in Tabellen zusammengestellt werden, durch welche erkennbar gemacht werden soll, wie der Desinfektionswert der Quecksilberverbindungen im Vergleich zu anderen wichtigen Desinfektionsmitteln zu beurteilen ist. Dabei werden dann auch die Verbindungen der Mercuroreihe und die in Wasser unlöslichen Quecksilberverbindungen Berücksichtigung finden. An dieser Stelle soll zur Vervollständigung der methodischen Vorprüfung noch über die Giftigkeit der Quecksilberpräparate das für unsere Zweck wissenswerte zusammengestellt werden.

Die toxischen Wirkungen des Quecksilbers beim Menschen sind in der Monographie von Kussmaul (1861) eingehend gewürdigt worden. Die Syphilidologen und, seit der Einführung des Sublimats in die antiseptische Wundbehandlung, auch die Chirurgen und die pathologischen Anatomen haben weiterhin sehr verdienstvolle Beiträge zum Symptomenbild der Quecksilbervergiftung geliefert. Hier soll nur davon die Rede sein, in welcher Menge das Sublimat und andere Quecksilberverbindungen, wenn sie dem Organismus in resorptionsfähiger Form einverleibt werden, den Tod herbeiführen.

Beim Menschen sind tödliche Sublimatvergiftungen fast ausschliesslich beobachtet worden, wenn das Sublimat vom Magen oder von Wundflächen aus resorbiert wurde. Ueber die Dosis letalis lässt sich hier schwer eine genaue Rechnung anstellen. Bei stomachaler Vergiftung wird meistens mit dem Erbrochenen ein Teil des Sublimats wieder entfernt, so dass man nicht weiss, wie viel wirklich resorbiert ist, und bei den nach Ausspülungen von Wundhöhlen beobachteten Todesfällen lässt sich noch weniger die in die Blutbahn gelangte Quecksilbermenge kontrollieren. Als gefährlich gilt nach der Pharmacopoea germanica die Tagesdosis von 0,1 g für den Erwachsenen; das macht auf 60 Kilogramm Körpergewicht ein Verhältnis von 1 : 600000. Bei Tieren sind zahlreiche Versuche zur Bestimmung der tödlichen Dosis bei subkutaner Injektion und zwar grösstenteils an Kaninchen angestellt worden; jedoch sind nur wenige Angaben hierüber geeignet, die letale Minimaldosis genau erkennen zu lassen; nur das geht aus allen Beobachtungen (Lazarevic, Saikowsky, Balogh, Kálmán, Senger u. A.) hervor, dass 0,03 g für mittelgrosse Kaninchen als sicher tötende Dosis zu betrachten ist (ca. 1 : 50000).

In meinen eigenen Versuchen, die sehr zahlreich sind, und welche an Kaninchen, Meerschweinchen und weissen Mäusen angestellt wurden, waren die Resultate auffallend gleichmässig, wenn ausgewachsenen Tieren 0,2prozentige Lösungen unter die Haut gespritzt wurden, und zwar fand ich als tödliche Minimaldosis 0,01—0·013 g Sublimat pro Kilo Körpergewicht bei einmaliger Injektion, also ein Verhältnis von 1 : 100000 bis 1 : 80000. Jüngere Tiere werden schon durch kleinere Dosen, zuweilen schon, wenn die Sublimatmenge zum Körpergewicht in einem Verhältnis wie 1 : 150000 steht, getötet. Die Tiere sterben in der Regel nach 2 bis 4 Tagen. Eine Gewöhnung an das Sublimat, derart, dass nach längerer Anwendung kleinerer Sublimatmengen, welche gut vertragen werden (ca. 1 : 500000), die zur Tötung erforderliche Minimaldosis grösser wird, habe ich nie beobachtet; gerade das Gegenteil trifft hier zu. Bei der Vergiftung vom Magen aus scheint nach den Versuchen von Saikowsky die tödliche Dosis ungefähr gleich gross zu sein, wie bei subkutaner Injektion. Bei intraperitonealer Injektion fand ich die tötliche Dosis viel weniger gleichmässig; durchschnittlich aber findet man dieselbe nicht wesentlich anders als bei der Einspritzung unter die Haut; jedoch tritt der Tod früher als nach subkutaner Injektion und häufig unter Streckkrämpfen ein. Intravenös injiziert genügen nach den sehr genauen Untersuchungen von Mairet, Pilatte und Combemal bei Hunden schon viel kleinere Sublimatmengen, um den Tod herbeizuführen, nämlich 0,03 g pro Kilo Tier (1 : 333000). Sehr sorgfältige und zahlreiche Versuche hat Riedel an Kaninchen angestellt mit Sublimatlösungen, die Sublimat und Kochsalz zu gleichen Teilen enthielten. Danach war eine Dosis von 0,015 g pro Kilo bei einmaliger subkutaner Injektion noch sicher tödlich wirkend (1 : 66000). Meerschweinchen sterben oft schon bei kleineren Dosen (1 : 120000). Nach Zusatz von Cyankalium tritt hei Sublimat und Cyankalium zu gleichen Teilen der Tod durch Blausäurevergiftung, nicht durch Quecksilber ein. Ist halb so viel Cyankalium wie Sublimat in der Lösung, so wird die Giftwirkung desselben nicht merklich beeinträchtigt. Nach Zusatz von 5 Teilen Weinsäure genügt ein etwas geringerer Sublimatgehalt (durchschnittlich 1 : 80000), um Mäuse und Meerschweinchen mit Sicherheit zu töten. Wenn von den Quecksilberverbindungen diejenige Dosis bestimmt wird, welche bei einmaliger Injektion noch tötlich wirkt, so ist, auf den Quecksilbergehalt berechnet, das Quecksilberkaliumcyanid das giftigste; nächstens kommt das Cyanid, dann das Quecksilberjodidjodkalium, das Oxycyanid, das Sozojodolquecksilber-Jodkalium, das Formamid und zuletzt das Sozojodolquecksilber-Chlornatrium. Mit dem Sublimat verglichen steht auf fast gleicher Giftigkeitsstufe das Oxycyanid, jedoch ist namentlich für Meerschweinchen die letale Minimaldosis des letzteren oft kleiner (1 : 200000). Die Giftigkeitsskala ändert sich aber, wenn die Dosen mehrmals am Tage, und ganz besonders dann, wenn noch nicht toxisch wirkende Mengen (1 : 600000) während längerer Zeit injiziert werden. Im letzteren Fall treten die Symptome einer subakuten und chronischen Vergiftung — Sinken der Temperatur, frequente und mühsame Respiration, Diarrhoe, Muskelzittern und Parese, Eiweiss im Urin — am frühesten auf beim Oxycyanid, welches in dieser Beziehung dem Sublimat gleichsteht. Soviel ich bis jetzt erkennen kann, hängt der Grad der Giftigkeit bei einmaliger Injektion ab von der Schnelligkeit der Resorption und von der chemischen Verbindung, in welcher sich das Quecksilber befindet. Das Fehlen oder Vorhandensein von chronischen Vergiftungserscheinungen nach längerem Quecksilbergebrauch scheint dagegen mehr von der Möglichkeit einer prompten Ausscheidung abhängig zu sein, und diese geht bei den leicht im Blutserum löslichen Präparaten besser vor sich, als bei denjenigen, welche schwerer löslich sind. Sehr gross sind aber die Unterschiede nicht. Man kann ziemlich genau aus dem Quecksilbergehalt eines gelösten Präparats auf die tödliche Dosis schliessen. Auf Quecksilber berechnet beträgt sie bei der Mehrzahl der Präparate, die ich untersucht habe, durchschnittlich 0,008 g pro Kilo Körpergewicht = 1 : 123 000 (für Quecksilberchlorid berechnet = 1 : 100 000.

Um die relative Giftigkeit der Quecksilberpräparate zu berechnen, haben wir in den Angaben über die desinfizierende Wirkung einerseits, über die Giftigkeit andererseits jetzt brauchbare Anhaltspunkte; wir wollen die Rechnung hier für das Quecksilberchlorid anstellen. Entsprechend den früheren Erläuterungen wird diejenige Desinfektionsleistung für die Berechnung der relativen Giftigkeit zugrunde gelegt, welche die entwicklungshemmende Wirkung auf Milzbrandbazillen im Rinderblutserum zum Ausdruck bringt. Diese Zahl schwankt, wie man aus der Tabelle XII ersehen kann, zwischen 1 : 10000 und 1 : 15000, und zwar gilt die letztere Zahl, wenn für eine vollkommene Lösung durch Zusatz von Chloriden zum Quecksilbersublimat Sorge getragen ist. Mit Rücksicht darauf, dass im Tierkörper auch ohne einen solchen Zusatz ausreichende Gelegenheit zur vollständigen Lösung und Resorption des Quecksilbersublimats gegeben ist, wird es korrekt sein, die höhere Zahl der Berechnung zugrunde zu legen; dann haben wir also für den Desinfektionswert 15000, für die Giftigkeit 90000. Die relative Giftigkeit ist danach durchschnittlich $\dfrac{90\,000}{15\,000} = 6$, d. h. das Quecksilberchlorid ist für Tiere 6 mal giftiger als für Milzbrandbazillen im Rinderblutserum. Für junge Meerschweine ist, entsprechend der grösseren Giftempfindlichkeit derselben, die relative Giftigkeit des Quecksilberchlorids etwas grösser; für ausgewachsene Kaninchen würde sie, unter Berücksichtigung der Riedel'schen Zahlen, etwas kleiner sein.

Für die anderen Quecksilberpräparate ergibt die Berechnung der relativen Giftigkeit etwas andere Werte, jedoch weichen dieselben nicht gar zu sehr von der Zahl 6 ab. Eine geringere relative Giftigkeit als die des Quecksilberchlorids habe ich nur beim Quecksilberjodid gefunden, nämlich ca. 5.

<hr>

Fünfter Abschnitt.

Silbernitrat, Goldpräparate und andere Metallsalze.

So genaue Untersuchungen, wie über die antibakterielle Quecksilberchloridwirkung, besitzen wir über keines der unzähligen anderen Metallsalze. Ueberdies sind die hier und da in der Literatur verstreuten Angaben deswegen grösstenteils für meine Besprechung nicht heranzuziehen, weil dieselben sich auf solche Prüfungsmethoden stützen, die von anderen Gesichtspunkten aus, als den oben auseinandergesetzten, ausgeführt sind. Die meisten Zahlenangaben anderer Autoren sind aus diesem Grunde mit den meinigen nicht vergleichbar, und es würde nur zur Verwirrung führen, wenn ich Daten hier wiedergeben wollte, von denen ich nicht beurteilen kann, unter welchen Versuchsbedingungen sie erhalten worden sind.

Die hierunter folgenden Resultate sind durchweg durch eigene Untersuchungen gewonnen worden. Sie beziehen sich fast ausschliesslich auf den entwicklungshemmenden Wert. Bevor ich jedoch die für denselben gefundenen Zahlen anführe, ist es notwendig, eine Reihe von Kautelen zu erwähnen, welche man kennen muss, wenn man über die antibakteriellen Eigenschaften der Metallsalze ein Urteil abgeben soll. Bei der Feststellung des bakterienfeindlichen Wertes, insoweit als derselbe durch die entwicklungshemmende Wirkung in künstlichen Nährböden bestimmt wird, ist die chemische Zusammensetzung der letzteren für alle Chemikalien von nicht zu unterschätzender Bedeutung, für keine Gruppe derselben aber mehr als für die Metallsalze. Wir haben bei dem Quecksilberchlorid gesehen, welchen ausserordentlichen Einfluss auf die entwicklungshemmende Kraft desselben der Proteingehalt ausübt, wir haben auch die Bedeutung der Salze verschiedener Nährböden schon gewürdigt. Beide Bestandteile spielen nun auch für die Wirkung der anderen Metallsalze eine grosse Rolle; während jedoch der Proteingehalt stets in demselben Sinne seinen Einfluss äussert, indem nämlich die bakterienfeindliche Wirkung aller Metallsalze um so geringer ist, je grösser der Proteingehalt des Nährbodens, liegt die Sache bei den anorganischen Verbindungen anders. Ein und dasselbe Salz kann die Aktionskraft der einen Metallverbindung erhöhen, während es die der anderen vermindert. Da es sich hierbei um ziemlich gut durchsichtige Verhältnisse handelt, so will ich auf diesen Punkt etwas näher eingehen.

Der Satz „corpora non agunt nisi soluta" verdient ganz besondere Beachtung, wenn wir die differente Leistungsfähigkeit eines und desselben Desinfektionsmittels bei verschiedenen Desinfektionsobjekten verstehen wollen.

Vom Quecksilberchlorid wurde gelegentlich schon bemerkt, dass dasselbe durch Chloride löslicher und wirksamer gemacht wird; jedoch ist dieser günstige Einfluss nicht so in die Augen fallend, wie der ungünstige, welchen die Chloride auf das Silbernitrat ausüben. Das Silbernitrat wird bekanntlich in seinen Lösungen durch Kochsalz gefällt;

in schwach alkalischer kochsalzhaltiger Bouillon fällt es daher zum grossen
Teil aus und kommt weniger zur Wirkung als in solchen Nährlösungen,
die ein grösseres Lösungsvermögen für das Silbernitrat besitzen. Das
ist im Blutserum der Fall, welches weniger Kochsalz und eine stärkere
Alkaleszenz besitzt, als die übliche Peptonbouillon. Der chemische Vorgang, zufolge dessen Blutserum grössere Silbermengen zu lösen vermag,
ist etwas komplizierter Art. Setzt man zu Rinderblutserum in einem
Reagensglas so viel Silbernitrat hinzu, dass der Gehalt daran 1 : 8000
beträgt, so bleibt das Serum noch soweit durchsichtig, dass man auf
einer hellbeleuchteten Papierfläche durch das Reagensglas Zahlen in
mittelgrosser Druckschrift gut lesen kann. Darüber hinaus entsteht eine
dauernde, starke Trübung bzw. ein voluminöser Niederschlag. Derselbe
lässt sich aber vollkommen wieder auflösen, wenn man Kalilauge zum
Blutserum hinzusetzt. Wahrscheinlich ist die Niederschlagbildung so zu
erklären, dass die Salze des Blutserums das Silbernitrat fällen und dass
dabei Eiweiss mitgefällt wird; wird durch Kalizusatz die Salzfällung
verhindert, so bleibt auch die Eiweissfällung aus. Meine Annahme, dass
die zuerst entstehende Fällung mit den Chloriden des Serums in Zusammenhang zu bringen ist, wird durch die Beobachtung gestützt, dass
alle diejenigen Mittel, welche imstande sind, Silberchlorid zu lösen, also
Ammoniak, Cyankalium, unterschwefligsaures Natron, auch die Niederschlagbildung im Blutserum verhindern. Ganz besonders spricht für die
Richtigkeit dieser Auffassung und für ihre allgemeinere Bedeutung der
verschiedene Einfluss, welchen die Salze auf das Verhalten der Mercuri-
und der Mercuroverbindungen in eiweisshaltigen Flüssigkeiten ausüben.
Während das Quecksilberchlorid und alle Verbindungen der Quecksilber-
oxydreihe mit Salzsäure, Schwefelsäure, Essigsäure, Weinsäure keine
Fällung geben, verhält sich das lösliche Salz der Quecksilberoxydulreihe,
das Mercuronitrat, anders; es wird durch alle diese Säuren ebenso wie
das Silbernitrat gefällt. Dementsprechend entsteht kein Eiweissniederschlag, wenn wir eine saure Quecksilberchloridlösung zu eiweisshaltigen
Flüssigkeiten hinzusetzen, während das Quecksilberoxydulnitrat in ange-
säuerten Eiweisslösungen, genau wie das Silbernitrat, sofort eine starke
Eiweissfällung bewirkt. Derselbe Parallelismus zwischen Salzfällung und
Eiweissfällung findet sich auch beim Zusatz von Jodkalium zum Blutserum. Wird wenig Jodkalium zugesetzt, so setzt sich das Quecksilberchlorid in unlösliches Quecksilberjodid um, und dieses reisst beim Ausfallen Eiweiss mit nieder; vermehren wir aber den Jodkaliumzusatz so
weit, dass derselbe etwa das Vierfache der Sublimatmenge beträgt, so
löst sich der Eiweissniederschlag wieder auf, weil der Quecksilberjodid-
niederschlag im Ueberschuss von Jodkalium löslich ist.

Geht man so bei den einzelnen Metallen die Fällungsreaktionen
durch und berücksichtigt dabei die im normalen Blut und Blutserum
vorkommenden Salze, insbesondere die Chloride und Karbonate, so kann
man voraussagen, ob ein Metallsalz im Blute und im Serum Eiweiss-
gerinnung machen wird, und — was für unsere Desinfektionszwecke
besonders wichtig ist — man kann voraus wissen, ob und durch welche
Mittel die Niederschläge verhindert oder, wenn sie schon entstanden sind,
gelöst werden können.

Ich habe früher schon angedeutet, dass wir aus der desinfizierenden

Wirkung allein noch keine brauchbaren Rückschlüsse auf die Verwendbarkeit eines Mittels für praktische Zwecke ziehen können, dass vielmehr hierzu die Kenntnis auch des Grades der Giftwirkung eben desselben Mittels erforderlich ist. Für die genaue Feststellung des Verhältnisses zwischen entwicklungshemmender Wirkung und zwischen Giftwirkung hatten aber sehr viele der bisher von mir untersuchten chemischen Körper, darunter namentlich konzentriertere Metallsalzlösungen, den Nachteil, dass sie einerseits mit Blut und Blutserum Niederschläge geben, andererseits die Gewebe anätzen und auf diese Weise bei subkutaner Injektion der prompten und glatten Resorption Hindernisse in den Weg stellen. Dieser Nachteil geht vollständig einer bisher in der desinfizierenden Praxis nur wenig berücksichtigten Klasse von Metallverbindungen ab, als deren erste ich 1889 das Goldkaliumcyanid kennen gelernt habe. Die Konstitution dieser Verbindung kann verschieden aufgefasst werden. Man kann dieselbe als Goldcyanid ($AuCy_3$) ansehen, welches in Cyankalium (KCy) gelöst ist und mit $1\frac{1}{2}$ Molekülen Wasser krystallisiert. Ihre Formel wäre darnach $AuCy_3 + KCy + 1\frac{1}{2}H_2O$, also die Formel eines Doppelsalzes. Man kann dieses Salz aber auch ableiten von einer Säure, der Auricyanwasserstoffsäure $= HAuCy_4$, die nach Ladenburg[1]) mit 3 Molekülen Wasser zu grossen, farblosen, luftbeständigen, leicht in Wasser, Alkohol und Aether löslichen Tafeln krystallisiert. In dieser Säure kann der Wasserstoff durch andere Metalle, z. B. durch Silber, Cadmium, Kalium, Natrium ersetzt werden. Das Kaliumsalz hat darnach die Formel $KAuCy_4 + 1\frac{1}{2}H_2O$. Mit Blut und Blutserum ist dieses Kaliumsalz der Auricyanwasserstoffsäure in allen Verhältnissen löslich, und bei subkutaner Injektion wird es glatt und schnell resorbiert, ohne zu ätzen und, wie es scheint, auch ohne nennenswerte Schmerzen bei Tieren hervorzurufen. Ganz analoge Verbindungen lassen sich nun von den meisten anderen Metallen herstellen, und zwar von solchen, die verschiedene Wertigkeit besitzen, mehrere Reihen. Am bekanntesten sind die hierhergehörigen Verbindungen beim Eisen. Wir kennen bei demselben die Ferrocyanwasserstoffsäure $= H_8Fe_2Cy_{12}$ und die Ferricyanwasserstoffsäure $= H_6Fe_2Cy_{12}$ und leiten von diesen Säuren das Kaliumeisencyanür $= K_8Fe_2Cy_{12} + 6H_2O$ und das Kaliumeisencyanid $= K_6Fe_2Cy_{12}$ ab. Das erstere bezeichnet man auch als gelbes, das zweite als rotes Blutlaugensalz. Beim Quecksilber ist das entsprechende Doppelcyanid K_2HgCy_4, beim Platin und Palladium habe ich nur die Cyanüre bekommen ($K_2PtCy_4 + 3H_2O$ und $K_2PdCy_4 + 3H_2O$ bzw. $1H_2O$); aus dem Osmiumsäureanhydrid (OsO_4) habe ich mir die Verbindung $K_4OsCy_6 + 3H_2O$ hergestellt; aus Kupfersulfat, welches mit schwefliger Säure versetzt wurde (Ladenburg a. a. O. S. 109), durch Behandlung mit Cyankalium die entsprechende Doppelverbindung des Kupfercyanürs (K_2CuCy_4); aus Zinksulfat das Kaliumzinkcyanür usw. Alle diese Doppelsalze werden gleich dem des Goldes ausserordentlich schnell bei subkutaner Injektion resorbiert, und alle geben in eiweisshaltigen Flüssigkeiten keine Niederschläge. Aber noch aus mehreren anderen Gründen schienen sie mir einer eingehenderen Untersuchung wert zu sein. Diese Doppelsalze haben — wenigstens

---

1) Handwörterbuch der Chemie. Bd. III. S. 110.

ihre höheren Oxydationsstufen, die Cyanide — vor allem den Vorteil, dass sie nach meinen vergleichenden Prüfungen den höchsten Grad der antibakteriellen Leistungsfähigkeit unter allen Verbindungen repräsentieren, die für die einzelnen Metalle überhaupt in Frage kommen. Die Ursache hierfür ist ziemlich leicht verständlich.

Nach den Untersuchungen von O. Löw können wir uns den Modus der antibakteriellen Wirkung der Metallsalze als eine Vergiftung des lebenden Protoplasmas vorstellen. Das Protoplasma gewisser Algen ist nämlich nach Löw imstande, die Metallsalze aus verdünnten Lösungen in sich aufzunehmen und zu einer niedrigeren Oxydationsstufe oder bis zum Metall selbst zu reduzieren, und dadurch sich selbst zu vergiften. Die verschiedenen Metalle, ihre verschiedenen Oxydationsstufen und ihre verschiedenen Lösungen verhalten sich aber dem lebenden Protoplasma gegenüber ausserordentlich verschieden und dieses selbst weist wieder bemerkenswerte Differenzen auf je nach seiner Herkunft. Einige der Metallsalzlösungen zeichnen sich nun dadurch aus, dass sie in so starken Verdünnungen, die nur noch $\frac{1}{100\,000}$ und noch weniger Metall enthalten, vergiftend auf Algeneiweiss wirken. Als solche hat uns Löw vor allem gewisse Lösungen des Quecksilbers, des Silbers und des Goldes kennen gelehrt. Quecksilberlösungen gehören nun bekanntlich zu den energischsten Giften auch für Milzbrandbazillen; das Silber habe ich gleichfalls sehr wirksam gefunden. Angeregt durch die Mitteilung Löw's hatte ich im pharmakologischen Institut zu Bonn auch Goldlösungen untersucht, fand dort aber insofern bei diesen ein abweichendes Verhalten, als sie nur mässige Wirkung besassen, ungefähr in einer Verdünnung von 1 : 5000. Aber nur die unzweckmässige Wahl des Präparates — ich hatte das Auro-Natrium chloratum untersucht — trug an dem Misserfolg die Schuld, und andere Goldlösungen, wie das Goldkaliumcyanid, können mit Quecksilber und Silber durchaus konkurrieren. Es besteht also ein Parallelismus der Giftwirkung der Metallsalze gegenüber dem Algen- und dem Milzbrandprotoplasma qualitativ und einigermassen auch quantitativ. Aber die Beobachtung, die ich an den verschiedenen Goldpräparaten machte, musste auch darauf hinweisen, wie wichtig die Auswahl der Verbindungen bei den Metallen ist, wenn man die Wirkung derselben studieren will. Beruht dieselbe auf der Fähigkeit des lebenden Protoplasmas, das Metall aus der höheren Oxydationsstufe in eine niedrigere überzuführen, so ist es klar, dass der Wert der Lösungen vermindert werden muss, wenn durch irgend welche Einflüsse diese Arbeit schon ohne diese Mikroorganismen geleistet wird; wenn durch das Licht, durch reduzierende Körper wie Zucker, mehratomige Alkohole, Aldehyde, organische Substanzen, die aus dem Eiweisszerfall hervorgehen, und durch Eiweiss selbst, bzw. besondere Modifikationen desselben, die Metallsalzlösungen zersetzt werden. Dass dem wirklich so ist, beweisen die Erfahrungen, welche man an Sublimatlösungen gemacht hat; für Höllensteinlösungen und für viele andere Körper konnte ich diese Erfahrungen bestätigen, und das Gleiche lässt sich auch für Lösungen des Auro-Natrium chloratum nachweisen. Die Reduktionsfähigkeit der Metallsalzlösungen wird vermindert durch Einführung organischer Moleküle, wie des Essigsäure-, Weinsäurerestes, und so auch durch Einführung der

Cyangruppe. Bei den Schwermetallen können hierdurch die meisten Metallreaktionen vollständig zum Schwinden gebracht werden, wie wir das z. B. bei der Fehling'schen Kupferlösung durch die Weinsäure erreichen. Auch für das Quecksilber ist von den Chirurgen in der Essigsäure und Weinsäure die Verwertung organischer Quecksilberverbindungen zur Erhöhung der Haltbarkeit vorteilhaft gefunden worden.

Die Doppelcyanide sind nun für die meisten Metalle eine sehr brauchbare Form, um ihre Zersetzung durch tote organische Substanz zu vermindern oder ganz zu verhüten, und wir finden demgemäss, dass derjenige antiparasitäre Wert, welcher einem Metall überhaupt zukommen kann, am besten durch ihre Doppelcyanidverbindung erreicht wird. Aus diesen vermag zwar lebendes Protoplasma ziemlich leicht, sehr schwer aber gelöstes Protein und die meisten der anderen in Nährböden vorkommenden reduzierenden Agentien das Metall abzuscheiden oder in niedrigere Oxydationsstufen überzuführen. Auf diese Weise wird, um mit Ehrlich zu reden, die Metallverbindung bakteriotrop oder parasitotrop, und so wird durch die besondere Art der Arsenverbindung im Salvarsan das Arsen mit Umgehung der Organ- und Blutproteine elektiv wirksam gegenüber der Spirochaete pallida.

In der Desinfektionspraxis werden die Metalle in sehr verschiedenen Verbindungen angewendet; Quecksilber als Chlorid, Silber als Nitrat, Kupfer und Zink als Sulfat usw. Für meine vergleichenden Untersuchungen war es aber wünschenswert, analog konstituierte Verbindungen zu haben. Dieser Anforderung wird durch die Cyan-Cyankaliumsalze entsprochen. Manche Metalle allerdings, die in Cyankalium nicht löslich sind, wie Blei, Bismut, Zinn, können in dieser Form nicht untersucht werden.

Die so vorgenommene Prüfung des entwicklungshemmenden Wertes hat nun für alle in Cyankalium gelösten Metalle gezeigt, dass mit der Wirkung auf das Wachstum von Milzbrandbazillen im Blutserum in fast gesetzmässiger Progression die Giftigkeit für den Tierkörper steigt und fällt. Diese Tatsache wird hier um so mehr augenfällig, als der desinfizierende Wert der einzelnen Metallverbindungen ausserordentlich verschieden ist. Während das Ferricyankalium und das Ferrocyankalium in halbprozentiger Blutserumlösung das Milzbrandwachstum noch nicht aufheben und die Doppelcyanide des Platins, des Iridiums, des Osmiums, des Zinks erst bei einem Gehalt von mehr als 1 pM. anfangen, entwicklungshemmend zu wirken, besitzen wir im Gold, Silber und Quecksilber so stark entwicklungshemmende Metalle, dass ein einziges Gramm ihrer Cyanverbindung 20 bis 50 kg Blutserum zu einem ungeeigneten Nährboden für Milzbrand macht. In der Mitte stehen Kupfer und Palladium. Ordnet man nun die Metalle nach ihrem entwicklungshemmenden Wert, dann ist die so gewonnene Skala gleichzeitig auch die Skala ihrer Giftigkeit für den Tierkörper. Die relative Giftigkeit habe ich bei keinem dieser Körper niedriger als 5 gefunden; bei einigen Metallen, namentlich bei meinem Kupferpräparat, war sie nicht unbeträchtlich höher (ca. 10).

Im Anschluss an die Prüfung der Metalle in ihren Cyanverbindungen habe ich dieselben auch in den Verbindungen untersucht, in welchen sie von früheren Untersuchern geprüft sind, und in welchen sie zum Theil in der Desinfektionspraxis Verwendung gefunden haben. Wie für die Quecksilberverbindungen (s. o.) hat sich auch für andere Metallsalze ergeben, dass die entscheidende Rolle für die Desinfektionswirkung das Metall und nicht der Säureanteil spielt, und dass, wenn man dem Löslichkeitsverhältnis Rechnung trägt, aus den bei den Cyanverbindungen konstatierten Zahlenwerten Rückschlüsse auch auf die Leistungsfähigkeit der Chlor-, Jod-, Brom-, Sauerstoff-, Schwefelsäure- und anderen Verbindungen gemacht werden können. So fand ich für das Kupfersulfat, das schwefelsaure Eisen, das Eisenchlorid, das schwefelsaure Zink, das Chlorzink, das Platinchlorid, das Palladiumchlorür, die Osmiumsäure usw., Zahlen, welche bei der Aufstellung einer Skala des Wirkungswertes dieselbe Reihenfolge ergeben; obenan standen Silber, Gold und Quecksilber, dann folgten Kupfer, Palladium, Platin, Iridium, Osmium, Zink, Eisen.

Zum Schluss sei auch noch derjenigen Wirkung gedacht, welche die als unlöslich betrachteten Verbindungen derselben ausüben.

Wir haben schon oben den Satz „corpora non agunt nisi soluta" zum Verständnis mancher auf den ersten Blick paradoxer Metallwirkungen herangezogen. Wenn durch irgend ein Agens eine bakterienfeindliche Wirkung ausgeübt werden soll, muss dasselbe unmittelbar auf die Bakterien einwirken, und dafür setzen wir als notwendige Vorbedingung voraus, dass das in Frage kommende Mittel in dem Medium, in welchem die Bakterien sich befinden, gelöst ist; denn nur so können die Moleküle des chemisch wirksamen Mittels auf die Substanz der Mikroorganismen wirken. Ein recht prägnantes Beispiel für die Richtigkeit dieser Anschauung haben wir in dem Quecksilber. In welcher Form dasselbe auch gelöst sein möge, als Chlorid, Jodid, Bromid, Cyanid, Oxyd; in Ammoniakverbindungen, in Verbindung mit aromatischen Körpern usw., stets übt es die ihm zukommenden desinfizierenden Wirkungen auch quantitativ in gleicher Weise aus; nur auf die Menge des gelösten Quecksilbers und damit seiner disponiblen Ionen kommt es an, nicht auf die Art der Verbindung, durch welche die Auflösung bewirkt wurde. Das Quecksilber hört aber auf desinfizierend wirksam zu sein, sobald es in den unlöslichen Zustand übergeführt wird. Am sichersten lässt sich das durch Schwefelwasserstoff und durch Verbindungen desselben, wie Schwefelammon, erreichen: das Schwefelquecksilber ist nämlich ohne jede Wirkung auf Bakterien. Ebenso ist ja auch das Jodoform, so lange es ungelöst ist, ein für die Bakterien an sich ganz indifferenter Körper; es wird aber ein ausgezeichnetes Desinficiens, wenn es durch die Lebenstätigkeit von Bakterien zerlegt und in Jodwasserstoff, Jodsäure und freies Jod verwandelt wird.

Sechster Abschnitt.
Ueber antibakterielle Metallwirkung.

So sehen wir überall in der antiseptischen und in der Desinfektionspraxis die Gültigkeit des Satzes „corpora non agunt, nisi soluta" betätigt, und es musste daher von hervorragendem Interesse sein, wenn

über Wirkungen berichtet wurde, die mit diesem Satz in Widerspruch
zu stehen, die sogar eine Wirkung in distans auf den ersten Blick zu
beweisen schienen. Ueber solche Erscheinungen hat nun der Professor
der Zahnheilkunde Miller Mitteilungen gemacht.

Bei Untersuchungen, die Miller (1889) über die desinfizierende Wirkung von Füllungsmaterialien für Zähne anstellte, stiess er auf eine ihm
unerwartete Eigenschaft vieler Goldpräparate. Es zeigte sich nämlich,
dass das Gold in der Form, wie es zum Füllen der Zähne angewandt
wird, häufig nicht unbedeutende desinfizierende Eigenschaften besitzt.
Diese konnten sehr schön auch in vitro demonstriert werden, wenn
Miller mit Kulturen von Mikroorganismen aus der Mundhöhle Gelatineplatten goss, auf die dann Goldstückchen gebracht wurden. Bei manchen
Goldstückchen blieb in grösserem oder kleinerem Umkreise das Bakterienwachstum aus, bei anderen dagegen wurde eine entwicklungshemmende
Wirkung nicht beobachtet; und zwar wurde eine antibakterielle Wirkung
nicht bloss bei frischem, bis dahin unbenutztem Gold, sondern auch bei
solchem, welches schon Jahr und Tag als Plombe in hohlen Zähnen gelegen hatte, konstatiert. Diese Tatsache hat Miller wegen der Bedeutung,
welche dieselbe möglicherweise für die Auswahl des Goldes für die Zahnfüllung besitzt, weiter verfolgt und er fand die Fähigkeit des Goldes,
entwicklungshemmend zu wirken, von der Herkunft und Behandlung der
verschiedenen Goldpräparate abhängig. Für den zahnärztlichen Gebrauch
wird absolut reines Gold verlangt, welches in Form von Goldfolie gebracht sein muss, bevor es als Zahnfüllung benutzt wird. Ueber die
Herstellung der Goldfolie nun habe ich folgendes erfahren: Das Gold
wird geschmolzen, in einen Einguss gegossen und dann unter häufigem
Glühen so dünn als möglich ausgewalzt. Dann wird es in Vierecke geschnitten und mit hölzernen Instrumenten zwischen Pergamentblättchen
gebracht, etwa 100 Blatt in einem Paket: über das Ganze werden zwei
Taschen gezogen, die es vollständig einhüllen. Mit einem schweren
Hammer wird dann das Paket auf einem Granitblock gehämmert, bis die
einzelnen Blätter allseits bis an die Kante des Pakets vorragen, dann
wird jedes Blatt in vier Teile geschnitten, die so gewonnenen kleineren
Stückchen werden wieder zu Paketen formiert und in der eben beschriebenen Weise weiter behandelt, bis die gewünschte Dünne erreicht
wird; zuletzt wird anstelle der Pergamentblätter die sog. Goldschläger-
haut verwendet. Die verschiedenen von den Zahnärzten verwendeten
Goldpräparate variieren etwas in ihren physikalischen Eigenschaften und
werden dementsprechend hart, weich, cohäsiv, non-cohäsiv usw. bezeichnet. In welcher Weise der Fabrikant die Verschiedenartigkeit der
Präparate herbeiführt, ist nicht genauer bekannt; unter Umständen sollen
Pyrogallussäure, Ammoniak und pulverisierte Kohle angewendet werden.
Die Bezeichnung der verschiedenen Präparate geschieht zahnärztlicher-
seits durch Hinzufügung der Namen von den Firmen, aus denen sie her-
kommen; so spricht man von Abbey's, von White's Gold usw. Miller
hat nun eine grössere Zahl von Goldsorten teils als Goldfolie, teils als
Zylinder geprüft, die aus jener hergestellt wurden; seine Versuchsergebnisse teilte er in einem am 18. Dezember 1889 in der Deutschen
odontologischen Gesellschaft gehaltenen Vortrage mit. Aus demselben
geht hervor, dass erheblichere Wirkung Park's Goldstückchen (Pellets),

Quarter Century Goldfolie und Abbey's non-cohäsive Folie zeigten. Wenig oder garnicht wirksam waren Velvet-Gold und Wolrab's Zylinder. Zinngold äusserte viel weniger Wirkung als Gold allein; Zinn allein, ebenso auch Platin, hatten keine Wirkung. Besonders hervorgehoben zu werden verdient die Tatsache, dass sämtliche wirksame Goldpräparate ihre Wirkung vollkommen einbüssten, sobald sie geglüht wurden. Was die Erklärung der Wirkung betrifft, so hatte Miller zuerst an die Möglichkeit gedacht, dass dieselbe auf einer Kondensation einer Schicht Luftsauerstoffs auf der Goldoberfläche beruhe. Hiergegen aber sprach die Tatsache, dass Schwammgold, dem danach eine besonders hohe Wirkung zukommen müsste, eine solche nicht besitzt; auch die weiter beobachtete Tatsache, dass geglühtes Gold nach mehreren Tagen noch eine antibakterielle Wirkung nicht wieder erlangte, spricht gegen jene Annahme. In der Diskussion, die sich an den Vortrag anschloss, berührte Prof. Busch noch die Frage, ob vielleicht die Benutzung feinen Kohlenstaubs, um das Gold non-cohäsiv zu machen, eine Rolle spielen könnte, und ob das Unwirksamwerden des Goldes beim Glühen dann auf dem Verbrennen der Kohle beruhe. Diese Frage muss, wie meine eigenen Versuche ergeben, in verneinendem Sinne entschieden werden, da weder tierische noch pflanzliche Kohle auch nur die Spur einer entwicklungshemmenden Wirkung besitzen. Ob diejenige Erklärung, welche ich gebe, zutrifft, dass nämlich Gold durch die Lebenstätigkeit der Bakterien bzw. durch ihre Stoffwechselprodukte in minimalen Mengen im Nährboden gelöst und dadurch wirksam werde, darüber mag sich der Leser nach Kenntnisnahme meiner eigenen im Folgenden mitzuteilenden Versuchsergebnisse ein Urteil bilden.

Im Laufe des Jahres 1889 erhielt ich nach mündlicher Besprechung mit Herrn Prof. Miller von demselben die oben genannten Goldsorten und ausserdem White's Gold, mit der Angabe über das Vorhandensein oder den Mangel ihrer antibakteriellen Wirkung. Die Prüfung, welche ich vornahm, geschah zunächst an Milzbrandkulturen in Gelatine, die in Petri-Schalen ausgegossen wurde. Für die von Miller als unwirksam bezeichneten Präparate ergab meine Untersuchung lediglich eine Bestätigung des Mangels jeder Wirkung; ebenso stimmten meine Versuchsergebnisse mit denen von Miller auch für die wirksamen Präparate überein, jedoch bekam ich eine viel mehr in die Augen fallende Entwicklungshemmung der Kolonien. Es konnte das daran liegen, dass sich die Milzbrandbazillen anders verhielten, als die von Miller benutzten Kulturen, und dass überhaupt die verschiedenen Bakterien in differenter Weise auf das Gold reagieren; daher prüfte ich auch den Einfluss der Präparate auf viele andere Mikroorganismen und fand, dass derselbe in der Tat sehr verschieden ist. Wenn beispielsweise ein Zylinder von Abbey's Gold in die Mitte der Gelatineplatte gelegt wurde, so betrug der Durchmesser des Kreises, innerhalb dessen kein Bakterienwachstum erfolgte und die Gelatine ganz transparent blieb, bei Milzbrandbazillen 1,5 cm, bei Diphtheriebazillen 3—5 cm, beim Bact. pyocyaneus 1 cm, bei Cholerabakterien 0,4 cm; während Rotz- und Typhusbakterien gar nicht beeinflusst wurden.

Ausser dem metallischen Gold untersuchte ich dann noch eine Reihe anderer Metalle. Blattsilber und Quecksilber, in geringem Grade

auch Kupfer, Nickel und Zink fand ich wirksam, unwirksam dagegen
Zinn, Blei und Eisen. Vom Quecksilber, Zink und Blei habe ich auch
die unlöslich geltenden Verbindungen untersucht. Dabei erwies sich das
Kalomel ungefähr ebenso leistungsfähig wie metallisches Quecksilber,
Quecksilberoxyd noch etwas wirksamer; das Quecksilbersulfid
(Zinnober) aber gänzlich unwirksam. Bemerkenswert ist, dass das
Quecksilber und seine Verbindungen alle untersuchten Bakterien (Milz-
brand-, Typhus-, Pyocyaneus-, Rotz-, Diphtherie-, Cholerabakterien) fast
genau in gleicher Weise beeinflusste. Auch gemünztes Gold, Silber
und Kupfer, in sehr geringem Grade auch Nickel, hat antibakterielle
Kraft; dabei kehrten ganz dieselben Erscheinungen in den Versuchen
wieder, wie bei den früher besprochenen Präparaten. Namentlich verdient hervorgehoben zu werden, dass auch das gemünzte Gold
Typhus- und Rotzbazillen in ihrem Wachstum nicht aufhält.
Es lag dann weiter die Frage nahe, ob bloss eine Entwicklungshemmung
durch die Metalle zustande gekommen war, oder ob die ausgesäten
Bakterien abgetötet werden. Zur Entscheidung dieser Frage schnitt ich
die von Kolonien auch bei mikroskopischer Betrachtung ganz frei erscheinenden Stellen der Gelatine aus und brachte sie in Bouillon, die
im Brütschrank gehalten wurde; es zeigte sich da, dass die Bouillon
steril blieb, wenn nicht zufällig Verunreinigung durch Luftkeime stattgefunden hatte. Andere Versuche stellte ich dann zu dem Zwecke an,
um das Zustandekommen dieser Wirkung aufzuklären. Wenn hierbei eine
Fernwirkung der Metalle von vornherein ausgeschlossen wird, so blieben
im wesentlichen nur zwei Möglichkeiten übrig, dass nämlich auf der
Oberfläche der Metalle Gase kondensiert sind, oder andere Stoffe haften,
die in die Gelatine hineindiffundieren und dabei das Bakterienwachstum
verhindern, oder dass etwas von den Metallen selbst in Lösung übergeht.
Die erste Möglichkeit scheint mir dadurch ausgeschlossen, dass auch
nach häufigerer, bis zu 10 maliger Uebertragung, beispielsweise eines ge-
münzten Goldstückes, die Wirkung bestehen blieb, und dass dies auch nach
Abwaschen der Goldoberfläche mit Salpetersäure (und darauf folgender
weiterer Abspülung mit sterilisiertem Wasser) der Fall war. Eine positive Stütze für die Richtigkeit der anderen Annahme, dass — wie unwahrscheinlich auf den ersten Blick es auch sein mag — Gold, Silber,
Kupfer, namentlich aber das so schwer lösliche Gold, im Nährboden
doch in Spuren aufgelöst werde, möchte ich aber in folgendem Versuchs-
resultat erblicken. Wenn ich aus der bakterienfreien Zone einer Gelatine-
Diphtherie oder -Milzbrandplatte das Gold, oder aus einer Typhusplatte
das Silber herausnahm und frische Impfstriche auf dieser Zone von Kulturen der eben genannten Bakterien anlegte, so konnte ich gleichfalls
eine Entwicklungshemmung beobachten, die um so vollständiger war, je
mehr der Impfstrich sich dem Zentrum näherte, während die nach der
Peripherie der bakterienfreien Zone gelegenen Teile der Impfstriche noch
ein schwaches Wachstum erkennen liessen. Diese Beobachtung lässt
sich kaum anders erklären, als dass nach Entfernung des Goldes und
Silbers wirksame Bestandteile im Nährboden zurückblieben, und dass
dieselben von den Metallen herstammten. Uebrigens liess sich auch bei
den Silberplatten, wenn dieselben dem Licht ausgesetzt waren, eine
bräunliche Färbung der Gelatine im Bereich der freien Zone und nament-

lich in der Peripherie derselben, wo die ersten verkümmerten Kolonien mikroskopisch zu erkennen waren, konstatieren — eine Erscheinung, die man wohl auf das Vorhandensein gelösten und hinterher durch Lichtwirkung reduzierten Silbers zurückführen muss. Noch deutlicher tritt eine Färbung zu Tage in Platten, die Kupfer, Eisen, Blei enthalten. Ich will will nur andeuten, dass je nach der Art der Metalle und je nach der Bakterienkultur in den Gelatineplatten die Färbung der Gelatine verschieden war. In verflüssigten Milzbrandplatten, die Kupfer enthielten, trat nach längerem Stehen eine deutlich blaue vom Kupfer ausgehende Farbe auf, während die Blaufärbung bei anderen Bakterien ausblieb. Einige Bakterien, z. B. Typhusbazillen, in geringerem Grade auch die Kommabazillen der Cholera, zeigten durch Schwärzung von Bleiweiss und durch eine eigentümliche Verfärbung des Blattsilbers mit Sicherheit die Produktion von Schwefelverbindungen an, während solche beim Milzbrand, bei den Finklerschen und Denekeschen Kommabazillen gänzlich vermisst wurden.

Ich bin auf diese Dinge auch deswegen näher eingegangen, um die Möglichkeit einer Erklärung der sehr merkwürdigen Tatsache hervorzuheben, dass metallisches Gold gegenüber einigen Bakterien, wie Milzbrandbazillen und Bazillus pyocyaneus, sehr viel wirksamer ist als Silber, während es im Gegensatz zu dem bei Typhusbazillen recht leistungsfähigen Silber diese letzteren Bakterien fast gar nicht beeinflusst. Da ich aus anderen Untersuchungen weiss, dass fertige Lösungen von Gold und Silber solche Unterschiede in ihrer Wirkung den Typhusbazillen gegenüber nicht zeigen, so muss ich annehmen, dass in den Typhusplatten das Gold nicht in gleichem Grade gelöst und in der Gelatine verteilt wird, wie in den Milzbrand- und Pyocyaneus-Platten, und dass die Lösung der Metalle überhaupt erst unter dem Einfluss der durch die wachsenden Bakterien gebildeten Stoffwechselprodukte zu Stande kommt. Dadurch würde die bei verschiedenen Bakterien so sehr differierende Leistungsfähigkeit von Gold und Silber ohne Weiteres verständlich sein.

<hr>

Siebenter Abschnitt.
Phosphor, Arsen, Alkalien und Säuren.

Eine Sonderstellung unter den Metallen nehmen Phosphor, Arsen und Antimon ein. Diese drei Metalle verhalten sich in vieler Beziehung ähnlich dem Stickstoff. Sie sind im Stande, mit Wasserstoff ammoniakähnliche Basen zu bilden und sind in dieser Form starke Gifte sowohl für das lebende tierische, wie für das pflanzliche Protoplasma; andererseits verbinden sie sich mit dem Sauerstoff zu Säuren, die einen viel geringeren Grad der Giftigkeit besitzen, und zwar steigt und fällt die Giftigkeit in umgekehrtem Verhältnis zum Sauerstoffgehalt. Dementsprechend haben die Phosphorsäure, die Arsensäure und die Antimonsäure die geringste antibakterielle Wirkung.

Genauer untersucht habe ich von den vielen Verbindungen dieser Metalle die arsenige Säure, welche etwa halb so grosse Wirkung gegenüber Milzbrandbazillen im Blutserum zeigt wie das Quecksilberchlorid, und vom Antimon die Doppelverbindung Fluorantimon-Fluorkalium, ein gut in Wasser lösliches Salz, welches ich von Herrn Prof. Wallach in schönen Krystallen erhielt. Dieses letztere Präparat steht dem Quecksilberchlorid nur wenig in der entwickelungshemmenden Wirkung nach. Die relative Giftigkeit der arsenigen Säure und des Antimon-Doppelsalzes ist etwas grösser als die der Quecksilberpräparate.

Von anderen Metallen verdient noch das Bismuth Erwähnung, welches in der schwerlöslichen Oxydverbindung und als Bismuthum subnitricum, ähnlich wie Kalomel, in festen Nährböden das Wachstum verschiedener Bakterien verhindert.

Alkali- und Säurezusatz zu den Nährböden für Bakterien verändert die Reaktion derselben und beeinflusst dadurch — abgesehen von der etwaigen spezifischen Wirkung der verschiedenen Alkalimetalle und der verschiedenen Säuren — die Fähigkeit der Nährmedien, den Bakterien zur Entwickelung zu dienen. Dieser Einfluss gestaltet sich für verschiedene Bakterienarten sehr verschieden. Schon sehr frühzeitig ist man darauf aufmerksam geworden, dass Cholerabakterien schwache Säuregrade schlecht vertragen und in solchen Nährböden, in denen z. B. die Diphtheriebazillen sehr gut wachsen, nicht bloss sich nicht vermehren, sondern in kurzer Zeit abgetötet werden. Dieser Tatsache wird in den Kulturversuchen dadurch Rechnung getragen, dass für verschiedene Mikroorganismen das Optimum des Säure- bzw. des Alkalescenzgrades bestimmt wird, und dass man je nach dem Ergebnis dieser Bestimmung, die Nährböden neutral, sauer oder alkalisch macht.

Bei einem solchen Vorgehen wird stillschweigend die Voraussetzung gemacht, dass es auf die besondere Natur der Säure und des Alkali nicht ankommt, sondern dass die titrimetrische Bestimmung des Säure- und Alkalescenzgrades entscheidend ist. Die Spezialuntersuchungen v. Lingelsheim's, welche derselbe 1890 unter meiner Leitung im Berliner hygienischen Institut anstellte, haben für die Säuren diese Voraussetzung bestätigt. Nicht bloss die anorganischen Säuren, wie die Salzsäure, Schwefelsäure, Salpetersäure, Phosphorsäure, sondern auch die organischen, z. B. Oxalsäure, Milchsäure, Valeriansäure, Essigsäure, Ameisensäure, Weinsäure, Malonsäure, Buttersäure, Zitronensäure, erwiesen sich als quantitativ gleichwertig in Bezug auf ihre entwickelungshemmende Wirkung auf Milzbrandbazillen im Rinderblutserum, wenn v. Lingelsheim die quantitative Bestimmung in der Weise vornahm, dass er titrimetrisch den Säuregrad feststellte, welcher dem Blutserum durch den Zusatz der genannten Säuren verliehen wurde. Das Gesamtresultat lässt sich dahin zusammenfassen, dass in einem Serum mit 40 ccm Normalsäuregehalt pro Liter die Milzbrandbazillen sich nicht vermehren können.

Die Methode der titrimetrischen Bestimmung des Säure- bzw. des Alkalescenzgrades im Blutserum, und in eiweisshaltigen Flüssigkeiten überhaupt, ist zwar im Prinzip die gleiche, welche man auch für eiweissfreie Flüssigkeiten anwendet; aber durch den Umstand, dass viele der für reinwässerige Säure- und Alkalilösungen sehr brauchbaren

Indikatoren amphotere Reaktionen innerhalb einer sehr ausgedehnten Breite im Blutserum geben, sind wir gezwungen, ganz besondere Sorgfalt der Wahl eines geeigneten Indikators zuzuwenden. Lakmuspapier und Lakmustinktur können wir dazu nicht brauchen. Die Reaktionsbreite, innerhalb welcher die Lakmusfarbe weder deutlich rot noch deutlich blau ist, sondern den Uebergangsfarbenton des Violett zeigt, ist so gross, dass man bei einem Gehalt von 15 ml Normalsäure bzw. von 15 ml Normallauge pro 1 l Serum noch nicht sagen kann, ob das Serum deutlich sauer oder deutlich alkalisch ist; noch weniger brauchbar sind die Kongofarbstoffe; etwas besser schon ist das Phenolphthalein und das Alizarin, insofern, als diese Indikatoren schon bei Differenzen von 7 ml Normalsäure bzw. 5 ml Normallauge pro Liter Serum die saure oder alkalische Reaktion deutlich anzeigen. Die genauesten Resultate aber ergab mir im Bonner chemischen Laboraterium, wo ich die Indikatoren 1887 unter Prof. Wallach's und Klinger's Leitung vergleichend prüfte, die Rosolsäure und später das Paranitrophenol. Ich verwende die Rosolsäure in der Weise als Indikator, dass ich ein etwa kirschgrosses Stück derselben mit destilliertem Wasser in einem Reagensglase aufbewahre. Das kalte Wasser löst die Rosolsäure nicht auf, und man muss deshalb vor dem jedesmaligen Gebrauch das Wasser, zusammen mit der festen Rosolsäure, aufkochen; dabei entsteht dann eine dunkelgelbe wässerige Rosolsäurelösung, welche durch die geringsten Spuren von Säure entfärbt und durch Alkali rot gefärbt wird. Setzt man von der neutralen, noch warmen Auflösung der Rosolsäure zu sterilem Serum ebensoviel hinzu, als die Quantität des Serums beträgt, so färbt sich dasselbe sehr deutlich rot, wodurch die alkalische Reaktion angezeigt wird. Um nun den Grad der Alkalescenz zu bestimmen, muss man solange Normalsäure zusetzen, bis die rote Farbe verschwindet. Ich wähle hierzu $^1/_{40}$ Normaloxalsäure, wenn ich kleinere Serummengen, bis zu 10 ml titriere, und berechne dann den Verbrauch an Normalsäure bis zum Eintritt der neutralen Reaktion auf 1 l Serum. Dabei konnte ich dann bei Untersuchungen, die zu den verschiedensten Zeiten unternommen wurden, den Alkalescenzgrad des Rinderblutserums auf 20 bis 25 ml Normalsäure pro 1 l feststellen. Sollte bei einer etwas längeren Dauer des Titrierungsversuchs die Farbenerkennung Schwierigkeiten machen, so tut man gut. von neuem wässerige Rosolsäurelösung hinzuzusetzen. Ist dieselbe verbraucht, so stellt man sich durch Aufgiessen von destilliertem Wasser auf die feste Rosolsäure und durch erneutes Aufkochen eine frische Lösung her. Dasselbe Stück Rosolsäure reicht so für Wochen und für Monate aus, auch wenn man sehr häufig titrimetrische Bestimmungen vorzunehmen hat.

Hat man nun eine beliebige Säure dem Serum zugesetzt, so wird die Alkalescenz dadurch herabgesetzt und schlägt bei stärkerem Säurezusatz in die saure Reaktion um. Das wird nach dem Rosolsäurezusatz dadurch angezeigt, dass keine Rotfärbung des Serums eintritt, sondern ein gelblicher Farbenton; um dann den Säuregrad zu bestimmen, wird von einer $^1/_{40}$ Normal-Natronlauge soviel hinzugesetzt, bis das Serum eine deutliche Rosafärbung annimmt. Auf diese Weise hat v. Lingelsheim sich darüber Auskunft verschafft, bei welchem Säuregrad im Serum das Wachstum von Milzbrandbazillen aufhört, und dabei eben gefunden,

dass dies bei einem Säuregrad von 40 ml Normalsäure pro Liter der
Fall war, gleichgiltig, ob er diesen Säuregrad durch Zusatz von Salzsäure, Schwefelsäure, Phosphorsäure, Essigsäure usw. erzielt hatte.

Nach der gleichen Methode wurde auch die titrimetrische Bestimmung ausgeführt, wenn Alkalilösungen zum Blutserum hinzugesetzt
worden waren. Hier aber war es nichts weniger als gleichgiltig für das
Milzbrandwachstum, durch welches Alkali eine Alkalescenzvermehrung
von bestimmter Grösse hervorgebracht war. Aus dem Resultat der
Titration lässt sich durchaus nicht bei den Alkalien voraussehen, ob ein
Serum die Vermehrung von Milzbrandbazillen gestatten wird oder nicht.
Auf Normallauge berechnet, muss beispielsweise der Alkaleszenzgrad
ca. 7 mal höher sein, wenn Ammoniak genommen wird, als wenn man
Natronlauge hinzusetzt, um Entwicklungshemmung zu erreichen.

Kohlensaure und phosphorsaure Alkalien konnten nicht in ihrem
entwickelungshemmenden Werte in der Weise berechnet werden, dass der
Gehalt der Lösungen auf Normallauge bezogen wurde. Die Kohlensäure
würde beim Titrieren mit stärkeren Säuren ausgetrieben werden, und
man würde zu hohe Werte für den Laugenbedarf bekommen. Bekanntlich reagieren ferner die, ihrer Zusammensetzung nach, neutralen kohlensauren und phosphorsauren Salze deutlich alkalisch, während das saure
kohlensaure Natron und Kali (doppelt kohlensaures) und die sekundären
phosphorsauren Salze neutral oder ganz schwach alkalisch gegenüber den
üblichen Indikatoren reagieren; die primären phosphorsauren Salze zeigen
deutlich saure Reaktion. Für diese Präparate wurde daher ein anderes
Verfahren eingeschlagen. Es wurde eine bestimmte Quantität der festen
Salze genau abgewogen, in destilliertem Wasser gelöst nnd dann dem
Blutserum zugesetzt. Wie zu erwarten, ergab die Prüfung der entwickelungshemmenden Dosis für die verschiedenen Salze sehr differente
Werte. Für kohlensaures Natron ergab sich 1 : 500, für doppelt kohlensaures 1 : 150, für kohlensaures Kali 1 : 400, für das sekundäre phosphorsaure Natron 1 : 5, für das alkalisch reagierende dagegen ein 25 mal
höherer Wert, nämlich 1 : 125.

Für die Alkalien hatte sich demnach ergeben, dass die Natur des
die Alkalescenz bedingenden Mittels von ausschlaggebender Bedeutung
ist für die entwickelungshemmende Wirkung, und während jede neue
Säure, die v. Lingelsheim untersuchte — mit Ausnahme der eine
eigenartige Stellung einnehmenden Säuren der Schwermetalle (Osmium-,
Arsen-, Antimonsäure, arsenige Säure) — in ihrem Werte ziemlich
genau aus ihrem Normalsäuregehalt prognostiziert werden konnte, verhielt
es sich mit den Alkalien ganz anders. Einige fand er mit ungeahnt
hohem entwickelungshemmenden Wert gegenüber Milzbrand, so beispielsweise das kohlensaure Thallium. Mit Blutserum gibt dasselbe keine
Niederschläge. Es kommt in der entwickelungshemmenden Wirkung
dem Quecksilbersublimat nahe, indem es schon in einer Verdünnung von
1 : 7 500 jedes Wachstum von Milzbrandbazillen verhindert. Ein in hohem
Grade interessantes Präparat ist das kohlensaure Lithium. Das Präparat
ist in Wasser sehr schwer löslich, seine Prüfung demgemäss erschwert.
v. Lingelsheim fand, dass das Milzbrandwachstum schon bei relativ
sehr geringem Zusatze des Präparats verhindert wurde (ca. 1 : 2000),
woraus eine 3 bis 4 mal energischere Wirkung als die der Karbolsäure

resultierte. Diese ausschlaggebende Bedeutung der Natur des basischen
Anteils in den Salzen kommt auch zum Ausdruck, wenn man die
neutralen Chlor-, Jod- und Bromsalze untersucht. Während z. B. Kochsalz erst bei einem Zusatze von 1 : 12,5, chlorsaures Kali gar erst bei
1 : 5 das Milzbrandwachstum im Blutserum gänzlich verhinderte, leistete
Calciumchlorid dasselbe schon bei 1 : 50 und das Lithiumchlorid schon
bei 1 : 500. Bekanntlich ist Lithium als Karbonat und Chlorid in
manchen therapeutisch verwerteten Quellen vorhanden, und noch mehr
verbreitet in den Heilquellen sind die Erdalkalien; die Untersuchung
mehrerer aus Apotheken bezogener Brunnen (Wildunger Wasser, Salz-
brunner [Oberbrunnen], Kreuznacher [Elisabethbrunnen], Hunyady-Janos
Kissinger Brunnen [Rakoczy]) hat aber ergeben, dass — wenigstens
Milzbrandbazillen gegenüber — den in diesen Wässern enthaltenen Salz-
mengen eine antibakterielle Wirkung nicht zukommt; selbst drei Teile

Tabelle XV.

Präparat	a Ent-wickelungs-hemmung trat ein bei einem Prozentgehalt von	b Ent-wickelungs-hemmung trat ein bei einem Ver-hältnis von	c Normallauge bzw. Normal-säurezusatz in 1 l Blutserum, welcher zur Entwicke-lungshem-mung aus-reicht
Natronlauge (NaOH)	0,044	1 : 2270	11,00
Calciumhydroxyd Ca(OH)$_2$	0,046	1 : 2175	12,40
Bariumhydroxyd Ba(OH)$_2$ . . . ˙ . . .	0,4	1 : 250	4,64
Ammoniak NH$_3$	0,245	1 : 417	70,00
Salzsäure HCl	0,18	1 : 555	50,00
Schwefelsäure H$_2$SO$_4$	0,25	1 : 400	50,00
Salpetersäure HNO$_3$	0,26	1 : 384	50,00
Phosphorsäure H$_3$PO$_4$	0,28	1 : 350	—
Ameisensäure CH$_2$O$_3$	0,276	1 : 370	60,00
Essigsäure C$_2$H$_4$O$_2$	0,36	1 : 275	60,00
Oxalsäure C$_2$H$_2$O$_3$	0,22	1 : 440	50,00
Milchsäure C$_3$H$_6$O$_3$	0,40	1 : 250	45,00
Malonsäure C$_3$H$_4$O$_4$	0,26	1 : 384	50,00
Buttersäure C$_4$H$_8$O$_2$	0,65	1 : 156	80,00
Weinsäure C$_4$H$_6$O$_6$	0,45	1 : 222	60,00
Valeriansäure C$_5$H$_{10}$O$_2$	0,50	1 : 200	50,00
Zitronensäure C$_6$H$_8$O$_7$	0,45	1 : 222	70,00
Kochsalz NaCl	8.00	1 : 12,5	—
Calciumchlorid CaCl$_2$	2,00	1 : 50	—
Lithiumchlorid LiCl	0,2	1 : 500	—
Sec. Natron-Phosphat Na$_2$HPO$_4$ . . .	20,00	1 : 5	—
Bas. Natron-Phosphat Na$_3$PO$_4$	0,8	1 : 125	—
Kohlensaures Natron Na$_2$CO$_3$	0,2	1 : 500	11,00
Doppelt kohlensaures Natron NaHCO$_3$.	0,7	1 : 150	—
Kohlensaures Kali K$_2$CO$_3$	0,25	1 : 400	—
Kohlensaures Thallium Tl$_2$CO$_3$	0,013	1 : 7500	—
Kohlensaures Lithion Li$_2$CC$_3$	0,05	1 : 2000	—
Chlorsaures Kali KClO$_3$	20,00	1 : 5	—
Ammoniumkarbonat (NH$_4$)$_2$CO$_3$	2,00	1 : 50	70,00

Wasser mit einem Teil Blutserum vermischt liessen eine Entwickelungshemmung nicht deutlich erkennen.

Die in der vorstehenden Tabelle wiedergegebenen Werte für die einzelnen Säuren und Alkalien sind, um sie mit denen anderer Untersucher vergleichen zu können, in dreifacher Weise berechnet worden.

In Kolonne a ist ausgerechnet worden, wieviel Gewichtsteile der geprüften Präparate zu 100 Gewichtsteilen Blutserum zugesetzt werden mussten, um die Entwickelung zu verhindern. Die Berechnungsweise in Kolonnen b und c ist ohne Kommentar verständlich.

Unter Berücksichtigung der vorerwähnten Untersuchungsbefunde lässt sich voraussehen, dass solche Körper, deren desinfizierende Leistungsfähigkeit wesentlich auf ihren sauren oder alkalischen Eigenschaften beruht, ganz entgegengesetztes Verhalten zeigen können, je nach der Reaktion des Nährbodens, welche derselbe vor dem Zusatz der zu prüfenden Mittel hat.

Säuren wirken auf Milzbrandbazillen in alkalischen Nährböden so lange wachstumsfördernd, als die Reaktion noch alkalisch bleibt; erst mit dem Eintritt saurer Reaktion werden sie entwickelungshemmend. Umgekehrt werden Alkalien erst bei alkalischer Reaktion des Nährbodens wirksam. Der Kalk wirkt in sauren Nährböden so lange nicht abtötend auf Milzbrandbazillen, Cholera- und Typhusbakterien, so lange die Reaktion des Desinfektionsobjektes noch sauer bleibt; erst mit deutlich alkalischer Reaktion tritt seine desinfizierende Wirkung ein. Blut und Blutserum sind aus demselben Grunde für Milzbrand viel leichter durch Alkalien als durch Säuren zu einem ungeeigneten Nährsubstrat zu machen, und es lässt sich nach Bestimmung der ursprünglichen Alkaleszenz der Säure- und Alkalibedarf zur Entwicklungshemmung auch genau vorausberechnen. Hat man beispielsweise auf titrimetrischem Wege den Grad der Alkaleszenz eines Rinderblutserums gleich 20 ml Normalnatronlauge im Liter gefunden, so kann man konstatieren, dass nach Zusatz von Säure so lange wachstumsbefördernde Wirkung zu beobachten ist, bis 20 ml Normalsäure zugesetzt sind, gleichgültig, welcher Natur die Säure ist. Das Gleiche gilt bei sauren Nährböden von der Wirkung der Alkalien; für Natron und Kali sowohl wie für die Erdkalien. Diese Tatsachen lassen sich auch praktisch verwerten. Ich habe Rinderblutserum dadurch vor der Zersetzung durch Bakterien geschützt, dass ich seine Alkaleszenz durch Natronlauge bis auf 80 ml Normallauge pro Liter brachte. Wollte ich dasselbe dann für Milzbrand wieder zum geeigneten Nährboden machen, so setzte ich soviel Salzsäure hinzu, dass die Alkaleszenz nur noch 10 ml Normallauge pro Liter betrug. Freilich wird durch den so entstandenen reichlicheren Kochsalzgehalt das Milzbrandwachstum etwas beeinträchtigt; diesem Uebelstand lässt sich aber mit Leichtigkeit abhelfen, wenn man das Blutserum mit 3 bis 4 Teilen Wasser verdünnt.

Setzt man Kalkwasser oder kohlensauren Kalk in geringen Mengen zum Blutserum hinzu (1 : 3000 bis 1 : 2000), so findet man, dass trotz der alkalischen Reaktion der Kalk wachstumsfördernd auf Milzbrandbazillen einwirkt. Die Milzbrandbazillen, bzw. die Fäden zeigen sogar Sporenbildung, was sonst — wenigstens in dickeren Flüssigkeitsschichten frischen Rinderblutserums — nicht der Fall ist. Diese Tatsache lässt sich darauf zurückführen, dass der Kalk die Kohlensäure des Blutserums bindet und damit ein schädigendes Moment beseitigt. Diese Beobachtung kann auch zur Erklärung dafür herangezogen werden, dass mergelhaltiger (kalkhaltiger) Boden eine Prädilektionsstelle für Milzbrandinfektionsherde ist. Da nämlich die meisten Pflanzeninfuse saure Reaktion zeigen, in welchen wegen der sauren Reaktion Milzbrandbakterien sich nicht vermehren können, so wird das Milzbrandwachstum durch die säuretilgenden Eigenschaften, welche dem kalkhaltigen Boden zukommen, befördert.

Von den Säuren sind Salzsäure, Salpetersäure und Schwefelsäure in konzentriertem Zustande sporentötende Mittel. Von den Alkalien sind nur die Hydrate, nicht die Karbonate bei gewöhnlicher Temperatur sporentötende Mittel und auch erstere nur in stärkeren Lösungen, jedoch ist ihr Desinfektionseffekt grösser als der der Säuren. Eine 30 proz. Natronlauge erwies sich schon nach 10 Minuten wirksam, eine Normalnatronlauge, also eine 4 proz., nach 45 Minuten. Der Seidenfaden, an welchem die Sporen angetrocknet sind, wird durch derartige Laugen während dieser Zeitdauer stark angegriffen und schliesslich vollständig aufgelöst.

Auch die kohlensauren Alkalien und alkalische Seifen können zu sehr energischen Desinfektionsmitteln werden, wenn wir sie bei höherer Temperatur einwirken lassen. Nachdem ich zuerst mit stärkeren Lösungen von kohlensaurem Natron und mit alkalischen Seifen gearbeitet hatte und dabei schon nach wenigen Minuten Abtötung der Milzbrandsporen bei 70 bis 80° beobachtete, nahm ich eine Waschlauge, wie sie für die Leinenwäsche benutzt wird. Nach meinen Erkundigungen wird in Berlin die Waschlauge meist fertig vom Seifensieder bezogen, dann gekocht und die Wäsche in die heisse Lösung 15 Minuten lang hineingebracht; hierauf kommt sie dann in warmes Seifenwasser. Messungen der Temperatur der Waschlauge, während sich die Wäsche darin befand, ergaben durchschnittlich 80 bis 85°. Um nun diese Bedingungen bei meinen Versuchen nachzuahmen, brachte ich dieselbe Waschlauge, die beiläufig ca. 1,4 pCt. Soda enthielt, in Reagensgläsern in ein Wasserbad von 85°. Nachdem die Lauge gleichfalls diese Temperatur angenommen hatte, warf ich Sporenfäden hinein. Schon nach 4 Minuten war in mehreren Versuchen Abtötung erfolgt; in allen Versuchen aber erwies sich eine Einwirkung von 8 bis 10 Minuten, also eine kürzere Zeit, als wie die Wäsche in der Lauge gelassen wird, zur Sporentötung ausreichend.

Um dasselbe Resultat zu bekommen, brauchte ich

bei 80—83° 10 Minuten
„ 77° 15 „
„ 75° 20 „
„ 70° 30 bis 60 Minuten.

Ich muss gestehen, dass mich diese Leistung der warmen und heissen Waschlauge überrascht hat, zumal ich durch Kontrollversuche mich von der hohen Widerstandsfähigkeit meiner Sporen gegen Wasserdampf von 100° überzeugt hatte; sie wurden im Dampfkochtopf erst nach 10 bis 12 Minuten sicher abgetötet. Seidene und Wollstoffe können freilich mit solchen Laugen nicht behandelt werden, ohne sehr geschädigt zu werden.

Bei den Seifen fand ich es ausschliesslich von ihrem Laugengehalt abhängig, welchen Grad der Leistungsfähigkeit ihre Lösungen bei hoher Temperatur haben. 10 proz. Lösungen der gewöhnlichen Schmierseife hatten übrigens fast die gleiche Wirkung wie die oben erwähnte Waschlauge.

Von den alkalisch reagierenden Stickstoffverbindungen wurde bisher nur das minderwertige Ammoniak erwähnt, welches auch in der hydroxylierten Form, als Ammoniumhydrat (NH_4HO), viel weniger leistet als die Hydratverbindungen des Kaliums, des Natriums, des Kalks usw. Demgegenüber ist das Hydroxylamin (NH_2HO) als sehr kräftiges antibakterielles Mittel hervorzuheben. Dasselbe übertrifft an Wirkungswert ums 4- bis 5fache die Karbolsäure. Ich habe das Hydroxylamin als salzsaures Salz untersucht. Seine relative Giftigkeit ist doppelt so gross als die der Karbolsäure.

Achter Abschnitt.
Gasförmige Desinfektionsmittel.

Vor Festlegung der gegenwärtig gestellten Anforderungen an ein Desinfektionsmittel erfreuten sich gasförmige Körper eines besonderen Vertrauens in der Desinfektionspraxis. Räucherungen von Wohnräumen und Krankenzimmern, Entwickelung von schwefliger Säure durch Verbrennung, Entwickelung von Bromdämpfen aus Bromkieselgur, von Chlordämpfen aus Chlorkalk durch Uebergiessen desselben mit einer Säure, galten als die energischsten und sichersten Mittel, um Krankheitsstoffe, die man hauptsächlich in der Luft vermutete, zu zerstören. Selbst die Verflüchtigung von Karbolsäure und anderen riechenden Substanzen bei gewöhnlicher Temperatur übte auf ängstliche Gemüter in Zeiten herrschender Epidemien schon einen beruhigenden Einfluss aus. Von wissenschaftlichen Autoritäten, so besonders auch von der Cholerakommission 1873, wurde namentlich der schwefligen Säure eine bevorzugte Stelle unter den Desinfektionsmassregeln zuerkannt, und dieselbe hat daraufhin in grossem Ansehen gestanden, bis ihr durch die Arbeit von Wolffhügel (1881), die derselbe unter Mitwirkung mehrerer Hilfsarbeiter im Reichsgesundheitsamt und unter Teilnahme von R. Koch ausführte, dieser Nimbus fast gänzlich geraubt wurde. Man hatte früher geglaubt, dass sie im Güterverkehr imstande sei, Warenballen so zu durchdringen, dass diese desinfiziert werden könnten, ohne dass eine Lösung und Wiederverpackung der Ballen und Bunde nötig sei. Die exakte Prüfung ergab aber, „dass das Gas bei einer Versuchsdauer und Dosis, welche die Praxis im äussersten Falle noch zulässt, in die grösseren Verkehrsgegenstände, wie Ballen und Bunde von Handelsartikeln, nicht tief genug eindringt. Die Cholerakommission hatte ferner in ihrem Bericht die Meinung erweckt, dass eine genügende Einwirkung auf die Desinfektionsobjekte stattfinde, ohne dass dieselben beschädigt würden. Die Versuche im Reichsgesundheitsamt bewiesen aber, dass blanke Metallgegenstände, besonders wenn sie in feuchtem Zustand sich befanden, anliefen, und zwar so, dass die angelaufenen Gegenstände auch unter Anwendung von Putzkalk und Schmirgel nicht wieder blank bekommen werden konnten, und dass befeuchtete Kleidungsstoffe an der Farbe mehr oder weniger gelitten hatten. Andererseits aber hatten die Versuche ergeben, dass erst durch die Befeuchtung viele Gegenstände für die Einwirkung der schwefligen Säure zugänglich werden.

Vor allem aber zeigten die Untersuchungen Koch's, dass die schwefelige Säure selbst bei langer Einwirkungsdauer und bei Anwendung eines hohen Gasgehaltes nicht imstande ist, selbst nur bei sporenfreiem Material, eine wirksame Desinfektion zu gewährleisten, wo sich die Mikroorganismen in dicken Schichten vorfinden, oder nicht oberflächlich liegen. Unter den eben genannten Bedingungen hatte selbst eine so starke Entwickelung von schwefeliger Säure, dass dieselbe 10,1 Vol.-Proz. zu Beginn des Versuches betrug, nicht ausgereicht, um bei 48 stündiger Einwirkung Micrococcus prodigiosus, Bacillus pyocyaneus, Rosahefe abzutöten. Nun übersteigt aber dieser Konzentrationsgrad der schwefeligen Säure in der Luft weit alles, was früher gefordert wurde.

Die Cholerakommission hielt 10 g Schwefel pro 1 cbm $= 0{,}69$ Vol.-Proz. SO_2
v. Pettenkofer . . . 15 g „ $= 1{,}04$ „
Mehlhausen . . . . 20 g „ $= 1{,}39$ „
Wernich . . . . . . 77 g , „ $= 4{,}00$ „

für ausreichend. Freilich hatten Schotte und Gärtner gefunden, dass selbst 92 g Schwefel pro Kubikmeter nicht ausreichen, um die in feuchten Wollstoffen enthaltenen Spaltpilze zu töten. Andererseits hatte sich aber auch gezeigt, dass unter sehr günstigen Versuchsbedingungen sporenfreies Material von der schwefeligen Säure schon bei minutenlanger Einwirkung und bei nur 1 Vol.-Proz. vernichtet werden kann. Als solche günstige Bedingungen sind anzusehen: dünne Bakterienschicht, feuchter Zustand derselben und derartige Lage, dass das Gas von obenher einwirken kann. Im allgemeinen musste das Urteil ungünstig lauten; der relativ teuere Preis, die Belästigung durch das Gas und die Unbequemlichkeit der Anwendung, die Unzuverlässigkeit bei selbst leichter zu desinfizierenden Objekten, die vollständige Leistungsunfähigkeit bei sporenhaltigem Material — all das zusammen macht es erklärlich, wenn wir jetzt von Desinfektionen mit schwefeliger Säure kaum mehr etwas hören.

Eine Reihe dieser Vorwürfe trifft alle gasförmigen Körper. Vom Chlor, Brom, Jod wissen wir zwar, dass befeuchtete Objekte bei verhältnismässig geringen Quantitäten dieser Mittel mit Sicherheit desinfiziert werden können, wenn die Bakterien oberflächlich liegen; sowie dieselben aber inmitten einer festen Hülle, und ebenso wenn sie in Flüssigkeiten mit reichlichem organischen Material sich befinden, dann werden jene Mittel unzuverlässig. In Wasser werden auch die widerstandsfähigsten Keime schon bei einem Gehalt von weniger als 1 pCt. Chlor vernichtet; je mehr aber von Salzen und namentlich von organischen Bestandteilen in einem flüssigen Desinfektionsobjekt vorhanden ist, um so mehr versagt das Chlor, so dass von einer irgend wie zuverlässigen Wirkung nur bei Oberflächendesinfektion die Rede sein kann; und selbst da beweisen die von Geppert angestellten und anderweitige Versuche, dass es so umständlicher und unbequemer Prozeduren bedarf, um beispielsweise durch Chlor oder Chlorwasser die Hände zu desinfizieren, dass eine Verwertung desselben in der Praxis nicht empfehlenswert ist. In stark eiweisshaltigen

Flüssigkeiten, wie im Blutserum, darf man selbst bei sporenfreiem Material auf eine sichere Desinfektionsleistung nicht rechnen, da das Chlor alsbald zur Oxydation der organischen Substanzen in Anspruch genommen wird, und das Gleiche, wie vom Chlor, gilt auch vom Brom und Jod.

Ueber den Chlorkalk, welcher mit der Aetzkalkwirkung diejenige der flüchtigen unterchlorigen Säure verbindet, liegen Untersuchungen von Sternberg, von Jäger und von Nissen vor. Es ist danach kein Zweifel, dass dem Chlorkalk ein sehr hoher Desinfektionswert zukommt; aber soweit derselbe durch den Gehalt an unterchloriger Säure bedingt wird, kommen alle Uebelstände in Betracht, welche beim Chlor und beim Chlorwasser erörtert wurden. Nissen konnte Fäzes mit Typhusbazillen erst bei einem Gehalt von 1,0 bis 1,5 pCt. Chlorkalk sterilisieren, wenn denselben Blutserum beigemengt war; Fäzes allein, im strömenden Dampf sterilisiert ·und hinterher mit Typhusbazillen infiziert, brauchten 0,5—1,0 pCt. Chlorkalkgehalt, um keimfrei zu werden. Berücksichtigen wir die von Pfuhl gefundenen Zahlen für den Aetzkalk, so finden wir zwar einen höheren Gehalt von demselben (ca. 1,5 pCt.) notwendig, um den gleichen Effekt zu erzielen; aber bei der grösseren Haltbarkeit und bequemeren Benutzung desselben in der Desinfektionspraxis wird man sich nicht leicht entschliessen, ihn durch den Chlorkalk zu ersetzen, wenigstens nicht für die Desinfektion von Fäkalien und Abwässern. Dagegen ist Sternberg's Vorschlag, den Chlorkalk und das ähnlich sich verhaltende unterchlorigsaure Natron zur Desinfektion von Geschirr, Holzsachen, Leder, sowie zum Einhüllen von an Infektionskrankheiten, z. B. Cholera, Verstorbenen in chlorkalkgetränkte (4 pCt.) Leinentücher, beachtenswert.

An dieser Stelle verdient noch ein anderes Mittel Erwähnung, welches von O. Riedel sehr genau geprüft wurde, nämlich das Jodtrichlorid. Die Wirkung dieses in festem Zustande käuflichen und in beliebigen wässerigen Lösungen verwendbaren Körpers beruht auf dem Freiwerden von den Halogenen Jod und Chlor.

Das Jodtrichlorid ist ein gelbrotes Pulver von stechendem, zu Tränen und Husten reizendem Geruch; in konzentrierter, z. B. 5 proz. Lösung in Wasser, die eine bernsteingelbe Farbe besitzt und wochenlang unverändert bleibt, ist der Geruch verschwindend gering, und es lässt sich mit dieser Lösung sehr bequem hantieren. Dünnere Lösungen stellt man zweckmässig im Messglase vor dem Gebrauch frisch her.

Wässerige Sporensuspensionen mit 1 pCt. Jodtrichlorid werden fast momentan abgetötet; weder durch das Tierexperiment noch durch Kulturversuche können selbst bei sehr reichlichem Sporengehalt nach einer Minute in den entnommenen Proben lebensfähige Sporen nachgewiesen werden. Bei dicken Seidenfäden, die in 1 proz. Lösung 3 bis 4 Minuten lang gelegen hatten, bekam ich nach Verimpfung der Fäden auf Mäuse ein negatives Resultat; die Mäuse blieben gesund, während mit gleich starken, nicht desinfizierten Sporenfäden infizierte Mäuse in weniger als 24 Stunden an Milzbrand starben. Dagegen bekommt man durch Kulturversuch noch nach 10 Minuten mit den Sporenfäden zuweilen ein positives Resultat. Das Abspülen der Fäden mit warmem sterilisiertem und mit alkalischem Wasser übt auf das Versuchsergebnis nach der Richtung einen Einfluss aus, dass das Wachstum früher und reichlicher erfolgt als bei nicht abgespülten Fäden; aber im wesentlichen wird dadurch nichts geändert, wahrscheinlich weil die alkalische Bouillon selbst ein gutes Extraktionsmittel für das Jodtrichlorid ist. Auch durch 0,2 proz. Lösungen werden Sporenemulsionen nach wenigen Minuten unschädlich gemacht, während freilich zur Desinfektion der Sporenseidenfäden die Einwirkung hier schon eine Stunde und darüber statthaben muss.

Wegen dieser bedeutenden Leistungsfähigkeit des Jodtrichlorids habe ich die Wirkung desselben in verschiedenen Flüssigkeiten und bei wechselnder Versuchsanordnung genauer gegrüft und gefunden, dass wir selbst da noch zu gutem Ergebnis mit diesem Mittel kommen, wo alle Metallsalze im Stich lassen. Zunächst habe ich das Präparat statt in Wasser, in Bouillon aufgelöst und dann in dieser die abtötende Leistungsfähigkeit gegenüber Milzbrandsporen geprüft. Bis zu einem Gehalt von 1 : 500 wird das Jodtrichlorid in Bouillon vollständig gelöst; sie bekommt aber dabei schon dauernd eine wahrscheinlich vom Jod herrührende gelbe Farbe. Bei noch stärkerer Konzentration scheiden sich bräunliche Gerinnsel ab. Auch in Bouillon erweist sich wiederum die Wirkung stärker auf gleichmässig darin verteilte Sporen, als auf Sporen, die an Seidenfäden angetrocknet sind. Jene werden in einer Bouillon mit 1 pCt. Jodtrichlorid schon nach 2 bis 3 Minuten, diese erst nach 10 bis 12 Minuten abgetötet. Bei längerer, bis 20 Minuten dauernder Einwirkung zeigt sich noch eine Bouillon mit 0,2 pCt. Jodtrichlorid zuverlässig wirksam.

Von besonderem Interesse war es dann, die Wirkung in einem so stark eiweisshaltigen Medium zu prüfen, wie im Blutserum, in welchem, wie mir besondere Versuche zeigten, alle anderen Mittel uns im Stich lassen. Im Blutserum lösst sich das Jodtrichlorid besser als in Bouillon. Selbst 1 proz. Lösungen sind ganz klar und durchsichtig und zeigen nur durch eine gelbbraune Farbe die Gegenwart des gelösten Mittels an; jedoch ist dabei zu bemerken, dass die vollständige Lösung nur erreicht wird, wenn man allmählich das Mittel in das Serum hineinbringt. Wird dasselbe auf einmal hinzugesetzt, so entstehen weisse Gerinnsel, die bei einem Jodtrichloridgehalt von 0,4 pCt. das Serum in eine gelblichweisse Emulsion verwandeln und bei noch stärkerer Konzentration sich als schwere weisse Flocken am Boden absetzen, während darüber sich die scheinbar unveränderte Jodtrichloridlösung als bernsteingelbe Flüssigkeit befindet. Im Serum fand ich Sporenseidenfädchen nach 5 Minuten durch 2,5 pCt. Jodtrichlorid desinfiziert;

bei 1   pCt. nach 30 bis 40 Minuten,
„ 0,4 „   „   6 „ 8 Stunden,
„ 0,3 „   „   24 Stunden,
„ 0,2 „ war nach 24 Stunden die Desinfektion noch

nicht erfolgt.

Serum mit 1 pM. und noch weniger Jodtrichlorid ist überhaupt nicht im Stande, Milzbrandsporen abzutöten.

Mäuse, denen Sporenfäden aus Jodtrichloridserum nach 30 Minuten langer Einwirkung desselben in eine Hauttasche an der Schwanzwurzel gebracht wurden, starben

bei 0,05 pCt. ebenso schnell wie Kontrollmäuse,
„ 0,1 „ einige Stunden später,
„ 0,2 „ 14 Stunden später,
„ 0,4 „ 2 bis 3 Tage später, einzelne blieben am Leben,
„ 1,0 „ blieben alle Mäuse am Leben.

Sporenseidenfäden, die 16 Stunden in 0,3 pCt. Jodtrichlorid gelegen haben, infizieren Mäuse nicht mehr.

Bei vergleichender Prüfung fand ich eine frisch bereitete 5 proz. filtrierte Chlorkalklösung (mit rund 0,5 Proz. Gehalt an unterchloriger Säure) nicht wirksamer, als eine 0,25 proz. Jodtrichloridlösung, woraus auf die Ueberlegenheit des Jodtrichlorids gegenüber dem Chlorkalk geschlossen werden kann.

Gegenüber sporenfreien Bakterien lässt sich die abtötende Wirkung des Jodtrichlorids kurz dadurch charakterisieren, dass eine 1 prom. Lösung desselben gleichzusetzen ist einer ebenso starken Sublimatlösung. Flüssige Bakterienkulturen ohne Sporen werden durch solche Lösungen schon in sehr kurzer Zeit abgetötet.

Die entwickelungshemmende Wirkung für Jodtrichlorid ist verhältnismässig gering. Die Zahlen für dieselbe sind nur wenig höher als die für die Abtötung von sporenfreiem Material.

Hier dürfte auch der Ort sein, um der desinfizierenden Wirkung des Sauerstoffs zu gedenken, wenn derselbe sich in aktivem Zustande befindet.

Der atmosphärische Sauerstoff, welchen wir gewohnt sind, als indifferenten Körper anzusehen, der von sich aus eine lebhaftere chemische Aktion nicht entfalten könne, bringt gleichwohl im Laufe längerer Zeiträume die gewaltigsten chemischen Umwälzungen zu Stande dadurch, dass er mit oxydablen Körpern sich verbindet und auf diese Weise insensible Verbrennungsprozesse einleitet und unterhält; denn die Oxydation, mag sie nun mit für jedermann sofort wahrnehmbaren Wärme- und Lichterscheinungen oder ohne solche einhergehen, ist immer derselbe Prozess. Dass der erhitzte Sauerstoff ein überaus wirksames Desinfektionsmittel ist, darüber brauchen wir keine Worte zu verlieren. Aber auch bei den gewöhnlich in der Natur vorkommenden Temperaturen ist der Sauerstoff befähigt, Infektionsstoffe unschädlich zu machen. Die Bedingungen, unter welchen das geschieht, sind abhängig einmal von dem Zustande, in welchem der Sauerstoff sich befindet, und zweitens von den chemischen Eigenschaften der Infektionsstoffe. Je grösser die durch Spaltung des Moleküls bedingte Aktivität des Sauerstoffs ist, um so energischer ist seine Desinfektionsleistung; das leuchtet ohne Weiteres ein; die Erhöhung der Aktivität des Sauerstoffs durch Erhitzung ist aber nur ein besonderer Fall, und wir kennen noch andere Bedingungen, unter denen der atmosphärische Sauerstoff in der Wirklichkeit Desinfektionsleistungen vollbringen kann. Unter dem Einfluss elektrischer Spannung entsteht in der Luft eine aktive Modifikation des Sauerstoffs, das Ozon. Wenngleich die desinfizierende Wirkung dieses Körpers vielfach überschätzt worden ist, so ist es doch gar keine Frage, dass das Ozon in genügender Konzentration eine recht kräftige antibakterielle Wirkung auszuüben vermag. Es braucht aber gar nicht zur Ozonbildung zu kommen, um den Sauerstoff bei mässiger Temperatur aktiv zu machen; so ist der von intensivem Sonnenlicht belichtete Sauerstoff zu sehr kräftigen Oxydationen befähigt, wie wir an uns selbst auf hohen Bergen und Gletschern erfahren, wenn die Haut an unbedeckten Körperteilen Veränderungen erleidet, die von Verbrennungen geringeren Grades gar nicht zu unterscheiden sind. Ferner entsteht aber auch ohne Licht-, Wärme- und elektrische Wirkung aktiver Sauerstoff überall da, wo sich der atmosphärische Sauerstoff in Gegenwart von fermentierenden Substanzen und naszierenden Wasserstoffs vorfindet; es wird dann der molekulare Sauerstoff (O_2) gespalten, das eine Atom zur Wasserbildung benutzt, das andere Atom aber wird für kräftige Oxydationswirkung frei; man hat diesem atomistischen Sauerstoff den Namen „aktiver“ Sauerstoff zugelegt. Dass eine durch solchen atomistischen Sauerstoff zu Stande kommende Desinfektionsleistung nicht bloss eine theoretische Möglichkeit ist, sehen wir an solchen Mikroorganismen, die mit stark reduzierenden Eigenschaften begabt sind, und die zur Entstehung von Wasserstoff Veranlassung geben. Wir treffen diese Fähigkeit bei solchen Bakterien an, welche organisches Material unter den Zeichen. stinkender Fäulnis zersetzen. Derartige Bakterien finden sich beispielsweise im menschlichen Dickdarm recht häufig vor. Aber auch an der Erdoberfläche beobachten wir stark reduzierende Bakterien, und wir dürfen auch die Tetanusbakterien zu denselben rechnen. Bringt man nun in solchen Fällen, wo diese fäulniserregenden, stark reduzierenden Bakterien eifrig bei der Arbeit sind, molekularen Sauerstoff reichlich hinzu, dann wird derselbe in atomistischen Sauerstoff gespalten, und dieser macht dann bald der Bakterienvegetation ein Ende, sodass schliesslich bloss noch die Sporen am Leben bleiben, welche auch dem aktiven Sauerstoff Widerstand leisten. In dieser Weise können wir uns auch die Tatsache erklären, dass in unseren Kulturversuchen manche Bakterien, die unter dem Namen der Anäeroben bekannt sind, den atmosphärischen Sauerstoff nicht vertragen.

Wir haben dann noch eine unabsehbare Reihe von anderen Bedingungen aufzuzählen, unter welchen der Sauerstoff ein für organische Substanzen sehr kräftiges Oxydationsmittel und dadurch gleichzeitig auch ein Desinfektionsmittel wird. Weder physikalisch, wie bei der Belichtung, Erwärmung und elektrischen Ladung, noch chemisch, wie bei der Spaltung des Sauerstoffs durch reduzierende Körper, sondern gewissermassen rein mechanisch, durch Kondensation, übt der Platinschwamm eine die Aktivität des Sauerstoffs dadurch erhöhende Wirkung aus, dass er denselben auf seiner Oberfläche ähnlich verdichtet, wie es Palladiumbleche mit dem Wasserstoff tun. Wiederum anders ist es zu erklären, wenn Terpentinöl und andere ölige Substanzen den Luftsauerstoff zu kräftigen Oxydationen befähigen; hier nähern wir uns schon der grossen Klasse der Sauerstoffüberträger, dem hypermangansauren Kali, dem chlorsauren Kali usw., sowie dem in neuerer Zeit mit vollem Recht besonders gewürdigten Wasserstoffsuperoxyd. Wir können diese Körper als Depôts für aktiven Sauerstoff bezeichnen, die uns in kompendiöser Form das verbreitetste unter allen Desinfektionsmitteln darbieten.

Diese Sauerstoffträger desinfizieren aber nicht alle Infektionsstoffe gleichmässig, und sie sind nicht unter allen Umständen Desinfektions-

mittel. Eine sporentötende Kraft besitzt von allen nur das Wasserstoffsuperoxyd, und auch dieses nur bei Abwesenheit von reichlicherem organischem Material in dem Medium, in welchem sich die Sporen befinden; auch tote organische Substanz nimmt eben für sich den Sauerstoff in Anspruch. Nach meiner orientierenden Prüfung werden die
den Sauerstoff leicht abgebenden chemischen Verbindungen besonders
gute Dienste leisten, wo es sich darum handelt, Bakteriengifte unschädlich zu machen; ausserdem verdienen sie aber noch genauer geprüft zu werden gegenüber solchen Mikroorganismen, die ihrerseits stark
reduzierende Eigenschaften besitzen. Bei denjenigen Mikroorganismen
freilich, die bisher fast ausschliesslich zur Feststellung der Desinfektionsleistungen gedient haben, bei den Milzbrandbazillen und anderen in
unseren gewöhnlichen Nährböden gut wachsenden Bakterien haben sie
nur mässige Wirkung gezeigt. Wenn es richtig ist, dass die Desinfektionsleistung, z. B. des hypermangansauren Kalis, auf der Sauerstoff-
abgabe beruht, so ist leicht einzusehen, dass für Organismen von geringer reduzierender Kraft, wie die Milzbrandbazillen, wenig aktiver
Sauerstoff übrig bleiben wird in Nährböden, die soviel durch hyper-
mangansaures Kali oxydable Substanz enthalten, wie Nährgelatine,
Bouillon und Blutserum.

Seit einer Reihe von Jahren wird zur Wassersterilisierung u. a. auch
Ozon verwendet. Dies geschieht auf die Art, dass in besonderen
Apparaten der Luftsauerstoff durch stille elektrische Entladungen in
Ozon umgewandelt wird, so dass schliesslich bis zu 2,8 g Ozon in 1 cbm
Luft enthalten sind. Die so ozonisierte Luft wird dann durch Kiestürme
geschickt, die von oben nach unten von dem Wasser durchströmt werden,
welches man desinfizieren will. Die organischen Substanzen werden
dabei zerstört und die Mikroorganismen abgetötet. Eine derartige
Ozonisierungsanlage hat die Firma Siemens & Halske in Paderborn
mit gutem Erfolg errichtet.

Neunter Abschnitt.

Der Formaldehyd als Desinfektionsmittel.

Besondere Erwähnung verdient unter den gasförmig zur Wirkung
gelangenden Desinfektionsmitteln noch der Formaldehyd, welcher in
neuerer Zeit namentlich zur Desinfektion von Wohnräumen warm empfohlen wird. Die nachfolgende Schilderung seiner desinfizierenden
Leistungsfähigkeit entnehme ich dem 6. Heft meiner Beiträge, in
welchem Prof. Römer über die in meinem Marburger Institut ausgeführte Formaldehydprüfung berichtet hat. Ich lasse hierunter seine Ausführungen grösstenteils im Wortlaut folgen.

„Die Geschichte des Formaldehyds hinsichtlich seiner Bedeutung für
die Desinfektionspraxis beginnt mit der 1888 gemachten Beobachtung
Trillat's, dass Zusatz geringer Mengen von Formaldehyd Harn vor
Zersetzung schützt, dass ihm also entwicklungshemmende Eigenschaften
zukommen.

Genauere im hiesigen Institut vorgenommene Versuche zur Feststellung dieser entwicklungshemmenden Wirkung des Formaldehyds ergaben Resultate, die in untenstehender Tabelle übersichtlich geordnet sind. Sie stellen die mittleren Ergebnisse zahlreicher Prüfungen dar. Die Versuche selbst wurden in folgender Weise angestellt:

Als Testobjekte wurden in der gewöhnlichen Weise hergestellte Milzbrandseidenfäden, d. h. Seidenfäden mit angetrockneten Milzbrandsporen, benutzt. — Die Prüfung auf Entwicklungshemmung wurde so ausgeführt, dass in Reagenzröhrchen, welche 5 ml Nährlösung enthielten, soviel Formalin, d. h. 40 proz. Formaldehydlösung, eingebracht wurde, bis die Gesamtflüssigkeit den gewünschten Formaldehydgehalt hatte. Wenn also z. B. auf der Tabelle vermerkt ist: F + B 1 : 100 000, so bedeutet dies, dass auf 100 000 Teile Bouillon 1 Teil Formaldehyd kommt, dass also den 5 ml Nährlösung 0,00005 g Formaldehyd bzw. 0,000125 ml Formalin zugefügt wurden. In jedes Röhrchen wurde ein Milzbrandseidenfaden gebracht, die Röhrchen bei Brüttemperatur aufgestellt und 6—8 Tage auf Entwicklung von Milzbrandbazillen beobachtet. — Eine weitere Prüfung auf Entwicklungshemmung wurde in der Weise vorgenommen, dass wir von den mit den betreffenden Formaldehydzusätzen versehenen Nährlösungen hängende Tropfen herstellten, in welche wir feine Milzbrandseidenfädensplitter einbrachten. Auch die hohlen Objektträger mit den hängenden Tropfen wurden bei Brüt-

Prüfung der entwickelungshemmenden Wirkung von Formaldehyd gegenüber Milzbrandsporen*):

A) In Bouillon	nach 1×24 Std.	nach 2×24 Std.	nach 5×24 Std.	B) In Rinderserum	nach 1×24 Std.	nach 2×24 Std.	nach 5×24 Std.
B (Kontrollröhrchen)	✕✕✕	✕✕✕	✕✕✕	S	✕✕	✕✕✕	✕✕✕
F + B 1 : 2 000 000	✕✕✕	✕✕✕	✕✕✕	F + S 1 : 1 000 000	✕✕	✕✕✕	✕✕✕
F + B 1 : 1 000 000	✕✕	✕✕✕	✕✕✕	F + S 1 : 100 000	✕	✕✕	✕✕✕
F + B 1 : 500 000	✕	✕✕	✕✕✕	F + S 1 : 50 000	✕	✕✕	✕✕✕
F + B 1 : 100 000	✕	✕✕	✕✕✕	F + S 1 : 20 000	0	✕	✕✕
F + B 1 : 50 000	✕	✕✕	✕✕✕	F + S 1 : 10 000	0	✕	✕✕
F + B 1 : 20 000	0	✕	✕✕	F + S 1 : 5000	0	0	✕
F + B 1 : 10 000	0	0	0	F + S 1 : 4000	0	0	0
F + B 1 : 5000	0	0	0	F + S 1 : 2000	0	0	0

*) Es bedeutet in der Tabelle: 0 = keine Entwickelung.
✕ = spärliches Wachstum.
✕✕ = mässig reichliches Wachstum.
✕✕✕ = sehr reichliches Wachstum.

temperatur aufgestellt und täglich auf Entwicklung untersucht, wobei man im allgemeinen schon mit einer Vergrösserung 1 : 400, also mit Trockensystem auskommt. — Es wurde vergleichend die entwicklungshemmende Wirkung des Formaldehyds gegenüber Milzbrandsporen sowohl in Bouillon als in Rinderserum geprüft.

Wir benutzten in unseren Versuchen eine frische, 40 proz. Formaldehydlösung, das sogenannte Formalin. Die in der Tabelle angegebenen Zahlen sind aber auf den Formaldehydgehalt selbst berechnet. Die Prüfungen im Reagensglas und im hängenden Tropfen ergaben ziemlich genau dieselben Resultate.

Die Angaben über die entwicklungshemmende Wirkung des Formaldehyds schwanken bei den einzelnen Autoren sehr, zuweilen wohl deshalb, weil die Bezeichnung Formaldehyd und Formalin verwechselt wird. Formalin ist die im Handel erhältliche 40 proz. Formaldehydlösung. Es ist daher sehr zu begrüssen, dass die Pharmakopoe für das Deutsche Reich jetzt statt des Ausdrucks „Formalin" die Bezeichnung „Formaldehydum solutum" eingeführt hat und es wäre sehr wünschenswert, wenn dieser Name das Wort Formalin auch aus der Laboratoriumssprache verdrängen würde.

Zur Ermittelung der relativen Giftigkeit prüften wir den Formaldehyd an Meerschweinen, indem wir ihnen wässrige Lösungen desselben unter die Haut und in die Bauchhöhle spritzten, und wir fanden, auf Formaldehyd berechnet, unter Berücksichtigung des Körpergewichts der Tiere, folgende Werte:

$$1 : 50000 \text{ subkutan} = \text{gesund}$$
$$1 : 25000 \quad \text{„} \quad = \text{gesund}$$
$$1 : 12500 \quad \text{„} \quad = \text{krank, erholt sich}$$
$$1 : 10000 \quad \text{„} \quad = \text{schwer krank, ausgedehnte}$$
$$\text{Hautnekrose, erholt sich}$$
$$1 : 5000 \quad \text{„} \quad = \dagger \text{ nach 12 Stunden}$$
$$1 : 4000 \quad \text{„} \quad = \dagger \text{ nach 10 Minuten}$$
$$1 : 50000 \text{ intraperitoneal} = \dagger \text{ nach 3 Tagen}$$
$$1 : 25000 \quad \text{„} \quad = \dagger \text{ nach 12 Stunden}$$
$$1 : 12500 \quad \text{„} \quad = \dagger \text{ nach 8 Stunden}$$

Die Zahlenwerte für die Giftigkeit des Formaldehyds von der Blutbahn aus sind an Kaninchen ermittelt worden.

$$1 : 50000 \text{ intravenös} = \text{gesund}$$
$$1 : 25000 \quad \text{„} \quad = \text{gesund}$$
$$1 : 12500 \quad \text{„} \quad = \dagger \text{ nach einigen Minuten.}$$

Vergleicht man den durch subkutane Injektion des Formaldehyds gefundenen Giftigkeitsgrad mit der entwicklungshemmenden Wirkung gegenüber Milzbrandsporen im Rinderserum, so erscheint die relative Giftigkeit des Formaldehyds etwas geringer, als wir sie sonst bei allgemeinen Desinfektionsmitteln finden.

Man hat den Formaldehyd zu den verschiedensten Zwecken anzuwenden versucht, so z. B. zur Konservierung von Bakterienkulturen in bestimmten Entwicklungsstadien.

Zur Konservierung von Nahrungsmitteln hat sich der Formaldehyd nicht einbürgern können, hauptsächlich wohl wegen des unangenehmen Nebengeschmacks, den er denselben verleiht. Vielfach angewandt wird er dagegen zur Konservierung und Härtung anatomischer Präparate. Die Härtung beruht jedenfalls auf einer Einwirkung auf die Eiweisskörper, die Formaldehyd in stärkerer Konzentration zur Gerinnung bringt und unlöslich macht.

Was die Nutzbarmachung des Formaldehyds für die Bekämpfung der Infektionskrankheiten, also für die eigentliche Desinfektionspraxis betrifft, so scheint seine Verwendung für die Händedesinfektion bis zu einem gewissen Grade wegen seiner unangenehmen Nebeneigenschaften, insbesondere wegen seines widerlichen Geruches und seiner starken Reizwirkung auf die Haut, ausgeschlossen zu sein. Vor einiger Zeit ist ein neues Präparat, Lysoform, in dem sich der Formaldehyd gebunden an Seife findet, in den Handel gebracht worden. Es soll dieses Präparat der Reizwirkung entbehren. Es scheint aber für sich allein zu wenig wirksam zu sein, um mit Erfolg in der Praxis angewendet werden zu können; nach den Untersuchungen, die im hiesigen Institut durch Herrn Dr. Engels angestellt und im Archiv für Hygiene veröffentlicht sind, wird vielleicht die Kombination von Lysoform mit Alkohol bessere Erfolge zeitigen.

Im wesentlichen beschränkt sich die Anwendung des Formaldehyds auf die Wohnungsdesinfektion. Die Vorteile, die er hier bietet, vorausgesetzt, dass er das leistet, was man von ihm verlangt, sind: Die Verwendung eines gasförmigen Desinfektionsmittels ermöglicht zunächst Winkel und Ecken zu erreichen, welche für flüssige Antiseptika schwer oder überhaupt nicht zugänglich sind; sie ermöglicht ferner eine mehr automatische Desinfektion und macht daher die Desinfektion von der Sorgfalt eines persönlichen Desinfektors mehr oder weniger unabhängig. Sie gestattet endlich eine Desinfektion des infizierten Raumes vor Betreten desselben. Da nun alle anderen gasförmigen Desinfektionsmittel aus verschiedenen Gründen, meist wegen der Beschädigungen, die sie an Mobiliar, Kleidungsstücken usw. anrichten, sich als ungeeignet erwiesen haben, der Formaldehyd in dieser Richtung dagegen uuschädlich und auch wenig belästigend ist, so wird es erklärlich, dass er als ein Wohnungsdesinficiens $\varkappa\alpha\tau'$ $\dot{\epsilon}\xi o\chi\dot{\eta}\nu$ begrüsst wurde.

Das Bestreben ging zunächst dahin, den Formaldehyd in Gasform in den infizierten Räumen zur Wirkung zu bringen. Zu diesem Zweck wurden die verschiedensten Wege eingeschlagen.

1. Oxydation des Methylalkohols.

Zuerst stellte man den Formaldehyd durch Oxydation des Methylalkohols dar. In besonders konstruierten Lampen wurde der Methylalkohol über ein glühend gemachtes Platinnetz geleitet und dadurch der Formaldehyd entwickelt. Sämtliche Methoden, die nach diesem Prinzip arbeiteten, hatten den Nachteil, dass die Ausbeute an Formaldehyd zu gering war im Vergleich zu den angewandten Mengen des Ausgangsmaterials, weil ein grosser Teil des Methylalkohols nicht zu Formaldehyd, sondern zu Kohlensäure und Wasser oxydiert wird. Belästigend ausserdem und selbst nicht ungefährlich war die reichliche Bildung von Kohlenoxyd bei dieser Art der Formaldehyderzeugung. Auch ist nach neuerdings beobachteten Massenvergiftungen der Methylalkohol als ein Mittel von zu grosser Giftigkeit für allgemeinere Verwendung zu betrachten.

2. Entwickeln des Formaldehydgases aus Lösungen.

Man ging daher zur Darstellung des Formaldehyds aus Lösungen über. Die Ueberführung in Gasform geschah dabei einmal durch spontanes Verdunsten, indem man in den zu desinfizierenden Raum flache, mit Formaldehydlösung gefüllte Schalen aufstellte oder mit Formaldehydlösung getränkte Tücher zwischen die zu desinfizierenden Objekte aufhing. Die praktischen Erfolge waren aber auch bei diesen Methoden wegen der Langsamkeit in der Entwicklung des Formaldehyds und den grossen Mengen, die zur Erzielung einer nur geringen Desinfektionswirkung notwendig waren, gering.

Weiterhin suchte man mit Hilfe eines Wasserdampfstrahls den Formaldehyd aus seinen Lösungen herauszureissen; wenn auch hierbei schon bessere Erfolge erzielt wurden, so bildete die starke Durchnässung aller Gegenstände bei dieser Methode ein erhebliches Hindernis für ihre praktische Einführung.

Gemeinsame Nachteile aller dieser Methoden lagen ausserdem noch in den chemischen Eigentümlichkeiten des Formaldehyds, zunächst in seiner Neigung sich nicht als solcher in der Atmosphäre zu halten, sondern in seine unwirksamen polymeren Verbindungen überzugehen, ferner in der Bildung des ebenfalls wirkungslosen Methylendimethyläthers, des als Hypnotikum bekannten Methylals, bei Vorhandensein nur geringer Mengen Methylalkohols in den Ausgangslösungen.

Um praktisch brauchbare Resultate zu erzielen, ging man deshalb zur Konstruktion besonderer Apparate über:

a) Trillat suchte die Polymerisation des Formaldehyds dadurch zu verhindern, dass er eine 40 proz. Formaldehydlösung unter einem Druck von 3—4 Atmosphären in einem Autoklaven verdampfte. Dem gleichen Zweck diente noch ein Zusatz von 4—5 pCt. Chlorkalzium zu dem Formalin. Trillat nannte seine Mischung Formochlorol. Rosenberg suchte die Polymerisation des Formaldehyds durch Zusatz von Menthol, Walter-Schlossmann durch Hinzufügung von Glyzerin zu verhindern. Die Leistungen aller dieser Apparate liessen aber zu wünschen übrig, in den meisten Fällen deshalb, weil ein für Wirksamwerden der Formaldehyddesinfektion unerlässlicher Faktor nicht beachtet war — die Notwendigkeit einer gleichzeitigen ausgiebigen Verdampfung von Wasser.

b) Ein Apparat, der dieser letzteren Bedingung genügen sollte, ausserdem aber auch die Polymerisation des Formaldehyds beim Verdampfen aus Lösungen zu verhindern suchte, ist der sog. Breslauer Apparat. Untersuchungen in Flügges Laboratorium hatten ergeben, dass zwar beim Verdampfen einer 40 proz. Formaldehydlösung ein grosser Teil des Formaldehyds durch Polymerisation für die Desinfektion verloren geht, dass aber der Verlust an Formaldehyd um so geringer war, je verdünnter die benutzte Ausgangslösung ist. Um einen möglichst günstigen Desinfektionseffekt zu erzielen, muss man daher den Formaldehyd in möglichst verdünnter Lösung anwenden. Wenn ich sage „möglichst verdünnt", so ist das natürlich cum grano salis zu verstehen; denn es liegt auf der Hand, dass man die Verdünnung nicht zu weit treiben darf, da bei Anwendung sehr dünner Lösungen der Formaldehyd zu langsam und zu wenig konzentriert in den zu desinfizierenden Raum gelangt. Durch genaue Untersuchungen wurde nun im Flüggeschen Laboratorium gefunden, dass sich für die praktischen Zwecke der Desinfektion am meisten die Anwendung einer im Verhältnis 1 : 4 mit Wasser verdünnten 40 proz. Formaldehydlösung empfiehlt. Die jedesmal notwendige Menge dieser Lösung ergibt sich aus einer einfachen Berechnung auf die Grösse des Raums. Für die Praxis ist dem Flüggeschen Apparat eine Tabelle beigegeben, auf welcher die für eine bestimmte Raumgrösse notwendigen Mengen Formaldehyd, Wasser, Spiritus usw. rasch abgelesen werden können.

3. Entwickeln des Formaldehydgases aus polymeren Verbindungen.

Eine dritte Methode besteht darin, dass man den Formaldehyd aus seinen Polymerisationsprodukten durch Erhitzen entwickelt; zur praktischen Anwendung kommt dieses Prinzip in den Scheringschen Apparaten Hygiea und Aeskulap. In Pastillenform komprimiertes Trioxmethylen, ein Polymerisationsprodukt des Formaldehyds, wird durch Erhitzen vergast, dabei findet eine Depolymerisierung desselben und damit Entwickeln von Formaldehyd statt. Der kleine Apparat Hygiea eignet sich nur zur Desodorierung von Wohnräumen, eventuell zur Desinfektion kleinerer Gegenstände. Mit dem Aeskulap bezw. mit dem kombinierten Aeskulap, der sich von dem Anfangsmodell, dem einfachen Aeskulap, dadurch unterscheidet, dass gleichzeitig in einem besonderen Kessel Wasser verdampft wird, hat man recht gute Resultate erzielt. Der Preis des Apparates ist relativ hoch.

Auf demselben Prinzip, d. h. auf der Entwicklung des Formaldehyds aus seinen Polymerisationsprodukten, beruht die Anwendung des Carboformalglühblocks. Er besteht aus einer sechseckigen Kohlenhülse mit einem zentralen Kern aus Paraformaldehyd. Die Hülse wird an den Ecken angezündet und verglimmt langsam. Durch die Hitze entwickelt sich aus dem Paraformaldehyd das Formaldehydgas. Vorteile dieser Glühblocks sind ihre leichte Handhabung und Transportfähigkeit und damit die Möglichkeit, auch unter schwierigeren lokalen Verhältnissen, z. B. auf dem Lande, das Formaldehyddesinfektionsverfahren zur Anwendung zu bringen. Weitere Vorteile sind die absolute Gefahrlosigkeit und die Möglichkeit, verschiedene Gasentwickler an verschiedenen Stellen des zu desinfizierenden Raums, und speziell auch in verschiedener Höhe, aufzustellen. Auch diese Methode verlangt vorherige Sättigung der Luft mit Wasserdampf.

Schon die Untersuchungen Flügge's und seiner Schüler hatten ergeben, dass die Gasnatur des Formaldehyds mit seiner Desinfektionswirkung nur insofern in Beziehung stehe, als sie eine gleichmässige Verteilung des Desinficiens im Raum ermögliche, dass aber die eigentliche Desinfektionswirkung der wässerigen Lösung des Formaldehyds zuzuschreiben sei. Hierfür sprach die Beobachtung, dass der grösste Teil des entwickelten Gases sich rasch an den Wänden und an den Gegenständen im Zimmer kondensiert, sowie die schon oben gewürdigte Tatsache, dass erst bei Gegenwart reichlicher Mengen Wasserdampf der Formaldehyd das Maximum seiner desinfizierenden Wirkung erreicht. Es findet sich in der Tat in der seit seiner Einführung in die Praxis entstandenen Literatur über den Formaldehyd nicht ein einziger in dem Sinne beweisender Versuch, dass trockenes Formaldehydgas überhaupt desinfizierende Wirkung hat.

Demgemäss waren schon aus theoretischen Erwägungen die Versuche berechtigt, den Formaldehyd von vornherein als Lösung anzuwenden und seine Verteilung im Raum durch Versprayung zu erreichen. Verwirklicht ist diese Methode in den Sprayapparaten von Prausnitz und Czaplewski. Die Erfolge, welche mit diesen erzielt werden, stehen hinter denen anderer kaum zurück.

Eigene Versuche.

Versuch I.

Der erste Marburger Versuch wurde am 4. VIII. 1902 mit dem Flüggeschen Apparat im Stall des Pestlaboratoriums des hiesigen Instituts vorgenommen.

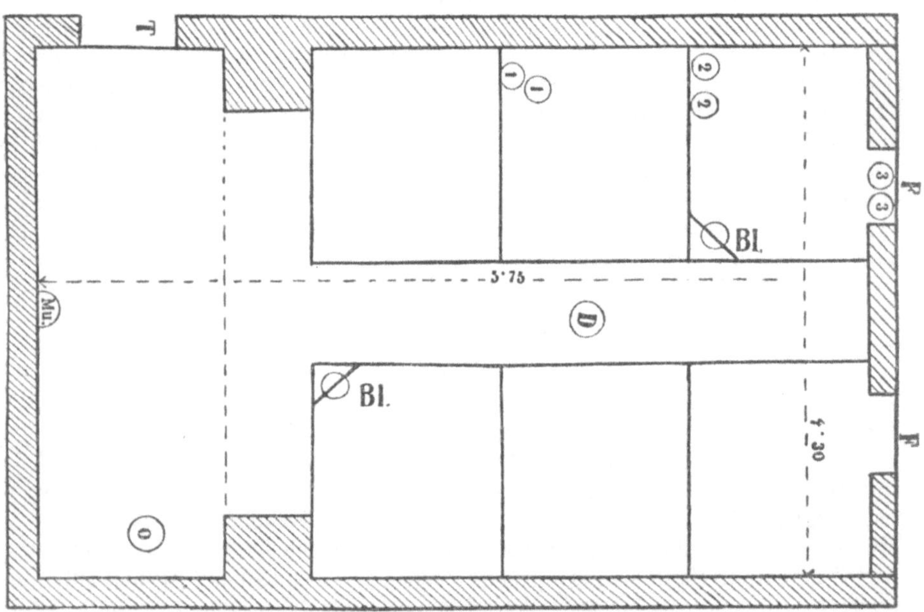

Der (in beistehender Grundrissskizze veranschaulichte) im Erdgeschoss befindliche Raum ist gemauert und auf Traversen eingewölbt; er ist 5,75 m lang, 4,30 m breit und 2,50 m hoch; er erscheint durch 2 seitlich vorspringende Pfeiler (mit einem Gesamtraum von 2 cbm) in eine grössere vordere und kleinere hintere Abteilung getrennt.

Im vorderen Abteil befinden sich in der Höhe von 1,50 m an der östlichen Wand 2 Fenster (F) mit eisernen Rahmen und gut schliessenden Scheiben. Auf jeder Seite des Mittelgangs befinden sich 3 durch Eisenwände getrennte Koben für kleinere Versuchstiere. Die Koben sind nach oben offen, von dem Mittelgang durch eiserne Gittertüren getrennt.

Im hinteren Abteil befinden sich ein eiserner Ofen (O), an der Stirn-
wand eine Wasserleitungsmuschel (Mu) mit Siphonabschluss und an der
dem Ofen entgegengesetzten Wand eine gut gefügte Holztüre (T).

Wände und Decke sind mit unbeschädigtem Mörtelauswurf verputzt
und mit Emaillefarbe gestrichen.

Der Stall war schon längere Zeit vor dem Desinfektionsversuch
nicht mehr benutzt worden und vollkommen leer von Mist und Streu
jeglicher Art und überhaupt sorgfältig gereinigt.

Vor Beginn des Desinfektionsversuches wurden alle Fugen und Ritzen
an den Fenstern durch Watte und durch mit Stärkekleister über die
Watte aufgeklebten Papierstreifen sehr sorgfältig gedichtet; das Abzugs-
rohr des Ofens wurde durch ein nasses Tuch abgeschlossen und überhaupt alle irgend vorhandenen Oeffnungen auf das Genaueste verschlossen.

Als Desinfektionsobjekte wurden verteilt:

 1 Mbr.-Ag.-K. (2 tägige Milzbrandagarkultur),

 1 Stk.-Ag.-K. (2 tägige Staphylokokkenagarkultur),

 1 Rd.-Tb.-S.-K. (3 wöchige Rindertuberkulose-Serumkultur)

und je 3 offene Schälchen mit Mbr.- und Stk.-Seidenfäden, letztere nach
der in beistehender Skizze angegebenen Verteilung. Die Kulturen wurden
an der Stelle, wo die Schalen 1 stehen, in einer Höhe von 2 m in horizontaler Lage angebracht.

Der Desinfektionsapparat wurde an der bezeichneten Stelle (D) am
Erdboden aufgestellt. Der Rauminhalt des Stalles beträgt nach den vor-
hin gemachten Angaben 59 cbm. Die notwendigen Mengen Formalin,
Spiritus usw. wurden nach den Flügge'schen Tabellen auf diesen Rauminhalt berechnet, die notwendige Menge sogar noch etwas überschritten,
hierauf der Apparat beschickt, angezündet und der Raum verlassen. Die
Türe wurde dann von aussen ebenfalls durch Watte, Papierstreifen usw.
sorgfältig gedichtet. Durch das Fenster wurde sodann der Apparat
beobachtet, was indes nur kurze Zeit möglich war, da starke Nebel-
bildung im Innern des Raumes bald jeden Einblick unmöglich machte.

Die Versuchsdauer betrug 16 Stunden, ging also weit über die For-
derung Flügge's, der nur $7^1/_2$ Stunden verlangt, hinaus. Dann wurde
Ammoniak eingeleitet und der Raum wieder betreten, wobei sich noch
ein deutlicher Formaldehydgeruch bemerkbar machte. Dann wurden die
Proben herausgenommen und geprüft: Die Art der Prüfung und ihre
Ergebnisse sind auf der Tabelle I verzeichnet.

Die Prüfungen wurden in der Weise vorgenommen, dass von der
Mbr.- und Stk.-Ag.-K. direkt auf Agar und Bouillon übertragen wurde;
es ergab sich ungehemmtes, reichliches Wachstum.

Das mit der Tb.-S.-K. geimpfte Meerschwein starb an ausgedehnter
Tuberkulose der inneren Organe; nach derselben Zeit und an den gleichen
Erscheinungen starb das Kontrolltier, d. h. das mit derselben Dosis der
gleichen Kultur vor Beginn des Desinfektionsversuches infizierte Meerschwein.

Von den Mbr.- und Stk.-Seidenfäden wurde zunächst je einer auf
1 Agarröhrchen, sowie mehrere auf 1 Bouillonröhrchen überimpft; aus
den Bouillonröhrchen wurden je 2 Fäden nach 2 Tagen auf neue Bouillon
übertragen und von diesen nach 2 Tagen wiederum je einer nach Be-

handeln mit Ammoniak auf frische Bouillon übertragen. Die Resultate dieser Untersuchungen sind auf der Tabelle I zusammengestellt.

Endlich wurden kleine Stückchen der Mbr.-Seidenfäden sofort nach der Entnahme aus dem Desinfektionsraum auf Mäuse verimpft; dieselben blieben sämtlich gesund, während das Kontrolltier rasch an Milzbrand zugrunde ging.

Versuch II.

Ehe ich auf die aus diesem ersten Versuche zu ziehenden Schlussfolgerungen eingehe, möchte ich zunächst einen zweiten Desinfektionsversuch schildern, welcher den gleichen Raum betraf. Abdichtung usw. wurde in der gleichen Weise und mit der gleichen Sorgfalt vorgenommen. — Als Desinfektionsapparat benutzten wir diesmal 2 Carboformalglühblocks, die zur Desinfektion von 60 cbm ausreichen sollen. Die Verdampfung von Wasser geschah nach dem Vorgang Dieudonné's durch Uebergiessen glühend gemachter Ziegelsteine mit Wasser. Dass dabei eine genügende Wasserdampfentwicklung stattfindet, konnten wir durch Bestimmung der relativen und absoluten Luftfeuchtigkeit vor und nach der Wasserverdampfung bestätigen. Die Glühblocks wurden an den in der Stallskizze angegebenen Stellen (Bl) in 1,50 m Höhe aufgestellt und hierauf angezündet, was übrigens nicht so leicht gelingt, wie es die Reklameschreiben der Fabrik angeben.

Die Testobjekte waren in der gleichen Weise wie im ersten Versuch verteilt.

Die Versuchsdauer betrug diesmal 24 Stunden. Nach dieser Zeit wurde der Raum ohne vorheriges Einleiten von Ammoniak betreten; der Formaldehydgeruch war deutlich, aber erträglich. Die Prüfung der Testobjekte ergab die in der Tabelle II verzeichneten Resultate.

Von einer zweiten Uebertragung der Seidenfäden wurde diesmal abgesehen, sondern je ein Faden nach 2 tägigem Verweilen in Bouillon sofort einer Ammoniakbehandlung unterzogen und auf frische Bouillon überimpft.

Versuch III.

Der dritte Versuch, angestellt am 9. VIII. 1902, zeichnete sich dadurch aus, dass wir bei Anwendung des Flügge'schen Apparates die Formalinmenge weit höher nahmen, als Flügge verlangt. Wir berechneten die Menge auf 75 cbm Raum, während der Stall tatsächlich nur 59 cbm gross war. Im übrigen entsprachen Gang und Dauer des Desinfektionsversuches ganz dem Versuch I. Die Testobjekte wurden wieder in derselben Weise verteilt und den bisherigen noch eine Diphtherie-Agarkultur (Db.-Ag.-K.) und eine Db.-Bouillonkultur (Db.-B.-K.) mit Hautbildung an der Oberfläche hinzugefügt. — Die Prüfungen ergaben die in Tabelle III zusammengestellten Resultate.

Die Untersuchung der Seidenfäden war diesmal in der Weise vorgenommen worden, dass jeder Faden in 3 gleiche Teile geteilt wurde und von diesen wurde je ein Teil direkt auf Bouillon, ein Teil direkt auf Agar und der Rest nach Behandeln mit Ammoniak in ein weiteres Bouillonröhrchen überimpft.

Wir führten endlich noch einen vierten Desinfektionsversuch mit Carboformalglühblocks in dem grossen Pferdestall des Instituts aus, der, wie ich noch ganz kurz erwähnen will, absolut ungünstige Resultate ergab.

Tabelle I*).

	Direkt auf: Bouillon Wachstum nach: 1 Tag	2 Tagen	6 Tagen	Direkt auf: Agar Wachstum nach: 1 Tag	2 Tagen	6 Tagen	Nach 2 Tagen auf frische Bouillon Wachstum nach: 1 Tag	2 Tagen	6 Tagen	Nach weiteren 2 Tagen Abspülen in 0.5 pCt. NH₃ und auf frische Bouillon Wachstum nach: 1 Tag	2 Tagen	6 Tagen	Tierversuch
Mbr.-Ag.-K.	×××	×××	×××	×××	×××	×××	—	—	—	—	—	—	—
Mbr.-Ag.-K. (Kontrolle)	×××	×××	×××	×××	×××	×××	—	—	—	—	—	—	—
Stk.-Ag.-K.	×××	×××	×××	×××	×××	×××	—	—	—	—	—	—	—
Stk.-Ag.-K. (Kontrolle)	×××	×××	×××	×××	×××	×××	—	—	—	—	—	—	—
Tb.-S.-K.	—	—	—	—	—	—	—	—	—	—	—	—	Meerschwein subkutan infiziert: × nach 4 Wochen.
Tb.-S.-K. (Kontrolle)	—	—	—	—	—	—	—	—	—	—	—	—	desgl.
Mbr.-Seidenf. Schale 1	0	0	0	0	0	0	0	0	0	××	×××	×××	Maus in eine Hauttasche geimpft — gesund
Mbr.-Seidenf. Schale 2	0	0	0	0	0	0	0	0	0	××	×××	×××	desgl.
Mbr.-Seidenf. Schale 3	0	0	0	0	0	0	×	××	×××	×××	×××	×××	desgl.
Stk.-Seidenf. Schale 1	0	0	0	0	0	0	0	0	0	××	×××	×××	—
Stk.-Seidenf. Schale 2	0	0	0	0	0	0	0	0	0	××	×××	×××	—
Stk.-Seidenf. Schale 3	0	×	×××	0	0	0	××	×××	×××	××	×××	×××	—
Mbr.-Seidenf. (Kontrolle)	××	×××	×××	××	×××	×××	—	—	—	—	—	—	Maus in eine Hauttasche geimpft: × nach 20 Std.
Stk.-Seidenf. (Kontrolle)	××	×××	×××	××	×××	×××	—	—	—	—	—	—	—

*) Es bedeutet in der Tabelle:

0 = keine Entwickelung.
× = spärliches Wachstum.
×× = mässig reichliches Wachstum.
××× = sehr reichliches Wachstum.
| = Untersuchung fand nicht statt.

Tabelle II.

	Direkt auf:						Nach 2 Tagen Abspülen in 0,5 pCt. NH$_3$ und auf frische Bouillon			Tierversuch
	Bouillon			Agar						
	Wachstum nach:			Wachstum nach:			Wachstum nach:			
	1 Tag	2 Tagen	6 Tagen	1 Tag	2 Tagen	6 Tagen	1 Tag	2 Tagen	6 Tagen	
Mbr.-Ag.-K.	××	×××	×××	×××	×××	×××	—	—	—	—
Mbr.-Ag.-K. (Kontrolle)	×××	×××	×××	×××	×××	×××	—	—	—	—
Stk.-Ag.-K.	××	×××	×××	×××	×××	×××	—	—	—	—
Stk.-Ag.-K. (Kontrolle)	×××	×××	×××	×××	×××	×××	—	—	—	—
Tb.-S.-K.	—	—	—	—	—	—	—	—	—	Meerschwein subkutan infiziert: † n. 3½ Wochen
Tb.-S.-K. (Kontrolle)	—	—	—	—	—	—	—	—	—	desgl.
Mbr.-Seidenf. Schale 1	0	0	0	0	0	0	××	×××	×××	Maus in eine Hauttasche geimpft: gesund
Mbr.-Seidenf. Schale 2	×	××	×××	0	×	××	×××	×××	×××	† nach 3 Tagen an Milzbrand
Mbr.-Seidenf. Schale 3	0	0	0	0	0	0	××	××	×××	Maus in eine Hauttasche geimpft: gesund
Stk.-Seidenf. Schale 1	0	0	0	0	0	0	0	0	0	—
Stk.-Seidenf. Schale 2	0	0	0	0	0	0	0	×	×××	—
Stk.-Seidenf. Schale 3	0	×	××	0	0	0	××	×××	×××	—
Mbr.-Seidenf. (Kontrolle)	××	×××	×××	××	×××	×××	—	—	—	Maus in eine Hauttasche geimpft: † nach 20 Stunden an Milzbrand
Stk.-Seidenf. (Kontrolle)	××	×××	×××	××	×××	×××	—	—	—	—

Tabelle III.

	Direkt auf:						Nach Abspülen in 0,5 pCt. NH$_3$ auf:						Tierversuch
	Bouillon			Agar bzw. Serum			Bouillon			Agar bzw. Serum			
	Wachstum nach:			Wachstum nach:			Wachstum nach:			Wachstum nach:			
	1 Tag	2 Tagen	6 Tagen	1 Tag	2 Tagen	6 Tagen	1 Tag	2 Tagen	6 Tagen	1 Tag	2 Tagen	6 Tagen	
Mbr.-Ag.-K.	×××	×××	×××	×××	×××	×××	—	—	—	—	—	—	—
Mbr.-Ag.-K. (Kontrolle)	×××	×××	×××	×××	×××	×××	—	—	—	—	—	—	—
Stk.-Ag.-K.	×××	×××	×××	××	×××	×××	—	—	—	—	—	—	—
Stk.-Ag.-K. (Kontrolle)	×××	×××	×××	×××	×××	×××	—	—	—	—	—	—	—
Db.-Ag.-K.	×	××	×××	0	×	×××	—	—	—	—	—	—	—
Db.-Ag.-K. (Kontrolle)	×××	×××	×××	×××	×××	×××	—	—	—	—	—	—	—
Db.-B.-K.	0	0	0	0	0	0	0	××	×××	0	×××	×××	—
Db.-B.-K. (Kontrolle)	×××	×××	×××	×××	×××	×××	—	—	—	—	—	—	—
Mbr.-Seidenf. Schale 1	0	0	0	0	0	0	0	0	0	—	—	—	Maus gesund
Mbr.-Seidenf. Schale 2	0	0	0	0	0	0	0	××	×××	—	—	—	„ „
Mbr.-Seidenf. Schale 3	0	0	0	0	0	0	0	×	×××	—	—	—	„ „
Stk.-Seidenf. Schale 1	0	0	0	0	0	0	0	0	0	—	—	—	—
Stk.-Seidenf. Schale 2	0	0	0	0	0	0	0	×	×××	—	—	—	—
Stk.-Seidenf. Schale 3	0	0	0	0	0	0	×	××	×××	—	—	—	—
Mbr.-Seidenf. (Kontrolle)	×××	×××	×××	××	×××	×××	—	—	—	—	—	—	Maus: † nach 24 Stunden
Stk.-Seidenf. (Kontrolle)	×××	×××	×××	××	×××	×××	—	—	—	—	—	—	—

30*

Unsere Versuchsergebnisse drängen zu einer Kritik einmal der bisherigen Prüfungsmethoden auf Gelungensein der Desinfektion, sodann aber auch zu einer Besprechung des Wertes der Formaldehyddesinfektionsmethode überhaupt.

Die Mehrzahl der Untersucher ging bisher so vor, dass sie die Testobjekte — meist handelte es sich um an Seidenfäden angetrocknete Bakterien oder Sporen — auf Bouillon und Agar übertrugen und dann auf Wachstum beobachteten. Manche schlugen der Vorsicht halber, um noch etwa anhaftenden Formaldehyd zu entfernen, vor, die Testobjekte vor der Uebertragung auf Nährböden erst in Bouillon abzuspülen. Hätten wir lediglich nach dieser Methode bzw. nach diesen beiden Methoden untersucht, so wären unsere Resultate in der Tat den früheren Angaben entsprechend ausgefallen, wir hätten in den meisten Fällen Abtötung der der Desinfektion ausgesetzten Proben wenigstens der Seidenfädenproben erreicht. Ganz anders aber war das Ergebnis, als wir die Erfahrungen berücksichtigten, deren Ausserachtlassen seinerzeit zu einer Ueberschätzung der desinfizierenden Wirkung des Sublimats geführt hatte. Dieselbe war dadurch bedingt, dass bei der Untersuchung der Testobjekte auf Vernichtung der Keime geringe Mengen des Desinfektionsmittels auf den frischen Nährboden mitübertragen wurden, welche ausreichten, die Entwicklung der an und für sich noch lebensfähigen Bakterien zu hindern. Geppert stellte für derartige Versuche die Forderung auf, vor der Prüfung auf Abgetötetsein der Bakterien erst das angewandte Desinficiens in eine unwirksame Verbindung überzuführen, damit nicht mitübertragene Mengen desselben fälschlicherweise zu einer Ueberschätzung seiner desinfizierenden Wirkung führten. Besonders ist dies nach Geppert dann zu berücksichtigen, wenn man — wie dies gewöhnlich geschieht — die Seidenfädenmethode zur Prüfung benutzt, da hier nicht nur die Bakterien für die Aufnahme des Desinficiens in betracht kommen, sondern das gesamte organische Material, in welchem sie eingebettet liegen, sich mit dem Desinfektionsmittel vollsaugt. Führte Geppert in seinen Versuchen mit Sublimat dieses durch Zusatz von Schwefelwasserstoff oder Schwefelammon erst in das unwirksame Schwefelquecksilber über, so erhielt er für den Desinfektionswert viel geringere und selbstverständlich zuverlässigere Werte als andere Untersucher, welche diese Vorsichtsmassregel unbeachtet gelassen hatten. — Diese Erfahrungen machten wir uns bei den Formaldehyddesinfektionsversuchen zunutze, indem wir die Testobjekte einer Behandlung mit Ammoniak unterzogen. Bekanntlich verbindet sich der Formaldehyd mit Ammoniak zu dem unwirksamen Hexamethylentetramin. Da es zu dem Zustandekommen dieser Reaktion einiger Zeit bedarf, liessen wir das Ammoniak längere Zeit — 5 bis 15 Minuten — auf die Fäden einwirken. Wie unsere Versuchstabellen zeigen, hat diese Untersuchungsmethode das Ergebnis der Desinfektionsversuche ganz erheblich beeinflusst. Während wir in dem ersten Versuch kein Auskeimen aller Proben erreichten, konnten wir in den beiden letzten, speziell auch in dem dritten Versuch, in welchem wir eine weit grössere Menge Formalin anwandten, als es allgemeine Vorschrift ist, die Mehrzahl der ausgesetzten Proben zum Auskeimen bringen.

Es liegt die Frage nahe, ob nicht andere Untersucher schon längst diese Untersuchungsmethode angewandt haben, zumal die Eigenschaft des Formaldehyds mit Ammoniak das unwirksame Hexamethylentetramin zu bilden schon lange bekannt ist. An die Möglichkeit einer Beeinflussung der Prüfungsergebnisse ist nun auch in der Tat schon von anderen gedacht worden, so z. B. von dem Belgier Funck. Derselbe hat auch einige entsprechende Versuche vorgenommen, glaubte aber, dass die Uebertragung in 8—10 ccm Bouillon bereits eine solche Verdünnung des ev. noch anhaftenden Formaldehyds bewirke, dass eine vorherige Ammoniakbehandlung überflüssig erscheine. Die Erfahrung, dass Formaldehyd an organischem Material sehr fest haftet, macht eigentlich allein schon die Berechtigung solcher theoretischer Schlussfolgerungen hinfällig. Andere Untersucher, wie Hammerl, prüften vergleichend mit und ohne Ammoniakbehandlung und stellten auch fest, dass durch das Ammoniakverfahren eine grössere Zahl von Fäden zur Auskeimung gebracht werden konnte, dass aber die Unterschiede doch zu gering seien, als dass die Forderung einer Ammoniakbehandlung berechtigt wäre. Nun ist es ja ohne weiteres selbstverständlich, dass eine Ammoniakbehandlung aller der Testobjekte, die wirklich durch den Formaldehyd abgetötet sind, zwecklos ist, da hier das Ammoniak an dem Resultat nichts mehr ändern kann. Hat sich aber — wie auch in den Untersuchungen Hammerl's — gezeigt, dass ein gewisser, wenn auch vielleicht nur geringer Prozentsatz der ausgelegten Proben unter dem Einfluss der Ammoniakbehandlung mehr auskeimt, so kann ich keinen plausiblen Grund finden, die Ammoniakbehandlung zu unterlassen, wenn anders man sich nicht über den wirklichen Effekt des Desinfektionsverfahrens absichtlich täuschen will.

Hammerl und Kermauner wenden weiter gegen die Notwendigkeit des Ammoniakverfahrens ein, dass ja auch in praxi nicht durch eine nachfolgende Ammoniakeinwirkung der den Bakterien ev. noch anhaftende Formaldehyd entfernt werde, sondern dass er auch hier seine entwicklungshemmenden, bakterienfeindlichen Eigenschaften weiter entfalten könne, dass also die Unterlassung der Ammoniakbehandlung viel mehr den Verhältnissen in der Praxis entspreche. Von diesem Gesichtspunkte aus wäre die genannte Unterlassungssünde schon erklärlicher, nur muss man sich darüber klar sein, dass als Kriterium für das Gelungensein der Desinfektion dann nicht mehr die erfolgte Abtötung der der Desinfektion ausgesetzten Krankheitserreger, sondern die erfolgreiche Entwicklungshemmung derselben zu Grunde gelegt wird — ein Grundsatz, welcher zur Beurteilung eines für die Praxis bestimmten Desinfektionsverfahrens unzulässig ist.

Andere helfen sich über die kleine Unbequemlichkeit des Ammoniakverfahrens mit dem Einwand hinweg, dass der Formaldehyd als Gas doch unmöglich an den Testobjekten haften könne. Demgegenüber muss ich inbezug auf die Wirkungsweise des Formaldehyds auf meine obigen Ausführungen verweisen. Die desinfizierende Wirkung des Formaldehyds als Gas ist, wenn sie auch durch einige Versuche wahrscheinlich gemacht wird, noch nicht streng bewiesen, jedenfalls ist sie ungleich geringer als die des in Lösung gebrachten Formaldehyds und kommt vor allen Dingen praktisch nicht in Frage, da wir bei der praktischen Anwendung der Formaldehyddesinfektion jedesmal für eine ausgiebige Wassersättigung der zu desinfizierenden Räume Sorge tragen, so dass in praxi jedenfalls der Formaldehyd fast nur als Lösung zur Wirkung kommt. Dass hier aber ein Anhaften desselben an den Testobjekten nicht nur möglich, sondern sehr wahrscheinlich ist, liegt auf der Hand.

Jedenfalls erschien uns somit schon a priori eine genauere experimentelle Prüfung des Ammoniakverfahrens nicht aussichtslos zu sein,
und unsere Versuche geben der Vermutung, dass die Ammoniakbehandlung
einen wesentlichen Einfluss auf die Resultate haben kann, durchaus recht.
Denn es brachte die Ammoniakbehandlung der Testobjekte nicht nur
Keime zur Entwicklung, die bei einfachem Eintragen derselben in Nährböden als tot hätten bezeichnet werden müssen, sondern es zeigte sich
auch, dass dies Verfahren dem wiederholten Abspülen der Testobjekte
in Bouillon überlegen ist. Gerade dieses Ergebnis möchte ich denen
entgegenhalten, welche mit dem blossen Abspülen in Bouillon glauben
schon genug getan zu haben. Wenn auch — wie unsere Versuche
zeigen — dieses Verfahren ganz zweckdienlich ist, so ist ihm die von
uns angewandte Ammoniakbehandlung doch deutlich überlegen.

Fragen wir uns weiter, welchen Wert man auf Grund unserer Versuchsergebnisse der Formaldehyddesinfektion überhaupt zusprechen darf,
so muss zunächst vorausgeschickt werden, dass unsere Versuchsbedingungen
den Anforderungen der Praxis durchaus entsprachen. Der benutzte Raum
eignete sich zur Desinfektion wie kaum ein anderer, die Abdichtung
aller luftdurchlässigen Stellen geschah mit äusserster Sorgfalt und sie
war in der Tat so vollkommen gelungen, dass man ausserhalb des Raums
z. B. an den Fenstern nicht den geringsten Formaldehydgeruch wahrnehmen konnte; die Temperatur in dem zu desinfizierenden Raum betrug
18—20° C., hatte also eine für den günstigen Ausfall einer Desinfektion
denkbar günstige Höhe, die Sättigung der Luft entsprach, wie Feuchtigkeitsbestimmungen ergaben, ebenfalls den günstigsten Bedingungen, die Menge
des angewandten Formalins ging in den beiden ersten Versuchen etwas,
in dem dritten Versuch bedeutend über das erforderliche Mass hinaus,
desgleichen die Dauer der Formaldehydeinwirkung. Und doch waren
die Resultate unserer Prüfungen recht schlecht. Eine wirkliche Desinfektion, d. h. eine wirkliche Vernichtung der Keime konnte nur bei einer
Probe des zweiten und bei zwei Proben des dritten Desinfektionsversuches,
welch letzterer unter den allergünstigsten Bedingungen angestellt war,
festgestellt werden. Besonders hervorheben möchte ich, dass gerade in
diesem Versuche nicht einmal oberflächlich gelegene Diphtheriebazillen
vernichtet wurden, die sich doch sonst so wenig widerstandsfähig erweisen sollen gegenüber dem Formaldehyd. Auf Tuberkelbazillen hatte
die Desinfektion nicht den geringsten Einfluss gehabt. Dass gegenüber
der Tuberkulose unter natürlichen Bedingungen, d. h. gegenüber angetrocknetem tuberkulosehaltigem Sputum das Formaldehyddesinfektionsverfahren vollkommen versagt, hat auch Spengler betont; auch die
Flüggesche Schule verlangt für die Tuberkulose noch eine „Vordesinfektion“ mit Sublimatlösung. Andere Krankheiten wie Cholera,
Dysenterie, Typhus usw. sind aus dem Grunde für die Formaldehyddesinfektion nicht geeignet, weil hier die Erreger in Bett- und Leibwäsche an Stellen sich finden, welche der Wirkung des Formaldehyds
kaum zugänglich sind; in betracht käme ferner die Diphtherie, und bei
dieser Krankheit ist das Verfahren wohl auch am meisten bis jetzt angewandt; doch bezeichnet Flügge, der Vorkämpfer der Formaldehyd-

desinfektion, die Anwendung derselben gerade bei der Diphtherie als
Luxus, da die wenigen Diphtheriebazillen, welche an den toten Gegenständen im Krankenzimmer haften, durch einfachere Mittel vernichtet
werden könnten. Ausserdem bildet die Hauptgefahr für die Verbreitung
der Diphtherie nicht die tote Umgebung des Kranken, sondern seine
lebende Umgebung, da abgesehen vom Rekonvaleszenten selbst die um
ihn befindlichen Personen sehr häufig, ohne selbst die geringsten Krankheitserscheinungen zu bieten, massenhaft virulente Diphtheriebazillen in
Mund, Rachen, Nase usw. beherbergen und, wie neuere epidemiologische
Beobachtungen lehren, auch in der Tat oft die wirklichen und einzigen
Verbreiter der Diphtherie sind. Somit entspricht eine energische Formaldehyddesinfektion bei der Diphtherie auch nur einem unnützen Verpuffen
von Zeit und Geld. Erfahrungen über den Nutzen des Formaldehyds
gegenüber den Pocken besitzen wir wegen des spärlichen Vorkommens
derselben bei uns nicht in genügendem Masse. Bei Scharlach und
Masern soll sich die Formaldehyddesinfektion angeblich recht bewährt
haben, indes ist zu bedenken, dass wir die Erreger beider Krankheiten
noch nicht kennen, deshalb auf eine exakte wissenschaftliche Prüfung
des Wertes des Formaldehyds gegenüber diesen Krankheiten verzichten
und uns mit der so trügerischen Statistik begnügen müssen.

Wir wollen jedoch in der absprechenden Kritik des Wertes der Formal-
dehyd-Desinfektion nicht zu weit gehen. Vermag die Formalindesinfektion in
ihrer heutigen Anwendungsweise vielleicht nicht alle praktisch in Betracht
kommenden Krankheitserreger zu vernichten, so vermag sie doch deutlich ihre Entwicklung zu hemmen, und damit ist ihr zweifellos ein gewisser Wert zuzusprechen; keinesfalls hat sie die Bedeutung eines zuverlässigen Desinfektionsverfahrens.

Ob die Anwendung anderer Apparate, ob weitere Erhöhung der
Formalinmenge das Desinfektionsverfahren mit dem Formaldehyd vollkommener gestalten kann, wollen wir dahingestellt sein lassen."

Der Formaldehyd ist zeitweilig auch zur Kuhmilchkonservierung angewendet worden. Bei einem Gehalt von 1 g Formaldehyd ($=$ etwa
2,5 g Formalin) in 25 Liter Milch (1 : 25 000) wird während einer Dauer
von 24 Stunden die Vermehrung der Milchkeime hintangehalten und das
Sauerwerden verhindert. Ich bezeichne solche Milch als f^1-Milch. f^1
bedeutet dabei eine Formaldehydlösung im Verhältnis von 1 : 25 000
oder $1/_{25\,000}$ g Formaldehyd in 1 ml.

Noch viel besser wird aber die Kuhmilch konserviert, ja man kann
sie mit Sicherheit sterilisieren, ohne ihre Genussfähigkeit zu beeinträchtigen, wenn man sie gleichzeitig mit Formaldehyd und Wasserstoffsuperoxyd, oder auch mit Wasserstoffsuperoxyd allein, versetzt.

Zehnter Abschnitt.
Wasserstoffsuperoxyd, Sufonin, Perhydraseverfahren zur Milchkonservierung.

Als kräftiges Oxydationsmittel gewürdigt und toxikologisch näher
geprüft wurde H_2O_2 in der unter den Auspizien von Alexander

Schmidt im Jahre 1864 veröffentlichten Dorpater Dissertation: „Ueber die Einwirkung des Wasserstoffsuperoxyds auf die physiologische Verbrennung" von Joh. Assmuth. Diese sehr bedeutsame Arbeit enthält wertvolle Angaben über die Geschichte des H_2O_2 vom Zeitpunkt seiner Entdeckung (1818 durch Thénard), über die Zersetzbarkeit des H_2O_2 durch Katalysatoren (Schönbein in Erdmann's Journ. f. prakt. Chemie. Bd. 75. S. 88.) und seine Beziehungen zum Ozon und über verbesserte Darstellungsbedingungen (Al. Schmidt 1862, Meissner 1863). Paul Guttmann zitierte in Virchow's Arch. 1878. Bd. 73 und 1879. Bd. 75 die Arbeit von Assmuth; ging näher ein auf die Verwendung des H_2O_2 zur Wundbehandlung (Stöhr, Deutsches Arch. f. klin. Med. 1867. Bd. 3. S. 421), sowie auf die therapeutischen Versuche von Richardson (Lancet. 1862. Aprilnummer. S. 383) und teilte eigene Untersuchungen über antiseptische Eigenschaften des H_2O_2 mit. Guttmann, welcher mit einer aus England von Hopkin und Williams bezogenen 3 proz. H_2O_2-Lösung arbeitete, konstatierte die antiseptische H_2O_2-Wirkung in Harnversuchen; er fand, dass die Harnzersetzung **dauernd** gehindert wird, wenn der Harn 10 pCt. von dem englischen Präparat enthält. Stärkerer H_2O_2-Zusatz verhindert auch die Fäulnis von Fleischwasser und die Gärung von Traubenzucker nach Hefezusatz.

Auf die antiseptische Leistungsfähigkeit von H_2O_2-Lösungen führte P. Guttmann die Heilwirkungen zurück, welche Stöhr auf der Würzburger Klinik bei syphilitischen und diphtheritischen Geschwüren beobachtet und mitgeteilt hatte.

Stöhr selbst hatte zwar die antiseptische Wirkung des H_2O_2 nicht erwähnt, aber in interessanten Experimenten gezeigt, dass das Sekret vom weichen Schanker durch H_2O_2-Behandlung seine Infektiosität verliert, da es nicht mehr mit Erfolg weiter geimpft werden kann. Damit ist zum ersten Mal eine Desinfektionsleistung des H_2O_2 demonstriert worden.

Guttmann stellte therapeutische Versuche an bei chronischen Katarrhen des Magens und benutzte dazu 5 proz. wässrige Lösungen des englischen Präparates, also $^3/_{20}$ proz. H_2O_2-Lösung.

Die H_2O_2-Literatur der achtziger Jahre des vorigen Jahrhunderts ist eingehend berücksichtigt worden von Altehöfer (Rostock), welcher im Anschluss an frühere Untersuchungen von Hettinga Tromp (Dissertation; referiert von Uffelmann im 6. Jahrbuch über die Fortschritte und Leistungen auf dem Gebiet der Hygiene. 1888. S. 47 u. 48) eigene Untersuchungen über Trinkwasser-Desinfektion durch H_2O_2 angestellt hat.

Altehöfer arbeitete mit einer 10 proz. H_2O_2-Lösung. Er fand H_2O_2 im Verhältnis von 1 : 1000 ausreichend, um die im Trinkwasser, im Flusswasser und im Kanalwasser vorkommenden Bakterien abzutöten, und er schlägt zum Zweck der Desinfektion von Wasser, welches aus verseuchten Orten herstammt, den Zusatz von 1 Teil H_2O_2 auf 1 Liter Wasser für die Praxis vor.

Das Verhältnis von 1 : 1000 entspricht meiner Bezeichnung s^2-Wasser. s^1-Wasser bedeutet $^1/_{2000}$ H_2O_2-Lösung. Meine eigenen Beobachtungen stimmen mit den Altehöfer'schen ganz gut überein, wenn berücksichtigt wird, dass dieser jauchehaltiges Wasser sterilisiert hat.

Ueber die seit der Altehöfer'schen Publikation erschienenen H_2O_2-

Arbeiten bringt eine wertvolle Uebersicht die Dissertation von Hugo Decius aus Halle „Desinfektionsversuche mit chemisch reinem (Merck's hochprozentigem) Wasserstoffsuperoxyd". 1902. Jedoch vermisse ich in seinem Literaturverzeichnis einige nicht unwichtige Publikationen, u. a. die Heidenhain'schen Mitteilungen aus Cöslin über Milchsterilisation mit H_2O_2 (Zentralbl. f. Bakt. 1890. Bd. 8. S. 488 u. 695).

Ein Literaturverzeichnis aus neuerer Zeit enthält die Gebrauchsanweisung betr. 30 pCt. chemisch reines H_2O_2 von E. Merck in Darmstadt.

––––––––

Eine durch Zusatz von einer Spur Diphenol haltbar gemachte Mischung von Formaldehyd mit Wasserstoffsuperoxyd, die auf 1 Teil Fromaldehyd $12\,^1/_2$ Teile Wasserstoffsuperoxyd enthält, nenne ich Sufonin.

Den desinfizierenden Wirkungswert des Sufonins bezeichne ich nach funktionellen Einheiten, und zwar unterscheide ich — nach Analogie der von mir für die Wertbemessung des Diphtherieheilserums und des Tetanusheilserums gewählten grossen und kleinen Masseinheiten, die wiederum ein Analogon zu den grossen und kleinen Kalorien der Physiker darstellen —,

a) eine kleine Einheit, welche durch das Zeichen „1 fs^{1}" gekennzeichnet wird;

b) eine grosse oder „Normaleinheit" $= 1$ ml Normalsufonin („1 NS^{1}" $= 100$ fs^1).

Unser stärkstes Sufonin ist fünffaches Normalsufonin (NS^5); in der Regel aber empfehle ich für Transportzwecke einfaches Normalsufonin $=$ NS^1.

Die Normaleinheit hat 100 kleine Einheiten. NS^1 kann man demnach auch schreiben fs^{100}. Fünffaches Normalsufonin ist demgemäss gleich fs^{500} oder 1 ccm NS^{500} $= 500$ fs^1.

Je nachdem 1 ml reines Wasser, Milch, Bouillon, Blutserum usw. eine kleine Sufonineinheit enthält, spreche ich von fs^1-Wasser, fs^1-Milch, fs^1-Bouillon, fs^1-Blutserum usw.

Die ohne nennenswerte Zersetzung von Wasserstoffsuperoxyd (H_2O_2) und Formaldehyd (CH_2O) auch bei längerer Aufbewahrung und beim Transport auf grössere Entfernung haltbar gemachte Sufoninlösung ist im Behringwerk geprüft worden:

I. Als Mittel zur Desinfektion von Körperoberflächen lebender Individuen, z. B, der Hände von Melkern, Laboratoriumsdienern, Assistenten bei chirurgischen Operationen usw. Dabei arbeiten wir in der Regel mit fs^5-Wasser.

II. Als Mittel zur Desinfektion des Kuheuters vor dem Melken (fs^5-Wasser).

III. Als Mittel zur therapeutischen Beeinflussung von infektiösen Magendarmkatarrhen der Milchkälber in Gestalt von fs^1-Milch und als fs^1-Wasser.

IV. Als antiseptisches Mittel zur Bekämpfung von infektiöser Peritonitis, Harnröhren-, Blasen- und sonstigen katarrhalischen Schleimhautinfektionen (fs$^{1/2}$- bis fs^5-Wasser).

V. Zur Desinfektion und nachträglichen Konservierung von Trinkwasser an versäuchten Orten (fs$^{1/5}$-Wasser).

VI. Zur Milkonservierung (fs$^{2/3}$- bis fs^1-Milch).

VII. Zur Desinfektion und Konservierung einzelner Infektionsgift-
lösungen (z. B. fs¹/₃-Tetanusgiftlösung).

VIII. Zur Konservierung antitoxischer Heilsera, zu welchem Zweck
je nach der Beschaffenheit des Serums ein verschieden starker Sufonin-
zusatz erforderlich ist.

IX. Zur Konservierung von zuckerhaltigen Fruchtsäften.

Vor 10 Jahren habe ich die Entdeckung gemacht, dass die Kombination von Wasserstoffsuperoxyd mit Formaldehyd in gewissen Zahlenverhältnissen Präparate von hervorragender Desinfektionskraft liefert.
Eines dieser Präparate ist das „Sufonin". Ich habe gefunden, dass
das Sufonin unter allen bekannten Desinfektionsmitteln die geringste
relative Giftigkeit besitzt.

Die praktische Brauchbarkeit des Sufonins für die Konservierung
und Sterilisierung von Nahrungsmitteln, Verbandstoffen, Wundsalben; für
die Desinfektion der Hände und anderweitiger Körperoberflächen; für die
Wunddesinfektion sowie für die antiseptische Behandlung infizierter
Körperhöhlen (Gelenkhöhlen, Brusthöhle, Bauchhöhle, Abszesshöhlen usw.)
bei Tieren und beim Menschen ist durch viele Versuche genügend sichergestellt. Auch über die Transportfähigkeit der Sufoninabfüllungen liegen
sehr viele Erfahrungen vor.

Zur Orientierung über das Ergebnis der bisherigen Sufoninprüfungen
mögen folgende Angaben dienen:

1. fs²/₃-Milch bleibt dauernd steril, wenn in reinlich gehaltenen
   Stallungen von gesunden Kühen die Milch vorschriftsmässig in
   Sufonin-beschickte Gefässe ermolken wird.
2. In fs¹/₅-Wasser werden Staphylokokken und Streptokokken abgetötet, wenn ihre ursprüngliche Menge im Wasser nicht gross
   genug ist, um eine makroskopisch deutlich sichtbare Trübung
   zu bewirken.
3. Staphylokokken und Streptokokken werden abgetötet in Wundsekreten mit einem fs¹/₂-Gehalt.
4. Zur Händedesinfektion ist nach voraufgegangener Reinigung mit
   Seifenspiritus oder auch mit einfachem lauwarmen Seifenwasser
   fs²-Wasser ausreichend.

Man wird sich von der Leistungsfähigkeit meines Sufonins ein Bild
machen können, wenn ich mitteile, dass 1 ml von einem fünffachen
Normalsufonin (fs⁵⁰⁰) genügt, um 4 l gewöhnliches Leitungswasser zu
desinfizieren und 1 l Leitungswasser nach dem Zusatz von 4 ccm fs⁵⁰⁰
für die Zwecke der Desinfektion der Hände und anderer Körperoberflächen zu einer Flüssigkeit umzugestalten, welche mehr leistet wie 2proz.
Karbolsäure. Hände, die gegenüber den üblichen Desinfektionsflüssig-
keiten ausserordentlich empfindlich sind, haben selbst fs⁵-Wasser anstandslos vertragen.

Man kann übrigens fs⁵-Wasser unter die Haut, in die Körpergewebe
und sogar in die Blutbahn ohne Schaden einspritzen, so dass man hier
in der Tat von einem ungiftigen Desinfektionsmittel sprechen darf.

Was die Sufonineinspritzungen in die Blutbahn angeht, so ist da
allerdings eine Einschränkung zu machen, insofern als für ihre Unschädlichkeit die intakte Beschaffenheit der Gefässwand an der Einspritzungs-

stelle unerlässliche Veraussetzung ist. Wird beispielsweise ein Blutgefäss frei gelegt und dem Einfluss der atmosphärischen Agentien mit dem Erfolg ausgesetzt, dass eine Gefässalteration danach eintritt, dann wird das im Sufonin enthaltene Wasserstoffsuperoxyd nach seiner Einspritzung zersetzt, es entwickelt sich freier Sauerstoff, und so kann es zu einer deletären Gasembolie kommen. Das normale intravaskuläre Blut hat merkwürdigerweise nicht die Fähigkeit, aus Wasserstoffsuperoxyd gasförmigen Sauerstoff frei zu machen. Bekanntlich besitzen aber die extravaskulären Erythrozyten diese Fähigkeit in hohem Grade, und blutende Wunden sind deswegen bis zu einem gewissen Grade als Kontraindikation für die Sufoninanwendung zu betrachten.

Das Sufonin ist nach meinen Untersuchungen das Mittel par excellence zur Unschädlichmachung der Perlsuchtbazillen in der Kuhmilch, wenn man es nach der von Römer und Much für das Perhydraseverfahren veröffentlichten Methodik, unter Zuhilfenahme einer einstündigen Milcherwärmung auf 52 ^{0}, zur Milchdesinfektion verwendet. Häufig wiederholte vergleichende Untersuchungen haben bewiesen, dass in einer fs[1]-Milch ceteris paribus die Tuberkelbazillen mit grösserer Sicherheit avirulent werden wie in einer Milch, welche Merck'sches Perhydrol (= 30 % H_2O_2-Lösung) im Verhältnis von 1 : 300 enthält.

Meine Sufoninbehandlung von Trinkwasser zum Zweck der Unschädlichmachung krankmachender Stoffe erstreckt sich ausschliesslich auf die Befreiung von belebten Organismen; auf etwaige im Wasser enthaltene Gifte und Fermente hat sie keinen Einfluss.

Bei genügender Kenntnis der Bedingungen, unter welchen die keimtötende Sufoninwirkung begünstigt und beeinträchtigt wird, gelingt es ohne Schwierigkeit, jedes zu Trinkzwecken bestimmte Wasser durch unschädliche Sufoninzusätze zu sterilisieren und weiterhin dann ohne besondere Vorkehrungen zu konservieren. Ich will an dieser Stelle nur von Keimtötungsversuchen sprechen, in welchen alle kulturell oder tierexperimentell auf Lebensfähigkeit zu prüfenden Mikroorganismen unschädlich gemacht werden sollen.

Im Marburger Leitungswasser, welches eisenfreies, ziemlich weiches, keimarmes Grundwasser ist (ca. 50 Keime in 1 ml), gehen Streptokokken, Staphylokokken, Pneumokokken, Choleravibrionen, Typhusbazillen, Bakterium Coli, Milzbrandbazillen und Milzbrandsporen, Hefen innerhalb 24 Stunden bei zwischen 20—30 ^{0} C gelegener Temperatur bei fs'⅕-Gehalt zugrunde, wenn die zugesetzte Bakterienmenge nicht so gross war, dass dadurch das Wasser eine deutliche Trübung bekommen hat.

fs⅕-Wasser bekommt man durch Zusatz von 1 ml Normalsufonin (NS[1]) zu ½ l Wasser oder von 1 ml NS[5] zu 2½ l Wasser.

Nach sehr zahlreichen Versuchen mit Reinkulturen der gefährlichsten Krankheitserreger, welche durch Wassergenuss den Menschen krank machen (Typhusbazillen, Ruhrbazillen, Choleravibrionen), wurden sehr widerstandsfähige Milzbrandsporen als Testobjekt gewählt, die zur Zeit der Sufoninversuche mehrere Tage der Einwirkung von 5 proz. Karbolsäure ausgesetzt waren, ohne ihre Lebensfähigkeit einzubüssen.

Die gelungene Abtötung der Milzbrandsporen in fs'⅕-Wasser ist tierexperimentell kontrolliert worden durch Einspritzung von 0,4 ml des sporenhaltigen Wassers unter die Haut von Mäusen und Meerschweinchen.

Die Tiere bleiben danach gesund. Der Abtötungserfolg wurde aber unsicher, wenn die in je 1 ml fs$^{1/5}$-Wasser eingebrachte Sporenzahl 2000 bis 5000 überstieg.

Um den in der epidemiologischen Praxis vorkommenden Trinkwasserdesinfektionsbedürfnissen auch unter sehr ungünstigen Bedingungen zu entsprechen, wurde die Leistungsfähigkeit der Sufoninmethode in einem mit Stalljauche verunreinigten Leitungswasser geprüft, indem zu unserm Leitungswasser absichtlich so viel Stalljauche hinzugesetzt wurde, dass das Wasser dadurch schwach getrübt war, faulig roch und nach Zusatz des Sufonins eine sehr energisch katalytische Wirkung zeigte.

Dieses jauchehaltige Wasser enthielt in 1 ml 34 000 aërob wachsende Keime, daneben aber noch sehr zahlreiche anaërobe Bakterien; es wurde steril, nachdem 1 ml NS^5 zu 500 ml Flüssigkeit hinzugesetzt worden war und 24 Stunden darauf eingewirkt hatte.

In einer grösseren Versuchsreihe wurde dem jauchehaltigen Wasser noch Bacterium coli aus einer Reinkultur hinzugefügt. Diese Versuchsreihe zeigte, dass eine für praktische Zwecke ausreichende Desinfektion erreicht wird, wenn man 1 ml NS^5 zu $2^{1}/_{2}$ l Flüssigkeit hinzusetzt, vorausgesetzt, dass man das Wasser ruhig stehen lässt, wobei sich die oberen Flüssigkeitsschichten klären und in sterilem oder wenigstens äusserst keimarmem Zustande dekantiert werden können. Bacterium coli, Typhusbazillen, Choleravibrionen, Dysenteriebazillen und Streptokokken gehen schon in fs$^{1/10}$-Wasser sicher zugrunde, wenn die Menge der darin suspendierten Bestandteile nicht gross genug ist, eine wahrnehmbare Trübung des in einem Reagensglas befindlichen Wassers zu bewirken.

Wie die Milch, so bekommt auch das Wasser nach der Sufonierung einen für feinschmeckende Zungen unangenehmen Wasserstoffsuperoxydgeschmack; und ebenso wie in der Milch kann auch im Wasser der Wasserstoffsuperoxydgeschmack durch das vom Marburger Behringwerk erhältliche Hepin beseitigt werden.

Da der Anwendung des Formaldehyds zur Milchkonservierung sanitätspolizeiliche Bedenken entgegenstehen, während Wasserstoffsuperoxyd durch die weiter unten zu beschreibende Hepinisierung, nachdem die Milchsterilisierung erfolgt ist, wieder vollkommen beseitigt werden und deswegen polizeilich nicht beanstandet werden kann, so wird insbesondere für die Säuglingsmilchkonservierung bis auf weiteres formaldehydfreies Wasserstoffsuperoxyd vorzuziehen sein. Die Begründung und Ausführung des von Römer und Much in meinem Institut ausgearbeiteten sog. Perhydraseverfahrens soll im Folgenden mit den Worten dieser beiden Autoren geschildert werden[1]).

Wenn wir dem Ideal einer zur Säuglingsnahrung geeigneten Kuhmilch nahe kommen wollen, müssen wir folgende, bisher in ihrer Gesamtheit nicht erfüllte Anforderungen an diese stellen:

    1. Sie muss frei von schädlichen Keimen, vor allem von Tuberkelbazillen sein.

---

1) Römer und Much haben die zuerst von ihnen zur Wasserstoffsuperoxydentfernung angewendete „Hämase", von welcher im folgenden die Rede ist, durch das im Marburger Behringwerk hergestellte und von dort käuflich zu beziehende „Hepin" ersetzt.

2. Bakterien dürfen ihre Zersetzungsprodukte noch nicht in sie abgesondert haben.

3. Der genuine Charakter der Milch muss im wesentlichen unverändert sein.

4. Sie muss wohlschmeckend sein.

Diesen Forderungen glauben wir mit einem gleich zu schildernden Verfahren, mit dessen Ausarbeitung wir im Mai 1905 begannen, entsprochen zu haben. Das Prinzip dieses Verfahrens ist, wie wir erst nach Abschluss der nachstehend mitgeteilten Versuche feststellten, zuerst durch De Waele, Sugg und Vandevelde[1]) veröffentlicht worden. Es muss daher diesen Forschern die Priorität der Auffindung dieses Verfahrens ohne Einschränkung zuerkannt werden. Die genannten Autoren stellten fest, dass es durch Zusatz katalytisch wirksamer Stoffe gelingt, das H_2O_2 quantitativ aus der Milch zu entfernen. Sie empfehlen daher die H_2O_2-Sterilisierung und nachfolgende Katalase-Behandlung der Milch zur Herstellung steriler Milch-Nährböden für die bakteriologische Technik. Für die Säuglingsernährung dürfte die nach ihrem Verfahren hergestellte Milch sich nicht eignen; denn der von ihnen gewählte H_2O_2-Zusatz beträgt 0,3 bis 0,4 pCt.; das würde, vorausgesetzt, dass man das reine H_2O_2 anwenden will, bei den heutigen Handelspreisen einer Verteuerung der Milch um 30—40 Pfennig pro Liter entsprechen. Zur Entfernung des H_2O_2 benutzen De Waele, Sugg und Vandevelde lackfarben gemachtes Blut. Auch dies Verfahren ist zur Herstellung einer Säuglingsmilch ungeeignet, weil die Farbe der Milch durch den Blutzusatz so verändert wird, dass sie ein unappetitliches Aussehen bekommt. Endlich erleiden die Eiweisskörper der Milch, wohl infolge des starken H_2O_2-Zusatzes und der (3—8 Tage) langen Einwirkung desselben, gewisse Veränderungen, die sich in einer allmählichen Peptonisierung derselben zeigen.

Die Nachteile dieser Methode glauben mir mit unserm Verfahren vermieden zu haben; auch wir gehen dabei von der Anwendung des H_2O_2 aus. Wir konnten uns leicht davon überzeugen, dass durch einen entsprechend höher gewählten Zusatz, als es der Budde'sche ist, den oben genannten Forderungen 1 und 2 vollkommen entsprochen werden konnte. Dabei ist Voraussetzung, dass die Milch in einem saubern Zustande ermolken wird, und dass der H_2O_2-Zusatz schon während des Melkens erfolgt, so dass weder Keimvermehrung noch Bakteriengiftproduktion stattgefunden haben kann.

Um auch den anderen Anforderungen zu entsprechen, musste es uns darauf ankommen, das H_2O_2 wieder aus der Milch zu entfernen. Und zwar muss diese Entfernung vollkommen sein, und das Mittel zur Entfernung darf wiederum nicht gegen einen der angeführten Punkte verstossen.

Wir suchten daher nach einer Methode, die das H_2O_2 aus der Milch wieder beseitigt, ohne dass dabei der Milch etwas hinzugefügt wird, das gesundheitlich bedenklich erscheint. Die als katalytisch wirkend bekannten Stoffe wie kolloidales Platin, Eisensulfat usw. waren deshalb von vornherein ausgeschlossen. Ebenso war Benutzung von Blut wegen der geschilderten Farbenveränderung der Milch nicht möglich. Dagegen

---

1) De Waele, Sugg und Vandevelde, „Sur l'obtention de lait cru stérile". Zentralbl. f. Bakt. Abt. 2. Bd. 13.

glauben wir, in dem nach dem Verfahren Senters[1]) aus Rinderblut hergestellten, hämoglobinfreien, katalytisch wirkenden, von ihm als „Hämase" bezeichneten Ferment das geeignete Mittel gefunden zu haben. Es handelt sich um eine gelbliche Flüssigkeit, in der wir einen Eiweissgehalt, schwankend zwischen 1 bis 2 pM. ermittelten. Die katalytische Wirksamkeit des Präparates wechselt etwas je nach Anwendung verschiedener Modifikationen des Herstellungsverfahrens. Im allgemeinen reichen 0,1—0,2 ml des fertigen Präparates aus, um 20 ml 1 proz. H_2O_2 in 30—45 Minuten zu zersetzen. Es sei vorweggenommen, dass wir in den nachfolgenden Versuchen einen Zusatz von 1 g H_2O_2 zu 1 Liter Milch als den geeignetsten erkannten. Wir brauchen also, um die Menge H_2O_2 aus der Milch wieder zu entfernen, 0,5—1,0 ml der Katalase; das entspräche einem Zusatz von 1—2 mg Eiweiss zu 1 Liter Milch. Diese geringe Menge ist wohl um so gleichgültiger, als es sich ja um Rindereiweiss, also ein dem genuinen Kuhmilcheiweiss homogenes Protein handelt.

Unsere Methode der Milchbehandlung, zu der wir ausschliesslich das von Merck gelieferte reine 30 proz. Präparat, das sog. „Perhydrol" benutzten, ist kurz folgende:

In einem sterilen Gefäss legen wir H_2O_2 in einer Menge vor, als der zu ermelkenden Milchportion entspricht, und zwar im Verhältnis 1 : 1000. Im Laboratorium angekommen, wird die Milch (in der Regel 6—8 Stunden nach dem Ermelken) eine Stunde lang auf 52° im Wasserbad erwärmt und dann das Ferment in der erforderlichen Dosis zugesetzt[2]). Die Wirksamkeit des jeweiligen Katalase-Präparates wurde vorher quantitativ (gasvolumetrisch) bestimmt. Der Zeitpunkt des Fermentzusatzes war verschieden, je nach dem Zweck unserer Versuche. Die Zersetzung des H_2O_2 in der Milch durch die zugesetzte Katalase beschleunigten wir durch häufiges Schütteln der Milch. In der Regel war nach zwei Stunden das H_2O_2 vollkommen zersetzt. Die Milch wurde dann unter verschiedenen Bedingungen — bei 2°, 20° und 37° — aufgestellt und auf eine Reihe von Eigenschaften — Aussehen, Geruch, Geschmack, Keimzahl, Gehalt an genuinem Eiweiss, Labgerinnungsvermögen usw. — untersucht.

Die nach unserem Verfahren hergestellte Milch nennen wir, um dem Produkt aus der Kombination der Perhydrol- und der Katalasen-Behandlung einen bezeichnenden Ausdruck zu geben, „Perhydrasemilch".

Nachdem durch mehrere Vorversuche, die im Mai 1905 angestellt wurden, erwiesen war, dass es gelingt, durch das Ferment einerseits das H_2O_2 derart aus der Milch zu entfernen, dass es wenigstens der Zunge nicht mehr erkenntlich ist, und andererseits, durch das gesamte Verfahren völlige Keimfreiheit der Milch zu erzielen, nahmen wir einen grösseren Versuch vor, an dem wir gleichzeitig alle wichtigen in Betracht kommenden Eigenschaften der Perhydrasemilch studierten.

---

1) Senter, Das Wasserstoffsuperoxyd zersetzende Enzym des Blutes. Zeitschr. f. physikal. Chemie. Bd. 44.

2) Anm. Neuerdings angestellte Versuche haben ergeben, dass es auch ohne Erwärmen der Milch gelingt, diese zu sterilisieren. Ob aber auch Tuberkelbazillen hierbei zu grunde gehen, muss weiteren Untersuchungen vorbehalten bleiben.

Am 27. II. 06 wurden in einer sterilen Flasche 3,3 ml des 30 proz.
H_2O_2 vorgelegt und 1 Liter Milch ohne Anwendung besonderer Vorsichts-
massregeln direkt von einer Kuh in die Flasche ermolken. In der
gleichen Weise wurde eine Kontrollprobe, d. h. ohne Vorlage von H_2O_2,
ermolken. Nach sechs Stunden wurde die H_2O_2-Milch 1 Stunde auf 52^0
erwärmt und nach einer weiteren $1/_2$ Stunde zu 500 ccm derselben
Katalase hinzugefügt, während der Rest erst nach 19 Stunden mit Katalase versetzt wurde. Beide Milchsorten, die ebenso wie die Kontrollmilch bei 20^0 C aufgestellt wurden, werden im folgenden als „Perhydrasemilch $1/_2$ Stunde" bezw. „Perhydrasemilch 19 Stunden" bezeichnet.
Die Untersuchung der Milch ergab folgendes:

1. Bestimmung der Keimzahl.

	Sofort	Nach 24 Stunden	Nach 2 × 24 Stunden	Nach 3 × 24 Stunden	Nach 6 × 24 Stunden	Nach 21 × 24 Stunden
Kontroll-Milch . .	1200	15 000	∞	—	—	—
Perhydrase - Milch $1/_2$ Stunde . . .	—	0	0	0	0	0
Perhydrase - Milch 19 Stunden . .	—	8	0	0	0	0

Auch auf anaerobe Keime wurde — durch Verteilung der Milch in
hohem mit Olivenöl überschichteten Agar — ohne Erfolg zu den genannten Zeitpunkten untersucht.

2. Einwirkung auf Tuberkelbazillen.

In der nachfolgenden Tabelle wird das Ergebnis verschiedener Versuche übersichtlich zusammengestellt. Diese sind in dem Sinne variiert,
dass verschiedene H_2O_2-Mengen (1 : 500 und 1 : 1000) und dementsprechend verschiedene Katalasemengen verwandt wurden, und endlich
auch das katalytische Ferment verschieden lange Zeit nach Beginn der
H_2O_2-Behandlung zugesetzt wurde. Als Versuchstiere dienten Meerschweine von mittlerem Gewicht, denen die Milch subkutan (sk.) oder
intraperitoneal (ip) injiziert wurde.

Bei einem Zusatz von H_2O_2 im Verhältnis 1:500 bis 1:1000
zur Milch werden also (vergl. die nachfolgende Tabelle) grosse
Mengen Tb. nach 19 Stunden sicher vernichtet.

Es handelt sich in nachstehenden Versuchen um Zusatz enormer
Mengen Tb. In einem einfachen gefärbten Ausstrichpräparat aus der
Milch fanden sich im Gesichtsfeld unzählige Mengen Tb. Solche Mengen
von Tb. kommen in der Praxis kaum vor, und gegenüber den natürlich
in der Milch vorkommenden Tb. wird daher wohl eine weniger (als
19 Stunden) lange Einwirkung des H_2O_2 ausreichen. Das ungünstige
Ergebnis des Versuches, in dem schon $1/_2$ Stunde nach der Erwärmung
die Katalase zu der Tb.-haltigen Milch zugesetzt wurde, erklärt sich
wohl aus der grossen Menge Tb. in der Milch, die ihrerseits selbst das
H_2O_2 zersetzen. Wir waren leider nicht in der Lage festzustellen, welche

Mindestmenge von H_2O_2 einerseits, welche Mindestdauer der Einwirkung des H_2O_2 andererseits gegenüber einer Milch ausreicht, die von einer eutertuberkulösen und reichlich Tuberkelbazillen ausscheidenden Kuh herstammt. Wir behalten uns Versuche in dieser Richtung vor.

Datum	Art der Milch	Menge des H_2O_2	Menge und Art der Tb. pro 1 ccm	Menge der verimpften Milch	Art der Impfung	Ergebnis
21. VII. 1905	Kontroll-Milch	—	0,003 g Tb. 1[1])	3 ml	sk.	† nach 9½ Wochen an ausgedehnter Tuberkulose
	Perhydrase-Milch 24 Std.	1 : 500	do.	3 ml	sk.	getötet nach 7 Monaten — frei von Tuberkulose
					ip.	wie vor
19. V. 1905	Kontroll-Milch	—	0,0003 g Tb. 18[2])	3 ml	sk.	† nach 6 Wochen an ausgedehnter Tuberkulose
	do.	—	do.	Bodensatz aus 10 ccm	sk.	wie vor
	Perhydrase-Milch 24 Std.	1 : 500	do.	3 ml	sk.	getötet nach 5 Monaten — frei von Tuberkulose
	—	1 : 500	do.	Bodensatz aus 10 ml	sk.	getötet nach 7 Monaten — frei von Tuberkulose
27. II. 1906	Kontroll-Milch	—	0,005 g Tb. 61[2])	5 ml	sk.	† nach 4 Wochen an ausgedehnter Tuberkulose aller Organe
	Perhydrase-Milch ½ Std.	1 : 1000	do.	5 ml	sk.	getötet nach 6 Woch. — Tuberkulose der subkutanen und der bronchialen Drüsen — einzelne Herde in der Milz und in den Lungen
	Perhydrase-Milch 19 Std.	1 : 1000	do.	5 ml	sk.	getötet nach 6 Woch. — frei von Tuberkulose

3. Bestimmung des Gehaltes der Milch an genuinem Eiweiss und Antitoxin.

Methode: 20 ml Milch werden mit Aq. dest. auf 80 ml aufgefüllt und etwas verdünnte Paranitrophenollösung (als Indikator für die Reaktion) zugefügt. Dann wird zum Zweck der Kaseinabscheidung verdünnte Essigsäure bis zum Paranitrophenol-Neutralpunkte hinzugesetzt und hierauf ein Kohlensäurestrom eingeleitet, bis das Kasein quantitativ ausgefällt ist. Die durch Filtration von dem Kasein abgeschiedene Molke

---

1) Tb. 1 = vom Menschen stammende Tb.
2) Tb. 18 und Tb. 61 = vom Rinde stammende Tb.

wird gekocht, wobei sich das Laktalbumin und das Laktoglobulin flockig
ausscheiden. Nach Zusatz etwas verdünnter Essigsäure wird noch einmal aufgekocht, dann der Niederschlag durch ein abgewogenes Filter
abfiltriert und die Menge desselben nach Trocknung bis zur Konstanz
gewichtsanalytisch bestimmt, nachdem festgestellt ist, dass das Filtrat
auch nach Aenderung der Reaktion kein durch Hitze koagulables Eiweiss
mehr enthält.

Untersucht wurde — neben der Kontrollmilch — nur die am intensivsten behandelte „Perhydrasemilch 19 Stunden".

Menge des genuinen Proteins:

in der Kontrollmilch   am 27. II. 1906 = 0,23   pCt.
„   „   Perhydrasemilch   „ 28. II. 1906 = 0,235   „
„   „   „   „   3. III. 1906 = 0,2385   „
„   „   „   „   7. III. 1906 = 0,225   „

Der Gehalt an genuinem Eiweiss ist also unter Anwendung
des Verfahrens unverändert geblieben auch nach achttägiger
Konservierung der Milch.

Wir haben diesen Versuch noch ergänzt, indem wir zu 100 ml
Milch 1,67 ml eines ca. sechsfachen Tetanusserums (= 10 A. E.) hin-
zusetzten. 50 ccm der Milch blieben unbehandelt, die andere Hälfte
wurde mit H_2O_2 im Verhältnis 1 : 1000 in der gewöhnlichen Weise behandelt, eine Stunde auf 52^0 erwärmt und nach 19 Stunden mit Katalase versetzt.

Die Antitoxinprüfungen, vorgenommen an Mäusen von ca. 15 g, ergaben folgendes:

	Kontroll-Milch geprüft auf:		Perhydrase-Milch 19 Std. geprüft auf:	
	$^1/_8$ fach	$^1/_{10}$ fach	$^1/_8$ fach	$^1/_{10}$ fach
Sofort	† nach $3^1/_2$ Tagen	Spur Tetanus erholt sich	—	—
Nach 24 Stunden . . .	† nach $2^1/_2$ Tagen	† nach $4^1/_2$ Tagen	† nach $3^1/_2$ Tagen	Spur Tetanus erholt sich
Nach 4 × 24 Stunden . .	—	† nach $4^1/_2$ Tagen	—	† nach $4^1/_2$ Tagen
Nach 8 × 24 Stunden . .	—	† nach 4 Tagen	—	† nach $4^1/_2$ Tagen

Das Verfahren hat also auf das Tetanusantitoxin nicht den
geringsten Einfluss. Man darf wohl annehmen, dass andere
Antikörper sich ebenso verhalten werden.

Vorstehende Ergebnisse stehen im Widerspruch mit den Feststellungen von de Waele, Sugg und Vandevelde, die Abnahme des genuinen
Eiweisses in ihrer Wasserstoffsuperoxydmilch nach der Katalasebehand-
lung fanden. Die Differenz zwischen ihren und unseren Versuchsergebnissen ist wohl darauf zurückzuführen, dass jene Autoren grössere Mengen
Wasserstoffsuperoxyd zur Sterilisierung verwandten und diese überdies
3 bis 8 Tage lang einwirken liessen.

4. Labgerinnungsvermögen.

Wir benutzten das Labpulver Witte, das wir mit 10 pCt. Kochsalz im Verhältnis $2:1000$ verrieben, 24 Stunden bei 16^0 stehen liessen und dann filtrierten. Von dem Filtrat setzten wir verschiedene Mengen zu je 5 ccm Milch.

	0,1 ccm Lab-Lösung nach				0,01 ccm Lab-Lösung nach				0,001 ccm Lab-Lösung nach			
	1 Std.	2 Std.	4 Std.	24 Std.	1 Std.	2 Std	4 Std.	24 Std.	1 Std.	2 Std.	4 Std.	24 Std.
Kontroll-Milch . .	+	+	+	+	0	+	+	+	0	0	0	0
Perhydrase-Milch 19 Stunden . .	+	+	+	+	0	+	+	+	0	0	0	0

5. Prüfung des Aussehens, des Geruchs und des Geschmacks.

Versuch am 27. II. 1906.

	Aussehen			Geruch			Geschmack		
	Kontr.-Milch	Perhydr.-Milch $^1/_2$ Std.	19 Std.	Kontr.-Milch	Perhydr.-Milch $^1/_2$ Std.	19 Std.	Kontr.-Milch	Perhydr.-Milch $^1/_2$ Std.	19 Std.
Sofort	gut	gut	gut	gut	gut	gut	gut	gut	gut
Nach 24 Std. .	„	„	„	„	„	„	„	„	„
Nach 2 × 24 Std.	„	„	„	sauer	„	„	schlecht	„	„
Nach 3 × 24 Std.	„	„	„	stinkt	„	„	unge-niessbar	„	„
Nach 6 × 24 Std.	„	„	„	—	„	„	—	„	„
Nach 20 × 24 Std.	„	„	„	—	„	„	—	„	„

Eine richtige Entscheidung über den Geschmack der Milch ist sehr schwierig, weil sie von subjektiven Momenten sehr abhängig ist, und dabei doch gleichzeitig eine der wichtigsten, wie jeder Milchpraktiker weiss. Es gehört nicht nur eine gute Zunge, sondern auch eine gewisse Uebung dazu, Milch in diesem Sinne richtig zu beurteilen. Viele Menschen sind derart an den Geschmack gekochter Milch gewöhnt, dass ihnen der Geschmack der rohen Milch unangenehm ist; anderen geht es umgekehrt. Die Milch verschiedener Tiere, auch derselben Art, schmeckt immer verschieden, so dass man zu exakten Untersuchungen über den Einfluss irgend einer Behandlungsmethode der Milch auf ihren Geschmack die unbehandelte Milch desselben Tieres zum Vergleich heranziehen muss. Sodann können wir die — unseres Wissens zuerst von Schlossmann aufgestellte — Behauptung bestätigen, dass eine wirklich sauber gewonnene Rohmilch nicht den aromatischen Milchgeschmack besitzt, wie ihn eine unter den gewöhnlichen Bedingungen unsauber gewonnene Milch hat. Wir haben uns eben daran gewöhnt, hier das Fehlerhafte als das Normale und Notwendige anzusehen. Eine wirklich sauber ermolkene und nach dem Ermelken rasch aus dem Stall entfernte Milch schmeckt eigentümlich farblos, charakterlos.

Nachdem wir uns überzeugt hatten, dass wir mit unseren eigenen Zungen eine sauber gewonnene Rohmilch und eine nach unserem Verfahren behandelte Milch desselben Tieres nicht unterscheiden konnten, stellten wir in dem Versuch vom 27. II. 1906 eine grössere vergleichende Geschmacksprobe mit einer 3×24 Stunden alten Perhydrasemilch, mit einer frisch von derselben Kuh ermolkenen Rohmilch und der gleichen, aber abgekochten Rohmilch an. Die einzelnen Milchproben wurden mit bestimmten Etiketts (A = abgekochte Milch, B = Rohmilch, C = Perhydrasemilch) versehen und an sieben an unserem Institut beschäftigte Personen, ohne dass diese wussten, welche Milchsorten sie in Händen hatten, mit der Anweisung übergeben, Aussehen, Geruch und Geschmack der drei Proben zu vergleichen. Jeder gab sein Urteil schriftlich ab, ohne das der anderen Personen zu kennen. Sechs Personen (Dr. R., Dr. Mch., Dr. Mtz., Sekretär K., Inspektor Sch., Diener W.) gaben übereinstimmend an, dass Milch B (Rohmilch) und C (Perhydrasemilch) gleich schmeckten. Nur eine einzige Person (Diener R.) bezeichnete A und B als gleichschmeckend, obwohl nach dem Urteil aller übrigen der besondere (Koch-) Geschmack von A unverkennbar war. Von den erstgenannten Personen erklärte wiederum eine (Sekretär K.) A als die wohlschmeckendste. Es stellte sich heraus, dass der Betreffende Milch sicher nur im abgekochten Zustande genossen hatte, dass ihm daher der Geschmack roher Milch fremdartig war. Die übrigen fünf Personen erklärten übereinstimmend die Sorten B und C als wohlschmeckend, und zwar als gleichmässig wohlschmeckend.

Wir fügen hinzu, dass die Perhydrasemilch bis zu sechs bis acht Tagen nach dem Katalasezusatz diesen normalen Rohmilchgeschmack behält, nachher tritt manchmal, aber nicht in allen Fällen, eine eigentümliche Geschmacksveränderung ein, die wir vorläufig nicht anders charakterisieren können, als dass die Milch noch farbloser, noch charakterloser im Geschmack erscheint als vorher; sie bekommt einen eigentümlichen wässerigen Geschmack. Die gleiche Geschmacksveränderung konnten wir aber auch manchmal bei unbehandelter Rohmilch feststellen, wenn es uns durch sauberes Ermelken gelungen war, sie länger als sechs bis acht Tage zu konservieren. Worauf diese Geschmacksveränderung beruht, entzieht sich vorläufig unserer Beurteilung[1]); betonen möchten wir aber, dass dieser veränderte Geschmack in nichts an den einer sauren oder sonst verdorbenen Milch erinnert.

Besonders hervorheben möchten wir weiter, dass eine Milch, die wir über 14 Tage lang unter H_2O_2 aufbewahrt hatten, nach Zusatz der Katalase den normalen Rohmilchgeschmack wieder erhielt und 6—7 Tage behielt.

Alle bisherigen Angaben bezüglich des Geschmacks der Perhydrasemilch beziehen sich nur auf die vor Tageslicht geschützte Milch. Im zerstreuten Tageslicht, besonders aber unter dem Einfluss direkten Sonnenlichtes nimmt die Milch häufig einen intensiven bitteren Geschmack an, obwohl dieselbe dabei völlig keimfrei bleibt.

6. Nachweis des H_2O_2 in der Milch.

Zum Nachweis des H_2O_2 prüften wir verschiedene Methoden, von denen quantitativ die nachfolgende das Beste leistete:

---

1) Spätere Untersuchungen haben gezeigt, dass Milchfettzersetzung, welche auch die Butter „ranzig" macht, Ursache der Geschmacksveränderung ist. Sie kann durch die Aufbewahrung der Milch in grünen Glasgefässen verhindert werden.

Zu 5 ml der H_2O_2-Lösung setzt man etwas verdünnte Schwefelsäure und Jodzinkstärkelösung, dann ein bis zwei Tropfen 2proz. Kupfersulfat und etwas 0,5 proz. reines Eisenvitriol hinzu. Es entsteht sofort eine tiefblaue Färbung. In wässerigen Lösungen des H_2O_2 konnten wir noch $^1/_{10\,000\,000}$ Gramm H_2O_2 nachweisen. Setzten wir aber H_2O_2 zur Milch zu, so fiel die Reaktion nur noch bis zu einer Verdünnung von 1 : 250000 positiv aus, unsere Perhydrasemilch gab, vorausgesetzt, dass drei Stunden nach dem Katalasenzusatz vergangen waren, diese Reaktion nicht mehr. Praktisch in Betracht kommende Mengen H_2O_2 sind also in der Milch nicht nachzuweisen.

Weiter untersuchten wir, ob vielleicht geringe Mengen chemisch nicht nachweisbaren H_2O_2 sich dadurch erkennen liessen, dass in der Milch sich antiseptische Eigenschaften gegenüber künstlich eingesäten Keimen nachweisen liessen. In je 500 ml einer von derselben Kuh gewonnenen Rohmilch, einer pasteurisierten ($^1/_2$ Stunde auf 70⁰ erhitzten), einer sterilisierten und einer Perhydrasemilch wurden gleiche Mengen des Bacterium coli eingesät. Die Rohmilch enthielt vor dem Impfen mit Bacterium coli 100 Keime, die pasteurisierte 20 Keime pro Millimeter, die sterilisierte und die Perhydrasemilch waren keimfrei. Die Keimzählung nach dem Zusatz des Bacterium coli ergab folgendes:

	Sofort	Nach 2 Stunden	Nach 24 Stunden	Nach 2×24 Stunden
Rohmilch	10 000	12 500	∞	geronnen
Pasteurisierte Milch . .	9 500	20 000	∞	"
Sterilisierte Milch. . .	9 000	32 000	∞	"
Perhydrase-Milch . . .	9 500	12 000	∞	"

In einem zweiten Versuch benutzten wir eine kleinere Aussaat von Bacterium coli. Das Ergebnis war folgendes:

	Sofort		Nach 1 Std.		Nach 16 Stunden		Nach 2×24 Std.	
	Bacterium coli	Andere Keime	Bacterium coli	Andere Keime	Bacterium coli	Andere Keime	Bacterium coli	Andere Keime
Rohmilch	200	200	200	250	1100	7000	∞	∞
Pasteurisierte Milch .	220	20	350	60	6000	3000	∞	∞
Sterilisierte Milch .	200	0	450	0	7500	0	∞	—
Perhydrase-Milch . .	220	0	170	0	1200	0	∞	—

Es verhält sich also die [Perhydrasemilch gegenüber eingesätem Bacterium coli im wesentlichen wie eine Rohmilch.

7. Nachweis der Milch-Katalasen und -Oxydasen.

Sauber gewonnene Kuhmilch enthält keine oder nur Spuren von Katalasen, d. h. H_2O_2 zersetzenden Stoffen, ebensowenig Reduktasen, reichlich dagegen Oxydasen. Katalasen und Oxydasen werden durch Erhitzen der Milch bekanntlich vernichtet, deshalb werden die für sie charakteristischen Reaktionen zur Unterscheidung von roher und gekochter Milch empfohlen. Die Perhydrasemilch zeigt, vorausgesetzt, dass sie von vornherein sauber gewonnen ist, keine Katalasenreaktion. Die Oxydasenreaktion ist in der Perhydrasemilch negativ, wenn man lediglich die Guajakprobe zur Entscheidung heranzieht; bei Benutzung der Paraphenylendiaminprobe, die wir in der Weise anstellten, dass wir zu je 5 ml Milch 0,1 ml 1 pCt. H_2O_2 und hier auf 1 ml 1 pCt. Tetra-Paraphenylendiamin zusetzten, ist die Oxydasenreaktion positiv. Sie zeigt aber eine gewisse Veränderung in dem Sinne, dass die Reaktion erst nach 4—6 Stunden eintritt, während sie in einer entsprechenden Kontrollmilch nach wenigen Minuten positiv ausfällt. Wir fügen hinzu, dass sie in einer entsprechenden sterilisierten Milch dauernd negativ ist.

Ganz kurz sei noch ein Versuch skizziert, der am 23. II. 06 in ähnlicher Weise wie der am 27. II. 06 vorgenommen war (Zusatz von H_2O_2 im Verhältnis 1 : 1000, nach 6 Stunden einstündiges Erwärmen auf 52°, nach einer weiteren $1/_2$ Stunde Zusatz der Katalase). Die Perhydrasemilch wurde in drei Portionen geteilt und der eine Teil bei 2° (Eisschrank), ein Teil bei 20° (Zimmer) und ein Teil bei 37° (Brutschrank) aufgestellt. Sämtliche Milchsorten erwiesen sich dauernd, aërob und anaërob geprüft, keimfrei, und sind es auch heute noch nach neun Wochen bei Aufstellung unter den geschilderten Bedingungen. Das Aussehen und der Geruch sämtlicher Milchsorten ist normal, ebenso war es der Geschmack bis zum 7. Tage. Von da ab ist jener oben geschilderte, gerade nicht unangenehme, aber eigentümlich wässerige Geschmack aufgetreten.

Die geringe Veränderung der Oxydasenreaktion ist somit das einzige, was nach unseren bisherigen Feststellungen die Perhydrasemilch von der Rohmilch unterscheidet.

Wir glauben daher, dass wir die Erfüllung der Forderung der Kinderärzte nach einer in ihren genuinen Eigenschaften unveränderten, von gesundheitsschädlichen Beimengungen freien Kuhmilch ziemlich nahe herbeigeführt haben.

Eine Kuhmilch muss, wenn sie die gerade in ärmeren Bevölkerungsklassen hausende Säuglingsterblichkeit erfolgreich bekämpfen soll, billig sein.

1 g des reinen H_2O_2 kostet heute im Handel 10 Pfennig. Die Herstellung der Milch würde also pro Liter um 10 Pfennig allein durch den Zusatz von H_2O_2 verteuert. Die Kosten für die Katalaseherstellung würden pro Liter Milch höchstens 1 Pfennig betragen. Die Herstellung reinen H_2O_2 für den Massenverbrauch wird sich aber, wie uns von industrieller Seite mitgeteilt ist, erheblich verbilligen lassen, so dass wir zu einer Verteuerung der Milch um höchstens 4—5 Pfennig pro Liter mit unserem Verfahren kommen würden.

Somit verteuert unser Verfahren in der Tat die Milch, aber die Kosten würden in keinem Verhältnis zu denen stehen, wie sie unter den heutigen Grossstadtverhältnissen die Produktion einer Säuglingsmilch erzeugen würde, die lediglich durch die Beachtung peinlicher Asepsis das Epitheton „einwandfrei" verdienen würde.

Unser Verfahren ist bisher nur in sorgfältig ausgeführten Laboratoriumsversuchen erprobt; wir werden ihm praktische Bedeutung daher erst dann zuerkennen können, wenn es sich einmal im Milchgrossbetriebe und sodann in der Hand des Kinderarztes

— der berufensten Instanz zur Entscheidung der Brauchbarkeit eines Säuglingsnährmittels — bewährt hat. Besonders
betonen möchten wir, dass unser Verfahren nicht den Sinn haben
soll, die Milch zu verbessern, wie dies die Pasteurisierungs- und
Hitzesterilisierungsmethoden bezwecken; sein Hauptwert liegt unseres
Erachtens gerade in der Erhaltung der Milch in ihrer natürlichen Eigenart. Nur den einen — unter den heutigen Verhältnissen meist noch
unvermeidbaren — Milchfehler, den Gehalt an lebenden Tuberkelbazillen,
soll es beseitigen.

Für alle Nachprüfungen des Verfahrens bitten wir dieses
Grundprinzip niemals ausser acht lassen zu wollen.

Wir sind uns wohl bewusst, dass es nicht möglich ist, das Verfahren ohne weiteres in die allgemeine Praxis zu übertragen, da das
Gesetz über den Umgang mit Nahrungsmitteln ja jegliche Zusätze zur Milch
verbietet; im Interesse einer ungestörten gründlichen wissenschaftlichen
Bearbeitung unseres Verfahrens in Laboratorien und Kliniken scheint uns
das Vorhandensein dieses Gesetzes vorläufig sogar sehr nützlich zu sein.

Unmittelbare praktische Bedeutung dagegen könnte der Perhydrasemilch auf einem anderen Gebiete zukommen. Denn wenn es sich ergibt,
dass sie in der Tat denselben diätetischen Wert hat, wie die Rohmilch,
dann würde ihre Verwendung dem Landwirt aus einem schwierigen
Dilemma helfen, das für ihn darin besteht, dass in tuberkulosedurchseuchten Gegenden die Verabreichung von Rohmilch durch die dadurch
erzeugte Tuberkulose, die Verabreichung sterilisierter Milch durch die
Verluste in der Kälberaufzucht seine Rinderherden dezimiert. Beide Gefahren würde die Perhydrasemilch beseitigen.

Der Landwirt könnte sich das Verfahren dadurch vereinfachen und
verbilligen, wenn er statt des teuren reinen Perhydrols billigere Wasser-
stoffsuperoxydpräparate und statt unseres Katalasepräparates defibriniertes
Rinderblut (1 ml auf 1 Liter Wasserstoffsuperoxydmilch 1 : 1000) zur
Herstellung der Perhydrasemilch benutzte. Für die Weiterverbreitung
der Rindertuberkulose spielt die Verfütterung tuberkelbazillenhaltiger
Milch eine besonders verhängnisvolle Rolle[1]); auch der Menschenarzt
hat wohl Grund genug, den Massregeln zur Bekämpfung der Rindertuberkulose alle Aufmerksamkeit zuzuwenden[2]).“

Elfter Abschnitt.
Chloroform, Phenole, ätherische Oele, Farbstoffe.

Das dem Jodoform ganz analog zusammengesetzte Chloroform
besitzt in höherem Grade bakterienfeindliche Eigenschaften als jenes.
Dieselben wurden von Salkowski zuerst beobachtet und später von
Kirchner eingehend geprüft. Das Chloroform vermag die in verschiedenen flüssigen Nährmedien spontan auftretenden Bakterien zu

---

1) Römer, Neue Mitteilungen über Rindertuberkulosebekämpfung. (Beitr. zur
experimentellen Therapie. Heft VII.)
2) Römer, Zur Präventivtherapie der Rindertuberkulose usw. (Meine Beiträge.
Heft IV.)

vernichten oder wenigstens bis auf eine sehr geringe Zahl chloroform-
widerständiger Organismen zu reduzieren, wenn diese Flüssigkeiten mit
Chloroform gesättigt mehrere Tage stehen gelassen werden. Unter den
pathogenen Bakterien werden der Milzbrand-, Cholera- und Typhus-
bazillus, sowie der Staphyloc. pyogenes aureus durch das Chloroform
sehr schnell getötet: die Milzbrand- und Tetanussporen bleiben dagegen
auch nach längerer Einwirkung des Chloroforms am Leben. Sehr
energisch werden namentlich die Cholerabakterien beeinflusst; selbst
Massenkulturen derselben werden durch gesättigte Chloroformlösung
(1 pCt.) in weniger als 1 Minute keimfrei gemacht; und $^1/_4$ pCt. Chloroformgehalt hat schon nach 1 Stunde die Abtötung zur Folge. Dagegen
muss zur Abtötung der Typhusbazillen bei etwa einstündiger Einwirkung
der Chloroformgehalt mindestens $^1/_2$ pCt. betragen. Da das Chloroform
aus denjenigen Flüssigkeiten, in denen es wirksam gewesen ist, durch
Beförderung seiner Verdunstung leicht beseitigt werden kann, so verdient Kirchner's Vorschlag, dasselbe zur Desinfektion eiweisshaltiger
Flüssigkeiten, z. B. zur Sterilisierung von Blutserum, zu benutzen, Beachtung, zumal die Gerinnbarkeit und die sonstige Beschaffenheit des
Serums nicht verändert wird. Auch der Verwendung von Chloroform
als Zusatz zu typhus- und choleraverdächtigem Trinkwasser zu Zeiten
der Infektionsgefahr redet Kirchner das Wort; und er ist der Meinung,
dass gesundheitsschädigende Wirkungen durch das Chloroform dabei nicht
zu fürchten sind. Der letztere Vorschlag, sowie der, Chloroformwasser
als desinfizierendes Mundwasser zu gebrauchen, scheint praktisch noch
nicht ausgeführt zu sein. Dagegen haben die Beobachtungen Kirchner's
in Bezug auf die Verwendbarkeit des Chloroforms für die Sterililierung
und Konservierung von Blutserum und von Milch eine praktisch wichtige
Bedeutung dadurch erlangt, dass bei der Gewinnung der Blutantitoxine
Chloroform jene Flüssigkeiten sicher steril erhält, ohne die Antitoxine
zu schädigen.

Auch das Chloralhydrat besitzt nicht unbeträchtliche antibakterielle
Eigenschaften. Dieselben lassen sich kurz charakterisieren durch die
Angabe, dass sie etwa ums 3fache geringer sind als die der Karbolsäure.

Von jodoformähnlich wirkenden Mitteln habe ich geprüft das Jodol,
das Aristol und das Europhen. Diese drei Körper enthalten das Jod
gebunden an ringförmig verketteten Kohlenwasserstoff; sie sind keine
geeigneten Ersatzmittel für das Jodoform in der Wunddesinfektion, haben
aber nicht den unangenehmen Jodoformgeruch.

Unter den Phenolen ist am bekanntesten die Karbolsäure; Phenole
mit höherem Siedepunkt sind die Kresole. Sie bilden die wesentlichsten
Bestandteile des Kreolins und des Lysols.

Obwohl die desinfizierende Leistungsfähigkeit der Karbolsäure so
weit hinter der des Sublimats zurücksteht, dass sie in eiweissfreien
Flüssigkeiten beinahe 100mal weniger wirksam ist, so hat sie doch
in manchen Beziehungen grosse Vorzüge vor dem Sublimat. Diese
Vorzüge lassen sich auf die Tatsache zurückführen, dass die Karbolsäure eine sehr schwer angreifbare chemische Konstitution besitzt, und
dass diejenigen Verbindungen, die sie mit manchen Säuren, Alkalien
und anderen chemischen Agentien eingeht, ihrerseits auch wieder des-

infizierende Kraft besitzen, wenngleich nicht in demselben Masse, wie die reine Karbolsäure.

Diesem Umstand ist es zuzuschreiben, dass die Karbolsäure zwar in stärkeren Konzentrationen angewendet werden muss, um beträchtlichere Desinfektionsleistungen zu erzielen, dass ihre Wirkung aber eine ausserordentlich zuverlässige und gleichmässige ist. Immer wieder und für alle möglichen Desinfektionszwecke wird sie verwendet. Ihre Wirkung wird weder durch Säuren noch durch Alkalien und Salze, auch nicht durch Eiweissstoffe aufgehoben, und diejenigen Zahlen, welche die ersten Untersucher für ihre Leistungsfähigkeit angegeben haben, konnten daher von allen späteren bis auf die neueste Zeit bestätigt werden.

Die Entwickelungshemmung der Milzbrandbazillen im Blutserum erfolgt bei 1 : 600. Cholera-, Typhus-, Diphtherie-, Rotzbakterien, Streptokokken werden in allen Flüssigkeiten bei einem Gehalt von etwa 0,5 pCt. Karbolsäure abgetötet, wenn die Wirkungsdauer einige Stunden beträgt. Soll die Desinfektion schon in einer Minute erfolgen, so genügt für alle genannten Bakterien ein Gehalt von 1 bis 1,5 pCt. Die widerstandsfähigeren Staphylokokken dagegen verlangen 2 bis 3 pCt.

Der Verwendung reiner Karbolsäure im Grossen stellt sich namentlich der hohe Preis entgegen, und man hat sich deshalb mit Erfolg bemüht, die desinfizierenden Eigenschaften der rohen Karbolsäure auszunützen. Indessen, wenn die letztere nicht in besonderer Weise einer vorbereitenden Behandlung unterzogen wird, so steht sie in ihrem desinfizierenden Wert der reinen weit nach. Die rohe Karbolsäure enthält in der Regel nicht mehr als 25 pCt. reine Karbolsäure. Die übrigen 75 pCt. bestehen aus anderen Produkten des Steinkohlenteers, und es sind darunter namentlich Kresole (Methyl-Phenole) zu nennen. Diese Körper sind von Henle und von C. Fränkel einer sorgfältigen Untersuchung unterzogen worden, und es hat sich gezeigt, dass dieselben eine sehr energische desinfizierende Kraft besitzen, die nur deswegen in der rohen Karbolsäure nicht zum Ausdruck kommt, weil sie in Wasser sehr schwer löslich sind. Durch Behandlung mit konzentrierter Schwefelsäure können sie aber löslich gemacht werden, und zwar ist die rohe Karbolsäure für diesen Zweck mit dem gleichen Gewicht (Fränkel) Schwefelsäure zu mischen. Dabei muss jedoch die Vorsicht gebraucht werden, dass durch künstliches Abkühlen die Mischung daran verhindert wird, sich stark zu erhitzen: es entstehen sonst weniger wirksame Verbindungen, nämlich Sulfosäuren. Etwaige ungelöst bleibende Teile von ölartiger Konsistenz werden zweckmässig durch Filtration beseitigt. Für die Abtötung von sporenfreiem Infektionsmaterial ist diese mit Schwefelsäure behandelte Karbolsäure etwas mehr leistungsfähig als die reine Karbolsäure. Auf die hohe Desinfektionskraft dieser Schwefelkarbolsäure gegenüber sporenhaltigen Infektionsstoffen wird später näher eingegangen werden.

Eine andere Art der Aufschliessung der rohen Karbolsäure nicht bloss, sondern auch des Steinkohlentheers und des Holztheers haben wir kennen gelernt, seitdem ein eigenartiges Desinfektionsmittel, das Kreolin, genauer studiert worden ist, welches von England aus (Jeyes) in den deutschen Handel durch die Firma William Pearson & Co. in Hamburg eingeführt worden ist. Durch die Untersuchungen von

Biel, Fischer, Lutze wissen wir, dass das Kreolin zu 66 pCt. aus aromatischen Kohlenwasserstoffen besteht, die nach Fischer etwa 18 pCt. Naphthalin enthalten; 27,4 pCt. sind Phenole höherer Konstitution, die durch fraktionierte Destillation grösstenteils von Karbolsäure befreit sind; ausserdem enthält das Kreolin noch 2,2 pCt. pyridinähnliche organische Basen und 4,4 pCt. Aschenbestandteile (kohlensaures Alkali, etwas Chlor und Spuren von schwefelsaurem Alkali). Indessen scheint die Zusammensetzung nicht ganz konstant zu sein, und Henle, welcher mit Dr. A. Faust in Göttingen Analysen ausführte, fand namentlich einen geringeren Gehalt an Phenolen, einen höheren an Pyridinbasen, als oben angegeben wurde. Ueber die chemische Zusammensetzung und über die Art der Zusammenwirkung der einzelnen Kreolinbestandteile liegt uns in der Arbeit von Henle, welche in Wolffhügel's hygienischem Institut in Göttingen ausgeführt wurde, das wertvollste Untersuchungsmaterial vor. Henle hat nicht bloss das Kreolin analysiert, sondern dasselbe auch aus seinen Einzelbestandteilen gewissermassen wieder neu aufgebaut und dabei den Beweis geliefert, dass zur Vollwirkung des Kreolins vier Gruppen von Körpern zusammenwirken:

      1. eine Seife (Harzseife),
      2. das Kreolinöl (Kohlenwasserstoffe),
      3. die Pyridine,
      4. die Phenole.

Als die eigentlich und hauptsächlich wirksamen Körper haben wir wohl die Phenole (Kresole) anzusehen, die einen über 200 ⁰ liegenden Siedepunkt besitzen. Wir haben schon gelegentlich der Besprechung der Karbolsäure gesehen, dass dieselben in Wasser nicht gut löslich sind; dass sie aber durch konzentrierte Schwefelsäure in Lösung übergeführt werden können. Im Kreolin aber werden sie nicht eigentlich gelöst, sondern sie werden emulsioniert, und das Emulgendum dabei ist die Harzseife.[1] Aber auch die Kohlenwasserstoffe, welche Henle als Kreolin extrahieren konnte, kommen mit ihrer antibakteriellen Leistung in Betracht. Nur den Pyridinen will Henle keinen Wert zusprechen und er hält dieselben für eine unnütze Beimengung. Diesem Urteile bezüglich der Pyridine kann ich mich auf Grund eigener Untersuchung anschliessen, und auch die übrigen Resultate Henle's kann ich, soweit dieselben sich auf die Leistungen des Kreolins in eiweissfreien Flüssigkeiten beziehen, durchaus bestätigen. Insbesondere hebe ich die Uebereinstimmung meiner Versuchsresultate mit denen von Henle nach der Richtung hervor, dass weder die Harzseife, noch das Kreolinöl, noch die Kresole (von denen ich sowohl aus Toluidinen und Teeröl hergestellte, wie reines Ortho-, Para- und Metakresol untersucht habe) diejenige Desinfektionskraft für sich allein in eiweissfreien Flüssigkeiten besitzen, die diesen Körpern zukommt, wenn sie zusammenwirken. Zahlenmässig ausgedrückt stellt sich der Desinfektionswert der Karbolsäure, der Kresole und des Kreolins in Bouillon gegenüber sporenfreien Bakterien = 1 : 4 : 10. Es sind das Unterschiede, die gar keine

---

1) Das Kreolin können wir nach Engler (Pharmaz. Zentralh., 1890 Nr. 31) als eine Lösung von Seife in Kohlenwasserstoffölen ansehen, während die später zu besprechenden Nocht'schen Karbolseifenlösungen und das Lysol Auflösungen von Kohlenwasserstoffen und Phenolen in Seife sind.

Täuschung zulassen, und es ist deswegen begreiflich, dass von verschiedenen Autoren, bei exakter bakteriologischer Prüfung, dem Kreolin ein so hervorragender Platz unter den Desinficientien angewiesen wurde. In gewisser Beziehung muss man diesem Mittel in der Tat den Vorrang vor der Karbolsäure und der löslich gemachten aufgeschlossenen rohen Karbolsäure zusprechen, und, namentlich für die Oberflächendesinfektion bei Verwendung am menschlichen und tierischen Körper, kann es auch als ein empfehlenswerter Ersatz für das Sublimat empfohlen werden, ganz abgesehen davon, dass es eins der besten Desodorantien ist, die wir besitzen. Aber wie das Sublimat vermindert auch das Kreolin seinen hohen Desinfektionswert sehr bedeutend, wenn wir es auf eiweissreiche flüssige Desinfektionsobjekte einwirken lassen. Wenn z. B. seine entwickelungshemmende Wirkung gegenüber Milzbrandbazillen in Bouillon schon bei 1 : 10000 eine vollständige ist, so findet man, wie wir sehen werden, im Rinderblutserum eine solche erst bei 1 : 200, also bei 50 mal stärkerer Konzentration, und die milzbrandbazillentötende Wirkung sinkt von 1 : 5000 in Bouillon auf 1 : 100 im Serum.

Diese ebenso bemerkenswerten, wie bisher unaufgeklärten Differenzen dürfen nicht übersehen werden, und für diejenigen Verhältnisse, wo wir Wundflüssigkeiten, und eiweissreiche Nährsubstrate überhaupt, zu desinfizieren haben, besitzen wir in der Karbolsäure ein zuverlässigeres Mittel, als im Kreolin. Beachtenswert ist der Umstand, dass Kreolinemulsionen in frisch bereitetem Zustand wirksamer sind, als wenn sie eine Zeitlang gestanden haben.

Das Artmann'sche Kreolin habe ich, ebenso wie Henle, ohne nennenswerte Desinfektionswirkung gefunden. Man darf es wohl als eine ziemlich ungeschickte Nachahmung des englischen bezeichnen.

Das englische Kreolin hat mir im Jahre 1887 zu eingehenden Studien über die Beziehungen, welche zwischen der antibakteriellen und zwischen der Giftwirkung chemischer Präparate bestehen, gedient, und da die methodische Prüfung dieser Beziehungen für alle Mittel die gleiche ist, so will ich an dieser Stelle Genaueres darüber mitteilen, was ich experimentell beim Kreolin gefunden habe. Auch die methodischen Untersuchungen, welche ich an diesem Mittel vornahm, um den antibakteriellen Wert nicht bloss für künstliche Nährböden, sondern auch für Gewebe und flüssige Wundsekrete festzustellen, sind recht instruktiv und kaum bei einem anderen Präparat mit gleicher Genauigkeit durchgeführt worden.

Das Kreolin sollte nach Angabe kompetenter Untersucher zwei Eigenschaften vereinigen, welche bei einem Mittel noch nicht zusammen gefunden sind; es sollte ein Antiseptikum und Desinficiens ersten Ranges und dabei absolut ungiftig sein. Nach E. v. Esmarch übertrifft das Kreolin die Karbolsäure an desinfizierender Wirksamkeit, und nur in künstlichen Faulflüssigkeiten fand er die letztere überlegen. Eisenberg bestätigte die Angaben Esmarch's und hob noch besonders die sehr bedeutende entwickelungshemmende Wirkung des Kreolins hervor. Dieselbe sei gegenüber den Milzbrandorganismen schon bei 1 : 15000 zu beobachten. Auf Grund dieser Angaben des angeblichen Nachweises der Ungiftigkeit des Kreolins durch Fröhner wurde das Kreolin auch für die Wundbehandlung und für die interne Therapie warm empfohlen. Die

Richtigkeit aller positiven Angaben ist nicht zu bezweifeln, und trotzdem könnte es ein folgenschwerer Irrtum werden, wenn man sich auf die desinfizierenden und antiseptischen Eigenschaften des Kreolins auch für solche Verhältnisse verlassen wollte, wie sie z. B. in der Wundbehandlung vorliegen. Alle jene Zahlen, welche den hohen antiseptischen Wert des Kreolins illustrieren sollen, gelten nämlich nur für solche Fälle, in denen das Kreolin in einem eiweissfreien oder eiweissarmen Medium zur Wirkung gelangt. Es treffen ja für einzelne Mittel, wie für Karbolsäure, die Grenzwerte für die antibakterielle Leistungsfähigkeit in eiweisshaltigen und eiweissfreien Nährböden nahe zusammen; für die meisten Chemikalien haben sich jedoch sehr beträchtliche Unterschiede in dieser Beziehung herausgestellt; wir haben beim Sublimat gesehen, dass die entwickelungshemmende Fähigkeit desselben im Blutserum etwa 40 mal geringer ist, als in Peptongelatine und in Bouillon, in welchen Nährsubstraten bekanntlich keine durch Kochen koagulierbaren Eiweisskörper vorhanden sind, und ich habe dort ganz besonders auch darauf hingewiesen, dass diese Verringerung der entwickelungshemmenden Wirkung nicht etwa auf die Unlöslichkeit des Sublimats im Blutserum und auf die Bildung von Niederschlägen zurückzuführen sei. Es lag nun nahe, zu untersuchen, welches der Wert des Kreolins in eiweisshaltigen Flüssigkeiten ist, speziell in Flüssigkeiten von der Zusammensetzung des Blutserums, des Blutes und der Wundsekrete.

Die Untersuchung des Kreolins nahm ich in folgender Weise vor. Von einer 2 proz. Kreolinemulsion setzte ich so viel zu sterilem Blutserum in Reagensgläsern hinzu, dass das Blutserum den gewünschten Prozentgehalt an Kreolin erhielt, und brachte dann eine Platinöse voll von der Blutserum-Kreolinlösung auf mit Milzbrandsporen-Seidenfädchen beschickte Deckgläschen. Von den stärkeren Verdünnungen, die ich anfangs prüfte, musste ich bis auf 1 : 400 steigen, ehe sich eine bemerkbare Entwickelungshemmung zeigte, während eine solche in meiner Bouillon schon bei 1 : 5000, ja bei noch geringerem Kreolingehalt begann; vollständige Wachstumsaufhebung trat erst bei 1 : 150 bis 1 : 175 im Blutserum ein. Gleichzeitig in derselben Weise ausgeführte Versuche mit Karbolsäure ergaben, dass dieselbe im Blutserum bei 1 : 850 sehr beträchtlich die Entwickelung hemmte und bei 1 : 600 das Wachstum aufhob. Um dem Einwand zu begegnen, dass das Resultat, wie ich es bei der Beobachtung in hohlen Objektträgern bekommen habe, Fehlerquellen einschliesse, habe ich dann die Untersuchung ganz ebenso eingerichtet, wie sie R. Koch für die Karbolsäure beschrieben hat; es wurden Uhrschälchen mit Kreolin-Blutserum verschiedener Konzentration beschickt und mit Milzbrandsporen tragenden Seidenfäden infiziert. Hier war makroskopisch bei einem Gehalt von 1 g Kreolin in 500 ml Blutserum deutliche Entwickelungshemmung zu bemerken, und bei 1 : 200 konnte makroskopisch überhaupt kein Wachstum erkannt werden. Die mikroskopische Untersuchung zeigte aber, dass bei 1 : 200 ein dichtes Milzbrandfadengeflecht den Seidenfaden einhüllte; das Resultat war demnach übereinstimmend mit dem an hohlen Objektträgern gewonnenen. In Reagensgläsern fand ich bei 1 : 200 auch mikroskopisch kein Wachstum; als ich nun der Ursache dieser Differenz nachforschte, zeigte sich, dass in der unteren Blutserumschicht, in welcher sich der Seidenfaden befand, das Kreolin in reichlicherer Menge vorhanden war als in der oberen; und als ich die obere Schicht in ein anderes Glas brachte, erfolgte noch reichlichere Entwickelung als aus den Uhrschälchen. Gegenüber dem Staphylococcus aureus ist die entwickelungshemmende und wachstumsaufhebende Kraft des Kreolins noch geringer.

In einer 1 proz. und 2 proz. Kreolin-Blutserummischung waren nach 10 Minuten Staphylokokken und selbst die viel empfindlicheren Milzbrandbazillen nicht getötet worden. Durch 5 proz. Blutserum-Kreolin werden Milzbrandsporen nicht beeinflusst. Es verdient noch hervorgehoben zu werden, dass das Kreolin im Blutserum etwa 10 mal löslicher ist als in Bouillon, und dass somit die geringe Leistungsfähigkeit nicht etwa auf die Bildung von Niederschlägen zurückzuführen ist. Ich komme demnach zu dem Resultat, dass in eiweisshaltigen Flüssigkeiten von ähnlicher Zusammensetzung wie Blutserum das Kreolin ein minderwertiges Antiseptikum ist und etwa 3- bis 4mal weniger leistet als die Karbolsäure.

Es liegt mir fern, die günstigen Heilwirkungen zu bezweifeln, die seitens guter Beobachter vom Kreolin berichtet sind, aber es scheint mir mindestens fraglich, ob die Annahme noch zu Recht bestehen darf, dass die Heilwirkungen durch bakterientötende und entwickelungshemmende Fähigkeiten dieses Mittels zu erklären sind, wenn ich berücksichtige, dass im Organismus nicht Nährsubstrate von der Zusammensetzung der Bouillon und Peptongelatine vorhanden sind, ausser etwa im Urin. Dass im infizierten Gewebe die antibakterielle Wirkung des Kreolins nicht grösser ist als im Blutserum, zeigen folgende Versuche: Bei einem Panaritium des Daumens hatte sich ein bohnengrosses, reichlich mit Eiter durchtränktes, nekrotisches Gewebsstück so vollständig von der Umgebung losgelöst, dass ich dasselbe ohne Blutung mit der Pinzette wegnehmen konnte. Die mikroskopische Untersuchung ergab das Vorhandensein einer mässigen Anzahl von Staphylokokken im Deckglaspräparat. Dieses Gewebsstück zerschnitt ich in drei gleiche Teile. Einer derselben wurde 8 Minuten lang in 2 proz. Blutserum-Kreolinmischung gelegt, der zweite ebenso lange in 2 proz. wässerige Kreolin-Emulsion. Beide wurden mit sterilisiertem Wasser abgespült. Die drei Stücke wurden nunmehr mit ausgeglühten Instrumenten zerfetzt, in Peptongelatine gebracht, die Fetzen sorgfältig mit einer dicken Platinnadel in der Gelatine verrieben, und schliesslich wurde die Gelatine in Petri'sche Doppelschalen No. I, II und III ausgeschüttet.

In I (nicht mit Kreolin behandeltes Stück) wuchsen ausser unzähligen Staphylokokkenkolonien auch andere Organismen, die wahrscheinlich von der Oberfläche des nekrotischen Gewebsstückes, an welche sie von aussen gelangt waren, herstammten. In II (aus Kreolin-Blutserum) waren fast ausschliesslich Staphylokokken in reichlicher Anzahl gewachsen. Auch in III gelangten — allerdings wenig zahlreich — Staphylokokken zur Entwickelung. Es ist bemerkenswert, dass die nicht pathogenen Organismen, die jedenfalls als Fäulnisorganismen anzusehen sind, früher zugrunde gingen, als die Staphylokokken. Hatte doch v. Esmarch gefunden, dass das Kreolin diesen gegenüber unwirksamer ist, als gegenüber den pathogenen Organismen und speziell auch gegenüber den Staphylokokken. Ich bin nun — nicht bloss auf Grund dieses

Versuchs, sondern auch durch andere Beobachtungen — zu der Ansicht gelangt, dass eine derartige, von v. Esmarch angenommene Spezial-energie dem Kreolin nicht zukommt, und dass die Beobachtung v. Es-march's in anderer Weise zu erklären ist. v. Esmarch prüfte die Wirkung des Kreolins auf pathogene Organismen in dünner Bouillon, auf Fäulnisorganismen dagegen in einer Flüssigkeit, welche „aus Kot, ausgepresstem Fleisch usw. und Wasser im Verhältnis von 1 : 10" bestand. Diese Flüssigkeit war demnach stark eiweisshaltig, und an einer solchen hat v. Esmarch gefunden, dass ein Gehalt von $\frac{1}{2}$ pCt. Kreolin, also 1 : 200, nicht zur Wachstumsaufhebung genügte, während ein gleicher Gehalt an Karbolsäure dazu führte, dass die Faulflüssigkeit steril wurde. Dieses Ergebnis stimmt mit meinem eigenen Resultate vollständig überein.

Dass 2 proz. wässerige Kreolin-Emulsion auch nicht imstande ist, flüssigen Eiter zu desinfizieren, beweist folgende Versuchsreihe. Bei einem Patienten mit eitriger Phlegmone des Fussrückens war an einer Stelle Fluktuation zu fühlen. Es wurden zunächst 24 Stunden lang mit 2 proz. Karbolsäure Umschläge gemacht, um die Haut zu sterilisieren, dann inzidiert und ein grosser Tropfen dickflüssigen Eiters in ein sterilisiertes Reagensglas entleert. In dieses Glas wurden eine Stunde später 10 ccm 2 proz. wässerige Kreolin-Emulsion hineingegossen. Der Eitertropfen verteilte sich nicht in der Flüssigkeit, sondern blieb zu-sammengeballt; er wurde 15 Minuten lang in der Kreolin-Emulsion ge-lassen. Darauf wurde die Eitermasse zunächst mit sterilem Blutserum abgespült, dann in ein Reagensglas mit 15 ccm sterilisiertem Wasser gebracht und mit diesem energisch geschüttelt. Nunmehr stellte ich folgende Versuche an:

1. Das zum Abspülen benutzte Blutserum wurde im Reagensglase in den Brütschrank gestellt.

2. Von dem Spülwasser wurden 5 Platinösen mit Nährgelatine ver-mischt und davon eine Platte gegossen.

3. Der aus dem Wasser herausgenommene Eiter wurde an der Wand eines flüssige Nährgelatine enthaltenden Glases flüchtig verrieben und dann wieder herausgenommen. Die an der Glaswand zurück-gebliebenen kaum sichtbaren Eiterteilchen wurden in der Gelatine durch Hin- und Herneigen des Glases aufgeschwemmt, dann mit 5 Oesen dieser Mischung ein zweites Reagensglas mit flüssiger Gelatine geimpft. Aus beiden Gläsern wurde die Gelatine in Petri'sche Doppelschalen gegossen.

Nach 2 mal 24 Stunden war das Resultat folgendes:

1. Im Blutserum war reichliche Kokkenentwickelung eingetreten.

2. Die Platte mit 5 Oesen Spülwasser war steril geblieben.

3. In den Doppelschalen waren überaus reichlich kleinste, bei Ver-grösserung mit der Lupe rund und gelblich aussehende Kolonien ge-wachsen; an einem auf die Gelatine aufgelegten Deckglas blieben sehr viele Kolonien in Form kleinster Pünktchen haften; dieselben erwiesen sich bei starker mikroskopischer Vergrösserung als ausschliesslich aus Kokken bestehend, welche die Grösse und Anordnung der Staphylokokken besassen. 24 Stunden später wurde eine der Kolonien mit einer Platin-nadel herausgehoben und damit eine Gelatine-Strichkultur angelegt. Nach

3 Tagen zeigte sich in dieser die charakteristische Entwickelung von Staphylococcus aureus.

4. Auf dem erstarrten Blutserum wuchs Staphylococcus aureus.

Es ist danach kein Zweifel, dass eine 2 proz. wässerige Kreolin-Emulsion nicht imstande ist, bei 15 Minuten dauernder Einwirkung die Staphylokokken im Eiter zu töten. Jedoch hat sich auch in dieser Versuchsreihe gezeigt, dass im eiweissarmen Medium (Spülwasser) die Staphylokokken des Eiters schnell durch Kreolin zugrunde gehen.

Neudörfer hat gefunden, dass bei direkter Injektion in die Blutbahn das Kreolin tödliche Giftwirkung äusserst bei 0,5 g pro Kilo Tier.

Meine eigenen Tierversuche ergaben, je nach der Dosierung, eine schnelle zum Tode führende Vergiftung durch Kreolin oder eine chronische Form der Vergiftung.

Bei Mäusen, an welchen ich Versuche zuerst machte, konnte ich mich leicht davon überzeugen, dass die Dosis von ca. 0,025 g Kreolin für dieselben ein tödliches Gift ist, wenn es in einer zur Resorption möglichst geeigneten Form subkutan injiziert wird. Als solche darf noch am ehesten eine Lösung von Kreolin in erwärmtem Oel betrachtet werden. Man kann die Giftwirkung auch mit Blutserum-Kreolin und mit wässerigen Emulsionen in der angegebenen Dosis erreichen, wenn nur für eine genügende Verteilung unter der Haut gesorgt wird. Am besten zur Demonstration eignet sich aber die Injektion von unverdünntem Kreolin, wenn dasselbe in einer Dosis von 0,05 g und darüber eingespritzt wird. Durch diese Kreolindosis werden Mäuse in ganz kurzer Zeit getötet. Schon 5 bis 10 Minuten nach der Injektion werden sie unruhig, zucken oft zusammen und zeigen zitternde Bewegung des ganzen Körpers. Legt man sie dann auf die Seite, so geraten die Extremitäten in heftige, zitternde Bewegung; zuerst sind die Tiere noch imstande, sich wieder aufzurichten, bald aber bleiben sie dauernd auf der Seite liegen, und unter fortwährenden klonischen Krämpfen der Glieder sterben sie in der Regel nach 1 bis 2 Stunden. Es ist das genau das Bild akuter Karbolsäurevergiftung, welches aber auch durch Kresole ganz ebenso hervorgerufen wird. Bei der Sektion findet man regelmässig Ueberfüllung der Lungen mit Blut. Von dem Kreolin bildet ein erheblicher Rest, mindestens die Hälfte der Einspritzung, unter der Haut eine schmierige, schmutzig braune Schicht, nach deren Entfernung von Anätzung oder von weitergehenden Veränderungen nichts zu erkennen ist. Bei jungen Meerschweinchen habe ich mit Kreolinlösungen durch Injektion von 0,35 g auf 225 g Körpergewicht und 0,5 g auf 400 g ganz ähnliche Erscheinungen hervorrufen können. Die Krämpfe traten jedoch erst nach mehreren Stunden auf; der Tod der Tiere erfolgte nach 12 bzw. 24 Stunden. Auch hier waren die Lungen das am auffälligsten veränderte Organ. Bei Kaninchen, von denen ich nur grössere Tiere zur Verfügung hatte, bedarf es schon so grosser Substanzmengen verdünnten Kreolins, dass infolge dieses Umstandes eine Vergiftung durch einmalige subkutane Injektion kaum ausführbar ist. Die Resorption von reinem Kreolin erfolgt aber, wie man sich bei der Injektion überzeugen kann, ausserordentlich langsam. Um jedoch zu beweisen, dass auch Kaninchen unter den charakteristischen Vergiftungserscheinungen in kurzer Zeit sterben, habe ich schliesslich bei einem Tier von 1700 g an mehreren Stellen gleichzeitig Injektionen in einer Gesamtmenge von 4,0 gemacht, um dem Kreolin eine grosse Resorptionsfläche darzubieten; das Tier ging unter ähnlichen Erscheinungen wie Mäuse und Meerschweinchen nach 20 Stunden zugrunde, und bei der Sektion fand ich noch mindestens die Hälfte des Kreolins, zum Teil in flüssiger Form, unter der Haut liegend. Bei Meerschweinchen und Kaninchen habe ich auch die Körpertemperatur gemessen und gefunden, dass durch akut vergiftende Dosen die Temperatur ausserordentlich niedrig wird.

Das Kreolin kann aber ausser dieser akuten Vergiftung noch ein Krankheitsbild erzeugen, welches wesentlich anders aussieht. Bei solchen Kaninchen, welche nicht tödlich wirkende Kreolindosen erhalten hatten, stieg auffallenderweise die Körpertemperatur. Die Tiere sahen zuerst struppig und krank aus; wenn dann aber mit den Infektionen aufgehört wurde, erholten sie sich wieder vollständig. Solch ein Tier, welches mehrere Tage hintereinander kein Kreolin mehr erhalten hatte, infizierte ich mit sehr virulentem Milzbrand und injizierte nun gleichzeitig wieder Kreolin, um die etwaige Einwirkung auf den Verlauf der Milzbranderkrankung zu beobachten; als nun das Versuchstier an Milzbrand zugrunde gegangen war, fand ich bei der Sektion blutigen Urin in der Blase, und die Nieren befanden sich im Zustande exquisiter parenchymatöser Nephritis. Diese Beobachtung veranlasste mich, den Einfluss des Kreolins auf die Nieren bei Kaninchen genauer zu studieren, und ich fand, dass Kreolin, wenn es in einer Dosis von 0,5 g pro Kilo Tier täglich injiziert wird, nach mehreren Tagen eiweisshaltigen Urin macht. Bei fortgesetzten Kreolingaben magern die Tiere ausserordentlich stark ab und gehen ohne Krampferscheinungen zugrunde. Von dem Sektionsbefunde ist bei dieser subakuten oder chronischen Form der Kreolinvergiftung besonders die Nierenerkrankung hervorzuheben. Gelegentlich dieser Versuche konnte ich auch feststellen, dass eine Desinfektion des Darminhalts bei diesen krankmachenden Kreolingaben nicht erreicht wird; auch vom Magen aus vermag Kreolin nicht den Darminhalt zu desinfizieren.

Wenn wir aus den Angaben über die entwickelungshemmende Wirkung gegenüber Milzbrandbazillen im Blutserum die Zahl $1 : 200$ und aus denen über die Giftigkeit für Mäuse die Zahl $1 : 800$ der Berechnung zugrunde legen, so erhalten wir für die relative Giftigkeit des Kreolins den Wert $\dfrac{800}{200} = 4$, ein Wert, welcher eine ziemlich günstige Beurteilung dieses Mittels zulässt.

Das Studium des Kreolins hat den Gedanken nahe gelegt, die hauptsächlich in diesem Präparat desinfizierend wirksamen Körper, die höher siedenden Phenole, welche zu einem billigeren Preise aus dem Teer gewonnen werden können, als die reine Karbolsäure, mit gewöhnlicher Seife zu behandeln. So hat Nocht in dem von R. Koch geleiteten hygienischen Institut 1889 mit warmer Schmierseifenlösung, die in der rohen, sogenannten 100proz. Karbolsäure enthaltenen Kreosole ganz klar aufgelöst und gefunden, dass diese Seifenauflösung der rohen Karbolsäure in jedem Verhältnis wasserlöslich ist. Die Brauchbarkeit dieser Karbolseifenlösungen für praktische Desinfektionszwecke stellte Nocht zuerst durch sehr eingehende Versuche im Laboratorium fest und konnte dann

auf Grund der in unserer Kaiserlichen Marine gesammelten Erfahrungen
dieselben zur allgemeineren Anwendung empfehlen. Sie haben den
Vorzug der Billigkeit und sind namentlich für solche Desinfektionen, mit
welchen gleichzeitig eine Reinigung verbunden werden soll, vorzüglich
brauchbar. Die Giftigkeit ist je nach dem Phenolgehalt zu beurteilen
und steht in proportionalem Verhältnis zur desinfizierenden Leistungsfähigkeit.

Ebenso zu beurteilen, wie die Karbolseifenlösungen, ist auch das
Lysol. Im Blutserum sind beide Präparate in der entwickelungshemmenden Wirkung dem Kreolin und auch der reinen Karbolsäure
überlegen; von der sporentötenden Wirkung wird im Folgenden die
Rede sein.

Nachdem für reine Karbolsäure durch O. Riedel und C. Fränkel
nachgewiesen war, dass dieselbe selbst nach vielen Tagen in 5 proz.
Lösung Milzbrandsporen nicht mit Sicherheit zu vernichten vermag, hat
Nocht bei höherer Temperatur verschieden starke Karbolsäurelösungen
geprüft. Er fand:

Reine Karbolsäure 5 pCt. bei 37,5 ⁰ C.	Abtötung nach 3 Stunden

Reine Karbolsäure 5 pCt. bei 37,5 ⁰ C. | Abtötung nach 3 Stunden
„   „   4 „   „   „ | „   „   4   „
„   „   3 „   „   „ | „   „   24   „
„   „   2 „   „   „ | Keine Abtötung.

5 proz. Lösungen von roher Karbolsäure mit Seife fand Nocht bei
Zimmertemperatur bis zu 20 ⁰ auch nach 2 monatelanger Einwirkung
noch unfähig, Milzbrandsporen abzutöten, dagegen erwiesen dieselben bei
40 ⁰ C. sich schon nach 4 bis 6 Stunden wirksam.

Im Anschluss an frühere Untersuchungen von Laplace, welche die
erhöhte Leistungsfähigkeit der rohen Karbolsäure ergeben hatten, wenn
dieselbe durch Zusatz gleicher Gewichtsmengen von konzentrierter
Schwefelsäure in Wasser löslich gemacht wird, hat C. Fränkel sehr
eingehende vergleichende Untersuchungen über die Desinfektionskraft der
in der rohen Karbolsäure enthaltenen Kresole angestellt. Dieselben sind
an sich in Wasser nur wenig löslich, können aber durch Zusatz von
konzentrierter Schwefelsäure löslich gemacht werden. Wird nun bei der
Vermischung mit der Schwefelsäure durch sorgfältige Kühlung eine
stärkere Erhitzung des Gemisches und damit die Entstehung von weniger
desinfizierend wirksamen Sulfosäuren verhütet, so bekommt man ein der
reinen Karbolsäure erheblich überlegenes Desinfektionsmittel. Mischungen
gleicher Gewichtsteile Schwefelsäure und Kresol töteten schon in 3 proz.
Lösungen nach Fränkel in weniger als 24 Stunden solche Milzbrandsporen, die durch reine 5 proz. Karbolsäure nach 40 Tagen noch nicht
vernichtet wurden. Von den drei Kresolen, dem Ortho-, Meta- und Para-
Kresol, fand Fränkel das zweite am meisten wirksam, nämlich schon
nach 8 Stunden in 5 proz. Lösung. Die Metakresolsulfosäure dagegen
hatte in gleich starker Lösung nicht den gleichen Desinfektionseffekt.
Aehnliche Leistungsfähigkeit wie Metakresol-Schwefelsäure zeigte auch
ein Rohkresol aus Toluidinen. Ich habe in eigenen Versuchen gleichfalls
das reine von Kahlbaum bezogene Metakresol, Rohkresol aus Toluidinen,
auch ein anderes aus Teeröl gewonnenes Kresolgemisch, ferner das
Propyl-Kresol (Thymol) geprüft und kann Fränkel's Angaben durchaus

bestätigen. Diese erhöhte Desinfektionskraft der Kresole kommt aber denselben nur zu, wenn sie sich in stark saurer Lösung befinden; wie schon Fränkel konstatiert hat, geht dieselbe beim Neutralisieren der Lösungen mit kohlensaurem Natron verloren.

Um nun den Einfluss des Säurezusatzes genauer zu studieren, stellte ich mir von dem Rohkresol aus Toluidinen Lösungen mit verschiedenem Schwefelsäuregehalt her, nachdem ich vorher festgestellt hatte, dass meine Milzbrandsporen durch Schwefelsäure allein selbst in 18 proz. Lösung (10 Volumprozent) noch nicht abgetötet wurden, wenn sie 24 Stunden darin blieben.

Die Resultate sind aus folgender Tabelle zu erkennen; in derselben ist der Schwefelsäurezusatz in Volumprozent berechnet.

	Kresol 10 pCt. H_2SO_4 6,6 pCt.	Kresol 10 pCt. H_2SO_4 10 pCt.	Kresol 5 pCt. H_2SO_4 10 pCt.	Kresol 5 pCt. H_2SO_4 3,3 pCt.	Kresol 5 pCt. H_2SO_4 5 pCt.	Kresol 2,5 pCt. H_2SO_4 5 pCt.	Kresol 3,33 pCt. H_2SO_4 1,66 pCt.	Kresol 2,5 pCt. H_2SO_4 2,5 pCt.	Kresol 1,66 pCt. H_2SO_4 3,33 pCt.
5 Minuten	+	+	+						
30 „	±	±	+	+	±	+			
80 „	±	−	±	±	±	+		+	
100 „	−		−	±	−	+		+	
3 Stunden				−		±	+	+	+
4 „						±	+	±	+
6 „						−	±	−	±
24 „						−	−		−
48 „							−		−
72 „							−		−

Es geht aus dieser Tabelle mit Deutlichkeit hervor, dass durch Vermischung gleicher Gewichtsteile Schwefelsäure und Kresol nicht so gute Resultate erreicht werden, wie durch ein Gemisch von Kresol und gleichen Volumteilen Schwefelsäure. Die Herstellung des Gemisches kann in sehr einfacher Weise in einem Messglase ausgeführt werden, welches in kaltem Wasser steht.

In gleicher Weise habe ich auch für die reine Karbolsäure und für die rohe Karbolsäure gefunden, dass zur Erhöhung der Desinfektionskraft der Zusatz gleicher Volumteile Schwefelsäure sich am vorteilhaftesten erweist. Dabei konnte ich einen Unterschied zwischen der Schwefelkarbolsäure und dem Gemisch von Kresol und Schwefelsäure nicht finden; ich habe ferner auch eine grosse Zahl von Versuchen nebeneinander, unter genau den gleichen Versuchsbedingungen, zur Entscheidung der Frage angestellt, ob wir, abgesehen von den Kresolen, in irgend welchen anderen im Teer enthaltenen und bis jetzt daraus isolierten Körpern ein besseres Desinfektionsmittel gegenüber Milzbrandsporen besitzen als die reine Karbolsäure, habe aber keines gefunden, auch nicht im Xylidin und Toluidin; und reine Karbolsäure und rohe Karbolsäure mit gleichem Säurezusatz verhielten sich in der Mehrzahl der Versuche so, dass die reine Karbolsäure der rohen etwas überlegen war.

In alkalischer Lösung und in Seifenlösungen sind alle eben genannten Körper, von denen ich speziell die reine Karbolsäure, die rohe Karbolsäure, die verschiedenen Kresole, ferner Toluidin, Xylidin genauer geprüft habe, auch bei tagelanger Einwirkung nicht imstande, selbst nicht in 10 proz. Lösungen, Milzbrandsporen mit Sicherheit abzutöten. Das Lysol ist ebensowenig wie Kreolin ein sporentötendes Mittel bei 24 stündiger und kürzerer Einwirkungsdauer. Dagegen kann bei allen diesen Mitteln schon durch verhältnismässig geringe Erwärmung (40 bis 50°) der Desinfektionseffekt auch gegenüber sporenhaltigem Infektionsmaterial erheblich gesteigert werden.

Die sogenannten Solveole und Solutole sind von Hammer im Prager hygienischen Institut von Hüppe studiert worden. Hammer geht von der Anschauung aus, dass die Phenolseifen zum Teil beim Verdünnen undurchsichtige Emulsionen geben, welche als solche für die chirurgische Verwendung weniger beliebt sind, ausserdem aber seien die Seifenlösungen für einige chirurgische Manipulationen, so für das Einlegen von Instrumenten, oder das Bespülen der Hände des Chirurgen ungeeignet, weil hierbei das Schlüpfrige und Schmierige der Seifenlösungen sich unangenehm geltend macht. Dabei solle der Vorteil des Seifenzusatzes für die gröbere Desinfektion, sowie für die mechanische Reinigung des Operationsfeldes keineswegs unterschätzt werden, da wir ja als allgemeines Postulat jeder Desinfektion die mechanische Reinigung des betreffenden Objekts unter allen Umständen vorausschicken müssen. Ueber Solveole und Solutole sagt nun Hammer folgendes: „Das Solveol stellt eine neutrale wässerige Lösung der Kresole in den Salzen der Orthooxycarbon- oder Orthooxysulfonsäuren, oder jener der entsprechenden Naphthalinabkömmlinge dar, und zwar wird derzeit die Lösung der Kresole in kresotinsaurem Natrium aus technischen und ökonomischen Gründen bevorzugt. Dadurch bekommt man neutrale wässerige Kresollösungen, welche sich beliebig verdünnen lassen, ohne wieder die Kresole abzuscheiden, und ohne dass man die, wie oben ausgeführt wurde, für gewisse Zwecke lästigen Seifen mit in Lösung hat. Ferner hat sich bei denselben Versuchen herausgestellt, dass man durch Auflösung der Kresole in den Salzen der Kresole selbst — z. B. einfach durch Zusatz von abgemessenen Mengen von Alkali hergestellt — klare Kresollösungen erhalten kann, welche für grobe Desinfektionszwecke wegen ihrer ausserordentlich billigen Herstellung in Betracht gezogen werden könnten. Diese alkalischen Mittel sind unter dem Namen Solutol im Handel. Die bakteriologische Prüfung musste, wie von vornherein zu erwarten war, sehr zu Gunsten dieser Mittel ausfallen, da ja schon von anderer Seite (Fränkel, Jäger) auf das Ueberlegensein der Kresole den Phenolen gegenüber hingewiesen wurde. Und die Kresole sind in diesen Mitteln als solche, ohne dass sie irgend welche Veränderungen erlitten hätten oder in andere Verbindungen übergeführt worden wären, in Lösung gebracht, wobei die desinfizierende Wirkung dieser Mittel durch das Lösungsmittel selbst noch erhöht wird, denen ein, wenn auch geringer Grad von Desinfektionskraft zukommt. Von den Kresollösungen erwies sich das Gemisch aus Meta-, Ortho-, Parakresol als das wirksamste, während für die einfachen Lösungen, übereinstimmend mit den Untersuchungen von Fränkel und Henle, die Reihenfolge Meta-, Para-, Orthokresol ermittelt werden konnte. Im allgemeinen genügt die Konzentration der Lösungen von 0,5 pCt., um die vegetativen Formen der geprüften Bakterienarten zu vernichten und eine Konzentration von 0,3 pCt., um das Wachstum der meisten Arten aufzuheben.

Von besonderem Interesse musste eine Vergleichung der Desinfektionswirkung des Solveols und Solutols mit der Wirkung einer Reihe neuerer Desinfektionsmittel, so besonders des Kreolins und Lysols sein, bei denen das wirksame Prinzip gleichfalls die Kresole sind, wenn auch die Methode der Darstellung und Löslichkeit der Kresole eine verschiedene ist. Eigentlich war zu erwarten, dass die Wirkung dieser Mittel, soweit sie im Laboratoriumsexperiment ermittelt werden kann, dieselbe Menge Kresol in Lösung vorausgesetzt, eine gleiche ist, wenn nicht die mehr weniger vollständige Auflösung der Kresole sowie die Art ihrer Lösung selbst hier eine Rolle spielt."

Es folgt dann in der Arbeit von Hammer die Mitteilung von Experimenten, aus welchen hervorgehen soll, dass die Behandlung der Kresole, wie sie bei der Herstellung von Solveolen und Solutolen vorgenommen wird, der Seifenbehandlung vorzuziehen sei, und dass in diesen Körpern die Kresole einen höheren desinfizierenden Wert bekommen.

Diese Schlussfolgerungen wurden jedoch von Vahle, welcher unter C. Fraenkel's Leitung im Marburger Hygienischen Institut arbeitete, beanstandet. Vahle kommt auf Grund von sehr sorgfältigen Experimenten zu folgendem Schluss:

„Das Ergebnis der im Vorstehenden kurz mitgeteilten Versuche wäre also dahin zusammenzufassen, dass Lösungen des uns übergebenen Kresols (Raschig) in ihrer Wirksamkeit auf Eitererreger und Milzbrandsporen mit gleichprozentigen Lösungen der reinen Karbolsäure ungefähr auf derselben Höhe stehen, dieselbe stellenweise sogar übertreffen, dass dagegen die Lösungen des von uns geprüften Solveols in ihrer Wirkung auf Eitererreger, ganz besonders aber auf Milzbrandsporen, von den gleichprozentigen Lösungen der Karbolsäure nicht unerheblich überflügelt werden."

Dieses unter Prof. C. Fraenkel's Leitung gewonnene Versuchsergebnis entzieht, wie man sieht, allen Berufungen auf seine Autorität den Boden für die Annahme, dass die Kresole als solche stärker desinfizierend wirkende Körper seien, als die reine Karbolsäure. Ich selbst habe, wie oben erwähnt, in meinen vergleichenden Untersuchungen einen Unterschied eher zu Ungunsten der Kresole gefunden. Unter allen Umständen darf man jetzt aber von solchen Autoren, die den Kresolen einen nennenswert überlegenen Wirkungswert zuschreiben, verlangen, dass sie eigene einwandsfreie Experimente zum Beweise für diese Behauptung beibringen.

Aehnlich wie die höheren Phenole, welche die rohe Karbolsäure, das Kreolin, das Lysol enthält, sind auch die des Kreosots (hauptsächlich Guajakol, Kreosol, Xylenol) und die des schwefelhaltigen Ichthyols, von welchem in der Regel das Ammonsalz in der Medizin Anwendung findet, zu beurteilen.

Von solchen Präparaten, die vom Benzolkern abzuleiten und mit der Karbolsäure nahe verwandt sind, verdient noch erwähnt zu werden die Salicylsäure, welche fast um das Doppelte wirksamer ist als die Karbolsäure. Es ist jedoch zu beachten, dass der antibakterielle Wert der Salicylsäure um ein Vielfaches verringert gefunden wird, wenn man sie an Alkalimetall gebunden, z. B. als salicylsaures Natron untersucht. Es ist das dieselbe Beobachtung, welche man an den Sulfosäuren der Phenole macht; auch diese werden auf den dritten bis vierten Teil ihres Wertes reduziert, wenn sie durch ein Alkali neutralisiert werden. Im gleichen Masse aber wie ihre antibakterielle Wirkung dadurch Einbusse erleidet, verringert sich auch ihre Giftwirkung für den Tierkörper.

Sehr geringen Wert besitzt das Sozojodol. Es ist das ein der Karbolsäure nahestehender Körper, dem durch die Einführung von Jodatomen fast alle bakterienfeindlichen Eigenschaften geraubt sind, namentlich wenn er im neutralen Zustande als sozojodolsaures Natron zur Anwendung kommt. Allerdings sind das sozojodolsaure Quecksilber und andere Metallsalze gute Desinfektionsmittel, aber nicht wegen ihres Gehalts an Sozojodol, sondern durch ihren Metallgehalt.

Wenn wir davon ausgehen, dass der Benzolkern in der Karbolsäure und in den Phenolen mit höherem Siedepunkt in erster Linie für die toxischen und für die antibakteriellen Eigenschaften dieser Körper das gemeinsame Bindeglied darstellt, so können wir an dieser Stelle auch noch des Naphthalins gedenken, welches durch den Zusammentritt zweier Benzolringe entsteht. Die quantitative Feststellung des antibakteriellen Wertes dieser Verbindung ist durch die Schwerlöslichkeit derselben ähnlichen Schwierigkeiten unterworfen, wie wir das beim Jodoform erfahren haben. Indessen es lässt sich durch Herstellung alkoholischer Lösungen doch soviel eruieren, dass das Naphthalin zu den leistungsfähigeren Körpern zu rechnen ist. Es wirkt etwa doppelt so stark wie gleiche Gewichtsteile Karbolsäure.

Hierher kann auch noch das Chinin gerechnet werden, ein sehr komplizierter Körper, welcher sich vom Chinolin ableitet, einer Zusammenschweissung des Benzolringes mit dem Pyridinring. Das Chinin übertrifft an antibakterieller Wirkung die Karbolsäure; es hat ferner den Vorzug, dass auch seine leicht im Wasser löslichen salzsauren und schwefelsauren Verbindungen fast unverändert wirksam bleiben. Die relative Giftigkeit beträgt ca. 5 und ist demnach geringer als die der Phenole.

Von anderen Körpern, die mit dem Benzol nahe verwandt sind und vorübergehend antibakteriellen Zwecken gedient haben, genügt es, das Resorcin, das Hydrochinon, das Pyrogallol aufzuführen; irgend welche Gründe, diese Präparate den besser studierten Benzolderivaten vorzuziehen, können bis jetzt nicht angeführt werden.

Die ätherischen Oele und die dieselben enthaltenden Drogen spielen in der Desinfektionspraxis von Alters her eine wichtige Rolle; die alten Aegypter wendeten sie zur Konservierung der Mumien an; auch als Prophylaktika in Zeiten epidemisch auftretender Krankheiten haben sie sehr ausgedehnten Gebrauch gefunden; das Oel des barmherzigen Samariters, welches er in die Wunde goss, ist gewiss auch hierher zu rechnen; noch jetzt begegnet man nicht bloss beim Laienpublikum, sondern auch bei manchen älteren Aerzten einer Vorliebe für aromatisch riechende Substanzen zur Wundbehandlung. Zur Desinfektion der Mundhöhle ist der Gebrauch aromatischer Mundwässer sehr verbreitet. Auch die Gewohnheit, parfümierende Wässer zu Waschungen und allerlei mehr oder weniger riechende Essenzen zu Taschentuchparfüms zu benutzen, stammt vielleicht ursprünglich daher, dass man der Meinung war, damit Miasmen und Krankkeitsstoffe zu vertreiben oder unschädlich zu machen, ebenso wie man glaubte, durch Räucherungen mit aromatisch riechenden Substanzen die Luft in Krankenzimmern zu desinfizieren. So begegnen wir in früheren Zeiten, aber vielfach auch jetzt noch auf Schritt und Tritt dem tiefeingewurzelten Glauben, dass die Krankheitsstoffe bösartiger Epidemien durch stark riechende Substanzen wirksam bekämpft werden können, und nachdem nun die Infektionsstoffe als lebende Organismen erkannt waren, lag es nahe zu prüfen, ob und inwieweit diese Anschauung begründet ist.

Schon in der Desinfektionsarbeit aus dem Jahre 1881 hat R. Koch die bedeutende entwickelungshemmende Wirkung mehrerer ätherischer Oele mitgeteilt und gelegentlich seiner Rede auf dem X. internationalen Kongress (1890) von Neuem auf die hervorragende Leistungsfähigkeit derselben hingewiesen.

Genauere Mitteilungen liegen dann von französischen Autoren vor. 1887 publizierte Chamberland eine Arbeit, in welcher die antibakterielle Leistungsfähigkeit einer grösseren Zahl von ätherischen Oelen beschrieben wurde. Chamberland hat dieselben teils in der Weise untersucht, dass er in geschlossenen Gefässen die ätherischen Oele verdunsten und die Dämpfe auf Bakterienkulturen einwirken liess, teils so, dass er sich Emulsionen herstellte und dieselben mit den Kulturen mischte. Nach beiden Prüfungsmethoden erwiesen sich am wirksamsten folgende Essenzen: Cannelle de Ceylon, Origan, Giroflé, Geranium, Angelique, Geniévre, Vespetro.

Noch eingehender wurde dann später eine sehr grosse Zahl von Substanzen durch Cadéac und Albin Meunier (1889) studiert. Das Prüfungsverfahren dieser Autoren war wesentlich anders. Dieselben tauchten nämlich eine Platinnadel mit Agarkultur der zu untersuchenden Bakterien (Typhus- und Rotzbazillen) in die flüssige Essenz und strichen hinterher die so behandelte Kulturprobe auf Agarflächen aus; sie schlossen dann aus dem Ausbleiben des Wachstums auf gelungene Abtötung. Die verschiedene Leistungsfähigkeit der verschiedenen ätherischen Oele wurde nun danach beurteilt, ob zur Abtötung der Kulturproben dieselben kürzere oder längere Zeit in den ätherischen Flüssigkeiten bleiben mussten. Wie man sieht, ist diese Art der Feststellung des Desinfektionswertes eines Mittels wesentlich verschieden von der sonst gebräuchlichen. Während sonst die Konzentration der zu prüfenden Desinficientien variiert und aus dem Grad der Verdünnung, welcher zur Abtötung von Bakterien gerade noch ausreicht, der Desinfektionswert berechnet wird, bleibt hier die Konzentration stets dieselbe, und es wird ausschliesslich die Zeit der Einwirkung variiert. Man kann gegen diese Methode manche Einwände erheben; indessen sind die von Cadéac und Meunier angegebenen Werte wenigstens untereinander gut vergleichbar. Um auch mit anderen Desinfektionsmitteln die ätherischen Oele in ihrer Wirkung vergleichen zu können, haben die Verfasser noch Sublimat, Kupfersulfat, Karbolsäure usw. nach derselben Methode geprüft. Ich führe in der nachstehenden Tabelle XX die Werte gegenüber den Typhusbazillen an, da im ganzen eine sehr grosse Uebereinstimmung in den Resultaten bei diesen Bakterien mit den bei Rotzbazillen gewonnenen zu konstatieren war.

Abtötung einer Agarkulturprobe von Typhusbazillen war erfolgt:

Durch folgende Mittel	Bei einer Einwirkung von	Durch folgende Mittel	Bei einer Einwirkung von
Sublimat 1 pM. . .	10 Minuten	Poivre	24—48 Stunden
Jodoformäther . .	36 Stunden	Terebinthine . .	do.
Kupfersulfat 2 pCt..	9 Tagen	Opoponax . . .	do.
Karbolsäure 1 pCt. .	12 „	Rose	do.
		Camomille	do.
Canelle de Ceylon .	12 Minuten	Badane	2—4 Tagen
Giroflé	25 „	Semen-contra . . .	do.
Serpolet	35 „	Sassafrass	do.
Thymol	35 „	Tubereuse	do.
Patchouly	80 „	Coriandre	do.
		Calamus	4—10 Tagen
Ferner:		Estragon	do.
Eugenol	weniger als 24 Std.	Sabine	do.
Geranium de France	do.	Busco	do.
Origan on dictame de	do.	Cascarille	do.
Crète		Orange de Portugal	do.
Zedoaire	do.	Hysope	do.
Absinthe	do.	Menthe	do.
Santal	do.	Euscade	do.
Cedrat	do.	Rosmarin	do.
Cumin	24—48 Stunden	Carotte	do.
Carvi	do.	Moutarde . . .	do.
Geniévre	do.		
Matico	do.		
Galbanum	do.	Ausser vielen anderen noch:	
Melisse	do.	Eucalyptus . .	4—10 Tagen
Valeriane	do.	Wintergreen . .	do.
Citron	do.	Camphre. . . .	do.
Angelique	do.	Houblon	länger als 10 Tage
Célcrie	do.	Panais	do.
Phellandrie . . .	do.	Rue	do.
Sabine	do.	Tanaisie	do.
Copaive	do.	Boldo	do.

Vergleicht man diese Tabelle mit der von Chamberland, so lässt sich trotz der Verschiedenheit der Untersuchungsmethoden eine grosse Uebereinstimmung der Hauptergebnisse nicht verkennen. Ich selbst habe dann die wirksamsten ätherischen Oele noch daraufhin geprüft, welche entwickelungshemmende Wirkung gegenüber Milzbrandbazillen im Blutserum sie besitzen. Um eine genauere Dosierung zu ermöglichen, löste ich beispielsweise Zimmtöl und Patchouly-Essenz zunächst in Alkohol und brachte von den Lösungen abgemessene Mengen ins Blutserum. Es zeigte sich dabei, dass das Blutserum nicht unbeträchtliche Quantitäten Zimmtöl zu lösen vermag, ca. 1,5 pM., während in Wasser und in Bouillon bloss Spuren davon gelöst werden.

Das Zimmtöl zeigte nun in der Tat auch im Blutserum recht beträchtliche Leistungsfähigkeit; es ist etwa dreimal wirksamer als die Karbolsäure; in der Bouillon ist der Wert etwa der gleiche wie im Blutserum, so dass es für diese ätherischen Oele nicht viel ausmacht, ob man sie in eiweissreichen oder eiweissarmen Flüssigkeiten auf Mikroorganismen einwirken lässt. Sie lassen sich aus diesem Grunde, ähnlich wie das Chloroform, mit Vorteil zur Konservierung von Blutserum benutzen.

Geringere Wirkung, aber immer noch grössere als Karbolsäure, hatte Patschouly-Essenz. Zimmttinktur, Zimmtrinde, Patschoulyblätter fand ich ohne nennenswerte antibakterielle Eigenschaften. Sehr bemerkenswert ist es, dass in Nährböden, die nicht eben die günstigsten Bedingungen für die Entwickelung der pathogenen Bakterien gewähren, namentlich in solchen, welche, wie die Nährgelatine, bei niedrigeren Temperaturen gehalten werden, die entwickelungshemmende Wirkung eine ungemein viel grössere ist; schon durch Spuren jener Oele kann man da das Wachstum der Bakterien beeinträchtigen, während sofort eine ungehinderte Entwickelung erfolgt, sowie die Kulturen in den Brutschrank gebracht werden. Diese Beobachtung, welche R. Koch schon 1881 am Senföl machte, ist so recht geeignet, den grossen Unterschied zwischen entwickelungshemmender und abtötender Wirkung zu zeigen.

Ob für praktische Desinfektionszwecke die ätherischen Oele eine grössere Bedeutung von neuem erhalten werden, lässt sich gegenwärtig schwer beurteilen. Der Anschauung, dass sie absolut ungiftig sind und deswegen mehr als andere Mittel zu Gurgelwässern usw. ohne alle Bedenken benutzt werden dürften, muss ich auf Grund eigener Versuche entgegentreten. Das Zimmtöl wenigstens übertrifft entsprechend seiner höheren antibakteriellen Leistungsfähigkeit auch an Giftigkeit die Karbolsäure. Mittelgrosse Meerschweinchen und Kaninchen sterben, wenn ihnen etwa 0,1 bzw. 0,3 g subkutan eingespritzt werden. Dabei ist besonders ein überaus reichliches und sehr schnell sich entwickelndes subkutanes Oedem zu beobachten, welches aufs lebhafteste an Milzbrandödem erinnert. Auch andere ätherische Oele besitzen in hohem Grade gewebsreizende Eigenschaften, was ihre Verwendung bei Hautwunden und bei verletzten Schleimhäuten bedenklich macht.

Die ätherischen Oele pflegen Gemische verschiedener chemischer Individuen zu sein, die verschiedenen Gruppen der organischen Chemie angehören. Am häufigsten und reichlichsten sind in ihnen vertreten Terpene und Kampferarten. Neben diesen finden sich organische Säuren, zusammengesetzte Aether, Phenole, seltener Aldehyde und Ketone (Th. Weyl). Um zu erfahren, welche von diesen Bestandteilen im Einzelfall die Hauptrolle für die Desinfektionswirkung eines ätherischen Oeles spielen, müsste man die Untersuchung in ähnlicher Weise quantitativ vornehmen, wie Henle das mit dem Kreolin gemacht. Es ist dies bis jetzt noch nicht geschehen, und so müssen wir uns bei der Analyse vorläufig mit qualitativen Angaben begnügen.

Von den vorher aufgezählten Bestandteilen vieler ätherischer Oele sind als desinfizierend wirksame Körper allgemein bekannt die zusammengesetzten Aether, z. B. der Essigäther. Derselbe mag in manchen Oelen mit geringer Wirkung nicht ganz gleichgültig sein; für so stark wirksame Essenzen, wie das Zimmtöl, kann er aber nicht in Betracht kommen. Dieses hat, für Blutserum und Milzbrandbazillen berechnet, einen entwicklungshemmenden Wert von etwa 1 : 2000, jener aber nur von etwa 1 : 75. Auch die Terpene und Kampferarten, zu welchen letzteren z. B. das Menthol gehört, sind nicht leistungsfähig genug, um für die Desinfektionswirkung in den Vordergrund gestellt werden zu können; die Zahlen für ihren entwicklungshemmenden Wert liegen alle unter 1 : 500; auch das Cineol (Eucalyptol) ist ein minderwertiger Körper. Nur das Terpinhydrat, welches ich 1887 in reinem Zustande von Herrn Prof. Wallach erhielt, ergab mir den relativ hohen Wert von fast 1 : 1000. Am meisten zu berücksichtigen sind bei den ätherischen Oelen mit hohem Wirkungswert diejenigen Bestandteile derselben, welche aldehydartigen Charakter haben. Unter den Aldehyden gibt es in der Tat so leistungsfähige Verbindungen, dass auch ein mässiger Gehalt an denselben die antibakterielle Wirkung erklären könnte. So ist der Formaldehyd, um dessen Einführung in die Desinfektionspraxis sich Aronsohn besondere Verdienste erworben hat, in einer 1 proz. Lösung ungefähr ebenso wirksam wie das stärkste wirksame ätherische Oel, das Zimmtöl.

Die unübersehbare Menge von organischen Farbstoffen ist sehr reich an stark wirkenden Desinfizientien. Die überraschende Leistungsfähigkeit vieler Farbstoffe ist zuerst wohl von R. Koch entdeckt worden. Derselbe hat eine grosse Zahl derselben im Laufe der achtziger Jahre untersucht und übergab mir 1887 mehrere derselben zur Weiterprüfung. 1889 teilte ich (Deutsche med. Wochenschr. Nr. 43.) die hohen entwicklungshemmenden Werte des Cyanin, des Dahliablau und des Safranin mit. Aus den dort angegebenen Zahlen konnte ersehen werden, dass diese Farbstoffe gegenüber Milzbrandbazillen im Blutserum um ein Mehrfaches dem Quecksilbersublimat überlegen sind. Später (1890) hat dann Stilling das Methylviolet in die Praxis eingeführt, ein Präparat, welches an antibakterieller Leistungsfähigkeit jenen drei oben genannten Körpern nicht gleichkommt.

Der nach vergleichender Prüfung am kräftigsten wirksame Farbstoff unter den von mir selbst geprüften ist das Malachitgrün. Er übertrifft einerseits das Stilling'sche Methylviolet (Pyoktanin) etwa um's Dreifache an antibakterieller Wirkung und er hat vor dem Dahliablau und dem Cyanin den Vorzug grösserer Haltbarkeit. Diese beiden Körper zersetzen sich nämlich sehr leicht, namentlich unter dem Einfluss des Lichtes.

Von grosser Wichtigkeit ist für die richtige Beurteilung der desinfizierenden Fähigkeit organischer Farbstoffe, dass dieselben nicht, wie die Metallsalze, als allgemeine antibakterielle Mittel anzusehen sind. Bei jenen hochkonstituierten Körpern tritt eine fast spezifisch zu nennende, sehr energische Wirkung auf einzelne Bakterienarten zu Tage, während andere Bakterienarten nur sehr wenig beeinflusst werden. Das Malachitgrün leistet beispielsweise gegenüber den Milzbrandbazillen und den Kommabazillen der asiatischen Cholera etwa 100 mal mehr, als gegenüber den Typhusbazillen, und ähnlich verhält sich die Sache mit dem Methylviolet. Solche Mittel aber, die nicht für alle pflanzliche Mikroorganismen Gifte sind, sondern die bloss auf einzelne Arten wirken, lassen am ehesten noch erwarten, dass sie die glückliche Eigenschaft besitzen, bestimmte Infektionsstoffe unschädlich zu machen, ohne für den Organismus des Menschen Gifte zu sein.

Wir haben gesehen, dass die grosse Mehrzahl der einfacher zusammengesetzten stark wirksamen Desinfektionsmittel diese Eigenschaft nicht besitzt; pflanzliches und animalisches Protoplasma wird vom Quecksilberchlorid, vom Goldkaliumcyanid, vom Silbernitrat, von starken Laugen und starken Säuren in gleicher Weise geschädigt. Wenn das nun durchgehends bei allen Chemikalien der Fall wäre, so würde der Satz, welcher klinischerseits in den letzten Jahren proklamiert wurde, dass eine Desinfektion vom Innern des menschlichen Organismus aus unmöglich sei, vollkommene Berechtigung haben. Anders liegt die Sache, wenn es Chemikalien gibt, die ein spezifisches Elektionsvermögen für einzelne Lebewesen besitzen. Eine Andeutung davon finden wir nun eben bei den Farbstoffen. Aber erst die vom lebenden Organismus produzierten, spezifischen Antikörper sind Desinfektionsmittel von der Art, dass sie nützen ohne zu schaden, weil sie eben nur zu demjenigen Agens eine erkennbare Beziehung haben, durch welches ihre Produktion veranlasst wurde.

Ich habe schon an anderen Stellen dieses Buches ausführlich von der Entstehungsweise der spezifischen Antikörper gesprochen und ihren fermentähnlichen Charakter betont. Hier will ich nur noch darauf hinweisen, wie der lebende Organismus nicht bloss Proteine, Toxoproteine, Proteide usw. auf fermentativem Wege parenteral assimilationsfähig zu machen versteht, sondern auch lipoide Substanzen und Kohlehydrate nach parenteraler Zufuhr durch Fermentproduktion in Verbindungen überführt, die ihm adäquat sind. Was speziell die Kohlehydrate angeht, so will ich dazu zitieren, was Abderhalden in seiner Monographie „Synthese der Zellbausteine in Pflanze und Tier" (1912) S. 16 ff. darüber sagt:

„Weinland hat die interessante Beobachtung gemacht, dass das Blutplasma von Tieren, denen Rohrzucker unter Umgehung des Darmkanals zugeführt worden ist, imstande ist, Rohrzucker zu spalten, während das Plasma normal gefütterter Tiere diese Eigenschaft nicht aufweist. In sehr überzeugender Weise konnte dieser Befund Weinland's auf folgendem Wege sichergestellt werden: Entnimmt man einem Hunde, den man ausschliesslich per os gefüttert hat, Blutplasma resp. Blutserum, und fügt man zu diesem eine bestimmte Menge Rohrzuckerlösung, dann kann man auch nach längerer Dauer des Zusammenwirkens beider Lösungen keine Spaltung von Rohrzucker nachweisen. Am einfachsten bringt man das Gemisch in ein Polarisationsrohr und beobachtet nun, ob die Anfangsdrehung im Laufe der Zeit sich ändert. Es ist dies nicht der Fall. Wird der gleiche Versuch mit Blutplasma resp. Blutserum eines Tieres durchgeführt, dem man vorher Rohrzucker unter Umgehung des Darmkanals eingeführt hat, dann beobachtet man, dass die Anfangsdrehung sich beständig ändert. Die durch den Gehalt an Rohrzucker bedingte Rechtsdrehung geht schliesslich in Linksdrehung über. Es ist der Rohrzucker vollständig in seine Bestandteile: Fruchtzucker und Traubenzucker, zerlegt worden. Ueberraschend rasch tritt diese Fähigkeit des Blutplasmas nach direkter Einspritzung des Rohrzuckers in die Blutbahn auf. Es sei erwähnt, dass man nach Einspritzung von Stärke in die Blutbahn eine starke Zunahme der diastatischen Wirkung des Blutplasmas feststellen kann. Wird Milchzucker eingespritzt, dann kann man mit Hilfe des Plasmas des betreffenden Tieres Zerlegung von Milchzucker in Traubenzucker und Galaktose bewirken. Spritzt man komplizierter gebaute Dextrine ein, dann erhält das Plasma die Eigenschaft, auch diese rasch abzubauen.

Wie haben wir diesen eigenartigen Befund aufzufassen? Er spricht zunächst ohne Zweifel dafür, dass unter normalen Verhältnissen in der Blutbahn weder Stärke noch komplizierter gebaute Dextrine, noch Rohrzucker, noch Milchzucker vorhanden sind. Durch den Abbau im Magendarmkanal wird verhindert, dass derartige Produkte die Darmwand überschreiten. Nur dann, wenn wir durch Zufuhr von ausserordentlich grossen Mengen dieser Stoffe, z. B. von Rohrzucker, einen Durchgang solcher Substanzen durch die Darmwand erzwingen, dann reagiert der Organismus in genau der gleichen Weise, wie wenn wir die genannten Verbindungen parenteral zuführen, d. h. auch in diesem Falle finden wir nach kurzer Zeit im Blut Fermente, welche imstande sind, die in die Blutbahn übergegangenen fremdartigen Stoffe abzubauen. Bleibt dagegen die Zufuhr in normalen Grenzen, dann zeigt das Plasma der betreffenden Tiere, wie schon oben betont, keine Eigenschaften, die auch nur auf einen geringfügigen Uebergang unveränderter Nahrungsstoffe schliessen liessen. Werden jedoch die genannten Stoffe auch nur in ganz geringer Menge direkt in die Blutbahn eingeführt, dann haben wir sofort die oben besprochene Reaktion. Offenbar holt der Organismus unter den genannten Verhältnissen die Verdauung, so gut es geht, im Blute nach. Die betreffenden Stoffe sind seinen Körperzellen in ihrer ganzen Struktur und Konfiguration vollständig fremdartig. Sie können die einzelnen Produkte nicht direkt verwerten. Es muss ein Abbau herbeigeführt werden. Dieser erfolgt denn auch durch die betreffenden in die Blutbahn abgegebenen Fermente."

Wenn dem Blute und den Gewebssäften Stärke oder Rohrzucker oder Milchzucker usw. beigemengt wird, so enthält der animalische Organismus nach den vorstehenden Auseinandersetzungen etwas ihm Fremdartiges, von dem er sich zu befreien bestrebt ist. Solange als er solche fremdartige Stoffe beherbergt, ist er „verunreinigt"; er ist — um hier den im zweiten Kapitel von mir akzeptierten Infektionsbegriff Virchow's in seine Rechte einzusetzen — „infiziert", und wir haben es mit einem Desinfektionsmechanismus zu tun, wenn durch neugebildete Blutfermente die genannten Kohlehydrate in Traubenzucker übergeführt werden.

Dieser Mechanismus ist im wesentlichen ebenso von anaphylaktischer Natur, wie derjenige, welcher fremdartige Proteine in indifferente Bausteine für die Zellenbildung und in Energiequellen verwandelt; nur dadurch unterscheidet sich die Kohlehydrat-Anaphylaxie von der Protein-Anaphylaxie, dass bei ihr kein Apotoxin gebildet werden kann.

Der anaphylaktische Desinfektionsmechanismus ermöglicht dem animalischen Individuum die Aufrechterhaltung seiner Eigenart und seiner biologischen Integrität, womit er zu einem der wichtigsten Faktoren der Naturheilkraft wird. Wir dürfen uns gegen die Wiedereinführung dieses Begriffs in die Medizin nicht deswegen sträuben, weil er ein metaphysischer Begriff ist. Wir dürfen das jetzt um so weniger tun, nachdem es gelungen ist, Produkte der Naturheilkraft in Gestalt von heilsamen Antikörpern der ärztlichen Kunst dienstbar zu machen. Die Zielstrebigkeit, im vorliegenden Fall das Bestreben eines Organismus, seine Eigenart zu bewahren und gegen anders gerichtete Naturkräfte zu verteidigen, lässt sich nun einmal — trotz Darwin und Häckel — nicht wegleugnen. Die Zweckmässigkeit der Organe zur Erreichung dieses Zieles lässt sich allenfalls noch mechanisch interpretieren. Sie sind aber nur eines von den vielen Mitteln der unbewusst waltenden Natur in ihrem schöpferischen Bildungsprozess, und wenn diejenigen Organe, welche die anaphylaktische Desinfektion besorgen, uns therapeutisch brauchbare Mittel liefern, so dienen sie höheren, das Weltganze regulierenden Mächten, die sich zu den physischen Mitteln verhalten, wie die metaphysische Idee zu ihrer mechanischen Realisierung, oder wie die natura naturans zur natura naturata.

Ich bin weit davon entfernt, metaphysische Spekulationen in die wissenschaftliche Naturforschung übertragen zu wollen, und niemand kann freudiger als ich es begrüssen, wenn der unbegreifliche Rest im Naturgeschehen immer kleiner wird. Wird doch mit der Zunahme des uns Begreiflichen auch unsere Fähigkeit zur willkürlichen Erzeugung von Naturprodukten immer grösser! So zweifle ich nicht daran, dass die von Pasteur geleugnete und jetzt schon verwirklichte Möglichkeit der künstlichen Herstellung optisch-aktiver Substanzen noch erweitert werden wird durch die synthetische Gewinnung richtiger Fermente, die noch vor kurzem als die ausschliessliche Domäne der Tätigkeit von belebten Zellen galten. Der Tag ist vielleicht nicht mehr fern, an dem Emil Fischer uns mit Kohlehydrat- und Protein-Diastasen überrascht, die aus dem Laboratorium hervorgegangen sind. Aber selbst wenn in fernerer Zukunft es gelingen sollte, ein Analogon zur lebenden Zelle aus den einfachsten Bausteinen der Natur zu konstruieren, dann stände immer noch der mikrokosmische Menschengeist dahinter, und wir müssten uns nach wie vor mit der Tatsache abfinden, dass hinter der Realität die Idee als schöpferischer Genius zu suchen ist.

Anhang.

Zeichenerklärungen und Wortdefinitionen.

Zunächst für meinen Institutsgebrauch und dann für meine literarischen Mitteilungen habe ich eine grössere Zahl von Abkürzungen nnd Zeichen eingeführt, welche im Folgenden aufgezählt und erläutert werden sollen.

1. O   bedeutet „glatt“ oder keine Spur von Erkrankung.
2. ?   „   zweifelhafte Symptome.
3. .   „   eben erkennbare lokale Reaktion nach subkutaner Gifteinspritzung.
4. ——   „   leichte Erkrankung.
5. ══   „   mittelschwere Erkrankung.
6. ═══   „   schwere Erkrankung.
7. †   „   Vergiftungstod.
8. Lo   „   Limes glatt, d. h. Ausbleiben aller Krankheitsymptome nach einer Giftdosis, deren Vermehrung um eine minimale Menge geringe Krankheitssymptome hervorrufen würde.

9. L—— ⎫
   L══   ⎬ „ Krankheitsgrade auf der Höhe der Erkrankung.
   L═══ ⎭

10. L†   „   Eintritt des Todes nach ca. $4\frac{1}{2}$ (4 bis höchstens 5) Tagen.

11. Ms, M, K, Pf, Rd, Sch, Z, Hd, H, T, Msch (in deutschen Schriftzeichen) bedeuten: Maus, Meerschweinchen, Kaninchen, Pferd, Rind, Schaf, Ziege, Hund, Huhn, Taube, Mensch.

12. Ms^{10}, M^{250} usw. ist zu lesen Maus von 10 g, Meerschwein von 250 g Körpergewicht usw.

13. 1 Ms, 1 M (in lateinischen Buchstaben) = 1 g Lebendmausgewicht, 1 g Lebendmeerschweingewicht usw.

14. $1 + \overset{\dagger}{Ms}$, $1 + \overset{\dagger}{M}$ oder auch 1 + Ms, 1 + M usw. ohne †Zeichen unter Ms und M usw. = Tödliche Minimaldosis von einer giftigen Substanz für 1 Ms, 1 M usw.

15. $1 + \underline{Ms}$, $1 + \underline{M}$ usw. = leicht krankmachende Minimaldosis für 1 Ms, 1 M usw.

16. 1 + Tet. Ms, 1 + Tet. M usw. = Tödliche Minimaldosis von Tetanusgift für 1 Ms, 1 M usw.; 1 + DM usw. = Tödliche Minimaldosis von Diphtheriegift für 1 M usw.

17. 1 + ms, 1 + m == die zur Neutralisierung von einer kleinen Antitoxineinheit genügende Giftmenge bei Mäusen bzw. Meerschweinchen.

18. 1 A. E. = eine grosse Antitoxineinheit.

19. 1 Tet. A. = die zur Neutralisierung von 40 Millionen + Tet. ms ausreichende Menge von Tetanusantitoxin = 40 Millionen — Tet. Ms[1]).

20. 1 — Tet Ms = die zur Neutralisierung von 1 + Tet ms ausreichende Menge von Tetanusantitoxin bei der Wahl der Prüfungsdosis von 1/1000 Tet A. E. in 0,4 ml = eine kleine Tetanus-Antitoxineinheit.

21. 1 DA = die zur Neutralisierung von 25000 + m ausreichende Menge von Diphtherieantitoxin = 25000 — DM.

22. 1 — DM = die zur Neutralisierung von 1 + Dm ausreichende Menge von Diphtherieantitoxin bei der Wahl der Prüfungsdosis von 1 DA. E. = eine kleine Antitoxineinheit.

23. 1 G. E. = die zur Neutralisierung einer grossen Antitoxin-Einheit ausreichende Giftmenge.

24. 1 Tet. G. E. = Eine grosse Tetanusgift-Einheit.

25. 1 D G E. = Eine grosse Diphtheriegift-Einheit.

26. Tet AN^1 = Eine Substanz, welche in 1 g 1 Tet A E. enthält.

27. D AN^1 = „ „ „ „ „ 1 D A E. „

28. Tet GN^1/$_{10}$ = „ „ „ „ „ 1/10 TetG E. „

20. D G N^{10} = „ „ „ „ „ 10 D G E. „

30. Tet. Test. A. = Im Frankfurter Institut für experimentelle Therapie geaichtes, oder auf Frankfurter Testpräparate eingestelltes Tetanus-Testantitoxin.

31. D. Test A = ebenso für Diphtherie-Testantitoxin.

32. Tet. Test G
und } = ebenso für Tetanus-Testgift und Diphtherie-Testgift.
33. D. Test G

34. 1 ml = 1 Milliliter = 1 Kubikzentimeter.

35. 1 mg = 1 Milligramm.

36. 1 dmg = 1/10000 Gramm.

37. 1 mmg = 1/1000 Milligramm.

38. sk = subkutan.

39. ip = intraperitoneal.

40. iv = intravenös.

41. ik = intrakardial (richtiger intrakordial).

42. itk = intrakutan.

43. im = intramuskulär.

44. ZOL = Zeissler's isotonische Oxalatlösung zur Verhinderung der Blutgerinnung.

45. ZL = oxalatfreie Zeissler'sche Lösung.

46. 1 An E = Eine Anatoxineinheit, d. h. diejenige Dosis von einem Proteinpräparat, welche nach voraufgegangener Sensibilisierung ein Meerschwein von etwa 250 g Gewicht von der Blutbahn aus mit Sicherheit akut tötet.

---

1) Wo aus dem Zusammenhang die Art des Antitoxins oder Giftes unzweifelhaft erkennbar ist, lasse ich den Zusatz „Tet." bzw. „D" weg und setze bloss + Ms, — Ms, + ms, + M, — M, + m usw. Den + Ms-Wert eines Tetanusgiftes bezeichne ich als seinen direkten Giftwert; den + ms-Wert als indirekten Giftwert.

47. 1 ApE = Eine Apotoxineinheit, d. h. diejenige Dosis von einem
Apotoxin (= Anaphylatoxin Friedberger), welche ein nicht sensibili-
siertes Meerschwein von etwa 250 g Gewicht von der Blutbahn aus mit
Sicherheit akut tötet.

48. Analexin = Fermentatives System, bestehend aus anaphylaktischem Antikörper plus Komplement (Alexin).

Nach Kenntnisnahme dieser Zeichenerklärungen werden meine Instituts-
protokolle über die Wertbestimmung giftiger und antitoxischer Präparate,
sowie meine Blutmengeberechnungsprotokolle ohne Schwierigkeit gelesen
und verstanden werden können.

Additional material from *Einführung in die Lehre von der Bekämpfung der Infektionskrankheiten,* ISBN 978-3-662-34305-0, is available at http://extras.springer.com